特殊环境建设工程设计、施工安全规范汇编

本社 编

中国计划出版社

北 京

图书在版编目（CIP）数据

特殊环境建设工程设计、施工安全规范汇编/中国计划出版
社编. —北京：中国计划出版社，2015.12
ISBN 978-7-5182-0333-8

Ⅰ.①特…　Ⅱ.①中…　Ⅲ.①特殊环境－建筑设计－建筑
规范－汇编－中国②特殊环境－建筑工程－工程施工－安全规
程－汇编－中国　Ⅳ.①TU202-65②TU714-65

中国版本图书馆 CIP 数据核字（2015）第 289931 号

特殊环境建设工程设计、施工安全规范汇编

本社　编

中国计划出版社出版
网址：www.jhpress.com
地址：北京市西城区木樨地北里甲 11 号国宏大厦 C 座 3 层
邮政编码：100038　电话：（010）63906433（发行部）
新华书店北京发行所发行
北京京华虎彩印刷有限公司印刷

880mm×1230mm　1/16　25 印张　1263 千字
2015 年 12 月第 1 版　2015 年 12 月第 1 次印刷
印数 1—1000 册

ISBN 978-7-5182-0333-8
定价：78.00 元

前　　言

　　安全是人类生存和发展最重要、最基本的要求，安全生产既是人们生命健康的保障，也是企业生存与发展的基础，更是社会稳定和经济发展的前提条件。在建设工程领域，特别是一些特殊环境中的建设工程，相应的设计和施工安全尤为重要。

　　本书收录了特殊环境建设工程设计、施工安全方面的 14 本现行国家标准，涉及爆炸危险环境，汽车库、修车库、停车场，民用爆破器材工程，地下及覆土火药炸药仓库，烟花爆竹工程，石油化工，核工业，铀矿石和铀化合物贮存设施，抗爆间室等特殊环境。为方便读者使用，本书同时收录了相应规范的条文说明。

　　本书具有较强的实用性，可供相应特殊环境中建筑业各级安全管理人员和施工技术人员使用，也可供建设工程设计人员和科研人员参考。

目　　录

1　爆炸危险环境电力装置设计规范 GB 50058—2014 ················ 1—1

2　汽车库、修车库、停车场设计防火规范 GB 50067—2014 ················ 2—1

3　民用爆破器材工程设计安全规范 GB 50089—2007 ················ 3—1

4　地下及覆土火药炸药仓库设计安全规范 GB 50154—2009 ················ 4—1

5　烟花爆竹工程设计安全规范 GB 50161—2009 ················ 5—1

6　石油化工全厂性仓库及堆场设计规范 GB 50475—2008 ················ 6—1

7　石油化工建设工程施工安全技术规范 GB 50484—2008 ················ 7—1

8　石油化工可燃气体和有毒气体检测报警设计规范 GB 50493—2009 ················ 8—1

9　核工业铀水冶厂尾矿库、尾渣库安全设计规范 GB 50520—2009 ················ 9—1

10　石油化工装置防雷设计规范 GB 50650—2011 ················ 10—1

11　石油化工安全仪表系统设计规范 GB/T 50770—2013 ················ 11—1

12　铀矿石和铀化合物贮存设施安全技术规范 GB 50807—2013 ················ 12—1

13　石油化工粉体料仓防静电燃爆设计规范 GB 50813—2012 ················ 13—1

14　抗爆间室结构设计规范 GB 50907—2013 ················ 14—1

中华人民共和国国家标准

爆炸危险环境电力装置设计规范

Code for design of electrical installations
in explosive atmospheres

GB 50058-2014

主编部门：中国工程建设标准化协会化工分会
批准部门：中华人民共和国住房和城乡建设部
施行日期：２０１４年１０月１日

中华人民共和国住房和城乡建设部公告

第 319 号

住房城乡建设部关于发布国家标准
《爆炸危险环境电力装置设计规范》的公告

现批准《爆炸危险环境电力装置设计规范》为国家标准,编号为 GB 50058—2014,自 2014 年 10 月 1 日起实施。其中,第 5.2.2 (1)、5.5.1 条(款)为强制性条文,必须严格执行。原《爆炸和火灾危险环境电力装置设计规范》GB 50058—92 同时废止。

本规范由我部标准定额研究所组织中国计划出版社出版发行。

中华人民共和国住房和城乡建设部
2014 年 1 月 29 日

前　言

本规范是根据原建设部《关于印发＜2004 年工程建设国家标准制订、修订计划＞的通知》(建标〔2004〕67 号)的要求,由中国寰球工程公司会同有关单位共同修订而成。

本规范修订的主要内容有:总则、爆炸性气体环境、爆炸性粉尘环境、危险区域的划分,设备的选择等。主要修订下列内容:

1. 规范名称的修订,即将《爆炸和火灾危险环境电力装置设计规范》改为《爆炸危险环境电力装置设计规范》;

2. 将"名词解释"改为"术语",作了部分修订并放入正文;

3. 将原第四章"火灾危险环境"删除;

4. 将例图从原规范正文中删除,改为附录并增加了部分内容;

5. 增加了增安型设备在 1 区中使用的规定;

6. 爆炸性粉尘危险场所的划分由原来的两种区域"10 区、11 区"改为三种区域"20 区、21 区、22 区";

7. 增加了爆炸性粉尘的分组:ⅢA、ⅢB 和ⅢC 组;

8. 将原规范正文中"爆炸性气体环境的电力装置"和"爆炸性粉尘环境的电力装置"合并为第 5 章"爆炸性环境的电力装置设计";

9. 增加了设备保护级别(EPL)的概念;

10. 增加了光辐射式设备和传输系统防爆结构类型。

在修订过程中,规范组进行了广泛的调查研究,认真总结了规范执行以来的经验,吸取了部分科研成果,借鉴了相关的国际标准及发达工业国家的相关标准,广泛征求了全国有关单位的意见,对其中主要问题进行了多次讨论、协调,最后经审查定稿。本规范删除了原规范中关于火灾危险环境的内容,对于火灾危险环境的电气设计,执行国家其他专门的设计规范。

本规范共分 5 章和 5 个附录,主要内容包括总则,术语,爆炸性气体环境,爆炸性粉尘环境,爆炸性环境的电力装置设计等。

本规范以黑体字标志的条文为强制性条文,必须严格执行。

本规范由住房和城乡建设部负责管理和对强制性条文的解释,由中国工程建设标准化协会化工分会负责日常管理,由中国寰球工程公司负责具体技术内容的解释。本规范在执行过程中如发现需要修改或补充之处,请将意见、建议和有关资料寄送中国寰球工程公司(地址:北京市朝阳区樱花园东街 7 号,邮政编码:100029),以便今后修订时参考。

本规范主编单位、参编单位、主要起草人和主要审查人:

主 编 单 位:中国寰球工程公司

参 编 单 位:五洲工程设计研究院

南阳防爆电气研究所

中国石化工程建设公司

中国昆仑工程公司

华荣科技股份有限公司

主要起草人:周　伟　熊　延　刘汉云　弓普站　郭建军

王财勇　王素英　张　刚　李　江　李道本

于立键

主要审查人:王宗景　曹建勇　杨光义　周　勇　罗志刚

徐　刚　甘家福　范景昌　薛丁法　刘植生

目　次

1　总　　则 ……………………………… 1—4

2　术　　语 ……………………………… 1—4

3　爆炸性气体环境 ……………………… 1—5

　3.1　一般规定 ………………………… 1—5

　3.2　爆炸性气体环境危险区域划分 …… 1—5

　3.3　爆炸性气体环境危险区域范围 …… 1—6

　3.4　爆炸性气体混合物的分级、分组 … 1—6

4　爆炸性粉尘环境 ……………………… 1—7

　4.1　一般规定 ………………………… 1—7

　4.2　爆炸性粉尘环境危险区域划分 …… 1—7

　4.3　爆炸性粉尘环境危险区域范围 …… 1—7

5　爆炸性环境的电力装置设计 ………… 1—8

　5.1　一般规定 ………………………… 1—8

　5.2　爆炸性环境电气设备的选择 ……… 1—8

　5.3　爆炸性环境电气设备的安装 ……… 1—9

　5.4　爆炸性环境电气线路的设计 ……… 1—9

　5.5　爆炸性环境接地设计 …………… 1—10

附录 A　爆炸危险区域划分示例图及爆炸危险
　　　　区域划分条件 ………………… 1—11

附录 B　爆炸性气体环境危险区域范围典型
　　　　示例图 ………………………… 1—12

附录 C　可燃性气体或蒸气爆炸性混合物
　　　　分级、分组 ………………… 1—16

附录 D　爆炸性粉尘环境危险区域范围典型
　　　　示例图 ………………………… 1—20

附录 E　可燃性粉尘特性举例 …………… 1—21

本规范用词说明 ………………………… 1—23

引用标准名录 …………………………… 1—23

附：条文说明 …………………………… 1—24

Contents

1　General provisions …………………… 1—4

2　Terms …………………………………… 1—4

3　Explosive gas atmosphere …………… 1—5

　3.1　General requirement ……………… 1—5

　3.2　Classification of hazardous area in explosive
　　　gas atmosphere ………………… 1—5

　3.3　Extension of hazardous area in explosive gas
　　　atmosphere ………………………… 1—6

　3.4　Grading and grouping of explosive gas
　　　mixture ……………………………… 1—6

4　Explosive dust atmosphere …………… 1—7

　4.1　General requirement ……………… 1—7

　4.2　Classification of hazardous area in explosive
　　　dust atmosphere …………………… 1—7

　4.3　Extension of hazardous area in explosive dust
　　　atmosphere ………………………… 1—7

5　Electrical installations in explosive
　　atmosphere …………………………… 1—8

　5.1　General requirement ……………… 1—8

　5.2　Selection of electrical equipment in explosive
　　　atmosphere ………………………… 1—8

　5.3　Erection of electrical equipment in explosive
　　　atmosphere ………………………… 1—9

　5.4　Design of electrical wiring in explosive
　　　atmosphere ………………………… 1—9

　5.5　Grounding design in explosive atmosphere ………
　　　………………………………………… 1—10

Appendix A　Example drawing and
　　　　　　condition of classification of
　　　　　　explosive hazardous area …… 1—11

Appendix B　Typical example drawing of
　　　　　　extension of hazardous area in
　　　　　　explosive gas atmosphere …… 1—12

Appendix C　Grading and grouping of
　　　　　　explosive gas or vapor
　　　　　　mixture ………………………… 1—16

Appendix D　Typical example drawing of
　　　　　　extension of hazardous area
　　　　　　in explosive dust atmosphere … 1—20

Appendix E　Example of characteristics of
　　　　　　combustible dust ……………… 1—21

Explanation of wording in this code ……… 1—23

List of quoted standards …………………… 1—23

Addition：Explanation of provisions ……… 1—24

1 总 则

1.0.1 为了规范爆炸危险环境电力装置的设计,使爆炸危险环境电力装置设计贯彻预防为主的方针,保障人身和财产的安全,因地制宜地采取防范措施,制定本规范。

1.0.2 本规范适用于在生产、加工、处理、转运或贮存过程中出现或可能出现爆炸危险环境的新建、扩建和改建工程的爆炸危险区域划分及电力装置设计。

本规范不适用于下列环境:

  1 矿井井下;

  2 制造、使用或贮存火药、炸药和起爆药、引信及火工品生产等的环境;

  3 利用电能进行生产并与生产工艺过程直接关联的电解、电镀等电力装置区域;

  4 使用强氧化剂以及不用外来点火源就能自行起火的物质的环境;

  5 水、陆、空交通运输工具及海上和陆地油井平台;

  6 以加味天然气作燃料进行采暖、空调、烹饪、洗衣以及类似的管线系统;

  7 医疗室内;

  8 灾难性事故。

1.0.3 本规范不考虑间接危害对于爆炸危险区域划分及相关电力装置设计的影响。

1.0.4 爆炸危险区域的划分应由负责生产工艺加工介质性能、设备和工艺性能的专业人员和安全、电气专业的工程技术人员共同商议完成。

1.0.5 爆炸危险环境的电力装置设计除应符合本规范外,尚应符合国家现行有关标准的规定。

2 术 语

2.0.1 闪点 flash point

在标准条件下,使液体变成蒸气的数量能够形成可燃性气体或空气混合物的最低液体温度。

2.0.2 引燃温度 ignition temperature

可燃性气体或蒸气与空气形成的混合物,在规定条件下被热表面引燃的最低温度。

2.0.3 环境温度 ambient temperature

指所划区域内历年最热月平均最高温度。

2.0.4 可燃性物质 flammable material

指物质本身是可燃性的,能够产生可燃性气体、蒸气或薄雾。

2.0.5 可燃性气体或蒸气 flammable gas or vapor

以一定比例与空气混合后,将会形成爆炸性气体环境的气体或蒸气。

2.0.6 可燃液体 flammable liquid

在可预见的使用条件下能产生可燃蒸气或薄雾的液体。

2.0.7 可燃薄雾 flammable mist

在空气中挥发能形成爆炸性环境的可燃性液体微滴。

2.0.8 爆炸性气体混合物 explosive gas mixture

在大气条件下,气体、蒸气、薄雾状的可燃物质与空气的混合物,引燃后燃烧将在全范围内传播。

2.0.9 高挥发性液体 highly volatile liquid

高挥发性液体是指在37.8℃的条件下,蒸气绝压超过276kPa的液体,这些液体包括丁烷、乙烷、乙烯、丙烷、丙烯等液体,液化天然气,天然气凝液及它们的混合物。

2.0.10 爆炸性气体环境 explosive gas atmosphere

在大气条件下,气体或蒸气可燃物质与空气的混合物引燃后,能够保持燃烧自行传播的环境。

2.0.11 爆炸极限 explosive limit

  1 爆炸下限(LEL) lower explosive limit

可燃气体、蒸气或薄雾在空气中形成爆炸性气体混合物的最低浓度。空气中的可燃性气体或蒸气的浓度低于该浓度,则气体环境就不能形成爆炸。

  2 爆炸上限(UEL) upper explosive limit

可燃气体、蒸气或薄雾在空气中形成爆炸性气体混合物的最高浓度。空气中的可燃性气体或蒸气的浓度高于该浓度,则气体环境就不能形成爆炸。

2.0.12 爆炸危险区域 hazardous area

爆炸性混合物出现的或预期可能出现的数量达到足以要求对电气设备的结构、安装和使用采取预防措施的区域。

2.0.13 非爆炸危险区域 non-hazardous area

爆炸性混合物出现的数量不足以要求对电气设备的结构、安装和使用采取预防措施的区域。

2.0.14 区 zone

爆炸危险区域的全部或一部分。按照爆炸性混合物出现的频率和持续时间可分为不同危险程度的若干区。

2.0.15 释放源 source of release

可释放出能形成爆炸性混合物的物质所在的部位或地点。

2.0.16 自然通风环境 natural ventilation atmosphere

由于天然风力或温差的作用能使新鲜空气置换原有混合物的区域。

2.0.17 机械通风环境 artificial ventilation atmosphere

用风扇、排风机等装置使新鲜空气置换原有混合物的区域。

2.0.18 正常运行 normal operation

指设备在其设计参数范围内的运行状况。

2.0.19 粉尘 dust

在大气中依其自身重量可沉淀下来,但也可持续悬浮在空气中一段时间的固体微小颗粒,包括纤维和飞絮及现行国家标准《袋式除尘器技术要求》GB/T 6719中定义的粉尘和细颗粒。

2.0.20 可燃性粉尘 combustible dust

在空气中能燃烧或无焰燃烧并在大气压和正常温度下能与空气形成爆炸性混合物的粉尘、纤维或飞絮。

2.0.21 可燃性飞絮 conductive flyings

标称尺寸大于 $500\mu m$,可悬浮在空气中,也可依靠自身重量沉淀下来的包括纤维在内的固体颗粒。

2.0.22 导电性粉尘 conductive dust

电阻率等于或小于 $1\times10^3\Omega\cdot m$ 的粉尘。

2.0.23 非导电性粉尘 non-conductive dust

电阻率大于 $1\times10^3\Omega\cdot m$ 的粉尘。

2.0.24 爆炸性粉尘环境 explosive dust atmosphere

在大气环境条件下,可燃性粉尘与空气形成的混合物被点燃后,能够保持燃烧自行传播的环境。

2.0.25 重于空气的气体或蒸气 heavier-than-air gases or vapors

相对密度大于1.2的气体或蒸气。

2.0.26 轻于空气的气体或蒸气 lighter-than-air gases or vapors

相对密度小于0.8的气体或蒸气。

2.0.27 粉尘层的引燃温度 ignition temperature of dust layer

规定厚度的粉尘层在热表面上发生引燃的热表面的最低温度。

2.0.28 粉尘云的引燃温度 ignition temperature of dust cloud

炉内空气中所含粉尘云发生点燃时炉子内壁的最低温度。

2.0.29 爆炸性环境 explosive atmospheres

在大气条件下,气体、蒸气、粉尘、薄雾、纤维或飞絮的形式与空气形成的混合物引燃后,能够保持燃烧自行传播的环境。

2.0.30 设备保护级别(EPL) equipment protection level

根据设备成为引燃源的可能性和爆炸性气体环境及爆炸性粉尘环境所具有的不同特征而对设备规定的保护级别。

3 爆炸性气体环境

3.1 一般规定

3.1.1 在生产、加工、处理、转运或贮存过程中出现或可能出现下列爆炸性气体混合物环境之一时,应进行爆炸性气体环境的电力装置设计:

1 在大气条件下,可燃气体与空气混合形成爆炸性气体混合物;

2 闪点低于或等于环境温度的可燃液体的蒸气或薄雾与空气混合形成爆炸性气体混合物;

3 在物料操作温度高于可燃液体闪点的情况下,当可燃液体有可能泄漏时,可燃液体的蒸气或薄雾与空气混合形成爆炸性气体混合物。

3.1.2 在爆炸性气体环境中发生爆炸应符合下列条件:

1 存在可燃气体、可燃液体的蒸气或薄雾,浓度在爆炸极限以内;

2 存在足以点燃爆炸性气体混合物的火花、电弧或高温。

3.1.3 在爆炸性气体环境中应采取下列防止爆炸的措施:

1 产生爆炸的条件同时出现的可能性应减到最小程度。

2 工艺设计中应采取下列消除或减少可燃物质的释放及积聚的措施:

1)工艺流程中宜采取较低的压力和温度,将可燃物质限制在密闭容器内;

2)工艺布置应限制和缩小爆炸危险区域的范围,并宜将不同等级的爆炸危险区或爆炸危险区与非爆炸危险区分隔在各自的厂房或界区内;

3)在设备内可采用以氮气或其他惰性气体覆盖的措施;

4)宜采取安全连锁或发生事故时加入聚合反应阻聚剂等化学药品的措施。

3 防止爆炸性气体混合物的形成或缩短爆炸性气体混合物的滞留时间可采取下列措施:

1)工艺装置宜采取露天或开敞式布置;

2)设置机械通风装置;

3)在爆炸危险环境内设置正压室;

4)对区域内易形成和积聚爆炸性气体混合物的地点应设置自动测量仪器装置,当气体或蒸气浓度接近爆炸下限值的50%时,应能可靠地发出信号或切断电源。

4 在区域内应采取消除或控制设备线路产生火花、电弧或高温的措施。

3.2 爆炸性气体环境危险区域划分

3.2.1 爆炸性气体环境应根据爆炸性气体混合物出现的频繁程度和持续时间分为0区、1区、2区,分区应符合下列规定:

1 0区应为连续出现或长期出现爆炸性气体混合物的环境;

2 1区应为在正常运行时可能出现爆炸性气体混合物的环境;

3 2区应为在正常运行时不太可能出现爆炸性气体混合物的环境,或即使出现也仅是短时存在的爆炸性气体混合物的环境。

3.2.2 符合下列条件之一时,可划为非爆炸危险区域:

1 没有释放源且不可能有可燃物质侵入的区域;

2 可燃物质可能出现的最高浓度不超过爆炸下限值的10%;

3 在生产过程中使用明火的设备附近,或炽热部件的表面温度超过区域内可燃物质引燃温度的设备附近;

4 在生产装置区外,露天或开敞设置的输送可燃物质的架空管道地带,但其阀门处按具体情况确定。

3.2.3 释放源应按可燃物质的释放频繁程度和持续时间长短分

为连续级释放源、一级释放源、二级释放源,释放源分级应符合下列规定:

1 连续级释放源应为连续释放或预计长期释放的释放源。下列情况可划为连续级释放源:

1)没有用惰性气体覆盖的固定顶盖贮罐中的可燃液体的表面;

2)油、水分离器等直接与空间接触的可燃液体的表面;

3)经常或长期向空间释放可燃气体或可燃液体的蒸气的排气孔和其他孔口。

2 一级释放源应为在正常运行时,预计可能周期性或偶尔释放的释放源。下列情况可划为一级释放源:

1)在正常运行时,会释放可燃物质的泵、压缩机和阀门等的密封处;

2)贮有可燃液体的容器上的排水口处,在正常运行中,当水排掉时,该处可能会向空间释放可燃物质;

3)正常运行时,会向空间释放可燃物质的取样点;

4)正常运行时,会向空间释放可燃物质的泄压阀、排气口和其他孔口。

3 二级释放源应为在正常运行时,预计不可能释放,当出现释放时,仅是偶尔和短期释放的释放源。下列情况可划为二级释放源:

1)正常运行时,不能出现释放可燃物质的泵、压缩机和阀门的密封处;

2)正常运行时,不能释放可燃物质的法兰、连接件和管道接头;

3)正常运行时,不能向空间释放可燃物质的安全阀、排气孔和其他孔口处;

4)正常运行时,不能向空间释放可燃物质的取样点。

3.2.4 当爆炸危险区域内通风的空气流量能使可燃物质很快稀释到爆炸下限值的25%以下时,可定为通风良好,并应符合下列规定:

1 下列场所可定为通风良好场所:

1)露天场所;

2)敞开式建筑物,在建筑物的壁、屋顶开口,其尺寸和位置保证建筑物内部通风效果等效于露天场所;

3)非敞开建筑物,建有永久性的开口,使其具有自然通风的条件;

4)对于封闭区域,每平方米地板面积每分钟至少提供0.3m³的空气或至少1h换气6次。

2 当采用机械通风时,下列情况可不计机械通风故障的影响:

1)封闭式或半封闭式的建筑物设置备用的独立通风系统;

2)当通风设备发生故障时,设置自动报警或停止工艺流程等确保能阻止可燃物质释放的预防措施,或使设备断电的预防措施。

3.2.5 爆炸危险区域的划分应按释放源级别和通风条件确定,存在连续级释放源的区域可划为0区,存在一级释放源的区域可划为1区,存在二级释放源的区域可划为2区,并应根据通风条件按下列规定调整区域划分:

1 当通风良好时,可降低爆炸危险区域等级;当通风不良时,应提高爆炸危险区域等级。

2 局部机械通风在降低爆炸性气体混合物浓度方面比自然通风和一般机械通风更为有效时,可采用局部机械通风降低爆炸危险区域等级。

3 在障碍物、凹坑和死角处,应局部提高爆炸危险区域等级。

4 利用堤或墙等障碍物,限制比空气重的爆炸性气体混合物的扩散,可缩小爆炸危险区域的范围。

3.2.6 使用于特殊环境中的设备和系统可不按照爆炸危险性环境考虑,但应符合下列相应的条件之一:

1 采取措施确保不形成爆炸危险性环境。

2 确保设备在出现爆炸性危险环境时断电,此时应防止热元件引起点燃。

3 采取措施确保人和环境不受试验燃烧或爆炸带来的危害。

4 应由具备下述条件的人员书面写出所采取的措施:

1)熟悉所采取措施的要求和国家现行有关标准以及危险环境用电气设备和系统的使用要求;

2)熟悉进行评估所需的资料。

3.3 爆炸性气体环境危险区域范围

3.3.1 爆炸性气体环境危险区域范围应按下列要求确定:

1 爆炸危险区域的范围应根据释放源的级别和位置、可燃物质的性质、通风条件、障碍物及生产条件、运行经验,经技术经济比较综合确定。

2 建筑物内部宜以厂房为单位划分爆炸危险区域的范围。当厂房内空间大时,应根据生产的具体情况划分,释放源释放的可燃物质量少时,可将厂房内部按空间划定爆炸危险的区域范围,并应符合下列规定:

1)当厂房内具有比空气重的可燃物质时,厂房内通风换气次数不应少于每小时两次,且换气不受阻碍,厂房地面上高度1m以内容积的空气与释放至厂房内的可燃物质所形成的爆炸性气体混合浓度应小于爆炸下限;

2)当厂房内具有比空气轻的可燃物质时,厂房平屋顶平面以下1m高度内,或圆顶、斜顶的最高点以下2m高度内的容积的空气与释放至厂房内的可燃物质形成的爆炸性气体混合物的浓度应小于爆炸下限;

3)释放至厂房内的可燃物质的最大量应按一小时释放量的三倍计算,但不包括由于灾难性事故引起破裂时的释放量。

3 当高挥发性液体可能大量释放并扩散到15m以外时,爆炸危险区域的范围应划分为附加2区。

4 当可燃液体闪点高于或等于60℃时,在物料操作温度高于可燃液体闪点的情况下,可燃液体可能泄漏时,其爆炸危险区域的范围宜适当缩小,但不宜小于4.5m。

3.3.2 爆炸危险区域的等级和范围可按本规范附录A的规定,并根据可燃物质的释放量、释放速率、沸点、温度、闪点、相对密度、爆炸下限、障碍等条件,结合实践经验确定。

3.3.3 爆炸性气体环境内的车间采用正压或连续通风稀释措施后,不能形成爆炸性气体环境时,车间可降为非爆炸危险环境。通风引入的气源应安全可靠,且无可燃物质、腐蚀介质及机械杂质,进气口应设在高出所划爆炸性危险区域范围的1.5m以上处。

3.3.4 爆炸性气体环境电力装置设计应有爆炸危险区域划分图,对于简单或小型厂房,可采用文字说明表达。

爆炸性气体环境危险区域范围典型示例图应符合本规范附录B的规定。

3.4 爆炸性气体混合物的分级、分组

3.4.1 爆炸性气体混合物按其最大试验安全间隙(MESG)或最小点燃电流比(MICR)分级。爆炸性气体混合物分级应符合表3.4.1的规定。

表3.4.1 爆炸性气体混合物分级

级别	最大试验安全间隙(MESG)(mm)	最小点燃电流比(MICR)
ⅡA	≥0.9	>0.8
ⅡB	0.5<MESG<0.9	0.45≤MICR≤0.8
ⅡC	≤0.5	<0.45

注:1 分级的级别应符合现行国家标准《爆炸性环境 第12部分:气体或蒸气混合物按其最大试验安全间隙和最小点燃电流的分级》GB 3836.12的有关规定。

2 最小点燃电流比(MICR)为各种可燃物质的最小点燃电流值与实验室甲烷的最小点燃电流值之比。

3.4.2 爆炸性气体混合物应按引燃温度分组,引燃温度分组应符合表3.4.2的规定。

表3.4.2 引燃温度分组

组　别	引燃温度 t(℃)
T1	$450 < t$
T2	$300 < t \leqslant 450$
T3	$200 < t \leqslant 300$
T4	$135 < t \leqslant 200$
T5	$100 < t \leqslant 135$
T6	$85 < t \leqslant 100$

注:可燃性气体或蒸气爆炸性混合物分级、分组可按本规范附录C采用。

4 爆炸性粉尘环境

4.1 一般规定

4.1.1 当在生产、加工、处理、转运或贮存过程中出现或可能出现可燃性粉尘与空气形成的爆炸性粉尘混合物环境时,应进行爆炸性粉尘环境的电力装置设计。

4.1.2 在爆炸性粉尘环境中粉尘可分为下列三级:

1 ⅢA级为可燃性飞絮;

2 ⅢB级为非导电性粉尘;

3 ⅢC级为导电性粉尘。

4.1.3 在爆炸性粉尘环境中,产生爆炸应符合下列条件:

1 存在爆炸性粉尘混合物,其浓度在爆炸极限以内;

2 存在足以点燃爆炸性粉尘混合物的火花、电弧、高温、静电放电或能量辐射。

4.1.4 在爆炸性粉尘环境中应采取下列防止爆炸的措施:

1 防止产生爆炸的基本措施,应是使产生爆炸的条件同时出现的可能性减小到最小程度。

2 防止爆炸危险,应按照爆炸性粉尘混合物的特征采取相应的措施。

3 在工程设计中应先采取下列消除或减少爆炸性粉尘混合物产生和积聚的措施:

1)工艺设备宜将危险物料密封在防止粉尘泄漏的容器内。

2)宜采用露天或开敞式布置,或采用机械除尘措施。

3)宜限制和缩小爆炸危险区域的范围,并将可能释放爆炸性粉尘的设备单独集中布置。

4)提高自动化水平,可采用必要的安全联锁。

5)爆炸危险区域应设有两个以上出入口,其中至少有一个通向非爆炸危险区域,其出入口的门应向爆炸危险性较小的区域侧开启。

6)应对沉积的粉尘进行有效地清除。

7)应限制产生危险温度及火花,特别是由电气设备或线路产生的过热及火花。应防止粉尘进入产生电火花或高温部件的外壳内。应选用粉尘防爆类型的电气设备及线路。

8)可适当增加物料的湿度,降低空气中粉尘的悬浮量。

4.2 爆炸性粉尘环境危险区域划分

4.2.1 粉尘释放源应按爆炸性粉尘释放频繁程度和持续时间长短分为连续级释放源、一级释放源、二级释放源,释放源应符合下列规定:

1 连续级释放源应为粉尘云持续存在或预计长期或短期经常出现的部位。

2 一级释放源应为在正常运行时预计可能周期性的或偶尔释放的释放源。

3 二级释放源应为在正常运行时,预计不可能释放,如果释放也仅是不经常地并且是短期地释放。

4 下列三项不应被视为释放源:

1)压力容器外壳主体结构及其封闭的管口和人孔;

2)全部焊接的输送管和溜槽;

3)在设计和结构方面对防粉尘泄露进行了适当考虑的阀门压盖和法兰接合面。

4.2.2 爆炸危险区域应根据爆炸性粉尘环境出现的频繁程度和持续时间分为20区、21区、22区,分区应符合下列规定:

1 20区应为空气中的可燃性粉尘云持续地或长期地或频繁地出现于爆炸性环境中的区域;

2 21区应为在正常运行时,空气中的可燃性粉尘云很可能偶尔出现于爆炸性环境中的区域;

3 22区应为在正常运行时,空气中的可燃粉尘云一般不可能出现于爆炸性粉尘环境中的区域,即使出现,持续时间也是短暂的。

4.2.3 爆炸危险区域的划分应按爆炸性粉尘的量、爆炸极限和通风条件确定。

4.2.4 符合下列条件之一时,可划为非爆炸危险区域:

1 装有良好除尘效果的除尘装置,当该除尘装置停车时,工艺机组能联锁停车;

2 设有为爆炸性粉尘环境服务,并用墙隔绝的送风机室,其通向爆炸性粉尘环境的风道设有能防止爆炸性粉尘混合物侵入的安全装置。

3 区域内使用爆炸粉尘的量不大,且在排风柜内或风罩下进行操作。

4.2.5 为爆炸性粉尘环境服务的排风机室,应与被排风区域的爆炸危险区域等级相同。

4.3 爆炸性粉尘环境危险区域范围

4.3.1 一般情况下,区域的范围应通过评价涉及该环境的释放源的级别引起爆炸性粉尘环境的可能来规定。

4.3.2 20区范围主要包括粉尘云连续生成的管道、生产和处理设备的内部区域。当粉尘容器外部持续存在爆炸性粉尘环境时,可划分为20区。

4.3.3 21区的范围应与一级释放源相关联,并应按下列规定确定:

1 含有一级释放源的粉尘处理设备的内部可划分为21区。

2 由一级释放源形成的设备外部场所,其区域的范围应受到粉尘量、释放速率、颗粒大小和物料湿度等粉尘参数的限制,并应考虑引起释放的条件。对于受气候影响的建筑物外部场所可减小 21 区范围。21 区的范围应按照释放源周围 1m 的距离确定。

3 当粉尘的扩散受到实体结构的限制时,实体结构的表面可作为该区域的边界。

4 一个位于内部不受实体结构限制的 21 区应被一个 22 区包围。

5 可结合同类企业相似厂房的实践经验和实际因素将整个厂房划为 21 区。

4.3.4 22 区的范围应按下列规定确定:

1 由二级释放源形成的场所,其区域的范围应受到粉尘量、释放速率、颗粒大小和物料湿度等粉尘参数的限制,并应考虑引起释放的条件。对于受气候影响的建筑物外部场所可减小 22 区范围。22 区的范围应按超过 21 区 3m 及二级释放源周围 3m 的距离确定。

2 当粉尘的扩散受到实体结构的限制时,实体结构的表面可作为该区域的边界。

3 可结合同类企业相似厂房的实践经验和实际的因素将整个厂房划为 22 区。

4.3.5 爆炸性粉尘环境危险区域范围典型示例图应符合本规范附录 D 的规定。

4.3.6 可燃性粉尘举例应符合本规范附录 E 的规定。

5 爆炸性环境的电力装置设计

5.1 一般规定

5.1.1 爆炸性环境的电力装置设计应符合下列规定:

1 爆炸性环境的电力装置设计宜将设备和线路,特别是正常运行时能发生火花的设备布置在爆炸性环境以外。当需设在爆炸性环境内时,应布置在爆炸危险性较小的地点。

2 在满足工艺生产及安全的前提下,应减少防爆电气设备的数量。

3 爆炸性环境内的电气设备和线路应符合周围环境内化学、机械、热、霉菌以及风沙等不同环境条件对电气设备的要求。

4 在爆炸性粉尘环境内,不宜采用携带式电气设备。

5 爆炸性粉尘环境内的事故排风用电动机应在生产发生事故的情况下,在便于操作的地方设置事故启动按钮等控制设备。

6 在爆炸性粉尘环境内,应尽量减少插座和局部照明灯具的数量。如需采用时,插座宜布置在爆炸性粉尘不易积聚的地点,局部照明灯宜布置在事故时气流不易冲击的位置。

粉尘环境中安装的插座开口的一面应朝下,且与垂直面的角度不应大于 60°。

7 爆炸性环境内设置的防爆电气设备应符合现行国家标准《爆炸性环境 第 1 部分:设备 通用要求》GB 3836.1 的有关规定。

5.2 爆炸性环境电气设备的选择

5.2.1 在爆炸性环境内,电气设备应根据下列因素进行选择:

1 爆炸危险区域的分区;

2 可燃性物质和可燃性粉尘的分级;

3 可燃性物质的引燃温度;

4 可燃性粉尘云、可燃性粉尘层的最低引燃温度。

5.2.2 危险区域划分与电气设备保护级别的关系应符合下列规定:

1 爆炸性环境内电气设备保护级别的选择应符合表 5.2.2-1 的规定。

表 5.2.2-1 爆炸性环境内电气设备保护级别的选择

危 险 区 域	设备保护级别(EPL)
0 区	Ga
1 区	Ga 或 Gb
2 区	Ga、Gb 或 Gc
20 区	Da
21 区	Da 或 Db
22 区	Da、Db 或 Dc

2 电气设备保护级别(EPL)与电气设备防爆结构的关系应符合表 5.2.2-2 的规定。

表 5.2.2-2 电气设备保护级别(EPL)与电气设备防爆结构的关系

设备保护级别(EPL)	电气设备防爆结构	防爆形式
Ga	本质安全型	"ia"
	浇封型	"ma"
	由两种独立的防爆类型组成的设备,每一种类型达到保护级别"Gb"的要求	—
	光辐射式设备和传输系统的保护	"op is"
Gb	隔爆型	"d"
	增安型	"e"①
	本质安全型	"ib"

续表 5.2.2-2

设备保护级别(EPL)	电气设备防爆结构	防爆形式
Gb	浇封型	"mb"
	油浸型	"o"
	正压型	"px"、"py"
	充砂型	"q"
	本质安全现场总线概念(FISCO)	—
	光辐射式设备和传输系统的保护	"op pr"
Gc	本质安全型	"ic"
	浇封型	"mc"
	无火花	"n"、"nA"
	限制呼吸	"nR"
	限能	"nL"
	火花保护	"nC"
	正压型	"pz"
	非可燃现场总线概念(FNICO)	—
	光辐射式设备和传输系统的保护	"op sh"
Da	本质安全型	"iD"
	浇封型	"mD"
	外壳保护型	"tD"
Db	本质安全型	"iD"
	浇封型	"mD"
	外壳保护型	"tD"
	正压型	"pD"

设备保护级别 (EPL)	电气设备防爆结构	防爆形式
Dc	本质安全型	"iD"
	浇封型	"mD"
	外壳保护型	"tD"
	正压型	"pD"

注：①在1区中使用的增安型"e"电气设备仅限于下列电气设备：在正常运行中不产生火花、电弧或危险温度的接线盒和接线箱，包括主体为"d"或"m"型，接线部分为"e"型的电气产品；按现行国家标准《爆炸性环境 第3部分：由增安型"e"保护的设备》GB 3836.3—2010 附录D配置的合适热保护装置的"e"型低压异步电动机，启动频繁和环境条件恶劣者除外；"e"型荧光灯和"e"型测量仪表和仪表用电流互感器。

5.2.3 防爆电气设备的级别和组别不应低于该爆炸性气体环境内爆炸性气体混合物的级别和组别，并应符合下列规定：

1 气体、蒸气或粉尘分级与电气设备类别的关系应符合表5.2.3-1的规定。当存在两种以上可燃性物质形成的爆炸性混合物时，应按照混合后的爆炸性混合物的级别和组别选用防爆设备，无据可查又不可能进行试验时，可按危险程度较高的级别和组别选用防爆电气设备。

对于标有适用于特定的气体、蒸气的环境的防爆设备，没有经过鉴定，不得使用于其他的气体环境内。

表 5.2.3-1 气体、蒸气或粉尘分级与电气设备类别的关系

气体、蒸气或粉尘分级	设备类别
ⅡA	ⅡA、ⅡB或ⅡC
ⅡB	ⅡB或ⅡC
ⅡC	ⅡC
ⅢA	ⅢA、ⅢB或ⅢC
ⅢB	ⅢB或ⅢC
ⅢC	ⅢC

2 Ⅱ类电气设备的温度组别、最高表面温度和气体、蒸气引燃温度之间的关系符合表5.2.3-2的规定。

表 5.2.3-2 Ⅱ类电气设备的温度组别、最高表面温度和气体、蒸气引燃温度之间的关系

电气设备温度组别	电气设备允许最高表面温度(℃)	气体/蒸气的引燃温度(℃)	适用的设备温度级别
T1	450	>450	T1~T6
T2	300	>300	T2~T6
T3	200	>200	T3~T6
T4	135	>135	T4~T6
T5	100	>100	T5~T6
T6	85	>85	T6

3 安装在爆炸性粉尘环境中的电气设备应采取措施防止热表面点可燃性粉尘层引起的火灾危险。Ⅲ类电气设备的最高表面温度应按国家现行有关标准的规定进行选择。电气设备结构应满足电气设备在规定的运行条件下不降低防爆性能的要求。

5.2.4 当选用正压型电气设备及通风系统时，应符合下列规定：

1 通风系统应采用非燃性材料制成，其结构应坚固，连接应严密，并不得有产生气体滞留的死角。

2 电气设备应与通风系统联锁。运行前应先通风，并应在通风量大于电气设备及其通风系统管道容积的5倍时，接通设备的主电源。

3 在运行中，进入电气设备及其通风系统内的气体不应含有可燃物质或其他有害物质。

4 在电气设备及其通风系统运行中，对于px、py或pD型设备，其风压不应低于50Pa；对于pz型设备，其风压不应低于25Pa。当风压低于上述值时，应自动断开设备的主电源或发出信号。

5 通风过程排出的气体不宜排入爆炸危险环境；当采取有效

地防止火花和炽热颗粒从设备及其通风系统吹出的措施时，可排入2区空间。

6 对闭路通风的正压型设备及其通风系统应供给清洁气体。

7 电气设备外壳及通风系统的门或盖子应采取联锁装置或加警告标志等安全措施。

5.3 爆炸性环境电气设备的安装

5.3.1 油浸型设备应在没有振动、不倾斜和固定安装的条件下采用。

5.3.2 在采用非防爆型设备作隔墙机械传动时，应符合下列规定：

1 安装电气设备的房间应用非燃烧体的实体墙与爆炸危险区域隔开；

2 传动轴传动通过隔墙处，应采用填料函密封或同等效果的密封措施；

3 安装电气设备房间的出口应通向非爆炸危险区域的环境；当安装设备的房间必须与爆炸性环境相通时，应对爆炸性环境保持相对的正压。

5.3.3 除本质安全电路外，爆炸性环境的电气线路和设备应装设过载、短路和接地保护，不可能产生过载的电气设备可不装设过载保护。爆炸性环境的电动机除按国家现行有关标准的要求装设必要的保护之外，均应装设断相保护。如果电气设备的自动断电可能引起比引燃危险造成的危险更大时，应采用报警装置代替自动断电装置。

5.3.4 紧急情况下，在危险场所外合适的地点或位置应采取一种或多种措施对危险场所设备断电。连续运行的设备不应包括在紧急断电回路中，而应安装在单独的回路上，防止附加危险产生。

5.3.5 变电所、配电所和控制室的设计应符合下列规定：

1 变电所、配电所（包括配电室，下同）和控制室应布置在爆炸性环境以外，当为正压室时，可布置在1区、2区内。

2 对于可燃物质比空气重的爆炸性气体环境，位于爆炸危险区附加2区的变电所、配电所和控制室的电气和仪表的设备层地面应高出室外地面0.6m。

5.4 爆炸性环境电气线路的设计

5.4.1 爆炸性环境电缆和导线的选择应符合下列规定：

1 在爆炸性环境内，低压电力、照明线路采用的绝缘导线和电缆的额定电压应高于或等于工作电压，且U_0/U不应低于工作电压。中性线的额定电压应与相线电压相等，并应在同一护套或保护管内敷设。

2 在爆炸危险区内，除在配电盘、接线箱或采用金属导管配线系统内，无护套的电线不应作为供配电线路。

3 在1区内应采用铜芯电缆；除本质安全电路外，在2区内宜采用铜芯电缆，当采用铝芯电缆时，其截面不得小于16mm²，且与电气设备的连接应采用铜-铝过渡接头。敷设在爆炸性粉尘环境20、21区以及在22区内有剧烈振动区域的回路，均应采用铜芯绝缘导线或电缆。

4 除本质安全系统的电路外，爆炸性环境电缆配线的技术要求应符合表5.4.1-1的规定。

表 5.4.1-1 爆炸性环境电缆配线的技术要求

技术要求 / 爆炸危险区域	电缆明设或在沟内敷设时的最小截面			移动电缆
	电力	照明	控制	
1区、20区、21区	铜芯2.5mm²及以上	铜芯2.5mm²及以上	铜芯1.0mm²及以上	重型
2区、22区	铜芯1.5mm²及以上，铝芯16mm²及以上	铜芯1.5mm²及以上	铜芯1.0mm²及以上	中型

5 除本质安全系统的电路外，在爆炸性环境内电压为 1000V 以下的钢管配线的技术要求应符合表 5.4.1-2 的规定。

表 5.4.1-2　爆炸性环境内电压为 1000V 以下的
钢管配线的技术要求

技术要求 爆炸危险区域	钢管配线用绝缘导线的最小截面			管子连接要求
	电力	照明	控制	
1 区、20、21 区	铜芯 2.5mm² 及以上	铜芯 2.5mm² 及以上	铜芯 2.5mm² 及以上	钢管螺纹旋 合不少于 5 扣
2 区、22 区	铜芯 2.5mm² 及以上	铜芯 1.5mm² 及以上	铜芯 1.5mm² 及以上	钢管螺纹旋 合不少于 5 扣

6 在爆炸性环境内，绝缘导线和电缆截面的选择除应满足表 5.4.1-1 和 5.4.1-2 的规定外，还应符合下列规定：

1）导体允许载流量不应小于熔断器熔体额定电流的 1.25 倍及断路器长延时过电流脱扣器整定电流的 1.25 倍，本款第 2 项的情况除外；

2）引向电压为 1000V 以下鼠笼型感应电动机支线的长期允许载流量不应小于电动机额定电流的 1.25 倍。

7 在架空、桥架敷设时电缆宜采用阻燃电缆。当敷设方式采用能防止机械损伤的桥架方式时，塑料护套电缆可采用非铠装电缆。当不存在会受鼠、虫等损害情形时，在 2 区、22 区电缆沟内敷设的电缆可采用非铠装电缆。

5.4.2 爆炸性环境线路的保护应符合下列规定：

1 在 1 区内单相网络中的相线及中性线均应装设短路保护，并采取适当开关同时断开相线和中性线。

2 对 3kV～10kV 电缆线路宜装设零序电流保护，在 1 区、21 区内保护装置宜动作于跳闸。

5.4.3 爆炸性环境电气线路的安装应符合下列规定：

1 电气线路宜在爆炸危险性较小的环境或远离释放源的地方敷设，并应符合下列规定：

1）当可燃物质比空气重时，电气线路宜在较高处敷设或直接埋地；架空敷设时宜采用电缆桥架；电缆沟敷设时沟内应充砂，并宜设置排水措施。

2）电气线路宜在有爆炸危险的建筑物、构筑物的墙外敷设。

3）在爆炸粉尘环境，电缆应沿粉尘不易堆积并且易于粉尘清除的位置敷设。

2 敷设电气线路的沟道、电缆桥架或导管，所穿过的不同区域之间墙或楼板处的孔洞应采用非燃性材料严密堵塞。

3 敷设电气线路时宜避开可能受到机械损伤、振动、腐蚀、紫外线照射以及可能受热的地方，不能避开时，应采取预防措施。

4 钢管配线可采用无护套的绝缘单芯或多芯导线。当钢管中含有三根或多根导线时，导线包括绝缘层的总截面不宜超过钢管截面的 40%。钢管应采用低压流体输送用镀锌焊接钢管。钢管连接的螺纹部分应涂以铅油或磷化膏。在可能凝结冷凝水的地方，管线上应装设排除冷凝水的密封接头。

5 在爆炸性气体环境内钢管配线的电气线路应做好隔离密封，且应符合下列规定：

1）在正常运行时，所有点燃源外壳的 450mm 范围内应做隔离密封。

2）直径 50mm 以上钢管距引入的接线箱 450mm 以内处应做隔离密封。

3）相邻的爆炸性环境之间以及爆炸性环境与相邻的其他危险环境或非危险环境之间应进行隔离密封。进行密封时，密封内部应用纤维作填充层的底层或隔层，填充层的有效厚度不应小于钢管的内径，且不得小于 16mm。

4）供隔离密封用的连接部件，不应作为导线的连接或分线用。

6 在 1 区内电缆线路严禁有中间接头，在 2 区、20 区、21 区内不应有中间接头。

7 当电缆或导线的终端连接时，电缆内部的导线如果为绞线，其终端应采用定型端子或接线鼻子进行连接。

铝芯绝缘导线或电缆的连接与封端应采用压接、熔焊或钎焊，当与设备（照明灯具除外）连接时，应采用铜-铝过渡接头。

8 架空电力线路不得跨越爆炸性气体环境，架空线路与爆炸性气体环境的水平距离不应小于杆塔高度的 1.5 倍。在特殊情况下，采取有效措施后，可适当减少距离。

5.5　爆炸性环境接地设计

5.5.1 当爆炸性环境电力系统接地设计时，1000V 交流/1500V 直流以下的电源系统的接地应符合下列规定：

1 爆炸性环境中的 TN 系统应采用 TN-S 型；

2 危险区中的 TT 型电源系统应采用剩余电流动作的保护电器；

3 爆炸性环境中的 IT 型电源系统应设置绝缘监测装置。

5.5.2 爆炸性气体环境中应设置等电位联结，所有裸露的装置外部可导电部件应接入等电位系统。本质安全型设备的金属外壳可不与等电位系统连接，制造厂特殊要求的除外。具有阴极保护的设备不应与等电位系统连接，专门为阴极保护设计的接地系统除外。

5.5.3 爆炸性环境内设备的保护接地应符合下列规定：

1 按照现行国家标准《交流电气装置的接地设计规范》GB/T 50065 的有关规定，下列不需要接地的部分，在爆炸性环境内仍应进行接地：

1）在不良导电地面处，交流额定电压为 1000V 以下和直流额定电压为 1500V 及以下的设备正常不带电的金属外壳；

2）在干燥环境，交流额定电压为 127V 及以下，直流电压为 110V 及以下的设备正常不带电的金属外壳；

3）安装在已接地的金属结构上的设备。

2 在爆炸危险环境内，设备的外露可导电部分应可靠接地。爆炸性环境 1 区、20 区、21 区内的所有设备以及爆炸性环境 2 区、22 区内照明灯具以外的其他设备应采用专用的接地线。该接地线若与相线敷设在同一保护管内时，应具有与相线相等的绝缘。爆炸性环境 2 区、22 区内的照明灯具，可利用有可靠电气连接的金属管线系统作为接地线，但不得利用输送可燃物质的管道。

3 在爆炸危险区域不同方向，接地干线应不少于两处与接地体连接。

5.5.4 设备的接地装置与防止直接雷击的独立避雷针的接地装置应分开设置，与装设在建筑物上防止直接雷击的避雷针的接地装置可合并设置，与防雷电感应的接地装置亦可合并设置。接地电阻值应取其中最低值。

5.5.5 0 区、20 区场所的金属部件不宜采用阴极保护，当采用阴极保护时，应采取特殊的设计。阴极保护所要求的绝缘元件应安装在爆炸性环境之外。

附录 A 爆炸危险区域划分示例图及爆炸危险区域划分条件

A.0.1 爆炸危险区域划分应按图 A.0.1 划分。

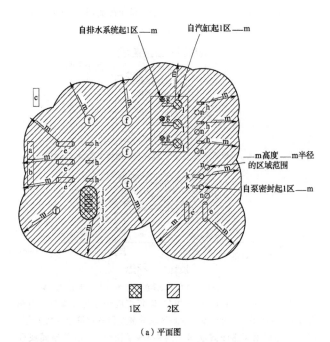

（a）平面图

（b）立面图

图 A.0.1 爆炸危险区域划分示例图

a—正压控制室；b—正压配电室；c—车间；e—容器；f—燕馏塔；
g—分析室（正压或吹净）；h—泵（正常运行时不可能释放的密封）；
j—泵（正常运行时有可能释放的密封）；k—泵（正常运行时有可能释放的密封）；
l—往复式压缩机；m—压缩机房（开敞式建筑）；n—放空口（高处或低处）

A.0.2 爆炸危险区域划分条件应符合表 A.0.2 的规定。

表 A.0.2 爆炸危险区域划分条件

工艺设备项目		易燃物质	工艺温度和压力	易燃物质容器的说明	通风	释放源		水平距离从释放源至*			根据	备注
编号	种类和地点					说明	级别	0区的界限	1区的界限	2区的界限		
E52	氢容器 户外	氢	30℃ 2500 kPa	具有阀门和向外放空阀的密闭系统	自然（开敞式）	法兰和阀门密封（见备注栏）	二级	—	—m	—m	—	由于法兰密封垫或阀门密封引起的释放（不正常）
J29	苯泵 二甲苯 户外	二甲苯	60℃ 300kPa	具有阀门和排水设备的密闭系统.机械密封盒节流阀	自然（开敞式）	机械密封（见备注栏）	一级/二级（多级别）	—	—m	—m	—	由于法兰密封垫或阀门密封引起的释放（不正常）正常运行时少量的释放,密封故障造成较大的释放（不正常）

续表 A.0.2

工艺设备项目		易燃物质	工艺温度和压力	易燃物质容器的说明	通风	释放源		水平距离从释放源至*			根据	备注
编号	种类和地点					说明	级别	0区的界限	1区的界限	2区的界限		
J94	乙烯 开敞 压缩机（往复式）	乙烯 开敞式建筑	70℃ 2000kPa	具有密封压盖和冷空气放空的密闭系统	自然（相当于开式）	法兰、密封压盖和阀压密封（见备注栏）	二级	—	—m	—m	—m	由于法兰密封垫、密封门压盖造成的释放（不正常）正常运行时少量的蒸气,由于不正确操作可能出现的大量释放（不正常）
132	固定顶盖式储罐 户外	汽油	周围环境	除用于真空密封外的密闭系统	自然（开敞式）	放空口和排水点（见注栏）储罐的放空口（见备注栏）	连续级/一级/二级（多级别）	在蒸气空间内为0区	—m	—m	××规定第×条	正常加料时放空的蒸气,可能在不正常情况下加过物料

注：* 省垂直距离也应记录。

附录 B 爆炸性气体环境危险区域范围典型示例图

B.0.1 在结合具体情况,充分分析影响区域的等级和范围的各项因素包括可燃物质的释放量、释放速度、沸点、温度、闪点、相对密度、爆炸下限、障碍等及生产条件,运用实践经验加以分析判断时,可使用下列示例来确定范围,图中释放源除注明外均为第二级释放源。

 1 可燃物质重于空气、通风良好且为第二级释放源的主要生产装置区(图 B.0.1-1 和图 B.0.1-2),爆炸危险区域的范围划分宜符合下列规定:

  1)在爆炸危险区域内,地坪下的坑、沟可划为 1 区;

  2)与释放源的距离为 7.5m 的范围内可划为 2 区;

  3)以释放源为中心,总半径为 30m,地坪上的高度为 0.6m,且在 2 区以外的范围内可划为附加 2 区。

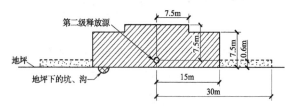

图 B.0.1-1 释放源接近地坪时可燃物重于空气、通风
良好的生产装置区

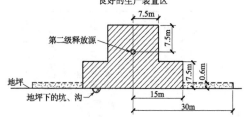

图 B.0.1-2 释放源在地坪以上时可燃物质重于空气、通风良好的生产装置区

 2 可燃物质重于空气,释放源在封闭建筑物内,通风不良且为第二级释放源的主要生产装置区(图 B.0.1-3),爆炸危险区域的范围划分宜符合下列规定:

  1)封闭建筑物内和在爆炸危险区域内地坪下的坑、沟可划为 1 区;

  2)以释放源为中心,半径为 15m,高度为 7.5m 的范围内可划为 2 区,但封闭建筑物的外墙和顶部距 2 区的界限不得小于 3m,如为无孔洞实体墙,则墙外为非危险区;

  3)以释放源为中心,总半径为 30m,地坪上的高度为 0.6m,且在 2 区以外的范围内可划为附加 2 区。

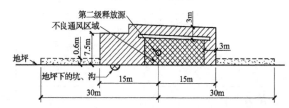

图 B.0.1-3 可燃物质重于空气、释放源在封闭建筑物内通风不良的生产装置区
注:用于距释放源在水平方向 15m 的距离,或在建筑物
周边 3m 范围内,取两者中较大者。

 3 对于可燃物质重于空气的贮罐(图 B.0.1-4 和图 B.0.1-5),爆炸危险区域的范围划分宜符合下列规定:

  1)固定式贮罐,在罐体内部未充惰性气体的液体表面以上的空间可划为 0 区,浮顶式贮罐在浮顶移动范围内的空间可划为 1 区;

  2)以放空口为中心,半径为 1.5m 的空间和爆炸危险区域内地坪下的坑、沟可划为 1 区;

  3)距离贮罐的外壁和顶部 3m 的范围内可划为 2 区;

  4)当贮罐周围设围堤时,贮罐外壁至围堤,其高度为堤顶高度的范围内可划为 2 区。

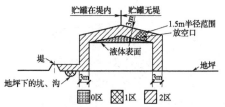

图 B.0.1-4 可燃物质重于空气、设在户外地坪上的固定式贮罐

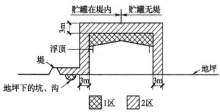

图 B.0.1-5 可燃物质重于空气、设在户外地坪上的浮顶式贮罐

 4 可燃液体、液化气、压缩气体、低温度液体装载槽车及槽车注送口处(图 B.0.1-6),爆炸危险区域的范围划分宜符合下列规定:

  1)以槽车密闭式注送口为中心,半径为 1.5m 的空间或以非密闭式注送口为中心,半径为 3m 的空间和爆炸危险区域内地坪下的坑、沟可划为 1 区;

  2)以槽车密闭式注送口为中心,半径为 4.5m 的空间或以非密闭式注送口为中心,半径为 7.5m 的空间以及至地坪以上的范围内可划为 2 区。

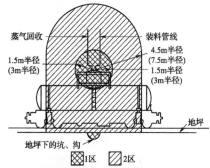

图 B.0.1-6 可燃液体、液化气、压缩气体等密闭注送系统的槽车
注:可燃液体为非密闭注送时采用括号内数值。

 5 对于可燃物质轻于空气,通风良好且为第二级释放源的主要生产装置区(图 B.0.1-7),当释放源距地坪的高度不超过 4.5m 时,以释放源为中心,半径为 4.5m,顶部与释放源的距离为 4.5m,及释放源至地坪以上的范围内可划为 2 区。

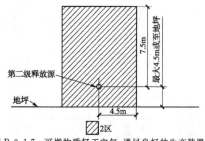

图 B.0.1-7 可燃物质轻于空气、通风良好的生产装置区
注:释放源距地坪的高度超过 4.5m 时,应根据实践经验确定。

6 对于可燃物质轻于空气,下部无侧墙,通风良好且为第二级释放源的压缩机厂房(图 B.0.1-8),爆炸危险区域的范围划分宜符合下列规定:

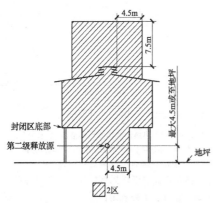

图 B.0.1-8 可燃物质轻于空气、通风良好的压缩机厂房
注:释放源距地坪的高度超过 4.5m 时,应根据实践经验确定。

1)当释放源距地坪的高度不超过 4.5m 时,以释放源为中心,半径为 4.5m,地坪以上至封闭区底部的空间和封闭区内部的范围内可划为 2 区;

2)屋顶上方百叶窗边外,半径为 4.5m,百叶窗顶部以上高度为 7.5m 的范围内可划为 2 区。

7 对于可燃物质轻于空气,通风不良且为第二级释放源的压缩机厂房(图 B.0.1-9),爆炸危险区域的范围划分宜符合下列规定:

1)封闭区内部可划为 1 区;

2)以释放源为中心,半径为 4.5m,地坪以上至封闭区底部的空间和距离封闭区外壁 3m,顶部的垂直高度为 4.5m 的范围内可划为 2 区。

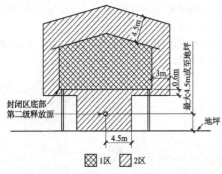

图 B.0.1-9 可燃物质轻于空气、通风不良的压缩机厂房
注:释放源距地坪的高度超过 4.5m 时,应根据实践经验确定。

8 对于开顶贮罐或池的单元分离器、预分离器和分离器(图 B.0.1-10),当液体表面为连续级释放源时,爆炸危险区域的范围划分宜符合下列规定:

1)单元分离器和预分离器的池壁外,半径为 7.5m,地坪上高度为 7.5m,及至液体表面以上的范围内可划为 1 区;

2)分离器的池壁外,半径为 3m,地坪上高度为 3m,及至液体表面以上的范围内可划为 1 区;

3)1 区外水平距离半径为 3m,垂直上方 3m,水平距离半径为 7.5m,地坪上高度为 3m 以及 1 区外水平距离半径为 22.5m,地坪上高度为 0.6m 的范围内可划为 2 区。

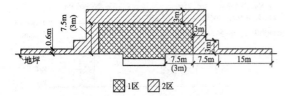

图 B.0.1-10 单元分离器、预分离器和分离器

9 对于开顶贮罐或池的溶解气游离装置(溶气浮选装置)(图 B.0.1-11),当液体表面处为连续级释源时,爆炸危险区域的范围划分宜符合下列规定:

1)液体表面至地坪的范围可划为 1 区;

2)1 区外及池壁外水平距离半径为 3m,地坪上高度为 3m 的范围内可划为 2 区。

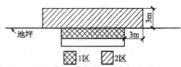

图 B.0.1-11 溶解气游离装置(溶气浮选装置)(DAF)

10 对于开顶贮罐或池的生物氧化装置(图 B.0.1-12),当液体表面处为连续级释放源时,开顶贮罐或池壁外水平距离半径为 3m,液体表面上方至地坪上高度为 3m 的范围内宜划为 2 区。

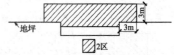

图 B.0.1-12 生物氧化装置(BIOX)

11 对于在通风良好区域内的带有通风管的盖封地下油槽或油水分离器(图 B.0.1-13),当液体表面为连续释放源时,爆炸危险区域范围划分宜符合下列规定:

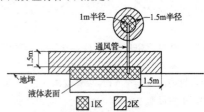

图 B.0.1-13 在通风良好区域内的带有通风管的盖封地下油槽或油水分离器

1)液体表面至盖底及以通风管管口为中心,半径为 1m 的范围可划为 1 区;

2)槽壁外水平距离 1.5m,盖子上部高度为 1.5m,及以通风管管口为中心,半径为 1.5m 的范围可划为 2 区。

12 对于处理生产装置用冷却水的机械通风冷却塔(图 B.0.1-14),当划分爆炸危险区域时,以回水管顶部烃放空管管口为中心,半径为 1.5m 和冷却塔及其上方高度为 3m 的范围可划分为 2 区,地坪下的泵坑的范围宜为 1 区。

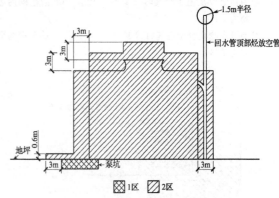

图 B.0.1-14 处理生产用冷却水的机械通风冷却塔

13 无释放源的生产装置区与通风不良的,且有第二级释放源的爆炸性气体环境相邻(图 B.0.1-15),并用非燃烧体的实体墙隔开,其爆炸危险区域的范围划分宜符合下列规定:

1)通风不良的,有第二级释放源的房间范围内可划为 1 区;

2)当可燃物质重于空气时,以释放源为中心,半径为 15m 的范围内可划为 2 区;

3)当可燃物质轻于空气时,以释放源为中心,半径为 4.5m 的范围内可划为 2 区。

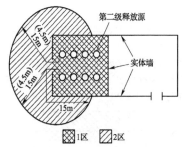

图 B.0.1-15 与通风不良的房间相邻

14 无释放源的生产装置区与有顶无墙建筑物且有第二级释放源的爆炸性气体环境相邻(图 B.0.1-16),并用非燃烧体的实体墙隔开,其爆炸危险区域的范围划分宜符合下列规定:

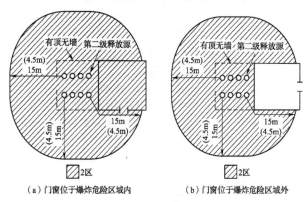

(a)门窗位于爆炸危险区域内   (b)门窗位于爆炸危险区域外

图 B.0.1-16 与有顶无墙建筑物相邻

1)当可燃物质重于空气时,以释放源为中心,半径为 15m 的范围内可划为 2 区;

2)当可燃物质轻于空气时,以释放源为中心,半径为 4.5m 的范围内可划为 2 区;

3)与爆炸危险区域相邻,用非燃烧体的实体墙隔开的无释放源的生产装置区,门窗位于爆炸危险区域内时可划为 2 区,门窗位于爆炸危险区域外时可划为非危险区。

15 无释放源的生产装置区与通风不良的且有第一级释放源的爆炸性气体环境相邻(图 B.0.1-17),并用非燃烧体的实体墙隔开,其爆炸危险区域的范围划分宜符合下列规定:

1)第一级释放源上方排风罩内的范围可划为 1 区;

2)当可燃物质重于空气时,1 区外半径为 15m 的范围内可划为 2 区;

3)当可燃物质轻于空气时,1 区外半径为 4.5m 的范围内可划为 2 区。

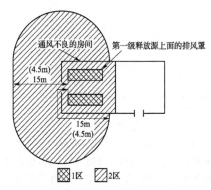

图 B.0.1-17 释放源上面有排风罩时的爆炸危险区域范围

16 可燃性液体紧急集液池、油水分离池(图 B.0.1-18)的危险区域的范围划分宜符合下列规定:

1)集液池或分离池内液面至池顶部或地坪部分的区域可划为 1 区;

2)池壁水平方向半径为 4.5m 的范围内可划为 2 区。

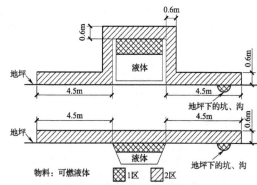

物料:可燃液体

图 B.0.1-18 可燃性液体紧急集液池、油水分离池

注:本图不适用于敞开的坑或容器,如正常情况下装有可燃液体的浸式罐或敞开的混合罐。

17 液氢储存装置位于通风良好的户内或户外(图 B.0.1-19)的危险区域划分宜符合下列规定:

1)释放源高于地面 7.5m 以上时以释放源为中心,半径为 1m 的范围内可划为 1 区,以释放源为中心,半径为 7.5m 的范围内可划为 2 区;

2)释放源与地坪的距离小于 7.5m 时,以释放源为中心,半径为 7.5m 的范围内可划为 2 区。

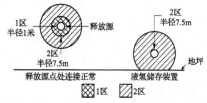

图 B.0.1-19 通风良好的户内或户外液氢储存装置

18 气态氢气储存装置位于通风良好的户内或户外(图 B.0.1-20)的危险区域划分宜符合下列规定:

1)户外情况时,以释放源为中心,半径为 7.5m 的范围内可划为 2 区。

2)户内情况时,以释放源为中心,半径为 1.5m 的范围内可划为 2 区。

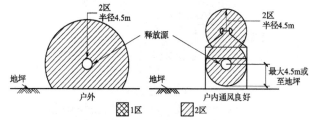

B.0.1-20 通风良好的户内或户外气态氢储存装置

19 低温液化气体贮罐的危险区域划分宜符合下列规定(图 B.0.1-21):

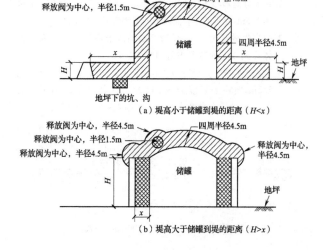

(a)堤高小于储罐到堤的距离(H<x)

(b)堤高大于储罐到堤的距离(H>x)

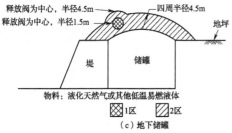

（c）地下储罐

图 B.0.1-21　低温液化气体贮罐

1）以释放阀为中心，半径为 1.5m 的范围可划分为 1 区；

2）储罐外壁 4.5m 半径的范围可划为 2 区。

20　码头或水域处理可燃性液体的区域（图 B.0.1-22），危险区域划分宜符合下列规定：

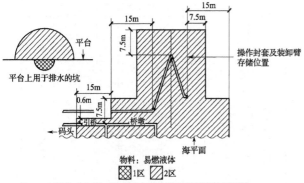

图 B.0.1-22　码头或水域处理可燃性液体的区域

注：1　释放源为操作封套及装卸臂或软管与船外法兰连接的存储位置处。

　　2　油船及载油仓的交界区域按如下可划为 2 区：

　　　1）从载油仓的船体部分到桥墩上垂直 7.5m 内范围；

　　　2）从海平面到载油仓最高点 7.5m 内的范围。

　　3　其余位置可划分可按其他易燃液体释放源是否存在、海防要求或其他规定来确定。

1）从载油舱的那部分船体算起，在码头一侧，沿水平各方向 7.5m 的范围可划为 2 区；

2）从水面至装油舱最高点算起 7.5m 的范围可划为 2 区。

21　对工艺设备容积不大于 95m³、压力不大于 3.5MPa、流量不大于 38L/s 的生产装置，且为第二级释放源，按照生产的实践经验，爆炸危险区域的范围划分以释放源为中心，半径为 4.5m 的范围内可划为 2 区。

22　阀门危险区域的划分宜符合下列规定：

1）位于通风良好而未封闭的区域内的截断阀和止回阀周围的区域可不分类；

2）位于通风良好的封闭区域内的截断阀和止回阀周围的区域，在封闭的范围内可划为 2 区；

3）位于通风不良的封闭区域内的截断阀和止回阀周围的区域，在封闭的范围内可划为 1 区；

4）位于通风良好而未封闭的区域内的工艺程序控制阀周围的区域，在阀杆密封或类似密封周围的 0.5m 的范围内可划为 2 区；

5）位于通风良好的封闭区域内的工艺程序控制阀周围的区域，在封闭的范围内可划为 2 区；

6）位于通风不良的封闭区域内的工艺程序控制阀周围的区域，在封闭的范围内可划为 2 区。

23　蓄电池的危险区域的划分应符合下列规定：

1）蓄电池应属于 IIC 级的分类。

2）当含有可充电镍-镉或镍-氢蓄电池的封闭区域具备蓄电池无通气口，其总体积小于该封闭区域容积的 1%，并在 1 小时放电率下蓄电池的容量小于 1.5A·h 等条件时，可按照非危险区域考虑；

3）当含有除本款第 2 项之外的其他蓄电池的封闭区域具备蓄电池无通气口，其总体积小于该封闭区域容积的 1%

或蓄电池的充电系统的额定输出小于或等于 200W 并采取了防止不适当过充电的措施等条件时，可按照非危险区域考虑；

4）含有可充电蓄电池的非封闭区域，通风良好，该区域可划为非危险区域；

5）当所有的蓄电池都能直接或者间接地向封闭区域的外部排气，该区域可划为非危险区域考虑；

6）当配有蓄电池、通风较差的封闭区域具备至少能保证该区域的通风情况不低于满足通风良好条件的 25% 及蓄电池的充电系统有防止过充电的设计时，可划为 2 区；当不满足此条件时，可划为 1 区。

附录C 可燃性气体或蒸气爆炸性混合物分级、分组

表C 可燃性气体或蒸气爆炸性混合物分级、分组

序号	物质名称	分子式	级别	引燃温度组别	引燃温度(℃)	闪点(℃)	爆炸极限V% 下限	爆炸极限V% 上限	相对密度
	ⅡA级 一、烃类								
	链烷烃类								
1	甲烷	CH_4	ⅡA	T1	537	气态	5.00	15.00	0.60
2	乙烷	C_2H_6	ⅡA	T1	472	气态	3.00	12.50	1.00
3	丙烷	C_3H_8	ⅡA	T2	432	气态	2.00	11.10	1.50
4	丁烷	C_4H_{10}	ⅡA	T2	365	-60	1.90	8.50	2.00
5	戊烷	C_5H_{12}	ⅡA	T3	260	<-40	1.50	7.80	2.50
6	己烷	C_6H_{14}	ⅡA	T3	225	-22	1.10	7.50	3.00
7	庚烷	C_7H_{16}	ⅡA	T3	204	-4	1.05	6.70	3.50
8	辛烷	C_8H_{18}	ⅡA	T3	206	13	1.00	6.50	3.90
9	壬烷	C_9H_{20}	ⅡA	T3	205	31	0.80	2.90	4.40
10	癸烷	$C_{10}H_{22}$	ⅡA	T3	210	46	0.80	5.40	4.90
11	环丁烷	$CH_2(CH_2)_2CH_2$	ⅡA	—	—	气态	1.80	—	1.90
12	环戊烷	$CH_2(CH_2)_3CH_2$	ⅡA	T2	380	<-7	1.50	—	2.40
13	环己烷	$CH_2(CH_2)_4CH_2$	ⅡA	T3	245	-20	1.30	8.00	2.90
14	环庚烷	$CH_2(CH_2)_5CH_2$	ⅡA	—	—	<21	1.10	6.70	3.39
15	甲基环丁烷	$CH_3CH(CH_2)_2CH_2$	ⅡA	—	—	—	—	—	—
16	甲基环戊烷	$CH_3CH(CH_2)_3CH_2$	ⅡA	T3	258	<-10	1.00	8.35	2.90
17	甲基环己烷	$CH_3CH(CH_2)_4CH_2$	ⅡA	T3	250	-4	1.20	6.70	3.40
18	乙基环戊烷	$C_2H_5CH(CH_2)_3CH_2$	ⅡA	T3	210	<-16	1.20	7.70	2.90
19	乙基环己烷	$C_2H_5CH(CH_2)_4CH_2$	ⅡA	T3	260	<-21	1.10	6.70	—
20	乙基环己烷	$C_2H_5CH(CH_2)_4CH_2$	ⅡA	T3	238	35	0.90	6.60	3.90
21	萘烷(十氢化萘)	$CH_2(CH_2)_3CHCH(CH_2)_3CH_2$	ⅡA	T3	250	54	0.70	4.90	4.80

续表C

序号	物质名称	分子式	级别	引燃温度组别	引燃温度(℃)	闪点(℃)	爆炸极限V% 下限	爆炸极限V% 上限	相对密度
	链烯烃类								
22	丙烯	$CH_2=CHCH_3$	ⅡA	T2	455	气态	2.00	11.10	1.50
	芳烃类								
23	苯乙烯	$C_6H_5CH=CH_2$	ⅡA	T1	490	31	0.90	6.80	3.60
24	异丙烯基苯(甲基苯乙烯)	$C_6H_5C(CH_3)=CH_2$	ⅡA	T2	424	36	0.90	6.50	4.10
	苯类								
25	苯	C_6H_6	ⅡA	T1	498	-11	1.20	7.80	2.80
26	甲苯	$C_6H_5CH_3$	ⅡA	T1	480	4	1.10	7.10	3.10
27	二甲苯	$C_6H_4(CH_3)_2$	ⅡA	T1	464	30	1.10	6.40	3.66
28	乙苯	$C_6H_5C_2H_5$	ⅡA	T2	432	21	0.80	6.70	3.70
29	三甲苯	$C_6H_3(CH_3)_3$	ⅡA	T1	—	—	—	—	4.40
30	萘	$C_{10}H_8$	ⅡA	T1	526	79	0.90	5.90	4.10
31	异丙苯(异丙基苯)	$C_6H_5CH(CH_3)_2$	ⅡA	T2	424	36	0.90	6.50	4.60
32	异丙基甲苯	$(CH_3)_2CHC_6H_4CH_3$	ⅡA	T2	436	47	0.70	5.60	
	混合烃类								
33	甲烷(工业用)*	CH_4	ⅡA	T1	537	—	5.00	15.00	0.55
34	松节油		ⅡA	T3	253	35	0.80	—	<1
35	石脑油		ⅡA	T3	288	<-18	1.10	5.90	2.50
36	煤焦油石脑油		ⅡA	T3	272	<-18			
37	石油(包括车用汽油)		ⅡA	T3	288	<-18	1.10	5.90	2.50
38	洗涤汽油		ⅡA	T3	288	<-18	1.10	5.90	2.50
39	燃料油		ⅡA	T3	220~300	>55	0.70	50.00	<1.00
40	煤油		ⅡA	T3	210	38	0.60	6.50	4.50
41	柴油		ⅡA	T3	220	43~87	0.60	6.50	7.00
42	动力苯		ⅡA	T1	>450	<0	1.50	80.00	3.00
	三、含氧化合物								
	醇类和酚类								
43	甲醇	CH_3OH	ⅡA	T2	385	11	6.00	36.00	1.10
44	乙醇	C_2H_5OH	ⅡA	T2	363	13	3.30	19.00	1.60

续表 C

序号	物质名称	分子式	级别	引燃温度组别	引燃温度(℃)	闪点(℃)	爆炸极限V% 下限	爆炸极限V% 上限	相对密度
45	丙醇	C_3H_7OH	ⅡA	T2	412	23	2.20	13.70	2.10
46	丁醇	C_4H_9OH	ⅡA	T2	343	37	1.40	11.20	2.6
47	戊醇	$C_5H_{11}OH$	ⅡA	T3	300	34	1.10	10.50	3.04
48	己醇	$C_6H_{13}OH$	ⅡA	T3	293	63	1.20	—	3.50
49	庚醇	$C_7H_{15}OH$	ⅡA	—	—	60	—	—	4.03
50	辛醇	$C_8H_{17}OH$	ⅡA	—	270	81	1.10	7.40	4.50
51	壬醇	$C_9H_{19}OH$	ⅡA	—	—	75	0.80	6.10	4.97
52	环己醇	$CH_2(CH_2)_4CHOH$	ⅡA	T3	300	68	1.20	—	3.50
53	甲基环己醇	$C_7H_{13}OH$	ⅡA	T3	295	68	1.80	8.6	3.93
54	苯酚	C_6H_5OH	ⅡA	T1	715	79	1.40	—	3.2
55	甲酚	$C_6H_5C_6H_4OH$	ⅡA	T1	599	81	1.40	—	3.70
56	4-羟基-4-甲基戊酮(双丙酮醇)	$(CH_3)_2C(OH)CH_2COCH_3$	ⅡA	T1	603	64	1.80	6.90	4.00
	醛类								
57	乙醛	CH_3CHO	ⅡA	T4	175	−39	4.00	60.00	1.50
58	聚乙醛	$(CH_3CHO)_n$	ⅡA	—	—	36	—	—	6.10
	酮类								
59	丙酮	$(CH_3)_2CO$	ⅡA	T1	465	−20	2.50	12.80	2.00
60	2-丁酮(乙基甲基酮)	$C_2H_5COCH_3$	ⅡA	T2	404	−9	1.90	10.00	2.50
61	2-戊酮(甲基·丙基甲酮)	$C_3H_7COCH_3$	ⅡA	T1	452	7	1.50	8.20	3.00
62	2-己酮(甲基·丁基甲酮)	$C_4H_9COCH_3$	ⅡA	T1	457	16	1.20	8.00	3.45
63	戊基甲基甲酮	$C_5H_{11}COCH_3$	ⅡA	—	—	—	—	—	—
64	戊间二酮(乙酰丙酮)	$CH_3COCH_2COCH_3$	ⅡA	T2	340	34	1.80	6.90	4.00
65	环己酮	$CH_2(CH_2)_4CO$	ⅡA	T2	419	43	1.10	9.40	3.38
	酯类								
66	甲酸甲酯	$HCOOCH_3$	ⅡA	T2	449	−19	4.50	23.00	2.10
67	甲酸乙酯	$HCOOC_2H_5$	ⅡA	T2	455	−20	2.80	16.00	2.60

续表 C

序号	物质名称	分子式	级别	引燃温度组别	引燃温度(℃)	闪点(℃)	爆炸极限V% 下限	爆炸极限V% 上限	相对密度
68	醋酸甲酯	CH_3COOCH_3	ⅡA	T1	454	−10	3.10	16.00	2.80
69	醋酸乙酯	$CH_3COOC_2H_5$	ⅡA	T2	426	−4	2.00	11.50	3.00
70	醋酸丙酯	$CH_3COOC_3H_7$	ⅡA	T2	450	13	1.70	8.00	3.50
71	醋酸丁酯	$CH_3COOC_4H_9$	ⅡA	T2	—	31	1.70	9.80	4.00
72	醋酸戊酯	$CH_3COOC_5H_{11}$	ⅡA	T2	360	25	1.00	7.10	4.48
73	甲基丙烯酸甲酯(异丁烯酸甲酯)	$CH_3=CCH_3COOCH_3$	ⅡA	T2	421	10	1.70	8.20	3.45
74	甲基丙烯酸乙酯(异丁烯酸乙酯)	$CH_3=CCH_3COOC_2H_5$	ⅡA	—	—	20	1.80	—	3.9
75	醋酸乙烯酯	$CH_3COOCH=CH_2$	ⅡA	T2	402	−8	2.60	13.40	3.00
76	乙酰基醋酸乙酯	$CH_3COCH_2COOC_2H_5$	ⅡA	T3	295	57	1.40	9.50	4.50
	酸类								
77	醋酸	CH_3COOH	ⅡA	T1	464	40	5.40	17.00	2.07

三、含卤化合物

序号	物质名称	分子式	级别	引燃温度组别	引燃温度(℃)	闪点(℃)	爆炸极限V% 下限	爆炸极限V% 上限	相对密度
	无氧化合物								
78	氯甲烷	CH_3Cl	ⅡA	T1	632	−50	8.10	17.40	1.80
79	氯乙烷	C_2H_5Cl	ⅡA	T1	519	−50	3.80	15.40	2.20
80	溴乙烷	C_2H_5Br	ⅡA	T1	511	—	6.80	8.00	3.80
81	氯丙烷	C_3H_7Cl	ⅡA	T1	520	−32	2.40	11.10	2.70
82	氯丁烷	C_4H_9Cl	ⅡA	T2	250	−9	1.80	10.00	3.20
83	溴丁烷	C_4H_9Br	ⅡA	T2	265	18	2.50	6.60	4.72
84	二氯乙烷	$C_2H_4Cl_2$	ⅡA	T2	412	−6	5.60	15.00	3.42
85	二氯丙烷	$C_3H_6Cl_2$	ⅡA	T1	557	15	3.40	14.5	3.9
86	氯苯	C_6H_5Cl	ⅡA	T1	593	28	1.30	9.60	3.90
87	苄基氯	$C_6H_5CH_2Cl$	ⅡA	T1	585	60	1.20	9.20	4.36
88	三氯苯	$C_6H_4Cl_2$	ⅡA	T1	648	66	2.20	—	5.07
89	烯丙基氯	$CH_2=CHCH_2Cl$	ⅡA	T2	485	−32	2.90	11.10	2.60
90	二氯乙烯	$CHCl=CHCl$	ⅡA	T2	460	−10	9.70	12.80	3.34
91	氯乙烯	$CH_2=CHCl$	ⅡA	T2	413	−78	3.60	33.00	2.20
92	三氟甲苯	$C_6H_5CF_3$	ⅡA	T1	620	12	—	5.00	—

序号	物质名称	分子式	级别	引燃温度组别	引燃温度(℃)	闪点(℃)	爆炸极限V% 下限	爆炸极限V% 上限	相对密度
	含氧化合物								
93	二氯甲烷(甲又二氯)	CH_2Cl_2	ⅡA	T1	556	—	13.00	23.00	2.90
94	乙酰氯	CH_3COCl	ⅡA	T2	390	4	—	—	2.70
95	氯乙醇	CH_2ClCH_2OH	ⅡA	T2	425	60	4.90	15.90	2.80
	四、含硫化合物								
96	乙硫醇	C_2H_5SH	ⅡA	T3	300	<-18	2.80	18.00	2.10
97	丙硫醇-1		ⅡA	—	—	—	—	—	—
98	噻吩	$CH{=}CHCH{=}CHS$	ⅡA	T2	395	-1	1.50	12.50	2.90
99	四氢噻吩	$CH_2(CH_2)_2CH_2S$	ⅡA	T3	—	—	—	—	—
	五、含氮化合物								
100	氨	NH_3	ⅡA	T1	651	气态	15.00	28.00	0.60
101	乙腈	CH_3CN	ⅡA	T1	524	6	3.00	16.00	1.40
102	亚硝酸乙酯	CH_3CH_2ONO	ⅡA	T6	90	-35	4.00	50.00	2.60
103	硝基甲烷	CH_3NO_2	ⅡA	T2	418	35	7.30	—	2.10
104	硝基乙烷	$C_2H_5NO_2$	ⅡA	T2	414	28	3.40	—	2.60
	胺类								
105	甲胺	CH_3NH_2	ⅡA	T2	430	气态	4.90	20.70	1.00
106	二甲胺	$(CH_3)_2NH$	ⅡA	T2	400	气态	2.80	14.40	1.60
107	三甲胺	$(CH_3)_3N$	ⅡA	T4	190	气态	2.00	11.60	2.00
108	二乙胺	$(C_2H_5)_2NH$	ⅡA	T3	312	-23	1.80	10.10	2.50
109	三乙胺	$(C_2H_5)_3N$	ⅡA	T3	249	-7	1.20	8.00	3.50
110	正丙胺	$C_3H_7NH_2$	ⅡA	T2	318	-37	2.00	10.40	2.04
111	正丁胺	$C_4H_9NH_2$	ⅡA	T2	312	-12	1.70	9.80	2.50
112	环己胺	$CH_2(CH_2)_4CHNH_2$	ⅡA	T3	293	32	1.60	9.40	3.42
113	2-乙醇胺	$NH_2CH_2CH_2OH$	ⅡA	T2	410	90	—	—	2.10
114	2-二甲胺基乙醇	$(CH_3)_2NC_2H_4OH$	ⅡA	T3	220	39	—	—	3.03
115	二氨基乙烷	$NH_2CH_2CH_2NH_2$	ⅡA	T2	385	34	2.70	16.50	2.07
116	苯胺	$C_6H_5NH_2$	ⅡA	T1	615	75	1.20	8.30	3.22
117	NN-二甲基苯胺	$C_4H_5N(CH_3)_2$	ⅡA	T2	370	96	1.20	7.00	4.17

序号	物质名称	分子式	级别	引燃温度组别	引燃温度(℃)	闪点(℃)	爆炸极限V% 下限	爆炸极限V% 上限	相对密度
118	苯胺基丙烷	$C_6H_5CH_2CH(NH_2)CH_2$	ⅡA	—	—	<100	—	—	4.67
119	甲苯胺	$CH_3C_6H_4NH_2$	ⅡA	T1	482	85	—	12.40	3.70
120	吡啶	C_5H_5N	ⅡA	T1	482	20	1.80	—	2.70
	ⅡB级 一、烃类								
121	丙炔	$CH_3C{\equiv}CH$	ⅡB	—	—	气态	1.70	—	1.40
122	乙烯	C_2H_4	ⅡB	T1	450	气态	2.70	36.00	1.00
123	环丙烷	$CH_2CH_2CH_2$	ⅡB	T1	498	气态	2.40	10.40	1.50
124	1,3-丁二烯	$CH_2{=}CHCH{=}CH_2$	ⅡB	T2	420	气态	2.00	12.00	1.90
	二、含氮化合物								
125	丙烯腈	$CH_2{=}CHCN$	ⅡB	T1	481	0	3.00	17.00	1.80
126	异硝酸丙酯	$(CH_3)_2CHONO_2$	ⅡB	T4	175	11	2.00	100.00	—
127	氰化氢	HCN	ⅡB	T1	538	-18	5.60	40.00	0.90
	三、含氧化合物								
128	一氧化碳**	CO	ⅡA	T1	—	气态	12.50	74.00	1.00
129	二甲醚	$(CH_3)_2O$	ⅡB	T3	240	气态	3.40	27.00	1.60
130	乙基甲基醚	$CH_3OC_2H_5$	ⅡB	T4	190	-45	2.00	10.10	2.10
131	乙醚	$(C_2H_5)_2O$	ⅡB	T4	180	21	1.90	36.00	2.60
132	二丙醚	$(C_3H_7)_2O$	ⅡA	T4	188	25	1.30	7.00	3.53
133	二丁醚	$(C_4H_9)_2O$	ⅡB	T4	194	<-18	1.50	7.60	4.50
134	环氧乙烷	CH_2CH_2O	ⅡB	T2	429	-37	3.50	100.00	1.52
135	1,2-环氧丙烷	CH_3CHCH_2O	ⅡB	T2	430	2.0	2.80	37.00	2.00
136	1,3-二氧戊烷	$CH_2CH_2OCH_2O$	ⅡB	—	—	—	—	—	2.55
137	1,4-二噁烷	$CH_2CH_2OCH_2CH_2O$	ⅡB	T2	379	11	2.00	22.00	3.03
138	1,3,5-三噁烷	$CH_2OCH_2OCH_2O$	ⅡB	T2	410	45	3.20	29.00	3.11
139	羧基醋酸丁酯	$HOCH_2COOC_4H_9$	ⅡB	—	—	61	—	—	3.52
140	四氢糠醇	$CH_2CH_2CH_2OCHCH_2OH$	ⅡB	T3	218	70	1.50	9.70	3.52
141	丙烯酸甲酯	$CH_2{=}CHCOOCH_3$	ⅡB	T1	468	-3	2.80	25.00	3.00

续表 C

序号	物质名称	分子式	级别	引燃温度组别	引燃温度(℃)	闪点(℃)	爆炸极限V% 下限	爆炸极限V% 上限	相对密度
142	丙烯酸乙酯	$CH_2{=}CHCOOC_2H_5$	ⅡB	T2	372	10	1.40	14.00	3.50
143	呋喃	$CH{=}CHCH{=}CHO$	ⅡB	T2	390	<-20	2.30	14.30	2.30
144	丁烯醛(巴豆醛)	$CH_3CH{=}CHCHO$	ⅡB	T3	280	13	2.10	16.00	2.41
145	丙烯醛	$CH_2{=}CHCHO$	ⅡB	T3	220	-26	2.80	31.00	1.90
146	四氢呋喃	$CH_2(CH_2)_2CH_2O$	ⅡB	T3	321	-14	2.00	11.80	2.50
	四、混合气								
147	焦炉煤气	—	ⅡB		560	—	4.00	40.00	0.40~0.50
	五、含卤化合物								
148	四氟乙烯	C_2F_4	ⅡB	T4	200	气态	10.00	50.00	3.87
149	1氯-2,3-环氧丙烷	OCH_2CHCH_2Cl	ⅡB	T2	411	32	3.80	21.00	3.30
150	硫化氢	H_2S	ⅡB	T3	260	气态	4.00	44.00	1.20
	ⅡC 级								
151	氢	H_2	ⅡC	T1	500	气态	4.00	75.00	0.10
152	乙炔	C_2H_2	ⅡC	T2	305	气态	2.50	100.00	0.90
153	二硫化碳	CS_2	ⅡC	T5	102	-30	1.30	50.00	2.64
154	硝酸乙酯	$C_2H_5ONO_2$	ⅡC	T6	85	10	4.00	—	3.14
155	水煤气	—	ⅡC	T1	—	1	—	—	—
	其他物质								
156	醋酸酐	$(CH_3CO)_2O$	ⅡA	T2	334	49	2.70	10.00	3.52
157	苯甲醛	C_6H_5CHO	ⅡA	T4	192	64	1.40	—	3.66
158	异丁醇	$(CH_3)_2CHCH_2OH$	ⅡA	T2	—	28	1.70	9.80	2.55
159	丁烯-1	$CH_2{=}CHCH_2CH_3$	ⅡA	T3	385	-80	1.60	10.00	1.95
160	丁醛	$CH_3CH_2CH_2CHO$	ⅡA	T3	230	<-5	2.50	12.50	2.48
161	异氯丙烷	$(CH_3)_2CHCl$	ⅡA	T1	529	-18	2.80	10.70	2.70
162	枯烯	$C_6H_5CH(CH_3)_2$	ⅡA	T2	424	36	0.88	6.50	4.13
163	环己烯	$CH_2(CH_2)_3CH{=}CH$	ⅡA	T3	244	<-20	1.20	—	2.83
164	二乙酮醇	$CH_3COCH_2C(CH_3)_2OH$	ⅡA	T1	680	58	1.80	6.90	4.00
165	二戊醚	$[(C_5H_{11})_2O]$	ⅡA	T4	171	57	—	—	5.45
166	二异丙醚	$(CH_3)_2CHCHCH_2O$	ⅡA	T2	443	-28	1.40	7.90	3.25
167	二异丁烯	$C_2H_5CHCH_2CHCH_2C_2H_5$	ⅡA	T2	420	-5	0.80	4.80	3.87

续表 C

序号	物质名称	分子式	级别	引燃温度组别	引燃温度(℃)	闪点(℃)	爆炸极限V% 下限	爆炸极限V% 上限	相对密度
168	二戊烯	$C_{10}H_{16}$	ⅡA	T3	237	42	0.75	6.10	4.66
169	乙氧基乙酸乙酯	$CH_3COCH_2CH_2OC_2H_5$	ⅡA	T2	380	47	1.70	12.70	4.60
170	二甲基甲酰胺	$HCON(CH_3)_2$	ⅡA	T2	440	58	1.80	14.00	2.51
171	甲酸	$HCOOH$	ⅡA	T1	540	68	18.00	57.00	1.60
172	甲基戊基醚	$CH_3CO(CH_2)_4CH_3$	ⅡA	T1	533	39	1.10	7.90	3.94
173	甲基戊基甲酮	$CH_3CO(CH_2)_3CH_3$	ⅡA	T1	533	23	1.20	8.00	3.46
174	吗啉	$OCH_2CH_2NHCH_2CH_2$	ⅡA	T2	310	38	2.00	11.20	3.00
175	硝基苯	$C_6H_5NO_2$	ⅡA	T1	480	88	1.80	40.00	4.25
176	异辛烷	$(CH_3)_2CHCH_2(CH_3)$	ⅡA	T3	411	4	1.00	6.00	3.90
177	仲(乙)醛	$(CH_3CHO)_3$	ⅡA	T4	235	36	1.30	—	4.56
178	异戊烷	$(CH_3)_2CHCH_2CH_3$	ⅡA	T2	420	<-51	1.40	8.00	2.50
179	异丙醇	$(CH_3)_2CHOH$	ⅡA	T2	399	12	2.00	12.70	2.07
180	三乙苯	$C_6H_3(CH_3)_3$	ⅡA	T1	550	—	2.00	7.20	4.15
181	二乙醇胺	$(HOCH_2CH_2)_2NH$	ⅡA	T1	622	146	—	—	3.62
182	三乙醇胺	$(HOCH_2CH_2)_3N$	ⅡA	T1	—	190	—	—	5.14
183	25#变压器油	—	ⅡA	T2	350	135	—	—	—
184	重柴油	—	ⅡA	T3	300	>120	0.50	5.00	—
185	溶剂油	—	ⅡA	T2	385	33	1.10	7.20	—
186	1-硝基丙烷	$C_3H_7NO_2$	ⅡB	T2	420	36	2.20	—	3.10
187	甲氧基乙醇	$CH_3OCH_2CH_2OH$	ⅡB	T3	285	39	2.50	19.80	2.63
188	石蜡	$poly(CH_2O)$	ⅡB	T3	300	70	7.00	73.00	—
189	甲醛	$HCHO$	ⅡB	T2	425	—	7.00	73.00	1.03
190	2-乙氧基乙醇	$C_2H_5OCH_2CH_2OH$	ⅡB	T3	135	43	1.80	15.70	3.10
191	二叔丁过氧化物	$(CH_3)_3COOC(CH_3)_3$	ⅡB	T4	170	18	—	—	5.00
192	二丙醚	$(C_3H_7)_2O$	ⅡB	T2	215	21	—	—	3.53
193	烯丙醇	$CH_2{=}CHCH_2OH$	ⅡB	T2	378	21	2.50	18.00	2.00
194	甲基叔丁基醚(MTBE)	$C_5H_{12}O$	ⅡB	T1	460	-28	—	—	3.04
195	糠醛	C_4H_3OCHO	ⅡB	T2	392	60	2.10	19.30	3.31
196	N-甲基二乙醇胺(MDEA)	$CH_3N(CH_2CH_2OH)_2$ 或 $C_5H_{13}NO_2$	ⅡB	T3	—	260	—	—	4.10

续表 C

序号	物质名称	分子式	级别	引燃温度 组别	引燃温度(℃)	闪点(℃)	爆炸极限 V% 下限	爆炸极限 V% 上限	相对密度
197	乙二醇	HOCH₂CH₂OH	ⅡB	T2	413	116	32.00	53.00	3.10
198	二甲基二硫醚 (DMDS)	CH₃SSCH₃	ⅡB	T3	—	7	1.10	16.10	—
199	环丁砜	C₄H₈SO₂	—	—	—	166	—	—	4.14

注：* 指包括含 15% 以下(按体积计)氢气的甲烷混合气。
　　** 指一氧化碳在异常环境温度下可以含有使它与空气混合物饱和的水分。

附录 D 爆炸性粉尘环境危险区域范围 典型示例图

D.0.1 分区示例：

1 20 区：

可能产生 20 区的场所示例：

粉尘容器内部场所；

贮料槽、筒仓等，旋风集尘器和过滤器；

粉料传送系统等，但不包括皮带和链式输送机的某些部分；

搅拌机，研磨机，干燥机和包装设备等。

2 21 区：

可能产生 21 区的场所示例：

当粉尘容器内部出现爆炸性粉尘环境，为了操作而需频繁移出或打开盖/隔膜阀时，粉尘容器外部靠近盖/隔膜阀周围的场所；

当未采取防止爆炸性粉尘环境形成的措施时，在粉尘容器装料和卸料点附近的外部场所、送料皮带、取样点、卡车卸载站、皮带卸载点等场所；

如果粉尘堆积且由于工艺操作，粉尘层可能被扰动而形成爆炸性粉尘环境时，粉尘容器外部场所；

可能出现爆炸性粉尘云，但既非持续，也不长期，又不经常时，粉尘容器的内部场所，如自清扫间隔长的料仓(如果仅偶尔装料和/或出料)和过滤器污秽的一侧。

3 22 区：

可能产生 22 区的场所示例：

袋式过滤器通风孔的排气口，一旦出现故障，可能逸散出爆炸性混合物；

非频繁打开的设备附近，或凭经验粉尘被吹出而易形成泄漏的设备附近，如气动设备或可能被损坏的挠性连接等；

袋装粉料的存储间。在操作期间，包装袋可能破损，引起粉尘扩散；

通常被划分为 21 区的场所，当采取措施时，包括排气通风，防止爆炸性粉尘环境形成时，可以降为 22 区场所。这些措施应该在下列点附近执行：装料和倒空点、送料皮带、取样点、卡车卸载站、皮带卸载点等；

能形成可控的粉尘层且很可能被扰动而产生爆炸性粉尘环境的场所。仅当危险粉尘环境形成之前，粉尘层被清理的时候，该区域才可被定为非危险场所。这是良好现场清理的主要目的。

D.0.2 建筑物内无抽气通风设施的倒袋站(图 D.0.2)：

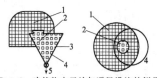

图 D.0.2 建筑物内无抽气通风设施的倒袋站

1—21 区，通常为 1m 半径，见正文 4.3.3 条；2—20 区，见正文 4.3.2 条；
3—地板；4—袋子排料斗；5—到后续处理

注：1 相关尺寸只用于图例说明。实际中可能要求其他一些距离尺寸。
　　2 附加措施，像泄爆或隔爆等可能是必要的，但超出了本规范范围，因此未列出。

在本示例中，袋子经常性地用手工排空到料斗中，从该料斗靠气动把排出的物料输送到工厂的其他部分。料斗部分总是装满物料。

20 区：料斗内部，因为爆炸性粉尘/空气混合物经常性地存在乃至持续存在。

21 区：敞开的人孔是一级释放源。因此，在人孔周围规定为 21 区，范围从人孔边缘延伸一段距离并且向下延伸到地板上。

注：如果粉尘堆积，则考虑了粉尘层的范围以及扰动该粉尘层产生粉尘云的情况和现场的清理水平(见附录 D)后，可以要求更进一步的细分类。如果在粉尘袋子放空期间因空气的流动可能偶尔携带粉尘云超出了 21 区范围，则划为 22 区。

D.0.3 建筑物内配置抽气通风设施的倒袋站(图 D.0.3)：

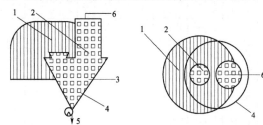

图 D.0.3 建筑物内配置抽气通风设施的倒袋站

1—22 区，通常为 3m 半径，见本规范第 4.3.4 条；
2—20 区，见本规范第 4.3.2 条；3—地板；4—袋子排料斗；
5—到后续处理；6—在容器内抽吸

注：1 相关尺寸只用于图例说明。实际中可能要求其他一些距离尺寸。
　　2 附加措施，像泄爆或隔爆等可能是必需的，但超出了本规范范围，因此未列出。

本条给出了与第 D.0.2 条相似的示例，但是在这种情况下，该系统有抽气通风。用这种方法粉尘尽可能被限制在该系统内。

20 区：料斗内，因为爆炸性粉尘/空气混合物经常性地存在乃至持续存在。

22 区：敞口人孔是 2 级释放源。在正常情况下，因为抽吸系统的作用没有粉尘泄漏。在设计良好的抽吸系统中，释放的任何粉尘将被吸入内部。因此，在该人孔周围仅规定为 22 区，范围从人孔的边缘延伸一段距离并且延伸到地板上。准确的 22 区范围需要以工艺和粉尘特性为基础来确定。

D.0.4 建筑物外的旋风分离器和过滤器(图 D.0.4)：

本例中的旋风分离器和过滤器是抽吸系统的一部分，被抽吸的产品通过连续运行的旋转阀门落入密封料箱内，粉料量很小，因此自清理的时间间隔很长。鉴于这个理由，在正常运行时，内部仅偶尔有一些可燃性粉尘云。位于过滤器单元上的抽风机将抽吸的空气吹到外面。

20区:旋风分离器内部,因爆炸性粉尘环境频繁甚至连续地出现。

21区:如果只有少量粉尘在旋风分离器正常工作时未被收集起来时,在过滤器的污秽侧为21区,否则为20区。

22区:如果过滤器元件出现故障,过滤器的洁净侧可以含有可燃性粉尘云,这适用于过滤器的内部、过滤件和抽吸管的下游及抽吸管出口周围。22区的范围自导管出口延伸一段距离,并向下延伸至地面(图D.0.4中未表示)。准确的22区范围需要以工艺和粉尘特性为基础来确定。

注:如果粉尘聚集在工厂设备外面,在考虑了粉尘层的范围和粉尘层受扰产生粉尘云的情况后,可要求进一步的分类。此外,还要考虑外部条件的影响,如风、雨或潮湿可能阻止可燃性粉尘层的堆积。

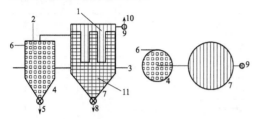

图 D.0.4 建筑物外的旋风分离器和过滤器

1—22区,通常为3m半径,见本规范第4.3.4条;
2—20区,见本规范第4.3.2条;3—地面;4—旋风分离器;
5—到产品筒仓;6—入口;7—过滤器;8—粉料箱;9—排风扇;
10—至出口;11—21区,见本规范第4.3.3条

注:1 相关尺寸只用于图例说明。实际中可能要求其他一些距离尺寸。
2 附加措施,像泄爆或隔爆等可能是必需的,但超出了本规范范围,因此未列出。

D.0.5 建筑物内的无抽气排风设施的圆筒翻斗装置(图D.0.5):

在本例中,200L圆筒内粉料被倒入料斗并通过螺旋输送机运至相邻车间。一个装满粉料的圆筒被置于平台上,打开筒盖,并用液压气缸将圆筒与一个关闭的隔膜阀夹紧。打开料斗盖,圆筒搬运器将圆筒翻转使隔膜阀位于料斗顶部。然后打开隔膜阀,螺旋输送机将粉料运走,经过一段时间后,直至圆筒排空。

当又一圆筒要卸料时,关闭隔膜阀,圆筒搬运器将其翻转至原来位置,关闭料斗盖,液压气缸放下原来的圆筒,更换圆筒盖后移走原圆筒。

20区:圆筒内部,料盖和螺旋形传送装置经常性地含有粉尘云,并且时间很长,因此划为20区。

21区:当筒盖和料斗盖被打开,并当隔膜阀被放在料斗顶部或从料斗顶部移开时,将发生以粉尘云的形式释放粉尘。因此,该圆筒顶部、料斗顶部和隔膜阀等周围一段距离的区域被定为21区。准确的21区范围需要以工艺和粉尘特性为基础来确定。

22区:因可能偶尔泄漏和扰动大量粉尘,整个房间的其余部分划为22区。

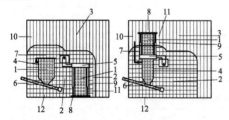

图 D.0.5 建筑物内的无抽气排风设施的圆筒翻斗装置

1—20区,见本规范第4.3.2条;
2—21区,通常为1m半径,见本规范第4.3.3条;
3—22区,通常为3m半径,见本规范第4.3.4条;4—料斗;
5—隔膜阀;6—螺旋输送装置;7—料斗盖;8—圆筒平台;9—液压气缸;
10—墙壁;11—圆筒;12—地面

注:1 相关尺寸只用于图例说明。实际中可能要求其他一些距离尺寸。
2 附加措施,像泄爆或隔爆等可能是必需的,但超出了本规范范围,因此未列出。

附录E 可燃性粉尘特性举例

表E 可燃性粉尘特性举例

粉尘种类	粉尘名称	高温表面堆积粉尘层(5mm)的引燃温度(℃)	粉尘云的引燃温度(℃)	爆炸下限浓度(g/m³)	粉尘平均粒径(μm)	危险性质	粉尘分级
金属	铝(表面处理)	320	590	37~50	10~15	导	ⅢC
	铝(含脂)	230	400	37~50	10~20	导	ⅢC
	铁	240	430	153~204	100~150	导	ⅢC
	镁	340	470	44~59	5~10	导	ⅢC
	红磷	305	360	48~64	30~50	非	ⅢB
	炭黑	535	>600	36~45	10~20	导	ⅢB
	钛	290	375	—	—	导	ⅢC
	锌	430	530	212~284	10~15	导	ⅢC
	电石	325	555	—	<200	非	ⅢB
	钙硅铝合金(8%钙,30%硅,55%铝)	290	465	—	—	导	ⅢC
	硅铁合金(45%硅)	>450	640	—	—	导	ⅢC
	黄铁矿	445	555	—	<90	导	ⅢC
	锆石	305	360	92~123	5~10	导	ⅢC

续表E

粉尘种类	粉尘名称	高温表面堆积粉尘层(5mm)的引燃温度(℃)	粉尘云的引燃温度(℃)	爆炸下限浓度(g/m³)	粉尘平均粒径(μm)	危险性质	粉尘分级
化学药品	硬脂酸锌	熔融	315	—	8~15	非	ⅢB
	萘	熔融	575	28~38	30~100	非	ⅢB
	蒽	熔融升华	505	29~39	40~50	非	ⅢB
	己二酸	熔融	580	65~90	—	非	ⅢB
	苯二(甲)酸	熔融	650	61~83	80~100	非	ⅢB
	无水苯二(甲)酸(粗制品)	熔融	605	52~71	—	非	ⅢB
	苯二甲酸腈	熔融	>700	37~50	—	非	ⅢB
	无水马来酸(粗制品)	熔融	500	82~113	—	非	ⅢB
	醋酸钠酯	熔融	520	51~70	5~8	非	ⅢB
	结晶紫	熔融	475	46~70	15~30	非	ⅢB
	四硝基咔唑	熔融	395	92~123	—	非	ⅢB
	二硝基甲酚	熔融	340	—	40~60	非	ⅢB
	阿司匹林	熔融	405	31~41	60	非	ⅢB
	肥皂粉	熔融	575	—	80~100	非	ⅢB
	青色燃料	熔融	350	465	—	300~500	非	ⅢB
	萘酚燃料	熔融	395	415	133~184	—	非	ⅢB
合成树脂	聚乙烯	熔融	410	26~35	30~60	非	ⅢB
	聚丙烯	熔融	430	25~35	—	非	ⅢB
	聚苯乙烯	熔融	475	27~37	40~60	非	ⅢB

粉尘种类	粉尘名称	高温表面堆积粉尘层(5mm)的引燃温度(℃)	粉尘云的引燃温度(℃)	爆炸下限浓度(g/m³)	粉尘平均粒径(μm)	危险性质	粉尘分级
合成树脂	苯乙烯(70%)与丁二烯(30%)粉状聚合物	熔融	420	27~37	—	非	ⅢB
	聚乙烯醇	熔融	450	42~55	5~10	非	ⅢB
	聚丙烯腈	熔融炭化	505	35~55	5~7	非	ⅢB
	聚氨酯(类)	熔融	425	46~63	50~100	非	ⅢB
	聚乙烯四肽	熔融	480	52~71	<200	非	ⅢB
	聚乙烯氮戊环酮	熔融	465	42~58	10~15	非	ⅢB
	聚氯乙烯	熔融炭化	595	63~86	4~5	非	ⅢB
	氯乙烯(70%)与苯乙烯(30%)粉状聚合物	熔融炭化	520	44~60	30~40	非	ⅢB
	酚醛树脂(酚醛清漆)	熔融炭化	520	36~40	10~20	非	ⅢB
	有机玻璃粉	熔融炭化	485	—	—	非	ⅢB
天然树脂	骨胶(虫胶)	沸腾	475	—	20~50	非	ⅢB
	硬质橡胶	沸腾	360	36~49	20~30	非	ⅢB
	软质橡胶	沸腾	425	—	80~100	非	ⅢB
	天然树脂	熔融	370	38~52	20~30	非	ⅢB
	蛄钯树脂	熔融	330	30~41	20~50	非	ⅢB
	松香	熔融	325	—	50~80	非	ⅢB

粉尘种类	粉尘名称	高温表面堆积粉尘层(5mm)的引燃温度(℃)	粉尘云的引燃温度(℃)	爆炸下限浓度(g/m³)	粉尘平均粒径(μm)	危险性质	粉尘分级
纤维鱼粉	可可子粉(脱脂品)	245	460	—	30~40	非	ⅢB
	咖啡粉(精制品)	收缩	600	—	40~80	非	ⅢB
	啤酒麦芽粉	285	405	—	100~500	非	ⅢB
	紫芷蓿	280	480	—	200~500	非	ⅢB
	亚麻粕粉	285	470	—	—	非	ⅢB
	菜种渣粉	炭化	465	—	400~600	非	ⅢB
	鱼粉	炭化	485	—	80~100	非	ⅢB
	烟草纤维	290	485	—	50~100	非	ⅢA
	木棉纤维	385	—	—	—	非	ⅢA
	人造短纤维	305	—	—	—	非	ⅢA
	亚硫酸盐纤维	380	—	—	—	非	ⅢA
	木质纤维	250	445	—	40~80	非	ⅢA
	纸纤维	360	—	—	—	非	ⅢA
	椰子粉	280	450	—	100~200	非	ⅢB
	软木粉	325	460	44~59	30~40	非	ⅢB
	针叶树(松)粉	325	440	—	70~150	非	ⅢB
	硬木(丁钠橡胶)粉	315	420	—	70~100	非	ⅢB

粉尘种类	粉尘名称	高温表面堆积粉尘层(5mm)的引燃温度(℃)	粉尘云的引燃温度(℃)	爆炸下限浓度(g/m³)	粉尘平均粒径(μm)	危险性质	粉尘分级
沥青蜡类	硬蜡	熔融	400	26~36	80~50	非	ⅢB
	绕组沥青	熔融	620	—	50~80	非	ⅢB
	硬沥青	熔融	620	—	50~150	非	ⅢB
	煤焦油沥青	熔融	580	—	—	非	ⅢB
农产品	裸麦粉	325	415	67~93	30~50	非	ⅢB
	裸麦谷物粉(未处理)	305	430	—	50~100	非	ⅢB
	裸麦筛落粉(粉碎品)	305	415	—	30~40	非	ⅢB
	小麦粉	炭化	410	—	20~40	非	ⅢB
	小麦谷物粉	290	420	—	15~30	非	ⅢB
	小麦筛落粉(粉碎品)	290	410	—	3~5	非	ⅢB
	乌麦、大麦谷物粉	270	440	—	50~150	非	ⅢB
	筛米糠	270	420	—	50~100	非	ⅢB
	玉米淀粉	炭化	410	—	2~30	非	ⅢB
	马铃薯淀粉	炭化	430	—	60~80	非	ⅢB
	布丁粉	炭化	395	—	10~20	非	ⅢB
	糊精粉		400	71~99	20~30	非	ⅢB
	砂糖粉	熔融	360	77~107	20~40	非	ⅢB
	乳糖	熔融	450	83~115	—	非	ⅢB

粉尘种类	粉尘名称	高温表面堆积粉尘层(5mm)的引燃温度(℃)	粉尘云的引燃温度(℃)	爆炸下限浓度(g/m³)	粉尘平均粒径(μm)	危险性质	粉尘分级
燃料	泥煤粉(堆积)	260	450	—	60~90	导	ⅢC
	褐煤粉(生褐煤)	260	450	49~68	2~3	非	ⅢB
	褐煤粉	230	185	—	3~7	导	ⅢC
	有烟煤粉	235	595	41~57	5~11	导	ⅢC
	瓦斯煤粉	225	580	35~48	5~10	导	ⅢC
	焦炭用煤粉	280	610	33~45	5~10	导	ⅢC
	贫煤粉	285	680	34~45	5~7	导	ⅢC
	无烟煤粉	>430	>600	—	100~130	导	ⅢC
	木炭粉(硬质)	340	595	39~52	1~2	导	ⅢC
	泥煤焦炭粉	360	615	40~54	1~2	导	ⅢC
	褐煤焦炭粉	235	—	—	4~5	导	ⅢC
	煤焦焦炭粉	430	>750	37~50	4~5	导	ⅢC

注:危险性质栏中,用"导"表示导电性粉尘,用"非"表示非导电性粉尘。

本规范用词说明

1   为便于在执行本规范条文时区别对待,对要求严格程度不同的用词说明如下:

　　1)表示很严格,非这样做不可的:

　　　正面词采用"必须",反面词采用"严禁";

　　2)表示严格,在正常情况下均应这样做的:

　　　正面词采用"应",反面词采用"不应"或"不得";

　　3)表示允许稍有选择,在条件许可时首先应这样做的:

　　　正面词采用"宜",反面词采用"不宜";

　　4)表示有选择,在一定条件下可以这样做的,采用"可"。

2   条文中指明应按其他有关标准执行的写法为:"应符合……的规定"或"应按……执行"。

引用标准名录

《交流电气装置的接地设计规范》GB 50065

《爆炸性环境　第 12 部分:气体或蒸气混合物按照其最大试验安全间隙和最小点燃电流的分级》GB 3836.12

《爆炸性环境　第 1 部分:设备　通用要求》GB 3836.1

《爆炸性环境　第 3 部分:由增安型"e"保护的设备》GB 3836.3

《袋式除尘器技术要求》GB/T 6719

中华人民共和国国家标准

爆炸危险环境电力装置设计规范

GB 50058-2014

条 文 说 明

制 订 说 明

《爆炸危险环境电力装置设计规范》GB 50058—2014,经住房和城乡建设部 2014 年 10 月 1 日以第 319 号公告批准发布。本规范是对《爆炸和火灾危险环境电力装置设计规范》GB 50058—92 进行修订而成。上一版的主编单位是中国寰球化学工程公司,参加单位是中国石油化工总公司北京设计院、中国人民解放军国防科学技术委员会工程设计研究所、上海石油化工总厂设计院、南阳防爆电气研究所,主要起草人是朱松源、陈乐珊、刘汉云。

为便于广大设计、施工、科研、学校等单位有关人员在使用本规范时能正确理解和执行条文规定,《爆炸危险环境电力装置设计规范》编制组按章、节、条顺序编制了本规范的条文说明,对条文规定的目的、依据以及执行中需要注意的有关事项进行了说明(还着重对强制性条文的强制性理由作了解释)。但是,本条文说明不具备与规范正文同等的法律效力,仅供使用者作为理解和把握规范规定的参考。

目　次

1　总　　则 ………………………… 1—27

2　术　　语 ………………………… 1—27

3　爆炸性气体环境 ………………… 1—27

　　3.1　一般规定 ……………………… 1—27

　　3.2　爆炸性气体环境危险区域划分 … 1—27

　　3.3　爆炸性气体环境危险区域范围 … 1—28

　　3.4　爆炸性气体混合物的分级、分组 … 1—29

4　爆炸性粉尘环境 ………………… 1—29

　　4.1　一般规定 ……………………… 1—29

4.2　爆炸性粉尘环境危险区域划分 ………… 1—29

4.3　爆炸性粉尘环境危险区域范围 ………… 1—29

5　爆炸性环境的电力装置设计 …………… 1—30

　　5.1　一般规定 ……………………… 1—30

　　5.2　爆炸性环境电气设备的选择 …… 1—30

　　5.3　爆炸性环境电气设备的安装 …… 1—33

　　5.4　爆炸性环境电气线路的设计 …… 1—33

　　5.5　爆炸性环境接地设计 …………… 1—33

1 总　则

1.0.2 本规范不适用的环境是指非本规范规定的原因,而是由于其他原因构成危险的环境。

专用性强并有专用规程规定的,或在本规范的区域划分及采取措施中难以满足要求的特殊情况,如电解生产装置中电解槽母线及跳槽开关等,建议另行制订专用规程。

对于水、陆、空、交通运输工具及海上油井平台,如车、船、飞机、海上油井平台等均为特殊条件的环境,故危险区域的划分、范围等不可能满足本规范的要求。

本规范中取消了原规范中不适用的蓄电池室环境。蓄电池室的危险区域划分在实际工程中经常遇到,本规范在附录 B 中根据《石油设施电气设备安装一级 0 区、1 区和 2 区划分的推荐方法》API RP505—2002 的相关条文增加了相应的划分建议。

同时,本规范在不适用环境中增加了以加味天然气作燃料进行采暖、空调、烹饪、洗衣以及类似的管线系统和医疗室等环境。

本规范特别说明不考虑灾难性事故。灾难性事故如加工容器破碎或管线破裂等。

在执行本规范时,还应执行国家和部委颁发的专业标准和规范的有关规定。但本规范中某些规定严于或满足其他国家标准最低要求的,不视为"有矛盾"。

2 术　语

本规范中增加了以下术语的定义:

高挥发性液体、正常运行、粉尘、可燃性粉尘、可燃性飞絮、导电性粉尘、非导电性粉尘、重于空气的气体或蒸气、轻于空气的气体或蒸气、粉尘层的引燃温度、粉尘云的引燃温度、爆炸性环境和设备保护级别(EPL)。

2.0.11 尽管混合物浓度超过爆炸上限(UEL)不是爆炸性气体环境,但在某些情况下,就场所分类来说,把它作为爆炸性气体环境考虑被认为是合理的。

2.0.15 在确定释放源时,不应考虑工艺容器、大型管道或贮罐等的毁坏事故,如爆裂等。

2.0.21 飞絮的实例包括人造纤维、棉花(包括棉绒纤维、棉纱头)、剑麻、黄麻、麻屑、可可纤维、麻絮、废打包木丝绵。

2.0.26 本条说明如下:

(1)对于相对密度在 0.8 至 1.2 之间的气体或蒸气应酌情考虑。

(2)经验表明,氨很难点燃,而且在户外释放的气体将会迅速扩散,因此爆炸性气体环境的范围将被忽略。

3 爆炸性气体环境

3.1 一般规定

3.1.1 环境温度可选用最热月平均最高温度,亦可利用采暖通风专业的"工作地带温度"或根据相似地区同类型的生产环境的实测数据加以确定。除特殊情况外,一般可取 45℃。

3.1.3 在防止产生气体、蒸气爆炸条件的措施中,在采取电气预防之前首先提出了诸如工艺流程及布置等措施,即称之为"第一次预防措施"。

3.2 爆炸性气体环境危险区域划分

3.2.1 本条规定了气体或蒸气爆炸性混合物的危险区域的划分。危险区域是根据爆炸性混合物出现的频繁程度和持续时间,划分为 0 区、1 区、2 区,等效采用了国际电工委员会的规定。

除了封闭的空间,如密闭的容器、储油罐等内部气体空间,很少存在 0 区。

虽然高于爆炸上限的混合物不会形成爆炸性环境,但是没有可能进入空气而使其达到爆炸极限的环境,仍应划分为 0 区。如固定顶盖的可燃性物质贮罐,当液面以上空间未充惰性气体时应划分为 0 区。

在生产中 0 区是极个别的,大多数情况属于 2 区。在设计时应采取合理措施尽量减少 1 区。

正常运行是指正常的开车、运转、停车,可燃物质产品的装卸,密闭容器盖的开闭,安全阀、排放阀以及所有工厂设备都在其设计参数范围内工作的状态。

以往的区域划分中,对于爆炸性混合物出现的频率没有较为明确的定义和解释,实际工作中较难掌握。参考《石油设施电气设备安装一级 0 区、1 区和 2 区划分的推荐方法》API RP505—2002 中关于区域划分和爆炸性混合物出现频率的关系,给出了可以根据爆炸性混合物出现频率来确定区域等级的一种方法(见表 1)。

表 1　区域划分和爆炸性混合物出现频率的典型关系

区　域	爆炸性混合物出现频率
0 区	1000h/a 及以上;10%
1 区	大于 10h/a,且小于 1000h/a;0.1%～10%
2 区	大于 1h/a,且小于 10h/a;0.01%～0.1%
非危险区	小于 1h/a;0.01%

注:表中的百分数为爆炸性混合物出现时间的近似百分比(一年 8760h,按 10000h 计算)。

3.2.2 本条说明如下:

3 一般情况下,明火设备如锅炉采用平衡通风,即引风机抽吸烟气的量略大于送风机的风和煤燃烧所产生的烟气量,这样就能保持锅炉炉膛负压,可燃性物质不能扩散至设备附近与空气形成爆炸性混合物。因此明火设备附近按照非危险区考虑,包括锅炉本身所含有的仪表等设备。

现行国家标准《建筑设计防火规范》GB 50016 和《锅炉房设计规范》GB 50041 中都明确规定,燃油、燃气锅炉房应有良好的自然通风或机械通风设施。燃气锅炉房应选用防爆型的事故排风机。当设置机械通风设施时,该机械通风设施应设置导除静电的接地装置,通风量应符合下列规定:

燃油锅炉房的正常通风量按换气次数不少于 3 次/h 确定;

燃气锅炉房的正常通风量按换气次数不少于 6 次/h 确定;

燃气锅炉房的事故通风量按换气次数不少于 12 次/h 确定。

根据以上规定,锅炉房应该可以认为是通风良好的场所。因此本规范建议与锅炉设备相连接的管线上的阀门等可能有可燃性物质存在处按照独立的释放源考虑危险区域,并可根据通风良好的场所适当降低危险区域的等级。

3.2.3 对释放源的分级,等效采用了国际电工委员会《爆炸性环境 第10—1部分:区域分类 爆炸性气体环境》IEC 60079—10—1—2008 的规定。在该文件中,对重于空气的爆炸性气体或蒸气的各种释放源周围爆炸危险区域的划分,及轻于空气的爆炸性气体或蒸气的各种释放源周围爆炸危险区域的划分分别用图示例说明。如图1、图2所示。

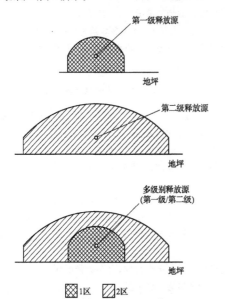

图1 重于空气的爆炸性气体或蒸气的各种释放源周围
爆炸危险区域划分示例

注:1 图中表示的区域为:露天环境,释放源接近地坪;
2 该区域的形状和尺寸取决于很多因素(见本规范第3.3节)。

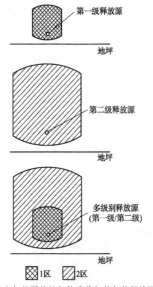

图2 轻于空气的爆炸性气体或蒸气的各种释放源周围爆炸
危险区域划分示例

注:1 图中表示的区域为:露天环境,释放源在地坪以上;
2 该区域的形状和尺寸取决于很多因素(见本规范第3.3节)。

本规范给出了通孔对不同释放等级影响的一种判定方法,见表2。但下面的示例不作为强制使用,可按需要做一些变动以适合具体的情况。

表2 通孔对不同释放等级的影响

通孔上游气流的区域	通孔形式	作为释放源的通孔释放等级
0区	A	连续级
	B	(连续)/1级
	C	2级
	D	2级

续表2

通孔上游气流的区域	通孔形式	作为释放源的通孔释放等级
1区	A	1级
	B	(1级)/2级
	C	(2级)/无释放
	D	无释放
2区	A	2级
	B	(2级)/无释放
	C	无释放
	D	无释放

作为可能的释放源的通孔:

场所之间的通孔应视为可能的释放源。释放源的等级与邻近场所的区域类型,孔开启的频率和持续时间,密封或连接的有效性,涉及的场所之间的压差有关。

通孔按下列特性分为A、B、C和D型。

(1)A型:通孔不符合B、C或D型规定的特性。如穿越或使用的通孔(如穿越墙、天花板和地板的导管、管道),经常打开的通孔,房屋、建筑物内的固定通风口和类似B、C及D型的经常或长时间打开的通孔。

(2)B型:正常情况下关闭(如自动封闭),不经常打开,而且关闭紧密的通孔。

(3)C型:正常情况下通孔封闭(如自动关闭),不经常打开并配有密封装置(如密封垫),符合B型要求,并沿着整个周边还安装有密封装置(如密封点)或有两个串联的B型通孔,而且具有单独自动封闭装置。

(4)D型:经常封闭、符合C型要求的通孔,只能用专用工具或在紧急情况下才能打开。

D型通孔是有效密封的使用通道(如导管、管道)或是靠近危险场所的C型通孔和B型通孔的串联组合。

3.2.4 原规范中对于通风良好的定义在实际工作中比较难确定,本次修订增加了对于通风良好场所的定义。

对于户外场所,一般情况下,评定通风应假设最小风速为0.5m/s,且实际上连续地存在。风速经常会超过2m/s。但在特殊情况下,可能低于0.5m/s(如在最接近地面的位置)。

3.2.6 本条中特殊环境中的设备和系统通常是指在研究、开发、小规模试验性装置和其他新项目工作中,相关设备仅在限制期内使用,并由经过专门培训的人监督,则相应的设备和系统按照非爆炸危险环境考虑。

3.3 爆炸性气体环境危险区域范围

3.3.1 本条说明如下:

1 爆炸危险区域的范围主要取决于下列各种参数:

易燃物质的泄出量:随着释放量的增大,其范围可能增大。

释放速度:当释放量恒定不变,释放速度增高到引起湍流的速度时,将使释放的易燃物质在空气中的浓度进一步稀释,因此其范围将缩小。

释放的爆炸性气体混合物的浓度:随着释放处易燃物质浓度的增加,爆炸危险区域的范围可能扩大。

可燃性物质的沸点:可燃性物质释放的蒸气浓度与对应的最高液体温度下的蒸气压力有关。为了比较,此浓度可以用可燃性物质的沸点来表示。沸点越低,爆炸危险区域的范围越大。

爆炸下限:爆炸下限越低,爆炸危险区域的范围就越大。

闪点:如果闪点明显高于可燃性物质的最高操作温度,就不会形成爆炸性气体混合物。闪点越低,爆炸危险区域的范围可能越大。虽然某些液体(如卤代碳氢化合物)能形成爆炸性气体混合物,却没有闪点。在这种情况下,应将对应于爆炸下限的饱和浓度时的平衡液体温度代替闪点与相应的液体最高温度进行比较。

相对密度:相对密度(以空气为1)大,爆炸危险区域的水平范围也将增大。为了划分范围,本规范将相对密度大于1.2的气体或蒸气视为比空气重的物质;将相对密度小于 0.8 的气体或蒸气视为比空气轻的物质。对于相对密度在 0.8~1.2 之间的气体或蒸气,如一氧化碳、乙烯、甲醇、甲胺、乙烷、乙炔等,在工程设计中视为相对密度比空气重的物质。

通风量:通风量增加,爆炸危险区域的范围就缩小;爆炸危险区域的范围也可通过改善通风系统的布置而缩小。

障碍:障碍物能阻碍通风,因此有可能扩大爆炸危险区域的范围;阻碍物也可能限制爆炸性气体混合物的扩散,因此也有可能缩小爆炸危险区域的范围。

液体温度:若温度在闪点以上,所加工的液体的温度上升会使爆炸危险区域的范围扩大。但应考虑由于环境温度或其他因素(如热表面),释放的液体或蒸气的温度有可能下降。

至于更具体的爆炸危险区域范围的规定,这是一个长期没有得到改善和解决的问题。上述所列影响范围大小的参数,是采用了国际电工委员会(IEC)的规定,但由于该规定迄今只是原则性规定,所以无具体尺寸可遵循。本规范内的具体尺寸,是等效采用国际上广泛采用的美国石油学会《石油设施电气设备安装一级 0 区、1 区和 2 区划分的推荐方法》API RP505—2002 的规定及美国国家防火协会(NFPA)的有关规定及例图。

过去化工系统从国外引进的装置已普遍采用《石油设施电气设备安装一级一类和二类区域划分的推荐方法》API RP500—1997 的规定,实践证明比较稳妥,更适合于大中型生产装置。至于中小型生产装置则采用了美国国家防火协会《易燃液体、气体或蒸气的分类和化工生产区电气装置设计》NFPA 497—2004 的规定。由于实际生产装置的工艺、设备、仪表、通风、布置等条件各不相同,在具体设计中均需结合实际情况妥善选择才能确保安全。因此,正像国际电工委员会及各国规程中的规定一样,在使用这些图例前应与实际经验相结合,避免生搬硬套。

关于爆炸性气体环境与变、配电所的距离、区域范围划定后,不再另作规定,原因是危险区域范围的规定是按释放源级别结合通风情况来确定的,以防止电气设备或线路故障引起事故,与建筑防火距离不是同一概念。

3 本款特别对于附加 2 区的定义进行了解释。特指高挥发性可燃性物质,如丁烷、乙烷、乙烯、丙烷、丙烯、液化天然气、天然气凝液及它们的混合物等,有可能大量释放并扩散到 15m 以外时,相应的爆炸危险区域范围可划为附加 2 区。

3.3.4 爆炸性气体环境危险区域范围典型示例图从原规范正文移至附录 B 中。

在原规范的示例基础上,本次修订增加了部分常用的划分示例。主要增加了紧急集液池(图 B.0.1-18)、液氢储存装置和气态氢气储存装置(图 B.0.1-19 和图 B.0.1-20)、低温液化气体贮罐(图 B.0.1-21)、码头装卸设施(图 B.0.1-22),同时增加了关于阀门、蓄电池室的划分建议。

3.4 爆炸性气体混合物的分级、分组

3.4.1、3.4.2 我国防爆电气设备制造检验用的国家标准为《爆炸性环境用防爆电气设备》GB 3836—2010,该标准采用 IEC 使用的按最大实验安全间隙(MESG)及最小点燃电流比(MICR)分级及按引燃温度分组。

4 爆炸性粉尘环境

4.1 一般规定

4.1.2 本条中可燃性粉尘的分级采用了《爆炸性气体环境 第 10—2 部分:区域分类 可燃性粉尘环境》IEC 60079—10—2 中的方法,也与粉尘防爆设备制造标准相协调一致。

常见的ⅢA级可燃性飞絮如棉花纤维、麻纤维、丝纤维、毛纤维、木质纤维、人造纤维等。

常见的ⅢB级可燃性非导电粉尘如聚乙烯、苯酚树脂、小麦、玉米、砂糖、染料、可可、木质、米糠、硫黄等粉尘。

常见的ⅢC级可燃性导电粉尘如石墨、炭黑、焦炭、煤、铁、锌、钛等粉尘。

4.1.3 本条说明如下:

1 虽然高浓度粉尘云可能是不爆炸的,但是危险仍然存在,如果浓度下降,就可能进入爆炸范围。

4.1.4 本条说明如下:

2 一般说来,导电粉尘的危险程度高于非导电粉尘。爆炸性粉尘混合物的爆炸下限随粉尘的分散度、湿度、挥发性物质的含量、灰分的含量、火源的性质和温度等而变化。

3 本款说明如下:

2)在防止粉尘爆炸的基本措施中,本规范提到了采用机械通风措施的内容,这一措施在不同国家的规程中有不同的提法。如澳大利亚规程《危险区域的分级》第 2 部分"粉尘"(AS2430 第 2 部分,1986)中提到:"……粉尘不同于气体,过量的通风不一定是合适的,即加速通风可能导致形成悬浮状粉尘和因此造成更大而不是更小的危险条件。"本规范中则是强调采用机械通风措施,防止形成悬浮状粉尘。亦即在生产过程中采用通风措施,将容器或设备中泄漏出来的粉尘通过通风装置抽送到除尘器中。既节省物料的损耗,又降低了生产环境中的危险程度,而不是简单地加速通风,致使粉尘飞扬而形成悬浮状,增加了危险因素。

6)强调了有效的清理,认为清理的效果比清理的频率更重要。

7)强调了提高设备外壳防护等级是防止粉尘引爆的重要手段。

4.2 爆炸性粉尘环境危险区域划分

4.2.1、4.2.2 本规范采用了与可燃性气体和蒸气相似的场所分类原理,对爆炸性粉尘环境出现的可能性进行评价,采用《爆炸性气体环境 第 10—2 部分:区域分类 可燃性粉尘环境》IEC 60079—10—2 的方法,引进了释放源的概念,粉尘危险场所的分类也由原来的 2 类区域改为 3 类区域。

如果已知工艺过程有可能释放,就应该鉴别每一释放源并且确定其释放等级。

1 级释放,如毗邻敞口袋灌包或倒包的位置周围。

2 级释放,如需要偶尔打开并且打开时间非常短的人孔,或者是存在粉尘沉淀地方的粉尘处理设备。

4.2.4 见本规范第 4.1.4 条的条文说明。

4.3 爆炸性粉尘环境危险区域范围

4.3.1 爆炸性粉尘环境危险区域的范围通常与释放源级别相关联,当具备条件或有类似工程的经验时,还应考虑粉尘参数,引起释放的条件及气候等因素的影响。

4.3.2、4.3.3 原规范对建筑物外部场所(露天)的爆炸性粉尘危险区域的范围没有具体的规定。本规范中 21 区为"一级释放源周围 1m 的距离",及 22 区为"二级释放源周围 3m 的距离"是《爆炸性气体环境 第 10—2 部分:区域分类 可燃性粉尘环境》

IEC 60079—10—2 推荐的。另外,在本规范中采取了主要以厂房为单位划定范围的方法。特别是厂房内多个释放源相距大于2m,其间的设备选择按非危险区设防其经济性不大时,释放源之间的区域一般也延伸相连起来。这种方法结合了我国工业划分粉尘爆炸危险区域的习惯做法,即也多是以建筑物隔开来防止爆炸危险范围扩大的。不经常开启的门窗,可认为具有限制粉尘扩散的功能。

对电气装置来说,也是以厂房为单位进行设防。

5 爆炸性环境的电力装置设计

本章改变了原规范的模式,将气体/蒸气爆炸性环境与粉尘爆炸性环境的电气设备的安装合为一节来编写,一是两种危险区内电气设备的安装有很多相同的要求,避免不必要的重复,二是为了与《爆炸性环境 第 14 部分:电气装置设计、选择和安装》IEC 60079—14—2007 相匹配。

5.1 一 般 规 定

5.1.1 粉尘环境内应尽量减少携带式电气设备的使用,粉尘很容易堆积在插座上或插座内,当插头插入插座内时,会产生火花,引起爆炸。因此要求尽量在粉尘环境内减少携带式设备的使用。如果必须要使用,一定要保证在插座上没有粉尘堆积。同时,为了避免插座内、外粉尘的堆积,要求插座安装与垂直面的角度不大于60°。

5.2 爆炸性环境电气设备的选择

5.2.2 本条为强制性条文。

1 设备的保护级别 EPL(Equipment Protection Levels)是《爆炸性环境 第 14 部分:电气装置设计、选择和安装》IEC 60079—14—2007 新引入的一个概念,同时现行国家标准《爆炸性环境》GB 3836 也已经引入了 EPL 的概念。气体/蒸气环境中设备的保护级别为 Ga、Gb、Gc,粉尘环境中设备的保护级别要达到 Da、Db、Dc。

"EPL Ga"爆炸性气体环境用设备,具有"很高"的保护等级,在正常运行过程中、在预期的故障条件下或者在罕见的故障条件下不会成为点燃源。

"EPL Gb"爆炸性气体环境用设备,具有"高"的保护等级,在正常运行过程中、在预期的故障条件下不会成为点燃源。

"EPL Gc"爆炸性气体环境用设备,具有"加强"的保护等级,在正常运行过程中不会成为点燃源,也可采取附加保护,保证在点燃源有规律预期出现的情况下(如灯具的故障)不会点燃。

"EPL Da"爆炸性粉尘环境用设备,具有"很高"的保护等级,在正常运行过程中、在预期的故障条件下或者在罕见的故障条件下不会成为点燃源。

"EPL Db"爆炸性粉尘环境用设备,具有"高"的保护等级,在正常运行过程中、在预期的故障条件下不会成为点燃源。

"EPL Dc"爆炸性粉尘环境用设备,具有"加强"的保护等级,在正常运行过程中不会成为点燃源,也可采取附加保护,保证在点燃源有规律预期出现的情况下(如灯具的故障)不会点燃。

电气设备分为三类。

Ⅰ类电气设备用于煤矿瓦斯气体环境。

Ⅱ类电气设备用于除煤矿甲烷气体之外的其他爆炸性气体环境。

Ⅱ类电气设备按照其拟使用的爆炸性环境的种类可进一步再分类:

ⅡA 类:代表性气体是丙烷;

ⅡB 类:代表性气体是乙烯;

ⅡC 类:代表性气体是氢气。

Ⅲ类电气设备用于除煤矿以外的爆炸性粉尘环境。

Ⅲ类电气设备按照其拟使用的爆炸性粉尘环境的特性可进一步再分类。

Ⅲ类电气设备的再分类:

ⅢA 类:可燃性飞絮;

ⅢB 类:非导电性粉尘;

ⅢC 类:导电性粉尘。

2 本次修订改变了原规范按照设备类型对防爆电气设备在不同区域进行选择的规定,而是按照不同的防爆设备的类型确定其应用的场所,这一点也是与 IEC 标准相匹配的。

爆炸性气体环境电气设备的选择是按危险区域的划分和爆炸性物质的组别作出的规定。

根据《爆炸性环境 第 14 部分:电气装置设计、选择和安装》IEC 60079—14—2007 的规定,在 1 区可以采用"e"类电气设备,但是考虑到增安型电气设备为正常情况下没有电弧、火花、危险温度,而不正常情况下有引爆的可能,故对在 1 区使用的"e"类电气设备进行了限制。

增安型电动机保护的热保护装置的目的是防止增安型电机突然发生堵转、短路、断相而造成定子、转子温度迅速升高引燃周围的爆炸性混合物。增安型电动机的热保护装置要求是在电动机发生故障时能够在规定的时间(t_E)内切断电动机电源,使电机停止运转,使其温升达不到极限温度。随着电子工业的发展,新型的电子型综合保护器已大量投放市场,其工作误差和稳定性能够满足增安型电动机的保护要求,为增安型电动机的应用提供了必要条件。

无火花型电动机比较经济,但安全性不如增安型。选用该类型产品时,使用部门应有完善的维修制度,并严格贯彻执行。

由于我国目前普通工业用电动机在结构上、质量上不完全与国外等同,为了保证安全,本规范未在 2 区内规定采用一般工业型电动机。

在 2 区内不允许采用一般工业电动机的规定,是与国际电工委员会 IEC 标准等效的。

各种防爆类型标志如下:

"d":隔爆型(对于 EPL Gb);

"e":增安型(对于 EPL Gb);

"ia":本质安全型(对于 EPL Ga);

"ib":本质安全型(对于 EPL Gb);

"ic":本质安全型(对于 EPL Gc);

"ma":浇封型(对于 EPL Ga);

"mb":浇封型(对于 EPL Gb);

"mc":浇封型(对于 EPL Gc);

"nA":无火花(对于 EPL Gc);

"nC":火花保护(对于 EPL Gc,正常工作时产生火花的设备);

"nR":限制呼吸(对于 EPL Gc);

"nL":限能(对于 EPL Gc);

"o":油浸型(对于 EPL Gb);

"px":正压型(对于 EPL Gb);

"py":正压型"py"等级(对于 EPL Gb);

"pz":正压型"pz"等级(对于 EPL Gc);

"q":充砂型(对于 EPL Gb)。

5.2.3 对只允许使用一种爆炸性气体或蒸气环境中的电气设备,其标志可用该气体或蒸气的化学分子式或名称表示,这时可不必注明级别与温度组别。例如,Ⅱ类用于氨气环境的隔爆型:Ex d Ⅱ (NH3)Gb 或 Ex db Ⅱ (NH3)。

对于Ⅱ类电气设备的标志,可以标温度组别,也可以标最高表面温度,或两者都标出,例如,最高表面温度为125℃的工厂用增安型电气设备:Ex e Ⅱ T5 Gb 或 Ex e Ⅱ (125℃)Gb 或 Ex e Ⅱ (125℃)T5 Gb。

应用于爆炸性粉尘环境的电气设备,将直接标出设备的最高表面温度,不再划分温度组别,因此本规范删除了爆炸性粉尘环境电气设备的温度组别。例如,用于具有导电性粉尘的爆炸性粉尘环境ⅢC等级"ia"(EPL Da)电气设备,最高表面温度低于120℃的表示方法为 Ex ia ⅢC T120℃ Da 或 Ex ia ⅢC T120℃ IP20。

对于爆炸性粉尘环境的电气设备,本规范与现行国家标准《可燃性粉尘环境用电气设备 第2部分:选型和安装》GB 12476.2—2010 的对应关系见表3。

表3 本规范与 GB 12476.2—2010 的对应关系

危险区域		本规范	GB 12476.2—2010
20 区		"iD"	iaD
		"mD"	maD
		"tD"	tD A20
			tD B20
21 区		"iD"	iaD 或 ibD
		"mD"	maD 或 mbD
		"tD"	tD A20 或 tD A21
			tD B20 或 tD B21
		"pD"	pD
22 区	非导电性粉尘	"iD"	iaD 或 ibD
		"mD"	maD 或 mbD
		"tD"	tD A20,tD A21 或 tD A22
			tD B20,tD B21 或 tD B22
		"pD"	pD
	导电性粉尘	"iD"	iaD 或 ibD
		"mD"	maD 或 mbD
		"tD"	tD A20 或 tD A21 或 tD A22 IP6X
			tD B20 或 tD B21
		"pD"	pD

本规范此次增加了复合型防爆电气设备的应用。所谓复合型防爆电器设备是指由几种相同的防爆形式或不同种类的防爆形式的防爆电气单元组合在一起的防爆电气设备。构成复合型电气设备的每个单元的防爆形式应满足本规范表 5.2.3-1 的要求,其整体的表面温度和最小点燃电流应满足所在危险区中存在的可燃性气体或蒸气的温度组别和所在级别的要求。例如,一个电气设备所在危险场所存在的可燃性气体是硫化氢,则组成复合型电气设备的每个单元只能选择 T3、T4、T5 以及 B 或 C 级的防爆电气设备。

爆炸性粉尘环境电气设备选择:

Ⅲ类电气设备的最高允许表面温度的选择应按照相关的国家规范(《可燃性粉尘环境用电气设备》GB 12476 系列)执行。在相应的标准中,Ⅲ类电气设备的最高允许表面温度是由相关粉尘的最低点燃温度减去安全裕度确定的,当按照现行国家标准《可燃性粉尘环境用电气设备 第8部分:试验方法 确定粉尘最低点燃温度的方法》GB 12476.8 规定的方法对粉尘云和厚度不大于 5mm 的粉尘层中的"tD"防爆形式进行试验时,采用 A型,对其他所有防爆形式和 12.5mm 厚度中的"tD"防爆形式采用 B 型。

当装置的粉尘层厚度大于上述给出值时,应根据粉尘层厚度和使用物料的所有特性确定其最高表面温度。

(1)存在粉尘云情况下的极限温度:

设备的最高表面温度不应超过相关粉尘/空气混合物最低点燃温度的 2/3,$T_{max} \leqslant 2/3 T_{CL}$(单位:℃),其中 T_{CL} 为粉尘云的最低点燃温度。

(2)存在粉尘层情况下的极限温度:

A 型和其他粉尘层用设备外壳:

厚度不大于 5mm:

用《可燃性粉尘环境用电气设备 第0部分:一般要求》IEC 61241—0—2004 中第 23.4.4.1 条规定的无尘试验方法试验的最高表面温度不应超过 5mm 厚度粉尘层最低点燃温度减 75℃:$T_{max} = T_{5mm} - 75$℃(T_{5mm} 是 5mm 厚度粉尘层的最低点燃温度)。

5mm 至 50mm 厚度:

当在 A 型的设备上有可能形成超过 5mm 的粉尘层时,最高允许表面温度应降低。图3是设备最高允许表面温度在最低点燃温度超过 250℃ 的 5mm 粉尘层不断加厚情况下的降低示例,作为指南。

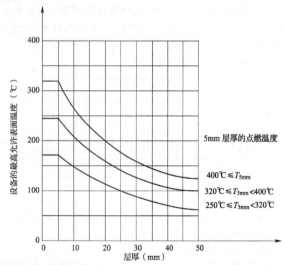

图3 粉尘层厚度增加时标记在设备上的允许最高表面温度的降低

对粉尘层厚度超过 50mm 的 A 型外壳和所有其他设备,或仅对粉尘层厚度为 12.5mm 的 B 型外壳,其设备最高表面温度可用最高表面温度 T_L 来标志,作为粉尘层允许厚度的参照。当设备以粉尘层 T_L 标志时,应使用粉尘层 L 上的可燃粉尘的点燃温度代替 T_{5mm}。粉尘层 L 上设备的最高表面温度 T_L 应从可燃性粉尘的点燃温度中减去 75℃。

当设备按照现行国家标准《可燃性粉尘环境用电气设备 第5部分:外壳保护型"tD"》GB 12476.5—2013 中第 8.2.2.2 条的规定试验时,对于 12.5mm 粉尘层厚度来说,设备最高表面温度不应超过粉尘层最低点燃温度减 25℃:$T_{max} = T_{12.5mm} - 25$℃($T_{12.5mm}$ 是 12.5mm 厚度粉尘层的最低点燃温度)。

在人工制气的混合物中,如果气体含有超过 30%(体积)的氢,可将混合物划分为ⅡC级。

复合型电气设备的整机以及组成复合电气设备的每个单元都应该取得防爆检验机构颁发的防爆合格证才能使用。

对于爆炸性气体和粉尘同时存在的区域,其防爆电气设备的选择应该既满足爆炸性气体的防爆要求,又要满足爆炸性粉尘的防爆要求,其防爆标志同时包括气体和粉尘的防爆标识。

对于混合气体的分级,一直以来比较难以确定。根据《石油设施电气设备安装一级0区、1区和2区划分的推荐方法》API RP505,《易燃液体、气体或蒸气的分类和化工生产区电气装置设计》NFPA 497—2004,《爆炸性气体环境的电气装置 第20部分:可燃性气体或蒸气爆炸性混合物数据》IEC 60079—20—1996和现行国家标准《爆炸性环境 第12部分:气体或蒸气混合物按照其最大试验安全间隙和最小点燃电流的分级》GB 3836.12的相关规定,本规范提出一种多组分爆炸性气体或蒸气混合物的最大试验安全间隙(MESG)的计算方法,并利用此计算结果判断多组分爆炸性气体的分级原则,进一步应用于工程实践中指导用电设备的选型问题。

(3)计算基础:

最大试验安全间隙(MESG):在标准规定试验条件下,壳内所有浓度的被试验气体或蒸气与空气的混合物点燃后,通过25mm长的接合面均不能点燃壳外爆炸性气体混合物的外壳空腔两部分之间的最大间隙。

ⅡA:包含丙酮、氨气、乙醇、汽油、甲烷、丙烷的气体,或可燃气体、可燃性物质蒸气,或可燃性物质蒸气与空气混合引起燃烧或爆炸,其最大试验安全间隙值大于0.90mm或最小点燃电流比大于0.8。

ⅡB:包含乙醛、乙烯的气体,或可燃气体、可燃性物质蒸气,或可燃性物质蒸气与空气混合引起燃烧或爆炸,其最大试验安全间隙值大于0.50mm且小于或等于0.90mm,或最小点燃电流比大于0.45且小于或等于0.8。

ⅡC:包含乙炔、氢气的气体,或可燃气体、可燃性物质蒸气,或可燃性物质蒸气与空气混合引起燃烧或爆炸,其最大试验安全间隙值小于或等于0.50mm,或最小点燃电流比小于或等于0.45。

气体和蒸气的分级原则见表4。

表4 气体和蒸气的分级原则

级 别	最大试验安全间隙(MESG)(mm)	最小点燃电流比(MICR)
ⅡA	MESG>0.9	MICR>0.8
ⅡB	0.5<MESG≤0.9	0.45<MICR≤0.8
ⅡC	MESG≤0.5	MICR<0.45

注:本表中的数据源自《石油设施电气设备安装一级0区、1区和2区划分的推荐推荐方法》API RP 505及《易燃液体、气体或蒸气的分类和化工生产区电气装置设计》NFPA 497—2004,ⅡA、ⅡB、ⅡC的分级原则等同于《爆炸性环境 第10—1部分:区域分类 爆炸性气体环境》IEC 60079—10—1。

(4)单组分气体和蒸气的分级:

根据电气设备适用于某种气体或蒸气环境的要求,将该气体或蒸气进行分级,使隔爆型电气设备或本质安全型电气设备按此级别制造,以便保证设备相应的防爆安全性能。

单组分气体和蒸气的分级原则是:

符合表4条件时,只需按测定的最大试验安全间隙(MESG)或最小点燃电流比(MICR)进行分级。大多数气体和蒸气可以按此原则分级。

在《爆炸性气体环境的电气装置 第20部分:可燃性气体或蒸气爆炸性混合物数据》IEC 60079—20—1996和《石油设施电气设备安装一级0区、1区和2区划分的推荐方法》API RP505—2002中给出了若干种易燃易爆介质的可燃性数据。但其所列的气体和蒸气的种类是不完全的。其中某些气体并没有给定其最大试验安全间隙(MESG)或最小点燃电流比(MICR)。对于上述情况,这种混合物的分级结果可参照这种混合物的同分异构体的分

级(见现行国家标准《爆炸性环境 第12部分:气体或蒸气混合物按照其最大试验安全间隙和最小点燃电流的分级》GB 3836.12)。

(5)多组分气体和蒸气混合物的分级:

对于多组分气体混合物,一般应通过试验专门测定其最大试验安全间隙(MESG)或最小点燃电流比(MICR),才能确定其级别。

在工程设计过程中,每台化工设备、容器或反应器中所含的各种爆炸危险介质的组成成分不同,各成分间的配比也不同,不可能通过对每台设备中的气体样品进行专门试验。所以需要一种估算方法来解决多组分气体的分级问题。

《易燃液体、气体或蒸气的分类和化工生产区电气装置设计》NFPA 497—2008的附件B中专门介绍了一种用于确定混合气体分级的估算方法[注:原文是对应于美国NEC(National Electrical Code)标准中的气体组别]。

混合气体的MESG可以用下式估算:

$$MESG_{mix}=\frac{1}{\sum_i\left(\dfrac{X_i}{MESG_i}\right)}$$

式中:$MESG_{mix}$——混合气体的最大试验安全间隙(mm);

$MESG_i$——混合气体中各组分的最大试验安全间隙(mm),具体数值应查找《爆炸性气体环境的电气装置 第20部分:可燃性气体或蒸气爆炸性混合物数据》IEC 60079—20—1996;

1——可燃性数据,可查找《石油设施电气设备安装一级0区、1区和2区划分的推荐方法》API RP505—2002;

X_i——混合气体中各组分的体积百分含量(%)。此数据由工艺专业给出,要根据设备中混合介质在气态时最大工况的情况下,各组分所占的体积百分比。根据此公式计算出混合气体的MESG,由于MESG值是气体的物理特性,它并不受控于NEC规范。因此利用上述公式计算的结果比照表4,就可以将混合气体按IEC和《石油设施电气设备安装一级0区、1区和2区划分的推荐方法》API RP505中规定的级别进行归类。

(6)举例:

示例源自《易燃液体、气体或蒸气的分类和化工生产区电气装置设计》NFPA 497—2008。某种气体所含组分为:

乙烯:45%,丙烷:12%,氮气:20%,甲烷:3%,异丙醚:17.5%,二乙醚:2.5%。

各组分的MESG值见表5。

表5 组分及其MESG值

组分	摩尔质量	爆炸体积百分比下限(%)	爆炸体积百分比上限(%)	引燃温度(℃)	蒸气压强(25℃)下 mmHg)	闪点(℃)	NEC组别	MESG(mm)	MICR
乙烯	28.05	2.7	36	450	52320	−104	C	0.65	0.53
丙烷	44.09	2.1	9.5	450	7150	−42	D	0.97	0.82
甲烷	16.04	5.0	15	600	463800	−162	D	1.12	1.0
异丙醚	102.17	1.4	21	443	148.7	69	D	0.94	
二乙醚	74.12	1.9	36	150	38.2	34.5	C	0.83	0.88

将各组分的MESG值和体积百分比分别代入下式:

$$MESG_{mix}=\frac{1}{\sum_i\left(\dfrac{X_i}{MESG_i}\right)}$$

对于含有像氮气这样的惰性组分的混合气体,如果氮气的体积小于5%,则氮气MESG值取无穷大;如果氮气的体积大于或等于5%,则氮气MESG值取2。根据以上信息可算出结果:

$$MESG_{mix}=\frac{1}{\dfrac{0.45}{0.65}+\dfrac{0.12}{0.97}+\dfrac{0.20}{2}+\dfrac{0.03}{1.12}+\dfrac{0.175}{0.94}+\dfrac{0.025}{0.83}}=0.86$$

即混合气体的 $MESG$ 值为 0.86。对照表 4，此混合气体按 IEC 和《石油设施电气设备安装一级 0 区、1 区和 2 区划分的推荐方法》API RP505 的分级归为ⅡB 类。

5.2.4 本条对正压通风型电气设备及通风系统作出规定。

电气设备接通电源之前应该使设备内部和相连管道内各个部位的可燃气体或蒸汽浓度在爆炸下限的 25％ 以下，一般来说，换气所需的保护气体至少应该为电气设备内部（或正压房间或建筑物）和其连接的通风管道容积的 5 倍。通风量是根据正压风机的运行时间来确定的，即风机的运行时间决定了通风量的大小，同时在考虑通风量时不仅要考虑电气设备内部（或正压房间或建筑物），还需要考虑通风管道的容积。通风量的大小可用通风管道的容积除以风机最低流量条件下风机每小时通风量，再乘以 5 计算，满足这个时间的换气量即可认为达到了整个系统换气量的 5 倍。

5.3 爆炸性环境电气设备的安装

5.3.4 本条对紧急断电措施作出规定

在爆炸危险环境区域，一旦发生火灾或爆炸，很容易会产生一系列的爆炸和更大的火灾，这时候救护人员将无法进入现场进行操作，必须要求有在危险场所之外的停车按钮能够将危险区内的电源停掉，防止危害扩大。但是根据工艺要求连续运转的电气设备，如果立即切断电源可能会引起爆炸、火灾，造成更大的损失，这类用电设备的紧急停车按钮应与上述用电设备的紧急停车按钮分开设置。

5.3.5 在附加 2 区的配电室和控制室的设备层地面应该高出室外地面 0.6m，是因为附加 2 区 0.6m 以内的区域还会有危险气体存在，地面抬高 0.6m 是为了避免危险气体进入配电室和控制室而采取的措施。这里特别指出的是要求抬高的是配电室或控制室的设备层，对于没有电气设备安装的电缆室可以认为不是设备层，其地面可以不用抬高。

5.4 爆炸性环境电气线路的设计

5.4.1 本条说明如下：

1～3 这几项对爆炸危险环境配线，采用铜芯及铝芯导线或电缆作出规定。根据调查，从安全观点看，铝线的机械强度差，易于折断，需要过渡连接而加大接线盒，另外在连接技术上也难以控制，难以保证质量。铝线在 60A 以上的电弧引爆时，其传爆间隙又接近制造规程中的允许间隙上限，电流再大时很不安全，因此铝线比铜线危险得多，同时铝导体容易被腐蚀，因此各国规范对铝芯电缆的使用都有一些限制。《爆炸性环境 第 14 部分：电气装置设计、选型和安装》IEC—60079—14—2007 规定，电力线路可以选用 16mm² 及以上多股铝芯导线，《石油设施电气设备安装及区域划分》API RP540—2004 建议中、高压电缆可以采用铝芯电缆，其截面大于 25mm²。

电缆沟敷设时，沟内应充砂及采取排水设施。可根据各地区经验做成有电缆沟底的或无电缆沟底的，对于地下水位不是很高的区域，无底充砂的电缆沟不仅可以节省费用，同时也能起到很好的渗水作用，是值得推荐的方法。

没有护套的电线绝缘层容易破损而存在产生火花的危险性，因此如果不是钢管配线，任何爆炸危险性场所不允许其作为配电线路。

6 本款中的允许载流量是指在敷设处的环境温度下（未考虑敷设方式所引起的修正量）的载流量。建议按照敷设方式修正后的电缆载流量不小于电动机的额定电流即可。

7 在国际电工委员会 IEC 规程中规定采用阻燃型电缆。由于我国阻燃型电缆的价格较贵，考虑到若严格等效采用国际电工委员会的规定，将使建设投资增加，故本规范中用了"宜"，视各工程的具体条件确定。

本款对电缆截面的规定主要是考虑到其机械强度的要求。对于导体为绞线，特别是细的绞合导线，为了防止绞线分散，不能单独采用锡焊固定的方法进行连接，应该采用接线鼻子与用电设备进行连接。

5.4.3 本条说明如下：

4、5 条文中的钢管配线不是通常的保护钢管，而是从配电箱一直到用电设备采用的是钢管配线。保护用钢管不受本条款限制。

为将爆炸性气体或火焰隔离切断，防止传播到管子的其他部位，故钢管配线需设置隔离密封。

6 对于爆炸危险区内的中间接头，若将该接头置于符合相应区域等级规定的防爆类型的接线盒中时，则是符合要求的。本规范内的严禁在 1 区和不应在 2 区、20 区、21 区内设置中间接头，是指一般的没有特殊防护的中间接头。

8 在确保如发生倒杆时架空线路不进入爆炸危险区的范围内，根据实际情况，在采取必要的措施后，可适当减少架空线路与爆炸性气体环境的水平距离。

5.5 爆炸性环境接地设计

5.5.1 本条为强制性条文。爆炸性环境中的 TN 系统应采用 TN-S 型是指在危险场所中，中性线与保护线不应连在一起或合并成一根导线，从 TN-C 到 TN-S 型转换的任何部位，保护线应在非危险场所与等电位联结系统相连接。

如果在爆炸性环境中引入 TN-C 系统，正常运行情况下，中性线存在电流，可能会产生火花引起爆炸，因此在爆炸危险区中只允许采用 TN-S 系统。

对于 TT 型系统，由于单相接地时阻抗较大，过流、速断保护的灵敏度难以保证，所以应采用剩余电流动作的保护电器。

对于 IT 型系统，通常首次接地故障时，保护装置不直接动作于跳闸，但应设置故障报警，及时消除隐患，否则如果发生异相接地，就很可能导致短路，使事故扩大。

中华人民共和国国家标准

汽车库、修车库、停车场
设计防火规范

Code for fire protection design of garage,
motor repair shop and parking area

GB 50067 - 2014

主编部门：中 华 人 民 共 和 国 公 安 部
批准部门：中华人民共和国住房和城乡建设部
施行日期：２０１５ 年 ８ 月 １ 日

中华人民共和国住房和城乡建设部公告

第 595 号

住房城乡建设部关于发布国家标准
《汽车库、修车库、停车场设计防火规范》的公告

现批准《汽车库、修车库、停车场设计防火规范》为国家标准，编号为 GB 50067—2014，自 2015 年 8 月 1 日起实施。其中，第 3.0.2、3.0.3、4.1.3、4.2.1、4.2.4、4.2.5、4.3.1、5.1.1、5.1.3、5.1.4、5.1.5、5.2.1、5.3.1、5.3.2、6.0.1、6.0.3、6.0.6、6.0.9、7.1.4、7.1.5、7.1.8、7.1.15、7.2.1、8.2.1、9.0.7 条为强制性条文，必须严格执行。原国家标准《汽车库、修车库、停车场设计防火规范》GB 50067—97 同时废止。

本规范由我部标准定额研究所组织中国计划出版社出版发行。

中华人民共和国住房和城乡建设部
2014 年 12 月 2 日

前 言

本规范是根据原建设部《关于印发〈2006 年工程建设标准规范制订、修订计划（第一批）〉的通知》（建标〔2006〕77 号）的要求，由上海市公安消防总队会同有关单位共同对原国家标准《汽车库、修车库、停车场设计防火规范》GB 50067—97 进行修订的基础上编制而成。

本规范在修订过程中，修订组遵照国家有关基本建设的方针和"预防为主、防消结合"的消防工作方针，深入调研了汽车库建设、运行现状，认真总结了汽车库工程建设实践经验，广泛征求了有关科研、设计、生产、消防监督、教学及汽车库运行管理等部门和单位的意见，研究和消化吸收了国外有关标准，最后经审查定稿。

本规范共分 9 章，其主要内容有：总则，术语，分类和耐火等级，总平面布局和平面布置，防火分隔和建筑构造，安全疏散和救援设施，消防给水和灭火设施，供暖、通风和排烟，电气。

本规范本次修订的主要内容是：

1. 增加了半地下汽车库、多层汽车库的定义，修改了敞开式汽车库的定义；

2. 增加了汽车库、修车库分类的面积控制指标；

3. 调整了部分建筑构件的燃烧性能和耐火极限；

4. 调整了汽车库与其他建筑组合建造的相关要求；

5. 调整了机械式汽车库停车规模、防火分隔、灭火救援的相关规定；

6. 增加了消防电梯的设置要求，调整了汽车疏散坡道宽度的相关规定；

7. 细化了自动灭火系统的设置要求，增加了自然排烟的相关要求。

本规范中以黑体字标志的条文为强制性条文，必须严格执行。

本规范由住房城乡建设部负责管理和对强制性条文的解释，由公安部负责日常管理工作，由上海市公安消防总队负责具体技术内容的解释。本规范在执行过程中，希望各单位注意经验的总结和积累，如发现需要修改或补充之处，请将意见和建议寄至上海市公安消防总队（地址：上海市长宁区中山西路 229 号，邮政编码：200051），以供今后修订时参考。

本规范主编单位、参编单位、主要起草人和主要审查人：

主 编 单 位：上海市公安消防总队

参 编 单 位：公安部天津消防研究所
广东省公安消防总队
上海建筑设计研究院有限公司
中国建筑科学研究院防火研究所
公安部四川消防研究所
北京市公安消防总队
上海自动化车库研究所
浙江省建筑设计研究院
上海城市交通设计院
中国重型机械工业协会停车设备工作委员会
北京中通国信系统集团有限公司

主要起草人：沈友弟　倪照鹏　胡波　蒋皓　曾杰
沈纹　南江林　张磊　杜霞　王丹晖
钱平　孙旋　黄德祥　康健　李正吾
许世文　杨永夷　龚建平　张永胜

主要审查人：高建民　刘梅梅　黄晓家　王金元　江刚
李建广　彭琼　陈应南　郭晋生　李文涛
程琪

目　次

1 总　　则 ……………………… 2—4

2 术　　语 ……………………… 2—4

3 分类和耐火等级 ……………… 2—4

4 总平面布局和平面布置 ……… 2—5

　4.1 一般规定 ………………… 2—5

　4.2 防火间距 ………………… 2—5

　4.3 消防车道 ………………… 2—6

5 防火分隔和建筑构造 ………… 2—7

　5.1 防火分隔 ………………… 2—7

　5.2 防火墙、防火隔墙和防火卷帘 … 2—7

　5.3 电梯井、管道井和其他防火构造 … 2—7

6 安全疏散和救援设施 ………… 2—8

7 消防给水和灭火设施 ………… 2—8

　7.1 消防给水 ………………… 2—8

　7.2 自动灭火系统 …………… 2—9

8 供暖、通风和排烟 …………… 2—9

　8.1 供暖和通风 ……………… 2—9

　8.2 排烟 ……………………… 2—9

9 电　　气 ……………………… 2—10

本规范用词说明 ………………… 2—11

引用标准名录 …………………… 2—11

附：条文说明 …………………… 2—12

Contents

1 General provisions ……………… 2—4

2 Terms …………………………… 2—4

3 Classification and fire resistance class … 2—4

4 General layout and plane arrangement … 2—5

　4.1 General requirements ………… 2—5

　4.2 Fire separation distance ……… 2—5

　4.3 Fire lane …………………… 2—6

5 Fire compartmentation and building construction …………………… 2—7

　5.1 Fire compartmentation ……… 2—7

　5.2 Fire wall, fire partition wall and fire roller shutter ………………… 2—7

　5.3 Elevator shafts, piping shafts and other fire protection construction … 2—7

6 Safe evacuation and rescue facilities … 2—8

7 Fire water supply and fire extinguishing facilities …………………… 2—8

　7.1 Fire water supply …………… 2—8

　7.2 Automatic fire extinguishing system … 2—9

8 Heating, ventilating and smoke exhaust …………………………… 2—9

　8.1 Heating and ventilating ……… 2—9

　8.2 Smoke exhaust ……………… 2—9

9 Electric system ………………… 2—10

Explanation of wording in this code ……… 2—11

List of quoted standards ………………… 2—11

Addition：Explanation of provisions ……… 2—12

1 总 则

1.0.1 为了防止和减少汽车库、修车库、停车场的火灾危险和危害,保护人身和财产的安全,制定本规范。

1.0.2 本规范适用于新建、扩建和改建的汽车库、修车库、停车场的防火设计,不适用于消防站的汽车库、修车库、停车场的防火设计。

1.0.3 汽车库、修车库、停车场的防火设计,应结合汽车库、修车库、停车场的特点,采取有效的防火措施,并应做到安全可靠、技术先进、经济合理。

1.0.4 汽车库、修车库、停车场的防火设计,除应符合本规范外,尚应符合国家现行有关标准的规定。

2 术 语

2.0.1 汽车库 garage

用于停放由内燃机驱动且无轨道的客车、货车、工程车等汽车的建筑物。

2.0.2 修车库 motor repair shop

用于保养、修理由内燃机驱动且无轨道的客车、货车、工程车等汽车的建(构)筑物。

2.0.3 停车场 parking lot

专用于停放由内燃机驱动且无轨道的客车、货车、工程车等汽车的露天场地或构筑物。

2.0.4 地下汽车库 underground garage

地下室内地坪面与室外地坪面的高度之差大于该层车库净高1/2的汽车库。

2.0.5 半地下汽车库 semi-underground garage

地下室内地坪面与室外地坪面的高度之差大于该层车库净高1/3且不大于1/2的汽车库。

2.0.6 多层汽车库 multi-storey garage

建筑高度小于或等于24m的两层及以上的汽车库或设在多层建筑内地面层以上楼层的汽车库。

2.0.7 高层汽车库 high-rise garage

建筑高度大于24m的汽车库或设在高层建筑内地面层以上楼层的汽车库。

2.0.8 机械式汽车库 mechanical garage

采用机械设备进行垂直或水平移动等形式停放汽车的汽车库。

2.0.9 敞开式汽车库 open garage

任一层车库外墙敞开面积大于该层四周外墙体总面积的25%,敞开区域均匀布置在外墙上且其长度不小于车库周长的50%的汽车库。

3 分类和耐火等级

3.0.1 汽车库、修车库、停车场的分类应根据停车(车位)数量和总建筑面积确定,并应符合表3.0.1的规定。

表 3.0.1 汽车库、修车库、停车场的分类

名　称		Ⅰ	Ⅱ	Ⅲ	Ⅳ
汽车库	停车数量(辆)	>300	151~300	51~150	≤50
	总建筑面积 $S(m^2)$	$S>10000$	$5000< S≤10000$	$2000< S≤5000$	$S≤2000$
修车库	车位数(个)	>15	6~15	3~5	≤2
	总建筑面积 $S(m^2)$	$S>3000$	$1000< S≤3000$	$500< S≤1000$	$S≤500$
停车场	停车数量(辆)	>400	251~400	101~250	≤100

注:1　当屋面露天停车场与下部汽车库共用汽车坡道时,其停车数量应计算在汽车库的车辆总数内。

　　2　室外坡道、屋面露天停车场的建筑面积可不计入汽车库的建筑面积之内。

　　3　公交汽车库的建筑面积可按本表的规定值增加2.0倍。

3.0.2 汽车库、修车库的耐火等级应分为一级、二级和三级,其构件的燃烧性能和耐火极限均不应低于表3.0.2的规定。

表 3.0.2 汽车库、修车库构件的燃烧性能和耐火极限(h)

建筑构件名称		耐火等级		
		一级	二级	三级
墙	防火墙	不燃性 3.00	不燃性 3.00	不燃性 3.00
	承重墙	不燃性 3.00	不燃性 2.50	不燃性 2.00
	楼梯间和前室的墙、防火隔墙	不燃性 2.00	不燃性 2.00	不燃性 2.00
	隔墙、非承重外墙	不燃性 1.00	不燃性 1.00	不燃性 0.50

续表3.0.2

建筑构件名称	耐火等级		
	一级	二级	三级
柱	不燃性 3.00	不燃性 2.50	不燃性 2.00
梁	不燃性 2.00	不燃性 1.50	不燃性 1.00
楼板	不燃性 1.50	不燃性 1.00	不燃性 0.50
疏散楼梯、坡道	不燃性 1.50	不燃性 1.00	不燃性 1.00
屋顶承重构件	不燃性 1.50	不燃性 1.00	可燃性 0.50
吊顶（包括吊顶格栅）	不燃性 0.25	不燃性 0.25	难燃性 0.15

注：预制钢筋混凝土构件的节点缝隙或金属承重构件的外露部位应加设防火保护层，其耐火极限不应低于表中相应构件的规定。

3.0.3 汽车库和修车库的耐火等级应符合下列规定：

1 地下、半地下和高层汽车库应为一级；

2 甲、乙类物品运输车的汽车库、修车库和Ⅰ类汽车库、修车库，应为一级；

3 Ⅱ、Ⅲ类汽车库、修车库的耐火等级不应低于二级；

4 Ⅳ类汽车库、修车库的耐火等级不应低于三级。

4 总平面布局和平面布置

4.1 一般规定

4.1.1 汽车库、修车库、停车场的选址和总平面设计，应根据城市规划要求，合理确定汽车库、修车库、停车场的位置、防火间距、消防车道和消防水源等。

4.1.2 汽车库、修车库、停车场不应布置在易燃、可燃液体或可燃气体的生产装置区和贮存区内。

4.1.3 汽车库不应与火灾危险性为甲、乙类的厂房、仓库贴邻或组合建造。

4.1.4 汽车库不应与托儿所、幼儿园、老年人建筑，中小学校的教学楼、病房楼等组合建造。当符合下列要求时，汽车库可设置在托儿所、幼儿园，老年人建筑，中小学校的教学楼，病房楼等的地下部分：

1 汽车库与托儿所、幼儿园，老年人建筑，中小学校的教学楼，病房楼等建筑之间，应采用耐火极限不低于2.00h的楼板完全分隔；

2 汽车库与托儿所、幼儿园，老年人建筑，中小学校的教学楼，病房楼等的安全出口和疏散楼梯应分别独立设置。

4.1.5 甲、乙类物品运输车的汽车库、修车库应为单层建筑，且应独立建造。当停车数量不大于3辆时，可与一、二级耐火等级的Ⅳ类汽车库贴邻，但应采用防火墙隔开。

4.1.6 Ⅰ类修车库应单独建造；Ⅱ、Ⅲ、Ⅳ类修车库可设置在一、二级耐火等级建筑的首层或与其贴邻，但不得与甲、乙类厂房、仓库，明火作业的车间或托儿所、幼儿园、中小学校的教学楼，老年人建筑，病房楼及人员密集场所组合建造或贴邻。

4.1.7 为汽车库、修车库服务的下列附属建筑，可与汽车库、修车库贴邻，但应采用防火墙隔开，并应设置直通室外的安全出口：

1 贮存量不大于1.0t的甲类物品库房；

2 总安装容量不大于5.0m³/h的乙炔发生器间和贮存量不超过5个标准钢瓶的乙炔气瓶库；

3 1个车位的非封闭喷漆间或不大于2个车位的封闭喷漆间；

4 建筑面积不大于200m²的充电间和其他甲类生产场所。

4.1.8 地下、半地下汽车库内不应设置修理车位、喷漆间、充电间、乙炔间和甲、乙类物品库房。

4.1.9 汽车库和修车库内不应设置汽油罐、加油机、液化石油气或液化天然气储罐、加气机。

4.1.10 停放易燃液体、液化石油气罐车的汽车库内，不得设置地下室和地沟。

4.1.11 燃油或燃气锅炉、油浸变压器、充有可燃油的高压电容器和多油开关等，不应设置在汽车库、修车库内。当受条件限制必须贴邻汽车库、修车库布置时，应符合现行国家标准《建筑设计防火规范》GB 50016的有关规定。

4.1.12 Ⅰ、Ⅱ类汽车库、停车场宜设置耐火等级不低于二级的灭火器材间。

4.2 防火间距

4.2.1 除本规范另有规定外，汽车库、修车库、停车场之间及汽车库、修车库、停车场与除甲类物品仓库外的其他建筑物的防火间距，不应小于表4.2.1的规定。其中，高层汽车库与其他建筑物，汽车库、修车库与高层建筑的防火间距应按表4.2.1的规定值增加3m；汽车库、修车库与甲类厂房的防火间距应按表4.2.1的规定值增加2m。

表4.2.1 汽车库、修车库、停车场之间及汽车库、修车库、停车场与除甲类物品仓库外的其他建筑物的防火间距(m)

名称和耐火等级	汽车库、修车库		厂房、仓库、民用建筑		
	一、二级	三级	一、二级	三级	四级
一、二级汽车库、修车库	10	12	10	12	14
三级汽车库、修车库	12	14	12	14	16
停车场	6	8	6	8	10

注：1 防火间距应按相邻建筑物外墙的最近距离算起，如外墙有凸出的可燃物构件时，则应从其凸出部分外缘算起，停车场从靠近建筑物的最近停车位边缘算起。

2 厂房、仓库的火灾危险性分类应符合现行国家标准《建筑设计防火规范》GB 50016的有关规定。

4.2.2 汽车库、修车库之间或汽车库、修车库与其他建筑之间的防火间距可适当减少，但应符合下列规定：

1 当两座建筑相邻较高一面外墙为无门、窗、洞口的防火墙或当较高一面外墙比较低一座一、二级耐火等级建筑屋面高15m及以下范围内的外墙为无门、窗、洞口的防火墙时，其防火间距可不限；

2 当两座建筑相邻较高一面外墙上，同较低建筑等高的以下范围内的墙为无门、窗、洞口的防火墙时，其防火间距可按本规范表4.2.1的规定值减小50%；

3 相邻的两座一、二级耐火等级建筑，当较高一面外墙的耐火极限不低于2.00h，墙上开口部位设置甲级防火门、窗或耐火极限不低于2.00h的防火卷帘、水幕等防火设施时，其防火间距可减小，但不应小于4m；

4 相邻的两座一、二级耐火等级建筑，当较低一座的屋顶无开口，屋顶的耐火极限不低于1.00h，且较低一面外墙为防火墙时，其防火间距可减小，但不应小于4m。

4.2.3 停车场与相邻的一、二级耐火等级建筑之间，当相邻建筑的外墙为无门、窗、洞口的防火墙，或比停车部位高15m范围以下的外墙均为无门、窗、洞口的防火墙时,防火间距可不限。

4.2.4 汽车库、修车库、停车场与甲类物品仓库的防火间距不应小于表4.2.4的规定。

表4.2.4 汽车库、修车库、停车场与甲类物品仓库的防火间距(m)

名 称		总容量(t)	汽车库、修车库		停车场
			一、二级	三级	
甲类物品仓库	3、4项	≤5	15	20	15
		>5	20	25	20
	1、2、5、6项	≤10	12	15	12
		>10	15	20	15

注:1 甲类物品的分项应符合现行国家标准《建筑设计防火规范》GB 50016 的有关规定。

　　2 甲、乙类物品运输车的汽车库、修车库、停车场与甲类物品仓库的防火间距应按本表的规定值增加5m。

4.2.5 甲、乙类物品运输车的汽车库、修车库、停车场与民用建筑的防火间距不应小于25m,与重要公共建筑的防火间距不应小于50m。甲类物品运输车的汽车库、修车库、停车场与明火或散发火花地点的防火间距不应小于30m,与厂房、仓库的防火间距应按本规范表4.2.1的规定值增加2m。

4.2.6 汽车库、修车库、停车场与易燃、可燃液体储罐,可燃气体储罐,以及液化石油气储罐的防火间距,不应小于表4.2.6的规定。

表4.2.6 汽车库、修车库、停车场与易燃、可燃液体储罐,可燃气体储罐,以及液化石油气储罐的防火间距(m)

名称	总容量(积) (m³)	汽车库、修车库		停车场
		一、二级	三级	
易燃液体储罐	1~50	12	15	12
	51~200	15	20	15
	201~1000	20	25	20
	1001~5000	25	30	25

续表4.2.6

名称	总容量(积) (m³)	汽车库、修车库		停车场
		一、二级	三级	
可燃液体储罐	5~250	12	15	12
	251~1000	15	20	15
	1001~5000	20	25	20
	5001~25000	25	30	25
湿式可燃气体储罐	≤1000	12	15	12
	1001~10000	15	20	15
	>10000	20	25	20
液化石油气储罐	1~30	18	20	18
	31~200	20	25	20
	201~500	25	30	25
	>500	30	40	30

注:1 防火间距应从距汽车库、修车库、停车场最近的储罐外壁算起,但设有防火堤的储罐,其防火堤外侧基脚线距汽车库、修车库、停车场的距离不应小于10m。

　　2 计算易燃、可燃液体储罐区总容量时,1m³的易燃液体按5m³的可燃液体计算。

　　3 干式可燃气体储罐与汽车库、修车库、停车场的防火间距,当可燃气体的密度比空气大时,应按本表对湿式可燃气体储罐的规定增加25%;当可燃气体的密度比空气小时,可执行本表对湿式可燃气体储罐的规定。固定容积的可燃气体储罐与汽车库、修车库、停车场的防火间距,不应小于本表对湿式可燃气体储罐的规定。固定容积的可燃气体储罐的总容积按储罐几何容积(m³)和设计储存压力(绝对压力,10⁵Pa)的乘积计算。

　　4 容积小于1m³的易燃液体储罐或小于5m³的可燃液体储罐与汽车库、修车库、停车场的防火间距,当采用防火墙隔开时,其防火间距可不限。

4.2.7 汽车库、修车库、停车场与可燃材料露天、半露天堆场的防火间距不应小于表4.2.7的规定。

表4.2.7 汽车库、修车库、停车场与可燃材料露天、半露天堆场的防火间距(m)

名　　称		总储量	汽车库、修车库		停车场
			一、二级	三级	
稻草、麦秸、芦苇等 (t)		10~5000	15	20	15
		5001~10000	20	25	20
		10001~20000	25	30	25
棉麻、毛、化纤、百货 (t)		10~500	10	15	10
		501~1000	15	20	15
		1001~5000	20	25	20
煤和焦炭(t)		1000~5000	6	8	6
		>5000	8	10	8
粮食	筒仓(t)	10~5000	15	20	15
		5001~20000	20	25	15
	席穴囤(t)	10~5000	15	20	15
		5001~20000	20	25	20
木材等可燃材料(m³)		50~1000	10	15	10
		1001~10000	15	20	15

4.2.8 汽车库、修车库、停车场与燃气调压站、液化石油气的瓶装供应站的防火间距,应符合现行国家标准《城镇燃气设计规范》GB 50028 的有关规定。

4.2.9 汽车库、修车库、停车场与石油库、汽车加油加气站的防火间距,应符合现行国家标准《石油库设计规范》GB 50074 和《汽车加油加气站设计与施工规范》GB 50156 的有关规定。

4.2.10 停车场的汽车宜分组停放,每组的停车数量不宜大于50辆,组之间的防火间距不应小于6m。

4.2.11 屋面停车区域与建筑其他部分或相邻其他建筑物的防火间距,应按地面停车场与建筑的防火间距确定。

4.3 消 防 车 道

4.3.1 汽车库、修车库周围应设置消防车道。

4.3.2 消防车道的设置应符合下列要求:

　　1 除Ⅳ类汽车库和修车库以外,消防车道应为环形,当设置环形车道有困难时,可沿建筑物的一个长边和另一边设置;

　　2 尽头式消防车道应设置回车道或回车场,回车场的面积不应小于12m×12m;

　　3 消防车道的宽度不应小于4m。

4.3.3 穿过汽车库、修车库、停车场的消防车道,其净空高度和净宽度均不应小于4m;当消防车道上空遇有障碍物时,路面与障碍物之间的净空高度不应小于4m。

5 防火分隔和建筑构造

5.1 防火分隔

5.1.1 汽车库防火分区的最大允许建筑面积应符合表5.1.1的规定。其中，敞开式、错层式、斜楼板式汽车库的上下连通层面积应叠加计算，每个防火分区的最大允许建筑面积不应大于表5.1.1规定的2.0倍；室内有车道且有人员停留的机械式汽车库，其防火分区最大允许建筑面积应按表5.1.1的规定减少35%。

表5.1.1 汽车库防火分区的最大允许建筑面积(m²)

耐火等级	单层汽车库	多层汽车库、半地下汽车库	地下汽车库、高层汽车库
一、二级	3000	2500	2000
三级	1000	不允许	不允许

注：除本规范另有规定外，防火分区之间应采用符合本规范规定的防火墙、防火卷帘等分隔。

5.1.2 设置自动灭火系统的汽车库，其每个防火分区的最大允许建筑面积不应大于本规范第5.1.1条规定的2.0倍。

5.1.3 室内无车道且无人员停留的机械式汽车库，应符合下列规定：

1 当停车数量超过100辆时，应采用无门、窗、洞口的防火墙分隔为多个停车数量不大于100辆的区域，但当采用防火隔墙和耐火极限不低于1.00h的不燃性楼板分隔成多个停车单元，且停车单元内的停车数量不大于3辆时，应分隔为停车数量不大于300辆的区域；

2 汽车库内应设置火灾自动报警系统和自动喷水灭火系统，自动喷水灭火系统应选用快速响应喷头；

3 楼梯间及停车区的检修通道上应设置室内消火栓；

4 汽车库内应设置排烟设施，排烟口应设置在运输车辆的通道顶部。

5.1.4 甲、乙类物品运输车的汽车库、修车库，每个防火分区的最大允许建筑面积不应大于500m²。

5.1.5 修车库每个防火分区的最大允许建筑面积不应大于2000m²，当修车部位与相邻使用有机溶剂的清洗和喷漆工段采用防火墙分隔时，每个防火分区的最大允许建筑面积不应大于4000m²。

5.1.6 汽车库、修车库与其他建筑合建时，应符合下列规定：

1 当贴邻建造时，应采用防火墙隔开；

2 设在建筑物内的汽车库(包括屋顶停车场)、修车库与其他部位之间，应采用防火墙和耐火极限不低于2.00h的不燃性楼板分隔；

3 汽车库、修车库的外墙门、洞口的上方，应设置耐火极限不低于1.00h、宽度不小于1.0m、长度不小于开口宽度的不燃性防火挑檐；

4 汽车库、修车库的外墙上、下层开口之间墙的高度，不应小于1.2m或设置耐火极限不低于1.00h、宽度不小于1.0m的不燃性防火挑檐。

5.1.7 汽车库内设置修理车位时，停车部位与修车部位之间应采用防火墙和耐火极限不低于2.00h的不燃性楼板分隔。

5.1.8 修车库内使用有机溶剂清洗和喷漆的工段，当超过3个车位时，均应采用防火隔墙等分隔措施。

5.1.9 附设在汽车库、修车库内的消防控制室、自动灭火系统的设备室、消防水泵房和排烟、通风空气调节机房等，应采用防火隔墙和耐火极限不低于1.50h的不燃性楼板相互隔开或与相邻部位分隔。

5.2 防火墙、防火隔墙和防火卷帘

5.2.1 防火墙应直接设置在建筑的基础或框架、梁等承重结构上，框架、梁等承重结构的耐火极限不应低于防火墙的耐火极限。防火墙、防火隔墙应从楼地面基层隔断至梁、楼板或屋面结构层的底面。

5.2.2 当汽车库、修车库的屋面板为不燃材料且耐火极限不低于0.50h时，防火墙、防火隔墙可砌至屋面基层的底部。

5.2.3 三级耐火等级汽车库、修车库的防火墙、防火隔墙应截断其屋顶结构，并应高出其不燃性屋面不小于0.4m；高出可燃性或难燃性屋面不小于0.5m。

5.2.4 防火墙不宜设在汽车库、修车库的内转角处。当设在转角处时，内转角处两侧墙上的门、窗、洞口之间的水平距离不应小于4m。防火墙两侧的门、窗、洞口之间最近边缘的水平距离不应小于2m。当防火墙两侧设置固定乙级防火窗时，可不受距离的限制。

5.2.5 可燃气体和甲、乙类液体管道严禁穿过防火墙，防火墙内不应设置排气道。防火墙或防火隔墙上不应设置通风孔道，也不宜穿过其他管道(线)；当管道(线)穿过防火墙或防火隔墙时，应采用防火封堵材料将孔洞周围的空隙紧密填塞。

5.2.6 防火墙或防火隔墙上不宜开设门、窗、洞口，当必须开设时，应设置甲级防火门、窗或耐火极限不低于3.00h的防火卷帘。

5.2.7 设置在车道上的防火卷帘的耐火极限，应符合现行国家标准《门和卷帘的耐火试验方法》GB/T 7633有关耐火完整性的判定标准；设置在停车区域上的防火卷帘的耐火极限，应符合现行国家标准《门和卷帘的耐火试验方法》GB/T 7633有关耐火完整性和耐火隔热性的判定标准。

5.3 电梯井、管道井和其他防火构造

5.3.1 电梯井、管道井、电缆井和楼梯间应分别独立设置。管道井、电缆井的井壁应采用不燃材料，且耐火极限不应低于1.00h；电梯井的井壁应采用不燃材料，且耐火极限不应低于2.00h。

5.3.2 电缆井、管道井应在每层楼板处采用不燃材料或防火封堵材料进行分隔，且分隔后的耐火极限不应低于楼板的耐火极限，井壁上的检查门应采用丙级防火门。

5.3.3 除敞开式汽车库、斜楼板式汽车库外，其他汽车库内的汽车坡道两侧应采用防火墙与停车区隔开，坡道的出入口应采用水幕、防火卷帘或甲级防火门等与停车区隔开；但当汽车库和汽车坡道上均设置自动灭火系统时，坡道的出入口可不设置水幕、防火卷帘或甲级防火门。

5.3.4 汽车库、修车库的内部装修，应符合现行国家标准《建筑内部装修设计防火规范》GB 50222的有关规定。

6 安全疏散和救援设施

6.0.1 汽车库、修车库的人员安全出口和汽车疏散出口应分开设置。设置在工业与民用建筑内的汽车库，其车辆疏散出口应与其他场所的人员安全出口分开设置。

6.0.2 除室内无车道且无人员停留的机械式汽车库外，汽车库、修车库内每个防火分区的人员安全出口不应少于2个，Ⅳ类汽车库和Ⅲ、Ⅳ类修车库可设置1个。

6.0.3 汽车库、修车库的疏散楼梯应符合下列规定：

　　1 建筑高度大于32m的高层汽车库、室内地面与室外出入口地坪的高差大于10m的地下汽车库应采用防烟楼梯间，其他汽车库、修车库应采用封闭楼梯间；

　　2 楼梯间和前室的门应采用乙级防火门，并应向疏散方向开启；

　　3 疏散楼梯的宽度不应小于1.1m。

6.0.4 除室内无车道且无人员停留的机械式汽车库外，建筑高度大于32m的汽车库应设置消防电梯。消防电梯的设置应符合现行国家标准《建筑设计防火规范》GB 50016的有关规定。

6.0.5 室外疏散楼梯可采用金属楼梯，并应符合下列规定：

　　1 倾斜角度不应大于45°，栏杆扶手的高度不应小于1.1m；

　　2 每层楼梯平台应采用耐火极限不低于1.00h的不燃材料制作；

　　3 在室外楼梯周围2m范围内的墙面上，不应开设除疏散门外的其他门、窗、洞口；

　　4 通向室外楼梯的门应采用乙级防火门。

6.0.6 汽车库室内任一点至最近人员安全出口的疏散距离不应大于45m，当设置自动灭火系统时，其距离不应大于60m。对于单层或设置在建筑首层的汽车库，室内任一点至室外最近出口的疏散距离不应大于60m。

6.0.7 与住宅地下室相连通的地下汽车库、半地下汽车库，人员疏散可借用住宅部分的疏散楼梯；当不能直接进入住宅部分的疏散楼梯间时，应在汽车库与住宅部分的疏散楼梯之间设置连通走道，走道应采用防火隔墙分隔，汽车库开向该走道的门均应采用甲级防火门。

6.0.8 室内无车道且无人员停留的机械式汽车库可不设置人员安全出口，但应按下列规定设置供灭火救援用的楼梯间：

　　1 每个停车区域当停车数量大于100辆时，应至少设置1个楼梯间；

　　2 楼梯间与停车区域之间应采用防火隔墙进行分隔，楼梯间的门应采用乙级防火门；

　　3 楼梯的净宽不应小于0.9m。

6.0.9 除本规范另有规定外，汽车库、修车库的汽车疏散出口总数不应少于2个，且应分散布置。

6.0.10 当符合下列条件之一时，汽车库、修车库的汽车疏散出口可设置1个：

　　1 Ⅳ类汽车库；

　　2 设置双车道汽车疏散出口的Ⅲ类地上汽车库；

　　3 设置双车道汽车疏散出口、停车数量小于或等于100辆且建筑面积小于4000m²的地下或半地下汽车库；

　　4 Ⅱ、Ⅲ、Ⅳ类修车库。

6.0.11 Ⅰ、Ⅱ类地上汽车库和停车数量大于100辆的地下、半地下汽车库，当采用错层或斜楼板式，坡道为双车道且设置自动喷水灭火系统时，其首层或地下一层至室外的汽车疏散出口不应少于2个，汽车库内其他楼层的汽车疏散坡道可设置1个。

6.0.12 Ⅳ类汽车库设置汽车坡道有困难时，可采用汽车专用升

降机作汽车疏散出口，升降机的数量不应少于2台，停车数量少于25辆时，可设置1台。

6.0.13 汽车疏散坡道的净宽度，单车道不应小于3.0m，双车道不应小于5.5m。

6.0.14 除室内无车道且无人员停留的机械式汽车库外，相邻两个汽车疏散出口之间的水平距离不应小于10m；毗邻设置的两个汽车坡道应采用防火隔墙分隔。

6.0.15 停车场的汽车疏散出口不应少于2个；停车数量不大于50辆时，可设置1个。

6.0.16 除室内无车道且无人员停留的机械式汽车库外，汽车库内汽车之间和汽车与墙、柱之间的水平距离，不应小于表6.0.16的规定。

表6.0.16　汽车之间和汽车与墙、柱之间的水平距离（m）

项目	汽车尺寸（m）			
	车长≤6 或车宽≤1.8	6<车长≤8 或1.8<车宽≤2.2	8<车长≤12 或2.2<车宽≤2.5	车长>12 或车宽>2.5
汽车与汽车	0.5	0.7	0.8	0.9
汽车与墙	0.5	0.5	0.5	0.5
汽车与柱	0.3	0.3	0.4	0.4

注：当墙、柱外有暖气片等突出物时，汽车与墙、柱之间的水平距离应从其凸出部分外缘算起。

7 消防给水和灭火设施

7.1 消防给水

7.1.1 汽车库、修车库、停车场应设置消防给水系统。消防给水可由市政给水管道、消防水池或天然水源供给。利用天然水源时，应设置可靠的取水设施和通向天然水源的道路，并应在枯水期最低水位时，确保消防用水量。

7.1.2 符合下列条件之一的汽车库、修车库、停车场，可不设置消防给水系统：

　　1 耐火等级为一、二级且停车数量不大于5辆的汽车库；

　　2 耐火等级为一、二级的Ⅳ类修车库；

　　3 停车数量不大于5辆的停车场。

7.1.3 当室外消防给水采用高压或临时高压给水系统时，汽车库、修车库、停车场消防给水管道内的压力应保证在消防用水量达到最大时，最不利点水枪的充实水柱不小于10m；当室外消防给水采用低压给水系统时，消防给水管道内的压力应保证灭火时最不利点消火栓的水压不小于0.1MPa（从室外地面算起）。

7.1.4 汽车库、修车库的消防用水量应按室内、外消防用水量之和计算。其中，汽车库、修车库内设置消火栓、自动喷水、泡沫等灭火系统时，其室内消防用水量应按需要同时开启的灭火系统用水量之和计算。

7.1.5 除本规范另有规定外，汽车库、修车库、停车场应设置室外消火栓系统，其室外消防用水量应按消防用水量最大的一座计算，并应符合下列规定：

　　1 Ⅰ、Ⅱ类汽车库、修车库、停车场，不应小于20L/s；

　　2 Ⅲ类汽车库、修车库、停车场，不应小于15L/s；

　　3 Ⅳ类汽车库、修车库、停车场，不应小于10L/s。

7.1.6 汽车库、修车库、停车场的室外消防给水管道、室外消火栓、消防泵房的设置，应符合现行国家标准《消防给水及消火栓系统技术规范》GB 50974的有关规定。

停车场的室外消火栓宜沿停车场周边设置，且距离最近一排汽车不宜小于7m，距加油站或油库不宜小于15m。

7.1.7 室外消火栓的保护半径不应大于150m，在市政消火栓保护半径150m范围内的汽车库、修车库、停车场，市政消火栓可计入建筑室外消火栓的数量。

7.1.8 除本规范另有规定外，汽车库、修车库应设置室内消火栓系统，其消防用水量应符合下列规定：

　　1　Ⅰ、Ⅱ、Ⅲ类汽车库及Ⅰ、Ⅱ类修车库的用水量不应小于10L/s，系统管道内的压力应保证相邻两个消火栓的水枪充实水柱同时到达室内任何部位；

　　2　Ⅳ类汽车库及Ⅲ、Ⅳ类修车库的用水量不应小于5L/s，系统管道内的压力应保证一个消火栓的水枪充实水柱到达室内任何部位。

7.1.9 室内消火栓水枪的充实水柱不应小于10m。同层相邻室内消火栓的间距不应大于50m，高层汽车库和地下汽车库、半地下汽车库室内消火栓的间距不应大于30m。

室内消火栓应设置在易于取用的明显地点，栓口距离地面宜为1.1m，其出水方向宜向下或与设置消火栓的墙面垂直。

7.1.10 汽车库、修车库的室内消火栓数量超过10个时，室内消防管道应布置成环状，并应有两条进水管与室外管道相连接。

7.1.11 室内消防管道应采用阀门分成若干独立段，每段内消火栓不应超过5个。高层汽车库内管道阀门的布置，应保证检修管道时关闭的竖管不超过1根，当竖管超过4根时，可关闭不相邻的2根。

7.1.12 4层以上的多层汽车库、高层汽车库和地下、半地下汽车库，其室内消防给水管网应设置水泵接合器。水泵接合器的数量应按室内消防用水量计算确定，每个水泵接合器的流量应按10L/s～15L/s计算。水泵接合器应设置明显的标志，并应设置在便于消防车停靠和安全使用的地点，其周围15m～40m范围内应设室外消火栓或消防水池。

7.1.13 设置高压给水系统的汽车库、修车库，当能保证最不利点消火栓和自动喷水灭火系统等的水量和水压时，可不设置消防水箱。

设置临时高压消防给水系统的汽车库、修车库，应设置屋顶消防水箱，其容量不应小于12m³，并应符合现行国家标准《消防给水及消火栓系统技术规范》GB 50974的有关规定。消防用水与其他用水合用的水箱，应采取保证消防用水不作他用的技术措施。

7.1.14 采用临时高压消防给水系统的汽车库、修车库，其消防水泵的控制应符合现行国家标准《消防给水及消火栓系统技术规范》GB 50974的有关规定。

7.1.15 采用消防水池作为消防水源时，其有效容量应满足火灾延续时间内室内、外消防用水量之和的要求。

7.1.16 火灾延续时间应按2.00h计算，但自动喷水灭火系统可按1.00h计算，泡沫灭火系统可按0.50h计算。当室外给水管网能确保连续补水时，消防水池的有效容量可减去火灾延续时间内连续补充的水量。

7.1.17 供消防车取水的消防水池应设置取水口或取水井，其水深应保证消防车的消防水泵吸水高度不大于6m。消防用水与其他用水共用的水池，应采取保证消防用水不作他用的技术措施。严寒或寒冷地区的消防水池应采取防冻措施。

7.2 自动灭火系统

7.2.1 除敞开式汽车库、屋面停车场外，下列汽车库、修车库应设置自动灭火系统：

　　1　Ⅰ、Ⅱ、Ⅲ类地上汽车库；

　　2　停车数大于10辆的地下、半地下汽车库；

　　3　机械式汽车库；

　　4　采用汽车专用升降机作汽车疏散出口的汽车库；

　　5　Ⅰ类修车库。

7.2.2 对于需要设置自动灭火系统的场所，除符合本规范第7.2.3条、第7.2.4条的规定可采用相应类型的灭火系统外，应采用自动喷水灭火系统。

7.2.3 下列汽车库、修车库宜采用泡沫—水喷淋系统，泡沫—水喷淋系统的设计应符合现行国家标准《泡沫灭火系统设计规范》GB 50151的有关规定：

　　1　Ⅰ类地下、半地下汽车库；

　　2　Ⅰ类修车库；

　　3　停车数大于100辆的室内无车道且无人员停留的机械式汽车库。

7.2.4 地下、半地下汽车库可采用高倍数泡沫灭火系统。停车数量不大于50辆的室内无车道且无人员停留的机械式汽车库，可采用二氧化碳等气体灭火系统。高倍数泡沫灭火系统、二氧化碳等气体灭火系统的设计，应符合现行国家标准《泡沫灭火系统设计规范》GB 50151、《二氧化碳灭火系统设计规范》GB 50193和《气体灭火系统设计规范》GB 50370的有关规定。

7.2.5 环境温度低于4℃时间较短的非严寒或寒冷地区，可采用湿式自动喷水灭火系统，但应采取防冻措施。

7.2.6 设置在汽车库、修车库内的自动喷水灭火系统，其设计除应符合现行国家标准《自动喷水灭火系统设计规范》GB 50084的有关规定外，喷头布置还应符合下列规定：

　　1　应设置在汽车库停车位的上方或侧上方，对于机械式汽车库，尚应按停车的载车板分层布置，且应在喷头的上方设置集热板；

　　2　错层式、斜楼板式汽车库的车道、坡道上方均应设置喷头。

7.2.7 除室内无车道且无人员停留的机械式汽车库外，汽车库、修车库、停车场均应配置灭火器。灭火器的配置设计应符合现行国家标准《建筑灭火器配置设计规范》GB 50140的有关规定。

8 供暖、通风和排烟

8.1 供暖和通风

8.1.1 汽车库、修车库、停车场内不得采用明火取暖。

8.1.2 需要供暖的下列汽车库或修车库，应采用集中供暖方式：

　　1　甲、乙类物品运输车的汽车库；

　　2　Ⅰ、Ⅱ、Ⅲ类汽车库；

　　3　Ⅰ、Ⅱ类修车库。

8.1.3 Ⅳ类汽车库、Ⅲ、Ⅳ类修车库，当集中供暖有困难时，可采用火墙供暖，但其炉门、节风门、除灰门不得设置在汽车库、修车库内。

8.1.4 喷漆间、电瓶间均应设置独立的排气系统。乙炔站的通风系统设计，应符合现行国家标准《乙炔站设计规范》GB 50031的有关规定。

8.1.5 设置通风系统的汽车库，其通风系统宜独立设置。

8.1.6 风管应采用不燃材料制作，且不应穿过防火墙、防火隔墙，当必须穿过时，除应符合本规范第5.2.5条的规定外，尚应符合下列规定：

　　1　应在穿过处设置防火阀，防火阀的动作温度宜为70℃；

　　2　位于防火墙、防火隔墙两侧各2m范围内的风管绝热材料应为不燃材料。

8.2 排　烟

8.2.1 除敞开式汽车库、建筑面积小于1000m²的地下一层汽车库和修车库外，汽车库、修车库应设置排烟系统，并应划分防烟分区。

8.2.2 防烟分区的建筑面积不宜大于 2000m²，且防烟分区不应跨越防火分区。防烟分区可采用挡烟垂壁、隔墙或从顶棚下突出不小于 0.5m 的梁划分。

8.2.3 排烟系统可采用自然排烟方式或机械排烟方式。机械排烟系统可与人防、卫生等的排气、通风系统合用。

8.2.4 当采用自然排烟方式时，可采用手动排烟窗、自动排烟窗、孔洞等作为自然排烟口，并应符合下列规定：

  1 自然排烟口的总面积不应小于室内地面面积的 2%；

  2 自然排烟口应设置在外墙上方或屋顶上，并应设置方便开启的装置；

  3 房间外墙上的排烟口（窗）宜沿外墙周长方向均匀分布，排烟口（窗）的下沿不应低于室内净高的 1/2，并应沿气流方向开启。

8.2.5 汽车库、修车库内每个防烟分区排烟风机的排烟量不应小于表 8.2.5 的规定。

表 8.2.5 汽车库、修车库内每个防烟分区排烟风机的排烟量

汽车库、修车库的净高(m)	汽车库、修车库的排烟量(m³/h)	汽车库、修车库的净高(m)	汽车库、修车库的排烟量(m³/h)
3.0 及以下	30000	7.0	36000
4.0	31500	8.0	37500
5.0	33000	9.0	39000
6.0	34500	9.0 以上	40500

注：建筑空间净高位于表中两个高度之间的，按线性插值法取值。

8.2.6 每个防烟分区应设置排烟口，排烟口宜设在顶棚或靠近顶棚的墙面上。排烟口距该防烟分区内最远点的水平距离不应大于 30m。

8.2.7 排烟风机可采用离心风机或排烟轴流风机，并应保证 280℃时能连续工作 30min。

8.2.8 在穿过不同防烟分区的排烟支管上应设置烟气温度大于 280℃时能自动关闭的排烟防火阀，排烟防火阀应联锁关闭相应的排烟风机。

8.2.9 机械排烟管道的风速，采用金属管道时不应大于 20m/s；采用内表面光滑的非金属材料风道时，不应大于 15m/s。排烟口的风速不宜大于 10m/s。

8.2.10 汽车库内无直接通向室外的汽车疏散出口的防火分区，当设置机械排烟系统时，应同时设置补风系统，且补风量不宜小于排烟量的 50%。

9 电 气

9.0.1 消防水泵、火灾自动报警系统、自动灭火系统、防排烟设备、电动防火卷帘、电动防火门、消防应急照明和疏散指示标志等消防用电设备，以及采用汽车专用升降机作车辆疏散出口的升降机用电，应符合下列规定：

  1 Ⅰ类汽车库、采用汽车专用升降机作车辆疏散出口的升降机用电应按一级负荷供电；

  2 Ⅱ、Ⅲ类汽车库和Ⅰ类修车库应按二级负荷供电；

  3 Ⅳ类汽车库和Ⅱ、Ⅲ、Ⅳ类修车库可采用三级负荷供电。

9.0.2 按一、二级负荷供电的消防用电设备的两个电源或两个回路，应能在最末一级配电箱处自动切换。消防用电设备的配电线路应与其他动力、照明等配电线路分开设置。消防用电设备应采用专用供电回路，其配电设备应有明显标志。

9.0.3 消防用电的配电线路应满足火灾时连续供电的要求，其敷设应符合现行国家标准《建筑设计防火规范》GB 50016 的有关规定。

9.0.4 除停车数量不大于 50 辆的汽车库，以及室内无车道且无人员停留的机械式汽车库外，汽车库内应设置消防应急照明和疏散指示标志。用于疏散走道上的消防应急照明和疏散指示标志，可采用蓄电池作备用电源，但其连续供电时间不应小于 30min。

9.0.5 消防应急照明灯宜设置在墙面或顶棚上，其地面最低水平照度不应低于 1.0Lx。安全出口标志宜设置在疏散出口的顶部；疏散指示标志宜设置在疏散通道及其转角处，且距地面高度 1m 以下的墙面上。通道上的指示标志，其间距不宜大于 20m。

9.0.6 甲、乙类物品运输车的汽车库、修车库以及修车库内的喷漆间、电瓶间、乙炔间等室内电气设备的防爆要求，均应符合现行国家标准《爆炸危险环境电力装置设计规范》GB 50058 的有关规定。

9.0.7 除敞开式汽车库、屋面停车场外，下列汽车库、修车库应设置火灾自动报警系统：

  1 Ⅰ类汽车库、修车库；

  2 Ⅱ类地下、半地下汽车库、修车库；

  3 Ⅱ类高层汽车库、修车库；

  4 机械式汽车库；

  5 采用汽车专用升降机作汽车疏散出口的汽车库。

9.0.8 气体灭火系统、泡沫—水喷淋系统、高倍数泡沫灭火系统以及设置防火卷帘、防烟排烟系统的联动控制设计，应符合现行国家标准《火灾自动报警系统设计规范》GB 50116 等的有关规定。

9.0.9 设置火灾自动报警系统和自动灭火系统的汽车库、修车库，应设置消防控制室。消防控制室宜独立设置，也可与其他控制室、值班室组合设置。

本规范用词说明

1 为便于在执行本规范条文时区别对待,对要求严格程度不同的用词说明如下:

1)表示很严格,非这样做不可的:

正面词采用"必须",反面词采用"严禁";

2)表示严格,在正常情况下均应这样做的:

正面词采用"应",反面词采用"不应"或"不得";

3)表示允许稍有选择,在条件许可时首先应这样做的:

正面词采用"宜",反面词采用"不宜";

4)表示有选择,在一定条件下可以这样做的,采用"可"。

2 条文中指明应按其他有关标准执行的写法为:"应符合……的规定"或"应按……执行"。

引用标准名录

《建筑设计防火规范》GB 50016

《城镇燃气设计规范》GB 50028

《乙炔站设计规范》GB 50031

《爆炸危险环境电力装置设计规范》GB 50058

《石油库设计规范》GB 50074

《自动喷水灭火系统设计规范》GB 50084

《火灾自动报警系统设计规范》GB 50116

《建筑灭火器配置设计规范》GB 50140

《泡沫灭火系统设计规范》GB 50151

《汽车加油加气站设计与施工规范》GB 50156

《二氧化碳灭火系统设计规范》GB 50193

《建筑内部装修设计防火规范》GB 50222

《气体灭火系统设计规范》GB 50370

《消防给水及消火栓系统技术规范》GB 50974

《门和卷帘的耐火试验方法》GB/T 7633

中华人民共和国国家标准

汽车库、修车库、停车场
设计防火规范

GB 50067－2014

条 文 说 明

制 订 说 明

《汽车库、修车库、停车场设计防火规范》GB 50067—2014,经住房城乡建设部 2014 年 12 月 2 日以第 595 号公告批准发布,原《汽车库、修车库、停车场设计防火规范》GB 50067—97 同时废止。

本规范上一版的主编单位是上海市消防局,参编单位是上海市建筑设计研究院、上海市公共交通总公司建筑设计院,主要起草人是徐耀标、张永杰、纪武功、曾杰、潘丽、徐武歆、周秋琴、华清梅、南江林。

为便于广大设计、施工、科研、学校等单位有关人员在使用本规范时能正确理解和执行条文规定,《汽车库、修车库、停车场设计防火规范》编制组按章、节、条顺序编制了本规范的条文说明,对条文规定的目的、依据以及执行中需要注意的有关事项进行了说明,并着重对强制性条文的强制性理由作了解释。但是,本条文说明不具备与规范正文同等的法律效力,仅供使用者作为理解和把握规范规定的参考。

目　次

1 总　　则 ……………………………………… 2—15

2 术　　语 ……………………………………… 2—15

3 分类和耐火等级 …………………………… 2—16

4 总平面布局和平面布置 …………………… 2—17

   4.1 一般规定 ……………………………… 2—17

   4.2 防火间距 ……………………………… 2—18

   4.3 消防车道 ……………………………… 2—18

5 防火分隔和建筑构造 ……………………… 2—19

   5.1 防火分隔 ……………………………… 2—19

   5.2 防火墙、防火隔墙和防火卷帘 ……… 2—21

   5.3 电梯井、管道井和其他防火构造 …… 2—21

6 安全疏散和救援设施 ……………………… 2—21

7 消防给水和灭火设施 ……………………… 2—23

   7.1 消防给水 ……………………………… 2—23

   7.2 自动灭火系统 ………………………… 2—24

8 供暖、通风和排烟 ………………………… 2—25

   8.1 供暖和通风 …………………………… 2—25

   8.2 排烟 …………………………………… 2—25

9 电　　气 ……………………………………… 2—26

1 总　　则

1.0.1 本条阐明了制定规范的目的和意义。

本规范是我国工程防火设计规范的一个组成部分，其目的是为我国汽车库建设的建筑防火设计提供依据，减少和防止火灾对汽车库、修车库、停车场的危害，保障社会主义经济建设的顺利进行和人民生命财产的安全。

停车问题是城市发展中出现的静态交通问题。静态交通是相对于动态交通而存在的一种交通形态，二者互相关联、互相影响。对城市中的车辆来说，行驶时为动态，停放时为静态。停车设施是城市静态交通的主要内容，包括露天停车场、各类汽车库、修车库等。因此，随着城市中各种车辆的增多，对停车设施的需求量不断增加。近几年来，大型汽车库的建设也在成倍增长，许多城市的政府部门都把建设配套汽车库作为工程项目审批的必备条件，并制订了相应的地方性行政法规予以保证。特别是近几年随着房地产开发经营的增多，在新建大楼中都配套建设了与大楼停车要求相适应的汽车库，由于城市用地紧张、地价昂贵，近年来新的汽车库均向高层和地下空间发展。

我国许多大城市，近年来车辆增长速度都比较快，一些特大城市，如北京、天津、上海、广州、武汉、沈阳、重庆等，虽然机动车的绝对数量与经济发达国家比仍有差距，但由于增长速度快，使原本已很落后的城市基础设施不能适应，加上对静态交通问题认识不足，停车设施的建设远远不能满足需要，致使城市停车问题日益尖锐，不仅停车困难，由于占用道路停车，使已经拥堵的城市动态交通进一步恶化。

根据国家统计局 2014 年统计公告，2014 年年末全国民用汽车保有量达到 1.54 亿辆，是 2005 年保有量的近 5 倍，从 2005 年的 3100 多万辆，10 年间增长了 1.23 亿辆，年均增加 1200 多万辆。根据最新的统计，全国现有汽车保有量超过百万的城市已有 35 个，其中天津、上海、苏州、广州、杭州、郑州等 10 个城市超过 200 万辆，重庆、成都、深圳超过 300 万辆，北京超过 500 万辆。

1.0.2 本规范适用于新建、扩建和改建的汽车库、修车库、停车场的防火设计，其内容包括了民用建筑所属的汽车库和人防地下车库，这是因为现行国家标准《人民防空工程设计防火规范》GB 50098 等规范中已明确规定，其汽车库防火设计按现行国家标准《汽车库、修车库、停车场设计防火规范》GB 50067 的有关规定执行。由于国内目前新建的人防地下车库基本上都是平战两用的汽车库，这类车库除了应满足战时防护的要求，其他要求均与一般汽车库一样。

近年来，随着人民生活水平的提高，住宅、别墅的（半）地下室、底层设置供每个户型专用，不与其他户室共用疏散出口的停车位的情况越来越多。对于每户车位与每户车位之间、每户车位与住宅其他部位之间不能完全分隔或不同住户的车位要共用室内汽车通道的情况，仍适用于本规范。

对于消防站的汽车库，由于在平面布置和建筑构造等要求上都有一些特殊要求，所以列入了本规范不适用的范围。

1.0.3 本条主要规定了汽车库、修车库、停车场建筑防火设计必须遵循的基本原则。

随着改革开放的不断深入，城市大量新建了与大楼配套的汽车库，且大都为地下汽车库，而北方内陆地区大都为地上汽车库，因此在汽车库、修车库、停车场的防火设计中，应从国家经济建设的全局出发，结合汽车库、修车库、停车场的实际情况，积极采用先进的防火与灭火技术，做到确保安全、方便使用、技术先进、经济合理。

1.0.4 汽车库、修车库、停车场建筑的防火设计，涉及的面较广，

与现行国家标准《建筑设计防火规范》GB 50016、《乙炔站设计规范》GB 50031、《人民防空工程设计防火规范》GB 50098 和《城镇燃气设计规范》GB 50028 等规范均有联系。本规范不可能，也没有必要把它们全部包括进来，为全面做好汽车库、修车库、停车场的防火设计，制订了本条文。

2 术　　语

2.0.4～2.0.9 这几条主要是指按各种分类标准确定的汽车库，由于分析角度不同，汽车库的分类有很多，通常主要有以下几种方法：

（1）按照数量划分，本规范第 3 章对汽车库的分类即按照其数量划分的。

（2）按照高度划分，一般可划分为：

1）地下汽车库（即第 2.0.4 条）。

汽车库与建筑物组合建造在地面以下的以及独立在地面以下建造的汽车库都称为地下汽车库，并按照地下汽车库的有关防火设计要求予以考虑。

2）半地下汽车库（即第 2.0.5 条）。

本次修订增加了"半地下汽车库"的概念。第 2.0.4 条和第 2.0.5 条条文中的净高一般是指层高和楼板厚度的差值。根据现行国家标准《民用建筑设计通则》GB 50352 的规定，室内净高应按地面至吊顶或楼板底面之间的垂直高度计算；楼板或屋盖的下悬构件影响有效使用空间者，应按地面至结构下缘之间的垂直高度计算。

3）单层汽车库。

4）多层汽车库（即第 2.0.6 条）。

多层汽车库的定义包括两种类型：一种是汽车库自身高度小于或等于 24m 的两层及以上的汽车库；另一种是汽车库设在多层建筑内地面层以及地面层以上楼层。这两种类型在防火设计上的要求基本相同，故定义在同一术语上。

5）高层汽车库（即第 2.0.7 条）。

高层汽车库的定义包括两种类型：一种是汽车库自身高度已大于24m的；另一种是汽车库自身高度虽未到24m，但与高层工业或民用建筑在地面以上组合建造的。这两种类型在防火设计上的要求基本相同，故定义在同一术语上。

(3)按照停车方式的机械化程度可划分为：

1)机械式立体汽车库；

2)复式汽车库；

3)普通车道式汽车库。

机械式立体汽车库与复式汽车库都属于机械式汽车库。因此，为了概念更清晰，这次修订取消了"机械式立体汽车库"和"复式汽车库"的术语，统一为"机械式汽车库"（即第2.0.8条）。机械式汽车库是近年来新发展起来的一种利用机械设备提高单位面积停车数量的停车形式，主要分为两大类：一类是室内无车道且无人员停留的机械式立体汽车库，类似高架仓库，根据机械设备运转方式又可分为垂直循环式（汽车上、下移动）、电梯提升式（汽车上、下、左、右移动）、高架仓储式（汽车上、下、左、右、前、后移动）等；另一类是室内有车道且有人员停留的复式汽车库，机械设备只是类似于普通仓库的货架，根据机械设备的不同又可分为二层杠杆式、三层升降式、二/三层升降横移式等。

(4)按照汽车坡道可划分为：

1)楼层式汽车库；

2)斜楼板式汽车库（即汽车坡道与停车区同在一个斜面）；

3)错层式汽车库（即汽车坡道只跨越半层车库）；

4)交错式汽车库（即汽车坡道跨越两层车库）；

5)采用垂直升降机作为汽车疏散的汽车库。

(5)按照围封形式可划分为：

1)敞开式汽车库（即第2.0.9条）。

原国家标准《汽车库、修车库、停车场设计防火规范》GB 50067定义的敞开式汽车库，外墙敞开面积占四周墙体总面积的比例为25%，大于美国NFPA 88A(98版)的定义（按净高3m计算，约为15%），小于德国《汽车库建筑与运行规范》(97版)的定义（约为33%）。国外规范中均考虑开敞面布置的均匀性，以保持良好的自然通风与排烟条件。

美国NFPA 88A《停车建筑消防标准》(2002版)中规定，敞开式停车建筑是满足下列条件的停车建筑：①任一停车楼层上，外墙的对外开敞比例沿建筑外沿周长每延米不小于0.4m²；②这种类型的开敞至少沿建筑外沿在40%的周长上存在或至少平均分布在两面相对的外墙上；③任一道内隔墙或沿任一柱轴线，能起通风作用的开敞面积比例不低于20%。

德国《汽车库建筑与运行规范》(MGarVO)中规定，敞开式汽车库是指车库直接通往外部的开口部分的面积占该车库四周围墙总面积至少三分之一，而且车库至少应有两面围墙是相对的，围墙与开口部分的距离不得大于70m，车库应有持续的横向通风。敞开式小型汽车库是指车库直接与外部相连的开口的面积占该车库四周围墙总面积至少三分之一的小型汽车库。

本次修订时，参照以上规范加入开口布置的均匀性的要求。对不同类型、不同构造的汽车库，其汽车疏散、火灾扑救、经济价值的情况是不一样的，在进行设计时，既要满足其自身停车功能的要求，也要合适地提出防火设计要求。

2)封闭式汽车库，即除敞开式汽车库之外的汽车库。

3　分类和耐火等级

3.0.1　汽车库的分类参照了苏联《汽车库设计标准和技术规范》H113-54的有关条文以及我国汽车库的实际情况。

与原国家标准《汽车库、修车库、停车场设计防火规范》GB 50067相比，汽车库、修车库、停车场的分类还是四类，而且每类汽车库、修车库、停车场的泊位数控制值也一样。汽车库、修车库、停车场的分类按停车数量的多少划分是符合我国国情的，这是因为汽车库、修车库、停车场建筑发生火灾后确定火灾损失的大小，主要是按烧毁车库中车辆的多少确定的。按停车数量划分车库类别，可便于按类别提出车库的耐火等级、防火间距、防火分隔、消防给水、火灾报警等要求。

据统计，一般汽车库每个停车泊位约占建筑面积30m²～40m²，50辆（含）以下的车库一般40m²/辆，50辆以上的车库一般33.3m²/辆，故此次修订增加了建筑面积的控制值，目的是为了使得停车数量与停车面积相匹配，合理地进行分类。泊位数控制值及建筑面积控制值两项限值应从严执行，即先到哪项就按该项执行。

注1　与原国家标准《汽车库、修车库、停车场设计防火规范》GB 50067基本相同，是指一些楼层的汽车库，为了充分利用停车面积，在停车库的屋面露天停放车辆，当屋面停车场与室内停车库共用疏散坡道时，车库分类按泊位数量的限值应将屋面停车数计入总泊位数内，但面积可以不计入车库的建筑面积内。这是因为屋顶车辆与车库内的车辆是共用一个上下的车道，屋顶车辆发生火灾对汽车库同样也会有影响，应作为汽车库的整体来考虑。如在其建筑的屋顶上单独设置汽车坡道停车，可按露天停车场考虑。

3.0.2　原国家标准《汽车库、修车库、停车场设计防火规范》GB 50067对汽车库和修车库耐火等级的规定是符合国情的。本条的耐火等级以现行国家标准《建筑设计防火规范》GB 50016的规定为基准，结合汽车库的特点，增加了"防火隔墙"一项，防火隔墙比防火墙的耐火时间短，比一般分隔墙的耐火时间要长，且不必按防火墙的要求必须砌筑在梁或基础上，只需从楼板砌筑至顶板，这样分隔也较自由。这些都是鉴于汽车库内的火灾负载较少而提出的防火分隔措施，具体实践证明还是可行的。

本次修订参照现行国家标准《建筑设计防火规范》GB 50016的规定，将"支承多层的柱"和"支承单层的柱"统一成"柱"。

建筑物的耐火等级决定着建筑抗御火灾的能力，耐火等级是由相应建筑构件的耐火极限和燃烧性能决定的，必须明确汽车库、修车库的耐火等级分类以及构件的燃烧性能和耐火极限，所以将此条确定为强制性条文。

3.0.3　本条对各类汽车库、修车库的耐火等级分别作了相应的规定。

1　地下、半地下汽车库发生火灾时，因缺乏自然通风和采光，扑救难度大，火势易蔓延，同时由于结构、防火等的需要，此类汽车库通常为钢筋混凝土结构，可达一级耐火等级要求，所以不论其停车数量多少，其耐火等级不应低于一级是可行的。

高层汽车库的耐火等级也应为一级，主要考虑到高层汽车库发生火灾时，扑救难度大，火势易蔓延，同时由于结构、防火等的需要，通常为钢筋混凝土结构，可达到一级耐火等级要求。

2　甲、乙类物品运输车由于槽罐内有残存物品，危险性高，本次修订将甲、乙物品运输车的汽车库、修车库的耐火等级由二级提升为一级。

3　Ⅱ、Ⅲ类汽车库停车数量较多，一旦遭受火灾，损失较大；Ⅱ、Ⅲ类修车库有修理车位3个以上，并配设各种辅助工间，起火因素较多，如耐火等级偏低，一旦起火，火势容易延烧扩大，导致大面积火灾,因此这些汽车库、修车库均应采用不低于二级耐火等级的建筑。

近年来在北京、深圳、上海等地发展了机械式立体停车库,这类汽车库占地面积小,采用机械化升降停放车辆,充分利用空间面积。汽车库建筑的结构多为钢筋混凝土,内部的停车支架、托架均为钢结构。国外的一些资料介绍,这类汽车库的结构采用全钢结构的较多,但由于停车数量少,内部的消防设施全,火灾危险性较小。为了适应新型汽车库的发展,对这类汽车库的耐火等级未作特殊要求,但如采用全钢结构,其梁、柱等承重构件均应进行防火处理,满足三级耐火等级的要求。同时我们也希望生产厂家能对设备主要承受支撑力的构件作防火处理,提高自身的耐火性能。

本条根据不同的汽车库、修车库的重要程度,明确了相对应的耐火等级要求,也就保证了建筑抗御火灾的能力,否则,汽车库、修车库一旦发生火灾,不仅难以扑救,而且可能造成重大的人员伤亡和财产损失,所以将此条确定为强制性条文。

确定汽车库、修车库的耐火等级应该坚持从严原则。比如,一个停车数量为160辆的汽车库,按照第3.0.1条规定属于Ⅱ类汽车库;同时,该汽车库设置在一幢高层建筑内,又属于高层汽车库,按照从严原则,该汽车库的耐火等级应为一级。

4 总平面布局和平面布置

4.1 一般规定

4.1.2 本条规定不应将汽车库、修车库、停车场布置在易燃、可燃液体或可燃气体的生产装置区内和贮存区内,这对保证防火安全是非常必要的。国内外石油装置的火灾是不少的,如某市化工厂丁二烯气体泄漏,汽车驶入该区域引起爆燃,造成了重大伤亡事故。据原化工部设计院对10个大型石油化工厂的调查,他们的汽车库都是设在生产辅助区或生活区内。

4.1.3 本条对汽车库与一般工业建筑的组合或贴邻不作严格限制规定,只对与甲、乙类易燃易爆险品生产车间、甲、乙类仓库等较特殊建筑的组合建造作了严格限制。这是由于此类车间、仓库在生产和储存过程中产生易燃易爆物质,遇明火或电气火花将燃烧、爆炸,所以规定不应贴邻或组合建造。

汽车库具有人员流动大、致灾因素多等特点,一旦与火灾危险性大的甲、乙类厂房及仓库贴邻或组合建造,极易发生火灾事故,必须严格限制,所以将此条确定为强制性条文。

4.1.4 幼儿、老人、中小学生、病人疏散能力差,汽车库不应与托儿所、幼儿园、老年人建筑,中小学校的教学楼、病房楼等组合建造。但是考虑到地下汽车库是城市建设的发展方向,为增强安全性,规范对此类情况作出了相关的要求。设置在托儿所、幼儿园、老年人建筑,中小学校的教学楼、病房楼等的地下部分,主要是指设置在室外地平面±0.000以下部分的汽车库。

4.1.5 甲、乙类物品运输车在停放或修理时有时有残留的易燃液体和可燃气体,漂浮在地面上或散发在室内,遇到明火就会燃烧、爆炸。其汽车库、修车库如与其他建筑组合建造或附建在其他建

筑物底层,一旦发生爆燃,就会威胁上层结构安全,扩大灾情。所以,对甲、乙类物品运输车的汽车库、修车库强调单层独立建造。但对停车数不大于3辆的甲、乙类物品运输车的汽车库、修车库,在有防火墙隔开的条件下,允许与一、二级耐火等级的Ⅳ类汽车库贴邻建造。

4.1.6 Ⅰ类修车库的特点是车位多、维修任务量大,为了保养和修理车辆方便,在一幢建筑内往往包括很多工种,并经常需要进行明火作业和使用易燃物品,如用汽油清洗零件、喷漆时使用有机溶剂等,火灾危险性大。为保障安全,本条规定Ⅰ类修车库应单独建造。

目前国内已有的大中型修车库一般都是单独建造。但如不考虑修车库类别,不加区别地一律要求单独建造也不符合节约用地、节省投资的精神,故本条对Ⅱ、Ⅲ、Ⅳ类修车库允许有所机动,可与没有明火作业的丙、丁、戊类危险性生产厂房、仓库及一、二级耐火等级的一般民用建筑(除托儿所、幼儿园、中小学校的教学楼、老年人建筑、病房楼及人员密集场所,如商场、展览、餐饮、娱乐场所等)贴邻建造或附设在建筑底层,但必须用防火墙、楼板、防火挑檐等结构进行分隔,以保证安全。

4.1.7 根据甲类危险品库及乙炔发生间、喷漆间、充电间以及其他甲类生产场所的火灾危险性的特点,这类房间应该与其他建筑保持一定的防火间距。调查中发现有不少汽车库为了适应汽车保养、修理、生产工艺的需要,将上述生产场所贴邻建造在汽车库的一侧。为了保障安全,有利生产,并考虑节约用地,根据《建筑设计防火规范》GB 50016有关条文的规定,对为修理、保养车辆服务,且规模较小的生产工间,作了可以贴邻建造的规定。

根据目前国内乙炔发生器逐步淘汰而以瓶装乙炔气代替的状况,条文中对乙炔气瓶库进行了规定。每标准钢瓶乙炔气贮量相当于0.9m³的乙炔气,故按5瓶相当于5m³计算,对一些地区目前仍采用乙炔发生器的,短期内还要予以照顾,故仍保留"乙炔发生器间"一词。

超过1个车位的非封闭喷漆间或超过2个车位的封闭喷漆间,应独立建造,并保持一定的防火间距。

根据调查,原国家标准《汽车库、修车库、停车场设计防火规范》GB 50067规定的充电间及其他甲类生产场所的面积已不适应现实需求,故此次修订适当扩大到200m²。其他甲类生产场所主要是指与汽车修理有关的甲类修理工段。

4.1.8 汽车的修理车位不可避免的要有明火作业和使用易燃物品,火灾危险性较大。而地下汽车库、半地下汽车库一般通风条件较差,散发的可燃气体或蒸气不易排除,遇火源极易引起燃烧爆炸,一旦失火,难以疏散扑救。喷漆间容易产生有机溶剂的挥发蒸气,电瓶充电时容易产生氢气,乙炔气是很危险的可燃气体,它的爆炸下限(体积比)为2.5%,上限为81%,汽油的爆炸下限为1.2%~1.4%,上限为6%,喷漆中的二甲苯爆炸下限(体积比)为0.9%,上限为7%,上述均为易燃易爆的气体。为了确保地下、半地下汽车库的消防安全,进行限制是必须的。

4.1.9 汽油罐、加油机、液化石油气或液化天然气储罐、加气机容易挥发出可燃蒸气和达到爆炸浓度而引发火灾、爆炸事故,如某市出租汽车公司有一个遗留下来的加油站,该站设在一个汽车库内,职工反映平时加油时要采取紧急措施,实行三停,即停止库内用电,停止库内食堂用火,停止库内汽车出入。该站曾经因为加油时大量可燃蒸气扩散在室内,遇到明火、电气火花发生燃烧事故。因此,从安全角度考虑,本条规定汽油罐、加油机、液化石油气或液化天然气储罐、加气机不应设在汽车库和修车库内是合适的。

4.1.10 易燃液体,比重大于空气的可燃气体、可燃蒸气,一旦泄漏,极易在地面流淌,或浮沉在地面等低洼处,如果设置地下室或地沟,则容易形成积聚,一旦达到爆炸极限,遇明火将会导致燃烧爆炸。

4.1.11 燃油或燃气锅炉、油浸变压器、充有可燃油的高压电容器

和多油开关等设备失灵或操作不慎时,将有可能发生爆炸,故不应在汽车库、修车库内安装使用,如受条件限制必须设置时,应符合现行国家标准《建筑设计防火规范》GB 50016的有关规定。这样规定是为了尽量减小发生火灾爆炸带来的危险性和发生事故的几率。可燃油油浸变压器发生故障产生电弧时,将使变压器内的绝缘油迅速发生热分解,析出氢气、甲烷、乙烯等可燃气体,压力剧增,造成外壳爆炸、大量喷油或者析出的可燃气体与空气混合形成爆炸混合物,在电弧或火花的作用下引起燃烧爆炸。变压器爆炸后,高温的变压器油流到哪里就会燃烧到哪里。充有可燃油的高压电容器、多油开关等,也有较大火灾危险性,故对可燃油油浸变压器等也作了相应的限制。对干式的或不燃液体的变压器,因其火灾危险性小,不易发生火灾,故本条未作限制。

4.1.12 在汽车库、修车库、停车场内,一般都配备各种消防器材,对预防和扑救火灾起到了很好的作用。我们在调查中发现,有不少大型汽车库、停车场内的消防器材没有专门的存放、管理和维护房间,不但平时维护保养困难,更新用的消防器材也无处存放,一旦发生火灾,将贻误灭火时机。因此本条根据消防安全需要,规定了停车数量较多的Ⅰ、Ⅱ类汽车库、停车场要设置专门的消防器材间,此消防器材间是消防员的工作室和对灭火器等消防器材进行定期保养、换药、检修的场所。

4.2 防火间距

4.2.1 造成火灾蔓延的因素很多,如飞火、热对流、热辐射等。确定防火间距,主要以防热辐射为主,即在着火后,不应由于间距过小,火从一幢建筑物向另一幢建筑物蔓延,并且不应影响消防人员正常的扑救活动。

根据汽车使用易燃、可燃液体为燃料容易引起火灾的特点,结合多年贯彻实施国家标准《建筑设计防火规范》GB 50016和消防灭火战斗的实际经验,汽车库、修车库按一般厂房的防火要求考虑,汽车库、修车库与一、二级耐火等级建筑物之间,在火灾初期有10m左右的间距,一般能满足扑救的需要和防止火势的蔓延。高度大于24m的汽车库发生火灾时需使用登高车灭火抢救,间距需大些。露天停车场由于自然条件好,汽油蒸气不易积聚,遇明火发生事故的机会要少一些,发生火灾时进行扑救和车辆疏散条件较室内有利,对建筑物的威胁亦较小。所以,停车场与其他建筑物的防火间距作了相应减少。

与现行国家标准《建筑设计防火规范》GB 50016相对应,将本条中的"库房"改为"仓库"。

本条注1规定,防火间距应按相邻建筑物外墙的最近距离算起,如外墙有凸出的可燃物构件时,则应从其凸出部分外缘算起。

防火间距是在火灾情况下减少火势向不同建筑蔓延的有效措施,防火间距的要求是总平面布局上最重要的防火设计内容之一,如果相邻建筑之间不能保证足够的防火间距,火势难以得到有效的控制,所以将本条确定为强制性条文。

4.2.2 本条将原国家标准《汽车库、修车库、停车场设计防火规范》GB 50067的第4.2.2条~第4.2.4条合并成一条,并参照现行国家标准《建筑设计防火规范》GB 50016的规定。

4.2.3 本条是此次修订的新增条款,目的是规定停车场与一、二级耐火等级建筑贴邻时,防火间距在满足条件的情况下可以不限。对于无围护结构的机械式停车装置,可以视作停车场。需要说明的是,对于地面停车场,汽车都是停在地面,停车部位比较容易理解,对于机械式停车装置,停车部位应该从停留在最高处的车辆部位算起。

4.2.4 本条是参照现行国家标准《建筑设计防火规范》GB 50016的有关规定提出的。在汽车发动和行驶过程中,都可能产生火花,过去由于这些火花引起的甲、乙类物品仓库等发生火灾事故不少。例如,某市在一次扑救火灾事故中,由于一辆消防车误入生产装置泄漏出的丁二烯气体区域,引起爆炸,当场烧伤10名消防

员,烧死1名驾驶员。因此,规定车库与火灾危险性较大的甲类物品仓库之间留出一定的防火间距是很有必要的。

汽车库、修车库、停车场人员流动大、致灾因素多,甲类物品仓库火灾危险性大,二者必须留有足够的防火间距,所以将本条确定为强制性条文。

4.2.5 确定甲、乙类物品运输车的汽车库、修车库、停车场与相邻厂房、库房的防火间距,主要是因为这类汽车库、修车库、停车场一旦发生火灾,燃烧、爆炸的危险性较大,因此,适当加大防火间距是必要的。修订组研究了一些火灾实例后认为,甲、乙类物品运输车的汽车库、修车库、停车场与民用建筑和有明火或散发火花地点的防火间距采用25m~30m,与重要公共建筑的防火间距采用50m是适当的,这与现行国家标准《建筑设计防火规范》GB 50016也是相吻合的。

甲、乙类物品火灾危险性大,一旦遇明火或火花极易发生爆炸事故,造成重大人员伤亡和财产损失,必须对甲、乙类物品运输车的汽车库、修车库、停车场与周围建筑的防火间距,尤其是对与民用建筑及重要公共建筑的防火间距严格规定,以免相互影响;同时必须对明火或散发火花地点等部位严格规定,以免由明火或火花引燃甲、乙类物品造成危险,所以将本条确定为强制性条文。

4.2.6 本条根据现行国家标准《建筑设计防火规范》GB 50016有关易燃液体储罐、可燃液体储罐、可燃气体储罐、液化石油气储罐与建筑物的防火间距作出相应规定。

4.2.7 本条主要规定了汽车库、修车库、停车场与可燃材料堆场的防火间距。由于可燃材料是露天堆放的,火灾危险性大,汽车使用的燃料也有较大危险,因此,本条对汽车库、修车库、停车场与可燃材料堆场的防火间距参照现行国家标准《建筑设计防火规范》GB 50016的有关内容作了相应规定。

4.2.8 由于燃气调压站、液化石油气的瓶装供应站有其特殊的要求,在现行国家标准《城镇燃气设计规范》GB 50028中作了明确的规定,该规定也适合汽车库、修车库的情况,因此不另行规定。汽车库、停车场参照现行国家标准《城镇燃气设计规范》GB 50028中民用建筑的标准要求防火间距,修车库参照明火或散发火花的地点要求。

4.2.9 对于石油库、汽车加油加气站与建筑物的防火间距,在现行国家标准《石油库设计规范》GB 50074和《汽车加油加气站设计与施工规范》GB 50156中都明确了这些规定也适用于汽车库,所以本条不另作规定。汽车库、停车库参照现行国家标准《石油库设计规范》GB 50074和《汽车加油加气站设计与施工规范》GB 50156中民用建筑的标准要求防火间距,修车库参照明火或散发火花的地点要求。

4.2.10 国内大、中城市公交运输部门和工矿企业都新建了规模不等的露天停车场,但很少考虑消防扑救、车辆疏散等安全因素。修订组在调查中了解到,绝大部分停车场停放车辆混乱,既不分组也不分区,车与车前后间距很小,甚至有些在行车道上也停满了车辆,如果发生火灾,车辆疏散和扑救火灾十分困难。本条本着既保障安全生产又便于扑救火灾的精神,对停车场的停车要求作了规定。

4.2.11 由于用地紧张,现在很多建筑在屋面设置停车区域,有些停车位紧挨着周边的建筑,一旦汽车着火,必定对周边建筑产生威胁。因此,规定这些停车区域与建筑其他部分或相邻其他建筑物之间保持一定的防火间距是有必要的。

4.3 消防车道

4.3.1 在设计中对消防车道考虑不周,发生火灾时消防车无法靠近建筑物往往延误灭火时机,造成重大损失。为了给消防扑救工作创造方便,保障建筑物的安全,本条规定了汽车库和修车库周围应设置消防车道。

消防车道是保证火灾时消防车靠近建筑物施以灭火救援的通

道,是保证生命和财产安全的基本要求,所以将本条确定为强制性条文。

4.3.2 本条是根据现行国家标准《建筑设计防火规范》GB 50016关于消防车通道的有关规定制订的。

　　1 考虑到Ⅳ类汽车库和Ⅳ类修车库相对规模比较小,按照规范规定设置消防车道即可,可沿建筑物的一个长边和另一边设置。

　　2 本条对回车道或回车场的规定是根据消防车回转需要而规定的,各地也可根据当地消防车的实际需要确定回转的半径和回车场的面积。

　　3 目前我国消防车的宽度大都不超过2.5m,消防车道的宽度不小于4m是按单行线考虑的,许多火灾实践证明,设置宽度不小于4m的消防车道,对消防车能够顺利迅速到达火场扑救起着十分重要的作用。

4.3.3 国内现有消防车的外形尺寸,一般高度不超过4.0m,宽度不超过2.5m,因此本条对消防车道穿过建筑物和上空遇其他障碍物时规定的所需净高、净宽尺寸是符合消防车行驶实际需要的,但各地可根据本地消防车的实际情况予以确定。

5 防火分隔和建筑构造

5.1 防火分隔

5.1.1 本条是根据目前国内汽车库建造的情况和发展趋势以及参照日本、美国的有关规定,并参照现行国家标准《建筑设计防火规范》GB 50016丁类库房防火隔间的规定制订的。目前国内新建的汽车库一般耐火等级均为一、二级,且安装了自动喷水灭火系统,这类汽车库发生大火的事故较少。本条文制订立足于提高汽车库的耐火等级,增强自救能力,根据不同汽车库的形式、不同的耐火等级分别作了防火分区面积的规定。单层的一、二级耐火等级的汽车库,其疏散条件和火灾扑救都比其他形式的汽车库有利,其防火分区的面积大些,而三级耐火等级的汽车库,由于建筑物燃烧容易蔓延扩大火灾,其防火分区控制得小些。多层汽车库、半地下汽车库较单层汽车库疏散和扑救困难些,其防火分区的面积相应减小些;地下和高层汽车库疏散和扑救条件更加困难些,其防火分区的面积要再减小些。这都是根据汽车库火灾的特点规定的。这样规定既确保了消防安全的有关要求,又能适应汽车库建设的要求。一般一辆小汽车的停车面积为30m²左右,一般大汽车的停车面积为40m²左右。根据这一停车面积计算,一个防火分区内最多停车数为80辆~100辆,最少停车数为30辆。这样的分区在使用上较为经济合理。

　　半地下汽车库即室内地坪低于室外地坪面高度大于该层车库净高1/3且不大于1/2的汽车库,由于半地下汽车库通风条件相对较好,将半地下汽车库的防火分区面积与多层汽车库的防火分区面积保持一致。此次修订调整了设置在建筑物首层的汽车库的防火分区,当汽车库设置在多层建筑物的首层时,应按照多层汽车

库划分防火分区;当汽车库设置在高层建筑物的首层时,应按照高层汽车库划分防火分区。其中对于设置在高层建筑物首层的汽车库,提高了要求。之所以调整设置在首层汽车库的防火分区面积,一方面是为了与本规范对多层汽车库和高层汽车库的定义相一致,另一方面是为了与建筑的火灾危险性相匹配。

　　复式汽车库即室内有车道且有人员停留的机械式汽车库,与一般的汽车库相比,由于其设备能叠放停车,相同的面积内可多停30%~50%的小汽车,故其防火分区面积应适当减小,以保证安全。

　　对于室内无车道且无人员停留的机械式汽车库的防火分隔是以停车数量为指标的防火分区划分原则,因此,对于室内无车道且无人员停留的机械式汽车库的防火分隔应按照本规范第5.1.3条执行。

　　防火分区是在火灾情况下将火势控制在建筑物一定空间范围内的有效的防火分隔,防火分区的面积划定是建筑防火设计最重要的内容之一,所以将本条确定为强制性条文。

5.1.2 本条关于设置自动灭火系统的汽车库防火分区建筑面积可以增加的规定,主要是参考了现行国家标准《建筑设计防火规范》GB 50016的有关规定,考虑了主动防火与被动防火之间的平衡。

5.1.3 机械式立体汽车库最早开发、应用于欧美国家,20世纪60年代初被引入日本,由于其节省用地的优点在日本得到广泛的采用,并逐渐成为日本的主流停车库形式,截至2013年,日本机械式停车泊位已经超过291万个,占到各类注册停车泊位总量的50%以上。

　　我国机械式立体汽车库的发展始于1984年,1989年在北京建成了首个机械式立体汽车库。进入21世纪以来,随着我国经济的快速发展,出现了城市轿车数量急剧膨胀而城市用地日渐减少、停车需求难以满足的局面。这种情况下,机械式立体汽车库开始在国内大中城市有了较快发展。目前中国的机械式立体汽车库数量仅次于日本居于世界第二,并且每年还以近30%的速度增长。

　　据不完全统计,截至2014年末,不包括港澳台地区,全国除西藏外,30个省、市、自治区的450个城市兴建了机械式停车库,共建机械式停车库(项目)12300多个,泊位总数达到274.3万余个。其中,全封闭的自动化汽车库1000余座,约占机械式汽车库总数的9%左右,泊位19.5万余个,约占总数的7.1%。

　　已建设机械式停车库的城市,除西藏外,覆盖了国内所有直辖市、省会城市及计划单列城市,以及83%左右的地级城市和200多个县级及以下城市。

　　以上海为例,截至2014年底,机械式立体停车库的数量约为1200个,机械式停车泊位约为17.97万个。其中,100个停车泊位以内的停车库(场)约56.8%,100个~200个停车泊位的停车库(场)约占23.4%,200个~300个停车泊位的停车库(场)约占8.4%,300个~500个停车泊位的停车库(场)约占8.6%,500个~1000个停车泊位的停车库(场)约占3.3%,1000个停车泊位以上的停车库(场)约占0.7%。

　　根据《机械式停车设备 分类》GB/T 26559,机械式停车设备的类别按其工作原理区分,主要包括:①升降横移类;②简易升降类;③垂直升降类;④垂直循环类;⑤平面移动类;⑥水平循环类;⑦多层循环类;⑧巷道堆垛类;⑨汽车专用升降机。截至2014年末,全国已建机械式汽车库泊位升降横移类约占86.7%,简易升降类约占6.0%,垂直升降类约占1.4%,垂直循环类约占0.2%,平面移动类约占4.0%,多层循环类约占0.1%,巷道堆垛类约占1.5%。

　　经调研发现,原条文限定防火分区内最大停车数量为50辆,对机械式立体汽车库的建设和运行产生了较大影响:

　　(1)影响运行效率。

　　一个汽车库防火分区过多,必然会使汽车库内运载车辆的机械装置得不到有效的行程空间而影响运行速度。举例来说,日本

一个平面移动汽车库的搬运小车速度最高可以达到 5m/s,而在我国,速度通常达不到 1.2m/s,其主要原因就是防火分区或库内设置的防火卷帘限制了搬运小车运行巷道的长度。

(2)增加建设成本。

汽车库如果分区过多,会增加防火墙或防火卷帘的设置数量,从而大大增加建设成本;同时,防火分区过小也会造成更多地采用搬运设备和控制设备,增加设备成本。

(3)结构难以优化。

机械式立体汽车库的最大优点是能够根据地理环境条件,因地制宜地设计出既能最大量地提供停车泊位,又能保证运行效率的停车库,但如果防火分区太小,将会使设计方案难以优化,使有限的土地资源不能有效利用,造成资源浪费。

2003 年~2007 年间,中国建筑科学研究院建筑防火研究所、清华大学公共安全研究中心、中国科学技术大学火灾科学国家重点实验室等科研单位,对机械式立体汽车库进行了一系列的理论及实验研究。通过实验获得了地下汽车库火灾特性的第一手资料,包括地下全自动化车库内火灾的发展与蔓延特性、温度场的变化趋势、烟气流动及烟气浓度变化规律等,实验研究结论如下:

(1)车体密封性对车厢内着火的火灾有着非常重要的影响,在车窗关闭的情况下,由车厢燃起的火灾实验均出现了因供氧不足而自动熄灭的情况。

(2)汽车发生火灾时,车内最高温度可达 1000℃左右。

(3)钢筋混凝土结构的自动化车库结构对于防止火灾蔓延有如下表现:

1)由于无需预留人员上下车的空间,同层相邻汽车距离小,在喷淋失效的情况下,火灾初期即发生辐射蔓延,在消防救援展开之前(按 15min 计),整个停车单元的车辆均有可能被引燃。

2)实验表明,汽车火灾产生的火焰会贴壁上卷,但因为着火部位一般距楼板边缘有一定距离且楼板厚度较小,卷至上层的火焰高度及温度在很大程度上得到削减。即使消防设施失效,在消防队员到来之前(按 15min 计),火灾也很难在上下相邻停车单元之间蔓延。

3)相对单元间不会蔓延。由于相对单元被运车巷路隔开,相对单元接受到的辐射热通量远小于临界辐射热通量,故不会被辐射引燃。实验中曾出现过飞火及物件爆裂的情况,但由于单元净高较低,影响范围较小。所以,机械式立体汽车库内发生火灾时,火灾在相对单元间蔓延的可能性非常小。

(4)汽车火灾的大部分情况是线路短路引起的自燃,且多在组件杂乱的发动机舱内发生,由于发动机舱直接连通大气,供氧充足,可燃物多,由发动机舱开始蔓延的火势发展及蔓延非常快。

(5)阴燃实验的结果显示,车厢内遗留烟头引起的火灾发展极其缓慢,自熄的可能性很大。

基于以上因素,普通机械式立体汽车库单个防火分区停车数放宽至 100 辆,混凝土结构的机械式立体汽车库在进行条文中的限定后,放宽至 300 辆,这样才能在保证消防安全的基础上,与我国机械式立体汽车库行业的发展相适应。同时,机械式立体汽车库应设置自动灭火系统、火灾自动报警系统、排烟设施等消防设施;检修通道应留有一定的宽度且尽量到达每个停车位,以便消防队员可以在火灾时通过检修通道进行灭火,在楼梯间和检修通道上相应设置室内消火栓。

机械式立体汽车库是一种特殊的汽车库形式,由于人员不能进入里面,与普通汽车库有所不同。不仅车辆疏散难度很大,而且灭火难度也很大,有必要通过对车辆数、防火分隔措施及消防设施设置等的规定,来保证此类汽车库的安全性,所以将本条确定为强制性条文。

5.1.4 甲、乙类物品运输车的汽车库、修车库,其火灾危险性较一般的汽车库大,若不控制防火分区的面积,一旦发生火灾事故,造成的火灾损失和危害都较大。如首都机场和上海虹桥国际机场的油槽车库、氧气瓶车库,都按 3 辆~6 辆车进行分隔,面积都在 300m²~500m²。参照现行国家标准《建筑设计防火规范》GB 50016 中对乙类危险品库防火隔间的面积为 500m² 的规定,本条规定此类汽车库的防火分区为 500m²。

防火分区是在火灾情况下将火势控制在建筑物一定空间之内的有效的防火分隔措施,甲、乙类物品火灾危险性大,必对其严格限制,甲、乙类物品运输车库防火分区的面积划定是甲、乙类物品运输车库防火设计最重要的内容之一,所以将本条确定为强制性条文。

5.1.5 修车库是类似厂房的建筑,由于其工艺上需使用有机溶剂,如汽油等清洗和喷漆工段,火灾危险性可按甲类危险性对待。参照现行国家标准《建筑设计防火规范》GB 50016 中对甲类厂房的要求,防火分区面积控制在 2000m² 以内是合适的,对于危险性较大的工段已进行完全分隔的修车库,参照乙类厂房的防火分区面积和实际情况的需要适当调整至 4000m²。

由于修车库火灾危险性按照甲类厂房对待,故需要对修车库防火分区面积严格限制,修车库防火分区的面积划定是修车库防火设计最重要的内容之一,所以将本条确定为强制性条文。

5.1.6 由于汽车的燃料为汽油,一辆高级小汽车的价值又较高,为确保汽车库、修车库的安全,当汽车库、修车库与其他建筑贴邻建造时,其相邻的墙应为防火墙。当汽车库、修车库与办公楼、宾馆、电信大楼及其他公共建筑物组合建造时,其竖向分隔主要靠楼板,而一般预应力楼板的耐火极限较低,火灾后容易被破坏,将影响上、下层人员和物资的安全。由于上述原因,本条对汽车库与其他建筑组合在一起的建筑楼板和隔墙提出了较高的耐火极限要求。如楼板的耐火极限比一级耐火等级的建筑物提高了 0.5h,隔墙需 3.00h 耐火时间。这一规定与国外一些规范的规定也是相类同的,如美国国家防火协会 NFPA《停车构筑物标准》第 3.1.2 条规定的设于其他用途的建筑物中,或与之相连的地下停车构筑物,应用耐火极限 2.00h 以上的墙、隔墙、楼板或带平顶的楼板隔开。

为了防止火灾通过门、窗、洞口蔓延扩大,本条还规定汽车库门、窗、洞口上方应挑檐宽度不小于 1.0m 的防火挑檐,作为阻止火焰从门、窗、洞口向上蔓延的措施。对一些多层、高层建筑,若采用防火挑檐可能会影响建筑物外立面的美观,亦可采用提高上、下层窗槛墙的高度达到阻止火焰蔓延的目的。窗槛墙的高度规定为 1.2m 在建筑上是能够做到的。英国《防火建筑物指南》论述墙壁的防火功能时用实物作了火灾从一层扩散到另一层的实验,结果证明,当上、下层窗槛墙高度为 0.9m(其在楼板以上的部分墙高不小于 0.6m)时,可延缓上层结构和家具的着火时间达 15min。突出墙 0.6m 的防火挑板不足以防止火灾向上、下扩散,因此本条规定窗槛墙的高度为 1.2m,防火挑檐的宽度为 1.0m 是能达到阻止火灾蔓延作用的。

5.1.7 因为修车的火灾危险性比较大,停车部位与修车部位之间如不设防火墙,在修理时一旦失火容易引燃停放的汽车,造成重大损失。如某市医院汽车库,司机在汽车库内检修摩托车,不慎将油箱汽油点着,很快引燃了附近一辆价值很高的进口医用车;又如某市造船厂,司机在停车库内的一辆汽车底下用行灯检修车辆,由于行灯碰碎,冒出火花遇到汽油着火,烧毁了其他 3 台车。因此,本条规定汽车库内停车与修车车位之间,必须设置防火墙和耐火极限较高的楼板,以确保汽车库的安全。

5.1.8 使用有机溶剂清洗和喷涂的工段,其火灾危险性较大,为防止发生火灾时向相邻的危险场所蔓延,采取防火分隔措施是十分必要的,也是符合实际情况的。

5.1.9 消防控制室、自动灭火系统的设备室、消防水泵房和排烟通风空气调节机房等,是灭火系统的"心脏",汽车库发生火灾时,必须保证上述房间不受火势威胁,确保灭火工作的顺利进行。因此本条规定,应采用防火隔墙和楼板将其与相邻部位分隔开。附设在汽车库、修车库内的且为汽车库、修车库服务的变配电室、柴油发电机房等常见的设备用房也应按照本条的规定采取相应的防火分隔措施。

5.2 防火墙、防火隔墙和防火卷帘

5.2.1 本条沿用现行国家标准《建筑设计防火规范》GB 50016 的规定,对防火墙及防火隔墙的砌筑作了较为明确的规定。

防火墙及防火隔墙是保证防火分隔有效性的重要手段。防火墙必须从基础或框架砌筑,且应从上至下均处在同一轴线位置,相应框架的耐火极限也要与防火墙的耐火极限相适应。防火隔墙应从楼地面基层隔断至梁、楼板底面基层。如果防火墙及防火隔墙砌筑不当,一是无法保证自身耐火极限要求,二是无法起到阻止烟火蔓延的作用,所以将本条确定为强制性条文。

5.2.2 因为防火墙的耐火极限为 3.00h,防火隔墙的耐火极限为 2.00h,故防火墙和防火隔墙上部的屋面板也应有一定的耐火极限要求,当屋面板耐火极限达到 0.5h 时,防火墙和防火隔墙砌至屋面基层的底部就可以了,不高出屋面也能满足防火分隔的要求。

5.2.3 本条对三级耐火等级的汽车库、修车库的防火墙、屋顶结构应高出屋面 0.4m 和 0.5m 的规定,是沿用现行国家标准《建筑设计防火规范》GB 50016 的规定。

5.2.4 火灾实例说明,防火墙设在转角处不能阻止火势蔓延,如确有困难需设在转角附近时,转角两侧门、窗、洞口之间最近的水平距离不应小于 4m。不在转角处的防火墙两侧门、窗、洞口的最近水平距离可为 2m,这一间距就能控制一定的火势蔓延。在防火墙两侧设置固定乙级防火窗,其间距不受限制。

5.2.5 为了确保防火墙、防火隔墙的耐火极限,防止火灾时火势从孔洞的缝隙中蔓延,制订本条规定。本条往往在施工中被人们忽视,特别在管道敷设结束后,必须用不燃烧材料将孔洞周围的缝隙紧密填塞,应引起设计、施工单位和公安消防部门高度重视。同时,为了保证管道不会因受热变形而破坏整个分隔的有效性和完整性,根据现行国家标准《建筑设计防火规范》GB 50016 的规定,**穿越处两侧各 2.0m 范围内的风管应采用耐火风管或风管外壁应采取防火保护措施,且耐火极限不应低于该防火分隔体的耐火极限**。

5.2.6 本条对防火墙或防火隔墙开设门、窗、洞口提出了严格要求。在建筑物内发生火灾,烟火必然穿过孔洞向另一处扩散,墙上洞口多了,就会失去防火墙、防火隔墙应有的作用。为此,规定了这些墙上不宜开设门、窗、洞口,如必须开设时,应在开口部位设置甲级防火门、窗。实践证明,这样处理基本上能满足控制或扑救一般火灾所需的时间。

5.2.7 本条为新增条款。考虑到车道两侧没有汽车停放,停车区域两侧一般均停有汽车,因此,对设置在不同部位的防火卷帘分别提出要求。

5.3 电梯井、管道井和其他防火构造

5.3.1 建筑物内的各种竖向管井是火灾蔓延的途径之一。为了防止火势向上蔓延,要求电梯井、管道井、电缆井以及楼梯间应各自独立分开设置。为防止火灾时竖向管井烧毁并扩大灾情,规定了管道井井壁耐火极限不低于 1.00h,电梯井井壁耐火极限不低于 2.00h 的不燃性结构。

建筑内的竖向管井在没有采取防火措施的情况下将形成强烈的烟囱效应,而烟囱效应是火灾时火势扩大蔓延的重要因素。如果电梯井、管道井及电缆井未分开设置且未达到一定的耐火极限,一旦发生火灾,将导致烟火沿竖向井道向其他楼层蔓延,所以将本条确定为强制性条文。

5.3.2 电缆井、管道井应做竖向防火分隔,在每层楼板处用相当于楼板耐火极限的不燃烧材料封堵。

建筑物内的竖向管井如果未分隔将形成强烈的烟囱效应,从而导致烟火沿竖向管井向建筑物的其他楼层蔓延,因此保证各类竖井的构造要求是非常必要的,所以将本条确定为强制性条文。

5.3.3 非敞开式的汽车库的自然通风条件较差,一旦发生火灾,火焰和烟气很快地向上、下、左、右蔓延扩散,若汽车库与汽车疏散坡道无防火分隔设施,对车辆疏散和扑救是很不利的。为保证车辆疏散坡道的安全,本条规定,汽车库的汽车坡道与停车区之间用防火墙分隔,开口的部位设甲级防火门、防火卷帘、防火水幕进行分隔。如果汽车库的汽车坡道采用顶棚,顶棚要采用不燃材料。

汽车库内和坡道上均设有自动灭火设备的汽车库的消防安全度较高。敞开式的多层停车库,通风条件较好,另外不少非敞开式的汽车库采用斜楼板式停车的设计,车道和停车区之间不易分隔,故条文对于设有自动灭火设备的汽车库和敞开式汽车库、斜楼板式汽车库作了另行处理的规定,这也是与国外规范相一致的。美国防火协会《停车构筑物标准》规定,封闭式停车的构筑物、贮存汽车库以及地下室和地下停车构筑物中的斜楼板不需要封闭,但需要具备下述安全措施:第一,经认可的自动灭火系统;第二,经认可的监视性自动火警探测系统;第三,一种能够排烟的机械通风系统。汽车坡道的顶部不应设置非不燃性材料制作的顶棚。

5.3.4 本条为新增内容。汽车库、修车库的内部装修需求不高,如果采用一定的装修材料进行内部装修,应符合现行国家标准《建筑内部装修设计防火规范》GB 50222 的有关规定。

6 安全疏散和救援设施

6.0.1 制订本条的目的,主要是为了确保人员的安全,不管平时还是在火灾情况下,都应做到人车分流、各行其道,发生火灾时不影响人员的安全疏散。某地卫生局的一个汽车库和宿舍合建在一起,宿舍内人员的进出没有单独的出口,进出都要经过汽车库,有一次车辆失火后,宿舍的出口被烟火封死,宿舍内 3 人因无路可逃而被烟熏死在房间内。所以汽车库、修车库与办公、宿舍、休息用房等组合的建筑,其人员出口和车辆出口应分开设置。

条文中"设置在工业与民用建筑内的汽车库"是指汽车库与其他建筑平面贴邻或上下组合的建筑,如上海南泰大楼下面一至七层为停车库,八至二十层为办公和电话机房;又如深圳发展中心前侧为超高层建筑,后侧为六层停车库;也有单层建筑,前面为停车,后面为办公、休息用房。国内外也有一些高层建筑,如上海海仑宾馆,底层为汽车库,二层以上为宾馆的大堂、客房;新加坡的不少高层住宅底层均为汽车库,二层以上为住宅。此类汽车库应做到车辆的疏散出口和人员的安全出口分开设置,这样设置既方便平时的使用管理,又有确保火灾时安全疏散的可靠性。

将人员疏散出口与车辆出口分开设置,是火灾情况下确保人员安全的必要措施,所以将本条确定为强制性条文。

6.0.2 汽车库、修车库人员疏散出口的数量,一般都应设置 2 个,目的是可以进行双向疏散,一旦一个出口被火封死,另一个出口还可进行疏散。但多设出口会增加建筑面积和投资,不加区别地一律要求设置 2 个出口,在实际执行中有困难,因此,Ⅳ类汽车库和Ⅲ、Ⅳ类修车库作了适当调整处理的规定。

本次修订,考虑由于汽车库、修车库同一时间的人数无法确

定,其可操作性不强,故取消人数的规定,明确Ⅳ类汽车库和Ⅲ、Ⅳ类修车库可设一个安全出口的规定。

人员安全出口的设置是按照防火分区考虑的,即每个防火分区应设置2个人员安全出口。安全出口的定义,按照现行国家标准《建筑设计防火规范》GB 50016的规定,是指供人员安全疏散用的楼梯间、室外楼梯的出入口或直通室内外安全区域的出口。鉴于汽车库的防火分区面积、疏散距离等指标均比现行国家标准《建筑设计防火规范》GB 50016相应的防火分区面积、疏散距离等指标放大,故对于汽车库来讲,防火墙上通向相邻防火分区的甲级防火门,不得作为第二安全出口。

6.0.3 汽车库、修车库内的人员疏散主要依靠楼梯进行,因此要求室内的楼梯必须安全可靠。为了确保楼梯间在火灾情况下不被烟气侵入,避免因"烟囱效应"而使火灾蔓延,所以在楼梯间入口处应设置乙级防火门使之形成封闭楼梯间。

如今建筑的开发在高度和深度上都有很大的突破,建筑高度越高,地下深度越深,其疏散要求也越高,故将地下深度大于10m的地下汽车库与高度大于32m的高层汽车库的疏散楼梯间要求进一步提高,要求设置防烟楼梯间。

火灾情况下,安全出口是保证人员能够安全疏散到室外的关键设施,所以将本条确定为强制性条文。汽车库、修车库内设置的疏散楼梯间应该按照有关国家消防技术标准设置防烟设施。

6.0.4 原国家标准《汽车库、修车库、停车场设计防火规范》GB 50067未对汽车库内消防电梯的设置作出规定。由于建设用地的紧张,而汽车库的停车数量有较大的上升,在城市中,汽车库有向上和向深发展的趋势,与现行国家标准《建筑设计防火规范》GB 50016一致,增加消防电梯设置的要求。

6.0.5 室外楼梯烟气的扩散效果好,所以在设计时尽可能把楼梯布置在室外,这对人员疏散和灭火扑救都有利。室外楼梯大都采用钢扶梯,由于钢楼梯耐火性能较差,所以条文中对设置室外楼梯作了较为详细的规定,当满足条文规定的室外钢楼梯技术要求时,可代替室内的封闭疏散楼梯或防烟楼梯间。

6.0.6 汽车库的火灾危险性按照现行国家标准《建筑设计防火规范》GB 50016划分为丁类,但毕竟汽车还有许多可燃物,如车内的坐垫、轮胎和汽油均为可燃和易燃材料,一旦发生火灾燃烧比较迅速,因此在确定安全疏散距离时,参考了国外资料的规定和现行国家标准《建筑设计防火规范》GB 50016对丁类生产厂房的规定,定为45m。装有自动喷水灭火系统的汽车库安全性较高,所以疏散距离也可适当放大,定为60m。对底层汽车库和单层汽车库因能直接疏散到室外,要比楼层停车库疏散方便,所以在楼层汽车库的基础上又作了相应的调整规定。这是因为汽车库的特点是空间大、人员少,按照自由疏散的速度1m/s计算,一般在1min左右都能到达安全出口。

火灾情况下,为了保证尽快地疏散至安全区域,疏散距离的控制是非常重要的一个指标,较短的疏散距离,能够保证人员不受或者少受烟火的影响,所以将本条确定为强制性条文。

6.0.7 在大型住宅小区中,建筑间的独立大型地下、半地下汽车库均有地下通道与住宅相通,如按地下汽车库的防火分区内设置疏散楼梯,将使小区内地面的道路和绿化受到较大影响。所以,允许利用地下汽车库通向住宅的楼梯间作为汽车库的疏散楼梯是符合实际的,这样,既可以节省投资,同时,在火灾情况下,人员的疏散路径也与人们平时的行走路径相一致。

该走道的设置类似于楼梯间的扩大前室,同时,考虑到汽车库与住宅地下室之间分别属于不同防火分区,所以,连通门采用甲级防火门。

6.0.8 考虑到室内无车道且无人员停留的机械式汽车库平时除检修人员以外,没有其他人员进入,因此,规定该类机械式汽车库可不设置人员安全出口,但考虑到火灾情况下,仍然要对该类机械式汽车库进行灭火救援,因此规定应设置供灭火救援用的楼

梯间。

6.0.9 确定车辆疏散出口的主要原则是,在满足汽车库平时使用要求的基础上,适当考虑火灾时车辆的安全疏散要求。对大型的汽车库,平时使用也需要设置2个以上的出口,所以规定出口不应少于2个。同时,规定2个汽车疏散出口应分散布置,分散布置的原则主要是指水平方向。比如,当每个楼层设有2个及2个以上防火分区时,汽车疏散出口应分设在不同的防火分区,当每个楼层只有1个防火分区时,2个汽车疏散出口应分散布置。

两个汽车疏散出口,是保证火灾情况下车辆安全疏散的基本要求,所以将本条确定为强制性条文。

本条所指的汽车库疏散出口,主要是指室内有车道且有人员停留的汽车库的疏散出口;对于室内无车道且无人员停留的机械式汽车库,可以不考虑火灾情况下汽车疏散,这类汽车库进出口的设置应按照其专业规范进行设计。

6.0.10 对于地下、半地下汽车库,设置出口不仅占用的面积大,而且难度大,100辆以下双车道的地下、半地下汽车库也可设一个出口。这些汽车库按要求设置自动喷水灭火系统,最大的防火分区可为4000m²,按每辆车平均需建筑面积30m²～40m²计,差不多是一个防火分区。在平时,对于地下多层汽车库,在计算每层设置汽车疏散出口数量时,应尽量按总数量予以考虑,即总数在100辆以上的应不少于两个,总数在100辆以下的可为一个双车道出口,但在确有困难,车道上设有自动喷水灭火系统时,可按本层地下汽车库所担负的车辆疏散数量是否大于50辆或100辆,来确定汽车出口数。例如3层汽车库,地下一层为54辆,地下二层为38辆,地下三层为34辆,在设置汽车出口有困难时,地下三层至地下二层因汽车疏散数小于50辆,可设一个单车道的出口,地下二层至地下一层,因汽车疏散数为38+34=72辆,大于50辆,小于100辆,可设一个双车道的出口,地下一层至室外,因汽车疏散数为54+38+34=126辆,大于100辆,应设两个汽车疏散出口。

在执行本条时,汽车疏散出口的设置是按照整个汽车库考虑的,不是按照每个防火分区考虑的。

6.0.11 错层式、斜楼板式汽车库内,一般汽车疏散是螺旋单相式、同一时针方向行驶的,楼层内难以设置两个疏散车道,但一般都是双车道,当车道上设置自动喷水灭火系统时,楼层内可允许只设一个出口,但到了地面及地下至室外时,Ⅰ、Ⅱ类地上汽车库和大于100辆的地下、半地下汽车库应设两个出口,这样也便于平时汽车的出入管理。

6.0.12 在一些城市的闹市中心,由于基地面积小,汽车库的周围毗邻马路,使楼层或地下、半地下汽车库的汽车坡道无法设置,为了解决数量不多的停车需要,可设汽车专用升降机作为汽车疏散出口。目前国内上海、北京等地已有类似的停车库,但停车的数量都比较少。因此条文规定了Ⅳ类汽车库方能适用。控制50辆以下,主要是根据目前国内已建的使用汽车专用升降机的汽车库和正在发展使用的机械式立体汽车库的停车数提出的。汽车专用升降机应尽量做到分开布置。对停车数量少于25辆的,可只设一台汽车专用升降机。

此次修订,将原"垂直升降梯"改为"汽车专用升降机",这是与现行机械行业标准《汽车专用升降机》JB/T 10546相统一的。根据现行机械行业标准《汽车专用升降机》JB/T 10546的有关规定,汽车专用升降机是指用于停车库出入口至不同停车楼层间升降搬运车辆的机械设备,它相当于自走式停车库中代替车道(斜坡道)的作用。升降机按人与停车设备关系可分为:准无人方式和人车共乘方式;搬运器按运行方式可分为升降式、升降回转式和升降横移式。

6.0.13 本条规定的车道宽度主要是依据交通管理部门的规定制订的。同时,汽车疏散坡道的宽度与现行行业标准《汽车库建筑设计规范》JGJ 100保持统一。本条的规定与现行行业标准《汽车库建筑设计规范》JGJ 100中单车道和双车道的最小值一致,同时,

汽车库车道的设计还应满足使用需求。

6.0.14 为了确保坡道出口的安全,对两个出口之间的距离作了限制,10m 的间距是考虑平时确保车辆安全转弯进出的需要,一旦发生火灾也为消防扑火双向扑救创造基本的条件。但两个车道相毗邻时,如剪刀式等,为保证车道的安全,要求车道之间应设防火隔墙予以分隔。

6.0.15 停车场的疏散出口实际是指停车场开设的大门,据对许多大型停车场的调查,基本都设有 2 个以上的大门,但也有一些停车数量少,受到周围环境的限制,设置两个出口有困难,本条规定不大于 50 辆的停车场允许设置 1 个出口。

本条规定主要是指室内有车道的汽车库内汽车之间和汽车与墙、柱之间的水平距离;对于室内无车道且无人员停留的机械式汽车库内汽车之间的距离应参照其他专业规范执行。

6.0.16 汽车之间以及汽车与墙、柱之间的水平距离应考虑消防安全要求。有些单位只考虑停车,不顾安全,如某大学在一幢 2000m² 的大礼堂内杂乱地停放了 39 辆汽车;某市公交汽车一场,停放车辆数比原来增加了 3 倍多,车辆停放拥挤,大型铰接车之间的间距仅为 0.4m。在这些情况下,中间的汽车失火时,人员无法进入抢救。国外有的资料提到英国通常采用的停车距离为 0.5m~1.0m;苏联《汽车库设计标准的技术规范》,根据汽车不同宽度和长度分别规定了汽车之间的距离为 0.5m~0.7m,汽车与墙、柱之间的距离为 0.3m~0.5m。本条综合研究了各方面的意见,考虑到中间车辆起火,在未疏散前,人员难侧身携带灭火器进入扑救,所以汽车之间以及汽车与墙、柱之间的距离作了不小于 0.3m~0.9m 的规定。

7 消防给水和灭火设施

7.1 消防给水

7.1.1 汽车库、修车库、停车场发生火灾,开始时大多是由汽车着火引起的,但当汽车库着火后,往往汽油燃烧很快结束,接着是汽车本身的可燃材料,如木材、皮革、塑料、棉布、橡胶等继续燃烧。从目前的情况来看,扑灭这些可燃材料的火灾最有效、最经济、最方便的灭火剂,还是用水比较适宜。

在调查国内 15 次汽车库重大火灾案例中,有些汽车库发生火灾初期,群众虽然使用了各种小型灭火器,但当汽车库火烧大了以后,都是消防队利用消防车出水扑救的。在国外汽车库设计中,不少国家在汽车库内设置消防给水系统,将其作为重要的灭火手段。

根据上述情况,本规范对汽车库、修车库、停车场消防给水作了必要的规定。

7.1.2 本条规定耐火等级为一、二级的Ⅳ类修车库和停放车辆不大于 5 辆的一、二级耐火等级的汽车库、停车场,可不设室内、外消防用水,配备一些灭火器即可。

7.1.3 本条按现行国家标准《消防给水及消火栓系统技术规范》GB 50974 的规定,汽车库、修车库、停车场区域内的室外消防给水,采用高压、低压两种给水方式,多数是能够办到的。在城市消防力量较强或企业设有专职消防队时,一般消防队能及时到达火灾现场,故采用低压给水系统是比较经济合理的,只要敷设一些消防给水管道和根据需要安装一些室外消火栓即可;高压制消防给水系统主要是在一些距离城市消防队较远和市政给水管网供水压力不足的情况下才采用的。高压制时,还要增加一套加压设施,以满足灭火所需的压力要求,这样,相应地要增加一些投资,所以在一

一般情况下是很少采用的。本条对汽车库、修车库、停车场区域室外消防给水系统,规定低压制或高压制均可采用,这样可以根据每个汽车库、修车库、停车场的具体要求和条件灵活选用。

7.1.4 本条对汽车库、修车库的消防用水量作了规定,要求消防用水总量按室内消防给水系统(包括室内消火栓系统和与其同时开放的其他灭火系统,如喷淋或泡沫等)的消防用水量和室外消防给水系统用水量之和计算。在Ⅰ、Ⅱ类多层、地下汽车库内,由于建筑体积大,停车数量多,扑救火灾困难,有时要同时设置室内消火栓和室内自动喷水等几种灭火设备。在计算消防用水量时,一般应将上述几种需要同时开启的设备按水量最大一处叠加计算。这与联合扑救的实际火场情况是相符合的。自动喷水灭火设备无需人员操作,一遇火灾,首先是它起到灭火作用。室内消防给水主要是供本单位职工扑救火灾的;室外消防给水是为公安消防队扑救火灾提供必需的水源,所以它们各有需求,缺一不可。

消防给水是扑救汽车库、修车库火灾的有效保证。火灾时,室内、外消防设备需要同时启动,满足室内、外消防用水量是必须的。如果水量不足,将无法有效控制烟火的蔓延,所以将本条确定为强制性条文。

7.1.5 汽车库、修车库、停车场的室外消防用水量,主要是参照原国家标准《建筑设计防火规范》GB 50016 对丁类仓库的室外消防用水量的有关要求确定的。规定建筑物体积小于 5000m³ 的为 10L/s,5000m³ 相当于Ⅳ类汽车库;建筑物体积大于 5000m³ 但小于 50000m³ 的为 15L/s,相当于Ⅲ类汽车库;建筑物体积大于 50000m³ 的为 20L/s,50000m³ 相当于Ⅰ、Ⅱ类汽车库。

在调查 15 次汽车库重大火灾案例中,消防队一般出车是 2 辆~4 辆,使用水枪 3 支~6 支,某市招待所三级耐火等级的汽车库着火,市消防支队出动消防车 4 辆,使用 4 支水枪(每支水枪出水量约为 5L/s)就将火扑灭。某造船厂一座四级耐火等级的汽车库着火,火场面积 237m²,当时有 3 辆消防车参加了灭火,用 4 支水枪扑救汽车库火灾,用 2 支水枪保护汽车库附近的总变电所,扑救 20min 就将火灾扑灭,这次用水量约为 30L/s。根据汽车库的规模大小,对汽车库室外用水量确定为 10L/s~20L/s,这与实际情况比较接近。

室外消火栓系统是在火灾情况下,消防队员用来扑救火灾的有效手段,明确汽车库、修车库、停车场必须设置室外消火栓系统及相应的要求是必须的,所以将本条确定为强制性条文。

7.1.6 对汽车库、修车库、停车场室外消防管道、消火栓、消防水泵房的设置没有特殊要求,可按现行国家标准《消防给水及消火栓系统技术规范》GB 50974 的有关规定执行。对于停车场室外消火栓的位置,本规范规定要沿停车场周边设置,这是因为在停车场中间设置地上式消火栓,容易被汽车撞坏。

本条还根据实践经验,规定了室外消火栓距最近一排汽车不宜小于 7m,是考虑到一旦遇有火情,消防车靠消火栓吸水时,还能留出 3m~4m 的通道,可以供其他车辆通行,不至于影响场内车辆的出入。消火栓距离油库或加油站不小于 15m 是考虑油库火灾产生的辐射,不至于影响到消防车的安全。

7.1.7 本条是参照现行国家标准《消防给水及消火栓系统技术规范》GB 50974 的有关规定制订的。在市政消火栓保护半径 150m 以内,距建筑外缘 5m~150m 的市政消火栓可计入建筑室外消火栓的数量,但当为消防水泵接合器供水时,距建筑外缘 5m~40m 的市政消火栓可计入建筑室外消火栓的数量。因为在这个范围内一旦发生火灾,消防车可以利用市政消火栓进行扑救。

7.1.8 汽车库、修车库的室内消防用水量是参照原国家标准《建筑设计防火规范》GB 50016 对性质相类似的工业厂房、仓库消防用水量的规定而确定的,这与目前国内的汽车库实际情况基本相符。

室内消火栓系统是在火灾情况下,扑救初起火灾以及消防队员进入建筑物内部扑救火灾的有效手段,明确汽车库、修车库设置

室内消火栓系统及相应的要求是必须的,所以将本条确定为强制性条文。

7.1.9 本条对室内消火栓设计的技术要求作了一些规定,如室内消火栓间距、充实水柱等,这些要求是长期灭火实践形成的经验总结,对有效扑救汽车库火灾是必要的。

规定室内消火栓应设置在明显易于取用的地方,以便于用户和消防队及时找到和使用。

室内消火栓的出水方向应便于操作,并创造较好的水力条件,故规定室内消火栓宜与设置消火栓的墙成90°角,栓口离地面高度宜为1.1m。

7.1.10 本条是对汽车库、修车库室内消防管道的设计提出的技术要求,是保障火灾时消防用水正常供给不可缺少的措施。有超过10个室内消火栓的汽车库、修车库,一般规模都比较大,消防用水量也大,采用环状给水管道供水安全性高。因此,要求室内采用环状管道,并有两条进水管与室外管道相连接,以保证供水的可靠性。

7.1.11 为了确保室内消火栓的正常使用,提出了设置阀门的具体要求,以保证在管道检修时仍有部分消火栓能正常使用。

7.1.12 本条规定了4层以上的多层汽车库、高层汽车库及地下汽车库、半地下汽车库要设置水泵接合器的要求,包括室内消火栓系统的水泵接合器和自动喷水灭火系统的水泵接合器。水泵接合器的主要作用是:①一旦火场断电,消防泵不能工作时,由消防车向室内消防管道加压,代替固定泵工作;②万一出现大面积火灾,利用消防车抽取室外管道或水池的水,补充室内消防用水量。增加这种设备投资不大,但对扑救汽车库火灾却很有利,具体要求是按照现行国家标准《消防给水及消火栓系统技术规范》GB 50974的有关规定制订的。目前国内公安消防队配备的车辆的供水能力完全可以直接扑救4层以下多层汽车库的火灾。因此,规定4层以下汽车库可不设置消防水泵接合器。

7.1.13 室内消防给水,有时由于市政管网压力和水量不足,需要设置加压设施,并在汽车库屋顶上设置消防水箱,储存一部分消防用水,供扑救初期火灾时使用。考虑到水箱容量太大,在建筑设计中有时处理比较困难,但若太小又势必影响初期火灾的扑救,因此本条对水箱容积作了必要的规定。

7.1.14 为及时启动消防泵,在水箱内的消防用水尚未用完以前,消防水泵应正常运行。故本条规定在汽车库、修车库内的消防水泵的控制应符合现行国家标准《消防给水及消火栓系统技术规范》GB 50974的有关规定。

7.1.15 在缺少市政给水管网和其他天然水源的情况下,可采用消防水池作为消防水源。消防水池的有效容积应满足火灾延续时间内室内消防给水系统(包括室内消火栓系统和与其同时开放的其他灭火系统,如喷淋或泡沫等)的消防用水量和室外消防用水量之和的要求。

部分地区由于没有市政给水管网和其他天然水源,一旦发生火灾,消防队往往面临无水可用的困境,缺水地区必须建设消防水池,从而保证消防供水,所以,将本条确定为强制性条文。

7.1.16 水池的容量与一次灭火的时间有关,在调查的15次汽车库重大火灾中,绝大部分灭火时间都是2.00h。本条规定消防水池的容量为2.00h之内,与现行国家标准《消防给水及消火栓系统技术规范》GB 50974的规定和实际灭火需要是相符的。

为了减少消防水池的容量,节省投资造价,在不影响消防供水的情况下,水池的容量可以考虑减去火灾延续时间内补充的水量。

7.1.17 消防水池贮水可供固定消防水泵或供消防车水泵取用,为便于消防车取水灭火,消防水池应设取水口或取水井,取水口或取水井的尺寸应满足吸水管的布置、安装、检修和水泵正常工作的要求,为使消防车消防水泵能吸上水,消防水池的水深应保证水泵的吸水高度不大于6m。

消防水池有独立设置的或与其他用水共用水池的,当共用时,

为保证消防用水量,消防水池内的消防用水在平时应不作它用,因此,消防用水与其他用水合用的消防水池应采取措施,防止消防用水移作它用,一般可采用下列办法:

(1)其他用水的出水管置于共用水池的消防用水量的最高水位上;

(2)消防用水和其他用水在共用水池隔开,分别设置出水管;

(3)其他用水出水管采用虹吸管形式,在消防用水量的最高水位处留进气孔。

寒冷地区的消防水池应有防冻措施,如在水池上覆土保温,入孔和取水口设双层保温并盖等。

7.2 自动灭火系统

7.2.1 本条规定,除敞开式汽车库、屋面停车场外,Ⅰ、Ⅱ、Ⅲ类地上汽车库,停车数大于10辆的地下、半地下汽车库,机械式汽车库,采用汽车专用升降机作汽车疏散出口的汽车库,Ⅰ类修车库均要设置自动灭火系统。这几种类型的汽车库、修车库有的规模大,停车数量多,有的没有车行道,车辆进出靠机械传送,有的设在地下层,疏散和灭火救援极为困难,所以应设置自动灭火系统。

此类汽车库、修车库一旦发生火灾,疏散和扑救困难,易造成重大人身伤亡和财产损失,必须依靠自动灭火系统将初起火灾进行有效控制,所以将本条确定为强制性条文。

7.2.2 对于设置自动灭火系统的汽车库、修车库,除本规范另有规定外,应设置自动喷水灭火系统。根据调查,设置自动喷水灭火系统是及时扑灭火灾、防止火灾蔓延扩大、减少财产损失的有效措施。在进行汽车库、修车库自动喷水灭火系统设计时,火灾危险等级按中危险等级确定。

7.2.3 泡沫-水喷淋系统对于扑救汽车库、修车库火灾具有比自动喷水灭火系统更好的效果,对于Ⅰ类地下、半地下汽车库、Ⅰ类修车库、停车数大于100辆的室内无车道且无人员停留的机械式汽车库等一旦发生火灾扑救难度大的场所,可采用泡沫-水喷淋系统,以提高灭火效力。泡沫-水喷淋系统的设计在现行国家标准《泡沫灭火系统设计规范》GB 50151中已有要求,可以按照执行。

7.2.4 地下汽车库由于是封闭空间,所以可以采用高倍数泡沫灭火系统;对于机械式立体汽车库,由于是一个无人的封闭空间,采取二氧化碳灭火系统灭火效果很好,故本条文对此作了一些规定,在具体设计时,应按照现行国家标准《泡沫灭火系统设计规范》GB 50151、《二氧化碳灭火系统设计规范》GB 50193和《气体灭火系统设计规范》GB 50370中的有关规定执行。

7.2.5 环境温度低于4℃的严寒或寒冷地区,应按照现行国家标准《自动喷水灭火系统设计规范》GB 50084的要求设置干式或预作用系统。但对于环境温度低于4℃时间较短的一些非严寒或寒冷地区,可考虑采用湿式自动喷水灭火系统,但应采用加热保暖等防冻措施,以保证湿式自动喷水灭火系统内不被冻结。

7.2.6 自动喷水灭火系统的设计在现行国家标准《自动喷水灭火系统设计规范》GB 50084中已有具体规定,在设计汽车库、修车库的自动喷水灭火系统时,对喷水强度、作用面积、喷头的工作压力、最大保护面积、最大水平距离等以及自动喷水的用水量都应按《自动喷水灭火系统设计规范》GB 50084的有关规定执行。

除此之外,根据汽车库自身的特点,本条制订了喷头布置的一些特殊要求。绝大多数汽车库的停车位置是固定的,在调查中发现绝大部分的汽车库设置的喷头是按照一般常规做法,根据面积大小和喷头之间的距离均匀布置,结果汽车停放部位不在喷头的直接保护下部,汽车发生火灾,喷头保护不到,灭火效果差。所以本条规定应将喷头布置在停车位上。

机械式汽车库的停车位置既固定又是上、下、左、右、前、后移动的,而且层高比较高,所以本条规定了既要有下喷头又要有侧喷头的布置要求,这是保证机械式汽车库自动喷水灭火系统有效灭火所必须做到的。

错层式、斜楼板式的汽车库，由于防火分区较难分隔，停车区与车道之间也难分隔，在防火分区作了一些适当调整处理，但为了保证这些汽车库的安全，防止火灾的蔓延扩大，在车道、坡道上方加设喷头是一种十分必要的补救措施。

7.2.7 此条为新增条款。规定除室内无车道且无人员停留的机械式汽车库外，汽车库、修车库、停车场应配置灭火器。灭火器的配置设计应符合现行国家标准《建筑灭火器配置设计规范》GB 50140中有关工业建筑灭火器配置场所的危险等级。

8 供暖、通风和排烟

8.1 供暖和通风

8.1.1、8.1.2 在我国北方，为了保持冬季汽车库、修车库的室内温度不影响汽车的发动，不少汽车库、修车库内设置了供暖系统。据调查，有相当一部分汽车库火灾是由于供暖方式不当引起的。如某市某厂的汽车库，采用火炉供暖，因汽车油箱漏油，室内温度较高，油蒸气挥发较快，与空气混合成一定比例，遇明火引起火灾；又如某大学的砖木结构汽车库与司机休息室毗邻建造，用火炉供暖，司机捅炉子飞出火星遇汽油蒸气引起火灾。

鉴于上述情况，为防止这些事故发生，从消防安全角度考虑，本条规定在Ⅰ、Ⅱ、Ⅲ类汽车库、Ⅰ、Ⅱ类修车库和甲、乙类物品运输车的汽车库内，应设置热水、蒸汽或热风等供暖设备，不应用火炉或其他明火供暖方式，以策安全。

8.1.3 考虑到寒冷地区的汽车库、修车库，不论其规模大小，全部要求蒸汽或热水等供暖，可能会有困难，因此，允许Ⅳ类汽车库和Ⅲ、Ⅳ类修车库可采用火墙供暖，但必须采取相应的安全措施。容易暴露明火的部位，如炉门、节风门、除灰门，要求设置在库外，并要求用一定耐火极限的不燃性墙体与汽车库、修车库隔开。

8.1.4 修车库中，因维修、保养车辆的需要，生产过程中常常会产生一些可燃气体，火灾危险性较大，如乙炔气，修理蓄电池组重新充电时放出的氢气以及喷漆使用的易燃液体等，这些易燃液体的蒸气和可燃气体与空气混合达到一定浓度时，遇明火就会爆炸。如汽油蒸气的爆炸下限为 $1.2\%\sim1.4\%$ ，乙炔气的爆炸下限为 $2.3\%\sim2.5\%$ ，氢气的爆炸下限为 4.1% ，尤以乙炔气和氢气的爆炸范围幅度大，其危险性也大。所以，这些工间的排风系统应各自

单独设置，不能与其他用途房间的排风系统混设，防止相互影响，其系统的风机应按防爆要求处理，乙炔间的通风要求还应按照现行国家标准《乙炔站设计规范》GB 50031 的规定执行。

8.1.5 汽车库内良好的通风，是预防火灾发生的一个重要条件。从调查了解到的汽车库现状来看，绝大多数是利用自然通风，这对节约能源和投资都是有利的。地下汽车库和严寒地区的非敞开式汽车库，因受自然通风条件的限制，必须采取机械通风方式。卫生部门要求汽车库每小时换气次数为 6 次～10 次。

组合建筑内的汽车库和地下汽车库的通风系统应独立设置，不应和其他建筑的通风系统混设。

8.1.6 通风管道是火灾蔓延的重要途径，国内外都有这方面的严重教训。如某手表厂、某饭店等单位，都有因风道为可燃烧材料使火灾蔓延扩大的教训。因此，为切断火灾蔓延途径，规定风管应采用不燃材料制作。

防火墙、防火隔墙是建筑防火分区的主要手段，它阻止火势蔓延扩大的作用已为无数次火灾实例所证实。所以，防火墙、防火隔墙除允许开设防火门外，不应在其墙面上开洞留孔，降低其防火作用。因考虑设有机械通风的汽车库里，风管可能穿越防火墙、防火隔墙，为保证它们应有的防火作用，故规定风管穿越这些墙体时，其四周空隙应用不燃材料填实，并在穿过防火墙、防火隔墙处设防火阀。同时，要求在穿过防火墙、防火隔墙两侧各2m范围内的风管绝热材料应采用不燃材料。

8.2 排　烟

8.2.1 本条对危险性较大的汽车库、修车库进行了统一的排烟要求。建筑面积小于 1000m² 的地下一层和地上单层汽车库、修车库，其汽车坡道可直接排烟，且不大于一个防烟分区，故可不设排烟系统。但汽车库、修车库内最远点至汽车坡道口不应大于30m，否则自然排烟效果不好。对于敞开式汽车库四周外墙敞开面积达到一定比例，本身就可以满足自然排烟效果。但是，对于面积比较大的敞开式汽车库，应该整个汽车库都满足自然排烟条件，否则应该考虑排烟系统。

汽车库一旦发生火灾，会产生大量的烟气，而且有些烟气含有一定的毒性，如果不能迅速排出室外，极易造成人员伤亡事故，也给消防员进入地下扑救带来困难。根据对目前国内地下汽车库的调查，一些规模较大的汽车库都设有独立的排烟系统，而一些中、小型汽车库，一般均与地下汽车库内的通风系统组合设置。平时作为排风排气使用，一旦发生火灾，转换为排烟使用。当采用排烟、排风组合系统时，其风机应采用离心风机或耐高温的轴流风机，确保风机能在 280℃ 时连续工作 30min，并具有在高于 280℃ 时风机能自行停止的技术措施。排风风管的材料应为不燃材料。由于排气口要求设置在建筑的下部，而排烟应设置在上部，因此各自的风口应上、下分开设置，确保火灾时能及时进行排烟。

大、中型及地下汽车库、修车库一旦发生火灾，将会产生大量烟气，为保障人员疏散，并为扑救火灾创造条件，需要及时有效地将烟气排出室外，所以将本条确定为强制性条文。

8.2.2 本条规定了防烟分区的建筑面积。防烟分区太小，增加了平面内排烟系统的数量，不易控制；防烟分区太大，风机增大，风管加宽，不利于设计。

8.2.3 目前，一些建筑，特别是住宅小区地下汽车库的设计，从节能、环保等方面考虑，以半地下汽车库（一般汽车库顶板高出室外场地标高1.5m）的形式营造自然通风、采光的良好停车环境，通过侧窗及大量顶板开洞方式，达到建筑与自然景观的充分融合。在这种情况下，若按照本条原条文的规定，不仅造成浪费，火灾时顶板洞口边的所有风管排烟效果均会大打折扣，而通过大量的顶板洞口进行自然排烟，不仅安全可靠而且也符合"有条件时应尽可能优先采用自然排烟方式进行烟控设计"的原则。因此，与原国家标准《汽车库、修车库、停车场设计防火规范》GB 50067 不同的是，不

再对采用何种排烟方式进行规定,例如面积大于$1000m^2$的地下汽车库若能满足本规范第8.2.4条的要求时,也可采用自然排烟方式。

除设置在地下一层的汽车库、修车库的汽车坡道可以作为自然排烟口外,地下其他各层的汽车坡道不可以作为自然排烟口。

8.2.4 对自然排烟方式的规定参照了相关国家规范的有关规定,为确保火灾时的自然排烟效果,本条对排烟窗面积、开启方式、高度等分别作了规定。

排烟窗即可开启外窗,是指设置在建筑物的外墙、顶部能有效排除烟气的可开启外窗或百叶窗,可分为自动排烟窗和手动排烟窗。自动排烟窗是指与火灾自动报警系统联动或可远距离控制的排烟窗;手动排烟窗是指人员可以就地方便开启的排烟窗。

地下汽车库可以利用开向侧窗、顶板上的洞口、天井等开口部位作为自然通风口,自然通风开口应设置在外墙上方或顶棚上,其下沿不应低于储烟仓高度或室内净高的1/2,侧窗或顶窗应沿气流方向开启,并应设置方便开启的装置。

8.2.5 汽车库、修车库设置排烟系统,其目的一方面是为了人员疏散,另一方面是为了便于扑救火灾。鉴于汽车库、修车库的特点,经专家们研讨,参照国家消防技术标准中对排烟量的计算方法得出简化表格。

8.2.6 地下汽车库发生火灾时产生的烟气,开始时绝大多数积聚在汽车库的上部,将排烟口设在汽车库的顶棚上或靠近顶棚的墙面上排烟效果更好,排烟口与防烟分区最远地点的距离是关系到排烟效果好坏的重要问题,排烟口与最远排烟地点太远会直接影响排烟速度,太近要多设排烟管道,不经济。

8.2.7、8.2.8 据测试,一般可燃物发生燃烧时火场中心温度高达$800℃~1000℃$。火灾现场的烟气温度也是很高的,特别是地下汽车库火灾时产生的高温散发条件较差,温度比地上建筑要高,排烟风机能否在较高气温下正常工作,是直接关系到火场排烟的很重要的技术问题。排烟风机一般设在屋顶上或机房内,与排烟地点有相当一段距离,烟气经过一段时间方能扩散到风机,温度要比火场中心温度低很多。据国外有关资料介绍,排烟风机在$280℃$时连续工作30min就能满足要求,本条的规定与国家现行相关标准的有关规定是一致的。

排烟风机、排烟防火阀、排烟管道、排烟口是一个排烟系统的主要组成部分,它们缺一不可,排烟防火阀关闭后,仅是排烟风机启动也不能排烟,并可能造成设备损坏。所以,它们之间一定要做到相互联锁,目前国内的技术已经完全做到了,而且都能做到自动和手动两用。

此外,还要求排烟口平时宜处于关闭状态,发生火灾时做到自动和手动都能打开。目前,国内多数是采用自动和手动控制的,并与消防控制中心联动起来,一旦遇有火警需要排烟时,由控制中心指令打开排烟阀或排烟风机进行排烟。因此,凡设置消防控制室的汽车库排烟系统应用联动控制的排烟口或排烟风机。

8.2.9 本条规定了排烟管道内的最大允许风速,金属管道内壁比较光滑,风速允许大一些。非金属管道风速要求小一些。内壁光滑,风速阻力要小;内壁粗糙,风速阻力要大一些,在风机、排烟口等条件相同的情况下,阻力越大,排烟效果越差,阻力越小,排烟效果越好。

8.2.10 根据空气流动的原理,需要排出某一区域的空气时,同时也需要有另一部分的空气补充。地下汽车库由于防火分区的防火墙分隔和楼层的楼板分隔,使有的防火分区内无直接通向室外的汽车疏散出口,也就无自然进风条件,对这些区域,因周边处于封闭的环境,如排烟时没有同时进行补风,烟是排不出去的。因此,本条规定应在这些区域内的防烟分区增设补风系统,进风量不宜小于排烟量的50%。在设计中,应尽量做到送风口在下,排烟口在上,这样能使火灾发生时产生的浓烟和热气顺利排出。

9 电　气

9.0.1 消防水泵、火灾自动报警系统、自动灭火系统、防排烟设备、电动防火卷帘、电动防火门、消防应急照明和疏散指示标志等都是火灾时的主要消防设施。为了确保其用电可靠性,根据汽车库的类别分别作一级、二级、三级负荷供电的规定,不同负荷供电等级基本与现行国家标准《建筑设计防火规范》GB 50016的规定相一致。有的地区受供电条件的限制不能做到时,应自备柴油发电机来确保消防用电。

一些停车数量较少的汽车库采用升降梯作车辆的疏散出口,当采用电梯时,一旦断电会影响车辆的疏散,因此应有可靠的供电电源。本条对上述设备用电作了较严格的规定。

9.0.2 本条规定主要是为了保证在火灾时能立即用上备用电源,使扑救火灾的工作迅速进行,使消防用电设备在一定时间内不被火灾烧毁,保证安全疏散和灭火工作的顺利进行。

9.0.3 本条对配电线路的敷设作了必要的规定。

9.0.4 汽车库的环境条件较差,多数无自然采光,或虽有自然采光,但光线暗弱,多层以及高层汽车库因为停放车辆多,占地面积大,一般工作照明线路在发生火灾时要切断,为了保证库内人员、车辆的安全疏散和扑救火灾的顺利进行,需要设置消防应急照明和疏散指示标志。

由于地下汽车库内人员疏散相对困难,故消防应急照明和疏散指示标志的连续供电时间由20min改为30min,以利人员疏散,同时,也可与现行国家标准《建筑设计防火规范》GB 50016的规定保持一致。

9.0.5 本条对消防应急照明灯和疏散指示标志分别作了规定。本条规定的消防应急照明灯的照度是参照现行国家标准《建筑设计防火规范》GB 50016的有关规定提出的。该规范规定,供人员疏散的事故照明,主要通道照度不应低于1.0Lx。

为防止被积聚在天花板下的烟雾遮住疏散指示标志的照度,对疏散指示标志设置位置规定为距地面1m以下的高度。根据调查,驾驶员坐在驾驶室的位置时,指示标志的高度应与人眼差不多等高,才能不致被汽车遮挡。20m范围内的疏散指示标志是容易被驾驶员辨识的,所以本条规定疏散指示标志的间距为20m是合适的。

9.0.6 对危险场所的电气设备的防爆要求,现行国家标准《爆炸危险环境电力装置设计规范》GB 50058中已有明确的规定,同样也适用于汽车库的危险场所,所以本条不另作规定。

9.0.7 本条规定了应设置火灾自动报警系统的汽车库、修车库。此次修订明确了屋面停车场可不设置火灾自动报警系统。同时,对条文的表述方式也作了调整。

根据对国内14个城市汽车库进行的调查,目前较大型的汽车库都安装了火灾自动报警设施。但由于汽车库内通风不良,又受车辆尾气的影响,不少安装了烟感报警的设备经常发生故障。因此,在汽车库安装何种自动报警设备应根据汽车库的通风条件和自动报警设施的工作条件而定。

由于汽车库、修车库人员少,起火不易发现,所以一旦发生火灾极可能导致重大财产损失,为早期发现和通报火灾,并及时采取有效措施控制和扑救火灾,大、中型及地下汽车库等设置火灾自动报警系统是十分必要的,所以将本条确定为强制性条文。

9.0.8 现行国家标准《火灾自动报警系统设计规范》GB 50116等相关规范已对各类系统的联动控制作出规定,汽车库中各类系统的联动控制设计应按这些规范的相关规定执行。

9.0.9 设置火灾自动报警系统和自动灭火系统的汽车库,都是规模较大的汽车库,为了确保火灾报警和灭火设施的正常运行,应设置消防控制室,并有专人值班管理。由于汽车库内的工作人员较少,如设置独立的消防控制室并由专人值班有困难时,可与汽车库内的设备控制室、值班室组合设置,控制室、值班室的值班人员可兼作消防控制室的值班人员,这样可减少汽车库的工作人员。

中华人民共和国国家标准

民用爆破器材工程设计安全规范

Safety code for design of engineering of
civil explosives materials

GB 50089 - 2007

主编部门：国防科学技术工业委员会
批准部门：中华人民共和国建设部
施行日期：２００７年８月１日

中华人民共和国建设部公告

第 578 号

建设部关于发布国家标准
《民用爆破器材工程设计安全规范》的公告

现批准《民用爆破器材工程设计安全规范》为国家标准,编号为GB 50089—2007,自2007年8月1日起实施。其中,第3.2.2、3.2.3、3.3.1、3.3.2、3.3.3、3.3.6、4.2.3、4.2.4、4.3.2、4.3.3、5.1.1 (3)、5.2.2 (1) (3) (5) (6) (7) (8)、5.2.3 (1) (3)、5.2.4、5.3.2 (1) (2) (3) (5)、5.3.3 (1) (2) (3) (5)、5.4.2 (1)、5.4.3 (1)、6.0.2 (2) (3) (4) (5) (9)、6.0.3 (2) (4)、6.0.4、6.0.5、6.0.6 (1) (3) (4) (6) (8) (9) (10) (11) (12)、6.0.7、6.0.8、6.0.9、7.1.1、7.1.2、7.1.3、7.1.4、7.1.6、7.1.7 (2)、8.1.1、8.2.1、8.2.6、8.4.4、8.4.8、8.4.9、8.4.10、8.5.1、8.6.2、8.6.6、8.6.7、9.0.1、9.0.5、9.0.6、9.0.10、9.0.11、9.0.12 (2) (3)、10.0.1、10.0.3、11.2.1、11.2.2 (4)、11.3.3、11.3.4、11.3.6、11.3.7、12.2.1 (2) (3) (5) (6) (8)、12.2.2、12.2.3 (1) (2) (4)、12.2.4、12.3.3 (1) (2)、12.3.4 (2)、12.3.5、12.3.6、12.5.4、12.5.5 (1) (3)、12.6.2、12.6.3、12.6.5、12.6.6、12.7.2、12.7.3、12.7.6、12.7.7、12.8.1、12.8.3、13.1.2、13.1.4、14.2.2、15.2.1、15.2.3、15.2.5、15.2.6、15.3.4、15.4.1、15.4.2、15.6.2、15.7.1、15.7.2、15.7.3、15.7.4、15.7.6、A.0.1、A.0.2条(款)为强制性条文,必须严格执行。原《民用爆破器材工厂设计安全规范》GB 50089—98同时废止。

本规范由建设部标准定额研究所组织中国计划出版社出版发行。

中华人民共和国建设部
二〇〇七年二月二十七日

前　言

本规范是根据建设部《关于印发"二〇〇二～二〇〇三年度工程建设国家标准制定、修订计划"的通知》(建标[2003]102号)的要求,由五洲工程设计研究院会同有关设计、科研、生产和流通单位对《民用爆破器材工厂设计安全规范》GB 50089—98进行修订而成。

本规范共分15章、6个附录。主要内容包括总则,术语,危险等级和计算药量,企业规划和外部距离,总平面布置和内部最小允许距离,工艺与布置,危险品贮存和运输,建筑与结构,消防给水,废水处理,采暖、通风和空气调节,电气,危险品性能试验场和销毁场,混装炸药车地面辅助设施和自动控制等。

本次修订,与原国家标准《民用爆破器材工厂设计安全规范》GB 50089—98相比,保留了90条、3个附录,修改了109条,取消了24条,增加了95条、3个附录。规范修订后为294条、6个附录。主要修订内容是:调整了建筑物的危险等级,进一步明确生产线联建的安全技术要求,补充调整了内、外部最小允许距离,修订了防护屏障的作用系数,增加了钢结构的要求,修订了电气危险场所的区域划分,通过试验增加了电磁辐射对电雷管的安全场强要求,补充了流通企业库房设计的安全技术规定等。

修订过程中,遵照《中华人民共和国安全生产法》和国家基本建设的有关政策,贯彻"安全第一,预防为主"的方针,针对民爆行业发展趋势,开展了专题研究和部分试验研究,总结了近五年来民用爆破器材工程建设设计方面的安全科研成果和经验教训,有选择地吸收了国外符合我国实际情况的先进安全技术。在全国范围内广泛征求了有关设计、科研、生产、流通民爆行业单位及行业主管部门的意见。最后经国防科学技术工业委员会民爆器材监督管理局会同有关部门审查定稿。

本规范以黑体字标志的条文为强制性条文,必须严格执行。

本规范由建设部负责管理和对强制性条文的解释,由五洲工程设计研究院(中国兵器工业第五设计研究院)负责具体技术内容的解释。本规范在执行过程中,如发现需要修改或补充之处,请将意见和有关资料寄送五洲工程设计研究院(地址:北京市宣武区西便门内大街85号,邮编:100053,传真:010-83111943)。

本规范主编单位、参编单位和主要起草人:

主 编 单 位:五洲工程设计研究院(中国兵器工业第五设计研究院)

参 编 单 位:中国爆破器材行业协会
中国兵器工业规划研究院民爆咨询中心
广东南海化工总厂有限公司
福建永安化工厂
浙江利民化工有限公司
新疆雪峰民爆器材有限公司
湖南南岭爆破器材有限公司
福建龙岩红炭山七〇八有限公司
长沙矿冶研究院
西安庆华民爆公司
西安应用物理化学研究所
河南省前进化工有限公司
重庆八四五化工公司
葛洲坝易普力化工公司
甘肃和平民爆有限公司

主要起草人:魏新熙　杨家福　张嘉浩　王爱凤　陶少萍
郑志良　尹君平　管怀安　王泽溥　张幼平
白春光　张国辉　梁景堂　张利洪　刘晓苗

目　次

1　总　　则 ……………………… 3—4

2　术　　语 ……………………… 3—4

3　危险等级和计算药量 …………… 3—5

　3.1　危险品的危险等级 ………… 3—5

　3.2　建筑物的危险等级 ………… 3—5

　3.3　计算药量 …………………… 3—6

4　企业规划和外部距离 …………… 3—7

　4.1　企业规划 …………………… 3—7

　4.2　危险品生产区外部距离 …… 3—7

　4.3　危险品总仓库区外部距离 … 3—7

5　总平面布置和内部最小允许距离 … 3—8

　5.1　总平面布置 ………………… 3—8

　5.2　危险品生产区内最小允许距离 … 3—8

　5.3　危险品总仓库区内最小允许距离 … 3—9

　5.4　防护屏障 …………………… 3—10

6　工艺与布置 ……………………… 3—10

7　危险品贮存和运输 ……………… 3—11

　7.1　危险品贮存 ………………… 3—11

　7.2　危险品运输 ………………… 3—12

8　建筑与结构 ……………………… 3—13

　8.1　一般规定 …………………… 3—13

　8.2　危险性建筑物的结构选型 … 3—13

　8.3　危险性建筑物的结构构造 … 3—13

　8.4　抗爆间室和抗爆屏院 ……… 3—13

　8.5　安全疏散 …………………… 3—14

　8.6　危险性建筑物的建筑构造 … 3—14

　8.7　嵌入式建筑物 ……………… 3—15

　8.8　通廊和隧道 ………………… 3—15

　8.9　危险品仓库的建筑构造 …… 3—15

9　消防给水 ………………………… 3—15

10　废水处理 ……………………… 3—16

11　采暖、通风和空气调节 ……… 3—16

　11.1　一般规定 ………………… 3—16

　11.2　采暖 ……………………… 3—16

　11.3　通风和空气调节 ………… 3—17

12　电　　气 ……………………… 3—17

　12.1　电气危险场所分类 ……… 3—17

　12.2　电气设备 ………………… 3—19

　12.3　室内电气线路 …………… 3—19

　12.4　照明 ……………………… 3—20

　12.5　10kV及以下变（配）电所和配电室 … 3—20

　12.6　室外电气线路 …………… 3—20

　12.7　防雷和接地 ……………… 3—20

　12.8　防静电 …………………… 3—21

　12.9　通讯 ……………………… 3—21

13　危险品性能试验场和销毁场 … 3—21

　13.1　危险品性能试验场 ……… 3—21

　13.2　危险品销毁场 …………… 3—21

14　混装炸药车地面辅助设施 …… 3—21

　14.1　固定式辅助设施 ………… 3—21

　14.2　移动式辅助设施 ………… 3—21

15　自动控制 ……………………… 3—22

　15.1　一般规定 ………………… 3—22

　15.2　检测、控制和联锁装置 … 3—22

　15.3　仪表设备及线路 ………… 3—22

　15.4　控制室 …………………… 3—22

　15.5　安全防范系统 …………… 3—22

　15.6　火灾报警系统 …………… 3—22

　15.7　工业电雷管射频辐射安全防护 … 3—23

附录A　有关地形利用的条件及增减值 … 3—23

附录B　计算药量与$R_{1.1}$值 ……… 3—23

附录C　常用火药、炸药的梯恩梯当量系数 ……………… 3—24

附录D　防护土堤的防护范围 …… 3—24

附录E　危险品生产工序的卫生特征分级 ………………… 3—25

附录F　火药、炸药危险场所电气设备最高表面温度的分组划分 … 3—25

本规范用词说明 …………………… 3—26

附：条文说明 ……………………… 3—27

3

1 总　则

1.0.1 为贯彻执行《中华人民共和国安全生产法》，坚持"安全第一，预防为主"的方针，采用技术手段，防止和减少生产安全事故，保障人民群众生命和财产安全，促进经济建设的发展，制定本规范。

1.0.2 本规范适用于民爆行业生产、流通企业的新建、改建、扩建和技术改造工程项目。

1.0.3 民用爆破器材工程设计除应执行本规范外，还应符合国家现行有关标准的规定。

2 术　语

2.0.1 民用爆破器材　civil explosives materials

用于非军事目的的各种炸药（起爆药、猛炸药、火药、烟火药等）及其制品（油气井及地震勘探采用或其他用途的爆破器材等）和火工品（雷管、导火索、导爆索等）的总称。

2.0.2 危险品　dangerous goods

指民爆行业研究、生产、流通与应用过程中的具有燃烧、爆炸危险的原材料、半成品、在制品、成品等。

2.0.3 在制品　work in-process

指正在各生产阶段加工中的产品。

2.0.4 半成品　semi-finished product

指在某些生产阶段上已完工，但尚需进一步加工的产品。

2.0.5 梯恩梯当量　TNT equivalent

在距爆源相同的径向距离上，产生相同爆炸参数时的梯恩梯装药质量与被测试装药质量之比。

2.0.6 整体爆炸　mass-detonation

整个危险品的某一部分被引爆后，导致全部危险品的瞬间爆炸。

2.0.7 计算药量　explosive quantity

能同时爆炸或燃烧的危险品药量。

2.0.8 设计药量　design quantity of explosive

折合成梯恩梯当量的可能同时爆炸的危险品药量。

2.0.9 危险性建筑物　dangerous goods building

生产或贮存危险品的建筑物，包括危险品生产厂房和危险品贮存库房。

2.0.10 非危险性建筑物　nondangerous goods building

本规范未列入危险等级的建筑物。

2.0.11 生产线　production line

在危险品生产中，能确保完成连续性工序的一组生产系统、建筑物、构筑物或相关设施等。

2.0.12 内部最小允许距离　internal separation distance

指危险性建筑物之间，在规定的破坏标准下所需的最小距离。它是按危险性建筑物的危险等级和计算药量确定的。

2.0.13 外部距离　external separation distance

指危险性建筑物与外部各类目标之间，在规定的破坏标准下所需的最小距离。它是按危险性建筑物的危险等级和计算药量确定的。

2.0.14 防护屏障　protecting barrier

天然或人工的挡墙，其形式、尺寸及结构均能按规定方式限制爆炸冲击波、破片、火焰对附近建筑物及设施的影响。

2.0.15 钢刚架结构　steel-frame construction

采用刚架型式的钢结构。

2.0.16 轻钢刚架结构　light steel-frame construction

围护结构采用轻型夹层保温板、轻钢檩条的钢刚架结构。

2.0.17 抗爆间室　blast resistant chamber

具有承受本室内因发生爆炸而产生破坏作用的间室。可根据间室内生产或贮存的危险品性质、恢复生产的要求，按能承受一次或多次爆炸荷载进行设计。

2.0.18 抗爆屏院　blast resistant shield yard

当抗爆间室内发生爆炸事故时，为阻止爆炸冲击波或爆炸破片向四周扩散，而在抗爆间室外设置的屏院。

2.0.19 抑爆间室　suppressive shield chamber

具有承受本室内发生爆炸而产生破坏作用的间室，且可通过能控制冲击波泄出强度的墙体泄出间室之外，符合环境安全要求。

2.0.20 嵌入式建筑物　built-in building

嵌入防护屏障外侧，三面墙外侧及顶盖上覆土、一面外露的建筑物。

2.0.21 轻型泄压屋盖　light relief roof

泄压部分（不包括檩条、梁、屋架）由轻质材料构成，当建筑物内部发生事故时，具有泄压效能，使建筑物主体结构尽可能不遭受破坏的屋盖。

轻质泄压部分的单位面积重量不应大于 $0.8kN/m^2$。

2.0.22 轻质易碎屋盖　light fragile roof

由轻质易碎材料构成，当建筑物内部发生事故时，不仅具有泄压效能，且破碎成小块，减轻对外部影响的屋盖。

轻质易碎部分的单位面积重量不应大于 $1.5kN/m^2$。

2.0.23 安全出口　emergency exit

建筑物内的作业人员能通过它直接到达室外安全处的疏散出口。

2.0.24 辅助用室　auxiliary room

辅助用室是指更衣室、盥洗室、浴室、洗衣房、休息室、厕所等，根据生产特点、实际需要和使用方便的原则而设置。

2.0.25 卫生特征分级　industrial hygiene classification

根据生产过程接触的药物经皮肤吸收或通过呼吸系统吸入体内引起中毒的危害程度所进行的分级，分为 1、2、3 三个级别。

2.0.26 电气危险场所　electrical installation in hazardous locations

燃烧爆炸性物质出现或预期可能出现的数量达到足以要求对电气设备的结构、安装和使用采取预防措施的场所。

2.0.27 可燃性粉尘环境　combustible dust atmosphere

在大气环境条件下，粉尘或纤维状的可燃性物质与空气的混合物点燃后，燃烧传至全部未燃混合物的环境。

2.0.28 爆炸性气体环境　explosive gas atmosphere

在大气环境条件下,气体或蒸气可燃物质与空气的混合物点燃后,燃烧将传至全部未燃烧混合物的环境。

2.0.29 直接接地 direct-earthing

将金属设备或金属构件与接地系统直接用导体进行可靠连接。

2.0.30 间接接地 indirect-earthing

将人体、金属设备等通过防静电材料或防静电制品与接地系统进行可靠连接。

2.0.31 防静电材料 anti-electrostatic material

通过在聚合物内添加导电性物质(炭黑、金属粉等)、抗静电剂等,以降低电阻率,增加电荷泄漏能力的材料的统称。

2.0.32 防静电制品 anti-electrostatic ware

由防静电材料制成,具有固定形状,电阻值在 $5 \times 10^4 \sim 1 \times 10^8 \, \Omega$ 范围内的物品。

2.0.33 独立变电所 independent electrical substation

变电所为一独立建筑物或独立的箱式变电站。

2.0.34 静电泄漏电阻 electrostatically leakage resistance

物体的被测点与大地之间的总电阻。

2.0.35 防静电地面 anti-electrostatic floor

能有效地泄漏或消散静电荷,防止静电荷积累所采用的地面。

2.0.36 静电非导电材料 electrostatic non-conducting material

体电阻率值大于或等于 $1.0 \times 10^{10} \, \Omega \cdot m$ 的物体或表面电阻率值大于或等于 $1.0 \times 10^{11} \, \Omega \cdot m$ 的材料。

2.0.37 无线电通信 radio communication

利用无线电波的通信。

2.0.38 移动站 mobile station

用于移动业务,是指在运动状态使用移动设备或在非明确点暂停使用的站点。

2.0.39 基站 base station

用于陆地移动业务或陆地的电台。

2.0.40 固定站 fixed station

使用固定设备的站点。

2.0.41 无线电定位 radio location

用于无线电定位业务,在固定点使用(不在移动时使用)的电台。

2.0.42 民用波段无线电广播 civilian use radio

用于个人或商用无线电通信,无线电信号,远程目标或设备控制的固定站、地面站、移动站的无线电通信设备。

2.0.43 天线 antenna

一种将信号源射频功率发射到空间或截获空间电磁场转变为电信号的转换器。

3 危险等级和计算药量

3.1 危险品的危险等级

3.1.1 危险品的危险等级应符合下列规定:

1 1.1 级:危险品具有整体爆炸危险性。

2 1.2 级:危险品具有进射破片的危险性,但无整体爆炸危险性。

3 1.3 级:危险品具有燃烧危险和较小爆炸或较小进射危险,或两者兼有,但无整体爆炸危险性。

4 1.4 级:危险品无重大危险性,但不排除某些危险品在外界强力引燃、引爆条件下的燃烧爆炸危险作用。

3.2 建筑物的危险等级

3.2.1 建筑物危险等级主要指建筑物内所含有的危险品危险等级及生产工序的危险等级,分为 1.1(含 1.1*)、1.2、1.4 级。

注:1 民用爆破器材尚无 1.3 级危险品,不设对应的 1.3 级建筑物危险等级。

2 1.1* 是特指生产无雷管感度炸药、硝铵膨化工序及在抗爆间室中进行的炸药准备、药柱压制、导爆索制索等建筑物危险等级。

3.2.2 生产、加工、研制危险品的建筑物危险等级应符合表 3.2.2-1 的规定,贮存危险品的建筑物危险等级应符合表 3.2.2-2 的规定。

表 3.2.2-1 生产、加工、研制危险品的建筑物危险等级

序号	危险品名称	危险等级	生产加工工序	技术要求或说明
			工业炸药	
1	铵梯(油)类炸药	1.1	梯恩梯粉碎、梯恩梯称量、混药、筛药、凉药、装药、包装	—
		1.4	硝酸铵粉碎、干燥	—
		1.4	废水处理	—

续表 3.2.2-1

序号	危险品名称	危险等级	生产加工工序	技术要求或说明
2	粉状铵油炸药、铵松蜡炸药、铵沥蜡炸药	1.1	混药、筛药、凉药、装药、包装	—
		1.1*	混药、筛药、凉药、装药、包装	无雷管感度炸药,且厂房内计算药量不应大于5t
		1.4	硝酸铵粉碎、干燥	—
3	多孔粒状铵油炸药	1.1*	混药、包装	无雷管感度炸药,且厂房内计算药量不应大于5t
4	膨化硝铵炸药	1.1*	膨化	厂房内计算药量不应大于1.5t
		1.1	混药、凉药、装药、包装	—
5	粒状黏性炸药	1.1*	混药、包装	无雷管感度炸药,且厂房内计算药量不应大于5t
		1.4	硝酸铵粉碎、干燥	—
6	水胶炸药	1.1	硝酸甲胺制造和浓缩、混药、凉药、装药、包装	—
		1.4	硝酸铵粉碎、筛选	—
7	浆状炸药	1.1	梯恩梯粉碎、炸药熔药、混药、凉药、包装	—
		1.4	硝酸铵粉碎	—
8	胶状、粉状乳化炸药	1.1	乳化、乳胶基质冷却、乳胶基质贮存、敏化(制粉)、敏化后的保温(凉药)、贮存、装药、包装	—
		1.4	硝酸铵粉碎、硝酸钠粉碎	—
9	黑梯药柱(注装)	1.1	熔药、装药、凉药、检验、包装	—
10	梯恩梯药柱(压制)	1.1*	压制	应在抗爆间室内进行
		1.1	检验、包装	—
11	太乳炸药	1.1	制片、干燥、检验、包装	—

序号	危险品名称	危险等级	生产加工工序	技术要求或说明
		工业雷管		
12	火雷管、电雷管、导爆管雷管、继爆管	1.1	黑索今或太安的造粒、干燥、筛选、包装	—
			火雷管干燥、烘干	—
		1.1*	继爆管的装配、包装	—
		1.2	二硝基重氮酚制造(中和、还原、重氮、过滤)	二硝基重氮酚应为湿药
			二硝基重氮酚的干燥、凉药、筛选、黑索今或太安的造粒、干燥、筛选	应在抗爆间室内进行
			火雷管装药、压药	应在抗爆间室内进行
			电雷管、导爆管雷管装配、雷管编码	应在钢板防护下进行
			雷管检验、包装、装箱	检验应在钢板防护下进行
			雷管试验站	—
			引火药头用和延期药用的引火药剂制造	—
		1.4	引火元件制造	—
			延期药混合、造粒、干燥、筛选、装药	按工艺要求可设抗爆间室或钢板防护
			延期元件制造	—
			二硝基重氮酚废水处理	—
		工业索类火工品		
13	导火索	1.1	黑火药三成分混药、干燥、凉药、筛选、包装	—
			导火索制造中的黑火药准备	—
		1.4	导火索制索、盘索、烘干、昔检、包装	—
			硝酸钾干燥、粉碎	—

序号	危险品名称	危险等级	生产加工工序	技术要求或说明
14	导爆索	1.1	炸药的筛选、混合、干燥	当包塑等在抗爆间室内进行时,可按1.1*级处理
			导爆索包塑、涂索、烘索、盘索、昔检、组批、包装	
		1.1*	炸药的筛选、混合、干燥	应在抗爆间室内进行
			导爆索制索	应在抗爆间室内进行
		1.2	导爆索性能测试	—
15	塑料导爆管	1.2	炸药的粉碎、干燥、筛选、混合	应在抗爆间室内或钢板防护下进行
		1.4	塑料导爆管制造	按工艺要求,导爆管挤出处可设防护
16	爆裂管	1.1	爆裂管的切索、包装	—
		1.2	爆裂管装药	应在抗爆间室内进行
		油气井用起爆器材		
17	射孔弹、穿孔弹	1.1	炸药准备(筛选、烘干等)	—
			炸药暂存、保温、压药	应在抗爆间室内进行
		1.2	装配、包装	宜在钢板防护下进行
			试验室	可用试验塔
		地震勘探用爆破器材		
18	震源药柱	高爆速 1.1	炸药准备、熔混药、装药、压药、凉药、装配、检验、装箱	—
		中爆速 1.1	炸药准备、震源药柱检验、装箱	—
			装药、压药	—
			钻孔	—
			装传爆药柱	—
		低爆速 1.1	炸药准备、装药、装传爆药柱、检验、装箱	—

序号	危险品名称	危险等级	生产加工工序	技术要求或说明
19	黑火药、炸药、起爆药	1.4	理化试验室	单间计算药量不宜超过600g
		—	理化试验室	药量不大于300g,单间计算药量不超过20g时,可为防火甲级

注:雷管制造中所用药剂(单组分或多组分药剂),其作用和起爆药类似者,此类药剂的危险等级应按表内二硝基重氮酚确定。

表 3.2.2-2 贮存危险品的建筑物危险等级

序号	危险品名称	危险等级	
		中转库	总仓库
1	黑索今、太安、奥克托金、梯恩梯、苦味酸、黑梯药柱(注装)、梯恩梯药柱(压制)、太乳炸药、铵梯(油)类炸药、粉状铵油炸药、铵松蜡炸药、铵沥蜡炸药、多孔粒状铵油炸药、膨化硝铵炸药、粒状粘性炸药、水胶炸药、浆状炸药、胶状和粉状乳化炸药、黑火药	1.1	1.1
2	起爆药	1.1	—
3	雷管(火雷管、电雷管、导爆管雷管、继爆管)	1.1	1.1
4	爆裂管	1.1	1.1
5	导爆索、射孔(穿孔)弹、震源药柱	1.1	1.1
6	延期药	1.4	—
7	导火索	1.4	1.4
8	硝酸铵、硝酸钠、硝酸钾、氯酸钾、高氯酸钾	1.4	1.4

3.2.3 同一建筑物内存在不同的危险品或生产工序时,该建筑物的危险等级应按其中最高的危险等级确定。

3.3 计 算 药 量

3.3.1 建筑物内的成品、半成品、在制品等及生产设备、运输器具或设备里,能引起同时爆炸或燃烧的危险品最大药量为该建筑物内的计算药量。

3.3.2 包装、装车时,位于防护屏障内车辆中的药量应计入厂房的计算药量;位于防护屏障外车辆中的药量与厂房内的存药有同时爆炸可能时,其药量亦应计入厂房的计算药量。

3.3.3 当1.1级危险品与1.2级危险品同时存在时,应将1.1级危险品的计算药量与1.2级危险品中属于1.1级危险品的计算药量合并计算。

3.3.4 建筑物中抗爆间室、防爆装置内危险品的药量可不计入该建筑物的计算药量。

3.3.5 炸药生产厂房外废水沉淀池中的药量,可不计入该厂房的计算药量。

3.3.6 当炸药生产厂房内的硝酸铵与炸药在同一工作间内存放时,应将硝酸铵存量的一半计入该厂房的计算药量。当硝酸铵为水溶液时,可不计入该厂房的计算药量,该工位应有实心砌体隔墙。当炸药生产厂房内的硝酸铵与炸药不在同一工作间内存放,且有符合表3.3.6间距离和隔墙厚度的要求时,可不将硝酸铵存量计入该厂房的计算药量。

表 3.3.6 炸药生产厂房内硝酸铵存放间与炸药的间隔及隔墙厚度

厂房内存放的炸药总量(kg)	硝酸铵存放间与炸药间的间隔距离(m)	硝酸铵存放间与炸药工作间的隔墙厚度(m)
≤500	≥2	≥0.37
>500 ≤1000	≥2.5	≥0.37
>1000 ≤2000	≥3	≥0.37
>2000 ≤3000	≥3.5	≥0.37
>3000 ≤4000	≥4	≥0.49
>4000 ≤5000	≥4.5	≥0.49

注:1 表中硝酸铵存放间与炸药的间隔距离为硝酸铵存放间的隔墙至炸药工作间内最近的炸药存放点的距离。
   2 表中隔墙为实心砌体墙。
   3 硝酸铵存放间与炸药工作间之间不宜有门相通。当生产必需有门相通时,不应在门相通处存放硝酸铵或炸药。

4 企业规划和外部距离

4.1 企业规划

4.1.1 民用爆破器材生产、流通企业厂(库)址选择应符合现行国家标准《工业企业总平面设计规范》GB 50187 的相应规定。

4.1.2 民用爆破器材生产企业,应根据生产品种、生产特性、危险程度等因素进行分区规划。企业宜设危险品生产区(包括辅助生产部分)、危险品总仓库区、性能试验场、销毁场及生活区。

4.1.3 民用爆破器材生产企业各区的规划,应符合下列要求:

1 根据企业生产、生活、运输和管理等因素确定各区相互位置。危险品生产区宜设置在适中位置,危险品总仓库区、性能试验场、销毁场宜设置在偏僻地带或边缘地带。

2 企业各区不应分设在国家铁路线、一级公路的两侧,宜规划在运输线路的一侧。

3 当企业位于山区时,不应将危险品生产区布置在山坡陡峻的狭窄沟谷中。

4 辅助生产部分宜靠近生活区的方向布置。

5 无关的人流和物流不应通过危险品生产区和危险品总仓库区。危险品的运输不应通过生活区。

4.1.4 民用爆破器材流通企业设置危险品仓库区时,库址应选择在远离居住区的地带,且应符合本规范第4.3节危险品总仓库区外部距离和第5.3节危险品总仓库区内最小允许距离的规定。

4.2 危险品生产区外部距离

4.2.1 危险品生产区内的危险性建筑物与其周围居住区、公路、铁路、城镇规划边缘等的外部距离,应根据建筑物的危险等级和计算药量确定。

外部距离应自危险性建筑物的外墙面算起。

4.2.2 危险品生产区内,1.1级或1.1*级建筑物的外部距离不应小于表 4.2.2 的规定。

4.2.3 危险品生产区内,1.2级建筑物的外部距离不应小于表4.2.2的规定。

4.2.4 危险品生产区内,1.4级建筑物的外部距离不应小于50m。硝酸铵仓库的外部距离不应小于200m。

4.3 危险品总仓库区外部距离

4.3.1 危险品总仓库区内的危险性建筑物与其周围居住区、公路、铁路、城镇规划边缘等的外部距离,应根据建筑物的危险等级和计算药量计算确定。

外部距离应自危险性建筑物的外墙面算起。

4.3.2 危险品总仓库区内,1.1级建筑物的外部距离不应小于表4.3.2 的规定。

4.3.3 危险品总仓库区内,1.4级建筑物的外部距离不应小于100m;硝酸铵仓库的外部距离不应小于200m。

表 4.2.2 危险品生产区1.1级建筑物的外部距离(m)

序号	项 目	单个建筑物内计算药量(kg)																					
		20000	18000	16000	14000	12000	10000	9000	8000	7000	6000	5000	4000	3000	2000	1000	500	300	200	100	50	30	10
1	人数小于等于50人或户数小于等于10户的零散住户边缘、职工总数小于50人的工厂企业围墙、本厂危险品总仓库区、加油站	380	360	350	340	320	300	290	280	270	260	250	240	230	210	190	170	150	140	130	95	80	65
2	人数大于50人且小于等于500人的居民点边缘、职工总数小于500人的工厂企业围墙、有摘挂作业的铁路中间站站界或建筑物边缘	580	560	540	520	490	460	450	430	410	390	370	340	310	270	230	190	170	150	140	125	105	75
3	人数大于500人且小于5000人的居民点边缘、职工总数小于5000人的工厂企业围墙	680	660	630	600	570	540	520	500	480	450	430	400	360	320	250	220	200	180	160	140	120	100
4	人数小于等于2万人的乡镇规划边缘、220kV架空输电线路、110kV区域变电站围墙	830	800	770	730	700	660	630	610	580	550	520	480	440	390	310	250	220	200	180	160	140	120
5	人数小于等于10万人的城镇规划边缘、220kV以上架空输电线路、220kV及以上的区域变电站围墙	1040	1010	970	940	880	830	810	770	740	700	670	600	560	490	400	350	320	300	280	250	230	200
6	人数大于10万人的城市市区规划边缘	2030	1960	1890	1820	1720	1610	1580	1510	1440	1370	1300	1190	1090	950	770	650	550	450	350	300	260	250
7	国家铁路线、二级以上公路、通航的河流航道、110kV架空输电线路	440	420	410	390	370	350	340	320	310	290	280	260	230	200	170	150	130	120	100	80	70	60
8	非本厂的工厂铁路支线、三级公路、35kV架空输电线路	260	250	240	230	220	210	200	190	180	170	160	140	120	100	90	80	70	60	55	50	45	

注:1 计算药量为中间值时,外部距离采用线性插入法确定。

2 表中二级以上公路指年平均双向昼夜行车量大于等于2000辆者;三级公路系指年平均双向昼夜行车量小于2000辆且大于等于200辆者。

3 新建危险品工厂的外部距离应满足表中序号1～8的规定。现有工厂如在市区或城镇规划范围内,其外部距离应满足表中序号5、6外的规定。

4 表中外部距离适用于平坦地形,遇有利地形可适当折减,遇不利地形宜适当增加。有关地形利用的条件及增减值见本规范附录A。

表4.3.2 危险品总仓库区1.1级建筑物的外部距离(m)

序号	项目	单个建筑物内计算药量(kg)																															
		200000	180000	160000	140000	120000	100000	90000	80000	70000	60000	50000	45000	40000	35000	30000	25000	20000	18000	16000	14000	12000	10000	9000	8000	7000	6000	5000	2000	1000	500	300	100
1	人数小于等于50人或户数小于等于10户的零散性住户边缘、职工总数小于50人的工厂企业围墙、本厂危险品生产区、加油站	720	700	670	640	610	570	550	530	510	490	460	440	420	400	380	360	340	330	310	300	280	270	260	250	240	230	220	200	180	160	140	130
2	人数大于50人且小于等于500人的居民点边缘、职工总数小于500人的工厂企业围墙、有联挂作业的铁路中间站站界或建筑物边缘	1110	1070	1030	980	930	880	850	820	780	740	700	670	650	620	590	550	520	500	480	460	440	410	400	380	370	350	330	250	200	170	160	140
3	人数大于500人且小于等于5000人的居民点边缘、职工总数小于5000人的工厂企业围墙	1250	1210	1160	1110	1050	990	960	920	880	840	790	760	730	700	670	630	580	560	540	520	490	460	450	430	410	390	370	270	220	190	170	160
4	人数小于等于2万人的乡镇规划边缘、220kV架空输电线路、110kV区域变电站围墙	1470	1420	1360	1300	1240	1160	1120	1080	1030	980	920	900	860	820	780	740	680	660	630	610	580	540	520	500	480	460	430	320	250	220	190	170
5	人数小于等于10万人的城镇区规划边缘、220kV以上架空输电线路、220kV及以上的区域变电站围墙	2000	1930	1850	1760	1680	1580	1530	1480	1400	1330	1260	1220	1170	1120	1060	990	940	900	860	830	770	740	720	680	650	630	590	430	380	310	290	280
6	人数大于10万人的城市市区规划边缘	3890	3750	3610	3430	3260	3080	2980	2870	2730	2590	2450	2350	2280	2170	2070	1930	1820	1750	1680	1610	1510	1440	1400	1330	1260	1230	1160	830	700	600	500	350
7	国家铁路线、二级以上公路、通航的河流航道、110kV架空输电线路	830	800	770	740	700	660	640	610	590	560	530	500	490	470	440	410	390	370	350	320	310	300	290	270	260	250	240	170	140	110	90	
8	非本厂的工厂铁路支线、三级公路、35kV架空输电线路	500	490	470	450	420	400	390	370	340	320	310	300	270	260	240	230	220	210	200	190	180	170	160	150	140	110	90	80	70	60		

注:1 计算药量为中间值时,外部距离采用线性插入法确定。
2 表中二级以上公路系指年平均双向昼夜行车量大于等于2000辆者;三级公路系指年平均双向昼夜行车量小于2000辆且大于等于200辆者。
3 新建危险品工厂的外部距离宜按表中序号1~8的规定。现有工厂如在市区或城镇规划范围内时,其外部距离应满足表中序号5、6的规定。
4 表中外部距离适用于平坦地形,遇有利地形可适当折减,遇不利地形宜适当增加。有关地形利用的条件及增减值见本规范附录A。

5 总平面布置和内部最小允许距离

5.1 总平面布置

5.1.1 危险品生产区和总仓库区的总平面布置,应符合下列要求:

1 总平面布置应将危险性建筑物与非危险性建筑物分开布置。

2 危险品生产区总平面布置应符合生产工艺流程,避免危险品的往返或交叉运输。

3 危险性建筑物之间、危险性建筑物与其他建筑物之间的距离应符合最小允许距离的要求。因地形条件对最小允许距离造成的影响应符合本规范附录A的规定。

4 同一类的危险性建筑物和库房宜集中布置。

5 危险性或计算药量较大的建筑物,宜布置在边缘地带或有利于安全的地带,不宜布置在出入口附近。

6 两个危险性建筑物之间不宜长面相对布置。

7 危险性生产建筑物靠山布置时,距山坡脚不宜太近。

8 运输道路不应在其他危险性建筑物的防护屏障内穿行通过。非危险性生产部分的人流、物流不宜通过危险品生产地段。

9 未经铺砌的场地,均宜进行绿化,并以种植阔叶树为主。在危险性建筑物周围25m范围内,不应种植针叶树或竹子。危险性建筑物周围8m范围内,宜设防火隔离带。

10 危险品生产区和总仓库区应分别设置围墙。围墙高度不应低于2m,围墙与危险性建筑物的距离不宜小于15m。

5.1.2 危险性生产建筑物抗爆间室的轻型面,不宜面向主干道和主要厂房。

5.1.3 危险品生产区内布置有不同性质产品的生产线时,生产线之间危险性建筑物的最小允许距离,应分别按各自的危险等级和计算药量计算确定后再增加50%。雷管生产线宜独立成区布置。

5.2 危险品生产区内最小允许距离

5.2.1 危险品生产区内各建筑物之间的最小允许距离,应分别根据建筑物的危险等级及计算药量所计算的距离和本节有关条款所规定的距离,取其最大值确定。

最小允许距离应自危险性建筑物的外墙轴线算起。

5.2.2 危险品生产区,1.1级建筑物应设置防护屏障,1.1级建筑物与其邻近建筑物的最小允许距离,应符合下列规定:

1 1.1级建筑物与其邻近生产性建筑物的最小允许距离,应根据设置防护屏障的情况,不小于表5.2.2的规定,且不应小于30m;当相邻生产性建筑物采用轻钢刚架结构时,其最小允许距离应按表5.2.2的规定数值再增加50%,且不应小于30m。

表5.2.2 1.1级建筑物距其他建(构)筑物的最小允许距离

建筑物危险等级	两个建筑物均无防护屏障	两个建筑物中仅有一方有防护屏障	两个建筑物均有防护屏障
1.1	$1.8R_{1.1}$	$1.0R_{1.1}$	$0.6R_{1.1}$

注:1 $R_{1.1}$是指单方有防护屏障、不同计算药量的1.1级建筑物与相邻无防护屏障的建筑物所需的最小允许距离值。$R_{1.1}$值应符合本规范附录B的规定。

2 表中指标按梯恩梯当量等于1时确定;当1.1级建筑物内危险品梯恩梯当量大于1时,应按本表所计算的距离再增加20%;当1.1级建筑物内危险品梯恩梯当量小于1时,应按本表所计算的距离再减少10%。常用火药、炸药的梯恩梯当量系数应符合本规范附录C的规定。

3 当厂房的防护屏障高出炸药顶面1m,低于屋檐高度时,在计算该厂房与邻近建筑物的距离时,该厂房应按有防护屏障计算;在计算邻近建筑物与该厂房的距离时,该厂房应按无防护屏障计算。

2 仅为1.1级装药包装建筑物服务的包装箱中转库与该厂房的最小允许距离,可不按本规范第5.2.2条第1款确定,但不应小于现行国家标准《建筑设计防火规范》GB 50016 中防火间距的规定。

3　嵌入在1.1级建筑物防护屏障外侧的非危险性建筑物,与其邻近各危险性建筑物的距离,应分别按其邻近各危险性建筑物的要求确定。

4　1.1级建筑物采用抑爆间室等特殊结构建筑物时,与其邻近建筑物的最小允许距离,可由抗爆计算确定。

5　无雷管感度炸药生产、硝铵膨化工序等1.1*级建筑物不设置防护屏障时,与其邻近建筑物的最小允许距离应为50m。

6　梯恩梯药柱(压制)、继爆管、导爆索生产等1.1*级建筑物不设置防护屏障时,与其邻近建筑物的最小允许距离应为35m。

7　1.1级建筑物与公用建筑物、构筑物的最小允许距离应按表5.2.2的要求确定,并应符合下列规定:
　1)与烟囱不产生火星的锅炉房的距离,应按表5.2.2要求的计算值再增加50%,且不应小于50m;与烟囱产生火星的锅炉房的距离,应按表5.2.2要求的计算值再增加50%,且不应小于100m。
　2)与35kV总降压变电所、总配电所的距离,应按表5.2.2要求的计算值再增加1倍,且不应小于100m。
　3)与10kV及以下的总变电所、总配电所的距离,应按表5.2.2要求进行计算,且不应小于50m;仅为一个1.1级建筑物服务的无固定值班人员单建的独立变电所,与该建筑物的距离不应小于现行国家标准《建筑设计防火规范》GB 50016 中防火间距的规定。
　4)与钢筋混凝土结构水塔的距离,应按表5.2.2要求的计算值再增加50%,且不应小于100m。
　5)与地下或半地下高位水池的距离,不应小于50m。
　6)与有明火或散发火星的建筑物的距离,应按表5.2.2的要求计算,且不应小于50m。
　7)与车间办公室、车间食堂(无明火)、辅助生产部分建筑物的距离,应按表5.2.2要求的计算值再增加50%,且不应小于50m。
　8)与厂部办公室、食堂、汽车库、消防车库的距离,应按表5.2.2要求的计算值再增加50%,且不应小于150m。

8　1.1*级建筑物与公用建筑物、构筑物的最小允许距离应按第5.2.3条第3款的要求确定。

5.2.3　危险品生产区,不设置防护屏障的1.2级建筑物,与其邻近建筑物的最小允许距离,应符合下列规定:

1　1.2级建筑物与其邻近建筑物的最小允许距离,不应小于表5.2.3的规定。

表5.2.3　1.2级建筑物距其他建(构)筑物的最小允许距离

序号	生产分类	生产工房药量(kg)	距离(m)	集中存放炸药量(kg)
1	射孔弹、穿孔弹	药量≤500	35	≤150
		500<药量≤1000	50	≤300
2	火工品	药量≤50	30	≤50
		50<药量≤200	35	≤150

注:表中序号1和2中的建筑物根据其贮存或使用的危险品性质和计算药量,按1.1级计算出的最小允许距离如小于表列距离,则应采用计算所得的距离,但不得小于30m。

2　仅为1.2级装药包装建筑物服务的包装箱中转库与该厂房的最小允许距离,可按第5.2.3条第1款确定,但不应小于现行国家标准《建筑设计防火规范》GB 50016 中防火间距的规定。

3　1.2级建筑物与公用建筑物、构筑物的最小允许距离应按表5.2.3的要求确定,并应符合下列规定:
　1)与锅炉房的距离,不应小于50m。
　2)与35kV总降压变电所、总配电所的距离,不应小于50m。

3)与钢筋混凝土结构水塔、地下或半地下高位水池的距离,不应小于50m。

4)与厂部办公室、食堂、汽车库、消防车库、车间办公室、车间食堂、有明火或散发火星的建筑物、辅助生产部分建筑物的距离,不应小于50m。

5.2.4　危险品生产区,不设置防护屏障的1.4级建筑物,与其邻近建筑物的最小允许距离,应符合下列规定:

1　1.4级建筑物与其邻近建筑物的最小允许距离,不应小于25m。硝酸铵仓库与任何建筑物的最小允许距离,不应小于50m。

2　1.4级建筑物与公用建筑物、构筑物的最小允许距离,应符合下列规定:
　1)与锅炉房、厂部办公室、食堂、汽车库、消防车库、有明火或散发火星的建筑物及场所的距离,不应小于50m。
　2)与35kV总降压变电所、总配电所、钢筋混凝土结构水塔、地下或半地下高位水池的距离,不宜小于50m。
　3)与车间办公室、车间食堂(无明火)、辅助生产部分建筑物的距离,不应小于30m。

5.3　危险品总仓库区内最小允许距离

5.3.1　危险品总仓库区内各建筑物之间的最小允许距离,应分别根据建筑物的危险等级及计算药量所计算的距离和本节有关条款所规定的距离,取其最大值确定。

最小允许距离应自危险性建筑物的外墙轴线算起。

5.3.2　危险品总仓库区,1.1级建筑物应设置防护屏障。与其邻近建筑物的最小允许距离,应符合下列规定:

1　有防护屏障的1.1级建筑物与其邻近有防护屏障建筑物的最小允许距离,不应小于表5.3.2-1的规定。

2　有防护屏障的1.1级建筑物与其邻近无防护屏障建筑物的最小允许距离,应按表5.3.2-1的规定数值增加1倍。

表5.3.2-1　有防护屏障1.1级仓库距有防护屏障
各级仓库的最小允许距离(m)

序号	危险品名称	单库计算药量(kg)								
		200000	150000	100000	50000	30000	10000	5000	1000	500
1	黑索今、奥克托金、太安、黑梯药柱				80	70	50	40	30	25
2	梯恩梯及其药柱、苦味酸、太乳炸药、震源药柱(高爆速)		45	40	35	30	20	20	20	20
3	雷管、继爆管、爆裂管、导爆索					70	50	40	30	25
4	铵梯(油)类炸药、粉状铵油炸药、铵松蜡炸药、铵沥蜡炸药、多孔粒状铵油炸药、膨化硝铵炸药、粒状黏性炸药、水胶炸药、浆状炸药、胶状和粉状乳化炸药、震源药柱(中低爆速)、射孔弹、穿孔弹、黑火药及其制品	45	40	35	30	25	20	20	20	20

注:对单库计算药量小于等于1000 kg,在两仓库间各自设置防护屏障的部位难以满足构造要求时,该部位处应设置一道防护屏障。

3　与10kV及以下变电所的距离,不应小于50m。

4　与消防水池的距离,不宜小于30m。

5　与值班室的最小允许距离,不应小于表5.3.2-2的规定。

表 5.3.2-2　有防护屏障 1.1 级仓库距仓库值班室
的最小允许距离(m)

序号	值班室设置防护屏障情况	单库计算药量（kg）									
		200000	150000	100000	50000	30000	20000	10000	5000	1000	500
1	有防护屏障	220	210	200	170	140	130	110	90	70	50
2	无防护屏障	350	325	300	250	200	180	150	120	90	70

注：计算药量为中间值时，最小允许距离采用线性插入法确定。

5.3.3 危险品总仓库区，不设置防护屏障的 1.4 级建筑物与其邻近建筑物的最小允许距离，应符合下列规定：

　　1 与其邻近建筑物的最小允许距离，不应小于 20m。

　　2 硝酸铵库与其邻近建筑物的最小允许距离，不应小于 50m。

　　3 与 10kV 及以下变电所的距离，不应小于 50m。

　　4 与消防水池的距离，不宜小于 20m。

　　5 与值班室的最小允许距离，不应小于 50m。

5.3.4 当总仓库区设置岗哨时，岗哨距危险品仓库的距离，可不按本规范第 5.3.2 条和第 5.3.3 条的要求进行限制。

5.4　防护屏障

5.4.1 防护屏障的形式，应根据总平面布置、运输方式、地形条件等因素确定。

　　防护屏障可采用防护土堤、钢筋混凝土挡墙等形式。

　　防护屏障的设置，应能对本建筑物及周围建筑物起到防护作用。防护土堤的防护范围应按本规范附录 D 确定。

5.4.2 防护屏障的高度，应符合下列规定：

　　1 当防护屏障内为单层建筑物时，不应小于屋檐高度；防护屏障内建筑物为单坡屋面时，不应小于低屋檐高度。

　　2 当防护屏障内建筑物较高，设置到檐口高度有困难时，防护屏障的高度可高出爆炸物顶面 1m。

5.4.3 防护屏障的宽度，应符合下列规定：

　　1 防护土堤的顶宽，不应小于 1m，底宽应根据土质条件确定，但不应小于高度的 1.5 倍。

　　2 钢筋混凝土防护屏障的顶宽、底宽，应根据计算药量设计确定。

5.4.4 防护屏障的边坡应稳定，其坡度应根据不同材料确定。当利用开挖的边坡兼作防护屏障时，其表面应平整，边坡应稳定，遇有风化危岩等应采取措施。

5.4.5 防护屏障的内坡脚与建筑物外墙之间的水平距离不宜大于 3m。

　　在有运输或特殊要求的地段，其距离应按最小使用要求确定，但不应大于 15m。有条件时该段防护屏障的高度宜增高 2～3m。

5.4.6 防护屏障的设置应满足生产运输及安全疏散的要求，并应符合下列规定：

　　1 当防护屏障采用防护土堤时，应设置运输通道或运输隧道。运输通道的端部需设挡土墙时，其结构宜为钢筋混凝土结构。

　　运输通道和运输隧道应满足运输要求，并应使其防护土堤的无作用区为最小。运输通道净宽度不宜大于 5m。汽车运输隧道净宽度宜为 3.5m，净高度不宜小于 3m。

　　2 当在危险品生产厂房的防护土堤内设置安全疏散隧道时，应符合下列规定：

　　　　1)安全疏散隧道应设置在危险品生产厂房安全出口附近。

　　　　2)安全疏散隧道不得兼作运输用。

　　　　3)安全疏散隧道的净高度不宜小于 2.2m，净宽度宜为 1.5m。

　　　　4)安全疏散隧道的平面形式宜将内端的一半与土堤垂直，外端的一半呈 35°角，宜按本规范附录 D 确定。

　　3 当防护屏障采用其他形式时，其生产运输和安全疏散要

求，由抗爆设计确定。

5.4.7 在取土困难地区，可在防护土堤内坡脚处砌筑高度不大于 1m 的挡土墙，外坡脚处砌筑高度不大于 2m 的挡土墙。防护土堤的最小底宽应符合本规范第 5.4.3 条的规定。在特殊困难情况下，允许在防护土堤底部 1m 高度以下填筑块状材料。

5.4.8 当危险品生产区两个危险品中转库的计算药量总和不超过本规范第 7.1.1 条的各自允许最大计算药量规定时，两个中转库可组建在防护土堤相隔的联合防护土堤内。

　　联合防护土堤内建筑物的外部距离和最小允许距离，应按联合防护土堤内各建筑物计算药量总和确定。

　　当联合防护土堤内任何建筑物中的危险品发生爆炸不会引起该联合防护土堤内另一建筑物中的危险品殉爆时，其外部距离和最小允许距离，可分别按各个建筑物的危险等级和计算药量计算，按其计算结果的最大值确定。

6　工艺与布置

6.0.1 工艺设计中，应坚持减少厂房计算药量和操作人员的原则，对有燃烧、爆炸危险的作业应采用隔离操作、自动监控等可靠的先进技术。

6.0.2 危险品生产厂房和仓库平面布置应符合下列规定：

　　1 危险品生产厂房建筑平面宜为单层矩形，不宜采用封闭的口字形、冂字形。当工艺有特殊要求时，应尽可能采用钢平台。

　　2 危险品生产厂房不应建地下室、半地下室。

　　3 危险品仓库库房应为矩形单层建筑。

　　4 危险品生产厂房内设备、管道、运输装置和操作岗位的布置应方便操作人员的迅速疏散。

　　5 危险品生产厂房内的人员疏散路线，不应布置成需要通过其他危险操作间方能疏散的形式。当该厂房外设有防护屏障时，应在防护屏障就近处设置专用疏散隧道。

　　6 起爆器材生产厂房，宜设计成单面走廊形式。当中间布置走道，两边设工作间时，危险工作间应布置有直通室外的安全疏散口或安全窗。对两边工作间通向中间走道的门或门洞不应相对布置。

　　7 生产厂房内危险品暂存间，应采取措施使危险品存量不致危及其他房间，且宜布置在建筑物的端部，并不宜靠近出入口和生活间。起爆器材生产厂房中暂存的起爆药、炸药和火工品宜贮存在抗爆间室或可靠的防护装置内。当生产工艺需要时，也可贮存在沿厂房外墙布置成突出的贮存间内，该贮存间不应靠近厂房的出入口。

　　8 允许设辅助用室的危险品生产厂房，辅助用室宜设在厂房的端头。

9 危险性生产厂房内与生产无直接联系的辅助间应和生产工作间隔开，并应设置直接通向室外的出入口。

6.0.3 危险品运输通廊应符合下列规定：

1 危险品运输通廊宜采用敞开式或半敞开式，不宜采用封闭式通廊。工艺要求采用封闭式通廊时，应符合本规范第8.8节通廊和隧道的设计规定。

2 在通廊内采用机械传送危险品时，应采取保障危险品之间不发生殉爆的设施。

3 危险品运输通廊不宜布置成直线。

4 危险品成品中转库与危险品生产厂房之间不应设置封闭式通廊。

6.0.4 1.2级厂房中易发生事故的工序应设在抗爆间室或防护装置内。

6.0.5 危险品生产厂房中，设置抗爆间室应符合下列要求：

1 抗爆间室之间或抗爆间室与相邻工作间之间不应设地沟相通。

2 输送有燃烧爆炸危险物料的管道，在未设隔火隔爆措施的条件下，不应通过或进出抗爆间室。

3 输送没有燃烧爆炸危险物料的管道通过或进出抗爆间室时，应在穿墙处采取密封措施。

4 抗爆间室的门、操作口、观察孔、传递窗，其结构应能满足抗爆及不传爆的要求。

5 抗爆间室门的开启应与室内设备动力系统的启停进行联锁。

6 抗爆间室（泄爆面外）应设置抗爆屏院。

6.0.6 危险品生产厂房各工序的联建应符合下列规定：

1 有固定操作人员的非危险性生产厂房不应和1.1级危险品生产厂房联建。

2 工业炸药制造中的机制制管工序无固定操作人员，具有自动输送，且能与自动装药机对接的可与装药工序联建。

3 炸药制造中的装药与包装联建，且装药与包装以手工为主时，应设有不小于250mm的隔墙；装药间至包装间的输药通道不应与包装间的人工操作位置直接相对。

4 粉状铵梯炸药（含铵梯油炸药）生产中的梯恩梯粉碎、混药工序和铵油炸药热加工法生产中的混药工序应独立设置厂房。

5 粉状铵梯炸药（含铵梯油炸药）生产中的装药、包装工序可与筛药、凉药工序联建。

6 水胶炸药制造中的硝酸甲胺制造与浓缩应单独设置厂房。

7 工业炸药能做到工艺技术与设备匹配，制药至成品包装能实现自动化、连续化生产，且具有可靠的防止传爆和殉爆的安全防范措施时，可在一个厂房内联建。该厂房内在线生产人员不应超过15人、计算药量不应超过2.5t。制药与后工序之间、装药与后工序之间均应设置隔墙。

8 对联建在一个生产厂房内，采取轮换生产方式的两条工业炸药同类产品自动化、连续化生产线，应有保障在一条生产线未停工、未清理干净时，不能启动另一条生产线的技术管理措施。

9 对联建在一个生产厂房内，具备同时生产条件的两条工业炸药同类产品自动化、连续化生产线，应有防止生产线间传爆和殉爆的安全防范措施。该生产厂房内不应有固定位置的操作人员。

10 工业炸药制造的制药工序与装药包装工序采取分别独立设置厂房时，制药厂房在线生产人员不应超过6人、计算药量不应超过1.5t；装药包装厂房在线生产人员不应超过22人、计算药量不应超过3.5t。装药与后工序之间应设置隔墙。

11 工业炸药制造采用间断生产工艺，具有雷管感度的乳胶基质、乳化炸药需保温成熟或凉药的工序应独立设置厂房。

12 雷管等起爆器材生产线的传输设备采取可靠的防止传爆和殉爆措施后，可贯穿各抗爆间室或钢板防护装置。

6.0.7 工业炸药制造采用轮碾工艺时，混药厂房内设置的轮碾机台数不应超过2台。

6.0.8 导火索制索厂房内不应设黑火药暂存间。

6.0.9 危险品生产或输送用的设备和装置应符合下列要求：

1 制造炸药的设备在满足产品质量要求的前提下，应选择低转速、低压力、低噪音的设备。当温度、压力等工艺参数超标时，会引起燃烧爆炸的设备应设自动监控和报警装置。

2 与物料接触的设备零部件应光滑，有摩擦碰撞时不应产生火花，其材质与制造危险品的原材料、半成品、在制品、成品无不良反应。

3 设备的结构选型，不应有积存物料的死角，应有防止润滑油进入物料和防止物料进入保温夹套、空心轴或其他转动部分的措施。

4 有搅拌、碾压等装置的设备，当检修人员进行机内作业时，应设有能防止他人启动设备的安全保障措施。

5 在采用连续或半连续工艺的生产中，对具有发生燃烧、爆炸事故可能性的设备应采取防止传爆的安全防范技术措施。

6 输送危险品的管道不应埋地敷设。当采用架空敷设时，应便于检查。当两个厂房（工序）之间采用管道或运输装置输送危险品时，应采取防止传爆的措施。

7 生产或输送危险品的设备、装置和管道应设有导出静电的措施。

8 输送易燃、易爆危险品的设备，对不引起传爆的允许药层厚度应通过试验确定。

6.0.10 制造炸药的加热介质宜采用热水或低压蒸汽。但起爆药和黑索今、太安等较敏感的炸药干燥设备应采用热水。

6.0.11 起爆药除采用人力运输外，也可采用球形防爆车运送。

6.0.12 与防护屏障内危险品生产厂房生产联系密切的非危险性建筑物，可嵌设在防护屏障外侧，且不应以隧道形式直通防护屏障内侧的生产厂房。

7 危险品贮存和运输

7.1 危险品贮存

7.1.1 危险品生产区内应减少危险品的贮存，危险品生产区内单个危险品中转库允许最大计算药量应符合表7.1.1的规定。

表7.1.1 危险品生产区内单个危险品中转库允许最大计算药量

危险品名称	允许最大计算药量（kg）
黑索今、太安、乳化炸药	3000
黑梯药柱	3000
起爆药	500
奥克托金	500
梯恩梯	5000
苦味酸	2000
雷管	800
继爆管	3000
导爆索	3000
黑火药	3000
导火索	8000
延期药	1500
铵梯（油）类炸药、铵油（含铵松蜡、铵沥蜡）炸药、膨化硝铵炸药、胶状和粉状乳化炸药、水胶炸药、浆状炸药、多孔粒状铵油炸药、粒状黏性炸药	20000
射孔弹、穿孔弹	1500
震源药柱	20000
爆裂管	10000

7.1.2 危险品生产区中转库炸药的总药量,应符合下列规定:

    1 梯恩梯中转库的总计算药量不应大于 3d 的生产需要量。

    2 炸药成品中转库的总计算药量不应大于 1d 的炸药生产量。当炸药日产量小于 5t 时,炸药成品中转库的总计算药量不应大于 5t。

7.1.3 危险品总仓库区内单个危险品仓库允许最大计算药量应符合表 7.1.3 的规定。

表 7.1.3 危险品总仓库内单个危险品仓库允许最大计算药量

危险品名称	允许最大计算药量(kg)
黑索今、太安、太乳炸药	50000
黑梯药柱	50000
梯恩梯	150000
苦味酸	30000
雷管	10000
继爆管	30000
导爆索	30000
导火索	40000
铵梯(油)类炸药、铵油(含铵松蜡、铵沥蜡)炸药、膨化硝铵炸药、胶状和粉状乳化炸药、水胶炸药、浆状炸药、多孔粒状铵油炸药、粒状黏性炸药、震源药柱	200000
奥克托金	3000
射孔弹、穿孔弹	10000
爆裂管	15000
黑火药	20000
硝酸铵	500000

7.1.4 硝酸铵仓库可设在危险品生产区内,单个硝酸铵仓库允许最大计算药量应符合本规范表 7.1.3 的规定。

7.1.5 危险品宜按不同品种,设专库单独存放。

7.1.6 不同品种危险品同库存放应符合下列规定:

    1 当受条件限制时,各种包装完整无损的不同品种的危险品成品同库存放时,应符合表 7.1.6 的规定。

表 7.1.6 危险品同库存放

危险品名称	雷管类	黑火药	导火索	炸药类	射孔弹类	导爆索类
雷管类	○	×	×	×	×	×
黑火药	×	○	×	×	×	×
导火索	×	×	○	○	○	○
炸药类	×	×	○	○	○	○
射孔弹类	×	×	○	○	○	○
导爆索类	×	×	○	○	○	○

    注:1 ○表示可同库存放,×表示不得同库存放。

    2 雷管类含火雷管、电雷管、导爆管雷管、继爆管。

    3 导爆索类含导爆索和爆裂管。若需在危险品仓库存放塑料导爆管时,可按导爆索类对待。

    2 当不同的危险品同库存放时,单库允许最大计算药量仍应符合本规范表 7.1.1 和表 7.1.3 的规定。当危险级别相同的危险品同库存放时,同库存放的总药量不应超过其中一个品种的单库允许最大计算药量;当危险级别不同的危险品同库存放时,同库存放的总药量不应超过其中危险级别最高品种的单库允许最大计算药量,且库房的危险级别应以危险级别最高品种的等级确定。

    3 总仓库区和生产区的硝酸铵仓库不应和任何物品同库存放。

    4 任何废品不应和成品同库存放。

    5 当符合同库存放的不同品种的危险品同库贮存在危险品生产区的中转库内时,库房内应设隔墙分隔。

7.1.7 仓库内危险品的堆放应符合下列规定:

    1 危险品应成垛堆放。堆垛与墙面之间、堆垛与堆垛之间应设置不宜小于 0.8m 宽的检查通道和不宜小于 1.2m 宽的装运通道。

    2 堆放炸药类、索类危险品堆垛的总高度不应大于 1.8m,堆放雷管类危险品堆垛的总高度不应大于 1.6m。

7.2 危险品运输

7.2.1 危险品运输宜采用汽车运输,不应采用三轮汽车和畜力车运输。严禁采用翻斗车和各种挂车运输。

7.2.2 危险品生产区运输危险品的主干道中心线,与各类建筑物的距离,应符合下列规定:

    1 距 1.1(1.1*)级建筑物不宜小于 20m。

    2 距 1.2 级、1.4 级建筑物不宜小于 15m。

    3 距有明火或散发火星地点不宜小于 30m。

7.2.3 危险品总仓库区运输危险品的主干道中心线,与各类危险性建筑物的距离不应小于 10m。

7.2.4 危险品生产区及危险品总仓库区内运输危险品的主干道,纵坡不宜大于 6%,以运输硝酸铵为主的道路纵坡不宜大于 8%。用手推车运输危险品的道路纵坡不宜大于 2%。

7.2.5 非防爆机动车辆不应直接进入危险性建筑物内,宜在其门前不小于 2.5m 处进行装卸作业。防爆机动车辆可进入库房内进行装卸作业。

7.2.6 人工提送起爆药时,应设专用人行道,纵坡不宜大于 6%,路面不应设有台阶,不宜与机动车行驶的道路交叉。

7.2.7 危险品总仓库区采用铁路运输时,宜将铁路通到仓库旁边。当条件困难时,可在危险品总仓库区设置转运站台。站台上允许最大存药量(包括车厢内的存药量)以及站台与其邻近建筑物的最小允许距离及站台的外部距离,均应按所转运产品同一危险等级的仓库要求确定。

    当在危险品总仓库区以外的地方设置危险品转运站台,站台上的危险品可在 24h 内全部走时,其外部距离可按危险品总仓库区同一危险等级的仓库要求相应减少 20%~30%。

    当站台上的危险品可在 48h 内全部运走时,其外部距离可按危险品总仓库区同一危险等级的仓库要求相应减少 10%~20%。

8 建筑与结构

8.1 一般规定

8.1.1 危险性建筑物的耐火等级不应低于现行国家标准《建筑设计防火规范》GB 50016 中规定的二级耐火等级。

8.1.2 危险品生产工序的卫生特征分级应按本规范附录 E 确定，并按现行国家职业卫生标准《工业企业设计卫生标准》GBZ 1 设置卫生设施。

8.1.3 危险品生产厂房内辅助用室的设置，应符合下列规定：

1 1.1 级厂房内不应设置辅助用室，可设置带洗手盆的水冲厕所(黑火药和起爆药生产厂房除外)。

2 1.1 级厂房的辅助用室应集中单建或布置在非危险性建筑物内。

3 1.1* 级、1.2 级、1.4 级厂房内可设置辅助用室。辅助用室应布置在厂房较安全的一端，且应设不小于 370mm 厚的实心砌体与危险性工作间隔开；层数不应超过二层。

4 在危险性工作间的上面或下面，不应设置辅助用室。

5 辅助用室的门窗，不宜直对邻近危险工作间的泄爆、泄压面。

8.2 危险性建筑物的结构选型

8.2.1 危险品生产厂房承重结构宜采用钢筋混凝土框架承重结构，不应采用独立砖柱承重。当符合下列条件之一者，可采用实心砌体结构承重：

1 单层厂房跨度不大于 7.5m，长度不大于 30m，室内净高不大于 5m，且操作人员少的 1.1(1.1*)级、1.2 级厂房。

2 单层厂房跨度不大于 12m，长度不大于 30m，室内净高不大于 6m 的 1.4 级厂房。

3 危险品生产工序全部布置在抗爆间室或钢板防护装置内，且抗爆间室或钢板防护装置外不存危险品的 1.1* 级、1.2 级厂房。

4 粉状铵梯炸药生产线的梯恩梯球磨机粉碎厂房、轮碾机混药厂房。

5 横隔墙密、存药量小又分散的理化室、1.2 级试验站等。

6 无人操作的厂房。

8.2.2 不具有易燃易爆粉尘的危险品生产厂房和具有防粉尘措施的危险品生产厂房，可采用符合防火要求的钢刚架结构。危险品能与钢材反应产生敏感危险物的生产厂房不应采用钢刚架结构。

8.2.3 危险品仓库，可采用实心砌体结构承重。亦可采用符合防火要求的钢刚架结构。

8.2.4 危险性建筑物实心砌体厚度不应小于 240mm，且不应采用空斗砌体、毛石砌体。

8.2.5 危险性建筑物的屋盖宜采用现浇钢筋混凝土屋盖。不宜采用架空隔热层屋面。

8.2.6 黑火药生产厂房和库房、粉状铵梯炸药生产线的梯恩梯球磨机粉碎厂房和轮碾机混药厂房应采用轻质易碎屋盖或轻型泄压屋盖。

8.3 危险性建筑物的结构构造

8.3.1 具有易燃、易爆粉尘的厂房，宜采用外形平整不易集尘的结构构件和构造。

8.3.2 危险性建筑物结构应加强联结，如钢筋混凝土预制板与梁、梁与墙或柱锚固、柱与围护拉结以及砖墙墙身之间拉结等。

8.3.3 危险性建筑物在下列部位应设置现浇钢筋混凝土闭合圈梁。

1 装配式钢筋混凝土屋盖宜在梁底或板底处，沿外墙及内纵、横墙设置圈梁，并与梁联成整体。

2 轻质易碎屋盖或轻型泄压屋盖宜在梁底处，沿外墙及内纵、横墙设置圈梁，并与梁联成整体。

3 危险性建筑物，应按上密下稀的原则，沿墙高每隔 4m 左右，在窗洞顶增设圈梁。

8.3.4 门窗洞口宜采用钢筋混凝土过梁，过梁支承长度不应小于 250mm。

8.3.5 当采用钢刚架结构体系时，应符合下列要求：

1 结构横向体系应采用刚架。

2 结构和构件应保证整体稳定和局部稳定。

3 构件在可能出现塑性铰的最大应力区内，应避免焊接接头。

4 节点(如柱脚、支撑节点、檩与梁连接点等)的破坏，不应先于构件全截面屈服。

5 支撑杆件应用整根材料。

8.3.6 钢刚架结构体系应按上密下稀的原则沿柱高 4m 左右设置闭合连续钢圈梁，圈梁的接头、圈梁与柱的连接应加强。

8.3.7 当钢刚架结构体系的围护结构采用轻型夹层保温板，保温板总厚度不应小于 80mm，上、下层钢板厚度均不应小于 0.6mm，檩距不应大于 1.5m。

8.3.8 轻钢刚架结构的屋面檩条应按简支檩设计，在支撑处两相邻檩条应加强连接，其破坏不应先于构件全截面屈服。

8.3.9 冷成型夹层保温板与支承构件的连接，应根据受力的大小，选用下列连接方法：

1 带有特大号垫圈的加大直径的自穿、自攻螺栓。

2 熔焊或加有大号垫板的塞焊。

3 焊于支承构件上螺栓，用衬垫、特大号垫圈和螺帽，把板紧固于支承构件上。

8.4 抗爆间室和抗爆屏院

8.4.1 抗爆间室的墙应采用现浇钢筋混凝土，墙厚不宜小于 300mm。当设计药量小于 1kg 时，现浇钢筋混凝土墙厚不应小于 200mm，也可采用钢板结构。

8.4.2 抗爆间室的屋盖宜采用现浇钢筋混凝土。

当抗爆间室发生爆炸时，屋面泄压对毗邻工作间不造成破坏时，宜采用轻质易碎屋盖，也可采用轻型泄压屋盖。

8.4.3 抗爆间室的墙和屋盖(不包括轻型窗和轻质易碎屋盖或轻型泄压屋盖)，应符合下列规定：

1 在设计药量爆炸空气冲击波和碎片的局部作用下，不应产生震塌、飞散和穿透。

2 在设计药量爆炸空气冲击波的整体作用下，允许产生一定的残余变形。抗爆间室的墙和屋盖按弹性或弹塑性理论设计。

8.4.4 抗爆门、抗爆传递窗应符合下列规定：

1 在爆炸碎片作用下，不应穿透。

2 当抗爆间室内发出爆炸时，应能防止火焰及空气冲击波泄出。

3 抗爆门应为单扇平开门，门的开启方向在空气冲击波作用下应能转向关闭状态。

4 在设计药量爆炸空气冲击波的整体作用下，抗爆门的结构不应有残余变形。

5 抗爆传递窗的内、外窗扇不应同时开启，并应有联锁装置。

8.4.5 抗爆间室朝向室外的一面应设轻型窗。窗台高度不应高于室内地面 0.4m。

8.4.6 抗爆间室与主厂房构造处理应符合下列规定：

1 当抗爆间室采用轻质易碎屋盖时，与抗爆间室毗邻的主厂房屋盖不应高出抗爆间室屋盖；当高出时，抗爆间室应采用钢筋混凝土屋盖。

2 当抗爆间室采用轻质易碎屋盖时,应在钢筋混凝土墙顶设置钢筋混凝土女儿墙与其相毗邻的主厂房屋盖隔开。女儿墙高度不应小于500mm,厚度可为抗爆间室墙厚的1/2,但不应小于150mm。

3 抗爆间室与相毗邻的主厂房之间的连接应符合下列规定:

1)抗爆间室与主厂房间宜设置抗震缝。

2)当抗爆间室屋盖为钢筋混凝土,室内设计药量小于5kg时,或抗爆间室屋盖为轻质易碎,室内设计药量小于3kg时,可不设抗震缝,但应加强结构构件的锚固。

3)当抗爆间室屋盖为钢筋混凝土,室内设计药量为5～20kg时,或抗爆间室屋盖为轻质易碎,室内设计药量为3～5kg时,可不设抗震缝,主体厂房的结构可采用可动连接的方式支承于间室的墙上。

4)当抗爆间室屋盖为钢筋混凝土,室内设计药量大于20kg时,或抗爆间室屋盖为轻质易碎,室内设计药量大于5kg时,应设抗震缝,主体厂房的结构不允许支承在间室的墙上。

8.4.7 在抗爆间室轻型窗的外面,应设置现浇钢筋混凝土屏院。抗爆屏院的平面形式和进深应符合表8.4.7的规定。

表8.4.7 抗爆屏院平面形式和最小进深

设计药量(kg)	<3	3～15	15～30	30～50
平面形式				
最小进深(m)	3	4	5	6

当采用"冖"形屏院时,在轻型窗处应设置进出抗爆屏院的出入口。

8.4.8 抗爆屏院的高度不应低于抗爆间室的檐口高度。当抗爆屏院的进深超过4m时,屏院中墙高度应增高,其增加高度不应小于进深超过量的1/2,屏院边墙由抗爆间室的檐口高度逐渐增加至屏院中墙高度。

8.4.9 抑爆泄压装置应采用钢结构或钢筋混凝土结构。抑爆泄压装置必须与抗爆间室的墙和屋盖有可靠连接,当发生爆炸事故时,不允许有任何碎片飞出。

8.4.10 抑爆泄压装置应采用合理的泄压比,并应符合下列规定:

1 能够承受爆炸产生的空气冲击波的整体和局部作用。

2 能够迅速泄出室内的爆炸气体。

3 泄出的冲击波压力能够满足对火焰、压力的控制。

8.5 安全疏散

8.5.1 危险品生产厂房安全出口的设置应符合下列规定:

1 危险品生产厂房每层或每个危险性工作间安全出口的数目不应少于2个;当每层或每个危险工作间的面积不超过65m²,且同一时间生产人数不超过3人时,可设1个安全出口。

2 安全出口应布置在室外有安全通道的一侧。

3 有防护屏障的危险性厂房安全出口,应布置在防护屏障的开口方向或安全疏散隧道的附近。

8.5.2 危险品生产厂房内非危险性工作间的安全出口,应根据各工作间的生产类别按现行国家标准《建筑设计防火规范》GB 50016的有关规定执行。

8.5.3 1.1(1.1*)级、1.2级生产厂房底层应设置安全窗,二层及以上厂房可设置安全滑梯、滑杆。安全窗、滑梯、滑杆不应计入安全出口的数目内。

8.5.4 安全滑梯、滑杆、疏散楼梯的设置应符合下列规定:

1 安全滑梯、滑杆不应直对疏散门,并应设置不小于1.5m²的装有不低于1.1m高的护栏平台。当共用一个平台时,其面积不应小于2m²。

2 疏散楼梯、滑梯、滑杆可设在防护屏障外侧,厂房外门与疏散楼梯、滑梯、滑杆之间,应用钢筋混凝土平台相连。

8.5.5 危险性厂房由最远点至安全出口的疏散距离应符合下列规定:

1 当为1.1(1.1*)级、1.2级厂房时,不应超过15m。

2 当为1.4级厂房时,不应超过20m。

3 当中间走廊两边为生产间或中间布置连续作业流水线的1.1(1.1*)级、1.2级厂房时,不应超过20m。

8.6 危险性建筑物的建筑构造

8.6.1 危险品生产厂房应采用平开门,不应设置门槛。供安全疏散用的封闭楼梯间,可采用向疏散方向开启的单向弹簧门。

8.6.2 危险品生产对火花或静电敏感时,其生产厂房的门窗及配件应采用不产生火花材料及防静电材料制品。黑火药生产厂房应采用木质门窗。

8.6.3 门的设置应符合下列规定:

1 疏散用门应向外开启,危险工作间的门不应与其他房间的门直对设置。

2 设置门斗时,应采用外门斗。门斗的内门和外门中心应在一直线上,开启方向应和疏散门一致。

当危险品生产厂房为中间走廊,两边为生产间的布置形式时,可采用内门斗。内门斗隔墙不应突出生产间内墙,且应砌到顶。

3 危险品生产间的外门口应做防滑坡道,不应设置台阶。

8.6.4 安全窗应符合下列规定:

1 洞口宽度不应小于1m,不宜设置中梃。当设有中梃时,窗扇开启宽度不应小于0.9m,不应设置固定扇。

2 洞口高度不应小于1.5m。

3 窗台距室内地面不应大于0.5m。

4 窗扇应向外平开,且一推即开。

5 保温窗宜采用单框双层玻璃或中空玻璃。当采用双层框窗扇时,应能同时向外开启。

8.6.5 危险生产区内建筑物的门窗玻璃宜采用防止碎玻璃伤人的措施。

8.6.6 具有易燃易爆粉尘的危险性建筑不应设置天窗。

8.6.7 危险品生产间的地面,应符合下列规定:

1 当危险品生产间内的危险品遇火花能引起燃烧、爆炸时,应采用不发生火花的地面面层。

2 当危险品生产间内的危险品对撞击、摩擦作用敏感时,应采用不发生火花的柔性地面面层。

3 当危险品生产间内的危险品对静电作用敏感时,应采用防静电地面面层。

8.6.8 危险品生产间的室内装修,应符合下列规定:

1 危险品生产间内墙面应抹灰。

2 具有易燃易爆粉尘的生产间的内墙面和顶棚表面应平整、光滑,所有凹角宜抹成圆弧。

3 经常冲洗和设有雨淋装置的生产间的顶棚和内墙应全部油漆。产品要求洁净而经常清扫的工作间应做油漆墙裙,墙裙以上的墙面应采用耐擦洗涂料。油漆和涂料的颜色应与危险品颜色相区别。

8.6.9 危险品生产间不宜设置吊顶棚。当生产工艺要求设置时,应符合下列条件:

1 吊顶棚底应平整、无缝隙、不易脱落。

2 吊顶棚不宜设置人孔、孔洞。如必须设置时,孔周边应有密封措施。

3 吊顶棚范围内不同危险等级的生产间的隔墙应砌至屋面板梁的底部。

8.6.10 危险品生产厂房内平台宜为钢或钢筋混凝土材料。梯宜为钢梯。

平台和钢梯踏步的面层应与生产间地面面层相适应。

8.7 嵌入式建筑物

8.7.1 嵌入式建筑物应采用钢筋混凝土结构。不覆土一面的墙体由抗爆设计确定。

8.7.2 嵌入式建筑物的覆土厚度，对墙顶外侧不应小于1.5m，对屋盖上部不应小于0.5m。

8.7.3 嵌入式建筑物的构造，应符合下列规定：

1 覆土部分的墙应采用现浇钢筋混凝土，墙厚不应小于250mm。

2 屋盖应采用现浇钢筋混凝土结构。

3 未覆土一面的墙应减少开窗面积。当采用钢筋混凝土时，墙厚不应小于200mm；当采用砖墙时，墙厚不应小于370mm，并应与顶盖、侧墙柱牢固连接。

8.7.4 嵌入式建筑物的门窗采光部分宜采用塑性透光材料。

8.8 通廊和隧道

8.8.1 危险品运输通廊设计，应符合下列规定：

1 通廊的承重及围护结构宜采用非燃烧体。

2 通廊应采用钢筋混凝土柱、符合防火要求的钢柱承重。

3 封闭式通廊，应采用轻质易碎或轻型泄压屋盖和墙体，且应设置安全出口，安全出口间距不宜大于30m。通廊内不应设置台阶。

4 封闭式通廊两端距危险性建筑物墙面前不小于3m处应设置隔爆墙。隔爆墙的宽度和高度应超出通廊横断面边缘不小于0.5m。

5 运输中有可能洒落危险品的通廊，其地面面层应与连接的危险性建筑物地面面层相一致。

8.8.2 非危险品运输封闭式通廊与危险性建筑物连接时，应在连接前不小于3m处设置隔爆墙。隔爆墙与危险性建筑物之间通廊应采用轻型泄压或轻质易碎的屋盖和墙体。

8.8.3 防护屏障的隧道，应采用钢筋混凝土结构。运输中有可能洒落炸药的隧道地面，应采用不发生火花地面。隧道应取折向，且不应设置台阶。

8.9 危险品仓库的建筑构造

8.9.1 危险品仓库安全出口不应少于2个，当仓库面积小于220m²时，可设1个安全出口。库房内任一点到安全出口的距离不应大于30m。

8.9.2 危险品仓库门的设计，应符合下列规定：

1 危险品仓库的门应向外平开，门洞宽度不应小于1.5m，且不应设置门槛。

2 当危险品仓库设置门斗时，应采用外门斗，此时的内、外两层门均应向外开启。

3 危险品总仓库的门宜为双层，内层门应为通风用门，外层门应为防火门，两层门均应向外开启。

8.9.3 危险品总仓库的窗，应设置铁栅、金属网和能开启的窗扇，在勒脚处宜设置可开、关的活动百叶窗或带活动防护板的固定百叶窗，并应装设金属网。

8.9.4 危险品仓库宜采用不发生火花地面，当危险品以包装箱方式存放且不在仓库内开箱时，可采用一般地面。

9 消防给水

9.0.1 民用爆破器材工程的建设必须设置消防给水系统。

9.0.2 民用爆破器材工程的消防给水设计，除执行本章要求外，尚应符合现行国家标准《建筑设计防火规范》GB 50016和《自动喷水灭火系统设计规范》GB 50084等的有关规定。各级危险性建筑物的消防给水设计，不应低于现行国家标准《建筑设计防火规范》GB 50016中甲类生产厂房的要求和现行国家标准《自动喷水灭火系统设计规范》GB 50084中严重危险级的要求。

9.0.3 危险品生产区的消防给水管网或生产与消防联合给水管网应设计成环状管网。当受地形限制不能设置环状管网，且在生产无不间断供水要求，并设有对置高位水池等具有满足水量、水压要求的消防储备水时，可设计为枝状管网。

9.0.4 危险品生产区的消防储备水量应按下列情况计算：

1 当危险品生产区内不设置消防雨淋系统时，消防储备水量应为室内、室外消火栓系统3h的用水量。

2 当危险品生产区内设置消防雨淋系统时，消防储备水量应为最大一组雨淋系统1h用水量与室内、室外消火栓系统3h用水量之和。

注：消防储备水量应采取平时不被动用的措施。

9.0.5 危险品生产区内应设置室外消火栓，当建筑物有防护屏障时，室外消火栓应设置在防护屏障的防护范围内，并且不应设在防护屏障内。

9.0.6 室外消防用水量应按现行国家标准《建筑设计防火规范》GB 50016的规定计算，但不应小于20L/s。消防延续时间应按3h计算。

9.0.7 设置有消防雨淋系统的生产区宜采用常高压给水系统。当采用临时高压给水系统时，应设置水塔或气压给水设备等。

9.0.8 采用临时高压给水系统时，其消防水泵的设置应符合下列要求：

1 消防水泵应设有备用泵，其工作能力不应小于1台主泵的工作能力。

2 消防水泵应保证在火警后30s内启动，并在火场断电时仍能正常运转。

3 消防水泵应有备用动力源。

9.0.9 危险品生产厂房均应设置室内消火栓，并应符合下列要求：

1 室内消火栓应布置在厂房出口附近明显易于取用的地点。

2 室内消火栓之间的距离应按计算确定，但不应超过30m。

3 当易燃烧的危险品生产厂房开间较小，水带不易展开时，室内消火栓可安装在室外墙面上，但应采取防冻措施。

9.0.10 生产过程中下列生产工序应设置消防雨淋系统：

1 粉状铵梯炸药、铵油炸药生产的混药、筛药、凉药、装药、包装、梯恩梯粉碎。

2 粉状乳化炸药生产的制粉出料、装药、包装。

3 膨化硝铵炸药生产的混药、凉药、装药、包装。

4 黑梯药柱生产的熔药、装药。

5 导火索生产的黑火药三成分混药、干燥、凉药、筛选、准备及制索。

6 导爆索生产的黑索今或太安的筛选、混合、干燥。

7 震源药柱生产的炸药熔混药、装药。

9.0.11 下列设备的内部、上方或周围应设置雨淋喷头、闭式喷头或水幕管等消防设施：

1 粉状铵梯炸药、铵油炸药生产的轮碾机、凉药机、梯恩梯球磨机。

2 膨化硝铵炸药生产的轮碾机、破碎机、混药机、凉药机。

3 导火索生产的三成分球磨机。

4 粉状炸药螺旋输送设备。

注：设置在抗爆间室内的设备,可不设雨淋系统。

9.0.12 消防雨淋系统的设置应符合下列要求：

1 消防雨淋系统应设感温或感光探测自动控制启动设施,同时还应设置手动控制启动设施。当生产工序中药量很少,且有人在现场操作时,可只设手动控制的雨淋系统。手动控制设施应设在便于操作的地点和靠近疏散出口。

2 消防雨淋系统管网中最不利点的喷头出口水压不应低于0.05MPa。

3 设有消防雨淋系统的厂房所需进口水压应按计算确定,但不应小于 0.2MPa。

4 消防雨淋系统作用时间应按1h确定。

5 消防雨淋系统应设置试验试水装置。

9.0.13 当火焰有可能通过工作间的门、窗和洞口蔓延至相邻工作间时,应在该工作间的门、窗和洞口设置阻火水幕,并与该工作间的雨淋系统同时动作。当相邻工作间与该工作间设置同一淋水管网,或同时动作的雨淋系统时,中间隔墙的门、窗和洞口上可不设阻火水幕。

9.0.14 危险品生产区的中转库、硝酸铵库应设置室外消火栓。

9.0.15 危险品总仓库区应根据当地消防供水条件,设置高位水池、消防蓄水池或室外消火栓,并应符合下列要求：

1 消防用水量应按 20L/s 计算,消防延续时间按 3h 确定。

2 当危险品总仓库区总库存量不超过 100t 时,消防用水量可按 15L/s 计算。

3 高位水池或消防蓄水池中储水使用后的补水时间不应超过48h。

4 供消防车使用的消防蓄水池,保护范围半径不应大于 150m。

9.0.16 民用爆破器材工程设计应按现行国家标准《建筑灭火器配置设计规范》GB 50140 的有关规定配备灭火器。

10 废水处理

10.0.1 民用爆破器材工程的废水排放设计,应与近似清洁生产废水分流。有害废水应采取治理措施,并应符合现行国家标准《污水综合排放标准》GB 8978、《兵器工业水污染物排放标准 火炸药》GB 14470.1、《兵器工业水污染物排放标准 火工药剂》GB 14470.2 等的有关规定。

10.0.2 民用爆破器材工程废水处理的设计,应符合重复或循环使用废水,达到少排和不排出废水的原则。

10.0.3 含有起爆药的废水,应采取消除其爆炸危险性的措施。几种能相互发生化学反应而生成易爆物的废水在进行销爆处理前,严禁排入同一管网。

10.0.4 在含有起爆药的工房中,当采用拖布拖洗地面时,其洗拖布的桶装废水,应送废水处理工房处理。

10.0.5 在有火药、炸药粉尘散落的工作间内,应使用拖布拖洗地面,并应设置洗拖布用水池。

11 采暖、通风和空气调节

11.1 一般规定

11.1.1 民用爆破器材工程的采暖、通风和空气调节设计除执行本章规定外,尚应符合现行国家标准《建筑设计防火规范》GB 50016和《采暖通风与空气调节设计规范》GB 50019 等的规定。

11.1.2 除本章规定外,危险场所的通风、空调设备的选用还应符合本规范第 12.2 节的有关规定。

11.1.3 危险品生产区各级危险性建筑物室内空气的温度和相对湿度应符合国家相关的标准和规定。当产品技术条件有特殊要求时,可按产品的技术条件确定。

11.2 采暖

11.2.1 危险性建筑物应采用热风或散热器采暖,严禁用明火采暖。

当采用散热器采暖时,其热媒应采用不高于 110℃的热水或压力等于或小于 0.05MPa 的饱和蒸汽。但对下列厂房采用散热器采暖时,其热媒应采用不高于 90℃的热水：

1 导火索生产的黑火药三成分混药、干燥、凉药、筛选、黑火药准备、包装厂房。

2 导爆索生产的黑索今或太安的筛选、混合、干燥厂房。

3 塑料导爆管生产的奥克托金或黑索今粉碎、干燥、筛选、混合厂房。

4 雷管生产的二硝基重氮酚(含作用和起爆药类似的药剂)的干燥、凉药、筛选厂房。

5 雷管生产的黑索今或太安的造粒、干燥、筛选、包装厂房。

6 雷管生产的雷管的装药、压药厂房。

11.2.2 危险性建筑物采暖系统的设计,应符合下列规定:

1 散热器应采用光面管或其他易于擦洗的散热器,不应采用带肋片的或柱型散热器。

2 散热器和采暖管道的外表面应涂以易于识别爆炸危险性粉尘颜色的油漆。

3 散热器的外表面与墙内表面的距离不应小于60mm,与地面的距离不宜小于100mm。散热器不应设在壁龛内。

4 抗爆间室的散热器,不应设在轻型面上。采暖干管不应穿过抗爆间室的墙体,抗爆间室内的散热器支管上的阀门,应设在操作走廊内。

5 采暖管道不应设在地沟内。当在过门地沟内设置采暖管道时,应对地沟采取密闭措施。

6 蒸汽、高温水管道的入口装置和换热装置不应设在危险工作间内。

11.2.3 当采用电热锅炉作为热源,且用汽量不大于1t/h时,电热锅炉可贴邻生产工房布置,但应布置在工房较安全的一端,并用防火墙隔离。电热锅炉间应设单独的外开门、窗。

11.3 通风和空气调节

11.3.1 危险性生产厂房中,散发燃烧爆炸危险性粉尘或气体的设备和操作岗位应设局部排风。

11.3.2 空气中含有燃烧爆炸危险性粉尘的厂房中,机械排风系统设计应符合下列规定:

1 排风口位置和入口风速的确定应能有效地排除燃烧爆炸危险性粉尘或气体。

2 含有燃烧爆炸危险性粉尘的空气应经净化处理后再排至大气。

3 散发有火药、炸药粉尘的生产设备或生产岗位的局部排风除尘,宜采用湿法方式处理,且除尘应置于排风系统的负压段上。

4 水平风管内的风速应按燃烧爆炸危险性粉尘不在风管内沉积的原则确定,风管应设有坡度。

5 排除含有燃烧爆炸危险性粉尘或气体的局部排风系统,应按每个危险生产间分别设置。排风管道不宜穿过与本排风系统无关的房间。排尘系统不应与排气系统合为一个系统。对于危险性大的生产设备的局部排风应按每台生产设备单独设置。

6 排风管道不宜设在地沟或吊顶内,也不应利用建筑物的构件作为排风管道。

7 排风管道或设备内有可能沉积燃烧爆炸危险性粉尘时,应设置清扫孔、冲洗接管等清理装置,需要冲洗的风管应设有大于1%的坡度。

11.3.3 散发燃烧爆炸危险性粉尘或气体的厂房的通风和空气调节系统,应采用直流式,其送风机和空气调节机的出口应装止回阀。

11.3.4 雷管、黑火药生产厂房的通风和空气调节系统应符合下列规定:

1 雷管装配、包装厂房的空气调节系统可以回风。

2 雷管装药、压药厂房的空气调节系统,当采用喷水式空气处理装置时可以回风。

3 黑火药生产厂房内,不应设计机械通风。

11.3.5 散发燃烧爆炸危险性粉尘或气体的厂房的通风设备及阀门的选型应符合下列规定:

1 进风系统的风管上设置止回阀时,通风机可采用非防爆型。

2 排除燃烧爆炸危险性粉尘或气体的排风系统,风机及电机应采用防爆型,且电机和风机应直联。

3 置于湿式除尘器后的排风机应采用防爆型。

4 散发燃烧爆炸危险性粉尘的厂房,其通风、空气调节风管上的调节阀应采用防爆型。

11.3.6 危险性建筑物均应设置单独的通风机室及空气调节机室,该室的门、窗不应与危险工作间相通,且应设置单独的外门。

11.3.7 各抗爆间室之间、抗爆间室与其他工作间及操作走廊之间不应有风管、风口相连通。

11.3.8 散发有燃烧爆炸危险性粉尘或气体的危险性建筑物的通风和空气调节系统的风管宜采用圆形风管,并架空敷设。

风管涂漆颜色应与燃烧爆炸危险性粉尘的颜色易于分辨。

11.3.9 危险性建筑物中通风、空调系统的风管应采用非燃烧材料制作,并且风管和设备的保温材料也应采用非燃烧材料。

12 电 气

12.1 电气危险场所分类

12.1.1 电气危险场所划分应符合下列规定:

1 F0类:经常或长期存在能形成爆炸危险的火药、炸药及其粉尘的危险场所。

2 F1类:在正常运行时可能形成爆炸危险的火药、炸药及其粉尘的危险场所。

3 F2类:在正常运行时能形成火灾危险,而爆炸危险性极小的火药、炸药、氧化剂及其粉尘的危险场所。

4 各类危险场所均以工作间(或建筑物)为单位。

常用的生产、加工、研制危险品的工作间(或建筑物)电气危险场所分类和防雷类别应符合表12.1.1-1的规定,贮存危险品的中转库和危险品总仓库危险场所(或建筑物)分类及防雷类别应符合表12.1.1-2的规定。

表12.1.1-1 生产、加工、研制危险品的工作间(或建筑物)电气危险场所分类及防雷类别

序号	危险品名称	工作间(或建筑物)名称	危险场所分类	防雷类别
工业炸药				
1	铵梯(油)类炸药	梯恩梯粉碎、梯恩梯称量、混药、筛选、凉药、装药、包装	F1	一
		硝酸铵粉碎、干燥	F2	二
2	粉状铵油炸药、铵松蜡炸药、铵沥蜡炸药	混药、筛选、凉药、装药、包装	F1	一
		硝酸铵粉碎、干燥	F2	二

序号	危险品名称	工作间(或建筑物)名称	危险场所分类	防雷类别
		工业炸药		
3	多孔粒状铵油炸药	混药、包装	F1	一
4	膨化硝铵炸药	膨化	F1	一
		混药、凉药、装药、包装	F1	一
5	粒状黏性炸药	混药、包装	F1	一
		硝酸铵粉碎、干燥	F2	二
6	水胶炸药	硝酸甲胺制造和浓缩、混药、凉药、装药、包装	F1	一
		硝酸铵粉碎、筛选	F2	二
7	浆状炸药	梯恩梯粉碎、炸药熔药、混药、凉药、包装	F1	一
		硝酸铵粉碎、筛选	F2	二
8	乳化炸药 粉状	制粉、装药、包装	F1	一
		乳化、乳胶基质冷却	F2	二
		硝酸铵粉碎、硝酸钠粉碎	F2	二
	乳化炸药 胶状	乳化、乳胶基质冷却、乳胶基质贮存、敏化、敏化后的保温(凉药)、贮存、装药、包装	F2	二
		硝酸铵粉碎、硝酸钠粉碎	F2	二
9	黑梯药柱(注装)	熔药、装药、凉药、检验、包装	F1	一
10	梯恩梯药柱(压制)	压制	F1	一
		检验、包装	F1	一
11	太乳炸药	制片、干燥、检验、包装	F1	一
		工业雷管		
12	火雷管、电雷管、导爆管雷管、继爆管	黑索今或太安的造粒、干燥、筛选、包装	F1	一
		火雷管干燥、烘干	F1	一
		继爆管的装配、包装	F1	一
		二硝基重氮酚制造(中和、还原、重氮、过滤)	F1	一
		二硝基重氮酚的干燥、凉药、筛选、黑索今或太安的造粒、干燥、筛选	F1	一

序号	危险品名称	工作间(或建筑物)名称	危险场所分类	防雷类别
		工业雷管		
12	火雷管、电雷管、导爆管雷管、继爆管	火雷管装药、压药	F1	一
		电雷管、导爆管雷管装配、雷管编码	F1	一
		雷管检验、包装、装箱	F1	一
		雷管试验站	F1	一
		引火药头和延期药用的引火药剂制造	F1	一
		引火元件制造	F1	一
		延期药混合、造粒、干燥、筛选、装药、延期元件制造	F1	一
		二硝基重氮酚废水处理	F2	二
		工业索类火工品		
13	导火索	黑火药三成分混药、干燥、凉药、筛选、包装 黑火索索制造中的黑火药准备	F0	
		导火索索制、盘索、烘干、普检、包装	F2	二
		硝酸钾干燥、粉碎	F2	二
14	导爆索	炸药的筛选、混合、干燥	F1	一
		导爆索包塑、涂索、烘索、盘索、普检、组批、包装	F1	一
		导爆索制索	F1	一
15	塑料导爆管	炸药的粉碎、筛选、混合	F1	一
		塑料导爆管制造	F2	二
16	爆裂管	爆裂管切索、包装	F1	一
		爆裂管装药	F1	一
		油气井用起爆器材		
17	射孔弹、穿孔弹	炸药暂存、烘干、称量	F1	一
		压药、装配	F1	一
		包装	F1	一
		试验室	F1	一

序号	危险品名称	工作间(或建筑物)名称	危险场所分类	防雷类别
		地震勘探用爆破器材		
18	震源药柱 高爆速	炸药准备、熔混药、装药、压药、凉药、装配、检验、装箱	F1	一
	震源药柱 中爆速	炸药准备、震源药柱检验、装箱	F1	一
		装药、压药	F1	一
		钻孔	F1	一
		装传爆药柱	F1	一
	震源药柱 低爆速	炸药准备、装药、装传爆药柱、检验、装箱	F1	一
19	黑火药、炸药、起爆药	理化试验室	F2	二

注：1 雷管制造中所用药剂(单组分或多组分药剂)，其作用与起爆药相类似者，此类药剂的电气危险场所类别应按表内二硝基重氮酚确定。

2 粉状、胶状乳化炸药生产线联建，当出现电气危险场所类别不同时，以高者计。

3 危险品性能试验塔(罐)工作间的危险作业场所分类应按本表确定，防雷类别宜为三类。

表 12.1.1-2 贮存危险品的中转库和危险品总仓库危险场所 (或建筑物)分类及防雷类别

序号	危险品仓库(含中转库)名称	危险场所类别	防雷类别
1	黑索今、太安、奥克托金、梯恩梯、苦味酸、黑梯药柱、梯恩梯药柱、太乳炸药、黑火药、铵梯(油)类炸药、粉状铵油炸药、铵松蜡炸药、铵沥蜡炸药、多孔粒状铵油炸药、膨化硝铵炸药、粒状黏性炸药、水胶炸药、浆状炸药、粉状乳化炸药	F0	一
2	起爆药	F0	一
3	胶状乳化炸药	F1	一

序号	危险品仓库(含中转库)名称	危险场所类别	防雷类别
4	雷管(火雷管、电雷管、导爆管雷管、继爆管)	F1	一
5	爆裂管	F1	一
6	导爆索、射孔(穿孔)弹、震源药柱	F1	一
7	延期药	F1	一
8	导火索	F1	一
9	硝酸铵、硝酸钠、硝酸钾、氯酸钾、高氯酸钾	F2	二

12.1.2 与危险场所采用非燃烧体密实墙隔开的非危险场所，当隔墙设门与危险场所相通时，如果所设门除有人出入外，其余时间均处于关闭状态，则该工作间的危险场所分类可按表12.1.2确定。当门经常处于敞开状态时，该工作间应与相毗邻危险场所的类别相同。

表 12.1.2 与危险场所相毗邻的场所类别

危险场所类别	用一道有门的密实墙隔开的工作间	用两道有门的密实墙通过走廊隔开的工作间
F0	F1	无危险
F1	F2	无危险
F2	无危险	无危险

注：1 本条不适用于配电室、电气室、电源室、电加热间、电机室。

2 控制室、仪表室位置的确定应符合自动控制部分有关规定。

3 密实墙应为非燃烧体的实体墙，墙上除设门外，无其他孔洞。

12.1.3 为各类危险场所服务的排风室应与所服务的场所危险类别相同。

12.1.4 为各类危险场所服务的送风室，当通往危险场所的送风管能阻止危险物质回到送风室时，可划为非危险场所。

12.1.5 在生产过程中，工作间存在两种及两种以上的火药、炸药及氧化剂等危险物质时，应按危险性较高的物质确定危险场所类别。

12.1.6 危险场所既存在火药、炸药，又存在易燃液体时，除应符合本规范的规定外，尚应符合现行国家标准《爆炸和火灾危险环境电力装置设计规范》GB 50058 的有关规定。

12.1.7 运输危险品的通廊采用封闭式时，危险场所应划为 F1 类，防雷类别应为一类。当运输危险品的通廊采用敞开或半敞开式时，危险场所应划为 F2 类，防雷类别应为二类。

12.2 电气设备

12.2.1 危险场所电气设备应符合下列规定：

1 危险场所电气设计时，宜将正常运行时可能产生火花及高温的电气设备，布置在危险性较小或无危险的工作间。

2 危险场所采用的防爆电气设备，必须是符合现行国家标准生产，并由国家指定检验部门鉴定合格的产品。

3 危险场所不应安装、使用无线遥控设备、无线通信设备。

4 危险场所电气设备，如有过负载可能时，应符合现行国家标准《通用用电设备配电设计规范》GB 50055 的有关规定。

5 生产时严禁工作人员入内的工作间，其用电设备的控制按钮应安装在工作间外，并应将用电设备的启动与门的关闭连锁。

6 危险场所配线接线盒等选型，应与该危险场所的电气设备防爆等级相一致。

7 爆炸性气体环境用电气设备的 II 类电气设备的最高表面温度分组，应符合表 12.2.1-1 的规定。火药、炸药危险场所电气设备最高表面温度的分组划分宜符合本规范附录 F 的规定。

表 12.2.1-1 爆炸性气体环境用电气设备的
II 类电气设备的最高表面温度分组

温度组别	最高表面温度（℃）
T1	450
T2	300
T3	200
T4	135
T5	100
T6	85

8 火药、炸药危险场所电气设备的最高表面温度应符合表 12.2.1-2 的规定。

表 12.2.1-2 火药、炸药危险场所电气设备的最高表面温度（℃）

温度组别	无过负荷的设备	有过负荷的设备
T4	135	135
T5	100	85

注：危险场所电气设备的最高表面温度可标注温度值，或标注最高表面温度组别或两者都标注。

9 电气设备除按危险场所选型外，尚应考虑安装场所的其他环境条件。

12.2.2 F0 类危险场所电气设备选择应符合下列规定：

1 F0 类危险场所内不应安装电气设备，当工艺确有必要安装控制按钮及检测仪表（不含黑火药危险场所）时，控制按钮应采用可燃性粉尘环境用电气设备 DIP A21 或 DIP B21 型（IP65 级），检测仪表的选型应为本质安全型（IP65 级）。

2 采用非防爆电气设备隔墙传动时，应符合下列要求：

1）需要电气设备隔墙传动的工作间，应由生产工艺确定。

2）安装电气设备的工作间，应采用非燃烧体密实墙与危险场所隔开，隔墙上不应设门、窗。

3）传动轴通过隔墙处应采用填料函密封或有同等效果的密封措施。

4）安装电气设备工作间的门，应设在外墙上或通向非危险场所，且门应向室外或非危险场所开启。

3 F0 类危险场所电气照明应采用安装在窗外的可燃性粉尘环境用电气设备 DIP A22 或 DIP B22 型（IP54 级）灯具，安装灯具的窗户应为双层玻璃的固定窗。门灯及安装在外墙外侧的开关、控制按钮、配电箱选型应与灯具相同。采用干法生产黑火药的 F0 类危险场所的电气照明应采用可燃性粉尘环境用电气设备 DIP A21 或 DIP B21 型（IP65 级）灯具，安装在双层玻璃的固定窗外；亦可采用安装在室外的增安型投光灯。门灯及安装在外墙外侧的开关及控制按钮应采用增安型或可燃性粉尘环境用电气设备（IP65 级）。

12.2.3 F1 类危险场所电气设备选择应符合下列规定：

1 F1 类危险场所电气设备应采用可燃性粉尘环境用电气设备 DIP A21 或 DIP B21 型（IP65 级）、II 类 B 级隔爆型、增安型（仅限于灯具及控制按钮）、本质安全型（IP54 级）。

2 门灯及安装在外墙外侧的开关，应采用可燃性粉尘环境用电气设备 DIP A22 或 DIP B22 型（IP54 级）。

3 危险场所不宜安装移动设备用的接插装置。当确需设置时，应选择插座与插销带联锁保护装置的产品，满足断电后插销才能插入或拔出的要求。

4 当采用非防爆电气设备隔墙传动时，应符合本规范第 12.2.2 条第 2 款的规定。

12.2.4 F2 类危险场所电气设备、门灯及开关的选型均应采用可燃性粉尘环境用电气设备 DIP A22 或 DIP B22 型（IP54 级）。

12.3 室内电气线路

12.3.1 危险场所电气线路的一般规定：

1 危险性建筑物低压配电线路的保护应符合现行国家标准《低压配电设计规范》GB 50054 的有关规定。

2 危险场所的插座回路上应设置额定动作电流不大于 30mA 瞬时切断电路的剩余电流保护器。

3 各类危险场所电气线路，应采用阻燃型铜芯绝缘导线或阻燃型铜芯金属铠装电缆。电缆沿桥架敷设时，可采用阻燃型铜芯绝缘护套电缆。

4 各类危险场所电力和照明线路的电线和电缆的额定电压不得低于 750V。保护线的额定电压应与相线相同，并应在同一护套或钢管内敷设。电话线路的电线及电缆的额定电压应不低于 500V。

12.3.2 当危险场所采用电缆时，除照明分支线路外，电缆不应有分支或中间接头。电缆敷设以明敷为宜，在有机械损伤可能的部位应穿钢管保护。亦可采用钢制电缆桥架敷设。电缆不宜敷设在电缆沟内，如必须敷设在电缆沟内时，应设防止水或危险物质进入沟内的措施，在过墙处应设隔板，并对孔洞严密封堵。

12.3.3 当采用电线穿钢管敷设时，应符合下列规定：

1 穿电线敷设的钢管应采用公称口径不小于 15mm 的镀锌焊接钢管，钢管间应采用螺纹连接，连接螺纹不应少于 6 扣，在有剧烈振动的场所，应防设防松装置。

2 电线穿钢管敷设的线路，进入防爆电气设备时，应装设隔离密封装置。

3 电气线路采用绝缘导线穿钢管敷设时宜明敷。

12.3.4 F0 类危险场所的电气线路应符合下列规定：

1 F0 类危险场所内不应敷设电力及照明线路。在确有必要时，可敷设本工作间使用的控制按钮及检测仪表线路。灯具安装在窗外的电气线路，应采用芯线截面不小于 2.5mm² 的铜芯绝缘导线穿镀锌焊接钢管敷设；亦可采用芯线截面不小于 2.5mm² 的铜芯金属铠装电缆敷设。

2 当采用穿钢管敷设时，接线盒的选型应与防爆设备（检测仪表）的等级相一致。当采用铠装电缆时，与设备连接处应采用铠装电缆密封接头。

12.3.5 F1 类危险场所电气线路应符合下列规定：

1 电线或电缆的芯线截面应符合表 12.3.5 的规定。

表 12.3.5 危险场所绝缘电线或电缆芯线截面选择

技术要求 危险场所 类别	绝缘电线或电缆芯线允许最小截面（mm²）			挠性连接
	电力	照明	控制按钮	
F0	—	—	铜芯 1.5	DIP A21、DIP B21(IP65)、隔爆型 II B

技术要求 危险场所 类别	绝缘电线或电缆芯线允许最小截面(mm²)			挠性连接
	电力	照明	控制按钮	
F1	铜芯2.5	铜芯2.5	铜芯1.5	DIP A21、DIP B21(IP65)、 隔爆型ⅡB、增安型
F2	铜芯1.5	铜芯1.5	铜芯1.5	DIP A22、DIP B22 (IP54)

注:保护线截面选择应符合有关规范的规定。

2 引至1kV以下的单台鼠笼型感应电动机供电回路,电线或电缆芯线截面长期允许的载流量不应小于电动机额定电流的1.25倍。

3 采用穿钢管敷设的线路接线盒及铠装电缆密封装置应符合本规范第12.2.1条第6款的规定。

4 移动电缆应采用芯线截面不小于2.5mm²的重型橡套电缆。

12.3.6 F2类危险场所电气线路应符合下列规定:

1 电气线路采用的绝缘导线或电缆,其芯线截面选择应符合本规范表12.3.5的规定。

2 引至1kV以下单台鼠笼型感应电动机供电回路,电线或电缆芯线截面长期允许的载流量不应小于电动机的额定电流。当电动机经常接近满载运行时,导线的载流量应有适当的裕量。

3 移动电缆应采用芯线截面不小于1.5mm²的中型橡套电缆。

12.4 照 明

12.4.1 民用爆破器材工程的电气照明设计应符合现行国家标准《建筑照明设计标准》GB 50034的有关规定。

12.4.2 危险场所的主要工作间及主要通道应设应急照明,应急时间不少于30min。

12.4.3 应急照明照度标准不应低于该场所一般照明照度标准的10%。

12.5 10kV及以下变(配)电所和配电室

12.5.1 民用爆破器材工厂供电负荷等级宜为三级。当危险品生产中工艺要求不能中断供电时,其供电负荷应为二级。自动控制系统、消防系统及安全防范系统应设应急电源。应急电源设计应符合现行国家标准《供配电系统设计规范》GB 50052的有关规定。

12.5.2 设在危险品生产区的总变电所、总配电所应为独立式。危险品仓库区的变电所可为独立变电所或杆上变电所,必要时可附建于非危险性建筑物。

12.5.3 变电所设计除执行本规范外,尚应符合现行国家标准《10kV及以下变电所设计规范》GB 50053的有关规定。

12.5.4 车间变电所不应附建于1.1(1.1*)级建筑物。当附建于1.2级、1.4级建筑物时,应符合下列规定:

1 变电所应为户内式。

2 变电所布置在建筑物较安全的一端,与危险场所相毗邻的隔墙应为非燃烧体密实墙,且隔墙上不应设门、窗。

3 变压器室及高、低压配电室的门、窗应设在外墙上,且门应向外开启。

4 与变电所无关的管线不应通过变电所。

12.5.5 配电室(含电气室、电加热间、电机间、电源室)可附建于各类危险性建筑物内,可在室内安装非防爆电气设备,但应符合下列要求:

1 配电室与危险场所相毗邻的隔墙应为非燃烧体密实墙,且不应设门、窗与F0类、F1类、F2类危险场所相通。

2 配电室的门、窗应设在建筑物的外墙上,且门应向外开启。门、窗与干法生产黑火药的F0类危险场所的门、窗之间的距离不宜小于3m。

3 配电室不应通过与其无关的管线。

4 当危险性建筑物为多层厂房时,电源引入的配电室宜设在

建筑物的一层,且不宜设在有爆炸和火灾危险场所的正上方或正下方。

12.5.6 独立变电所电源中性点的接地电阻不应大于4Ω。附建于1.2级、1.4级或其他非危险性建筑物的变电所,其电气系统接地电阻应符合本规范第12.7.7条的规定。

12.6 室外电气线路

12.6.1 引入危险性建筑物的1kV以下低压线路的敷设应符合下列规定:

1 从配电端到受电端宜全长采用金属铠装电缆埋地敷设,在入户端将电缆的金属外皮、钢管接到防雷电感应的接地装置上。

2 当全线采用电缆埋地有困难时,可采用钢筋混凝土杆和铁横担的架空线,并应使用一段金属铠装电缆或护套电缆穿钢管直接地引入,其埋地长度应按式(12.6.1)计算,但不应小于15m。

$$L \geqslant 2\sqrt{\rho} \qquad (12.6.1)$$

式中 L——金属铠装电缆或护套电缆穿钢管埋于地中的长度(m);

ρ——埋电缆处的土壤电阻率(Ω·m)。

3 在架空线与电缆连接处,尚应装设避雷器。避雷器、电缆金属外皮、钢管和绝缘子铁脚、金具等应连在一起接地,其冲击接地电阻不应大于10Ω。

12.6.2 引入采用干法生产黑火药建筑物的1kV以下的低压线路,从配电端到受电端应全长采用铜芯金属铠装电缆埋地敷设。

12.6.3 危险性建筑物区设置的各级架空线路不应跨越危险性建筑物。

12.6.4 在危险性建筑物区的10kV及以下的高压线路宜采用电缆埋地敷设。当采用架空线路时,架空线路的轴线与1.1(1.1*)级(干法生产黑火药除外)、1.2级建筑物的距离不应小于电杆档距的2/3,且不应小于35m,与干法生产黑火药的1.1级建筑物的距离不应小于50m,与1.4级建筑物的距离不应小于电杆高度的1.5倍。

12.6.5 当在危险性建筑物区架设1kV以下的架空线路时,不应跨越危险性建筑物。其架空线的轴线与危险性建筑物的距离不应小于电杆高度的1.5倍,与干法生产黑火药的1.1级建筑物的距离不应小于50m。

12.6.6 危险品生产区及危险品总仓库区不应建造无线通信塔(基站)。

12.7 防雷和接地

12.7.1 危险性建筑物的防雷设计应符合现行国家标准《建筑物防雷设计规范》GB 50057的有关规定。建筑物防雷类别应符合本规范表12.1.1-1和表12.1.1-2的规定。

12.7.2 当电源采用TN系统时,从建筑物内总配电盘(箱)开始引出的配电线路和分支线路必须采用TN-S系统。

12.7.3 危险性建筑物内电气装置应采取等电位联结。当仅设总等电位联结不能满足要求时,尚应采取辅助等电位联结。

12.7.4 在危险场所内,穿电线的金属管、电缆的金属外皮等,应作为辅助接地线。输送危险物质的金属管道不应作为接地装置。

12.7.5 保护线截面选择应符合现行国家标准《低压配电设计规范》GB 50054有关条款的规定。

12.7.6 危险性建筑物电源引入总配电箱处应装设过电压电涌保护器。

12.7.7 危险性建筑物内电气设备的工作接地、保护接地、防雷接地、防静电接地、电子系统接地、屏蔽接地等应共用接地装置,接地电阻值应满足其中最小值。当需要接地的设备多且分散时,应在室内装设构成闭合回路的接地干线。室内接地干线每隔18～24m与室外环形接地干线连接一次,每个建筑物的连接不应少于2处。

12.7.8 架空金属管道,在进出建筑物处,应与防雷电感应的接地装置相连接。距离建筑物100m内的金属管道应每隔25m左右接地一次,其冲击接地电阻不应大于20Ω。埋地或地沟内的金属管

道在进、出建筑物处,亦应与防雷电感应的接地装置相连。

平行敷设的金属管道,其净距小于100mm时,应每隔25m左右用金属线跨接一次;交叉净距小于100mm时,其交叉处亦应跨接。

12.8 防 静 电

12.8.1 对危险场所中金属设备外露可导电部分或设备外部可导电部分、金属管道、金属支架等,均应做防静电直接接地。

12.8.2 防静电直接接地装置应与防雷电感应、等电位联结等共用同一接地装置。

12.8.3 危险场所中不能或不适宜直接接地的金属设备、装置等,应通过防静电材料间接接地。

12.8.4 当危险场所采用防静电地面时,其静电泄漏电阻值应按该工作间的危险品类别确定。

12.8.5 危险场所不应使用静电非导电材料制作的工装器具。当必须使用这种工装器具时,应进行处理,使其静电泄漏电阻值符合要求。危险场所中,固定或移动设备上有外露静电非导电材料制作的部件存在时,该部件的面积不应大于100cm²。

12.8.6 危险工作间相对湿度宜控制在60%以上。黑火药危险工作间宜控制在65%以上。当工艺有特殊要求时,可按工艺要求确定。

12.9 通 讯

12.9.1 危险性建筑物应设置畅通的电话设施,可兼作厂区火灾报警电话。

12.9.2 危险场所电话设备选择及线路要求,应符合本规范的有关规定。

13 危险品性能试验场和销毁场

13.1 危险品性能试验场

13.1.1 危险品性能试验场,宜布置在独立的偏僻地带,并宜设置铁刺网围墙,围墙距试验作业地点边缘不宜少于50m。

13.1.2 危险品性能试验,当一次爆炸最大药量不超过2kg时,试验场围墙距居民点、村庄等建筑物的距离,不应小于200m,距本厂生产厂房不应小于100m。当一次爆炸最大药量超过2kg时,应布置在厂区以外符合安全的偏僻地带。

13.1.3 当危险品性能试验采用封闭爆炸试验塔(罐)时,应布置在厂区内有利于安全的边缘地带。该试验塔(罐)距其他建筑物的最小允许距离应按表13.1.3确定。

表13.1.3 试验塔(罐)距其他建筑物的最小允许距离

爆炸药量(kg)	最小允许距离(m)
<0.5	20
1~2	25

13.1.4 危险品性能试验场中进行殉爆试验时,一次最大殉爆药量不应大于1kg。殉爆试验的准备间距试验作业地点边缘不应小于35m。

13.1.5 当受条件限制时,危险品性能试验场可和危险品销毁场设置在同一场地内进行轮换作业,且应符合危险品销毁场的外部距离规定。作业地点之间应设置防护屏障,防护屏障的高度不应低于3m。

13.1.6 危险品性能试验场,根据其所在的环境,应符合现行国家标准《工业企业噪声控制设计规范》GBJ 87、《工业企业厂界噪声标准》GB 12348和《城市区域环境噪声标准》GB 3096的有关规定。

13.2 危险品销毁场

13.2.1 当采用炸毁法或烧毁法销毁危险品时,应设置危险品销毁场。销毁场应布置在厂区以外有利于安全的偏僻地带。

13.2.2 当采用炸毁法时,引爆一次最大药量不应超过2kg;采用烧毁法时,一次最大销毁量不应超过200kg。

采用炸毁法时,应在销毁坑中进行。当场地周围没有自然屏障时,炸毁地点周围宜设高度不低于3m的防护屏障。

13.2.3 当采用炸毁法或烧毁法时,销毁场边缘距周围建筑物的距离不应小于200m,距公路、铁路等不应小于150m。

13.2.4 销毁场不应设待销毁的危险品贮存库,可设置为销毁时使用的点火件或起爆件掩体。销毁场应设人身掩体,其位置应布置在销毁作业场常年主导风向的上风方向,掩体出入口应背向销毁作业地点,与作业地点边缘距离不应小于50m。掩体之间距离不应小于30m。

13.2.5 销毁场宜设围墙,围墙距作业地点边缘不宜小于50m。

13.2.6 当销毁火工品及其药剂采用销毁塔炸毁时,该塔可布置在厂区有利于安全的边缘地带,与危险品生产厂房的最小允许距离,应按危险品生产厂房最大计算药量计算确定,且不应小于本规范表13.1.3的规定。根据其所在的环境,还应符合现行国家标准《工业企业噪声控制设计规范》GBJ 87、《工业企业厂界噪声标准》GB 12348和《城市区域环境噪声标准》GB 3096的规定。

14 混装炸药车地面辅助设施

14.1 固定式辅助设施

14.1.1 为现场混装炸药车而进行的原材料贮存,氧化剂溶液、油相及不在混装炸药车上进行的乳化液(乳胶体)等的制备及装车作业,宜建立地面制备站。

14.1.2 当地面制备站内不附建有起爆器材和炸药仓库时,该地面制备站的设计可执行现行国家标准《建筑设计防火规范》GB 50016的有关规定。

14.1.3 当地面制备站内附建有起爆器材和炸药暂存库时,该地面制备站的设计应执行本规范相应的有关规定。

硝酸铵贮存、破碎,氧化剂溶液、油相、乳化液(乳胶体)等的制备及装车作业生产工序等的危险等级应为1.4级;电气危险场所应为F2类;防雷类别应为二类。地面制备站应设室外消火栓。

14.1.4 硝酸铵破碎,氧化剂溶液、油相、乳化液(乳胶体)等的制备工序可在一个建筑物内联建。硝酸铵破碎与其他工序之间应有隔墙。

14.1.5 混装车可进入1.4级建筑物进行装车作业。

14.1.6 地面制备站宜设混装车车库。该车库可与维修工房联建,并应有隔墙。

14.1.7 乳化剂、敏化剂库房和柴油库可联建,并应有隔墙。

14.1.8 硝酸铵仓库应独立设置,单库最大贮量应为600t。

14.1.9 危险品仓库区内应设置独立的危险品发放间,距其邻近库房不宜小于50m。

14.2 移动式辅助设施

14.2.1 为现场混装炸药车而进行的原材料贮存,氧化剂溶液、油相、乳化液(乳胶体)等的制备,可使用移动式辅助设施。

14.2.2 移动式辅助设施应根据不同的使用功能,分设制备挂车、生活挂车。移动式辅助设施不应附建有起爆器材和炸药仓库。

14.2.3 移动式辅助设施站区的内部和外部距离可执行现行国家标准《建筑设计防火规范》GB 50016 的相关规定。

14.2.4 移动式辅助设施消防设计应符合现行国家标准《建筑设计防火规范》GB 50016 的相关规定。

14.2.5 移动式辅助设施电力装置应符合现行国家标准《爆炸和火灾危险环境电力装置设计规范》GB 50058 的相关规定。

14.2.6 移动式辅助设施防雷设计应符合现行国家标准《建筑物防雷设计规范》GB 50057 中二类防雷要求的相关规定。

15 自 动 控 制

15.1 一般规定

15.1.1 民用爆破器材工厂的自动控制设计除执行本规范外,尚应符合现行国家标准《自动化仪表工程施工及验收规范》GB 50093、《爆炸和火灾危险环境电力装置设计规范》GB 50058 的有关规定。

15.1.2 电气危险场所的分类,应按本规范第12.1节的规定确定。

15.2 检测、控制和联锁装置

15.2.1 在危险品生产过程中,当工艺参数超过某一界限能引起燃烧、爆炸等危险时,应根据要求设置反映该参数变化的信号报警系统、自动停机、消防雨淋等安全联锁装置。安全联锁控制系统除设有自动工作制外,尚应设有手动工作制。

15.2.2 按照安全生产条件要求,危险品生产工序宜设置电子监视系统,该系统的配置应满足摄像、显示、录制、存储和控制等功能。

15.2.3 对开、停车有顺序要求的生产过程应设有联锁控制装置。

15.2.4 自动控制系统应设置不间断应急电源,其应急时间不应少于30min。

15.2.5 自动控制系统发生停气、停水、停电等有可能引起危险事故时,应设置反映该参数的预警信号或自动联锁控制装置。

15.2.6 自动控制系统中执行机构的动作形式及调节器正、反作用的选择,应使组成的自动控制系统在突然停电或停气时,能满足

安全要求。

15.3 仪表设备及线路

15.3.1 危险场所安装的电动仪表设备,其选型及有关要求应符合本规范第12.2节的规定。

15.3.2 安装在各类危险场所的检测仪表及电气设备,应有铭牌和防爆标志,并在铭牌上标明国家授权的部门所发给的防爆合格证编号。

15.3.3 防爆仪表和电气设备,除本质安全型外,应有"电源未切断不得打开"的标志。

15.3.4 F1类、F2类危险场所需要安装用电设备专用的控制箱(柜)时,F1类危险场所应采用可燃性粉尘环境用电气设备(IP65级)、Ⅱ类B级隔爆型;F2类危险场所应采用可燃性粉尘环境用电气设备(IP54级)。

15.3.5 危险场所内的自动控制系统、火灾自动报警系统及安全防范系统的线路应采用额定电压不低于500V铜芯金属铠装屏蔽电缆。当采用多芯电缆时,其芯线截面不宜小于1.0mm²。当采用阻燃铜芯绝缘电线穿镀锌焊接钢管敷设时,其芯线截面选择应符合本规范表12.3.5的规定。各种线路的敷设方式应符合本规范第12.3节及现行国家标准《自动化仪表工程施工及验收规范》GB 50093 的有关规定。

15.3.6 自动控制系统、火灾自动报警系统及安全防范系统应采用金属铠装电缆埋地引入建筑物,且电缆的金属外皮、屏蔽层在进入建筑物处应接地。当电缆采用穿钢管敷设时,钢管两端及在进入建筑物处应接地。电缆线路首、末端,与电子器件连接处,应设置与电子器件耐压水平相适应的过电压保护(电涌保护)器。

15.3.7 对自动控制系统、火灾自动报警系统、安全防范系统,应进行可靠接地。接地要求除符合本规范外,尚应符合现行国家标准《自动化仪表工程施工及验收规范》GB 50093、《火灾自动报警系统设计规范》GB 50116、《安全防护工程技术规范》GB 50348的有关规定。

15.4 控 制 室

15.4.1 危险等级为1.1(1.1*)级的危险性建筑物,设置有人值班的控制室时,应嵌入防护屏障外侧或防护屏障外的合适位置。

15.4.2 危险等级为1.2级的危险性建筑物内附建控制室时,应符合下列规定:

　　1 控制室与危险场所的隔墙应为非燃烧体密实墙。

　　2 隔墙上不应设门窗与危险场所相通。

　　3 控制室的门应通向室外或非危险场所。

　　4 与控制室无关的管线不应通过控制室。

15.4.3 危险等级为1.1(1.1*)级危险性建筑物内可附建无人值班的控制室,但应符合本规范第15.4.2条的规定。

15.4.4 控制室应远离振动源和具有强电磁干扰的环境。

15.5 安全防范系统

15.5.1 民用爆破器材工厂的总仓库宜设置安全防范系统。

15.5.2 安全防范系统的配置、设备选择、传输线路要求、防雷设置等应符合现行国家标准《安全防护工程技术规范》GB 50348、《建筑物电子信息系统防雷技术规范》GB 50343 和本规范相关条款的规定。

15.6 火灾报警系统

15.6.1 民用爆破器材工厂宜设置火灾自动报警系统,该系统的设计除应符合本规范的有关规定外,尚应符合现行国家标准《火灾自动报警系统设计规范》GB 50116 的有关规定。

15.6.2 当不设置火灾自动报警系统时,应设置火灾报警信号。

火灾报警信号可与生产调度电话兼容。

15.7 工业电雷管射频辐射安全防护

15.7.1 工业电雷管生产、贮存的建筑物与广播电台、电视台、移动站、固定站、无线电通信等发射天线的距离,应根据发射功率、频率和本节有关条款规定的距离,取其最大值。

15.7.2 工业电雷管生产、贮存建筑物与MF(中频)广播发射天线最小允许距离应符合表15.7.2的规定。

表15.7.2 工业电雷管生产、贮存建筑物与MF(中频)
广播发射天线最小允许距离

发射机功率(W)	≤4000	5000	10000	25000	50000	100000
最小允许距离(m)	300	330	550	730	1100	1500

注:1 MF(中频)广播发射天线的频率范围为0.535~1.60MHz。
　　2 表中最小允许距离为发射天线至建筑物外墙外侧距离。

15.7.3 工业电雷管生产、贮存建筑物与FM调频广播发射天线的最小允许距离应符合表15.7.3的规定。

表15.7.3 工业电雷管生产、贮存建筑物与FM调频
广播发射天线最小允许距离

发射机功率(W)	≤1000	10000	100000	316000
最小允许距离(m)	270	520	820	1500

注:1 频率调制为88~108MHz。
　　2 表中最小允许距离为发射天线至建筑物外墙外侧距离。

15.7.4 工业电雷管生产、贮存建筑物与民用波段无线电广播移动和固定通信发射天线的最小允许距离应符合表15.7.4的规定。

表15.7.4 工业电雷管生产、贮存建筑物与民用波段无线电
广播发射天线最小允许距离

发射机功率(W)	<5	5~10	10~50	50~100	100~250	250~500	500~600	600~1000	1000~10000
最小允许距离(m)	25	35	80	120	168	240	270	370	1100

注:1 本表适用于MF(中频)、VHF(甚高频)、UHF(超高频)移动站、固定站、无线电定位等。
　　2 表中最小允许距离为发射天线至建筑物外墙外侧距离。

15.7.5 工业电雷管生产、贮存建筑物与VHF(TV)和UHF(TV)发射天线最小允许距离应符合表15.7.5的规定。

表15.7.5 工业电雷管生产、贮存建筑物与VHF(TV)和
UHF(TV)发射天线最小允许距离

发射机功率(W)	≤10^3	10^3~10^4	10^4~10^5	10^5~10^6	1×10^6~5×10^6
最小允许距离(m)	350	610	1100	1500	2000

注:表中最小允许距离为发射天线至建筑物外墙外侧距离。

15.7.6 工业电雷管生产、贮存建筑物与发射天线之间不能满足最小允许距离时,应采用屏蔽措施防护。

附录A 有关地形利用的条件及增减值

A.0.1 当危险性建筑物紧靠山脚布置,其与山背后建筑物之间的外部距离调整应符合下列规定:

　　1 计算药量小于20t,山高大于20m,山的坡度大于15°时,可减少25%~30%。

　　2 计算药量在20~50t,山高大于30m,山的坡度大于25°时,可减少20%~25%。

　　3 计算药量大于50t,山高大于50m,山的坡度大于30°时,可减少15%~20%。

A.0.2 在一条山沟中,对两侧山高为30~60m,坡度20°~30°,沟宽40~100m,纵坡4%~10%时,沿沟纵深和出口方向布置的建筑物之间的内部最小允许距离,与平坦地形相比,应适当增加10%~40%;对有可能沿山坡脚下直对布置的两建筑物之间的最小允许距离,与平坦地形相比,应增加10%~50%。

附录B 计算药量与$R_{1.1}$值

B.0.1 计算药量与$R_{1.1}$值应符合表B.0.1的规定。

表B.0.1 计算药量与$R_{1.1}$值表

计算药量(kg)	$R_{1.1}$(m)	计算药量(kg)	$R_{1.1}$(m)
≤50	9	1150	41
100	12	1200	42
150	15	1250	43
200	17	1300	44
250	19	1350	45
300	21	1400	46
350	23	1450	47
400	25	1500	48
450	27	1550	49
500	28	1600	50
550	29	1650	51
600	30	1700	52
650	31	1800	53
700	32	1900	54
750	33	2000	55
800	34	2100	56
850	35	2200	57
900	36	2300	58
950	37	2400	59
1000	38	2500	60
1050	39	2600	61
1100	40	2700	62

续表 B.0.1

计算药量（kg）	$R_{1.1}$（m）	计算药量（kg）	$R_{1.1}$（m）
2800	63	5600	91
2900	64	5800	92
3000	65	5900	93
3100	66	6100	94
3200	67	6250	95
3300	68	6400	96
3400	69	6550	97
3500	70	6700	98
3600	71	6850	99
3700	72	7000	100
3800	73	7150	101
3900	74	7300	102
4000	75	7450	103
4100	76	7600	104
4200	77	7800	105
4300	78	8000	106
4400	79	8200	107
4500	80	8400	108
4600	81	8600	109
4700	82	8800	110
4800	83	9000	111
4900	84	9200	112
5000	85	9400	113
5100	86	9600	114
5200	87	9800	115
5300	88	10000	116
5400	89	10200	117
5500	90	10400	118

续表 B.0.1

计算药量（kg）	$R_{1.1}$（m）	计算药量（kg）	$R_{1.1}$（m）
10600	119	15250	138
10800	120	15500	139
11000	121	15750	140
11250	122	16000	141
11500	123	16250	142
11750	124	16500	143
12000	125	16750	144
12250	126	17000	145
12500	127	17300	146
12750	128	17500	147
13000	129	17900	148
13250	130	18200	149
13500	131	18500	150
13750	132	18800	151
14000	133	19100	152
14250	134	19400	153
14500	135	19700	154
14750	136	20000	155
15000	137		

附录 C 常用火药、炸药的梯恩梯当量系数

C.0.1 常用火药、炸药的梯恩梯当量系数应符合表 C.0.1 的规定。

表 C.0.1 常用火药、炸药的梯恩梯当量系数

种 类	炸药名称	梯恩梯当量系数
炸药	梯恩梯	1.00
	粉状铵梯炸药	0.70
	水胶炸药	0.73
	乳化炸药	0.76
	黑索今	1.20
	太安	1.28
火药	黑火药	0.40

注：未列入本表的炸药梯恩梯当量系数应由试验确定。

C.0.2 民用爆破器材的传统产品和新产品，其梯恩梯当量系数可按下列规定确定：

　　1 粉状铵梯油炸药、粉状铵油炸药、铵松蜡炸药、铵沥蜡炸药、多孔粒状铵油炸药、膨化硝铵炸药、粒状黏性炸药、浆状炸药、射孔弹、穿孔弹、震源药柱（中、低爆速）等梯恩梯当量系数按小于1考虑。

　　2 苦味酸、太乳炸药、雷管制品、导爆索、继爆管、爆裂管、震源药柱（高爆速）等梯恩梯当量系数按等于1考虑。

　　3 奥克托金、黑梯药柱、起爆药剂等梯恩梯当量系数按大于1考虑。

附录 D 防护土堤的防护范围

D.0.1 防护土堤的防护范围见图 D.0.1。

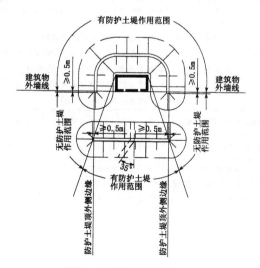

图 D.0.1 防护土堤的防护范围

附录 E 危险品生产工序的卫生特征分级

E.0.1 危险品生产工序的卫生特征分级,宜符合表 E.0.1 的规定。

表 E.0.1 危险品生产工序的卫生特征分级

序号	危险品名称	生产加工工序	卫生特征分级
		工业炸药	
1	铵梯(油)类炸药	梯恩梯粉碎、梯恩梯称量、混药、筛药、凉药、装药、包装	1
		硝酸铵粉碎、干燥	2
2	粉状铵油炸药、铵松蜡炸药、铵沥蜡炸药	混药、筛药、凉药、装药、包装	2
		硝酸铵粉碎、干燥	2
3	多孔粒状铵油炸药	混药、包装	2
4	膨化硝铵炸药	膨化	2
		混药、凉药、装药、包装	2
5	粒状黏性炸药	混药、包装	2
		硝酸铵粉碎、干燥	2
6	水胶炸药	硝酸甲胺制造和浓缩、混药、凉药、装药、包装	2
		硝酸铵粉碎、筛选	2
7	浆状炸药	梯恩梯粉碎、炸药熔药、混药、凉药、包装	1
		硝酸铵粉碎	2
8	胶状、粉状乳化炸药	乳化、乳胶基质冷却、乳胶基质贮存敏化(制粉)、敏化后的保温(凉药)、贮存、装药、包装	2
		硝酸铵粉碎、硝酸钠粉碎	2

续表 E.0.1

序号	危险品名称	生产加工工序	卫生特征分级
9	黑梯药柱(注装)	熔药、装药、凉药、检验、包装	1
10	梯恩梯药柱(压制)	压制	1
		检验、包装	1
11	太乳炸药	制片、干燥、检验、包装	2
		工业雷管	
12	火雷管、电雷管、导爆管雷管、继爆管	黑索今或太安的造粒、干燥、筛选、包装	2
		火雷管干燥、烘干	—
		继爆管的装配、包装	2
		二硝基重氮酚制造(中和、还原、重氮、过滤)	1
		二硝基重氮酚的干燥、凉药、筛选、黑索今或太安的造粒、干燥、筛选	2
		火雷管装药、压药	2
		电雷管、导爆管雷管管管装配、雷管编码	2
		雷管检验、包装、装箱	2
		雷管试验站	3
		引火药头用和延期药用的引火药剂制造	2
		引火元件制造	2
		延期药混合、造粒、干燥、筛选、装药、延期元件制造	2
		二硝基重氮酚废水处理	2
		工业索类火工品	
13	导火索	黑火药三成分混药、干燥、凉药、筛选、包装引火索制造中的黑火药准备	2
		导火索制索、盘索、烘干、普检、包装	2
		硝酸钾干燥、粉碎	2

续表 E.0.1

序号	危险品名称	生产加工工序	卫生特征分级
14	导爆索	炸药的筛选、混合、干燥	2
		导爆索包塑、涂索、烘索、盘索、普检、组批、包装	2
		炸药的筛选、混合、干燥	2
		导爆索制索	2
15	塑料导爆管	炸药的粉碎、干燥、筛选、混合	2
		塑料导爆管制造	3
16	爆裂管	爆裂管切索、包装	2
		爆裂管装药	2
		油气井用起爆器材	
17	射孔弹、穿孔弹	炸药暂存、烘干、称量	2
		压药、装配	2
		包装	2
		试验室	2
		地震勘探用爆破器材	
18	震源药柱	高爆速	炸药准备、熔混药、装药、压药、凉药、装配、检验、装箱	1
		中爆速	炸药准备、震源药柱检验、装箱	1
			装药、压药、钻孔、装传爆药柱	1
		低爆速	炸药准备、装药、装传爆药柱、检验、装箱	2
19	黑火药、炸药、起爆药	理化试验室	2

附录 F 火药、炸药危险场所电气设备最高表面温度的分组划分

F.0.1 火药、炸药危险场所电气设备最高表面温度的分组划分,宜符合表 F.0.1 的规定。

表 F.0.1 火药、炸药危险场所电气设备最高表面温度的分组划分

种类	粉尘名称	电气设备最高表面温度组别
炸药	梯恩梯	T4
	粉状铵梯炸药	T4
	奥克托金	T4
	铵油炸药	T4
	水胶炸药	T4
	浆状炸药	T4
	乳化炸药	T4
	黑索今	T5
	太安	T5
火药	黑火药	T4
起爆药	二硝基重氮酚	T5
	毫秒延期药	T5

本规范用词说明

1 为便于在执行本规范条文时区别对待,对要求严格程度不同的用词说明如下:

1)表示很严格,非这样做不可的用词:

正面词采用"必须",反面词采用"严禁"。

2)表示严格,在正常情况下均应这样做的用词:

正面词采用"应",反面词采用"不应"或"不得"。

3)表示允许稍有选择,在条件许可时首先应这样做的用词:

正面词采用"宜",反面词采用"不宜";

表示有选择,在一定条件下可以这样做的用词,采用"可"。

2 本规范中指明应按其他有关标准、规范执行的写法为"应符合……的规定"或"应按……执行"。

3

中华人民共和国国家标准

民用爆破器材工程设计安全规范

GB 50089 - 2007

条 文 说 明

目　次

1　总　　则 ················· 3—29	9　消防给水 ················· 3—38
3　危险等级和计算药量 ········· 3—29	10　废水处理 ················· 3—39
3.1　危险品的危险等级 ········ 3—29	11　采暖、通风和空气调节 ······ 3—39
3.2　建筑物的危险等级 ········ 3—29	11.1　一般规定 ············· 3—39
3.3　计算药量 ·············· 3—29	11.2　采暖 ················· 3—39
4　企业规划和外部距离 ········· 3—30	11.3　通风和空气调节 ········ 3—40
4.1　企业规划 ·············· 3—30	12　电　　气 ················· 3—41
4.2　危险品生产区外部距离 ····· 3—30	12.1　电气危险场所分类 ······· 3—41
4.3　危险品总仓库区外部距离 ··· 3—31	12.2　电气设备 ············· 3—41
5　总平面布置和内部最小允许距离 ·· 3—31	12.3　室内电气线路 ·········· 3—41
5.1　总平面布置 ············ 3—31	12.4　照明 ················· 3—42
5.2　危险品生产区内最小允许距离 · 3—31	12.5　10kV 及以下变（配）电所和配电室 ·· 3—42
5.3　危险品总仓库区内最小允许距离 · 3—32	12.6　室外电气线路 ·········· 3—42
5.4　防护屏障 ·············· 3—33	12.7　防雷和接地 ··········· 3—42
6　工艺与布置 ··············· 3—33	12.8　防静电 ··············· 3—42
7　危险品贮存和运输 ·········· 3—34	13　危险品性能试验场和销毁场 ··· 3—42
7.1　危险品贮存 ············ 3—34	13.1　危险品性能试验场 ······· 3—42
7.2　危险品运输 ············ 3—35	13.2　危险品销毁场 ·········· 3—42
8　建筑与结构 ··············· 3—36	14　混装炸药车地面辅助设施 ···· 3—43
8.1　一般规定 ·············· 3—36	14.1　固定式辅助设施 ········· 3—43
8.2　危险性建筑物的结构选型 ··· 3—36	14.2　移动式辅助设施 ········· 3—43
8.3　危险性建筑物的结构构造 ··· 3—36	15　自动控制 ················· 3—43
8.4　抗爆间室和抗爆屏院 ······ 3—37	15.1　一般规定 ············· 3—43
8.5　安全疏散 ·············· 3—37	15.2　检测、控制和联锁装置 ···· 3—43
8.6　危险性建筑物的建筑构造 ··· 3—37	15.3　仪表设备及线路 ········· 3—43
8.7　嵌入式建筑物 ··········· 3—38	15.4　控制室 ··············· 3—43
8.8　通廊和隧道 ············ 3—38	15.6　火灾报警系统 ·········· 3—44
8.9　危险品仓库的建筑构造 ····· 3—38	15.7　工业电雷管射频辐射安全防护 ·· 3—44

3

1 总　则

1.0.1 本条主要说明制定本规范的目的。民用爆破器材属易燃易爆品，在生产和贮存中，一旦发生火灾或爆炸事故，往往造成人员伤亡和经济的重大损失。在民用爆破器材工厂设计中，必须全面贯彻执行安全标准和法规，以便使新建工厂符合安全要求，预防事故，尽量减少事故损失，保障人民生命和国家财产的安全。

1.0.2 本条规定了本规范的适用范围。对在本规范修订颁布实施前已建成的老厂，如不符合本规范要求的，可根据实际情况创造条件，逐步进行安全技术改造。

3　危险等级和计算药量

3.1　危险品的危险等级

本节为新增条款，主要是考虑了与国家及国际相关的爆炸、燃烧危险品分类的衔接和一致。危险品的危险等级是根据危险品本身所具有的及其对周围环境可能造成的危险作用而定义的。即分为1.1、1.2、1.3和1.4四级。

危险品的危险等级与国际标准靠近，可以与国际产品接轨，方便使用，便于交流。

3.2　建筑物的危险等级

3.2.1 对生产或贮存危险品的建筑物划分危险等级的目的，主要是为了确定建筑物的内、外部距离和建筑物的结构形式，以及其他各种相关的安全技术措施。

《民用爆破器材工厂设计安全规范》GB 50089—98（以下简称原规范）对建筑物危险等级的划分方法主要是根据危险品发生爆炸事故时所产生的破坏能力，其次是考虑危险品的感度、生产工艺方法，以及建筑物本身抗爆、泄爆的措施而确定的，是一种以产品生产工序为主要依据的危险等级划分方法，基本上是沿用前苏联20世纪60年代初期的设计安全规范做法。这种分类方法对危险品生产工序、工艺方法的依赖性较大，每当有新产品出现时，就不容易确切划分建筑物危险等级，甚至发生对建筑物危险等级划分的歧义。目前世界上欧洲一些国家的类似规范对建筑物危险等级划分，主要是根据建筑物内危险品的爆炸、燃烧特性来确定的，基本不涉及危险品的生产工序或工艺方法。每当有新产品问世，只要性能确定了，危险等级所需的相应防护措施即可基本确定。应

当说这是一个较好的建筑物危险等级划分方法，可以避免某些不确定性，从而提高了适用性。

修订的规范，在建筑物危险等级分类中，考虑到上述情况，同时考虑到我国民用爆破器材生产的历史及现状，确定主要是以建筑物内所含有的危险品危险等级并结合生产工序的危险程度来划分建筑物危险等级。应当指出的是，这里的危险品并非单纯指成品，还包括制造、加工过程中的半成品、在制品、原材料和制造、加工后的成品等。

3.2.2 本条具体给出了典型的、有代表性的生产、加工、研制危险品的建筑物危险等级。具体应用时可以比照。

这里需要指出的是，由国防科工委发布的《民用爆破器材分类与代码》WJ/T 9041—2004中已无铵梯黑炸药品目，本规范修订时不再将其列入。

3.3　计算药量

3.3.6 已有的技术资料和国内外燃烧、爆炸事故表明，硝酸铵在外界一定激发条件下是可以发生爆炸的。在炸药生产厂房内，规定当硝酸铵与炸药同在一个工作间时，应将硝酸铵重量的一半与爆炸物重量之和作为本建筑物的计算药量。例如，计算粉状铵梯炸药混药工房内的药量时，其计算药量等于正在混制的炸药量加上已混制完成的炸药量，再加上备料物中的梯恩梯药量及硝酸铵重量的一半。又如，多孔粒状铵油炸药生产工房内的计算药量，等于正在混制及混制完成的药量之和，再加上贮存的硝酸铵重量的一半。

国内多次爆炸事故资料表明，在炸药生产工房内，如果硝酸铵贮存在单独的隔间内，炸药发生爆炸时，硝酸铵未被殉爆。美国专门就此做过大规模试验并纳入安全规范。利用美国有关规范并结合我国国情，确定了表3.3.6"炸药生产厂房内硝酸铵存放间与炸药的间隔及隔墙厚度"，从实践上看还是可行的。表中规定的炸药量最大为5t，也是适合目前实际生产状况的。

值得强调的是，表3.3.6中虽未对硝酸铵限量，但为安全计，硝酸铵在厂房内的贮存量应以满足班产或日产的需要量为宜，不应随意超量贮存。

硝酸铵存放间与炸药的间隔，是指二者平面布置而言，如利用地形位差建厂，将硝酸铵存放间布置在炸药工作间的侧上方是允许的，但不能将硝酸铵存放间直接布置在炸药工作间楼板的上面。

表3.3.6中规定的隔墙厚度，无论是硝酸铵存放间与炸药工作间相邻，还是其间有其他房间（不存放炸药）相隔，均指硝酸铵存放间靠近炸药工作间一侧的墙厚。

4 企业规划和外部距离

4.1 企业规划

4.1.1 本条为新增条款。民用爆破器材生产、流通企业厂（库）址选择，从工程建设的角度来讲，应考虑工程地质、地震基本烈度、水文条件、洪水情况，避免选择在不良地质等有直接危害的地段。

4.1.2 根据民用爆破器材企业的特点、多年生产实践和事故教训，本条明确规定了在企业规划时，要从整体布局上将企业进行分区。分区布置，其目的是有利于安全，同时也便于企业管理。

本规范修订时，把殉爆试验场改为性能试验场。

4.1.3 本条具体规定了在进行企业各区规划时，应遵循的基本原则和应考虑的主要问题。

1 本款强调在确定各区相互位置时，必须全面考虑企业生产、生活、运输和管理等多方面的因素。根据实践经验，在总体布置上首先应将危险品生产区的位置安排好，因为危险品生产区是工厂的主要部分，它与各区都有密切的联系，因此，首先合理确定其位置，将它布置在工厂的适中部位，有利于合理组织生产和方便生活。危险品总仓库区是工厂集中存放危险品的地方，从安全和保卫上考虑，宜设在有自然屏障遮挡或其他有利于安全的地带。为满足国家噪声的有关标准要求以及从安全角度考虑，性能试验场和销毁场，也宜设在工厂的偏僻地带或边缘地带。

2 本款从人流和物流安全的角度，规定企业各区不应规划在国家铁路线、一级公路的两侧，避免与国家主要运输线路交叉，以利于安全。

3 从试验和事故教训中得知，在山坡陡峻的狭窄沟谷中，山体对爆炸空气冲击波反射的影响要比开阔地形大很多，一旦发生爆炸事故，将会增大危害程度。同时，此种地形也不利于人员的安全疏散和有害气体的扩散。

4 辅助生产部分是为危险品生产区服务的，而其作业均是非危险性的，靠近生活区方向布置，可缩短职工上下班的距离。

5 本款主要是考虑安全性。无关的人流和物流不允许通过危险品生产区和危险品总仓库区，可减少对危险品生产区和危险品总仓库区的影响，同时也避免不必要的威胁。

规定危险品的运输不应通过生活区，是考虑生活区人员密集，而工厂的危险品运输每天都在进行，势必增加危险性。

4.1.4 本条规定了民用爆破器材流通企业，当需设置危险品仓库区时，库址选择的原则。

4.2 危险品生产区外部距离

4.2.1 危险品生产区内，各危险性建筑物的危险等级及其计算药量不尽相同，因而所需外部距离也不一样，因此在确定外部距离时，应根据危险品生产区内1.1级、1.2级、1.4级建筑物的各要求，经分别计算后确定。

4.2.2 本条规定了1.1级建筑物的外部距离。1.1级建筑物是指贮存不同梯恩梯当量的整体爆炸危险品的建筑物的总称。

表4.2.2中外部距离是按爆心设有防护屏障，而被保护对象不设防护屏障，且建筑物以砖混结构为标准确定的。外部距离只考虑爆炸空气冲击波的破坏效应，没有考虑飞散物的影响。

表4.2.2中项目较原规范增加两项：人数大于500人且小于等于5000人的居民点边缘、职工总数小于5000人的工厂企业围墙和人数小于等于2万人的乡镇规划边缘。主要是考虑乡镇发展很快，目前1万人左右的乡镇很多，为节省土地，方便使用，故增加此两项外部距离。在最小计算药量方面由小于或等于100kg降至10kg。

建筑物的破坏等级划分见表1。

表1 建筑物的破坏等级

破坏等级	破坏程度	破坏特征描述									备注 超压 ΔP (×10⁵Pa)
		玻璃	木门窗	砖外墙	木屋盖	钢筋混凝土屋盖	瓦屋面	顶棚	内墙	钢筋混凝土柱	
一	基本无破坏	偶然破坏	无损坏	无损坏	无损坏	无损坏	无损坏	无损坏	无损坏	无损坏	ΔP<0.02
二	次轻度破坏	少部分呈大块状破坏	窗棂少量破坏	无损坏	无损坏	无损坏	少量移动	抹灰少量脱落	板条墙抹灰少量掉落	无损坏	ΔP=0.09~0.02
三	轻度破坏	大部分呈小块状或破成条状	窗扇大量破坏，窗框、门扇破坏，门框尚好	出现小裂缝，最大宽度≤5mm，明显	木屋面板变形，有折裂	无损坏	大量移动	抹灰大量脱落	砖内墙出现小裂缝	无损坏	ΔP=0.25~0.09
四	中等破坏	粉碎	窗扇摧毁，窗框、门扇摧毁，门框破坏	裂缝较大，最大宽度>5mm，砖墙出现较大裂缝	木屋面板折断，木屋架杆件折裂，屋架支座松动	出现小裂缝，最大宽度≤1mm	大量移动或局部塌掉	木龙骨部分破坏下垂	砖内墙出现大裂缝	无损坏	ΔP=0.40~0.25
五	次严重破坏		门窗摧毁，窗间墙、窗下墙掉落	破裂严重，最大裂缝宽度>50mm，严重倾斜，砖墙较大裂缝	木梁折断，木屋架杆件折断，屋架支座移动	出现明显裂缝，最大宽度1~2mm，修理后能继续使用		塌落	砖内墙严重裂缝甚至部分倒塌	无损坏	ΔP=0.55~0.40
六	严重破坏			部分倒塌	部分倒塌	出现较宽裂缝，最大宽度>2mm			砖内墙出现严重裂缝甚至部分倒塌	有倾斜	ΔP=0.76~0.55

现将各项外部距离可能产生的破坏情况简要说明如下：

1 对人数小于等于50人或户数小于等于10户的零散住户边缘、职工总数小于50人的工厂企业围墙、危险品总仓库区，加油站考虑对该项人员相对较少，因此对该项的外部距离，按轻度破坏标准的下限到次轻度破坏标准的上限考虑。需要指出的是，由于个别震落物及玻璃破碎对人员的偶然伤害是不可避免的。

2 对人数大于50人且小于等于500人的居民点边缘、职工总数小于500人的工厂企业围墙、有摘挂作业的铁路中间站站界或建筑物边缘，考虑该项人员相对较多，因此对该项的外部距离，按次轻度破坏标准考虑。

3 对人数大于500人且小于等于5000人的居民点边缘、职工总数小于5000人的工厂企业围墙，根据该项的重要性，对其外部距离，按次轻度破坏标准的中偏下标准考虑。

4 对人数小于等于2万人的乡镇规划边缘，其外部距离，按次轻度破坏标准的偏下标准考虑。

5 对人数小于等于10万人的城镇规划边缘，考虑该项居住和活动人员比较多，其外部距离，按次轻度破坏标准的下限标准考虑。

6 对人数大于10万人的城市市区规划边缘，其外部距离，按基本无破坏标准考虑。但偶然也会有少量的玻璃破坏。

7 对国家铁路线、二级以上公路等，考虑为重要的运输系统，昼夜行车量很大，但无论铁路列车或汽车，都是行进状态，在较短时间内即可通过危险区，而发生事故的可能有一定的偶然性。据此，规定其外部距离按次轻度破坏标准的上限标准考虑是可行的。

8 对非本厂的工厂铁路支线、三级以下公路等，考虑到这些项目是活动目标，工厂一旦发生事故恰遇有车辆通过，有一定的偶然性，据此，规定其外部距离按轻度破坏标准考虑，不会因爆炸空气冲击波的超压而使正常行驶的车辆发生事故，但偶然飞散物的伤害是有可能发生的，因有很大的随机性，故这样的破坏标准是可以接受的。

9 对35kV、110kV、220kV以上的架空输电线路,考虑其重要程度、服务范围、经济效益以及一旦遭受破坏所造成的损失的大小,规范采用了不同的破坏标准。

对35kV、110kV的架空输电线路,考虑其服务范围有一定局限性,一旦遭受破坏其影响面不大的特点,因此规范中采用了轻度破坏标准。一般情况下由于架空线路呈细圆形截面,有利于冲击波的绕流,但对于个别飞散物的破坏影响,由于有很大的随机性,则很难防范。

对220kV的架空输电线路,考虑其服务范围比较广,一旦遭受破坏其影响面比较大,经济损失严重的特点,因此采用次轻度破坏标准。但尽管如此,仍不能避免个别飞散物的影响,但几率将是很低的。

对220kV以上的架空输电线路,目前有330kV、500kV、750kV,考虑它们是跨省输电,一旦遭受破坏其影响面非常大、经济损失非常严重的特点,因此,规范采用次轻度破坏标准的下限。

10 对110kV、220kV及以上的区域变电站,考虑其重要程度、服务范围、经济效益以及一旦遭受破坏所造成的损失的大小,规范采用了不同的破坏标准。

对110kV区域变电站,采用次轻度破坏标准。

对220kV及以上的区域变电站,采用次轻度破坏标准的下限。

本条还规定了1.1*级建筑物的外部距离按1.1级建筑物的外部距离的规定执行。

4.2.3 本条规定了1.2级建筑物的外部距离。1.2级建筑物内计算药量一般不大于200kg,原规范规定其外部距离均按表4.2.2中存药量大于100kg及小于等于200kg一档的外部距离确定。本次规范修订,规定了这类建筑物的外部距离按建筑物内计算药量对应表4.2.2中的距离确定。

4.2.4 1.4级建筑物的外部距离,主要是根据建筑物内的危险品能燃烧和在外界一定的引爆条件下也可能爆炸的特点而制定的。

1.4级建筑物中,除硝酸铵仓库外,其余1.4级建筑物的外部距离,保留原规范不应小于50m的规定。

硝酸铵仓库允许最大计算药量可达500t,而且又允许布置在危险品生产区内,如果一旦发生爆炸事故,对周围的影响后果是极其严重的。但考虑到原规范执行10年来在这个问题上未发生严重后果,故本条在修订时,仍保留原规范的规定。

4.3 危险品总仓库区外部距离

4.3.1 危险品总仓库区与其周围居住区、公路、铁路、城镇规划边缘等的距离,均属外部距离。由于总仓库区内各危险品仓库的危险等级和计算药量不尽相同,所要求的外部距离也不一样,为此,在确定总仓库区外部距离时,应分别按总仓库区内各个仓库的危险等级和计算药量计算后确定。

4.3.2 本条要说明的问题与第4.2.2条基本相同。鉴于危险品总仓库区发生爆炸事故的几率很低,又考虑到节省土地、少迁居民和节省投资等因素,1.1级总仓库距各类项目的外部距离,采用比危险品生产区1.1级建筑物的要求略小、破坏程度稍重一点的标准,总的比危险品生产区1.1级建筑物外部距离的破坏标准重半级左右。原规范也是这样定的,经过十多年的实践,证明也是可行的。

与原规范相比,在项目方面增加两项:人数大于500人且小于等于5000人的居民点边缘、职工总数小于5000人的工厂企业围墙和人数小于等于2万人的乡镇规划边缘;在最小计算药量方面由小于或等于1000kg降至100kg。

4.3.3 根据1.4级总仓库区内所贮存的危险品品种,一类为只燃烧,一类为氧化剂,故采用原规范标准,对只燃烧不会爆炸者,规定其外部距离不应小于100m;对硝酸铵仓库,由于存量较大,采用与危险品生产区相同的外部距离标准,规定其外部距离不应小于200m。

5 总平面布置和内部最小允许距离

5.1 总平面布置

5.1.1 本条规定了危险品生产区和总仓库区总平面布置的一般原则和基本要求。

1 将危险性建筑物与非危险性建筑物分开布置是最基本的原则。危险性建筑物相对集中布置,以与非危险性建筑物分开,可减少危险性建筑物对非危险性建筑物的影响,有利于安全。

2 危险品生产区总平面布置应符合生产工艺流程,避免危险品的往返或交叉运输,是从安全角度考虑而制定的。

3 本款所提出的建筑物之间要满足最小允许距离的要求,是基于危险性建筑物一旦发生意外爆炸事故时,对周围建筑物的影响不应超过所允许的破坏标准。

4 同类危险性建筑物集中布置可以减少影响面,有利于安全。

5 危险性或存药量较大的建筑物,不宜布置在出入口附近,主要考虑出入口附近非危险性的辅助建筑物和设施比较多,且人员比较集中,故规定不宜布置在出入口附近。

6 根据试验和爆炸事故证明,在一定范围内,建筑物的长面方向比山墙方向破坏力要大,因此规定了不宜长面相对布置的要求。

7 当危险性生产厂房靠山体布置太近时,由于山体对爆炸空气冲击波的反射作用,使邻近工序产生次生灾害,工厂的爆炸事故证明了这点。但具体在多少药量情况下距山体多少距离为宜,应视药量的大小和品种情况、山的坡度及植被分布情况而定。

8 从有利于安全的角度考虑,规定了运输道路不应在各危险性建筑物的防护屏障内穿行通过,这样从道路布置设计上就保证运输车辆不会在其他危险性建筑物的防护屏障内穿越。非危险性生产部分的人流、物流不宜通过危险品生产地带。

9 无论危险品生产区还是危险品总仓库区内,凡未经铺砌的场地均宜种植阔叶树,特别是在危险性建筑物周围25m范围内,不应种植针叶树或竹子。本款新增了危险性建筑物周围的防火隔离带的宽度。

10 围墙与危险性建筑物的距离,考虑公安部有关防火隔离带的规定和林业部强调生态防火距离的要求,以及参考国外若干国家对危险性建筑物周围防火隔离带的具体规定,本款保留原规范规定15m的要求。

5.1.2 由于危险品生产厂房抗爆间室的轻型面,实际上是爆炸时的泄压面,为了安全起见,在总平面布置时,应注意避免将抗爆间室的泄爆方向面对人多、车辆多的主干道和主要厂房。

5.1.3 本条为新增条款,主要是避免生产线之间人员、运输的交叉,使生产线相对独立,同时考虑一旦发生事故,相邻生产线的建筑物的破坏标准将降低一级,以减少生产线相互影响。

不同性质产品的生产线是指炸药及其制品生产线、黑火药生产线、起爆器材生产线等。不同品种的炸药生产线不在此规定的范围内。

本条规定雷管生产线宜独立成区布置,即要求雷管生产线布置在独立的场地上,且设置独立的围墙,不应与其他生产线混线布置。

5.2 危险品生产区内最小允许距离

5.2.1 危险品生产区内最小允许距离是指危险品生产区内各建筑物之间的最小允许距离。由于危险品生产区内不仅有1.1级、1.2级、1.4级建筑物,还有为生产服务的公用建筑物、构筑物,如锅炉房、变电所、水池、高位水塔、办公室等。对这些不同危险等级和不同用途的公用建筑物、构筑物,都规定有各自不同的最小允许距离要求。在确定各建筑物之间的距离时,要全面考虑到彼此各方的要求,从中取其最大值,即为所确定的符合要求的距离。

5.2.2 本条修改了双无防护屏障的距离系数,主要是考虑防护屏障对爆炸空气冲击波弱作用没有原规范规定的那么大。同时最小允许距离由35m降至30m,突破最小允许距离35m的界线。

当相邻生产性建筑物采用轻钢刚架结构时,其最小允许距离应按规范表5.2.2的规定数值增加50%,该数值是经过计算分析而得到的。计算分析表明,一旦相邻建筑物发生爆炸,轻钢刚架结构的屋盖、墙面维护结构有可能造成塌落,但没有试验验证。对此在下阶段工作中还将进一步落实修订。

1 根据本款计算出的距离,是指1.1级建筑物一旦发生爆炸事故,对相邻砖混结构建筑物将产生次严重破坏,但不致倒塌,同时由于爆炸飞散物和震落物所造成的伤害和损失将是无法避免的。

2 本款的包装箱中转库是指专为单个1.1级装药包装建筑物服务的无固定人员的包装箱中转库。

5 1.1*级建筑物可以不设防护屏障,但它有爆炸的危险,故规定最小允许距离不小于50m。

7 本款规定了1.1级建筑物与各类公用建筑物、构筑物之间的最小允许距离。鉴于公用建筑物的功能不同,服务范围也不同,因此针对不同的公用建筑物、构筑物,分别确定了不同的允许破坏标准。

1)锅炉房是全厂的热力供应中心,一旦遭到破坏将直接影响到全厂的生产,而且锅炉房本身一旦遭到破坏,复建周期长,恢复生产困难,因此,锅炉房的破坏以越轻越好,但锅炉房的热力管线要加长,热损失将增大,技术经济不合理。经全面考虑后,本款保留原规范的规定,锅炉房的破坏标准以不超过中等破坏为准。本项规定的1.1级建筑物与锅炉房的距离除按计算外,且不应小于100m,是考虑烟囱的火星和灰尘对1.1级建筑物的影响;对无火星的锅炉房是指有可靠的除尘装置不产生火星,其距离可适当减少。

2)总降压变电所、总配电所是全厂的供电中心,一旦遭到破坏将影响全厂,甚至产生相应的次生灾害,因此采用轻度破坏标准。

3)10kV及以下单建变电所服务范围有限,与所服务的对象距离太远,不仅线路长,管理也不便,为此采用次严重破坏标准。

4)钢筋混凝土水塔是全厂的供水主要来源,一旦遭受破坏不仅直接影响生产,还有可能影响消防用水的来源,因此颇为重要。本项规定的破坏标准为中等破坏标准。

5)地下或半地下高位水池覆土后,抗冲击波荷载的能力提高,且多数高位水池为圆形结构,其刚度大,较为有利。但地下、半地下高位水池要求承受来自于爆炸源的地震波应力。鉴于工厂的爆炸源均产生于地面上,经地表再经地下传至高位水池,其能量远比地下爆炸源减少许多,而且高位水池所在地由于地质条件不同也有很大差别。根据原规范10年来的执行情况,在这方面尚未发现有何问题,因此仍维持原规范的标准。但危险品生产区内1.1级建筑物的存药量变化幅度很大,原规范所规定的距离仅能保持在小药量情况下,高位水池不裂,药量大到一定程度,高位水池仍会出现裂缝等破坏情况。

6)火花在风的吹动下影响范围较大,在这个范围内散落的裸露易燃易爆品有可能因火花引燃而引发事故,故规定为不应小于50m。

7)考虑到车间办公室、辅助生产建筑物等距生产车间不宜太远,但也不宜一旦发生事故就遭受与生产工房一样的次严重破坏,因此本项采用中等破坏标准。本项保留了原规范的规定,与车间办公室、车间食堂(无明火)、辅助生产建筑物的距离,应按表5.2.2要求的计算值再增加50%,且不应小于50m。

8)全厂性公共建筑物,如厂部办公室是工厂的指挥中心,也是

机要所在。食堂是工人集中的场所,消防车库是保护工厂安全的组成部分,从保护人身安全和减少事故损失考虑,其距离不宜太远,因此本项确定为轻度破坏标准。原规范要求最小允许距离不得小于150m,能满足轻度破坏标准,故保留150m的规定。

5.2.3 1.2级建筑物与其邻近建筑物的最小允许距离,是按下列原则确定的:

1 对1.2级建筑物的最小允许距离,改为按生产工房药量确定的距离。这是为防止工房药量大,一旦发生爆炸事故,对周围会加大影响而定的。

2 本款增加了为1.2级装药包装建筑物服务的包装箱中转库(无固定人员)与该装药包装建筑物的距离,按现行国家标准《建筑设计防火规范》GB 50016中防火间距执行的规定。

3 1.2级建筑物与公共建筑物、构筑物的最小允许距离,其确定原则基本与1.1级建筑物相同。只是由于危险作业在抗爆间室内,有破坏影响范围小的具体情况,因此,在确定其与公共建筑物、构筑物的最小允许距离时,比1.1级建筑物的要求略小。

5.2.4 1.4级建筑物与其邻近建筑物的最小允许距离,是按下列原则确定的:

1 危险品生产区内1.4级建筑物中的产品有燃烧危险,在一定条件下也可能发生爆炸,故根据1.4级建筑物中危险品存量的多少和周围建筑物的重要程度,分别规定了不同的距离。

1.4级建筑物中,需要指出的是硝酸铵仓库,其允许存量最大可达500t,混装炸药车地面辅助设施可达600t,按原规范规定,其与任何建筑物的距离均不应小于50m,考虑十余年来既无重大事故又无新的可供依据的数据,不好轻易变动,本次修订仍保留原规定。

需要指出的是,由于硝酸铵仓库存量很大,当硝酸铵仓库一旦发生事故时,其对周围建筑物的破坏,将会大大超过所允许的次严重破坏标准。

2 1.4级建筑物与公共建筑物、构筑物的最小允许距离,其确定原则基本与1.1级、1.2级建筑物相同,只是在多数情况下可能产生的是燃烧危险,在一定条件下也可能发生爆炸。据此,制定了与公共建筑物、构筑物的最小允许距离。必须指出的是,万一发生爆炸事故,对周围建筑物的破坏将是严重的,但几率是很低的。

5.3 危险品总仓库区内最小允许距离

5.3.1 危险品总仓库区内各建筑物之间的距离,属于内部最小允许距离。由于危险品总仓库区只有1.1级和1.4级危险品仓库,为了便于使用,已将1.1级仓库与其邻近建筑物的最小允许距离,列于表5.3.2-1中,使用时可直接查出。必须指出的是,使用时应将相互间要求的距离均查出,然后取其最大值作为建筑物间的最小允许距离。

5.3.2 本条规定了1.1级危险品总仓库区应设置防护屏障。

1 本款规定了1.1级仓库与其邻近建筑物的最小允许距离。其破坏标准是,当某个1.1级仓库一旦发生爆炸事故时,对邻近仓库内的危险品不产生殉爆而建筑物却全部倒塌。不仅相邻仓库倒塌,就是再远一点的仓库,也将随着爆炸事故仓库药量及距离的大小而产生不同的破坏后果。

危险品总仓库区内最小允许距离较原规范有所降低,主要是考虑相邻库房不被殉爆即可。

2 本款增加了有防护屏障的1.1级库房与相邻无防护屏障库房的最小允许距离应按双有防护屏障的距离增加1倍的规定。

5 总仓库区的值班室是仓库管理人员和保卫人员值班的地方。为有利于值班人员的安全,本款强调宜结合地形将其布置在有自然屏障的地方。考虑到值班室与1.1级仓库的距离远了,管理上不方便,近了又不利于安全,为此,值班室与1.1级仓库的距离,基本是按次严重破坏标准考虑的,并根据值班室是否设有防护屏障而分成几个档次确定。由于总仓库区内的库房存药量差别很

大,当大药量仓库一旦发生爆炸事故,对值班室有可能产生超过次严重破坏标准的情况。

本款细化了1.1级库房与值班室的最小允许距离,库房计算药量由原来限定的30t,对应有防护屏障值班室需150m,调至库房计算药量20t、10t、5t、1t、0.5t,对应有防护屏障值班室需130m、110m、90m、70m、50m,主要是考虑在库房计算药量小时,减少库房与值班室的最小允许距离。

5.3.3 由于1.4级仓库在一定条件下也会爆炸,为减少发生事故的可能性,本条提出,1.4级仓库分一般1.4级和硝酸铵仓库两种办法处理其最小允许距离。当具有爆炸危险的1.4级仓库与1.1级仓库邻近时,其与1.1级仓库相对面的一侧,推荐设置防护屏障;否则,最小允许距离应按表5.3.2-1的规定数值增加1倍,且不小于本条规定。

除上述与原规范相比有补充外,其余无改变。

5.3.4 当危险品总仓库区设置岗哨时,岗哨与仓库的距离,在条文中未提出明确要求,因为岗哨是为仓库警卫用的,将根据保卫需要设置岗哨位置。因此,一旦仓库发生事故,岗哨上的警卫人员将不可避免地产生伤亡。

5.4 防护屏障

5.4.1 防护屏障可以有多种形式,例如钢筋混凝土挡墙、防护土堤等。不论采用何种形式,都应能起到防护作用。本条以防护土堤为例,绘出防护土堤的有防护作用范围和无防护作用范围。

5.4.2 本条所规定的防护屏障的高度是最低要求高度,如有条件能做到高出屋檐高度,则对削弱爆炸空气冲击波和阻挡低角度飞散物更有好处。当防护屏障内建筑物较高,例如高度大于6m时,本条亦规定了防护屏障高度可按高出爆炸物顶面1m设置。但是,建筑物之间的最小允许距离计算应符合表5.2.2注3的规定。应该指出,适当增高防护屏障的高度,对安全有利。

5.4.3 本条分别对防护土堤和钢筋混凝土挡墙的防护屏障顶宽提出要求,其他防护屏障可按此原则处理。

5.4.4 防护屏障的边坡应稳定(主要指土堤),否则易塌落,将达不到规范标准,减弱了安全防护的作用。

5.4.5 建筑物的外墙与防护屏障内坡脚的水平距离越小,防护作用越好。但从生产、运输、采光和地面排水等多方面要求,两者必须保持一定距离。本条规定除运输或工艺方面有特殊要求的地段外,应尽量减少该段距离,以使防护屏障起到防护作用。

5.4.6 本条主要是对生产运输通道或运输隧道在穿越或通过防护屏障时的一些技术要求。同时对通过防护屏障的安全疏散隧道也提出了一些具体技术要求。

5.4.7 本条提出了当防护屏障采用防护土堤构造而取土又较为困难时,各种减少土方量的具体技术措施。

5.4.8 根据我国的具体情况,应尽可能减少占用地面积,而又要保证安全,为此本条提出在危险品生产区,对两个危险品仓库可以组合在联合的防护土堤内的具体技术要求。

本次修订放宽对了联合土围的规定,不再限定仅用于起爆器材,而不能用于火药、炸药。

6 工艺与布置

6.0.1 工艺设计中坚持减少厂房计算药量和操作人员,是一个极为重要的原则,也可以说是通过血的教训得来的经验总结。从历次事故中可以看出,往往原发事故点并不严重,但由于厂房计算药量大、操作人员多,甚至严重超量、超员,酿成了极为惨烈的后果。

要求对于有燃烧、爆炸危险的作业应采用隔离操作、自动监控等可靠的先进技术,这是从技术上保障安全的基本要求。

6.0.2 本条是危险品生产厂房和仓库平面布置的规定。

1 本款规定是为在进行危险品生产厂房平面设计时应有利于人员的疏散。

口字形、凵字形厂房都不利于人员疏散,并且当厂房的一面发生爆炸时会影响到其他面。因山体地形原因而设计为L形厂房,如内部布置合理,亦可这样设计。

4 本款规定在布置工艺设备、管道及操作岗位时,应有利于人员的疏散。传送皮带挡住操作者的疏散道路,工作面太小,人员交错等情况,在发生事故时均不利于人员的迅速疏散。

5 危险品生产厂房的底层,除了门作为疏散出口外,对距门较远或不能迅速到达疏散口的固定工位,应根据需要设置符合本规范第8.6.4条要求的安全窗,但应注意安全窗外要能便于疏散。

6 起爆器材生产厂房宜设计成一边为工作间,另一侧为通道,尤其是雷管生产中装药、压药工序,在条件允许的条件下首先应该这样设计。当设计成中间为通道,两侧为工作间时(如电雷管装配工序),如发生偶然事故,人员需经过中间通道才能向外疏散,在人员多的工序会拖延时间,甚至发生人员相互碰撞。所以规定在这种情况下,上述工作间应有直通室外的安全出口。对于固定工位设置直通室外的安全出口则可以是门,也可以是安全窗。

7 厂房内危险品暂存间存药量相对集中,若发生爆炸事故爆源附近遭受的破坏更加严重,所以危险品暂存间宜布置在厂房的端部,并不宜靠近厂房出入口和生活间,以减少事故损失。

雷管等起爆器材生产厂房中人员较多,提倡炸药、起爆药和少工品宜暂存在抗爆间室或防护装甲(如防爆箱)内,以达到不能发生殉爆的目的。但有时因工艺流程的需要,危险品暂存间布置在端部对组织生产不便时,也可以沿外墙布置成突出的贮存间。但贮存间不应靠近人员的出口,以防止危险品与人流交叉,避免发生偶然事故时造成很多人员的伤亡。

9 危险性建筑物不可避免地存在火药、炸药粉尘,由于厂房中辅助间(如通风室、配电室、泵房等)内的操作不必和生产厂房随时保持联系,辅助间和生产工作间之间宜设隔墙,隔墙上不用门相通,辅助间的出入口不宜经过危险性生产工作间,而宜直通室外。

6.0.3 本条是危险品运输通廊的规定。

1 某厂乳化炸药生产线发生爆炸事故时,爆源在装药包装工房。由于装药工房与卷纸管工房之间有密封式通廊相连,通廊结构为预制板重型屋盖,两侧为石头砌墙,窗面积很小,通廊呈直线形式,这样,爆炸冲击波沿通廊直抵卷纸管工房,使该工房遭受严重破坏,工人伤亡。如果通廊为敞开式,或通廊虽为封闭式,但为易泄爆的轻型结构,则损失远不会如此严重。

地下通廊连接两个厂房时,发生事故时将给相邻厂房造成更严重的破坏,处于其间的人员也不易疏散,故本规范不推荐使用地下通廊。对于个别工厂的厂房之间需穿过局部山体而设的通道,可不视为地下通廊。

2 在前述某厂乳化炸药生产线中,乳化厂房利用悬挂式输送机输送药坯。原设计根据殉爆试验,对于每个药坯限重2.7kg,药坯间距则限定为900mm。事故发生时,每个药坯实际重量达20kg,而药坯间距又仅为500mm。装药厂房爆炸后,沿该药坯输送机殉爆至乳化厂房的制坯部分,造成乳化厂房严重破坏,死伤多人。

有鉴于此,采用机械化连续输送危险品时,输送设备上的危险品间距应能保证危险品爆炸时不发生殉爆。危险品殉爆距离应有可靠的依据,也可以模拟生产条件进行试验确定。

3 在条件允许的情况下,与危险性建筑物相连的通廊宜设计成折线形式。实践证明,在危险性建筑物内危险品发生爆炸事故时,与直线形通廊相比,折线形通廊可减少爆炸冲击波的破坏范围,降低相邻厂房的损失。折线的角度要适当,且应保证通廊内人员运输的安全与方便。

4 危险品成品中转库存药量较大,发生事故时影响范围大且严重,故作此规定。

6.0.4 雷管、导爆索等起爆器材生产中操作人员较多,有些工序(如雷管装、压药)易发生事故,而这些工序一般药量比较小,因此可把事故破坏限制在抗爆间室内,以减少事故的损失。采用钢板防护是为了防止传爆。

6.0.6 本条是危险品生产厂房各工序的联建问题。

1 有固定操作人员的非危险性生产厂房,是指炸药生产中的卷纸管、导火索生产中的缠线等生产厂房。

7 本款涉及对自动化、连续化生产的认识,有必要对"自动化"、"连续化"给予定义。自动化是指采用能自动调节、检查、加工和控制的机器设备进行生产作业,以代替人工直接操作。如果整个生产过程从进料、加工、传送、检查以至完成产品,能自动按人们预定的程序和要求进行,而启动、调整、停车以及排除故障等仍由人工操作,称"综合自动化"。如果启动、停车与排除故障等操作也都能自动实现,称为"全自动化"。

就目前我国的自动化、连续化工业炸药(如乳化炸药)生产线来讲,应当说还是处于"初级阶段"意义上的自动线,距真正意义上的自动化、连续化,并从本质上提高生产的安全程度尚有许多工作要做。尤其是真正与自动化、连续化生产线相匹配的各种设备更是关键性的问题。现在的情况是,制药部分的设备尚属规范,装药设备则急待完善,包装设备尚待继续生产实践检验。故本规范规定,工业炸药制造在一个厂房内联建的条件是:工艺技术与设备匹配,制药至成品包装实现自动化、连续化,有可靠的防止传爆和殉爆的措施,这三个条件缺一不可。

对于生产线在一个工房内联建的定员定量问题,是结合国防科工委乳化炸药安全生产研讨会议纪要及有关文件要求的精神,给出的具体规定和要求。

原规范中曾规定有对手工间断操作的无雷管感度乳化炸药生产工艺的要求,现已不再审批新建。对此,本次修订时予以取消。

8 工业炸药生产厂房单个厂房一般布置单条生产线。目前国内的情况是,工业炸药同类产品如胶状和粉状乳化炸药往往布置在一个生产厂房中,利用同一组乳化设备制造乳化基质。由于各自配方不同而采取轮换生产方式进行。当一条线停工,彻底清理完成后才开始另一条线的生产,实际上在厂房内仍是一条线在运行。考虑到国内生产实际及现状,作了本条规定。这里一定要注意满足该条的条文要求,不能勉强凑合,降低要求。同时应指出,这种情况下,一旦发生偶然的燃烧、爆炸事故时,该厂房内的两条生产线设备设施可能会遭到破坏,从客观上存在增大设备设施财产损失的可能,进而提高了对事故破坏等级的判定。

9 考虑到目前国内两条工业炸药同类产品自动化、连续化生产线进行同时生产的情况尚无先例和成功的实践,为慎重起见,"具备同时生产条件"的问题应经过相关的专家论证和主管部门审批同意。

10 自动化、连续化工业炸药生产线或间断式生产线,由于各种条件限制,不能在一个厂房内联建时,还是将制药工序与装药包装工序分别建设厂房为好,这样做既方便生产、有利于安全,又便于产品的升级换代、产能产量的调节和设施的技术改造。本款还

结合国防科工委乳化炸药安全生产研讨会议纪要及有关文件要求的精神,给出了具体的定员定量规定。

12 此款是针对目前雷管等起爆器材连续化生产线的出现而定的要求。强调对于贯穿各抗爆间室或钢板防护装置的传输应有可靠的隔爆措施。

6.0.7 原规范特别对粉状铵梯炸药生产的轮碾机设置台数规定为不应超过2台。根据民爆生产安全管理规定,轮碾机的砑重不应超过500kg,混药时的药温不应超过70℃。考虑到制造其他工业炸药时,也会采用轮碾机工艺进行混药,故本次修订作此规定。

6.0.9 本条是对危险品生产或输送用的设备和装置的要求。

8 这一款是新增加的,目的是强调对于输送易燃、易爆危险品的设备来讲,应注意所输送的危险品厚度要满足不引起燃烧爆炸的安全要求。

6.0.11 此条提出了除传统的人力运送起爆药方式外,还可以利用球形防爆车推送。

7 危险品贮存和运输

7.1 危险品贮存

7.1.1 危险品生产区内单个危险品中转库允许的最大存药量应符合表7.1.1的规定,当中转库需贮存的药量超过表7.1.1规定的数量时,可以增加库房的个数。

7.1.2 关于危险品生产区内炸药的总存药量的规定。

1 危险品生产区内梯恩梯中转库的存药量除应符合本规范第7.1.1条的规定外,其总存量不应超过3d的生产需要量。例如对于每天需要梯恩梯为4t的工厂,梯恩梯中转库总存量不应超过12t。可设计5t的梯恩梯中转库房2幢。在满足生产的前提下,生产区的危险品存量应尽量减少。

2 对于炸药成品中转库,除应符合本规范第7.1.1条的规定外,还不应大于1d的炸药生产量。例如日产铵梯炸药40t的工厂,其中转库总存药量不应超过40t,如设计为存药量20t的库房,则库房不应超过2幢。但对于生产量较小的工厂,例如当炸药日产量为3t时,其存药量允许稍大于1d的生产量,其中转库的总存量可为5t,这样规定可避免频繁运输,既保证生产安全,又便于组织生产。

7.1.3 本条是对危险品总仓库区内单个危险品仓库允许最大存药量的规定。

对硝酸铵仓库贮存量保留原规范规定的500t,国内民用爆破器材工厂中未发生过硝酸铵仓库的燃烧爆炸事故,说明硝酸铵在管理好的情况下,是比较安定的,但一旦发生爆炸事故则破坏非常严重。1993年深圳清水河化学危险品仓库大爆炸中,硝酸铵发生爆炸,因硝酸铵与其他多种化学品混放在一个库内。硝酸铵的爆

炸可能是由其他化学品燃烧着火而引起的,其爆炸后果是相当严重的。以其中4号库为例,硝酸铵约数十吨,其爆炸后的爆坑直径23m,深7m,因仓库是互相连接的,并均存有易燃易爆物品,故引起邻近几百米范围内的大火。在国外文献的报道中,美国俄克拉荷马州皮罗尔的一个散装硝酸铵仓库发生着火,着火25min后,发生了爆炸。在弗吉尼亚州,一座混合工房内有铵油炸药30t,硝酸铵20t,在燃烧30min后发生强烈的爆炸。2001年9月21日法国南部城市 Toulouse 郊外 AZF GP(Azote De France)化肥厂仓储的400t硝酸铵爆炸,形成了一个长65m、宽54m、深10m以上的弹坑,爆炸冲击波影响到3km以外的市中心。事故造成30人死亡,近4000人受伤,50所学校及10000幢建筑物受损。上述这些事故说明,硝酸铵在特定条件下是会燃烧爆炸的。

美国防火协会规定的硝酸铵贮量比较大,可达2268t。超过此量时必须配备完整的、强大的自动消火系统。

虽然硝酸铵在平时只是一种肥料,并无多大危险,但考虑到硝酸铵仓库设在生产区或库区,其周围有1.1级、1.2级危险厂房或库区,贮量不宜太大,故作了上述规定。

表7.1.3是对单个库房允许最大存药量的规定,当需要贮存量超过表中规定值时,可增加库房的幢数。

7.1.4 由于硝酸铵用量大,为便于生产和减少运输,硝酸铵仓库可以设在危险品生产区,其单库允许最大存药量应符合表7.1.3的规定。众所周知,硝酸铵在一定强度的外部作用下是可以发生燃烧爆炸的,所以在消防和建筑结构上应采取相应措施。一旦硝酸铵库发生爆炸事故,对生产区的破坏将是极其严重的。同样,根据生产需要,可在生产区设置多个硝酸铵库房。

7.1.6 本条是不同品种危险品同库存放的规定。

1 尽管危险品单品种专库存放有利于安全和管理,但当受条件限制时,在不增大事故可能性的前提下,不同品种包装完好的危险品是可以同库存放的。需要强调的是,危险品必须包装完整无损、无泄漏,分堆存放,避免互相混淆,并应符合表7.1.6的规定。

为便于掌握危险品同库存放的原则,将危险品分成六大类,危险品分类的原则和说明详见表7.1.6的注释。对于未列入规范的危险品,可参照分类和共存原则研究确定。

2 关于不同品种危险品同库存放的存药量的规定举例如下:如总仓库的梯恩梯和苦味酸同库存放,二者为同一危险等级,苦味酸不应超过表7.1.3中的30t,梯恩梯和苦味酸存放的总药量不应超过表7.1.3中梯恩梯允许最大存药量150t。又如梯恩梯和黑索今同库存放,二者为不同危险等级,梯恩梯和黑索今存放总药量不应超过表7.1.3中黑索今存药量50t,且库房应作为1.1级考虑。再如硝酸铵类炸药与梯恩梯,因是不同危险等级,同库存放总药量不是200t,而应是150t,且库房应按梯恩梯1.1级考虑。

3 硝酸铵仓库贮量大,且在一定条件下硝酸铵有燃烧爆炸危险,所以硝酸铵应专库存放,不应与任何物品同库存放。

4 危险品的废品和不合格品,由于其安定性较差,且不会有良好的包装,所以不应与成品同库贮存。

5 符合同库存放的不同品种危险品贮存在危险品生产区中的中转库内时,应存放在以隔墙互相隔开的贮存间内。这是由于中转库人员、物品出入频繁,危险品洒落的可能性大,为避免危险品相互混淆,作此规定。所以中转库除应符合同库存放的规定外,还应符合本款规定。

7.1.7 仓库内危险品堆放过密,会造成通风不良,堆垛过高也会对危险品存放和操作人员的安全产生不安全因素,所以特别制定危险品堆放的两款规定。

与原规范相比,增加了检查通道和装运通道的尺寸要求。

7.2 危险品运输

7.2.1 为满足危险品运输的要求,本条规定宜采用汽车运输。由于翻斗车的车厢形式不利于装载危险品,万一翻斗机构失灵就更加危险。挂车因刹车等因素易产生车辆碰撞,故禁止使用。用三轮车和畜力车运输危险品也有不安全因素,因此不应使用。

7.2.2 本条第1、2两款的规定是考虑到有可能在生产和运输过程中,在1.1级、1.2级、1.4级建筑物附近洒落危险品及其粉尘,所以要求车辆与建筑物保持一定距离,以避免行驶的车辆碾压危险品而发生意外事故。另外,在危险品生产建筑物靠近处,汽车经常往返行驶对建筑物内的生产会产生干扰,不利于生产。因此,要求必须有一定的距离。

第3款的规定是防止有火星飞散到运输危险品的车上而造成意外事故。

7.2.3 增加危险品总仓库区运输危险品的主干道中心线与各类建筑物的距离不应小于10m的规定。原规范只对危险品生产区有规定,而危险品总仓库区没有相应规定,这次修订,考虑危险品总仓库区运输的危险品主要是包装好的、无散落的危险品粉尘,故危险品总仓库区运输危险品的主干道中心线,与各类建筑物的距离较危险品生产区的规定有所减小。

7.2.4 根据现行国家标准《厂矿道路设计规范》GBJ 22的规定,提出经常运输易燃、易爆危险品专用道路的最大纵坡不得大于6%的规定,以及参照其他相应规定提出本条的各项要求。

7.2.5 本条的规定,主要考虑机动车如果在紧靠危险性建筑物的门前进行装卸作业,一旦建筑物内发生危险情况,不利于建筑物内的人员疏散,从而增加不必要的事故损失。当机动车采取防爆措施后,参照国外同类行业的做法,允许防爆机动车辆进入库房内进行装卸作业。

7.2.6 起爆药是比较敏感的,为了防止人工提送中与其他行人或车辆碰撞而出现事故,为此规定用人工提送起爆药时,应设专用人行道。

7.2.7 为提高装卸效率,减少危险品的倒运,并有利于安全,在有条件时应尽量将铁路通到每个仓库旁边。

对必须在危险品总仓库区以外的地方设置危险品转运站台时,本条提出了两种情况,即站台上的危险品可在24h内全部运走时和在48h内全部运走时的外部距离折减系数。目的在于鼓励尽快运走。

8 建筑与结构

8.1 一般规定

8.1.1 根据民用爆破器材工厂各类危险品的生产厂房性质分析，1.1级、1.2级厂房是炸药、起爆药的制造、加工厂房，都具有爆炸、燃烧的危险；1.4级厂房基本是氧化剂、燃烧剂一类的生产厂房，且厂房周围多有爆炸源，也具有燃烧、爆炸危险。所以，1.1级、1.2级、1.4级生产厂房的危险程度要比现行国家标准《建筑设计防火规范》GB 50016中甲类生产厂房大得多。现行国家标准《建筑设计防火规范》GB 50016厂房、库房的耐火等级规定，甲类厂房、库房的耐火等级为一、二级，所以本规范提出1.1级、1.2级、1.4级厂房和库房的耐火等级应符合现行国家标准《建筑设计防火规范》GB 50016中二级耐火等级的规定。

8.1.2 为了设计使用的方便，将现行各类生产中的各类危险品生产工序，按现行国家标准《工业企业设计卫生标准》GBZ 1的车间卫生特征分级的原则做了分级。主要考虑原则是，凡生产或使用的物质极易经皮肤吸收引起中毒的，定为1级，如梯恩梯、二硝基重氮酚。其他按情况定为2级。

卫生特征分级为1级的应设通过式淋浴。

8.1.3 民用爆破器材工厂中辅助用室的设置是一个很重要的问题，因为在这种工厂中，危险生产厂房有爆炸的危险，因此，除了在生产中不能离开操作岗位的人员外，其他人员都应尽量远离危险品生产厂房，避免发生事故时造成不必要的伤亡。确保人员的安全是设计辅助用室的指导思想。

1 1.1级厂房是具有爆炸危险的厂房，发生爆炸时威力比较大，影响面也比较宽，从安全上考虑，规定不允许在这类厂房内设置辅助用室，而应将它们布置在远离危险品生产厂房的安全地带，这样，在发生事故时人员的安全才能得到保证。但考虑到生活上的方便和生产上的需要，不允许操作人员长时间离开工作岗位，因此允许在厂房内设置厕所，但对于敏感度特别高的黑火药、二硝基重氮酚等极易发生事故的生产厂房，连厕所也不允许设置。

2 1.1级厂房的辅助用室，应单建或设在附近其他非危险性的建筑物中。辅助用室可近一些布置，但应符合安全要求。

3 1.2级厂房，原则上不宜设置辅助用室。当存药量比较小，危险生产工序设在抗爆间室内或用钢板防护装置隔开时，一旦发生事故，一般只局限于抗爆间室内，危险程度大大降低，事故的影响面比较小。在这种火工品生产厂房内，如果必须设置，应符合条文中的规定。

8.2 危险性建筑物的结构选型

8.2.1 危险品生产厂房的承重结构首先推荐采用钢筋混凝土框架结构，其主要优点是整体性好、抗侧力强。现在钢模问世，大型预制构件隐退，大量采用现浇钢筋混凝土，这样框架结构优于铰接排架结构，由于柱、梁连接成为一个空间的整体，因而具有较强的抗爆能力。当厂房发生局部爆炸时，整个厂房全部倒塌的可能性较小，有望减少人员伤亡和财产损失。钢筋混凝土柱、梁连接的铰接排架，预制屋面板结构，当发生局部爆炸时，容易产生梁、板倒塌。砖混结构厂房，当发生局部爆炸时，容易产生墙倒屋塌。为此，本次修订，不论单层或多层的1.1级、1.2级厂房和多层的1.4级厂房，都推荐采用钢筋混凝土框架结构承重。这主要是考虑到厂房中某一部分发生事故时，不致因承重结构整体性差或承载能力不足而导致楼板或屋盖倒塌，使整个厂房受到严重破坏，造成更多人员的不必要伤亡和设备的不必要损坏。

考虑到民用爆破器材工厂的实际生产情况，在符合特定条件下，可采用砖墙承重：

1 对于单层的1.1级、1.2级厂房，在厂房面积小、层高低、操作人员较少的条件下允许采用砖墙承重。这主要考虑到这类厂房面积小，操作人员距爆炸中心一般都比较近，一旦发生事故，势必房毁人亡。故本规范对这类厂房提出了跨度、长度和高度以及人员的限制，凡符合条件的，可采用砖墙承重。

3 对于危险品生产工序全部布置在抗爆间室内，间室外不存放或存放少量危险品时，一旦发生爆炸，则不会影响主体厂房。所以砖墙承重部分不存在因本厂房局部爆炸而倒塌的危险，允许采用砖墙承重。

4 梯恩梯球磨机粉碎厂房，轮碾机混药厂房的存药量较大，且药量又集中，操作人员距爆心近，厂房面积小，一旦爆炸事故发生，不论是否采用钢筋混凝土结构，都势必是房毁人亡。所以对这种厂房提出可采用砖墙承重。

5 承重横隔墙较密的厂房，刚度大，厂房存药量小，且又分散，当厂房局部发生爆炸时，对相邻工作间的影响小，所以可采用砖墙承重。

6 对无人操作的厂房，由于不存在操作人员的伤亡问题，采用砖墙承重就可以满足要求。

8.2.2 钢刚架结构易于积尘，且为金属，故而要求没有炸药粉尘的或采取措施能防止积尘的危险品生产厂房，或与金属反应不产生敏感爆炸危险物的厂房，方可采用钢刚架结构，但必须符合现行国家标准《建筑设计防火规范》GB 50016中二级耐火等级的要求。

8.2.3 危险品仓库允许采用砖墙承重，主要是考虑到仓库无固定人员、较厂房重要性低，且因仓库面积小，存药量集中，药量一般较大，一旦发生爆炸事故，出事仓库被摧毁，相邻库房允许破坏。因此，允许采用砖墙承重和符合防火要求的钢刚架结构。

8.2.4 小于240mm的砖墙、空斗墙、毛石墙等的抗震能力差，容易倒塌，不予采用。

8.2.5 危险品生产厂房的屋盖首先推荐采用现浇钢筋混凝土盖，它可与钢筋混凝土框架构成整体，当发生局部爆炸时，现浇屋面倒塌面积较小，可减轻事故时屋盖下塌而造成的伤亡；从抗外爆角度来讲，钢筋混凝土屋面板抗外来飞散物是很有效的。预制屋面板容易产生梁、板倒塌而造成伤亡，故不推荐采用。

8.2.6 对厂房面积小，事故频率高的粉状铵梯炸药生产的轮碾机混药厂房、本身有泄压要求的黑火药生产厂房及梯恩梯球磨机粉碎厂房，条文中规定应采用轻质粉碎屋盖或轻型泄压屋盖。目的是一旦发生燃爆或爆炸事故，易泄压，可减轻飞散物对周边的危害。但厂房刚度差，抗外来飞散物的防护能力差。

8.3 危险性建筑物的结构构造

8.3.1 易燃易爆粉尘是指各种爆炸物如粉状铵梯炸药、黑火药、起爆药等的粉尘，这些粉尘的积聚，不但增加了日常清扫工作，而且可能引起自燃，导致事故。所以，对危险品生产厂房的构件要求采用外形平整，不易积尘，易于清扫的结构构件和构造措施。特别是屋盖的选型，首先要考虑采用无檩、平板体系，不宜采用有檩体系，更不宜采用易于积尘的构件。如果必须采用易积尘的结构件，就要设置吊顶，但设置吊顶也易积尘，在一定程度上也增加了不安全的因素。

8.3.2～8.3.4 从事故调查和一些国内外试验资料来看，对具有爆炸危险的1.1级、1.2级、1.4级厂房，当采取一定的构造措施后，对提高建筑物的抗震能力是有一定效果的。

本规范提出了几项主要的构造措施，着重在墙体方面、构件和墙体连接方面加强，以增强工房的整体性。

8.3.5、8.3.6 为了增强钢刚架结构的整体性和抗震能力，参考钢结构抗震构造措施而规定。

8.3.7 根据轻钢结构常规设计所采用的一般规格，经抗爆验算，提出与双无防护屏障内部最小允许距离（增大50%）相应的结构构造最低要求。否则宜按抗爆炸荷载进行验算。

8.3.8 轻钢刚架结构的檩条按常规设计所采用的规格,其抗冲击波强度还是不足的。因此,作此规定,以达到提高檩条的抗冲击波作用的能力,防止发生外爆事故时,围护构件不致塌落伤人。

8.3.9 轻钢刚架结构的彩色钢板在爆炸冲击波作用下,回弹力较大,彩色钢板容易被撕裂,因此,在连接方法上要加强,这是参考美国抗爆钢结构的节点构造方法而规定的。

8.4 抗爆间室和抗爆屏院

8.4.1、8.4.2 这两条主要是对抗爆间室的结构作了规定。

抗爆间室,一般情况下应采用钢筋混凝土结构。目前国内广泛采用矩形钢筋混凝土抗爆间室,使用效果较好。钢筋混凝土是弹塑性材料,具有一定的延性,可经受爆炸荷载的多次反复作用,又具有抵抗破片穿透和爆炸震塌的局部破坏的性能。

抗爆间室的屋盖做成现浇钢筋混凝土的较好,其整体性强,可使间室的空气冲击波和破片对相邻部分不产生破坏作用,与轻质易碎屋盖相比,在爆炸事故后具有不需修理即可继续使用的优点。所以,在一般情况下,抗爆间室宜做成现浇钢筋混凝土屋盖。本次修改,取消了装配整体式屋盖,增加了钢结构。这一是工程需要,二是有了方法,至于装配整体式屋盖,随着钢模发展,已无需要,故而取消。

8.4.3、8.4.4 这两条是对抗爆间室提出具体的设防标准和要求,对原条文进行了修改。明确了在设计药量爆炸的局部作用下,不能震塌、飞散和穿透。

根据可能发生爆炸事故的多少,分别采用不同的控制延性比,达到控制抗爆间室的残余变形,可以与结构的计算联系起来,使概念清楚。

本次修订,取消了观察孔玻璃的规定,主要考虑采用摄像监视技术可替代人工观察,且有利于安全。

8.4.5 抗爆间室朝向室外的一面应设置轻型窗,这是为了保证抗爆间室至少有一个泄爆面,以减少冲击波反射产生的附加荷载。规定了窗台的高度,为了防止室外雨水的侵入,又要尽可能扩大泄爆面。

8.4.6 本条提出了抗爆间室与相邻主厂房的构造处理。

抗爆间室采用轻质易碎屋盖时,一旦发生事故,大部分冲击波和破片将从屋盖泄出。为了尽可能减少对相邻屋盖的影响以及构造上的需要,当与间室相邻的主厂房的屋盖低于间室屋盖或与间室屋盖等高时,可采用轻质易碎屋盖,应按第2款采取措施;当与间室相邻的主厂房的屋盖高出间室屋盖时,应采用钢筋混凝土屋盖。

抗爆间室与相邻主厂房间宜设抗震缝,这主要是从生产实践和事故中总结出来的。以往抗爆间室与主厂房之间不设抗震缝,当间室内爆炸后,发现由于间室墙体产生变位,连结松动,造成裂缝等不利于结构的影响。条文中针对药量较小时,爆炸荷载作用下变位不大的特点,确定可不设抗震缝,这是根据一定的实践经验和理论计算而决定的。规定轻盖设计药量小于5kg,重盖小于20kg时可不设抗震缝,是使间室顶部的相对变位控制在较小范围以内。

8.4.7 抗爆间室轻型窗的外面设置抗爆屏院,这主要是从安全角度提出来的要求。抗爆屏院是为了承受抗爆间室内爆炸后泄出的空气冲击波和爆炸飞散物所产生的两类破坏作用,一是空气冲击波对屏院墙面的整体破坏作用,二是飞散物对屏院墙面造成的震塌和穿透的局部破坏作用。一般情况下,要求从屏院泄出的冲击波和飞散物不致对周围建筑物产生较大的破坏,因此,必须确保在空气冲击波作用下,屏院不致倒塌或成碎块飞出。当抗爆间室是多室时,屏院还应阻挡经间室轻型窗泄出的空气冲击波传到相邻的另一间室,防止发生殉爆。为了保证抗爆屏院的作用,提出了抗爆屏院的高度要求。本次修订,还增加了抗爆屏院的构造、平面形式和最小进深要求。

8.5 安全疏散

8.5.1 本条对安全出口的设置作了规定。

1 安全出口数量的规定。安全出口对厂房里人员的疏散起到重要作用,规定安全出口数量,是为了一旦发生事故,能确保操作人员迅速离开,减少人员伤亡。对面积小、人员少的厂房,一个安全出口可以满足疏散需要的,条文中作了适当的放宽。

3 防护屏障内厂房的安全出口,应布置在防护屏障的开口方向或防护屏障内安全疏散隧道的附近,其目的是便于操作人员能够迅速跑出危险区,而不会出了厂房又被困在防护屏障内受到伤害。

8.5.3 安全窗是根据危险品生产要求设置的,布置在外墙上,兼有采光和逃生功能。当发生事故时,安全窗可作为靠近该窗口人员的逃生口,它不同于一般疏散用门(可供众人逃生),所以,不能列入安全出口的数目中。

8.5.5 厂房疏散以安全到达安全出口为前提。安全出口包括直接通向室外的出口和安全疏散的楼梯。规定厂房安全疏散距离,是为了当发生事故时,人员能以极快的速度用最短的时间跑出,并到达安全地带。

8.6 危险性建筑物的建筑构造

8.6.1 各级危险品生产厂房都有不同程度的危险性,为了在发生事故时,操作人员能够迅速离开,防止堵塞或绊倒,所以危险品生产厂房的门应平开,不允许设置门槛,不应采用侧拉门、吊门。

弹簧门在危险品生产厂房的来往运输中,容易发生碰撞而造成事故,所以不允许采用弹簧门。但对疏散用的封闭楼梯间可以采用弹簧门,是为了防止事故时烟雾进入,影响疏散。

8.6.2 黑火药对机械碰撞和摩擦起火特别敏感,生产时药粉粉尘较大,事故频率比较高,所以规定了黑火药生产厂房的门窗应采用木质的,门窗配件应采用不发生火花的材料,对其他厂房的门窗材质和门窗配件材料,规范中不作限制性的规定。

8.6.3 疏散用门均应向外开启,室内的门应向疏散方向开启,主要是有利于疏散。

危险工作间的门不应与其他工作间的门直对设置,主要是从安全上考虑,尽量避免当一个工作间发生事故时,波及对面的工作间。

设置门斗时,一定要设计成外门斗,因为内门斗突出室内,对疏散不利,门斗的门应与房门的朝向一致,也是为了方便疏散。

8.6.4 本条是对安全窗的要求。安全窗的设置是为了发生事故时,操作人员能够利用靠近操作岗位的窗迅速跑出去,因此,窗洞口不能太小,否则人员不易疏散;窗口不能太低,以免碰着人的头部;窗台不能太高,否则人员迈不过去;双层安全窗应能同时向外开启,是为了开启方便,达到迅速疏散的目的。

8.6.6 有危险品粉尘的1.1级、1.2级生产厂房不应设置天窗,主要是从安全角度考虑的。天窗的构造比较复杂,易于积聚药粉,不易清扫,存在隐患。另外,现在民用爆破器材工厂的生产厂房的规模也没有必要设置天窗。

8.6.7 本条是对危险品生产间地面的规定。

1 不发生火花地面,主要防止撞击产生火花而引起事故。

塑料类材料地面,大多为不良导体,经摩擦易产生高压静电,易产生火花,所以这类材料不得作为不发生火花的地面使用。

2 柔性地面,一般指橡胶地面、沥青地面。橡胶地面不应浮铺,应铺贴平整,接缝严密。防止缝中积存药粉或橡胶滑动,确保安全。

3 近几年来,在一些生产中,静电已成为一个特别值得注意的问题。从分析许多事故资料来看,由于静电而引起的事故是很多的,人在走动或工作时的动作,将会产生静电荷并在一定条件下积累,并表现出很高的静电电位,通过采用防静电地面,可以将人体上的静电荷导走。

8.6.8　有危险品粉尘的工作间,墙面、顶棚一般都要抹灰、粉刷。对经常需用水冲洗和设有雨淋装置的工作间,一般都应刷油漆,是为了便于冲洗。油漆颜色应区别于危险品的颜色,这样易于发现粉尘,便于彻底清洗。

8.6.9　在有易燃、易爆粉尘的工作间,规定不宜设置吊顶,是由于普通吊顶的密闭性一般不易保证,有可能积聚粉尘,在一定程度上增加了不安全的因素。

若必须设置吊顶时,吊顶设置孔洞时要有密封措施,主要是为了防止粉尘从这些薄弱环节进入吊顶,形成隐患。有吊顶的危险品工作间,要求隔墙砌至屋面板(梁)底部,是防止事故从吊顶上蔓延到另一个工作间,产生新的事故。

8.7　嵌入式建筑物

8.7.1、8.7.2　嵌入式建筑物是指非危险性建筑物嵌在1.1级厂房防护土堤的外侧。这类建筑物,既要考虑1.1级厂房事故爆炸时空气冲击波对它的影响,也要考虑室内的防水、防潮问题。所以,对嵌入土中的墙和顶盖应采用钢筋混凝土。未覆土一面的墙,以往由于多采用砖砌结构,在爆炸事故中,破坏比较严重,有倒塌现象,所以,应根据1.1级厂房内计算药量,按抗爆设计确定采用钢筋混凝土或砖墙结构。当采用砖墙围护时,承重结构应采用钢筋混凝土。

8.7.3　本条是嵌入式建筑物的构造要求。

未覆土一面墙应尽量减少开窗面积,是防止在药量较大的情况下,土堤内爆炸所形成的空气冲击波经过土堤顶部绕流,有可能透过门窗洞口进入室内,从而对室内人员造成伤害。

8.7.4　采用塑性玻璃是为了减少玻璃片对人员的伤害。

8.8　通廊和隧道

8.8.1、8.8.2　室外通廊与厂房相比,属于次要建筑物。但由于通廊与生产厂房直接连接,为了防止火灾通过通廊蔓延,故对通廊建筑物结构的材料提出要求。考虑到施工、安装的方便、快速以及工厂现状,规定通廊的承重及围护结构的防火性能不应低于非燃烧体。

当采用封闭式通廊时,由于通廊一端的厂房一旦发生爆炸,进入通廊的冲击波如果没有足够的泄爆面积,通廊会形成冲击波的传播渠道以致危及通廊另一端厂房的安全。为此,要求其屋盖与墙应采用轻质易碎屋盖,以便泄压。

本次修订,增加了轻型泄压屋盖和墙体,同时,要求增设隔爆墙。事故证明:封闭式通廊虽然采用了轻质易碎和轻型泄压的屋盖和墙体,但还是起到了一定程度的传爆作用。将隔爆墙设在通廊穿土围处,隔爆墙上虽有洞口,但比通廊的断面大大减小,爆炸冲击波在隔爆墙处受阻,土围里面的通廊的屋盖和墙体破坏,起了一定的泄爆作用,部分爆炸冲击波继而通过洞口进入土围外通廊时,通廊的断面又扩大,爆炸冲击波又经过再一次扩大,压力衰减,起到了一定程度的消波作用。

8.8.3　本条是对穿过防护土堤的疏散隧道、运输隧道结构的具体规定。

8.9　危险品仓库的建筑构造

8.9.1　本条对安全出口的数量作了规定。确定足够的安全出口数量,对保证安全疏散将起到重要作用。

8.9.2　危险品总仓库的门宜用双层门,内层为格栅门。这样做的目的,首先是考虑库房的通风,其次是考虑管理上的方便。

8.9.3　危险品总仓库的窗要求配铁栏杆和金属网,并在勒脚处设置进风窗。加铁栏杆是考虑安全,加金属网是防止虫、鸟、鼠进入库内,设进风窗则可满足自然通风的需要。对于严寒地区,进风窗最好能启闭。

9　消防给水

9.0.1　民用爆破器材生产、使用、运输过程中极易发生燃烧、爆炸事故,无论在起火时或爆炸后引起火灾时,都需要有足够的水来进行扑救,以防小火烧成大火,燃烧导致爆炸。这里强调能供给足够消防用水的消防给水系统,是指不但要有足够水量的消防水源,还应有能够供给足够消防用水的管网和供水设备。

9.0.2　本规范针对民用爆破器材工程设计,规定了消防给水的一些特殊要求,而对工程设计的一般要求,如非危险性建筑物以及总体设计方面的消防给水水量、水力计算、耐火等级、生产危险性分类、泵房布置等,不可能详细阐述。因此在进行民用爆破器材工程设计时,还应遵守现行国家标准《建筑设计防火规范》GB 50016、《自动喷水灭火系统设计规范》GB 50084等的有关规定。

9.0.3　根据现行国家标准《建筑设计防火规范》GB 50016的要求,室外消防给水管网应采用环状管网。但是结合民用爆破器材工程领域的具体情况,有的厂房沿山沟设置,受地形限制,不易敷设成环状管网。为保证工厂消防给水不中断,提出在生产上无不间断供水要求,并在设有对置高位水池,可由两个相对方向向生产区供水的情况下,采用枝状管网。

9.0.4　本条规定了危险品生产区两种不同情况下的消防储备水量的计算方法。根据某些工厂发生火灾时,发现消防贮水池中的水因平时被动用而无水的情况,故在附注中注明:消防储备水量应采取平时不被动用的措施。

由于现行国家标准《建筑设计防火规范》GB 50016对甲、乙、丙类生产厂房的供水要求有所提高,即将火灾延续时间由2h改为3h。本规范从国家标准规范之间宜相协调的原则出发,同时考虑避免引起工程消防审查验收标准不一致的情况出现,故本规范用3h。

9.0.5　为在发生事故时便于使用,减少对使用人员和设备的伤害,规定室外消火栓不得设在防护屏障围绕的范围内和防护屏障的开口处。应设在有防护屏障防护的范围内。

9.0.6　本条规定了室外消防用水量的下限不小于20L/s,是根据民用爆破器材工程领域的工房体积较小,并考虑到一辆消防车的供水能力等而确定的。对体积大的工房仍应按现行国家标准《建筑设计防火规范》GB 50016的规定计算确定,不受20L/s的限制。

9.0.7　消防雨淋系统任何时候都需要处于准工作状态,也就是平时一直都需要保持有足够的压力,一旦发生火情,就能立即喷水,扑灭火灾,因此消防给水管网宜为常高压给水系统。同时,室内、外消火栓也可以不需要使用消防车或消防水泵加压,直接由消火栓接出水带、水枪灭火。在有可能利用地势设置高位水池时,应尽可能这样做。

在地形不具备设置高位水池的条件时,消防给水的水量和压力需要由固定设置的消防水泵来加压供给,这是临时高压给水系统。这时,在消防加压设备启动供水前的头10min灭火用水,应当设置水塔或气压给水设备来保持。

9.0.8　本条为新增条文,主要针对民用爆破器材易燃烧、爆炸的特点,提出当采用临时高压给水系统时消防水泵的设置要求,目的是为了在起火时或爆炸后引起火灾时,能及时、有效地启动消防水泵,保证灭火不中断供水和所必需的水量。

9.0.9　本条提出在危险品生产厂房中应设置室内消火栓的要求和一些具体规定。考虑到消防水带有一定长度,并且必须伸展开,不能打褶,才能顺利通水,因此提出在室内开间较小的厂房可将室内消火栓安装在室外墙面上。使用时,在室外展开水带,通水后,通过门、窗向室内或拉进室内喷射。但在寒冷地区,有结冰可能时,应采取防冻措施。

9.0.10 本条中所列应设置消防雨淋系统的生产工序,仅为当前生产民用爆破器材的品种和工艺,将来有新的品种和工序增加时,应参照所列生产工序的燃烧、爆炸特性,设置自动喷水雨淋灭火系统。

随着工厂生产能力的增加,设置消防雨淋系统的生产工序的面积亦不断扩大,并且现行国家标准《自动喷水灭火系统设计规范》GB 50084中自动喷水灭火系统的设计喷水强度也有所提高,为避免由于消防雨淋面积的大幅增加导致消防储水量的成倍增长,出现消防系统庞大、难于实现的情况,可由工艺设置消防雨淋系统的生产工序,根据炸药的燃烧特性及生产过程中炸药的存在位置,确定设置消防雨淋系统的具体位置,并在工艺图上明确表示。

9.0.11 本条规定了药量比较集中的设备内部、上方或周围应设雨淋喷头、闭式喷头或水幕管。

9.0.12 消防雨淋系统是扑救易燃、易爆危险物品火灾的有效手段,本条对设置雨淋系统的要求作了明确规定。

为了防止自控失灵,在设置感温或感光探测自动控制启动雨淋系统的设施时,还应设置手动控制启动雨淋系统的设施。

对于存药量很少,且有人在现场工作,工作人员操作手动开关更方便的场所,也可设只有手动控制的雨淋系统。

本条中对雨淋管网要求的压力和作用延续时间也作了规定,提出了最低压力的要求。必须指出,雨淋管网设计中,应通过计算确定厂房给水管道入口处所需的压力,如经计算所需压力低于0.2MPa时,应按0.2MPa设计;如经计算高于0.2MPa时,必须按计算值供给消防用水。

雨淋系统设置试验试水装置,是为了在不影响生产的情况下,能定期对雨淋系统进行试验和检测,以确保雨淋系统处于正常状态。

9.0.13 本条对工作间、生产工序间的门洞有可能导致火灾蔓延的场所提出了应设置阻火水幕,并强调了应与厂房中的雨淋系统同时动作。为了合理减少消防用水量,对设有同时动作的雨淋系统的相邻工作间,其中间的门窗、洞口可不设阻火水幕。

9.0.14 本条为新增条文,对危险品生产区的中转库、硝酸铵库的消防要求提出了明确的规定。

9.0.15 本条是针对民用爆破器材工程中危险品总仓库区的消防给水设计提出的要求。条文中的数据是参照现行国家标准《建筑设计防火规范》GB 50016等有关资料而确定的。

库区水池的补水源,可为生产区接来的管道,或利用就近的天然水源(山溪、蓄水塘、蓄水库等)。在没有就近的、经济的水源可利用时,也可利用水槽车等运水供给。

当危险品总仓库区总库存量不超过100t时,其消防用水量可按15L/s计算(原规范为20L/s),并不应低于现行国家标准《建筑设计防火规范》GB 50016中甲类物品仓库的要求。此条为增加内容。

9.0.16 本条为新增条文,增加了民用爆破器材工程设计应按现行国家标准《建筑灭火器配置设计规范》GB 50140的有关规定配备灭火器的要求。

10 废水处理

10.0.1 本条是为满足环保要求而作出的规定。为了避免将不需处理的近似清洁生产废水混入,增加废水处理量,特别强调了排水应做到清污分流。

10.0.2、10.0.3 规定含有起爆药的废水,应采取有效的方法消除其爆炸危险性后才能排出,不允许不经处理直接排入下水道内,造成隐患。含有能相互发生化学反应而生成易爆物质的不同废水,也不应排入同一下水道,以防相互作用形成隐患,例如氮化钠废水和硝酸铅废水。

10.0.5 用水冲洗地面,用水量很大,带出的有害、有毒物质也多,为加强操作管理,及时清除洒落在地面上的药粒粉尘,改冲洗为拖布擦洗地面,水量减少很多,带出的有害、有毒物质也大为降低。因此尽量不用大量水冲洗地面,并规定在设计中应考虑设置有洗拖布的水池。

11 采暖、通风和空气调节

11.1 一般规定

11.1.1 本章根据民用爆破器材工程的特点规定了采暖通风与空气调节设计安全方面的特殊要求,并且还应符合现行国家标准《建筑设计防火规范》GB 50016和《采暖通风与空气调节设计规范》GB 50019等的规定。

11.1.2 同样是防爆设备,如防爆电动机,在不同的电气危险区域,其防护等级要求是不一致的,本条是为了使通风、空调设备的选用与电气对危险场所电气设备的安全要求保持一致而作出的规定。

11.1.3 本条为新增条文,增加了对危险性建筑物室内温、湿度的要求。在无特殊要求时,按国家相关的标准和规定执行。当产品技术条件有特殊要求时,以满足产品的技术条件为主。

11.2 采暖

11.2.1 火药、炸药对火焰的敏感度都比较高,如与明火接触便会剧烈燃烧或爆炸,因此,在危险性建筑物中严禁用明火采暖。

火药、炸药除了对火焰的敏感度较高以外,对温度的敏感度也较高,它与高温物体接触也能引起燃烧、爆炸事故。火药、炸药发生燃烧、爆炸危险的大小与接触物体表面温度的高低成正比。温度愈高,发生燃烧、爆炸危险的可能性愈大;温度愈低,发生燃烧、爆炸危险的可能性愈小。

火药、炸药的品种不同,对火焰、温度的敏感程度也不一样。即使是同一种火药、炸药,由于其状态和所处生产工段的不同,以及厂房中存药量多少的不同,发生燃烧、爆炸危险性的大小也不同。

根据上述情况,为确保安全,在本规范中对各生产厂房中各工段的采暖方式、热媒及其温度作了必要的规定。

11.2.2 本条是危险性建筑物采暖系统设计的有关规定。

1 在火药、炸药生产厂房内,生产过程中散发的燃烧、爆炸危险性粉尘会沉积在散热器的表面,因此需要将它经常擦洗干净,以免引起事故。采用光面管散热器或其他易于擦洗的散热器,是为了方便清扫和擦洗。凡是带肋片的散热器或柱型散热器,由于不便擦洗,不应采用。

2 在火药、炸药生产厂房中,为了易于发现散热器和采暖管道表面所积存的燃烧、爆炸危险性粉尘,以便及时擦洗,规定了散热器和采暖管道外表面涂漆的颜色应与燃烧、爆炸危险性粉尘的颜色相区别。

3 规定散热器外表面距墙内表面的距离不应小于60mm,距地面不宜小于100mm,散热器不应装在壁龛内,这些规定都是为了留出必要的操作空间,以便能将散热器和采暖管道上积存的燃烧、爆炸危险性粉尘擦洗干净。

4 抗爆间室的轻型面是用轻质材料做成的,它是作为泄压用的。不应将散热器安装在轻型面上,是为了当发生爆炸事故时,避免散热器被气浪掀出,防止事故扩大。

采暖干管不应穿过抗爆间室的墙,是避免当抗爆间室炸毁时,采暖干管受到破坏而可能引起的传爆。

把散热器支管上的阀门装在操作走廊内,是考虑当抗爆间室内发生爆炸,散热器及其管道受到破坏时,能及时将阀门关闭。

5 散发火药、炸药粉尘的厂房内,由于冲洗地面,燃烧、爆炸危险性粉尘会被冲入地沟内,时间长了,这些危险性粉尘就会在地沟内积存起来,形成隐患,所以采暖管道不应设在地沟内。

6 蒸气、高温水管道的入口装置和换热装置所使用的热媒压力和温度都比较高,超过了第11.2.1条关于危险品厂房采暖热媒及其参数的规定,为避免发生事故,规定了蒸气管道、高温水管道的入口装置及换热装置不应设在危险工作间内。

11.2.3 此条是新增条款,考虑到有的生产厂仅一或两个工房用汽或热水,且用量较少,而生产区又无热源,电热锅炉又较方便,故从经济和安全的角度出发作出本条规定。

11.3 通风和空气调节

11.3.1 在危险性生产厂房中有一些生产设备或操作岗位散发有大量的火药、炸药粉尘或气体,如不及时处理,不仅危害操作人员的身体健康,更重要的是增加了发生事故的可能性。为了避免或减少事故的发生,规定了在这些设备或操作岗位处,必须设计局部排风。

11.3.2 本条是机械排风系统设计时的一些具体规定,设计中应遵守。

1 确定合适的排风口位置和风速是为了提高排风效果,以有效地排除危险性粉尘。

2 含火药、炸药粉尘的空气,如果没有经过净化处理而直接排至室外,火药、炸药粉尘就会沉降下来,日积月累,在工房的屋面及周围地面上会形成火药、炸药粉层,一旦发生事故,将会造成严重的后果。因此规定了含有火药、炸药粉尘的空气必须经过净化装置处理才允许排至大气。

3 考虑到以往的爆炸事故,对于含有火药、炸药粉尘的排风系统,推荐采用湿式除尘器除尘。目前常用的湿式除尘器为水浴除尘器,因为水浴除尘器使药粉处于水中,不易发生爆炸。同时将除尘器置于排风机的负压段上,其目的是为使粉尘经过净化后,再进入排风机,减少事故的发生。

4 如果水平风管内的风速过低,火药、炸药粉尘就会沉积在管壁上,一旦发生事故时,它就向导火索、导爆索一样起着传火导爆的作用。

5 总结事故的经验和教训,提出了排风系统的布置要符合

"小、专、短"的原则。

排除含有燃烧、爆炸危险性粉尘的局部排风系统,应按每个危险品生产间分别设置。主要是考虑到生产的安全和减少事故的蔓延扩大,把危害程度减少到最低限度。

排风管道不宜穿过与本排风系统无关的房间,是为了避免发生事故时,火焰及冲击波通过风管而扩大到无关的房间。

排气系统主要是指排除沥青、蜡蒸气的系统,如果排气系统与排尘系统合为一个系统,会使炸药粉尘和沥青、蜡蒸气一起凝固在风管内壁,不易清除,增加了发生事故的可能性。

对于易发生事故的生产设备,局部排风应按每台生产设备单独设置,主要是考虑风管的传爆而引起事故的扩大。如粉状铵梯炸药混药厂房内的每台轮碾机应单独设置排风系统。

6 排风管道不宜设在地沟或吊顶内,也不应利用建筑物构件作排风道,主要是从安全角度出发,减少事故的危害程度。

7 设置风管清扫孔及冲洗接管等也是从安全角度出发,及时将留在风管内的火药、炸药粉尘清理干净。

11.3.3 凡散发燃烧、爆炸危险性粉尘和气体的厂房,原则上规定了这类厂房的通风和空气调节系统只能用直流式,不允许回风。若将其含有火药、炸药粉尘的空气循环使用,会使粉尘浓度逐渐增高,当遇到火花时就会发生燃烧、爆炸,因此,空气不应再循环。

在送风机和空气调节机的出口处安装止回阀是防止当风机停止运转时,含有火药、炸药粉尘的空气会倒流入通风机或空气调节机内。

11.3.4 考虑到生产厂房各工段(工作间)散发的燃烧、爆炸危险性粉尘的量是不同的,有的工段(工作间)散发的量多,有的工段(工作间)散发的量少,有的工段(工作间)只散发微量粉尘。根据不同情况区别对待的原则,规定了雷管装配、包装厂房可以回风;雷管装药、压药厂房在采用喷水式空气处理装置的条件下,可以回风。

黑火药的摩擦感度和火焰感度都比较高。特别是含有黑火药粉尘的空气在风管内流动时,会产生电压很高的静电火花,引起事故。为安全起见,规定了黑火药生产厂房内不应设计机械通风。

11.3.5 通风设备的选型主要是考虑安全。

1 因进风系统的风机是布置在单独隔开的送风机室内,由于所输送的空气比较清洁,送风机室内的空气质量也比较好,所以规定了当通风系统的风管上设有止回阀时,通风机可采用非防爆型。

2 排除含有火药、炸药粉尘或气体的排风系统,由于系统内、外的空气中均含有火药、炸药粉尘或气体,遇火花即可能引起燃烧或爆炸,为此,规定了其排风机及电机均为防爆型。通风机和电机应为直联,因为采用三角胶带或联轴器传动会由于摩擦产生静电而易发生爆炸事故。

3 经过净化处理后的空气中,仍会含有少量的火药、炸药粉尘,所以置于湿式除尘器后的排风机应采用防爆型。

4 散发燃烧、爆炸危险性粉尘的厂房,其通风、空气调节风管上的调节阀应采用防爆阀门,是因为防爆阀门在调节风量、转动阀板时不会产生火花。

11.3.6 危险性建筑物均应设置单独的通风机室及空气调节机室,且不应有门、窗和危险工作间相通,而应设置单独的外门。其目的是为了当危险性建筑物发生事故时,通风机室和空气调节机室内的人员和设备免遭伤害和损坏。

11.3.7 抗爆间室发生的爆炸事故比较多,发生事故时,风管将成为传爆管道。为了避免一个抗爆间室发生爆炸时波及到另一个抗爆间室或操作走廊而引起连锁爆炸,因此规定了抗爆间室之间或抗爆间室与操作走廊之间不允许有风管、风口相连通。

11.3.8 采用圆形风管主要是为了减少火药、炸药粉尘在其外表面的聚集,且便于清洗。规定风管架空敷设的目的,是为了防止一旦风管爆炸时减少对建筑物的危害程度,并便于检修。

风管涂漆颜色应与燃烧、爆炸危险性粉尘的颜色易于分辨,其

目的是在火药、炸药生产厂房中,易于发现风管外表面所积存的燃烧、爆炸危险性粉尘,便于及时擦洗。

11.3.9 本条是新增条款。通风、空调系统的风管是火灾蔓延的通道。为了避免火灾通过通风、空调系统的风管进一步扩大,规定了风管及风管和设备的保温材料应采用非燃烧材料制作。

12 电 气

12.1 电气危险场所分类

12.1.1 为防止由于电气设备和电气线路在运行中产生电火花及高温引起燃烧爆炸事故,根据民用爆破器材工厂生产状况及贮存情况,发生事故几率和事故后造成的破坏程度以及工厂多年运行的经验,将电气危险场所划分为三类。电气危险场所划分是根据危险品与电气设备有关的因素确定的:

　　1 危险品电火花感度及热感度。

　　危险场所中电气设备可能产生电火花及表面发热产生高温均是引燃引爆火药、炸药的主要因素,不同的产品对电火花感度及热感度是不一样的,因此分类时应考虑危险品电火花和热感度性能的因素,如黑火药的电火花感度高,危险场所分类就划分的较高。

　　2 粉尘的浓度与积聚程度。

　　火药、炸药是以粉尘扩散到空气中,有可能积聚在电气设备上或进入电气设备内部,从而接触到火源,所以危险品粉尘浓度与积聚程度和电气危险场所的分类关系最密切,粉尘浓度大、积聚程度严重,与电气设备点火源接触机会多,发生事故的可能性就大,因此必须考虑。

　　3 危险品的存量。

　　工作间(或建筑物)存药量大,一旦发生事故后果严重,所以危险品库房划分的类别较生产厂房高。

　　4 危险品的干湿度。

　　火药、炸药的干湿度不同,其危险性是不同的,如火药、炸药及起爆药生产过程中,处在水中或酸中时比较安全,电气设备和电气线路引起爆炸事故的可能性较小,安全措施可降低些。

　　根据电气危险场所分类划分原则,在表 12.1.1-1 及表 12.1.1-2中将常用危险品工作间及总仓库列出。但划分危险场所的因素很多,如生产过程中火药、炸药的散露程度、存药量、空气中散发的粉尘浓度及电气设备表面粉尘的积聚程度、干湿程度、空气流通程度等都与生产管理有着密切关系,在设计时应根据生产情况采取合理的安全措施。

　　电气危险场所的分类与建筑物危险等级不同,前者以工作间为单位,后者以整个建筑物为单位。

12.1.2 考虑防止火药、炸药物质(含粉尘)进入正常介质的工作间,特别是配电室、电源室等工作间安装的电气设备及元器件均为非防爆产品,操作时易产生火花,所以配电室等工作间不应采用本条的规定。

12.1.3 此条是借鉴了乌克兰有关规范的规定。

12.1.6 危险场所既有火药、炸药,又有易燃液体及爆炸性气体时,为了保证安全,应根据本规范和现行国家标准《爆炸和火灾危险环境电力装置设计规范》GB 50058 中安全措施较高者设防。

12.1.7 运输危险品的通廊存在危险性,应根据其构造形式采取相应的安全措施。

12.2 电气设备

12.2.1 近年来我国防爆电气设备品种有所增加,但目前生产的防爆电气设备没有完全适合火药、炸药危险场所使用的产品。火药、炸药危险场所设计时,电气设备及线路尽量布置在爆炸危险场所以外或危险性较小的场所,目的是为了安全。

　　本条第 7,8 款,火药、炸药危险场所电气设备的最高表面温度确定,是借鉴了现行国家标准《可燃性粉尘环境用电气设备 第1部分:用外壳和限制表面温度保护的电气设备 第1节:电气设备的技术要求》GB 12476.1、《可燃性粉尘环境用电气设备 第1部分:用外壳和限制表面温度保护的电气设备 第2节:电气设备的选择、安装和维护》GB 12476.2 和《爆炸性气体环境用电气设备第1部分:通用要求》GB 3836.1 确定的。

　　本条第 9 款电气设备的安装位置除考虑电气危险场所外,还应考虑防腐、海拔高度等环境因素。

12.2.2 F0 类危险场所,由于生产时工作间粉尘比较多,且电火花感度高或存药量大,危险性高,发生事故后果严重,必须采取最安全的措施。工艺要求在该场所必须安装检测仪表(黑火药电火花感度比较高,因此除外)时,其外壳防护等级应能完全阻止火药、炸药粉尘进入仪表内。该内容是借鉴了瑞典国家电气检验局的规定。

　　由于火药、炸药危险场所专用的防爆电气设备没有解决,因此电动机采用隔墙传动,照明采用可燃性粉尘环境用防爆灯具(IP65)安装在固定窗外,这些措施是防止由于电气设备产生火花及高温引起事故的。

12.2.3 根据火药、炸药生产过程及产品的特点,F1 类危险场所中,粉尘较多的工作间电气设备采用尘密外壳防爆产品比较合适。目前我国已有等同于国际电工委员会标准生产的可燃性粉尘环境用电气设备可以选用。Ⅱ类B级隔爆型防爆电气设备,已使用几十年而未发生过事故,实践证明是可以采用的。

12.2.4 目前我国已有等同于国际电工委员会标准的现行国家标准《可燃性粉尘环境用电气设备 第1部分:用外壳和限制表面温度保护的电气设备 第1节:电气设备的技术要求》GB 12476.1的 DIP A22 或 DIP B22(IP54)电气设备(含电动机)适用于 F2 类危险场所选用。

12.3 室内电气线路

12.3.1 第 2 款增加了插座回路上应设置动作电流不大于30mA、能瞬时切断电路的剩余电路保护器,是为了避免操作者受到电击,保护人身安全。

12.3.2 危险场所尽量不采用电缆敷设在电缆沟内,因为火药、炸药危险场所经常用水冲洗地面,电缆沟内容易沉积危险物质,又不易清除,容易造成安全隐患。

12.3.4 F0 类危险场所除增加敷设控制按钮及检测仪表线路外,不允许安装电气设备,无需敷设电气线路。

12.3.5 第 2 款鼠笼型感应电动机有一定的过载能力,因此电动机配电线路导线长期允许的载流量应为电动机额定电流的 1.25 倍。

第 4 款主要考虑移动电缆应满足的机械强度,故规定需选用不小于 2.5mm² 的铜芯重型橡套电缆。

12.4 照 明

12.4.2 为保证在停电事故情况下,危险场所的操作人员能迅速安全疏散,因此危险场所应设置应急照明。当应急照明作为正常照明的一部分同时使用时,两者的电源、线路及控制开关应分开设置;应急照明灯具自带蓄电池时,照明控制开关及其线路可共用。

12.5 10kV 及以下变(配)电所和配电室

12.5.1 民用爆破器材工厂生产时,因突然停电一般不会引起事故,故规定供电负荷为三级。随着科学技术发展,民爆器材生产工艺采用了自动控制的连续化生产线,如果该类生产线因突然停电会影响产品质量,造成一定的经济损失时,供电负荷可高于三级。按照现行国家有关规范规定,消防及安防系统应设应急电源,应急电源的类型可按现行国家标准《供配电系统设计规范》GB 50052 和工厂的具体情况确定。

12.5.4 民用爆破器材工厂的 1.1(1.1*)级建筑物存药量大,万一发生事故影响供电范围大,故车间变电所不应附建于 1.1(1.1*)级建筑物。当附建于 1.2 级、1.4 级建筑物时,采取本规范所列的措施后,可以满足安全供电。

12.5.5 附建于各类危险性建筑物内的配电室等,均安装非防爆电气设备(含非防爆电气设备、电子元器件),因此,必须采取措施防止危险物质及粉尘进入配电室与易产生火花和高温的电气设备接触。

12.6 室外电气线路

12.6.1 为了防止雷击电气线路时,高电位侵入危险性建筑物内,引起爆炸事故,低压供电线路宜采用从配电端到受电端埋地引入,不得将架空线路直接引入建筑物内。全线埋地有困难时,允许架空线路换接一段金属铠装电缆或护套电缆穿钢管埋地引入。应特别强调,在架空线与电缆换接处和进建筑物时,必须采取本条规定的安全措施,这样电缆进户端的高电位就可以降低很多,起到了保护作用。

12.6.2 我国目前黑火药生产工艺一般采用干法生产,生产过程中粉尘很多,且电火花感度高,为避免由于电气线路引入高电位引发燃爆事故,所以要求低压供电线路全长采用铠装电缆埋地引入。

12.6.6 无线电通信系统是以电磁波方式传播,在一定情况下,这种电磁波产生的磁场电能,能引起危险品(如工业电雷管)爆炸,为防止引发事故,制定本条。

12.7 防雷和接地

12.7.1 各类危险性建筑物的防雷类别见表 12.1.1-1 和表 12.1.1-2,防雷实施的设计应按现行国家标准《建筑物防雷设计规范》GB 50057 的规定进行。

12.7.2、12.7.3 危险性建筑物的低压供电系统采用 TN-S 接地形式比较安全。因为该系统中 PE 线不通过工作电流,不产生电位差。等电位联结能使电气装置内的电位差减少或消除,在爆炸和火灾危险场所电气装置中可有效地避免电火花发生。总等电位联结可消除 TN-C-S 系统电源线路中 PEN 线电压降在建筑物内引起的电位差,因此,各类危险性建筑物内实施等电位联结后,可采用 TN-C-S 接地形式,但 PE 线和 N 线必须在总配电箱开始分开后严禁再混接。

12.7.6 安装过电压保护器,是为了钳制过电压,使过电压限制在设备所能耐受的数值内,因而能保护设备,避免雷电损坏设备。

12.8 防 静 电

12.8.2 一般危险场所防静电接地、防雷(一类防雷建筑物的防直击雷除外)、防止高电位引入、工作接地、电气装置内不带电金属部分接地等共用同一接地装置,接地装置的电阻值应取其最小值。

12.8.4 危险场所中防静电地面、工作台面泄漏电阻,应根据危险场所危险品类别确定,因为危险品不同,其防静电地面泄漏电阻值也不同。

12.8.6 危险场所中湿度对静电影响很大。美国《兵工安全规范》DAR COM-R385-100 中规定危险场所内相对湿度大于 65%,在澳大利亚《The control of undesitable static electricity》AS 1020-1984 中规定,起爆药感度高的危险环境相对湿度不低于 70%,对不敏感环境相对湿度要求在 50% 及以上,本规范参考了上述标准,作适当的调整后确定为一般危险场所相对湿度控制在 60% 以上,黑火药静电感度高,相对湿度要求高些。

13 危险品性能试验场和销毁场

13.1 危险品性能试验场

13.1.1 危险品性能试验场的选址原则。危险品性能试验场是工厂经常做产品性能试验的地方,因此宜布置在相对独立偏僻的地带,如厂区后面丘陵洼谷中,以利于安全。

13.1.2 危险品性能试验场的外部距离规定。危险品性能试验一次爆炸最大药量一般不超过 2kg,但震源药柱性能试验由于用户的不同要求,一次爆炸的药量有 12kg、20kg 等,对此情况,本条进行了原则规定,应布置在厂区以外符合安全要求的偏僻地带。

13.1.3 为了节省土地,便于保卫管理及使用方便,对危险品性能试验,国内已有部分工厂采用封闭式爆炸试验塔(罐)来做殉爆等性能试验。当采用封闭式爆炸试验塔(罐)时,其可布置在厂区内有利于安全的边缘地带。本条规定了其要求的内部距离。

13.1.5 当受条件限制时,可以将危险品性能试验与销毁场设置在同一场地内,两个作业地点之间需设置不应低于 3m 高度的防护屏障。重要的一点是,为了安全,这两个作业地点不能同时使用。

13.1.6 危险品性能试验场、封闭式爆炸试验塔(罐),由于试验时噪声较大,故工程建设和使用时应考虑噪声对周围的影响,且应满足国家现行有关标准的规定。

13.2 危险品销毁场

13.2.1 销毁场是工厂不定期销毁危险品的地方,为了不影响工厂安全,故规定销毁场应布置在厂区以外有利于安全的偏僻地带。

13.2.2 为了有利于安全,当用爆炸法销毁炸药时,最好是在有自然屏障遮挡处进行,当无自然屏障可利用时,宜在爆炸点周围设置防护屏障。一次最大销毁量不应超过2kg,是指每次一炮的最大药量。

13.2.3 为防止在销毁作业中发生意外爆炸事故对周围的影响,特规定销毁场边缘与周围建筑物、公路、铁路等应保持一定的距离。

13.2.4 根据生产实践,销毁场一般无人值班,故本条规定销毁场不应设待销毁的危险品贮存库。但由于供销毁时使用的点火件或起爆件放在露天不利于安全,所以允许设置销毁时使用的点火件或起爆件掩体。考虑到销毁人员的安全,规定设人身掩体,掩体应具有一定的防护强度,如采用钢筋混凝土结构等。

13.2.5 根据以往的事故教训,销毁场宜设围墙,以防无关人员进入,造成意外事故。

13.2.6 为了节省土地,节约资金,便于管理及使用方便,可以采用销毁塔来炸毁处理火工品及其药剂,该销毁塔可以布置在厂区内有利于安全的边缘地带。根据试验数据,确定不同销毁药量的销毁塔采用不同的最小允许距离,以利安全。

14 混装炸药车地面辅助设施

14.1 固定式辅助设施

本节规定了现场混装炸药车固定式地面辅助设施的具体要求。明确地面辅助设施内附建有起爆器材或炸药仓库时,应执行本规范的有关规定。实践中,不少固定式地面辅助设施不附建有起爆器材和炸药仓库,而仅有原材料贮存及氧化剂溶液、油相、乳化液(乳胶基质)等制备工作,对这样的固定式地面辅助设施,本规范规定执行现行国家标准《建筑设计防火规范》GB 50016 即可,这样规定与国外规定一致。但应注意,这里的乳化液(乳胶基质)不应有雷管感度。

条文中提出的联建原则是指导性要求,条件许可时,还是单建为宜。硝酸铵溶解、油相配置危险性不大,如单独设置厂房,则可不列入危险等级。

危险品发放间的设立是为避免在库房内开箱作业,以保证安全。

14.2 移动式辅助设施

此节是修订新增的内容,规定了移动式辅助设施的具体要求。明确移动式辅助设施应根据使用功能进行分设,且不应附建有起爆器材和炸药仓库;移动式辅助设施的内、外部距离执行现行国家标准《建筑设计防火规范》GB 50016 规定的防火间距;消防、电气、防雷执行国家现行有关标准的规定。

但应注意,这里的乳化液(乳胶基质)不应有雷管感度。

15 自动控制

15.1 一般规定

15.1.1、15.1.2 自动控制设计中,所选用的仪表和控制装置一般属于电气设备,因此,危险场所自动控制设计时,除符合本专业技术规定外,对自控专业未作规定的内容,应符合本规范第12章电气专业的有关规定。同时还应符合现行国家标准《自动化仪表工程施工及验收规范》GB 50093 第 9 部分"电气防爆和接地"和《爆炸和火灾危险环境电力装置设计规范》GB 50058 中的有关规定。

15.2 检测、控制和联锁装置

15.2.5 为防止自动控制系统突然停气而引发事故,必须设置预先报警信号,可避免事故发生。

15.2.6 本条是自动控制系统安全设计的基本要求,规定在确定调节系统中对执行机构和调节器的选型应满足本条的要求。例如,有一用于物料烘干的温度调节系统,加热介质为蒸汽或热风,即调节系统通过改变蒸汽或热风量来保证物料烘干温度在规定范围内。对于这样的温度调节系统,其调节器应选用"反作用"形式的,调节阀的执行机构应选"气(电)开"式的,当突然停气或停电时阀门关闭,即切断蒸汽或热风,保证温度不升高,不会发生危险事故。

15.3 仪表设备及线路

15.3.1 自动控制系统的设备大多为电气设备,因此,其选型应按本规范第12.2节的规定确定。

15.3.2 本条强调了用在危险场所中仪器仪表的质量要求,目的是为了安全。

15.3.3 防止误操作的安全措施。

15.3.4 F1类、F2类危险场所不允许安装非防爆仪表箱、控制箱(柜)等,因此,原规范规定采用正压型控制箱(柜),但实施比较困难。随着技术的进步,我国已能生产可燃性粉尘环境用电气设备(IP65级)。应该说明的是,F1类、F2类危险场所用电设备专用的控制箱(柜)属非标准设备,其控制原理图、箱体布置图、防爆等级等应由设计单位向制造厂提出要求。

15.3.5 从控制室到现场仪表的信号线,具有一定的分布电容和电感,储有一定的能量。对于本质安全线路,为了限制它们的储能,确保整个回路的安全火花性能,因而本质安全型仪表制造厂对信号线的分布电容和分布电感有一定的限制,一般在其仪表使用说明书中提出它们的最大允许值。因此在进行工程设计时,为使线路的分布电容和分布电感不超过仪表使用说明书中规定的数值,应从本质安全线路的敷设长度上来满足其规定。

15.3.6 为防止高电位引入危险场所而作的规定。

15.4 控制室

15.4.1 为 1.1(1.1*)级生产工房设置有人值班的控制室,原规范中规定宜嵌入防护屏障外侧,修订后变为 1.1(1.1*)级工房服务的控制室应嵌入防护屏障外侧或选择在符合规范规定的安全距离的地方建造,目的是为了人员安全。

15.4.2 1.2级生产工房设置的控制室,均安装非防爆电气设备仪器及仪表,为防止危险物质进入控制室引起燃爆事故,因此,要求控制室采用密实墙与危险场所隔开,门应通向安全场所。

15.4.4 控制室一般安装有电子仪器、仪表、工控机及计算机等设备,为保证电子仪器设备正常运行,控制室应布置在无振动源和电磁干扰的环境。

15.6 火灾报警系统

15.6.1、15.6.2 民用爆破器材属于易燃易爆物品,一旦发生燃烧或由此引发爆炸事故造成的后果是很严重的。为了及时监测和发现火情,以便及时采取措施防止酿成重大损失,要求在危险场所设置火灾报警信号。有条件的时候,最好设置火灾自动报警系统。安装在危险场所的火灾检测设备及线路要求应符合本规范第12章的有关规定;对于系统的控制则可按现行国家标准《火灾自动报警系统设计规范》GB 50116 的有关规定进行设计。

15.7 工业电雷管射频辐射安全防护

随着电子科学技术的发展,无线电业务日益扩展,发射功率不断增大,电磁环境(存在的所有电磁现象的总和)日趋恶化。工业电雷管在电磁环境中为敏感器材,民爆行业电雷管生产或流通企业对此非常关注。为此,本次规范修订特委托兵器工业第二一三研究所进行了"工业电雷管射频感度试验"。试验结果证明,工业电雷管在电磁环境中摄取足够射频能量会发火引爆。在试验数据的基础上,参考了美国商用电雷管有关安全的规定,以及现行国家标准《爆破安全规程》GB 6722—2003 和《中华人民共和国无线电频率划分规定》、《国家电磁兼容标准指南》等资料编制了本节内容。

15.7.1 为了防止工业电雷管生产、贮存过程中因电磁辐射(任何源的能量流以无线电波的形式向外发出)造成危险,应根据生产和贮存建筑物周围射频源(存源向外发出电磁能的装置)的频率范围及发射天线功率确定最小允许距离。

15.7.2 据美国有关资料介绍,工业电雷管在中频(0.535～1.60 MHz)频段是比较危险的。这是因为有大的功率,且同时有很低的频率,使得射频能量衰减比较小。

15.7.3、15.7.5 据美国有关资料介绍,调频 FM 和 TV 发射机虽然其功率很大,且天线是水平极化,但产生危险性的可能性比较小,因为在工业电雷管中高频电流会迅速衰减。

15.7.4 本条包括的范围比较广,如无线电信号、远程目标或设备控制的固定站(在特定固定点间使用的无线电通信站)、地面站(运动状态下移动设备不能使用的站)、基站(用于陆地移动业务或陆地电台)、无线电定位(不在移动时使用)的电台、无线对讲(运动时使用的通信设备)等。

15.7.6 当受条件限制,工业电雷管生产、贮存建筑物不能满足相关表中规定的最小允许距离时,应采用无源电磁屏蔽防护,并请有资质的单位按照国家有关标准检测确认。民用爆破器材生产企业内运输,采用金属或与金属同等效果的材料进行防护。

中华人民共和国国家标准

地下及覆土火药炸药仓库
设计安全规范

Safety code for design of underground and
earth covered magazine of powders and explosives

GB 50154-2009

主编部门：中华人民共和国国家发展和改革
　　　　　委 员 会 国 家 物 资 储 备 局
批准部门：中华人民共和国住房和城乡建设部
施行日期：２００９年９月１日

中华人民共和国住房和城乡建设部公告

第 290 号

关于发布国家标准《地下及覆土
火药炸药仓库设计安全规范》的公告

现批准《地下及覆土火药炸药仓库设计安全规范》为国家标准，编号为GB 50154—2009，自2009年9月1日起实施。其中，第3.0.1、3.0.3、3.0.4、4.2.1、4.2.2、4.3.1、4.3.2、4.3.3、4.3.4、4.3.5、4.3.6、4.3.7、4.3.8、4.3.9、4.3.10、5.1.2、5.1.4、5.1.5、5.2.1、5.2.2、5.2.3、5.2.4、5.2.5、5.2.6、5.2.7、5.3.2、5.4.2、5.4.3、5.4.4、5.4.5、6.1.3（4）、6.1.4、6.1.6（2）、6.2.9、6.4.3、6.5.1、7.1.1、7.3.1、7.3.2（1、3、4）、7.3.9、7.5.1、7.5.2（3、4）、7.6.4、8.3.1（1）、8.5.1、8.5.2（1、3）、8.5.4（1）、8.5.5、9.0.1（1）、10.0.4（1）、10.0.8、11.1.1、11.1.3（1、2）、11.2.1、11.2.2、11.3.1、11.3.2（1）、11.3.3（1）、12.0.5、13.0.2、13.0.3、13.0.4、13.0.6（4）、13.0.7（1）条（款）为强制性条文，必须严格执行。原《地下及覆土火药炸药仓库设计安全规范》GB 50154—92同时废止。

本规范由我部标准定额研究所组织中国计划出版社出版发行。

中华人民共和国住房和城乡建设部
二〇〇九年三月三十一日

前　言

本规范是根据原建设部"关于印发《2005年工程建设标准制定、修订计划（第二批）》的通知"建标函〔2005〕124号的要求，由兵器工业安全技术研究所会同国家物资储备局物资储备研究所、国家物资储备局武汉设计院，对《地下及覆土火药炸药仓库设计安全规范》GB 50154—92进行修订而成的。

本规范在修订过程中，贯彻执行《中华人民共和国安全生产法》和"安全第一，预防为主，综合治理"的方针，广泛调查总结了我国地下及覆土火药、炸药仓库建设、使用和安全改造的实践经验；参考了有关国外标准、资料和我国"七七工程"试验数据；完成了必要的电气照明安全性试验、部分新型火药、炸药爆炸空气冲击波当量试验及陡坡地形岩石洞库覆盖层厚度课题研究，通过广泛征求相关单位的意见，最后经审查定稿。

本规范共分13章，主要内容包括总则，术语，火药、炸药存放规定，总体布置，库区内部布置，建筑结构，电气，安全防范系统，采暖、通风和空气调节，消防，运输和转运站，烧毁场，理化中心等。

修订的主要技术内容有：增加了术语一章，调整了火药、炸药存放品种，补充了高压输电线路外部允许距离内容，调整了岩石洞库爆炸地震波外部允许距离，补充了洞库与覆土库分区和库间距离规定，增加了生产经营单位洞库覆盖层和门的要求，补充了电气危险场所分类和防雷类别、主洞室使用便携式照明灯具的防爆要求等规定，修改了陡坡地形岩石洞库覆盖层厚度规定，增加了安全防范系统、理化中心、转运站取样间内容等。

本规范中以黑体字标志的条文为强制性条文，必须严格执行。

本规范由住房和城乡建设部负责管理和对强制性条文的解释，由兵器工业安全技术研究所负责具体技术内容的解释。本规范在执行过程中，如发现需要修改或补充之处，请将意见和有关资料寄至兵器工业安全技术研究所（地址：北京市55号信箱，邮政编码：100053，传真：010-83111943），以供今后修订时参考。

本规范主编单位、参编单位和主要起草人：

主 编 单 位：兵器工业安全技术研究所

参 编 单 位：国家物资储备局物资储备研究所
　　　　　　　国家物资储备局武汉设计院

主要起草人：白春光　王泽溥　魏新熙　杨　波　靖大伟
　　　　　　　王爱凤　郑志良　尹君平　陶少萍　张幼平
　　　　　　　董文学　张　鹏　温学仁　张新建　石玉昆
　　　　　　　郑宏凯　陈　冰　李　威　杨静岫

目　次

1　总　则 …………………………… 4—4
2　术　语 …………………………… 4—4
3　火药、炸药存放规定 …………… 4—5
4　总体布置 ………………………… 4—5
　　4.1　库址选择 …………………… 4—5
　　4.2　布置原则 …………………… 4—5
　　4.3　外部允许距离 ……………… 4—5
5　库区内部布置 …………………… 4—9
　　5.1　一般规定 …………………… 4—9
　　5.2　库间允许距离 ……………… 4—9
　　5.3　辅助建筑物布置 …………… 4—12
　　5.4　警卫用建筑物布置 ………… 4—12
6　建筑结构 ………………………… 4—13
　　6.1　一般规定 …………………… 4—13
　　6.2　岩石洞库建筑结构 ………… 4—13
　　6.3　黄土洞库建筑结构 ………… 4—14
　　6.4　覆土库建筑结构 …………… 4—14
　　6.5　警卫建筑物建筑结构 ……… 4—14
　　6.6　取样间建筑结构 …………… 4—14
7　电　气 …………………………… 4—14
　　7.1　危险场所分类 ……………… 4—14
　　7.2　10kV及以下变电所和配电室 … 4—14

　　7.3　电气设备及电气照明 ……… 4—15
　　7.4　室内线路 …………………… 4—15
　　7.5　室外线路 …………………… 4—15
　　7.6　防雷接地 …………………… 4—15
8　安全防范系统 …………………… 4—16
　　8.1　一般规定 …………………… 4—16
　　8.2　电气设备选型 ……………… 4—16
　　8.3　监控中心 …………………… 4—16
　　8.4　室内线路 …………………… 4—16
　　8.5　室外线路及防雷接地 ……… 4—16
9　采暖、通风和空气调节 ………… 4—17
10　消　防 ………………………… 4—17
11　运输和转运站 ………………… 4—17
　　11.1　铁路运输 ………………… 4—17
　　11.2　公路运输 ………………… 4—17
　　11.3　转运站 …………………… 4—17
12　烧毁场 ………………………… 4—18
13　理化中心 ……………………… 4—18
本规范用词说明 …………………… 4—19
附：条文说明 ……………………… 4—20

4

1 总 则

1.0.1 为贯彻执行《中华人民共和国安全生产法》和"安全第一,预防为主,综合治理"的方针,采用技术手段,防止和减少火药、炸药储存安全事故,保障国家和人民生命财产安全,制定本规范。

1.0.2 本规范适用于地下及覆土火药、炸药仓库,以及转运站、站台库的新建、改建、扩建和技术改造的工程设计。

本规范不适用于储存火药、炸药的天然地下仓库、地面仓库及火药、炸药厂生产区内覆土工序转手库的工程设计。

1.0.3 地下及覆土火药、炸药仓库的工程设计除应执行本规范外,尚应符合国家现行有关标准的规定。

2 术 语

2.0.1 地下火药、炸药仓库 underground magazine of powders and explosives

由山体表面向山体内水平掘进的用于储存火药、炸药的洞室。主要由引洞、主洞室组成,部分包括排风竖井、进风地沟,简称洞库。

2.0.2 覆土火药、炸药仓库 earth covered magazine of powders and explosives

分两种形式,一种是仓库后侧长边紧贴山丘,顶部覆土,在前侧长边覆土至顶部,两侧山墙为仓库出入口及装卸站台;另一种是其顶部覆土至仓库两侧及背后,前墙设有仓库出入口及装卸站台,简称覆土库。

2.0.3 梯恩梯当量值 TNT equivalent

某种火药、炸药与梯恩梯在同比密度条件下,在相同径向距离上,产生相同爆炸空气冲击效应时的药量之比。

2.0.4 装药等效直径 equivalent diameter

将实际装药截面积换算成相同截面积的半圆形装药的直径。

2.0.5 洞轴线 grotto axis

洞体纵向中心线,亦称0°线。

2.0.6 覆盖层厚度 covering thickness

洞库主洞室顶部到山体表面的最小距离。

2.0.7 缓坡地形岩石洞库 petrous magazine in sloping area

洞体爆炸后,洞体所在山体上部地表面产生掀顶抛掷现象和洞库覆盖层厚度小于等于30倍装药等效直径的洞库的统称。

2.0.8 陡坡地形岩石洞库 petrous magazine in steep area

洞体爆炸后,洞体所在山体上部地表面不产生掀顶和洞库覆盖层厚度大于30倍装药等效直径的洞库的统称。

2.0.9 防护密闭门 airtight safety door

既能阻挡外部爆炸空气冲击波、爆炸破片,又能防止库外空气中潮气侵入的门。

2.0.10 密闭门 airtight door

能阻挡库外空气中潮气侵入的门。

2.0.11 外部允许距离 allowable external distance

火药、炸药仓库,以及转运站台、站台库、理化实验室和样品库与外部各类目标之间,在规定的破坏标准下允许的最小距离。

2.0.12 库间允许距离 allowable distance between magazine

火药、炸药仓库之间,在规定的破坏标准下允许的最小距离。

2.0.13 防护屏障 protecting barrier

覆土库出入口对面设置的天然或人工防护挡墙。

2.0.14 洞库平行布置 parallel layout of underground magazine

指两个独立洞库处在一个山体的同一侧面,两主洞室侧壁之间的距离基本相等。

2.0.15 洞库外八字布置 outward splayed layout of underground magazine

指两个独立洞库处在一个山体的同一侧面,两主洞室侧壁之间的距离由洞口到洞底逐渐减小。

2.0.16 洞库内八字布置 inward splayed layout of underground magazine

指两个独立洞库处在一个山体的同一侧面,两主洞室侧壁之间的距离由洞口到洞底逐渐增大。

2.0.17 洞库交错布置 stagger layout of underground magazine

指两个独立洞库处在一个山体的两个侧面,洞口分别朝向不同侧面,两主洞室中的一个主洞室后端与另一主洞室的侧壁相对。

2.0.18 洞库相背布置 back-to-back layout of underground magazine

指两个独立洞库处在一个山体的相反侧面,洞口方向相反,两主洞室后端相对。

2.0.19 洞库相对布置 face-to-face layout of underground magazine

指两独立洞库分别处在沟内两侧山体,洞口相对。

2.0.20 洞库上下布置 vertical layout in parallel of underground magazine

指两独立洞库处在山体同一个侧面,呈上下台阶布置。

2.0.21 库区 magazine area

由若干个洞库或覆土库组成的仓库区。

2.0.22 转运站 transit area

实现火药、炸药铁路运输与汽车运输相互转换的场所,一般由站台库、装卸站台、专用铁路和专用道路等组成。

2.0.23 安全防范系统 safeguard system

以保障火药、炸药储存安全为目的,综合运用安全防范技术和其他科学技术,为建立具有防入侵、防盗窃、防抢劫、防破坏、防爆安全检查等功能(或其组合)的系统而实施的工程。也称技防工程。

3 火药、炸药存放规定

3.0.1 洞库及覆土库的单库存药量应按梯恩梯存药量确定,当存放其他火药、炸药时,应按表3.0.1进行换算。

表3.0.1 常用火药、炸药的梯恩梯当量值

火药、炸药名称	梯恩梯当量值
梯恩梯	1.00
太安	1.28
特屈儿	1.20
黑索今	1.20
奥克托金	1.26
乳化炸药	0.76
水胶炸药	0.73
粉状铵梯炸药	0.70
B炸药	1.12
双基火药	0.70
单基火药	0.65
二硝基萘	0.43
黑火药	0.40
中能复合推进剂	0.2~0.4
高能复合推进剂	≥1.2

注:本表未包括的火药、炸药梯恩梯当量值应由试验确定。粉状乳化炸药、膨化硝铵炸药、铵油炸药和改性硝铵炸药可按同类产品确定。

3.0.2 火药、炸药均宜按单独品种专库存放。但条件受限制时,可按下列火药、炸药分组存放:

1 黑索今、奥克托金、太安、高能混合炸药。

2 梯恩梯、梯萘炸药、地恩梯。

3 单基火药、双基火药、中能复合推进剂。

4 高能复合推进剂。

5 胶质炸药。

6 黑火药。

7 乳化炸药、粉状铵梯炸药、水胶炸药、粉状乳化炸药、膨化硝铵炸药、改性硝铵炸药、铵油炸药。

3.0.3 洞库的存药条件,应符合下列规定:

1 装药与主洞室横截面积比应小于或等于0.26,并应下式计算:

$$K_s = \frac{S_y}{S_d} \qquad (3.0.3\text{-}1)$$

式中 K_s——装药与主洞室横截面积比;

S_y——装药实测横截面积(m^2);

S_d——主洞室实测横截面积(m^2)。

2 装药长径比应小于或等于18,并应按下列公式计算:

$$K_L = \frac{L}{D} \qquad (3.0.3\text{-}2)$$

$$D = 1.6\sqrt{S_y} \qquad (3.0.3\text{-}3)$$

式中 K_L——装药长径比;

L——装药长度(m);

D——装药等效直径(m)。

3 库内垛位的间隔不应小于0.1m,运输道宽度不应小于1.0m,沿墙内壁检查道宽不应小于0.8m。

4 火药、炸药的堆垛高度,不应大于表3.0.3的规定。

表3.0.3 火药、炸药堆垛高度

名 称	堆垛高度(m)
梯恩梯、黑索今、奥克托金、太安	2.2
单基火药、双基火药、中能复合推进剂	2.8
胶质炸药、高能混合炸药、梯萘炸药、粉状铵梯炸药、乳化炸药、粉状乳化炸药、水胶炸药、膨化硝铵炸药、改性硝铵炸药、铵油炸药、高能复合推进剂	1.8

5 火药、炸药堆垛装药等效直径不应大于各洞库规定的装药等效直径。

3.0.4 覆土库内垛位间隔、运输道、检查道宽度及堆垛高度,应符合本规范第3.0.3条第3款和第4款的规定。

3.0.5 库房内的温度不宜高于30℃,且不宜低于－10℃。存放双基火药的仓库温度不宜低于－4℃。库房内的相对湿度宜保持为50%~80%。

4 总 体 布 置

4.1 库 址 选 择

4.1.1 选择岩石洞库的库址时,在地形地质方面应符合下列要求:

1 洞库所在山体宜山高体厚、山形完整,不应有大的地质构造,以及滑坡、危岩和泥石流危害。

2 地下水应少,岩体中不应含有有害气体和放射性物质。

4.1.2 选择黄土洞库的库址时,在地形地质方面宜符合下列要求:

1 所选山谷宜稳定,土体应完整,不应有浅表水系。

2 进洞土层宜为晚更新世马兰黄土和中更新世离石黄土。

3 库址上游的雨水汇水面积宜小。

4.1.3 选择覆土库的库址时,在地形地质方面应符合下列要求:

1 库址宜为浅山区或深丘地带。

2 库址不应选在防治措施困难的滑坡地带及有泥石流通过的沟谷地带。

4.2 布 置 原 则

4.2.1 库区、转运站和烧毁场危险区与非危险区必须严格分开,不应混杂布置。烧毁场应单独布置。

4.2.2 本库区的行政生活区和居民点的人流不应通过危险区,运送火药、炸药的专用道路不应通过本库区的行政生活区。

4.3 外 部 允 许 距 离

4.3.1 洞库及覆土库的外部允许距离,应符合下列要求:

1 缓坡地形岩石洞库,应按爆炸飞石、爆炸空气冲击波、爆炸地震波三种外部允许距离中的最大值确定。

2 陡坡地形岩石洞库和黄土洞库,应按爆炸空气冲击波、爆炸地震波两种外部允许距离中的最大值确定。

3 覆土库应按爆炸空气冲击波允许距离确定。

4.3.2 当缓坡地形岩石洞库存药条件符合本规范第3.0.3条的规定时,爆炸飞石外部允许距离应选取表4.3.2-1的相应数值后,乘以表4.3.2-2和表4.3.2-3相应的折减系数确定。

表4.3.2-1 缓坡地形岩石洞库爆炸飞石外部允许距离

装药等效直径(m)	1.40	1.76	2.01	2.22	2.39	3.01	3.44	3.79	4.08	4.34	4.57	4.78	4.97	5.14
存药量(t)	10	20	30	40	50	100	150	200	250	300	350	400	450	500
被保护对象	外部允许距离(m)													
小于或等于10户并小于或等于50人的零散住户、警卫排居住建筑物的边缘	270	350	400	450	480	620	710	790	860	920	980	1020	1060	1100
大于10户并小于或等于50户的零散住户边缘	310	400	450	500	550	700	800	890	960	1040	1100	1140	1190	1240
大于50户并小于或等于100户的村庄、警卫大队和中队居住建筑物的边缘	340	440	500	560	610	780	890	990	1070	1150	1220	1270	1330	1380
大于100户并小于或等于200户的村庄边缘,本库区的行政生活区的边缘和职工总数小于50人的企业围墙	410	530	610	670	730	930	1070	1190	1280	1380	1460	1520	1590	1660
乡、镇的规划边缘	680	880	1010	1120	1210	1550	1780	1980	2140	2300	2440	2540	2650	2760
县城的规划边缘,职工总数大于或等于50人的企业围墙	1020	1320	1520	1680	1820	2330	2670	2970	3210	3450	3660	3810	3980	4140
人口大于10万人城市的规划边缘	1360	1760	2020	2240	2420	3100	3560	3960	4280	4600	4880	5080	5300	5520

续表4.3.2-1

装药等效直径(m)	1.40	1.76	2.01	2.22	2.39	3.01	3.44	3.79	4.08	4.34	4.57	4.78	4.97	5.14
存药量(t)	10	20	30	40	50	100	150	200	250	300	350	400	450	500
被保护对象	外部允许距离(m)													
国家铁路及其车站														
Ⅰ级铁路	410	530	610	670	730	930	1070	1190	1280	1380	1460	1520	1590	1660
Ⅱ级铁路	340	440	500	560	610	780	890	990	1070	1150	1220	1270	1330	1380
Ⅲ、Ⅳ级铁路	270	350	400	450	480	620	710	790	860	920	980	1020	1060	1100
公路														
一级公路	380	490	560	620	670	850	980	1090	1180	1270	1340	1400	1460	1520
二、三级公路	310	400	460	500	550	700	800	890	960	1040	1100	1140	1190	1240
四级公路	240	310	350	400	430	540	620	690	750	810	850	890	930	970
通航河流的航道	310	400	460	500	550	700	800	890	960	1040	1100	1140	1190	1240
高压输电线路														
35kV输电线路	270	350	400	450	480	620	710	790	850	910	960	1000	1050	1100
110kV输电线路	480	620	710	780	850	1090	1250	1390	1490	1600	1690	1760	1840	1930
220kV输电线路	740	950	1100	1210	1310	1670	1930	2140	2300	2480	2620	2740	2860	2990
330kV输电线路	780	1010	1160	1270	1390	1770	2030	2260	2430	2620	2770	2890	3020	3150
500kV输电线路	820	1060	1220	1340	1460	1860	2140	2380	2560	2760	2920	3040	3180	3320
750kV输电线路	860	1110	1280	1400	1530	1950	2250	2500	2690	2900	3070	3190	3340	3490

注:1 表中存药量指梯恩梯当量,当为其他火药、炸药时,应按本规范表3.0.1中的相应当量值换算。

2 当洞库存药条件中横截面积比小于0.23时,其外部允许距离应按表中距离乘以0.85。

3 采取表中距离时,应以装药等效直径为依据确定。当装药等效直径一定,实际存药量小于或等于表中相应存药量时,可直接采用表中距离;实际存药量大于表中存药量并不超过1倍时,应按表中距离乘以1.30。

4 实际等效装药直径为中间值时,其相应存药量和外部允许距离应采用线性插入法确定。

5 表中距离指水平投影距离,由洞口的中心点算起。

表4.3.2-2 被保护对象偏离洞轴线时爆炸飞石外部允许距离的折减系数

被保护对象偏离洞轴线角度θ(°)	折减系数
0°≤θ≤50°	1.00
50°<θ≤60°	0.70
60°<θ≤70°	0.60
70°<θ≤80°	0.50
80°<θ≤90°	0.40

注:当被保护对象偏离洞轴线90°以上时,不执行爆炸飞石外部允许距离。

表4.3.2-3 各类岩石洞库爆炸飞石外部允许距离的折减系数

岩石类别	抗压强度(kPa)	代表性岩石	折减系数
极硬岩	>60000	花岗岩、玄武岩、安山岩、闪长岩等	1.0
硬质岩	30000～60000	钙质胶结的砾岩、砂岩、灰岩等	0.8
软质岩	5000～30000	泥质胶结的砾岩、页岩、泥灰岩等	0.7

4.3.3 当缓坡地形条件下的极硬岩石和硬质岩石洞库存药条件符合本规范第3.0.3条的规定时,爆炸空气冲击波外部允许距离应选取表4.3.3-1的相应数值后,乘以表4.3.3-2相应的折减系数确定。

表4.3.3-1 缓坡地形极硬岩石和硬质岩石洞库
爆炸空气冲击波外部允许距离

装药等效直径(m)	1.40	1.76	2.01	2.22	2.39	3.01	3.44	3.79	4.08	4.34	4.57	4.78	4.97	5.14
存药量(t)	10	20	30	40	50	100	150	200	250	300	350	400	450	500
被保护对象	外部允许距离(m)													
小于或等于10户并小于或等于50人的零散住户、警卫排居住建筑物的边缘	85	105	120	135	145	180	210	230	250	260	270	290	300	310
大于10户并小于或等于50户的零散住户边缘	100	130	150	160	170	220	250	270	290	310	330	340	360	370
大于50户并小于或等于100户的村庄、警卫大队和中队居住建筑物的边缘	130	165	190	210	225	280	320	350	380	410	430	450	460	480
大于100户并小于或等于200户的村庄边缘,本库区的行政生活区的边缘和职工总数小于50人的企业围墙	165	210	240	265	285	360	410	450	490	520	540	570	590	610

续表4.3.3-1

装药等效直径(m)	1.40	1.76	2.01	2.22	2.39	3.01	3.44	3.79	4.08	4.34	4.57	4.78	4.97	5.14
存药量(t)	10	20	30	40	50	100	150	200	250	300	350	400	450	500
被保护对象	外部允许距离(m)													
乡、镇的规划边缘	210	270	300	340	360	450	520	570	620	660	690	720	750	780
县城的规划边缘,职工总数大于或等于50人的企业围墙	310	390	450	490	530	660	760	840	900	960	1010	1050	1100	1140
人口大于10万人城市的规划边缘	420	540	600	680	720	900	1040	1140	1240	1320	1380	1440	1500	1560
国家铁路及其车站														
Ⅰ级铁路	130	165	190	210	225	280	320	350	380	400	430	450	460	480
Ⅱ级铁路	110	130	150	160	170	220	250	270	290	310	330	340	360	370
Ⅲ、Ⅳ级铁路	85	105	120	135	145	180	210	230	250	260	270	290	300	310
公路														
一级公路	110	130	145	160	170	220	250	270	290	310	330	340	360	370
二、三级公路	85	105	120	135	145	180	210	230	250	260	270	290	300	310
四级公路	65	85	95	105	115	140	160	180	190	200	210	220	225	240
通航河流的航道	85	105	120	135	145	180	210	230	250	260	270	290	300	310
高压输电线路														
35kV输电线路	65	85	95	105	115	140	160	180	190	200	210	220	225	240
110kV输电线路	85	105	120	135	145	180	210	230	250	260	270	290	300	310
220kV输电线路	300	380	430	480	510	650	740	810	880	940	970	1030	1060	1100
330kV输电线路	310	400	460	500	530	670	760	860	930	990	1030	1080	1120	1160
500kV及以上输电线路	330	420	480	530	570	720	820	900	980	1080	1140	1180	1210	1260

注:1 表中存药量指梯恩梯当量,当为其他火药、炸药时,应按本规范表3.0.1中的相应当量值换算。

2 当洞库存药条件中横截面积比小于0.23时,其外部允许距离应按表中距离乘以0.85。

3 采取表中距离时,应以装药等效直径为依据确定。当装药等效直径一定,实际存药量小于或等于表中相应存药量时,可直接采用表中距离;实际存药量大于表中存药量并不超过1倍时,应按表中距离乘以1.30。

4 实际等效装药直径为中间值时,其相应存药量和外部允许距离应采用线性插入法确定。

5 表中距离指水平投影距离,由洞口的中心点算起。

表 4.3.3-2　缓坡地形极硬岩石和硬质岩石洞库被保护对象偏离洞轴线时爆炸空气冲击波外部允许距离折减系数

被保护对象偏离洞轴线角度 θ(°)	折 减 系 数
0°≤θ≤15°	1.00
15°<θ≤30°	0.87
30°<θ≤45°	0.71
45°<θ≤60°	0.63
60°<θ≤90°	0.56

注：当被保护对象偏离洞轴线90°以上时，不执行爆炸空气冲击波外部允许距离。

表 4.3.4-2　缓坡地形软质岩石洞库被保护对象偏离洞轴线时爆炸空气冲击波外部允许距离折减系数

被保护对象偏离洞轴线角度 θ(°)	折 减 系 数
0°≤θ≤15°	1.00
15°<θ≤30°	0.94
30°<θ≤45°	0.90
45°<θ≤60°	0.84
60°<θ≤90°	0.65

注：当被保护对象偏离洞轴线90°以上时，不执行爆炸空气冲击波外部允许距离。

4.3.4 当缓坡地形软质岩石洞库存药条件符合本规范第3.0.3条的规定时，爆炸空气冲击波外部允许距离应选取表4.3.4-1的相应数值后，乘以表4.3.4-2相应的折减系数确定。

表 4.3.4-1　缓坡地形软质岩石洞库爆炸空气冲击波外部允许距离

装药等效直径(m)	1.40	1.76	2.01	2.22	2.39	3.01	3.44	3.79	4.08	4.34	4.57	4.78	4.97	5.14
存药量(t)	10	20	30	40	50	100	150	200	250	300	350	400	450	500
被保护对象	外部允许距离(m)													
小于或等于10户并小于或等于50人的零散住户、警卫排居住建筑物的边缘	110	135	155	170	180	230	260	290	310	330	350	360	370	390
大于10户并小于或等于50户的零散住户边缘	130	165	190	210	225	285	325	360	385	410	430	450	470	490
大于50户并小于或等于100户的村庄边缘、警卫大队和中队居住建筑物的边缘	180	230	260	290	310	390	450	490	530	560	590	620	650	670
大于100户并小于或等于200户的村庄边缘，本库区的行政生活区的边缘和职工总数小于50人的企业围墙	245	310	350	390	420	525	600	660	715	760	800	840	870	900

续表 4.3.4-1

装药等效直径(m)	1.40	1.76	2.01	2.22	2.39	3.01	3.44	3.79	4.08	4.34	4.57	4.78	4.97	5.14
存药量(t)	10	20	30	40	50	100	150	200	250	300	350	400	450	500
被保护对象	外部允许距离(m)													
乡、镇的规划边缘	330	410	470	520	560	700	800	890	955	1010	1070	1120	1160	1200
县城的规划边缘，职工总数大于或等于50人的企业围墙	515	650	740	820	880	1110	1270	1400	1500	1600	1700	1760	1840	1900
人口大于10万人城市的规划边缘	660	820	940	1040	1120	1400	1600	1780	1910	2020	2140	2240	2320	2400
国家铁路及其车站														
Ⅰ级铁路	180	230	260	290	310	390	450	490	530	560	590	620	650	670
Ⅱ级铁路	130	165	190	210	225	285	325	360	385	410	430	450	470	490
Ⅲ、Ⅳ级铁路	110	135	155	170	180	230	260	290	310	330	350	360	370	390
公路														
一级公路	130	165	190	210	225	285	325	360	385	410	430	450	470	490
二、三级公路	110	135	155	170	180	230	260	290	310	330	350	360	370	390
四级公路	80	100	115	125	135	170	195	215	230	245	260	270	280	290
通航河流的航道	110	135	155	170	180	230	260	290	310	330	350	360	370	390
高压输电线路														
35kV输电线路	80	100	115	125	135	170	195	215	230	245	260	270	280	290
110kV输电线路	110	135	155	170	180	230	260	290	310	330	350	360	370	390
220kV输电线路	440	560	630	700	760	950	1080	1190	1280	1370	1440	1510	1570	1620
330kV输电线路	470	590	670	740	800	1000	1140	1250	1360	1440	1520	1600	1650	1700
500kV输电线路	490	620	700	780	840	1050	1200	1320	1430	1510	1600	1680	1740	1800
750kV输电线路	515	650	740	820	880	1100	1260	1390	1500	1600	1700	1760	1840	1900

注:1 表中存药量指梯恩梯炸药当量，当为其他火药、炸药时，应按本规范表3.0.1中的相应当量值换算。

2 当洞库存药条件中横截面积比小于0.23时，其外部允许距离应按表中距离乘以0.85。

3 采取表中距离时，应以装药等效直径为依据确定。当装药等效直径已定，实际存药量小于或等于表中相应存药量时，可直接采用表中距离；实际存药量大于表中存药量并不超过1倍时，应按表中距离乘以1.30。

4 实际等效装药直径为中间值时，其相应存药量和外部允许距离应采用线性插入法确定。

5 表中距离指水平投影距离，由洞口的中心点算起。

4.3.5 当陡坡地形软质岩石洞库存药条件符合本规范第3.0.3条的规定时，爆炸空气冲击波外部允许距离应选取表4.3.5-1的相应数值后，乘以表4.3.5-2相应的折减系数确定。

表 4.3.5-1　陡坡地形软质岩石洞库爆炸空气冲击波外部允许距离

装药等效直径(m)	1.40	1.76	2.01	2.22	2.39	3.01	3.44	3.79	4.08	4.34	4.57	4.78	4.97	5.14
存药量(t)	10	20	30	40	50	100	150	200	250	300	350	400	450	500
被保护对象	外部允许距离(m)													
小于或等于10户并小于或等于50人的零散住户、警卫排居住建筑物的边缘	155	195	220	250	265	335	380	420	450	480	510	530	550	570
大于10户并小于或等于50户的零散住户边缘	195	250	280	310	340	420	480	530	570	610	640	670	700	720
大于50户并小于或等于100户的村庄边缘、警卫大队和中队居住建筑物的边缘	280	350	400	440	480	600	685	750	810	860	910	950	990	1020
大于100户并小于或等于200户的村庄边缘，本库区的行政生活区的边缘和职工总数小于50人的企业围墙	380	480	550	610	650	820	940	1030	1110	1180	1250	1300	1360	1400

续表 4.3.5-1

装药等效直径(m)	1.40	1.76	2.01	2.22	2.39	3.01	3.44	3.79	4.08	4.34	4.57	4.78	4.97	5.14
存药量(t)	10	20	30	40	50	100	150	200	250	300	350	400	450	500
被保护对象	外部允许距离(m)													
乡、镇的规划边缘	520	650	750	820	885	1120	1280	1400	1510	1610	1690	1770	1840	1910
县城的规划边缘，职工总数大于或等于50人的企业围墙	840	1050	1200	1330	1430	1800	2060	2270	2440	2600	2730	2860	2970	3080
人口大于10万人城市的规划边缘	1040	1300	1500	1640	1770	2240	2560	2800	3020	3220	3380	3540	3680	3820
国家铁路及其车站														
Ⅰ级铁路	280	350	400	440	480	600	685	750	810	860	910	950	990	1020
Ⅱ级铁路	195	250	280	310	340	420	480	530	570	610	640	670	700	720
Ⅲ、Ⅳ级铁路	155	195	220	250	265	335	380	420	450	480	510	530	550	570
公路														
一级公路	195	250	280	310	340	420	480	530	570	610	640	670	700	720
二、三级公路	155	195	220	250	265	335	380	420	450	480	510	530	550	570
四级公路	110	135	160	170	190	240	270	310	330	350	370	385	400	420
通航河流的航道	155	195	220	250	265	335	380	420	450	480	510	530	550	570
高压输电线路														
35kV输电线路	110	140	160	170	190	240	270	310	330	350	370	385	400	420
110kV输电线路	155	195	220	250	265	335	380	420	450	480	510	530	550	570
220kV输电线路	720	910	1050	1160	1240	1560	1790	1960	2110	2240	2380	2470	2580	2660
330kV输电线路	760	960	1100	1220	1300	1640	1880	2060	2220	2360	2500	2600	2720	2800
500kV输电线路	800	1010	1160	1270	1370	1720	1970	2160	2330	2480	2630	2730	2860	2940
750kV输电线路	840	1050	1200	1330	1430	1800	2060	2270	2440	2600	2730	2860	2970	3080

注:1 表中存药量指梯恩梯炸药当量，当为其他火药、炸药时，应按本规范表3.0.1中的相应当量值换算。

2 当洞库存药条件中横截面积比小于0.23时，其外部允许距离应按表中距离乘以0.85。

3 采取表中距离时，应以装药等效直径为依据确定。当装药等效直径已定，实际存药量小于或等于表中相应存药量时，可直接采用表中距离；实际存药量大于表中存药量并不超过1倍时，应按表中距离乘以1.30。

4 实际等效装药直径为中间值时，其相应存药量和外部允许距离应采用线性插入法确定。

5 表中距离指水平投影距离，由洞口的中心点算起。

表4.3.5-2 陡坡地形软质岩石洞库被保护对象偏离洞轴线时爆炸空气冲击波外部允许距离折减系数

被保护对象偏离洞轴线角度 θ(°)	折 减 系 数
0°≤θ≤15°	1.00
15°<θ≤30°	0.90
30°<θ≤45°	0.85
45°<θ≤60°	0.65
60°<θ≤90°	0.52

注:当被保护对象偏离洞轴线90°以上时,不执行爆炸空气冲击波外部允许距离。

表4.3.6-2 黄土洞库被保护对象偏离洞轴线时爆炸空气冲击波外部允许距离折减系数

被保护对象偏离洞轴线角度 θ(°)	折 减 系 数
0°≤θ≤15°	1.00
15°<θ≤30°	0.94
30°<θ≤45°	0.91
45°<θ≤60°	0.86
60°<θ≤90°	0.80

注:当被保护对象偏离洞轴线90°以上时,不执行爆炸空气冲击波外部允许距离。

4.3.6 当黄土洞库存药条件符合本规范第3.0.3条的规定时,爆炸空气冲击波外部允许距离应选取表4.3.6-1的相应数值后,乘以表4.3.6-2相应的折减系数确定。

表4.3.6-1 黄土洞库爆炸空气冲击波外部允许距离

装药等效直径(m)	1.28	1.60	1.82	2.00	2.14	2.68	3.05	3.34	3.59	3.83
存药量(t)	10	20	30	40	50	100	150	200	250	300
被保护对象	外部允许距离(m)									
小于或等于10户并小于或等于50人的零散住户、警卫排居住建筑物的边缘	50	60	70	75	80	100	120	130	140	150
大于10户并小于或等于50户的零散住户边缘	55	70	80	90	95	120	140	150	160	170
大于50户并小于或等于100户的村庄边缘、警卫大队和中队居住建筑物的边缘	70	90	100	110	120	150	175	190	210	220
大于100户并小于或等于200户的村庄边缘、本库区的行政生活区的边缘和职工总数小于50人的企业围墙	90	110	130	140	150	190	220	240	260	270

续表4.3.6-1

装药等效直径(m)	1.28	1.60	1.82	2.00	2.14	2.68	3.05	3.34	3.59	3.83
存药量(t)	10	20	30	40	50	100	150	200	250	300
被保护对象	外部允许距离(m)									
乡、镇的规划边缘	110	140	160	180	190	240	270	300	320	340
县城的规划边缘,职工总数大于或等于50人的企业围墙	160	200	225	250	270	340	385	425	460	490
人口大于10万人城市的规划边缘	220	280	320	360	380	480	540	600	640	680
国家铁路及其车站 Ⅰ级铁路 Ⅱ级铁路 Ⅲ、Ⅳ级铁路	 70 55 50	 90 70 60	 100 80 70	 110 90 75	 120 95 80	 150 120 100	 175 140 120	 190 150 130	 210 160 140	 220 170 150
公路 一级公路 二、三级公路 四级公路	 55 50 40	 70 60 50	 80 70 55	 90 75 60	 95 80 65	 120 100 80	 140 120 95	 150 130 105	 160 140 110	 170 150 120
通航河流的航道	50	60	70	75	80	100	120	130	140	150
高压输电线路 35kV输电线路 110kV输电线路 220kV输电线路 330kV输电线路 500kV及以上输电线路	 40 50 160 170 180	 50 60 200 210 220	 55 70 230 250 260	 60 75 250 270 280	 65 80 270 285 300	 80 100 340 360 380	 95 120 390 420 440	 105 130 430 460 480	 110 140 470 490 520	 120 150 490 510 540

注:
1 表中存药量指梯恩梯药量,当为其他火药、炸药时,应按本规范表3.0.1中的相应当量换算。
2 当洞库存药条件中横截面积比小于0.23时,其外部允许距离应按表中距离乘以0.85。
3 采取表中距离时,应以装药等效直径为依据确定。当装药等效直径已定,实际存药量小于或等于表中相应存药量时,可直接采用表中距离;实际存药量大于表中存药量并不超过1倍时,应按表中距离乘以1.30。
4 实际等效装药直径为中间值时,其相应存药量和外部允许距离应采用线性插值法确定。
5 表中距离指水平投影距离,由洞口的中心点算起。

4.3.7 覆土库爆炸空气冲击波外部允许距离不应小于表4.3.7的规定。

表4.3.7 覆土库爆炸空气冲击波外部允许距离

存药量(t)	10	20	30	40	50	100	150	200
被保护对象	外部允许距离(m)							
小于或等于10户并小于或等于50人的零散住户、警卫排居住建筑物的边缘	150	200	230	250	270	340	390	430
大于10户并小于或等于50户的零散住户边缘	195	245	280	310	330	420	480	530
大于50户并小于或等于100户的村庄边缘、警卫大队和中队居住建筑物的边缘	265	330	380	420	450	570	650	720
大于100户并小于或等于200户的村庄边缘、本库区的行政生活区的边缘和职工总数小于50人的企业围墙	350	440	500	550	590	750	860	940
乡、镇的规划边缘	455	570	660	720	780	980	1120	1230
县城的规划边缘,职工总数大于或等于50人的企业围墙	700	880	1010	1110	1200	1510	1730	1900

续表4.3.7

存药量(t)	10	20	30	40	50	100	150	200
被保护对象	外部允许距离(m)							
人口大于10万人城市的规划边缘	910	1140	1320	1440	1560	1960	2240	2460
国家铁路及其车站 Ⅰ级铁路 Ⅱ级铁路 Ⅲ、Ⅳ级铁路	 265 195 180	 330 245 200	 380 280 230	 420 310 250	 450 330 270	 570 420 340	 650 480 390	 720 530 430
公路 一级公路 二、三级公路 四级公路	 195 160 120	 245 200 150	 280 230 175	 310 250 190	 330 270 210	 420 340 260	 480 390 300	 530 430 330
通航河流的航道	160	200	230	250	270	340	390	430
高压输电线路 35kV输电线路 110kV输电线路 220kV输电线路 330kV输电线路 500kV及以上输电线路	 120 160 630 665 700	 150 200 790 840 880	 175 230 900 950 1010	 190 250 990 1050 1110	 210 270 1060 1120 1200	 260 340 1350 1430 1510	 300 390 1550 1640 1730	 330 430 1690 1790 1900

注:
1 表中存药量指梯恩梯当量,当为其他火药、炸药时,应按本规范表3.0.1中的相应当量值换算。
2 存药量为中间值时,其外部允许距离应采用线性插值法确定。
3 表中距离指水平投影距离,由建筑物外墙起。

4.3.8 极硬岩石和硬质岩石洞库爆炸地震波外部允许距离不应小于表4.3.8的规定。

表4.3.8 极硬岩石和硬质岩石洞库爆炸地震波外部允许距离

建筑物结构类别	砖混结构	砖木结构	夯土墙木结构	土坯墙木结构
存药量(t)	外部允许距离(m)			
10	85	94	127	162
20	106	118	160	204
30	122	136	183	233

建筑物结构类别	砖混结构	砖木结构	夯土墙木结构	土坯墙木结构
存药量(t)	外部允许距离(m)			
40	134	149	202	257
50	145	161	217	276
100	182	203	274	348
150	208	232	314	399
200	229	256	345	439
250	247	275	372	473
300	263	292	395	502
350	276	308	416	529
400	289	322	435	553
450	301	335	452	575
500	311	347	469	595

注:1 表中存药量指梯恩梯当量,当为其他火药、炸药时,应按本规范表3.0.1中
的相应当量值换算。

2 当存药量为中间值时,其外部允许距离应采用线性插入法确定。

3 表中距离是指被保护建筑物地基为基岩或硬土的情况,如地基为软土时,
表中距离应乘以1.15。

4 当建筑物与洞轴线夹角呈60°~120°(以洞轴线为0°)的范围内时,表中距离
应乘以1.2。

5 表中距离指水平投影距离,由主洞室内存药中心点算起。

4.3.9 软质岩石洞库爆炸地震波外部允许距离不应小于表4.3.9
的规定。

表4.3.9 软质岩石洞库爆炸地震波外部允许距离

建筑物结构类别	砖混结构	砖木结构	夯土墙木结构	土坯墙木结构
存药量(t)	外部允许距离(m)			
10	99	106	132	156
20	124	134	166	197

续表 4.3.9

建筑物结构类别	砖混结构	砖木结构	夯土墙木结构	土坯墙木结构
存药量(t)	外部允许距离(m)			
30	142	154	190	226
40	157	169	210	248
50	169	182	226	268
100	212	229	284	337
150	243	263	326	386
200	268	289	358	425
250	288	311	386	458
300	307	331	410	486
350	323	348	432	512
400	337	364	451	535
450	351	379	469	557
500	363	392	486	576

注:1 表中存药量指梯恩梯当量,当为其他火药、炸药时,应按本规范表3.0.1中
的相应当量值换算。

2 当存药量为中间值时,其外部允许距离应采用线性插入法确定。

3 表中距离是指被保护建筑物地基为基岩或硬土的情况,如地基为软土时,
表中距离应乘以1.15。

4 当建筑物与洞轴线夹角呈60°~120°(以洞轴线为0°)的范围内时,表中距离
应乘以1.2。

5 表中距离指水平投影距离,由主洞室内存药中心点算起。

4.3.10 黄土洞库爆炸地震波外部允许距离不应小于表4.3.10
的规定。

表4.3.10 黄土洞库爆炸地震波外部允许距离

建筑物结构类别	砖混结构	砖木结构	夯土墙木结构	土坯墙木结构
存药量(t)	外部允许距离(m)			
10	54	62	92	126
20	68	78	116	159
30	78	90	133	182
40	86	99	146	200
50	92	106	158	215
100	116	134	199	271
150	133	153	227	311
200	147	168	250	342
250	158	182	269	368
300	168	193	286	391

注:1 表中存药量指梯恩梯当量,当为其他火药、炸药时,应按本规范表3.0.1中
的相应当量值换算。

2 当存药量为中间值时,其外部允许距离应采用线性插入法确定。

3 表中距离指水平投影距离,由主洞室内存药中心点算起。

5 库区内部布置

5.1 一般规定

5.1.1 洞库及覆土库布置应根据地形、地质、防洪、道路及相互之
间的库间允许距离确定,并应安全、紧凑、合理。

5.1.2 同一库区的洞库和覆土库应分区布置。分区之间的库间
距离,岩石洞库、黄土洞库及覆土库应分别按本规范第4.3.2~
4.3.10条有关"小于或等于10户并小于或等于50人的零散住户、
警卫排居住建筑物的边缘"的规定和第4.3.8~4.3.10条的规定
取其最大值。

5.1.3 库区内主干道宜布置成环形或局部环形,主干道中心线与
火药、炸药仓库的距离不应小于10m。

5.1.4 洞库及覆土库的室内地面标高,不应低于库区50年一遇
洪水水位的高程加0.5m。

5.1.5 两个覆土库出入口相对时,应分别在各自出入口前设置防
护屏障。

5.1.6 库区周围宜设置高度不小于2.5m的密砌围墙。在山区
设置密砌围墙有困难时,局部地段可设置刺网围墙。围墙距洞口
的距离不宜小于35m,距覆土库外墙的距离不宜小于25m。

5.2 库间允许距离

5.2.1 缓坡地形岩石洞库、黄土洞库相邻库的库间允许距离不应
小于表5.2.1-1和表5.2.1-2的规定,并应乘以表5.2.1-3的影响
系数。

表 5.2.1-1　缓坡地形岩石洞库库间允许距离

岩体结构分类		整体状结构		块状结构		碎块状结构	
火药、炸药分类		梯恩梯当量值					
		>1	≤1	>1	≤1	>1	≤1
装药等效直径(m)	存药量(t)	库间允许距离(m)					
1.40	10	24	14	27	16	30	18
1.76	20	31	18	34	20	37	22
2.01	30	35	20	39	23	42	25
2.22	40	39	22	43	25	47	28
2.39	50	42	24	46	27	50	30
3.01	100	52	30	58	34	63	38
3.44	150	60	35	66	39	72	43
3.79	200	66	38	73	43	79	47
4.08	250	71	41	79	46	85	51
4.34	300	76	44	84	49	90	54
4.57	350	80	46	88	51	95	57
4.78	400	83	48	92	54	100	60
4.97	450	87	50	96	56	104	62
5.14	500	90	52	99	58	107	64

注:1　岩体结构的分类应按本规范表 5.2.1-4 确定。
　　2　火药、炸药的分类应按本规范表 3.0.1 确定。
　　3　当相邻两库存放不同类别的火药、炸药时,其库间允许距离应分别查本表所规定的距离并应取其最大值。
　　4　采用表中距离时,应以装药等效直径为依据确定,当装药等效直径已定,实际存药量小于表中存药量时,可直接采用表中距离;当实际存药量小于或等于表中存药量 50%时,表中距离应乘以 0.8;当实际存药量大于表中存药量并不超过 1 倍时,表中距离应乘以 1.2。
　　5　表中距离指水平投影距离,由洞库外壁算起。

表 5.2.1-2　黄土洞库库间允许距离

火药、炸药分类		梯恩梯当量值	
		>1	≤1
装药等效直径(m)	存药量(t)	库间允许距离(m)	
1.28	10	29	21
1.60	20	36	26
1.82	30	41	30
2.00	40	46	33
2.14	50	49	36
2.68	100	62	45
3.05	150	71	52
3.34	200	78	57
3.59	250	84	61
3.83	300	89	65

注:1　火药、炸药的分类应按本规范表 3.0.1 确定。
　　2　当相邻两库存放不同类别的火药、炸药时,其库间允许距离应分别查本表所规定的距离并应取其最大值。
　　3　采用表中距离时,应以装药等效直径为依据确定,当装药等效直径已定,实际存药量小于表中存药量时,可直接采用表中距离;当实际存药量小于或等于表中存药量 50%时,表中距离应乘以 0.8;当实际存药量大于表中存药量并不超过 1 倍时,表中距离应乘以 1.2。
　　4　表中距离指水平投影距离,由洞库外壁算起。

表 5.2.1-3　洞库布置影响系数

布置形式	平行布置	内八字布置	外八字布置	交错布置	相背布置
洞库类别	影响系数				
岩石洞库	1.3	1.3	1.2	1.0	0.9
黄土洞库	1.2	1.2	1.1	1.0	0.9

表 5.2.1-4　岩土体结构分类

岩土体结构分类	结构特征	岩石抗压强度(10^5 Pa)	岩体纵波弹性波速(m/s)	n
整体状结构	岩体呈整体或巨厚层状,节理极不发育。无控制性结构面;B_0 为 1~2,$M<0.5$	>300	>4000	>0.85
块状结构	岩体呈块状或厚层状,节理不发育,结构面以闭合,多呈闭合;B_0 为 2~3,M 为 0.5~2	>200	3000~4500	0.85~0.6
碎块状结构	岩体呈中厚层或块状结构,节理发育,结构面以节理劈理为主,相互穿插切割成块(如花岗岩等);B_0 为 3~4,M 为 2~5	>100	2000~3500	0.6~0.3
散体状结构	土体呈均质巨厚层状	—	<1000	—

注:B_0 为节理数据,M 为节理量每米节理条数,n 为 $(C_v/C_e)^2$,C_v 为岩体纵波波速(m/s),C_e 为岩块纵波波速(m/s)。

5.2.2　陡坡地形岩石洞库相邻库的库间允许距离不应小于表 5.2.2 的规定,并应乘以表 5.2.1-3 的影响系数。

表 5.2.2　陡坡地形岩石洞库库间允许距离

岩体结构分类		整体状结构		块状结构	
火药、炸药分类		梯恩梯当量值			
		>1	≤1	>1	≤1
装药等效直径(m)	存药量(t)	库间允许距离(m)			
1.40	10	19	11	21	13
1.76	20	24	14	26	17
2.01	30	27	16	30	19
2.22	40	30	18	33	21
2.39	50	32	19	36	23
3.01	100	41	23	45	28
3.44	150	47	27	52	32
3.79	200	52	29	57	36
4.08	250	55	32	61	38

续表 5.2.2

岩体结构分类		整体状结构		块状结构	
火药、炸药分类		梯恩梯当量值			
		>1	≤1	>1	≤1
装药等效直径(m)	存药量(t)	库间允许距离(m)			
4.34	300	59	34	65	41
4.57	350	62	35	68	43
4.78	400	65	37	72	45
4.97	450	67	38	74	47
5.14	500	70	40	77	48

注:1　岩体结构的分类应按本规范表 5.2.1-4 确定。
　　2　火药、炸药的分类应按本规范表 3.0.1 确定。
　　3　当相邻两库存放不同类别的火药、炸药时,其库间允许距离应分别查本表所规定的距离并应取其最大值。
　　4　采用表中距离时,应以装药等效直径为依据确定,当装药等效直径已定,实际存药量小于表中存药量时,可直接采用表中距离;当实际存药量小于或等于表中存药量 50%时,表中距离应乘以 0.8;当实际存药量大于表中存药量并不超过 1 倍时,表中距离应乘以 1.2。
　　5　表中距离指水平投影距离,由洞库外壁算起。

5.2.3　两个岩石洞库相对布置时,库间允许距离不应小于表 5.2.3 的规定。

表 5.2.3　岩石洞库相对布置库间允许距离

偏离洞轴线角度		洞轴线两侧各15°以外		洞轴线两侧各15°及以内	
洞库类别		陡坡地形	缓坡地形	陡坡地形	缓坡地形
装药等效直径(m)	存药量(t)	库间允许距离(m)			
1.40	10	32	22	47	43
1.76	20	40	28	50	54
2.01	30	45	32	68	62
2.22	40	50	35	75	68
2.39	50	54	38	81	74

续表5.2.3

偏离洞轴线角度		洞轴线两侧各15°以外		洞轴线两侧各15°及以内	
洞库类别		陡坡地形	缓坡地形	陡坡地形	缓坡地形
装药等效直径(m)	存药量(t)	库间允许距离(m)			
3.01	100	68	48	101	93
3.44	150	78	55	117	106
3.79	200	86	60	129	117
4.08	250	92	65	149	126
4.34	300	98	69	147	124
4.57	350	103	73	155	141
4.78	400	108	76	162	147
4.97	450	112	79	168	153
5.14	500	116	82	175	159

注:1 表中存药量指梯恩梯当量,当为其他火药、炸药时,应按本规范表3.0.1中的相应当量值换算。

2 当相邻两库存放不同类别的火药、炸药时,其库间允许距离应分别查本表所规定的距离并应取其最大值。

3 采用表中距离时,应以装药等效直径为依据确定,当装药等效直径已定,实际存药量小于表中存药量时,可直接采用表中距离;当实际存药量小于或等于表中存药量50%时,表中距离应乘以0.8;当实际存药量大于表中存药量并不超过1倍时,表中距离应乘以1.2。

4 表中距离指水平投影距离,由洞库外壁算起。

5.2.4 两个黄土洞库相对布置时,库间允许距离不应小于表5.2.4的规定。

表5.2.4 黄土洞库相对布置库间允许距离

偏离洞轴线角度		洞轴线两侧各15°以外	洞轴线两侧各15°及以内
装药等效直径(m)	存药量(t)	库间允许距离(m)	
1.28	10	16	32
1.60	20	20	41

续表5.2.4

偏离洞轴线角度		洞轴线两侧各15°以外	洞轴线两侧各15°及以内
装药等效直径(m)	存药量(t)	库间允许距离(m)	
1.82	30	23	47
2.00	40	25	51
2.14	50	27	55
2.68	100	34	69
3.05	150	39	80
3.34	200	43	88
3.59	250	46	95
3.83	300	49	100

注:1 表中存药量指梯恩梯当量,当为其他火药、炸药时,应按本规范表3.0.1中的相应当量值换算。

2 当相邻两库存放不同类别的火药、炸药时,其库间允许距离应分别查本表所规定的距离并应取其最大值。

3 采用表中距离时,应以装药等效直径为依据确定,当装药等效直径已定,实际存药量小于表中存药量时,可直接采用表中距离;当实际存药量小于或等于表中存药量50%时,表中距离应乘以0.8;当实际存药量大于表中存药量并不超过1倍时,表中距离应乘以1.2。

4 表中距离指水平投影距离,由洞库外壁算起。

5.2.5 两个岩石洞库上下布置时,库间允许距离不应小于表5.2.5的规定。

表5.2.5 岩石洞库上下布置库间允许距离

火药、炸药分类		梯恩梯当量值	
		>1	≤1
装药等效直径(m)	存药量(t)	库间允许距离(m)	
1.40	10	27	19
1.76	20	34	24
2.01	30	39	27

续表5.2.5

火药、炸药分类		梯恩梯当量值	
		>1	≤1
装药等效直径(m)	存药量(t)	库间允许距离(m)	
2.22	40	43	30
2.39	50	46	32
3.01	100	58	41
3.44	150	66	47
3.79	200	73	52
4.08	250	79	55
4.34	300	84	59
4.57	350	88	62
4.78	400	92	65
4.97	450	96	67
5.14	500	99	70

注:1 火药、炸药的分类应按本规范表3.0.1确定。

2 当相邻两库存放不同类别的火药、炸药时,其库间允许距离应分别查本表所规定的距离并应取其最大值。

3 采用表中距离时,应以装药等效直径为依据确定,当装药等效直径已定,实际存药量小于表中存药量时,可直接采用表中距离;当实际存药量小于或等于表中存药量50%时,表中距离应乘以0.8;当实际存药量大于表中存药量并不超过1倍时,表中距离应乘以1.2。

4 表中距离指水平投影距离,由洞库外壁算起。

5.2.6 两个黄土洞库上下布置时,库间允许距离不应小于表5.2.6的规定。

表5.2.6 黄土洞库上下布置库间允许距离

火药、炸药分类		梯恩梯当量值	
		>1	≤1
装药等效直径(m)	存药量(t)	库间允许距离(m)	
1.28	10	30	22
1.60	20	37	28
1.82	30	42	32
2.00	40	46	35
2.14	50	50	38
2.68	100	63	48
3.05	150	72	55
3.34	200	79	60
3.59	250	85	65
3.83	300	90	69

注:1 火药、炸药的分类应按本规范表3.0.1确定。

2 当相邻两库存放不同类别的火药、炸药时,其库间允许距离应分别查本表所规定的距离并应取其最大值。

3 采用表中距离时,应以装药等效直径为依据确定,当装药等效直径已定,实际存药量小于表中存药量时,可直接采用表中距离;当实际存药量小于或等于表中存药量50%时,表中距离应乘以0.8;当实际存药量大于表中存药量并不超过1倍时,表中距离应乘以1.2。

4 表中距离指水平投影距离,由洞库外壁算起。

5.2.7 覆土库的库间允许距离不应小于表5.2.7的规定。

表5.2.7 覆土库库间允许距离

覆土形式	两侧山墙设出入口,后墙靠山丘,顶部及前墙覆土的覆土库				前墙设出入口,顶部、两侧墙和后墙均覆土的覆土库					
相互关系	前墙对前墙		前墙对山墙 山墙对山墙		后墙对后墙 侧墙对侧墙 后墙对侧墙		前墙对后墙		前墙对侧墙	
火药、炸药分类	梯恩梯当量值									
	>1	≤1	>1	≤1	>1	≤1	>1	≤1	>1	≤1
存药量(t)	库间允许距离(m)									
10	41	19	50	24	41	13	43	17	50	24
20	52	24	63	30	52	16	54	22	63	30
30	59	28	72	35	59	19	62	25	72	35
40	65	31	79	38	65	20	68	27	79	38
50	70	33	85	41	70	22	74	30	85	41
100	88	42	107	52	88	28	93	37	107	52
150	—	48	—	59	—	32	—	43	—	59
200	—	53	—	65	—	35	—	47	—	65

注:1 火药、炸药的分类应按本规范表3.0.1确定。

2 当相邻两库存放不同类别的火药、炸药时,其库间允许距离应分别查本表所规定的距离并取其最大值。

3 表中距离指水平投影距离,由覆土库外墙算起。

5.3 辅助建筑物布置

5.3.1 库区取样间宜布置在有利地形的单独地段。取样间与仓库之间的距离不宜小于50m,与其他建筑物之间的距离不宜小于100m。取样间存药量不应大于200kg。

5.3.2 库区变电所与仓库之间的距离不应小于50m。

5.4 警卫用建筑物布置

5.4.1 岩石洞库区、黄土洞库区,警卫大队、中队和警卫排居住建筑物宜布置在洞轴线两侧各60°角以外范围。覆土库区警卫大队、中队和警卫排居住建筑物宜避开任一覆土库出入口的正前方,宜布置在覆土库出入口的后方或侧后方。

5.4.2 岩石洞库区,警卫大队、中队和警卫排居住建筑物与洞库之间的距离,应符合本规范第4.3.2条~第4.3.5条、第4.3.8条和第4.3.9条的规定。

5.4.3 黄土洞库区,警卫大队、中队和警卫排居住建筑物与洞库之间的距离,应符合本规范第4.3.6条和第4.3.10条的规定。

5.4.4 覆土库区,警卫大队、中队和警卫排居住建筑物与覆土库之间的距离,应符合本规范第4.3.7条的规定。

5.4.5 警卫班建筑物与仓库之间的距离,应符合下列规定:

1 警卫班建筑物布置在岩石洞库洞轴线两侧各70°角以外范围时,与岩石洞库之间的允许距离不应小于表5.4.5-1的规定。

2 警卫班建筑物布置在岩石洞库洞轴线两侧各70°角以内范围时,与岩石洞库之间的允许距离不应小于表5.4.5-2的规定。

表5.4.5-1 岩石洞库与位于洞轴线两侧各70°角
以外的警卫班建筑物允许距离

存药量(t)	10	20	30	40	50	100	150	200	250	300	350	400	450	500
允许距离(m)	60	76	87	96	103	130	149	164	176	187	197	206	215	222

注:1 表中存药量指梯恩梯当量,当为其他火药、炸药时,应按本规范表3.0.1中的相应当量值换算。

2 当洞库存药条件中横截面积比小于0.23时,其外部允许距离应按表中距离乘以0.85。

3 表中距离指水平投影距离,由洞口的中心点算起。

表5.4.5-2 岩石洞库与位于洞轴线两侧各70°角以内的
警卫班建筑物允许距离

洞库类别		缓坡地形岩石洞库	陡坡地形岩石洞库
装药等效直径(m)	存药量(t)	允许距离(m)	
1.40	10	129	110
1.76	20	162	140
2.01	30	186	160
2.22	40	205	180
2.39	50	221	190
3.01	100	278	240
3.44	150	319	280
3.79	200	351	310
4.08	250	378	330
4.34	300	402	350
4.57	350	423	370
4.78	400	442	385
4.97	450	460	400
5.14	500	476	420

注:1 表中存药量指梯恩梯当量,当为其他火药、炸药时,应按本规范表3.0.1中的相应当量值换算。

2 当洞库存药条件中横截面积比小于0.23时,其外部允许距离应按表中距离乘以0.85。

3 采取表中距离时,应以装药等效直径为依据确定。当装药等效直径已定,实际存药量小于或等于表中相应存药量时,可直接采用表中距离;实际存药量大于表中存药量并不超过1倍时,应按表中距离乘以1.30。

4 实际等效装药直径为中间值时,其相应存药量和外部允许距离应采用线性插入法确定。

5 表中距离指水平投影距离,由洞口的中心点算起。

3 当警卫班建筑物布置在黄土洞库洞轴线两侧各90°角以外范围时,与黄土洞库之间的允许距离不应小于表5.4.5-3的规定。

表5.4.5-3 黄土洞库与位于洞轴线两侧各90°角
以外的警卫班建筑物允许距离

存药量(t)	10	20	30	40	50	100	150	200	250	300
允许距离(m)	35	45	50	55	60	75	85	95	100	110

注:1 表中存药量指梯恩梯当量,当为其他火药、炸药时,应按本规范表3.0.1中的相应当量值换算。

2 当洞库存药条件中横截面积比小于0.23时,其外部安全允许距离应按表中距离乘以0.85。

3 表中距离指水平投影距离,由洞口的中心点算起。

4 当警卫班建筑物布置在黄土洞库洞轴线两侧各90°角以内范围时,与黄土洞库之间的允许距离不应小于表5.4.5-4的规定。

表5.4.5-4 黄土洞库与位于洞轴线两侧各90°角以内的
警卫班建筑物允许距离

装药等效直径(m)	1.28	1.60	1.82	2.00	2.14	2.68	3.05	3.34	3.59	3.83
存药量(t)	10	20	30	40	50	100	150	200	250	300
允许距离(m)	45	55	65	70	75	90	105	115	120	130

注:1 表中存药量指梯恩梯当量,当为其他火药、炸药时,应按本规范表3.0.1中的相应当量值换算。

2 当洞库存药条件中横截面积比小于0.23时,其外部允许距离应按表中距离乘以0.85。

3 采取表中距离时,应以装药等效直径为依据确定。当装药等效直径已定,实际存药量小于或等于表中相应存药量时,可直接采用表中距离;实际存药量大于表中存药量并不超过1倍时,应按表中距离乘以1.30。

4 实际等效装药直径为中间值时,其相应存药量和外部允许距离应采用线性插入法确定。

5 表中距离指水平投影距离,由洞口的中心点算起。

5 警卫班建筑物与覆土库之间的允许距离不应小于表5.4.5-5的规定。

表5.4.5-5 警卫班建筑物与覆土库允许距离

存药量(t)	10	20	30	40	50	100	150	200
允许距离(m)	120	150	170	190	205	255	295	325

注：1 表中存药量指梯恩梯当量，当为其他火药、炸药时，应按本规范表3.0.1中的相应当量值换算。

　　2 存药量为中间值时，其外部允许距离应采用线性插入法确定。

　　3 表中距离指水平投影距离，由建筑物外墙算起。

5.4.6 库区警卫岗哨的位置应根据警卫任务和要求，结合具体地形条件布置。

6 建筑结构

6.1 一般规定

6.1.1 洞库的建筑形式宜为直通式，每一个洞库可设一个出入口，并应符合下列规定：

1 洞库洞口前应设装卸站台，装卸站台进深不宜小于3.5m，宽度不宜小于6m。

2 引洞净跨不宜小于2.5m，拱顶处净高宜为3～3.5m。

6.1.2 洞库的覆盖层厚度应符合防护要求。

6.1.3 洞库门的设置应符合下列规定：

1 引洞内从引洞口起应依次向内设钢网门、密闭门、防护密闭门，钢网门网孔部分宜设置可开启的密闭装置，防护密闭门的防护等级应根据需要阻挡的爆炸空气冲击波压力确定。用于生产经营单位的洞库引洞内可设钢网门和密闭门。

2 防护密闭门应设在主洞室前墙上。

3 离壁式岩石洞库，引洞末端侧墙或主洞室墙上应设密闭检查门。

4 洞库密闭门和防护密闭门应向外开启。

6.1.4 覆土库屋面覆土厚度不应小于0.5m，覆土墙顶部水平覆土厚度不应小于1m，坡向地面或外侧挡墙坡度应为1∶1～1∶1.5。

6.1.5 覆土库出入口外侧宜设进深不小于2.5m的装卸站台。山墙设出入口的覆土库，山墙至出入口前防护屏障之间的距离不宜大于6m。防护屏障不应低于山墙高度，顶宽不宜小于1m。

6.1.6 覆土库门窗的设置应符合下列规定：

1 覆土库出入口宜设外门斗，门斗外端起从外向内应依次设

密闭门、钢网门和防护密闭门，防护密闭门的防护等级应根据需要阻挡的冲击波压力确定。用于生产经营单位的覆土库可只设钢网门和密闭门。

2 覆土库密闭门和防护密闭门应向外开启。

3 山墙设出入口的覆土库，应根据通风需要在山墙上设通风窗。

4 前墙设出入口的覆土库，在覆土库后端应设通风口，并应用一段水平风管连接竖直排风管。竖直排风管管底应设置深度不小于1倍直径的减压管段，减压管段下端应密封。无防护库外爆炸空气冲击波侵入要求的生产经营单位覆土库，可在库房后端顶部设置直通库内的竖直排风管。

5 通风窗应由内向外依次设能开启的密闭玻璃窗、铁丝网和能开启的防护密闭板窗。防护密闭板窗的防护等级应与防护密闭门相匹配。

6.1.7 洞库的进风设施应符合下列规定：

1 采用前排风竖井形式时，宜在洞库地面下设进风地沟，地沟应通至主洞末端，并应在地面上设进风口，进风口应设置钢盖板、铁栅栏和铁丝网。

2 进风管或进风地沟室外入口处应设置防护门、铁栅栏、铁丝网等防护和保卫设施。

6.1.8 洞库应根据地质、地形条件设排风竖井，并应符合下列规定：

1 排风竖井与主洞室后墙或侧墙间应设一段水平通风道，水平通风道的净跨不应小于2m，拱顶净高不应小于2.5m。

2 水平通风道内应设防护密闭门和通风门，防护密闭门和通风门应向排风竖井方向开启；用于生产经营单位的洞库可只设钢网门和密闭门。

3 水平通风道地面高出主洞室地面不应小于1m；排风竖井底应设防爆坑，防爆坑底应低于水平通风道地面1m以上；当岩石洞库排风竖井有裂隙水时，应采取排水措施。

4 排风竖井应高出山体表面2.5m，且高出山体表面部分应采用钢筋混凝土结构，出风口应设置铁栅栏，竖井中段应设置水平钢筋网。

6.1.9 洞库和覆土库各类门的尺寸应符合表6.1.9的规定。

表6.1.9 洞库和覆土库各类门的尺寸(m)

类别	钢网门、防护密闭门、密闭门	通风道内的防护密闭门、通风门	检查门
宽	≥1.5	≥1.0	≥0.6
高	1.8～2.2	≥1.5	≥1.5

6.1.10 洞库和覆土库可采用普通水泥地面。有可能洒落火药、炸药药粉的仓库，宜采用不发生火花的地面。

6.2 岩石洞库建筑结构

6.2.1 在岩石洞库开挖后，应根据岩石洞库围岩的稳定情况和使用要求，采取喷射素混凝土支护、喷射钢筋混凝土支护、贴壁式衬砌或离壁式衬砌等措施。喷射钢筋网混凝土支护必要时可加设锚杆。

6.2.2 当主洞室围岩内表面散湿量大于0.3g/(m²·h)时，宜设置离壁式衬砌，有条件时引洞也可设置离壁式衬砌。

6.2.3 离壁式衬砌宜采用下列结构形式：

1 直墙拱顶式。

2 落地式钢筋混凝土拱。

6.2.4 离壁式衬砌的抗震构造措施应符合下列规定：

1 直墙拱顶离壁式衬砌采用柱、墙承重时，墙厚度不应小于240mm，柱和承重墙的顶部应设置钢筋混凝土圈梁，圈梁应封闭，断面不应小于240mm×180mm，钢筋配置不应少于4φ12，圈梁与承重柱、墙体和拱板均应加强连接。

2 直墙拱顶离壁式衬砌应在拱脚处设置钢筋混凝土斜撑，斜

撑水平间距宜为 3m,断面不应小于 300mm×300mm,钢筋配置不应少于 4Φ16,斜撑的一端应与圈梁连成整体,另一端应以 1:6 坡度向下锚入围岩内,且不应小于 0.5m。

3 钢筋混凝土柱与墙体及其转角处应加强连接。

4 承重柱、墙、落地拱基础伸入基岩不应小于 0.35m。

6.2.5 离壁式衬砌应采用不燃烧体,并应符合下列规定:

1 直墙拱顶离壁式衬砌的顶盖两侧应做挑檐板,挑檐长度不应小于 0.35m,挑檐板应坡向围岩,坡度不应小于 1:6。

2 离壁式衬砌外排水沟起点处沟底标高,宜低于洞内地面标高 0.4m,当洞库地面不做滤水层时,可为 0.2m。

3 排水沟应坡向洞外,坡度不应小于 0.8%。

6.2.6 洞库范围内山体表面有积水时,应采取排除措施,探坑和与洞库内相通的洞穴应填平。洞库围岩上的泉眼、大股裂隙水应排至离壁式衬砌侧墙外的排水沟中。

6.2.7 凡有裂隙水的岩石洞库,地面应做滤水层,滤水层底可采用砂浆或混凝土做坡度,并应坡向离壁式衬砌侧墙外排水沟,侧墙底应预埋排水短管或预留洞孔。

6.2.8 离壁式衬砌拱顶应采取防水措施,直墙应采取防潮措施。当拱顶采用柔性防水层时,可不增设防潮层。拱顶防水和墙的防潮应设在衬砌外侧。

6.2.9 离壁式衬砌上的灯光洞孔及伸缩缝等应采取密闭措施。

6.3 黄土洞库建筑结构

6.3.1 黄土洞库开挖后,应根据黄土土质情况和使用要求,采用喷射素混凝土支护、喷射钢筋网混凝土支护或贴壁式衬砌。

6.3.2 黄土洞库范围内山体表面的探坑及与洞库相通的洞穴应填实,并应高出周围表土。

6.3.3 黄土洞库的主洞室和引洞,以及排风竖井前的水平通风道、通风地沟内表面,均应做防潮层。

6.4 覆土库建筑结构

6.4.1 覆土库的承重构件可采用下列结构形式:

1 波纹钢板或钢筋混凝土落地拱。

2 钢筋混凝土框架结构。

3 钢筋混凝土屋盖、实心砌体墙承重的混合结构。

6.4.2 采用钢筋混凝土框架结构、实心砌体墙承重的混合结构的覆土库抗震构造措施,应符合下列规定:

1 钢筋混凝土屋面构件之间、屋面构件与柱及圈梁之间应加强连接。

2 覆土库墙的顶部应设置封闭式圈梁,圈梁的高度不应小于 180mm,钢筋配置不应少于 4Φ12。墙体厚度应根据侧向土压力计算确定。

3 实心砌体墙承重的混合结构覆土库,应在四角及横纵墙交接处设置构造柱。长度超过 6m 的墙体内应设置间距不大于 6m 的构造柱。构造柱断面不应小于 240mm×240mm,纵向钢筋配置不应少于 4Φ12。

6.4.3 覆土库的墙体严禁采用毛石或块石砌筑。有防护要求的覆土库,未覆土的墙体应采用现浇钢筋混凝土结构,现浇钢筋混凝土结构强度应与防护密闭门相匹配。

6.4.4 覆土库埋入土内的墙或拱的外侧应做柔性防水层。屋顶宜做柔性防水层,防水层上应做一层整体现浇混凝土,且防水层上应设滤水层。

6.4.5 覆土库前、后墙或落地拱的内侧可设离壁式隔潮墙,墙外侧应做排水沟,沟底宜低于室内地面 0.5m 以上,并应将积水引出库外。

6.4.6 覆土库地面、墙和屋顶内表面应做防潮层。

6.4.7 覆土库主体结构为波纹钢板拱时,钢拱及其连接件应采取防火、防腐措施。

6.5 警卫建筑物建筑结构

6.5.1 洞库或覆土库库区内的警卫建筑物应采用实心砌体结构或钢筋混凝土框架结构。实心砌体墙承重结构墙厚度不应小于 240mm。在建筑物外墙转角处、内外墙交接处和楼梯间四角应设置构造柱,长度超过 6m 的墙体内应设置间距不大于 6m 的构造柱。构造柱断面不应小于 240mm×240mm,纵向钢筋配置不应少于 4Φ12。

6.5.2 设在洞库前方洞轴线两侧 45°范围的警卫岗楼宜采用钢筋混凝土筒形结构,屋顶宜为球形,直径不宜小于 2m,截面厚度不应小于 300mm,内、外面均应配置不小于 Φ16 间距 200mm 的钢筋网。门宜背向洞库洞口。有条件时,屋顶及哨所墙体周围宜覆土,覆土厚度不宜小于 0.5m。

6.6 取样间建筑结构

6.6.1 取样间应为单层、矩形建筑物,并应采用实心砌体承重结构或钢筋混凝土框架结构,耐火等级不应低于二级。建筑面积小于或等于 65m² ,且同一时间作业人员不超过 3 人时,安全出口的数量不应少于 1 个。建筑面积大于 65m² 时,安全出口的数量不应少于 2 个。

6.6.2 取样间应设置向疏散方向开启的平开门,不应采用吊门、侧拉门或弹簧门等。门口应设置装卸台或坡道,不应设置门槛。取样间应采用不发生火花的地面。取样间内任一点至安全出口的疏散距离不应大于 15m。

7 电 气

7.1 危险场所分类

7.1.1 危险场所应以工作间或建筑物为单位分类,并应符合下列规定:

1 长期存在能形成爆炸危险且危险程度大的火药、炸药及其粉尘的危险场所应为 F0 类。

2 短时存在能形成爆炸危险的火药、炸药及其粉尘的危险场所应为 F1 类。

3 危险场所分类和防雷类别应符合表 7.1.1 的规定。

表 7.1.1 危险场所分类和防雷类别

序号	工作间(或建筑物)	危险场所分类	防雷类别
1	主洞室	F0	—
2	引洞	F1	—
3	覆土库	F0	一类
4	覆土库门斗	F1	一类
5	站台库	F0	一类
6	取样间	F1	一类

注:洞库伸出库外的排风竖井及其他突出物体的防雷类别应为二类。

7.2 10kV 及以下变电所和配电室

7.2.1 库区、转运站供电负荷等级应为三级。消防系统、安全防范系统供电负荷等级应为二级。

7.2.2 库区 10kV 及以下变电所应为独立变电所。转运站 10kV 及以下变电所宜为独立变电所,当采用附建形式时,不应与危险性建筑物合建,可与非危险性建筑物贴建。

7.2.3 变电所设计除应符合本规范的规定外,尚应符合现行国家标准《10kV 及以下变电所设计规范》GB 50053 的有关规定。

7.3 电气设备及电气照明

7.3.1 F0 类危险场所不应安装电气设备和敷设电气线路。

7.3.2 F1 类危险场所电气设备应符合下列规定:

1 危险场所电气设备应采用可燃性粉尘环境用电气设备的防粉尘点燃型(DIP 21),IP65 级,以及用于爆炸性气体环境用电气设备的隔爆型(dIIB)、本质安全型(i),IP54 级。

2 门灯及安装在外墙外侧的开关、控制箱等应采用可燃性粉尘环境用电气设备的防粉尘点燃型(DIP 22),IP54 级。

3 防爆电气设备必须采用符合现行国家标准并由国家指定检验部门鉴定合格的产品。

4 电气设备最高表面温度不应大于 T4 组。

5 防爆接线盒、防爆挠性连接管等选型应与危险场所内防爆电气设备的防爆等级一致。

7.3.3 主洞室可利用安装在引洞投光灯室的密闭投光灯通过透光窗照明,也可利用安装在引洞内、符合 F1 类危险场所要求的防爆灯具通过透光窗照明。离壁式洞库主洞室可利用安装在主洞室衬砌外侧、符合 F1 类危险场所要求的防爆灯具通过透光窗照明。

7.3.4 主洞室照度不宜低于 5 lx。当照度不能满足要求时,主洞室可采用自备蓄电池便携防爆灯具照明,其灯具选型应符合 F1 类危险场所要求,且灯具最高表面温度不应超过 100℃。

7.3.5 覆土库内宜利用自然采光。当需要电气照明时,应采用安装在覆土库外墙外侧或门斗内的配电箱、灯具等通过透光窗照明,电气设备选型应符合本规范第 7.3.2 条的规定。

7.3.6 当洞库、覆土库仅有一道门与室外隔开时,仓库内不应安装电气设备和敷设电气线路。

7.3.7 站台库应利用安装在其外墙外侧的配电箱、灯具等通过透光窗照明。电气设备选型应符合本规范第 7.3.2 条的规定。

7.3.8 转运站台可利用安装在站台库外墙外侧的灯具照明,电气设备选型应与站台库相同,且应自带防震装置,也可利用安装在专用灯杆上的投光灯照明。灯杆与站台库和车辆停靠位置之间的距离不应小于灯杆高度的 1.5 倍。照明灯杆不宜兼作避雷塔。

7.3.9 用于 F0 类危险场所电气照明的透光窗,应采用厚度不小于 5mm 的双层玻璃,且应满足投光灯室(或引洞)与主洞室的密封要求。

7.3.10 投光灯室与引洞、主洞室之间应有密实墙隔开,通向引洞的门应采用密闭门,且应设自动关闭装置。

7.4 室内线路

7.4.1 F1 类危险场所电气线路应符合下列规定:

1 低压配电线路保护应符合现行国家标准《低压配电设计规范》GB 50054 的有关规定。

2 电气线路的电线、电缆的额定电压不应低于 450/750V。电话线路电线、电缆额定电压不应低于 300/500V。

3 电气线路应采用阻燃铜芯聚氯乙烯绝缘电线或阻燃铜芯聚氯乙烯金属铠装电缆。电线或电缆芯线截面积不应小于 2.5 mm²。

4 在危险场所中,严禁采用绝缘电线明敷或电线穿塑料管敷设。

5 离壁式洞库衬砌外侧敷设的电气线路应符合本条第 1～4 款的规定。

7.4.2 F1 类危险场所电气线路,当采用电线穿钢管敷设时,应符合下列规定:

1 电线穿管应采用镀锌焊接钢管,其公称直径不应小于 15mm,钢管间应采用螺纹连接,螺纹不应少于 6 扣。在有剧烈振动的场所,应采取防松措施。

2 线路进入防爆电气设备时,应装设隔离密封装置。

7.4.3 F1 类危险场所电气线路,当采用电缆敷设时,应符合下列规定:

1 在有可能造成机械损伤的部位,应穿钢管保护。

2 电缆穿过隔墙处应设隔板,并应对孔洞严密堵塞。

3 电缆与防爆电气设备连接处应采用铠装电缆密封接头。

7.4.4 F1 类危险场所电气线路、安全防范系统线路和接地干线应明敷。电气线路在潮湿环境下沿墙、沿顶板敷设时,与墙面和顶板的距离不应小于 10mm。

7.4.5 敷设在引洞的电气线路,以及覆土库、站台库外墙外侧的电气线路,应符合室内线路的规定。

7.5 室外线路

7.5.1 与库区和转运站无关的高、低压电气线路和通信线路不应穿越库区和转运站,且严禁跨越危险性建筑物。

7.5.2 洞库、覆土库、站台库、站台及取样间的低压配电线路设计,应符合下列规定:

1 从配电端到受电端宜全长采用铜芯金属铠装电缆埋地敷设,在入户端应将电缆的金属外皮、钢管与防雷电感应的接地装置连接。

2 低压配电线路采用架空敷设时,应采用钢筋混凝土杆和铁横担的架空线,并应使用一段铜芯金属铠装电缆或护套电缆穿钢管直接埋地引入,埋地长度应符合下式要求:

$$L \geqslant 2\sqrt{\rho} \qquad (7.5.2)$$

式中 L——铜芯金属铠装电缆或护套电缆穿钢管埋于土地中的长度(m);

ρ——埋电缆处的土壤电阻率($\Omega \cdot m$)。

3 埋地长度不应小于 15m。

4 在电缆与架空线连接处应装设避雷器。避雷器、电缆金属外皮、钢管、绝缘子铁脚、金具等应连在一起并接地,其冲击接地电阻不应大于 10Ω。电缆保护管的壁厚不应小于 3.5mm。

7.5.3 库区和转运站架设的 1kV 及以下架空线路的轴线与洞库装卸站台、覆土库装卸站台、转运站站台及取样间外墙之间的距离,不应小于电杆高度的 1.5 倍。

7.5.4 库区 10kV 及以下高压线路宜采用电缆埋地敷设。当采用架空敷设时,其线路的轴线与洞库装卸站台、覆土库装卸站台、站台库转运站台及取样间外墙之间的距离,不应小于电杆挡距的 2/3,且不应小于 35m。

7.5.5 库区和转运站内不应设置与其无关的无线通信设施。

7.6 防雷接地

7.6.1 建筑物防雷类别应符合本规范表 7.1.1 的规定。防雷设计应符合现行国家标准《建筑物防雷设计规范》GB 50057 的有关规定。

7.6.2 变电所引至洞库、覆土库、站台库及取样间的配电系统接地形式宜采用 TN-C-S 系统,从配电箱开始引出的配电线路应用 TN-S 系统。

7.6.3 引洞、覆土库门斗、站台库及取样间内应设置接地干线,干线与室外接地装置连接不应少于 2 处,并应对称布置。电气设备工作接地、保护接地、防雷接地(不含一类防直击雷接地)、防静电接地及安全防范系统接地宜共用同一接地装置,其接地电阻值应取其中最小值。金属门、金属窗、电缆金属外皮、建筑物金属构件及其他金属管道等应与接地装置相连接,并应形成等电位连接。

安装在室外的安全防范系统前端控制箱宜与共用接地装置相连接。

7.6.4 引入洞库、覆土库和站台库的电源配电箱处,应设置与设备耐压等级相适应的电涌保护器。

8 安全防范系统

8.1 一般规定

8.1.1 库区、洞库及覆土库应设置安全防范系统。安全防范系统风险等级和防护级别的划分应根据国家法律、法规和公安部门的有关规定，与相关行政主管部门共同确定。

8.1.2 库区、洞库及覆土库的安全防范系统构成应符合现行国家标准《安全防范工程技术规范》GB 50348 的有关规定。

8.1.3 安全防范系统的防雷设计除应符合本规范的规定外，尚应符合现行国家标准《建筑物电子信息系统防雷技术规范》GB 50343 的有关规定。

8.1.4 危险场所类别应符合本规范第7.1节的有关规定。

8.1.5 库区警卫岗哨、警卫值班室、库区门卫、行政区值班室、转运站值班室等应设置电话通信系统，并应与火灾报警信号兼容。

8.2 电气设备选型

8.2.1 F1类危险场所安全防范系统电气设备选型应符合本规范第7.3.2条的规定。

8.2.2 安装在室外的安全防范系统前端控制箱，应采用适用于室外环境运行的产品，并应采取防止太阳直接照射的措施。

8.2.3 安全防范系统前端控制箱应设置自备蓄电池的在线应急电源。

8.3 监控中心

8.3.1 监控中心设计除应符合现行国家标准《安全防范工程技术规范》GB 50348 的有关规定外，尚应符合下列要求：

1 监控中心所在建筑物应按第三类防雷建筑物采取防雷措施。

2 电子信息设备采用交流 TN 配电系统供电时，配电线路应采用 TN-S 系统的接地形式。

3 监控中心应设置自备蓄电池的备用应急照明，应急时间不应少于 60min。

4 监控中心所在建筑物的总配电箱、楼层配电箱、监控中心专用配电箱应设置与耐压水平相适应的电涌保护器。

5 监控中心电线和电缆的额定电压、导线截面选择等，应符合本规范第7.4节的规定，其敷设方式可采用暗敷。

6 监控中心采用专用接地装置时，其接地电阻不应大于 4Ω；采用综合接地系统时，其接地电阻不应大于 1Ω。

8.4 室 内 线 路

8.4.1 F1类危险场所安全防范系统线路，应符合下列要求：

1 信号线路、保安通信线路等应采用交流额定电压不低于 300/500V 的阻燃铜芯绝缘电线或电缆，其芯线截面不宜小于1.5mm²。当采用多芯电缆时，其芯线截面不应小于 0.75mm²。线路的敷设方式应符合本规范第7.4节的规定。

2 线路首、末端与电子器件连接时，应设置与电子器件耐压水平相适应的电涌保护器。

8.4.2 敷设在引洞内和覆土库外墙外侧的安全防范系统线路应与室内相同。

8.5 室外线路及防雷接地

8.5.1 安装在引洞内、覆土库门斗内的前端控制箱，应设置与设备耐压等级相适应的电涌保护器。

8.5.2 安装在室外（含电杆上）的安全防范系统设备，其防雷接地应符合下列规定：

1 前端控制箱、摄像机及相关设备的防雷设计，应符合现行国家标准《建筑物防雷设计规范》GB 50057 第二类防雷建筑物的规定。

2 电源引入线的防雷措施应符合本规范第7.5.2条的规定。

3 控制箱内应设置与设备耐压等级相适应的电涌保护器。

8.5.3 从监控中心引至库区的安全防范系统线路，宜采用有金属铠装或金属屏蔽的电缆或护套电缆穿钢管埋地敷设，在各防雷区的界面处，应将铠装电缆金属外皮（保护层和屏蔽层）做等电位连接并接地。监控中心的信号线缆内芯线相应端口，应安装适配的信号线路电涌保护器，电涌保护器的接地端和电缆内芯的空线应对应接地。当电缆穿钢管敷设时，钢管两端应接地。在进入建筑物处应做等电位连接并接地。

8.5.4 监控中心引至库区的安全防范系统架空线路，应符合下列规定：

1 进出监控中心、引洞和覆土库门斗内的安全防范系统线路应符合下列要求：

1）从其建筑物外墙处或装卸站台边缘算起，埋地长度不应小于 15m，且应在进出建筑物外墙处或装卸站台边缘处将电缆金属外皮、钢绞线、线缆的保护钢管做等电位连接，应在被保护设备处安装与设备耐压水平相适应的电涌保护器，并应在建筑物外设置两处接地，接地点间距不应大于 50m，每处冲击接地电阻不应大于 20Ω。

2）架空线路的其余部分金属护套、钢绞线及金属加强芯等，应每隔 250m 左右接地一次，接地电阻不应大于 20Ω。在架空与埋地敷设的换接处应设置电涌保护器。电涌保护器、电缆金属外皮、钢绞线、钢管等应做电气连接并接地，接地电阻不应大于 10Ω。

2 当架空线路与 1kV 及以下低压配电线路共杆敷设时，安全防范系统线路与电气线路的间距不应小于 1.5m。

3 安全防范系统架空线路与道路平行敷设时，线路与路面垂直距离不应小于 4.5m。安全防范系统架空线路与道路交叉敷设时，线路与路面垂直距离不应小于 5.5m。

8.5.5 从前端控制箱引至洞库、覆土库的安全防范系统线路应埋地敷设。

9 采暖、通风和空气调节

9.0.1 洞库、覆土库宜采用自然通风,当采用自然通风不能满足要求时,可采用机械通风。机械通风系统的设置应符合下列要求:

    1 通风系统应采用直流式,通风设备应设在单独的通风机室内,通风机室不应有门窗与主洞室相通。严禁采用机械排风系统。

    2 通风管道宜采用圆形截面,通风管道及阀门应采用不燃烧体。

    3 送风机为非防爆型时,进风系统的风机出口应装设止回阀。

    4 风管涂漆颜色应易于与火药、炸药粉尘颜色分辨。

    5 通风设备及管道应采取防静电接地措施。

9.0.2 采用进风地沟的洞库应采取防止火药、炸药及其粉尘进入通风地沟内的措施。

10 消 防

10.0.1 洞口周围宜设不小于15m宽的隔火带,覆土库周围应设不小于15m宽的隔火带,隔火带范围内应清除杂草树木。

10.0.2 库区、转运站应设泡沫灭火机、风力灭火机、消防水桶等移动式消防器材,并应采取防冻措施。取样间在作业时应配备灭火器,库房门口宜配备灭火器,灭火器配备应按现行国家标准《建筑灭火器配置设计规范》GB 50140中严重危险级执行。

10.0.3 取样间内应设应急消防水池,水池的尺寸和水量应能将火药、炸药包装箱全部淹没,池顶不应高于工作台。

10.0.4 消防用水可采用给水管网、天然水源、消防蓄水池或高位水池供给,并应符合下列要求:

    1 消防用水量不应小于20L/s,消防延续时间应按3h计算。应采取保证消防用水平时不被动用的措施。

    2 高位水池或消防蓄水池中储水使用后的补水时间不宜超过96h。

    3 覆土库区和转运站供消防车使用的消防蓄水池,保护半径不应大于150m。

10.0.5 消防给水可与生活给水合并使用。

10.0.6 消防给水系统的压力、室外消火栓布置、消防水泵房应符合现行国家标准《建筑设计防火规范》GB 50016的有关规定。

10.0.7 消防水泵的设置应符合下列要求:

    1 消防水泵应有备用泵,备用泵工作能力不应小于1台主泵的工作能力。

    2 消防水泵应保证在火警30s内开始工作。

    3 消防水泵应有备用动力源。

10.0.8 覆土库区和转运站应设消防给水系统或消防蓄水池。

10.0.9 有取水条件的洞库区宜设消防水源或消防给水系统。

10.0.10 设有消防水源的库区应根据需要设机动消防泵或消防车。

11 运输和转运站

11.1 铁 路 运 输

11.1.1 运送火药、炸药的铁路专用线,与有明火和散发火星的建筑物(或场所)边缘之间的距离不应小于35m。

11.1.2 转运站站台处可设置尽头式铁路装卸线,其有效长度应能满足同时装卸4节70t棚车的停放长度需要。

11.1.3 在铁路专用线上运送火药、炸药车辆与机车之间应有隔离车辆,隔离车数量应符合下列规定:

    1 火药、炸药车辆与蒸汽机车、电力机车之间应至少有两辆隔离车。

    2 火药、炸药车辆与内燃机车之间应至少有1辆隔离车。

    3 机车与火药、炸药转运站站台边缘之间的距离应根据上述隔离车数量计算确定。

11.2 公 路 运 输

11.2.1 库区和转运站内运送火药、炸药的道路干线,与有明火和散发火星的建筑物(或场所)边缘之间的距离不应小于35m。

11.2.2 火药、炸药道路运输应使用符合安全条件的火药、炸药专用运输车。严禁使用三轮汽车、畜力车、翻斗车、拖拉机和挂车运输。

11.2.3 库区和转运站内运送火药、炸药的道路干线纵坡不宜大于6%,山区特殊困难情况下不应大于8%。仓库装卸站台处宜用平坡,并宜设回车场。

11.3 转 运 站

11.3.1 当铁路专用线能直接进入库区时,应在库区内设置转运站,转运站台的存药量应按转运站台及其旁边车辆内的药量之和计算确定。转运站台至火药、炸药仓库之间的允许距离,以及转运站台外部允许距离,应分别按覆土库的库间允许距离和外部允许距离确定。

11.3.2 设置在库区外的独立转运站应符合下列要求:

1 当火药、炸药暂存时间不超过48h时,转运站台或站台库的外部允许距离应按覆土库要求相应减少20%确定。

2 转运站内设置的开箱间内存药量,炸药不应大于50kg,发射药不应大于100kg。火药、炸药开箱间与转运站台或站台库之间的距离不应小于50m,与其他非危险性建筑物之间的距离不宜小于100m。

3 转运站应设置高度不小于2.5m的密砌围墙,围墙与转运站台或站台库之间的距离不应小于25m。在设置密砌围墙有困难的山区,可采用刺网围墙。

11.3.3 站台库应符合下列规定:

1 站台库应为单层、矩形建筑,耐火等级不应低于二级。

2 当采用的防火保护层满足相应耐火等级的耐火极限要求时,可采用钢结构承重的结构体系。

3 建筑面积小于220m²时,安全出口的数量不应少于1个;建筑面积大于或等于220m²时,安全出口的数量不应少于2个。应设置向疏散方向开启的平开门,并不得设置门槛,门洞宽不应小于1.5m,不应采用吊门、侧拉门或弹簧门等。站台库内任一点至安全出口的疏散距离不应大于30m。站台库宜采用轻质围护结构和轻质屋盖。

12 烧毁场

12.0.1 当需销毁少量火药、炸药时,应设置烧毁场并采用烧毁法销毁。烧毁场应布置在库区外山沟、丘陵、盆地、河滩等有利安全的单独场地。

12.0.2 烧毁场作业场地短边长度不宜小于25m,作业场地表面应为不带石块的土质地面。作业场地边缘周围30m范围内应为防火带,防火带内不应有树木杂草及其他易燃物。

12.0.3 烧毁场宜设围墙和掩体,围墙和掩体与作业场地边缘之间的距离不宜小于50m。掩体应位于常年主导风向的上风向,出入口应背向作业场地。

12.0.4 火药、炸药应当天销毁,不应在烧毁场设火药、炸药暂存库。

12.0.5 火药、炸药的一次最大烧毁量和烧毁场外部允许距离应符合表12.0.5的规定。

表12.0.5 火药、炸药一次最大烧毁量和烧毁场外部允许距离

火药、炸药品种	一次最大烧毁量(kg)	烧毁场外部允许距离(m)
单、双基药,中能复合推进剂	500	200
梯恩梯当量值等于或小于1的炸药	200	200
梯恩梯当量值大于1的炸药和高能复合推进剂	100	200

13 理化中心

13.0.1 理化中心应由理化实验室、样品库和销毁塔组成,并应设置单独的围墙。

13.0.2 理化实验室内炸药存药量折合梯恩梯当量不应大于3kg,火药存药量不应大于10kg。样品库内炸药存药量折合梯恩梯当量不应大于50kg,火药存药量不应大于100kg。

13.0.3 理化中心应布置在有利于安全的单独地段。样品库必须设置防护土堤,样品库与理化实验室之间的距离不应小于35m,样品库与行政区其他建筑物之间的距离不应小于125m。理化实验室与行政区其他建筑物之间的距离不应小于50m。

13.0.4 销毁塔与其他建(构)筑物的允许距离应符合表13.0.4的规定。

表13.0.4 销毁塔与其他建(构)筑物的允许距离

序　号	销毁塔存药量Q(kg)	允许距离(m)
1	$Q \leqslant 0.5$	20
2	$0.5 < Q \leqslant 2$	25
3	$2 < Q \leqslant 3$	30
4	$3 < Q \leqslant 10$	35

注:表中的销毁塔为封闭式。

13.0.5 理化中心建筑结构应符合下列要求:

1 理化实验室应符合下列要求:

1)耐火等级不应低于二级。

2)辅助用室应布置在建筑物较为安全的一端,不应与危险性工作间混杂布置。辅助用室应防火墙与危险性工作间隔开。

3)危险性工作间建筑面积小于65m²,且实验人员不超过3人时,安全出口的数量不应少于1个;建筑面积大于或等于65m²时,安全出口的数量不应少于2个。危险性工作间的门应采用平开门并向疏散方向开启,不应设置门槛,不应与其他工作间的门直对设置,危险性工作间内任一点至安全出口的疏散距离不应大于20m。

4)危险性工作间内墙面和顶棚应平整、光滑,所有墙面的凹角应抹成圆弧角。经常清洗的危险性工作间墙面宜涂刷油漆。有可能撒落火药、炸药的危险性工作间应采用不发生火花的地面。实验过程有腐蚀性介质时,尚应符合现行国家标准《工业建筑物防腐蚀设计规范》GB 50046的有关规定。

5)危险性工作间门、窗扇及五金件应采取导静电措施。

6)应采用现浇钢筋混凝土框架承重结构。

2 样品库应符合下列要求:

1)应为单层、矩形建筑物,耐火等级不应低于二级。

2)建筑面积小于220m²时,安全出口的数量不应少于1个;建筑面积大于或等于220m²时,安全出口的数量不应少于2个。应采用平开门并向外开启,不应设置门槛,样品库内任一点至安全出口的疏散距离不应大于30m。

3)应采用不发生火花的地面,不得附建其他辅助用室。

4)可采用实心砌体墙承重结构,宜采用钢筋混凝土屋盖。

13.0.6 理化中心采暖、通风和空气调节系统应符合下列要求:

1 理化实验室的散热器采暖系统,应符合下列要求:

1)热媒应采用不高于110℃的热水或压力不大于0.05MPa的饱和蒸汽。

2)有火药、炸药粉尘的工作间,应采用光面管散热器或其他易于擦洗的散热器,不应采用带肋片的散热器或柱型散热器。

2 蒸汽、热水入口装置和换热装置不应设在危险性工作间内。采暖管道不应设在地沟内。当在过门地沟内设置采暖管道时,应对地沟采取密闭措施。

3 排风系统应按每个危险性工作间分别设置,排风管道不宜穿过与本排风系统无关的房间。危险性工作间可共用1个进风系统,进风系统接至每个危险性工作间的支管上应装设止回阀。

4 散发有火药、炸药粉尘或燃烧爆炸危险气体的工作间,其通风和空气调节系统应采用直流式。

5 散发有火药、炸药粉尘或燃烧爆炸危险气体的工作间,通风和空气调节设备的选用应符合下列规定:

 1)通风机室和空气调节机室应单独设置,不应有门、窗与危险工作间相通,当送风干管上设置止回阀时,送风系统的送风机和直流式空气调节系统的空调机可采用非防爆型。

 2)散发有火药、炸药粉尘或燃烧爆炸危险气体的排风系统,风机及电机均应采用防爆型,且风机和电机应直联。

 3)管道和设备上的阀门等活动件应采用摩擦和撞击时不发火的材料。

6 采暖、通风和空气调节系统的设备及管道应采取防静电接地措施。

13.0.7 消防应符合下列要求:

1 理化实验室应设室内和室外消火栓给水系统。消防给水系统的设计应按现行国家标准《建筑设计防火规范》GB 50016 中甲类厂房执行。

2 理化中心各建筑物灭火器的配备应符合现行国家标准《建筑灭火器配置设计规范》GB 50140 的有关规定,危险性工作间应按严重危险级配备灭火器。

13.0.8 电气应符合下列要求:

1 理化中心的供电负荷宜为三级,实验时需连续供电的设备应设置应急电源,并应与安全防范系统应急电源兼容。

2 理化实验室应设置专用配电室,配电室应符合下列规定:

 1)配电室与危险场所相毗邻的隔墙应为不燃烧体的密实墙,且隔墙上不应设门、窗与危险场所相通,门应向室外开启或通向非危险场所。

 2)当理化实验室为多层建筑时,配电室应设在一层。

 3)与配电室无关的管线不应通过配电室。

3 样品库的试剂间的电气设备应采用隔爆型(dIIB)。样品库的火药间、炸药间以及销毁塔炸药准备间的电气设备选型应符合本规范第 7.3.2 条第 1 款的规定。理化实验室各危险场所电气设备(含门灯及开关)的选型应符合本规范第 7.3.2 条第 2 款的规定。

4 理化中心各建筑物室内、外线路的设计及过电压保护,应符合本规范第 7.4~7.6 节的规定。

5 样品库防雷设计应符合现行国家标准《建筑物防雷设计规范》GB 50057 中第一类防雷建筑物的规定,理化实验室、销毁塔的防雷设计应符合现行国家标准《建筑物防雷设计规范》GB 50057 中第二类防雷建筑物的规定。

6 理化中心各建筑物的接地设计应符合本规范第 7.6.3 条和第 7.6.4 条的规定。

7 理化实验室及样品库的总配电箱不宜设置剩余电流保护器。理化实验室插座回路的电源应装设剩余电流保护器。

8 10kV 及以下的高压架空线路与理化中心各建筑物外墙之间的距离不应小于电杆高度的 1.5 倍。

本规范用词说明

1 为便于在执行本规范条文时区别对待,对要求严格程度不同的用词说明如下:

 1)表示很严格,非这样做不可的用词:

  正面词采用"必须",反面词采用"严禁"。

 2)表示严格,在正常情况下均应这样做的用词:

  正面词采用"应",反面词采用"不应"或"不得"。

 3)表示允许稍有选择,在条件许可时首先应这样做的用词:

  正面词采用"宜",反面词采用"不宜";

  表示有选择,在一定条件下可以这样做的用词,采用"可"。

2 本规范中指明按其他有关标准、规范执行的写法为"应符合……的规定"或"应按……执行"。

中华人民共和国国家标准

地下及覆土火药炸药仓库
设计安全规范

GB 50154-2009

条 文 说 明

目　次

1　总　　则 ……………………… 4—22

3　火药、炸药存放规定 …………… 4—22

4　总体布置 ……………………… 4—22

　　4.1　库址选择 ………………… 4—22

　　4.2　布置原则 ………………… 4—23

　　4.3　外部允许距离 …………… 4—23

5　库区内部布置 ………………… 4—25

　　5.1　一般规定 ………………… 4—25

　　5.2　库间允许距离 …………… 4—25

　　5.3　辅助建筑物布置 ………… 4—25

　　5.4　警卫用建筑物布置 ……… 4—25

6　建筑结构 ……………………… 4—26

　　6.1　一般规定 ………………… 4—26

　　6.2　岩石洞库建筑结构 ……… 4—27

　　6.3　黄土洞库建筑结构 ……… 4—27

　　6.4　覆土库建筑结构 ………… 4—27

　　6.5　警卫建筑物建筑结构 …… 4—28

　　6.6　取样间建筑结构 ………… 4—28

7　电　　气 ……………………… 4—28

　　7.1　危险场所分类 …………… 4—28

　　7.2　10kV 及以下变电所和配电室 ……… 4—28

　　7.3　电气设备及电气照明 …… 4—28

　　7.4　室内线路 ………………… 4—29

　　7.5　室外线路 ………………… 4—29

　　7.6　防雷接地 ………………… 4—29

8　安全防范系统 ………………… 4—29

　　8.1　一般规定 ………………… 4—29

　　8.2　电气设备选型 …………… 4—29

　　8.3　监控中心 ………………… 4—29

　　8.4　室内线路 ………………… 4—29

　　8.5　室外线路及防雷接地 …… 4—29

9　采暖、通风和空气调节 ……… 4—30

10　消　　防 ……………………… 4—30

11　运输和转运站 ………………… 4—31

　　11.1　铁路运输 ……………… 4—31

　　11.2　公路运输 ……………… 4—31

　　11.3　转运站 ………………… 4—31

12　烧毁场 ………………………… 4—31

13　理化中心 ……………………… 4—32

4

1 总 则

1.0.1 本条文主要说明制定本规范的目的。火药、炸药仓库设计应贯彻《中华人民共和国安全生产法》和我国安全生产的方针,在规范条文中规定了各种措施和要求预防事故的发生,万一发生事故,也应尽量减少事故后的损失。

1.0.2 本条明确本规范的使用范围。本规范是在总结十几年规范使用反馈意见和经验,及进行部分电气照明安全性试验、部分新型火药、炸药当量试验和部分专题安全性研究的基础上修订而成的。天然洞库库型不规则,地形地质条件复杂,洞库上覆盖层厚度变化多,存药量变动范围大,且存药条件复杂,没有试验数据可供参考,故本规范不适用于天然洞库。地面仓库及火药、炸药厂生产区内覆土工序转手库等应按其他现行有关规范执行。

3 火药、炸药存放规定

3.0.1 洞库的存药量以鳞片状梯恩梯($0.85g/cm^3$)为标准,其他火药、炸药均按梯恩梯当量值进行换算。黑索今、太安、梯恩梯、粉状铵梯炸药、中能复合推进剂和高能复合推进剂等的当量值是根据爆破效应试验资料确定的。单、双基火药由于未做梯恩梯当量试验,故参考有关资料确定。

3.0.2 参照其他现行有关规范中对危险品分组存放的规定而提出。

3.0.3、3.0.4 根据对国内储存火药、炸药洞库存药条件的综合调查及大规模系列洞库爆炸试验并考虑了操作和管理的需要而确定。

3.0.5 根据国内储存火药、炸药洞库管理经验确定。按本规范设计并配合相应的管理制度,一般可满足本条要求,在特殊环境下,可适当加强管理措施。

4 总体布置

4.1 库 址 选 择

4.1.1 岩石洞库区的选择有很多具体要求,本条主要就地形地质方面提出若干要求。

洞库所在山体宜山高体厚,山形完整,这样山体有利于进洞,能满足工程防护要求。地下水少,除有利于洞库结构稳定外,更有利于控制湿度。岩体中无有害气体和放射性物质,有利于保证库管人员的身体健康和储存火药、炸药的质量与安全。

4.1.2 黄土洞库库址一般有两种地形可供选择,或为黄土山丘、峁梁发育,山体连绵,或为黄土塬边沟谷。对于黄土山丘,要求山形完整,土体稳定,且无地下水。对于塬边沟谷,应根据沟谷的发育阶段和特征考虑沟谷的稳定性,沟谷稳定性特征见表1。

表1 沟谷稳定性特征

沟谷特性	横断面形状	纵坡(%)	边坡覆盖情况	稳定性
下蚀作用停止,沟底有稳定的洪、坡积物堆积	常呈U形	<4	有植被覆盖,边坡稳定	稳定
下蚀作用强烈,有时有洪水,常有滑坡、滑塌现象	常呈V形	>8	无植被或植被较少,边坡不稳定	不稳定

一条沟塬较长的冲沟,它的不同地段常处于不同的发育阶段。如:上游常处于下切阶段,下游常处于平衡稳定阶段。因此,洞库位置最好选在主沟的中下游或支沟的下游。

我国黄土由于沉积时代、沉积类型和埋藏深度不同,对是否适于建洞库,是有很大差别的。一般全新世(Q_4)黄土,为近期洪积、坡积层,土质疏松、强度低,湿陷性高,不宜作为进洞土层。晚更新世(Q_3)马兰黄土,从土的密度和强度看,可以作为进洞土层,但常发育有溶洞、竖井、暗穴等不良地质现象,且有不同程度的湿陷性。因此,不宜建造跨度较大的洞室。早更新世(Q_1)午城黄土,虽然强度较高,但厚度不大,分布不广,层位低,一般接近地下水位,下层常夹有卵石、砾石层和砂层,呈透镜体分布,施工遇此夹层时,常易塌方。因此,不宜作为进洞土层。比较好的进洞土层是中更新世(Q_2)离石黄土,不但分布较广,厚度较大,层位稳定,且土质密实、强度高,一般无湿陷性。为此,本条规定进洞的土层宜为中更新世(Q_2)离石黄土层和晚更新世(Q_3)马兰黄土层。

黄土冲沟在平常季节一般均无水流,但在暴雨季节往往有较大的突发性洪流泄下,造成危害。因此,本条提出应注意库址上游汇水面积不宜大。

4.1.3 覆土库区的选择与一般火药、炸药地面仓库区的选择,在技术要求方面基本一致。只是由于覆土库一般都靠近山坡或丘陵、台地布置,因此,在地形地质方面应予以一定的注意。

1 多迂回的浅山区或深丘地带,在安全上比较有利,同时库房靠近山坡布置,便于施工和土方平衡。

2 多数情况下覆土库都沿山体斜坡坡脚处布置,而斜坡在一定的自然条件下,或由于地下水活动,或由于水流冲刷,或人工切坡,或地震活动等因素的影响,部分岩土体失去稳定,在重力作用下,会沿着一定的软弱面,缓缓地、整体地向下滑动,有时也有急剧下滑现象。由于斜坡物质组成成分不同,滑坡的情况也不同。如各种不同性质的堆积层,包括坡积、洪积和残积,体内滑动,或沿基岩面滑动,其中坡积层的滑动可能性较大。对于不同时期的黄土层中的滑坡,常常于高阶地面前缘斜坡上,或黄土层沿下伏第三纪岩层滑动。对于黏性土,有时黏性本身变形产生滑动,或与其他土层的接触面或沿基岩接触面滑动。对于岩层滑坡,有软弱岩层组合物的滑坡,或沿同类基岩面,或沿不同岩层接触面以及较完整的基岩面滑动。所有这些滑坡中,如果规模不大,防治不困难,危险不严重时,可以考虑选址,但应避开危险性大、防治措施困难的地区。

泥石流是山区特有的一种自然地质现象。它是由于降水、暴雨或融雪等而形成的一种夹带大量泥沙、石块等固体物质的特殊洪流。它暴发突然，历时短暂，来势凶猛，具有强大的破坏力。因此，选择库址时，一定要避开泥石流通过的沟谷地带。从地形条件看，山高沟深，地势陡峻，沟床纵坡大，流域的形状便于水流汇集的地带尤应注意。另外，大面积的淤泥、流沙、古河道等地，亦不宜选为库址。

4.2 布置原则

4.2.1 一个完整的仓库区，有储存火药、炸药的库区和转运火药、炸药的转运站等危险区，还有行政生活区等非危险区。本条规定将危险区和非危险区严格分开进行布置，有利于对危险区的管理及保证非危险区人员和财产的安全。

4.2.2 为有利于安全，本条强调行政生活区的人流或附近居民，不得穿越火药、炸药库区、转运站等。运送火药、炸药的专用道路，不应穿越行政生活区是考虑可能因交通事故或其他原因引发燃烧爆炸事故。

4.3 外部允许距离

4.3.1 本条对岩石洞库、黄土洞库、覆土库如何确定外部允许距离，分别提出不同要求，这是总结实际试验的爆炸效应而得出的。

4.3.2 岩石洞库在缓坡地形条件下，爆炸后的飞石数量是很多的，而且抛掷距离也很远，散开角度也很大。特别是每块飞石都有一定的体积、速度、重量，就是说具有一定的动能。因此，碰上任何建(构)筑物、人员、牲畜等，都会产生严重的后果。

试验情况表明，岩石洞库爆炸后产生飞石的总数量，与爆炸存药量、存药品种、存药条件、岩石种类、地质条件、地形特点等密切相关。而飞石的抛掷距离又与飞石所获得的初始速度、抛射角度、体积大小与形状以及空气阻力等密切相关。要精确地计算出爆炸后飞石的飞行距离和方向以及散布密度等是比较困难的。本条所依据的飞石分布规律，是根据大量的系列爆炸试验对飞石分布的实地调查资料，进行统计分析回归计算得出的。规定的允许距离是根据飞石分布密度、各个被保护对象的安全等级确定的，经过实际爆炸事故情况验证，其可信程度是比较高的。

1 零散住户。 由于我国幅员辽阔，各地区人口分布密度相差甚大，零散住户的情况很不一致。有的地区零散住户少则一二户，多则十几户。而人口密度比较大的地区，少则十几户，多则几十户，而且每户的人口数量也有很大不同。为区分不同户数、不同人口在安全标准上的差别，本条对零散住户分为两档，即小于或等于10户并小于或等于50人时为一档，大于10户并小于或等于50户时为另一档。

由于各地区零散住户分布面积比较大，一旦仓库发生爆炸事故时，为使周围完全不受任何破坏和损伤，则迁移居民的户数和人数必将是大量的。这无论在政治上和经济上都是不可取的，也是行不通的。考虑到新中国成立以来，地下或覆土火药、炸药仓库发生爆炸事故的频率非常低，因此，采取对零散住户有一定伤害概率的距离还是可行的。按本条规定的零散住户的爆炸飞石外部允许距离，当发生爆炸事故时一个人的伤害概率为9.2%～12%，考虑到发生事故频率极低，这个伤害概率是可以接受的。

另外，警卫排是直接服务于库区第一线的人员，应允许有一定的危险性，根据警卫排的人数，本条采取与零散住户相同的标准。

2 村庄。 村庄亦分为两档，即大于50户并小于或等于100户为一档，大于100户并小于或等于200户为另一档。

村庄的户数和人数都比零散住户多，因此，在安全标准方面应比零散住户稍提高一些。按本条规定的外部允许距离，当发生爆炸事故时一个人受到的伤害概率为1.6%～3.9%。

对部分省洞库周围村庄人口分布密度的统计资料表明，人口密度大约为0.007人/m²，可以看出，人口密度不是很大，因此，标准是可以接受的。

另外，对警卫大队和中队的居住建筑物，也取与村庄第一档相同的标准。

3 仓库区的行政生活区。 据调查，一般中等规模的仓库区，其行政生活区的户数大约在200户左右。在安全标准方面，取与200户村庄相同的标准。

另外，对职工总数小于50人的企业，取与村庄第二档相同的标准。

4 乡、镇。 乡、镇的级别，在安全标准方面，原则上应该是没有飞石落入的地区。考虑到各省乡镇的具体情况不同，本条采用的标准是飞石最远边界线距离，在偶然情况或许有个别飞石落下，由于面积大，而飞石数量又极少，因此，人的伤害概率是极小的。

5 县城。 县城是应该确保没有飞石落入的地区。本条规定的外部允许距离为飞石最远边界距离的1.5倍，按爆炸试验统计规律分析不会有飞石落入。

本条将职工总数大于或等于50人的企业安全标准列入本级。

6 人口大于10万人城市的规划边缘。 一些火药、炸药洞库和覆土库位于10万人口以上的城市附近，对10万人口以上的城市距离要求的标准为飞石最远边界距离的2倍，不会有飞石落入。

7 国家铁路及其车站。 铁路运输是国家运输的大动脉，是极其重要的运输手段。一般情况下，绝不允许发生干扰和妨碍铁路运输干线正常运行的事件。但是，同样是国家铁路干线，在重要程度方面还是有差别的。根据现行国家标准《铁路线路设计规范》GB 50090的规定，国家铁路按其作用及其近期客货运量分为四个等级：Ⅰ级铁路属于铁路网中起骨干作用的铁路，或近期年客货运量大于或等于20Mt者；Ⅱ级铁路属于铁路网中起联络、辅助作用的铁路，或近期年客货运量小于20Mt且大于或等于10Mt者；Ⅲ级铁路属于为某一地区或企业服务的铁路，近期年客货运量小于10Mt且大于或等于5Mt者；Ⅳ级铁路属于为某一地区或企业服务的铁路，近期客货运量小于5Mt者，年客货运量为重车方向的货运量与由客车对数折算的货运量之和。1对/d旅客列车按1.0Mt年货运量折算。本条对各级铁路的安全标准，提出了不同的安全系数，但是考虑到列车处在行进状态，在较短时间内即可通过危险区，而且岩石洞库发生事故的频率又很低，因此，有一定的风险系数还是允许的。否则必然要求距离很远，在实际执行中是有困难的。

8 公路。 近年来我国公路系统有很大发展，特别是一些高速公路不断出现。根据《公路路线设计规范》JTG D20中规定，公路除高速公路外共分为四个等级。其中四车道一级公路(应将各种汽车折合成小客车，下同)年平均日交通量为15000～30000辆，六车道一级公路年平均日交通量为25000～55000辆，二级公路年平均日交通量为5000～15000辆，三级公路年平均日交通量为2000～6000辆，四级公路年平均日交通量为400～2000辆。据此，本条将一级公路作为第一档，二、三级公路为第二档，四级公路为第三档。其安全标准分别采用比国家铁路相应略低的标准。

9 通航河流的航道。 一些仓库布置在靠近可通航河流的航道附近，因此，本条特提出距离要求。考虑到通航河流的运输频繁程度和通过危险区的时间，以及仓库的事故频率等因素，本条对其安全标准取与二、三级公路相同的标准。

10 高压输电线路。 据了解，110kV以上输电线路，一旦遭受破坏停电1h，造成的经济损失将超过百万元。为此，本条对35kV、110kV、220kV、330kV、500kV及750kV等，分别提出不同的标准。对35kV和110kV者，是有飞石落下的距离，而220kV、330kV、500kV及750kV等输电线路，是基本没有飞石落下的距离。原规范中220kV输电线路的距离采取了本库区的行政生活区边缘约2倍距离(k=2.0)，现依据输电线路电压高低、重要程度以及事故后损失大小，在距离上以示区别对待，750kV、500kV、

330kV 及 220kV 的输电线路分别以 $k=2.1$、$k=2.0$、$k=1.9$ 及 $k=1.8$ 来确定飞石外部允许距离。

11 关于飞石分布角度系数。缓坡地形岩石洞库爆炸后,飞石的平面分布状态,在洞轴线两侧各 50°角范围内,飞石距离最远,数量也最多。随着扩散角的加大,飞石最远距离和数量相应减小。本条所提出的系数是根据洞库爆炸试验后,对飞石的实际平面分布状态进行调查整理分析后得出的。

12 岩石类别系数。岩石类别系数是根据岩石坚固程度分类的。其系数值是根据花岗岩洞库和砾岩洞库在相同药量情况下爆炸后,比较两者飞石分布和距离,并参考了原 7 个工业部门所编制的《工程地质手册》中有关资料以及现行国家标准《建筑地基基础规范》GB 50007 中的规定提出的。

本条表 4.3.2-1 注 2 横截面积比值小于本规范第 3.0.3 条规定的存药条件 10%以上,即小于 0.23 时的爆炸飞石外部允许距离减小 15%的依据,是根据小型试验以及系列化试验中不同装药横截面积比的数据,经综合分析提出的。

根据洞库爆炸试验结果分析,当装药等效直径一定,装药长度缩短,存药量减少时,爆炸飞石无明显减少;洞库加长,存药量增加,但不超过原药量 1 倍时,爆炸飞石略有增加,但不是成倍增加。因此,本条表 4.3.2-1 注 3 有相应规定。

4.3.3 各种类型的仓库一旦发生爆炸,会产生爆炸空气冲击波。这种爆炸空气冲击波,可以对各种建筑物、构筑物造成不同程度的破坏。破坏的程度不仅决定于爆炸空气冲击波的超压大小和作用时间的长短,还与建筑物、构筑物本身的强度、建筑体型、几何尺寸、建筑材料等密切相关。显然,木结构、砖木结构、砖混结构和钢筋混凝土结构建筑物承受爆炸空气冲击波超压的能力有明显的差别。本条提出的各种被保护对象建筑物,都是以砖混结构为代表的。这对于某些简易结构建筑物或某些不太坚固的建筑物,可能在安全上不太有利,但是,对于大部分建筑物是适用的。

本条所提出的各种项目和公用设施的外部允许距离,既考虑了建筑结构,也考虑了各种项目的重要性和人员多少的因素。主要依据洞库爆炸试验中对各种建筑物、构筑物在承受爆炸空气冲击波峰值超压作用下破坏情况的实际调查,并参考了国内外的有关试验资料和规范标准。

1 零散住户。根据调查了解,各地区农村零散住户的建筑物情况差别是很大的。有的很坚固,有的很简单。有的是砖墙承重,有的是石墙承重,还有的是木柱承重和土坯墙。有单层的,也有双层的,在某些地区还有窑洞。各种不同形式的建筑物所能承受的超压峰值,是有较大差别的。本条对小于或等于 10 户并小于或等于 50 人的零散住户所规定的外部允许距离,对砖混建筑物可能产生玻璃破碎,门窗框部分破坏,砖墙出现 10~20mm 以下的裂缝,平挂瓦屋面部分被掀起。这个标准对木结构以及其他简易建筑物破坏程度可能还会重一些,但不会倒塌。对于人员只受轻伤程度,考虑到人员较少,因此,这个标准还是可行的。

对于大于 10 户并小于或等于 50 户的零散住户所取的标准,在安全度方面略高于小于或等于 10 户的零散住户,即建筑物的破坏程度略轻于小于或等于 10 户者。

对于警卫排居住用建筑物,考虑到警卫排是直接服务于库区第一线,应允许布置在库区范围以内,安全度相对于稍低一些。另外,其建筑物多为砖混结构,因此,本条取与小于或等于 10 户并小于或等于 50 人的零散住户相同的安全标准。

2 村庄。村庄的建筑物可能略好于零散住户,另外人员也比较多,因此,规定的安全标准比零散住户高,即破坏程度稍轻。本条提出两档,即 50~100 户为一档,101~200 户(含)为另一档。破坏情况大体为,窗玻璃大部分破坏,门窗框偶然破坏,砖墙或出现 2mm 以下的微小裂缝或不出现裂缝,人员或稍许受轻伤或不受伤。

警卫大队和中队考虑到其人数相对比较多,其重要性也大于

警卫排一级,因此,其安全标准也略高于警卫排,取与大于 50 户并小于或等于 100 户的村庄相同的标准。

3 本库区的行政生活区。鉴于一般中等规模的库区,其行政生活区的户数大约在 200 户左右,因此,在安全标准方面取与 101~200 户村庄相同的标准。对于职工总数小于 50 人的企业,也采用了此项标准。

4 乡、镇。乡、镇的安全标准应高于行政生活区,因此,本条规定的外部允许距离,其破坏情况大体是建筑物的玻璃成条状破坏,建筑物结构和人员均不会遭受损伤。

5 县城。县城一级的安全标准,应更高于乡、镇的标准。本条提出县城的允许破坏标准只有门窗玻璃产生偶然破坏,对建筑物和人员不会产生影响。

对于职工总数大于或等于 50 人的企业,亦采用了此项标准。

6 人口大于 10 万人城市的规划边缘。较大城市的人口比较多,而且比较密集,因此,应采取较高的标准,按本条规定的外部允许距离只有偶然性的个别玻璃破坏,或者不产生任何玻璃破坏。

7 国家铁路及其车站。国家铁路是重要的运输动脉,一般情况下是不允许遭受破坏的,但是,考虑到车辆在轨道上处于行进状态,各种类型仓库的爆炸事故频率又很低,遭受破坏的总概率是很小的。因此,本条对Ⅰ、Ⅱ、Ⅲ、Ⅳ级铁路按其重要程度及年运量的大小,分别提出了不同的距离要求,按此标准一旦遇上爆炸事故,允许玻璃有破碎和车身偶有损坏。但不会对机车的发动机产生损坏,也不会发生车身翻倒事故。

8 公路。根据我国对公路等级的划分规定,本条对一级和二、三级,以及四级公路分别采用比国家铁路各等级略低的标准。

9 通航河流的航道。本条采用与公路二、三级相同的标准。

10 高压输电线路。本条根据电压等级的差别采取不同的标准。35kV 和 110kV 线路服务半径较小,影响后果相对比较小,因此,标准稍低。而 220kV、330kV、500kV 及以上的输电线路,服务半径大,一旦遭受破坏,经济损失大,因此,参照国内某些国家标准,按不同电压输电线路确定不同距离标准。

4.3.4 缓坡地形条件下软质岩石洞库爆炸后,其爆炸空气冲击波轴向强度高于极硬岩和硬质岩石洞库。本条是根据相同条件下的软质岩石洞库爆炸试验结果规定的,其各类被保护对象的破坏标准与本规范第 4.3.3 条相同,外部允许距离要大一些。

4.3.5 陡坡地形条件下的软质岩石洞库爆炸后,其爆炸空气冲击波强度高于相应的缓坡地形软质岩石洞库,方向性也更强。其主要原因是山体不出现明显的鼓包运动,洞体也不产生严重的变形或倒塌,爆炸能量更集中地从洞库口部向外射出。本条是根据试验结果规定的,其破坏标准与本规范第 4.3.3 条相同,外部允许距离更大一些。

4.3.6 黄土介质的物理性质与岩石相差很大,其抗压强度、弹性模量和波速都大大低于岩石。土体的变形和运动所吸收的爆炸能量比岩石更多。因此,洞口外部空气冲击波的运动规律表现出较大的不同,最显著的特点是压力随距离的衰减率高,冲击波作用的方向性低。

通过系列爆炸试验,总结出洞口外从 0°线到 75°线的爆炸空气冲击波峰值超压的分布规律。表 4.3.6-1 给出了不同药量的各种被保护对象的距离要求,其破坏标准与本规范第 4.3.3 条相同。

4.3.7 由于覆土库装药是长条形状,其库房结构在不同方向上对爆炸初期的约束强度不同,因此,形成空气冲击波在不同方向上的传播规律不同,爆炸时库房顶面最先炸开,爆炸气体首先向上喷射,所以山体坡面近区经受较强的冲击波,随着库房前墙和侧墙的破坏,爆炸气体向多方向膨胀。随着冲击波传播距离的增加,不同方向冲击波强度逐渐均匀。经系列试验,总结出冲击波阵面超压与距离的关系。表 4.3.7 给出了不同药量的各种被保护对象的距离要求,其破坏标准与本规范第 4.3.3 条相同。

4.3.8 炸药在极硬岩石和硬质岩石介质中爆炸形成的爆炸地震

波,对周围地面上建筑物、构筑物都将产生一定的影响。评价爆炸振动破坏的判据,有质点振动位移、速度、加速度、应力、应变等物理量。本规范采用质点振动速度作为描述爆炸地震波的传播规律的参数和破坏判据,采用地表基岩垂直向的振速峰值作为计算标准。

本条对爆炸地震波外部允许距离规定的依据,一是经过系列洞库爆炸试验总结出的地震波峰值振速与距离的关系;二是参照国内外已有资料,并经过系列爆炸试验场地周围各类建筑物破坏情况调查验证后确定的各类建筑物的允许振速峰值。

根据试验总结报告特别指出,当建筑物在与洞库夹角呈60°～120°(以洞口轴线为0°)的范围内,其爆炸地震波垂直振速要比其他方向增大约20%,因此,在本次规范修订中对表4.3.8增加一条附注,即在60°～120°的范围内表中距离应乘以1.2。

参加试验验证的建筑物包括砖混结构、砖木结构、夯土墙木结构和土坯墙木结构四类结构共500余栋(间)。

表4.3.8规定的极硬岩石洞库外部允许距离是前述四类建筑物在爆炸地震波作用下受轻微破坏的距离。

4.3.9 软质岩石洞库的试验场地的出露地层主要岩石是第三系层状红色砾岩,厚度数百米。岩体断裂和节理裂隙不发育,结构紧密,完整性好。经在砾岩地区进行几次洞库爆炸试验后,回归得出振速峰值与比例距离的关系式,从而提出了表4.3.9的外部允许距离,其破坏标准与本规范表4.3.8相同。

4.3.10 黄土洞库的爆炸试验场地,是在中更新世(Q_2)离石黄土层和晚更新世(Q_3)马兰黄土层中进行的。从几次不同药量的爆炸试验数据中,回归得出振速峰值与距离的关系。据此本条提出表4.3.10的外部允许距离,其破坏标准与本规范表4.3.8相同。

5 库区内部布置

5.1 一般规定

5.1.1 本条为综合性的一般规定,仓库的布局应考虑各种综合条件,要做到技术上可行、安全上符合要求,并注意提高土地利用率。

5.1.2 当洞库和覆土库同在一个库区时,一旦洞库发生爆炸事故,大量飞石密集降落,会使覆土库几乎全部毁坏,甚至发生殉爆等更加严重的灾害。因此,洞库和覆土库同在一个库区时应分区布置。在分区布置时,洞库洞口轴线两侧各50°范围内应避免朝向覆土库方向。分区之间的库间距离,根据岩土不同性质的洞库,分别按本规范第4.3.2～4.3.10条中有关小于或等于10户并小于或等于50人的零散住户、警卫排居住建筑物的边缘及爆炸地震波的规定执行。

5.1.3 山区仓库要重视道路建设,以保障库区的运输通畅。强调主干道宜设置环形段,这对平时、战时及事故抢险均有利。

5.1.4 本条是一个设计标准问题。经验表明,山区建设必须重视洪水问题,否则将对使用带来难以克服的问题。

5.1.5 覆土库的覆土措施和防护屏障是保障安全的必要条件。在做法上必须满足要求,否则起不到防护作用。

5.1.6 实践表明,仓库要设置围墙,否则难以管理和保证安全。围墙的具体做法是依据国内军工企业危险品总仓库区标准确定的,当地形条件很复杂、施工条件很困难时,可根据当地实际情况,局部设置刺网围墙。

5.2 库间允许距离

5.2.1 说明库间允许距离的计算原则。库间允许距离是指根据一定的允许破坏标准确定的两个相邻库房之间的距离。它应保障

一旦某一库房发生爆炸不使邻近库房的火药、炸药殉爆,但允许邻近库房结构遭到某种程度的破坏。

5.2.2、5.2.3 库间允许距离由以下几方面因素确定:

1 按岩体结构分类使用起来比较清楚,并符合岩体破坏特征。在岩体爆破过程中,破碎和抛掷情况除取决于爆炸压力的大小和作用时间的长短外,主要取决于岩体的结构特征。当然,岩体结构特征控制着爆炸波的传播特性、鼓包运动、岩体破坏方式及程度。为此,把岩体结构特征作为爆炸岩体分类划分的依据。

岩体波速的高低反映岩体强度和完整性,是岩体分类的较重要参数。岩块在一般情况下要比岩体完整,故岩块波速C_v要比岩体波速C_p高,可用两者之比的平方$n=(C_v/C_p)^2$,即裂隙系数表示岩体的完整性。n愈大表明岩体愈完整。

2 确定库间允许距离除了要考虑岩土体及洞室结构的破坏标准外,还要考虑火药、炸药的敏感程度。要确保库内存放的火药、炸药不会因相邻库房爆炸而产生的落石冲击、地面震动和热效应等而发生殉爆。不同炸药的殉爆距离不同,要加以区别。本规范按火药、炸药的梯恩梯当量值大小来控制。

3 库间允许距离与药量和存药条件有关,即:当主洞室横截面积确定后,库间允许距离主要取决于装药横截面积所转化成的装药等效直径($D=1.6\sqrt{S_r}$),因此,规定库间允许距离以实际装药等效直径来控制。

4 库间允许距离还与洞库的布置形式有关,对此应乘以相应的布置影响系数。

5.2.4 本条仅适用于两个黄土洞库相对布置时的距离计算。由于两洞库不在同一个山体,控制标准是洞口溢出的冲击波和产物流不使前方洞口的防护密闭门被击穿,以此确定库间允许距离。

5.2.5 本条适用于两个岩石洞库在同一个山体上下布置时的库间允许距离计算,控制标准是下洞室的后破裂线对上洞室不产生实质性破坏,以此确定库间允许距离。

5.2.6 本条适用于两个黄土洞库在同一个山体上下布置时的库间允许距离计算,控制标准是下洞室的后破裂线对上洞室不产生实质性破坏,以此确定库间允许距离。

5.2.7 本条适用于两个覆土库之间的库间允许距离的计算,控制标准主要考虑不发生殉爆,但允许邻近覆土库结构发生严重破坏。

库间允许距离还与覆土库的结构特征有关,如分为梁板式和拱形结构。同样,还与存放的火药、炸药的梯恩梯当量值大小有关。

5.3 辅助建筑物布置

5.3.1 取样间是为长期储存的火药、炸药进行定期抽样检查的场所。其一次取样的数量,或为3袋或为3箱,数量不多,但有一定的危险性。因此,宜布置在地形有利的单独地段,不宜布置在经常有人流和物流通过的地方。考虑到限制取样间存药量不应大于200kg,本条提出与火药、炸药仓库之间距离不宜小于50m。这样,一旦取样间发生爆炸事故不致引起库房发生次生灾害。当仓库发生爆炸事故时,取样间允许全部毁坏或倒塌。取样间与非危险性建筑物的距离不宜小于100m,当取样间发生爆炸事故时,非危险性建筑物的门、窗玻璃将会破碎,但不会产生实质性损坏。

5.3.2 本条提出的库区和转运站内的变电所距各类火药、炸药仓库不应小于50m距离,主要考虑变电所发生事故不致影响火药、炸药仓库的安全,而火药、炸药仓库发生爆炸事故时变电所允许遭到摧毁。

5.4 警卫用建筑物布置

5.4.1 试验表明,岩石洞库爆炸后所产生的飞石,其飞行最远的距离和分布数量较多的范围都是在洞轴线两侧各50°角范围内。由于黄土洞库爆炸后不会产生危害很大的飞石,只有洞内衬砌物被炸碎飞出,这样对黄土洞库就只考虑爆炸空气冲击波和地震波的影响因素,飞散物的影响因素可以不予考虑。但这些洞内衬砌物碎片飞出的方向性很强,其范围大致在洞库轴线两侧各50°角

范围内。因此,警卫用建筑物应尽量避开这个范围,宜布置在洞轴线两侧各 60°角以外范围。比较有利的方位是任一洞库的侧后方。在这个范围内,一般飞石的危险性极小,爆炸空气冲击波影响也不大,是比较合适的位置。覆土库多数是依山坡或台地布置,爆炸后山坡前方飞散物和空气冲击波影响范围相对比较大,而侧后方和后方较小。因此,警卫用建筑物宜布置在覆土库的后方或侧后方。

5.4.2 由于岩石洞库爆炸后所产生的飞石,飞行最远的距离和分布数量较多的范围,都是在洞轴线两侧各 50°角范围内。因此,对确定警卫用房的位置时,要求避开任一仓库洞轴线两侧各 50°角范围,尽量布置在洞轴线两侧各 60°角以外范围。只要条件允许最有利是布置在任一洞库的侧后方。在这个范围内,一般飞石及冲击波的危险性极小,只需考虑地震波的影响。

5.4.3 由于黄土洞库爆炸后不产生危害很大的飞石,只有洞内衬砌物被炸碎飞出。因此,对确定警卫用房的位置,要求避开任一仓库洞轴线两侧各 50°角范围,尽量布置在洞轴线两侧各 60°角以外范围。这样就只考虑爆炸空气冲击波和地震波的影响因素,飞散物的影响因素就可不予考虑。

5.4.5 警卫班的位置不应靠近仓库,但为了完成警卫任务亦不宜太远。本条考虑的原则是:在岩石洞库区,警卫班应布置在爆炸飞石覆盖区以外,不允许布置在飞石密集区范围内。一旦火药、炸药仓库发生爆炸事故,警卫班是有一定危险的。因此,在岩石洞库区布置警卫班,较好的位置是选择在任一洞库洞轴线两侧各 70°角以外的侧后方。

在黄土洞库区和覆土库区,由于没有飞石或飞散物较少,因此,只考虑爆炸空气冲击波和爆炸地震波因素即可。为了使警卫班建筑对爆炸空气冲击波超压控制在三级破坏等级内,即 $\Delta P \leqslant 0.25 kg/cm^2$,将表 5.4.5-4 中的距离作了调整(比原规范增加 5~10m)。

5.4.6 考虑到警卫岗哨是直接警卫仓库的岗位,由于工作需要不应与仓库相距太远。因此,应根据需要和具体地形确定其位置。

6 建筑结构

6.1 一般规定

6.1.1 每一洞库可设一个出入口,是考虑火药、炸药洞库特点而定的。引洞前设置的装卸站台和引洞的有关尺寸,均是从实践中总结出来的。

6.1.3 引洞设置钢网门、密闭门和防护密闭是根据使用要求确定的。钢网门在库房通风时,应处于关闭状态,防止无关人员或其他动物进入库内;密闭门在南方夏天起隔热作用,在北方冬天起保温作用;防护密闭门是防止外部爆炸破坏效应的。生产经营单位用的火药、炸药洞库,由于火药、炸药周转快,储存期短,取用频繁,重要性较低,可不提保温和防护要求。

离壁式岩石洞库在引洞末端的侧墙上设密闭检查门,其目的是在使用期间作为到衬砌外检查的出入口,也可供施工时物料、人员出入使用。

考虑洞库外部发生爆炸时,在冲击波作用下,密闭门、防护密闭门能自动关闭,同时也考虑便于库管人员紧急情况下的疏散,所以要求两门均应向外开启。只起通风作用的钢网门开启方向不作要求。

6.1.4 覆土库屋面覆土厚度和水平覆土厚度的要求,主要依据下列几点:

1 降低相邻仓库的爆炸飞散物的影响;由于覆土库一般采用钢筋混凝或实心砌体墙承重结构,一旦发生爆炸事故总有一定数量的飞散物飞出,如果飞散物直接命中无覆土的屋盖,则可能击穿屋盖而撞击储存于库内的火药、炸药。另外,覆土对建筑物的隔热保温也有一定效果。为了减少飞散物的破坏作用,在覆土库的

屋面上覆土是一项有效措施。考虑到爆炸事故的频率低,如果覆土太厚势必造成屋面静载的增加,增加基建投资。权衡两者的利弊及参照有关试验资料,确定屋面覆土厚度不应小于 0.5m。

2 屋面 0.5m 厚覆土可使作用于屋面上的爆炸空气冲击波超压得到一定的衰减,这对抵抗爆炸空气冲击波的作用是有利的。

3 覆土库前墙顶部外侧的水平覆土厚度不应小于 1m,是考虑前墙直接承受爆炸空气冲击波的作用,覆土厚度越大,对爆炸空气冲击波的衰减也越大。考虑到覆土库屋面板顶标高一般为 5m 左右,前墙覆土坡度为 1∶1~1∶1.5,如果前墙外侧覆土厚度太大,会使土方量增加很多,而且在某些山区取土有困难,因此前墙顶部外侧的水平覆土厚度定为 1m。

6.1.5 本条规定主要依据下列几点:

1 覆土库的两端山墙不覆土,是由于覆土库两端山墙上留有运输火药、炸药用的大门,门外还留有 6m 宽的运输通道或站台,所以两端山墙不覆土。如果只在一端山墙上开门,则另一端山墙亦应覆土。

2 为了减少爆炸空气冲击波对两端山墙的作用,同时也为了减少山墙的飞散,所以在运输通道或站台外侧设置防护屏障,高度与山墙的高度相等。

覆土库装卸站台进深不小于 2.5m 的规定,是根据使用要求而定的。山墙出入口距防护屏障的距离是为满足运输要求而定,正常情况下 6m 已满足要求。

6.1.6 对于两侧覆土的覆土库,出入口位置目前有两种做法,一种设在两端外露的山墙上,此方案通风较好,另一种设在未覆土的一面山墙,另一端山墙设通风窗或通风口。

门斗设置主要是为了安装两道密闭门,使两者之间有一定距离,以增加防潮效果。

两端山墙上设通风窗,目的有两个:一是通风,二是密闭期间进库时打开外层防护密闭板窗采光(库内无人工照明);玻璃窗与防护密闭板窗之间设铁丝网作为通风时防鸟之用。

三面覆土库的竖直排风管管底设减压管段的目的是为了对外部进入的爆炸空气冲击波进行扰流,以减小其对仓库内部的冲击波压力。

6.1.7 主洞室内地面进风口和进风管或进风地沟室外入口处设置钢盖板和铁栅栏的目的是防止外部爆炸破坏效应和人为破坏(通风时可打开钢盖板),铁丝网是为防止鸟、鼠、蛇等进入库内。

6.1.8 从现有洞库看,一般采用自然通风,如无排风竖井,通风季节很难排除洞库内潮湿空气,所以规定洞库有条件时应设排风竖井:

1 从通风角度看,排风竖井设在主洞室末端,阻力小、效果好,放在前侧,气流通道曲折、效果较差,但不管放在何处,实践证明都是可以的,由于各有优点,所以规范对排风竖井的位置不作规定。

2 考虑到排风竖井也是洞库最薄弱部位和防止夏季潮湿空气倒灌,因此规定在排风竖井前水平通风道内设防护密闭门。对人为破坏的防护要求较低的生产经营单位的洞库,可不设防护密闭门而只设密闭门和钢网通风门。

3 在万一爆炸物落入排风竖井内爆炸时,防爆坑可以减少爆炸的破坏作用,因此防爆坑底一般比水平通风道地面低 1m 以上。

4 竖井露出山体表面部分(通风帽)的高度,目前普遍偏低,但有普遍加高趋势,一般加高到 2.5~3.0m,所以规范规定,排风竖井高出山体表面部分出风口不低于 2.5m。在排风竖井内一距离处设一道水平钢筋网,以防破坏物坠入井底。钢筋混凝土通风帽及其保卫措施,目的是防止人为破坏。

6.1.9 根据使用要求,对钢网门、防护密闭门、密闭门、通风门和检查门尺寸作出规定。

6.1.10 由于仓库内不允许打开火药和炸药袋、箱，地面上基本无药粉，故地面可以为普通水泥地面。由于包装方式、搬运方式等原因容易出现包装破裂，火药、炸药洒落的仓库宜做不发生火花的水泥地面。

6.2 岩石洞库建筑结构

6.2.1 由于目前喷锚支护技术已经发展的比较先进成熟，因此规定可根据岩石洞库开挖后围岩的稳定情况和使用要求，采用喷射素混凝土支护、喷射钢筋网混凝土支护（必要时可加设锚杆）。如果对仓库的美观和防潮方面有较高要求，可采用离壁式衬砌。岩石洞库采用贴壁式衬砌的目前已经不多，大部分用于黄土洞库。

6.2.2 岩石洞库主洞室做离壁式衬砌是几十年地下工程（包括地下洞库）经验和教训的总结，引洞水平通风道做离壁式衬砌是为更好地保证主洞室内的湿度要求。

规定的有关数据是实践中测试数据结合现有防潮材料的情况提出的。

6.2.3 直墙拱顶式结构即钢筋混凝土柱和实心砌体墙承重，钢筋混凝土拱板或薄壳作顶盖的结构形式。离壁式岩石洞库的结构形式在满足静载与爆炸地震荷载共同作用的要求下，尽可能采用新结构、新材料、新技术，做到建设投资最少。因此，必须因地制宜地选择离壁式衬砌的结构形式。

6.2.4 离壁式衬砌的抗震措施主要根据试验结果制定。条文中列入的柱基础伸入基础 0.35m、设置圈梁、加强斜撑、加强钢筋混凝土柱与砖墙及加强砖墙转角处的连接等均具有明显的效果。

6.2.5 洞库衬砌材料应为不燃烧材料，是按现行国家标准《建筑设计防火规范》GB 50016 中建筑物耐火等级二级考虑的。

1 拱脚钢筋混凝土斜撑及挑檐板向围岩做坡变且坡度比较大，目的是不使水倒流至衬砌上渗入主洞室内。

当采用整片支撑板支撑到围岩上时，其支撑板底也必须做坡度（仍不小于1：6），并在一定距离埋落水管，以排除拱脚上表面积水。

挑檐尺寸大于或等于 0.35m，是使落水点位置不小于侧墙外侧至沟中心的距离，以减少衬砌外侧的溅水，减少墙脚附近对主洞室内的散湿量。

2、3 规定水沟底起点比洞库地面低 0.4m、坡度不应小于 0.8% 是使水既能排出，又使沟出口处不致太深。

6.2.6 本条目的在于一方面减少裂隙水的来源，堵塞地表水的通路和避免裂隙水对拱顶的冲刷，同时也解决施工中的部分困难。

6.2.7 洞库地面下做滤水层（包括引洞），是用排水方式排除地面下裂隙水，变有压水为无压水，给地面防水防潮创造有利条件。洞库地面不做滤水层，夏季地面返潮是普遍现象。有的单位对洞库散湿量做过测试，发现地面散湿量最大，所以本条对地面滤水层作了严格规定。

6.2.8 离壁式衬砌拱顶防水是为解决围岩上小股和分散的裂隙水滴落在拱顶上对衬砌的渗透。其防潮是解决潮湿空气通过衬砌渗入洞内，为此拱顶应做防水、防潮措施。

离壁式衬砌外墙一般不接触水或接触极少的溅水，而且是垂直面，水不会停留，因此外墙仅考虑防潮，墙下部防潮层可适当加强。

洞库地面不论有无裂隙水均应做防水层（柔性防水层，一般防水与防潮合二为一）。这样比较稳妥，如确无裂隙水也可起防潮作用。

防水、防潮措施的位置。防水当然应在迎水面，也就是应做在衬砌外；对于防潮措施，根据有关资料介绍，防潮层设在衬砌外和衬砌内效果无明显差别，设在衬砌外施工困难些，但可把潮气隔绝在衬砌外，从长远观点看比较好，一旦库内湿度达不到要求，还可在衬砌内表面增加吸湿粉刷材料（如抹膨胀珍珠岩水砂浆或蛭石砂浆）。如果防潮层做在衬砌内，施工方便些，但由于衬砌外湿度或

水分源源不断往内渗透，特别是拱顶，时间长了防潮层是否会被攻破，产生不利影响，还无法得出结论。如果一旦库内湿度达不到要求，在防潮层上再做吸湿粉刷就困难了，另外，库内运输工具来回碰撞，防潮层也会被弄坏，事实上也有此现象。

基于上述原因，本条提出防水防潮材料应做在衬砌外侧。

6.2.9 本条从防潮角度出发，规定凡衬砌上一切与外相通的洞口，如进风口、排风口、投光灯光窗洞孔以及伸缩缝（包括地面伸缩缝），均应有密闭措施。

6.3 黄土洞库建筑结构

6.3.1 由于目前喷锚支护技术已经发展的比较先进成熟，因此规定可根据黄土土质的情况和使用要求，采用喷射素混凝土支护、喷射钢筋网混凝土支护。另外，贴壁式衬砌在黄土洞库中应用得较多，使用效果也比较理想。

6.3.2 本条目的是切断水源，防止地表水渗入地下，为防潮创造条件。

6.3.3 黄土地区一般雨水稀少，黄土洞库仅考虑防潮，不考虑防水，这是行之有效的实践经验总结。

从有关试验资料看，防潮层做在衬砌外或衬砌内效果无明显差别，黄土洞库一般为贴壁式衬砌，防潮层做在衬砌外很难施工，而且不易保证质量，所以本条规定黄土洞库防潮层应做在衬砌内表面，也是实践中一般做法。

主洞室、引洞、排风竖井前的水平通风道、进风地沟等防潮要求不同，一旦密闭门性能不好（或通风时开门），上述湿度大的引洞、水平通风道、排风地沟内的空气就会渗入主洞室内，影响主洞室防潮效果，所以本条还规定这些部位防潮要求应相同。

6.4 覆土库建筑结构

6.4.1 钢筋混凝土落地拱结构、钢筋混凝土框架结构和钢筋混凝土屋盖、实心砌体墙承重的混合结构目前在覆土库中应用较多，效果较好。波纹钢板落地拱结构目前应用的比较少，可以满足一般的使用要求，因此规定也可以采用这种结构形式。

6.4.2 覆土库的抗震构造措施主要有两个方面，一方面是加强顶板构件（板梁）自身之间的连接，加强顶板构件与柱、圈梁之间的连接；另一方面是增加覆土库结构的整体性，也就是在挡土墙与山墙的顶部设圈梁。这些抗震措施都是最基本的。

试验中发现由于屋面板没有与屋面梁焊接，在爆炸空气冲击波的冲击与爆炸地震波的震动作用下，屋面板几乎全部震塌落下，经仔细检查，屋面板本身并未因爆炸空气冲击波作用而出现断裂和裂缝。由此可见，加强覆土库屋面板与屋面梁、屋面梁与柱或挡土墙的连接是很必要的。

由于试验中出现过砖山墙倒塌从而导致屋面结构倒塌的情况，所以应增强山墙的抗爆性能。

6.4.3 覆土库的墙严禁采用毛石砌筑，是根据对覆土库的试验结果确定的。如果前墙是毛石砌筑的，则前墙是飞石的主要来源。为了减少飞石的危害，严禁采用毛石或块石砌筑墙体，而采用钢筋混凝土结构则可减少飞石。对于有防护要求的覆土库，本条规定未覆土的墙体应设计成符合防护等级要求的钢筋混凝土结构。

6.4.4 埋入土中的墙外侧做柔性防水层，是为了防止潮气进入库内。

屋顶柔性防水层上做现浇层，目的是防止草根刺破防水层而渗水。

6.4.5 做排水沟的目的是排除渗入土内的水，沟底越低，对库内地面防潮越好。

6.4.6 保证覆土库室内湿度满足使用要求。

6.4.7 本条主要考虑一旦仓库内火药、炸药发生燃烧时，应能保证在一定时间内钢拱不会发生垮塌。另外，考虑钢构件耐腐蚀性

差的特性，提出了对钢构件应进行防腐处理的要求。

6.5 警卫建筑物建筑结构

6.5.1 对警卫建筑物墙厚提出要求，并采取抗震构造措施，是为了抵抗爆炸空气冲击波和爆炸地震波的作用。采用构造柱和圈梁相结合的方式，是提高建筑物抗震能力的有效手段。

6.5.2 对警卫岗楼采用钢筋混凝土结构形式和覆土厚度的规定，是为了抵抗飞石的破坏作用。

6.6 取样间建筑结构

6.6.2 为防止搬运火药、炸药时与门发生碰撞等，规定不应采用吊门、侧拉门、弹簧门。同时为避免作业人员出现绊倒的情况，规定不应设置门槛，门口应设置装卸台或坡道。由于取样间操作过程中有可能洒落火药、炸药，因此规定地面应采用不发生火花地面。

7 电 气

7.1 危险场所分类

7.1.1 根据火药、炸药储存情况，发生事故的可能性和发生事故后造成的后果，以及火药、炸药储存单位多年的安全管理经验等，将危险场所划分为 F0 类和 F1 类。

划分类别的原则是按以下两方面考虑的：

由于电气设备和电气线路容易产生电火花、电弧及高温，所以火药、炸药危险场所中，电气设备和电气线路是主要危险因素。为了防止引起事故，设备生产厂家按照相关标准在结构及防爆机理上采取措施，使其符合环境要求。目前生产的常用防爆电气设备有两种：一是爆炸性气体环境用电气设备，二是可燃性粉尘环境用电气设备，但这两种产品均明确不适用于火药、炸药危险场所。也就是火药、炸药危险场所适用的防爆电气设备没有解决，本规范规定防爆电气设备均为代用产品。

1 由于 F0 类危险场所中长期储存大量的火药、炸药，一旦发生事故波及面大，会造成人员伤亡和财产损失，在政治和经济上造成严重后果。该场所对电气专业安全要求最高，目前火药、炸药危险场所防爆电气设备还未解决，因此，规定不允许安装电气设备和敷设电气线路，对预防电火花、电弧及高温引起火药、炸药燃烧爆炸危险是最安全的。

2 F1 类危险场所中一般不贮存火药、炸药，只是在作业时存在火药、炸药，其储存数量比 F0 类危险场所少得多，爆炸几率及危险性比较小，一旦发生事故影响范围较小，所以规定可安装符合要求的电气设备。

7.2 10kV 及以下变电所和配电室

7.2.1 库区、转运站的用电负荷除安全防范系统外，其余用电负荷主要是仓库内照明。当突然停电时不可能造成燃烧爆炸事故，三级供电负荷可以满足要求。

根据现行国家标准《安全防范工程技术规范》GB 50348 的规定，安全防范系统宜采用两路独立电源供电，并要求末端自动切换。因此，安全防范系统供电应采用两路电源供电，否则应增设应急电源。需要说明的是安全防范系统的监控中心一般设在行政生活区，而前端仪器设备设在库区，行政生活区与库区之间距离很远，一套应急电源采用低压供电无法满足安全防范系统的供电需要，应在行政生活区和库区各设一套应急电源。库区的应急电源设计时，建议考虑战备的需要。

7.3 电气设备及电气照明

7.3.1 F0 类危险场所不安装电气设备的原因是火药、炸药危险场所专用的电气设备问题没有解决；另外，F0 类危险场所存药量大，一旦发生事故，造成的后果是非常严重的。为了安全，所以不应安装电气设备。

7.3.2 本条对用于 F1 类危险场所的电气设备进行了明确规定：

1 目前按照现行国家标准《可燃性粉尘环境用电气设备 第 1 部分：用外壳和限制表面温度保护的电气设备 第 1 节：电气设备的技术要求》GB 12476.1 生产的电气设备，是等同于现行国际电工委员会标准生产的产品。

火药、炸药装卸作业时，有可能散发危险粉尘，采用防粉尘点燃型 DIP 21 区产品，其外壳防护等级为 IP65，最高表面温度小于或等于 135℃ 的设备，比较适用于 F1 类危险场所。隔爆型 dIIB 级电气设备，在该类危险场所内已使用多年，也可以采用。F1 类危险场所安装温、湿度仪表及安全防范系统的探测器、门磁等应采用本质安全型防爆电气设备，其外壳防护等级应为 IP54。

2 安装在洞库、覆土库等危险性建筑物外的电气设备，由于该环境只是在作业时存在火药、炸药，且通风条件比较好，所以规定电气设备采用 DIP22 (IP54 级)，且设备的最高表面温度未作规定。

3 为了保证安全要求，危险场所采用的防爆电气设备必须是确认合格的产品。

4 原规范规定洞库电气设备最高允许表面温度为 120℃。此次修编改为 T4(135℃)。其原因如下：120℃ 不符合现行国家有关标准中规定的温度组别；在本次规范修订过程中，规范修订组对洞库照明投光灯室的温度进行了测试，在洞库内常年平均温度为 7～10℃ 的条件下，灯具开启 12h 时，投光灯室的温度升高约 5℃；由于我国目前生产的投光灯(400W)表面温度一般为 T3(200℃)，建议设计时，应优先选用 T4 温度组别的灯具，或选择大功率的灯具、低功率的光源，设法满足 T4 要求。

7.3.3 目前主洞室照明是采用密闭投光灯安装在投光灯室通过密封透光窗照明，是符合要求的。主洞室照明也可采用满足 F1 类危险场所要求的防爆灯，直接安装在引洞通过密封透光窗照明，该方案散热比较好。对于离壁式衬砌的主洞室照明也可采用满足 F1 类危险场所要求的防爆灯，直接安装在主洞室衬砌外侧通过密封透光窗照明。

7.3.4 主洞室内照度值规定是根据本次修订过程试验得出的，该规定基本满足作业人员的作业需要。考虑到部分洞库的主洞室较长或建筑形式特殊，为了满足操作要求，允许使用便携式灯具，但灯具的选型必须符合相应的安全要求，同时有关部门必须严格管理，作业完毕后，灯具必须随作业人员同时离开，严禁将灯具存放或遗留在主洞室内。

7.3.5 根据覆土库的结构形式和管理规定等特点，照明可以利用其门、窗自然采光。当自然采光不能满足要求时，可采用条文中的方式照明。

7.3.6 部分洞库、覆土库仅有一道门与室外隔开,此时,仓库内的危险场所相当于F0类。

7.3.7 本条照明安全要求与原规范相同,仅对照明灯具作了改动。

7.3.8 转运站台照明,采用灯具安装在灯杆上照明,且要求灯杆与转运站台或站台库及车辆之间保持一定的距离,主要是防止车辆运行产生震动引起事故。

7.3.9 引洞与主洞室之间的透光窗要求密封,是防止火药、炸药粉尘进入投光灯室堆积在灯具表面引起事故。

7.4 室内线路

7.4.1 为了防止人身电击,配电线路需要采取防止直接接触保护(防止直接电击保护)和防止间接接触带电体的保护,设计时应按《低压配电设计规范》GB 50054 的规定执行。

7.4.4 为便于危险场所电气线路与防爆电气设备连接,也有利于检修危险场所电气线路,要求明敷。由于引洞内、覆土库内比较潮湿,为了防止穿电线钢管腐蚀,造成电线短路引起事故,要求钢管与墙和顶板留有通风的距离。

7.5 室外线路

7.5.1 库区仓库和转运站储存和暂存有大量的火药、炸药,为防止外单位的供电线路断线、倒杆等对火药、炸药构成不安全因素,故作本条规定。

7.5.2 本条是根据《建筑物防雷设计规范》GB 50057 确定的。为防止雷击电气线路时,高电位侵入危险性建筑物造成燃烧爆炸事故,低压电源引入线路采用埋地敷设安全性和可靠性都比较好。但受条件限制时,允许采用架空线,但要求架空线换接一段金属铠装的电缆或护套电缆穿钢管埋地引入。除在架空与埋地换接处采取安全措施外,应该明确两点:一是电缆埋地长度不应小于15m,二是金属铠装电缆的金属外皮或穿电缆的钢管两端应接地。

7.5.3、7.5.4 为了防止倒杆、断线引起事故,规定高、低压架空线路与装卸站台及取样间保持一定的安全距离。当不能满足要求时,可采用电缆埋地敷设。

7.5.5 为了防止火药、炸药发生爆炸事故时波及与其无关的无线通信设施,故作本条规定。

7.6 防雷接地

7.6.2 危险性建筑物的低压供电系统的接地形式采用 TN-S 型比较安全,因为该系统中保护线不通过工作电流,不产生电位差。但由于库区距离比较长,投资比较大,等电位连接可消除 TN-C-S 系统电源线路中 PEN 线电压降在建筑物内引起的电位差,使危险场所电气装置可有效地避免电火花发生,因此,建筑物内设施等电位连接后,低压系统可采用 TN-C-S 接地形式,但 PE 线和 N 线在建筑物内总配电箱开始分开后,不得再混接。

7.6.4 安装电涌保护器是为了控制过电压,将过电压限制在设备所能耐受的数值以内,使设备受到保护,避免雷电损坏设备。

8 安全防范系统

8.1 一般规定

8.1.1 根据仓库储存物资的重要性和危险性应设置安全防范系统。安全防范系统风险等级和防护级别划分及系统的构成,是由公安部及有关部门根据储存的火药、炸药数量及其重要性等因素确定的。一般按一级风险等级进行防护设计。

8.1.4 库区安全防范系统采用的检测仪器、开关及控制箱等大部分是电气设备,因此,安全防范系统设计时,除执行本专业技术要求外,对本章内未作规定的部分,应符合本规范第7.1节的有关规定。

8.1.5 本条规定的电话内容是指警卫岗哨等作为行政系统的联络电话,并兼作火灾报警信号。

8.2 电气设备选型

8.2.2 目前部分洞库、覆土库安全防范系统前端控制箱安装在洞库外墙上、地面上及电杆上等,设备选型不符合要求,同时未设置其他防护措施,为了保证系统安全运行,要求设备应适合户外环境条件。

8.3 监控中心

8.3.1

1 防雷击电磁脉冲是在建筑物遭受直接雷击或附近遭雷击的情况下,线路和设备防过电流和过电压,即防止在上述情况下产生的电涌。

2 安全防范系统的监控中心专用配电箱引出的配电线路采用专用 PE 线,以保证人身安全。

3 监控中心正常供电负荷等级一般为三级,为了防止突然停电后确保监控室继续工作,要求监控中心设置自带电池的灯具,作为应急照明。

6 监控中心所在建筑物一般为办公楼,其接地电阻比较高,安全防范系统主机(计算机、工控机等)及控制设备要求的接地电阻较小,设计时应按要求阻值小者考虑。

8.4 室内线路

8.4.1 本条规定是为了防止雷电电磁脉冲过电压损坏安全防范系统的电子器件。

8.5 室外线路及防雷接地

8.5.2

1 安全防范系统的前端控制箱、摄像机及相关设备安装在库区室外时为孤立的金属设备,容易受雷击,按现行国家标准《建筑物防雷设计规范》GB 50057 中第二类防雷要求采取措施,可防止雷电损坏控制箱等设备,影响整套系统的正常运行。

3 安全防范系统电子元器件的耐压水平比较低,为了防止高压损坏电子设备,因此,控制箱应设置两级电涌保护器,即电源引入和信号线路引入均应设置电涌保护器。

8.5.3 本条规定是为了尽可能减少雷电波的侵入,安全防范系统的传输线路除采用埋地敷设外,还应采取必要的措施,避免洞库、覆土库等建筑物内发生电火花引起事故。室内电气设备的保护接地与防雷电感应接地等共用,主要是做到等电位连接,防止雷电过电压火花。

8.5.4 由于库区与监控中心之间的距离比较远(一般在几公里到几十公里),安全防范系统线路全线采用埋地敷设不太可能。因此,本条规定允许采用架空敷设,但不得将架空线路直接引入洞库、覆土库等危险性建筑物内,故要求安全防范系统进出洞库或覆土库的线路进行多点接地。原因是当线路受到雷击或雷电感应时,会将高电位引入洞库或覆土库内。有关部门试验和实践表明,当埋地长度大于或等于$2\sqrt{\rho m}$,并在室外100m之内电缆金属外皮等做两处接地,其接地电阻不大于20Ω时,引入室内的电位可大大降低,雷电事故就可避免。

因为雷击时高电位可能沿架空线路侵入洞库或覆土库内引起事故,因此,要求电气和安全防范线路采用金属铠装电缆埋地引入。当从架空线路换接一段金属铠装电缆或护套电缆穿钢管埋地时,有必要采取本条规定的保护措施,当高电位到达电缆首端时,过电压保护动作,电缆的外皮和芯线短路,由于集肤效应,电流被排挤到电缆外皮上,电缆外皮上的电流在互感作用下,在芯线中产生感应电势,使电缆芯线中的电流减少。如果电缆埋地长度大于等于$2\sqrt{\rho m}$,且接地电阻不大于10Ω时,绝大部分雷电流经首端及电缆外皮泄入大地,残余电流也经进入建筑物处电缆的接地泄入大地。

第2、3款规定是根据工业和信息化部关于通信线路与高低压输电线路同杆架设要求制定的。

8.5.5 本条规定是根据部分洞库、覆土库安全防范工程在运行过程中受到雷电灾害侵入实例制定的。特别是在我国南方强雷区、高雷区,架空线路雷电侵入的可能性是很大的,如果采用埋地敷设,并采取一定的安全措施,就可以避免雷击线路引起事故。

法可见电气专业要求。

9.0.2 由于火药、炸药粉尘进入地沟中很难清扫,而且会越积越多,存在安全隐患,因此,当必须采用进风地沟时,应有避免火药、炸药粉尘进入地沟的措施。

9 采暖、通风和空气调节

9.0.1 火药、炸药仓库对空气的温度和相对湿度都有一定的要求,特别对相对湿度要求更严,除提高仓库建筑结构的防水防潮能力外,良好的通风成为辅助除湿措施的首选,自然通风既简便易行,又相对经济,目前先广泛采用,故首先推荐自然通风方案。对无排风竖井的洞库,当自然通风不能满足要求时,可采用机械通风方式。

1 当采用机械通风方式时,由于仓库内储存大量火药、炸药,空气中含有易燃易爆的气体或粉尘,为避免事故,从仓库电气安全的要求出发,对通风机室的设置作出了规定。同时,仓库内的空气不得循环使用,否则将会使空气中火药、炸药粉尘的浓度越来越大,增加了发生事故的可能性。

由于仓库储存量很大,而且粉状炸药又易散发炸药粉尘(如TNT炸药),一旦发生事故,影响巨大,故从安全角度考虑尽量减少不安全因素,规定火药、炸药仓库严禁采用机械排风。

2 库内空气中的粉尘会进入风管,采用圆形进风风管宜于清扫,可减少粉尘在进风风管内的沉积。通风管道、阀门采用不燃烧材料产品,是为了防止火灾的发生和蔓延。

3 送风系统吸进的是室外新鲜空气,当通风机及电动机均采用非防爆型时,在通风机出口处装设止回阀,是为了避免通风机停止工作后,室内含有火药、炸药粉尘的空气倒灌入通风机内,形成安全隐患。

4 进风管涂漆颜色应与火药、炸药粉尘易于识别,其目的是易于发现风管外表面所存积的火药、炸药粉尘,便于及时擦洗。

5 对机械通风系统提出了防静电接地要求,防静电的具体做

10 消 防

10.0.1 洞库洞口和覆土库周围的杂草树木是传播火灾的媒介,库区山火很容易通过杂草到达洞口,火灾危险较大,因此,洞库洞口和覆土库周围应当清除杂草树木,阻断火灾蔓延。

10.0.2 本条为保留条文,并补充灭火器的配置要求。由于近年来各仓库门口均安装了安全防范等电气设施,电气线路绝缘老化、接触不良等原因易引起电气火灾,因此提出在仓库门口配备灭火器的要求,作为应急使用,以便及时扑灭初起火灾。

10.0.3 本条是为预防取样操作时发生火灾等意外情况所作的规定。

10.0.4 本条是对原规范第8.0.3条的局部保留和修改。主要对消防供水作出了规定。库区可根据当地消防供水条件,采用不同的消防供水形式。

10.0.5 消防给水与生活给水系统合并使用,既维护管理方便,又比较经济,各库区也可根据自身具体情况分开设置。

10.0.7 当消防供水系统依靠消防水泵满足消防所需的水量、水压时,规定了消防泵的设置要求。目的是为了在发生火灾时能及时、有效地启动消防水泵,保证消防供水。

10.0.8 本条提出对覆土库区和转运站的消防要求应比洞库区严格,因为覆土库防护能力差,又无较长的引洞,实际上与地面库同样危险。转运站存放大量火药、炸药,且无防护措施。因此,对覆土库区和转运站的消防要求应与火药、炸药生产厂的总仓库区要求相同,所以本条规定覆土库区、转运站应设消防给水管网和室外消火栓或设消防蓄水池。

10.0.9 关于洞库区设不设消防给水是一个有争议的问题。经过

调查发现,库区林草确有起火事例,并有火灾隐患。因此,设置消防水源作为消防手段之一是必要的。但在北方部分干旱缺水地区,设置消防给水有困难,而这些地区草木也稀少,所以提出在确保其他各项消防措施的前提下,可不设给水系统。

10.0.10 在设有消防给水的库区,消防水源多为水池、水塘等无压水,因此消防时必须有加压设备,一般可设手抬机动消防泵或牵引机动消防泵,投资少,不用专职消防人员,发生火灾时由人工手抬或普通车辆牵引到现场使用。

关于消防车问题,经调查,大多数仓库区不愿设消防车及专职消防队,因为使用次数少,平时负担太重,因此本条把消防车放在第二位考虑。

11 运输和转运站

11.1 铁路运输

11.1.1 本条主要防止锅炉房、茶水房火炉等产生的火花飞落到火药、炸药车辆上造成意外事故。确定运送火药、炸药的铁路专用线到这些建筑物的距离不应小于35m,主要考虑这些建筑物内所排出的火花、火星有可能是灼热的固体颗粒,当飞落到35m远以外,经空气冷却已不可能引起火药、炸药的燃烧爆炸。

11.1.2 转运站内转运站台处设置尽头式铁路装卸线,属一般性的设计要求。铁路装卸线的有效长度规定满足同时装卸4节70t棚车的停放长度,是总结分析了物资储备系统多年运输情况及转运站台处存药量与外部允许距离要求确定的。

11.1.3 设隔离车的目的是使产生火花的机车与火药、炸药车辆之间有一定间隔距离,以减少发生事故的可能性。

11.2 公路运输

11.2.1 本条主要防止锅炉房、茶水房火炉等产生的火花飞落到火药、炸药车辆上造成意外事故。确定运送火药、炸药的道路干线到这些建筑物的距离不应小于35m,主要考虑这些建筑物内所排出的火花、火星有可能是灼热的固体颗粒,当飞落到35m远以外,经空气冷却已不可能引起火药、炸药的燃烧爆炸。

11.2.2 一般运输火药、炸药时均应符合本条要求。

挂车易因急刹车等因素产生车厢碰撞。翻斗车车厢型式不利于火药、炸药装载,上述车辆在安全上无保障。三轮车、畜力车运输时也有不安全因素,故禁止使用。目前,国内爆破器材运输均采用符合原国防科工委发布的《爆破器材运输车安全技术条件》(科

工爆〔2001〕156号)文规定的车辆,火药、炸药也应采用类似车辆运输。

11.2.3 本条对主干道纵坡提出不宜大于6%的要求,与现行国家标准《厂矿道路设计规范》GBJ 22中平原微丘区主干道纵坡的标准是一致的,这也是为了保证运输火药、炸药的车辆在冬季结冰和雨季路滑时的行车安全。

11.3 转运站

11.3.1 本条规定在库区内设置转运站时,转运站台与周围目标的允许距离均应按覆土库的允许距离要求确定。

11.3.2 本条针对在库区以外设置独立的火药、炸药转运站的安全要求而制定。

据调查,近年来,各单位转运站一般火药、炸药转运量都很小,平均几年一次,每次火药、炸药堆放时间,组织好可以不超过48h,发生事故的几率很低。因此,本条规定当转运站台或站台库堆放火药、炸药时间不超过48h,其外部允许距离应按覆土库的要求相应减少20%确定。

11.3.3 站台库结构计算时可不考虑爆炸空气冲击波荷载的作用。

12 烧毁场

12.0.1 火药、炸药的烧毁场一般均应布置在库区以外的单独地段,以免烧毁时偶尔发生事故影响库区安全。

12.0.2 烧毁场烧毁作业面积是根据目前烧毁火药、炸药的数量确定的。

烧毁场地的地表面应为不带有石块的土质地面是为了防止在烧毁火药、炸药时,一旦发生爆炸事故,不致因飞石伤人毁物。

12.0.3 烧毁场从安全角度出发,还是设置围墙为宜,围墙的材料可以不限,不设围墙无关人员可以随便进入,容易发生意外事故。烧毁场一般均应设掩体,并距作业场地边缘不宜小于50m等规定,是为了保证作业人员的安全。

12.0.4 根据调查,烧毁场夜间无人值班,待烧毁的火药、炸药不应在烧毁场储存,因此规定烧毁场不应设待烧毁的火药、炸药暂存库。

12.0.5 一次最大烧毁量及其外部允许距离是根据有关厂、库实际调查资料和参考现行有关标准、规范确定的。

13 理化中心

13.0.2 参照国家现行标准《小量火药、炸药及其制品危险性建筑设计安全规范》WJ 2470的规定,理化实验室炸药存药量折合梯恩梯当量不应大于3kg,火药存药量不应大于10kg,从使用及安全上是合理的。

13.0.3 根据理化实验室及样品库所规定的存药量计算,一旦发生爆炸事故时,爆炸空气冲击波将对周围建筑物造成次轻度破坏(二级破坏)。故制定本条规定。

13.0.4 本条所指销毁塔为封闭式的,不考虑爆炸空气冲击波及噪声影响,仅考虑爆炸地震波对邻近建筑物的振动安全距离。在理化中心附近不应设置敞开式销毁塔。

13.0.5

1 理化实验室:

1)理化实验室的火灾危险程度略高于现行国家标准《建筑设计防火规范》GB 50016中规定的甲类生产厂房,甲类生产厂房的耐火等级为一、二级,本规范中理化实验室耐火等级不应低于二级,至于是一级或者二级,可按现行国家标准《建筑设计防火规范》GB 50016—2006表3.3.1来决定。

2)本款目的是为了将危险性工作区和非危险性工作区分开。

3)当危险性工作间较大或人员较多时,为保证发生事故时人员能够迅速疏散,规定危险性工作间安全出口不应少于2个。从一个危险性工作间穿过另一个危险性工作间到达室外的出口不应计入安全出口的数目内。

4)危险性工作间常用的地面做法有:用不发火花石子做成地面面层;有机材料环氧树脂为主要材料制成的涂料或砂浆用作多功能的地面层,可以同时满足地面层不发火花、耐腐蚀、导静电、柔软性的要求。有防水要求的应另做防水层。各种特殊地面层,施工前应做试块测试,验收时应检测,避免因地面层达不到所要求的性能而引发事故。理化分析中带有腐蚀性介质时,除可能具有短时或瞬时的燃烧爆炸危险,还有长时间的腐蚀性,因此应按照现行国家标准《工业建筑防腐蚀设计规范》GB 50046的规定执行。

5)从节约资源和经久耐用来看,金属门窗、塑钢门窗代替木门窗是大势所趋。火药、炸药等粉尘对静电敏感时,金属门窗和塑钢门窗及其五金件应当采取导静电措施。

6)理化室采用钢筋混凝土框架承重结构主要是考虑当建筑物局部发生爆炸时,不会引起其余部分的严重破坏或垮塌。

2 样品库:

样品库条文说明参见理化实验室部分条文说明。

13.0.6 本条主要对含有火药、炸药的危险性工作间提出了采暖、通风、空气调节的安全要求。

1 理化实验室在对火药、炸药做理化分析时,存在燃烧爆炸危险,故对理化实验室的采暖作出了规定。

1)火药、炸药与高温物体接触能引起燃烧爆炸事故。火药、炸药发生燃烧爆炸危险性的大小与接触物体表面温度的高低成正比。为确保安全,同时贯彻国家有关节能政策,对设有采暖的理化实验室的采暖热媒及其温度作了必要的规定。

2)规定采用光面管散热器或其他易于擦洗的散热器,是为了方便经常清扫和擦洗,以防止火药、炸药粉尘长期沉积于散热器表面引起事故。带肋片的散热器或柱型散热器,由于不便擦洗,不应采用。

2 蒸汽、热水管道的入口装置和换热装置所使用的热媒压力和温度都比较高,超过了采暖热媒及其参数的规定,为了避免发生事故,规定了蒸汽管道、热水管道的入口装置及换热装置不应设在危险性工作间内。

为了避免火药、炸药粉尘在地沟内的沉积,形成安全隐患,采暖管道不应设在地沟内。

3 主要是考虑减少事故的蔓延扩大,把危害程度降到最低限度。因为发生事故时,火焰及冲击波会沿风管蔓延,扩大事故损失。

4 含有火药、炸药粉尘或燃烧爆炸危险气体的空气若循环使用,会使粉尘或气体的浓度逐渐增高,遇到火花时就可能发生燃烧爆炸,因此规定采用直流式通风空调系统,室内空气不应再循环。

5 对散发有火药、炸药粉尘或燃烧爆炸危险气体工作间的通风、空气调节设备的规定:

1)送风空气一般采用室外空气,相对比较清洁,且通风和空调设备设在单独的机房内,室内环境较好,所以规定送风干管上设有止回阀时,通风和空调设备可采用非防爆型。

2)通风机和电机应为直联,因为采用三角胶带传动会由于摩擦产生静电而可能产生静电火花。

3)采用在摩擦和撞击时不发火的材料制作阀门等活动件,主要考虑其在调节转动时不会产生撞击火花,避免因火花引起火药、炸药粉尘或燃烧爆炸危险气体的燃烧爆炸。

6 对理化中心设置的采暖、通风、空调系统提出了防静电接地要求,具体要求见电气专业规定。

13.0.7 本条为理化中心的消防要求。

1 考虑到理化实验室设有为理化分析服务的给水系统,为了增加安全性,参照现行国家标准《建筑设计防火规范》GB 50016提出的应设室内和室外消火栓的规定,消防给水系统的设计也应按该规范执行。

13.0.8

2 配电室是安装非防爆电气设备的工作间,为了防止电气危险因素引起事故,因此,对有关专业提出一些要求是必要的。

3 样品库的试剂间存在易燃液体或爆炸性气体,因此,电气设备采用爆炸性气体环境用电气设备。

可燃性粉尘环境用电气设备的防粉尘点燃型中DIP 22型防水防尘(IP54级)电气设备,适用于理化实验室危险场所采用。本规定与其他相关规范对理化实验室的电气安全要求相一致。

样品库的火药、炸药储存间电气设备推荐采用尘密结构型。

7 由于安全防范系统及部分火药的实验需要连续供电,因此,电源引入的总配电箱不宜安装剩余电流保护器,可设置剩余电流报警装置,满足防止电气火灾的同时,又能保证部分设备连续供电的要求。

为防止人身电击,在理化实验室插座回路上要求安装剩余电流保护器。

中华人民共和国国家标准

烟花爆竹工程设计安全规范

Safety code for design of engineering
of fireworks and firecracker

GB 50161 - 2009

主编部门：国 家 安 全 生 产 监 督 管 理 总 局
批准部门：中华人民共和国住房和城乡建设部
施行日期：２０１０ 年 ７ 月 １ 日

中华人民共和国住房和城乡建设部公告

第 433 号

关于发布国家标准《烟花爆竹工程设计安全规范》的公告

现批准《烟花爆竹工程设计安全规范》为国家标准,编号为 GB 50161—2009,自 2010 年 7 月 1 日起实施。其中,第 3.1.2、3.1.3、3.2.1、3.2.2、4.2.2、4.2.3、4.3.2、4.3.3、4.4.1、4.4.2、5.1.1(3)、5.1.3(1)、5.2.2、5.2.3、5.2.4、5.2.5、5.2.6、5.2.7、5.2.8、5.2.9、5.2.10、5.3.2、5.3.3、5.3.4、5.3.5、5.3.6、5.4.2(1)、5.4.4、5.4.6(1)、6.0.4、6.0.5、6.0.7、6.0.8、6.0.9、6.0.10、7.1.2(1)、8.1.1、8.2.1(1)、8.2.2(1)、8.2.3、8.2.6(5)、8.3.5(1、3、4)、8.4.1(1)、8.5.3、11.2.2(3)、12.2.1(2、3、6)、12.2.5、12.2.6、12.3.1(2、7)、12.6.2、12.6.3 条(款)为强制性条文,必须严格执行。原《烟花爆竹工厂设计安全规范》GB 50161—92 同时废止。

本规范由我部标准定额研究所组织中国计划出版社出版发行。

中华人民共和国住房和城乡建设部

二○○九年十一月十一日

前　言

本规范是根据原建设部《关于印发〈2007 年工程建设标准规范制订、修订计划(第二批)〉的通知》(建标〔2007〕126 号)的要求,由兵器工业安全技术研究所和国家安全生产宜春烟花爆竹检测检验中心会同有关单位,对原国家标准《烟花爆竹工厂设计安全规范》GB 50161—92 进行修订而成。

本规范在修订过程中,遵照《中华人民共和国安全生产法》和国家基本建设的有关政策,贯彻"安全第一,预防为主,综合治理"的方针,对湖南、江西、广西等烟花爆竹主产区 30 多个烟花爆竹生产、经营企业进行了调查研究。总结了我国烟花爆竹生产的实践经验,参考了有关国内标准和国外标准。在全国范围内广泛征求了有关行业协会、科研检测单位、大专院校、企业单位及行业主管部门的意见,最后经审查定稿。

本规范共分 12 章和 1 个附录。主要内容包括工艺、总图、建筑、结构、消防、废水处理、采暖通风、电气等专业的安全必要规定。

本次修订的主要技术内容有:增加了术语一章,调整了建筑物的危险等级,增加了工艺安全要求,调整了危险性建筑物的内外部最小允许距离,增加了结构防护要求,修订了电气危险场所的类别划分,补充了电气安全要求。

本规范中以黑体字标志的条文为强制性条文,必须严格执行。

本规范由住房和城乡建设部负责管理和对强制性条文的解释,国家安全生产监督管理总局安全监督管理三司负责日常管理,兵器工业安全技术研究所负责具体技术内容的解释。

本规范在执行过程中,如发现需要修改或补充之处,请将意见和有关资料寄送兵器工业安全技术研究所(地址:北京市 55 号信箱,邮政编码:100053,传真:010—83111943),以供今后修订时参考。

本规范主编单位、参编单位、主要起草人和主要审查人员:

主 编 单 位: 兵器工业安全技术研究所
国家安全生产宜春烟花爆竹检测检验中心

参 编 单 位: 湖南烟花爆竹产品安全质量监督检测中心
江西省李渡烟花集团有限公司
熊猫烟花集团股份有限公司

主要起草人: 魏新熙　范军政　郑志良　李后生　王爱凤
陶少萍　陈洁　侯国平　尹君平　张幼平
白春光　管怀安　董文学　王建国　阎翀
万军　郭玲香　罗建社　黄茶香

主要审查人员: 赵家玉　黄明章　刘幼贞　张兴林　韩国庆
杜元金　潘功配　李金明　李增义　黄玉国
刘春文　肖湘杰　余建国　袁学群

目　次

1　总　　则 ……………………… 5—5
2　术　　语 ……………………… 5—5
3　建筑物危险等级和计算药量 …… 5—6
　3.1　建筑物危险等级 ………… 5—6
　3.2　计算药量 ………………… 5—7
4　工程规划和外部最小允许距离 … 5—7
　4.1　工程规划 ………………… 5—7
　4.2　危险品生产区外部最小允许距离 … 5—7
　4.3　危险品总仓库区外部最小允许距离 … 5—7
　4.4　燃放试验场和销毁场外部最小允许距离 … 5—8
5　总平面布置和内部最小允许距离 … 5—8
　5.1　总平面布置 ……………… 5—8
　5.2　危险品生产区内部最小允许距离 … 5—9
　5.3　危险品总仓库区内部最小允许距离 … 5—9
　5.4　防护屏障 ………………… 5—10
6　工艺与布置 …………………… 5—11
7　危险品储存和运输 …………… 5—11
　7.1　危险品储存 ……………… 5—11
　7.2　危险品运输 ……………… 5—11
8　建筑结构 ……………………… 5—12
　8.1　一般规定 ………………… 5—12
　8.2　危险品生产区危险性建筑物的结构选型和构造 … 5—12
　8.3　抗爆间室和抗爆屏院 …… 5—12
　8.4　危险品生产区危险性建筑物的安全疏散 ……… 5—13
　8.5　危险品生产区危险性建筑物的建筑构造 ……… 5—13

　8.6　危险品总仓库区危险品仓库的建筑结构 ……… 5—13
　8.7　通廊和隧道 ……………… 5—14
9　消　　防 ……………………… 5—14
10　废水处理 …………………… 5—14
11　采暖通风与空气调节 ……… 5—15
　11.1　采暖 …………………… 5—15
　11.2　通风和空气调节 ……… 5—15
12　危险场所的电气 …………… 5—15
　12.1　危险场所类别的划分 … 5—15
　12.2　电气设备 ……………… 5—16
　12.3　室内电气线路 ………… 5—17
　12.4　照明 …………………… 5—17
　12.5　10kV及以下变（配）电所和厂房配电室 …… 5—17
　12.6　室外电气线路 ………… 5—17
　12.7　防雷与接地 …………… 5—18
　12.8　防静电 ………………… 5—18
　12.9　通讯 …………………… 5—18
　12.10　视频监控系统 ……… 5—18
　12.11　火灾报警系统 ……… 5—18
　12.12　安全防范工程 ……… 5—18
　12.13　控制室 ……………… 5—18
附录A　防护屏障的防护范围 … 5—19
本规范用词说明 ………………… 5—19
引用标准名录 …………………… 5—19
附：条文说明 …………………… 5—20

Contents

1　General provisions …………… 5—5
2　Terms ………………………… 5—5
3　Hazard classes of building and explosive quantity ………… 5—6
　3.1　Hazard classes of building … 5—6
　3.2　Explosive quantity ………… 5—7
4　Engineering planning and external separation distance ……… 5—7
　4.1　Engineering planning …… 5—7
　4.2　External separation distance in hazardous goods production area … 5—7
　4.3　External separation distance in general store area of hazardous goods … 5—7
　4.4　External separation distance in destruction ground and testing area … 5—8

5　General plan layout and internal separation di stance …………… 5—8
　5.1　General plan layout ……… 5—8
　5.2　Internal separation distance in hazardous goods production area … 5—9
　5.3　Internal separation distance in general store area of hazardous goods … 5—9
　5.4　Protecting barrier ………… 5—10
6　Process and layout …………… 5—11
7　Storage and transportation of hazardous goods ……………… 5—11
　7.1　Storage of hazardous goods … 5—11
　7.2　Transportation of hazardous goods … 5—11
8　Building structure …………… 5—12
　8.1　General requi rement …… 5—12

5

8.2 Structure selection and construction of hazardous goods production area ·············· 5—12

8.3 Blast resistant chamber and blast resistant yard ··· 5—12

8.4 Emergency evacuation of hazardous buildings in production area ··························· 5—13

8.5 Construction of buildings in hazardous goods production area ··························· 5—13

8.6 Structure of buildings in general store area of hazardous goods ··························· 5—13

8.7 Corridor and tunnel ····························· 5—14

9 Fire fighting ······································· 5—14

10 Treatment of waste water ················ 5—14

11 Heating, ventilation and air conditioning ····································· 5—15

11.1 Heating ··································· 5—15

11.2 Ventilation and air conditioning ·············· 5—15

12 Electricalinstallation in hazardous location ······································· 5—15

12.1 Classification of hazardous location ········· 5—15

12.2 Electrical equipment ···················· 5—16

12.3 Indoor electrical wiring ··············· 5—17

12.4 Lighting system ······················· 5—17

12.5 10kV & under power distribution substations and power distribution rooms in production building ·················· 5—17

12.6 Outdoor electrical wiring ·············· 5—17

12.7 Lightning protection and earthing ············ 5—18

12.8 Electrostatic prevention ··············· 5—18

12.9 Communication ························· 5—18

12.10 Television monitoring system ············· 5—18

12.11 Fire alarm system ····················· 5—18

12.12 Security and protection system ··········· 5—18

12.13 Control chamber ····················· 5—18

Appendix A protection area of protecting barrier ······························· 5—19

Explanation of wording in this code ··········· 5—19

List of quoted standards ······················· 5—19

Addition: Explanation of provisions ········· 5—20

5

1 总　则

1.0.1 为贯彻《中华人民共和国安全生产法》，坚持"安全第一、预防为主、综合治理"的方针，规范烟花爆竹工程的设计，预防和减少生产安全事故，保障人民群众生命和财产安全，促进烟花爆竹行业安全、持续、健康发展，制定本规范。

1.0.2 本规范适用于烟花爆竹生产项目和经营批发仓库的新建、改建和扩建工程设计；本规范不适用于经营零售烟花爆竹的储存，以及军用烟火的制造、运输和储存。

1.0.3 本规范有关外部安全距离的规定也适用于在烟花爆竹生产企业和经营批发企业仓库周边进行居民点、企业、城镇、重要设施的规划建设。

1.0.4 本规范规定了烟花爆竹生产项目和经营批发仓库工程设计的基本技术要求。当本规范与国家法律、行政法规的规定相抵触时，应按国家法律、行政法规的规定执行。

1.0.5 烟花爆竹生产项目和经营批发仓库的工程设计除应执行本规范的规定外，尚应符合国家现行有关标准的规定。

2 术　语

2.0.1 烟花爆竹生产项目 fireworks and firecracker project
指生产烟花、爆竹及生产用于烟花、爆竹产品的黑火药、烟火药、引火线、电点火头等的厂房、场所及配套的仓库。

2.0.2 危险品 hazardous goods
指本规范范围内的烟火药、黑火药、引火线、氧化剂等，以及用以上物品制成的烟花、爆竹在制品、半成品、成品。

2.0.3 在制品 work in-process
指正在各生产阶段加工的产品。

2.0.4 半成品 semi-finished product
指在某些生产阶段上已完工，尚需进一步加工的产品。

2.0.5 危险品生产厂房 production building of hazardous goods
生产、制造、加工危险品的建筑物。

2.0.6 中转库 transit store
在生产过程中，在厂区内用于暂存药物、半成品、成品、引火线及有药部件的建（构）筑物。

2.0.7 危险品总仓库区 hazardous goods general store area
指储存成品、化工原材料、药物（黑火药、烟火药、亮珠、药柱、药块）、效果内筒、引火线的危险品仓库集中的区域。

2.0.8 临时存药洞 temporary explosive storage cave
指在危险性建筑物附近自然山体内镶嵌的临时存放药物的洞室。

2.0.9 危险性建筑物 hazardous goods building
指生产或储存危险品的建（构）筑物，包括危险品生产厂房、储存库房（仓库）、晒场、临时存药洞等。

2.0.10 计算药量 explosive quantity
能形成同时爆炸或燃烧的危险品最大药量。

2.0.11 摩擦类药剂 friction ignited powder
含氯酸钾、硫化锑、雷酸银等药剂，经摩擦能产生引燃（爆）作用的药剂。

2.0.12 笛音剂 whistling powder
含高氯酸钾、苯甲酸氢钾、苯二甲酸氢钾等药剂，能产生哨音效果的药剂。

2.0.13 爆炸音剂 powder with detonation sound
含高氯酸盐、硝酸盐、硫磺、硫化锑、铝粉等药剂，能产生爆炸音响效果的药剂。

2.0.14 外部最小允许距离 external separation distance
指危险性建筑物与外部各类目标之间，在规定的破坏标准下所允许的最小距离。它是按建筑物的危险等级和计算药量确定的。

2.0.15 内部最小允许距离 internal separation distance
指危险品厂房、库房与相邻建筑物之间，在规定的破坏标准下所允许的最小距离。它是按建筑物的危险等级和计算药量确定的。

2.0.16 防护屏障 protecting barrier
有天然屏障和人工屏障，其形式、强度均能按规定方式限制爆炸冲击波、碎片、火焰对附近建筑物及设施的影响。

2.0.17 人均使用面积 useable floor area per capita
厂房内有效使用面积按作业人员平均，每个作业人员所占有的面积。

2.0.18 轻型泄压屋盖 light relief roof
泄压部分（不包括檩条、梁、屋架）由轻质材料构成，当建筑物内部发生事故时，具有泄压效能，使建筑物主体结构尽可能不受到破坏的屋盖。
轻型泄压部分的单位面积重量不应大于 $0.8kN/m^2$。

2.0.19 轻质易碎屋盖 light fragile roof
由轻质易碎材料构成，当建筑物内部发生事故时，不仅具有泄压效能，且破碎成小块，减轻对外部影响的屋盖。
轻质易碎部分的单位面积重量不大于 $1.5kN/m^2$。

2.0.20 抗爆间室 blast resistant chamber
具有承受本室内因发生爆炸而产生破坏作用的间室，对间室外的人员、设备以及危险品起到保护作用。可根据间室内生产或储存的危险品性质、恢复生产的要求，可承受一次或多次爆炸破坏作用的间室。

2.0.21 抗爆屏院 blast resistant shield yard
当抗爆间室内发生爆炸事故时，为阻止爆炸碎片和减弱爆炸冲击波向泄爆方向扩散而在抗爆间室轻型窗外设置的屏院。

2.0.22 装甲防护装置 armor protective device
装于特定场所或设于单个特定设备或操作岗位的装置，以防止装置外的人员、物资或设备受到可能发生的局部火灾或爆炸侵害的金属防护体。

2.0.23 安全出口 emergency exit
建筑物内的作业人员能直接疏散到室外安全地带的门或出口。

2.0.24 生活辅助用室 auxiliary room
指更衣室、盥洗室、浴室、洗衣房、休息室、厕所等。

2.0.25 电气危险场所 electrical installation in hazardous locations
爆炸或燃烧性物质出现或预期可能出现的数量达到足以要求对电气设备的结构、安装和使用采取预防措施的场所。

2.0.26 可燃性粉尘环境 combustible dust atmosphere
在大气环境条件下，粉尘或纤维状的可燃性物质与空气的混合物点燃后，燃烧传至全部未燃混合物的环境。

2.0.27 爆炸性气体环境 explosive gas atmosphere
在大气环境条件下，气体或蒸气可燃性物质与空气的混合物点燃后，燃烧传至全部未燃混合物的环境。

2.0.28 直接接地 direct-earthing

将金属设备或金属构件与接地系统直接用导体进行可靠连接。

2.0.29 间接接地 indirect-earthing

将人体、金属设备等通过防静电材料或防静电制品与接地系统进行可靠连接。

2.0.30 防静电材料 anti-electrostatic material

通过在聚合物内添加导电性物质(炭黑、金属粉等)、抗静电剂等,以降低电阻率,增加电荷泄漏能力的材料统称为防静电材料。

2.0.31 防静电制品 anti-electrostatic ware

由防静电材料制成,具有固体形状,电阻值在 $5\times10^4\Omega\sim1\times10^8\Omega$ 范围内的物品。

2.0.32 静电非导体 static non-conductor

体电阻率值大于或等于 $1.0\times10^{10}\Omega\cdot m$ 的物体或表面电阻率大于或等于 $1.0\times10^{11}\Omega$ 的物体。

2.0.33 允许最高表面温度 maximum permissible surface temperature

为了避免粉尘点燃,允许电气设备在运行中达到的最高表面温度。

2.0.34 独立变电所 independent electrical substation

变电所为独立的建筑物。

2.0.35 防静电地面 anti-electrostatic floor

能有效地泄漏或消散静电荷,防止静电荷积累的地面。

2.0.36 静电泄漏电阻 electrostatically leakage resistance

物体的被测点与大地之间的总电阻。

2.0.37 防火墙 fire wall

指能够截断火焰及火星传播且在一定时间内能起到隔绝温度传播的不燃烧体材料制成的实心砌体,耐火极限不小于 3h。防火墙上不应开设门、窗和洞口。

3 建筑物危险等级和计算药量

3.1 建筑物危险等级

3.1.1 危险性建筑物的危险等级,应按下列规定划分为 1.1、1.3 级:

1 1.1 级建筑物为建筑物内的危险品在制造、储存、运输中具有整体爆炸危险或有迸射危险,其破坏效应将波及周围。根据破坏能力划分为 1.1^{-1}、1.1^{-2} 级。

1.1^{-1} 级建筑物为建筑物内的危险品发生爆炸事故时,其破坏能力相当于 TNT 的厂房和仓库;

1.1^{-2} 级建筑物为建筑物内的危险品发生爆炸事故时,其破坏能力相当于黑火药的厂房和仓库。

2 1.3 级建筑物为建筑物内的危险品在制造、储存、运输中具有燃烧危险,偶尔有较小爆炸或较小迸射危险,或两者兼有,但无整体爆炸危险,其破坏效应应局限于本建筑物内,对周围建筑物影响较小。

3.1.2 厂房的危险等级应由其中最危险的生产工序确定。仓库的危险等级应由其中所储存最危险的物品确定。

3.1.3 危险品生产工序的危险等级分类应符合表 3.1.3-1 的规定。危险品仓库的危险等级分类应符合表 3.1.3-2 的规定。

表 3.1.3-1 危险品生产工序的危险等级分类

序号	危险品名称	危险等级	生产工序
1	黑火药	1.1^{-2}	药物混合(硝酸钾与碳、硫球磨),潮药装模(或潮药包片),压药,拆模(撕片),碎片,造粒,抛光,浆药,干燥,散热,筛选,计量包装
		1.3	单料粉碎、筛选、干燥、称料、硫、碳二成分混合

续表 3.1.3-1

序号	危险品名称	危险等级	生产工序
2	烟火药	1.1^{-1}	药物混合,造粒,筛选,制开球药,压药,浆药,干燥,散热,计量包装
		1.1^{-2}	褙药柱(药块),湿药调制,烟雾剂干燥、散热、计量包装
		1.3	氧化剂、可燃物的粉碎与筛选,称料(单料)
3	引火线	1.1^{-2}	制引、浆引、漆引、干燥、散热、绕引、定型裁剪、捆扎、切引、包装
4	爆竹类	1.1^{-1}	装药
		1.1^{-2}	黑火药装药
		1.3	插引(含机械插引、手工插引和空筒插引),挤引,封口,点药,结鞭,包装
5	组合烟花类、内筒型小礼花类	1.1^{-1}	装药、筑(压)药,内筒封口(压纸片、装封口剂)
		1.1^{-2}	装发射药,黑火药装(压)药,已装药药部件钻孔,装单个裸药件、单简药量≥25g 非裸药件组装,外简封口(压纸片)
		1.3	蘸药,安引,组盆串引(空简),单简药量<25g 非裸药件组装,包装
6	礼花弹类	1.1^{-1}	装球
		1.1^{-2}	包药,组装(含安引、装发射药包、串球),割引(引线钻孔),球干燥,散热,包装
		1.3	空壳安引,糊球
7	吐珠类	1.1^{-2}	装(筑)药
		1.3	安引(空简),组装,包装
8	升空类(含双响炮)	1.1^{-1}	装药,筑(压)药
		1.1^{-2}	黑火药装(筑、压)药,包药,装裸药效果(含效果包),单个药量≥30g 非裸药件组装
		1.3	安引,单个药量<30g 非裸药效果件组装(含安稳定杆),包装
9	旋转类(旋转升空类)	1.1^{-1}	装药,筑(压)药
		1.1^{-2}	黑火药装、筑(压)药,已装药部件钻孔
		1.3	安引,组装(含引线、配件、旋转轴、架),包装

续表 3.1.3-1

序号	危险品名称	危险等级	生产工序
10	喷花类和架子烟花	1.1^{-2}	装药,筑(压)药,已装药部件的钻孔
		1.3	安引,组装,包装
11	线香类	1.1^{-1}	装药
		1.3	粘药,干燥,散热,包装
12	摩擦类	1.1^{-1}	雷酸银药物配制,拌药砂,发令纸药干燥
		1.1^{-2}	机械蘸药
		1.3	包药砂,手工蘸药,分装,包装
13	烟雾类	1.1^{-1}	装药,筑(压)药
		1.3	糊球,安引,球干燥,散热,组装,包装
14	造型玩具类	1.1^{-1}	装药,筑(压)药
		1.1^{-2}	已装药部件钻孔
		1.3	安引,组装,包装
15	电点火头	1.3	蘸药,干燥(晾干),检测,包装

注:表中未列品种、加工工序,其危险等级可依照本规范第 3.1.1 条并对照本表确定。

表 3.1.3-2 危险品仓库的危险等级分类

贮存的危险品名称	危险等级
烟火药(包括裸药效果件),开球药	1.1^{-1}
黑火药,引火线,未封口含药半成品,单个装药量在 40g 及以上已封口的烟花半成品及含爆炸音剂、笛音剂的半成品,已封口的 B 级爆竹半成品,A、B 级成品(喷花类除外),单简药量 25g 及以上的 C 级组合烟花成品	1.1^{-2}
电点火头,单个装药量在 40g 以下已封口的烟花半成品(不含爆炸音剂、笛音剂),已封口的 C 级爆竹半成品,C、D 级成品(其中,组合烟花成品单简药量在 25g 以下),喷花类成品	1.3

注:表中 A、B、C、D 级为现行国家标准《烟花爆竹 安全与质量》GB 10631 规定的产品分级。

3.1.4 氧化剂、可燃物及其他化工原材料的火灾危险性分类应符合现行国家标准《建筑设计防火规范》GB 50016 的有关规定。

3.2 计算药量

3.2.1 危险性建筑物的计算药量应为该建筑物内(含生产设备、运输设备和器具里)所存放的黑火药、烟火药、在制品、半成品、成品等能形成同时爆炸或燃烧的危险品最大药量。

3.2.2 防护屏障内的危险品药量应计入该屏障内的危险性建筑物的计算药量。

3.2.3 危险性建筑物中抗爆间室的危险品药量可不计入危险性建筑物的计算药量。

3.2.4 危险性建筑物内采取了分隔防护措施,危险品相互间不会引起同时爆炸或燃烧的药量可分别计算,取其最大值为危险性建筑物的计算药量。

4 工程规划和外部最小允许距离

4.1 工程规划

4.1.1 烟花爆竹生产项目和经营批发仓库的选址应符合城乡规划的要求,并避开居民点、学校、工业区、旅游区、铁路和公路运输线、高压输电线等。

4.1.2 烟花爆竹生产项目应根据所生产的产品种类、工艺特性、生产能力、危险程度进行分区规划,分别设置非危险品生产区、危险品生产区、危险品总仓库区、燃放试验场区和销毁场、行政区。

4.1.3 烟花爆竹生产项目规划应符合下列要求:

1 根据生产、生活、运输、管理和气象等因素确定各区相互位置。危险品生产区、危险品总仓库区宜设在有自然屏障或有利于安全的地带,燃放试验场和销毁场宜单独设在偏僻地带。

2 非危险品生产区可靠近住宅区布置。

3 无关人流和货流不应通过危险品生产区和危险品总仓库区。危险品货物运输不宜通过住宅区。

4.1.4 当烟花爆竹生产项目建在山区时,应合理利用地形,将危险品生产区、危险品总仓库区、燃放试验场或销毁场区布置在有自然屏障的偏僻地带。不应将危险品生产区布置在山坡陡峭的狭窄沟谷中。

4.1.5 烟花爆竹经营批发企业设置危险品仓库时,应符合本规范第4.3节危险品总仓库区外部最小允许距离和第5.3节危险品总仓库区内部最小允许距离的规定。

4.2 危险品生产区外部最小允许距离

4.2.1 危险品生产区内的危险性建筑物与其周围零散住户、村庄、公路、铁路、城镇和本企业总仓库区等外部最小允许距离,应分别按建筑物的危险等级和计算药量计算后取其最大值。外部最小允许距离应自危险性建筑物的外墙算起,晒场自晒场边缘算起。

4.2.2 危险品生产区1.1级建筑物、构筑物的外部最小允许距离不应小于表4.2.2的规定。

表4.2.2 危险品生产区1.1级建筑物、构筑物的外部最小允许距离(m)

项 目	计算药量(kg)									
	≤10	>10 ≤20	>20 ≤30	>30 ≤50	>50 ≤100	>100 ≤200	>200 ≤300	>300 ≤500	>500 ≤800	>800 ≤1000
10户或50人以下的零散住户,50人以下的企业围墙,本企业独立的总仓库区建筑物边缘,无摘挂作业铁路中间站站界及建筑物边缘,110kV架空输电线路	50	60	65	70	80	110	120	140	170	190
村庄边缘,学校,职工人数在50人及以上的企业围墙,有摘挂作业的铁路车站站界及建筑物边缘,220kV以下的区域变电站围墙,220kV架空输电线路	60	70	80	100	120	160	180	210	250	270
城镇规划边缘,220kV及以上的区域变电站围墙,220kV以上的架空输电线路	110	130	150	180	220	290	330	370	450	490
铁路线、二级及以上公路路边、通航的河流航道边缘	35	40	50	60	70	95	110	120	150	160
三级公路路边、35kV架空输电线路	35	35	40	50	60	80	90	110	130	140

4.2.3 危险品生产区1.3级建筑物、构筑物的外部最小允许距离不应小于表4.2.3的规定。

表4.2.3 危险品生产区1.3级建筑物、构筑物的外部最小允许距离(m)

项 目	计算药量(kg)					
	≤100	>100 ≤200	>200 ≤400	>400 ≤600	>600 ≤800	>800 ≤1000
10户或50人以下的零散住户,50人以下的企业围墙,本企业独立的总仓库区建筑物边缘,无摘挂作业铁路中间站站界及建筑物边缘,110kV架空输电线路	35	35	35	35	35	35
村庄边缘,学校,职工人数在50人及以上的企业围墙,有摘挂作业的铁路车站站界及建筑物边缘,220kV以下的区域变电站围墙,220kV架空输电线路	40	42	44	46	48	50
城镇规划边缘,220kV及以上的区域变电站围墙,220kV以上的架空输电线路	60	65	70	75	80	90
铁路线、二级及以上公路路边、通航的河流航道边缘	35	35	40	40	40	40
三级公路路边、35kV架空输电线路	35	35	35	35	35	35

4.3 危险品总仓库区外部最小允许距离

4.3.1 危险品总仓库区内的危险性建筑物与其周围零散住户、村庄、公路、铁路、城镇和本企业生产区等外部最小允许距离,应分别按建筑物的危险等级和计算药量计算后取其最大值。外部最小允许距离应自危险性建筑物的外墙算起。

4.3.2 危险品总仓库区 1.1 级仓库的外部最小允许距离不应小于表 4.3.2 的规定。

表 4.3.2 危险品总仓库区 1.1 级仓库的外部最小允许距离(m)

项 目	计算药量(kg)										
	≤500	>500 <1000	>1000 <2000	>2000 <3000	>3000 <4000	>4000 <5000	>5000 <6000	>6000 <7000	>7000 <8000	>8000 <9000	>9000 <10000
10 户或 50 人以下的零散住户,50 人以下的企业围墙,本企业生产区建筑物边缘,无摘挂作业铁路中间站界及建筑物边缘,110kV 架空输电线路	115	145	185	210	230	250	260	275	290	300	310
村庄边缘,学校,职工人数在 50 及以上的企业围墙,有摘挂作业的铁路车站站界及建筑物边缘,220kV 以下的区域变电站围墙,220kV 架空输电线路	175	220	280	320	350	380	400	420	440	460	480
城镇规划边缘,220kV 及以上的区域变电站围墙,220kV 以上的架空输电线路	315	400	510	580	630	690	720	760	800	830	860
铁路线、二级及以上公路路边、通航的河流航道边缘	100	125	155	180	195	210	220	235	245	255	270
三级公路路边、35kV 架空输电线路	80	90	110	120	130	140	150	160	170	180	190

4.3.3 危险品总仓库区 1.3 级仓库的外部最小允许距离不应小于表 4.3.3 的规定。

表 4.3.3 危险品总仓库区 1.3 级仓库的外部最小允许距离(m)

项 目	计算药量(kg)										
	≤500	>500 <2000	>2000 <3000	>3000 <4000	>4000 <5000	>5000 <6000	>6000 <7000	>7000 <8000	>8000 <9000	>9000 <10000	>10000 <20000
10 户或 50 人以下的零散住户,50 人以下的企业围墙,本企业生产区建筑物边缘,无摘挂作业铁路中间站界及建筑物边缘,110kV 架空输电线路	35	40	45	48	50	55	57	60	65	78	85
村庄边缘,学校,职工人数在 50 及以上的企业围墙,有摘挂作业的铁路车站站界及建筑物边缘,220kV 以下的区域变电站围墙,220kV 架空输电线路	40	65	75	80	85	90	95	100	105	110	140
城镇规划边缘,220kV 及以上的区域变电站围墙,220kV 以上的架空输电线路	70	110	120	130	140	150	160	170	180	190	250
铁路线、二级及以上公路路边、通航的河流航道边缘	40	50	50	50	50	50	50	50	53	55	70
三级公路路边、35kV 架空输电线路	35	35	38	40	43	45	48	50	53	55	70

4.3.4 若将总仓库区和生产区相邻或相连时,两者之间距离应按照各自外部最小允许距离要求计算,取大值。

4.4 燃放试验场和销毁场外部最小允许距离

4.4.1 燃放试验场的外部最小允许距离不应小于表 4.4.1 的规定。

表 4.4.1 燃放试验场的外部最小允许距离(m)

项 目	燃放试验类别				
	地面烟花	升空烟花	≤4 号礼花弹	≥5 号礼花弹 <10 号礼花弹	≥10 号礼花弹
危险品生产区及危险品仓库易燃易爆液体库	50	200	300	600	800
居民住宅	30	100	150	300	400

注:外部最小允许距离自燃放试验场边缘算起。

4.4.2 烟花爆竹企业的危险品销毁场边缘距场外建筑物的外部最小允许距离不应小于 65m,一次烧毁药量不应超过 20kg。

5 总平面布置和内部最小允许距离

5.1 总平面布置

5.1.1 危险品生产区的总平面布置应符合下列规定:

1 同时生产烟花爆竹多个产品类别的企业,应根据生产工艺特性、产品种类分别建立生产线,并应做到分小区布置。

2 生产线的厂(库)房的总平面布置应符合工艺流程及生产能力的要求,宜避免危险品的往返和交叉运输。

3 危险性建筑物之间、危险性建筑物与其他建筑物之间的距离应符合内部最小允许距离的要求。

4 同一危险等级的厂房和库房宜集中布置;计算药量大或危险性大的厂房和库房,宜布置在危险品生产区的边缘或其他有利于安全的地形处;粉尘污染比较大的厂房应布置在厂区的边缘。

5 危险品生产厂房宜小型、分散。

6 危险品生产厂房靠山布置时,距山脚不宜太近。当危险品生产厂房布置在山凹中时,应考虑人员的安全疏散和有害气体的扩散。

5.1.2 危险品总仓库区的总平面布置应符合下列规定:

1 应根据仓库的危险等级和计算药量结合地形布置。

2 比较危险或计算药量较大的危险品仓库,不宜布置在库区出入口的附近。

3 危险品运输道路不应在其他防护屏障内穿行通过。

4 不同类别仓库应考虑分区布置,同一危险等级的仓库宜集中布置,计算药量大或危险性大的仓库宜布置在总仓库区的边缘或其他有利于安全的地形处。

5.1.3 危险品生产区和危险品总仓库区的围墙设置应符合下列

规定：

 1 危险品生产区和危险品总仓库区应设置高度不低于 2m 的围墙。

 2 围墙与危险性建筑物、构筑物之间的距离宜为 12m，且不得小于 5m。

 3 围墙应为密砌墙，特殊地形设置密砌围墙有困难时，局部地段可设置刺丝网围墙。

5.1.4 危险品生产区和危险品总仓库区的绿化，宜种植阔叶树。

5.1.5 距离危险性建筑物、构筑物外墙四周 5m 内宜设置防火隔离带。

5.2 危险品生产区内部最小允许距离

5.2.1 危险品生产区内各建筑物之间的内部最小允许距离，应分别按照各危险性建筑物的危险等级及其计算药量所确定的距离和本节各条所规定的距离，取其最大值。内部最小允许距离应自建筑物的外墙算起，晒场自晒场边缘算起。

5.2.2 危险品生产区内 1.1⁻¹ 级建筑物与邻近建筑物的内部最小允许距离，应符合表 5.2.2 的规定。

表 5.2.2 危险品生产区内 1.1⁻¹ 级建筑物与邻近建筑物的
内部最小允许距离(m)

计算药量(kg)	双有屏障	单有屏障	因屏障开口形成双方无屏障
≤5	12(7)	12(7)	14
10	12(7)	12(8)	16
20	12(7)	12(10)	20
30	12(7)	12	24
40	12(8)	14	28
60	12(9)	15	30
80	12(10)	16	32

续表 5.2.2

计算药量(kg)	双有屏障	单有屏障	因屏障开口形成双方无屏障
100	12	18	36
200	14	22	44
300	16	25	50
400	18	28	55
500	20	30	60
800	23	35	70
1000	25	38	76

注：当两座相邻厂房相对的外墙均为防火墙时，可采用括号内数字。

5.2.3 危险品生产区内 1.1⁻² 级建筑物与邻近建筑物的内部最小允许距离，应符合表 5.2.2 中的数字乘以 0.8，但不得小于表中相应列的最小值。

5.2.4 1.1 级建筑物有敞开面时，该敞开面方向的内部最小允许距离应按本规范表 5.2.2 的要求计算后再增加 20%。

5.2.5 在一条山沟中，当 1.1 级建筑物镶嵌在山坡陡峻的山体中时，与其正前方建筑物的内部最小允许距离应按本规范第 5.2.2 条或第 5.2.3 条的要求计算后再增加 50%。

5.2.6 危险品生产区内布置有迸射危险产品的生产线时，该生产线有迸射危险品的建筑物与其他生产线建筑物的内部最小允许距离，应分别按各自的危险等级和计算药量计算后再增加 50%。

5.2.7 危险品生产区内 1.1 级建筑物与公用建筑物、构筑物的内部最小允许距离应符合下列规定：

 1 与锅炉房、独立变电所、水塔、高位水池(包括地上、地下或半地下)及消防蓄水池、有明火或散发火星的建筑物的内部最小允许距离，应按本规范表 5.2.2 的要求计算后再增加 50%，并不应

小于 50m。

 2 与厂区内办公室、食堂、汽车库的内部最小允许距离，应按本规范表 5.2.2 的要求计算后再增加 50%，并不应小于 65m。

5.2.8 危险品生产区内 1.3 级建筑物与邻近建筑物的内部最小允许距离应符合表 5.2.8 的规定。

表 5.2.8 危险品生产区内 1.3 级建筑物与邻近建筑物的
内部最小允许距离(m)

计算药量(kg)	内部最小允许距离
≤50	12
100	14
200	16
400	18
600	20
800	22
1000	25

注：当两座相邻厂房相对的外墙均为防火墙时，表中距离可乘以 0.8，但不得小于 12m。

5.2.9 危险品生产区内 1.3 级建筑物与公用建筑物、构筑物的内部最小允许距离应符合下列规定：

 1 与锅炉房、有明火或散发火星的建筑物的内部最小允许距离不应小于 50m。

 2 与独立变电所、水塔、高位水池(包括地上、地下或半地下)及消防蓄水池的内部最小允许距离不应小于 35m。

 3 与厂区内办公室、食堂、汽车库的内部最小允许距离不应小于 50m。

5.2.10 在山区建厂利用山体设置临时存药洞时，临时存药洞洞口相对位置不应布置建筑物，临时存药洞外壁与相邻建筑物之间的内部最小允许距离应符合表 5.2.10 的规定。

表 5.2.10 临时存药洞外壁与邻近建筑物之间的内部最小允许距离(m)

计算药量(kg)	内部最小允许距离
≤5	4
10	5

5.3 危险品总仓库区内部最小允许距离

5.3.1 危险品总仓库区内各建筑物之间的内部最小允许距离，应按各仓库的危险等级和计算药量分别计算后取其最大值。内部最小允许距离应自建筑物的外墙算起。

5.3.2 危险品总仓库区内 1.1⁻¹ 级仓库与邻近危险品仓库的内部最小允许距离应符合表 5.3.2 的规定。

表 5.3.2 危险品总仓库区内 1.1⁻¹ 级仓库与
邻近危险品仓库的内部最小允许距离(m)

计算药量(kg)	单有屏障	双有屏障
≤100	20	12
>100 ≤500	25	15
>500 ≤1000	30	20
>1000 ≤3000	40	25
>3000 ≤5000	50	30
>5000 ≤7000	56	33
>7000 ≤9000	62	37
>9000 ≤10000	65	40

5.3.3 危险品总仓库区内 1.1^{-2} 级仓库与邻近危险品仓库的内部最小允许距离应符合表 5.3.2 中规定的距离乘以 0.8，但不得小于表中相应列的最小值。

5.3.4 危险品总仓库区内 1.3 级仓库与邻近危险品仓库的内部最小允许距离应符合表 5.3.4 的规定。

表 5.3.4 危险品总仓库区内 1.3 级仓库与
邻近危险品仓库的内部最小允许距离（m）

计算药量（kg）	内部最小允许距离
≤500	15
>500 ≤1000	20
>1000 ≤5000	25
>5000 ≤10000	30
>10000 ≤15000	35
>15000 ≤20000	40

5.3.5 危险品总仓库区 10kV 及以下变电所与危险品仓库的内部最小允许距离应符合下列规定：

1 与 1.1^{-1} 级、1.1^{-2} 级仓库的内部最小允许距离应分别符合本规范第 5.3.2 条和第 5.3.3 条的规定，并不应小于 50m。

2 与 1.3 级仓库的内部最小允许距离应符合表 5.3.4 的规定，并不应小于 25m。

5.3.6 危险品总仓库区值班室宜结合地形布置在有自然屏障处，与危险品仓库的内部最小允许距离应符合下列规定：

1 与 1.1^{-1} 级仓库的内部最小允许距离应符合表 5.3.6-1 的规定。

2 与 1.1^{-2} 级仓库的内部最小允许距离按表 5.3.6-1 的要求乘以 0.8，但不得小于表中相应列的最小值。

3 与 1.3 级仓库的内部最小允许距离应符合表 5.3.6-2 的规定。

4 当值班室采取抗爆结构时，其与各级仓库的内部最小允许距离按设计确定。

表 5.3.6-1 1.1^{-1} 级仓库与库区值班室的内部最小允许距离（m）

计算药量（kg）	值班室无防护屏障	值班室有防护屏障
≤500	50	35
>500 ≤1000	65	50
>1000 ≤5000	110	80
>5000 ≤10000	140	100

表 5.3.6-2 1.3 级仓库与库区值班室的内部最小允许距离（m）

计算药量（kg）	内部最小允许距离
≤500	25
>500 ≤1000	30
>1000 ≤5000	35
>5000 ≤10000	40
>10000 ≤20000	50

5.3.7 当危险品总仓库区设置无固定值班人员岗哨时，岗哨与危险品仓库的距离可不受本规范第 5.3.6 条的限制。

5.3.8 当采用洞库或覆土库储存危险品时，洞库或覆土库应符合现行国家标准《地下及覆土火药炸药仓库设计安全规范》GB 50154 中的有关规定。

5.4 防护屏障

5.4.1 防护屏障的形式应根据总平面布置、运输方式、地形条件、建筑物内计算药量等因素确定。防护屏障可采用防护土堤、钢筋混凝土防护屏障或夯土防护墙等形式。防护屏障的设置，应能对本建筑物及邻近建筑物起到防护作用。防护屏障的防护范围应按本规范附录 A 确定。

5.4.2 危险品生产区和危险品总仓库区防护屏障的设置应符合下列规定：

1 1.1 级建筑物应设置防护屏障。

2 1.1 级建筑物内计算药量小于 100kg 时，可采用夯土防护墙。

3 1.3 级建筑物可不设置防护屏障。

5.4.3 防护屏障内坡脚与建筑物外墙之间的水平距离应符合下列规定：

1 有运输或特殊要求的地段，其距离应按最小使用要求确定，但不应大于 9m，并适当增加防护屏障高度。

2 无运输或特殊要求时，其距离不应大于 3m，且不宜小于 1.5m。

5.4.4 防护屏障的高度不应低于防护屏障内危险性建筑物侧墙顶部与被保护建筑物屋檐或道路中心线上 3.7m 处之间连线的高度，并应符合本规范附录 A 的规定。

5.4.5 防护屏障的设置应满足生产运及安全疏散的要求，并应符合下列规定：

1 当防护屏障采用防护土堤时，应设置运输通道或运输隧道，并应符合下列规定：

1）运输通道和运输隧道应满足运输要求，并应使其防护土堤的无防护作用区为最小。汽车运输通道净宽度不宜大于 5m。汽车运输隧道净宽度宜为 3.5m，净高度不宜小于 3.0m，其结构应符合本规范第 8.7.2 条的规定。

2）运输通道的防护土堤端部需设挡土墙时，其结构宜为钢筋混凝土结构。

2 当在危险品生产厂房的防护土堤内设置安全疏散隧道时，应符合下列规定：

1）安全疏散隧道应设置在危险品生产厂房安全出口附近。

2）安全疏散隧道的平面形式宜将内端的一半与土堤垂直，外端的一半成 35°角，宜按本规范附录 A 确定。

3）安全疏散隧道的净高度不宜小于 2.2m，净宽度宜为 1.5m，其结构应符合本规范第 8.7.2 条的规定。

4）安全疏散隧道不得兼作运输用。

3 当防护屏障采用其他形式时，生产运及安全疏散的要求由抗爆设计确定。

5.4.6 防护土堤的构造应符合下列规定：

1 防护土堤的顶宽不应小于 1.0m，底宽应根据不同土质材料确定，但不应小于防护土堤高度的 1.5 倍。防护土堤的边坡应稳定。

2 在取土困难地区可在防护土堤内坡脚处砌筑高度不大于 1.0m 的挡土墙，外坡脚处砌筑高度不大于 2.0m 的挡土墙；在特殊困难情况下，允许在防护土堤底部距建筑物地面标高 1.0m 范围内填筑块状材料。

5.4.7 夯土防护墙的顶宽不应小于 0.7m，墙高不应大于 4.5m，边坡度宜为 1:0.2~1:0.25，应采用灰土为填料，地面至地面以上 0.5m 范围内墙体应采用砌体或石块砌护墙。

5.4.8 钢筋混凝土防护屏障应根据防护屏障内危险性建筑物的计算药量由抗爆设计确定，并应满足抗爆炸空气冲击波及爆炸碎片的作用。当建筑物外墙为钢筋混凝土墙，且满足抗爆设计要求时，该外墙可作为防护屏障。

6 工艺与布置

6.0.1 烟花爆竹的生产工艺宜采用机械化、自动化、自动监控等可靠的先进技术。对有燃烧、爆炸危险的作业宜采用隔离操作,并应坚持减少厂房内存药量和作业人员的原则,做到小型、分散。

6.0.2 烟花爆竹生产应按产品类型设置生产线,生产工序的设置应符合产品生产工艺流程要求,各危险性建筑物或各生产工序的生产能力应相互匹配。

6.0.3 有燃烧、爆炸危险的作业场所使用的设备、仪器、工器具应满足使用环境的安全要求。

6.0.4 有易燃易爆粉尘散落的工作场所应设置清洗设施,并应有充足的清洗用水。

6.0.5 在危险品生产区内,危险品生产厂房允许最大存药量应符合现行国家标准《烟花爆竹劳动安全技术规程》GB 11652 的有关规定;危险品中转库最大存药量不应超过两天生产需要量,且单库不应超过本规范第 7.1.2 条的规定;临时存药间或临时存药洞的最大药量不应超过单人半天的生产需要量,且不应超过 10kg。

6.0.6 1.1 级、1.3 级厂房和库房(仓库)应为单层建筑,其平面宜为矩形。

6.0.7 1.1 级厂房应单机单栋或单人单栋独立设置,当采取抗爆间室、隔离操作时可以联建。引火线制造厂房应单间单机布置,每栋厂房联建间数不超过 4 间。

6.0.8 1.3 级厂房设置应符合下列规定:

    1 工作间联建时应采用密实砌体墙隔开,且联建间数不应超过 6 间,当厂房建筑耐火等级为三级时,联建间数不应超过 4 间。

    2 机械插引厂房工作间联建间数不应超过 4 间,每个工作间应为单人、单机布置。

    3 原料称量、氧化剂的粉碎和筛选、可燃物的粉碎和筛选,应独立设置厂房。

6.0.9 不同危险等级的中转库应独立设置,且不得和生产厂房联建。

6.0.10 有固定作业人员的非危险生产厂房不得和危险品生产厂房联建。

6.0.11 1.1 级厂房内不应设置除更衣室外的辅助室,1.3 级厂房内可设置生产辅助室(如工器具室等)。

6.0.12 危险品生产厂房内设置临时存药间或在厂房附近设置临时存药洞时,临时存药间与操作间应采用钢筋混凝土墙或不小于 370mm 的密实砌体墙隔开,临时存药洞的设置应符合本规范第 5.2.10 条和第 8.1.6 条的规定。

6.0.13 危险品生产厂房内的工艺布置应便于作业人员操作、维修以及发生事故时迅速疏散。

6.0.14 对危险品进行直接加工的岗位宜设置防护装甲、防护板或采取人机隔离、远距离操作。对于作业人员与药物直接接触的混药、造粒、装药等工序应设置防护隔离罩、隔离板或其他个体防护装置。对有升空进射危险的生产岗位宜设置防进射措施。

6.0.15 1.1 级厂房的人均使用面积不宜少于 9.0m²,1.3 级厂房的人均使用面积不宜少于 4.5m²。

6.0.16 有升空进射危险的生产厂房与相邻厂房的门、窗不宜正对设置。若正对设置时,在门、窗前不大于 3.0m 处应设置拦截装置,拦截装置的宽度应大于门窗宽 0.5m(每侧),高度应超出门窗高 1.5m,高出的 1.5m 应斜向本建筑物,倾斜角度 30°~45°。

6.0.17 烟花爆竹成品、有药半成品和药剂的干燥,宜采用热水、低压蒸汽或利用日光干燥,严禁采用明火烘干。干燥场所应符合下列规定:

    1 干燥厂房内应设置排湿装置、感温报警装置及通风凉药设施。

    2 热水、低压蒸汽干燥厂房内的温度应符合现行国家标准《烟花爆竹劳动安全技术规程》GB 11652 的有关规定。

    3 热风干燥厂房可对没有裸露药剂的成品、半成品和无药半成品进行干燥;当对药剂和带裸露药剂的半成品采用热风干燥时,应有防止药物产生扬尘的措施。烘干温度应符合现行国家标准《烟花爆竹劳动安全技术规程》GB 11652 的有关规定。

    4 日光干燥应在专门的晒场进行,晒场场地要求平整。危险品晒场周围应设置防护堤,防护堤顶面应高出产品面 1m。

6.0.18 晒场宜设置凉药间或凉药厂房。当有可靠的防雨和防溅措施时,可不设凉药厂房。

6.0.19 运输危险品的廊道应采用敞开式或半敞开式,不宜与危险品生产厂房直接相连。

6.0.20 产品陈列室应陈列产品模型,不应陈列危险品。陈列实物时应单独建设陈列所,并应满足本规范中的有关条款规定。

7 危险品储存和运输

7.1 危险品储存

7.1.1 危险品的储存应符合现行国家标准《烟花爆竹劳动安全技术规程》GB 11652 中有关储存的规定。

7.1.2 库房(仓库)危险品的存药量和建设规模应符合下列规定:

    1 危险品生产区内,1.1 级中转库单库存药量不应超过 500kg,1.3 级中转库单库存药量不应超过 1000kg。

    2 危险品总仓库区内,1.1 级成品仓库单库存药量不宜超过 10000kg,1.3 级成品仓库单库存药量不宜超过 20000kg,烟火药、黑火药、引火线仓库单库存药量不宜超过 5000kg。

    3 危险品总仓库区内,1.1 级成品仓库单栋建筑面积不宜超过 500m²,1.3 级成品仓库单栋建筑面积不宜超过 1000m²,每个防火分区面积不超过 500m²,烟火药、黑火药、引火线仓库单栋建筑面积不宜超过 100m²。

7.1.3 库房(仓库)内危险品的堆放应符合下列规定:

    1 危险品堆垛间应留有检查、清点、装运的通道。堆垛之间的距离不宜小于 0.7m,堆垛距内墙壁距离不宜少于 0.45m;搬运通道的宽度不宜小于 1.5m。

    2 烟火药、黑火药堆垛的高度不应超过 1.0m,半成品与未箱成品堆垛的高度不应超过 1.5m,成箱成品堆垛的高度不应超过 2.5m。

7.2 危险品运输

7.2.1 危险品的运输宜采用符合安全要求并带有防火罩的汽车运输;厂内运输可采用符合安全要求的手推车运输,厂房之间的运输也可采用人工提送的方式。不宜采用三轮车运输,严禁用畜力车、翻斗车和各种挂车运输。

7.2.2 危险品生产区运输危险品的主干道中心线与各级危险性建筑物的距离应符合下列规定:

    1 距1.1级建筑物不宜小于20m,有防护屏障时可不小于12m。

    2 距1.3级建筑物不宜小于12m,距实墙面可不小于6m。

    3 运输裸露危险品的道路中心线距有明火或散发火星的建筑物不应小于35m。

7.2.3 危险品总仓库区运输危险品的主干道中心线与各级危险性建筑物的距离不应小于10m。

7.2.4 危险品生产区和危险品总仓库区内汽车运输危险品的主干道纵坡不宜大于6%,手推车运输危险品的道路纵坡不宜大于2%。

7.2.5 机动车不应直接进入1.1级和1.3级建筑物内,装卸作业宜在各级危险性建筑物门前不小于2.5m以外处进行。

7.2.6 人工提送危险品时,宜设专用人行道,道路纵坡不宜大于8%,路面应平整,且不应设有台阶。

8 建 筑 结 构

8.1 一 般 规 定

8.1.1 各级危险性建筑物的耐火等级和化学原料仓库的耐火等级除本规范第8.1.2条规定者外,均不应低于现行国家标准《建筑设计防火规范》GB 50016中二级耐火等级的规定。

8.1.2 建筑面积小于20m²的1.1级建筑物或建筑面积不超过300m²的1.3级建筑物的耐火等级可为三级。

8.1.3 危险性建筑物应有适当的净空,室内梁或板中的最低净空高度不宜小于2.8m,并应满足正常的采光和通风要求。

8.1.4 危险品生产区内宜设有供1.1级、1.3级建筑物内操作人员使用的洗涤、淋浴、更衣、卫生间等生活辅助用室和办公用室。危险品总仓库区内应设置门卫值班室,不宜设置其他辅助用室。

8.1.5 危险品生产区的办公用室和生活辅助用室宜独立设置或布置在非危险性建筑物内。当危险品生产厂房附设办公室和生活辅助用室时,应符合下列规定:

    1 1.1级厂房可附设更衣室。

    2 1.3级厂房除可附设更衣室外,还可附设其他生活辅助用室和车间办公用室,但应布置在厂房较安全的一端,并应采用防火墙与生产工作间隔开。

    车间办公用室和生活辅助用室应为单层建筑,其门窗不宜面向相邻厂房危险性工作间的泄爆面。

8.1.6 在危险品生产区内,当在两个危险性建筑物之间设置临时存药洞时,应符合下列规定:

    1 临时存药洞应镶嵌在天然山体内。存药洞门应离山体前坡脚不小于800mm。

    2 临时存药洞的净空尺寸宽不大于800mm,高不大于1000mm,存药洞净深不大于600mm,存药洞底宜高出存药洞外人行地面600mm。

    3 临时存药洞前面宜设置平开木门。

    4 临时存药洞墙体可采用不小于240mm的密实砌体或钢筋混凝土墙体。

    5 临时存药洞上部覆土厚度不应小于500mm,两侧墙顶覆土宽度不应小于1500mm。

    6 临时存药洞内应用水泥砂浆抹面,四周有土处应采取防水及隔潮措施。存药洞上部应有良好的排水措施。

8.1.7 距离本厂围墙小于12m的危险性建筑物,危险性建筑物面向围墙方向的外墙宜为实体墙;如设有门、窗或洞口,应采取防火措施。

8.2 危险品生产区危险性建筑物的结构选型和构造

8.2.1 1.1级建筑物的结构形式应符合下列规定:

    1 除本规范第8.2.1条第2款规定以外的1.1级建筑物,均应采用现浇钢筋混凝土框架结构。

    2 当符合下列条件之一者,可采用钢筋混凝土柱、梁承重结构或砌体承重结构:

      1)建筑面积小于20m²,且操作人员不超过2人的厂房。

      2)远距离控制而室内无人操作的厂房。

8.2.2 1.3级建筑物的结构形式应符合下列规定:

    1 除本规范第8.2.2条第2款规定以外的1.3级建筑物,均应采用现浇钢筋混凝土框架结构。

    2 当符合下列条件之一者,可采用钢筋混凝土柱、梁承重结构或砌体承重结构:

      1)同时满足跨度不大于7.5m、长度不大于30m、室内净不大于4m,且横隔墙间距不大于15m的厂房。

      2)横隔墙较密且间距不大于6m的厂房。

8.2.3 采用砌体承重结构的1.1级、1.3级建筑物不得采用独立砖柱承重。危险性建筑物的砌体厚度不应小于240mm,并不得采用空斗墙和毛石墙。

8.2.4 1.1级、1.3级厂房屋盖宜采用现浇钢筋混凝土屋盖,并与框架连成整体;也可采用轻质泄压屋盖。当采用钢筋混凝土柱、梁或砌体承重结构时,宜采用轻质泄压屋盖,当采用轻质泄压屋盖(如彩色复合压型钢板等)时,宜采取防止成片或整块屋盖飞出伤人的措施。1.1⁻²级黑火药生产厂房宜采用轻质易碎屋盖或轻质泄压屋盖。当1.3级厂房屋盖采用现浇钢筋混凝土屋盖时,宜设置能较好泄压的门窗等。

8.2.5 有易燃、易爆粉尘的厂房,应采用外形平整、不易积尘的结构构件和构造。

8.2.6 1.1级、1.3级厂房结构构造应符合下列规定:

    1 在梁底标高处,沿外墙和内横墙应设置现浇钢筋混凝土闭合圈梁。

    2 梁与墙或柱应锚固可靠,梁与圈梁应连成整体。

    3 围护砌体和钢筋混凝土柱之间应加强联结,纵横砌体之间也应加强联结。

    4 门窗洞口应采用钢筋混凝土过梁,过梁的支承长度不应小于250mm。当门洞口大于2700mm时宜设置钢筋混凝土门框架或门樘。

    5 砌体承重结构的外墙四角及单元内外墙交接处应设构造柱。

8.3 抗爆间室和抗爆屏院

8.3.1 抗爆间室墙厚及屋盖应根据设计药量计算后确定,并应符合下列规定:

    1 当设计药量大于1kg时,抗爆间室的墙及屋盖应采用现浇钢筋混凝土结构,墙厚不宜小于300mm。

　　2 当设计药量不大于1kg时,抗爆间室的墙及屋盖宜采用现浇钢筋混凝土结构,墙厚不应小于200mm。

　　3 当设计药量不大于1kg时,抗爆间室的墙及屋盖可采用钢板或组合钢板结构。

8.3.2 抗爆间室的墙(不包括轻型窗所在墙)和屋盖计算应符合下列规定:

　　1 在设计药量爆炸空气冲击波和破片的局部作用下,不应产生震塌、飞散和穿透。

　　2 在设计药量爆炸空气冲击波的整体作用下,允许产生一定的残余变形。按使用要求,抗爆间室的墙和屋盖按弹性或弹塑性理论设计。

8.3.3 抗爆间室朝室外的一面应设置轻型窗。窗台的高度不应高于室内地面0.4m。

8.3.4 在抗爆间室轻型窗的外面应设置现浇钢筋混凝土抗爆屏院,并应符合下列规定:

　　1 抗爆屏院的平面形式和最小进深应符合表8.3.4的规定。

表8.3.4　抗爆屏院的平面形式和最小进深(m)

设计药量(kg)	小于3	大于等于3并小于15	大于等于15并小于30	大于等于30并小于50
平面形式				
最小进深(m)	3	4	5	6

　　2 抗爆屏院的高度不应低于抗爆间室的檐口高度。当抗爆屏院的进深超过4m时,抗爆屏院中墙高度应增高,增加的高度不应小于进深超过量的1/2,抗爆屏院边墙由抗爆间室的檐口高度逐渐增加至屏院中墙高度。

　　3 当采用平面形式为"冂"的抗爆屏院时,在轻型窗处宜设置进出抗爆屏院的出入口。

8.3.5 危险品生产厂房中,采用抗爆间室时应符合下列规定:

　　1 抗爆间室之间或抗爆间室与相邻工作间之间不应设地沟相通。

　　2 输送有燃烧爆炸危险物料的管道,在未设隔火隔爆措施的条件下,不应通过或进出抗爆间室。

　　3 当输送没有燃烧爆炸危险物料的管道必须通过或进出抗爆间室时,应在穿墙处采取密封措施。

　　4 抗爆间室的门、操作口、观察孔和传递窗的结构应能满足抗爆及不传爆的要求。

　　5 抗爆间室门的开启应与室内设备动力系统的启停进行联锁。

　　6 抗爆间室的墙高出厂房相邻屋面应不少于0.5m。

8.3.6 当危险品仓库均采用抗爆间室时,可不设置抗爆屏院,结构可按不殉爆设计。

8.4　危险品生产区危险性建筑物的安全疏散

8.4.1 危险品生产厂房安全出口的设置应符合下列规定:

　　1 1.1级、1.3级厂房每一危险性工作间的建筑面积大于18m²时,安全出口的数目不应少于2个。

　　2 1.1级、1.3级厂房每一危险性工作间的建筑面积小于18m²,且同一时间内的作业人员不超过3人时,可设1个安全出口,但必须设置安全窗。当建筑面积为9m²,且同一时间内的作业人员不超过2人时,可设1个安全出口。

　　3 安全出口应布置在建筑物室外有安全通道的一侧。

　　4 须穿过另一危险性工作间才能到达室外的出口,不应作为本工作间的安全出口。

　　5 防护屏障内的危险性厂房的安全出口,应布置在防护屏障的开口方向或安全疏散隧道的附近。

8.4.2 1.1级、1.3级厂房外墙上宜设置安全窗。安全窗可作为安全出口,但不计入安全出口的数目。

8.4.3 1.1级、1.3级厂房每一危险工作间内由最远工作点至外部出口的距离,应符合下列规定:

　　1 1.1级厂房不应超过5m。

　　2 1.3级厂房不应超过8m。

8.4.4 厂房内的主通道宽度不应小于1.2m,每排操作岗位之间的通道宽度和工作间内的通道宽度不应小于1.0m。

8.4.5 疏散门的设置应符合下列规定:

　　1 应为向外开启的平开门,室内不得装插销。

　　2 当设置门斗时,应采用外门斗,门的开启方向应与疏散方向一致。

　　3 危险性工作间的外门口不应设置台阶,应做成防滑坡道。

8.5　危险品生产区危险性建筑物的建筑构造

8.5.1 1.1级、1.3级厂房的门应采用向外开启的平开门,外门宽度不应小于1.2m。危险性工作间的门不应与其他房间的门直对设置,内门宽度不应小于1.0m。内、外门均不得设置门槛。外门口不应设置影响疏散的明沟和管线等。

8.5.2 危险品生产区内建筑物的门窗玻璃宜采用防止碎玻璃伤人的措施。

8.5.3 黑火药和烟火药生产厂房应采用木门窗。门窗的小五金应采用在相互碰撞或摩擦时不产生火花的材料。

8.5.4 安全窗应符合下列规定:

　　1 窗洞口的宽度不应小于1.0m。

　　2 窗扇的高度不应小于1.5m。

　　3 窗台的高度不应高出室内地面0.5m。

　　4 窗扇应向外平开,不得设置中梃。

　　5 窗扇不宜设插销,应利于快速开启。

　　6 双层安全窗的窗扇,应能同时向外开启。

8.5.5 危险性工作间的地面应符合现行国家标准《建筑地面设计规范》GB 50037的有关要求,并应符合下列规定:

　　1 对火花能引起危险品燃烧、爆炸的工作间,采用不发火花的地面。

　　2 当工作间内的危险品对撞击、摩擦特别敏感时,采用不发生火花的柔性地面。

　　3 当工作间内的危险品对静电作用特别敏感时,采用不发生火花的防静电地面。

8.5.6 有易燃易爆粉尘的工作间不宜设置吊顶,当设置吊顶时,应符合下列规定:

　　1 吊顶上不应有孔洞。

　　2 墙体应砌至屋面板或梁的底部。

8.5.7 危险性工作间的内墙应抹灰。有易燃易爆粉尘的工作间,其地面、内墙面、顶棚面应平整、光滑,不得有裂缝,所有凹角宜抹成圆弧。易燃易爆粉尘较少的工作间内墙面应刷1.5m～2.0m高油漆墙裙;经常冲洗的工作间,其顶棚及内墙面应刷油漆,油漆颜色与危险品颜色应有所区别。收集冲洗废水的排水沟,其内壁宜平整、光滑,所有凹角宜抹成圆弧,不得有裂缝,排水沟的坡度不宜小于1%。

8.6　危险品总仓库区危险品仓库的建筑结构

8.6.1 危险品仓库应根据当地气候和存放物品的要求,采取防潮、隔热、通风、防小动物等措施。

8.6.2 危险品仓库宜采用现浇钢筋混凝土框架结构,也可采用钢筋混凝土柱、梁承重结构或砌体承重结构。屋盖宜采用现浇钢筋混凝土屋盖,也可采用轻质泄压或轻质易爆屋盖。1.3级仓库屋盖当采用现浇钢筋混凝土盖时,宜多设置门和高窗或采用轻型围护结构等。

8.6.3 危险品仓库安全出口的设置应符合下列规定：

1 当仓库(或储存隔间)的建筑面积大于 100m²(或长度大于 18m)时,安全出口不应少于 2 个。

2 当仓库(或储存隔间)的建筑面积小于 100m²,且长度小于 18m 时,可设 1 个安全出口。

3 仓库内任一点至安全出口的距离不应大于 15m。

8.6.4 危险品仓库门的设计应符合下列规定：

1 仓库的门应向外平开,门洞的宽度不宜小于 1.5m,不得设门槛。

2 当仓库设计门斗时,应采用外门斗,且内、外两层门均应向外开启。

3 总仓库的门宜为双层,内层门为通风用门,通风用门应有防小动物进入的措施。外层门为防火门,两层门均应向外开启。

8.6.5 危险品总仓库的窗宜设可开启的高窗,并应配置铁栅和金属网。在勒脚处宜设置可开关的活动百叶窗或带活动防护板的固定百叶窗。窗应有防小动物进入的措施。

8.6.6 危险品仓库的地面应符合本规范第 8.5.5 条的规定。当危险品已装箱并不在库内开箱时,可采用一般地面。

8.7 通廊和隧道

8.7.1 危险品运输通廊设计应符合下列规定：

1 通廊的承重及围护结构宜采用不燃烧体。

2 通廊宜采用钢筋混凝土柱或符合防火要求的钢柱承重。

3 运输中有可能撒落药粉的通廊,其地面面层应与连接的危险性建筑物地面面层相一致。

8.7.2 防护屏障的隧道应采用钢筋混凝土结构。运输中有可能撒落药粉的隧道地面,应采用不发生火花地面,且不应设置台阶。

9 消 防

9.0.1 烟花爆竹生产项目和经营批发仓库必须设置消防给水设施。消防给水可采用消火栓、手抬机动消防泵等不同形式的给水系统。

9.0.2 消防给水的水源必须充足可靠。当利用天然水源时,在枯水期应有可靠的取水设施;当水源来自市政给水管网而厂区内无消防蓄水设施时,消防给水管网应设计成环状,并有两条输水干管接自市政给水管网;当采用自备水源井时,应设置消防蓄水设施。

9.0.3 当厂区内设置蓄水池或有天然河、湖、池塘可利用时,应设有固定式消防泵或手抬机动消防泵。消防泵宜设有备用泵。

9.0.4 危险品生产厂房和中转库的室外消防用水量,应按现行国家标准《建筑设计防火规范》GB 50016 中甲类建筑物的规定执行。当单个建筑物的体积均不超过 300m³ 时,室外消防用水量可按 10L/s 计算,消防延续时间可按 2h 计算。

9.0.5 1.3 级厂房宜设室内消火栓系统,室内消火栓系统的设置应符合现行国家标准《建筑设计防火规范》GB 50016 中对甲类建筑物的规定。

9.0.6 易发生燃烧事故的工作间宜设置雨淋灭火系统,并应符合下列规定：

1 存药量大于 1kg 且为单人作业的工作间内,宜在工作台上方设置手动控制的雨淋灭火系统或翻斗水箱等相应灭火设施。翻斗水箱容积应根据工作台面积,按 16L/m² 计算确定。

2 作业人员少于 6 人,建筑面积大于 9m² 小于 60m² 的工作间内,宜设置手动控制的雨淋灭火系统,消防延续时间按 30min 计算。

3 雨淋灭火系统的喷水强度不宜低于 16L/(min·m²),最不利点的喷头压力不宜低于 0.05MPa。

9.0.7 对产品或原料与水接触能引起燃烧、爆炸或助长火势蔓延的厂房,不应设置以水为灭火剂的消防设施,应根据产品和原料的特性选择灭火剂和消防设施。

9.0.8 危险品总仓库区根据当地消防供水条件,可设消防蓄水池、高位水池、室外消火栓或利用天然河、塘。室外消防用水量应按现行国家标准《建筑设计防火规范》GB 50016 中甲类仓库的规定执行,消防延续时间按 3h 计算。供消防车或手抬机动消防泵取水的消防蓄水池的保护半径不应大于 150m。

9.0.9 消防储备水应有平时不被动用的措施。使用后的补给恢复时间不宜超过 48h。

9.0.10 烟花爆竹生产项目和经营批发仓库宜按现行国家标准《建筑灭火器配置设计规范》GB 50140 的有关规定配置灭火器。

10 废水处理

10.0.1 烟花爆竹生产项目的废水排放设计,应遵循清污分流、少排或不排出废水的原则。有害废水应采取必要的治理措施,并应达到国家现行有关排放标准的规定后排放。

10.0.2 有易燃易爆粉尘散落的工作间宜用水冲洗,并应设排水沟。排水沟的设计应符合国家现行有关标准的规定。

10.0.3 含药废水宜用管道集中收集。集中收集的含药废水宜先经污水池沉淀或过滤,再集中处理排放,沉淀及过滤的污渣应定期挖出销毁。污水沉淀或过滤池的设计应符合国家现行有关标准的规定。

11 采暖通风与空气调节

11.1 采　暖

11.1.1 当危险性建筑物需采暖时,宜采用散热器采暖,严禁使用火炉或其他明火采暖,并应符合下列规定:

1 黑火药生产的 1.1^{-2} 级厂房、烟火药生产的 1.1^{-1} 级厂房及其他危险品生产中危险品呈干燥松散和裸露状态的厂房,采暖热媒应采用不高于 90℃ 的热水。

2 黑火药制品和烟火药制品加工的生产厂房,采暖热媒宜采用不高于 110℃ 的热水或压力不大于 0.05MPa 的低压蒸汽。

11.1.2 危险性建筑物散热器采暖系统的设计应符合下列规定:

1 散发燃烧爆炸危险性粉尘的厂房,散热器应采用光面管或其他易于擦洗的散热器,不应采用带肋片或柱形散热器。散热器和采暖管道外表面油漆颜色与燃烧爆炸危险性粉尘的颜色应有所区别。

2 散热器外表面距墙内表面不应小于 60mm,距地面不宜小于 100mm,散热器不应设在壁龛内。

3 抗爆间室的散热器不应设在轻型面。采暖干管不应穿过抗爆间室的墙,抗爆间室内散热器支管上的阀门应设在操作走廊内。

4 采暖管道不应设在地沟内。当必须设在过门地沟内时,应对地沟采取密闭措施。

5 蒸汽或高温水管道的入口装置和换热装置不应设在危险工作间内。

11.1.3 当危险性建筑物采用热风采暖时,送风温度宜大于 35℃ 并小于 70℃。热风采暖系统的设置应符合本规范第 11.2 节中的有关规定。

11.2 通风和空气调节

11.2.1 在危险品生产厂房内,对散发燃烧爆炸危险性粉尘或气体的设备和操作岗位宜设局部排风,并宜分别设置。

11.2.2 危险品生产厂房的通风和空气调节系统设计应符合下列规定:

1 散发燃烧爆炸危险性粉尘或气体厂房的通风和空气调节系统应采用直流式,其送风机的出口应装止回阀。

2 散发燃烧爆炸危险性粉尘或气体的厂房内,通风和空气调节系统风管上的调节阀应采用防爆型。

3 黑火药生产厂房内不得设计机械通风。

11.2.3 空气中含有燃烧爆炸危险性粉尘或气体的厂房中,机械排风系统的设计应符合下列要求:

1 排除燃烧爆炸危险性粉尘或气体的风机及电机应采用防爆型,且电机和风机应直联。

2 含有燃烧爆炸危险性粉尘的空气应经过除尘处理后再排入大气,除尘处理宜采用湿法方式。当粉尘与水接触能引起爆炸或燃烧时,不应采用湿法除尘。除尘装置应置于排风系统的负压段上,且排风机应采用防爆型。

3 水平风管内的风速应按燃烧爆炸危险性粉尘不在风管内沉积的原则确定。水平风管应设有不小于 1% 的坡度。

4 排风道不宜穿过与本排风系统无关的房间。

11.2.4 危险品生产厂房的通风和空气调节机室应单独设置,不应与危险性工作间相通,且应设置单独的外门。

11.2.5 各抗爆间室之间、抗爆间室与其他工作间及操作走廊之间不应有风管、风口相连通。

11.2.6 散发燃烧爆炸危险性粉尘厂房内的通风、空气调节系统的风管不宜暗设。

11.2.7 危险性建筑物中,送、排风管道宜采用圆形截面风管,风管上应设置检查孔,并架空敷设;风管应采用不燃烧材料制作,且风管和设备的保温材料也应采用不燃烧材料。风管涂漆颜色与燃烧爆炸危险性粉尘的颜色应易于分辨。

12 危险场所的电气

12.1 危险场所类别的划分

12.1.1 危险场所划分为 F0、F1、F2 三类,并应符合下列规定:

1 F0 类:经常或长期存在能形成爆炸危险的黑火药、烟火药及其粉尘的危险场所。

2 F1 类:在正常运行时可能形成爆炸危险的黑火药、烟火药及其粉尘的危险场所。

3 F2 类:在正常运行时能形成火灾危险,而爆炸危险性极小的危险品及粉尘的危险场所。

4 各类危险场所均以工作间(或建筑物)为单位。

5 生产、加工、研制危险品的工作间(或建筑物)危险场所分类和防雷类别应符合表 12.1.1-1 的规定。储存危险品的场所、中转库和仓库危险场所分类和防雷类别应符合表 12.1.1-2 的规定。

表 12.1.1-1　生产、加工、研制危险品的工作间(或建筑物)危险场所分类和防雷类别

序号	危险品名称	工作间(或建筑物)名称	危险场所分类	防雷类别
1	黑火药	药物混合(硝酸钾与碳、硫球磨),潮药装模(或潮药包片),压药,拆模(擦片),碎片、造粒、抛光、浆药、干燥、散热、筛选、计量包装	F0	一
		单料粉碎、筛选、干燥、称料,硫、碳二成分混合	F2	二
2	烟火药	药物混合,造粒,筛选,制�</br>球球药,压药,浆药,干燥,散热,计量包装,精药柱(药块),湿药调制,烟雾剂干燥,散热,包装	F0	一
		氧化剂、可燃物的粉碎与筛选,称料(单料)	F2	二

序号	危险品名称	工作间(或建筑物)名称	危险场所分类	防雷类别
3	引火线	制引、浆引、漆引、干燥、散热、绕引、定型裁割、捆扎、切引、包装	F1	一
4	爆竹类	装药	F0	一
		插引(含机械插引、手工插引和空筒插引)、挤引、封口、点药、结鞭	F1	一
		包装	F2	二
5	组合烟花类、内筒型小礼花类	装药、筑(压)药、内筒封口(压纸片、装封口剂)	F0	一
		已装药部件钻孔、装单个裸药件、单发药量≥25g非裸药件组装、外筒封口(压纸片)	F1	一
		蘸药、安引、组盆串引(空筒)、单筒药量<25g非裸药件组装、包装	F2	二
6	礼花弹类	装球、包药	F0	一
		组装(含安引、装发射药包、串球)、剖引(引线钻孔)、球干燥、散热、包装	F1	一
		空壳安引、糊球	F2	二
7	吐珠类	装(筑)药	F0	一
		安引(空筒)、组装、包装	F2	二
8	升空类(含双响炮)	装药、筑(压)药	F0	一
		包药、装裸药效果件(含效果药包)、单个药量≥30g非裸药效果件组装	F1	一
		安引、单个药量<30g非裸药效果件组装(含安稳定杆)、包装	F2	二
9	旋转类(旋转升空类)	装药、筑(压)药	F0	一
		已装药部件钻孔	F1	一
		安引、组装(含引线、配件、旋转轴、架)、包装	F2	二
10	喷花类和架子烟花	装药、筑(压)药	F0	一
		已装药部件的钻孔	F1	一
		安引、组装、包装	F2	二

序号	危险品名称	工作间(或建筑物)名称	危险场所分类	防雷类别
11	线香类	装药	F0	一
		干燥、散热	F1	一
		粘药、包装	F2	二
12	摩擦类	雷酸银药物配制、拌药砂、发令纸干燥	F0	一
		机械蘸药	F1	一
		包药砂、手工蘸药、分装	F2	二
13	烟雾类	装药、筑(压)药	F0	一
		球干燥、散热	F1	一
		糊球、安引、组装、包装	F2	二
14	造型玩具类	装药、筑(压)药	F0	一
		已装药部件钻孔	F1	一
		安引、组装、包装	F2	二
15	电点火头	蘸药、干燥(晾干)、检测、包装	F2	二

注:1 表中装药、筑(压)药包括烟火药、黑火药的装药、筑(压)药;
2 当本规范表 3.1.3-1 生产工序危险等级为 1.1 级建筑物同时满足总存药量小于 10kg、单人操作、建筑面积小于 12m² 时,其防雷类别可划为二类;
3 表中未列品种、加工工序,其危险场所分类和防雷类别划分可参照本表确定。

表 12.1.1-2 储存危险品的场所、中转库和仓库危险场所的分类与防雷类别

场所(或建筑物)名称	危险场所分类	防雷类别
烟火药(包括裸药效果件)、引球药、黑火药、引火线、未封口含药半成品、单个装药量在 40g 及以上已封口的烟花半成品及含爆炸音剂、笛音剂的半成品、已封口的 B 级烟花(喷花类除外)、单筒药量 25g 及以上的 C 级组合烟花类成品	F0	一
电点火头、单个装药量在 40g 以下已封口的烟花半成品(不含爆炸音剂、笛音剂)、已封口的 C 级爆竹半成品、C、D 级烟花(其中,组合烟花类成品单筒药量在 25g 以下)喷花类产品	F1	二

12.1.2 当危险场所既存在黑火药、烟火药,又存在易燃液体时,危险场所类别的划分除应符合本规范的规定外,还应符合现行国家标准《爆炸和火灾危险环境电力装置设计规范》GB 50058 中有关爆炸性气体环境危险区域划分的规定。

12.1.3 危险场所与相毗邻场所采取不燃烧体密实墙隔开且隔墙上设有相通的门,当门经常处于关闭状态(除有人出入外)时,与危险场所相毗邻的场所类别可按表 12.1.3 确定;当门经常处于敞开状态时,与危险场所相毗邻的场所类别应与危险场所类别相同。

表 12.1.3 与危险场所相毗邻的场所类别

危险场所类别	用一道有门的密实墙隔开的工作间危险场所类别	用两道有门的密实墙通过走廊隔开的工作间危险场所类别
F0	F1	非危险场所
F1	F2	
F2	非危险场所	

注:1 本条不适用于配电室(电机室、控制室、仪表室等);
2 密实墙指为不燃烧体的实体墙,墙上除门外无其他孔洞。

12.1.4 排风室的危险场所类别应按下列规定分类:

1 为 F0 类危险场所(黑火药除外)服务的排风室划为 F1 类危险场所。

2 为 F1 类、F2 类危险场所服务的排风室与所服务的危险场所类别相同。

3 为各类危险场所服务的排风室,当采用湿式净化装置时,可划为 F2 类危险场所(黑火药除外)。

12.1.5 为危险场所服务的送风室,当通往危险场所的送风管能阻止危险物质回到送风室时,该送风室危险场所类别可划为非危险场所。

12.1.6 运输危险品的敞开式或半敞开式通廊,其危险场所类别应划为 F2 类,防雷类别宜为二类。

12.1.7 雷雨天存放危险品的晒场宜设置防直击雷装置,避雷装置保护范围的滚球半径可取 60m。

12.2 电气设备

12.2.1 危险场所的电气设备应符合下列规定:

1 正常运行和操作时,可能产生电火花或高温的电气设备应安装在无危险或危险性较小的场所。

2 **危险场所采用的防爆电气设备必须是按照现行国家标准生产的合格产品。**

3 **危险场所电气设备允许最高表面温度为 T4(135℃)。**

4 危险场所采用的接线盒、挠性连接等选型,应与该场所电气设备防爆等级一致。

5 危险场所电动机的电气设计应符合现行国家标准《通用电气设备配电设计规范》GB 50055 中第二章电动机的规定。

6 生产时严禁工作人员入内的工作间,其用电设备的控制按钮应安装在工作间外,并应将用电设备的启停与门连锁,门关闭后用电设备才能启动。

7 危险场所不宜设置接插装置。当确需设置时,应选择相应防爆型、插座与插销带连锁保护装置,并满足断电后插销才能插入或拔出的要求。

8 危险场所不应使用无线遥控设备等。

12.2.2 危险场所采用非防爆电气设备隔墙传动时,应符合下列规定:

1 安装电气设备的工作间应采用不燃烧体密实墙与危险场所隔开,隔墙上不应设门、窗、洞口。

2 传动轴通过隔墙处的孔洞必须采用填料函密封堵或有同等效果的密封措施。

3 安装电气设备工作间的门应设在外墙上或通向非危险场所,且门应向室外或非危险场所开启。

12.2.3 F0 类危险场所不应安装电气设备。当确有必要时,可设

置检测仪表(黑火药除外),检测仪表选型应符合本规范第12.2.5条的规定。

12.2.4 F0类危险场所电气照明应采用可燃性粉尘环境21区用电气设备DIP21,外壳防护等级为IP65级的灯具,安装在固定窗外照明或采用能够满足有关规范安全要求的壁龛灯。

门灯及安装在外墙外侧的开关、控制按钮、控制箱等,选型应选用与灯具防爆级别相同的产品。

12.2.5 F1类危险场所电气设备的选型应符合下列规定:

1 电气设备应采用可燃性粉尘环境用电气设备21区DIP21、IP65,爆炸性气体环境用电气设备Ⅱ类B级隔爆型、本质安全型(IP54),灯具及控制按钮可采用增安型。

2 门灯及安装在外墙外侧的开关应采用可燃性粉尘环境用电气设备不低于22区DIP22、IP54。

12.2.6 F2类危险场所电气设备、门灯及安装在外墙外侧的开关应采用可燃性粉尘环境用电气设备22区DIP22、IP54。

12.3 室内电气线路

12.3.1 危险场所电气线路应符合下列规定:

1 危险性建筑物低压配电线路的保护应符合现行国家标准《低压配电设计规范》GB 50054的有关规定。

2 电气线路严禁采用绝缘电线明敷或穿塑料管敷设。

3 电气线路应采用铜芯阻燃绝缘电线或铜芯阻燃电缆。

4 电气线路的电线和电缆的额定电压不得低于450V/750V。保护线的额定电压应与相线相同,并在同一钢管或护套内敷设。电话线路电线的额定电压不应低于300V/500V。

5 插座回路应设置额定动作电流不大于30mA、瞬时切断电路的剩余电流保护器。

6 检测仪表线路可采用线芯截面不小于1.0mm²的铜芯聚氯乙烯护套内钢带铠装控制电缆;也可采用线芯截面不小于1.5mm²的铜芯阻燃绝缘电线穿镀锌焊接钢管敷设。

7 危险场所电气线路绝缘电线或电缆线芯的材质和最小截面应符合表12.3.1的规定。

表12.3.1 危险场所电气线路绝缘电线或电缆线芯的
材质和最小截面

危险场所类别	绝缘电线或电缆线芯最小截面(mm²)		
	电力	照明	控制按钮
F0	—	—	铜芯1.5
F1	铜芯2.5	铜芯2.5	铜芯1.5
F2	铜芯1.5	铜芯1.5	铜芯1.5

8 保护线(PE线)截面的确定应符合现行国家标准的有关规定。

12.3.2 危险场所电气线路穿钢管敷设应符合下列规定:

1 穿电线的钢管应采用公称口径不小于15mm的镀锌焊接钢管,钢管间应采用螺纹连接,且连接螺纹不应少于6扣。在有剧烈振动的场所应设防松装置。

2 电气线路与防爆电气设备连接必须作隔离密封。

3 电气线路宜采用明敷。

12.3.3 危险场所电气线路采用电缆敷设应符合下列规定:

1 电缆明敷时,应采用金属铠装电缆。

2 电缆沿桥架敷设时,宜采用绝缘护套电缆;桥架应采用金属槽式结构。

3 电缆不宜敷设在电缆沟内。当必须敷设在电缆沟内时,应设置防止水及危险物质进入沟内的措施,电缆沟在过墙处应设隔板,并对孔洞严密封堵。

4 电力电缆不应有分支或中间接头。照明线路的分支接头应设在接线盒内。

5 在有机械损伤可能的部位应穿钢管保护。

12.3.4 F0类危险场所电气线路应符合下列规定:

1 危险场所不应敷设电力和照明线路,可敷设本工作间的控制按钮及检测仪表线路。灯具安装在固定窗外的电气线路应采用线芯截面不小于2.5mm²的铜芯绝缘电线穿镀锌焊接钢管敷设,亦可采用线芯截面不小于2.5mm²的铜芯金属铠装电缆明敷。

2 当采用穿钢管敷设时,接线盒的选型应与防爆电气设备的等级相一致。当采用铠装电缆时,与设备连接处应采用铠装电缆密封接头。

3 控制按钮线路线芯截面选择应符合本规范表12.3.1的规定。

12.3.5 F1类危险场所电气线路应符合下列规定:

1 电线或电缆线芯截面选择应符合本规范表12.3.1的规定。

2 引至1kV以下的单台鼠笼型感应电动机供电回路,电线或电缆线芯截面长期允许载流量不应小于电动机额定电流的1.25倍。

3 移动电缆应采用线芯截面不小于2.5mm²的重型橡套电缆。

12.3.6 F2类危险场所的电气线路应符合下列规定:

1 电气线路采用的绝缘电线或电缆的线芯截面选择应符合本规范表12.3.1的规定。

2 引至1kV以下的单台鼠笼型感应电动机供电回路,绝缘电线或电缆线芯截面长期允许载流量不应小于电动机的额定电流。当电动机经常接近满载运行时,线芯的载流量应留有适当裕量。

3 移动电缆应采用线芯截面不小于1.5mm²的中型橡套电缆。

12.4 照 明

12.4.1 烟花爆竹生产厂房主要工作间的照度标准宜为200 lx,且主要生产的工作间出入口应设置应急照明,其照度值应不低于该场所正常照明照度值的10%,应急时间宜为30min。

12.4.2 烟花爆竹生产的辅助厂房、库房的照度标准宜分别为100 lx、50 lx。

12.5 10kV及以下变(配)电所和厂房配电室

12.5.1 烟花爆竹企业的供电设计应符合现行国家标准《供配电系统设计规范》GB 50052有关三级负荷的规定。

12.5.2 烟花爆竹生产过程中因突然中断供电有可能导致燃爆事故发生的用电设备,以及企业设置的视频监控系统、安全防范系统均应设置应急电源。消防系统宜设置应急电源。

12.5.3 危险品生产区10kV及以下变电所应为独立变电所。危险品总仓库区10kV及以下变电所宜为独立变电所。

12.5.4 变电所设计除执行本规范外,尚应符合现行国家标准《10kV及以下变电所设计规范》GB 50053的有关规定。

12.5.5 变压器低压侧中心点接地电阻不应大于4Ω。

12.5.6 厂房配电室、电机间、控制室可附建于各类危险性建筑物内,但应符合下列规定:

1 与危险场所相毗邻的隔墙应为不燃烧体密实墙,且不应设门、窗与危险场所相通。

2 门、窗应设在建筑物的外墙上,且门应向外开启。

3 与配电室、电机间、控制室无关的管线不应通过配电室、电机间、控制室。

4 设在黑火药生产厂房内的配电室、电机间、控制室除应满足上述要求外,配电室、电机间、控制室的门、窗与黑火药生产工作间的门、窗之间的距离不宜小于3m。

12.6 室外电气线路

12.6.1 引入危险性建筑物的1kV以下低压线路的敷设应符合

下列规定：

    1 从配电端到受电端宜全长采用金属铠装电缆埋地敷设，在入户端应将电缆的金属外皮、钢管接到防雷电感应的接地装置上。

    2 当全线采用电缆埋地有困难时，可采用钢筋混凝土杆和铁横担的架空线，并应使用一段金属铠装电缆或护套电缆穿钢管直接埋地引入，其埋地长度应符合下式的要求，但不应小于15m。

$$L \geqslant 2\sqrt{\rho} \qquad (12.6.1)$$

式中：L——金属铠装电缆或护套电缆穿钢管埋于地中的长度（m）；

      ρ——埋电缆处的土壤电阻率（$\Omega \cdot m$）。

    3 在电缆与架空线换接处尚应装设避雷器。避雷器、电缆金属外皮、钢管和绝缘子的铁脚、金属器具等应连在一起接地，其冲击接地电阻不应大于10Ω。

12.6.2 引入黑火药生产工房的1kV以下低压线路，从配电端到受电端应全长采用铜芯金属铠装电缆埋地敷设。

12.6.3 与烟花爆竹企业无关的电气线路和通信线路严禁穿越、跨越危险品生产区和危险品总仓库区。当在危险品生产区或危险品总仓库区围墙外敷设时，10kV及以下电力架空线路和通信架空线路与危险性建筑物外墙的水平距离不应小于35m。

12.6.4 危险品生产区和危险品总仓库区10kV及以下的高压线路宜采用埋地敷设。当采用架空敷设时，其轴线与危险性建筑物的距离应符合下列规定：

    1 距1.1级厂房外墙不应小于35m，距1.1级仓库外墙不应小于50m。

    2 距1.3级建筑物外墙不应小于电杆高度的1.5倍。

12.6.5 当危险品生产区和危险品总仓库区架空敷设1kV以下的电气线路和通信线路时，其轴线与1.1级、1.3级建筑物外墙的距离不应小于电杆高度的1.5倍，与生产烟火和干法生产黑火药建筑物外墙的距离不应小于35m。

12.6.6 危险品生产区和危险品总仓库区不应设置无线通信塔。当无线通信塔设置在危险品生产区和危险品总仓库区围墙外时，无线通信塔与围墙的距离不应小于100m。

12.7 防雷与接地

12.7.1 危险性建筑物应采取防雷措施。防雷设计应符合现行国家标准《建筑物防雷设计规范》GB 50057的有关规定。危险性建筑物防雷类别应符合本规范表12.1.1-1和12.1.1-2的规定。

12.7.2 变电所引至危险性建筑物的低压供电系统宜采用TN-C-S接地形式，从建筑物内总配电箱开始引出的配电线路和分支线路必须采用TN-S系统。

12.7.3 危险性建筑物内电气设备的工作接地、保护接地、防雷电感应等接地、防静电接地、信息系统接地等应共用接地装置，接地电阻值应取其中最小值。

12.7.4 危险性建筑物内穿电线的钢管、电缆的金属外皮、除输送危险物质外的金属管道、建筑物钢筋等设施均应等电位联结。

12.7.5 危险性建筑物总配电箱内应设置电涌保护器。

12.7.6 当危险场所设有多台需要接地的设备且位置分散时，工作间内应设置构成闭合回路的接地干线。接地体宜沿建筑物墙外埋地敷设，并应构成闭合回路，且每隔18m～24m室内与室外连接一次，每个建筑物的连接不应少于两处。

12.7.7 架空敷设的金属管道应在进出建筑物处与防雷电感应的接地装置相连接。距离建筑物100m内的金属管道应每隔25m左右接地一次，其冲击接地电阻不应大于20Ω。埋地或地沟内敷设的金属管道在进出建筑物处亦应与防雷电感应的接地装置相连。

12.7.8 平行敷设的金属管道，其净距小于100mm时，应每隔25m左右金属线跨接一次，当交叉净距小于100mm时，其交叉处亦应跨接。

12.8 防 静 电

12.8.1 危险场所中可导电的金属设备、金属管道、金属支架及金属导体均应进行直接静电接地。

12.8.2 静电接地系统应与电气设备的保护接地共用同一接地装置。

12.8.3 危险场所中不能或不宜直接接地的金属设备、装置等，应通过防静电材料间接接地。

12.8.4 当危险场所采用防静电地面及工作台面时，其静电泄漏电阻值应控制在0.05MΩ～1.0MΩ。

12.8.5 危险场所需要采用空气增湿方法泄漏静电时，其室内空气相对湿度宜为60%。黑火药生产的危险场所空气相对湿度应为65%。当工艺有特殊要求时可按工艺要求确定。

12.8.6 危险场所不应使用静电非导体材料制作的工装器具。当必须使用静电非导体材料制作的工装器具时，应对其进行导静电处理，使其静电泄漏电阻值符合要求。

12.8.7 黑火药、烟火药生产危险场所入口处的外墙外侧应设置人体综合电阻监测仪和人体静电指示及释放仪，在其附近宜设置备用接地端子。

12.9 通 讯

12.9.1 危险品生产区和危险品总仓库区应设置畅通的固定电话。

12.9.2 危险场所电话设备选型及线路的技术要求应符合本规范的有关规定。

12.10 视频监控系统

12.10.1 危险品生产场所和危险品总仓库区宜设置视频监控系统，系统的构成应符合相关规范的规定。

12.10.2 危险场所视频监控设计，电气设备选型、线路技术要求及敷设方式等均应符合本规范的规定。

12.11 火灾报警系统

12.11.1 危险品生产区和危险品总仓库区可设置火灾自动报警系统。

12.11.2 危险场所火灾自动报警设计，电气设备选型、线路技术要求及敷设方式、防雷接地均应符合本规范的规定。

12.11.3 当危险品生产区和危险品总仓库区不设置火灾自动报警系统时，可采用畅通的电话系统兼作火灾报警装置。

12.12 安全防范工程

12.12.1 烟花爆竹总仓库区及库房的安全防范措施应采用"人防、物防、技防"相结合的方式。

12.12.2 烟花爆竹的危险品仓库及库区宜设置安全防范系统。

12.13 控 制 室

12.13.1 烟花爆竹生产项目和经营批发仓库的消防控制室、安全防范系统监控中心及自动控制室宜设置在单独建筑物内，亦可附建在非危险性建筑物内。

12.13.2 1.1级建筑物内不应附建有人值班的控制室。1.3级建筑物内可附建控制室，但应符合本规范第12.5.6条的规定。

12.13.3 当1.1级建筑物需要设置有人值班的控制室时，应将控制室嵌入防护土堤外侧或布置在防护土堤外符合安全要求的位置。

附录 A 防护屏障的防护范围

A.0.1 防护屏障的防护范围见图 A.0.1。

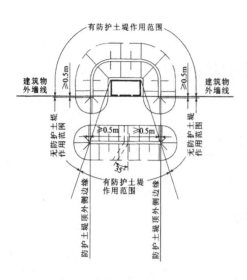

图 A.0.1 防护屏障的防护范围

A.0.2 "一字防护土挡墙"防护屏障的防护要求见图 A.0.2。

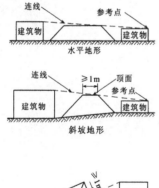

水平地形

斜坡地形

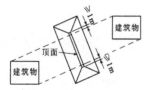

图 A.0.2 "一字防护土挡墙"防护屏障的防护要求

本规范用词说明

1 为便于在执行本规范条文时区别对待,对要求严格程度不同的用词说明如下:

　　1)表示很严格,非这样做不可的:

　　　　正面词采用"必须",反面词采用"严禁";

　　2)表示严格,在正常情况下均应这样做的:

　　　　正面词采用"应",反面词采用"不应"或"不得";

　　3)表示允许稍有选择,在条件许可时首先应这样做的:

　　　　正面词采用"宜",反面词采用"不宜";

　　4)表示有选择,在一定条件下可以这样做的,采用"可"。

2 条文中指明应按其他有关标准执行的写法为:"应符合……的规定"或"应按……执行"。

引用标准名录

《烟花爆竹 安全与质量》GB 10631—2004

《烟花爆竹劳动安全技术规程》GB 11652—1989

《建筑设计防火规范》GB 50016—2006

《建筑地面设计规范》GB 50037—1996

《供配电系统设计规范》GB 50052—1995

《10kV 及以下变电所设计规范》GB 50053—1994

《低压配电设计规范》GB 50054—1995

《通用用电设备配电设计规范》GB 50055—1993

《建筑物防雷设计规范》GB 50057—1994

《爆炸和火灾危险环境电力装置设计规范》GB 50058—1992

《建筑灭火器配置设计规范》GB 50140—2005

《地下及覆土火药炸药仓库设计安全规范》GB 50154—2009

中华人民共和国国家标准

烟花爆竹工程设计安全规范

GB 50161－2009

条 文 说 明

制 订 说 明

国家标准《烟花爆竹工厂设计安全规范》GB 50161—92(以下简称原规范)自1992年发布实施后,为规范烟花爆竹行业规划建设、设计管理、安全生产等提供了重要的法规性决策依据,对工厂的安全生产起到了重要的保障作用。近年来,随着国家对安全生产越来越重视,"以人为本"的安全理念不断深入,烟花爆竹行业法制化建设的不断健全、生产企业周边环境的不断变化、社会安全性责任的不断加强,国家安全生产监督管理总局对烟花爆竹行业发展提出了新要求:即工厂化、机械化、科技化、标准化、集约化,推进行业技术进步,提高生产工艺技术水平;对于高风险的烟花爆竹行业有必要提升准入的基础条件,提高企业的本质安全度,防止重大群死群伤事故的发生。为适应烟花爆竹行业安全形势和发展需要,促进行业安全、健康发展,有必要对原规范进行一次全面修订。

本次修订遵循的是安全第一、科技进步、与国际接轨、覆盖行业范围、实事求是、可操作性及全面修订的基本原则。修订后的规范名称为《烟花爆竹工程设计安全规范》。

原规范11章、2个附录,共134条。本次修订在原规范的基础上,保留了33条,修改了98条,取消了3条、2个附录,增加了114条、1个附录。规范修订后分12章、1个附录,共245条,主要内容包括工艺、总图、建筑、结构、消防、废水处理、采暖通风、电气等专业的安全必要规定。主要修订内容有:

1.对建筑物危险等级进行了修订。将原规范的A级、C级修订为1.1级、1.3级。对1.1级建筑物根据建筑物内危险品的破坏威力分为1.1^{-1}级和1.1^{-2}级。采用1.1、1.2、1.3……的分级方法,首先可以避免与现行国家标准《烟花爆竹 安全与质量》GB 10631—2004中产品等级A、B、C、D相混淆;其次与国际、国内标准接轨,便于交流与合作。

2.对生产工序危险等级分类表和仓库危险等级分类表进行了修订。修订后的生产工序危险等级分类表3.1.3-1,包括了现行国家标准《烟花爆竹 安全与质量》GB 10631—2004中的全部14类产品的生产工序,比原规范分类更细、更易于操作;同时对部分工序的名称进行了修订,尽可能与行业内其他规范统一;根据行业发展和技术进步的成果对部分工序的危险等级进行了调整。

3.根据国家、行业对安全生产的要求,增加了安全防护的规定。在生产工艺上,提倡采用机械化、自动化、自动监控的生产工艺技术;在安全防护上,对有燃烧、爆炸危险的作业要求采取隔离操作,并采取防传爆、防殉爆措施;在生产工房布置上,对燃烧、爆炸危险性大的工序要求单独设置厂房。体现了"以人为本"的安全理念。

4.总结工厂的实践经验,增加了临时存药洞的相关安全规定。临时存药洞投资少、使用方便,而且对减少操作人员身边的存药量能起到一定作用,在烟花爆竹主产区应用非常普遍。但是各地的临时存药洞五花八门,存在不少安全隐患。对临时存药洞的设置条件、存药量、安全距离、结构等进行规定非常必要。

5.总体规划增加了烟花爆竹批发经营企业仓库的内容,扩大了规范涵盖的范围。原规范只对烟花爆竹工厂设计提出规定,没有涵盖经营批发企业仓库等单位,修订后的规范覆盖了国家安全生产监督管理总局对烟花爆竹行业的监管范围,增加了经营批发企业仓库设计的安全规定。

6.对部分危险性建筑物内、外部最小允许距离要求进行了修订,对烟花爆竹工厂燃放试验场的安全距离进行了修订,鉴于原规范安全距离标准比较低,在规范修订过程中,重新核算了原规范给出的安全距离数值,结合历史上兵器工业安全技术研究所爆炸试验的科学研究成果,参考事故调查报告,通过详细计算,对危险品生产区和危险品总仓库区的内部最小允许距离作了适当调整,对防护屏障的设置提高了要求,以符合提升安全的生产要求。

根据专家评审意见、考虑行业现状,并参照国家现行标准《焰火晚会烟花爆竹燃放安全规程》GA 183附录B中礼花弹基本安全参数,结合工厂燃放试验的特点通过计算对工厂燃放试验场的安全距离进行了适当调整。

7.对危险性建筑物的结构选型进行了修订,吸收了国内、外有关抗爆结构要求,引入抗爆间室特种结构形式,对抗爆间室和抗爆屏院提出了具体要求,有利于在工程建设中采用。

8.对危险场所电气进行了修订,增加了工厂供电负荷等级、防静电、火灾报警、视频监控、安全防范工程的要求,对电气危险场所的分类重新进行了规定,根据行业危险性建筑物发生雷电事故的可能性和后果对其防雷类别进行了适当调整,与原规范相比更符合行业现状。

随着烟花爆竹行业的发展,不断出现新型烟花爆竹药物配方,需要对新型烟花爆竹药物的相容性、安全性能参数、TNT当量进行试验测试,建立药物配方与安全性能参数的数据库。

为便于广大设计、施工、科研、学校等单位有关人员在使用本标准时能正确理解和执行条文规定,《烟花爆竹工程设计安全规范》编制组按章、节、条顺序编制了本标准的条文说明,对条文规定的目的、依据以及执行中需注意的有关事项进行了说明,还着重对强制性条文的强制性理由作了解释。但是,本条文说明不具备与标准正文同等的法律效力,仅供使用者作为理解和把握标准规定的参考。

5

目　次

1　总　　则 ……………………………… 5—23
3　建筑物危险等级和计算药量 ……………… 5—23
　3.1　建筑物危险等级 ……………………… 5—23
　3.2　计算药量 ……………………………… 5—24
4　工程规划和外部最小允许距离 …………… 5—25
　4.1　工程规划 ……………………………… 5—25
　4.2　危险品生产区外部最小允许距离 …… 5—25
　4.3　危险品总仓库区外部最小允许距离 … 5—26
　4.4　燃放试验场和销毁场外部最小允许距离 … 5—26
5　总平面布置和内部最小允许距离 ………… 5—26
　5.1　总平面布置 …………………………… 5—26
　5.2　危险品生产区内部最小允许距离 …… 5—27
　5.3　危险品总仓库区内部最小允许距离 … 5—27
　5.4　防护屏障 ……………………………… 5—28
6　工艺与布置 ………………………………… 5—28
7　危险品储存和运输 ………………………… 5—29
　7.1　危险品储存 …………………………… 5—29
　7.2　危险品运输 …………………………… 5—29
8　建筑结构 …………………………………… 5—30
　8.1　一般规定 ……………………………… 5—30
　8.2　危险品生产区危险性建筑物的结构选型和
　　　构造 …………………………………… 5—30
　8.3　抗爆间室和抗爆屏院 ………………… 5—31
　8.4　危险品生产区危险性建筑物的安全疏散 … 5—31

　8.5　危险品生产区危险性建筑物的建筑构造 …… 5—31
　8.6　危险品总仓库区危险品仓库的建筑结构 …… 5—31
　8.7　通廊和隧道 …………………………… 5—32
9　消　　防 …………………………………… 5—32
10　废水处理 ………………………………… 5—33
11　采暖通风与空气调节 …………………… 5—33
　11.1　采暖 ………………………………… 5—33
　11.2　通风和空气调节 …………………… 5—33
12　危险场所的电气 ………………………… 5—34
　12.1　危险场所类别的划分 ……………… 5—34
　12.2　电气设备 …………………………… 5—34
　12.3　室内电气线路 ……………………… 5—35
　12.4　照明 ………………………………… 5—35
　12.5　10kV及以下变（配）电所和厂房
　　　　配电室 ……………………………… 5—35
　12.6　室外电气线路 ……………………… 5—35
　12.7　防雷与接地 ………………………… 5—35
　12.8　防静电 ……………………………… 5—35
　12.9　通讯 ………………………………… 5—36
　12.10　视频监控系统 ……………………… 5—36
　12.11　火灾报警系统 ……………………… 5—36
　12.12　安全防范工程 ……………………… 5—36
　12.13　控制室 ……………………………… 5—36

5

1 总 则

1.0.1 本条强调了烟花爆竹工程设计必须贯彻的安全方针,以及制定本规范的目的,使所建工程从本质上符合安全要求,以利投入使用后对国家和人民生命财产安全有一定保障。

1.0.2 本条规定了本规范的适用范围和不适用范围。对新建、扩建工程,应按规范要求建成一个本质安全型的企业。对现有企业,由于历史原因,存在着不少安全隐患,在改建时为了消除这些不安全因素,防止事故发生以及限制事故波及范围,所以也应遵守本规范,使改建部分达到规范要求。

本次修订明确了烟花爆竹批发经营企业的仓库建设工程适用本规范。

对零售烟花爆竹的储存,以及军用烟火的制造、运输和储存,因其条件不同,不适用本规范。

1.0.3 本条是从保障人民群众生命和财产安全出发强调了外部安全距离规定的外延要求。

1.0.5 本规范主要规定了烟花爆竹建设工程在安全上的特殊要求,不能包括工程设计中的所有问题,因此,本规范未规定的其他问题应执行现行国家工程建设相关标准、规范的规定,如《建筑设计防火规范》GB 50016、《工业企业设计卫生标准》GBZ 1 以及土建、供排水、电气设计等一系列有关专业的标准、规范。

3 建筑物危险等级和计算药量

3.1 建筑物危险等级

3.1.1 对烟花爆竹生产项目的建筑物划分危险等级,主要是为了便于确定危险性建筑物与相邻的建筑物、构筑物、设施及场所的安全距离,其次是为了确定危险性建筑物的结构形式和应采取的安全措施。

建筑物的危险等级是根据建筑物内所含的生产工序和制造、加工或储存危险品的危险性决定的。危险品的危险性是根据危险品的感度、一旦发生爆炸事故时所产生的对外界的破坏力为主要依据。本规范中的危险品指烟花、爆竹成品、已装药的半成品及其药剂,事故指涉及烟花、爆竹成品、已装药的半成品及其药剂的燃烧、爆炸事故。

实践证明,烟花爆竹企业的事故主要有两种形式,即爆炸和燃烧,这两种情况下,对外界破坏遵循的规律不一样,须分别处理。本规范中将危险等级分为两级:1.1级为具有整体爆炸危险的建筑物,1.3级为具有燃烧危险的建筑物。

1.1级建筑物主要特点是其中的危险品具有整体爆炸危险或有迸射危险性。该建筑物一旦发生事故,主要以爆炸冲击波和爆炸破片的形式对外界产生破坏,且这种破坏不局限于本建筑物中,周围的建筑物及附近的人员也会受到严重破坏和伤害,尤其是冲击波和破片的速度非常快,来不及疏散或采取相应的补救措施,一般多采用安全距离来防范对周围的危害。

通过我们对典型烟花爆竹药剂的TNT当量试验和全国范围的调研发现,烟花爆竹药剂爆炸时,其破坏威力变化很大,有的与TNT相当,有的与黑火药相当。对每种威力的药都定一个档次,

既不可能,也不必要。经过反复的考虑和比较,借鉴现行国家标准《民用爆破器材工程设计安全规范》GB 50089 和国内、外同类标准的制定经验,考虑到工程处置、管理上方便,本次修订把1.1级再细分为:破坏威力与TNT相当的作为1.1^{-1}级,破坏威力与黑火药相当的作为1.1^{-2}级。这两级主要区别在破坏威力不同,因此在工程处置、管理上的差别主要在于安全距离不同。

1.3级建筑物主要特点是其中的危险品具有燃烧危险和较小爆炸或较小迸射危险,或两者兼有,但无整体爆炸危险性。该建筑物一旦发生事故,主要是燃烧事故,事故对外界的破坏主要是靠火焰以及辐射出的热量烧伤人员和引燃其他财产,但考虑到其中的危险品多数是有爆炸可能的含有烟火药、黑火药的危险品,不同于普通的危化品,因此,不能笼统地按防火规范处理,需在本规范中单独列为一个等级以考虑它的特殊性。如烟花产品的包装厂房,所包装的对象中含有烟火药、黑火药这样一些爆炸品,但加工方式(加工时不直接接触药剂)和这些爆炸品存在的状态(分散在各个产品中)使之不易发生整体爆炸事故,只发生燃烧事故或较小爆炸事故,故将其定为1.3级建筑物。

1.3级建筑物还包括一种情况,即建筑物内的危险品偶尔有轻微爆炸,但这种爆炸轻微到破坏效应只局限于本建筑物内。同样以包装厂房为例,在包装厂房中发生火灾事故时,其中的爆竹会发生爆炸,但其威力不会波及厂房以外,因此,包装厂房在包装某些产品时,也是属于偶尔有轻微爆炸,但其破坏效应只局限于本建筑物内的厂房。

危险品成品仓库要求在仓库内只有成箱产品的搬动,没有其他操作。

本条中的制造、储存、运输均指危险建筑物内,正常生产运行时所发生的制造、储存、运输。

3.1.3 本条是根据建筑物危险等级的划分原则,对烟花爆竹企业危险品生产、加工厂房和危险品储存库房的具体规定。

通过81个典型配方的5000多次的冲击与摩擦感度试验和9个代表性配方的49次TNT当量试验,结果表明:含氯酸盐、高氯酸盐的药剂的TNT当量均大于黑火药,有些含有惰性剂的烟火药剂的TNT当量与黑火药相当,甚至还小。

因此,分级的原则主要是把烟花爆竹生产使用的烟火药剂定为1.1^{-1}级;把黑火药和含有惰性剂(如碳酸锶)的烟火药,以及其他TNT当量值相当于黑火药的烟火药定为1.1^{-2}级。对1.1^{-1}级药剂进行加工的工序,定为1.1^{-1}级工序,烟火药的TNT当量值有高有低,但在生产中同一厂房不同当量的烟火药没有区分开,因此按高的划分;对1.1^{-2}级药剂进行加工的工序,定为1.1^{-2}级工序。对药量比较少且分散或不直接加工危险药剂的工序定为1.3级工序。

本规范表3.1.3-1和表3.1.3-2就是依据上述原则,并考虑危险品的感度、生产工艺的危险程度、事故频率及产品包装情况等因素,对生产工序和库房划分危险等级。厂房的危险等级由其中生产工序的危险等级确定,库房的危险等级由其中储存的危险品的危险等级确定。

表3.1.3-1中所列工序,是修编组根据现场调研,综合全国大部分地区的实际情况,参照现行国家标准《烟花爆竹 安全与质量》GB 10631中的产品分类定出的,基本上能概括烟花爆竹生产的危险工序。由于各地各厂的工艺流程不同、生产习惯不同,因此难以把全国各地所有的烟花爆竹生产企业的工序一一列出,对于那些没列出的工序,可参照本规范表3.1.3-1确定危险等级。

将烟花爆竹生产中所有药物(黑火药、烟火药、效果件、开球药等)生产工序(包括烟花爆竹产品制作装药前的药物计量)的危险等级统一归入表3.1.3-1中的黑火药、烟火药栏目。

单料称料工序,定义为:只有称量这一操作,称量的物质没有爆炸或自燃性质,并且称量后分开存放在容器内。这样的厂房称为原料厂房,作1.3级处理。称量的物质有爆炸或自燃性质或有

混合这一操作的作为混合厂房。

氧化剂、可燃物的粉碎和筛选厂房还没形成爆炸品，较少发生能波及建筑物以外的爆炸事故，因此作 1.3 级厂房，但其粉尘很大，事故几率相对大一些。同时，其对周围环境污染也很大，这样一是影响周围厂房的工人健康，二是易将火灾传播出去，故要求原料称量，氧化剂、可燃物的粉碎和筛选厂房单独建设，不与其他厂房联建，这在本规范第 6.0.8 条中有规定。

无论黑火药引线还是烟火药引线，基本上采用机械制引，生产过程中一人管理多台设备，每台设备的药量与引火线的规格有关，随着氯酸盐药物的禁止使用，制引工序发生事故的频率大大降低，发生事故后的危害程度主要与引火线的规格有关，修订时把引火线的制作等工序归入 1.1-2 级，不再细分黑火药引线和烟火药引线。该条目中的"切引"工序还包括烟花爆竹产品制作过程中的切引。

烟花爆竹已装药的钻孔工序，药都分散在纸筒、引线中，因没有集中在一起的裸露药，不易发生波及建筑物以外的爆炸事故，但该工序事故频率较高，因此，该工序在爆竹和烟花制造中定为 1.1-2 级，以强调它的危险性，并采用相应的措施（如单独建设）。从全国调研情况看，各厂对这一厂房一般都是单独建设的，这样要求大家也能接受。

对于组合烟花类、礼花弹类、小礼花类、升空类、旋转类、旋转升空类、造型玩具类产品中，对烟火药或同时有烟火药、黑火药的装药、压药工序定为 1.1-1 级，对只有黑火药的装药、压药工序列入其中的 1.1-2 级；吐珠类、喷花类、架子烟花、烟雾类产品的装药，药物主要成分是黑火药、含惰性剂的烟火药，或者药物为湿态，这些产品的装药工序定为 1.1-2 级。

烟花爆竹制造中的插引（含机械插引，手工插引和空筒插引）工序药物分散在纸筒、引线中，不易发生波及建筑物以外的爆炸事故，在禁止使用氯酸盐药物的情况下，发生事故的频率大大降低，因此，修订中把插引工序列入 1.3 级，考虑到机械插引这一工序的切引具有危险性，曾引发过燃爆事故，本规范第 6.0.8 条对机械插引工序的工艺布置进行了特别规定。组装、包装和礼花弹制造中的糊球工序，由于不对裸露药剂进行直接加工，厂房不易发生事故，即使发生了事故，只要不严重违反技术安全规程，不大量存放成品或待加工品，是不会酿成波及本建筑物以外的爆炸事故的，故也将这几道工序定为 1.3 级。

电子点火头蘸药在湿态下进行，由于电子点火头药量分散，不易发生波及厂房外的爆炸事故，故将检测、干燥（晾干）、包装等工序也列入 1.3 级。

摩擦类产品雷酸银药物配制没有包括在黑火药和烟火药范围内，故单独列出雷酸银药物配制与拌药砂工序，列入 1.1-1 级；发令纸中含有赤磷、高氯酸盐等物质，干燥（晾干）时可能发生燃爆事故，故发令纸干燥工序列入 1.1-1 级；机械蘸药工序虽然药物为湿态，但药量较多，且机械设备残留物干燥后也易发生事故，故将机械蘸药工序列入 1.1-2 级；其他工序药量很少或药物为湿态不易发生事故，故列入 1.3 级；线香类产品装药工序列入 1.1-1 级，其他制作工序药物为湿态或分散，不易发生事故，故列入 1.3 级。

表 3.1.3-2 包括中转库和成品总仓库，中转库是指准备进入下一道工序的待加工品（半成品）或成品进总库区前在厂区内集中暂存的库房。

半成品的面很广，有封口的也有未封口的，有很危险的也有危险性小的，这与产品的品种、加工工艺及外贸需求有关。已封口的含爆炸音剂、笛音剂半成品感度较高，考虑药剂有纸壳约束，使爆炸威力有所削弱，因此把已封口的含爆炸音剂、笛音剂的半成品定为 1.1-2 级。对于已封口的单个装药量在 40g 及以上的烟花半成品、单个装药量在 30g 及以上的升空类半成品、B 级及以上爆竹半成品，单个威力不小，在库房中又是集中堆放，一旦发生事故，殉爆的可能性很大，即会酿成爆炸事故，一旦发生事故，可能殉爆周围

产品，考虑药剂有纸壳约束，使爆炸威力有所削弱，故将其定为 1.1-2 级。未封口的半成品、半成品的引火线和烟火药常暴露在外，事故几率相对增加，产生同时爆炸的可能性也大，加之半成品库中存药量大，因此，发生爆炸事故后不易仅局限在本库房内，如 1988 年 1 月 4 日，山西某爆竹厂在中转库领爆竹并编爆竹，整房爆竹半成品（已制好，待编鞭）爆炸，炸死几人，并抛到几十米外；同年四川某县也有一次类似事故。因此有裸药的半成品中转库应为 1.1 级，考虑半成品的药剂有纸壳约束，使爆炸威力有所削弱，故将其归入 1.1-2 级。

A、B 级成品（喷花类除外）每个装药都很大，单个威力不小，在库房中又是集中堆放，一旦发生事故，殉爆的可能性很大，即会酿成爆炸事故，如 2008 年 2 月，广东某仓储公司仓库发生爆炸，库区 20 栋库房不同程度损毁（3 栋库房整体炸毁、15 栋库房过火烧毁、2 栋库房顶板脱落），其中储存有礼花弹等大药量 A、B 级产品的 3 栋库房发生了整体爆炸。故 A、B 级成品仓库应为 1.1 级，考虑产品中的药剂有纸壳约束，使爆炸威力有所削弱，故将其归入 1.1-2 级。

根据现行国家标准《烟花爆竹 安全与质量》GB 10631，C 级组合烟花类产品药量可能达到 1500g，如果单筒药量过大（特别是含爆炸药剂较多时），一旦产品中的某一个筒子发生意外爆炸，可能导致整个产品发生爆炸，进而可能引起恶性爆炸事故，在进行的试验中，曾发生过一个筒子爆炸殉爆整个产品的情况，特别是当筒子壁厚较薄时发生殉爆的可能更大，标技委及相关专家反复讨论，将单筒药量 ≥25g 的列入 1.1-2 级。

在中转库、总仓库中将 C、D 级产品（含 A、B 级喷花类产品）、电子点火头定为 1.3 级的依据，是参考了美国、德国烟花爆竹规范，并结合我国的分级原则和事故经验确定的。如对 C 级爆竹成品库定为 1.3 级，就借鉴了一例事故的经验：1983 年广西合浦某爆竹厂因装卸时擦着引线，燃爆满屋的爆竹，事后爆竹的碎纸近半米厚，可是爆炸仅局限在这一厂房内，甚至该厂房都没受到损坏，也没产生火灾。

表 3.1.3-1 和表 3.1.3-2 中，"单个"产品是指没有组合的个体产品，"单筒"是特指组合烟花类产品中，相对独立的个体筒子。

3.1.4 烟花爆竹企业涉及的氧化剂、可燃物及其他化工原材料的火灾危险性类别在防火规范中均有规定，在烟花爆竹企业储存时其性质没有发生变化，故本规范不对其仓库的危险等级重新进行规定。而对危险性可能发生变化的使用工序（比如粉碎、混合等）的危险等级进行了规定。

3.2 计 算 药 量

3.2.1 危险性建筑物的计算药量是确定建筑物安全距离的重要根据，它考虑建筑物中发生事故时对外界可能造成的最严重破坏，这就要计算建筑物正常运转中可能有的能同时爆炸或燃烧的最大药量。许多实验和事故证明，一次爆炸（燃烧）的药量若分几次爆炸（燃烧），其威力就小得多。因此，确定计算药量的原则是：能形成同时爆炸（燃烧）或殉爆（燃）的药量，就要合起来计算；不会引起殉爆（燃）或不同时爆炸（燃烧）的药量可分别计算，取最大者。因各企业情况千差万别，很难再定的很细，作为规范也没必要很细，故这一节只定原则要求。

存药量是建筑物中所有的药量之和，而计算药量是指存药量中那些能形成同时爆炸（燃烧）的药量之和，两者是不同的。但在实践中由于难以确定存药量中哪些能同时爆（燃），哪些不能同时爆（燃），故就把存药量作为计算药量。

3.2.2 防护屏障内的危险品药量及运输工具内的药量，与危险性建筑物同处在一个防护屏障内，同时殉爆（燃）的可能性很大，所以应该计入危险性建筑物的计算药量内。

3.2.3 危险性建筑物抗爆间室内的药量，因考虑结构采取了抗爆防护，该部分药量不应殉爆厂房内的存药，厂房内的存药一旦发生

事故,也不会引起抗爆间室内的药量爆炸(燃烧),为此,该部分药量可不计入危险性建筑物的计算药量。

3.2.4 当厂房内几处存药,采取防护措施(如防爆箱)隔离,不会相互引起爆炸或燃烧,则可以分别计算,取其中最大值作为危险性建筑物的计算药量。

4 工程规划和外部最小允许距离

4.1 工程规划

4.1.1 烟花爆竹生产属于危险性行业,有发生燃烧、爆炸事故的危险,一旦发生燃烧、爆炸事故,将有可能波及周围,并有一定的破坏性。所以在选择厂址时,应重点考虑避免对外界重要设施的影响,故作此特别规定。对于企业选址还应符合现行国家标准《工业企业总平面设计规范》GB 50187的规定。

4.1.2 总结易燃、易爆危险品生产、储存的实践经验和过去的事故教训(比如:1985年4月太原某烟花厂特大燃烧爆炸事故、1993年12月广西某爆竹厂特大燃烧爆炸事故、2000年3月江西某花炮厂燃爆事故),工程规划时,应从整体布局上考虑,根据组成企业的各区功能、性质,做到分区、分开布置,这不仅有利于安全,而且便于企业管理。

4.1.3 本条具体规定了在进行分区规划时应遵循的基本原则和应考虑的主要问题。

1 本款强调在分区规划、确定各区位置时,应该全面考虑条文中所说的各种因素,同时提出危险品生产区宜设在适当位置。一个企业最主要也是最重要的部分是生产区,其他部分是对它的配套、辅助,是为它服务的。因而布局是否合理、安全决定于危险品生产区的布置。历来的经验表明,在总体布局上合理布置,确定危险品生产区的位置是企业安全的保证,同时有助于各区的联系,合理组织生产,方便职工生活。

危险品总仓库区是集中存放危险品的地方,存药量比较大,从安全角度上考虑,宜设在有自然屏障或有利于安全的地带。燃放试验场和销毁场都是散发火星的地方,而且也容易出事,为不影响

危险品生产区,故宜单独布置,且设在有利于安全的偏僻地带。

2 非危险品生产区系指不涉及烟火药或爆竹药等危险品的生产区,对内外不存在危险,所以在满足生产的原则上,可将非危险品生产区靠近住宅区方向布置,以方便职工。

3 为了确保安全,减少不安全因素,本款强调不应使无关人员和货流通过危险品生产区和危险品总仓库区,同时考虑到住宅区人员密集,从人对危险品运输的影响和危险品运输一旦出事对人员的影响两方面考虑,强调提出危险品货物运输不宜通过住宅区。这里住宅区是指本厂的住宅区。

4.1.4 在山区建厂,充分利用有利地形,布置危险性建筑物,既有利于安全,又可减少占地。但本条规定不应将危险品生产区布置在山坡陡峭的狭窄沟谷中。对于狭窄沟谷,首先人员疏散困难;第二,一旦发生爆炸,产生的有害气体不易扩散;第三,山体对爆炸冲击波还有反射作用,将加剧破坏,鉴于这三点制定本规定。

4.1.5 本条为新增条文,针对烟花爆竹批发经营企业建设危险品仓库的情况,对其应执行的外部最小允许距离和内部最小允许距离作出了明确规定。

4.2 危险品生产区外部最小允许距离

4.2.1 危险品生产区内的危险性建筑物与其周围村庄、企业、公路、铁路、城镇和本企业生活区等之间的距离,均属外部最小允许距离。由于危险品生产区内各危险性建筑物的危险等级及其计算药量不尽相同,因而所需外部最小允许距离也不一样。所以在确定外部距离时,应根据危险品生产区内1.1级、1.3级建筑物的各自要求分别计算,取最大值。

外部最小允许距离自危险性建筑物的外墙算起,与原规范相一致。对于晒场,则自晒场边缘算起。

4.2.2 本规范中,1.1级建筑物是具有集中爆炸危险品的建筑物。试验表明,不同性质的爆炸物品爆炸后所形成的空气冲击波峰值超压,在较远处差别不太明显,为此,根据试验资料、事故调查和国内外有关文献,经分析整理后,提出用本规范表4.2.2来确定1.1级建筑物的外部最小允许距离,不再区分1.1⁻¹级和1.1⁻²级建筑物。

1 对零散住户和本企业总仓库区,考虑到人员较少,按轻度破坏标准考虑,即:玻璃大部分粉碎,木窗扇大量破坏,木窗框和木门扇破坏,板条内墙抹灰大量掉落,砖外墙出现较小裂缝,钢筋混凝土结构无损坏。

2 对村庄、中小型企业,考虑人员较多且相对集中;对220kV以下区域变电站、220kV架空输电线路,考虑其地区性,一旦出事影响面较广。所以以上各项按次轻度破坏标准考虑,即:玻璃少部分到大部分破碎,木窗扇少量破坏,板条内墙抹灰少量掉落,钢筋混凝土结构和砖混结构均无损坏。

3 对于城镇规划边缘,考虑人员较多且集中,各种设施也多;对220kV以上区域变电站、220kV以上架空输电线路,考虑其跨区域性,一旦出事影响面非常广。所以以上各项均按次轻度破坏标准下限确定外部最小允许距离。

4 对铁路、二级及以上公路、通航河道和35kV架空输电线等,考虑是活动目标和线形目标,参照零散住户外部距离再适当降低确定。

5 在计算药量栏增加800kg和1000kg两档主要是考虑生产区内烘干厂房的计算药量可能超过500kg,增加相应外部最小允许距离要求。

本次修订从爆炸产生冲击波的峰值超压,爆炸飞散物密度,防火等因素考虑,规定当单个建筑物计算药量小于等于10kg时的外部最小允许距离:距零散住户、本企业独立总仓库区边缘不小于50m,距村庄边缘不小于60m,距铁路、二级及以上公路路边不小于35m,距三级公路路边不小于35m。

由于无法将外部目标一一罗列,可根据人数规模和重要性选

用相应项目栏来确定外部最小允许距离(如本企业住宅区可根据人数规模选择第一项或第二项的外部最小允许距离要求)。若外部目标要求的安全距离大于本规范规定,则执行外部目标的规定。本规范中所指住户指具备法定居住条件的有固定人员的居住场所。

4.2.3 1.3级建筑物外部最小允许距离在参照了国内外同类标准后,主要考虑的是防火,既防止外来的火引燃危险品,又防止一旦发生事故,明火传到外界,波及外部,再考虑综合安全系数。本次修订规定当单个建筑物计算药量小于100kg时的外部最小允许距离:距零散住户、本企业独立总仓库区边缘不小于35m,距村庄边缘不小于40m,距铁路、二级及以上公路路边不小于35m,距三级公路路边不小于35m。

4.3 危险品总仓库区外部最小允许距离

4.3.1 烟花爆竹危险品总仓库区与其周围村庄、企业、铁路、公路、城镇和本企业生产区、住宅区等之间的距离,均属外部最小允许距离,由于总仓库区内各危险品仓库的危险等级和计算药量不尽相同,所以要求的外部最小允许距离也不一样。故在确定总仓库区的外部最小允许距离时,应分别按总仓库区内各个仓库的危险等级和计算药量计算,取大值。

4.3.2 本条规定原则与本规范第4.2.2条基本相同,鉴于危险总仓库区发生爆炸事故的几率很少,本着节约土地,节省投资等原则,有集中爆炸危险品的1.1级仓库,按轻度破坏标准偏下限来确定与零散住户和本厂危险品生产区边缘的外部最小允许距离;与其他目标项目的外部距离,根据其重要性确定。

4.3.3 1.3级仓库的外部最小允许距离,主要考虑防火要求,为此规定最小防火距离为35m;同时参照了国外同一类别烟火安全距离的标准,制定了本规范表4.3.3。

本次修订根据国内现有烟花爆竹危险品总仓库的实际储存情况,库房的最小计算药量从原规范2000kg降至500kg,相应的外部最小允许距离降至:距零散住户、本企业危险品生产区边缘不小于35m,距村庄边缘不小于40m,距铁路、二级及以上公路路边不小于40m,距三级公路路边不小于35m。

4.3.4 本条为新增条文。明确总仓库区和生产区之间执行外部最小允许距离,且取各自要求的最大值。

4.4 燃放试验场和销毁场外部最小允许距离

4.4.1 本条规定了燃放试验场的外部最小允许距离,根据专家评审意见并参照《焰火晚会烟花爆竹燃放安全规程》GA 183附录B中礼花弹基本安全参数进行了适当调整。表4.4.1中的地面烟花燃放试验主要指鞭炮、玩具类烟花、喷花类产品(A级产品除外)的燃放试验。

4.4.2 本条规定了烟花爆竹生产企业日常销毁危险品的销毁场外部最小允许距离。危险品的销毁可以采用多种方式,常用的是烧毁法。本条规定了当采用烧毁法时,考虑有可能发生爆炸的危险,限定一次烧毁药量不应超过20kg,以控制一旦爆炸对外界的影响,同时规定外部最小允许距离不小于65m,是按次轻度破坏标准确定的。

5 总平面布置和内部最小允许距离

5.1 总平面布置

5.1.1 总结多年来的生产、建设实践经验,为使厂区布置更加科学、合理,确保安全,本条提出了对危险品生产区总平面布置的一般原则和基本要求。

1 根据多年的生产、建设经验,企业根据生产工艺特性、产品种类分别建立生产线,做到分小区布置,不仅方便管理,也有利于安全。

2 本款提出生产线的厂房布置应符合生产匹配,且应符合工艺流程,宜避免危险品往返和交叉运输,是从生产能力配套、安全生产,减少危险品的运输环节和相互影响等方面考虑而制定的。

3 建筑物之间的距离要满足内部最小允许距离的要求,是为了控制一旦发生事故,对周围建筑物的影响不得超过允许的破坏标准。

4 本款提出同一危险等级的厂房和库房宜集中布置,是指同一生产线上的同类厂房和库房,目的是为了减少较危险的厂房和库房对危险性小的厂房的影响,使整个厂区危险性降低,这样不仅可以减少厂区的占地面积,还有利于安全。

5 本款强调了危险品生产区厂房布置的总原则,小型、分散,留有防护距离。这对于机械化程度不高,大量手工操作的烟花爆竹行业的生产是非常必要的,是多年来烟花爆竹生产经验和事故教训的总结。

6 当危险品生产厂房靠山布置时,要考虑到山体的稳定、防洪以及山体对空气冲击波阻挡而产生的反射波。靠山布置太近时,山体对空气冲击波的反射作用会使邻近厂房和相对面产生的灾害增加,所以不宜太近,具体距离多少要综合考虑。

对于危险品生产厂房布置在山凹中,从利用地形因素上讲是合适的,但不利于人员的安全疏散和有害气体的扩散,所以提出应考虑人员安全疏散的问题。

5.1.2 本条提出了对危险品总仓库区的总平面布置的一般原则。

1 一般危险品的总仓库存药量较大,发生爆炸事故时破坏性较强,所以结合地形,布置不同等级的危险品仓库,不仅可以减少占地,而且有利于安全。

2 比较危险或计算药量大的危险品仓库一般容易发生爆炸事故,或者一旦出事破坏性较大,考虑到库区的值班室一般都设在库区出入口附近,而且车辆、人员都必须经过出入口,故本款提出不宜布置在库区出入口附近。

3 本款规定运输道路设计时,运输危险品的车辆不应在其他防护屏障内通过是为了安全起见。因为车辆通过其他防护屏障内,增加了车和人与危险品仓库的接触,增加了不安全因素,提高了发生事故的几率。

4 本款为新增条款。本款提出同一等级的仓库宜集中布置,计算药量大和危险性大的仓库宜布置在总仓库区的边缘地带,目的是为了减少较危险的仓库对危险性较小的仓库的影响,使整个总仓库区危险性降低,这样不仅可以减少库区的占地面积,还有利于安全。

5.1.3 为确保危险品生产区和危险品总仓库区的安全,方便管理,也为了能真正起到防护作用,本条强调应分别设置密砌围墙。特殊地形设置密砌围墙有困难时,也应设置围墙,但设置方法可以结合具体地形条件因地制宜处理。

对于围墙与危险性建筑物的距离,由原规范规定不宜小于5m现改为宜为12m,不得小于5m的规定是为了提高防火能力,防止从围墙外扬进火星把危险性建筑物引燃。在新建时宜加大围墙与危险性建筑物、构筑物的距离。

5.1.4 危险品生产区和危险品总仓库区的绿化不仅可以美化环境，调节气温，改善工人工作条件，而且还有助于削弱爆炸产生的冲击波，同时还能阻挡爆炸产生的飞片，从而达到减少对周围建筑物的破坏。本条提出宜种植阔叶树，是因为它不易引燃，在此强调选择树种时，不应选用易引燃的针叶树或竹子。

5.1.5 本条为新增条文，是为了提高防山火的能力。

5.2 危险品生产区内部最小允许距离

5.2.1 危险品生产区内各建筑物之间距离属于内部最小允许距离，由于危险品生产区内有着不同等级的危险性厂房，还有为危险品生产区服务的车间办公室，公用建筑物、构筑物，如锅炉房、变电所、水塔等，而且各危险性厂房的计算药量又不尽相同，对这些不同危险等级、不同计算药量和不同用途、不同重要性的各公用建筑物、构筑物，都有自己各自不同的内部最小允许距离要求，在确定各建筑物之间的内部最小允许距离时，要全面考虑彼此各方的要求，综合结果，取大值。同时根据危险性建筑物的耐火等级，还应符合现行国家标准《建筑设计防火规范》GB 50016 的有关规定。

内部最小允许距离自危险性建筑物的外墙算起，与原规范相一致。对于晒场，则自晒场边缘算起。

5.2.2 本条规定了危险品生产区内 1.1^{-1} 级建筑物内部最小允许距离。这是根据国内多年爆炸危险品生产的实践、试验资料的总结，事故材料的统计结果，并参考了现行国家标准《民用爆破器材工程设计安全规范》GB 50089 而确定的。

表 5.2.2 规定的 1.1^{-1} 级建筑物内部最小允许距离，是按一旦危险性建筑物发生爆炸，周围邻近砖混建筑物按次严重破坏的标准考虑确定的，即：玻璃粉碎、木门窗扇摧毁、窗框掉落、砖外墙出现严重裂缝并有严重倾斜，砖内墙也出现较大裂缝。在制定表5.2.2时，主要考虑冲击波破坏，不考虑偶尔飞片的破坏和杀伤。

1.1级建筑物应设防护屏障。表 5.2.2 中所列的双方无屏障是指由于防护屏障有开口，形成了无防护作用范围，造成无防护作用范围内的建筑物与该建筑之间形成双方无防护的情况。

根据现状调研，原规范规定的内部距离表中计算药量小于等于1kg的建筑物存在意义不大，故在表 5.2.2 中删除。原规范在确定建筑物内部最小允许距离时要求有防火墙，但实际上并未设置，导致小药量的内部最小允许距离要求偏小，故本次修订增加对防火墙的要求，否则加大内部最小允许距离。

5.2.3 本条为新增条文。涵盖了原规范中对 A₃ 级建筑物的内部距离要求。

5.2.4 本条为新增条文。原规范规定的建筑物内部距离要求建筑物均应有外墙，但企业现状存在大部分建筑物为无墙体的敞开面，故对这种情况作出增加 20％内部最小允许距离的规定。

5.2.5 本条为新增条文。对于镶嵌在山坡陡峻的山体中的危险性建筑物，考虑到山体对爆炸冲击波有反射作用，漏泄出的冲击波压力将加强。同时参考现行国家标准《地下及覆土火药炸药仓库设计安全规范》GB 50154 中危险性建筑物面对面布置时内部距离增大系数的规定，而制定本条。

5.2.6 本条为新增条文。根据国内多年事故资料的统计结果，有迸射危险产品的生产线在发生事故时，对周围建筑物影响加大，故对生产这类产品的建筑物内部最小允许距离作出增加 50％的规定。

5.2.7 本条规定了 1.1级建筑物与公用建筑物、构筑物之间的内部最小允许距离。鉴于公用建筑物服务面广，牵涉范围大，所以根据不同的公用建筑物、构筑物的重要性和对安全的影响程度，采用不同的允许破坏标准来确定内部最小允许距离。

1 锅炉房考虑到它们是全厂供热的中心，一旦遭破坏将直接影响整个企业，独立变电所、水塔和高位水池及消防蓄水池考虑到它们是全厂供电、供水的中心，一旦遭破坏将直接影响整个企业，故内部最小允许距离按砖混结构轻度破坏标准计算，破坏特征：玻璃大部分粉碎，木窗扇大量破坏、木窗框和木门扇破坏，板条内墙抹灰大量掉落，砖外墙出现较小裂缝，钢筋混凝土结构无损坏。

2 厂部办公室、辅助部分建筑物考虑到人员密集，故内部最小允许距离按砖混结构轻度破坏标准下限计算。

5.2.8 本条规定了危险品生产区内 1.3 级建筑物与邻近建筑物的内部最小允许距离。1.3 级建筑物主要是集中燃烧的危险，着重从防火的角度确定与邻近建筑物的最小允许距离，同时考虑了偶尔有轻微爆炸的危险。表 5.2.8 所规定的内部最小允许距离是总结了国内外军工、烟花爆竹标准中集中燃烧级的内部最小允许距离规定而制定的。

本次修订根据国内现有烟花爆竹危险品生产区内的实际生产、储存情况，对表 5.2.8 中的计算药量进行适当调小，增加了计算药量≤50kg 和100kg 两档；针对原规范实际要求建筑物的外墙为防火墙，但部分企业并未设置，导致内部距离要求偏小，故增加对防火墙的设置要求。

5.2.9 本条规定了 1.3 级建筑物与公用建筑物、构筑物之间的内部最小允许距离，主要还是考虑防止火灾。

5.2.10 本条为新增条文。为减少厂房内作业人员身边的存药量，部分企业使用了此种存储方式。表 5.2.10 规定的内部最小允许距离，一是按照临时存药洞事故时不致引起邻近建筑物内药物发生殉爆的距离，二是为避免临时存药洞事故时对邻近建筑物产生抛掷现象，按照相邻建筑物设置在临时存药洞爆炸漏斗半径以外的距离。该距离允许相邻建筑倒塌。

5.3 危险品总仓库区内部最小允许距离

5.3.1 危险品总仓库区内各建筑物之间的距离属于危险品总仓库区的内部最小允许距离。由于危险品总仓库区内各仓库的危险等级不一，计算药量不相同，所以要求也不一样。在确定危险性仓库之间的内部最小允许距离时，应根据各仓库危险等级、计算药量分别计算，取大值。

5.3.2 本条规定了危险品总仓库区内 1.1^{-1}级仓库的内部最小允许距离。表 5.3.2 中列出的单有、双有屏障的内部最小允许距离是参考了国内外有关资料，一旦某仓库爆炸，相邻仓库按允许次严重破坏标准上限而定的，即：门窗框掉落、门窗扇摧毁，木屋架杆件偶然折裂，木檩条折断，支座错位，钢筋混凝土屋盖出现明显裂缝，砖外墙出现严重裂缝并有严重倾斜，砖内墙出现较大裂缝，但不至于倒塌。

本次修订根据国内现有烟花爆竹危险品库区内的实际储存情况，对表 5.3.2 中的计算药量进行适当调小，增加了药量≤100kg 的档；删除了药量＞10000kg 且≤15000kg 和＞15000kg 且≤20000kg的档。

5.3.3 本条为新增条文。涵盖了原规范对 A₃ 级仓库的内部距离要求。

5.3.4 本条规定了危险品总仓库区内 1.3 级仓库的内部最小允许距离。表 5.3.4 中列出的内部最小允许距离是根据燃烧试验和美国有关烟火库的标准而制定的。

5.3.5 本条规定了在危险品总仓库区内设置 10kV 及以下变电所时，变电所与各级仓库的内部最小允许距离。

5.3.6 库区值班室是昼夜有固定人员的地方，为保证安全，本条强调宜结合地形布置在有自然屏障的地方，既方便管理，又确保安全。

值班室与 1.1 级仓库的内部最小允许距离，按一旦仓库爆炸，值班室受到中等破坏标准而制定。

值班室与 1.3 级仓库的内部最小允许距离，按防火要求确定。本次修订增加了表 5.3.6-2。

5.3.7 为管理方便，在危险品总仓库区内可以设置无固定值班人员的岗哨位。考虑岗哨位无固定人员，岗哨位与各级仓库的距离不限。

5.3.8 本条为新增条文。明确洞库和覆土库应执行的规范。

5.4 防护屏障

5.4.1 本条指出防护屏障有多种形式,可以根据需要采用不同的形式。规范中规定的为人工防护屏障,同时强调设置的防护屏障要能真正起到对被保护建筑物的防护作用。

5.4.2 本条规定了在危险品生产区和危险品总仓库区内各级危险性建筑物设置防护屏障的要求。

1 强调了对于有集中爆炸危险的1.1级建筑物应设置防护屏障,以阻挡爆炸产生的飞散物,削弱爆炸产生的冲击波,达到减少对周围影响的目的。

2 本款是针对夯土防护墙的结构强度作出的修订。对于计算药量小的建筑物,采用简易的夯土防护墙就可起到防护作用。

3 对1.3级建筑物,主要考虑燃烧危险,即使轻微爆炸对外影响也很小,故可以不设防护屏障。

5.4.3 防护屏障从阻挡爆炸空气冲击波和阻拦爆炸飞散物防护作用来讲,与建筑物的距离越小防护作用越好,但考虑到施工、使用、采光、排水等因素,两者之间还应有一定距离。

1 规定了当建筑物前面与防护屏障之间需考虑汽车回转半径、联系通道时,防护屏障的内坡脚与建筑物外墙的水平距离不应大于9m,同时应增加防护屏障的高度,宜增高1m。

2 规定了当只考虑建筑物采光、排水等因素时,防护屏障的内坡脚与建筑物外墙的水平距离不应大于3m,且不应小于1.5m。

5.4.4 防护屏障的高度直接影响防护屏障的作用效果,为有效阻挡爆炸空气冲击波,阻拦大部分飞散物,起到防护作用,故作本条规定。

5.4.5 在设置防护屏障时,应同时考虑生产运输、人员疏散。本次修订补充了对运输通道、运输隧道和安全疏散隧道的具体要求。

5.4.6 本条规定了防护土堤的具体做法要求。该要求是试验、事故、实践的总结,只有这样的防护土堤,才能有真正的防护作用。

防护土堤应分层夯实,确保其整体强度、边坡稳定。防护土堤坡度应根据不同土质材料确定;当采用土堤底宽为高度的1.5倍时,由于坡度很陡,应采取构造措施。

5.4.7 本条规定了夯土防护墙的具体做法要求。

5.4.8 当采用钢筋混凝土防护挡墙时,应根据建筑物的计算药量、与建筑物的距离,通过计算爆炸作用荷载来确定钢筋混凝土防护挡墙的厚度和配筋。

6 工艺与布置

6.0.1 烟花爆竹行业属高危行业,从安全上考虑,鼓励烟花爆竹生产采用机械化、自动化,采用隔离操作工艺技术,以减少事故对人员的伤害,有利于安全。

在工程建设和管理中,应尽可能减少危险性建筑物的存药量和作业人员,做到小型分散,这是根据我国的国情和烟花爆竹行业长期实践中总结出来的控制事故规模、减少事故损失的经验,应推广。

6.0.2 本条为新增条文,强调工艺设计的配套、协调、顺畅,不交叉、不倒流,满足产品生产流程,各工序与生产能力应匹配,不出现生产瓶颈,从工程设施上保证达到均衡、安全生产的条件。

6.0.3 各种机械和监控设施在危险场所的应用必须满足环境的安全要求,即电气设备应防尘、防爆或采取隔墙传动等技术防护措施,接触危险品物料的设备、仪器、工器具的材质应与接触的危险品物料具有相容性,且应符合安全使用要求。

6.0.4 本条要求在有易燃易爆粉尘的工作场所应设置清洗设施,是为了及时清洗易燃易爆粉尘,避免粉尘聚集引发事故。

6.0.5 危险品生产厂房的允许最大存药量在满足生产的前提下,应尽量减少。

现行国家标准《烟花爆竹劳动安全技术规程》GB 11652对各危险品生产厂房的允许最大存药量均进行了规定,本规范不再作具体规定。从全国烟花爆竹主产区现场调研情况看,有些地方烘干房药量比较大,对生产区的安全是一个很大威胁,应严格执行《烟花爆竹劳动安全技术规程》GB 11652的有关要求。

危险品中转库的允许最大存药量,考虑到有利于生产周转,限定不超过两天生产需要量。因不同企业、不同规模、不同产品相差很大,有些企业某些产品两天的生产量过大,而生产区不允许大量集中存放,故对中转库单库最大存药量进行了限制。

临时存药间和临时存药洞是从减少作业人员身边的存药量和便于组织生产,减少从中转库取药次数而设置的。临时存药间与操作间一般仅一墙之隔,存药量不宜过大;临时存药洞一般布置在两个厂房中间的防护土堤内,药量过大与生产厂房的安全距离难以保证,故其最大存药量以不超过10kg为限。

6.0.6 单层厂房比两层厂房的事故危害要小,加之发生事故时,楼上的人员不好疏散,因此,从安全上要求危险厂房和仓库都应为单层。矩形的厂房和库房(仓库)当某一点发生偶然事故时,对本厂房和库房(仓库)中其余部分的影响要比其他形式的建筑物小,所以危险厂房和库房(仓库)的平面都宜采用矩形。

6.0.7 1.1级厂房危险性相对较大,事故率高,历年来烟花爆竹工厂的事故多集中在这一类厂房。规定这类厂房单机单栋或单人单栋、独立建设,可限制事故规模,避免引起连锁反应,造成重大事故。但若采取有效的抗爆防护措施,如抗爆间室或经计算确定的其他防护间,在一个工作间内的燃烧爆炸事故不会影响相邻工作间时,则可以联建,可减少占地面积。从调研情况看,引火线制造均采用机械制引,一人可以看管几台设备,每台制引机的药量较少,发生事故基本上是爆燃事故,工作间之间采用符合防护要求的实体墙隔离后,可以联建,但不超过4间,这样可以减轻作业人员的劳动条件、减少占地面积,厂房危险品数量也不至于过大。

6.0.8 1.3级厂房联建时,应采用密实砌体墙隔开。机械插引的引线数量相对较多,为避免事故时的相互影响及操作人员的及时疏散,每个工作间只能布置插引机1台,应采用密实墙隔离,可以联建但不应超过4间。1.3级厂房中的原料称量,氧化剂、可燃剂的粉碎和筛选厂房,粉尘很多,这些粉尘又都是可燃剂和氧化剂,容易发生燃烧甚至粉尘爆炸,和其他1.3级厂房比事故率高;结合我国烟花爆竹工厂的实际情况,以上几个厂房应独立建设。

6.0.9 中转库存药量大,生产厂房事故率高,两者联建容易产生恶性事故。

6.0.10 危险性建筑物与非危险性建筑物分开布置是易燃易爆危险品生产、储存工程建设的基本准则,本条规定有固定操作人员的非危险品生产厂房不得与危险品厂房联建,主要是考虑危险品厂房有可能发生燃爆事故的风险,如与非危险品厂房联建,将波及该厂房,扩大事故的灾害。另外,非危险品生产的作业人员可避免受危险品生产的威胁,所以不允许联建。

6.0.11 设置必需的生产辅助用室(如工器具室等),可以减少工器具的搬动和作业人员的交叉,利于安全管理。但1.1级厂房固有的危险性决定了它不要附建除更衣室外的其他辅助用室。

6.0.12 本条是新增条文,是对设置临时存药间和临时存药洞的基本要求。从对全国主产区调研情况看,设置临时存药间和临时存药洞可以最大限度达到"存药岗位不操作、操作岗位少存药",对减少事故发生概率和降低事故伤害程度是有利的。

6.0.13 本条是对危险品生产厂房工艺路线、工艺设备布置的原则要求。设备挡住操作者的疏散道路、工作面太小等在发生事故时不利于人员迅速疏散。

6.0.14 危险品生产宜采取人机隔离、远距离操作。对危险品进行直接加工的工序当无法远距离操作时,应设置有效的个体防护隔离措施。从发生的事故案例和试验分析,作业人员与危险品面对面操作时,一旦发生燃爆事故就可能对作业人员的脸部和胸部烧伤,根本来不及跑开,对这些工序设置个体防护设施是保护作业人员的最有效可行的措施。

6.0.15 规定人均最少使用面积,以利于减少作业场地小,互相干扰而引起的事故。还可控制人员密度,减少事故的伤亡。1.1级厂房人均面积不宜少于9.0m² 是通过核算单机单栋(或单人单栋)设备或作业台的面积而定的,1.3级厂房的人均使用面积不宜少于4.5m² 是通过核算作业台面积、人员疏散要求等设定的。通过对全国主产区的调研情况看,在原规范的基础上适当增大人均面积是必要的,也符合大多数企业的现状。

6.0.16 本条为新增条文,是根据升空进射类产品的危险特性及事故案例而规定的。例如,2006年湖南浏阳某烟花厂升空进射类产品生产工房发生事故,进射出的产品引起邻近中转库发生燃烧爆炸,导致多人死亡,整个工厂基本被毁。

6.0.17 采用日光干燥方式,可以节约能源、减少投资。但近年来因日光干燥出现安全生产事故比较多,故本次修订对采用日光干燥提出了安全要求。

采用暖气干燥方式,要求热媒采用热水或低压饱和蒸汽,热水温度不高于90℃,低压饱和蒸汽压力不大于0.05MPa,经军用烟火生产企业实践证明,这样可保证药粉掉在散热器上不至于马上引燃。

从调研情况看,部分企业采用热风干燥方式。对药剂和带裸药的半成品采用热风干燥方式,干燥厂房容易形成药剂扬尘,增加事故风险。在满足烘干温度要求的情况下,对无裸露药剂的成品、半成品和无药的半成品可采用热风干燥的方式,若药剂和带裸药半成品的烘干采用热风干燥,应采取防止药物发生扬尘的有效措施,以降低事故风险。

由于明火,温度不好控制,易直接引燃药物。故严禁采用明火烘烤,包括火炕、在锅上烘烤等间接的形式。

6.0.18 本条为新增条文,对干燥的产品为防止在产品未完全凉透之前进行装箱,造成热量积聚,引发事故,需要配套凉药厂房。从调研情况看,有些地区晒场(特别是亮珠晒场)产品进入晒场后一直到产品晾晒达到要求后才收集,没有设置凉药工房,对于这种情况要求晒场设置可靠的防雨设施,同时要求晒架不能太低,能可靠防止雨水反溅影响产品。

6.0.19 当危险品运输采用廊道时,应采用敞开式和半敞开式廊道,防止传爆,不允许采用封闭式廊道。

6.0.20 本条为新增条文,曾有产品陈列室发生过事故,故作此规定。

7 危险品储存和运输

7.1 危险品储存

7.1.1 危险品应分类分级分库存放,防止相互影响,扩大事故。

7.1.2 对危险品库房(仓库)的单库存药量和面积进行限定,是为了减少库房一旦发生燃烧、爆炸时对外界造成的影响。危险品生产区内作业人员较多,严格控制生产区内中转库房的存药量,以防止一旦发生事故造成重大人员伤亡。本规范主要根据单栋仓库中存药量发生事故对周围建筑物的影响考虑的,故对单栋仓库中最大存药量进行限制。为防止仓库越建越大、提供超储的可能,本次规范修订在本条第3款对危险品总仓库的最大面积作了限制,仓库建筑面积宜根据单库存药量的多少及其他要求进行确定,建议"1.3级成品仓库单栋建筑面积不宜超过1000m²,每个防火分区的最大允许建筑面积不应超过500m²;1.1级成品仓库单栋建筑面积不宜超过500m²。"

7.1.3 对危险品的堆放通道,定出垛间距及堆垛与内墙壁的距离,是为了便于通风和人员检查,按一般人体肩宽0.4m～0.5m而定。搬运通道宽1.5m,主要考虑手推车运输和搬运作业的需要。

对危险品的堆放高度,成箱成品的堆垛高度限定,主要从不压坏最底层包装箱和便于装卸防止倒垛考虑而定。散件成品、半成品的堆垛高度是为了方便搬运而定的。

7.2 危险品运输

7.2.1 危险品运输从安全上有特殊的要求,本条规定应采用带有防火罩装置的汽车运输。三轮车不易控制,不宜用于危险品运输;

畜力车、翻斗车和挂斗车,更由于有失控和不灵活等不安全因素,故而严禁使用。对于危险品运输车的具体规定以及运输危险品从业人员的管理规定还需执行相关的法律法规。

7.2.2 本条第1、2款的规定,一方面是考虑在生产过程中,危险品药粉有可能散落在1.1级和1.3级建筑物的附近,保持一定距离可以避免行驶车辆碾压危险品药粉而发生事故;另一方面是从运输、生产过程中发生事故时减少相互影响考虑的。第3款的规定是防止火星飞到运输的危险品车上造成事故。本次修订补充了有相应防护条件情况下可减少主干道中心线与各类建筑物的距离。

主干道为连接危险品生产区(或库区)主要出入口用于运输危险品的公用道路。

7.2.3 本条为新增条文,原规范只对危险品生产区有规定,而危险品总仓库区没有相应规定,本次修订考虑危险品总仓库区运输的危险品主要是包装好的、无散落的危险品粉尘,故危险品总仓库区运输危险品的主干道中心线与各类建筑物的距离较危险品生产区的规定有所减小。

7.2.4 根据现行国家标准《厂矿道路设计规范》GBJ 22的规定,厂内各类道路的最大纵坡,在平原微丘区主干道为6%,在山岭重丘区主干道为8%。考虑到危险品生产区和危险品总仓库区运输危险品的特殊要求,故对主干道纵坡规定不宜大于6%,用手推车运输的道路纵坡不宜大于2%,以防止重车上、下坡停不住而发生意外。

7.2.5 本条规定机动车应在危险性建筑物门前2.5m以外进行作业,是考虑一旦建筑物内发生偶然事故时,机动车不会堵住门口,有利于人员疏散。

7.2.6 对人工传送危险品的人行道,规定不应设有台阶,是防止踩空、绊脚,造成危险品掉落,发生意外事故。

8 建筑结构

8.1 一般规定

8.1.1 现行国家标准《建筑设计防火规范》GB 50016规定,甲类生产厂房或库房要求不低于二级耐火等级。而烟花爆竹生产均含有甲类第五项物质,理应遵守该规定。本次修订明确了化学原料仓库建筑物耐火等级的规定。

8.1.2 鉴于烟花爆竹生产的作业做到少量、分散,有的建筑物很小,为此按生产特点和现行国家标准《建筑设计防火规范》GB 50016的规定,对建筑面积小于20m²的1.1级建筑物和建筑面积不超过300m²的1.3级建筑物适当放宽,可不低于三级耐火等级。

8.1.3 本条增加危险性建筑物应有适当的净空,以满足正常的采光和通风要求。一般工房的净空不小于3.2m,面积较大、人员较多的1.3级工房,房内净空高度一般均在4m以上。根据行业的现状和特点,本条仅提出设计时同时满足梁或板中的最低净空要求不宜小于2.8m,避免出现室内净空太低的情况。其他建筑规范有具体的采光和通风要求,本规范不作具体规定。

8.1.4 在危险品生产区内设置办公用室和生活辅助用室,一是直接指挥生产和紧急处理事故;二是工人卫生保健,不带粉尘离开危险品生产区,宜在危险品生产区内更换洁净后方可离开。明确了危险品仓库区内除设置警卫值班室外,不宜设置其他辅助用室。

8.1.5 生活辅助用室系指洗涤、更衣室、浴室、厕所等,考虑到1.1级厂房具有爆炸危险不应设置,防止扩大危害;而1.3级厂房则主要为燃烧危险,可以设置,但应布置在较安全一端,并用防火墙分隔,万一出事,可以及时疏散。同时,规定门窗不宜面对相邻

厂房的泄爆面,主要避免波及生活辅助用室。

车间办公室是与生产调度、现场管理直接相关的,为方便管理,可以附设在1.3级厂房,它的设置与生活辅助用室的要求相同。

办公室一般为生产指挥首脑机构,不应在发生事故时一起摧毁而失去紧急指挥,所以宜单独设置。

8.1.6 本条为新增加条文。明确是在"生产区内",为了减少生产作业厂房的药量,在两个危险性建筑物之间的天然山体等内镶嵌临时存放药物的洞室,对临时存放药物洞室的尺寸及做法等提出具体要求。把药物临时存放在洞室内,不对药物进行直接操作且临时存药洞四周覆土,极大减少了发生事故的概率,万一发生事故,则因有覆土减弱了冲击波和破片的次生灾害。

8.1.7 对建筑物外墙与本厂围墙的距离小于12m的危险性建筑物,为了防止围墙外有火星等传入建筑物内,此墙不宜开设门洞和窗户。如开设时,面向围墙方向的外墙尽量少开设门洞和窗户,且对开设的门洞和窗户宜采取防止火焰传播的措施,如采用防火门、窗户外设置挡板或密格铁丝网等措施,加高围墙至不低于屋脊高度及留有不小于12m的防火隔离带等防火措施。

8.2 危险品生产区危险性建筑物的结构选型和构造

8.2.1 1.1级建筑物有爆炸危险,为防止墙倒屋塌,所以对墙体有一定要求。砖墙承受爆炸冲击波的能力较低,容易倒塌,所以1.1级建筑物的结构形式除符合本条第2款条件者外,应采用现浇钢筋混凝土框架结构。现浇钢筋混凝土框架结构整体性及抗震性能较好,采用现浇钢筋混凝土框架承重结构,墙即使倒塌,柱仍能支持屋盖,不会出现墙倒屋塌的灾难性次生灾害事故。而符合本条第2款条件者,可采用钢筋混凝土柱、梁承重结构或砌体承重结构,主要是考虑鉴于有些厂房不大、人员少,或室内无人的厂房,在满足规定的条件下,允许采用钢筋混凝土柱、梁承重结构或砖墙承重结构。

8.2.2 1.3级建筑物主要是燃烧危险,但一般厂房较大、人员也较多,为防止墙倒屋塌对室内人员的重大伤害,所以对结构形式有一定要求。砖墙承受爆炸冲击波的能力较低,容易倒塌,所以1.3级建筑物的结构形式除符合本条第2款条件者外,也应采用现浇钢筋混凝土框架结构。当厂房不大、人员也少,或横隔墙比较密的情况下,也可采用钢筋混凝土柱、梁承重结构或砖墙承重结构。当采用砖墙承重结构时,第1款对跨度、长度、净高、横隔墙间距同时提出要求,第2款对药量较小的理化、分析室等,只对横隔墙提出了要求,是为了避免1.3级厂房中人员较密集而厂房采用砖墙承重结构,由于横隔墙间距太大带来的安全隐患。

8.2.3 独立砖柱、180mm墙、空斗墙、毛石墙,强度不高,较容易为气浪摧毁,所以独立砖柱、180mm墙不应使用。虽然空斗墙、毛石墙在南方普遍使用,但现行国家标准《建筑抗震设计规范》GB 50011和《砌体结构设计规范》GB 50003中也不允许用180mm墙、空斗墙等墙体承重,所以规定危险性建筑物不得采用。

8.2.4 屋面采用钢筋混凝土屋盖,容易做到平整光滑,易于满足规范中表面平整光滑的要求。但一旦发生事故,发生事故的建筑物本身也会造成重大损失。原规范建议危险性厂房屋盖宜采用轻质易碎屋盖,主要考虑屋盖泄压的作用。根据烟花爆竹的事故分析,当采用现浇钢筋混凝土屋盖,可以在发生爆炸事故的相邻建筑物产生隔燃、隔爆的作用,可以避免"火烧连营"的事故,基本不会发生某一建筑物发生事故时,造成整个工厂或库区全部毁灭性破坏的局面。故本次修订规范首先建议使用现浇钢筋混凝土屋盖。对易燃易爆建筑物可采用轻质易碎或轻质泄压屋盖。现在南方普遍采用小青瓦屋盖,该屋盖总重量可能符合要求,但不属于易碎,在爆炸事故时,每一片瓦都成为破片,对周围破坏比较大,且易于积尘掉灰。本次提出危险性建筑物采用的轻质泄压屋盖(如彩色复合压型钢板等)时,应采取防止成片或整块屋盖飞出伤人的措施

的要求,如采取屋檐处板上加钢梁加强锚固而屋脊处减弱连接的方法等。

当1.3级厂房屋盖采用现浇钢筋混凝土屋盖时,须满足门窗泄压面积$F \geqslant 3P$(其中,P为存药量,单位为t;F为泄压面积,单位为m^2)的要求。一般情况,工房开设的门窗面积均比要求的泄压面积多。当门窗面积不能满足泄压的要求时,可在现浇钢筋混凝土屋盖上开设泄压孔洞,以满足泄压面积的要求。1.1级厂房因整体爆炸,不考虑泄压面积的问题。

8.2.5 危险性建筑物要求外形平整,主要防止积尘,有利于清洗,以免留下隐患,扩大事故危害。

8.2.6 对危险性建筑物采取构造措施,加强建筑物整体刚度,防止局部墙体倒塌而造成整体屋盖垮塌,在试验和事故中证明是有效的。本次规范主要增加钢筋混凝土构造柱、圈梁的设置要求和采用钢筋混凝土过梁的要求等。

8.3 抗爆间室和抗爆屏院

8.3.1 本条是对抗爆间室的结构形式作出的规定。

抗爆间室一般情况下应采用钢筋混凝土结构。目前国内广泛采用矩形钢筋混凝土抗爆间室,使用效果较好。钢筋混凝土系弹塑性材料,具有一定的延性,可经受爆炸荷载的多次反复作用,又具有抵抗破片穿透和爆烽震塌的局部破坏的性能。

抗爆间室的屋盖做成现浇钢筋混凝土的较好,其整体性强,可使间室的空气冲击波和破片对相邻部分不产生破坏作用,与轻质易碎屋盖相比,在爆炸事故后具有不须修理即可继续使用的优点。所以在一般情况下,抗爆间室宜做成现浇钢筋混凝土屋盖。本次修订增加了药量较小时可采用钢板或组合钢板结构,一是工程需要,二是有了具体设计及施工方法。

8.3.2 本条是对抗爆间室提出的设防标准和要求。明确抗爆间室在设计药量爆炸空气冲击波和破片的局部作用下,不能震塌、飞散和穿透;在设计药量爆炸空气冲击波的整体作用下,允许变形、破坏的程度。

8.3.3 抗爆间室朝向室外的一面应设置轻型窗,这是为了保证抗爆间室至少有一个泄爆面,以减少爆炸冲击波反射产生的荷载。增加窗台高度的规定,是为了防止室外雨水的侵入,又要尽可能扩大泄爆面。

8.3.4 抗爆间室轻型面的外面设置抗爆屏院,主要是从安全要求提出来的。抗爆屏院是为了承受抗爆间室内爆炸后泄出的空气冲击波和爆炸飞散物所产生的两类破坏作用,一是爆炸空气冲击波对屏院墙面的整体破坏作用,二是爆炸飞散物对屏院墙面造成的震塌和穿透的局部破坏作用。因此,必须确保在空气冲击波作用下,屏院不致倒塌或成碎块飞出。当抗爆间室是多室时,屏院还应阻挡经其中一间室轻型窗泄出的空气冲击波传至相邻的另一间室而导致发生殉爆的可能。为了更好地保证抗爆屏院的作用,本次修订提出了抗爆屏院的平面形式和最小进深、高度以及构造的要求。

8.3.5 抗爆间室内发生爆炸事故可能性相对较大,为了避免一个抗爆间室发生爆炸时波及另一个抗爆间室或相邻工作间引起连锁爆炸,本条作了相关规定。

8.3.6 本条为新增条文。

8.4 危险品生产区危险性建筑物的安全疏散

8.4.1 安全出口是保障人员快速疏散到室外的有效措施,一般情况下不少于2个,防止有一个被堵住,尚有另一出口可通向室外。

当生产间很小且人员很少时,要设2个出口一无可能,二无必要,因此,对厂房分别规定不同的限额,可设1个,不等于一定设1个。在南方有条件多设更好,在北方由于气候关系而允许设1个,同时另有安全窗作为逃脱口。

穿过危险工作间到达外部的出口,有可能被阻而失去疏散作用,故而不应作为本工作间的安全出口。

1.1级、1.3级厂房每一危险性工作间的面积大于$18m^2$时,安全出口不应少于2个。因本规范第6.0.15条规定,1.1级厂房的人均使用面积不宜少于$9.0m^2$,则面积大于$18m^2$时基本为2人及2人以上,故规定安全出口不应少于2个。

防护土堤内厂房的安全出口应布置在防护土堤的开口方向,以利于人员安全疏散,避免被堵在土堤内。

8.4.2 为便于岗位操作工人用最短的时间就近疏散,一般在岗位附近外墙上设安全窗,以便于疏散,但它不是专门用作厂房内所有工人的疏散,因此不计入安全出口的数目。

8.4.3 本条规定是为了既能迅速疏散人员到室外,又能满足生产上的要求。该最远疏散距离是根据现有厂房估算的,与国外同类标准的要求基本一致。

8.4.4 本条规定是保证通道通畅,避免操作岗位上的工人相互影响,以利于安全;通道上是不允许堆放杂物的,以保证厂房内比较整洁,方便生产过程的联系。

8.4.5 对疏散门的设置提出具体规定,门向外开启适合人向外疏散,不许设室内插销,为防止万一发生事故人员疏散受阻。寒冷风沙地区可设斗,应采用外门斗;门开启方向与疏散门一致,易于人员疏散;外门口不应设台阶,为防止疏散时人员摔倒。

8.5 危险品生产区危险性建筑物的建筑构造

8.5.1 1.1级、1.3级厂房门的设置要求:一是向外开,便于人流由室内顺利向室外疏散;二是门的宽度需与厂房内的疏散通道宽度匹配且不应小于1.2m,不致在出口时造成拥塞。

8.5.2 为了减少破碎玻璃伤人的次生灾害问题,增加了本条的要求,可采用塑性透光材料(如阳光板)或普通玻璃贴防爆膜及玻璃内外加密格钢丝网等方法。

8.5.3 生产厂房要求采用木门窗是考虑安全要求,钢门窗易碰撞冒火星,对黑火药、烟火药都是危险的。故而作此规定。

8.5.4 本条规定是为便于一定身高的人员能快速顺利地从安全窗疏散出去。

8.5.5 本条对地面作原则规定,材料可以自选。总的目标是不允许产生火花。常用的有不发火水磨石地面、不发火沥青地面、不发火导静电沥青地面以及导静电地面等。目前烟花爆竹行业大多采用大方砖地面,缺点是表面不光滑、拼缝较多,易积粉尘,不易清扫,更有甚者是土地面,时间长了,药尘和土混合在一起,存有隐患,这是不适宜的。

8.5.6 对有易燃易爆粉尘的工作间一般不允许设吊顶,目的是为了防止粉尘飞扬积存在吊顶内。而现在大多数为冷摊小青瓦屋顶,粉尘容易积存到小青瓦上,存在安全隐患。所以有的企业就设置了吊顶。为此规定当设置吊顶时不允许设人孔,即要求密闭;且隔墙砌到板底,起隔火墙的作用。

8.5.7 规定危险性工作间的内墙要粉刷,有利于清扫墙面上积存的粉尘。对粉尘较多的工作间要求油漆,便于用水冲洗;对粉尘较少的工作间,采用油漆墙裙,可用湿布擦洗。总之,不能让药粉长期积存在墙面上而留下隐患。本次增加了对排水沟的要求。

8.6 危险品总仓库区危险品仓库的建筑结构

8.6.1 本条为危险品仓库总的原则规定,考虑当地气候条件以及防小动物的措施。

8.6.2 本条规定危险品仓库宜采用现浇钢筋混凝土框架结构。也可采用砌体承重,即仓库允许墙倒屋塌,因为室内无人,但里面的所有产品可能爆毁、烧毁或无法继续使用。屋盖宜采用钢筋混凝土结构,在某种程度上它比轻质易碎、轻质泄压屋盖有利。采用轻质易碎、轻质泄压结构,虽然不致造成更严重的后果且易于清理;但有可能产生次生灾害较大。

当1.3级仓库屋盖采用现浇钢筋混凝土屋盖时,也须满足门窗泄压面积$(m^2)F \geqslant 3P$(P为存药量,单位为t)的要求。一般情况下,仓库开设的门窗面积均比要求的泄压面积多。当门窗面积不能满足泄压的要求时,可在现浇钢筋混凝土屋盖上开设泄压孔洞,以满足泄压面积的要求。

8.6.3 危险品仓库(或储存隔间)安全出口数目不应少于2个,以便于快速疏散和互为备用。当仓库小时,设2个出口将使仓库堆放面积减少,为此,规定在仓库面积小于100 m² 且长度小于18m时,可设1个。原规范"当仓库面积小于150m²,且长度小于18m时,可设1个"中面积小于150m² 改为面积小于100m²。主要为了与现行国家标准《建筑设计防火规范》GB 50016 中的要求(面积小于100m² 时,可设置1个)相协调。考虑到3个柱距内至少1个门,故从库内最远点到安全出口的距离不应大于15m,该距离大了,不安全;小了,仓库设计将增加不少门,仓库的利用面积太小。

8.6.4 危险品仓库的内、外门向外开且不设门槛,易于疏散,门宽不小于1.5m 既方便运输也利于疏散。

长期储存危险品的仓库为双层门,要定期开门通风,内层门为通风门,可不打开,有利于防盗、防小动物。

8.6.5 危险品仓库的窗既要采光,又要通风,且能防盗、防小动物。故而宜配置铁栅、金属网,在勒脚处设能符合防护要求的进风小窗。

8.6.6 危险品仓库的地面应和相应生产间的要求一样,主要考虑有撒药的可能性。如果都以成品包装箱存放并不在库内开箱作业时,没有撒药的可能,则可采用一般地面。

8.7 通廊和隧道

8.7.1 本条为新增条文。室外通廊与厂房相比,属于次要建筑物,但通廊与生产厂房又直接连接,为了防止火灾通过通廊蔓延,故对通廊建筑物结构的材料提出要求,考虑到施工、安装的方便、快速以及工厂现状,规定通廊的承重及围护结构的防火性能不应低于非燃烧体。

8.7.2 本条为新增条文,是对穿过防护土堤的疏散隧道、运输隧道结构的具体规定。

9 消 防

9.0.1 烟花爆竹的生产、储存具有燃烧爆炸危险性,消防是防止事故扩大的重要措施之一,因此必须设有消防给水设施。考虑到烟花爆竹生产区和危险品仓库区距城镇消防站较远,一般情况都应设消火栓给水系统,尤其应设室外消火栓,当火灾发生时,接上消防水龙带即可灭火。考虑厂房、库房(仓库)分散,如有天然河湖或池塘可利用或建消防蓄水池,也可采用固定消防泵或手抬机动消防泵取水加压灭火。

9.0.2 本条从确保消防供水安全的角度考虑,烟花爆竹工程必须有充足的消防水源,否则无法扑救火灾。水源来自市政管网时,要求厂区设计成环状管网,并有两条输水干管接自市政给水管网,主要是提高消防供水的可靠性,考虑其中一段给水管发生故障、断水、检修时,其他管段仍可保证消防供水。对自备水源井,要求设置消防蓄水设施,如水池、水塘等,主要考虑一旦水源井取水泵损坏,厂区仍有足够的消防储备水可满足灭火需要,以防事故扩大。

9.0.3 一般烟花爆竹工程远离市镇,无法接引市镇给水管网,只能依靠天然或自备水源(如天然河、湖、池塘,水源井、水池、水塔等),利用消防泵或手台机动消防泵加压灭火。要求设有备用消防泵,主要考虑火灾时的供水安全。

9.0.4 本条规定危险品生产厂房和中转库的室外消防用水量,应按现行国家标准《建筑设计防火规范》GB 50016 中甲类建筑的规定执行。考虑到烟花爆竹工厂建筑物分散,又有防护距离要求的特点,对建筑物体积小于300m³ 的工厂,适当放宽室外消防用水量的计算要求。

9.0.5 本条为新增条文。根据1.3级危险品生产厂房的危险特性,同时考虑到一般1.3级厂房面积较大,作业人员较多,室内消火栓可起到控制初期火灾的作用。

9.0.6 本条根据易发生燃烧事故厂房的不同情况,提出了设置雨淋灭火系统的要求,雨淋系统启动后,立即大面积下水,能有效遏制和扑救火灾,防止事故扩大,因此推荐设置。雨淋灭火系统的喷淋强度和最不利点喷头的压力是参照现行国家标准《自动喷水灭火系统设计规范》GB 50084 中严重危险级给出的。

9.0.7 有些产品和原材料遇水易引起燃烧爆炸危险,故不能采用水型灭火剂,本条提出应根据产品和原料的特性选择灭火剂和消防设施。如铝粉可采用干砂或石粉灭火。

9.0.8 本条是对危险品仓库区消防的规定。随着国家对燃放烟花政策的逐步放开,烟花仓库越建越大,危险性也随库房存药量的增加而增大,为确保有足够的消防储备水量,能及时扑灭火灾,避免事故扩大,因此本条要求烟花仓库的室外消防用水量按现行国家标准《建筑设计防火规范》GB 50016 中甲类仓库的规定执行。

9.0.9 规定消防储备水平时不能被动用,是为了保证火灾时有足够的消防水用以灭火。使用后,储水量的恢复时间也作了明确规定。

9.0.10 本条为新增条文,是对灭火器配置所作的规定。

10 废水处理

10.0.1 本条是对废水排放的原则规定。要求对废水进行治理，排出厂外的废水应达到国家现行有关排放标准的规定。

10.0.2、10.0.3 对有易燃易爆粉尘散落的工作间，采用水冲洗可有效避免扬尘和摩擦危险，减少发生燃爆事故的可能性。用水冲洗时，废水较多，工作间内可设排水沟，然后用管道收集后集中处理。由于悬浮物易附着在地面、沟壁，留下安全隐患，故室外不宜采用明沟收集。

要求集中收集的含药废水先经污水池沉淀或过滤，再集中处理排放，目的是降低废水中的悬浮固体浓度，减少废水处理设施的处理负荷，提高处理效率。沉淀及过滤的沉渣仍具有一定的危险性，因此规定应定期挖出销毁。

排水沟和沉淀池的一般要求见本规范建筑结构部分规定，具体做法由设计人员依据国家有关规范进行设计。

11 采暖通风与空气调节

11.1 采 暖

11.1.1 本条是对采暖热媒的规定。

黑火药和烟火药对火焰的敏感度都比较高，与明火接触便会剧烈燃烧或爆炸，因此规定危险性建筑物内禁止用火炉和其他明火采暖。

黑火药和烟火药对温度的敏感度也较高，与高温物体接触也能引起燃烧、爆炸事故。其危险性的大小与接触物体表面温度的高低成正比。散状药物的危险性比制品和成品的危险性大，所以分别作出不同的规定。

11.1.2 本条是对采暖系统设计的安全规定。

1 规定散热器的选型要求，是为了便于清扫和擦洗，及时清除沉积于散热器表面的危险性粉尘，避免引起事故。规定散热器和管道外表面油漆的颜色应与危险性粉尘的颜色相区别，是为了易于发现和识别散热器及采暖管道表面积存的危险性粉尘，以便及时擦洗。

2 该规定是为了留出必要的操作空间，以便能将散热器和采暖管道上积存的危险性粉尘擦洗干净。

3 抗爆间室轻型面的作用是泄压，为了防止发生爆炸事故时，散热器被气浪掀出，导致事故扩大，故规定不应将散热器安装在轻型面的一面。采暖干管不应穿过抗爆间室的墙，也是避免抗爆间室发生爆炸事故时，采暖干管受到破坏而可能引起的传爆。把散热器支管上的阀门装在操作走廊内，是考虑当抗爆间室内发生爆炸，散热器及其管道受到破坏时，能及时将阀门关闭。

4 本款是为了防止危险性粉尘进入地沟，日积月累，造成隐

患而规定的。

5 蒸汽管道、高温水管道的入口装置和换热装置所使用的热媒的压力和温度都可能超过本规范第11.1.1条规定，为避免发生事故，所以规定了不应设在危险工作间内。

11.1.3 本条为新增条文。热风采暖的送风温度是参照现行国家标准《采暖通风与空气调节设计规范》GB 50019制定的。从安全角度考虑，强调热风采暖系统的设置应符合本规范第11.2节的有关规定。

11.2 通风和空气调节

11.2.1 厂房中散发的危险性粉尘，如不及时处理，不仅危害工人的身体健康，而且有可能引发事故，危及工人安全。为此，规定在这些设备和岗位上宜设局部排风。为了避免事故沿风管蔓延扩大，规定局部排风系统应按操作岗位分别设置。

11.2.2 本条是对危险品生产厂房的通风、空气调节系统的设计规定。

1 散发易燃易爆危险性粉尘的厂房，若将空气循环使用，会使危险性粉尘浓度逐渐增高，当遇到火花时就会发生燃烧、爆炸，因此规定通风、空调系统应采用直流式，不允许回风。出口装止回阀是为了防止当风机停止运转时，含有危险性粉尘的空气倒流入通风机或空气调节机内。

2 采用防爆型是因为防爆阀门在调节风量、转动阀板时不会产生火花。

3 黑火药生产厂房内，由于黑火药的摩擦感度和火焰感度都比较高，含有黑火药粉尘的空气在风管内流动时，会产生电压很高的静电，在一定条件下会放电产生火花，引起事故。为安全起见，规定了黑火药生产厂房内不应设计机械通风。

11.2.3 本条是对有燃烧爆炸危险性粉尘的厂房中机械排风系统的设计规定。

1 排除含有燃烧爆炸危险性粉尘的排风系统，由于系统内外的空气中均含有危险性粉尘，遇火花即可能引起燃烧或爆炸，为此，规定了其排风机及电机均为防爆型。规定通风机和电机应直联，是因为采用三角胶带或联轴器传动会由于摩擦产生静电而发生爆炸事故。

2 含有燃烧爆炸危险性粉尘的空气不经净化处理直接排放，不仅会污染环境，还会留下隐患，因此规定必须经过净化处理后方允许排入大气。从安全考虑，净化装置宜采用湿法除尘。对于与水接触易引起爆炸或燃烧的危险性粉尘，则不能采用湿法净化。将净化装置放在排风机的负压段上，目的是使粉尘经过净化后再进入排风机，减少事故发生的可能。经过净化处理后的空气中仍会含有少量的危险性粉尘，所以置于湿式除尘器后的排风机仍采用防爆型。

3 风速过低，危险性粉尘易沉积在管底，留下隐患。水平风管要求设有一定坡度，是为了便于清理。

4 本款规定为了避免发生事故时，火焰和冲击波通过风管波及到无关房间。

11.2.4 目的是为了当危险工作间发生事故时，通风机室内的人员和设备可免受伤害和损坏。

11.2.5 为了避免抗爆间室发生燃烧、爆炸时，会通过风管波及到其他抗爆间室或操作走廊而引起连锁燃烧、爆炸事故，因此规定了抗爆间室之间或抗爆间室与操作走廊之间不允许有风管、风口相连通。

11.2.6 为了便于清扫沉积于风管表面的危险性粉尘，规定风管不宜设在吊顶内。

11.2.7 风管采用圆形风管主要是为了减少危险性粉尘在其外表面的聚集，且便于清洗。设置检查孔，是便于检查、清洗风管内的粉尘。规定风管架空敷设的目的，是为了防止一旦风管爆炸时减少对建筑物的危害程度，并便于检修。为了避免火灾通过通风、空

5—33

调系统的风管进一步扩大,规定了风管及风管和设备的保温材料应采用非燃烧材料制作。风管涂漆颜色应与危险性粉尘易于识别,是为了易于发现风管外表面所积存的危险性粉尘,便于及时擦洗。

12 危险场所的电气

12.1 危险场所类别的划分

12.1.1 由于烟花爆竹生产过程中,主要原料为烟火药和黑火药等危险物质,这些物质遇电火花及高温能引起燃烧爆炸。为了防止危险场所由于电气设备和线路在运行中产生电火花和高温等危险因素,将危险场所划分为三类,工程设计时根据不同的危险场所采取相应的电气安全措施。

危险场所类别划分的依据:

1 危险品存药量。

危险场所(或建筑物)中,危险品存药量的多少决定了事故风险的大小。存药量大时,一旦发生事故后的破坏程度就大,波及面广,所以危险品仓库危险类别划分得高。

2 危险品电火花感度及热感度。

危险场所(或建筑物)中,危险品种类不同,对电火花的感度及热感度是不一样的,分类应根据危险品电火花和热感度性能确定,如黑火药虽然引燃温度比较高,但点燃能量比较小,电火花感度高,因此,危险场所类别划分得比较高。

3 危险品粉尘浓度及积聚。

危险场所(或建筑物)中,危险品的粉尘扩散到空气中,当粉尘浓度未达到爆炸下限值时,一般不易发生爆炸。但当危险场所粉尘浓度达到下限值时,遇到热源、火源会引起燃烧、爆炸,粉尘浓度大,发生事故的可能性高;另外,空气中的粉尘会降落在电气设备外壳上,粉尘浓度越大积聚的厚度可能加厚,发生事故的几率就高,因此,生产过程粉尘浓度较大的场所,危险场所类别划分得比较高。

本条所列各种危险场所分类划分,不可能包括的很齐全,在表12.1.1-1和表12.1.1-2中将常用危险品工作间及总仓库举例列出。但划分危险场所的因素很多,如生产过程中危险物质存药量的控制、散露程度、空气中散发的粉尘浓度、粉尘积聚程度、危险品干湿程度、空气流通状况等都与生产管理有着密切关系,在设计时应根据生产情况,合理确定危险场所类别,采取合理的电气安全防范措施。

危险场所的类别与建筑物危险等级不同,前者是以工作间(或建筑物)为单位,后者是以整个建筑物为单位。防雷类别也是以整个建筑物为单位。

12.1.2 本条为新增条文。危险场所中存在烟火药、黑火药,又存在易燃液体(如酒精等)时,除应符合本规范要求外,还应符合相关的现行国家标准,如果二者不一致时,则以其中要求安全措施较高者为准。

12.1.3 本条规定主要是防止危险物质(含粉尘)进入非危险环境的工作间。因为配电室、电机室等工作间安装的电气设备及元器件均为非防爆产品,操作时易产生火花或电弧,所以配电室不应采用本条的规定。

12.1.4 本条是对排风室危险场所的分类:

1 为 F0 类危险场所服务的排风室(生产黑火药的工作间不得安装机械排风),危险程度有所降低,故可划为 F1 类危险场所。

2 该内容是借鉴了乌克兰相关规范的规定而制定的。

3 采用湿式净化装置时,由于排出的危险物质已用水过滤,排风室内粉尘很少,故可划为 F2 类危险场所。

12.1.5 送风机系统在正常运行情况时为保持正压,且送风管道能阻止危险物质进入送风室,故可划为非危险场所。

12.1.7 设在室外的危险品晒场需要在雷雨天存放危险品时应执行本条规定。

12.2 电气设备

12.2.1 本条为危险场所电气设备的一般规定。

2 该款内容原规范不是强制性规定,本次修订改为强制性条款。目前防爆电气设备生产厂家很多,以假乱真的现象时有发生,一旦安装了不合格的防爆电气设备,有可能产生电火花和电弧等危险因素。

3 原规范危险场所电气设备最高表面温度为 140℃~160℃,由于该数值不符合现行国家防爆电气设备最高表面温度的生产标准(T1~T6)的规定,因此修订后改为 T4(135℃),安全要求比原规范严格了。

7 接插装置是为移动设备提供电源的,移动设备是不固定的,容易造成危险事故,本条规定不推荐使用移动设备。

12.2.2 由于目前我国生产的防爆电动机外壳防护等级不能满足危险场所的安全要求,所以采取电动机隔墙传动。

12.2.3、12.2.4 在 F0 类危险场所中,生产或储存时可能出现比较多的粉尘或存药量大的工作间,发生事故的几率比较高,且发生事故后后果严重;同时黑火药、烟火药危险场所适用的防爆电气设备没有解决,必须采取最安全的措施,所以该场所不得安装电气设备。照明采用可燃性粉尘环境用灯具安装在固定窗外,这些措施是防止由于电气设备或线路而引发的危险。

由于生产工艺确有必要安装检测仪表(黑火药除外)时,仪表的外壳应具有一定防护能力防止粉尘进入壳内,且满足最高允许表面温度值要求。该内容是借鉴了瑞典国家电气检验局的有关规定而制定的。

由于我国黑火药生产工艺一般采用干法生产,生产时危险场所粉尘很多,同时黑火药粉尘的最小点火能量较小,因此,黑火药生产的危险场所不得安装电气设备和检测仪表。

12.2.5 根据烟花爆竹生产过程及产品的特点,F1 类危险场所中,生产过程粉尘较多的工作间,电气设备采用能够阻止粉尘进入壳内的产品比较合适。目前我国现行标准《可燃性粉尘环境用电气设备　第1部分:用外壳和限制表面温度保护的电气设备　第2节:电气设备的选择、安装和维修》GB 12476.2—2006等同于国际电工委员会标准IEC 61241-1-2(1999年)。烟花爆竹生产的危险场所采用尘密外壳(DIP IP65级)电气设备,比较适用于F1类危险场所选用。同时爆炸性气体环境用电气设备dⅡB级隔爆型产品,在类似危险场所已采用多年,也可以选用。

12.2.6 F2类危险场所选用可燃性粉尘环境用电气设备防尘外壳(IP54级)比较合适。

12.3　室内电气线路

12.3.1 电气线路严禁使用绝缘电线明敷或穿塑料管敷设,是因为其机械强度低、易受损伤、绝缘易被腐蚀破坏、容易着火等。对电线或电缆线芯的材质与最小截面进行规定是为了从物理性能和机械强度方面提高可靠性,防止因线路事故中断供电或引起燃爆事故。

12.3.2 第3款规定电气线路采用明敷目的是为了方便与防爆电气连接。

12.3.3 第3款规定危险场所尽量不采用电缆敷设在电缆沟内,主要考虑电缆沟内容易积聚危险物质,又不易清除,容易形成安全隐患;另外,危险场所需经常用水冲洗地面,电缆沟有可能进水,形成安全隐患。

12.3.4 F0类危险场所不安装电气设备,当然也不敷设电气线路。控制按钮及检测仪表线路技术要求及敷设方式应满足相关条文的安全要求。

12.3.5

2　鼠笼型感应电动机有一定的过载能力,因此,引至电动机配电线路的电线或电缆线芯截面长期允许载流量应大于电动机额定电流。

3　移动电缆为了满足机械强度的要求,故需选用不小于2.5mm²的铜芯重型橡套电缆。

12.4　照　明

12.4.1 现行国家标准《建筑照明设计标准》GB 50034中没有明确规定烟花爆竹生产危险场所的照度值,本条提供了设计参考值。

考虑因突然停电时,操作人员能及时安全撤离现场,因此,危险场所宜设置应急照明。

12.4.2 对非危险的生产辅助厂房、库房(仓库)的照度没有特殊要求,执行现行国家相关标准的规定。

12.5　10kV及以下变(配)电所和厂房配电室

12.5.2 烟花爆竹生产时,一般不会因突然停电而引起燃烧爆炸事故,三级供电负荷基本能满足生产要求。但对供电有特殊要求的工序、系统等应设置应急电源。随着科学技术的发展,烟花爆竹生产工艺技术也有所改进,有可能实现连续化生产和自动控制,有条件时,提高供电负荷的等级是必要的。

12.5.3 独立变电所的安全性和可靠性都比较好。

12.5.6 附建于各类危险性建筑物内的配电室,考虑其安装的均为非防爆电气设备(含电气设备、仪表、电子元器件等),为防止危险物质及粉尘进入配电室引起事故,故应采取必要的安全防护措施。

12.6　室外电气线路

12.6.1 为了防止雷击电气线路时,高电位侵入危险性建筑物内引起燃烧爆炸事故,低压供电线路宜采用从配电端至受电端埋地敷设,不得将架空线路直接引入建筑物内。全线埋地有困难时,允许架空线路换接一段金属铠装电缆或护套电缆穿钢管埋地引入。

应特别强调在架空线与电缆换接处和进建筑物时,必须采取规范中规定的安全措施,这样电缆进户端的高电位就可以降低很多,起到保护作用。

12.6.2 我国目前黑火药生产一般采用干法生产,生产过程危险场所粉尘很多,且黑火药的电火花感度高,为了防止电气线路引入高电位引燃爆事故,所以要求低压供电线路从变电所至厂房应全长采用金属铠装电缆埋地敷设。

12.6.3 一是考虑烟花爆竹企业发生偶然爆炸事故时避免对外单位供电系统和通信系统的破坏,特别是高压供电线路一般为区域性供电线路,一旦遭到破坏影响大、波及面广;二是考虑外系统的供电、通信线路发生故障时,不致危及烟花爆竹企业的安全,故制定本条规定。

12.6.6 主要考虑防止电磁辐射引发安全生产事故,同时为防止烟花爆竹生产、储存发生偶然爆炸时,破坏无线电通信设施。

12.7　防雷与接地

12.7.1 根据送审稿专家审查意见和现行国家标准《建筑物防雷设计规范》GB 50057中防雷类别的划分原则,分析了烟花爆竹行业生产现状和发生雷电事故的人员伤亡和经济损失情况,在本规范表12.1.1-1中适当调整了危险性建筑物的防雷类别并补充了注2要求。原规范是遵循1983年版本的《建筑防雷设计规范》制定的,现行防雷规范采用滚球法确定接闪器的保护范围,保护范围比旧版小。

12.7.2 危险性建筑物的低压供电系统采用TN-S接地形式比较安全。因为该系统中PE线不通过电流,但是造价比较高。等电位联结能使电气装置内的电位差减少或消除,在爆炸和火灾危险场所电气装置中可有效地避免电火花发生。总等电位联结可消除TN-C-S系统电源线路中PEN线电压降在危险环境内引起的电位差,因此,各类危险性建筑物内实施等电位联结后,电源引入线可采用TN-C-S形式。但PE线和N线必须在总配电箱开始分开后严禁再混接。

12.7.3、12.7.4 是对等电位接地的要求。一类防雷建筑物防直击雷接地必须单独设置接地装置。

12.7.5 安装电涌保护器是为了钳制过电压,使其过电压限制在设备所能耐受的数值内,使设备受到保护,避免雷电损坏设备。

12.8　防　静　电

本节为新增内容。

12.8.2 危险场所的防静电接地应与防雷电感应、防止高电位引入、电气装置内不带电金属部分等接地共用同一接地装置。

12.8.4 危险场所中防静电地面、工作台面等泄漏电阻只给出范围,具体阻值应按照该场所中危险品的类别确定,因为危险品的种类不同,防静电地面、台面泄漏电阻要求不同。

12.8.5 危险场所中湿度对静电影响很大。美国兵工安全规范中规定危险场所内相对湿度大于65%,在澳大利亚标准《The control of undesirable static electricity》AS 1020—1984中规定,起爆药静电感度高的危险场所相对湿度不低于70%,对静电不敏感场所相对湿度要求在50%及以上。本规范参考了上述标准,并作适当的调整后确定为危险场所相对湿度宜控制在60%。黑火药静电感度高,相对湿度要求高些,应为65%。

12.8.7 黑火药、烟火药生产过程粉尘很多,同时两种危险品粉尘电火花和静电感度比较高,最小引燃能量比较小,因此,黑火药、烟火药生产危险场所除进行等电位联结外,还需要设置下列的防静电措施:如工作间地面、工作台面、工作器具、操作人员的工作服(含工作鞋、腕带)等应采用导静电材料制作,同时在危险场所入口处设置泄漏静电和检测静电装置,如果危险场所采取了以上的导静电措施后,就可以防止和减少由于静电引起的燃爆事故。静电安全与企业安全生产管理关系非常密切,所以企业必须加强管理,确保安全生产。

12.9 通 讯

12.9.1 烟花爆竹生产区应设置电话设施,为生产调度与物流提供信息系统,必要时可兼作火灾报警系统。危险品总仓库区的值班室应设置畅通电话系统设施,作为对外联络的通信系统,必要时可兼作火灾报警系统。

12.10 视频监控系统

烟花爆竹企业的原料、半成品及成品基本属于易燃易爆危险品,烟花爆竹的生产属于劳动密集型的高危行业。为防止生产、储存过程中的超药量、超人员和超范围,防止违章指挥、违章作业、违反劳动纪律等现象的发生,提高企业安全管理手段和水平,实现全天候监视危险场所的工作状况,本规范提出烟花爆竹生产区危险品生产场所和危险品总仓库区宜设置监控系统。

12.11 火灾报警系统

烟花爆竹属于易燃易爆物品,一旦发生燃烧或由此引发爆炸事故造成的后果是很严重的。为了及时检测和发现火情,以便迅速采取措施避免重大事故的发生,防止酿成重大损失,要求在危险场所设置火灾报警信号,有条件时最好设置火灾自动报警系统。安装在危险场所的火灾检测设备及线路的技术要求应符合本规范的规定,对于系统的构成及控制可按现行国家标准《火灾自动报警系统设计规范》GB 50116 的有关规定进行设计。

12.12 安全防范工程

由于烟花爆竹属于易燃易爆物品,特别是仓库储存大量的烟花爆竹等危险品,一旦遭受破坏或流入社会而引发燃烧或爆炸事故,会造成严重的后果。为了维护社会公共安全,保障人身安全和国家、集体、个人财产安全,所以烟花爆竹生产库房和危险品总仓库区宜设置安全防范系统。

12.13 控 制 室

12.13.1 烟花爆竹生产项目和经营批发仓库的消防控制室、安全防范系统监控中心及自动控制室可分项设在单独建筑物内,也可三项合建在一个建筑物内,也可附建在非危险性建筑物内。

中华人民共和国国家标准

石油化工全厂性仓库及堆场设计规范

Code for design of general warehouse and lay down
area of petrochemical industry

GB 50475 - 2008

主编部门：中 国 石 油 化 工 集 团 公 司
批准部门：中华人民共和国住房和城乡建设部
施行日期：２００９年７月１日

中华人民共和国住房和城乡建设部公告

第 167 号

关于发布国家标准《石油化工全厂性仓库
及堆场设计规范》的公告

现批准《石油化工全厂性仓库及堆场设计规范》为国家标准，编号为GB 50475—2008，自 2009 年 7 月 1 日起实施。其中，第7.1.4(2)、7.2.11、7.4.2(3、4、5)、8.2.4(1)、8.3.5、10.1.2、11.2.1条(款)为强制性条文，必须严格执行。

本规范由我部标准定额研究所组织中国计划出版社出版

发行。

中华人民共和国住房和城乡建设部
二○○八年十一月二十七日

前　言

本规范是根据建设部文件"关于印发《2005 年工程建设标准规范制订、修订计划(第二批)》的通知"(建标〔2005〕124 号)的要求，由中国石油化工集团公司组织镇海石化工程有限责任公司会同有关单位编制而成的。

本规范在编制过程中，编制组进行了广泛的调查研究，总结了我国石油化工仓库几十年来有关设计、建设、管理经验，适应石化行业工厂设计模式改革以及大规模生产的要求，广泛征求了设计、施工、管理人员的意见，对其中的主要问题进行了多次讨论，最后经审查定稿。

本规范共分 11 章和 7 个附录，主要内容包括总则、术语、仓库及堆场类型、总平面及竖向布置、仓储工艺、储存天数、建筑设计、堆场、控制与管理、仓储机械、安全与环保等。

本规范中以黑体字标志的条文为强制性条文，必须严格执行。

本规范由住房和城乡建设部负责管理和对强制性条文的解释，由中国石油化工集团公司负责日常管理，由镇海石化工程有限

责任公司负责具体技术内容的解释。本规范在执行过程中，请各有关单位结合工程实践，认真总结经验，注意积累资料，并将意见和建议及有关资料寄至镇海石化工程有限责任公司(地址：宁波市镇海区蛟川街道，邮政编码：315207)，以供今后修订时参考。

本规范主编单位、参编单位和主要起草人：

主编单位：镇海石化工程有限责任公司

参编单位：中国石化集团上海工程有限公司
　　　　　中国石化集团宁波工程有限公司
　　　　　中国石化集团洛阳石油化工工程公司

主要起草人：蒋明火　陈一峰　蔡才欣　周蓉　王伟
　　　　　　赵立渭　周家祥　吴绍平　叶宏跃　范其海
　　　　　　江水木　范晓梅　王建锋　胡镇仕　赵常武
　　　　　　姚琦　陆凤丽　赵凯烽

目 次

1 总 则 ……………………………… 6—4
2 术 语 ……………………………… 6—4
3 仓库及堆场类型 …………………… 6—4
4 总平面及竖向布置 ………………… 6—5
  4.1 一般规定 ……………………… 6—5
  4.2 总平面布置 …………………… 6—5
  4.3 道路 …………………………… 6—6
  4.4 铁路 …………………………… 6—6
  4.5 码头 …………………………… 6—6
  4.6 带式输送机 …………………… 6—6
  4.7 围墙及其出入口 ……………… 6—7
  4.8 绿化 …………………………… 6—7
  4.9 竖向布置 ……………………… 6—7
5 仓储工艺 …………………………… 6—7
  5.1 桶装、袋装仓库 ……………… 6—7
  5.2 金属材料、备品备件仓库 …… 6—8
  5.3 散料仓库 ……………………… 6—8
  5.4 钢筋混凝土简仓 ……………… 6—9
  5.5 操作班次 ……………………… 6—10
6 储存天数 …………………………… 6—10
  6.1 一般规定 ……………………… 6—10
  6.2 成品、原（燃）料 …………… 6—10
  6.3 化学品、危险品 ……………… 6—10
  6.4 金属材料、备品备件 ………… 6—10
7 建筑设计 …………………………… 6—11
  7.1 一般规定 ……………………… 6—11
  7.2 门窗 …………………………… 6—11
  7.3 地面 …………………………… 6—11
  7.4 采暖通风 ……………………… 6—12

8 堆 场 ……………………………… 6—12
  8.1 一般规定 ……………………… 6—12
  8.2 堆场面积计算 ………………… 6—12
  8.3 抓斗门式起重机堆场 ………… 6—12
  8.4 抓斗桥式起重机堆场 ………… 6—13
  8.5 斗轮式堆取料机堆场 ………… 6—13
9 控制与管理 ………………………… 6—13
  9.1 一般规定 ……………………… 6—13
  9.2 控制 …………………………… 6—13
  9.3 管理 …………………………… 6—13
10 仓储机械 ………………………… 6—13
  10.1 一般规定 …………………… 6—13
  10.2 主要仓储机械的选用 ……… 6—13
11 安全与环保 ……………………… 6—14
  11.1 消防 ………………………… 6—14
  11.2 安全 ………………………… 6—14
  11.3 职业卫生 …………………… 6—14
  11.4 环境保护 …………………… 6—15
  11.5 应急救援 …………………… 6—15
附录 A 计算间距起讫点 …………… 6—15
附录 B 仓库面积计算法 …………… 6—15
附录 C 叉车通道宽度计算 ………… 6—16
附录 D 散料仓库储存量及面积计算 … 6—16
附录 E 物料储存天数 ……………… 6—17
附录 F 散料堆场储存量及面积计算 … 6—17
附录 G 装卸机械数量 ……………… 6—18
本规范用词说明 ……………………… 6—19
附：条文说明 ………………………… 6—20

6

1 总　则

1.0.1 为在石油化工全厂性仓库及堆场设计中贯彻执行国家有关方针政策，统一技术要求，做到安全可靠、技术先进、经济合理，制定本规范。

1.0.2 本规范适用于石油化工企业固体物料、桶装（瓶装）液体物料和气体物料的全厂性仓库及堆场的新建、扩建和改建工程的设计。

本规范也适用于依托社会的仓库及堆场的设计。

1.0.3 石油化工全厂性仓库及堆场的设计除应符合本规范外，尚应符合国家现行有关标准的规定。

2 术　语

2.0.1 全厂性仓库　general warehouse

为全厂生产、经营、维修服务的各类仓库，以及大宗的原（燃）料和成品、半成品仓库。

2.0.2 全厂性堆场　general lay down area

为全厂生产、经营、维修服务的各类堆放场地，以及大宗的原（燃）料和成品、半成品露天堆放的区域。

2.0.3 仓库区　warehouse area

由仓库、堆场、辅助生产设施、行政管理设施、辅助用房（包括厕所，浴室）等部分或全部组成的区域。

2.0.4 桶装仓库　barrelled material warehouse

外包装采用刚性材料制作的钢桶、木桶、塑料桶等集装桶储存的物料仓库。

2.0.5 袋装仓库　bagged material warehouse

外包装采用塑料薄膜、牛皮纸或复合材料（柔性材料）储存的物料仓库。

2.0.6 危险品仓库　hazardous material warehouse

石油化工企业中除大宗原（燃）料和成品、半成品外，必须单独设置的，储存具有易燃、易爆、毒害、腐蚀、助燃或带放射性等危险性质的物料仓库。

2.0.7 化学品仓库　chemical material warehouse

石油化工企业中除大宗原（燃）料、成品和半成品外，单独设置的，储存不属于危险品的化学试剂、催化剂、添加剂等的物料仓库。

2.0.8 泄压面积　releasing pressure area

当仓库内危险物料发生爆炸，空气压力骤然增大时，能在瞬间释放仓库内空气压力的面积。

2.0.9 码垛　palletize

通过人工或机械将桶装、袋装物料按一定规则堆垛在托盘或网格上成为集装成组的单元。

2.0.10 驶入式货架　drive-in racking

一种不以通道分割的、连续整栋式货架。也称为通廊式货架。

2.0.11 盛行风向　prevailing wind direction

某地区频率较大的风向。

2.0.12 最小频率风向　minimum frequence wind direction

某地区频率最小的风向。

3 仓库及堆场类型

3.0.1 仓库的分类应符合下列规定：

1 按功能分为生产仓库和辅助仓库。生产仓库应包括原材料库、半成品库、成品库、燃料库、化学品库、危险品库等；辅助仓库应包括备品备件库、工具库、金属材料库、劳保用品库等。

2 按储存物料的性质分为固体物料库、液体物料库、气体物料库。固体物料库应包括散料库和袋装库；液体物料库应包括瓶装库、桶装库、罐装库；气体物料库应包括瓶（钢瓶）装库、罐装库。

3.0.2 堆场的分类应符合下列规定：

1 按储存物料的功能分为原（燃）料堆场、半成品堆场、成品堆场、废渣堆场、金属材料堆场、大件设备堆场等。

2 按储存物料的包装形式分为散料堆场、桶装堆场、袋装堆场、瓶装堆场、集装箱堆场等。

3 按装卸机械分为抓斗门式起重机（装卸桥）堆场、抓斗桥式起重机堆场、斗轮式堆取料机堆场等。

3.0.3 储存物料的火灾危险性分类应符合现行国家标准《石油化工企业设计防火规范》GB 50160 的有关规定。

6

4 总平面及竖向布置

4.1 一般规定

4.1.1 仓库区总平面布置应符合城镇及本企业的总体规划,并应符合安全、消防、环保、职业卫生的要求。

4.1.2 仓库区总平面布置应兼顾今后的外延发展,并应留有发展端。

4.1.3 仓库区总平面布置应合理用地、减少街区、缩短物流距离。

4.1.4 仓库及堆场宜相对集中布置或靠近主要用户布置。管理用房及辅助用房宜集中布置。

4.1.5 酸、碱和易燃液体类物料库及其装卸设施宜布置在仓库区的边缘且地势较低处。

4.1.6 仓库建筑宜有良好的自然通风和采光条件。在炎热地区,仓库建筑的朝向宜与夏季盛行风向成30°~60°夹角。管理用房宜避免西晒,在寒冷地区,应避免寒风袭击的朝向。

4.1.7 仓库区应合理确定绿化面积。产生高噪声或粉尘污染的建(构)筑物周围应进行绿化。

4.1.8 运输线路布置应使物料流程顺畅、短捷,并应避免和减少折返。人流不宜与有较大物流的铁路和道路交叉。

4.1.9 危险品仓库应集中布置,并应单独设置封闭式实体围墙,围墙内不应设置管理用房。

4.1.10 有爆炸危险的火灾危险性为甲、乙类的物料仓库或堆场,应满足下列规定:

1 应布置在仓库区边缘,不应布置在人流集散处或运输繁忙的运输线路附近。

2 泄压面积部分不应面对人员集中的场所或交通要道。

3 散发可燃气体的物料仓库宜布置在散发火花地点的全年最小频率风向的上风侧。

4.1.11 位于码头陆域的仓库区平面,应根据企业的总体布置、水路运输发展规划、码头生产工艺要求和自然条件进行布置。

4.1.12 仓库及堆场应位于不受洪水、潮水、内涝威胁的地带;当不可避免时,应采取可靠的防洪(潮)和排涝措施。

4.1.13 仓库及堆场不宜布置在不良地质地段;当不可避免时,应采取加固措施。

4.1.14 沿山坡布置的建(构)筑物,应利用地形条件布置,并应采取防止边坡坍塌或滑动的措施。体形较大的建(构)筑物,宜布置在土质均匀、地基承载力较高,且地下水位较低的地段。

4.2 总平面布置

4.2.1 独立设置的仓库区与相邻居住区、工厂、交通线等的防火间距,不应小于表4.2.1的规定。间距起讫点应符合本规范附录A的规定。

表4.2.1 独立设置的仓库区与相邻居住区、工厂、交通线等的防火间距(m)

项　目		火灾危险性为甲类的物料仓库、堆场	火灾危险性为乙类的物料仓库、堆场	火灾危险性为丙类的物料仓库、堆场	备注
居住区及公共福利设施		100.0	75.0	50.0	—
重要公共建筑		50.0	37.5	25.0	—
相邻工厂		30.0	22.5	15.0	—
厂外铁路	国家铁路线	35.0	26.5	17.5	—
	厂外企业铁路线	30.0	22.5	15.0	—
国家或工业区铁路编组站		35.0	26.5	17.5	—

续表4.2.1

项　目		火灾危险性为甲类的物料仓库、堆场	火灾危险性为乙类的物料仓库、堆场	火灾危险性为丙类的物料仓库、堆场	备注
公路	高速公路、一级公路	30.0	22.5	15.0	—
	其他公路	20.0	15.0	15.0	
Ⅰ、Ⅱ级国家架空通信线路		40.0	30.0	20.0	—
架空电力线路		1.5倍塔杆高度	1.5倍塔杆高度	1.5倍塔杆高度	—
通航的海、江、河岸边		20.0	15.0	15.0	—
爆破作业场地		300.0	300.0	300.0	—

4.2.2 仓库区与所属石油化工企业厂区内部各设施的防火间距,不应小于表4.2.2的规定。

表4.2.2 仓库区与所属石油化工企业厂区内部各设施的防火间距(m)

项　目		火灾危险性为甲类的物料仓库及堆场	火灾危险性为乙类、丙类(液体、气体)的物料仓库及堆场	火灾危险性为丙类(固体)的物料仓库及堆场	备注
火灾危险性为甲类的工艺装置或厂房		30.0	22.5	15.0	—
火灾危险性为乙类的工艺装置或厂房		25.0	19.0	12.5	—
火灾危险性为丙类的工艺装置或厂房		20.0	15.0	10.0	—
全厂性重要设施	第一类	45.0	33.8	22.5	区域性重要设施可减少25%
	第二类	35.0	26.5	17.5	
明火地点		30.0	22.5	15.0	
散发火花地点		15.0	11.5	7.5	
液化烃储罐(全压力式或半冷冻式储存)	>1000m³	60.0	45.0	30.0	
	100m³(不含)~1000m³(含)	50.0	37.5	25.0	
	≤100m³	40.0	30.0	20.0	

续表4.2.2

项　目		火灾危险性为甲类的物料仓库及堆场	火灾危险性为乙类、丙类(液体、气体)的物料仓库及堆场	火灾危险性为丙类(固体)的物料仓库及堆场	备注
液化烃储罐(全冷冻式储存)	>10000m³	70.0	52.5	35.0	
	≤10000m³	60.0	45.0	30.0	
沸点低于45℃的火灾危险性为甲B类的液体全压力式储存的储罐		30.0	22.5	15.0	
可燃气体储罐	>50000m³	25.0	19.0	12.5	
	1000m³(不含)~50000m³(含)	20.0	15.0	10.0	
	≤1000m³	15.0	11.5	7.5	
地上火灾危险性为甲B、乙类可燃液体固定顶储罐	>5000m³	35.0	26.5	17.5	
	1000m³(不含)~5000m³(含)	30.0	22.5	15.0	
	25.0	19.0	12.5	
	≤500m³或卧式罐	20.0	15.0	10.0	
地上可燃液体浮顶、内浮顶储罐或火灾危险性为丙A类固定顶储罐	>20000m³	30.0	22.5	15.0	火灾危险性为丙A类的固定顶储罐与仓库及堆场的间距可折减25%
	5000m³(不含)~20000m³(含)	25.0	19.0	12.5	
	1000m³(不含)~5000m³(含)	20.0	15.0	10.0	
	500m³(不含)~1000m³(含)	15.0	12.0	7.5	
	≤500m³或卧式罐	10.0	7.5	6.0	
罐区火灾危险性为甲、乙类泵(房),全冷冻式液化烃储存的压缩机(包括添加剂设施及专用变配电室、控制室)		20.0	15.0	10.0	火灾危险性为丙类可燃液体的泵(房)可减少25%
灌装站	液化烃	30.0	22.5	15.0	
	火灾危险性为甲B、乙类的可燃液体及可燃、助燃气体	25.0	19.0	12.5	
	火灾危险性为丙类的液体	19.0	14.5	9.5	
液化烃及火灾危险性为甲B、乙类的液体	码头装卸区	35.0	26.5	17.5	火灾危险性为丙类的液体铁路装卸采用全密封装卸时,间距可减少25%
	铁路装卸设施、槽车洗罐站	30.0	22.5	15.0	
	汽车装卸站	25.0	19.0	12.5	

续表 4.2.2

项 目		火灾危险性为甲类的物料仓库及堆场	火灾危险性为乙类、丙类(液体、气体)的物料仓库及堆场	火灾危险性为丙类(固体)的物料仓库及堆场	备注
火灾危险性为丙类的液体	码头装卸区	26.5	20.0	13.5	—
	铁路装卸设施、槽车洗罐站	22.5	17.0	11.5	
	汽车装卸站	19.0	14.5	9.5	
铁路走行线、厂内主要道路		10.0	10.0	10.0	次要道路为5.0m
污水处理场(隔油池、污油罐)		25.0	19.0	12.5	污油泵可减少25%

注:1 厂内铁路装卸线与设有铁路装卸站台的仓库的防火间距,可不受本表限制。

2 全厂性重要设施指发生火灾时影响全厂生产或可能造成重大人身伤亡的设施。第一类全厂性重要设施指发生火灾时可能造成重大人身伤亡的设施;第二类全厂性重要设施指发生火灾时,影响全厂生产的设施。

3 区域性重要设施指发生火灾时,影响部分装置生产或可能造成局部区域人身伤亡的设施。

4.2.3 仓库区内相邻建筑物之间的防火间距,应按现行国家标准《建筑设计防火规范》GB 50016 的有关规定执行。

4.2.4 仓库区内相邻建(构)筑物的间距,除应满足现行国家标准《建筑设计防火规范》GB 50016 的规定外,还应符合下列规定:

1 采用带式输送机的两建(构)筑物之间的间距应满足带式输送机布置的要求。

2 采用铁路运输的两建(构)筑物之间的间距应满足铁路线路的技术要求。

3 采用公路运输的两建(构)筑物之间的间距应满足汽车行驶所需的间距要求。

4.3 道　　路

4.3.1 仓库区内道路运输设计,应符合下列规定:

1 道路通行能力应与运输车辆、装卸和运输能力相适应。

2 装卸点货位及其内部通道,应满足汽车装卸及通行的要求,不应占用道路作为装卸场地。

3 应便于功能分区,并应与已有道路或所属企业的厂区总平面及竖向布置相协调。

4 道路结构形式宜与所属企业的厂区道路一致。对沥青有侵蚀或溶解的区域,不应选用沥青类路面。

4.3.2 仓库区道路可分为主要道路、次要道路和支道。主要道路的路面宽度应为 7.0~9.0m,次要道路的路面宽度应为 6.0~7.0m,支道的路面宽度应为 4.0~6.0m。当仓库区占地面积较小,且道路交通流量不大时,主要道路和次要道路宜合并。

4.3.3 道路交叉口处路面内缘最小圆曲线半径应根据通行的最大车辆要求确定,宜按 3m 的模数选用。

4.3.4 仓库区内消防道路的设置,应符合下列规定:

1 火灾危险性为甲、乙类的物料仓库及堆场、危险品仓库分类成组布置时,四周应设置环形消防道路,环形消防道路应有两处与其他道路连通。当受地形条件限制时,可设有回车场的尽头式消防道路。消防道路的路面宽度不应小于 6.0m。

2 火灾危险性为丙类的物料仓库及堆场可沿两个长边设置消防道路。通往单独的火灾危险性为丙类的物料仓库及堆场的消防道路可为尽头式,但应设回车场。消防道路宽度不应小于 4.0m。

3 两条消防道路中心线间距不应超过 200.0m,当仅一侧有消防道路时,道路中心线至仓库或堆场最远处的距离不应大于 100.0m。

4 消防道路不宜与铁路平交叉,如需平交叉,应设置备用道路,两道路之间的间距不应小于最长一列火车的长度。

5 消防道路交叉口处路面内缘最小圆曲线半径不宜小于 12.0m,路面以上净空高度不应低于 5.0m。

4.3.5 仓库区内部道路边缘至相邻建(构)筑物的最小间距应符合表 4.3.5 规定。

表 4.3.5　道路边缘至相邻建(构)筑物的最小间距

相邻建(构)筑物		最小净距(m)	备注
建筑物	面向道路一侧无出入口时	1.5	当汽车要求的转弯半径大于 6.0m 时,该数值应重新计算
	面向道路一侧有出入口,但不通行汽车时	3.0	
	面向道路一侧有出入口,且通行汽车时	6.0	
管线支架		1.0	—
标准轨距铁路		3.75	—

4.3.6 汽车衡应符合下列要求:

1 汽车衡的最大称量值不应小于实际最大称量汽车总质量的 1.2 倍。

2 汽车衡宜设置在汽车运输货物主要出入口附近道路边,汽车衡位置应满足建筑限界的要求。

3 汽车衡两端引道直线段长度不应小于设计的最长一辆车长。

4.4 铁　　路

4.4.1 火灾危险性为甲、乙类的物料仓库内不应布置铁路线。

4.4.2 区间线、联络线、机车走行线、连接线的曲线半径均不应小于 300m,受限区域不应小于 180m;仓库引入线的最小曲线半径不应小于 150m。

4.4.3 装卸线应按直线布置,受限区域可按半径不小于 600m 的曲线布置。

4.4.4 尽头式铁路装卸线的车挡至最后车位的距离,应根据运输物料的性质确定,火灾危险性为甲、乙类的物料不应小于 20m,丙类物料不应小于 15m。

4.4.5 铁路与道路平面交叉口处应设置道口,道口铺砌应平整。道口应设置在瞭望条件良好的直线地段。在距道口外 50m 范围内,道路机动车辆司机视距,以及火车司机视距不宜小于表 4.4.5 的规定。

表 4.4.5　铁路与道路平交道口视距(m)

火车速度(km/h)	道路机动车辆司机视距	火车司机视距
40	180	400
30	150	300
20	100	150

4.4.6 在下列情况下,如无法采取安全技术措施时,应设置有人看守的道口:

1 仓库区内道路交通流量很大的主干道与铁路线路平面交叉时。

2 道路机动车辆司机视距或火车司机视距不能满足表4.4.5 规定的视距要求时。

4.4.7 轨道衡的型号和设置位置,应根据产品计量及工艺要求确定。轨道衡线应为专用的贯通线,不得兼作走行线。轨道衡最近的两端应设置平直线,平直线长度不应小于 25.0m,当采用连续称量时,平直线长度不应小于 50.0m。

4.5 码　　头

4.5.1 位于码头陆域仓库区的主要生产设施应靠近陆域前方布置,辅助生产设施、行政管理和生活设施可因地制宜布置。

4.6 带式输送机

4.6.1 带式输送机线路,宜沿道路或平行于主要建筑物轴线顺直布置,并应避免横穿场地。带式输送机进入建(构)筑物时宜正交,困难时,与建(构)筑物轴线的夹角宜大于 75°。

4.6.2 带式输送机应减少与铁路、道路、管架等的交叉;如需交叉,宜正交,且应满足净空高度的要求。

4.6.3 带式输送机栈桥支架的间距宜均匀,并应避开地下管道。

与铁路、道路的间距应满足相应的限界要求。

4.7 围墙及其出入口

4.7.1 独立设置的仓库区周围应设置围墙。围墙宜采用实体围墙,高度不宜低于2.40m。仓库区内部各单元之间或单元内部除有特殊要求外,不应另外设置围墙。分散布置在所属企业生产区内的仓库或堆场宜与生产区的围墙相结合。

4.7.2 围墙与建(构)筑物之间的最小间距应符合表4.7.2的规定。

表4.7.2 围墙与各建(构)筑物的最小间距(m)

建(构)筑物	最小间距
火灾危险性为甲类的物料仓库及堆场	15.0
火灾危险性为乙、丙类的物料仓库及堆场	11.5
道路路面	1.5
标准轨距铁路	5.0

4.7.3 除通行火车的出入口外,围墙出入口数量不应少于2个,并应直接与仓库区外道路顺畅连接。出入口宜位于不同方向。当在同一方向设置出入口时,间距不应小于30.0m。通行火车的出入口净宽不应小于6.4m,通行汽车的出入口净宽不应小于4.0m。

4.7.4 主要人流出入口与主要货物出入口宜分开设置。通行火车的出入口不应兼作人流出入口。

4.7.5 主要出入口附近应设置值班门卫。

4.7.6 主要汽车货物出入口附近宜设置货车停车场,停车场规模应与汽车数量相匹配。

4.8 绿　化

4.8.1 独立设置的仓库区内绿化用地率不应小于12%,当地规划部门有具体规定时应执行当地规划部门的规定。

4.8.2 仓库管理区附近宜重点绿化和美化。

4.8.3 有防火要求的仓库及堆场附近,应选择水分大、树脂少,且有阻挡火灾蔓延作用的树种。

4.8.4 散发有害气体的仓库及堆场附近,应选择抗性和耐性强的树种或草皮。

4.8.5 在有灰尘散发的仓库及堆场附近,应选择滞尘力强的树种或草皮。

4.9 竖向布置

4.9.1 靠近海、江、河、湖泊布置的仓库区,当无满足要求的堤防保护时,场地设计标高应高于计算水位0.50m。当有防止仓库区受淹的措施时,设计标高可低于计算水位。

4.9.2 位于码头陆域仓库区的场地设计标高,应与码头前沿的高程相适应,地面坡度应根据地形条件、装卸工艺要求并结合场地设计高程确定。

4.9.3 堆场地面标高宜高出周围地面或道路标高0.20~0.30m;沉降量较大的地区宜加大。

4.9.4 位于山坡地带的仓库,在满足生产、运输等要求下,应采用阶梯式布置。

4.9.5 阶梯式布置有下列情况之一时,应设置挡土墙:

　　1 陡坡或工程地质不良地段。

　　2 建筑物密集或用地紧张的区域。

　　3 易受水流冲刷而坍塌或滑动的边坡,且采取一般铺砌护坡不能满足防护要求的地段。

4.9.6 挡土墙或护坡高度超过2.00m且附近有人员出入时,应在墙顶或坡顶设置高度1.10m的防护栏杆。附近有车辆行驶的,应在挡土墙或护坡附近设置防护隔离墩。

4.9.7 场地排雨水方式的选用宜符合下列要求:

　　1 雨量少、土壤渗水性强且易于地面排水的地段,宜采用无组织排水。场地排水坡度宜采用0.5%~2.0%。

　　2 场地平坦,建筑密度较高,城市型道路,运输条件复杂,对卫生、美观有较高要求的地区,宜采用有组织排水。

　　3 散料露天堆场排雨水宜采用明沟排水系统,排水明沟或雨水口应设置在堆场四周,不应布置在堆场范围之内。场地排水坡度宜采用0.5%~2.0%。

5　仓储工艺

5.1 桶装、袋装仓库

5.1.1 桶装、袋装仓库的设计应符合下列规定:

　　1 火灾危险性为甲类的物料仓库应采用单层仓库。其他物料仓库可采用多层仓库。

　　2 成品仓库宜靠近包装厂房,也可与包装、搬运、储存、装车组成为机械化储运的联合装置。

　　3 宜设置一定储量的空桶、空袋堆场或敞开式仓库。

　　4 相互接触会产生化学反应、爆炸危险的物料,以及腐蚀性物料和易燃物料储存在同一仓库时,应采用实体墙隔开,并各自设置出入口。

　　5 火灾危险性为甲、乙类的物料桶装、袋装仓库储存,应符合现行国家标准《常用化学危险品贮存通则》GB 15603的有关规定。

5.1.2 仓库面积组成应包括储存物料的储存面积,搬运设备占用面积,通道及过道占用面积等。

5.1.3 仓库面积可采用荷重法计算,可按本规范附录B确定。

5.1.4 采用托盘成组码垛储存的成品仓库,不宜另外设置空托盘库,可留出空托盘存放面积。

5.1.5 仓库面积利用系数不宜低于0.50。不同储存方式时面积利用系数宜按表5.1.5确定。

表5.1.5 仓库面积利用系数

包装形式	储存、搬运方式	面积利用系数	备　注
袋装	人工堆包,手推车或液压搬运车搬运	0.60~0.80	—

续表5.1.5

包装形式	储存、搬运方式	面积利用系数	备注
袋装	桥式堆包机,人工卸包码堆	0.55~0.70	码堆高宜为8~12层,手推车或液压搬运车搬运取上限,叉车搬运时取下限
袋装	人工或码垛机托盘码垛,叉车搬运	0.50~0.60	每托盘码垛1.0~1.5t 堆高1~3托盘
桶装	人工或码垛机托盘码垛,叉车搬运	0.50~0.65	—
桶装或袋装	码垛机托盘码垛,驶入式货架叉车搬运	0.50~0.60	—

注:仓库面积利用系数指仓库中储存物料所占有效面积与总有效面积之比。

5.1.6 仓库的通道及过道宽度,应保证进出货物能顺利安全通过,且宜符合下列要求:

1 叉车运输主通道宽度不宜小于5.00m;最小通道可按本规范附录C确定。

2 辅助过道用于叉车搬运时不宜小于2.00m,用于人工搬运时不宜小于1.50m。

5.1.7 仓库高度应符合下列规定:

1 不设置起重机时,单层仓库净空高度不宜小于4.00m。

2 采用桥式起重机时,单层仓库净空高度不宜小于6.50m,并应根据采用的起重机型号及物料堆放高度或货架高度进行核算。

3 采用码垛机、托盘成组并配叉车时,净空高度不宜小于4.50m。

4 采用桥式联合堆包机时,净空高度不宜小于8.00m。

5 多层仓库第一层净空高度不应小于4.50m;第二层及以上各层净空高度不宜小于3.50m。

5.1.8 仓库站台应符合下列规定:

1 仓库装卸站台宜与仓库紧邻且平行于仓库长度方向轴线。站台高度应根据运输车辆确定,铁路运输站台应高出轨顶1.00~1.10m,汽车运输站台应高出地面0.80~1.55m。

2 站台宽度应根据搬运作业和堆放物料的需要确定。当采用人工搬运时,站台宽度不应小于2.50m;当采用叉车搬运时,站台宽度不应小于5.00m;当采用移动式输送机或移动式悬挂装车机时,站台宽度不应小于4.50m。

3 装卸站台宜设置防雨棚。汽车装卸站台的防雨棚宽度宜超出站台边3.00m;铁路装卸站台的防雨棚宽度宜超出车厢外侧。

5.1.9 储存和搬运方式宜符合下列规定:

1 小型仓库可采用人工搬运或码垛;人工装车的仓库,也可采用叉车搬运堆垛储存和装车。

2 大、中型仓库宜采用机械化搬运、储存和装车。

3 每次搬运起重量较小时,可选用悬挂式桥式堆垛机。堆垛高度在4.00m以下时,可采用地面控制;地面控制时,悬挂式桥式堆垛机大车行走速度宜小于40m/min。

4 堆垛高度在4.00m以上,且储存及出入库量较大的仓库,宜选用桥式堆包机,并应采用驾驶室控制。桥式堆包机轨顶高度不宜大于12.00m,跨度不宜大于18.00m。

5 采用半自动或自动码垛机码垛时,宜采用叉车搬运堆垛,堆垛高度宜为1~3托盘,并应配备相应吨位和起升高度的叉车。

6 露天桶装堆场、码垛成组袋装堆垛或经塑料薄膜包裹的袋装堆场,宜采用叉车或专用起重机堆垛和装运。

7 仓库内储存易燃、易爆物料时,不宜选用悬挂式桥式堆包机。当选用桥式堆包机时,桥式堆包机应具备防爆功能,且宜选用地面控制。

8 当采用网络成组无托盘搬运或大袋包装时,应配备带起重臂的叉车或吊钩桥式起重机。

9 二层及以上仓库的垂直运输设备应采用电梯或升降机,不

应采用手动或电动葫芦、桥式起重机等起重设备跃层操作。

10 当仓库采用叉车搬运时,应配置通用托盘。

5.2 金属材料、备品备件仓库

5.2.1 金属材料和备品备件仓库的设计应符合下列规定:

1 金属材料、备品备件、劳保用品等可根据工厂规模单独设仓库,也可合并为综合仓库。

2 贵金属材料和精密仪器仪表应根据其储存要求单独储存。

3 一般金属材料可采用露天堆场储存。当采用室内储存时应设计为单层仓库,仓库跨度不宜小于15.00m,净空高度不宜小于6.50m。地面设计荷载不宜小于40kN/m²。室外或室内储存时均应配备起重及搬运设备。

4 大件备品备件室内储存时宜设计为单层仓库,并应配备起重及搬运设备。地面设计荷载和净空高度应符合本条第3款的规定。小件备品备件宜采用人工操作的搁板式或横梁式货架储存、手动或电动移动式货架并配备叉车搬运储存,也可采用装入小型箱柜储存在货架上。

5 金属材料仓库采用货架储存时,宜采用悬臂式货架。

6 当金属材料仓库与其他物料合并为综合仓库时,宜设计为多层仓库,二层及以上的综合仓库应符合下列要求:

1)多层综合仓库底层储存的金属材料和较大件的备品备件宜就地存放,两层及以上各层储存小件物料,可采用货架储存。

2)底层可配备起重及搬运设备,底层以上各层可配备手动或电动葫芦起重设备。当底层配备悬挂式或桥式起重机时,底层净空高度不宜小于6.50m,底层以上各层层高不宜大于4.50m,跨度不宜大于9.00m。

3)底层地面荷载应根据存放物料确定。二层的楼面荷载不宜大于15kN/m²,两层以上各层的楼面荷载不宜大于10kN/m²。

4)上下层间垂直运输设备应按本规范第5.1.9条第9款的规定采用。

5.2.2 金属材料仓库通道宽度,应根据搬运的方式和运输设备的规格型号确定。采用桥式起重机或配备叉车作辅助搬运时,主通道宽度不宜小于5.00m,前移式叉车通道宽度不宜小于2.80m,辅助通道宽度不宜小于2.00m。备品备件或劳保用品采用搁板式货架储存人工操作手推车搬运时,主通道宽度不应小于2.00m,货架间上架的取货过道宽度宜为1.00~1.50m。

5.2.3 金属材料仓库和备品备件仓库面积可按本规范附录B计算。仓库应设置切割断料设备所占用的面积。金属材料仓库和备品备件仓库面积利用系数宜按表5.2.3确定。

表5.2.3 金属材料仓库和备品备件仓库面积利用系数

仓库名称	储存、搬运方式	面积利用系数
金属材料仓库	就地堆放 叉车或起重机械搬运	0.60~0.70
金属材料仓库	悬臂式货架储存 叉车或起重机械搬运	0.50~0.60
小件备品备件、劳保用品或综合仓库	搁板式或横梁式货架储存 人工手推车搬运	0.40~0.50
小件备品备件、劳保用品或综合仓库	手动或电动移动式 货架叉车搬运	0.70~0.80
大件备品备件	就地堆放 叉车或起重机械搬运	0.50~0.60

5.3 散料仓库

5.3.1 散料仓库的设计应符合下列规定:

1 不易受潮的散料仓库宜设计为敞开式或半敞开式;易受潮的散料仓库应设计为全封闭式;需防潮的散料,仓库内应有除湿设施。

2 仓库内可做成地坑式,地坑深度不宜超过2.50m。

3 设有挡料墙的敞开式仓库，挡料墙宜设在盛行风向的上风侧。仓库挡料墙应高出室内地面1.00m以上，且应低于物料允许堆放高度0.50m。

4 仓库地面应根据具体的地质情况采取地基处理措施。仓库内地面应采取排水措施，在易积水的地面安装设备或钢支架时，设备基础或钢支架支腿应设混凝土基础，基础顶面宜高出附近地面0.10~0.20m。

5 仓库室内地下储斗、地槽、溜槽的顶面宜高出地面0.30m以上。

6 仓库内粉尘易飞扬的部位，应采取密闭措施，并应设置通风除尘设施。

7 各种形式的储料仓、料斗、地槽均宜采取防止堵料和起拱的措施，寒冷地区还应采取防冻措施。

8 散料仓库的面积利用系数宜取0.70~0.80，储存量及面积计算应符合本规范附录D的规定。

5.3.2 耙料机库应符合下列规定：

1 门式耙料机库应符合下列规定：

1）仓库内料堆两端应设置承重挡料墙，中间可设置低于两端挡料墙的隔墙。

2）耙料机轨道应安装在±0.00平面，地面带式输送机一侧耙料机地面应按耙料机规格要求确定，宜高出±0.00平面1.60~2.00m。

3）配合耙料机工作的出库带式输送机带面标高宜为0.80~1.00m，在仓库内应水平布置。

4）仓库控制室宜设置在散料仓库中部靠近出库带式输送机一侧的外侧面，控制室地面宜高出散料仓库地面2.00~3.00m。

5）仓库内堆料区以外应留有检修场地。

2 回转耙料机（圆形）库应符合下列规定：

1）进库应采用架空带式输送机，应在仓库中心下料，并应与回转耙料机配合堆料。出料应采用地下带式输送机。

2）圆形仓库内应采用相应的回转耙料机堆取料，进料与出料应采用带式输送机。回转耙料机中部基础处地面应提高。圆锥形库底与水平夹角宜采用6°00′~7°12′。

5.3.3 抓斗桥式起重机仓库应符合下列规定：

1 仓库跨度不宜小于24.00m。柱距宜选用6.00~9.00m。仓库长度不宜小于跨度的2倍，并应在长度方向的端部留出检修或更换抓斗的空地。

2 当同一轨道上设置两台及以上抓斗桥式起重机时，每台起重机作业长度不宜小于40.00m，每台起重机应能单独切断电源。土建设计荷载应按两台起重机在同一柱内靠近作业时的最大轮压计算。

3 起重机电源主滑线应设置在司机室对侧。

4 起重机轨道外侧应设置走道，外侧有柱时，走道在柱子外的净宽不应小于0.60m，净空高度不应低于2.20m。走道外无挡墙时应设置栏杆，栏杆有效高度应为1.10m；每台起重机均应设置运行人员从地面进入司机操作室的楼梯。

5 当有机车进入仓库时，仓库跨度不宜小于24.00m，起重机轨顶标高与铁路轨顶标高的垂直高差不应大于8.00m。抓斗最大运行高度应低于极限高度0.30~0.50m，抓斗下限（张开状态）与料斗面、料堆顶面的距离不应小于0.50m。起重量5.0t的起重机，其轨面应高于料堆表面5.00m以上，并应高于仓库地面12.00~15.00m。

6 同一仓库内宜堆放储存单一物料；如需在同一仓库内堆放储存两种及以上不同品种、不同规格物料时，宜采用隔墙分开。

7 易自燃物料的堆高不应大于3.50m，且不宜采用低地面；非自燃物料，可增加堆放高度。

8 散料出库当采用高位受料斗形式时，受料斗顶面标高不宜高于6.00m。设置在上口的型钢箅子板应能承受抓斗的撞击。料斗中心线应在抓斗运行水平极限位置以内不小于0.50m处。同一仓库内若设置2个受料斗时，受料斗间距宜取25.00~50.00m。

9 起重机跨度范围内设置铁路卸车站台时，铁路中心至柱子边最近间距不应小于2.5m（车辆为单侧卸料）。起重机司机室宜布置在靠近铁路站台一侧。

10 有推土机或装载机作业的仓库，柱距不应小于7.20m，并应设置推土机或装载机进出的通道。

11 桥式抓斗起重机跨度内不宜设置沿铁路站台的地面带式输送机。当设置沿铁路站台的地面带式输送机时，移动式受料斗高度不宜超过铁路敞车上缘。受料斗上口尺寸应与抓斗张开后的尺寸相适应，并应设置箅子板。箅子孔的尺寸应符合料斗下部给料机的工作要求。

5.3.4 不设置起重机的仓库应符合下列要求：

1 仓库内宜配备推土机、装载机、叉车、移动式带式输送机或手推车等搬运机械。

2 用于堆取料作业的推土机，其台数可根据作业量及推土机性能等因素计算确定，备用台数不宜少于计算台数的50%。当推土机仅用于平整、压实和倒运时，推土机的总数不宜少于2台。履带式推土机运距不宜大于50m。可根据倒运作业的需要配备1台轮式装载机。

3 当有推土机作业时，应在仓库附近设置推土机库，并宜设置冲洗台和储油间。

5.4 钢筋混凝土筒仓

5.4.1 筒仓的平面布置，应根据工艺、地形、工程地质和施工等条件，经技术经济比较后确定。群仓可选用单排或双排布置。

5.4.2 筒仓的平面形状宜选用圆形。小型圆形群仓宜选用仓壁外圆相切的连接方式。当筒仓直径等于或大于18.00m时，宜采用单仓独立布置形式。

5.4.3 直径大于10.00m的圆形筒仓，仓顶上不宜设置有振动的设备。

5.4.4 筒仓仓壁上开设的洞口，其宽度和高度均不宜大于1.00m。

5.4.5 筒仓进料宜采用仓顶带式输送机，卸料设备宜采用固定带式输送机配电动犁式卸料器；进仓输送设备应设置除铁装置；仓顶物料进口应设置箅栅，箅栅孔最小边尺寸应大于进仓物料最大粒径的1.2倍。

5.4.6 筒仓排料口形式、数量、尺寸、漏斗壁倾角及高径比等参数，应根据物料的颗粒组成、流动性、设计的流动形式以及地基和工艺条件确定。筒仓下部排料应顺畅。

5.4.7 直径等于或大于15.00m的筒仓，下部宜采用槽形漏斗，并应采用叶轮给料机排料。直径大于18.00m的筒仓，可采用环形漏斗及相应的排料设备。直径小于15.00m且下部采用2~4个圆锥形漏斗的筒仓，漏斗部分应光滑耐磨，可装设助流装置或预留装设助流装置的条件。

5.4.8 筒仓内存放可燃易爆物料时，应采取防火防爆措施。仓内应设置可燃气体浓度报警仪，仓面应设置通风机，仓顶沿仓壁周围应设置瓦斯排放孔，仓顶结构应采取泄爆措施；筒仓内存放自燃、发热、散湿及易散发有害气体的散料时，筒仓上方应设置相应的通风排气管口。

5.4.9 筒仓应设置安全保护及监测装置，其监测仪表以及防火防爆装置的显示、控制装置，应集中安装在输送系统集中控制室或筒仓控制室内。筒仓集中控制室应设置在筒仓以外。

5.4.10 筒仓应设置料位信号、料位指示设备和避雷设施。

5.4.11 筒仓应根据储存物料的特性设置防尘、防自燃和排风的设施。储存物料易产生粉尘的筒仓顶部和筒仓卸料处应设置相应的密封除尘装置。

5.4.12 筒仓下部应设置事故排料口,且应采取将排料口排出的物料返回系统的措施。

5.4.13 当储存的物料不允许破碎时,宜在筒仓(深仓)内设置中间螺旋溜槽或采用浅仓。

5.4.14 除引入仓顶的带式输送机通廊外,仓顶面的建筑物还应另外设置1个出入口。

5.4.15 筒仓建造在严寒地区时,应采取防冻措施。

5.4.16 圆形筒仓底部可分为平底和锥底。锥体内壁对水平面的倾角应根据物料静堆积角确定。

5.4.17 筒仓的锥部形状,应根据工艺需要,经技术经济比较后确定。应采用双列缝隙式或锥体四口出料,对于小直径的筒仓,可采用双曲线单口出料。

5.4.18 筒仓顶部应设置防雨棚,仓顶部入口四周应有宽度不小于0.80m的人行走道。

5.4.19 筒仓底部卸料装汽车时,仓底下地面净空高度不应小于汽车载货时的最大高度加0.30m。

5.4.20 筒仓底部卸料装火车时,仓有关部位尺寸应符合现行国家标准《工业企业标准轨距铁路设计规范》GBJ 12的有关规定。

5.4.21 储存磨损性物料的筒仓应在仓底锥体部位设置耐磨层。

5.4.22 筒仓的设计应满足下列要求:

1 仓顶建筑物内应设起重设备,起重梁应伸出仓体。

2 总容量超过25000t的大型筒仓,可设置客货两用电梯。

3 叶轮给料机排料的筒仓,叶轮给料机运转层两端应留有叶轮给料机检修场地,并应配备起重设备。

4 筒仓下部为锥形漏斗时,排料口应设置能截断料流的闸门。

5 仓顶应设置检修人孔,尺寸不应小于0.60m×0.70m,并应加盖板。

5.5 操作班次

5.5.1 原料入库和成品出库的操作班次,应根据原料、成品运输方式及运输部门的有关要求确定。业主若无规定时,铁路运输宜为二班制,水路和公路宜为一班制或二班制。

5.5.2 当成品包装为三班制,包装区有缓冲储存区时,桶装、袋装成品入库储存班制应为一班制;当包装区无缓冲储存区时,成品入库储存班制应与包装操作班制一致。

5.5.3 化学品、危险品、金属材料、备品备件等仓库的操作班次宜为一班制。

6 储存天数

6.1 一般规定

6.1.1 物料的储存天数应根据生产规模、运输方式、运输距离、仓库区地理位置、气象条件、市场条件等因素确定,并应符合下列规定:

1 生产规模大时,储存天数可减少;生产规模小时,储存天数可增加。

2 运输距离远时,储存天数可增加;运输距离近时,储存天数可减少。

3 采用铁路运输时,储存天数可减少。

4 采用水路运输,水、陆联运,特别是海、河联运时,储存天数可增加。

5 以公路运输为主,且运距较短时,储存天数较其他运输方式可减少。

6 地处冰冻期较长的寒冷地区或多雨地区,对运输、装卸有影响时,储存天数可增加。

7 原料能保证定点供应时,储存天数可减少;原料不能保证定点供应时,储存天数可增加。

8 需特殊处理的物料的储存天数可相应增加。

9 市场来源特殊的物料的储存天数应按实际需要确定。

6.1.2 易燃、易爆物料的储存天数及其相应的储存量应符合现行国家标准《常用化学危险品贮存通则》GB 15603的规定。

6.2 成品、原(燃)料

6.2.1 散装原(燃)料储存天数,可按本规范附录E确定,本规范附录E未规定的其他散料的储存天数可按本规范附录E同类物料确定。

6.2.2 桶装、袋装物料的储存天数,可按本规范附录E确定。

6.3 化学品、危险品

6.3.1 化学品、危险品的储存天数,当国内供应时应取20～30d,当国外进口时应取30～90d。

6.3.2 特殊化学品、危险品的储存天数不应大于其物料性能的有效期。

6.4 金属材料、备品备件

6.4.1 金属材料的储存天数宜为90d;特殊紧缺材料、进口材料宜为180d。

6.4.2 通用常规的备品备件储存天数宜为90d。

6.4.3 国内供应的关键设备的备品备件储存天数宜为120～180d。

6.4.4 引进装置随机提供的备品备件应按合同规定提供的备品备件量储存。

7 建筑设计

7.1 一般规定

7.1.1 独立设置的仓库区,其单座仓库的面积、耐火等级、防火间距及疏散要求应符合现行国家标准《建筑设计防火规范》GB 50016的有关规定;位于所属石油化工企业厂区内的仓库区,且消防水系统依托所属企业时,其单座仓库的面积、耐火等级、防火间距及疏散要求应符合现行国家标准《石油化工企业设计防火规范》GB 50160的有关规定。

7.1.2 合成纤维、合成橡胶、合成树脂及塑料等仓库的要求,应符合现行国家标准《石油化工企业设计防火规范》的规定。

7.1.3 单座占地面积超过12000m²的包装物料仓库,其内部主通道的宽度不宜小于5.0m,与堆垛的最小间距不宜小于1.0m,并应与库外车行道路顺畅连接。

7.1.4 危险品仓库应符合下列规定:

　　1 大型化工装置中的火灾危险性为甲、乙类的危险品仓库宜单独设置,如不能分幢设置时应设置防火墙进行分隔,其分隔面积不应超过现行国家标准《建筑设计防火规范》GB 50016的有关规定,每个隔间应有独立的外墙及出入口。

　　2 危险品仓库严禁布置在建筑物的地下室或半地下室内。

　　3 仓库净空高度不宜小于3.50m。

　　4 放射性物质、剧毒性物料仓库的建筑设计应符合现行国家标准《常用化学危险品贮存通则》GB 15603的有关规定。

7.1.5 仓库屋面防水等级不应低于Ⅲ级;危险品仓库屋面防水等级不应低于Ⅱ级。

7.1.6 仓库室内外地面高差不应小于0.15m,并应符合下列规定:

　　1 储存比空气重的气体时,仓库室内外地面高差不应小于0.30m,且应在接近地面处开通风窗。

　　2 当室内地面需架空时,仓库室内外地面高差不应小于0.60m。

7.1.7 当储存物料对建筑物产生腐蚀时,应根据腐蚀介质特性对建筑构件采取防腐蚀措施,并应符合下列规定:

　　1 产生气相腐蚀的物料仓库,其内部的墙面、屋面、梁、柱均应采取防腐蚀措施。

　　2 储存酸、碱类物料的钢结构仓库,其构件应同时满足防火及防腐蚀的要求。

　　3 储存有腐蚀性的火灾危险性为甲、乙类物料仓库,当构件设置有保温构造时,其保温材料的燃烧等级不得低于B1级,在构造设计时应采取防腐蚀措施。

7.1.8 仓库设计使用年限应为50年,临时建筑设计使用年限应为5年。

7.1.9 仓库墙体下部宜设置高度不小于1.00m的防撞实体墙。

7.2 门　窗

7.2.1 仓库外窗设计应符合下列要求:

　　1 窗台高度不宜小于1.80m,且应高于物料的堆放高度。

　　2 可开启的外窗窗扇应向外开启,天窗的开启与关闭应灵活、便利。窗的密闭性能应符合现行国家标准《建筑外窗抗风压性能分级及检测方法》GB/T 7106的有关规定。作为泄爆面积的窗,应采用安全玻璃。

　　3 对有特殊要求的外窗应设置遮阳构造。

7.2.2 建筑面积大于1000m²的火灾危险性为丙类的物料仓库,应设置排烟系统;排烟系统设计应采用排烟窗自然排烟,当不能满足要求时,应设置机械排烟系统。

7.2.3 排烟窗可分为侧窗和天窗,或采用易熔材料制作的天窗采光带,也可混合使用。

7.2.4 采用侧窗和天窗进行排烟设计时,应符合以下要求:

　　1 侧窗高度在室内高度1/2以上的面积可作为排烟面积。

　　2 排烟窗应采用手动或电动的开窗机进行控制。当采用电动开窗机时,开窗机的启动装置应设置在明显和便于操作的部位,距地面高度宜为1.20~1.50m,排烟窗面积应为排烟区域面积的4%;当采用手动开窗机时,排烟窗面积应为排烟区域面积的6%。

　　3 当仓库内设置有自动喷水灭火系统时,排烟窗面积可减半。

　　4 室内净高度超过6m时,净高度每增加1m,排烟窗面积可减少10%,但最大减少量不应超过50%。

7.2.5 采用易熔材料制作的天窗采光带进行排烟设计时,应符合下列要求:

　　1 排烟窗的材料熔点不应大于80℃,且在高温条件下自行熔化时不应产生熔滴。

　　2 固定的天窗采光带面积应为可开启外窗排烟面积的2.5倍。当仓库同时设置可开启外窗和固定采光带时,可开启外窗面积与40%的固定采光带面积之和应达到排烟区域所需的排烟窗面积。

7.2.6 排烟侧窗应沿建筑物的二条对边均匀布置。天窗应在屋面均匀布置,当屋面坡度不大于12°时,每200m²的建筑面积应安装1组排烟天窗;当屋面坡度大于12°时,每400m²的建筑面积应安装1组排烟天窗。

7.2.7 固定采光带、采光窗应在屋面均匀布置,每400m²的建筑面积应安装1组固定采光带或采光窗。

7.2.8 设有天窗或采光带且檐高大于10m的仓库,宜设置不少于2座上屋顶的检修用梯。

7.2.9 仓库大门的设计,应符合下列要求:

　　1 应满足保温和防腐的要求。

　　2 应向外开启。当选用推拉门时,应设置向外开启的小门;人员集中或主要出入的门应带有玻璃亮子,也可在门扇上设置玻璃窗,并应采用安全玻璃。

　　3 外门应设置雨篷。

　　4 洞口尺寸应根据储存物料包装的规格及搬运工具的类型确定,最小宽度应为运输工具的最大宽度加上0.60m;最小高度应为运输工具载货时的最大高度加0.30m。

　　5 通行汽车的大门洞口宽度不应小于3.60m,高度不应小于4.00m。

　　6 通行火车的大门洞口尺寸,如无超限车进入时宽度不应小于4.00m,高度不应小于5.00m;如有超限车进入时宽度不应小于4.90m,高度不应小于5.50m。

　　7 通行其他无轨道运输工具的大门洞口宽度不应小于2.10m,高度不应小于2.40m。

7.2.10 储存火灾危险性为甲、乙类物料仓库宜采用金属门窗,不应采用硬聚氯乙烯门窗。

7.2.11 储存火灾危险性为甲、乙类物料仓库的金属门窗,应采取静电接地及防止产生火花的构造措施。

7.3 地　面

7.3.1 仓库地面及车行坡道的地基和结构垫层的设计,应符合现行国家标准《建筑地面设计规范》GB 50037的有关规定。

7.3.2 地下水位与设计地面高差小于0.50m时,地面构造应采取防水措施;地下水位与设计地面高差大于0.50m时,地面构造应采取防潮措施。

7.3.3 湿陷性黄土地基或天然地基承载力小于60kN/m²时,地面的地基宜采取加固措施。

7.3.4 仓库地面面层的设计应根据使用要求确定,并应满足洁净、防腐蚀、防滑、防爆、耐磨、抗静电等特殊要求。

7.3.5 仓库地面排水应符合工艺排放要求。

7.3.6 仓库出入口宜采用坡道与库外道路连接,宽度宜为门洞口宽度加1.00m;坡度的设置应符合下列规定:

    1 室内外高差不大于0.30m时可采用1:6。

    2 室内外高差大于0.30m时可采用1:8。

7.3.7 寒冷地区坡道面层应采取防滑措施。

7.4 采暖通风

7.4.1 仓库内物料散发的有害物质应通风排除,仓库通风换气次数不应少于表7.4.1的规定:

表7.4.1 仓库通风换气次数

名　称	通风换气次数(次/h)
桶(瓶)装易燃油库	3
氧气瓶库	1.5
乙炔瓶库	3
电石库	3
桶(瓶)装润滑油库	1.5
酸类储存间	3
化学品库	2

注:氰化钾、氰化钠等剧毒物质,应放在密闭柜内,并应进行机械通风,排风量宜按1500m³/h设计。

7.4.2 机械排烟及通风的设计,应符合下列要求:

    1 应符合现行国家标准《采暖通风与空气调节设计规范》GB 50019的有关规定。

    2 每个防烟区的面积不宜超过500m²,且防烟区不应跨越防火分区。

    3 存放散发剧毒物质的仓库,严禁采用自然通风。

    4 含有爆炸危险性物质的排烟及通风系统的设备和管道,均应采取静电接地措施,并不应采用易积聚静电的绝缘材料制作。

    5 存放易燃易爆危险物质的仓库,其送风、排风系统应采用防爆型的通风设备。

7.4.3 有采暖防冻要求的物料储存应满足工艺要求,如工艺无特殊要求时应符合下列要求:

    1 应根据储存物料的性质选取采暖方式,仓库采暖温度应符合表7.4.3的规定:

表7.4.3 仓库采暖温度

名　称	采暖温度(℃)
金属材料库	不采暖
桶(瓶)装易燃油库	不采暖
气瓶库	不采暖
润滑油库	5℃
化学品库	5℃
有防冻要求的仓库	5℃

    2 位于寒冷地区的仓库大门应设置门斗。

    3 位于寒冷地区的装卸区宜配备汽车热启动设备。

8 堆　场

8.1 一般规定

8.1.1 不同散料应分类储存,料堆底间距不宜小于5.0m;当有作业机械通过时,不宜小于8.0m。

8.1.2 当散料堆场采用地面轨道式机械时,料堆底与堆取设备钢轨中心的距离不应小于2.0m;当采用门式抓斗起重机卸车,且在门架内堆放物料时,料堆底距卸车机行车轨道内侧不应小于1.0m,并应采取防止料堆塌陷埋没轨道的措施。

8.1.3 在火车装卸线一侧设置堆场时,料堆底与铁路钢轨中心的距离不应小于2.0m。

8.1.4 堆放可燃物料时,应采取防止自燃的措施。

8.1.5 有粉尘飞扬的散料堆场应采取防尘措施。

8.1.6 可燃物料堆场地下不应敷设电缆、采暖管道、可燃液体管道及气体管道。

8.1.7 堆场地面应平坦坚实干燥,无特殊要求时,面层宜采用混凝土或碎石压实面层。煤堆场地面可采用劣质煤压实,矿石堆场地面可采用同类矿石压实。

8.1.8 袋装物料堆场应采取防排雨水的措施。

8.2 堆场面积计算

8.2.1 堆场储存量和堆场面积应根据储存物料的特性数据和堆放形式计算。物料的特性数据应由工程建设单位提供或试验测定。散料堆场储存量及面积计算应符合本规范附录F的规定。

8.2.2 料堆高度和宽度应根据物料性质、堆场设备和场地条件确定。散料堆场堆料高度宜为3~8m,采用堆取料机的大型堆场宜为8~12m。

8.2.3 堆场面积利用系数应符合下列规定:

    1 袋装堆场宜采用手推车堆包,每垛堆高不宜大于10袋,堆场面积利用系数宜为0.70~0.80;当采用托盘人工码垛、叉车堆存时,每托盘堆置宜为25~60袋,堆高宜为1~3托盘,堆场面积利用系数宜为0.60~0.75。

    2 散料堆场面积利用系数宜为0.70~0.80。

    3 桶装物料宜采用托盘码垛和叉车运输堆放,堆场面积利用系数宜为0.50~0.65。

8.2.4 桶装堆场应符合下列规定:

    1 储存易燃易爆等危险品的大包装桶应单层堆放。

    2 桶装堆场应有空桶堆放面积。

8.2.5 储存易自燃的物料堆场,应有堆场总计算面积10%的空地作为处理事故场地。

8.3 抓斗门式起重机堆场

8.3.1 兼作卸车作业用的抓斗门式起重机的抓斗容积不宜大于3.0m³,抓斗开启方向应与运输车辆的长度方向一致,并应设置抗风移动锁定装置。

8.3.2 散料斗宜设置在门式起重机刚性支腿一侧,同时应配备受料地槽或带式输送机。带式输送机基础应高于附近平整地面,输送通道边缘至卸车线中心不应小于5.00m。

8.3.3 门式起重机轨道宜敷设在钢筋混凝土的长条形基础上,轨道两端伸出堆场端部不应小于10.00m。不设置挡料墙时,轨顶宜高出地面0.50~1.00m。轨道两端应设置限位器和阻进器,限位器和阻进器的位置应保证大车有不小于1.00m的滑行距离。

8.3.4 堆料高度应低于抓斗在最高位置时的底部1.00m,并低于司机操作室底部0.50m。

8.3.5 当门式起重机采用裸滑线供电时,裸滑线应布置在司机操作室的对侧,距地面高度不应低于**3.50m**。

8.3.6 门式起重机轨道端部靠司机室一侧应设置检修平台。

8.3.7 堆场应配备辅助供料设施。

8.4 抓斗桥式起重机堆场

8.4.1 抓斗桥式起重机兼作卸车机时,抓斗容积不宜大于3.0m³,抓斗开启方向应与车辆长度方向一致。

8.4.2 抓斗的提升高度以及抓斗完全张开后的下限与受料斗顶面或堆场料面的距离,应符合本规范第5.3.3条的规定。

8.4.3 抓斗桥式起重机大车运行安全极限应为1.00m,小车运行安全极限应为0.50m。大车轨道两端应设置限位器和阻进器。

8.4.4 抓斗桥式起重机跨度范围内设置铁路卸车站台时,铁路中心线至柱子边最近间距应符合本规范第5.3.3条的规定。

8.4.5 堆场宜配备推土机或装载机,并应符合本规范第5.3.3条的规定。

8.5 斗轮式堆取料机堆场

8.5.1 轨道式斗轮堆料机轨道基础宜采用钢筋混凝土整体条形基础,轨顶面应高于堆场地面0.50～2.00m,轨道两端应设置限位器和阻进器。

8.5.2 当两台悬臂式堆料机并列布置时,轨道中心线之间的距离宜取堆取料机悬臂长的2倍。两侧料堆外边线距轨道中心线的距离不应大于堆取料臂长与料堆高度之和。

8.5.3 堆取料机轨道端部应留有堆取料机检修的场地。

8.5.4 当推土机与堆取料机配合作业时,应设置推土机出入堆场的通道,通道的净空高度不应小于4.00m。

9 控制与管理

9.1 一般规定

9.1.1 在仓库及堆场的设计中,应根据建设项目具体条件选择和确定管理控制方案,并应与整个石油化工企业生产装置的控制水平和操作管理要求相适应。

9.1.2 仓库及堆场的控制应符合下列规定:

1 品种多、工厂控制水平要求高的仓库及堆场,宜采用集中自动化控制。

2 品种少、工厂控制水平要求不高的仓库及堆场,宜采用半自动化控制或普通人工控制。

3 堆场宜采用机旁手动操作控制。

9.2 控 制

9.2.1 仓储人工控制宜设置就地控制或简易操作控制台。

9.2.2 设备多、控制过程复杂的仓库机械化运输系统,宜设置可编程逻辑控制器系统控制,并宜设置控制室。岗位操作人员可根据需要就地解除或接通连锁的控制开关。

9.2.3 仓库内测量、计量、测温、控制反应物料流量的宜进入集散控制系统控制,仓库的外部进料或入库装置应设置连锁控制,并应在控制室集中监控。

9.2.4 当采用工业电视监控时,在仓库的通道、交叉口或操作人员不宜进入以及关键生产岗位的地方,应设置监控探头。

9.2.5 系统中移动设备的走行机构不应进入连锁,应事先单独启动或停车。

9.2.6 在控制室应设置扩音对讲装置和交换机。

9.2.7 仓库储运系统中设置有计量计数测试时,应设置测试报警装置。

9.3 管 理

9.3.1 仓库的操作管理应执行同一物料先入库物料先出库,后入库物料后出库的管理原则。

9.3.2 化学品、危险品、金属材料、备品备件、劳保用品等仓库或综合仓库,可采用人工输入计算机管理的半自动化管理,也可采用仓库管理系统的自动化管理。

9.3.3 两套及以上装置产品合并在同一包装仓库中时,宜设计为自动化控制仓库,可采用仓库管理系统。

9.3.4 仓库管理系统的基本组成应包括下列内容:

1 条码打印。

2 条码扫描。

3 手持RF(无线终端)。

4 车载RF(无线终端)。

5 工作站。

6 外部互联网。

7 数据库服务器及应用服务器。

10 仓储机械

10.1 一般规定

10.1.1 选用仓储机械设备时,应减少机械类型、品种、规格,同时应兼顾技术方案、长期运行、扩建发展的经济性。

10.1.2 用于爆炸危险区域内的机械设备应选用防爆型。

10.1.3 对人体有害的工作环境,应选用控制水平较高的机械设备。

10.2 主要仓储机械的选用

10.2.1 仓库堆场装卸机械数量应按本规范附录G计算。

10.2.2 仓库内无堆高要求,且载重量在2.0t以下时,可选用电动液压托盘搬运车或全电动托盘搬运车。

10.2.3 叉车及其属具配套应符合下列要求:

1 仓库内物料为集装单元时可选用各类叉车,并应配置相应属具。

2 金属材料仓库、备品备件仓库宜配备载重量3.0t以上的叉车。

3 桶装或袋装为集装单元时宜配备载重量1.0～3.0t的叉车,起升高度宜大于3.00m。当货物堆垛高度较高时,宜采用高位叉车。

4 当驶入式货架、手动或电动移动式货架高度不大于7.00m时,宜选用前移式蓄电池叉车,起重量1.5t以下的平衡重式蓄电池叉车或液化石油气叉车;当货架高度超过7.00m时,应选用适用于高层货架的高位叉车。

5 封闭的仓库内,宜选用蓄电池或液化石油气叉车;敞开或半敞开的仓库内,可选用内燃机叉车。

10.2.4 门式耙料机可用于长条形散料仓库;回转式耙料机可用于圆形仓库。

10.2.5 斗轮式堆取料机可用于大型散料堆场取料,并宜与带式输送机配套使用。

10.2.6 推土机或装载机可用于小型散料堆场或散料仓库的堆料、倒运、清场等作业。推土机兼作压实时宜选用轮式。

10.2.7 起重机械的选用应符合下列规定:

1 当起重量不大于 5.0t,且跨度不大于 16.00m 时,可选用悬挂式桥式起重机;在多层综合仓库底层使用时,可地面操作。

2 当起重量不大于 10.0t,且跨度不大于 22.50m 时,可选用单梁电动桥式起重机。

3 当起重量大于 10.0t,且跨度大于 22.50m 时,应选用双梁电动桥式起重机。

4 桥式堆垛机可用于袋装仓库的出入库操作。入库时宜与包装线输出的带式输送机配套使用。桥式堆垛机起升高度宜为 5.40~8.00m,跨度宜为 8.00~25.50m。

5 门式起重机可用于金属材料堆场、大件设备堆场或集装箱堆场。

6 抓斗门式起重机或装卸桥可用于散料仓库。当兼作卸车时,抓斗容积宜为 2.5~3.0m³。

10.2.8 托盘的选用应符合下列规定:

1 集装单元托盘规格宜选用国家标准或国际标准尺寸,标准尺寸不能适用时,塑料托盘应选用制造厂现成规格,其他材质托盘可根据需要尺寸自行设计。

2 采用驶入式货架塑料托盘储存时,宜选用注塑塑料托盘。

3 使用于有爆炸危险的物料时,应采用塑料或木制托盘。

4 物料包装外形齐整的产品可选用箱式托盘,箱式托盘宜选用可拆式或折叠式。

5 当托盘不出厂时,其数量应根据仓库储存量确定,并应另外加 5%~10% 的余量;当托盘出厂时,其数量应按根据托盘回收周期确定余量。

10.2.9 货架的选用应符合下列规定:

1 板式货架可用于储存备品备件、劳保用品和小型箱装、桶装物料。当采用人工存取时,宜为 3~5 层,货架高度不宜大于 2.00m。每层荷载为 3.00~5.00kN 时,宜选用轻型或中型货架;每层荷载为 5.00~8.00kN 时,应选用重型货架。

2 悬臂式货架可用于金属材料库,除金属板材以外的金属型材,宜配备叉车或起重机械存取。每层荷载小于 1.50kN 时,宜选用轻型悬臂式货架;每层荷载为 1.50~5.00kN 时,宜选用中型悬臂式货架;每层荷载大于 5.00kN 时,应选用重型悬臂式货架。

3 驶入式货架可用于储存托盘码垛集装的袋装、箱装物料,并宜配备叉车存取。每个货格的荷载不宜大于 10kN。当采用纵向深度、单向通道操作时,货格数量不宜超过 4 格,当采用双向通道操作时,货格数量不宜超过 8 格。

4 手动或电动移动式货架可用于储存托盘码垛集装的备品备件和小型箱装、桶装物料以及半自动或自动化控制的仓库。

11 安全与环保

11.1 消 防

11.1.1 当仓库区独立布置,消防水系统不能依托所属石油化工企业时,仓库区的消防设计应符合现行国家标准《建筑设计防火规范》GB 50016 的有关规定;当仓库区位于石油化工企业内,消防系统依托所属石油化工企业时,消防设计应符合现行国家标准《石油化工企业设计防火规范》GB 50160 的有关规定。

11.1.2 仓库内应设消火栓,消火栓的间距应由计算确定,且不应大于 50m。

11.1.3 仓库区灭火器的配置应符合现行国家标准《建筑灭火器配置设计规范》GB 50140 的有关规定。

11.1.4 存放具有易燃、易爆、助燃等危险性物料仓库,应设置火灾报警装置和可燃气体浓度报警仪。

11.2 安 全

11.2.1 进入有爆炸或火灾危险场所的人员必须穿戴不产生静电的劳保用品;进入有放射线危险场所的人员必须穿戴防辐射的劳保用品;进入有毒场所的人员必须佩戴防毒面具等劳保用品。

11.2.2 有毒或放射性场所的附近应设置警示标志,并应标明有毒或放射性物质的性质、造成的危害以及应采取的防护措施等。

11.2.3 存放具有易燃、易爆、助燃等危险性物料仓库的附近,应设置人员疏散指示标志。

11.2.4 高度超过 2.00m 的作业场所应采取安全措施;在有物料坠落的场所附近应设置警告标志。

11.2.5 应在道路附近设置交通标志。

11.2.6 与仓库区无关的酸、碱管线,以及火灾危险性为甲、乙类气体或液体的管线不应穿越仓库区。仓库区地下管线上部应设置标志桩,并应表明介质名称或代号、管径、压力等级、走向等。地上管线应采取避免受撞击的措施。

11.2.7 火灾危险性为甲、乙类物料或危险品进出库,宜设置专用的出入口;车辆运输频繁,且出库后穿越所属企业的厂区时宜设置专用的运输道路。

11.2.8 消防用电设备的负荷等级,以及易燃、易爆、助燃等物料仓库的电气设备和电气装置的选择,应符合现行国家标准《供配电系统设计规范》GB 50052 和《爆炸和火灾危险环境电力装置设计规范》GB 50058 的有关规定。

11.3 职业卫生

11.3.1 仓库及堆场的职业卫生除应符合本规定外,尚应符合国家现行标准《工业企业设计卫生标准》GBZ 1 的有关规定。

11.3.2 仓库区应根据实际需要和使用方便的原则设置辅助用房,辅助用房应避开有害物质、高温等因素的影响。

11.3.3 仓库及堆场内存在易被皮肤吸收、高毒的物质以及对皮肤有刺激的粉尘时,应在仓库区内设浴室。浴室内不宜设浴池。淋浴器数量宜按 5~8 人/台设计。浴室不宜直接设在办公室的上层或下层。

11.3.4 仓库区内宜设置休息室和清洁饮水设施。女工较多时,应在清洁安静处设置孕妇休息室。

11.3.5 产生粉尘、毒物的仓库及堆场应采用机械化或自动化作业,并应采取通风措施。散发粉尘的生产过程,应采用湿式作业。

11.3.6 产生粉尘、毒物或酸、碱等强腐蚀性物质的工作场所,应设置冲洗地面和墙壁的设施。产生剧毒物质的工作场所,其墙壁、顶棚和地面等内部结构和表面,应采用不吸收、不吸附毒物的材料,并应加设保护层。仓库地面应平整防滑和易于清扫。

11.3.7 具有生产性噪声的设施应远离管理区和辅助用房布置。

11.3.8 工作场所操作人员每天连续接触噪声8h时,噪声声级卫生限值应为85dB(A);不足8h时,应按连续接触时间减半,噪声声级卫生限值应增加3dB(A),但最高限值不应超过115dB(A)。

11.3.9 工作地点生产性噪声声级超过卫生限值,采用工程技术治理手段仍无法达到卫生限值时,应采取个人防护措施。

11.3.10 管理用房和辅助用房的噪声声级卫生限值不应超过60dB(A)。

11.3.11 在可能使眼睛受损害的场所附近应设置洗眼器。

11.3.12 在不同的作业场所应穿戴相应的劳保用品。

11.4 环境保护

11.4.1 仓库区排水应采用分流制排放。污水宜采用管道排放,并宜接入本企业厂区或市政生产污水管网。当仓库区污水不能满足市政生产污水管网接入水质要求时,应采取预处理措施。未受污染的地面雨水可采用明沟(渠)排放。

11.4.2 对于间断排放的污水,宜设置污水调节池。

11.4.3 在污水排放处,宜设置取样点或检测水质和水量的设施。

11.4.4 产生粉尘、毒物或酸、碱等强腐蚀性物质的仓库及堆场,其地面或墙壁的冲洗水,应进入污水系统。仓库内有积液的地面不应透水,产生的废水应进入污水系统。

11.4.5 废渣堆场和散料堆场应远离生活区或人员集中区域,并应位于生活区或人员集中区域的全年最小频率风向的上风侧。堆场内的地表水和地下水应收集并经处理后再合格排放。堆场四周宜设置绿化隔离带。

11.4.6 仓库区应设置储存或处理消防废水的设施。

11.5 应急救援

11.5.1 储存危险物料的仓库区,应编制事故状态时的应急预案。

11.5.2 仓库区内不宜单独设置救援站或有毒气体防护站,救援站或有毒气体防护站应依托本企业或当地社会。

附录 A 计算间距起讫点

A.0.1 防火间距计算起讫点应符合下列规定:

1 相邻工厂——围墙中心。

2 仓库、厂房——外墙轴线。

3 堆场——料堆底边线或堆场装卸设备的外边缘。

4 铁路——中心线。

5 道路——城市型道路为路面边缘,公路型道路为路肩边缘。

6 码头——装油臂中心及泊位。

7 铁路、汽车装卸鹤管——鹤管中心。

8 储罐——罐外壁。

9 架空通信、电力——线路中心线。

10 工艺装置——最外侧设备外缘或建筑物、构筑物的最外轴线。

附录 B 仓库面积计算法

B.0.1 仓库面积可采用荷重法按下式计算:

$$S = \frac{Q \cdot t}{T \cdot q \cdot K} \qquad (B.0.1)$$

式中 S——仓库计算面积(m^2);

Q——仓库内物料年入库总质量(t);

t——物料的库存天数(d),可按本规范第6章的有关规定取值;

T——装置或工厂年理论操作小时折合天数(d);

q——仓库单位面积储存的物料质量(t/m^2);以集装单元进行储存的物料,应为以每集装单元储存的物料质量与所占面积之比;就地堆放的桶装、袋装物料,应为单位面积上储存的物料质量;不规则金属材料及其他物料,可按表B.0.1-1选取;

K——仓库面积利用系数,散料储存可按表B.0.1-2选取,其他物料可按本规范第5章的有关规定选取。

表 B.0.1-1 不规则金属材料及其他物料的仓库单位
面积储存的物料质量

序号	材料名称	包装方式	堆积方法	储存方式	堆积高(m)	仓库单位面积储存的物料质量(t/m²)
1	型钢	无包装	堆垛、货架	露天	1.0~1.2	2.0~3.2
2	钢轨	无包装	堆垛	露天	1.0	1.5~2.0
3	薄钢板	卷、包	堆垛、货架	室内	1.0~2.2	2.0~4.5
4	厚钢板	无包装	堆垛	露天	2.0	4.1~4.5

续表 B.0.1-1

序号	材料名称	包装方式	堆积方法	储存方式	堆积高(m)	仓库单位面积储存的物料质量(t/m²)
5	圆钢盘条	卷	堆垛	棚、室内	1.0~1.5	1.3~1.5
6	大直径钢管	无包装	堆垛	露天、棚	1.0	0.5~0.6
7	小直径钢管	无包装	棚架	室内	1.2~1.5	1.5~1.7
8	有色金属型材	无包装	堆垛、货架	室内	1.0~2.5	1.5~2.0
9	备品备件	无包装	层格架	室内	2.0~2.5	0.5~0.6
10	油漆	桶、罐	堆垛	室内	1.2~1.5	0.6~0.8
11	各种电气设备	各种包装	堆垛、货架	室内	0.5~2.5	0.8~1.2
12	电气材料与制品	各种包装	堆垛、货架	室内	2.0~2.5	0.3~0.4
13	橡胶皮革制品	各种包装	堆垛、层架	室内	1.0~2.5	0.3~0.4
14	办公用品	各种包装	层格架	室内	2.0~2.5	0.2~0.4
15	工作服及纺织品	—	堆垛	室内	1.0~2.5	0.3~0.4
16	日常生活用品	无包装	堆垛	室内	1.5~2.5	0.3~0.5

表 B.0.1-2 散料储存的仓库面积利用系数

仓库设计情况	仓库面积利用系数
采用斗轮堆取料机的散料库	>0.70
采用桥式抓斗机、单一物料库	0.75~0.80
采用桥式抓斗机、单一物料库、设地坑	0.80~0.85
采用装载机、推土机(无桥式抓斗机)	0.65~0.75
列车入库卸料	≤0.60

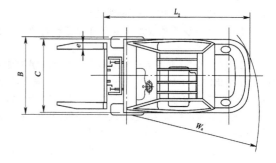

图 C.0.1-2 叉车平面

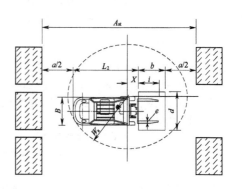

图 C.0.1-3 叉车平面位置

附录 C 叉车通道宽度计算

C.0.1 叉车通道宽度可按下式计算,叉车主通道宽度不应小于工作通道宽度的2倍:

$$A_{st} = L_2 + b + a \quad 且 \quad L_2 = W_a + X \quad (C.0.1)$$

式中 A_{st}——工作通道宽度(mm);

a——安全间隙,取400mm;

b——托盘宽度(mm);

L_2——叉车长度(mm);

X——荷载距离(前轴中心到货叉背面)(mm);

W_a——转弯半径(mm)。

A_{st}、a、b、d、L_2、X、W_a 见图 C.0.1-1、图 C.0.1-2 和图 C.0.1-3。

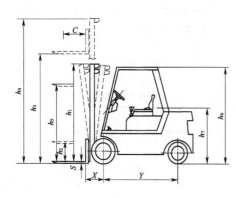

图 C.0.1-1 叉车立面

附录 D 散料仓库储存量及面积计算

D.0.1 仓库内料堆的横断面面积可按下式计算:

$$F = B_1 \cdot (H_1 + H_2) + B_2 \cdot H_0 - \frac{H_2^2}{\tan\rho} \quad (D.0.1)$$

式中 F——横断面面积(m²);

ρ——物料静堆积角(°);

H_0、H_1、H_2、B_1、B_2——见图 D.0.1(m),仓库内若不设地坑时,$H_0 = 0$。

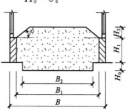

图 D.0.1 仓库内料堆的横断面

D.0.2 料堆容积可按下式计算:

$$V = F \cdot \left[L - \frac{2(H_1 + H_2)}{\tan\rho} \right] + B_1 \cdot \frac{(H_1 + H_2)^2}{\tan\rho} - \frac{2}{3} \cdot \frac{(H_1 + H_2)^2 \cdot H_2}{\tan^2\rho} \quad (D.0.2)$$

式中 L——料堆底部长度(m)。

D.0.3 料堆实际储存量可按下式计算:

$$Q = V \cdot \phi \cdot \gamma_0 \quad (D.0.3)$$

式中 Q——储存量(t);

ϕ——操作体积系数,宜取 0.75~0.85;有混匀要求的物

料,一堆在堆,另外一堆在取,宜取 0.5;

γ_0——料堆容重(t/m³)。

D.0.4 有地坑时,地坑的端部边缘距离仓库端部轴线不宜小于 3.00m。

D 0.5 应根据物料的日消耗量和储存天数计算实际储存量,再计算仓库堆存容积和料堆横断面面积,然后计算料堆底部长度,最后计算储存物料所占有效面积。料堆高度和宽度应由设计的堆取设备以及物料的静堆积角确定。

续表 E.0.2

序号	成品或原料名称	储存天数
11	硝铵	2~4
12	硫黄	15~30
13	涤纶聚酯切片	7~15
14	腈纶丝,腈纶毛条	7~15
15	涤纶丝	7~15
16	精对苯二甲酸	7~15
17	其他袋装原料	20~30

E.0.3 桶装物料储存天数可按表 E.0.3 确定。

表 E.0.3 桶装物料储存天数(d)

序号	化工原料	储存天数
1	粉体颜料	30~45
2	氰化钠	10~20
3	触媒	30~45
4	甲苯	10~20
5	天然橡胶	30~45
6	丙烯腈	10~20
7	汽油	10~20
8	柴油	10~20
9	香蕉水	10~20
10	油漆	10~20
11	凡士林脂(油)	10~20
12	丙酮	10~20
13	丙醛	10~20
14	异丙醇	10~20
15	丁醇	10~20
16	烃脂(油)	10~20
17	石蜡油	10~20
18	正己烷	10~20
19	三乙基铝	20~30

附录 E 物料储存天数

E.0.1 散装原(燃)料储存天数可按表 E.0.1 确定。

表 E.0.1 散装原(燃)料储存天数(d)

序号	物料名称	储存天数
1	食盐	20~30
2	磷矿石(粉)	10~15
3	硫铁精矿	15~20
4	原(燃)料煤	10~15
5	原(燃)料焦	10~15
6	石灰石	8~12

E.0.2 袋装物料储存天数可按表 E.0.2 确定。

表 E.0.2 袋装物料储存天数(d)

序号	成品或原料名称	储存天数
1	尿素	7~12
2	磷肥	7~15
	磷铵	5~10
3	纯碱	4~8
4	固体烧碱	4~8
5	炭黑	7~15
6	聚丙烯、聚乙烯等聚烯烃成品	7~15
7	合成橡胶	7~15
8	三聚氰胺	5~10
9	硝酸磷胺	2~4
10	复合肥	5~10

附录 F 散料堆场储存量及面积计算

F.0.1 三角形断面的条形堆场的料堆容积可按下式计算:

$$V = \frac{BHL}{2} + \frac{\pi B^2 H}{12}$$

$$= B \cdot H \cdot \left(\frac{6L + \pi B}{12} \right) \qquad (F.0.1)$$

式中 V——容积(m³);

B, H, L——见图 F.0.1(m)。

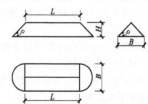

图 F.0.1 三角形断面的条形堆场平立面

F.0.2 梯形断面的矩形堆场的料堆容积可按下式计算:

$$V = V_1 + V_2 + V_3$$

$$= \frac{\pi}{3} H^3 \cdot \cot^2 \rho + H^2 \cdot (l+b) \cdot \cot \rho + l \cdot b \cdot H \qquad (F.0.2)$$

式中 V——料堆容积(m³);

V_1——四角部分容积;

V_2——四边部分容积;

V_3——中间部分容积;

ρ——物料静堆积角(°);

l, L, b, H——见图 F.0.2(m)；

V_1, V_2, V_3——见图 F.0.2(m³)。

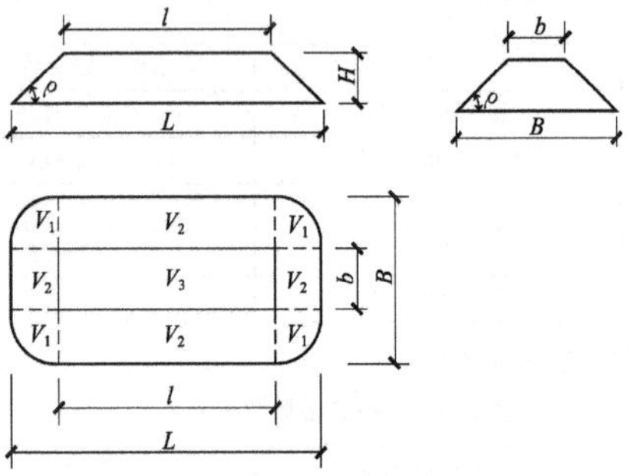

图 F.0.2 梯形断面的矩形堆场平立面

F.0.3 料堆实际储存量可按下式计算：

$$Q = V \cdot \phi \cdot \gamma_0 \qquad (F.0.3)$$

式中 Q——储存量（t）；

ϕ——操作体积系数，宜取 0.75～0.85；有混匀要求的物料，一堆在堆，另外一堆在取，宜取 0.5；

γ_0——料堆容重（t/m³）。

F.0.4 应根据物料的日消耗量和储存天数计算实际储存量，再计算堆场容积。在确定料堆横断面形式后，再计算料堆底部长度，最后计算料堆所占有效面积。料堆高度和宽度应由设计的堆取设备确定。

附录 G 装卸机械数量

G.0.1 装卸机械生产能力应按其作业性质计算确定或直接按其技术特性选取。翻车机、螺旋卸车机、链斗卸车机、装车机等连续式装卸设备的生产能力，可按厂家提供的产品技术特性选取。

G.0.2 周期性装卸作业设备的生产能力可按下式计算：

$$Q_g = \frac{60G_q}{T} \qquad (G.0.2)$$

式中 Q_g——起重机械连续运转的生产能力（t/h）；

G_q——起重机械平均每次装卸量（t），可按本规范第 G.0.3 条的规定确定；

T——一次作业循环时间（min），可按本规范第 G.0.4 和 G.0.5 条的规定计算。

G.0.3 起重机械平均每次装卸量，对成件货物应按每次平均起吊量选取，对散料应按下式计算：

$$G_q = V_{2h} \cdot \gamma_h \cdot K_x \cdot K_{ch} \qquad (G.0.3)$$

式中 V_{2h}——抓斗容积（m³）；

γ_h——货物堆积容重（t/m³）；

K_x——因抓取时压实物料引起的堆积容重修正系数，对块状物料可取 1.0，粉状、粒状物料可取 1.1～1.5；

K_{ch}——抓斗充满系数，对粉粒状物料可取 0.8～0.9，块状物料可取 0.6～0.8，煤取 1.0。

G.0.4 桥式、门式、装卸桥等轨道起重机的一次作业循环时间，应按下列公式计算：

$$T = t_q + 2(t_{sh} + t_r + t_j) + t_s \qquad (G.0.4-1)$$

$$t_{sh} = \frac{H}{V_{sh(j)}} + t_{bi} \qquad (G.0.4-2)$$

$$t_j = \frac{H}{V_j} + t_{b1} \qquad (G.0.4-3)$$

$$t_r = \frac{L}{V_x} + t_{b2} \qquad (G.0.4-4)$$

式中 t_q——抓取货物时间（min），可取 0.5～1.0；

t_{sh}——货物起升或下降时间（min）；

t_r——货物从车、船移至货位或由货位移至车、船的时间（min）；

t_j——货物下降时间（min）；

t_s——货物解索、脱钩或松抓时间（min），对成件货物可取 0.1；

H——货物的起升或下降高度（m），站台装卸时可取 2.5；地面装卸、船舶装卸及在料堆上作业时，应按实际运行高度选取；

V_{sh}, V_j——货物提升或下降速度（m/min），应根据设备技术参数选取，可设 $V_{sh} \approx V_j$；

t_{b1}——机械变速时间（min）；

t_{b2}——变速时间（min），可取 0.04；

L——货物从车、船移至货位或由货位移至车、船的距离（m），应根据工艺布置选取；

V_x——起重机大车或小车的运行速度（m/min）。

G.0.5 固定旋转起重机、门座式起重机、移动式轮胎起重机等旋转式起重机的一次作业循环时间，应按下列公式计算：

$$T = t_q + 2(t_{sh} + t_r + t_j) + t_x + t_s + 4t_b \qquad (G.0.5-1)$$

$$t_x = \frac{1}{V_{2h}} + t_b \qquad (G.0.5-2)$$

式中 t_x——起重机的回转时间（min）；

V_{2h}——起重机的回转速度（转/min），可按起重机的技术特性选取。

G.0.6 周期性工作水平搬运机械的生产能力，应按下列公式计算：

$$Q_y = \frac{60G_y}{T} \qquad (G.0.6-1)$$

$$T = t_q + 3t_{2h} + 2t_x + t_s + t_j + t_f \qquad (G.0.6-2)$$

$$t_x = \frac{0.06S}{V_x} \qquad (G.0.6-3)$$

$$t_s = \frac{H_s}{V_s} \qquad (G.0.6-4)$$

$$t_j = \frac{H_j}{V_j} \qquad (G.0.6-5)$$

式中 Q_y——搬运装卸机械生产能力（t/h）；

G_y——设备平均装载量（t），对叉车可按成组货物每次叉取量选取；对装载机可按本规范第 G.0.7 条的规定计算；

T——一次作业循环时间（min）；

t_q——抓取货物时间（min），对叉车当连托盘直接送达时，可取 0.2，托盘周转使用时可取 0.5～0.6，对装载机可取 0.2；

t_{2h}——转向时间（min），可取 0.10～0.15；

t_x——叉车或装载机行走时间（min）；

t_s, t_j——货物提升，下降时间（min），通常因铲斗提升和下降与其他作业步骤平行进行，可忽略不计；

t_f——放下货物时间（min），叉车可取 0.05～0.10，装载机可取 0.10；

H_s, H_j——货物起升，下降高度（m），对叉车平均可取 1.5；

V_x——叉车或装载机的平均行驶速度（km/h），仓库内叉车行驶速度小于或等于 10km/h。

G.0.7 装载机的平均装载量应按下式计算：

$$G_y = C \cdot K_m \cdot \gamma_h \qquad (G.0.7)$$

式中 C——铲斗容积（m³）；

K_m——铲斗充满系数,对易装载物料取 1.00~1.25,较易装载物料取 0.75~1.00,对难装载物料取 0.45~0.75。

G.0.8 装卸机械数量可按下式计算:

$$N=\frac{Q_0}{Q_{1(g\cdot y)}\cdot K_1\cdot K_2\cdot t_t} \qquad (G.0.8)$$

式中 Q_0——一次来车最大装卸量(t);

$Q_{1(g\cdot y)}$——连续性、周期性装卸式搬运机械的生产能力,可按本规范第 G.0.2 和 G.0.3 条确定;

K_1——设备完好率的系数,对连续式周期性装卸机械可取 0.90,对搬运机械可取 0.75~0.80;

K_2——考虑实际有效装车时间的系数,可取 0.85~0.90。无调车作业时取高值,有调车作业时取低值;

t_t——一次来车允许停留时间(h),可按铁路交通运输有关要求确定。

本规范用词说明

1 为便于在执行本规范条文时区别对待,对要求严格程度不同的用词说明如下:

　1)表示很严格,非这样做不可的用词:

　　正面词采用"必须",反面词采用"严禁"。

　2)表示严格,在正常情况下均应这样做的用词:

　　正面词采用"应",反面词采用"不应"或"不得"。

　3)表示允许稍有选择,在条件许可时首先应这样做的用词:

　　正面词采用"宜",反面词采用"不宜"。

　　表示有选择,在一定条件下可以这样做的用词,采用"可"。

2 本规范中指明应按其他有关标准、规范执行的写法为"应符合……的规定"或"应按……执行"。

6

中华人民共和国国家标准

石油化工全厂性仓库及堆场设计规范

GB 50475 - 2008

条 文 说 明

目 次

1 总 则 ……………………………… 6—22
2 术 语 ……………………………… 6—22
3 仓库及堆场类型 …………………… 6—22
4 总平面及竖向布置 ………………… 6—22
　4.1 一般规定 ……………………… 6—22
　4.2 总平面布置 …………………… 6—23
　4.3 道路 …………………………… 6—23
　4.4 铁路 …………………………… 6—24
　4.5 码头 …………………………… 6—24
　4.6 带式输送机 …………………… 6—24
　4.7 围墙及其出入口 ……………… 6—24
　4.8 绿化 …………………………… 6—24
　4.9 竖向布置 ……………………… 6—24
5 仓储工艺 …………………………… 6—25
　5.1 桶装、袋装仓库 ……………… 6—25
　5.3 散料仓库 ……………………… 6—25
　5.4 钢筋混凝土筒仓 ……………… 6—25
　5.5 操作班次 ……………………… 6—25
6 储存天数 …………………………… 6—26

7 建筑设计 …………………………… 6—26
　7.1 一般规定 ……………………… 6—26
　7.2 门窗 …………………………… 6—26
　7.3 地面 …………………………… 6—26
　7.4 采暖通风 ……………………… 6—26
8 堆 场 ……………………………… 6—27
　8.1 一般规定 ……………………… 6—27
　8.2 堆场面积计算 ………………… 6—27
9 控制与管理 ………………………… 6—27
　9.1 一般规定 ……………………… 6—27
　9.3 管理 …………………………… 6—27
10 仓储机械 ………………………… 6—27
　10.2 主要仓储机械的选用 ………… 6—27
11 安全与环保 ……………………… 6—28
　11.1 消防 ………………………… 6—28
　11.2 安全 ………………………… 6—28
　11.3 职业卫生 …………………… 6—28
　11.4 环境保护 …………………… 6—28
　11.5 应急救援 …………………… 6—28

6

1 总　则

1.0.1 本条规定了石油化工仓库及堆场的原则要求。

石化产品数量大，种类多，火灾危险性大，设计时首先要考虑安全可靠，技术先进，但同时兼顾经济和社会效益。

1.0.2 本条规定了本规范的适用范围。

经调查，高层立体仓库在石化企业中使用很少，其次，石化企业产品亦大部分不适用于立体仓库，故本规范未列入条文中。

随着国家经济体制改革，石化企业中辅助设施要逐步推向社会，今后依托社会的仓库及堆场将越来越多，在设计时亦应执行本规范的规定。

1.0.3 本规范涉及的专业较多，但条文重点在总图、仓储工艺、建筑，涉及其他专业性较强的条文，在设计时，尚应执行国家现行的有关标准的规定。

2 术　语

2.0.1 本条明确了全厂性仓库的范围。液体及气体储罐、基建仓库、车间内部的工具间均不在其中。

2.0.2 本条明确了全厂性堆场的范围。基建物资堆场不在其中。

2.0.6、2.0.7 区别于广义的危险品仓库概念，把危险品仓库和化学品仓库并列，且均不含大宗原（燃）料和成品、半成品，避免内延有交叉的两种物料仓库并列使用，造成混乱。

2.0.10 驶入式货架可用于托盘码垛集装单元物料的储存，托盘存放在货架立柱的牛腿梁上，叉车从货架正面货架立柱之间形成的通道驶入，存取托盘。

3 仓库及堆场类型

3.0.1 石化行业中的仓库类型很多，仓库的分类方法很多，但要完全分清楚很难。综合各方面的意见，按功能和物料的性质两种方式对仓库进行了分类，把基建仓库排除在外。

3.0.2 堆场分类的方法很多，很难完全分清楚，仅按照物料的功能、物料的包装形式以及装卸机械三个方面来分。

3.0.3 考虑到石化行业的特点，储存物料的火灾危险性分类按照《石油化工企业设计防火规范》GB 50160 中的规定执行。

4 总平面及竖向布置

4.1 一般规定

4.1.1 当仓库及堆场建设在城镇或靠近城镇时，其总体规划应以城镇规划为依据，并符合其规划要求。不在城镇附近的亦应与当地的地区规划相协调。

随着我国社会经济的快速发展，国家对安全、消防、环保、职业卫生越来越重视。有必要在本规范中体现，为打造和谐社会创造物质基础。

4.1.2 石化企业发展很快，产品变化也快，仓库及堆场留有一定的发展余地很有必要。

4.1.3 本条强调合理利用土地，减少运输距离，最终达到节约用地和降低运营成本的目的。

4.1.4 仓库及堆场相对集中，可以方便管理。靠近主要用户布置，可以节约运营成本。

管理及辅助用房对卫生、防火的要求与仓库及堆场的要求不同。集中布置可以提高土地利用率，改善管理及辅助用房的周围环境。

4.1.5 酸、碱及易燃液体类危险品一旦泄漏，容易流淌，布置在厂区边缘地势较低处，可以减少对其他设施的影响。

4.1.6 建筑物有好的朝向，可以节约能源。

4.1.7 绿化有降低噪声，吸附粉尘，吸收有害物质，调节空气湿度，减少水土流失，减少二次污染等功效。仓库区应进行绿化，但绿化面积太大会造成土地浪费，需经权衡确定。

4.1.8 运输线路布置的好坏直接影响物料的运营成本，线路是否有折返是评判布置是否合理的主要因素。

人流应避免与有较大物流的铁路、道路交叉,可以有效保证人员出行安全,也能保障物流的畅通。

4.1.9 本条目的是便于危险品仓库管理,尽可能地减少事故发生几率,保护人身安全。

4.1.10 本条目的是尽可能地减少事故的范围,降低事故损失,避免人员伤亡。有爆炸危险的火灾危险性为甲、乙类散发可燃气体的物料仓库位于散发火花地点的最小频率风向的上风侧,可以最大限度地减少可燃气体漂移至散发火花地点,降低引发事故的几率。

4.1.11 仓库区对外运输方式主要有水路、铁路、公路、管道等运输方式,水路运输存在运量大、运费低等优点,有条件的地区应充分利用和重视水运,合理布置陆域仓库区的各种设施,减少运输费用。

4.1.12 位于海(江、河)或山区、丘陵地带的仓库及堆场,直接受到海潮、内涝、山洪的威胁,造成的直接经济损失会相当大,而且对附近的环境也会造成一定的危害。需采取诸如抬高场地设计标高、修筑堤坝、设置排水泵站等措施来避免损失,以减少对环境的危害。防洪排涝采取的办法很多,费用也各不相同,应根据仓储的规模,物料性质,服务年限等因素来慎重确定防洪的标准和采取防洪的措施。

4.1.13 不良地质地段是指泥石流、滑坡、流沙、溶洞、活断层等地段。仓库或堆场布置在上述地段时,势必增加风险,增加基础处理的费用。当不可避免时,应采取加固措施。

4.1.14 仓库区选址建在山区、丘陵地带的为数不少,平行等高线布置,可以减少土方工程量,减少边坡支护费用。雨水是边坡失稳的主要因素,边坡形成前,雨水排放设施必须跟上,以保证边坡稳定。

位于山坡地段建设的仓库及堆场,整体滑移,不均匀沉降是主要地质危害,平行等高线布置可以减少填挖方量,减少上述地质危害的发生。

4.2 总平面布置

4.2.1 为避免与《石油化工企业设计防火规范》GB 50160 的有关规定相冲突,本条的间距规定仅限于独立布置的仓库区。按照仓库、堆场储存物料火灾危险性等级分甲、乙、丙三类分开描述,先规定甲类物料仓库及堆场与相邻居住区、工厂、交通线等的防火间距,乙类、丙类的防火间距按分别减25%、50%的原则确定。

相对于重要公共建筑,居住区及公共福利设施内有行动不便的老人、儿童、残疾人员等,事故状态下需要借助外力,并需要较长时间撤离,因此规定的间距较大,体现以人为本的思想。

相邻工厂具有不可预见的潜在危险,对甲、乙类物料仓库及堆场来说,明火是极其危险的一种。根据《石油化工企业设计防火规范》GB 50160,甲类物料仓库或堆场与明火地点的防火间距为30m,以此来确定与相邻工厂的间距。如果相邻工厂内有其他危险性更大的设施存在,其与自身的围墙还要保持相应的间距,实际两者间距最小达到40m,可以有效地控制事故的蔓延。

在本规范修订讨论中,许多专家对原规定的甲类物料仓库或堆场与相邻工厂(围墙)的50m间距争议很大,普遍认为间距太大,主要理由是根据《建筑防火设计规范》GB 50016 的规定,两座甲类仓库的间距只要20m。在土地资源越来越宝贵的今天,实际操作中确实很难做到上述间距,也不利于节约土地,应该鼓励采取技术措施或加强管理来控制和防止火灾等事故的发生,而不是单纯、被动地靠大间距来减少事故的损失。

高压线路指的是电压等于或大于6kV的线路。低压架空线路与仓库及堆场的间距在保证安全的情况下可适当缩小。

与石油化工企业其他设施布置在一起的仓库区与相邻工厂或设施的防火间距应按照《石油化工企业设计防火规范》GB 50160 的规定确定。

4.2.2 表 4.2.2 是根据《石油化工企业设计防火规范》GB 50160 的有关规定,保持甲类物料仓库或堆场与各设施的间距不变,乙类、丙类(液体、气体)防火间距按照在甲类基础上折减25%,丙类(固体)防火间距按照在甲类基础上折减50%的原则确定,最小间距按 6.0m 考虑。

4.2.3 仓库区内各设施的防火间距,《建筑设计防火规范》GB 50016 均有明确的规定,为保持与《建筑设计防火规范》的协调性,本规范不作细述。

4.2.4 仓库区内相邻建(构)筑物的间距,通常按照防火间距确定。由于进出仓库采用不同的运输方式,每种运输方式都有自身的技术要求,需要一定的间距布置这些运输设施。如果仅仅考虑防火间距,有可能出现运输设施布置不下或运输车辆不能进出的情况,需要引起重视。

4.3 道 路

4.3.1 本条规定了道路设计的一般原则。

1 仓库区内除仓库及堆场外,占地面积最大的就是道路。道路宽度过小,不利于运输车辆的行驶;道路宽度过大,势必增加土地面积和工程投资。应根据实际仓库区道路运输量,运输车辆的规格以及装卸能力来确定道路的宽度及其他技术要求(如转弯半径,纵坡度等),以保证道路运输的正常进行。

2 利用道路作为装卸场地的情况在各个企业里都有不同程度地存在。由于许多道路是与消防道路合用的,占用道路作为装卸场地,势必影响消防车辆的通行,应予以避免。

4 仓库区一般布置在所属企业的厂区附近,道路结构形式宜与厂区道路统一。个别区域有侵蚀或溶解沥青的物料,应避免使用沥青类路面。

4.3.2 主要道路和次要道路的宽度是根据双车道再加上行人需要的宽度来确定的,行人多的取上限,行人少的取下限。支道一般作为连接道路和消防道路使用,正常情况下,运输车辆和行人均较少,故可以按照单车道设计。

4.3.3 汽车运输车辆越来越大型化,14~18m 长的车辆越来越常见,必须采用相应的圆曲线半径来保证车辆以设计的速度顺利通过交叉口。

国内大部分行业如冶金、机械等均采用3m作为圆曲线半径模数。

4.3.4 本条规定了仓库区设置室外消防道路的要求。

1 甲、乙类物料仓库及堆场和危险品库,特别是装卸场地,泄露点较多,火灾几率较大,造成的危害和影响也很大,设置双车道的环形消防道路,且有两处与其他道路连通,目的是为了消防车可以快速接近火场,也便于在紧急情况下消防人员的撤离。

2 相对于甲、乙类物料仓库及堆场,丙类仓库及堆场的火灾危险性小很多,规定可以不设环形消防道路,仅在平行仓库及堆场的两个长边设置单车道的消防道路。为节约投资,通往单独的丙类仓库及堆场可设有回车场的尽头式消防道路。

3 根据水带连接长度,水带铺设系数和消防人员的使用经验确定。

4 铁路线与消防道路发生交叉的几率较大,一般采用费用较低的平交叉,为防止消防车被火车阻挡,应设置备用道路,保证在事故状态下,消防车可以正常通过。最长列车长度是根据走行线在该区间的牵引定数或调车线(或装卸线)上允许的最大装卸车的数量确定的。

5 目前消防车越来越大型化,仓库区内道路宽度一般为 6～9m,交叉口处路面内缘圆曲线半径过小,消防车转弯时需减速,且离心现象明显,影响消防车快速通过。调查中多支消防队提出路面内缘最小圆曲线半径定大于12m比较合适。

供汽车通行的道路净空高度一般为4.5m,提高到5.0m,理由有二:一是汽车大型化的要求,二是消防车通过管架时可以不用减速,与现行的《石油化工企业设计防火规范》的规定是一致的。

4.3.5 道路边缘至相邻建(构)筑物最小净距,主要考虑建(构)筑物窗外开启后与车辆的安全间距,以及人员及汽车出入仓库时视距、汽车转弯的要求。与铁路的最小净距,根据标准轨距的车辆限界要求确定。

4.3.6 本条规定了汽车衡的基本要求。

　　1 正常情况下称量汽车进入汽车衡台面时,都要刹车,对汽车衡产生振动和水平推力。为保护衡器,用于称量的汽车衡的最大称量值应该留有余量,规定不少于20%。实际选用时还要根据衡器制造厂商产品系列来确定。

　　2 汽车衡的台面宽度一般为3.2~3.6m,两端设置一定长度的直线段可以保证称量汽车正确、安全就位。根据实际调查和有关专业人员的反映,综合考虑节约土地等因素,规定直线段长度为最长一辆车长是合适的。

4.4 铁　路

4.4.1 列车在启动、走行或刹车时,车轮与钢轨摩擦或闸瓦处容易发生火花,在甲、乙类物料仓库内极易引发火灾等事故。

4.4.2 在曲线半径过小的线路上,列车启动阻力大,且自动挂钩、脱钩也很困难。

4.4.3 列车在按直线布置的钢轨上启动的阻力最小。受场地条件限制,个别地方装卸线按直线布置有困难,为减少投资,规定可设在半径不小于600m的曲线上。

4.4.4 为保证装卸车辆准确安全就位,避免车辆冲击或冲出车挡,有必要设置一定的安全间距。由于甲、乙类物料出事故的影响大,故适当加长。

4.4.5 铁路与道路平面交叉口处设置道口,可以保证道路和铁路行车平顺。道口铺砌材料过去常用混凝土预制块,在实际使用中,很多地方出现高低不平,对通过的车辆产生不良影响,可采用整体性和平整度好的橡胶道口板。

　　道口设在瞭望条件良好的直线地段,可以满足驾驶员或行人的视距要求,保证车辆或行人安全通过道口。

4.4.6 主干道上运输车辆相对较多,火车过道口,汽车或行人过铁路都需要有一定的视距来保证相互安全。受场地形状或附近建(构)筑物的影响,许多道口的视距不能满足要求,如果没有采取可靠的安全措施,则应设置有人看守的道口来保证安全。

4.4.7 轨道衡线路设计为通过式,以便于流水作业。轨道衡线长度应根据线路配置方式,轨道衡类型(动态、静态)等条件来确定。在轨道衡前后应设置一定长度的水平和顺直线路,可减少车辆振动和冲击,确保称量的准确。

4.5 码　头

4.5.1 位于码头陆域仓库区的总平面布置受装卸工艺流程和自然条件的影响较大,为避免二次倒运,缩短物料流程,应结合运输方式来确定仓库区平面布置,主要生产设施尽量靠近前方布置。

4.6 带式输送机

4.6.1 带式输送机线路转弯越多,转运站就越多,工程费用就高,生产管理也不方便,故应尽量顺直,尽可能地减少转运站数量。带式输送机进入建(构)筑物时,夹角太小,对建筑物的结构处理,装卸点的设备布置,场地的经济合理利用等带来一定困难。

4.6.2 带式输送机与道路、铁路、管架正交时,跨越段最短,设计简单,施工方便,工程费用最低,景观也好。

4.6.3 带式输送机栈桥支架的间距均匀,可以减少设计工作量,降低施工难度,提高施工进度。在石化企业里,地下管线、管沟、阀门井等较多,给栈桥支架基础的布置带来一定困难,特别是在改扩建时,应特别注意要避开各种构筑物,特别是地下管线。

4.7 围墙及其出入口

4.7.1 本条强调独立设置的仓库区周围应设置围墙。围墙主要有两个作用,一是地界的标志,二是可以禁止无关人员进出,防止物料失窃或人为事故的发生。尽管单纯利用围墙防盗的作用不明显,但在目前的社会环境下,独立的仓库区周围修建围墙还是必需的。在没有景观等特殊要求下,一般采用防盗效果较好的实体围墙。但围墙也并不是越多越好,除了需要工程费用支出外,还会妨碍消防作业,故规定在所属企业生产区内的仓库及堆场,应充分利用已有的厂区围墙。

　　单纯从防盗角度看,围墙是越高越好,但还要考虑节约费用。2.40m高的围墙,一般不借助工具的人翻越比较困难,重的物料也不容易抛掷出来。

4.7.2 围墙与建(构)筑物之间的间距既要保证交通工具的安全行驶,还要有消防作业空间。另外,围墙外还具有不可预见的其他设施存在,有必要保持一定的间距。

4.7.3 在不同方向设出入口,个数不应少于2个(不包括铁路出入口),一是方便车辆和人员进出,二是在事故状态下有利于人员的疏散和消防车的进出。个别地区存在不同方向设置出入口有困难的情况,故规定在同一方向的两个出入口应保持一定的间距。30m间距可以确保一个出入口受火灾影响受阻时,不至于影响另外一个出入口的正常、安全使用。

　　铁路出入口的宽度参照现行的规范确定。汽车的出入口的宽度要保证最宽汽车以一定的速度通行,除特种车辆外,目前石化行业在使用的汽车宽度最大的为2.85m左右,在两侧各留有0.50m以上的余量可以确保车辆安全通过。

4.7.4 人流出入口与主要货物出入口分开设置,可以有效保证人身安全,也能确保货流的畅通,减少事故发生几率。

4.7.5 主要出入口附近设置值班门卫,一是阻止无关人员入内,二是验收出库单的需要。

4.7.6 受汽车来车的不均匀和装卸能力等的限制,以公路运输为主的仓库或堆场,如果不设停车场,势必要占用道路来停车,影响正常交通。浙江某公司原来未设停车场时,运输沥青、焦炭、聚丙烯等的车辆均利用厂外运输道路一侧甚至两侧停车,高峰时停车长度超过1km,严重影响该路段的正常使用。

4.8 绿　化

4.8.1 仓库区作为石油化工企业中一部分,绿化面积应与整个厂区统一考虑,没有必要单独规定绿化率。但单独设置的仓库区,应根据当地规划部门的要求设置一定绿化用地。当地规划部门没有具体规定时,参照中国石化集团公司的规定执行,12%的绿化用地率一般都能做到。据调查,石化企业的绿化用地率一般在15%~35%,最小的东北某厂亦达到13%。

4.8.2 管理区人员相对集中,一般临街布置,重点绿化和美化,可以改善小环境质量。

4.8.3 绿化树种选择不当,如选择含脂量高的树种,会导致火灾的蔓延,扩大事故范围。在有防火要求的区域应慎重选择树种。

4.8.4 某些树种或草皮对有害气体没有抗性,种植在散发该气体的地方很难存活,应根据散发的不同气体,有针对性地选择树种。

4.8.5 滞尘力强的树种或草皮可以有效降低空气中灰尘的数量,改善空气质量。

4.9 竖向布置

4.9.1 计算水位指的是根据潮(洪)水的重现期确定的水位。石油化工仓库区内涝水位一般取20年一遇,(洪)潮水位一般取50年一遇。由于石油化工的仓库储存有毒、有害、易燃、易爆等危险物料,有的储存物料数量很大,一旦受淹,势必造成重大的财产损失和可能的严重环境污染。场地设计标高比计算水位高0.50m

可以确保储存物料的安全。几十年的实践证明是可行的。

选址在沿海(沿江)地势较低地区的仓库区,如果按照上述要求,需大面积回填土方,势必增加土石方的工程量,从技术经济角度看可能不合理。中国石化镇海炼化的仓库区,其设计地面为3.60m(吴淞高程系统,下同)左右,低于20年一遇的内涝水位4.26m,也低于50年一遇的潮水位4.93m,由于有可靠的防洪排涝设施,30年内经历多次强台风的正面袭击以及大潮的冲击,均未受损。

4.9.3 堆场地面高出周围地面或道路标高,可以防止堆场内积水,减少物料损失。

4.9.4 山区自然坡度较大,采用阶梯式布置可以减少土石方工程量。

4.9.5 由于一般铺砌护坡占地面积大,因此在建筑物密集或用地紧张的区域,规定采用挡土墙支护,以节约用地。易坍塌或滑动的边坡规定采用挡土墙支护,以确保使用安全。

4.9.6 根据中国石化集团公司的规定,高度超过2.00m属于存在危险的高空。为保证作业人员的安全,在高度超过2.00m的护坡(挡墙)顶应设防护栏杆。当坡(挡墙)顶附近布置有道路时,应设置防护隔离墩,以确保行车安全。

4.9.7 场地排水分有组织排水、无组织排水和混合排水方式,每种方式各有利弊,应根据仓库(或堆场)的性质以及场地的特点合理选用排雨水方式。

场地排水坡度采用0.5%～2.0%比较合适,坡度过小不利于场地雨水顺利排除,过大则容易造成散料或土壤流失。

散料露天堆场采用明沟排雨水,便于疏浚。排水沟设在堆场外,可有效减少排水沟堵塞,且便于清理。

5 仓储工艺

5.1 桶装、袋装仓库

5.1.5 仓库面积利用系数一般不应低于0.50。实际操作表明,仓库有效面积中入库出库主、次要通道;货堆与墙边的安全间距;相邻货堆间通道;每个货堆垛堆间的间隙所占去的面积,在仓库跨度小于等于30m时,占仓库有效面积的50%是足够的。仓库跨度愈大,以上通道及安全间距间隙所占去仓库有效面积的比例就愈低,故本规定将仓库面积利用系数定为0.50。

驶入式货架储存托盘码垛的桶装袋装物料时,根据货架制造商提供的仓库面积利用系数为0.50～0.60。在某工程化学品仓库设计中,其仓库面积3960m²,仓库面积利用系数按0.60设计,满足了1.5t叉车的作业要求。故本规范驶入式货架储存托盘码垛的仓库,仓库面积利用系数定为0.50～0.60。

5.1.6 当仓库采用载重量2～3t的叉车入库、出库操作时,其主通道宽度按双向行驶和一叉车在入库堆垛或出库取货,一叉车在其尾部行驶,即主通道宽度应为一台叉车的最大长度和另外一台叉车的最大宽度加上安全间距。根据调研,叉车运输主通道宽度不应小于5m。

叉车最小通道系根据国内外著名叉车厂商提供的方法计算(详见规范附录C)。本规范将叉车制造商提供的安全间隙$a=200mm$改为$a=400mm$,这是因为当$a=200mm$时两端的安全间隙仅为100mm,在实际操作中对叉车驾驶员要求太高,难以保证安全。

5.1.8 仓库的铁路运输站台通常应高于轨顶1.10m。实际装卸过程中当站台边至铁路中心线的间距为1750mm、站台高1.10m

时,车厢门无法打开。站台边至铁路中心线1875mm、站台高为1.10m,站台边至铁路中心线的间距为1750mm、站台高为1.00m时才能使车门打开。

5.3 散料仓库

5.3.1 易受潮的散料如尿素类产品,吸潮后易结块,会影响产品质量和包装计量精度,故仓库内应采取除湿措施。

大部分原(燃)料仓库采用敞开式或半敞开式仓库,如煤、焦炭、石灰石、硫铁矿、磷铁矿等,主要考虑如何增加库容,如设地坑或加挡墙等。

随着社会化大生产的发展,石化行业生产规模越来越大,如华东某厂尿素的日产量近2000t,仓库的跨度也越来越大,仓库的地面也需采取必要的措施以满足使用要求。

5.3.2 耙料机库以前国内主要用于储存颗粒尿素,仓库跨度也只有54m和60m两种(对应的耙料机跨度分别为42m和48m)。目前推广使用到粮库、煤库等建筑,跨度也相应增加。

散料仓库中间设低于两端挡料墙的隔墙,是根据国内已建成的大型化肥厂的运行经验,便于仓库内物料分区储存、转运及清理。

控制室地面标高抬高,目的是为了便于观察和操作。由于耙料机和地面带式输送机均高出±0.00地面安装,所以控制室地面宜高出仓库地面为好,至于抬高多少宜根据机械形式和操作习惯确定。

5.3.3 电源主滑线一般均设在司机室对侧,这是安全作业的需要。

起重机轨道外侧设走道,主要是考虑起重机和轨道的维护和检修的需要。走道宽度、净空高度以及栏杆高度的规定是为了满足安全使用的要求,与《建筑设计防火规范》的规定是一致的。

对于能自燃的物料所作的规定,主要是为了便于灭火。为预防自燃,经常要翻料或压料,采用低地面时机械作业不便。

对于非自燃物料只要能满足本条各款的规定,堆放高度可以适当增加。

散料库一般配备推土机或装载机,应考虑进出通道和作业场地以及相应的配套设施。

5.3.4 用于堆取料作业的推土机台数,根据国内电厂运行经验,一般1台运行时,设1台备用,3台以上运行时,设2台备用。

推土机库应包括停机库、检修库、检修间、工具间、备品间、休息室和卫生间。停机库车位数应与推土机设计台数一致。

5.4 钢筋混凝土筒仓

5.4.2 筒仓适用于储存散料,其平面形状有圆形、正方形及矩形,储存的物料种类很多,结构形式也很多,应用较多的有钢筋混凝土仓、钢仓、塑料仓等。本规定侧重钢筋混凝土结构筒仓,储存物料以煤为主。

5.4.5 设置除铁装置的目的是为了防止进入筒仓的物料夹带金属杂质而带来不良影响。

5.4.7 助流装置有漏斗斜壁加振动器、风力破拱装置、水力破拱装置、机械环链人工卸料等。破拱装置应优先采用空气泡,也可设置导流锥防止起拱。

5.4.14 在仓顶面建筑物设置出入口,可以满足操作人员进出的需要。

5.4.17 仓底锥形部位结构形式的选用除考虑工艺需要外,还应满足顺利排料的要求。双裂缝隙式、锥体四口出料的结构形式,可以满足顺利排料的要求,但结构形式相对复杂。对于小直径(12m以下)的筒仓,可以采取较为简单的双曲线单口出料的结构形式。

5.5 操作班次

5.5.1～5.5.3 这几条规定是根据目前中国石油化工企业普遍采用的操作班制而制定的。

6 储存天数

6.2.1～6.4.4 本规范规定的成品、原料、化学品、危险品、金属材料、备品备件的储存天数，是基于物资供应渠道愈来愈畅通、铁路和公路运输交通愈来愈便捷，供应间隔天数大为缩短的实际情况制定的。调研表明，20 世纪 80 年代后期设计的某 PP 装置所需的三乙基铝催化剂需国外进口，储存周期按 180d 考虑；目前即使进口，通过国内代理商，从订单发出，1 个月内即可到厂。金属材料的储存天数，仅仅是考虑日常维修，不考虑大修。

7 建筑设计

7.1 一般规定

7.1.1 本条明确了执行《建筑设计防火规范》GB 50016 和《石油化工企业设计防火规范》GB 50160 的条件。

7.1.2 石油化工装置规模的大型化，使合成纤维、合成橡胶、合成树脂及塑料类产品的仓库面积大幅增加，当丙类的上述固体产品单座仓库的占地面积超过《建筑设计防火规范》的要求时，可按《石油化工企业设计防火规范》对仓库的占地面积及防火分区面积的规定执行。

7.1.3 合成纤维、合成橡胶、合成树脂、塑料，还有尿素等为石油化工行业的基本产品，年产量越来越大，仓库的占地面积也随着机械化包装、运输和堆垛的需要而增大，为方便使用和检修，规定单座占地面积超过 12000m² 的大型仓库，应设置运输主通道，并与库外道路连通。

7.1.4 从广义上讲，石油化工企业生产的甲、乙类产品均属于危险品，但本条文中的危险品是狭义范围的危险品，特指石油化工企业在生产过程中必须的，而且数量相对较少的如添加剂、催化剂之类，或者是化学试剂和特殊的气体，放射性和剧毒的物料，宜单独存放，严格保管。

    1 每个隔间应有独立对外墙体的目的是使每个隔间能有足够的对外泄压面积，以及能够设置直接对室外连通的出入大门。

    2 地下室、半地下室一般开窗面积小，通风差，泄漏的气体或粉尘易积聚，极易引起爆炸。故有爆炸危险的所有甲、乙类物料均不应放置在地下室、半地下室。

    3 仓库净高过低对仓库内的通风、泄压、泄爆、排烟等的设计

均不利，故作此规定。

7.1.6 有篷站台可与室内地面平接，但篷下地面应以 1% 的坡度坡向站台外缘。

7.1.7 建筑防腐蚀设计可参照执行《工业建筑防腐蚀设计规范》GB 50046 的有关规定，同时应结合防火及保温要求，在材料选择、构造设计中应统筹考虑。一般情况下，防腐蚀材料为最外层，防火材料为第二层，保温材料为最里层。

7.1.9 仓库内运输机械较多，容易与墙体发生碰撞，因此需在墙体下部设置实体墙体，包括独立柱及墙体阳角亦应采取防撞措施。

7.2 门　窗

7.2.1 安全玻璃是指符合国家标准的夹层玻璃、钢化玻璃，以及用它们加工制成的中空玻璃，这其中尤以夹层玻璃以及用夹层玻璃制成的中空玻璃的综合性能为最佳。

7.2.2～7.2.4 本条文主要写仓库的防火设计要求，窗户的泄爆、泄压、排烟和开窗机的设置。仓库一般层高较高，开窗面积大部分能满足采光、通风的要求，对排烟的开窗面积要求亦可达到，但由于均是高窗，人工开启很困难，而设计人员往往忽略选用开窗机，业主单位不习惯使用而不设置。由于高窗平时常处于关闭状态，一旦火灾时难以起到排烟作用。

    宁波余姚某仓库，堆放化纤成品，火灾时高窗全关着，屋顶又未设带易熔材料的采光带，根本无法排烟，消防水又喷不进去，最后整个屋顶坍塌，造成很大的损失。

7.2.5 易熔材料的熔点温度各地规定不太统一，解释也不太一致，有些规定在 130℃ 以下。各地在选用材料时，若熔点较高，排烟面积应适当放大。

7.2.8 主要是便于上人对易熔材料做的排烟窗或玻璃窗进行维修。

7.2.9 本条文是规定通行各种运输工具的最小的大门尺寸。目前各种运输车辆的载重量越来越大，石油化工设备的规格也越做越大，大门的大小应根据石油化工的特殊性，进出车辆的大小，库门外道路的转弯半径等来确定。

    推拉门不利于人员的疏散，故在火灾危险性较大、人员又相对集中的主要出入口，采用推拉时应在门扇上设置用于人员疏散用的向外开启的小门，外开小门门扇上应配置逃生门锁，人员从室内向外疏散时应能无条件开启。

7.2.11 由于门窗开启而产生的静电，或推拉门和金属卷帘门开启时，均可能构成火灾的隐患，设计中应采取必要的预防措施。

7.3 地　面

7.3.1 由于仓库内地面荷载较大，故其承重构造应通过计算确定。如某厂水泥库，因与铁路站台拉平，地面需要抬高 1m，设计时凭经验回填了 1m 高的矿渣，结果 10 年后，地面呈锅底状。另外一化学品仓库，地面基层仅作一般处理，未考虑当地地质情况，使用不到 3 年，地面不均匀下沉，最大沉降量达 220mm。

7.3.2 南方地区梅雨季节地面容易返潮，除地面采取防水防潮措施外，还应采取其他辅助措施，如架空通风等。

7.4 采暖通风

7.4.2 存放有剧毒物质的仓库，极易对作业人员造成伤害，故规定严禁采用自然通风。由排风系统排出的含有极毒物质的空气，应经过技术经济论证，确定采取净化处理或高排气筒排放。

8 堆 场

8.1 一般规定

8.1.1 为避免散料坍塌造成混料,规定不同散料堆场之间需保持一定的间距,定为 5.0m,当有作业机械通过时,还需另外增加间距,以满足通行需要。

8.1.2、8.1.3 为避免散料坍塌影响钢轨正常运行而作此规定。堆场距走行线或调车线的间距还需在此基础上适当加大。

8.1.8 袋装物料受销售、季节、气象、交通等原因临时露天堆放,一般储存天数短,周转快,主要考虑便于搬运。为保证物料免受雨水的侵蚀而影响质量,需采取必要的防排雨措施。

8.2 堆场面积计算

8.2.1 主要考虑散料堆场的面积计算,袋装和桶装等的面积计算参见本规范附录 B。储存量计算需要有物料静堆积角、料堆容重等特性数据,还要有操作体系系数,这些数据有的建设单位能够提供,有的需做试验测定。

8.2.3 本条规定了各种堆场的面积利用系数,但不包括厂外废渣堆场的面积利用系数,厂外废渣堆场的面积利用系数达不到本条的规定。

  1 袋装堆场当采用手推车堆包时,通道宽度较小,堆场面积利用系数较大。采用叉车堆存时,通道宽度较大,堆场面积利用系数略有降低。

  2 散料堆场面积利用系数考虑了通道宽度、作业机械所需宽度等因数确定。

  3 桶装堆场由于受包装外形的影响,堆放面积利用系数相对较小,但瓶装、塑料桶装分装在纸盒内、竹木筐内可用托盘码垛时,堆放系数可相应增大。

8.2.4 一般桶装单体容积大于 200L 者,称为大包装桶,100～200L 为中包装桶,100L 以下为小包装桶。储存有易燃、易爆等危险物料的大包装桶若多层堆放,存在安全隐患,故作出单层堆放的规定。中包装桶、小包装桶为合理利用空间,减少仓库面积,可根据实际情况多层布置。

8.2.5 一般自燃煤的预留空地规定为 5%～10%。本条文涵盖了煤在内的容易氧化自燃的物料。煤场占地面积大,用量大,自燃后能得到较好处理,引起火灾的几率少,相对而言,其他物料自燃引起的危害性比较大,故取上限。

8.2.7 配备辅助供料设施的目的是保证在起重机因故障或遇大风停止工作时还能正常供料。

9 控制与管理

9.1 一般规定

9.1.1 比起化工企业生产区来,仓库区的重要性要相对低一些,其控制水平没有必要太先进,与生产装置基本保持一致或略低一些。

9.1.2 根据不同的情况应采取不同的控制水平,避免一刀切。

9.3 管 理

9.3.4 仓库管理系统(WMS)是应用计算机和无线系统对仓库进行自动化管理的一种手段。国外物流公司仓库已较多采用,国内近年来也有不少应用实例,如上海外高桥保税区某大型仓库、上海市化工区某厂的聚烯烃产品大型仓库都采用了仓库管理系统。本条规定借鉴了国内外大型仓库的成熟使用经验。

仓库管理系统一般包括以下功能:

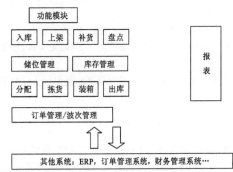

以上功能可根据仓库规模、品种和整个工厂的操作管理要求及控制水平取舍。

10 仓储机械

10.2 主要仓储机械的选用

10.2.3 本条第 4 款规定驶入式货架宜选用前移式蓄电池叉车,也可选用起重量 1.5t 以下的平衡重式蓄电池叉车或液化石油气(LPG)叉车。这是根据驶入式货架叉车操作时,叉车在货架主柱之间形成的通道内行驶的特点。叉车有尾气排放时,不易扩散,而蓄电池叉车无尾气排放,液化石油气叉车尾气排放的有害物、烟尘都远较柴油叉车低,故作此规定。当采用液化石油气叉车时,企业本身或附近需有液化石油气罐装站。

10.2.8 采用驶入式货架塑料托盘储存时,调研和试验结果表明,中空吹塑托盘承载后的挠度,超过了《塑料平托盘》GB/T 15234 规定的数值,而注塑料托盘由于刚性好,承载后的挠度小,故作出宜选用注塑塑料托盘的规定。

11 安全与环保

11.1 消　防

11.1.1　本条规定了仓库区消防执行《建筑设计防火规范》GB 50016 和《石油化工企业设计防火规范》GB 50160 的适用条件。

11.1.2　常用的消防水带的长度为 25m，为方便消防作业，对消火栓的间距作出 50m 的限制。

11.1.4　易燃、易爆、助燃等物料，发生火灾时产生的危害大，且不易扑灭，设置火灾报警装置和可燃气体浓度报警仪，可以起到预防作用，把事故消灭在萌芽状态。

11.2 安　全

11.2.1　在有爆炸和火灾危险的区域，静电极易导致爆炸和火灾的发生，故作此规定。

11.2.4　根据中国石化集团公司的规定，高度超过 2m 是存在安全隐患的高空，需采取必要的安全措施，如佩戴安全带，增加防护栏杆等。

11.2.7　设立专用出入口，可以最大限度地避免由于交通引发的事故。

11.3 职业卫生

11.3.2　辅助用房最基本的包括办公室、休息室、厕所等。其他如浴室、盥洗室、洗衣房等视仓库的物料性质，生产过程等因素决定是否设置。

辅助用房人员相对集中，为保证人身健康，应该避开有害物质、避免受到高温等因素的影响。

11.3.3　本条规定了设置浴室的前提条件。一般不采用易交叉感染的池浴，采用相对卫生的淋浴，淋浴器数量按照二类卫生标准设置。

11.3.4　保护妇女特别是孕妇的健康是国家的一项基本政策，应该在仓库设计中得到具体体现，故作此规定。

11.3.5　粉尘污染、毒物污染都属于比较严重的污染，应尽量减少与人体的接触。

11.3.6　为避免粉尘、毒物、酸、碱等强腐蚀性物质的积聚，应经常冲洗工作场所的各个部位，包括地面和墙壁。

11.3.7　辅助用房人员相对集中，对噪声的要求高，应尽量远离噪声源。

11.3.8、11.3.9　为保护职工的听力，规定了工作场所的噪声卫生限值。根据不同的接触时间规定不同的卫生限值。当达不到要求时应采取必要的防护措施。

11.3.10　管理用房，辅助用房对噪声的要求高，60dB(A)基本对开会、正常交谈不产生明显的影响。

11.3.11　这是保护眼睛的一项具体措施。眼睛受伤害后，及时得到有效的处治，可以最大限度地避免眼睛受进一步的伤害，配备洗眼器是其中比较行之有效的做法。

11.3.12　本条所指的劳保用品为泛指，指常用的劳保用品，不含放射性防护用品和防毒面具等特殊劳保用品。

11.4 环境保护

11.4.1　规定了仓库区应该清污分流，做到合格排放。

11.4.5　废渣堆场(包括生活垃圾和建筑垃圾填埋场)污染相对比较重，合理布置可以减少对人身健康的损害。

该类型堆场内的地表水和地下水过去不重视，随着环保意识的提高和环保管理的加强，该部分污水也应合格排放。

设置绿化隔离带可以减少污染扩散范围，同时也可以改善小环境的空气质量。有条件的地方可设置绿化带。

11.4.6　2005 年 11 月，吉林某公司操作人员违反操作规程，引发爆炸事故，造成 8 人死亡。事故发生后，由于对生产安全事故引发环境污染事件的严重性认识不足，致使事故现场地面水进入"清净下水"排水系统，流入松花江，造成松花江水体严重污染。因此，必备的防污设施和措施对防范危险化学品事故引发环境污染事件至关重要。

11.5 应急救援

11.5.1　事故在刚发生时，如果能得到及时有效的处置，就可以控制事故的扩大，最大限度地减少人员和财产的损失，减少对环境的污染。吸取事故教训，对储存有危险品或甲、乙类物料的仓库区规定应编制事故状态下的应急预案。

11.5.2　仓库区单独设置救援站或有毒气体防护站很难办到，应依托所属企业或当地社会。

中华人民共和国国家标准

石油化工建设工程施工安全
技术规范

Code for technical of construction safety in
petrochemical engineering

GB 50484-2008

主编部门：中 国 石 油 化 工 集 团 公 司
批准部门：中华人民共和国住房和城乡建设部
施行日期：２ ０ ０ ９ 年 ６ 月 １ 日

7

中华人民共和国住房和城乡建设部公告

第 215 号

关于发布国家标准《石油化工建设工程施工
安全技术规范》的公告

现批准《石油化工建设工程施工安全技术规范》为国家标准，编号为 GB 50484—2008，自 2009 年 6 月 1 日起实施。其中，第 3.1.2、3.1.7、3.2.8、3.2.12、3.2.25、3.2.26、3.4.4、3.5.7、3.6.11、3.8.5、4.1.12、4.2.5、4.2.13、4.3.3、4.3.6、4.4.4、4.4.15、4.4.16、4.5.2、4.5.3、4.5.5、4.5.7、4.5.12、4.6.3、4.6.5、4.6.7、5.1.16、5.2.5、5.2.12、5.3.6、5.4.5、5.5.6、5.6.4、6.2.3、6.3.4、6.3.6、6.3.12、6.3.21、6.3.22、6.3.26、7.2.7、7.3.4(2、4、5)、7.5.5、7.8.7、7.8.9、7.9.16、8.1.4、8.1.8、8.4.3、8.5.3、8.5.6、8.5.7、8.5.10、8.5.11、8.5.13、8.5.29、8.6.4、8.6.9、8.7.9、8.8.15、8.9.7、9.3.3、9.5.3、9.5.4、9.5.7、10.3.9、10.3.28、10.3.33、10.3.39、10.4.18、10.8.17、10.8.26、10.10.3、10.13.4 条(款)为强制性条文，必须严格执行。

本规范由我部标准定额研究所组织中国计划出版社出版发行。

中华人民共和国住房和城乡建设部
二〇〇八年十二月三十日

前　言

本规范是根据建设部"关于印发《2005 年工程建设标准规范制订、修订计划(第二批)》的通知"(建标函〔2005〕124 号)要求，由中国石油化工集团公司组织中国石化集团第五建设公司、中国石化集团第四建设公司、中国石化集团宁波工程有限公司、中国石化集团第二建设公司、中国石化集团第十建设公司、北京燕华建筑安装工程有限责任公司等单位共同编制。

在编制过程中，编制组开展了专题研讨，并进行了比较广泛的调研，总结了近年来石油化工工程建设的实践经验，征求了建设、设计、施工、环保等方面的意见，对其中主要问题进行了多次讨论，最后经审查定稿。

本规范共分 10 章，主要内容有：总则、术语、通用规定、临时用电、起重作业、脚手架作业、土建作业、安装作业、施工检测、施工机械使用。

本规范以黑体字标志的条文为强制性条文，必须严格执行。

本规范由住房和城乡建设部负责管理和对强制性条文的解释，由中国石油化工集团公司负责日常管理工作，由中国石化集团第五建设公司负责具体解释。

为了提高规范质量，请各单位在执行过程中，注意总结经验，积累资料，随时将有关意见和建议反馈给中国石化集团第五建设公司(地址：甘肃省兰州市西固区康乐路 27 号，邮政编码：730060)，以供今后修订时参考。

本规范主编单位、参编单位和主要起草人：

主编单位： 中国石化集团第五建设公司

参编单位： 中国石化集团宁波工程有限公司
中国石化集团第四建设公司
中国石化集团第十建设公司
中国石化集团第二建设公司
北京燕华建筑安装工程有限责任公司

主要起草人： 南亚林　吴文彬　葛春玉　田保忠　赵秀芬
刘小平　刘景山　张　明　刘　勇　罗　斌
多宏伟　李　江　陈　放　孙吉产　张　毅
廖志勇　李金明　李　勇

目　次

1　总　　则 ………………………………………… 7—4
2　术　　语 ………………………………………… 7—4
3　通用规定 ………………………………………… 7—5
　3.1　现场管理 …………………………………… 7—5
　3.2　施工环境保护 ……………………………… 7—5
　3.3　施工用火作业 ……………………………… 7—5
　3.4　受限空间作业 ……………………………… 7—6
　3.5　高处作业 …………………………………… 7—6
　3.6　焊割作业 …………………………………… 7—6
　3.7　季节施工 …………………………………… 7—6
　3.8　酸碱作业 …………………………………… 7—7
　3.9　脱脂作业 …………………………………… 7—7
　3.10　运输作业 ………………………………… 7—7
　3.11　现场临建 ………………………………… 7—7
4　临时用电 ………………………………………… 7—8
　4.1　用电管理 …………………………………… 7—8
　4.2　变配电及自备电源 ………………………… 7—8
　4.3　配电线路 …………………………………… 7—9
　4.4　配电箱和开关箱 …………………………… 7—9
　4.5　接地与接零 ……………………………… 7—10
　4.6　照明用电 ………………………………… 7—10
5　起重作业 ……………………………………… 7—11
　5.1　一般规定 ………………………………… 7—11
　5.2　吊车作业 ………………………………… 7—11
　5.3　卷扬机作业 ……………………………… 7—12
　5.4　起重机索具 ……………………………… 7—12
　5.5　塔式起重机吊装作业 …………………… 7—13
　5.6　使用吊篮作业 …………………………… 7—13
6　脚手架作业 …………………………………… 7—13
　6.1　一般规定 ………………………………… 7—13
　6.2　脚手架用料 ……………………………… 7—14
　6.3　搭设、使用、拆除 ……………………… 7—14
　6.4　特殊形式脚手架 ………………………… 7—14
7　土建作业 ……………………………………… 7—15
　7.1　土石方作业 ……………………………… 7—15
　7.2　桩基作业 ………………………………… 7—15
　7.3　强夯作业 ………………………………… 7—15
　7.4　沉井作业 ………………………………… 7—16
　7.5　砌筑作业 ………………………………… 7—16

　7.6　钢筋作业 ………………………………… 7—16
　7.7　混凝土作业 ……………………………… 7—16
　7.8　模板作业 ………………………………… 7—16
　7.9　滑模作业 ………………………………… 7—16
　7.10　防水、防腐作业 ……………………… 7—17
8　安装作业 ……………………………………… 7—17
　8.1　金属结构的制作安装 …………………… 7—17
　8.2　设备安装 ………………………………… 7—17
　8.3　容器现场组焊 …………………………… 7—18
　8.4　管道安装 ………………………………… 7—18
　8.5　电气作业 ………………………………… 7—18
　8.6　仪表作业 ………………………………… 7—19
　8.7　涂装作业 ………………………………… 7—19
　8.8　隔热作业 ………………………………… 7—20
　8.9　耐压试验 ………………………………… 7—20
　8.10　热处理作业 …………………………… 7—20
9　施工检测 ……………………………………… 7—20
　9.1　一般规定 ………………………………… 7—20
　9.2　施工测量 ………………………………… 7—20
　9.3　成分分析 ………………………………… 7—21
　9.4　物理试验 ………………………………… 7—21
　9.5　无损检测 ………………………………… 7—21
10　施工机械使用 ……………………………… 7—22
　10.1　一般规定 ……………………………… 7—22
　10.2　手持电动工具 ………………………… 7—22
　10.3　起重吊装机械 ………………………… 7—22
　10.4　铆、管机械 …………………………… 7—23
　10.5　焊接机械 ……………………………… 7—24
　10.6　动力机械 ……………………………… 7—24
　10.7　土石方机械 …………………………… 7—24
　10.8　运输机械 ……………………………… 7—25
　10.9　桩工及水工机械 ……………………… 7—25
　10.10　混凝土机械 ………………………… 7—26
　10.11　钢筋加工机械 ……………………… 7—26
　10.12　水工机械 …………………………… 7—26
　10.13　装饰机械 …………………………… 7—26
本规范用词说明 ………………………………… 7—27
附：条文说明 …………………………………… 7—28

7

1 总　　则

1.0.1 为适应石油化工建设工程的需要,保障人身安全和健康,保护公众财产不受损失,保护环境不受危害,制定本规范。

1.0.2 本规范适用于石油炼制、石油化工、化纤、化肥等建设工程施工的安全技术管理。

1.0.3 石油化工工程建设施工必须坚持"安全第一,预防为主"的方针。

1.0.4 石油化工建设工程施工安全技术除应执行本规范外,尚应符合国家现行有关标准的规定。

2 术　　语

2.0.1 施工用火　hot work
　　石油化工工程建设中各类金属焊接、切割作业及其他产生火花和明火作业统称为施工用火。

2.0.2 固定动火区　specified hot work area
　　在石油化工建设工程项目施工现场限定的范围内,不需要办理动火作业证即可进行动火作业的区域。

2.0.3 生命绳　life yarn
　　高处作业中专门用来悬挂安全带的绳索。

2.0.4 临时用电　electricity on construction site
　　为建设工程项目施工提供的、工程施工完毕即行拆除的电力线路与电气设施。

2.0.5 配电柜　distributing tank
　　布置在施工配电室(包括独立配电房和箱式变电站)内的配电装置,包括进线柜和出线柜。

2.0.6 总配电箱　total distribution box
　　布置在用电负荷中心的落地式配电装置,其进线端与配电室的出线柜相连,出线端与分配电箱或大功率用电设备相连。

2.0.7 分配电箱　sub-distribution box
　　分布在各施工点,使用电设备就近获得电源的配电装置,其进线端与总配电箱相连,出线端与开关箱或用电设备相连。

2.0.8 配电箱　distribution box
　　总配电箱和分配电箱的总称。

2.0.9 开关箱　switch box
　　末级配电装置,其进线端与分配电箱相连,出线端与用电设备相连。

2.0.10 低压　low voltage
　　交流对地额定电压在 1kV 及以下的电压。

2.0.11 高压　high voltage
　　交流对地额定电压在 1kV 以上的电压。

2.0.12 安全特低电压　safety extra-low voltage (SELV)
　　用安全隔离变压器与电力电源隔离开的电路中,导体之间或任一导体与地之间交流有效值不超过 50V 的电压。

2.0.13 安全隔离变压器　safety isolating transformer
　　为安全特低电压电路提供电源的隔离变压器。

2.0.14 TN-S 系统　TN-S system
　　工作零线与保护零线分开设置的接零保护系统。

2.0.15 高处作业　work at heights
　　凡在坠落高度基准面 2m 及以上有可能坠落的高处进行的作业。

2.0.16 冬季施工　winter construction
　　在室外日平均气温连续 5d 稳定低于 +5℃ 的环境下进行作业。

2.0.17 受限空间　confined spaces
　　进出口受到限制的密闭、狭窄、通风不良的分隔间或深度大于 1.2m 的封闭或敞口的只能单人进出作业的通风不良空间。

2.0.18 涂装作业　painting operations
　　在涂装全过程中作业人员进行的生产活动的总称。

2.0.19 热处理　heat treatment
　　采用适当的方式对金属材料或工件进行加热、保温和冷却,以获得预期金相组织与物理性能的工艺。

2.0.20 抛丸　shot blasting
　　以高速旋转的叶轮将钢丸(用钢丝切断成颗粒状)喷射到金属工件上,强化金属表面和进行表面除锈的过程。

2.0.21 喷丸　shot peening
　　用压缩空气或离心力将大量铸铁丸或钢丸喷向金属加工件表面,清除铸件表面的烧结砂层或进行金属工件表面除锈的过程等。

2.0.22 机械化检测　remote controlled testing
　　检测的实施、缺陷的信号观察及评价全部或部分由机械装置完成的检测方法。

2.0.23 扫查机构　scanning
　　超声波检测时,使探测面上探头与被检工件进行相对移动的机械装置。

2.0.24 触头　prods
　　磁粉检测中与软电缆相连,并将磁化电流导入和导出试件的手持式棒状电极。

2.0.25 辐射事故　radiation accident
　　是指放射源丢失、被盗、失控或放射性同位素和射线装置失控导致人员受到意外的异常照射。

2.0.26 辐射剂量　radiation dose
　　某一对象所接受或"吸收"的辐射的一种度量。

2.0.27 辐射控制区　radiation controlled area
　　在辐射工作场所划分的一种区域,在这种区域内要求采取专门的防护手段和安全措施。

2.0.28 辐射监督区　radiation supervised area
　　位于辐射控制区范围外,通常不需要采取专门防护手段或安全措施,但要不断检测其辐射剂量的区域。

3　通用规定

3.1　现场管理

3.1.1　从事石油化工工程建设的单位应具有相应级别的资质,并在其资质等级许可的范围内承揽工程。

3.1.2　施工企业必须取得安全生产许可证。特种作业人员必须取得相应的上岗作业资格证。

3.1.3　参加石油化工建设工程项目施工的各单位主要负责人,应对本单位的安全生产工作全面负责。

3.1.4　参加石油化工建设工程项目施工的各单位应建立本单位的安全生产保证体系,有效地实施并持续改进。

3.1.5　参加石油化工建设工程项目施工的各单位应对进入现场的人员进行施工用火、职业卫生、劳动安全卫生和环境保护等方面的教育培训。

3.1.6　参加石油化工建设工程项目施工的各单位应制定安全生产事故应急救援预案,建立应急救援组织或配备应急救援人员,配备必要的应急救援器材、设备,并组织演练。

3.1.7　所有进入施工现场的人员必须按劳动保护要求着装。

3.1.8　施工现场道路应设置安全警示标志,路面应平整坚实,且不得堆放器材和物资,需阻断时应办理核准手续并设置明显标识。

3.1.9　禁止烟火的场所不得携带火种、不得吸烟。

3.1.10　所有进入施工现场的机具、设备和车辆,应办理准入手续。

3.1.11　施工前,建设单位应与施工单位签订安全协议。

3.1.12　发生事故后应按规定逐级上报,不得瞒报、谎报或迟报。

3.2　施工环境保护

Ⅰ　一般规定

3.2.1　工程项目施工应建立环境保护、环境卫生管理制度,制订环境保护计划。

3.2.2　施工现场应制订施工现场环境污染和公共卫生突发事件应急预案。

Ⅱ　防大气污染

3.2.3　运输易产生扬尘的物料时,应密闭运输或采取遮盖措施。施工现场出入口处应设置冲洗车辆的设施,不得将泥沙带到现场。

3.2.4　施工现场应采取覆盖、固化、绿化、洒水等措施,减小扬尘。

3.2.5　当进行涂装前处理及涂装作业排出的污染物可能影响周边地区大气质量时,应在采取净化处理措施后,再向大气排放。

3.2.6　施工现场使用的锅炉、机械设备、车辆等的烟气或废气排放,应符合国家相应环保排放标准的要求。

3.2.7　施工现场的施工垃圾、生活垃圾应分类存放,并应清运到指定地点。

3.2.8　施工现场严禁焚烧各类废弃物。

Ⅲ　防水土污染

3.2.9　施工现场泥浆和污水未经处理不得直接排入城市排水设施和河流、湖泊、池塘。

3.2.10　施工现场存放的油料和化学溶剂等物品储存不得泄漏,并应设有专门的库,废弃油料和化学溶剂应集中处理,不得随意倾倒。

3.2.11　化学清洗作业应符合下列规定:

　　1　清洗回路不得渗漏。

　　2　部件清洗的作业场所,地坪应采用耐腐蚀材料敷设,且应平整、不得渗水。

　　3　清洗废液应用专用容器储存。

3.2.12　严禁将未经处理的有毒、有害废弃物直接回填或掩埋。

Ⅳ　防施工噪声污染

3.2.13　施工现场的强噪声源应采取降噪、防噪措施。

3.2.14　夜间施工对公众造成噪声污染的作业,应在施工前向有关部门提出申请,经批准后方可进行夜间施工。

3.2.15　施工现场噪声监测应符合现行国家标准《建筑施工场界噪声测量方法》GB 12524 的有关规定。噪声值不应超过现行国家标准《建筑施工场界噪声限值》GB 12523 中的有关规定。

Ⅴ　卫生与防疫

3.2.16　施工企业严格执行卫生、防疫管理的有关规定,建立卫生防疫管理制度,并制订急性传染病、食物中毒、急性职业中毒等突发疾病的应急预案。

3.2.17　施工现场应配备经培训的急救人员及常用药品、止血带等急救器材。

3.2.18　施工现场办公区、生活区卫生工作应设有专人负责。

3.2.19　食堂应具有卫生许可证,炊事人员应有身体健康证明。

3.2.20　食堂应建立食品卫生管理制度,具备清洗消毒的条件和防止疾病传染的措施。

3.2.21　食堂操作间和库房不得兼作宿舍使用。

3.2.22　食堂应严格食品、原料的进货管理,不得提供出售变质食品。

3.2.23　施工现场发生法定传染病、食物中毒或急性职业中毒时应立即启动应急预案,并向施工现场所在地行政主管部门和有关部门报告,同时要配合行政主管部门进行调查处理。

3.2.24　施工现场作业人员发现有疑似法定传染病或是病源携带者时,应及时隔离、检查或治疗,直至卫生防疫部门证明不具传染性时方可恢复工作。

3.2.25　从事辐射工作的人员必须通过辐射安全和防护专业知识及相关法律法规的培训考核和身体检查,并进行剂量监测。

3.2.26　放射性同位素与射线装置应妥善保管,使用场所应有防止人员受到意外照射的安全措施。

3.2.27　施工单位应采取职业病防护措施,为作业人员提供必备的防护用品,对从事有职业病危害作业的人员应定期进行身体检查和培训。

3.2.28　施工单位应结合季节特点,做好作业人员的饮食卫生、防疫、防暑降温、防寒保暖、防煤气中毒等工作。

3.3　施工用火作业

Ⅰ　一般规定

3.3.1　参加石油化工建设工程项目施工的各单位应建立健全安全用火制度,定期组织防火检查,及时消除火灾隐患。

3.3.2　参加石油化工建设工程项目施工的各单位应对用火作业进行危害辨识和风险评价,对存在危害的用火作业应制订风险控制和削减措施,并向施工作业人员进行交底。

3.3.3　在禁火区用火作业前,应办理用火作业许可证。用火时,应配备灭火器材,设专人监护,并执行用火和防火的相关规定。

3.3.4　临近可燃、易燃物作业,未采取措施之前,不得用火。

3.3.5　施工区域与生产装置的距离不符合相关规范的要求时,应设置防火墙或采取局部防火措施。

3.3.6　施工完毕,应检查清理现场,熄灭火种,切断电源。

3.3.7　施工现场发生火险、火情时,应组织抢救并报告公安消防部门。

Ⅱ　固定用火区作业

3.3.8　设置固定用火区由施工单位办理手续,并负责日常管理,且应遵守固定用火区所属单位的相关规定。

3.3.9　固定用火区内当遇下列情况时,应办理用火手续,并由施工企业相关部门审批:

　　1　在堆放和使用可燃物品场所的上方或水平距离 10m 范围

内进行明火或有火花的作业时。

2 在已安装好的电气、仪表控制室内或已敷设电缆的槽架上方及水平距离1m范围内,从事明火或有火花的作业时。

Ⅲ 高处用火

3.3.10 高处作业用火时,对周围存在的易燃物进行处理,应采取防止火花飞溅坠落的安全措施,并对其下方的可燃物、机械设备、电缆、气瓶等采取可靠的防护措施。

3.3.11 高处作业用火时不得与防腐喷涂作业进行垂直交叉作业。

3.4 受限空间作业

3.4.1 进入受限空间作业,应办理受限空间作业许可证。

3.4.2 进入设备作业应消除压力,开启人孔。必要时在设备与连接管道之间进行隔离,并分析合格后方可进入。

3.4.3 在容易积聚可燃、有毒、窒息气体的设备、地沟、井、槽等受限空间作业前,应先进行通风,分析合格后方可进入,在作业过程中应保持通风,必要时采取强制通风措施。

3.4.4 进入带有转动部件的设备作业,必须切断电源并有专人监护。

3.4.5 进入受限空间作业时,电焊机、变压器、气瓶应放置在受限空间外,电缆、气带应保持完好。

3.4.6 在容器内焊割作业时,应有良好的通风和排除烟尘的措施,采用安全照明设备,容器外应设安全监护人;工作间歇时,电焊钳和电弧气刨把应放在或悬挂在干燥绝缘处。

3.5 高处作业

Ⅰ 一般规定

3.5.1 15m及以上高处作业应办理高处作业许可证。

3.5.2 从事高处作业的人员,应经过体检。患有高血压、心脏病、癫痫病及其他不适合高处作业的人员不得从事高处作业。

3.5.3 高处作业时,下部应有安全空间和净距,当净距不足时,安全带可短系使用,但不得打结使用。对垂直移动的高处作业,宜使用防坠器;水平移动的高处作业,应设置生命绳。施工现场使用悬挂作业安全带,安全带的质量标准和检验周期,应符合现行国家标准《安全带》GB 6095的要求。

3.5.4 安装施工无外架防护时,应搭设安全平网,有火花溅落的地方应使用阻燃安全网,安全平网的架设应符合下列要求:

 1 网的外伸宽度不得小于2m。

 2 每隔3m应设一根支撑,支撑的水平仰角为40°~70°。

 3 安全网的内外边应锁紧边绳。

 4 网与网之间应连接牢固,且不得有间隙。

3.5.5 施工中应及时清理落入网中的杂物,安全网的检验应符合现行国家标准《安全网》GB 5725。

3.5.6 高处存放物料时,应采取防滑落措施。

3.5.7 高处铺设钢格板时,必须边铺设边固定。

3.5.8 高处作业下方的通道应搭设防护棚,多工种垂直交叉作业,相互之间存在危害的,应在上下层之间设置安全防护层。

Ⅱ 攀登与悬空作业

3.5.9 作业人员攀登时不得手持物件。使用移动式梯子时,下方应有人监护。

3.5.10 使用移动式直梯时,上下支承点应牢固可靠,不得产生滑移。直梯工作角度与地平夹角宜为70°~80°,工作时只许1人在梯上作业,且上部留有不少于4步空挡。

3.5.11 使用人字梯时,上部夹角宜为35°~45°,工作时只许1人在梯上作业,且上部留有不少于2步空挡,支撑应稳固。

3.5.12 绳梯的安全系数不得小于10,使用时应固定在牢固的物体上。

3.5.13 靠近平台栏杆处作业,坠落半径在栏杆外时,应设置防护

设施。

3.5.14 安装钢梁时,应视钢梁高度,在节点处设置挂梯或搭设作业平台,在钢梁上移动时,应设置生命绳。

3.5.15 悬空作业应视其具体情况设置防护网或采取措施。

Ⅲ 作业平台与洞口、临边防护

3.5.16 作业平台应根据现场实际进行设计,其力学计算与构造形式可参照国家现行标准《建筑施工高处作业安全技术规范》JGJ 80进行。作业平台验收合格,悬挂合格牌后方可使用。

3.5.17 悬挑式平台的搁支点与上部拉结点,应固定在牢固的建(构)筑物上。

3.5.18 作业平台应标识平台允许荷载值,不得超载作业。

3.5.19 临边及洞口四周应设置防护栏杆、设置警示标志或采取覆盖措施。

3.5.20 作业平台四周应设置防护栏杆、挡脚板。

3.5.21 通道口、脚手架边缘等处,不得堆放物件。

3.6 焊割作业

Ⅰ 一般规定

3.6.1 焊割设备及工、器具应保持完好状况,作业场所应符合本规范3.3节的有关要求。

3.6.2 焊割作业人员所用的防护用品,应符合国家有关标准的规定。

3.6.3 电焊机二次线应采用铜芯软电缆,电缆应绝缘良好。

3.6.4 严禁在带压、可燃、有毒介质管道或设备进行焊割作业。

3.6.5 多人同时作业时,应设隔光板。

3.6.6 不得对悬挂在起重机吊钩上的工件和设备进行焊割作业。

3.6.7 电焊机应放置在干燥、防雨且通风良好的机棚内,电焊机的外壳应接地良好。

3.6.8 开启或关闭电焊机电源时,应将电焊钳与工件隔离。

3.6.9 高处作业时,电焊机二次线电缆应与脚手架绝缘并绑牢。

3.6.10 电焊机和空气压缩机应有专人管理。不应带负荷送、停电。

3.6.11 在容器内进行气刨作业时,必须对作业人员采取听力保护措施。

3.6.12 输送氧、乙炔气的胶管应用不同颜色区分,胶管接头应严密,胶管不得鼓泡、破裂和漏气。

Ⅱ 气瓶

3.6.13 气瓶应存放在指定地点并悬挂警示标识,氧气瓶、乙炔气瓶或易燃气瓶不得混放。装卸气瓶时严禁摔、抛和碰撞。无保护帽、防振圈的气瓶不得搬运或装车。

3.6.14 气瓶的放置地点距明火不应小于10m。作业场所的氧气瓶与易燃气瓶间距不应小于5m。

3.6.15 乙炔气瓶与氧气瓶应放在通风良好的专用棚内,不得靠近火源或在烈日下曝晒。

3.6.16 气瓶使用前应对盛装气体的标识进行确认。不得擅自更改气瓶的钢印和颜色标记。

3.6.17 瓶内气体不得用尽,剩余压力不宜小于0.05MPa。

3.6.18 氧气瓶阀口处不得沾染油脂。

3.6.19 立放气瓶应有防倒措施。乙炔气瓶不得卧放使用,使用时应安装阻火器,乙炔气瓶上的易熔塞孔应朝向无人处。

3.6.20 在寒冷环境中,氧气瓶、乙炔气瓶的安全装置冻结时,宜用40℃以下的温水解冻。冻结的乙炔气管,不得用氧气吹扫或火烤。

3.7 季节施工

3.7.1 季节施工前应制订季节施工的安全技术方案,编制应急预案,落实紧急事项的预防和处理措施。

3.7.2 雨季施工应做好下列工作:

1 备齐防汛器材,防洪排水机械处于完好状态,并疏通排水管道和沟渠。

2 对道路和防洪堤坝进行整修,对施工现场和生活区的临时建(构)筑物进行检查与维护。

3 对有防雨、防潮要求的器材进行覆盖保护。

4 检查与维护坡道、脚手板等处的防滑措施。

5 进行电器设备及线路的检查与维护,对防雷装置进行接地电阻测定,其冲击接地电阻值不得大于 30Ω。

6 土石方施工时,应采取防止沟、槽、山崖等边坡的塌方和滑坡措施。

3.7.3 雨天施工,应采取防雨措施。雷雨时,应停止露天作业。

3.7.4 进行热摄、热压等高温作业和在受限空间内作业时,应采取通风、降温等措施。

3.7.5 暑季施工,宜适当避开高温时段,并做好防暑降温工作。长时间露天作业场所应采取防晒措施。

3.7.6 冬季施工用水、蒸汽、消防等管道及其设施,均应采取隔热防冻措施。

3.7.7 冬季进行设备、管道水压试验时,应采取防冻措施。试压后将水排尽并用压缩空气吹干。

3.7.8 冬季施工使用煤炉取暖时应保持烟道畅通,应防止一氧化碳、二氧化硫中毒。

3.7.9 构件与地面或其他物体冻结在一起时,应在化冻松动后吊运。支在冻土上的模板和支架,应防止冻土融化而引起下沉或倒塌。

3.7.10 施工现场的道路、斜道和脚手板上积存的冰、雪、霜应及时清除。

3.7.11 冬季混凝土、衬里等养护作业应符合下列规定:

1 采用暖棚法时,防止地槽或暖棚冻土融化坍塌。

2 采用电加热法时,防止触电、漏电。

3 采用蒸汽加热法时,防止蒸汽灼伤人。

4 采用亚硝酸盐外加剂时,防止误食中毒。

3.8 酸碱作业

3.8.1 从事酸碱作业的人员应按规定穿戴专用防护用品。作业场所应有冲洗水源和救治用品。

3.8.2 酸、碱溶液滴漏到作业场地上时,应用水冲洗清除或中和处理后清除。

3.8.3 稀释浓酸应符合下列规定:

1 取酸应采用专用器具。

2 开启盛酸容器的孔盖、瓶塞时,作业人员应站在上风侧,不得正对瓶口。

3 应将酸液缓慢地加入水中,边加边搅拌,不将水加入浓酸中。

3.8.4 取用固体碱时应轻凿轻取。配制碱液时,每次加碱不宜过多,碱块应缓慢放入溶碱器内,边加边搅拌,防止飞溅。

3.8.5 酸碱及其溶液应专库存放,严禁与有机物、氧化剂和脱脂剂等接触。

3.8.6 酸碱作业宜在露天或在室外作业棚内进行。在受限空间内作业时,应戴防毒面具(面罩),且通风良好。

3.8.7 作业场所应设有废液收集容器,盛装过酸碱的容器应存放在指定区域,废液应收集处理达标后排放。

3.9 脱脂作业

3.9.1 脱脂作业场所,应划定安全警戒区,并挂设"严禁烟火"、"有毒危险"等警示牌。脱脂人员应按脱脂要求穿戴专用防护用品。

3.9.2 当采用二氯乙烷、三氯乙烯脱脂时,脱脂件不得带有水分。

3.9.3 脱脂作业,应符合下列要求:

1 脱脂作业应在室外或通风良好的场所进行。

2 脱脂现场不得存放食品和饮料。

3 脱脂现场空气中的有害物质含量,应定期检查分析,最大允许含量不得超过表 3.9.3 的规定。

表 3.9.3 脱脂现场空气中有害物质最大允许含量

溶剂名称	最大允许含量(mg/m³)	对人体危害
二氯乙烷	25	有毒,能通过皮肤、呼吸道进入人体
三氯乙烯	30	有毒、破坏生理机能

3.9.4 作业人员在设备、大口径管道等受限空间内工作时,应戴长管式防毒面具(罩)和系挂安全绳,外面应有专人监护。

3.9.5 大型设备喷淋脱脂后,应待溶剂排尽,检测设备内气体中有害含量符合表 3.9.3 要求后,方可进入内部检查。

3.9.6 乙醇不得与二氯乙烷、三氯乙烯共同储存和同时使用。

3.9.7 用二氯乙烷或乙醇等易燃液体进行脱脂后,不得用氧气吹扫。

3.9.8 脱脂剂应贮存于通风、干燥的仓库中,不得受阳光直接照射,且不得与强酸、强碱或氧化剂接触。

3.9.9 应防止脱脂剂溅出和溢到地面上。溢出的溶剂应立即用砂子吸干,并收集到指定的容器内。

3.9.10 脱脂废液的处理应按本规范第 3.8.7 条的规定执行。

3.10 运输作业

3.10.1 运输作业前应检查装卸地点及道路状况,并清除障碍。

3.10.2 用机械装卸货物时,所用的机械和工具应符合本规范第 10 章的有关规定。

3.10.3 人工搬运物件时,作业人员应采取正确的姿势和方法,多人同时搬运时,应有专人指挥,并有防止倾倒的措施。

3.10.4 装卸可燃、易爆等危险化学品时,严禁身带火种;装卸有毒物品及粉尘材料时,应穿戴专用防护用品。

3.10.5 采用滚运法装卸时,应有限速和制动措施;用滚杠搬运物件时,不得直接用手调整滚杠;采用斜面搬运时,坡道的坡度不得大于 1:3,坡道应稳固。

3.10.6 大件运输(超长、超宽、超高)应符合下列规定:

1 编制运输方案,并报交通运输管理部门批准。

2 运输前应检查沿途管廊、管架、涵洞、架空电线等障碍物的高度以及道路的转弯半径。重型物件应调查运输的道路、桥涵承载能力。

3 运输时物件在车上应放正、垫稳、封牢,并有警示标志。

4 运输途中应有专人监视,及时处理架空电线等空中障碍物。

3.11 现场临建

Ⅰ 一般规定

3.11.1 施工现场实行封闭管理,工地周边应设置围挡。

3.11.2 施工作业区、办公区和生活区应有明确划分。生活区应统筹安排,合理布局,满足安全、消防、卫生防疫、环境保护、防汛等要求。

3.11.3 作业区、办公区、生活区应有安全适度的照明并配置适量的消防器材。投入使用的同时应设置完成提示、警示、警告标志,包括平面布置图、应急撤离线路、紧急集合点标志等。

3.11.4 生活饮用水应符合现行国家标准《生活饮用水卫生标准》GB 5749 的有关规定。

Ⅱ 临时设施

3.11.5 施工作业区、办公区各种临时设施应合理布局,符合安全施工要求。

3.11.6 材料存放区的场地应平整,并有排水措施。

3.11.7 油漆、油料等可燃物品仓库应配置消防器材和警示标志,留有宽度不小于 6m 的消防通道,并保持畅通。

3.11.8 可燃物品仓库与其他建筑物、铁路、道路、工艺装置、燃料罐区之间的防火间距,应符合现行国家标准《石油化工企业设计防火规范》GB 50160 的规定。

3.11.9 办公用房搭设应符合房屋防火要求。屋顶应封闭严密,并应在前后墙壁上各设置至少一扇可开启式窗户。

3.11.10 仓库或堆放场的电气设备应保持良好状态,与用电设备相关的金属结构设施等应接地。

4 临时用电

4.1 用电管理

I 一般规定

4.1.1 用电单位应建立临时用电管理制度与安全用电操作规程,进行安全用电培训。

4.1.2 施工临时用电宜采用四级配电系统。

4.1.3 电工必须经安全技术培训,考核合格,取得"特种作业操作证",方可从事电工作业。在外电线路上作业的电工还应持有与作业类别相适应的"电工进网作业许可证"。

4.1.4 施工现场临时用电应编制临时用电方案,并应按批准的方案实施。

4.1.5 临时用电工程应经使用单位、监理单位、批准单位共同验收,合格后方可使用,验收资料与现场实物应相符。

4.1.6 安装、巡检、维修和拆除临时用电设备和线路,应由电工完成。电工使用的绝缘用品应定期进行试验检查。

4.1.7 施工现场临时用电应建立安全用电档案。

4.1.8 发生电气火灾时,应首先切断电源。

II 临时用电设备

4.1.9 临时用电设备应进行检查和试验,确认合格并标识后方可使用。

4.1.10 在有爆炸和火灾危险的场所,应采用与危险场所等级相适应的防爆型电气设备。

4.1.11 临时用电设备绝缘电阻的测试检查每年不少于一次,并应做好记录。

4.1.12 施工现场所有配电箱和开关箱中应装设漏电保护器,用

电设备必须做到二级漏电保护。严禁将保护线路或设备的漏电开关退出运行。

4.1.13 在大风、暴雨、沙尘暴等恶劣天气后,应对临时用电设备和线路进行检查。

4.1.14 任何临时用电设备在未证实无电以前,应视作有电,不得触摸其导电部分。

4.1.15 临时用电设备检修时,应先切断其前一级电源,拉开相应的隔离电器,并挂上"有人作业,严禁合闸"的警示牌。

4.1.16 移动或拆除临时用电设备和线路,应切断电源并对电源端导线做保护处理。

4.1.17 增加用电负荷时,应提出申请,经用电管理部门批准,由电工负责完成引接。

III 用电环境

4.1.18 施工设施的周边与带电体之间的最小安全操作距离应符合表 4.1.18 的规定。上下脚手架的斜道不应设在朝向带电体的一侧。

表 4.1.18 施工设施的周边与带电体的最小安全距离

带电体电压等级(kV)	<1	1~10	35~110	220	330~500
最小安全操作距离(m)	4	6	8	10	15

4.1.19 施工现场不符合本规范第 4.1.18 条中规定的最小距离时,应搭设防护设施并设置警告标志。防护设施与带电体的最小安全距离应符合表 4.1.19 的规定。

表 4.1.19 防护设施与带电体的最小安全距离

带电体电压等级(kV)	≤10	35	110	220	330	500
最小安全距离(m)	1.7	2.0	2.5	4.0	5.0	6.0

4.1.20 施工现场的塔式起重机、金属井字架、施工升降机、钢脚手架、大型模板、烟囱等设施以及正在施工的金属结构,当在相邻建(构)筑物的防雷保护装置的保护范围以外时,应按表 4.1.20 规定安装防雷装置。当最高设施上避雷针(接闪器)的保护范围按滚球法计算,能保护其他设施时,其他设施可不设防雷装置。

表 4.1.20 安装防雷装置的施工设施高度

地区年平均雷暴日(d)	≤15	>15,<40	≥40,<90	≥90
施工设施高度(m)	≥50	≥32	≥20	≥12

注:地区年平均雷暴日数按气象主管部门公布的当地年平均雷暴日数为准。

4.1.21 空旷场地中孤立的施工设施和建(构)筑物,符合下列规定时,应安装防雷设施:

　　1 年平均雷暴日数大于 15d 的地区,高度在 15m 及以上。

　　2 年平均雷暴日数小于或等于 15d 的地区,高度在 20m 及以上。

4.1.22 施工设施及正在施工的金属结构的防雷引下线可利用该设施或结构的金属体,但应保证电气连接。

4.1.23 防雷接地的冲击接地电阻不得大于 30Ω。除独立避雷针外,在接地电阻符合要求的前提下,防雷接地装置可以和其他接地装置共用。

4.2 变配电及自备电源

I 临时用电变压器

4.2.1 临时用电变压器有效供电半径不宜大于 500m。

4.2.2 变压器应装设在离地不低于 0.5m 的台基上,并设置高度不低于 1.7m 的围墙或栅栏,围墙或栅栏的入口门应加锁,并在醒目位置悬挂"止步、高压危险"的警告牌。变压器外廓到围墙或栅栏的安全净距应符合下列规定:

　　1 10kV 及以下不应小于 1m。

　　2 35kV 不应小于 1.2m。

4.2.3 变压器的高压侧应装设高压跌落式熔断器,熔断器距地面不应小于 4.5m。

4.2.4 变压器中性点及外壳接地连接点的导电接触面应接触良

好,连接牢固可靠。

4.2.5 两台及以上变压器,当电源来自电网的不同电源回路时,严禁变压器以下的配电线路并列运行。

Ⅱ 配 电 室

4.2.6 配电室应就近变压器设置,并应有自然通风、防水、防雨、防雪侵入和防小动物进入的措施。

4.2.7 变压器到配电柜的低压引线在进入配电室处应有防水弯。

4.2.8 配电室内配电柜应装设电源隔离开关及短路、过载、漏电保护电器。柜面操作部位不得有带电体外露。每个开关回路应有用途标记。

4.2.9 配电室应配置消防器材,门应向外开并配锁。

Ⅲ 箱式变电站

4.2.10 箱式变电站投入使用前,应对内部的电气设备进行检查和电气性能试验,合格后方可投入运行。

4.2.11 箱式变电站应采用压板固定在离地不低于 0.5m 的台基上。

4.2.12 箱式变电站的高、低压开关应设置失压脱扣保护装置。

Ⅳ 发 电 机 组

4.2.13 临时用电自备发电机组电源应与外电线路联锁,严禁并列运行。

4.2.14 发电机组应设置电源隔离电器及短路、过载、漏电保护电器。

4.2.15 发电机组应将电源中性点直接接地,并独立设置 TN-S 接零保护系统。

4.2.16 发电机组的排烟管道应伸出室外,储油桶不得存放在发电机房内。

4.3 配 电 线 路

4.3.1 架空线应采用绝缘导线经横担和绝缘子架设在专用电杆上,不得架设在树木或脚手架上,绝缘导线的绝缘外皮不得老化、破裂。

4.3.2 架空线距施工现场主要道路路面不应小于 6m。

4.3.3 施工电缆应包含全部工作芯线和保护芯线。单相用电设备应采用三芯电缆,三相动力设备应采用四芯电缆,三相四线制配电的电缆线路和动力、照明合一的配电箱应采用五芯电缆。

4.3.4 电缆线路不得沿地面直接敷设,不得浸泡在水中。

4.3.5 电缆架空敷设时,应沿道路路边、建筑物边缘或主结构架设,并使用坚固支架支撑。电缆与支架之间应采用绝缘物可靠隔离,绑扎线应采用绝缘线。

4.3.6 电缆直埋时,低压电缆埋深不应小于 0.3m;高压电缆和人员车辆通行区域的低压电缆,埋深不应小于 0.7m。电缆上下应铺以软土或砂土,厚度不得小于 100mm,并应盖砖等硬质保护层。

4.3.7 电缆直埋时,转弯处和直线段宜每隔 20m 处在地面上设明显的走向标志。

4.3.8 电缆穿越道路时应采用坚固的保护管,管径不得小于电缆外径的 1.5 倍,管口应密封。

4.3.9 电缆接头应进行绝缘包扎,并应采取防雨和保护措施。电缆接头不得设置于地下。

4.4 配电箱和开关箱

4.4.1 总配电箱应装设总隔离电器、总断路器和分路隔离电器、分路漏电断路器以及电源电压、电流指示装置等。当总断路器采用漏电断路器时,分路断路器可不带漏电保护功能。总配电箱出线回路不宜直接为用电设备供电。

4.4.2 分配电箱应装设总隔离电器、总断路器和分路隔离电器、分路漏电断路器。分配电箱除向开关箱供电之外,也可向三相用电设备和单相用电设备供电。

4.4.3 开关箱内应配置隔离电器和漏电断路器。手持式电动工

具和移动式设备应由开关箱供电,开关箱与其控制的用电设备的水平距离不宜超过 5m。

4.4.4 用电设备应执行"一机一闸一保护"控制保护的规定。严禁一个开关控制两台(条)及以上用电设备(线路)。

4.4.5 所有分配电箱和开关箱都应使用插头或接线端子排引出电源。

4.4.6 配电箱和开关箱内隔离电器应设置在电源进线端。

4.4.7 配电箱内均应设置独立的 N 线和 PE 线端子板,每个连接螺栓的保护零线或工作零线接线均不得超过 2 根。进出线中的 PE 线应通过 PE 端子板连接。

4.4.8 动力配电与照明配电宜分箱设置,当合置在同一箱内时,动力与照明配电应分路设置。

4.4.9 配电箱和开关箱应采用钢板或阻燃绝缘材料制作,其外形结构应能防雨。

4.4.10 落地式配电箱应垂直放置,且固定牢固,配电箱底部应高出地面 300mm 以上。

4.4.11 配电箱和开关箱的进线和出线不得承受外力,进线口和出线口应在箱下方,不得在箱体的上方和门缝处接入电缆。

4.4.12 控制两个供电回路或两台设备及以上的配电箱,箱内的开关电器,应清晰注明开关所控制的线路或设备名称。

4.4.13 漏电保护器的选用,应符合现行国家标准《剩余电流动作保护器的一般要求》GB 6829 的规定。漏电保护器的安装与使用应符合《漏电保护器安装和运行》GB 13955 和产品技术文件的规定。

4.4.14 漏电保护器安装的接线方法见图 4.4.14。

4.4.15 开关箱中漏电保护器的额定漏电动作电流 $I_{\Delta n1}$ 不得大于 30mA,额定漏电动作时间不得大于 0.1s。在潮湿、有腐蚀介质场所和受限空间采用的漏电保护器,其额定漏电动作电流不得大于 15mA,额定漏电动作时间不得大于 0.1s。

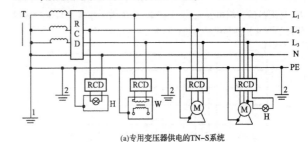

(a)专用变压器供电的 TN-S 系统

(b)外电线路(采用保护接零)供电的局部 TN-S 系统

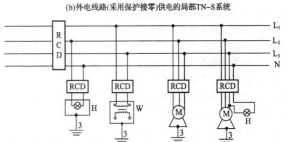

(c)外电线路(采用保护接地)供电的 TT 系统

图 4.4.14 三相四线制低压电力系统漏电保护器接线示意

L₁、L₂、L₃—相线;N—工作零线;PE—保护零线、保护线;1—工作接地;2—重复接地;3—保护接地;T—变压器;RCD—漏电保护器;H—照明器;W—电焊机;M—电动机

4.4.16 手持式电动工具和移动式设备相关开关箱中漏电保护电

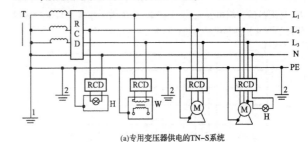 L₁、L₂、L₃—相线;N—工作零线(above as caption detail)

器,其额定漏电动作电流不得大于 15mA,额定漏电动作时间不得大于 0.1s。

4.4.17 分配电箱中漏电保护器当直接为用电设备供电时,分配电箱中漏电保护器的额定漏电动作电流 $I_{\Delta n1}$ 和额定漏电动作时间的选择应符合本规范第 4.4.15 条的规定;当为开关箱供电时,分配电箱中漏电保护器的额定漏电动作电流 $I_{\Delta n2}$ 宜大于或等于 $1.5I_{\Delta n1}$,分配电箱中漏电保护器的额定漏电动作时间不应大于 0.1s。

4.4.18 总配电箱内的额定漏电动作电流 $I_{\Delta n3}$ 应不小于 $1.5I_{\Delta n2}$,额定漏电动作时间应大于 0.1s。但总配电箱内的漏电保护器的额定漏电动作电流与额定漏电动作时间的乘积不应大于 30mA·s。

4.4.19 配电室内配电柜中的漏电保护电器的额定漏电动作电流不应大于 150mA,额定漏电动作时间应大于 0.1s。但配电室内配电柜中的漏电保护电器的额定漏电动作电流与额定漏电动作时间的乘积不应大于 30mA·s。

4.4.20 配电箱和开关箱内电气元件应完好且排列整齐,标明电气回路及负载能力,配线应绝缘良好,绑扎成束并固定在盘内。盘面操作部位不得有带电体明露。

4.4.21 配电箱和开关箱内的熔断器应根据用电负荷容量确定,熔体应选用合格的铅合金熔丝,不得随意加大,不得用铜丝、铝丝、铁丝或其他金属丝代替,不得用多股熔丝代替一根较大的熔丝。

4.4.22 总配电箱正常工作时应加锁,开关箱正常工作时不得加锁。

4.4.23 电气设备使用前,应先检查漏电保护器动作的可靠性。使用中的漏电保护器每月至少应检查一次。

4.4.24 电气设备应有明显的通、断电标识。停用的电气设备应切断电源。

4.4.25 配电箱、开关箱内不得放置杂物。

4.5 接地与接零

4.5.1 施工现场由专用变压器供电时,临时用电应采用电源中性点(变压器低压侧中性点)直接接地,低压侧工作零线与保护零线分开的 TN-S 接零保护系统(见图 4.5.1)。

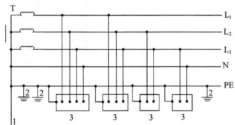

图 4.5.1 专用变压器供电时 TN-S 接零保护系统示意
1—工作接地;2—PE 线重复接地;3—电气设备金属外壳(正常不带电的外露可导电部分);L₁、L₂、L₃—相线;N—工作零线;PE—保护零线;T—变压器

4.5.2 在 TN-S 接零保护系统中,电气设备的金属外壳必须与保护零线连接。保护零线应由工作接地线或配电室配电柜电源侧零线处引出。

4.5.3 当施工现场与外电线路共用同一供电系统时,接地、接零方式必须与外电线路供电系统保持一致。

4.5.4 当施工现场由专用发电机供电时,接零方式应符合本规范第 4.2.15 条的规定。

4.5.5 保护零线和工作零线自工作接地线或配电室配电柜电源侧零线处分开后,不得再做电气连接。

4.5.6 施工现场保护接零的低压系统,变压器或发电机的工作接地电阻不应大于 4Ω。总容量不大于 100kV·A 的变压器或发电机的工作接地电阻不得大于 10Ω。

4.5.7 保护零线必须在配电系统的始端、中间和末端处做重复接地,每一处重复接地电阻不得大于 10Ω。在工作接地电阻允许达到 10Ω 的电力系统中,所有重复接地的等效电阻值不应大于 10Ω。工作零线不得做重复接地。

4.5.8 现场塔吊、龙门吊、电梯等设备保护零线应做重复接地。

4.5.9 下列电气设备及设施的外露可导电部分,应做接零保护:

1 发电机、电动机、电焊机、变压器、照明器具、手持式电动工具的金属外壳。

2 电气设备传动装置的金属底座或外壳。

3 配电装置的金属箱体、框架及靠近带电部分的金属围栏和金属门。

4 互感器二次绕组的一端。

5 电缆的金属外皮和铠装、穿线金属保护管、敷线的钢索、吊车的底座和轨道、提升机的金属构架、滑升模板金属操作平台等。

6 架空线路的金属杆塔。

7 金属结构的办公室及工具间。

4.5.10 施工现场金属结构的框架、塔(容)器、加热炉、储罐以及铆工、焊工等的金属工作平台,应分区域用金属导体连成一体,并分别与就近配电箱保护零线端子板连接。

4.5.11 用电设备的保护零线或保护地线应并联接地,不得串联接零或接地。

4.5.12 保护零线不得接入保护电器及隔离电器。设备电源线中的保护零线必须连接,不得截断。

4.5.13 保护零线所用材质与相线、工作零线相同时,其最小截面应符合表 4.5.13 的规定。与电气设备相连接的保护零线应采用截面不小于 2.5mm² 的绝缘多股铜线。保护零线应采用统一标志的绿/黄双色线,在任何情况下不得使用绿/黄双色线做电源线和工作零线。

表 4.5.13 PE 线截面与相线截面的关系(mm²)

相线芯线截面 S	PE 线最小截面
$S \leqslant 16$	S
$16 < S \leqslant 35$	16
$S > 35$	$S/2$

4.5.14 垂直接地体应采用角钢、钢管或圆钢。接地线与垂直接地体连接方法可采用焊接、压接或螺栓连接,螺栓连接应用镀锌螺栓并有镀锌平垫及弹簧垫,螺栓不得埋入地面下。

4.5.15 接地体可利用建、构筑物的自然接地体或电气安装工程中业已施工的接地网。

4.6 照明用电

4.6.1 工作场所和通道的照明应根据不同的照度需要设置,必要时应备有应急照明。

4.6.2 在有粉尘的场所,应采用防尘型照明器;在潮湿的场所,应采用密闭型防水照明器。

4.6.3 行灯照明应使用安全特低电压,行灯电压不应大于 36V。其中,在高温、潮湿场所,行灯电压不应大于 24V;在特别潮湿场所、受限空间内,行灯电压不应大于 12V。

4.6.4 行灯手柄绝缘应良好,电源线应使用橡胶软电缆,灯泡外部应有金属保护罩。

4.6.5 行灯变压器必须采用安全隔离变压器,严禁使用普通变压器和自耦变压器。安全隔离变压器的外露可导电部分应与 PE 线相连做接零保护,二次绕组的一端严禁接地或接零。行灯的外露可导电部分严禁直接接地或接零。行灯变压器必须有防水措施,并不得带入受限空间内使用。

4.6.6 大型工业炉辐射室、大型储罐内的工作照明可采用 1:1 隔离变压器供电。

4.6.7 1:1 隔离变压器的接线和使用应符合本规范第 4.6.5 条的规定。隔离变压器开关箱中必须装设漏电保护器。灯具电源线必须用橡胶软电缆,穿过孔洞、管口处应设绝缘保护套管。灯具应固定装设,其位置应为施工人员不易接触到的地方,严禁将 220V 的固定灯具作为行灯使用。灯具必须有保护罩,严禁使用接线裸露的照明灯具。

4.6.8 作业场所临时照明线路应固定。照明灯具的安装高度不宜低于3m。照明灯具的金属支架应稳固,并采取接零保护措施。

4.6.9 夜间影响行人、车辆、飞机等安全通行的施工部位或设施、设备,应设置红色警戒标志灯。

5 起重作业

5.1 一般规定

5.1.1 起重吊装作业按工件重量、长度或高度、工件结构及吊装工艺划分作业等级,并符合国家现行标准《石油化工工程起重施工规范》SH/T 3536 的规定。

5.1.2 起重吊装作业应编制吊装方案和安全技术措施,经批准后实施。吊装作业前应进行技术交底,已经批准的吊装方案确需变更时,应将变更后的方案按原程序上报审批并重新交底。吊装方案编制和审批人员的资格应符合国家现行标准《石油化工工程起重施工规范》SH/T 3536 的规定。

5.1.3 起重作业人员应取得政府部门颁发的"特种作业操作证",并持证上岗。

5.1.4 吊装前,应与供电部门取得联系,保证正常供电或断电。

5.1.5 吊装前,应与气象部门联系,掌握气象情况。当遇有大雪、大雨、大雾及六级以上风力(风速大于 10.8m/s)时不得进行吊装作业。

5.1.6 大型工件吊装前,检查吊装工艺参数和吊装机索具,确认符合吊装方案要求,由责任人员签署"吊装命令书"后,方可进行试吊和吊装作业。

5.1.7 工件的吊装,吊点的设置应根据工件重心位置确定,保证吊装过程中工件平衡。

5.1.8 吊装过程中工件应设溜绳,工件在吊装过程不得摆动、旋转。

5.1.9 吊装作业应划定警戒区域,并设置警示标志,必要时应设专人监护。

5.1.10 缆风绳跨越道路时,离路面高度不得低于 6m,并应悬挂明显标志。

5.1.11 吊装过程中,作业人员应坚守岗位,听从指挥,无指挥者的命令不得擅自操作。

5.1.12 工件不宜在空中长时间停留,工件吊装就位后,应采取固定措施并确认符合要求后方可松绳摘钩。

5.1.13 起重指挥信号应按现行国家标准《起重吊运指挥信号》GB 5082 的规定执行。

5.1.14 所有起重机索具应具有合格证,且不得超负荷使用,并应定期进行检查,挂牌标识。

5.1.15 工件吊耳的设计应符合下列规定:

1 吊耳材质应与工件材质相同或相近。

2 不锈钢和有色金属设备吊耳加强板应与设备材质相同。

3 吊耳形式、方位及数量应符合自身强度、工件局部强度和吊装工艺要求。

5.1.16 制作吊耳与吊耳加强板的材料必须有质量证明文件,且不得有裂纹、重皮、夹层等缺陷。

5.1.17 吊耳焊接应有焊接工艺,且宜在设备制造时焊接,需整体热处理的设备,应一同热处理。

5.1.18 吊耳与设备连接焊缝应按吊耳设计文件规定进行检验并有检测报告。

5.2 吊车作业

5.2.1 吊车站位及行走地基的地耐力值应满足吊车吊装作业的要求。

5.2.2 起重吊装作业按本规范第 5.1.1 条确认吊装作业等级,并根据吊装位置及工作环境,选用合适的吊车。

5.2.3 吊车工作、行驶或停放时应与沟渠、基坑保持一定的安全距离,且不得停放在斜坡上。

5.2.4 汽车式吊车,作业前支腿应全部伸出,并在支撑板下垫好方木或路基箱,支腿有定位销的应插上定位销。底盘为悬挂式的吊车,伸出支腿前应先收紧稳定器。

5.2.5 作业中严禁扳动支腿操纵阀。调整支腿必须在无载荷时进行,并将臂杆转至正前方或正后方。作业中发现支腿下沉、吊车倾斜等不正常现象时,必须放下重物,停止吊装作业。

5.2.6 吊车不得跨越无防护设施的架空输电线路作业。在线路近旁作业时,应编制安全技术措施,吊车臂杆及工件边缘与架空输电导线的最小安全距离应符合表 5.2.6 的规定。

表 5.2.6 起重机及工件与架空线路带电体的最小安全距离

项 目	输电导线电压(kV)						
	<1	10	35	110	220	330	500
安全距离(m)	2.0	3.0	4.0	5.0	6	7.0	8.5

5.2.7 吊车作业时,臂杆的最大仰角不得超过该机臂杆长度时仰角的规定。

5.2.8 双机抬吊工作,应选用性能相似的吊车。抬吊时应统一指挥,动作协调,载荷分配合理,单机载荷不得超过吊车在作业工况下额定载荷的 75%。两台吊车的吊钩钢丝绳保持垂直状态。

5.2.9 吊车空载行走时,吊钩应挂牢。吊车吊工件行走时,应缓慢行驶,且工件不应摆动。工件宜处于吊车的正前(后)方,离地不得超过 500mm。吊车的负荷率应符合产品使用说明书的要求。

5.2.10 吊车作业时,工件不得在驾驶室上方越过。

5.2.11 吊车作业时,应将工件吊离地面 200~500mm,停止提升,检查吊车的稳定性、承载地基的可靠性、重物的平稳性、绑扎的牢固性,确认无误后,方可继续提升。对于易摆动的工件,应拴溜绳控制。

5.2.12 吊车严禁超载、斜拉或起吊不明重量的工件。

5.2.13 吊车进行回转、变幅、行走和吊钩升降等动作时应鸣声示意。

5.3 卷扬机作业

5.3.1 卷扬机应固定牢固,受力时不得向横向偏移。转动部件应润滑良好、制动可靠。电器设备和导线应绝缘良好、接地(接零)保护可靠。

5.3.2 卷扬机的电动机旋转方向应与操作盘标志一致。

5.3.3 钢丝绳在卷筒中间位置时,应与卷扬轴线成直角。卷筒与第一个导向滑轮的距离应大于卷筒长度的20倍,且不得小于15m。卷筒内的钢丝绳最外一层应低于卷筒两端凸缘高度一个绳径。

5.3.4 卷扬机外露传动部分,应加防护罩,运中不得拆除。

5.3.5 卷扬机操作人员、吊装指挥人员和拖、吊的工件三者之间,视线不得受阻,遇有不可清除的障碍物,应增设指挥点。

5.3.6 卷扬机作业中,严禁用手拉、脚踩运转的钢丝绳,且不得跨越钢丝绳。

5.3.7 工件提升后,操作人员不得离开卷扬机。休息时,工件应降至地面。

5.4 起重机索具

Ⅰ 手拉葫芦

5.4.1 手拉葫芦使用前应进行检查,转动部分应灵活,链条应完好无损,不得有卡链现象,制动器有效,销子应牢固。

5.4.2 手拉葫芦的吊钩出现下列情况之一时应报废:

1 表面有裂纹。
2 危险断面磨损达10%。
3 扭转变形超过10°。
4 危险断面或吊钩颈部产生塑性变形。
5 开口度比原尺寸增加15%。

5.4.3 手拉葫芦链条磨损量超过链条直径的15%时,不得使用。

5.4.4 手拉葫芦吊挂点应牢固可靠,承载能力不得低于手拉葫芦额定载荷,并应符合下列规定:

1 两钩受力应在一条直线上。
2 不得超负荷使用。斜拉时悬挂位置应牢固,不得产生滑动。

5.4.5 吊钩挂绳扣时,应将绳扣挂至钩底。严禁将吊钩直接挂在工件上。

5.4.6 手拉葫芦起重作业暂停或将工件悬吊空中时,应拉链封好。

5.4.7 手拉葫芦放松时,起重链条应保留3个以上扣环。

5.4.8 采用多个手拉葫芦同时作业时,手拉葫芦受力不应超过额定载荷的70%,操作应同步。

5.4.9 设置手拉葫芦时,应防止泥沙、水及杂物进入转动部位。

Ⅱ 千斤顶

5.4.10 千斤顶应定期维护保养,并在使用前进行性能检查。

5.4.11 螺旋千斤顶及齿条千斤顶的螺杆、螺母的螺纹及齿条磨损超过20%时,不得继续使用。

5.4.12 千斤顶应有足够的支承面积,并使作用力通过承压中心。

5.4.13 使用千斤顶时,应随着工件的升降,随时调整保险垫块的高度。

5.4.14 用多台千斤顶同时工作时,应采用规格型号相同的千斤顶,且应采取措施使载荷合理分布,每台千斤顶的荷载应不超过其额定起重量的80%;千斤顶的动作应相互协调,升降应平稳,不得倾斜及局部过载。

5.4.15 特殊作业的千斤顶应按照产品使用说明书的规定使用。

Ⅲ 吊索具

5.4.16 麻(棕)绳不得在机械驱动的作业中作为起吊索具使用。

5.4.17 麻(棕)绳不得向一个方向连续扭转。

5.4.18 麻(棕)绳使用中不得与锐利的物体接触,捆绑时应加垫保护。

5.4.19 麻(棕)绳应放在通风干燥的地方,不得受热受潮,且不得与酸、碱等腐蚀介质接触。

5.4.20 合成纤维吊装带应按产品使用说明书规定的技术参数使用,吊装带使用前应对外观进行检查,有破损的吊装带不得使用。

5.4.21 合成纤维吊装带使用时应避免电火花和火焰灼伤,且不得与锐利的物体接触,捆绑时应加垫保护。

5.4.22 钢丝绳使用时的安全系数不得小于表5.4.22的规定。

表 5.4.22 钢丝绳的最小安全系数

用途	缆风绳	机动起重设备跑绳	无弯矩吊索	捆绑绳索	用于载人的升降机
安全系数	3.5	5	5	8	14

5.4.23 钢丝绳不得与电焊导线或其他电线接触。

5.4.24 钢丝绳使用中不得与棱角及锋利物体接触,捆绑时应垫以圆滑物件保护。

5.4.25 钢丝绳不得成锐角折曲、扭结。

5.4.26 钢丝绳在使用过程中应定期检查、保养,钢丝绳的检查应按现行国家标准《起重机械用钢丝绳检验和报废实用规范》GB/T 5972执行。钢丝绳磨损、锈蚀、断丝、电弧伤害时,应按表5.4.26的规定降低其使用级别。

表 5.4.26 钢丝绳的折减系数

钢丝绳规格(较互捻)			折减系数
6×19+1	6×37+1	6×61+1	
一个捻距内断丝数			
1~3	1~6	1~9	0.90
4~6	7~12	17~18	0.70
7~9	13~19	19~29	0.50

5.4.27 钢丝绳搭接使用时,所用绳卡的数量应按表5.4.32的数量增加一倍。

5.4.28 滑车使用前应进行清洗、检查、润滑。必要时重要部件(轴、吊环、吊钩)应进行无损检测,有下列情况之一时,不得使用:

1 滑车部件有裂纹或永久变形。
2 滑轮槽面磨损深度达到3mm。
3 滑轮槽壁磨损达到壁厚的20%。
4 吊钩的危险断面磨损达到10%。
5 吊钩扭曲变形达到10%。
6 轮轴磨损到轴径的2%。
7 轴套磨损到壁厚的10%。

5.4.29 滑车组两滑车之间的净距不宜小于滑轮直径的5倍。滑车贴地面设置时应防止杂物进入滑轮槽内。

5.4.30 吊钩上的防止脱钩装置应齐全完好,无防止脱钩装置应将钩头加封。

5.4.31 吊钩不得补焊。

5.4.32 绳卡应无裂纹及表面创伤,绳卡的使用标准见表5.4.32。

表 5.4.32 绳卡的使用标准

绳卡型号	适用绳径(mm)	卡杆直径(mm)	绳卡数量(个)	绳卡间距(mm)
Y1-6	7.4~8	M6	3	70
Y2-8	8.7~9.3	M8	3	80
Y3-10	11	M10	3	100
Y4-12	12.5~14	M12	3	100
Y5-15	15~17.5	M14	3	120
Y6-20	18.8~20	M16	4	120
Y7-22	21.5~23.5	M18	4	140
Y8-25	24~26.5	M20	5	160
Y9-28	28~31	M22	5	180

绳卡型号	适用绳径(mm)	卡杆直径(mm)	绳卡数量(个)	绳卡间距(mm)
Y10-32	32.5～37	M24	6	200
Y11-40	39～44.5	M24	8	250
Y12-45	46.5～50.5	M27	8	300
Y13-50	52～56	M30	9	300

5.4.33 安装绳卡时应规则排列,宜使 U 形螺栓弯曲部分在钢丝绳的末端绳股一侧,使马鞍座与主绳接触。

5.4.34 卸扣表面应光滑,不得有毛刺、裂纹、变形等缺陷。卸扣不得补焊。

5.4.35 卸扣螺杆拧入时,应顺利自如,螺纹应全部拧入螺口内。

5.4.36 吊装配套使用的平衡梁、抬架等专用吊具应满足其特定的使用要求,设计文件应随吊装技术文件同时审批。

5.4.37 制作吊具的材料、连接件等应有质量证明文件,吊具的焊接应采用评定合格的焊接工艺,且应外观检验合格,有焊后热处理要求时,应及时进行热处理。

5.4.38 吊具应按设计文件的要求进行试验,合格后方可使用。

5.5 塔式起重机吊装作业

5.5.1 起重机作业前,应进行下列检查:

1 机械结构的外观情况,各传动机构应正常。

2 各齿轮箱、液压油箱的油位应符合标准。

3 主要部位连接螺栓应无松动。

4 钢丝绳磨损情况及穿绕滑轮应符合规定。

5 供电电缆应无破损。

5.5.2 起重机吊钩提升接近臂杆顶部、小车行至端点或起重机走接近轨道端部时,应减速缓行至停止位置。吊钩距臂杆顶部不得小于 1m,起重机距轨道端部不得小于 2m。

5.5.3 提升工件后,不得自由下降,不得使用限位作业运行开关。工件就位时,应使之缓慢下降,操纵各控制器时应依次逐级操作,不得越挡操作。

5.5.4 提升工件平移时,应高出其跨越的障碍物 0.5m 以上。

5.5.5 两台起重机同在一条轨道上或在相近轨道上进行作业时,应保持两机之间任何接近部位(包括吊起的工件)距离不得小于 5m。

5.5.6 塔式起重机起重臂每次变幅必须空载进行,每次变幅后,根据工作半径和重物重量,及时对超载限位装置的吨位进行调整。起重机升降重物时,起重臂不得进行变幅操作。

5.5.7 动臂式起重机的起重、回转、行走三种动作可以同时进行,但变幅只能单独进行。

5.6 使用吊篮作业

5.6.1 使用吊篮作业应编制施工方案,经技术、安全部门审核,总技术负责人批准后实施。

5.6.2 作业前,应向吊篮作业人员进行安全交底。

5.6.3 吊篮的结构应稳固合理,额定承载力应满足工作负荷的要求,并应符合下列要求:

1 栏杆高度不低于 1.2m。

2 底板牢固、无间隙、四周设置踢脚板。

3 设置 4 个吊耳。

5.6.4 吊篮必须处于完好状态,严禁超载使用。

5.6.5 吊篮使用前,应进行起重机械的制动器、控制器、限位器、离合器、钢丝绳、滑轮组以及配电等项检查,并应用吊篮负荷 1.5 倍的重物进行上下吊运和定位试验,确认安全可靠后方可使用。

5.6.6 经确认合格的吊篮,应在吊篮铭牌上标注主要使用参考数,铭牌应固定在吊篮显著位置。

5.6.7 吊篮作业应办理使用申请手续,批准后方可进行吊篮作业。

5.6.8 作业时,作业人员配戴的安全带不得系挂在吊篮及其钢丝绳上。

5.6.9 使用吊篮作业的区域下方应设置警戒标志和围栏并设专人监护;吊篮升降应有专人指挥,吊篮处于 15m 及以上高处作业时,应配有专门的通讯工具。

5.6.10 提升用的钢丝绳应单独设置,吊篮底部应设置不少于 2 根溜绳,并有专人控制。

5.6.11 使用吊篮载送人员时,作业人员携带的小型工具和物品应放在工具袋内,且不得同时装载其他物品。

5.6.12 吊篮内不得进行焊割作业。

6 脚手架作业

6.1 一般规定

6.1.1 施工单位应编制脚手架施工方案,对符合下列条件之一的应编制专项施工方案,并有安全验算结果,经施工单位技术负责人、总监理工程师签字后实施:

1 架体高度 50m 以上。

2 承载量大于 3.0kN/m²。

3 特殊形式脚手架工程。

6.1.2 脚手架作业人员应经过培训考核合格,取得"特种作业操作证",并在体检合格后方可上岗。

6.1.3 脚手架作业人员作业时应佩戴安全帽、系挂安全带、穿防滑鞋等个人防护用品。

6.1.4 六级及以上大风和雨、雪、雾天应停止脚手架作业,雪后上架作业应及时扫除积雪。

6.1.5 搭设脚手架的场地应平整坚实,符合承载要求,并有排水设施。对于土质疏松、潮湿,地下有空洞、管沟或埋设物的地面,应经过地基处理。

6.1.6 脚手架基础邻近处进行挖掘作业时,不得危及脚手架的安全使用。

6.1.7 脚手架与架空输电线路的安全距离、工地临时用电线路架设及脚手架接地、避雷设施等应按本规范第 4 章有关规定执行。

6.1.8 搭、拆脚手架前,应向作业人员进行安全技术交底,作业现场应设置警戒区、警示牌并有专人监护,警戒区内不得有其他作业或人员通行。

6.2 脚手架用料

6.2.1 脚手架架杆宜选用符合国家标准的直缝焊接钢管，外径宜为48～51mm，壁厚宜为3～3.5mm。规格不同不得混用。

6.2.2 脚手架架杆应涂有防锈漆，不得有严重腐蚀、结疤、弯曲、压扁和裂缝等缺陷。

6.2.3 脚手架扣件应有质量证明文件，并应符合现行国家标准《钢管脚手架扣件》GB 15831 的规定。扣件使用前应进行质量检查。必须更换出现滑丝的螺栓，严禁使用有裂缝、变形的扣件。

6.2.4 木脚手板应为坚韧木板，其厚度应不小于50mm、宽度宜为200～300mm，长度宜不大于6m。在距板两端80mm处，应各用8#镀锌铁丝缠绕2～3圈或用宽30mm、厚1mm的铁皮箍绕一圈后再用钉子钉牢。

6.2.5 木脚手板使用前应进行质量检查，腐朽、破裂、大横透节的木板不得使用。

6.2.6 冲压钢脚手板应涂有防锈漆，其材质应符合现行国家标准《碳素结构钢》GB/T 700 中 Q235 级钢的规定，并有防滑措施，不得有严重腐蚀、油污和裂纹。

6.2.7 脚手板应使用镀锌铁丝双股绑扎，铁丝型号不应低于10#。

6.3 搭设、使用、拆除

6.3.1 脚手架的每根立杆底部应设置底座和垫板，垫板宜采用长度不少于2跨、厚度不小于50mm的木板，也可采用槽钢。

6.3.2 脚手架应设置纵、横向扫地杆。纵向扫地杆应采用直角扣件固定在距底座上皮不大于200mm处的立杆上，横向扫地杆应采用直角扣件固定紧靠纵向扫地杆下方的立杆上。当立杆基础不在同一高度上时，应将高处的纵向扫地杆向低处延伸两跨并与立杆固定，高低两处的扫地杆高度差不应大于1m，且上方立杆离边坡的距离应不小于500mm。

6.3.3 脚手架的底步距不应大于2m。

6.3.4 除顶层顶步外，立杆接长的接头必须采用对接扣件连接，相邻立杆的对接扣件不得在同一高度内。

6.3.5 纵向水平杆应设置在立杆内侧，长度不小于三跨，宜采用对接扣件连接，相邻两根纵向水平杆的接头不宜设置在同步或同跨内，且接头在水平方向错开的距离不应小于500mm，各接头中心到最近主节点的距离不宜大于500mm；若采用搭接方式，搭接长度不应小于1m，应等间距用三个旋转扣件固定，端部扣件距纵向水平杆端不应小于100mm。

6.3.6 在每个主节点处必须设置一根横向水平杆，用直角扣件与立杆相连且严禁拆除。

6.3.7 非主节点的横向水平杆根据支承的脚手板的需要等间距设置，最大间距不大于1m。

6.3.8 双排脚手架立杆横距宜为1.5m，立杆纵距不应大于2m，纵向水平杆步距为1.4～1.8m，操作层横杆间距不应大于1m。

6.3.9 高度超过50m的脚手架，可采用双管立杆、分段悬挑或分段卸荷的措施，并应符合本规范第6.1.1条的规定。

6.3.10 使用脚手架时，纵向水平杆应用直角扣件固定在立杆上作为横向水平杆支座，横向水平杆两端应采用直角扣件固定在纵向水平杆上，纵、横水平杆端头伸出扣件盖板边缘应在100～200mm之间。

6.3.11 作业层应满铺脚手板，脚手板应设置在3根横向水平杆上，当脚手板长度小于2m时，可用2根横向水平杆支承，脚手板两端应用铁丝绑扎固定。脚手板可以对接或搭接铺设，当对接平铺时，接头处应设置2根横向水平杆，2块脚手板外伸长度的和不应大于300mm；当搭接铺设时，接头应在横向水平杆上，搭接长度不应小于200mm，其伸出横向水平杆的长度不应小于100mm。

6.3.12 作业层端部脚手板探出长度为100～150mm，两端必须用铁丝固定，绑扎产生的铁丝扣应砸平。

6.3.13 各杆件端头伸出扣件盖板边缘的长度不应小于100mm。

6.3.14 脚手架作业面应设立双护栏杆，第一道护栏应设置在距作业层纵向水平杆的上表面500～600mm处，第二道护栏设置在距作业层纵向水平杆的上表面1～1.2m处，作业层的端头应设双护栏杆封闭。

6.3.15 脚手架两端、转角处以及每隔6～7根立杆应设置剪刀支撑或抛杆，剪刀支撑或抛杆与地面的夹角应在45°～60°之间，抛杆应与脚手架牢固连接，连接点应靠近主节点。

6.3.16 脚手架竖向每隔4m，水平向每隔6m设置连接杆与建(构)筑物牢固相连。连接杆应从底层第一步纵向水平杆开始设置，连接点应靠近主节点，并应符合下列规定：

　　1 如不能设置连接杆，应搭设抛撑。

　　2 连接杆不能水平设置时，与脚手架连接的一端应下斜连接。

6.3.17 脚手架应设立上下通道。直爬梯通道横挡之间的间距宜为300～400mm。直爬梯超过8m高时，应从第一步起每隔6m搭设转角休息平台，且梯身应搭设有护笼。脚手架高于12m时，宜搭设之字形斜道，且应采用脚手板满铺。斜道宽度不得小于1m，坡度不得大于1∶3，斜道防滑条的间距不得大于300mm，转角平台宽度不得小于斜道宽度。斜道和平台外侧应设置1.2m高的防护栏杆和120mm的挡脚板。井字形独立脚手架，应将通道设立在脚手架横向水平杆侧，即短侧。

6.3.18 作业层或通道外侧应设置不低于120mm高的挡脚板。

6.3.19 搭设脚手架过程中脚手板、杆未绑扎或拆除脚手架过程中已拆开绑扣时，不得中途停止作业。

6.3.20 脚手架搭设完毕，应经检查验收合格后挂牌使用。

6.3.21 使用过程中，严禁对脚手架进行切割或施焊；未经批准，不得拆改脚手架。

6.3.22 拆除脚手架前应对脚手架的状况进行检查确认，拆除脚手架必须由上而下逐层进行，严禁上下同时进行，连接杆必须随脚手架逐层拆除，一步一清，严禁先将连接杆整层拆除或数层拆除后再拆除脚手架。

6.3.23 拆除斜拉杆及纵向水平杆时，应先拆除中间的连接扣件，再拆除两端的扣件。

6.3.24 当脚手架采取分段、分立面拆除时，应对不拆除的脚手架两端设置连接杆和横向斜撑加固。

6.3.25 当脚手架拆至下部最后一根长立杆的高度时，应在适当位置搭设抛撑加固后，再拆除连接杆。

6.3.26 拆下的脚手杆、脚手板、扣件等材料应向下传递或用绳索送下，严禁向下抛掷。

6.4 特殊形式脚手架

6.4.1 挑式脚手架的斜撑杆与竖面的夹角不宜大于30°，并应支撑在建(构)筑物的牢固部分，斜撑杆上端应与挑梁固定，挑梁的所有受力点均应绑双扣。

6.4.2 移动式脚手架应按设计方案组装，作业时应与建(构)筑物连接牢固，并将滚动部分锁住。移动时架上不得留有人员及材料，并有防止倾倒的措施。

6.4.3 悬吊式脚手架应符合下列规定：

　　1 悬吊架应根据承载荷载进行设计，使用荷载不得超过设计规定，荷载应均匀分布，不得偏载。

　　2 吊架挑梁应固定在建(构)筑物的牢固部位，悬挂点的间距不得超过2m。

　　3 悬吊架立杆两端伸出横杆的长度不得小于200mm，立杆上下两端还应加设一道扣件，横杆与剪刀撑应同时安装。

　　4 所有悬吊架应设置供人员进出的通道。

　　5 悬吊架应满铺脚手板，设置双防护栏杆和挡脚板，人员在上面作业时,安全带应系挂在高处的固定构件上。

6.4.4 模板支架的搭设应符合国家现行标准《建筑施工扣件式钢管脚手架安全技术规范》JGJ 130 的有关规定。

7 土 建 作 业

7.1 土石方作业

7.1.1 土石方施工应办理施工许可手续,对于基础托换、大型预制构件吊装、沉井、烟囱、水塔工程等存在危险因素的土建工程,应编制专项安全技术方案和事故应急预案。

7.1.2 施工前应按设计文件要求对邻近建(构)筑物、道路、管线等原有设施采取加固和支护措施。

7.1.3 施工中发现不明物体或工程构件时,应立即停止作业并及时上报,待查明情况,采取必要措施后方可继续施工。

7.1.4 在受限空间内施工时,应检查有害气体及氧气浓度,合格后方可进入施工,并应设置专人看护。

7.1.5 在基坑、基槽边沿 1m 范围以内不得堆土、堆料。

7.1.6 土石方施工区域应设置明显的警示标志和围栏,夜间应有警示灯。

7.1.7 雨后或解冻期在基槽或基坑内作业前,应检查土方边坡,确认无裂缝、塌方、支撑变形、折断等危险因素后,方可进行施工。

7.1.8 挖掘土石方不得采用挖空底角或掏洞的方法,放坡时坡度应满足其稳定性要求。

7.1.9 基坑支护应符合国家现行标准《建筑基坑支护技术规程》JGJ 120 的规定。

7.1.10 基坑支撑结构的安装和拆除过程中应检查坑壁及支撑结构稳定情况,不得在支撑结构上堆放重物,不得在支撑结构下行走或站立,施工机械不得碰撞支撑结构。

7.1.11 当基坑施工深度超过 1m 时,坑边应设置临边防护,作业区上方应设专人监护,作业人员上下应有专用梯道。

7.1.12 电缆、管线等地下设施两侧 1m 范围内应采用人工开挖。

7.1.13 配合挖土机械的作业人员,应在其作业半径以外工作,当挖土机械停止回转并制动后,方可进入作业半径内作业。

7.1.14 回填土作业,应符合下列规定:

　　1 机械卸土时应有专人指挥,卸土的坑(沟)边沿应设车轮挡块。

　　2 在坑(沟)内回填、夯实时,应检查坑(沟)壁及支护结构。

7.1.15 雨期开挖基坑,坑边应挖截水沟或筑挡水堤,边坡应做防水处理。

7.2 桩 基 作 业

7.2.1 桩基作业前,对受影响范围内的建(构)筑物应采取防振、减振措施。

7.2.2 桩机行走的道路和作业场地应平整坚实。

7.2.3 在软土地基上打、压较密集的群桩时,应采取防止桩机倾倒的措施。

7.2.4 敞开的桩孔应加盖封闭、灌填或设护栏。

7.2.5 截断桩头时,应防止桩头倾倒伤人。

7.2.6 桩机作业时应设专人指挥。吊桩、吊锤、回转、行走不得同时进行,沉桩过程中监测人员应在距桩锤 5m 以外作业。

7.2.7 插桩时,作业人员手脚严禁伸入桩与桩架之间。

7.2.8 人工挖孔灌注桩施工应符合下列规定:

　　1 井口作业人员应系安全带,井下作业人员应穿戴专用劳动保护用品,井上设安全区,并设护栏。

　　2 孔口应设移动式活动盖板,孔外应筑堤防水。

　　3 施工现场应配备送风、气体分析等设备,并符合受限空间的施工要求。

　　4 孔内作业时,作业区内不得有机动车行驶或停放。

　　5 垂直运输机具和装置应配有自动卡紧保险装置。

　　6 挖出的土方应随出随运,暂不能运走的应堆放在孔口 3m 以外,且堆土高度不得超过 1m。

　　7 孔内作业应有通讯工具,孔上、孔下操作人员应随时保持联系。

　　8 成孔时出现渗水、落土等异常情况时,应根据地质条件采取防护措施。

7.3 强 夯 作 业

7.3.1 施工前,应对地下洞穴和埋没物等进行处理,对松软地基或高填土地基进行表面铺垫或辗压。

7.3.2 当强夯施工所产生的振动对邻近设施可能产生有害影响时,应采取隔振或减振措施。

7.3.3 夯机驾驶室挡风玻璃外面应装设钢丝网防护罩。

7.3.4 强夯作业时应符合下列规定:

　　1 夯锤上的透气孔应无阻塞。

　　2 在夯机臂杆及门架支腿未支稳垫实前严禁起锤。

　　3 吊钩未降至挂钩作业高度时,作业人员不得下坑挂钩。

　　4 严禁挂钩人员随夯锤至地面。

　　5 清理夯坑时,应将夯锤落放在坑外指定地点,严禁夯锤吊在空中。

　　6 作业结束,应将夯锤降落至地面,垫实放稳。

7.3.5 夯锤起吊接近预定高度时,应减速起升。

7.3.6 夯点与邻近建(构)筑物及作业人员的安全距离,应符合表7.3.6 的规定。

表 7.3.6　夯点与邻近建(构)筑物及作业人员的安全距离

夯击能级(kN·m)	1000~2000	2001~4000	4001~6000	>6000
安全距离(m)	>15	>20	>30	>35

7.3.7 当夯坑内有积水或因黏土产生的锤底吸附力增大时,应采取措施排除,不得强行提锤。

7.3.8 转移夯点时,夯锤应由辅机协助转移,门架随夯机移动时,支腿离地面高度不得超过500mm。

7.3.9 作业后,应将夯锤下降,放实在地面上。

7.4 沉井作业

7.4.1 对沉井作业影响区内的原有设施应采取保护加固措施。

7.4.2 沉井过高时应分段制作。沉井的重心不宜高于沉井短边的长度或直径,且不应大于12m。

7.4.3 沉井顶部周围应设防护栏杆。沉井作业前,应先清除井内障碍,作业时应有应急撤离措施。

7.4.4 沉井下降和抽垫木时,作业人员不得从刃脚、底梁和隔墙下方通过。

7.4.5 当采用人工挖土、机械吊运时,应待井下作业人员避开后,方可发出起吊信号。

7.4.6 当采用抓斗机械与人工相配合进行清土作业时,抓斗抓土前井内作业人员应先撤出。

7.4.7 沉井在淤泥中下沉时应设活动平台,且平台应能随井内涌土顶升。

7.4.8 当沉井采取井内抽水强制下沉时,井上作业人员应撤出沉井顶部防护栏杆外。

7.4.9 沉井下沉完成后,其顶端高于地面1m以下时,应在井口四周边缘设置防护栏杆和安全标识。

7.5 砌筑作业

7.5.1 砌体高度超过地坪1.2m以上时,应搭设脚手架。在一层以上或高度超过4m时,采用里脚手架时应支护安全网;采用外脚手架时应设护身栏杆和挡脚板,并用密目网封闭。

7.5.2 在脚手架上侧放的砌块不得超过三层。当班作业结束时,应将脚手板上的杂物清理干净。

7.5.3 在高处砍砖时,应朝向墙面一侧,不得对着他人或朝向外侧。

7.5.4 山墙砌好后应采取临时加固措施。

7.5.5 砌筑烟囱时应划定施工危险区并设警戒标志。烟囱施工用的吊笼必须设有安全装置,经符合性试验安全鉴定合格并挂牌后方可使用,使用期间应定期检查、保养和检验。吊笼升降时,应设专人指挥和操作,严禁人料混装,且应符合下列规定:

1 烟囱内部距地面2.5~5m处应搭设防护棚,每升高20m应增设防护棚。

2 在竖井架上下人孔与吊笼之间应安装防护网。

3 通讯联络应畅通。

7.6 钢筋作业

7.6.1 混凝土预制构件的吊环,应采用未经冷拉的I级热轧钢筋制作。

7.6.2 钢筋整捆码垛高度不宜超过2m,散捆和半成品码垛的高度不宜超过1.2m。

7.6.3 钢筋加工作业宜在钢筋加工棚内进行,加工棚内的照明灯应有护罩。

7.6.4 钢筋加工时,应防止钢筋回弹伤人。

7.6.5 搬运钢筋时,不得碰撞附近障碍物、架空电线等电器设备。

7.6.6 绑扎悬挑结构的钢筋时,应检查模板与支撑,确认牢固后作业。作业人员应站在脚手架的脚手板上,不应站在模板或支撑上,不得在钢筋骨架上站立、行走。

7.6.7 绑扎高柱或易失稳构件的钢筋时,应设临时支撑。

7.6.8 放置电渣压力焊接设备的平台应稳固。

7.6.9 预应力钢筋冷拉时,冷拉机前应设防护挡板。拧紧螺母或测量钢筋伸长值时,应在钢筋停止拉伸后进行。

7.6.10 吊运短钢筋时,宜使用吊笼,吊运超长钢筋时应加横担,

捆绑钢筋应使用钢丝绳并两点吊装。

7.7 混凝土作业

7.7.1 现场混凝土搅拌区地面应硬化,砂石挡墙应稳固,作业人员不得在挡墙附近停留。

7.7.2 搅拌机转动时,不得将手或其他物体伸入转筒内。

7.7.3 进料斗升起时,不得在料斗下通过或停留。

7.7.4 用吊车、料斗浇筑混凝土时,卸料人员不得进入料斗内理残物,并应防止料斗坠落。

7.7.5 用布料机施工时应符合下列规定:

1 布料设备不得碰撞或直接搁置在模板上。

2 布料杆不得当做起重机吊臂使用,并应与其他设施保持一定的安全距离。

3 用吹出法清洗臂架上附装的输送管时,杆端附近不得站人。

7.7.6 混凝土浇筑前应检查模板及支撑的强度、刚度和稳定性,浇筑时不得踩踏模板支撑。

7.7.7 浇筑临边或悬挑结构时,应搭设防护栏并悬挂安全网。

7.7.8 浇筑混凝土时应设专人监护,发现异常情况时应停止浇筑,并查明原因,必要时撤离施工人员。

7.7.9 混凝土覆盖养护时孔洞部位应有封堵措施,并设明显标志。

7.8 模板作业

7.8.1 模板作业场所锯末刨花等应及时清理,并应有防火措施。

7.8.2 采用机械加工的木料上不得有钉子等铁件。

7.8.3 模板存放时应有防倾倒措施。

7.8.4 大模板施工应有操作平台、上下梯道和防护栏杆等附属设施。

7.8.5 模板及其支撑应有承载混凝土重量、侧压力以及施工载荷的强度和刚度。

7.8.6 平面模板上有预留孔洞时,应在模板安装后将洞口封盖好。

7.8.7 拆除模板时,混凝土强度应符合拆除强度要求,并严禁向下抛掷。

7.8.8 拆除预制薄腹梁、吊车梁等构件的模板时,应将预制构件支撑牢固。

7.8.9 拆除多层或高层混凝土模板时,下方严禁人员及车辆通行,并设围栏及警示牌,重要通道应设专人监护。

7.9 滑模作业

7.9.1 滑模作业除了执行本规范的规定外,尚应执行国家现行标准《液压滑动模板施工安全技术规程》JGJ 65的规定。

7.9.2 滑模工程施工前应编制滑模施工安全技术方案,并进行交底。

7.9.3 滑升机具和操作平台的设计应经审核批准,制造、安装应进行检查调试,验收合格后方可使用。

7.9.4 滑升中遇到六级及以上风力或雷雨天气时,应停止作业,并将设备、工具、材料等固定,人员撤至地面后切断通向操作平台的电源。

7.9.5 滑模作业应设置危险警戒区,其警戒线至建(构)筑物边缘的距离不应小于施工对象高度的1/10,且不应小于10m。当不能满足要求时,应采取安全防护措施。危险警戒区应设置围栏和明显的标志,出入口应设专人警卫。

7.9.6 危险警戒区内的建(构)筑物出入口、地面通道及机械操作场所,应搭设安全防护棚。滑模工程进行立体交叉作业时,上下层工作面间应搭设隔离防护棚。

7.9.7 操作平台上的孔洞应设盖板封严。操作平台的边缘应设

钢制防护栏杆和挡脚板,防护栏杆、挡脚板和内外吊挂架外侧应满挂安全网。

7.9.8 滑模施工的动力及照明用电应有备用电源。

7.9.9 滑模施工停工时,应切断操作平台上的电源。

7.9.10 当滑模操作平台最高部位的高度超过50m时,应设置航空指示信号。

7.9.11 滑模在提升中出现扭转、歪斜和水平位移等不正常情况时,应停止滑升,并采取纠正措施后方可继续施工。

7.9.12 滑模作业时应严格控制滑升速度和混凝土出模强度,并应采取混凝土养护措施。

7.9.13 采用降模法施工混凝土现浇作业时,各吊点应加设保险钢丝绳。

7.9.14 滑模装置拆除前应检查各支撑点埋设件及其连接的牢固情况和作业人员上下通道的安全可靠性。

7.9.15 当滑模拆除工作利用施工结构作为支撑点时,混凝土强度不得低于15MPa。

7.9.16 滑模施工中运送物料、人员的罐笼、随升井架等垂直运输设备应采用双笼双筒同步卷扬机,采用单绳卷扬机时罐笼两侧必须设有安全卡钳。

7.9.17 滑模施工使用非标准电梯或罐笼时,应采用拉闸门,其他侧面用钢板或钢板网密封,接触地面处应设置弹簧或弹性实体等缓冲器。

7.10 防水、防腐作业

7.10.1 配制防水、防腐材料时应使用专用机具,并应按操作工艺执行。

7.10.2 施工中作业人员应根据物料性质,采取相应防飞溅措施。

7.10.3 作业人员操作应站在上风侧,搬运加热后材料时,应正确使用工具,轻取轻倒,并放置平稳。

7.10.4 使用毒性或刺激性较大的材料时,作业人员应佩戴防毒面具和防护手套,并采取轮换作业、淋浴冲洗等安全防护措施。

7.10.5 涂刷冷底子油区域周围30m半径范围内,作业时及作业后24h以内不得动火。

7.10.6 用滑轮组吊运热沥青时,应挂牢后平稳起吊,拉绳人应避开沥青桶的垂直下方,接料人员应佩戴长筒手套。

7.10.7 喷涂作业时,喷浆管道安装应紧固密封,输料软管不得随地拖拉和打弯,喷嘴前方不得站人。

7.10.8 喷浆发生堵塞时应停止作业,管道卸压后方可拆卸清洗。

8 安装作业

8.1 金属结构的制作安装

8.1.1 构件摆放应稳固,钢结构翻转、吊运时,应设置溜绳,作业人员应站在安全位置。构件立放应采取防止倾倒措施。多人搬运或翻转部件时,应有专人指挥,步调一致。

8.1.2 使用大锤及手锤时,严禁戴手套,锤柄、锤头上不得有油污。两人及两人以上同时打锤,不得面对面站立。打锤时,甩转方向不得有人,并应采取听力保护措施。

8.1.3 构件吊装前,应预先设置爬梯或搭设高处作业平台。

8.1.4 钢结构安装节点连接螺栓必须紧固,焊接连接部位必须牢固。

8.1.5 钢框架结构施工时,随结构的安装及时安装平台、钢梯、栏杆和护脚板。当不能及时安装平台和栏杆时,应封闭钢梯的入口和在入口处设置明显的警示标志。

8.1.6 使用活动扳手时,扳口尺寸应与螺帽相符,不得在手柄上加套管使用。

8.1.7 清除毛刺时,碎屑飞出方向不得有人。

8.1.8 钻孔作业时,严禁戴手套,并应系好衣扣、扎紧袖口。钻孔时应用卡具固定工件,不得用手握工件施钻。

8.2 设备安装

Ⅰ 一般规定

8.2.1 设备安装人员应熟悉设备安装的安全技术要求。

8.2.2 铲基础麻面时,面部应偏向侧面,不得面对面作业。

8.2.3 不得用汽油或酒精等易燃物清洗零部件。作业区地面的油污应及时清除干净。废油及油棉纱、破布应分别集中存放在有盖的铁桶内,并定期处理。

Ⅱ 转动设备的安装

8.2.4 在装配皮带、链条、联轴器及盘转曲轴、盘车等作业时,应防止挤手。

8.2.5 吊运压缩机、汽轮机的转子,应使用专用吊装工具,且应绑牢、吊平,吊离机身后应放在专用支架上。吊运时工件下方不得有人。

8.2.6 翻转压缩机、汽轮机的上盖时,应采取防止摆动和冲击措施。

8.2.7 压缩机机身、曲轴箱、变速箱作煤油渗漏试验或清洗零件时,应划定禁火区。

8.2.8 拆装的设备零部件应放置稳固。装配时,严禁用手插入接合面或探摸螺孔。取放垫铁时,手指应放在垫铁的两侧。

8.2.9 检查机械零部件的接合面时,应将吊起的部分支垫牢固。

8.2.10 在用倒链吊起的设备部件下作业时,应将部件支垫牢固。

8.2.11 在用油加热零部件时,应严格控制油温,并采取防止作业人员烫伤的措施。

Ⅲ 静设备安装

8.2.12 塔类设备卧式组对时,支座应垫牢,两侧应垫牢。

8.2.13 塔类设备吊装前,应将随塔一起吊装的附件固定牢固,杂物清理干净。

8.2.14 塔盘安装时,应从下向上进行。采用分段安装时,应在每段最下一层封闭后进行。

8.2.15 炉管进行通球试验时,钢球出口处应设立警戒区域和接球设施,作业人员应站在安全位置。

8.2.16 设备内作业结束后应清点人数。设备封闭前,应进行内部检查清理,确认后方可封闭。

IV 设备试运转

8.2.17 设备试运转应有试车方案,试车人员应分工明确,严禁越岗操作。

8.2.18 试车区域应设置警戒线,无关人员不得入内。

8.2.19 运转中设备的旋转或往复运动部分不得进行清扫、擦抹或注射润滑油。不得用手指触摸检查轴封、填料函的温度。

8.2.20 用甲醇、乙醚等液体作为试车介质时,应有防火和防止其进入眼睛及呼吸道的措施。

8.3 容器现场组焊

I 一般规定

8.3.1 容器现场组焊采用散装或分段、分片安装时,组焊位置应搭设作业平台。

8.3.2 设备组合支架、组合平台、组件的临时加固方法和临时就位的固定方法等均应有方案。临时加固件使用后应及时拆除。

II 圆筒形储罐安装

8.3.3 储罐壁板不得强力组对,定位焊时,组对人员应防止眼睛弧光伤害,组对卡具应与罐壁焊接牢固。

8.3.4 用气顶法组装储罐时,应有统一指挥,顶升过程应连续进行。限位装置和卡具应牢固可靠,风机应有专人负责,并应按下列规定进行:

 1 所用仪表应校验合格,并在有效检定期内。

 2 顶升前应校验限位装置。

 3 顶升过程中罐内外应有联络信号。

 4 遇有风机故障停车时,应关闭进风门并调节挡板,使罐体安全下降。

 5 罐体顶升应设置平衡装置。

8.3.5 用水浮法组装储罐时,浮顶上的预留口和壁板与浮顶的间隙应进行洞口和临边防护。

8.3.6 用液压千斤顶提升法组装储罐壁板时,液压系统应专人操作,软管接头及液压千斤顶不得有泄漏,提升支架应稳固。

III 球形储罐安装

8.3.7 采用散装法施工时,球壳板吊装、翻转、组对用的吊耳及卡具应焊接牢固,吊运组对时,人员应站在安全位置。带支柱的球壳板安装后,应用缆风绳固定,并紧固地脚螺栓。不带支柱的赤道板插入两块带有支柱的赤道板之间时,应在卡具组装牢固后摘钩。

8.3.8 采用环带法组焊施工时,翻转环带应有防止环带旋转的措施。下温带在座圈上后,四周的临时支撑应牢固。

8.4 管道安装

8.4.1 在料场堆放、取用管材时,应防止管材滚落。

8.4.2 加工管端螺纹或切断管子时,应夹紧并保持水平,切断速度不应过快。

8.4.3 人工套丝时应握稳,机械套丝时不得戴手套。

8.4.4 吊装管段应捆紧绑牢,不能单点吊装,并应设置溜绳。起吊前应将管内杂物清理干净,重物下方不得有人作业或行走,停放平稳后方能摘钩。

8.4.5 管子吊装就位后,应及时安装支架、吊架,不得将工具、焊条、管件及紧固件等放在管道内。

8.4.6 在深度 1m 以上的管沟中施工时,应设有人员上下通道,并不得少于两处。

8.4.7 架空安装管道未正式固定前,不得进行隔热工程施工。

8.4.8 松软土质的沟壁应加设固壁支撑,不得用固壁支撑代替人员上、下通道或吊装支架。

8.4.9 吊装阀门时,不得将绳扣捆绑在阀门的手轮和手轮架上,且施工人员不得踩在阀门手轮上作业或攀登。

8.4.10 窜管作业时,防止将手挤伤。

8.4.11 管道内有人作业时,不得敲击管道。

8.4.12 顶管作业应符合下列规定:

 1 顶管前要查明顶管位置的地面及地下情况。

 2 顶管后座要坚实牢固,作业坑应符合土石方施工的要求,必要时应进行支护。

 3 顶管过程中,操作人员不得站在顶铁两侧。

 4 电动高压油泵的操作人员应穿戴绝缘防护用品。

8.4.13 管道吹扫时,吹扫出口处应设隔离区。高、中压蒸汽管道用蒸汽吹扫时,应加设消音器,吹出口应朝向隔离区或天空,抽取靶板应在关闭蒸汽后进行,并防止烫伤。

8.5 电气作业

I 一般规定

8.5.1 电气作业用的安全防护用品不得移作他用。绝缘手套、绝缘靴、验电器每半年应耐压试验一次,操作棒每年应耐压试验一次。

8.5.2 绝缘手套使用前,应进行充气试验。漏气、裂纹、潮湿的绝缘手套严禁使用。绝缘靴不得赤脚穿用。

8.5.3 无关人员严禁挪动电气设备上的警示牌。

8.5.4 电气设备及导线的绝缘部分破损或带电部分外露时不得使用。电气设备及线路在运行中出现异常时,应切断电源进行检修,不得带故障运行。

8.5.5 电气作业时作业人员不得少于 2 人。

8.5.6 操作人员必须穿绝缘鞋和戴绝缘手套。

II 停送电作业

8.5.7 在运行中的变、配电系统的高低压设备和线路上作业时,必须办理作业票;必须切断电源、验电、接地,并装设围栏、悬挂警示牌。

8.5.8 电气设备停电,应先停负荷,先低压后高压依次断开电源开关和隔离电器,取下控制回路的熔断器,锁上操作手柄。

8.5.9 在切断电源时,与停电设备有关的变压器和电压互感器等,应从高、低压两侧断开,并有可见断开点,悬挂"有人工作,严禁合闸"的警示牌。

8.5.10 在室内配电装置某一间隔中工作时或在变电所室外带电区域工作时,带电区周围应设置临时围栏,悬挂警示牌。严禁操作人员在工作中拆除或移动围栏、携带型接地线和警示牌。

8.5.11 高压电气设备停电后,必须用验电器检验,不得有电。验电时应符合下列规定:

 1 验电器必须经试验合格。

 2 操作人员必须戴橡胶绝缘手套,穿绝缘鞋。

 3 验电时,必须在专人监护下进行。

 4 室外设备验电必须在干燥环境中进行。

8.5.12 装设接地线时,应先装设接地的一端,再装接设备的一端。在装接设备一端时,应先将设备放电,并应符合下列规定:

 1 对可能送电到停电设备的各线路,均应装设接地线,并将三相短路。接地线应采用裸铜软线,装设在设备的明显处,并与带电体保持规定的安全距离。

 2 在已断开电源的设备上进行作业时,应将设备两侧的馈电线路断开并接地。长度大于 10m 的母线,其接地不少于 2 处。

 3 装、拆接地线时,应使用绝缘棒,并戴橡胶绝缘手套。

8.5.13 线路送电必须先通知用电单位,恢复供电应符合下列规定:

 1 作业人员应全部退出施工现场,并清点工具、材料,设备上不得遗留物件。

 2 拆除携带型接地线。

 3 拆除临时围栏和警示牌后,应恢复常设围栏,并同时办理工作票封票手续。

 4 合闸送电,应按先高压、后低压,先隔离开关、后主开关的顺序进行。

8.5.14 对已拆除接地线或短路线的高压电气设备，均视为有电，不得接触。

Ⅲ 电气设备安装

8.5.15 在搬运和安装变压器、电动机及开关柜、盘、箱等电气设备时，应由专人指挥，不得倾倒、振动、撞击。

8.5.16 滤油时，滤油机、储油槽及金属管道应接地良好。

8.5.17 安装高压油开关、自动空气开关等有返回弹簧的开关设备时，应将开关置于断开位置。

Ⅳ 电缆敷设

8.5.18 敷设电缆，应由专人指挥。线盘应架在平稳牢固的放线架上，盘上不得有裸露的钉子等锐利物，转动时不得过快。电缆应从电缆盘上方拉出，且不得损伤电缆绝缘层。

8.5.19 敷设电缆时，转弯处作业人员应站在外侧操作，穿过保护管时，应缓慢进行。在高处敷设电缆时，应有防止作业人员和电缆滑落的措施。

Ⅴ 电气试验

8.5.20 电气试验场所应设置保护零线或接地线。试验台上和试验台前应铺设绝缘垫板。试验电源应按类别、相别、电压等级合理布设，并做出明显标志。

8.5.21 系统调试中，调试的设备、线路应与运行的设备、线路采取隔离措施。

8.5.22 试验区应设临时围栏、悬挂警告牌，并设专人监护。

8.5.23 高压设备在试验合格后，应接地放电。用直流电进行试验的大容量电机、电容器、电缆等，应用带电阻的接地棒放电，再接地或短路放电。

8.5.24 雷雨时，应停止高压试验。

8.5.25 用兆欧表测定绝缘电阻值时，被试件应与电源断开。试验后试件应充分放电。

8.5.26 电压互感器的二次回路做通电试验时，二次回路应与电压互感器断开。

8.5.27 电流互感器的二次回路不得开路，并经检查确认后，方可在一次侧进行通电试验。

8.5.28 在与运行系统有关的继电保护或自动装置调试时，应办理试验工作票。

8.5.29 严禁采用预约停送电的方式，在线路和设备上进行任何作业。

8.5.30 多线路电源的配电系统，应在并列运行前核对相序(位)。

8.6 仪表作业

Ⅰ 仪表安装

8.6.1 搬运仪表盘、箱时，应有防止仪表盘、箱倾倒的措施。就位后，应及时用地脚螺栓固定。

8.6.2 在带压或内部有物料的设备、管道上不得拆装仪表的一次元件。

8.6.3 在高温、蒸汽系统上作业时，应有防止烫伤的措施。

8.6.4 装运放射源的作业人员应经体检合格，装运时应穿戴好防护用品，严禁人体与放射源直接接触。放射性料位计安装时，应符合下列规定：

   1 支架的制作与安装应准确，焊接应牢固。

   2 放射源应用专车运至现场。

   3 安装放射源，每人每次工作时间不得超过 30min。

   4 安装后应及时制作警示标识。

   5 严禁提前打开核子开关。

   6 调整放射源的位置时，每人每次工作时间不得超过 20min，并应减少作业人员数量。

Ⅱ 仪表校验

8.6.5 电动仪表的供电电压应与仪表额定电压相符。电动仪表接线时，不得带电作业。离开工作岗位应切断电源。

8.6.6 检验可燃、有毒介质的分析仪表，试验前应对介质管路进行严密性试验。

8.6.7 分析仪表(器)用的样气气瓶，应妥善存放，并设专人保管。

8.6.8 仪表检验室内，应通风良好。

8.6.9 进行有毒气体分析器校验时，应采取防毒措施。氧气分析器的校验现场，严禁有油脂、明火。

8.6.10 油浴设备的温度自动控制器应准确，加热温度不得超过所用油的燃点，加热时不准打开上盖。

8.7 涂装作业

Ⅰ 涂装前处理

8.7.1 作业场所应有良好的通风，作业人员应穿戴劳动保护用品，且不得吸烟和携带火种。

8.7.2 机械方法除锈应优先选用抛丸和喷丸，除锈过程密闭化。作业人员呼吸区域空气中含尘量应小于 $10mg/m^3$。

抛丸室在工作状态时。对于通过式抛丸室进出口端 10m 处，按现行国家标准《安全标志》GB 2894 的有关规定设置安全标志。

8.7.3 机械方法除锈，应设置独立的排风系统和除尘净化系统，排放至大气中的粉尘含量，不应大于 $150mg/m^3$。

8.7.4 喷砂作业应在喷砂室或设置围栏的专用区域内进行，并应有良好的通风条件，且应符合下列规定：

   1 操作时，不得把喷嘴对准作业人员。

   2 多人作业时，对面不得站人。非作业人员不得进入作业区域。

Ⅱ 涂 装

8.7.5 作业场所应保持清洁，严禁烟火。作业完毕后，应将残存的可燃、有毒物料及杂物清理干净。

8.7.6 油漆类涂料应专库贮存，挥发性油漆应密封保管，可燃、易爆、有毒材料应分别存放，库房严禁烟火，并设置警示标志和配置消防器材。

8.7.7 严禁在涂装作业的同时进行电火花检测。

8.7.8 涂装作业时，应进行可燃气体浓度监测，空气中氧含量应在 18% 以上，可燃性气体浓度应低于爆炸下限的 10%。上部敞口的围护结构内涂装作业时和涂层干燥期间，应采用机械通风；受限空间进行涂装作业和涂层干燥期间，入口处应设置"禁入"的标志，严禁未经许可的人员进入。涂装作业完成后，受限空间内应继续通风，空气中氧含量和可燃性气体浓度不符合安全规定的不得进行作业。

8.7.9 受限空间内涂装作业应符合下列要求：

   1 受限空间内不得作为外来制件的涂漆作业场所。

   2 进入受限空间进行涂装作业前必须办理作业票。涂装作业人员进入前，应进行空气含氧量和有毒气体检测。

   3 作业人员进入深度超过 1.2m 的受限空间作业时，应在腰部系上保险绳，绳的另一头交给监护人员，作为预防性防护。

   4 严禁向密闭空间内通氧气和采用明火照明。

8.7.10 进行硫化作业应符合下列规定：

   1 硫化锅的蒸汽压力不得大于 0.3MPa。

   2 硫化锅上的放空阀、压力表、回水阀、蒸汽阀和安全阀应灵活可靠。

   3 硫化处理后，应待锅内压力降到大气压力时，方可开启硫化锅。

   4 利用衬胶设备本身进行硫化处理时，应经计算核定，并经单位技术负责人批准。

8.7.11 熬制硫磺胶泥及硫磺砂浆时，应有防毒、防火措施。熬制地点应在工作场所的下风向，室内熬制时锅上应设排烟罩。

8.7.12 进行金属喷涂时，作业人员应穿戴专用防护用品，防止作业人员吸入金属烟尘和熔融金属微粒烧伤裸露的皮肤，并应符合下列规定：

7

1 作业时,不应将喷头对准人。

2 作业中发现喷头堵塞,应先停物料,后停风,再检修喷头。

3 在容器内给喷枪点火时,不得频繁放空。

8.7.13 沥青防腐作业中,熬制沥青时应缓慢升温,当温度升到180~200℃时,应不断搅拌,防止局部过热与起火。沥青温度最高不应超过230℃。装运热沥青不应使用锡焊的金属容器,装入量不应超过容器深度的3/4。

8.7.14 涂装作业应防止涂料中毒,并应符合下列规定:

1 作业人员应间歇操作。

2 作业中不得用手擦摸眼睛和皮肤。

3 接触生漆等易引起皮肤过敏的涂料作业人员,作业前应作过敏试验。

4 作业完毕,应及时清理现场和工具,妥善保管、存放余料,并及时更衣。

5 作业人员接触有毒、有害物质,发生恶心、呕吐、头昏等症状时,应送至新鲜空气场所休息或送医院诊治。

8.8 隔热作业

8.8.1 隔热作业人员应穿戴好防护用品,其衣袖、裤脚、领口应扎紧。粉尘作业场所应有通风设施。

8.8.2 在运行中的设备、容器、管道上进行隔热层施工时,应办理作业票,方可进行作业。

8.8.3 地下管道、设备进行隔热作业时,应先进行有害气体检测,检测合格后,方可操作。

8.8.4 白铁作业应防止伤手,剪掉的铁皮应及时清除。

8.8.5 使用压口机时,手与压辊的安全距离应大于50mm。

8.8.6 使用咬口机时,作业人员不得将手放在轨道上。

8.8.7 使用剪切机时,手不得伸入刃口空隙中。调整铁皮,脚不得放在踏板开关上。

8.8.8 使用折边机时,手离刃口和压脚均应大于20mm。

8.8.9 铺设铁皮时应防止大风吹落伤人,停止作业前应将铁皮钉牢或拴扎牢固。

8.8.10 吊运风管、配件或材料时,工件应绑扎牢固。

8.8.11 进入顶棚上安装作业,应先检查通道、栏杆、吊筋、楼板等的牢固程度,并将孔洞封盖好,风管上不得站人。

8.8.12 吊笼上下应有明显、准确的联系信号,装卸的材料不得超过吊笼的上缘,操作人员应能直接看到吊笼的升降情况。吊笼升至卸料层后,应挂上保险钩或插好保险杠,并应划出危险区并设警戒线。

8.8.13 灰桶、耐火砖和隔热材料应放在牢固稳妥的地方。砌砖时,碎砖块、渣沫应及时清除。

8.8.14 喷涂施工应符合下列规定:

1 容器(锅炉)入口应悬挂"内部施工,严禁入内"的警示牌。

2 施工时,入口处应派人监护。

3 喷涂枪口不得对人,并始终保持容器内外联系正常。

4 喷涂时应保持容器良好通风,必要时,设置风机强制通风。

8.8.15 隔热耐磨混凝土浇筑施工时必须符合下列规定:

1 振动棒所用电线必须从容器外接入,严禁将220V电门箱放入容器。

2 操作间隙必须将电源切断。

8.9 耐压试验

8.9.1 设备及管道耐压试验前,应编制试压方案及安全措施,气压试验方案应经施工单位技术总负责人批准。

8.9.2 设备及管道试压前,应进行试验条件确认。试压时不得超压。

8.9.3 压力表的精度等级不得低于1.5级,经校验合格且在有效检定期内,其量程应为试验压力的1.5~2.5倍。同一试压系统

内,压力表不得少于2个,且应垂直安装在便于观察的位置。

8.9.4 试压用的临时法兰盖、盲板的厚度应经计算确定,加设位置应登记。

8.9.5 气压试验时,气压应稳定,试验设备和管道上应装安全阀,并应注意环境温度变化对压力的影响。试压过程中设备和管道不得受到撞击。升压和降压应按试压方案进行,操作应缓慢。试压现场应加设围栏和警示牌,设专人现场监督。

8.9.6 耐压试验时,带压介质泄漏方向或被试物件的脱离方向不得站人。

8.9.7 在试压过程中发现泄漏时,严禁带压紧固螺栓、补焊或修理。

8.9.8 在压力试验过程中,受压设备、管道如有异常声响、压力突降、表面油漆脱落等现象,应停止试验,查明原因。

8.10 热处理作业

8.10.1 热处理作业前,应检查并确认热处理条件,编制热处理方案。

8.10.2 热处理作业应设警戒区,并应配置灭火器材。无关人员不得进入。

8.10.3 热处理工作结束后应进行检查,确认无隐患后方可离开。

8.10.4 采用燃油雾化燃烧法热处理时,应符合下列要求:

1 被处理设备与燃料储罐之间距离应符合要求。

2 燃油可燃气体输送管线不得泄漏。

3 热处理现场的可燃气体含量应定时分析,且不得超过允许浓度。

4 点火前应进行罐内气体置换,点火时应先将点火器点燃,再进行喷油点火。

5 风筒附近不得站人。

9 施 工 检 测

9.1 一般规定

9.1.1 从事检验检测工作的人员应进行安全知识培训并取得资格。检验检测人员应定期进行体检,并建立健康档案。

9.1.2 检验检测作业人员应按规定正确使用专用安全防护用品。

9.1.3 检验检测设备仪器应定期进行维护、保养和检定并保存记录,在投入使用前应检查其性能状态。

9.2 施工测量

9.2.1 测量仪器移动时,应装箱上锁,提环、背带、背架应牢固可靠。

9.2.2 测量时,钢尺不得与带电体相碰。

9.2.3 线坠用线应结实可靠,使用时应缓慢放线。

9.2.4 使用激光经纬仪和红外线测距仪、全站仪时,不得对着人进行照射。

9.2.5 单桩竖向抗压承载力及单桩竖向抗拔承载力检测应符合以下规定:

1 锚桩横梁反力装置中钢筋连接锚桩和横梁承力架的支撑和拉结钢筋应牢固,各钢筋及各锚桩应受力均匀。

2 向压重平台上加载时,发现问题应立即停止加荷并及时处理。荷载全部加完后应稳定4h以上,检查确认承力架、承重墙、地基土、上部堆载均稳定后方可进行检测。

3 千斤顶安装应稳固,有防止倾倒的安全措施。压盘、标准杆的安装位置不应阻碍人员迅速疏散。油泵应安装在承力架范围2.5m以外。

4 堆载反力梁装置的平台中心应与桩头的中心、重物的中心一致。锚桩反力梁装置，应保证锚桩或地锚的对称性。

5 施加于地基的压应力不宜大于地基承载力特征值的1.5倍。

9.2.6 单桩水平静载检测中用反力板装置提供反力时，反力板施加于地基的压应力不宜大于地基承载力特征值的0.8倍。

9.2.7 钻芯法检测时，钻进过程中，钻孔内循环水流不得中断。

9.2.8 高应变法检测锤击设备宜具有稳固的导向装置。

9.3 成分分析

9.3.1 作业人员不得在装有易燃、易爆物品的容器和管道上进行取样或光谱分析。

9.3.2 作业人员不得用手直接拿取放化学药品和有危险性的物质。

9.3.3 剧毒药品管理应严格执行有关规定。剧毒药品必须存放在保险柜内由专人保管并建立台账。领取或使用时，必须有两人同时在场。

9.3.4 易挥发、易燃的化学药品应分别存放于避光、干燥、通风处，远离高温和火源。使用易挥发性药品时，应在通风柜内操作。

9.3.5 酸的稀释应将浓酸在搅拌下缓慢加入水中，不得将水加入酸中稀释。

9.3.6 盛装强酸、强碱的容器，不得放在高架上。

9.3.7 装有可燃压力气体的钢瓶，应放在室外的指定地点，并用支架固定。

9.3.8 氯酸钾等氧化剂与有机物等还原剂应隔离存放。

9.3.9 进行过高氯酸冒烟操作的通风柜未经处理不得进行有机试剂操作。

9.3.10 溶液加热前，应将容器内的溶液搅拌均匀。加热试管内的溶液时，其管口不得对人。

9.3.11 用电钻进行取样操作时应戴防护面罩或防护眼镜，不得戴手套。

9.3.12 光谱分析应符合下列规定：

1 雨、雪天气不得在露天进行光谱分析作业。

2 在易燃物品附近进行光谱分析时，应办理"用火作业许可证"。

3 作业时，人体不得与金属工件直接接触。

9.3.13 含有辐射源的便携式合金元素分析仪应由专人保管。使用时，不得在空载情况下开启快门。使用后仪器应及时装箱保存。

9.4 物理试验

9.4.1 熬制可燃试样时，应严格控制加热温度，防止试样溢出。作业场所应通风。

9.4.2 冲击试验作业区应设置防护设施。试验前应检查摆锤、锁扣及保护装置的安全性能，并应符合下列规定：

1 试验摆锤摆动方向不得站人。

2 安放试样时，应将摆锤移到不影响安放试样的最低位置并支撑稳固。不得在摆锤升至试验高度时安放试样。

3 低温冲击试验时，不得用手直接触摸低温试样。

9.4.3 低温冲击试验使用的盛装液氮或二氧化碳的钢瓶应有清晰的标识，提取和搬运钢瓶时，不得撞击。液氮或二氧化碳输送管应进行隔热。存放液氮或二氧化碳的场所应保持阴凉、通风，远离热源与火源，空气中的氧气浓度应保持在18%以上。发生泄漏时，应及时疏散无关人员，处理人员应穿戴氧气呼吸器后关闭泄漏的钢瓶阀门。

9.4.4 拉伸、弯曲、抗压试验时，应有防止试样迸出的措施。

9.4.5 金相试验应符合下列规定：

1 金相腐蚀、电解的操作室应通风，并设有冲洗用水和用于急救的中和溶液。

2 磨制试件时，两人不得同时在一个旋转盘上操作。

3 现场进行金相试验时，试剂、溶液不得泼洒滴落。

9.5 无损检测

Ⅰ 射线检测

9.5.1 从事射线检测的单位必须具有辐射安全许可证，建立辐射安全防护管理体系，制订辐射事故应急预案。射线检测单位应对射线作业人员进行个人剂量监测，建立个人剂量和职业健康监护档案，并长期保存。

9.5.2 射线作业人员应持有放射工作人员证。

9.5.3 采购或租赁γ射线源时，必须持有登记许可证并向省级环境保护主管部门备案。

9.5.4 γ射线源的储存、领用应符合下列规定：

1 γ射线源应存放在专用储源库内，其出入口处必须设置电离辐射警示标志和防护安全联锁、警示装置。

2 储源库的钥匙必须由2人管理，同时开锁方可开启库门。

3 新旧γ射线源的更换应采用专用换源器（倒源罐）进行，操作人员在一次更换过程中所接受的当量剂量不应超过0.5mSv。废源应送回制造厂或当地指定γ源处理单位处理。

4 储存、领用、使用、归还γ射线探伤仪或倒源罐时必须进行登记、检查，做到账物相符。

9.5.5 γ射线源的运输应按省级以上管理部门规定办理审批手续。在包装容器辐射测量合格后方可运输，应由专人押运专车运输。

9.5.6 透照室应确保门—机联锁、示警安全装置完好。

9.5.7 现场射线检测场所应划分为辐射控制区和辐射监督区。在监督区内严禁进行其他作业。

9.5.8 在施工现场进行射线透照应符合下列规定：

1 作业前，应办理射线检测作业票。

2 γ射线源的能量和活度应根据受检工件的规格合理选用。

3 在辐射控制区边界应悬挂"禁止进入放射性工作场所"警示牌，射线作业人员应在控制区边界外操作。在辐射监督区边界上应设置信号灯、铃、警戒绳等警戒标志，并悬挂"当心电离辐射！无关人员禁止入内"警示牌，并设专人警戒。

4 检测作业中应进行操作现场辐射巡测，围绕辐射控制区边界测量辐射水平。

5 作业时，作业人员应携带经检定合格、计量准确的个人剂量仪（TLD）、报警器、巡测仪。

6 γ线射源透照时，应一人操作，一人监护。

7 在高处进行透照时，应搭设工作平台，并采取防止射线仪坠落的措施。对大型容器进行长时间透照时，应安排监测人员值班，加强巡测检查。

8 夜间作业应有照明。

9 作业结束后，操作人员应检查确认设备完好、放射源回到源容器的屏蔽位置。

9.5.9 射线作业人员的个人年剂量限值应符合职业性外照射个人监测的有关规定。

9.5.10 暗室应通风，通道应畅通。连续工作时间不宜超过2h。

Ⅱ 其他检测

9.5.11 使用机械化检测或自动检测时，应将设备及附属机构安装稳固。

9.5.12 在有可燃介质的场所使用通电法或触头法进行磁粉检测时，应保持触头接触良好，不得在通电状态下移动电极触头。不得在盛装过易燃易爆介质的容器中使用触头法检测。

9.5.13 使用冲击电流磁化时，应防止高电压伤人。

9.5.14 当进行荧光磁粉或荧光渗透检测时，不得使用无滤波片或屏蔽罩失效的紫外线灯。

9.5.15 使用油磁悬液或溶剂型渗透检测剂检测时，检测作业点及其周边不得有明火,并应通风。在受限空间内进行检测时,应防止有机溶剂中毒,并设专人监护。

9.5.16 易燃易爆检测剂应储存在远离热源、阴凉通风处。散装渗透检测剂应密封储存。

9.5.17 使用喷罐式检测剂时,作业人员应在上风侧操作。

9.5.18 磁粉或渗透检测结束后,应将废弃的检测剂喷罐清理至指定地点集中处理。

9.5.19 检测混凝土抗压强度的回弹仪进行常规保养时,应先使弹击锤脱钩后再取出机芯,避免弹击杆突然伸出造成伤害。

10 施工机械使用

10.1 一般规定

10.1.1 施工机械应具有产品技术文件、使用说明书、安全操作规程。安全防护装置应齐全、可靠。严禁超载作业或扩大使用范围。

10.1.2 施工机械应保持完好状态,现场环境应符合安全作业要求。

10.1.3 起重机械应经所在地特种设备安全监督管理部门验收合格后方可投入使用,并应定期检测、审核。

10.1.4 特种设备操作人员应持有"特种设备作业人员证"。

10.1.5 施工机械应按规定的时间期限进行维修、保养,使用前应进行安全检查。

10.1.6 用电施工机械应执行"一机一闸一保护"的控制保护规定。

10.1.7 与用电施工机械相关的钢平台、金属构架等应做好接地。

10.1.8 施工机械或其附件达到报废标准时,应停用或更换。

10.1.9 施工机械操作手应按规定穿戴劳动保护用品,操作旋转切屑类施工机械严禁戴手套。

10.1.10 作业中,发现异常,应停机检修。

10.1.11 机械作业区应设置安全标识或警戒区,无关人员不得进入作业区或操作室内。

10.1.12 集中停放施工机械的场所应设置消防器材;大型施工机械应配备灭火器材。

10.2 手持电动工具

10.2.1 使用前应对手持电动工具进行检查并空载试验运转,正

常后方可使用。

10.2.2 手持电动工具的电源线不得有接头。

10.2.3 手持电动工具应按规定正确使用且不得超载荷使用。

10.2.4 潮湿场所或在金属构架上作业时,不得使用Ⅰ类手持电动工具。手持电动工具的选用应符合现行国家标准《手持电动工具管理、使用、检查和维修安全技术规程》GB 3787 的规定。

10.2.5 受限空间内作业必须使用Ⅲ类手持电动工具。安全隔离变压器或漏电保护器必须装设在受限空间之外,并应设专人监护。

10.2.6 使用手持电动工具时,应穿戴绝缘防护用品,应对眼睛、面部及听力进行适当的保护。

10.3 起重吊装机械

Ⅰ 一般规定

10.3.1 起重机械的制动机构、变幅指示器、力矩限制器以及各种行程限位开关等安全保护装置应完整齐全、灵敏可靠,不得随意调整和拆除,使用前应进行检查确认。

10.3.2 钢丝绳在卷筒上必须排列整齐、尾部卡牢,工作中至少保留 3 圈以上。

10.3.3 重物提升和降落速度应均匀。左右回转时动作应平稳,回转未停稳前,不得做反向动作。非重力下降式起重机,不得带载自由下降。严禁用限位装置代替操纵机构。

10.3.4 发动机启动前,应分开离合器,并将各操纵杆放在空挡位置上。

10.3.5 发动机启动后应检查各仪表指示值,待运转正常再结合主离合器,进行空载运转,确认正常后,方可作业。

10.3.6 操纵控制器应从零位开始逐级操作,不得越挡、急开急停、打反车操作。

10.3.7 起重机作业时,起重臂和重物下方严禁有人停留、作业和通过。重物吊运时,严禁从人员上方越过。严禁使用起重机运载人员。

10.3.8 吊物时,应垂直起吊重物,严禁斜挂斜吊,严禁长时间悬吊重物。

10.3.9 起重机操作手、吊装指挥人员必须持证上岗。

Ⅱ 流动式起重机

10.3.10 起重机吊物行走时,载荷不得超过额定起重量的 70%,且吊物离地面高度不得超过 500mm,并拴好溜绳,还应有专人引导、监护。起重机不得作远距离运输使用。

10.3.11 现场组装起重机时,应按产品技术文件要求进行,安装完成后应进行调试,使用前应进行检查验收。

10.3.12 起吊重物达到额定起重量的 90% 以上时,严禁同时进行两种及以上的操作动作。

10.3.13 履带式起重机变幅应缓慢平稳,严禁在起重臂未停稳前变换挡位;起吊重物达到额定起重量的 90% 及以上时,严禁下降起重臂。

10.3.14 履带式起重机上下坡道时应无载行走,应保持起重机重心在其坡上方。起重臂仰角符合厂家说明书的要求。严禁下坡空挡滑行。

10.3.15 汽车式起重机作业前,支腿应全部伸出后,调整机体使回转支承面的倾斜度在无载荷时不大于 1/1000。调整支腿应在无载荷时进行,并将起重臂转至正前方或正后方。

10.3.16 汽车式起重机作业中,严禁扳动支腿操纵阀。

10.3.17 汽车式起重机作业时,驾驶室内不得有人。

10.3.18 起重机行驶时,底盘走台上不得有人以及堆放物品。

10.3.19 作业结束后,伸缩式臂杆起重机应将臂杆全部收回归位,挂好吊钩。桁架式臂杆起重机应将臂杆转至起重机的正前方,并降至 40°～60° 之间,各部制动器都应加保险固定,操作室和机棚都要关门加锁。

Ⅲ 起重桅杆

10.3.20 起重桅杆倾斜使用时,底部应加封绳,且倾斜角度不宜

大于10°。

10.3.21 现场组对桅杆时，其中心线偏差不得大于长度的1/1000，且总偏差不得大于20mm。

10.3.22 单桅杆缆风绳的数量不得少于6根，且均匀分布。缆风绳不得与电线接触。在靠近电线的附近，应配置绝缘材料制作的护绳架。

10.3.23 桅杆采用连续法移动时，使桅杆在缆风绳的控制下，保持前倾幅度应为桅杆高度的1/20～1/25；采用间歇法移动时，桅杆的前、后倾斜角度应控制在5°～10°。移动时，桅杆侧向倾斜幅度不得大于桅杆高度的1/30。在调整缆风绳及底部牵引控制索具时应先松后紧，协调配合，使桅杆平稳移动。

10.3.24 作业时起重机的回转钢丝绳应处于拉紧状态。回转装置应有安全制动控制器。

Ⅳ 塔式起重机

10.3.25 路基和轨道的铺设应符合下列要求：

1 路基承载能力按轮压值确定。

2 轨距偏差不得超过其名义值的1/1000。

3 在纵横方向上钢轨顶面的倾斜度不大于1/1000。

4 两条轨道的接头应错开。钢轨接头间隙不应大于4mm，接头处应架于轨枕上，两端高度差不大于4mm。轨道应平直、无沉陷，轨道螺栓无松动，轨道上无障碍物。

5 距轨道终端1m处应设置极限位置阻挡器，其高度不应小于行走轮半径。

6 路基旁应开挖排水沟，并采取防坍塌措施。

10.3.26 施工期内，每周或雨后应对轨道和基础检查一次，发现问题及时调整。

10.3.27 顶升作业应有专人指挥，电源、液压系统等均应有专人操作。四级风以上天气不得进行顶升作业。

10.3.28 塔式起重机安装完毕后，塔身与地面的垂直度偏差值不得超过3/1000。必须有行走、变幅、吊钩高度等限位器和力矩限制器等安全装置，并应灵敏可靠。有升降式操作室的塔式起重机，必须有断绳保护装置。

10.3.29 专用临时配电箱，宜设置在轨道中部，电缆卷筒应运转灵活、安全可靠，不得缠绕。

10.3.30 动臂式起重机的起升、回转、行走可同时进行，变幅应单独进行。每次变幅后应对变幅部位进行检查。允许带载变幅的起重机，当载荷达到额定起重量的90%及以上时，严禁变幅。

10.3.31 装有上、下两套操作系统的起重机，不得上、下同时使用。

10.3.32 作业结束后，起重机应符合下列要求：

1 停放在轨道中间位置，臂杆应转到顺风方向，并松开回转制动器。

2 小车及平衡配重应移到非工作状态位置，同时，吊钩应提升到离臂杆2～3m的位置。

3 将每个控制开关拨至零位，依次断开各路开关，关闭操作室门窗，下机后切断电源总开关，打开高空指示灯。

4 锁紧夹轨器与轨道固定，如遇8级大风（风速17.2m/s以上）时，应另设缆风绳与地锚或建筑物固定。

10.3.33 任何人员上塔帽、吊臂、平衡臂等高处部位检查或修理作业时，必须佩戴安全带。

10.3.34 起重机的塔身上不得悬挂标语牌。

Ⅴ 桥、门式起重机

10.3.35 起重机轨道的铺设应执行产品技术文件规定，轨道接地电阻不应大于4Ω。桥式起重机路基承载能力按轮压值确定。轨道两端应设车挡。

10.3.36 用滑线供电的起重机，在滑线两端应有色标，滑线应设置防护栏杆。

10.3.37 操作室内应铺垫木板或绝缘板；上、下操作室通道应有专用扶梯。

10.3.38 吊车工作时，任何人不得停留在起重机小车和横梁上。

10.3.39 起重机运行时，严禁进行加油、擦拭、修理等工作；起重机维修时，必须切断电源，并挂上警示标志。

10.3.40 空载运行时，吊钩应升起，升起高度应大于2m。

10.3.41 带负荷运行时，应将吊物置于安全通道内运行。没有障碍物时，吊物底面距地面应保持在0.5～1.5m的高度；有障碍物时，吊物底面应提高到距障碍物0.5m以上。

10.3.42 两台起重机同时抬吊同一物体时，应保持3～5m的距离，吊钩钢丝绳应保持垂直、升降同步，每台起重机所承受的载荷不能超过其额定重的80%。严禁用一台起重机顶推另一台起重机。

10.3.43 起重机运行靠近轨道端头时，应用慢挡的速度行进。

10.3.44 露天门式起重机工作结束后，应将小车停到操作室一端，将吊钩升到上限位置，各手柄均回零位，切断主电源，并进行封车。

10.3.45 电动葫芦第一次起吊重物时，在吊离地面100mm应停止起吊，检查制动器，确认灵敏、可靠后方可正式作业。

10.3.46 电动葫芦起吊，吊重物行走时，重物离地面不宜超过1.5m。工作间歇时不得将重物悬挂在空中。

10.3.47 电动葫芦在额定载荷制动时，下滑制动量不应大于80mm。

Ⅵ 卷扬机

10.3.48 卷扬机安装后，应搭设工作棚，操作人员的位置可看清指挥人员和被拖动、起吊的物件。

10.3.49 钢丝绳应连接牢固，且不得与机架或地面摩擦。通过道路时，应设过路保护装置。

10.3.50 在卷扬机制动操作杆的行程范围内，不得有障碍物阻卡操作行程。

10.3.51 卷筒上的钢丝绳应排列整齐，严禁用手拉脚踩或跨越转动中的钢丝绳。

10.3.52 物件提升后，操作人员不得离开卷扬机，物件和吊笼下面严禁人员停留或通过。休息时，应将物件或吊笼降至地面。

10.4 铆、管机械

10.4.1 铆、管机械上的传动部分应设有防护罩，作业时，不得拆卸。机械均宜安装在机棚内。

10.4.2 启动前，应检查各润滑、紧固情况，不得超负荷使用。

10.4.3 运行中，发现异常声音或电动机温度超过规定时，应停车检查，故障排除后，方可重新开车作业。

10.4.4 平板、卷板作业时，平、卷钢板厚度应符合产品技术文件规定，按钢板厚度调整好轧辊。

10.4.5 平、卷钢板时，操作人员应站在机械两侧，不得站在机械前后或钢板上面。

10.4.6 用样板检查圆弧度时，应在停车后进行。滚卷工件到末端时，应留一定的余量。

10.4.7 工作过程中，应防止手和衣服被卷入轧辊内。

10.4.8 平、卷较长或较大直径钢板时，应采取防止钢板下坠等措施。

10.4.9 剪板机制动装置应灵敏可靠，与压料机构动作应协调。

10.4.10 剪板作业送料时，应用专用工装，将钢板放正、放平、放稳，手指不得扶送钢板或接近切刀和压板。

10.4.11 剪板作业时，不得进入剪板机内侧清理余料。

10.4.12 在更换冲剪机切刀、冲头漏盘或校对模具时，应在停机后进行，模具应卡紧。

10.4.13 剪冲窄板材时，应有特制的工具夹紧板材边缘，并压住板材进行剪冲。

10.4.14 刨边机作业时，在主传动箱行程范围内不得站人。

10.4.15 刨削短、窄板料时，应利用专用工装做辅助压紧。

10.4.16 使用摇臂钻时，横臂应锁紧。

10.4.17 手动进钻、退钻时，应逐渐增压或减压，不得在手柄上加长力臂加压进钻。

10.4.18 钻孔作业时，必须戴防护眼镜，严禁戴手套，严禁手持工件。

10.4.19 钻孔作业排屑困难时，进钻、退钻应反复交错进行。钻头上缠绕铁屑时，应停钻用工具清除。

10.4.20 管子切断作业时，不得在旋转手柄上加长力臂；切平管端时，不得进刀过快。

10.4.21 套丝、切管作业中，应用工具清除切屑，不得用手或敲打振落。

10.4.22 坡口机作业中，冷却液不得中断。严禁用手触摸坡口及清理铁屑。

10.4.23 换热器抽芯机抽拉作业时，抽芯应平衡，固定应牢固，抽芯机轴线与换热器轴线应平行，并在同一垂直面内。施工人员不得站在抽芯机上。人员不得在抽芯机下停留或穿越。抽芯机作业受到卡阻时，不得强力抽拉。

10.4.24 咬口机作业时，工件长度、宽度不得超过机具允许范围。

10.4.25 咬口机作业时，严禁用手触摸辊轮；送料时，手指不得靠近辊轮。

10.5 焊接机械

10.5.1 电焊机应有完整的防护外壳，并应接地，一次、二次导线接线柱处应有保护罩。

10.5.2 电焊机一次导线长度不宜大于30m，需要加长导线时应相应增加导线的截面。导线通过道路时，应架高或穿入保护管并埋在地下；通过轨道时，应从轨道下方通过，导线的绝缘不得受损且不得断股。

10.5.3 移动电焊机时，应先切断电源；焊接中突然停电时，应切断电源。

10.5.4 焊机应有专人操作，自动焊机轨道应固定牢固，非操作人员不得动用操作机构。

10.5.5 焊割现场10m范围内，不得存放氧气瓶、乙炔气瓶、油品等可燃、助燃物品。

10.5.6 在潮湿地点作业时，应对操作人员作业位置采取绝缘措施，并应穿绝缘鞋。

10.5.7 氩弧焊机气管、水管不得泄漏。

10.5.8 对焊机的压力机构应灵活，夹具牢固，气、液压系统无泄漏。焊接前应根据所焊钢筋截面，调整二次电压，不得焊接超过对焊机规定直径的钢筋。焊接较长钢筋时，应设置托架。

10.5.9 等离子切割作业时，应设置挡弧板，操作人员应按要求劳保着装。

10.5.10 数控切割机使用前，应对电气线路及气带等进行检查。

10.5.11 数控切割机轨道及行程范围内不得有杂物，作业中不得清理余料。

10.5.12 油罐自动焊机应平稳固定在机架上，并设置上下通道，操作平台应安装防护栏杆。

10.5.13 油罐自动焊机的电气线路应有序排列，并采取绝缘和固定措施；高处作业时，应在施焊点周围和下方采取防火措施。

10.6 动力机械

10.6.1 固定式动力机械应安装在基础上，机房应通风，周围应有1m以上的通道，排气管应引出室外，并不得与可燃物接触。

10.6.2 移动式动力机械应放置稳固，并应搭设机棚。

10.6.3 停机前，应先切断各供电分路开关，逐步减少载荷，再切断发电机供电主开关。

10.6.4 空气压缩机的进排气管较长时，应固定，管路不得有急

弯。输气胶管应保持畅通。

10.6.5 储气罐和输气管路每三年应做水压试验一次，试验压力应为额定压力的150%。压力表和安全阀应定期检定。

10.6.6 空气压缩机应在空负荷状态下启动，启动后低速空运转，并检查各仪表指示值，运转正常后，进入负荷运转。

10.6.7 空气压缩机运转有下列情况之一时，应停机检查，找出原因并排除故障：

   1 漏水、漏气、漏电或冷却水突然中断。

   2 压力表、温度表、电流表指示超过规定值。

   3 排气压力突然升高，排气阀、安全阀失效。

   4 机械有异响或电动机电刷产生强烈火花。

10.6.8 运转中，汽缸过热停机时，应待汽缸自然降温至60℃以下方可加水。

10.6.9 当电动空气压缩机运转中突然停电时，应切断电源，供电后重新在空负荷状态下启动。

10.7 土石方机械

Ⅰ 单斗挖掘机

10.7.1 挖掘机正铲作业时，除松散土壤外，开挖高度和深度不应超过机械本身性能规定。反铲作业时，履带工作面边缘距离应大于1m，轮胎距工作面边缘距离应大于1.5m。

10.7.2 作业时，应待机身停稳后再挖土，当铲斗未离开工作面时，不得做回转、行走。斗臂在抬高及回转时，不得碰到洞壁、沟槽侧面或其他物体。

Ⅱ 推土机

10.7.3 牵引其他机构设备时，应有专人负责指挥。钢丝绳的连接应牢固。在坡道或长距离牵引时，应采用牵引杆连接。

10.7.4 在上下坡途中，当内燃机突然熄火时，应放下铲刀，并锁住制动踏板。在分离主离合器后，方可重新启动内燃机。

10.7.5 填沟作业驶近边坡时，铲刀不得越过边缘。

10.7.6 在有沟槽、基坑或陡坡区域作业时，应有专人指挥。

10.7.7 两台以上推土机在同一地区作业时，前后距离应大于8m，左右距离应大于1.5m。

Ⅲ 装载机

10.7.8 运载物料时，宜保持铲臂下铰点离地面0.5m，并平稳行驶。不得将铲斗提升到最高位置运物料。

10.7.9 在基坑、沟槽、边坡卸料时，轮胎离边缘距离应大于1.5m。

10.7.10 装载机铲臂升起后，在进行润滑或调整等作业之前，应装好安全销。

Ⅳ 电动夯实机

10.7.11 夯实机作业时，应有2人操作，1人扶夯操作，1人传递电缆线，操作人员应戴绝缘手套和穿绝缘鞋。递线人员应跟随夯机后或两侧调顺电缆线，且不得张拉过紧，应保持有3~4m的余量。

10.7.12 作业时，应保持机身平衡，不得用力后压，并应随时调整行进方向，不得进行急转弯。

10.7.13 多机作业时，其平列间距不得小于5m，前后间距不得小于10m。

10.7.14 夯机前进方向和夯机四周1m范围内，不得有非作业人员站立。

Ⅴ 手持凿岩机

10.7.15 使用前，应加注润滑油，并检查风、水管，不得有漏水、漏气现象，且应采用压缩空气吹出风管内的水分和杂物。

10.7.16 使用手持凿岩机作业应符合下列规定：

   1 进钎时，应慢速运转。退钎时，应慢速拔出，并应防止钎杆断裂。

   2 凿岩机垂直向下作业时，作业人员体重不得全部压在凿岩

机上。

3 凿岩机向上方作业时,不得长时间全速空转。

10.8 运输机械

I 一般规定

10.8.1 装载物品应放正、垫稳、绑扎牢靠,圆筒形物件卧倒装运时应采取防止滚动的措施。不得超载运输。

10.8.2 不得人货混载,除驾驶室规定乘员外,车辆其他任何部位不得搭乘人员。

10.8.3 行驶下坡时,不得熄火滑行。在坡道上停车时,除应拉紧手制动器外,尚应将车辆轮胎楔牢。

II 车辆运输

10.8.4 载重汽车拖挂车时,挂车的车轮制动器和制动灯、转向灯应与牵引车的制动器和灯光信号协调一致,同时动作。

10.8.5 载重汽车运送超宽、超高和超长物件前,应制定运输的安全措施,并报主管部门批准。

10.8.6 载重汽车装载物料时,不得偏重或重心过高,装车后应封车或遮盖。

10.8.7 自卸汽车配合挖装机械装料时,自卸汽车就位后应拉紧手制动器。铲斗越过驾驶室时,驾驶室内不得有人。

10.8.8 自卸汽车非顶升作业时,应将顶升操纵杆放在空挡位置。顶升前,应拔出车厢固定销。作业后,应插入车厢固定销。

10.8.9 自卸汽车行驶前,应检查锁紧装置并将料斗锁牢。

10.8.10 自卸汽车在基坑、沟槽边缘卸料时,应设置安全挡块,车辆接近坑边时,应减速行驶,不得冲撞挡块。

10.8.11 叉车叉装时,物件应靠近起落架,其重心应在起落架中间,物件提升离地后,应将起落架后仰,方可行驶。

10.8.12 多辆叉车同时装卸作业时,应有专人指挥。

10.8.13 驾驶室除规定的操作人员外,严禁其他人员进入或在室外搭乘,严禁叉车货叉上载人。

III 物料提升机

10.8.14 井架架设场地应平整坚实,平台设置便于装卸。井架四周应缆风绳拉紧,不得用钢筋、铁线等作缆风绳用。

10.8.15 物料提升机的制动器应灵活可靠。吊笼的四角与井架不得互相擦碰,吊笼固定销和吊钩应可靠,并有防坠落、防冒顶等保险装置。

10.8.16 龙门架或井架不得与脚手架联为一体。

10.8.17 物料提升机严禁载人。禁止攀登架体和从架体下穿越。

10.8.18 提升作业应有指挥,指挥信号不明,操作手不得开机。作业中遇有紧急停车信号,操作手应立即停车。

10.8.19 物料在吊笼里应均匀分布,不得超出吊笼,不得超载使用。散料应装箱。

10.8.20 吊笼悬空吊挂时,操作人员不得离开操作岗位。

10.8.21 当风力达到 6 级以上时应停止作业,并将吊笼降至地面。

10.8.22 闭合电源前或作业中突然停电时,应将所有开关扳回零位。在恢复作业前,应确认提升机动作正常。

IV 施工升降机

10.8.23 施工升降机的安装和拆卸工作必须由取得建设行政主管部门颁发的拆装资质证书的施工队负责,并必须由经过专业培训,取得操作证的专业人员进行操作和维修。

10.8.24 底笼周围 2.5m 范围内应设置防护栏杆,各层站过桥和运输通道应平整牢固,出入口的栏杆应安全可靠。全行程四周不得有危害安全运行的障碍物,并应搭设防护屏障。

10.8.25 升降机的防坠器在使用中不得进行拆检调整,需要拆检调整或每用满一年后,均应由生产厂或指定的认可单位进行调整、检修或鉴定。

10.8.26 新安装或转移工地重新安装以及经过大修后的升降机,在投入使用前,必须经过坠落试验。升降机在使用中每隔 3 个月应进行一次坠落试验,并保证不超过 1.2m 的制动距离。

10.8.27 使用前,应检查各部结构、部件、钢丝绳、电气系统的完好性。

10.8.28 每班首次载重运行时,应从最低层起上升。当梯笼升到离地面 1~2m 时,应停车试验制动器的可靠性。

10.8.29 梯笼内乘人或载物时,应使载荷均匀分布,不得超载运行,并应有明显的最大载荷标识。

10.8.30 升降机安装在建筑物内部井道中间时,应在全行程井壁四周搭设封闭屏蔽。装设在避光处或夜班作业的升降机,应在全行程上装设照明和明显的楼层编号标志灯。

10.8.31 操作人员应与指挥人员密切配合,根据指挥信号操作,作业前应鸣声示意。在总电源未切断之前,操作人员不得离开操作岗位。

10.8.32 在大雨、大雾和风力 6 级以上时,应停止运行。暴风雨过后,应对各安全装置进行一次检查。

10.8.33 梯笼运行到顶层或底层时,不得用行程限位器代替正常操纵按钮的使用。

10.8.34 作业后,将梯笼降到底层,各控制开关扳回零位,切断电源,锁好电源箱,封闭梯笼门和围护门。

10.9 桩工及水工机械

I 打桩机械

10.9.1 打桩机的安装、拆卸应按产品技术文件规定进行。安装完毕后,应进行检查和试运转,确认合格后方可作业。

10.9.2 打桩机作业区内应无架空线路。作业区应设警戒区并有明显标志,非作业人员不得进入。桩锤在施打过程中,操作人员应在距离桩锤中心 5m 以外监视。

10.9.3 安装时,应将桩锤运到立柱正前方 2m 以内,并不得斜吊。吊桩时,应拴挂溜绳,不得与桩锤或机架碰撞。

10.9.4 吊桩、吊锤、回转或行走等动作不得同时进行。打桩机在吊有桩和锤的状态下,操作人员不得离开岗位。

10.9.5 插桩后,应及时校正桩的垂直度。桩入土 3m 以上时,不得用打桩机行走或回转动作来纠正桩的倾斜度。

10.9.6 遇有雷雨、大雾和 6 级以上大风等天气时,应停止作业。

10.9.7 悬挂振动桩锤的起重机,其吊钩上应有防松脱的保护装置。振动桩锤悬挂在钢架的耳环上后,还应加装保险钢丝绳。

10.9.8 履带式打桩机带锤行走时,应将桩锤放至最低位,驱动轮应在尾部位置,并应有专人指挥;在斜坡上行走时,应将打桩机重心置于斜坡的上方,斜坡的坡度不得大于 5°。不得在斜坡中做回转动作。

10.9.9 作业后,应将桩锤落下垫实,并切断电源。

10.9.10 静力压桩机在行走时,地面应平整,地面和空中无障碍物。作业区应设警戒区和专人监护。

II 钻孔机械

10.9.11 安装钻孔机前,应了解并掌握地上、地下障碍物情况。

10.9.12 轮盘钻孔机安装时,钻机钻架基础应夯实、整平;轮胎式钻机的钻架下应铺设枕木,垫起轮胎,钻机垫起后应保持整机处于水平位置。

10.9.13 轮盘钻孔机提钻、下钻时,钻机下和井孔周围 2m 以内及高压胶管下,不得站人。

10.9.14 钻孔作业,当发生卡钻、摇晃、移动、偏斜或异响等不正常情况时,应停机检查,排除故障。钻机运转时,电缆线应有专人看护。防止电缆线被缠入钻杆。

10.9.15 全套管钻机在作业过程中,当发现主机在地面及液压支撑处下沉时,应停机处理。

7

Ⅲ 水 工 机 械

10.9.16 离心水泵运转时,人员不得从设备上跨越。离心水泵升降吸水管时,应在有护栏的平台上操作。

10.9.17 潜水泵放入水中或提出水面时,应先切断电源,严禁拉拽电缆或出水管。

10.9.18 潜水泵工作时,30m 以内水域,不得有人、畜进入。

10.9.19 定期测定潜水泵电动机定子绕组的绝缘电阻,其值应无下降。

10.10 混凝土机械

Ⅰ 混凝土搅拌机

10.10.1 固定式搅拌机应安装在牢固的台座上,当长期固定时,应埋设地脚螺栓。在短期使用时,应在机座上铺设木枕并找平放稳。

10.10.2 移动式搅拌机的停放位置应选择平整坚实的场地,周围应有排水沟渠。就位后,应放下支腿将机架顶起达到水平位置,使轮胎离地,并用枕木将机架垫平垫稳。

10.10.3 当人员需进入筒内作业时,必须切断电源或卸下熔断器,锁好开关箱,挂上"禁止合闸"标牌,并应有专人在外监护。

10.10.4 搅拌机作业中,当料斗升起时,任何人不得在料斗下停留或通过。当需在料斗下检修或清理料坑时,应将料斗提升后,插上安全插销或挂上保险链。

10.10.5 搅拌机在场内移动或远距离运输时,应将进料斗提升到上止点,用保险链或插销锁住。

10.10.6 搅拌机停用时,升起的料斗应插上安全插销或挂上保险链。

Ⅱ 混凝土泵

10.10.7 混凝土泵的使用应符合下列规定:

1 疏通管道不得用泵强行打通,应将泵反转卸压、切断电源后清理。

2 用吹出法清除残渣时,吹出口对面不得有人。

10.10.8 开泵前,无关人员离开管道周围。泵机运转时,不得将手或工具伸入料斗中。

10.10.9 作业中,不得调整、修理正在运转的部件。需在料斗或分配阀上工作时,应先关闭电动机和消除蓄能器压力。

Ⅲ 混凝土喷射机

10.10.10 作业前应对下列项目检查确认:

1 管道连接处应紧固密封。

2 电源线无破裂现象,接线牢靠。

3 各部密封件密封良好,对橡胶结合板和旋转板无明显沟槽。

4 根据输送距离,调整上限压力的限值。

5 喷枪水环(包括双水环)的孔眼畅通。

10.10.11 机械操作和喷射操作人员应有联系信号,送风、加料、停料、停风以及发生堵塞时,应密切配合,协调作业。

10.10.12 在喷嘴前方严禁站人,操作人员应始终站在已喷射过的混凝土支护面以内。

10.10.13 发生堵管时,应先停止喂料,对堵塞部位进行敲击,迫使物料松散,然后用压缩空气吹通。此时,操作人员应紧握喷嘴,严禁甩动管道伤人。当管道中有压力时,不得拆卸管接头。

Ⅳ 混凝土振动机械

10.10.14 振动机械的电缆线应满足操作所需的长度,且不得拉紧。严禁用电缆线拖拉或吊挂振动器。

10.10.15 插入式振动器作业时,振动棒软管不得多于 2 个弯,不得用外力硬插或斜推,振动棒插入深度不宜超过棒长的 3/4。插入式振动器作业停止时,应先关闭电动机,再切断电源,不得用软管拖拉电动机。

10.10.16 使用附着式、平板式振动器作业,不得在初凝的混凝

土或干硬地面上进行试振。在同一模板上使用多台附着式振动器同时作业时,各振动器的频率应相同。

10.11 钢筋加工机械

10.11.1 钢筋加工机械作业前,应对下列项目进行检查确认:

1 调直机料架、料槽应平直,导向筒、调直筒和下切刀孔应同心。

2 切断机接送料的工作台面和切刀下部保持水平,工作台的长度应根据加工材料长度确定。

3 弯曲机芯轴、挡铁轴、转盘等应无裂纹和损伤,防护罩完好。

4 冷拉机冷拉夹具,夹齿应完好;滑轮、拖拉小车应润滑灵活;拉钩、地锚及防护装置均应齐全牢固。

5 当机械运转出现异常时,应停机检修。

10.11.2 在调直块未固定、防护罩未盖好前不得送料。作业中不得打开各部防护罩。当钢筋送入后,手与曳轮应保持一定的距离。不得剪切直径及强度超过机械铭牌规定的钢筋。一次切断多根钢筋时,其总截面积应在规定范围内。

10.11.3 切断机运转中,不得用手直接清除切刀附近的断头和杂物。钢筋摆动周围和切刀周围,不得停留非操作人员。

切断短料时,手和切刀之间的距离不应小于 150mm 以上,手握端小于 400mm 时,应采用套管或夹具将钢筋压住或夹牢。

10.11.4 弯曲机挡铁轴的直径和强度不得小于被弯钢筋的直径和强度。不规则的钢筋,不得在弯曲机上弯曲。作业中,不得更换轴芯、销子和变换角度以及调速。

10.11.5 弯曲钢筋时确认机身固定销安放在挡住钢筋的一侧。在弯曲钢筋的作业半径内和机身不设固定销的一侧不得站人。转盘换向时,应待停稳后进行。

10.11.6 冷拉机的卷扬钢丝绳的走向应与被拉钢筋延伸方向成直角。卷扬机的位置应使操作人员能见到全部冷拉场地,卷扬机与冷拉中线距离不得少于 5m。

10.11.7 卷扬机操作人员应听从指挥人员信号。冷拉应缓慢、匀速。控制延伸率的装置应装设明显的限位标志。冷拉场地应在地锚外侧设置警戒区,并应安装防护栏及警告标志。操作人员在作业时应离开钢筋 2m 以外。

10.12 木 工 机 械

10.12.1 木工机械均应设置制动装置、安全防护装置、吸尘装置和排屑通道,并配置消防器材。

10.12.2 带锯机作业时,应观察运转中的锯条,锯条前后窜动,发出异常现象时,应立即停车。

10.12.3 带锯机操作时,手和锯的距离不得小于 500mm,且不许将手伸过锯条;纵锯、圆锯等操作时,手和锯片的距离不得小于 300mm。

10.12.4 操作锯片类机械时,人应站在锯片的侧面。

10.12.5 带锯机作业时,不得调整导轨;锯条运转中,不得调整锯卡。

10.12.6 锯、刨、铣等机械作业清理工作台时,应停机。

10.13 装 饰 机 械

Ⅰ 高压无气喷涂机

10.13.1 喷涂燃点在 21℃ 以下的易燃涂料时,应做好接好地线保护,应有防火措施。

10.13.2 作业时,不得用手指试高压射流,喷嘴不得指向人员。喷涂间歇时,应关闭喷枪安全装置。

10.13.3 高压软管的弯曲半径不得小于 250mm。作业中,当停歇时间较长时,应停机卸压。

10.13.4 作业后,应清洗喷枪。不得将溶剂喷回小口径的溶剂桶

内,并应防止产生静电火花。

Ⅱ 水磨石机

10.13.5 作业前,应检查各连接紧固件,用木槌轻击磨石发出无裂纹的清脆声音时,方可作业。

10.13.6 电缆线应离地架设,不得放在地面上拖动。电缆线应无破损,保护接地良好。

10.13.7 作业中,当磨盘跳动或有异常响声,应停机检修。停机时,应先提升磨盘后关机。

Ⅲ 混凝土切割机

10.13.8 操作人员应双手按紧工件,均匀送料,在推进切割机时,不得用力过猛。操作时不得戴手套。

10.13.9 切割厚度应按机械出厂铭牌规定进行,不得超厚切割。

10.13.10 加工件送到锯片相距 300mm 处或切割小块料时,应使用专用工具送料,不得直接用手推料。

10.13.11 作业中,当工件发生冲击、跳动及异常声响时,应停机检查。

10.13.12 不得在运转中检查、维修各部件。锯台上和构件锯缝中的碎屑应采用专用工具及时清除,不得用手捡拾或抹试。

Ⅳ 灰浆搅拌机

10.13.13 固定式搅拌机应有牢固的基础,移动式搅拌机应采用方木或支撑架固定,并保持水平。

10.13.14 运转中,严禁用手或木棒等伸入搅拌筒内或在筒口清理灰浆。

10.13.15 作业中发生故障不能继续搅拌时,应立即关闭电源并将筒内灰浆倒出,排除故障后方可重新使用。

10.13.16 固定式搅拌机料斗提升时,料斗下不得有人。

本规范用词说明

1 为便于在执行本规范条文时区别对待,对要求严格程度不同的用词说明如下:

1)表示很严格,非这样做不可的用词:

正面词采用"必须",反面词采用"严禁"。

2)表示严格,在正常情况下均应这样做的用词:

正面词采用"应",反面词采用"不应"或"不得"。

3)表示允许稍有选择,在条件许可时首先应这样做的用词:

正面词采用"宜",反面词采用"不宜";

表示有选择,在一定条件下可以这样做的用词,采用"可"。

2 本规范中指明应按其他有关标准、规范执行的写法为"应符合……的规定"或"应按……执行"。

中华人民共和国国家标准

石油化工建设工程施工安全
技 术 规 范

GB 50484-2008

条 文 说 明

7

目　　次

2　术　　语 …………………………… 7—30
3　通用规定 …………………………… 7—30
　　3.1　现场管理 ……………………… 7—30
　　3.2　施工环境保护 ………………… 7—30
　　3.3　施工用火作业 ………………… 7—30
　　3.4　受限空间作业 ………………… 7—31
　　3.5　高处作业 ……………………… 7—31
　　3.6　焊割作业 ……………………… 7—31
　　3.8　酸碱作业 ……………………… 7—31
4　临时用电 …………………………… 7—31
　　4.1　用电管理 ……………………… 7—31
　　4.2　变配电及自备电源 …………… 7—32
　　4.3　配电线路 ……………………… 7—33
　　4.4　配电箱和开关箱 ……………… 7—33
　　4.5　接地与接零 …………………… 7—34
　　4.6　照明用电 ……………………… 7—35
5　起重作业 …………………………… 7—36
　　5.1　一般规定 ……………………… 7—36
　　5.2　吊车作业 ……………………… 7—36
　　5.3　卷扬机作业 …………………… 7—36
　　5.4　起重机索具 …………………… 7—36
　　5.5　塔式起重机吊装作业 ………… 7—36
　　5.6　使用吊篮作业 ………………… 7—36
6　脚手架作业 ………………………… 7—37
　　6.1　一般规定 ……………………… 7—37
　　6.2　脚手架用料 …………………… 7—37
　　6.3　搭设、使用、拆除 …………… 7—37
7　土建作业 …………………………… 7—37
　　7.1　土石方作业 …………………… 7—37
　　7.2　桩基作业 ……………………… 7—37

　　7.3　强夯作业 ……………………… 7—37
　　7.4　沉井作业 ……………………… 7—37
　　7.5　砌筑作业 ……………………… 7—37
　　7.6　钢筋作业 ……………………… 7—37
　　7.7　混凝土作业 …………………… 7—37
　　7.8　模板作业 ……………………… 7—38
　　7.9　滑模作业 ……………………… 7—38
　　7.10　防水、防腐作业 …………… 7—38
8　安装作业 …………………………… 7—38
　　8.1　金属结构的制作安装 ………… 7—38
　　8.4　管道安装 ……………………… 7—38
　　8.5　电气作业 ……………………… 7—38
　　8.6　仪表作业 ……………………… 7—38
　　8.7　涂装作业 ……………………… 7—38
　　8.8　隔热作业 ……………………… 7—38
　　8.9　耐压试验 ……………………… 7—39
9　施工检测 …………………………… 7—39
　　9.1　一般规定 ……………………… 7—39
　　9.2　施工测量 ……………………… 7—39
　　9.3　成分分析 ……………………… 7—39
　　9.4　物理试验 ……………………… 7—39
　　9.5　无损检测 ……………………… 7—40
10　施工机械使用 …………………… 7—41
　　10.1　一般规定 …………………… 7—41
　　10.3　起重吊装机械 ……………… 7—41
　　10.4　铆、管机械 ………………… 7—41
　　10.8　运输机械 …………………… 7—42
　　10.10　混凝土机械 ………………… 7—42
　　10.11　钢筋加工机械 ……………… 7—42
　　10.13　装饰机械 …………………… 7—42

7

2 术 语

2.0.4～2.0.9 6 个术语都是从石油化工建设工程临时用电的角度赋予其特定含义的。

2.0.10、2.0.11 根据《最高人民法院关于审理触电人员损害赔偿案件若干问题的解释》(2000 年 11 月 13 日由最高人民法院审判委员会第 1137 次会议通过)规定对高压电的定义,电压等级在 1kV 及以上者为高压,电压等级在 1kV 以下者为低压。

3 通用规定

3.1 现场管理

3.1.2 《安全生产许可证条例》第二条中规定,企业未取得安全生产许可证的,不得从事生产活动;《中华人民共和国安全生产法》第二十三条明确规定:生产经营单位的特种作业人员必须按照国家有关规定经专门的安全作业培训,取得特种作业操作资格证书,方可上岗作业。

3.1.3 石油化工建设工程项目各单位主要负责人,主要是指建设单位、设计单位、监理单位、施工单位主管施工项目的项目经理、副经理、总工程师或负责该项工程的负责人。

3.1.4 安全生产保证体系主要是指安全生产管理机构及人员、相关人员的安全生产责任制、职工的教育培训、安全投入、工程项目的危害辨识、风险评价与控制、安全检查与隐患治理、事故的应急救援、事故处理等。

3.1.6 工程项目制订的安全生产事故应急救援预案,必须组织演练,并针对演练过程中出现的问题对应急救援预案进行修订。

3.1.7 根据《中华人民共和国安全生产法》第四十九条的规定,为加强施工人员劳动保护制定本条。

3.1.8 施工现场通道必须按照交通管理部门相关要求设置安全警示标志,对车辆的行驶速度等相关要求作出明显的标志和规定。

3.1.10 所有进入施工现场的机具、设备和车辆,施工单位应建立健全相应的管理制度,加强对机具、设备和车辆的管理,确保机具、设备和车辆符合项目施工安全管理的要求。

3.2 施工环境保护

Ⅱ 防大气污染

3.2.5 涂装前处理除锈严格限制使用干喷砂,应优先选用抛丸和喷丸等工艺,实现除锈过程密闭化。

3.2.6 根据现行国家标准《大气污染物综合排放标准》GB 16297 第 1.2.1 条规定,在我国现有的国家大气污染物排放标准体系中,应按照综合性排放标准与行业性排放标准不交叉执行的原则,锅炉执行现行国家标准《锅炉大气污染物排放标准》GB 13271。

3.2.8 现场焚烧各类废弃物后产生的烟尘、有毒有害气体等会造成对环境的污染。

Ⅳ 防施工噪声污染

3.2.12 根据《中华人民共和国环境保护法》、《中华人民共和国固体废物污染环境防治法》等的相关规定,有害、有毒废弃物必须采取有效措施,妥善处置,防止直接回填或掩埋造成水土污染以及对人的危害。

3.2.15 现行国家标准《建筑施工场界噪声限值》GB 12523 中规定,不同施工阶段作业噪声限值应符合表 1 的规定。

表 1 等效声级 L_{eq}[dB(A)]

施工阶段	主要噪声源	噪声限值	
		昼间	夜间
土石方	推土机、挖掘机、装载机等	75	55
打桩	各种打桩机等	85	禁止施工
结构	混凝土搅拌机、振捣棒、电锯等	70	55
装修	吊车、升降机等	65	55

注:1 表中所列限制是指与敏感区域相应的建筑施工场地边界线处的限制。
  2 如有几个施工阶段同时进行,以高噪声阶段的限制为准。

3.2.25 《放射性同位素与射线装置安全和防护条例》第二十八条规定"生产、销售、使用放射性同位素和射线装置的单位,应当对直接从事生产、销售、使用活动的工作人员进行安全和防护知识教育培训,并进行考核;考核不合格的,不得上岗。"第二十九条规定"生产、销售、使用放射性同位素和射线装置的单位,应当严格按照国家关于个人剂量监测和健康管理的规定,对直接从事生产、销售、使用活动的工作人员进行个人剂量监测和职业健康检查,建立个人剂量档案和职业健康监护档案。"

3.2.26 《放射性同位素与射线装置安全和防护条例》第三十四条规定"生产、销售、使用、贮存放射性同位素和射线装置的场所,应当按照国家有关规定设置明显的放射性标志,其入口处应当按照国家有关安全和防护标准的要求,设置安全和防护设施以及必要的防护安全联锁、报警装置或者工作信号。射线装置的生产调试和使用场所,应当具有防止误操作、防止工作人员和公众受到意外照射的安全措施。"

3.3 施工用火作业

Ⅰ 一般规定

3.3.5 主要是指改、扩建工程,在装置检修时,距离不能满足相关规范的要求时,应设置防火墙或局部防火等措施,并经相关部门确认后方可用火。

Ⅱ 固定用火区作业

3.3.8 固定用火区虽然由施工单位负责日常管理,但必须接受固定用火区域所属单位的监督、检查。

Ⅲ 高处用火

3.3.10 施工期间施工单位必须加强高处作业用火的管理,并对其下方的可燃物、机械设备、电缆、气瓶等采取可靠的防火花安全防护措施。

3.3.11 下方进行防腐作业时,应禁止高处用火作业。

3.4 受限空间作业

3.4.4 进入带有转动部件的设备作业时,防止意外起动,造成人员伤亡事故。

3.5 高处作业

Ⅰ 一般规定

3.5.7 高处铺设钢格板时,必须边铺设边固定,在未固定的钢格板上作业时,极易造成人员和钢格板滑落,造成事故。

3.6 焊割作业

Ⅱ 气瓶

3.6.11 针对气刨作业时噪音很大,在容器内作业噪音不易发散,还会形成很大回声,应加强作业人员劳动保护。

3.6.15 乙炔气瓶与氧气瓶内的气体容易挥发,如果靠近火源或在烈日下曝晒,加快气体的挥发,导致压力过高,容易发生事故。

3.6.17 瓶内气体应留有剩余压力,其目的是防止其他气体进入氧气瓶与氧气发生爆炸。

3.6.19 乙炔气瓶内部充有丙酮,如果卧放会导致丙酮流出气瓶,减少了瓶内的丙酮,容易导致乙炔气瓶发生爆炸。

3.8 酸碱作业

3.8.5 由于酸碱及其溶液一旦与有机物、氧化剂和脱脂剂等接触,极易发生化学反应,造成意外事故。

4 临时用电

4.1 用电管理

Ⅰ 一般规定

4.1.1 本条符合现行国家标准《用电安全导则》GB/T 13869 的要求。施工现场临时用电系统运行前,用电单位应建立用电管理体系,明确管理部门和各类用电人员的职责及管理范围,并根据用电情况,制定用电设施使用和维修的管理制度及安全操作规程,定期对电工和用电人员进行安全用电教育培训和书面技术交底,使有关管理人员和用电人员掌握安全用电基本知识和所用电气设备的性能。

4.1.2 本条符合国家现行标准《民用建筑电气设计规范》JGJ/T 16 的原则。由于石油化工建设工程施工用电规模大的特点,施工现场宜实行电源侧配电柜、室外总配电箱、分配电箱、开关箱四级配电装置,用电设备可由第三级的分配电箱或第四级的开关箱供电。

4.1.3 本条符合现行国家标准《用电安全导则》GB/T 13869、现行行业规定《关于特种作业人员安全技术培训考核工作的意见》(国家安全生产监督管理局安监管人字〔2002〕124 号文)和《电工进网作业许可证管理办法》(国家电力监管委员会 15 号令)的要求。电工属于特种作业人员,"特种作业操作证"是指符合《关于特种作业人员安全技术培训考核工作的意见》的规定,经安全技术考核合格得到的允许从事特种作业的上岗证,其考核、发证工作由省级安全生产综合管理部门或其授权的单位负责。电工还必须按照《电工进网作业许可证管理办法》的规定,取得电工进网作业许可证并注册,方可从事进网电气安装、试验、检修、运行等作业,电工

进网作业许可证分为低压、高压、特种三个类别,是一种职业资格证书。持证上岗有利于加强对电工作业的安全管理,提高电工作业人员的整体素质。

4.1.4 临时用电方案包括临时用电施工组织设计和临时用电施工技术措施,石油化工建设工程临时用电范围及用电量的规模一般都较大,工程承包单位均应编制临时用电组织设计,临时用电组织设计应包括下列内容:

 1. 现场查看;

 2. 现场用电负荷统计和用电设备平面位置规划;

 3. 用电负荷计算;

 4. 选择变压器、电缆、配电箱;

 5. 配线和接线方式选择;

 6. 技术要求;

 7. 安全措施;

 8. 临时用电系统图和平面布置图。

对于用电规模较小的工程分包单位,可编制临时用电施工技术措施,但至少应包括安全用电措施和电气防火措施。临时用电方案应经工程承包单位的技术负责人批准,并经工程监理单位审批,工程所在地安全质量监督部门另有要求时,应予执行。临时变配电装置的位置和电源变压器低压侧中心点的运行方式应符合当地供电部门的有关规定。

4.1.5 本条符合现行国家标准《用电安全导则》GB/T 13869 和国家现行标准《电业建设安全工作规程(变电所部分)》DL 5009.3 的要求。临时用电工程验收的重点,一方面是安装工程的施工质量;另一方面是验收要依据临时用电施工组织设计,防止随意变更施工方案的现象发生。

4.1.6 本条符合现行国家标准《用电安全导则》GB/T 13869 和国家现行标准《电业建设安全工作规程(变电所部分)》DL 5009.3 的要求。目的是为了保证临时用电工程的质量,同时避免非电工人员从事电工作业可能造成的伤害,同时,绝缘用品在电气作业中起着保护人身安全、防止意外触电的重要作用,对电气绝缘用品的定期检查与试验,是防止触电发生的重要手段和措施,可按国家电力公司《电力安全工器具预防性试验规程》(试行)执行。

4.1.7 建立临时安全用电档案,有利于加强临时用电的科学管理,也有利于分析事故发生的原因。安全用电档案包括下列内容:

 1. 临时用电设备进场前检查资料;

 2. 临时用电组织设计及修改的技术资料;

 3. 临时用电组织设计交底资料;

 4. 临时用电工程检查验收资料;

 5. 电气设备维修试验记录;

 6. 接地电阻、绝缘电阻和漏电保护器动作测定记录;

 7. 电工日常巡检工作记录;

 8. 管理部门定期检查工作记录。

4.1.8 本条符合现行国家标准《用电安全导则》GB/T 13869 的规定。带电扑救电气火灾,容易引起二次触电事故。

Ⅱ 临时用电设备

4.1.9 本条符合现行国家标准《用电安全导则》GB/T 13869 的要求。用电设备的完好状态是施工现场临时用电工程可靠运行的重要基础之一。检查合格的设备加以标识便于有关人员监督管理。

4.1.10 本条符合现行国家标准《爆炸和火灾危险环境电力装置设计规范》GB 50058 规定。在坑、井、沟、渠及金属容器内等场所作业时,有时会有可燃性气体,如沼气(甲烷)、油漆中挥发的有机物、泄漏的氧气、乙炔气等存在,遇火易发生爆炸,为防止设备启动及运行时产生火花造成危险品爆炸,因此在有爆炸危险的场所必须使用防爆型的电气设备。

4.1.11 本条符合现行国家标准《用电安全导则》GB/T 13869 的要求。用电设备绝缘电阻为施工人员提供了基本的直接接触防

护,考虑在施工现场易受风沙、雨雪、日晒、腐蚀及意外机械损伤,从而发生绝缘损伤,引起触电事故,作出了定期测试绝缘电阻的规定。

4.1.12 本条符合现行国家标准《用电安全导则》GB/T 13869 的规定。电源侧配电柜、室外总配电箱、分配电箱、开关箱各级电箱中均必须装设漏电保护器,以确保每台用电设备,不管是由第三级分配电箱还是由第四级开关箱供电,甚至必须由室外总配电箱供电的热处理机等大功率设备,都能得到二级或二级以上漏电保护,这提高了施工现场漏电保护系统的可靠性,保障了施工现场用电安全。同时,也有利于在配电系统发生故障时减少停电范围。

漏电开关跳闸,证明有漏电现象存在或漏电开关本身有故障,这种情况下将漏电开关退出运行,曾经因此发生过许多触电事故。运行中发现漏电开关跳闸,应检查该漏电开关所保护的线路或设备的绝缘情况,在确认排除故障后才允许再合闸送电。

4.1.13 施工用电设备虽有一定的防雨、防尘能力,但在恶劣天气条件下,其绝缘性能有可能下降,因此应加强检查。

4.1.14 由于电能在一瞬间危害人的生命,具有"看不见"的特性,在未通过验电来验证是否确实无电前,应作为有电对待。

4.1.15 施工现场不推荐带电作业。悬挂警示牌可以提醒有关人员及时纠正将要进行的错误操作,以防错误地向有人作业的电气设备合闸送电。

4.1.16 本条符合现行国家标准《用电安全导则》GB/T 13869 的规定。电气设备搬迁时若不断电,可能因设备倾倒或导线拉脱造成触电;拆除时若不将电源线可靠绝缘包扎,外露可导电部分可能带电伤人。

4.1.17 本条符合现行国家标准《用电安全导则》GB/T 13869 的规定。施工现场临时用电是经过规划的,非规划接入设备,容易引起局部线路超负荷或因不规范接线留下触电事故隐患。

Ⅲ 用电环境

4.1.18 施工设施周边的带电体包括外电架空线路和室外变压器等,考虑到作业特点(施工现场搭拆脚手架、搬运钢筋、移动高大设备等作业时,因材料较长且重,不易掌握平稳,容易顾此失彼,误触带电体)和非电力专业作业人员素质的区别,本条规定比国家现行标准《电业建设安全工作规程(架空电力线路部分)》DL 5009.2 要求偏严是合理的。

4.1.19 防护设施与带电体的最小安全距离采用国家现行标准《电业建设安全工作规程(架空电力线路部分)》DL 5009.2 关于高空作业中作业人员与带电体的最小安全距离,要求偏严是考虑到非电力专业作业人员的素质区别。

4.1.20 由于微电子设备、钢筋水泥高层建筑大量增多和全球气候变暖等因素,我国部分地区雷击概率明显加大,当地气象主管部门公布的年平均雷暴日数比若干年前的有关规范数据上升幅度较大。例如:2004 年上海市气象部门提供的资料显示,上海地区年平均雷暴日已达 49.9d,而 1992 年有关规范收集的资料仅为 30.1d。因此,地区年平均雷暴日数应按气象主管部门公布的当地年平均雷暴日数为准。施工现场施工设施(包括各种施工机械设备和建筑物)是按照现行国家标准《建筑物防雷设计规范》GB 50057 中第三类工业建筑物的防雷规定来设置防直击雷装置的。按照现行国家标准《建筑物防雷设计规范》GB 50057,对避雷针或避雷线的保护范围采用"滚球法"确定,不用过去的"折线法"。

4.1.21 建筑物遭受雷击次数的多少,不仅与当地的雷电活动频繁程度有关,而且还与建筑物所在环境、建筑物本身的结构、特征有关,首先是建筑物的高度和孤立程度,其中,旷野中孤立的建筑物虽然高度不一定很高,但很容易遭受雷击,故本条规定了孤立的施工设施需设防雷保护的要求,这也是现行国家标准《建筑物防雷设计规范》GB 50057 的要求。

4.1.22 本条符合现行国家标准《建筑物防雷设计规范》GB

50057 的规定,施工设施或结构的金属体截面积完全足以导引最大的雷电流,其本身的连接通常采用螺栓,只要保证紧固连接,作为第三类工业建筑物的防雷已足够。单个脚手架扣件螺栓的电气通路不一定得到保证,作为防雷引下线与接地装置的连接点,应接在专门接地螺栓上。

4.1.23 由于强大的雷电流泄放入地时,土壤实际上已被击穿并产生火花,相当于使接地电阻截面增大,使散流电阻显著降低,因此,冲击接地电阻一般是小于工频接地电阻的,只要重复接地电阻符合要求,也可满足防雷接地的需要。作为第三类工业建筑物的防直击雷保护,接地装置宜与电气装置等其他接地装置共用,本条符合现行国家标准《建筑物防雷设计规范》GB 50057 的规定。

4.2 变配电及自备电源

Ⅰ 临时用电变压器

4.2.1 本条针对现场临时用电设备的性质,参考国家现行标准《农村低压电力技术规程》DL/T 499,结合目前石油化工建设工程规模大、一般实行放射形供电特点,提出施工变压器供电半径不宜大于 500m。

4.2.2 部分施工现场仍在采用露天或半露天变电所实现变配电,本条规定了有关防护设施的要求,目的是为了人身和设备的安全,符合国家现行标准《电业建设安全工作规程(火力发电厂部分)》DL 5009.1 规定。

4.2.3 本条符合现行国家标准《建设工程施工现场供用电安全规范》GB 50194 和《10kV 及以下变电所设计规范》GB 50053 规定的原则。变压器作为可靠的供电元件,作为临时用电使用时,采用高压跌落式熔断器保护变压器本身过负荷或短路故障可满足需要。由于施工变压器与配电室或配电柜距离一般很近,且配电柜上已装设短路和过载保护器,因此变压器低压侧可不再装设低压熔断器。

4.2.5 不同电源的变压器引出的配电线路并列运行,将造成不同电源的并列运行,会改变电网的运行方式,因此是不允许的。

Ⅱ 配电室

4.2.6 配电室应靠近电源,即变压器,这样从变压器到低压柜的一段线路很短,可以把它们看成一个电源点,TN-S 系统的 N 线和 PE 线分开可以从低压柜电源侧零线处引出。采用自然通风可以带走配电装置运行时产生的热量和潮气,但同时应防止水、雨、雪侵入和小动物进入造成电气设备短路事故。

4.2.7 与正式变电所的设备高低布置正好相反,施工变压器低压桩头位置一般比施工用配电室低压引入口要高,雨水易沿低压引下线进入配电室,因此应在室外做防水弯。

4.2.8 本条符合现行国家标准《低压配电设计规范》GB 50054 的规定,满足设备和配电线路检修需要,同时满足防人身间接触电保护需要。

4.2.9 本条符合现行国家标准《10kV 及以下变电所设计规范》GB 50053 的规定,可以及时扑灭配电室火灾,减少火灾损失。门向外开启是为了当配电室发生事故时,室内人员能迅速脱离危险场所。

Ⅲ 箱式变电站

4.2.10 箱式变电站也称组合式变电站或预装式变电站,施工现场应用日渐广泛,使用前应有设备生产者或专业试验者提供的检验、试验记录。

4.2.11 箱式变电站采用电缆从底部进、出线,因此要求布置高度不低于 0.5m。

4.2.12 当高压侧任何一相失压时必须由保护机构断开高压电源,从而避免缺相运行,防止低压侧所接电气设备损坏。

Ⅳ 发电机组

4.2.13 本条符合国家现行标准《民用建筑电气设计规范》JGJ/T 16 的规定,与外电线路不得并列运行,第一,防止发电机组发生故障时，波及到外电线路，扩大了故障范围；第二，防止外电线路变压器高压侧拉闸断电、发电机组投入运行时，向变压器高压侧反馈送电造成危险；第三，因为自备发电机组电源与外电线路电源内阻抗一般是不匹配的，而且难于保持同期，为防止产生强烈的冲击电流和震荡现象，使发电机绕组和铁芯遭到破坏，也禁止自备发电机组与外电线路同时并联供电。

4.2.15 本条按照现行国家标准《系统接地的型式及安全技术要求》GB 14050，结合施工现场实际，规定了用自备发电机组供电时，现场临时用电系统接地的基本形式，同时强调了接地系统应独立设置，以防止零线不平衡电流对外电系统带来不利。

4.2.16 本条符合国家现行标准《民用建筑电气设计规范》JGJ/T 16 的规定，排烟管道若没有伸出室外，热风在机房内循环，将造成机房内温度严重升高，造成机组无法正常运行。为了防止发生火灾和爆炸事故，必须禁止在机房内存放储油桶。

4.3 配电线路

4.3.1 本条符合现行国家标准《66kV 及以下架空电力线路设计规范》GB 50061 的规定。施工现场人员多、高处作业频繁，如用裸露导线，容易造成触电或相间短路事故，故规定要使用绝缘线。为了防止架空线路发生绝缘损坏而使树木、脚手架带电，造成触电伤人事故，故规定架空导线应设在专用电杆上。

4.3.2 本条符合现行国家标准《66kV 及以下架空电力线路设计规范》GB 50061 和国家现行标准《10kV 及以下架空配电线路设计技术规程》DL/T 5220 的规定。施工现场有较多的车辆来往和人员活动，为防止出现外力破坏，按照区域划分的定义，参考交通管理部门对超高车辆的管理要求，规定跨越主要道路时架空线路离地面高度不应低于 6m。

4.3.3 本条符合现行国家标准《电力工程电缆设计规范》GB 50217 的原则。施工电缆包含全部工作芯线和保护芯线是确保施工现场 TN-S 接零保护系统可靠性的要求，这里工作芯线包括工作相线和工作零线，保护芯线就是保护零线。

对单相用电设备，需要一根工作相线、一根工作零线、一根保护零线，或者两根工作相线、一根保护零线，所以可用三芯电缆；对三相动力设备，需要三根工作相线和一根保护零线，所以可用四芯电缆；因此，三芯和四芯的电缆也可用在相适应的线路和设备上，不强求配电箱之间必须使用五芯电缆。对于三相四线制配电的电缆线路和动力、照明合一的配电箱，需要三根工作相线，一根工作零线，一根保护零线，其电缆线路或电源电缆应采用五芯电缆。

不允许使用四芯电缆外加一根导线代替五芯电缆，因为两者的绝缘程度、机械强度、抗腐蚀以及载流量都不匹配，不符合敷设要求。

按照 IEC 标准，配电系统有两种分类法：一种是按接地系统分类，分为 IT、TT、TN 等系统，另一种是按带电导体分类，分为单相两线系统、单相三线系统、两相三线系统、两相五线系统、三相三线系统、三相四线系统。由于习惯的影响，我国有些电气人员将 TN-S 系统中的三相系统称为三相五线制，严格地讲这种称呼是不规范的，按照 IEC 规定，交流的带电导体系统分类中没有三相五线系统。现行国家标准《低压配电设计规范》GB 50054 也规定 TN-C、TN-C-S、TN-S、TT 等接地型式的配电系统均属三相四线制，三相是指 L_1、L_2、L_3 三相，四线通过正常工作电流的三根相线和一根 N 线，不包括不通过正常工作电流的 PE 线。

4.3.4 本条符合现行国家标准《电力工程电缆设计规范》GB 50217 的规定，由于施工现场车辆来往频繁，直接沿地面敷设的电缆线路很易被碾压导致机械损伤。

4.3.5 本条符合现行国家标准《建设工程施工现场供用电安全规范》GB 50194 的规定。电缆架空敷设的重点是要防范施工车辆的碾压和刮擦，避免遭受机械损伤，因此应沿道路路边、建筑物边缘或主结构架设。石油化工施工的主体构筑物（如各类塔器、加热

炉、大型储罐、框架等）属于全金属结构的很多，这是石油化工工程有别于一般建筑工程的显著特点之一，部分结构高度已近百米，施工电缆不可避免要沿这类结构敷设，为防止电缆因机械损伤而导致金属结构带电，必须采取将电缆与金属结构绝缘隔离的额外措施。

4.3.6 本条符合现行国家标准《建设工程施工现场供用电安全规范》GB 50194 的规定。考虑到施工现场电缆埋地时间较短的因素，加上施工现场土方开挖采用挖掘机居多，电缆普通程度的埋深对电缆的防护不能起到明显的作用，低压电缆一般情况下埋在 300mm 以下即可，但供电可靠性要求高的高压电缆和易受机械损伤的电缆（如过路电缆），应埋在 700mm 以下。

4.3.8 本条符合现行国家标准《电力工程电缆设计规范》GB 50217 的规定。穿越道路加钢管保护是为了防止车辆通过时，压坏绝缘层发生短路事故。本条规定了保护管管径，有利于电缆穿设方便。

4.3.9 本条符合按照现行国家标准《用电安全导则》GB/T 13869。施工电缆全线必须有足够的绝缘强度，电缆接头设在地面上有利于防水和维修。

4.4 配电箱和开关箱

4.4.1 本条符合现行国家标准《低压配电设计规范》GB 50054 和《电力装置的电测量仪表装置设计规范》GBJ 63 的一般规定，结合施工现场临时用电工程对电源隔离以及短路、过载、漏电保护、计量功能的要求，对总配电箱的电器配置作出综合性规范化规定。施工现场除非单台用电设备功率超过了分配电箱的供电能力，否则不允许采用总配电箱直接为用电设备供电。

4.4.2 本条符合现行国家标准《低压配电设计规范》GB 50054 和《供配电系统设计规范》GB 50052 的规定。石油化工施工工程用电规模大，用电设备台数多，这是石油化工工程有别于一般建筑工程的显著特点之一，适当减少配电层次，可以降低串联元件过多带来的故障，提高供电的可靠性，可由分配电箱直接向有关用电设备供电，但必须严格执行"一机一闸"制，并选用与用电设备相匹配的漏电开关工作保护。

4.4.3 本条符合现行国家标准《低压配电设计规范》GB 50054 和《通用用电设备配电设计规范》GB 50055 的规定。手持式电动工具是指正常工作时要用手握住的电动工具；移动式设备是指工作时移动的设备，或在接有电源时能容易从一处移至另一处的设备；固定式设备是指牢固安装在支座（支架）上的设备，或用其他方式固定在一定位置上的设备；没有搬运把手且重量在 18kg 以上的设备，应归入固定式设备。手持式电动工具和移动式设备由于存在遭受电击时手掌紧握住故障设备不能摆脱的问题，采用专用开关箱有利于紧急情况下切断电源。

4.4.4 施工现场一个开关带多个插座或电缆出线的接线极易造成误送电或误停电，引发安全事故。

4.4.5 本条是为了保证接线接触可靠，避免连接不良引起电气火灾作出的规定。

4.4.6 本条符合现行国家标准《低压配电设计规范》GB 50054 的规定，这样可以在检修时使所在回路与带电部分隔离。

4.4.7 本条符合现行国家标准《系统接地的型式及安全技术要求》GB 14050 的规定，N 线和 PE 线在系统中性点分开后，不能有任何电气连接，这是 TN-S 系统成立的条件。在配电箱的 N 线和 PE 线端子板上，每个连接螺栓的保护零线或工作零线接线超过两根，可能会引起电气接触不良，严重时也会导致 N 线和 PE 线断线的情况。由于 PE 线是不接入任何保护电器和隔离电器的，采用专用端子板可以保证可靠的电气连接，也便于测试和检查。

4.4.8 本条主要是为了有利于保证安全照明，不至于因动力线路故障而影响照明的安全与可靠。

4.4.9 本条符合按照现行国家标准《用电安全导则》GB/T 13869

的规定。本条规定了制作配电箱和开关箱的材质,要求其具备防火功能。配电箱和开关箱常在露天场所使用,应具备防雨功能,以免雨水进入箱体造成开关电器误动作或漏电伤人。

4.4.10 本条符合现行国家标准《电气设备安全设计导则》GB 4064及《低压配电设计规范》GB 50054的规定。配电箱必须有可靠的稳定性,不允许由于振动、大风或其他外界作用力而翻倒,安装不端正可能引起箱门等处进水、箱内开关电器达不到正常工作条件等情况。落地式配电箱底部的适当抬高是为了防止水进入配电箱内。

4.4.11 配电箱和开关箱的进、出线口设在箱体下方是为了防止雨、雪等随进、出线口进入箱内。进线和出线不得承受外力是为了防止导线受拉造成接头松动或脱落,造成设备停电或人员触电事故。

4.4.12 多回路的配电箱注明开关所控制的线路或设备名称,是确保准确拉合开关,防止误操作,确保用电安全的有效手段之一。

4.4.13 本条符合现行国家标准《低压配电设计规范》GB 50054的规定,漏电保护器的选用应根据配电系统的接地形式、线路供电方式、装设位置、工作环境以及电气设备使用特点等确定。漏电保护器的安装、接线、试验、使用,除必须符合现行国家标准《漏电保护器安装和运行》GB 13955外,还应符合产品技术文件的规定,才能有效防止触电事故和漏电引起的电气火灾。

4.4.14 本条符合现行国家标准《漏电保护器安装和运行》GB 13955的规定。本条给出了2极、3极和4极的漏电保护器分别用于单相设备、三相设备和线路保护时,在专用变压器供电的TN-S系统和外电线路供电的局部TN-S系统以及TT系统中的接线方法。漏电保护器接线同时应参考产品技术文件的要求。

4.4.15 本条符合现行国家标准《漏电保护器安装和运行》GB 13955、现行行业标准《民用建筑电气设计规范》JGJ/T 16以及《电流通过人体的效应 第一部分:常用部分》GB/T 13870.1的规定。作为具有直接接触电击补充防护功能的漏电保护器,动作电流不应超过30mA,此数据主要来源于现行国家标准《电流通过人体的效应 第一部分:常用部分》GB/T 13870.1中图1"15～100Hz正弦交流电的时间/电流效应区域的划分"规定的人体不致因发生心室纤维性颤动而电击致死的接触电流值;在潮湿、狭窄、有腐蚀介质场所,因人体阻抗下降,预期接触电压值按现行国家标准《电流通过人体的效应 第一部分:常用部分》GB/T 13870.1的规定要降低一半,因此漏电保护器额定漏电动作电流为15mA;作为末级的漏电保护器,应选择瞬动型的,即0.1s,有利于快速切除电源,也有利于上、下级漏电保护的配合。

4.4.16 本条符合现行国家标准《手持式电动工具的管理、使用、检查和维修安全技术规程》GB 3787和国家现行标准《民用建筑电气设计规范》JGJ/T 16的规定。手持式电动工具和移动式设备由于存在一段需经常移动位置可能引起绝缘破损的电缆,同时在遭受电击时手掌紧握故障设备不能摆脱,触电危险性比固定式设备要大,因此提出了较为严格的漏电保护要求。

4.4.17 本条符合现行国家标准《用电安全导则》GB/T 13869、现行国家标准《供配电系统设计规范》GB 50052和现行国家标准《低压配电设计规范》GB 50054的规定。分配电箱直接为用电设备供电时,配出回路的功能与开关箱是一样的,因此,其漏电保护器技术要求与开关箱一样,一般是30mA和0.1s;在潮湿、狭窄、有腐蚀介质场所,应为15mA和0.1s。为开关箱供电的分配电箱出线回路漏电保护器,额定漏电动作电流可选30～50mA,额定漏电动作时间可与开关箱一样选择快速型,即0.1s,由于分配电箱的出线回路与它的下一级的开关箱以及再下级的电气设备之间都没有其他分回路,不存在发生无选择性切断的问题。

4.4.18 本条符合现行国家标准《漏电保护器安装和运行》GB 13955、《剩余电流动作保护器的一般要求》GB 6829,以及《电流通过人体的效应 第一部分:常用部分》GB/T 13870.1的规定。总

配电箱和分配电箱内的漏电保护器应具备分级保护功能,总配电箱漏电保护器应采用延时型的,主要作为分配电箱漏电保护器防间接电击和防接地电弧火灾的后备保护。本条安全界限值30mA·s的确定主要来源于现行国家标准《电流通过人体的效应 第一部分:常用部分》GB/T 13870.1中图1"15～100Hz正弦交流电的时间/电流效应区域的划分"。

4.4.19 本条符合现行国家标准《漏电保护器安装和运行》GB 13955和《供配电系统设计规范》GB 50052的规定。作为安装在电源端的漏电保护器,其主要作用是减少接地故障引起的电气火灾危险,同时也用于兼作后备电击防护,可选用中等灵敏度的、额定漏电动作电流不大于150mA的延时型漏电保护器。

4.4.20 本条符合现行国家标准《用电安全导则》GB/T 13869的规定。箱内配线系统绝缘良好,导线接头尤其是铝导线接头不松动,是配电箱和开关箱本身安全使用的关键。

4.4.21 本条符合现行国家标准《用电安全导则》GB/T 13869的规定。随意加大熔断器或用熔点很高的铜丝、铁丝等金属丝代替熔断器,当线路发生短路或触电事故时,熔断器不能及时熔化,不能有效地切断故障电流或电压,使熔断器起不到应有的保护作用。

4.4.22 配电箱和开关箱都应有专人管理;总配电箱由专职电工负责归口管理,因操作任务少,平时应上锁;对分配电箱和开关箱,专职电工有维护管理责任,同时作为使用者的操作人员也具有管理责任;为了在出现电气故障的紧急情况下可以迅速切断电源,规定开关箱正常工作时不得上锁。

4.4.23 本条符合现行国家标准《用电安全导则》GB/T 13869。检查内容包括外观检查、试验装置检查、接线检查、信号指示及按钮位置检查。对于运行中的漏电保护器应在电源通电的状态下,不接负荷,按动漏电试验按钮试跳一次,检查漏电保护器的动作是否可靠。应注意操作试验按钮的时间不能太长,次数不能太多,以免烧坏内部元件。

4.4.24 本条符合现行国家标准《用电安全导则》GB/T 13869的规定。配电箱等电气设备正常工作时不一定有明显的机械响声,应在显著位置设置通、断电标识。在较长时间停止作业时,应将有关配电箱、开关箱断电上锁,以防止设备被误启动。

4.4.25 本条是为了保障箱内的开关电器能够安全、可靠地运行,也防止带电的箱内可导电部分对误接触者造成电击伤害。

4.5 接地与接零

4.5.1 本条按照现行国家标准《系统接地的型式及安全技术要求》GB 14050的规定,结合施工现场实际,规定了适合于施工现场临时用电工程系统接地的基本型式,强调采用TN-S接零保护系统,突出了TN-S系统的最大特点:整个系统中的工作零线和保护零线是分开的。中性点是指三相电源作Y连接时的公共连接端,零线是指由中性点引出的导线。工作零线是指中性点接地时,中性点引出,并作为电源线的导线,工作时提供电流通路。保护零线是指中性点接地时,由中性点或零线引出,不作为电源线,仅用作连接电气设备外露可导电部分的导线,工作时提供漏电电流或短路电流通路。

4.5.2 本条符合现行国家标准《系统接地的型式及安全技术要求》GB 14050的规定。电气设备金属外壳与保护零线连接是TN-S接零保护系统的构成要件之一,由于保护零线平时不带电位,因此电气设备的外壳也不带对地电压;此外,故障时易切断电源,比较安全。TN-S接零保护系统中的工作零线与保护零线在工作接地点分开后,不能再有任何电气连接,这一条件一旦破坏,TN-S接零保护系统便不复成立。因为从变压器工作接地点到配电柜电源侧零线的一段线路很短,可以把它们看成一个电源点,由此引出保护零线。

4.5.3 本条符合国家现行标准《民用建筑电气设计规范》JGJ/T 16的规定。当施工现场没有独立的变压器,直接采用电业部门低

压侧供电时,其保护方式要按当地电业部门规定。不允许在同一个电网内一部分用电设备采用保护接地,而另一部分采用保护接零。这是因为采用保护接地的设备发生漏电碰壳时,将会导致采用保护接零的设备外壳同时带有危险电压。

4.5.4 本条符合国家现行标准《民用建筑电气设计规范》JGJ/T 16 的规定。在缺乏外线线路的地区或作为自备应急电源使用时,专用发电机强调采用 TN-S 接零保护系统。

4.5.5 本条符合现行国家标准《系统接地的形式及安全技术要求》GB 14050 的规定。工作零线和保护零线若做电气连接,将改变保护系统性质,使 TN-S 系统变成 TN-C 系统,增大了用电的危险性,同时漏电保护器将引起误动作。

4.5.6 本条符合现行国家标准《民用建筑电气设计规范》JGJ/T 16 的规定。电源中性点的直接接地,能在运行中维持三相系统中相线对地电位不变,保证电力系统和电气设备可靠地运行,也可降低人体的接触电压,迅速切断故障设备。

4.5.7 本条是根据现行国家标准《系统接地的型式及安全技术要求》GB 14050、《建设工程施工现场供用电安全规范》GB 50194 和国家现行标准《民用建筑电气设计规范》JGJ/T 16 规定的原则,对 TN 系统保护零线接地要求作出的规定。配电系统的始端、中间和末端处做重复接地指的是在配电柜、总配电箱、分配电箱和架空线路的终端等处应做重复接地。对 TN 系统保护零线重复接地和接地电阻值的规定是考虑到一旦保护零线在某处断线,而其后的电气设备相导体与保护导体(或设备外露可导电部分)又发生短路或漏电时,降低保护导体对地电压并保证系统所设的保护电器可在规定时间内切断电源,符合下列公式关系:

$$Z_s \cdot I_a \leqslant U_0 \tag{1}$$
$$Z_s \cdot I_{\Delta n} \leqslant U_0 \tag{2}$$

式中　Z_s——故障回路的阻抗(Ω);

　　　I_a——短路保护电器的短路整定电流(A);

　　　$I_{\Delta n}$——漏电保护器的额定漏电动作电流(A);

　　　U_0——故障回路电源电压(V)。

由于短路电流和漏电电流差距很大,在采用了漏电保护以后,TN 系统保护动作的灵敏性得到了很大的提高。

工作零线做了重复接地,原 TN-S 系统就被改变为 TN-C 系统,漏电保护装置将发生误动作或拒绝动作。

4.5.8 本条是根据现行国家标准《建设工程施工现场供用电安全规范》GB 50194 的要求,对塔吊、龙门吊、电梯等高大施工设备,以及安全规程提出要求的施工设备,作出保护零线应做重复接地的规定。

4.5.9 本条符合现行国家标准《系统接地的型式及安全技术要求》GB 14050 和《电气装置安装工程接地装置施工及验收规范》GB 50169 关于电气设备接零保护的规定。现场应做接零保护的电气设备及设施的外露可导电部分,应全部做到保护接零;保护接零的截面、敷设做法、连接方法、标志颜色、保护措施等应符合本规范要求,确保其电气连接可靠。

4.5.10 本条符合现行国家标准《系统接地的型式及安全技术要求》GB 14050 和现行行业标准《民用建筑电气设计规范》JGJ/T 16 关于等电位联结规定的原则。由于导电性良好,大面积金属结构上使用电气设备的作业触电危险性比较大,将相关金属结构互相联结后接到保护零线上,这样,在因故发生设备外壳带电事故时,设备外壳(已做接零保护)和金属结构是处于同一电位,可大幅度地降低作业人员所遭受的接触电压,尤其是在接地故障保护失灵的情况下,能达到在较大限度范围内消除触电伤亡事故。等电位联结线若采用铜导线,其颜色为绿/黄双色,截面不小于保护零线的一半,最大不超过 25mm²。

4.5.11 本条符合现行国家标准《系统接地的型式及安全技术要求》GB 14050 和国家现行标准《民用建筑电气设计规范》JGJ/T 16 的规定。为了不因某一设备的保护零线或保护地线接触不良而使以下所有设备失去保护,故规定只能并联接零或接地,不能串联接

零或接地。

4.5.12 本条符合现行国家标准《系统接地的型式及安全技术要求》GB 14050 和现行行业标准《民用建筑电气设计规范》JGJ/T 16 的规定。保护零线接入保护电器会引起误动作,接入隔离电器会造成保护零线断开。在保护零线断开并有设备发生一相接地故障时,接在断线后面的所有设备的外露可导电部分都将呈现接近于相电压的对地电压,这是很危险的,也是不允许的。

4.5.13 本条符合现行国家标准《系统接地的型式及安全技术要求》GB 14050、《电力工程电缆设计规范》GB 50217 和《导体的颜色或数字标识》GB 7947 的规定。只要采购符合国家产品标准的电缆,同时所用电缆中包含全部工作芯线和用作保护零线的芯线,保护零线的截面就会满足短路和漏电保护的要求。绿/黄双色线是 TN 系统中保护零线(在 TT 系统中是保护线)的专用颜色。

4.5.14 本条依据现行国家标准《建筑物电气装置第 5 部分:电气设备的选择和安装　第 54 章:接地配置和保护导体》GB 16895.3 的规定,按照现行行业标准《民用建筑电气设计规范》JGJ/T 16,规定了接地体材料要求和接地的正确连接方法。其中,用作人工接地体材料的最小规格尺寸为:角钢板厚不小于 4mm,钢管壁厚不小于 3.5mm,圆钢直径不小于 10mm。

4.5.15 本条符合现行国家标准《建筑物防雷设计规范》GB 50057 和国家现行标准《民用建筑电气设计规范》JGJ/T 16 的规定。利用建筑工程中已施工的混凝土桩基(台)、柱、沉箱等中的钢筋,电气安装工程中业已施工的接地网,在多数情况下可以得到满意的接地电阻值,是一种值得提倡的经济性较好的做法,但必须实地测量出所利用的自然接地体电阻是否满足要求,否则应装设人工接地体作为补充。

4.6 照明用电

4.6.1 本条符合现行国家标准《建筑照明设计标准》GB 50034 的规定。金属容器内及夜间作业等场所在发生停电后操作人员需要及时撤离,应配备应急照明。

4.6.2 本条符合现行国家标准《建筑照明设计标准》GB 50034 的规定。蒸汽及某些气体会损坏腐蚀电气设备的绝缘层,粉尘吸附于电气设备的壳体、绕组及绝缘零件表面,影响散热和降低绝缘电阻,增大电路故障,蒸汽还容易造成电气短路,因此在上述场所,必须根据国家标准《灯具外壳防护等级分类》GB 7001 的要求,选择粉尘、潮湿场所的灯具外壳防护等级,保证灯具在对应的环境中安全工作,同时又不对外界产生不安全影响。

4.6.3 本条按照现行国家标准《建筑照明设计标准》GB 50034,考虑到行灯作为局部照明,经常在人手掌握之中,移动时也易遭外力破损,为防止由于灯具缺陷而造成意外触电、电气火灾等事故,而对其供电电压作出限制性规定。潮湿场所的环境相对湿度经常大于 75%,特别潮湿场所的环境相对湿度接近 100%,由于潮湿环境下人体皮肤阻抗下降,触电后的危害性增大,故规定使用的行灯电压要相应降低。

4.6.4 对行灯灯具结构作出的限制性规定。

4.6.5 本条符合国家现行标准《民用建筑电气设计规范》JGJ/T 16 的规定。采用安全特低电压,其电源变压器就必须符合安全电源的要求,只有采用双重绝缘或一次和二次绕组之间有接地金属屏蔽层的安全隔离变压器,才符合安全电源要求。强调禁止使用普通变压器,是为了防止危险电压由一次绕组因绝缘损坏窜入二次绕组;同时强调禁止使用自耦变压器,因其一次绕组与二次绕组之间有电气联系,加之二次侧电压可调,容易使二次侧电压不稳,并且会因绕组故障将一次侧较高电压导入二次侧,而烧毁灯具和引起触电。电气隔离保护的实质是将接地电网转换成一个局部的不接地电网,假如安全隔离变压器的二次绕组的一端直接接地或接零,只要作业者与二次绕组的另一端接触,就会造成触电,尽管二次侧是安全电压,仍有可能造成二次性伤害事故;此外,为了避

7

免高电位的导入，导致安全隔离变压器的二次回路和使用安全特低电压的设备外露可导电部分出现超过安全特低电压的情况，安全隔离变压器的二次回路和使用安全特低电压的设备外露可导电部分应保持与大地悬浮状态。

4.6.6 本条符合国家现行标准《电业建设安全工作规程》(火力发电厂部分)DL 5009.1 的规定。在采取补充安全措施后，在作业周期长、内部空间较大的部分金属结构内，使用额定电压为 220V 的照明器，有利于提高工作质量和工作效率。

4.6.7 本条符合国家现行标准《民用建筑电气设计规范》JGJ/T 16 的规定。大空间金属结构内使用 1∶1 隔离变压器提供照明电源是有严格限制条件的，若达不到，则不能使用。

4.6.8 本条关于施工现场灯具安装高度的规定符合现行国家标准《建筑电气工程施工质量验收规范》GB 50303 的规定。照明灯具的金属支架是触电的多发场所，必须采取接零或接地，以确保人身安全。

4.6.9 本条符合国家现行标准《民用建筑电气设计规范》JGJ/T 16 和现行国家标准《安全色》GB 2893 规定的原则。条文中将《民用建筑电气设计规范》JGJ/T 16 中的障碍标志灯改称为警戒标志灯，兼顾了航行安全和地面通行安全。红色的安全色含有"禁止通行"的意思。

5 起重作业

5.1 一般规定

5.1.1 本条按照工件的重量和结构尺寸以及吊装工艺等要求规定了起重吊装作业的等级，施工单位应按照吊装等级组织实施吊装作业管理。

5.1.2 起重吊装作业所编制的吊装方案，应按照起重吊装作业等级的划分，分级批准实施。吊装作业前，应进行施工技术交底，由施工负责人组织，技术人员负责向全体作业人员交底，其主要内容包括技术、安全要求和工作危险性分析，并履行签名手续。

5.1.4 本条提到的是需要提供电力保障或无法避免与供电设施接触的起重吊装作业。

5.1.5 本条所列举的气候条件包括雷电天气条件下也不得进行吊装作业。

5.1.6 大型工件正式吊装执行国家现行标准《大型设备吊装工程施工工艺标准》SH/T 3515 规定的"吊装命令书"。

5.1.16 工件的吊耳是吊装作业直接受力的部件，它的安全可靠性直接关系吊装作业的成败，因此要求严格控制吊耳制作的质量，而吊耳的材料控制是吊耳质量控制的第一关，也是实际工作中容易产生问题的环节，所以本条款予以强调。

5.2 吊车作业

5.2.5 吊车的支腿操纵阀，在正常的工作状态下应锁闭，随意调整会造成意外事故的发生。调整支腿必须在无负荷情况下进行，且吊车臂杆朝向正前方或正后方，实际作业中经常因为吊车臂杆朝向不正确造成偏载酿成翻车事故；地基处理一直是吊装作业的技术难点，吊装作业时应随时观察地基下沉情况，发现问题应及时采取措施，安全确认后方可继续作业。

5.2.6 吊车在靠近输电线路作业时，必须小心谨慎，防止触电，吊车臂杆及工件与架空输电导线间应保持大于本规范表 5.2.6 规定的距离。

5.2.9 吊车吊工件行走由于现场道路平整度较低，工件易发生摆动，控制难度较大，一般情况不推荐使用。

5.2.12 吊车作业若超载会造成严重的吊装事故，因此本条款以强调：斜拉或起吊不明重量的工件，易造成吊车超载和吊车不合理受力，因此予以禁止。

5.3 卷扬机作业

5.3.1 卷扬机使用前应对其进行全面检查、清洗、润滑、固定方可使用。

5.3.3 为防止卷筒上的钢丝绳卷满后其高度超过卷筒轮缘，跑出卷筒造成钢丝绳被切断，因此最外一层应低于卷筒两端凸缘高度一个绳径。

5.3.6 卷扬机在工作状态下，其跑绳受力一般是几吨到几十吨，而且运行速度较快，作业人员用手拉或脚踩以及跨越钢丝绳，极易造成人身伤害事故的发生，因此予以禁止。

5.4 起重机索具

Ⅰ 手拉葫芦

5.4.1 手拉葫芦要定期检查，并做好标识。对外壳破损或无外壳的手拉葫芦不得使用。

5.4.5 绳扣栓挂时应保证挂至吊钩底部，否则吊装过程易产生振动；吊钩直接挂在工件上，吊钩和工件都不合理受力，存在严重的安全隐患，因此予以禁止。

Ⅲ 吊索具

5.4.20 合成纤维吊带已被广泛使用，在使用过程中要重点保护吊带外套，在超载或经长期使用承载芯(吊带丝)可能有局部损伤时，外套会首先断裂示警。

5.4.23 钢丝绳在现场使用中与电焊把线接触，易造成电弧损伤，有断绳的危险，因此严禁电焊把线与钢丝绳接触，必要时对钢丝绳采取保护措施。钢丝绳使用前要进行全面检查，及时处理，防止断丝超标引发事故。

5.5 塔式起重机吊装作业

5.5.6 塔式起重机起重臂工作幅度不同，其吊装参数发生变化；变幅后应及时对应该工况的吊装参数进行限位装置的调整，变幅动作必须空载进行，带载变幅存在塔吊超载的危险。

5.6 使用吊篮作业

5.6.1 使用吊篮作业由于其风险性大，所以使用时应编制施工方案，经相关部门审核，技术总负责人批准后方可使用。

5.6.3 使用的吊篮一般应是专门制造厂的产品，有出厂合格证。不得使用临时搭建和损坏待修的吊篮。

5.6.4 吊篮在工程施工中经常使用，因为是载人，所以应确保安全使用，每次使用前应确认名牌上的使用参数，并对吊篮质量进行安全确认。

6 脚手架作业

6.1 一般规定

6.1.1 本条对需要编制专项脚手架施工方案的条件作了说明,要求50m以上是基于历史经验和工程实践考虑,脚手架越高安全度越低,超过50m高的脚手架一般采取了加强措施。

当前石油化工工程建设现场仍以使用扣件式钢管脚手架居多,门式钢管脚手架无论从构件材料,还是搭设方式都与扣件式钢管脚手架差别较大,且已制定颁发了行业标准《建筑施工门式钢管脚手架安全技术规范》JGJ 128—2000,碗扣式钢管脚手架行业标准也正在制定和审批之中。

6.2 脚手架用料

6.2.3 我国目前各生产厂的扣件螺栓所采用的材质差异较大,试验表明当螺栓扭力矩达70N·m时,大部分螺栓已滑丝不能使用。扣件为脚手架的关键构件,本条旨在确保扣件质量及安全使用。

6.3 搭设、使用、拆除

6.3.4 试验表明,一个对接扣件的承载能力比搭接的承载能力大2.14倍。脚手架立杆采用对接接长,传力明确,没有偏心,可提高承载能力。规定相邻立杆的对接扣件不得在同一高度内,旨在增加脚手架空间框架的稳定性。

6.3.6 主节点处的横向水平杆是构成脚手架空间框架必不可少的杆件,但经现场调查表明,该杆挪作他用的现象较为普遍,致使立杆的计算长度成倍增大,承载能力下降,是造成脚手架安全事故的重要原因之一。故本条规定在主节点处严禁拆除横向水平杆。

6.3.12 本条规定旨在限制探头板长度,并明确用铁丝固定,以防脚手板倾翻或滑脱。

6.3.17 本条规定直爬梯超过8m应搭设转角休息平台和护笼,是因为:

1 国家现行标准《建筑施工高处作业安全技术规范》JGJ 80第4.1.8条规定直爬梯超过8m高时,必须设置梯间平台,所以本条也规定了8m限值。

2 石油化工施工现场以零散和小型脚手架较多,但钢结构框架安装及其他整体式脚手架大都搭设直爬梯,直爬梯超过8m高时人员频繁上下危险性较大,每隔6m搭设带护笼的转角休息平台可以保证人员安全,如此规定同时也促使施工方尽量搭设之字形斜梯。

3 在其他有关高处作业规范中,规定作业人员从直爬梯上下必须配备攀登自锁器使用,考虑到攀登自锁器成本较高,且安全性也不如规范搭设脚手架有保障,所以本条文未予采用。

6.3.18 挡脚板规定为120mm高,与正式平台、通道的挡脚板高度规定一致,且也能满足安全要求。

6.3.21 作业人员随意拆改、切割脚手架将影响脚手架的整体稳定性,给脚手架的使用带来极大的隐患。本条规定旨在保证脚手架的安全使用。

6.3.22 本条规定了脚手架拆除前应进行检查确认,明确了拆除顺序及其技术要求,有利于保证脚手架拆除过程中的整体稳定性。

6.3.26 本条旨在防止脚手架拆除过程中因构件随意抛掷造成人员伤害及材料损伤,以保证脚手架拆除作业安全。

7 土建作业

7.1 土石方作业

7.1.1 为了防止因地下水位太高,地下有洞穴、埋设物等,造成土石方施工时塌方、地下埋设物受到破坏和造成停电、停水及其他安全事故,影响附近居民生活及生产装置的正常运行,施工前应与有关部门联系对土石方作业地段的水文、地质、地下埋设物进行勘察和处理,办理施工许可后方可进行土石方作业。

7.1.3 埋藏于地下的古墓、古建筑、动物化石、旧币等,均属国家保护文物,任何人不得碰坏或据为己有;地下正在使用的管线、电缆、光缆等直接关系到生产装置和人身安全,因此,发现后应加以保护,并立即上报有关单位及政府部门,经专家挖掘、鉴定、处理后方可继续施工。

7.2 桩基作业

7.2.7 插桩作业时,桩与桩架的间距可能因桩体受力不均或地质阻力而变化,造成作业人员的人身伤害,故制定本条规定。

7.3 强夯作业

7.3.1 用起重机械将夯锤起吊到一定高度自由落下,由此而产生的冲击波和大应力,迫使土壤孔隙压缩,使土体迅速固结的方法叫强夯法。强夯时由于振动较大,为了防止破坏附近建(构)筑物及地下设施,因此强夯前应对强夯作业点的地质、水文、地下埋设物进行勘察,进行必要的处理后方可进行作业。

7.3.4 强夯作业中在夯机臂杆及门架支腿未支稳垫实前起锤,易造成夯机重心失稳倾覆。挂钩人员随夯锤一起上升,可能因夯锤倾斜抖动而坠落。夯锤长期悬吊致使夯机长时间处于重载状态,易造成夯机结构和控制系统过载而发生事故,故在施工中应禁止。

7.4 沉井作业

7.4.1 沉井作业往往会引起沉井周围的地层下陷,因而会使附近建(构)筑物、地下埋设物产生倒塌、下沉位移、倾斜等情况,因此对沉井作业区内的原有设施应采取保护加固措施。

7.5 砌筑作业

7.5.3 在高处砍砖时为防止被砍掉的砖块落下伤人,因此应面向墙的里侧,不得向着他人或面向外侧砍砖。

7.5.5 制定本条规定旨在对烟囱施工中垂直运输系统的安全设置和措施予以严格控制,有利于加强对施工作业人员的人身防护,并防止高空坠物伤人。

7.6 钢筋作业

7.6.5 重量较大、较长的钢筋搬运时一般都要多人共同搬运,搬运时易造成与别的物件相碰、相挂,因此搬运时应防止造成人员伤害或触电事故的发生。

7.6.6 绑扎的钢筋骨架易发生变形、倾斜,模板及其支撑是浇注混凝土用的,没有脚手架的功能,因此为了保证作业人员的安全,不得站在模板、支撑和钢筋骨架上,应站在脚手架板上作业。

7.6.7 绑扎柱或易失稳的细长构件的钢筋时,为防止其弯曲、变形,应设置临时支撑进行加固。

7.6.9 预应力钢筋冷拉时,为防止钢筋断裂回弹伤人,拉伸机前应设挡板,两端人员应站在安全位置。

7.7 混凝土作业

7.7.1 堆放砂石将挡墙推倒造成人员伤亡是时有发生的,为了防止此类事故的发生,应加固挡墙并禁止人员在挡墙附近停留。

7.7.3 料斗下方禁止行人通过或停留,防止砂石从上部落下造成伤害。

7.7.4 吊车料斗空中运行刹车制动时,由于惯性作用会有较大幅度摆动,因此应采取措施防止料斗碰人、坠落。

7.7.5 为防止输送管及接头破裂、断开,残渣吹出伤人,输送管附近不得站人。

7.8 模板作业

7.8.7 混凝土未达到拆除强度时拆除模板,易造成混凝土结构破坏并引发次生事故,而模板拆除作业过程中随意抛掷易造成坠物伤人,故予以禁止。

7.8.9 多层、高层结构模板拆除作业过程中易发生高空坠物伤人事故,故在作业过程中需设置安全作业区域和通道。

7.9 滑模作业

7.9.3 滑升机具及操作平台的设计、制造、安装是保证滑模施工安全的关键,因此施工前应组织有关技术员进行精心设计、制作,经有关技术、安全负责人审批、检查,验收合格后方可使用。

7.9.12 滑升速度过快、养护不当,混凝土尚未达到滑升要求的强度,会造成混凝土坍塌等重大事故的发生,因此滑模时应严格控制滑升速度和混凝土出模强度,确保施工安全。

7.9.16 使用双笼双筒同步卷扬机目的在于增加垂直运输设备的安全可靠性,单绳卷扬机设置安全卡钳目的在于罐笼坠落时紧急制动,制定本条规定旨在确保垂直运输装置发生意外状态时作业人员的人身安全。

7.10 防水、防腐作业

7.10.5 冷底子涂刷后 24h 内仍有汽油挥发,因此作业时 30m 范围内及 24h 作业点不得动用明火,以防冷底子油着火。

7.10.7 喷涂作业均为带压施工,为防止吸管及储料室受损或破裂,输料软管不得随地拖拉和折弯;为防止喷浆伤人,工作时喷嘴前也不得有人。

8 安装作业

8.1 金属结构的制作安装

8.1.4 钢结构安装完成前,结构的所有重量均是靠节点的连接螺栓和连接部位的焊点承受,如果螺栓未按要求进行紧固或焊点没有焊牢,极易发生事故。

8.1.8 使用钻床时,为防止手套、衣袖等卷在钻头和钻杆上,造成伤害。因此钻孔时必须扎紧袖口,扣好衣扣,严禁戴手套。工件钻孔时,为防止工件随钻头转动,造成伤害,必须用卡具卡牢,不得用手握着施钻。

8.4 管道安装

8.4.3 人工套丝时,如果板牙偏斜,在受力过程中可能滑脱,容易造成作业人员受伤。而用机械套丝时,戴上手套很容易把手套绞入板牙中,造成作业人员手部的伤害。

8.5 电气作业

8.5.3、8.5.7、8.5.10 因为电有"看不到、摸不得"的特性,操作人员只能依靠办理作业票、装设围栏和悬挂警示牌的方式来判断要进行作业电气设备和线路上是否带电。任意挪动后,作业人员无法识别,容易发生触电事故。

8.5.6 绝缘鞋和戴绝缘手套是电气作业人员防止触电事故发生的最基本的防护用品,是电气作业人员生命的基本保证。根据《中华人民共和国安全生产法》第四十九条的规定,施工人员进行有危险的作业时必须穿戴劳动保护用品。

8.5.11 高压电对人体的伤害极大,所以在高压电气设备停电后还要进一步验证设备是否有电,所以必须使用经检验合格的验电器进行检查。另外由于高压电气设备的电压很高,在不用的环境下特别是潮湿的环境下会发生空气的击穿造成人身伤害。所以在验电时必须要有专人进行监护。如果是室外的设备,必须要保持环境的干燥。

8.5.13 本条为基本的送电程序,目的是保证送电的安全,防止送电时发生触电事故。

8.5.29 预约停送电不能确认电气设备和线路上是否有电,容易出现预约停电时电并未停,作业人员就开始施工;预约送电时,作业人员还在工作,从而发生触电伤亡事故。

8.6 仪表作业

8.6.4 本条为放射性料位计安装的基本操作方法,其主要目的是:①防止由于意外事故的发生产生放射源的意外照射而污染环境,造成人员伤害。②有效控制作业人员的射线照射量,保证作业人员的安全。

8.6.9 有毒气体分析器进行校验时可能会有有毒气体溢出,对操作人员造成伤害。氧气分析器校验时可能会有氧气溢出,如遇易燃物品,将会发生火灾。

8.7 涂装作业

8.7.9 受限空间的通风不畅,而涂漆作业会有大量的有毒有害和易燃易爆气体挥发出来,并出现大量的集聚,极易发生闪爆或人体中毒事故。应尽量避免在受限空间内进行涂装作业。如无法避免时,应对受限空间的空气含量、易燃易爆气体和毒气成分进行监控,并有一旦发生事故时的预防措施,避免对施工人员造成伤害。

8.8 隔热作业

8.8.15 在潮湿环境下使用电动设备,容易发生由于漏电而造成触电事故,而隔热耐磨混凝土的浇筑作业,多是在金属容器内进行。发生漏电后更容易危害作业人员。

8.9 耐压试验

8.9.7 带压操作容易发生事故,对操作人员造成伤害。

9 施工检测

9.1 一般规定

9.1.1 本条规定了检测人员所具备的条件和持证上岗的要求。因检验检测工作的特殊性,如涉及剧毒或危险化学品、辐射等危害因素,故从事检验检测的人员必须经过相关的法律法规、技术培训和考核,增强防护意识和责任感,获得与其专业工作有关的安全防护知识和应急措施。这是保证检测操作人员及公众安全的基本条件。

患有禁忌病症的人员不得从事相应检验检测工作。检测单位应对检验检测人员定期进行体检,以判定是否继续适应检测专业工作。建立健康档案是为了加强对检测人员健康状态的跟踪管理。

9.1.2 采用 γ 射线源检测的单位还应配备适当的应急响应设备和处理工具,如:防护工装、套鞋和手套、急救箱、手提无线通讯设备、铅粒屏蔽包、长夹钳等。

9.1.3 保持检验检测设备的完好状态,是防止检验检测中事故发生的措施之一。检验检测设备仪器应定期进行维护、保养和检定,在投入使用前应检查其性能状态,确保正常运行。采用 γ 射线源进行曝光操作前应检查确认放射源容器及锁紧装置、输源管、曝光头、驱动缆处于正常状态并连接牢固,确认放射源处于屏蔽状态、距源容器表面 5cm 处的空气比释动能率不大于 $0.02mGy \cdot h^{-1}$。

9.2 施工测量

9.2.1 测量仪器一般比较精密,有一定重量,为防止仪表从箱中坠落或背带、提环断裂造成事故,搬运前仪器箱必须上锁,检查提环、背带、背架是否安全可靠。

9.2.4 激光经纬仪及红外线测距仪是利用激光及红外线的反射原理,其光线对眼睛及皮肤有灼伤作用,作业人员必须穿戴好工作服、手套、头盔等防护用具,严禁对着人的眼睛和皮肤进行照射。

9.2.5 避免加载过程中沉降不均匀造成试桩偏心受压或桩身在较高载荷下发生脆性破坏进而破坏地基土而造成压重平台坍塌。拔桩试验时千斤顶一般安放在反力架上面,故应防止发生倾倒或其他事故。

9.2.6 本条规定是为防止施加于地基土的压应力超过地基土承载力而造成地基土破坏或下沉而导致堆载平台倾倒或坍塌。

9.2.7 钻进过程中,保持钻孔内循环水流以润滑、冷却钻头,防止发生卡钻事故。

9.2.8 本条规定是为避免锤架承重后倾斜或锤体反弹时导向横向撞击锤架倾斜发生倾覆。

9.3 成分分析

9.3.2 许多化学药品都是有毒、有腐蚀性的,用手直接拿取会造成手部灼伤、中毒等伤害。

9.3.3 剧毒药品(如氰化钾、砷等)都是国家安全、卫生部门严格管理的物品,微量吸入或食用就会造成生命危险,因此必须遵守《危险化学品安全管理条例》(2002 年 1 月 26 日国务院令第 344 号)的规定,必须在专用仓库内单独存放,实行双人收发、双人保管制度,严格管理,防止误拿、误食或丢失,以免造成严重后果。

9.3.4 易挥发的物品如酒精、汽油、乙醚等,汽化后极易发生中毒或爆炸,因此使用时必须在通风柜内进行,防止蒸汽对人员造成伤害。

9.3.6 强酸、强碱是腐蚀性极强的物质,与人体接触造成严重灼伤,因此盛装强酸、强碱的容器必须放在安全位置,不得放在高架上,防止取用时翻倒掉下伤人。

9.3.8 氯酸钾为强氧化剂,有机物一般为还原剂,当强氧化剂与还原剂混合时易产生剧烈放热反应或发生爆炸等危险,两者应隔离存放、避免混合。

9.3.9 进行过高氯酸冒烟操作的通风柜应经处理,防止有机试剂发生剧烈反应。

9.3.10 溶液加热前,应将容器内的溶液搅拌均匀,防止上下层不同浓度的溶液在加热时产生迸沸。许多液体由于比重或沸点不同,如硫酸、硝酸、盐酸等与水混合加热时,若不及时搅拌,会发生迸沸,对人体造成伤害。加热试管内溶液时,为防止管内气体及蒸汽喷出伤人,其管口严禁对着人。

9.3.12 在雨、雪天气中进行露天作业难以达到可靠绝缘的要求,易发生触电事故。在易燃物品附近进行光谱分析时,应采取相应措施并经有关部门批准后方可进行。金属光谱仪的电极(工件)在通电后即带电,不得用手触摸。

9.4 物理试验

9.4.1 为防止熬制石蜡、松香或烘干木柴、纸张时因温度过高而着火,作业时必须严格控制加热温度。并应防止试样溢出和着火伤人或烫伤操作人员,防止试样蒸气中毒。

9.4.2、9.4.3 应在冲击试验机两侧加装防护网。在冲击试验时,为防止冲击锤落下或试件断裂时迸出伤人,作业时作业人员应站在机器侧面,并保持一定距离。为防止冲击锤落下伤人,放置冲击试样时,应将冲击锤支撑稳固,不得将冲击锤升到最高位置后放置试样。采用液氮或干冰(二氧化碳)作为低温冲击试验的冷却剂时,在搬运、使用及存储中均应防止冷却剂溢出冻伤操作人员或造成人员窒息伤害。

9.4.4 在拉伸、弯曲试验时,为防止试件断裂后迸出伤人。作业时作业人员应站在机器侧面,并保持一定距离。

9.4.5 金相腐蚀、电解过程中会产生有毒气体,故操作室应通风良好,并设有自来水和急救酸、碱伤害中和用的溶液。为防止金相试件在磨制时突然飞出伤人，不得多人同时在一个旋转盘上操作。金相试验用过的废液应经必要的处理后方可排放。

9.5 无损检测

Ⅰ 射线检测

9.5.1 按照《放射性同位素与射线装置安全和防护条例》和《放射性同位素与射线装置安全许可管理办法》的规定，承担射线检测的单位应取得辐射安全许可证，并严格按照许可证中限定的放射性同位素的类别、总活度和射线装置的类别、数量范围进行使用。

射线检测单位应有专门的安全和防护管理机构或者专职、兼职安全和防护管理人员，有健全的安全和防护管理规章制度、辐射事故应急措施。

辐射事故应急预案的内容应包括：应急机构和职责分工；应急人员的组织、培训以及应急和救助的装备、资金、物资准备；辐射事故分级与应急响应措施；辐射事故调查、报告和处理程序。

承担射线检测的单位应当严格按照国家关于个人剂量监测和健康管理的规定，对射线检测人员进行个人剂量监测和职业健康检查，建立个人剂量档案和职业健康监护档案。

按照现行国家标准《电离辐射防护与辐射源安全基本标准》GB 18871 规定，职业照射记录应包括：涉及职业照射的工作的一般资料；达到或超过有关记录水平的剂量和摄入量等资料，以及剂量评价所依据的数据资料；对于调换过工作单位的工作人员，其在各单位工作的时间和所接受的剂量和摄入量等资料；因应急干预或事故所受到的剂量和摄入量等记录。人员个人剂量档案和职业健康监护档案应保存至职业人员年满 75 岁或停止射线检测工作后 30 年。

9.5.2 按照《放射工作人员职业健康管理办法》（中华人民共和国卫生部令第 55 号）的规定，从事射线透照的人员应年满 18 周岁，经职业健康检查符合放射工作人员健康标准，具有高中以上文化水平和相应专业技术知识和能力，遵守放射防护法规和规章制度，接受个人剂量监督。掌握放射防护知识和有关法规，经省级卫生行政部门授权机构进行的辐射安全和防护专业知识及相关法律法规的培训并考试合格。考核不合格的，不得上岗。

9.5.3 依据《中华人民共和国放射性污染防治法》第 28 条、《放射性同位素与射线装置安全和防护条例》第 20 条和《放射性同位素与射线装置安全许可管理办法》第 6 条的规定，放射性同位素只能在持有许可证的单位之间转让（放射性同位素所有权或使用权在不同持有者之间的转移）。禁止向无许可证或者超出许可证规定的种类和范围的单位转让放射性同位素。未经批准不得转让放射性同位素。

9.5.4 γ射线源的储存应充分考虑周围的辐射安全。放射性同位素应当单独存放，不得与易燃、易爆、腐蚀性物品等一起存放，并指定专人负责保管。对放射性同位素贮存场所应当采取防火、防水、防盗、防丢失、防破坏、防射线泄漏的安全措施。使用、贮存放射性同位素和射线装置的场所，应设置明显的放射性警告标志，其入口处应当设置安全和防护设施以及必要的防护安全连锁、报警装置或者工作信号，防止无关人员接近或误入辐射区域。

射线检测单位的放射源贮存库和施工现场的贮源库必须落实双人双锁监管，钥匙分别由经授权的两人掌管，领用、归还放射源时两人须同时在场并在出入放射源登记台账中签名确认。放射源和射线装置暂不使用时必须存放于专用贮存库内。

新旧γ线源的更换应在控制区内由授权人员采用具有足够屏蔽性能的专用换源器（倒源罐）进行。更换时应有专业防护人员负责现场操作剂量监测。现行国家职业卫生标准《工业γ射线探伤放射防护标准》GBZ 132 规定：操作人员在一次更换过程中所接受的当量剂量不应超过 0.5mSv。废源应送回生产单位、返回原出口方，或送交有相应资质的放射性废物集中贮存单位，并妥善保管对方出具的接收证明备查。严禁任意丢弃，防止造成辐射事故。

射线检测单位应当建立放射性同位素与射线装置台账，记载放射性同位素的核素名称、出厂时间和活度、标号、编码、来源和去向，及射线装置的名称、型号、射线种类、类别、用途、来源和去向等事项。必须建立和保持严格的源的定期清点检查制度，核实探伤装置中的放射源，明确每枚放射源与探伤装置的对应关系，做到账物相符，一一对应，随时掌握源的数量、存放、分布和转移情况，严防被遗忘、失控、丢失、失踪或被盗。对于长期闲置的源和已经不能应用或不再应用的源，应定期清点检查。清点检查至少应记录和保存下列资料：每个源的位置、形态、活度及其他说明；每种放射性物质的数量、活度、形态、分布、包装和存放位置。

9.5.5 γ射线源运输应符合当地法规的要求，探伤装置需转移到外省、自治区、直辖市使用的，使用单位应分别向使用地和移出地省级环境保护主管部门备案。异地使用活动结束后应办理注销备案。

γ射线源应锁在射线仪（源容器）中并取出钥匙、置于安全屏蔽箱内并栓系固定后运输。运输工具外表面上任一点的辐射水平不得超过 2mSv/h，距运输工具外表面 2m 处的辐射水平不得超过 0.1mSv/h。

除司机、押运人员外，任何人均不允许搭乘运载放射源的车辆。装有放射源的货包、集装箱在运输期间和中途贮存期间都应与其他危险货物或有人员逗留的场所隔离。

在工作地点移动时宜使用小型车辆或手推车，并使其处于监控下。

9.5.6 按照国家职业卫生标准《工业 X 射线探伤放射卫生防护标准》GBZ 117 和《工业γ射线探伤放射防护标准》GBZ 132 的规定，专用探伤室设置必须充分考虑周围的放射安全。透照室必须用防射线材料进行有效的屏蔽防护，透照室门的防护性能应与同侧墙的防护性能相同，并安装门-机联锁-示警安全装置，必须在确认透照室内无人、屏蔽门关闭、所有安全装置起作用并发出照射信号指示后才能进行射线透照。探伤室入口处及被探物件出入口处必须设置声光报警装置，并安装门-机联锁装置和工作指示灯；机房内适当位置安装固定式剂量仪。该装置应在γ射线探伤机工作时应自动接通，并能在有人通过时自动将放射源收回源容器；确保室外人员年有效剂量小于其相应的限值。

9.5.7 按照现行国家标准《电离辐射防护与辐射源安全基本标准》GB 18871 规定，应把辐射工作场所分为控制区和监督区，以便于辐射防护管理和职业照射控制。

控制区是指需要和可能需要专门防护手段或安全措施的区域，以便控制正常工作条件下的正常照射，并预防潜在照射或限制潜在照射的范围。应定期审查控制区的实际状况，以确定是否有必要改变防护手段、安全措施或控制区的边界。

监督区是指在控制区外、通常不需要专门的防护手段或安全措施，但需要经常对职业照射条件进行监督和评价的区域。应采用适当的手段划出监督区的边界；应定期审查该区的条件，以确定是否需要采取防护措施和做出安全规定，或是否需要更改监督区的边界。

射线作业人员应在控制区边界外操作。允许探伤人员在监督区内活动，禁止在监督区内进行其他作业，其他人员也不应在监督区边界附近长期停留。进行射线检测作业时，必须考虑γ射线探伤机和被检物体的距离、照射方向、时间和屏蔽条件，γ源驱动装置应尽可能设置于控制区外，以保证作业人员的受照剂量低于年剂量限值，并应达到可以合理做到的尽可能低的水平。同时应保证操作人员之间的有效交流。

应通过巡测划出控制区和监督区。可按照控制区和监督区边界距离估算值，在探伤机处于照状态时，用便携式辐射测量仪从探伤位置四周由远及近地测量空气比释动能率（K），确定边界位置。根据国家职业卫生标准《工业 X 射线探伤放射卫生防护标准》GBZ 117 和《工业γ射线探伤放射防护标准》GBZ 132 的规定，按放射工作人员年有效剂量限值的四分之一（5mSv）和每周实际透照时间为 7h 推算，控制区与监督区边界的空气比释动能率（K）应满足以下要求：

控制区边界:$K=15\mu Gy/h$;

监督区边界:X 射线检测时,$K=1.5\mu Gy/h$;

　　　　　　γ 射线检测时,$K=2.5\mu Gy/h$。

若每周实际透照时间 $t>7h$,控制区边界空气比释动能率应按以下公式进行换算:$K'=100/t$(式中:K'—控制区边界空气比释动能率,$\mu Gy/h$;t—每周实际开机时间,h)同时,监督区边界空气比释动能率也相应改变。

9.5.8

1)在施工现场进行射线透照时应确保射线检测作业时控制区内无任何人员,监督区内无公众人员,且有相应的安全措施和监护人员。

2)γ 射线源的能量和活度应根据受检工件的规格合理选用。在满足穿透力的条件下,应选用较低能量的射线。对于小型、薄壁工件,应选用较低能量的射线源,降低射线作业场所的射线照射剂量率。

3)在监督区边界上必须设置警戒标志。在监督区边界附近不应有经常停留的公众成员。射线曝光前应仔细检查安全装置的性能、警告标志的状态、控制区内人员等情况,确保 γ 探伤源和 X 射线装置的安全使用,防止因误操作造成伤害。

按照《电离辐射防护与辐射源安全基本标准》GB 18871 的规定,电离辐射的标志如图 1 所示,电离辐射警告标志如图 2 所示。其背景为黄色,正三角形边框及电离辐射标志图形均为黑色,"当心电离辐射"用黑色粗等线体字。正三角形外边长 $a_1=500mm$,内边长 $a_2=350mm$。

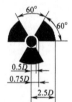

图 1　电离辐射的标志

图 2　电离辐射警告标志

4)当探伤装置、场所、被检工件(材料、规格、形状)、照射方向、屏蔽等条件发生变化时,均应重新进行巡测,确定新的控制区和监督区边界线。

5)用于放射防护监测的仪器,每年至少由法定计量部门检定一次,并取得合格使用证明书。有效期内的监测仪器若涉及计量刻度的维修,必须重新检定。

6)为确保 γ 探伤机在每次透照完毕收回后,放射源处在源容器内的安全屏蔽位置,需要对源容器表面进行 γ 辐射剂量率水平检测。

9.5.9 按照《职业性外照射个人监测规范》GBZ 128 规定,任何放射工作人员,在正常情况下的职业照射水平应不超过以下限值:

1)连续 5 年内年均有效剂量,20mSv;

2)任何一年中的有效剂量,50mSv;

3)眼晶体的年当量剂量,150mSv;

4)四肢(手和脚)或皮肤的年当量剂量,500mSv。

用人单位聘用新工作人员时,应从受聘人员的原聘用单位获取他们的原有职业受照记录及其他有关资料。

9.5.10 暗室应有足够空间并有通风换气设备。暗室内应保持整洁有序。药品、试剂和用具应放在指定位置。通道应平坦通畅,不得堆放杂物。限制连续工作时间是考虑了暗室密闭空间中空气对作业人员健康的不良影响。

Ⅱ　其他检测

9.5.12 使用通电法或触头法进行磁粉检测时,合闸时有时会产生

火花,因此在有可燃介质环境探伤时,应采取有效的防火措施。应保持电极触头与工件接触良好,不得在通电状态下移动电极触头。探伤用的夹具和触头,应用导电良好、熔点低、硬度不高的金属制成。

9.5.14 当进行荧光磁粉检测时,不得使用不带滤波片或屏蔽罩失效的紫外线灯,应避免人眼直接受紫外线照射。

9.5.15 渗透检测用的渗透剂、清洗剂、显像剂大多是挥发性较强的可燃液体(有机溶剂),故作业时附近不得有明火,并通风良好。在容器等受限空间内进行渗透检测时,应防止有机溶液中毒,必要时可设置排气通风装置,容器外应设专人监护。

9.5.17 使用喷罐式检测剂时,作业人员应在上风侧操作,避免吸入过多的有机溶剂挥发气体。

9.5.18 磁粉或渗透检测结束后,应及时清理剩余渗透检测剂的喷罐,释放空喷罐内的残余压力,应将废弃的检测剂喷罐清理至指定地点集中处理。不得随意丢弃,以防止着火。

10　施工机械使用

10.1　一般规定

10.1.3 本条符合现行国家法规《特种设备安全监察条例》中的有关规定,首先说明起重机械属于特种设备,其次是由县以上地方负责特种设备安全监督管理的部门对本行政区域内特种设备实施安全检查,第三强调未经定期检验或检验不合格的特种设备不得继续使用。

10.1.4 本条符合现行国家法规《特种设备安全监察条例》第三十九条的规定要求,作业人员在取得国家统一格式的特种作业人员证书后方可从事相应的作业。

10.3　起重吊装机械

10.3.9 本条符合现行国家法规《建设工程安全管理条例》第二十五条的规定要求,强调垂直运输机械作业人员、起重信号工等特种作业人员,必须按照国家有关规定经过专门的安全作业培训,并取得特种作业操作资格证书后,方可上岗作业。

10.3.28 本条符合现行国家标准《塔式起重机安全规程》GB 5144 中的有关规定,塔身与地面的垂直偏差、安全装置等是确保起重机安全工作的必要前提。

10.3.33 高处作业系挂安全带是保护高空作业人员生命安全的最直接、最有效的措施。

10.3.39 起重机运行条件下,如果进行加油、擦拭、修理等工作,极易造成机械伤害事故;正常维修时,切断电源并挂警示标志,可有效避免触电事故的发生,及起重机非正常启动所造成的意外伤害事故。

10.4　铆、管机械

10.4.18 钻孔作业过程中,高速运转的钻头极易发生挂带织物、

进溅废屑的现象,为保障作业人员安全,必须戴防护眼镜,严禁戴手套作业;若手持工件进行钻孔作业,不能有效稳固工件,容易造成工件飞脱或在钻头高速旋转下发生伤人损物的事故。

10.8　运输机械

10.8.17　物料提升机作为货物提升的专用机械,其安全标准比载人电梯的安全标准低,为预防人员伤亡事故发生,严禁人员搭载;吊笼是沿着架体轨迹上下运行,人员若攀登架体或从架体下穿越,容易发生意外伤害事故。

10.8.23　本条符合现行国家法规《特种设备安全监察条例》的原则,将施工升降机纳入特种设备的管理,安装和拆卸必须持有相应资质,作业人员必须持证上岗。

10.8.26　本条符合现行国家标准《施工升降机》GB/T 10054 的要求。重新安装与大修后,都视为新安装,在投入使用前必须经过坠落试验。

10.10　混凝土机械

10.10.3　防止搅拌机意外启动,造成人员伤亡事故。

10.11　钢筋加工机械

10.11.4　弯曲机作业属于冷作业范畴,当挡铁轴的直径和强度小于被弯钢筋的直径和强度时,易造成挡铁轴断裂;弯曲不规则的钢筋,作业中更换轴芯、销子和变换角度以及调速都易发生被弯曲钢筋弹跳伤人的事故。

10.13　装饰机械

10.13.4　溶剂多为有毒有害、易燃易爆物质。溶剂在高压射流作用下喷回桶内,会造成压力骤然升高,引发中毒、火灾等事故。

中华人民共和国国家标准

石油化工可燃气体和有毒气体
检测报警设计规范

Specification for design of combustible gas and toxic gas
detection and alarm for petrochemical industry

GB 50493-2009

主编部门：中 国 石 油 化 工 集 团 公 司
批准部门：中华人民共和国住房和城乡建设部
施行日期：２ ００ ９ 年 １ ０ 月 １ 日

8

中华人民共和国住房和城乡建设部公告

第 258 号

关于发布国家标准《石油化工可燃气体和
有毒气体检测报警设计规范》的公告

现批准《石油化工可燃气体和有毒气体检测报警设计规范》为国家标准,编号为 GB 50493—2009,自 2009 年 10 月 1 日起实施。其中,第 3.0.1、3.0.2、3.0.4 条为强制性条文,必须严格执行。

本规范由我部标准定额研究所组织中国计划出版社出版发行。

中华人民共和国住房和城乡建设部
二〇〇九年三月十九日

前　言

本规范是根据原建设部《2005 年工程建设标准规范制订、修订计划(第二批)》(建标函〔2005〕124 号)的通知,由中国石油化工集团公司组织中国石化集团洛阳石油化工工程公司会同有关单位共同编制而成。

在编制过程中,针对可燃气体和有毒气体检测报警设计中的检(探)测点确定、检测报警系统以及指示报警设备的设置等问题进行了广泛的调查研究,总结近年来石油化工企业使用可燃气体和有毒气体检测报警的实践经验,参考国外发达国家和地区的技术标准,并征求有关设计、生产、科研和检测器制造单位等方面的意见,对其中主要问题进行认真讨论,最后经审查定稿。

本规范共分 6 章和 3 个附录。主要内容有:总则、术语、一般规定、检(探)测点的确定、可燃气体和有毒气体检测报警系统以及检(探)测器和指示报警设备的安装等。

本规范以黑体字标志的条文为强制性条文,必须严格执行。

本规范由住房和城乡建设部负责管理和对强制性条文的解释。由住房和城乡建设部授权中国石油化工集团公司负责本规范

的日常管理工作,由中国石化集团洛阳石油化工工程公司负责对规范条文具体技术内容的解释工作。

本规范在执行过程中,请有关单位结合工程实践,认真总结经验,注意积累资料,如发现需要修改补充之处,请将意见和资料寄往中国石化集团洛阳石油化工工程公司(地址:河南省洛阳市中州西路 27 号;邮编:471003)。

本规范主编单位、参编单位和主要起草人:

主编单位:中国石化集团洛阳石油化工工程公司

参编单位:北京燕山时代仪表有限公司
　　　　　　无锡格林通安全装备有限公司
　　　　　　上海理研仪器有限公司
　　　　　　深圳市南油诺安电子有限公司
　　　　　　海湾安全技术有限公司

主要起草人:文科武　李苏秦　罗　明　裴炳安　王珍珠
　　　　　　吕明伦　朱华兴　马振武　潘建新　卿笃安
　　　　　　刘　文　王爱中

目 次

1 总 则 ……………………………… 8—4

2 术 语 ……………………………… 8—4

3 一般规定 …………………………… 8—4

4 检（探）测点的确定 ……………… 8—5

  4.1 一般原则 ………………………… 8—5

  4.2 工艺装置 ………………………… 8—5

  4.3 储运设施 ………………………… 8—5

  4.4 其他有可燃气体、有毒气体的扩散

      与积聚场所 …………………… 8—5

5 可燃气体和有毒气体检测报警系统 … 8—6

  5.1 系统的技术性能 ………………… 8—6

5.2 检（探）测器的选用 …………… 8—6

5.3 指示报警设备的选用 …………… 8—6

6 检（探）测器和指示报警设备的安装 … 8—7

  6.1 检（探）测器的安装 …………… 8—7

  6.2 指示报警设备和现场报警器的安装 …… 8—7

附录 A 常用可燃气体、蒸气特性 …… 8—7

附录 B 常用有毒气体、蒸气特性 …… 8—8

附录 C 常用气体检（探）测器的

      技术性能表 …………………… 8—8

本规范用词说明 ……………………… 8—9

附：条文说明 ………………………… 8—10

8

1 总 则

1.0.1 为预防人身伤害以及火灾与爆炸事故的发生,保障石油化工企业的安全,制定本规范。

1.0.2 本规范适用于石油化工企业新建、扩建及改建工程中可燃气体和有毒气体检测报警的设计。

1.0.3 石油化工可燃气体和有毒气体检测报警的设计,除执行本规范的规定外,尚应符合现行国家有关标准的规定。

指在试验条件下,从检(探)测器接触被测气体到达到稳定指示值的时间。通常,达到稳定指示值90%的时间作为响应时间;恢复到稳定指示值10%的时间作为恢复时间。

2.0.9 安装高度　vertical height

指检(探)测器检测口到指定参照物的垂直距离。

2.0.10 爆炸下限　Lower Explosion Limit(LEL)

指可燃气体爆炸下限浓度(V%)值。

2.0.11 爆炸上限　Upper Explosion Limit(UEL)

指可燃气体爆炸上限浓度(V%)值。

2.0.12 最高容许浓度　Maximum Allowable Concentration(MAC)

指工作地点在一个工作日内、任何时间均不应超过的有毒化学物质的浓度。

2.0.13 短时间接触容许浓度　Permissible Concentration-Short Term Exposure Limit (PC-STEL)

指一个工作日内,任何一次接触不得超过的15min时间加权平均的容许接触浓度。

2.0.14 时间加权平均容许浓度　Permissible Concentration-Time Weighted Average (PC-TWA)

指以时间为权数规定的8h工作日的平均容许接触水平。

2.0.15 直接致害浓度　Immediately Dangerous to Life or Health concentration(IDLH)

指环境中空气污染物浓度达到某种危险水平,如可致命或永久损害健康,或使人立即丧失逃生能力。

2 术 语

2.0.1 可燃气体　combustible gas

指甲类可燃气体或甲、乙$_A$类可燃液体气化后形成的可燃气体。

2.0.2 有毒气体　toxic gas

指劳动者在职业活动过程中通过机体接触可引起急性或慢性有害健康的气体。本规范中有毒气体的范围是《高毒物品目录》(卫法监发〔2003〕142号)中所列的有毒蒸气或有毒气体。常见的有:二氧化氮、硫化氢、苯、氰化氢、氨、氯气、一氧化碳、丙烯腈、氯乙烯、光气(碳酰氯)等。

2.0.3 释放源　source of release

指可释放能形成爆炸性气体混合物或有毒气体的位置或地点。

2.0.4 检(探)测器　detector

指由传感器和转换器组成,将可燃气体和有毒气体浓度转换为电信号的电子单元。

2.0.5 指示报警设备　indication apparatus

指接收检(探)测器的输出信号,发出指示、报警、控制信号的电子设备。

2.0.6 检测范围　sensible range

指检(探)测器在试验条件下能够检测出被测气体浓度的范围。

2.0.7 报警设定值　alarm set point

指报警器预先设定的报警浓度值。

2.0.8 响应时间　response time

3 一般规定

3.0.1 在生产或使用可燃气体及有毒气体的工艺装置和储运设施的区域内,对可能发生可燃气体和有毒气体的泄漏进行检测时,应按下列规定设置可燃气体检(探)测器和有毒气体检(探)测器:

　1 可燃气体或含有毒气体的可燃气体泄漏时,可燃气体浓度可能达到25%爆炸下限,但有毒气体不能达到最高容许浓度时,应设置可燃气体检(探)测器;

　2 有毒气体或含有可燃气体的有毒气体泄漏时,有毒气体浓度可能达到最高容许浓度,但可燃气体浓度不能达到25%爆炸下限时,应设置有毒气体检(探)测器;

　3 可燃气体与有毒气体同时存在的场所,可燃气体浓度可能达到25%爆炸下限,有毒气体的浓度也可能达到最高容许浓度时,应分别设置可燃气体和有毒气体检(探)测器;

　4 同一种气体,既属可燃气体又属有毒气体时,应只设置有毒气体检(探)测器。

3.0.2 可燃气体和有毒气体的检测系统应采用两级报警。同一检测区域内的有毒气体、可燃气体检(探)测器同时报警时,应遵循下列原则:

　1 同一级别的报警中,有毒气体的报警优先;

　2 二级报警优先于一级报警。

3.0.3 工艺有特殊需要或在正常运行时人员不得进入的危险场所,宜对可燃气体和有毒气体释放源进行连续检测、指示、报警,并对报警进行记录或打印。

3.0.4 报警信号应发送至现场报警器和有人值守的控制室或现场操作室的指示报警设备,并且进行声光报警。

3.0.5 装置区域内现场报警器的布置应根据装置区的面积、设备及建构筑物的布置、释放源的理化性质和现场空气流动特点等综合确定。现场报警器可选用音响器或报警灯。

3.0.6 可燃气体检(探)测器应采用经国家指定机构或其授权检验单位的计量器具制造认证、防爆性能认证和消防认证的产品。

3.0.7 国家法规有要求的有毒气体检(探)测器应采用经国家指定机构或其授权检验单位的计量器具制造认证的产品。其中,防爆型有毒气体检(探)测器还应采用经国家指定机构或其授权检验单位的防爆性能认证的产品。

3.0.8 可燃气体或有毒气体场所的检(探)测器,应采用固定式。

3.0.9 可燃气体、有毒气体检测报警系统宜独立设置。

3.0.10 便携式可燃气体或有毒气体检测报警器的配备,应根据生产装置的场地条件、工艺介质的易燃易爆特性及毒性和操作人员的数量等综合确定。

3.0.11 工艺装置和储运设施现场固定安装的可燃气体及有毒气体检测报警系统,宜采用不间断电源(UPS)供电。加油站、加气站、分散或独立的有毒及易燃易爆品的经营设施,其可燃气体及有毒气体检测报警系统可采用普通电源供电。

3.0.12 常用可燃气体、蒸气特性见附录 A;常用有毒气体、蒸气特性见附录 B。

4 检(探)测点的确定

4.1 一般原则

4.1.1 可燃气体和有毒气体检(探)测器的检(探)测点,应根据气体的理化性质、释放源的特性、生产场地布置、地理条件、环境气候、操作巡检路线等条件,并选择气体易于积累和便于采样检测之处布置。

4.1.2 下列可能泄漏可燃气体、有毒气体的主要释放源应布置检(探)测点:
    1 气体压缩机和液体泵的密封处;
    2 液体采样口和气体采样口;
    3 液体排液(水)口和放空口;
    4 设备和管道的法兰和阀门组。

4.2 工艺装置

4.2.1 释放源处于露天或敞开式厂房布置的设备区域内,检(探)测点与释放源的距离宜符合下列规定:
    1 当检(探)测点位于释放源的全年最小频率风向的上风侧时,可燃气体检(探)测点与释放源的距离不宜大于 15m,有毒气体检(探)测点与释放源的距离不宜大于 2m;
    2 当检(探)测点位于释放源的全年最小频率风向的下风侧时,可燃气体检(探)测点与释放源的距离不宜大于 5m,有毒气体检(探)测点与释放源的距离不宜大于 1m。

4.2.2 可燃气体释放源处于封闭或局部通风不良的半敞开厂房内,每隔 15m 可设一台检(探)测器,且检(探)测器距其所覆盖范围内的任一释放源不宜大于 7.5m。有毒气体检(探)测器距释放源不宜大于 1m。

4.2.3 比空气轻的可燃气体或有毒气体释放源处于封闭或局部通风不良的半敞开厂房内,除应在释放源上方设置检(探)测器外,还应在厂房内最高点气体易于积聚处设置可燃气体或有毒气体检(探)测器。

4.3 储运设施

4.3.1 液化烃、甲_B、乙_A类液体等产生可燃气体的液体储罐的防火堤内,应设检(探)测器,并符合下列规定:
    1 当检(探)测点位于释放源的全年最小频率风向的上风侧时,可燃气体检(探)测点与释放源的距离不宜大于 15m,有毒气体检(探)测点与释放源的距离不宜大于 2m;
    2 当检(探)测点位于释放源的全年最小频率风向的下风侧时,可燃气体检(探)测点与释放源的距离不宜大于 5m,有毒气体检(探)测点与释放源的距离不宜大于 1m。

4.3.2 液化烃、甲_B、乙_A类液体的装卸设施,检(探)测器的设置应符合下列要求:
    1 小鹤管铁路装卸栈台,在地面上每隔一个车位宜设一台检(探)测器,且检(探)测器与装卸车口的水平距离不应大于 15m;
    2 大鹤管铁路装卸栈台,宜设一台检(探)测器;
    3 汽车装卸站的装卸车鹤位与检(探)测器的水平距离,不应大于 15m。当汽车装卸站内设有缓冲罐时,检(探)测器的设置应符合本规范第 4.2.1 条的规定。

4.3.3 装卸设施的泵或压缩机的检(探)测器设置,应符合本规范第 4.2 节的规定。

4.3.4 液化烃灌装站的检(探)测器设置,应符合下列要求:
    1 封闭或半敞开的灌瓶间,灌装口与检(探)测器的距离宜为 5m～7.5m;
    2 封闭或半敞开式储瓶库,应符合本规范第 4.2.2 条规定;敞开式储瓶库房沿四周每隔 15m～30m 应设一台检(探)测器,当四周边长总和小于 15m 时,应设一台检(探)测器;
    3 缓冲罐排水口或阀组与检(探)测器的距离,宜为 5m～7.5m。

4.3.5 封闭或半敞开氢气灌瓶间,应在灌装口上方的室内最高点且易于滞留气体处设检(探)测器。

4.3.6 可能散发可燃气体的装卸码头,距输油臂水平平面 15m 范围内,应设一台检(探)测器。

4.3.7 储存、运输有毒气体、有毒液体的储运设施,有毒气体检(探)测器应按本规范第 4.2 节和第 3.0.10 条的规定设置。

4.4 其他有可燃气体、有毒气体的扩散与积聚场所

4.4.1 明火加热炉与可燃气体释放源之间,距加热炉边 5m 处应设检(探)测器。当明火加热炉与可燃气体释放源之间设有不燃烧材料实体墙时,实体墙靠近释放源的一侧应设检(探)测器。

4.4.2 设在爆炸危险区域 2 区范围内的在线分析仪表间,应设可燃气体检(探)测器。

4.4.3 控制室、机柜间、变配电所的空调引风口、电缆沟和电缆桥架进入建筑物的洞口处,且可燃气体和有毒气体有可能进入时,宜设置检(探)测器。

4.4.4 工艺阀井、地坑及排污沟等场所,且可能积聚比重大于空气的可燃气体、液化烃或有毒气体时,应设检(探)测器。

5 可燃气体和有毒气体检测报警系统

5.1 系统的技术性能

5.1.1 检(探)测器的输出信号宜选用数字信号、触点信号、毫安信号或毫伏信号。

5.1.2 报警系统应具有历史事件记录功能。

5.1.3 系统的技术性能,应符合现行国家标准《作业环境气体检测报警仪通用技术要求》GB 12358、《可燃气体探测器》GB 15322和《可燃气体报警控制器技术要求和试验方法》GB 16808的有关规定;系统的防爆性能应符合现行国家标准《爆炸性气体环境用电器设备》GB 3836的要求。

5.2 检(探)测器的选用

5.2.1 可燃气体及有毒气体检(探)测器的选用,应根据检(探)测器的技术性能、被测气体的理化性质和生产环境特点确定。

5.2.2 常用气体的检(探)测器选用应符合下列规定:

1 烃类可燃气体可选用催化燃烧型或红外气体检(探)测器。当使用场所的空气中含有能使催化燃烧型检测元件中毒的硫、磷、硅、铅、卤素化合物等介质时,应选用抗毒性催化燃烧型检(探)测器;

2 在缺氧或高腐蚀性等场所,宜选用红外气体检(探)测器;

3 氢气检测可选用催化燃烧型、电化学型、热传导型或半导体型检(探)测器;

4 检测组分单一的可燃气体,宜选用热传导型检(探)测器;

5 硫化氢、氯气、氨气、丙烯腈气体、一氧化碳气体可选用电化学型或半导体型检(探)测器;

6 氯乙烯气体可选用半导体型或光致电离型检(探)测器;

7 氰化氢气体宜选用电化学型检(探)测器;

8 苯气体可选用半导体型或光致电离型检(探)测器;

9 碳酰氯(光气)可选用电化学型或红外气体检(探)测器。

5.2.3 检(探)测器防爆类型和级别,应按现行国家标准《爆炸和火灾危险环境电力装置设计规范》GB 50058的有关规定选用,并应符合使用场所爆炸危险区域以及被检测气体性质的要求。

5.2.4 常用检(探)测器的采样方式,应根据使用场所确定。可燃气体和有毒气体的检测宜采用扩散式检(探)测器;受安装条件和环境条件的限制,无法使用扩散式检(探)测器的场所,宜采用吸入式检(探)测器。

5.2.5 常用气体检(探)测器的技术性能可按附录C选择。

5.3 指示报警设备的选用

5.3.1 指示报警设备应具有以下基本功能:

1 能为可燃气体或有毒气体检(探)测器及所连接的其他部件供电;

2 能直接或间接地接收可燃气体和有毒气体检(探)测器及其他报警触发部件的报警信号,发出声光报警信号,并予以保持。声光报警信号应能手动消除,再次有报警信号输入时仍能发出报警;

3 可燃气体的测量范围:0~100%爆炸下限;

4 有毒气体的测量范围宜为0~300%最高容许浓度或0~300%短时间接触容许浓度;当现有检(探)测器的测量范围不能满足上述要求时,有毒气体的测量范围可为0~30%直接致害浓度;

5 指示报警设备(报警控制器)应具有开关量输出功能;

6 多点式指示报警设备应具有相对独立、互不影响的报警功能,并能区分和识别报警场所位号;

7 指示报警设备发出报警后,即使安装场所被测气体浓度发生变化恢复到正常水平,仍应持续报警。只有经确认并采取措施后,才能停止报警;

8 在下列情况下,指示报警设备应能发出与可燃气体或有毒气体浓度报警信号有明显区别的声、光故障报警信号:

　　1)指示报警设备与检(探)测器之间连线断路;

　　2)检(探)测器内部元件失效;

　　3)指示报警设备主电源欠压;

　　4)指示报警设备与电源之间连接线路的短路与断路。

9 指示报警设备应具有以下记录功能:

　　1)能记录可燃气体和有毒气体报警时间,且日计时误差不超过30s;

　　2)能显示当前报警点总数;

　　3)能区分最先报警点。

5.3.2 根据工厂(装置)的规模和特点,指示报警设备可按下列方式设置:

1 可燃气体和有毒气体检测报警系统与火灾检测报警系统合并设置;

2 指示报警设备采用独立的工业程序控制器、可编程控制器等;

3 指示报警设备采用常规的模拟仪表;

4 当可燃气体和有毒气体检测报警系统与生产过程控制系统合并设计时,输入/输出卡件应独立设置。

5.3.3 报警设定值应符合下列规定:

1 可燃气体的一级报警设定值小于或等于25%爆炸下限;

2 可燃气体的二级报警设定值小于或等于50%爆炸下限;

3 有毒气体的报警设定值宜小于或等于100%最高容许浓度/短时间接触容许浓度,当试验用标准气调制困难时,报警设定值可为200%最高容许浓度/短时间接触容许浓度以下。当现有检(探)测器的测量范围不能满足测量要求时,有毒气体的测量范围可为0~30%直接致害浓度;有毒气体的二级报警设定值不得超过10%直接致害浓度值。

6 检(探)测器和指示报警设备的安装

6.1 检(探)测器的安装

6.1.1 检测比重大于空气的可燃气体检(探)测器,其安装高度应距地坪(或楼地板)0.3m～0.6m。检测比重大于空气的有毒气体的检(探)测器,应靠近泄漏点,其安装高度应距地坪(或楼地板)0.3m～0.6m。

6.1.2 检测比重小于空气的可燃气体或有毒气体的检(探)测器,其安装高度应高出释放源0.5m～2m。

6.1.3 检(探)测器应安装在无冲击、无振动、无强电磁场干扰、易于检修的场所,安装探头的地点与周边管线或设备之间应留有不小于0.5m的净空和出入通道。

6.1.4 检(探)测器的安装与接线技术要求应符合制造厂的规定,并应符合现行国家标准《爆炸和火灾危险环境电力装置设计规范》GB 50058 的规定。

6.2 指示报警设备和现场报警器的安装

6.2.1 指示报警设备应安装在有人值守的控制室、现场操作室等内部。

6.2.2 现场报警器应就近安装在检(探)测器所在的区域。

附录 A 常用可燃气体、蒸气特性

表 A 常用可燃气体、蒸气特性表

序号	物质名称	引燃温度(℃)/组别	沸点(℃)	闪点(℃)	爆炸浓度(V%) 下限	上限	火灾危险性分类	蒸气密度(kg/m³)	备注
1	甲烷	540/T1	-161.5	—	5.0	15.0	甲	0.77	液化后为甲A
2	乙烷	515/T1	-88.9	—	3.0	15.5	甲	1.34	液化后为甲A
3	丙烷	466/T1	-42.1	—	2.1	9.5	甲	2.07	液化后为甲A
4	丁烷	405/T2	-0.5	—	1.9	8.5	甲	2.59	液化后为甲A
5	戊烷	260/T3	36.07	<-40.0	1.4	7.8	甲B	3.22	—
6	己烷	225/T3	68.9	-22.8	1.1	7.5	甲B	3.88	—
7	庚烷	215/T3	98.3	-3.9	1.1	6.7	甲B	4.53	—
8	辛烷	220/T3	125.67	13.3	1.0	6.5	甲B	5.09	—
9	壬烷	205/T3	150.77	31.0	0.7	5.6	乙A	5.73	—
10	环丙烷	500/T1	-33.9	—	2.4	10.4	甲	1.94	液化后为甲A
11	环戊烷	380/T2	469.4	<-6.7	1.4	—	甲B	3.10	—
12	异丁烷	460/T1	-11.7	—	1.8	8.4	甲	2.59	液化后为甲A
13	环己烷	245/T3	81.7	-20.0	1.2	8.4	甲B	3.75	—
14	异戊烷	420/T2	27.8	<-51.1	1.4	7.6	甲B	3.21	—
15	异辛烷	410/T2	99.24	-12.0	1.0	6.0	甲B	5.09	—
16	乙基环丁烷	210/T3	71.1	<-15.6	1.2	7.7	甲B	3.75	—
17	乙基环戊烷	260/T3	103.3	<21	1.1	6.7	甲B	4.40	—
18	乙基环己烷	262/T3	131.7	35	0.9	6.6	乙A	5.04	—
19	甲基环己烷	250/T3	101.1	-3.9	1.2	6.7	甲B	4.40	—
20	乙烯	425/T2	-103.7	—	2.7	36	甲	1.29	液化后为甲A

续表 A

序号	物质名称	引燃温度(℃)/组别	沸点(℃)	闪点(℃)	爆炸浓度(V%) 下限	上限	火灾危险性分类	蒸气密度(kg/m³)	备注
21	丙烯	460/T1	-47.2	—	2.0	11.1	甲	1.94	液化后为甲A
22	1-丁烯	385/T2	-6.1	—	1.6	10.0	甲	2.46	液化后为甲A
23	2-丁烯(顺)	325/T2	3.7	—	1.7	9.0	甲	2.46	液化后为甲A
24	2-丁烯(反)	324/T2	1.1	—	1.8	9.7	甲	2.46	液化后为甲A
25	丁二烯	420/T2	-4.44	—	2.0	12	甲	2.42	液化后为甲A
26	异丁烯	465/T1	-6.7	—	1.8	9.6	甲	2.46	液化后为甲A
27	乙炔	305/T2	-84	—	2.5	100	甲	1.16	液化后为甲A
28	丙炔	/T1	-2.3	—	1.7	—	甲	1.81	液化后为甲A
29	苯	560/T1	80.1	-11.1	1.3	7.1	甲B	3.62	—
30	甲苯	480/T1	110.6	4.4	1.2	7.1	甲B	4.01	—
31	乙苯	430/T2	136.2	15	1.0	6.7	甲B	4.73	—
32	邻-二甲苯	465/T1	144.4	17	1.0	6.0	甲B	4.78	—
33	间-二甲苯	530/T1	138.9	25	1.1	7.0	甲B	4.78	—
34	对-二甲苯	530/T1	138.3	25	1.1	7.0	甲B	4.78	—
35	苯乙烯	490/T1	146.1	32	1.1	6.1	乙A	4.64	—
36	环氧乙烷	429/T2	10.56	<-17.8	3.6	100	甲A	1.94	—
37	环氧丙烷	430/T2	33.9	-37.2	2.8	37	甲B	2.59	—
38	甲基醚	350/T2	-23.9	—	3.4	27	甲	2.07	液化后为甲A
39	乙醚	170/T4	35	-45	1.9	36	甲B	3.36	—
40	乙基甲基醚	190/T4	10.6	-37.2	2.0	10.1	甲	2.72	液化后为甲A
41	二甲醚	240/T3	-23.7	—	3.4	27	甲	2.06	液化后为甲A
42	二丁醚	194/T4	141.1	25	1.5	7.6	甲B	5.82	—
43	甲醇	385/T2	63.9	11	6.7	36	甲B	1.42	—
44	乙醇	422/T2	78.3	12.8	3.3	19	甲B	2.06	—
45	丙醇	440/T2	97.2	25	2.1	13.5	甲B	2.72	—

续表 A

序号	物质名称	引燃温度(℃)/组别	沸点(℃)	闪点(℃)	爆炸浓度(V%) 下限	上限	火灾危险性分类	蒸气密度(kg/m³)	备注
46	丁醇	365/T2	117.0	28.9	1.4	11.2	乙A	3.36	—
47	戊醇	300/T3	138.0	32.7	1.2	10	乙A	3.88	—
48	异丙醇	399/T2	82.8	11.7	2.0	12	甲B	2.72	—
49	异丁醇	426/T2	108.0	31.6	1.7	19.0	乙A	3.30	—
50	甲醛	430/T2	-19.4	—	7.0	73	甲	1.29	液化后为甲A
51	乙醛	175/T4	21.1	-37.8	4.0	60	甲B	1.94	—
52	丙醛	207/T3	48.9	-9.4~-7.2	2.9	17	甲B	2.59	—
53	丙烯醛	235/T3	51.7	-26.1	2.8	31	甲B	2.46	—
54	丙酮	465/T1	56.7	-17.8	2.5	12.8	甲B	2.59	—
55	丁醛	230/T3	76	-6.7	2.5	12.5	甲B	3.23	—
56	甲乙酮	515/T1	79.6	-6.1	1.8	10	甲B	3.23	—
57	环己酮	420/T2	156.1	43.9	1.1	8.1	乙A	4.40	—
58	乙酸	465	118.3	42.8	5.4	16	乙A	2.72	—
59	甲酸甲酯	465/T1	32.2	-18.9	5.0	23	甲B	2.72	—
60	甲酸乙酯	455	54.4	-20	2.8	16	甲B	3.37	—
61	醋酸甲酯	501	60	-10	3.1	16	甲B	3.62	—
62	醋酸乙酯	427/T2	77.2	-4.4	2.2	11.0	甲B	3.88	—
63	醋酸丙酯	450	101.7	14.4	2.0	8.0	甲B	4.53	—
64	醋酸丁酯	425/T2	127	22	1.7	7.3	甲B	5.17	—
65	醋酸丁烯酯	427/T2	717.7	7.0	2.6	—	甲B	3.88	—
66	丙烯酸甲酯	415/T2	79.7	-2.9	2.8	25	甲B	3.88	—
67	呋喃	390	31.1	<0	2.3	14.3	甲B	2.97	—
68	四氢呋喃	321/T2	66.1	-14.4	2.0	11.8	甲B	3.23	—
69	氯代甲烷	623/T1	-23.9	—	10.7	17.4	甲	2.33	液化后为甲A
70	氯乙烷	519	12.2	-50	3.8	15.4	甲A	2.84	—

续表 A

序号	物质名称	引燃温度(℃)/组别	沸点(℃)	闪点(℃)	爆炸浓度(V%)下限	爆炸浓度(V%)上限	火灾危险性分类	蒸气密度(kg/m³)	备注
71	溴乙烷	511/T1	37.8	<−20	6.7	11.3	甲B	4.91	—
72	氯丙烷	520/T2	46.1	<−17.8	2.6	11.1	甲B	3.49	—
73	氯丁烷	245/T2	76.6	−9.4	1.8	10.1	甲B	4.14	液化后为甲A
74	溴丁烷	265/T2	102	18.9	2.6	6.6	甲B	6.08	—
75	氯乙烯	413/T2	−13.9	—	3.6	33	甲B	2.84	液化后为甲A
76	烯丙基氯	485/T1	45	−32	2.9	11.1	甲B	3.36	—
77	氯苯	640/T1	132.2	28.9	1.3	7.1	乙A	5.04	—
78	1,2-二氯乙烷	412/T2	83.9	13.3	6.2	16	甲B	4.40	—
79	1,1-二氯乙烯	570/T1	37.2	−17.8	7.3	16	甲B	4.40	—
80	硫化氢	260/T3	−60.4	—	4.3	45.5	甲B	1.54	—
81	二硫化碳	90/T6	46.2	−30	1.3	5.0	甲B	3.36	—
82	乙硫醇	300/T3	35.0	<26.7	2.8	10.0	甲B	2.72	—
83	乙腈	524/T1	81.6	5.6	4.4	16.0	甲B	1.81	—
84	丙烯腈	481/T1	77.2	0	3.0	17.0	甲B	2.33	—
85	硝基甲烷	418/T2	101.1	35.0	7.3	63	乙A	2.72	—
86	硝基乙烷	414/T2	113.8	27.8	3.4	5.0	甲B	3.36	—
87	亚硝酸乙酯	90/T6	17.2	−35	3.0	50	甲B	3.36	—
88	氰化氢	538/T1	26.1	−17.8	5.6	40	甲B	1.16	—
89	甲胺	430/T2	−6.5	—	4.9	20.1	甲	2.72	液化后为甲A
90	二甲胺	400/T2	7.2	—	2.8	14.4	甲	2.07	—
91	吡啶	550/T2	115.5	<2.8	1.7	12	甲B	3.53	—
92	氢	510/T1	−253	—	4.0	75	甲	0.09	—
93	天然气	484/T1	—	—	3.8	13	甲	—	—
94	城市煤气	520/T1	<−50	—	4.0	—	甲	10.65	—

续表 A

序号	物质名称	引燃温度(℃)/组别	沸点(℃)	闪点(℃)	爆炸浓度(V%)下限	爆炸浓度(V%)上限	火灾危险性分类	蒸气密度(kg/m³)	备注
95	液化石油气	—	—	—	1.0	1.5	甲A	—	气化后为甲类气体,上下限按国际海协数据
96	轻石脑油	285/T3	36~68	<−20.0	1.2	—	甲B	≥3.22	—
97	重石脑油	233/T3	65~177	−22~20	0.6	—	甲B	≥3.61	—
98	汽油	280/T3	50~150	<−20	1.1	5.9	甲B	4.14	—
99	喷气燃料	200/T3	80~250	<28	0.6	—	乙A	6.47	闪点按GB 1788—79的数据
100	煤油	223/T3	150~300	≤45	0.6	—	乙A	6.47	—
101	原油	—	—	—	—	—	甲B	—	—

注:"蒸气密度"一栏是在原"蒸气比重"数值上乘以 1.293,为标准状态下的密度。

附录 B　常用有毒气体、蒸气特性

表 B　常用有毒气体、蒸气特性表

序号	物质名称	相对密度(气体)	熔点(℃)	沸点(℃)	时间加权平均容许浓度(mg/m³)	短时间接触容许浓度(mg/m³)	最高容许浓度(mg/m³)	直接致害浓度(mg/m³)
1	一氧化碳	0.97	−199.1	−191.4	20	30	—	1700
2	氯乙烯	2.15	−160	−13.9	10	25	—	—
3	硫化氢	1.19	−85.5	−60.4	—	—	10	430
4	氯	2.48	−101	−34.5	—	—	1	88
5	氰化氢	0.93	−13.2	25.7	—	—	1	56
6	丙烯腈	1.83	−83.6	77.3	1	2	—	1100
7	二氧化氮	1.58	−11.2	21.2	5	10	—	96
8	苯	2.7	5.5	80	6	10	—	9800
9	氨	0.77	−78	−33	20	30	—	360
10	碳酰氯	1.38	−104	8.3	—	—	0.5	8

附录 C　常用气体检(探)测器的技术性能表

表 C　常用气体检(探)测器的技术性能表

项目	催化燃烧型检(探)测器	热传导型检(探)测器	红外气体检(探)测器	半导体型检(探)测器	电化学型检(探)测器	光致电离型检(探)测器
被测气的含氧要求	需要 $O_2>10\%$	无	无	无	无	无
可燃气测量范围	≤爆炸下限	爆炸下限~100%	0~100%	≤爆炸下限	≤爆炸下限	<爆炸下限
不适用的被测气体	大分子有机物	—	H_2	—	烷烃	H_2,CO,$CH_4$①
相对响应时间	与被测介质有关	中等	较短	与被测介质有关	中等	较短
检测干扰气体	无	CO_2,氟利昂	有	SO_2,NO_x,HO_2	SO_2,NO_x	②
使检测元件中毒的介质	Si,Pb卤素,H_2S	无	无	Si,SO_2卤素	CO_2	无
辅助气体要求	无	无	无	无	无	无

注:①为离子化能级高于所用紫外灯的能级的被测物;②为离子化能级低于所用紫外灯的能级的被测物。

本规范用词说明

1 为便于在执行本规范条文时区别对待,对要求严格程度不同的用词说明如下:

　　1)表示很严格,非这样做不可的:

　　　　正面词采用"必须",反面词采用"严禁";

　　2)表示严格,在正常情况下均应这样做的:

　　　　正面词采用"应",反面词采用"不应"或"不得";

　　3)表示允许稍有选择,在条件许可时首先应这样做的:

　　　　正面词采用"宜",反面词采用"不宜";

　　4)表示有选择,在一定条件下可以这样做的,采用"可"。

2 条文中指明应按其他有关标准执行的写法为:"应符合……的规定"或"应按……执行"。

8

中华人民共和国国家标准

石油化工可燃气体和有毒气体
检测报警设计规范

GB 50493 - 2009

条 文 说 明

目　次

2　术　　语 ………………………………… 8—12

3　一般规定 ………………………………… 8—12

4　检（探）测点的确定 …………………… 8—13

　　4.1　一般原则 ……………………………… 8—13

　　4.2　工艺装置 ……………………………… 8—13

　　4.3　储运设施 ……………………………… 8—14

　　4.4　其他有可燃气体、有毒气体的扩散
　　　　　与积聚场所 ………………………… 8—14

5　可燃气体和有毒气体检测报警系统 ……… 8—14

5.1　系统的技术性能 ……………………… 8—14

5.2　检（探）测器的选用 ………………… 8—14

5.3　指示报警设备的选用 ………………… 8—15

6　检（探）测器和指示报警设备的安装 …… 8—15

　　6.1　检（探）测器的安装 ………………… 8—15

附录A　常用可燃气体、蒸气特性 ………… 8—16

附录B　常用有毒气体、蒸气特性 ………… 8—16

附录C　常用气体检（探）测器的
　　　　技术性能表 ………………………… 8—16

8

2 术　　语

2.0.1 按《石油化工企业设计防火规范》GB 50160 规定:甲类气体是指可燃气体与空气混合物的爆炸下限小于 10%(体积)的气体;液化烃(甲$_A$)是指 15℃时的蒸气压力大于 0.1MPa 的烃类液体及其他类似的液体,例如液化石油气、液化乙烯、液化甲烷、液化环氧乙烷等;甲$_B$液体是指除甲$_A$以外,闪点小于 28℃的可燃液体,乙$_A$类液体是指闪点等于或大于 28℃至等于 45℃的可燃液体。甲$_B$与乙$_A$类液体也可称为易燃液体。

由于乙$_A$类液体泄漏后挥发为蒸气或呈气态泄漏,该气体在空气中的爆炸下限小于 10%(体积)属于甲类气体,可形成爆炸危险区。但是,该气体易于空气中冷凝,所以扩散距离较近,其危险程度低于甲$_A$、甲$_B$类。

2.0.2 《使用有毒物品作业场所劳动保护条例》(2002 年 5 月 12 日颁布实施)第三条规定:"按照有毒物品产生的职业中毒危害程度,有毒物品分为一般有毒物品和高毒物品。国家对作业场所使用高毒物品实行特殊管理。一般有毒物品目录、高毒物品目录由国务院卫生行政部门会同有关部门依据国家标准制定、调整并公布"。2003 年卫生部发布了《高毒物品目录》(2003 年版)。

本规范中的有毒气体系指《高毒物品目录》(卫法监发〔2003〕142 号)中确定的 31 种气体和蒸气(不包括粉尘类、烟类和焦炉逸散物)。如:N-甲基苯胺、N-异丙基苯胺、苯、苯胺、丙烯腈、二甲基苯胺、二硫化碳、二氯代乙炔、二氧化氮、硫化氢、氰化氢、氨、氯气、一氧化碳、丙烯腈、氯乙烯、光气(碳酰氯)、甲苯-2,4-二异氰酸酯、氟化氢、氟及其化合物、汞、甲肼、甲醛、肼、磷化氢、硫酸二甲酯、氯甲基甲醚、偏二甲基肼、砷化氢、羰基镍、硝基苯,等等。

2.0.12 最高容许浓度(MAC)的定义引自《工作场所有害因素职业接触限值》GBZ 2。

2.0.13 短时间接触容许浓度 (PC-STEL)的定义引自《工作场所有害因素职业接触限值》GBZ 2。

2.0.14 时间加权平均容许浓度(PC-TWA)的定义引自《工作场所有害因素职业接触限值》GBZ 2。

2.0.15 直接致害浓度(IDLH)的定义引自《呼吸防护用品的选择、使用与维护》GB/T 18664。

3　一般规定

3.0.1 本条要求对可燃气体进行检测的规定是符合《石油化工企业设计防火规范》GB 50160 第 5.1.3 条"在使用或产生甲类气体或甲、乙$_A$类液体的工艺装置、系统单元和储运设施区内,应按区域控制和重点控制相结合的原则,设置可燃气体报警系统"的规定,并且更具体化了。

《使用有毒物品作业场所劳动保护条例》(2002 年 5 月 12 日颁布实施)第十一条(三)中规定:"设置有效的通风装置;可能突然泄漏大量有毒物品或者易造成急性中毒的作业场所,设置自动报警装置和事故通风设施"。

《中华人民共和国职业病防治法》第二十三条规定:"对可能发生急性职业损伤的有毒、有害工作场所,用人单位应当设置报警装置,配备现场急救用品、冲洗设备、应急撤离通道和必要的泄险区"。

3.0.2 可燃气体和有毒气体检测的一级报警为常规的气体泄漏警示报警,提示操作人员及时到现场巡检。当可燃气体和有毒气体浓度达到二级报警值时,提示操作人员应采用紧急处理措施。当需要采取联动保护时,二级报警的输出接点信号可供使用。

现场发生可燃气体和有毒气体泄漏事故时,为了保护现场工作人员的身体健康,以便操作人员及时处理,对同时发出的有毒气体和可燃气体的检测报警信号的处理,应遵循二级报警优先于一级报警;属同一报警级别时,有毒气体的报警级别优先的原则。

3.0.3 为保证生产和操作人员的安全,在正常运行时人员不得进入的危险场所,检(探)测器应对可燃气体和有毒气体释放源进行连续检测、指示、报警,并对报警进行记录或打印,以便随时观察发展趋势和留作档案资料。

3.0.4 通常情况下,工艺装置或储运设施的控制室、现场操作室是操作人员常驻和能够采取措施的场所。现场发生可燃气体和有毒气体泄漏事故时,报警信号应使现场报警器报警,提示现场操作人员采取措施。同时,报警信号发送至有人值守的控制室、现场操作室的指示报警设备进行报警,以便控制室、现场操作室的操作人员及时采取措施。

3.0.5 当现场仅需要布置数量有限的可燃和/或有毒气体检(探)测器时,在不影响现场报警效果的条件下,现场报警器可与可燃及有毒气体报警器探头合体设置。当现场需要布置数量众多的可燃和/或有毒气体检(探)测器,此时现场报警器应与可燃及有毒气体检(探)测器分离设置,并根据现场情况,提出声光警示要求,分区布置。

为了提示现场工作人员,现场报警器常选用声级为 105dB(A)的音响器,在高噪声区[噪声超过 85dB(A)]以及生产现场主要出入口处,通常还设立旋光报警灯。

3.0.7 目前,《强制检定的工作计量器具目录》中所列的必须经国家计量器具制造认证的有毒气体检测器只有二氧化硫、硫化氢、一氧化碳等几种产品。对于国家法规要求进行检测的有毒气体而言,并非所有的有毒气体检测器都须经国家指定机构及授权检验单位的计量器具制造认证。

3.0.8 固定式可燃及有毒气体报警器指在现场长期固定安装的气体检测装置;移动式可燃及有毒气体报警仪指能从一处移动到另一处,并可以在现场短期固定安装的气体检测报警装置;便携式可燃及有毒气体报警仪指可以随身携带并在携带过程中完成检测报警任务的气体检测报警装置。

对于一些不具备设置固定式可燃气体或有毒气体检(探)测器的场所,如:环境湿度过高;环境温度过低;或在正常情况下视为非爆或无毒区,生产检修时可能为爆炸或有毒危险区等,受检测产品的性能所限,通常可以安装移动式可燃气体或有毒气体检测报警器,以确保生产和维护的安全需要。

3.0.9 独立设置是指可燃气体和有毒气体检测报警系统的检测与发出报警信号的功能,不受对应装置生产控制仪表系统故障的影响。

3.0.10 受生产现场场地条件和气象条件所限,可燃气体和有毒气体检(探)测器的设置常常难以反映出释放源的准确地点和方位,为保障人身安全,对于在现场巡检和操作的工作人员,配备便携式可燃气体和有毒气体检(探)测仪可提高安全工作效率,故作本条规定。

3.0.11 分散或独立的有毒及易燃易爆品的设施,如加油站、加气站等,一般采用盘装或壁挂式,电源功率较小,故规定检测报警系统也可采用普通电源供电。

4 检(探)测点的确定

4.1 一般原则

4.1.1 为有效发挥可燃气体和有毒气体检(探)测器的作用及监测数据的准确性,确保装置生产安全和工作人员的安全,特作本条规定。

实际生产过程中,常用的可燃气体和有毒气体检(探)测器多为点式气体探测器,故本规定中,有关确定可燃气体和有毒气体检(探)测点的要求也是针对点式气体探测器的。对于其他特殊形式的气体检(探)测器,如开路式红外气体检(探)测器等,其检测布置及覆盖范围,应按产品技术文件要求设计。

4.1.2 本规范所指的可燃气体释放源即可能释放出形成爆炸性气体混合物所在的位置或点。

本规范所指的有毒气体释放源即可释放出对人体健康产生危害的物质所在的位置或点。

根据现行国家标准《爆炸和火灾危险环境电力装置设计规范》GB 50058规定,可燃气体释放源应按易燃物质的释放频繁程度和持续时间长短分级。其分为连续释放源、第一级释放源、第二级释放源。

第一级释放源:在正常运转时周期或偶然释放的释放源。下列情况可划为第一级释放源:

1 在正常运行时,会释放易燃物质的泵、压缩机和阀门等的密封处;

2 在正常运行时会向空间释放易燃物质,安装在储存易燃液体的容器上的排水系统;

3 在正常运行时会向空间释放易燃物质的取样点。

第二级释放源,预计在正常情况下不会释放,即使释放也仅是偶尔短时释放源。下列情况可划为第二级释放源:

1 在正常运行时不可能出现释放易燃物质的泵、压缩机和阀门的密封处;

2 在正常运行时不能释放易燃物质的法兰等连接件;

3 在正常运行时不能向空间释放易燃物质的安全阀、排气孔和其他开口处;

4 在正常运行时不能向空间释放易燃物质的取样点。

可燃气体检(探)测器所检测的主要对象是属于第二级释放源的设备或场所。本条各款的规定就是属第二级释放源的具体实例。

4.2 工艺装置

4.2.1 所谓露天布置是指设备布置在没有厂房,没有顶棚的室外。敞开式厂房布置是指设备布置在设有屋顶,不设建筑外围护结构的建筑物内。

根据液化石油气扩散速率试验,室内当释放流率为600L/h(10L/min)时,LPG的扩散速度为0.15m/s,泄漏发生1min~1.5min内即可检测到,扣除仪表本身响应时间30s后,扩散时间为30s~60s,扩散距离4.5m~9m。

由此推论,一台在室内安装的检(探)测器其有效覆盖半径可按4.5m~9m考虑。

按日本《一般高压气体安全规则》中LPG安全规则,关于"可燃性气体及有毒气体的泄漏检测报警器的布置",室内布置的容易泄漏的高压气体设备,容易滞留可燃气体的场所,在这些设备群的周围以10m间距设一个检(探)测器的比例计算设置检(探)测器的数量。在室外布置的容易泄漏的高压气体设备在邻近高压设备,墙壁及其他构筑物,坑槽等易于滞留气体的场所等,在这些设备群的周围以20m间距设一个检(探)测器的比例计算设置检(探)测器的数量。

上述容易泄漏的高压气体设备一般指压缩机、泵、反应器、储罐等。

分析日本的规定可以折算为:检(探)测器的有效覆盖水平平面半径,在室内为5m,在室外为10m。

据有关资料报道,试验表明,在泄放量为5L/min~10L/min,连续释放5min,检(探)测器与泄放点间的最灵敏区范围为10m以内;有效检测距离是20m。

4.2.2 按现行国家标准《作业场所环境气体检测报警仪通用技术要求》GB 12358,可燃气体和有害气体泄漏30s~60s即响应报警,取其扩散距离的平均值即为7.5m。参照日本的规定,室外为室内的2倍,故室外的有效覆盖水平平面半径为15m。

有毒气体检(探)测器与释放源距离是根据对石化企业调查结果规定的,一般检(探)测器距释放源的距离室外不大于2m,室内不大于1m,多为靠近释放源0.5m~0.6m设置,其安装高度;对于比空气轻的有毒气体,检(探)测器设在释放源上方不大于1.5m处;对于比空气重的有毒气体,检(探)测器设在距地面约0.3m~0.6m处。

封闭厂房是指有门、有窗、有墙、有顶棚的厂房,半敞开式厂(库)房是指有屋顶,建筑外围护结构局部采用墙体构造的生产性或储存性建筑物,通常多为局部通风不良场所。布置在封闭式厂房内的设备,属于室内布置;布置在半敞开式厂房内的设备,应根据具体的布置情况确定,如果通风不良,也可视为室内布置。

封闭或半敞开厂房内有一层或二层。如果可燃气体或有毒气体压缩机布置在厂房的第二层,为安全起见,尽快检测出泄漏的可燃气体或有毒气体,在二层应按本条规定设置检(探)测器。二层以下(即一层),在无释放源情况下,属比空气重的可燃气体或有毒气体的沉积,所以在一层按本规范的第4.4.4条设置检(探)测器。有释放源的情况,仍按本条设置检(探)测器。

对开路式红外气体检(探)测器,由于其检测原理的特殊性和产品的技术性能差异,其检测布置及覆盖范围,应按产品技术文件要求设计。

4.2.3 本条规定是检测比空气轻的可燃气体与有毒气体,当释放源处于露天或敞开式厂房的设备区内,通风良好,根据现场调查和引进装置均不设检(探)测器。当释放源处封闭或半敞开厂房内,通风不如露天或敞开式厂房,且在最高点死角易于积聚可燃气体,为安全起见,尽快检测泄漏的可燃气体,所以规定在释放源上方0.5m~2m处(见本规范第6.1.2条)设检(探)测器。在最高点易于积聚处设检(探)测器主要目的是检测泄漏出可燃气体与有毒气体经扩散后滞留此处,经一定时间积聚后达到报警设定值而报警。

4.3 储运设施

4.3.1 液化烃、甲_B、乙_A类液体等产生可燃或有毒气体的液体储罐常以罐组形式布置在防火堤内,当防火堤内有隔堤且隔堤高度高于检(探)测器的安装高度时,隔堤分隔的区域内应设检(探)测器。

4.3.4 灌装口与检(探)测点距离小于5m时,在正常灌装时可能报警,两者间距离不得过小,过大又不灵敏,因此规定为5m~7.5m。

一般储瓶库多为敞开式厂房,为有效检测泄漏的液化烃,规定沿库的四周布置检(探)测器。周边长度之和不长(如小于60m),可每间隔15m设一台检(探)测器;当四周边长之和小于15m的,至少设一台检(探)测器。

当储瓶库系封闭或半敞开厂房时应按本规范第4.2.1条规定,使检(探)测器有效的覆盖全部厂房面积。

4.4 其他有可燃气体、有毒气体的扩散与积聚场所

4.4.1 这是为防止可燃气体进入明火加热炉区,以防引起火灾和爆炸。检(探)测器设置的位置是沿用《石油化工企业设计防火规范》GB 50160的规定。

4.4.2 本条规定,只要设在爆炸危险区域2区范围内,使用防爆型或非防爆型在线分析仪表时,其仪表间均应设置检(探)测器。既可检测采样管道系统泄漏出的可燃气体,还可检测2区可燃气体,防止其进入仪表间。

按现行国家标准《石油化工企业设计防火规范》GB 50160的规定,"布置在爆炸危险区的在线分析仪表间内设备为非防爆型时,在线分析仪表间应正压通风"。为安全起见,本条规定,即使设了正压通风,也应有"第二道防线"的检(探)测器"把门"。

检测比空气轻的可燃气体,因气体比重轻于空气,易于聚积在仪表间顶部死角,所以检(探)测器应设在顶部易于积聚处。

4.4.3 石油化工企业内,建筑物所处的周边环境比较复杂,工厂发生泄漏事故时,在建筑物内各房间工作的工作人员不易察觉,故当建筑物设置集中空调时,应根据具体情况,在空调引风口处设置可燃气体和有毒气体检(探)测器,并应将报警信号送空调引风管道上设置的自动切断隔离系统。

装置内控制室、机柜间、变配电所等电缆沟槽进入建筑物房间的开洞处设检(探)测器,是属"第二道防线",以防止可燃气体或有毒气体的进入。日本和中国台湾的标准以及一些引进装置都安装检(探)测器,本规范则区别对待。一般控制室、变配电所距工艺设备区或储罐15m(或22.5m)并高出地坪0.6m,是属2区以外。高度小于0.6m,距工艺设备区或储罐15m~30m之间距离是属附加2区的范围;在此范围内的控制室,当门窗朝向设备组或储运设施,则认为可燃气体或有毒气体可能进入。因此,装置发生泄漏时,可燃气体或有毒气体可能进入室内的机柜间、控制室和变配电所都宜设检(探)测器,否则可不设。

4.4.4 装置发生泄漏时,比空气重的可燃气体和/或有毒气体,可能积聚在通风不良的工艺阀井、地坑及排污沟等场所,形成局部0区,危及生产操作安全和环境安全。

5 可燃气体和有毒气体检测报警系统

5.1 系统的技术性能

5.1.1 石油化工企业可燃气体和有毒气体的检测,除了极个别的对象有特殊的联动要求以外,大量的应该是用于报警。

报警器和指示报警器,常用的有蜂鸣器、指示灯、指示仪等常规仪表,也有可编程控制器(PLC)、分散型控制系统,数据采集系统,工业控制计算机以及专用报警显示设备等电子设备。

报警器包括信号设定器和闪光报警两个基本单元。

指示报警器至少具有信号设定、信号指示、闪光报警三个基本功能,也可以是由指示器和报警器两部分构成。

为保证检测报警系统的可靠性,报警控制器或信号设定器应与检(探)测器一对一相对独立设置,闪光报警单元可与其他仪表系统共用,但对重要的报警与自动保护有关的报警,应独立设置。

5.2 检(探)测器的选用

5.2.1 检(探)测器的选用与检测仪表产品的性能、被测气体的理化性质、环境条件及干扰气体介质或元素对检测元件的毒害程度等密切相关,常见的检(探)测器的性能见本标准的附录C。

实际生产过程中,常用的可燃气体和有毒气体检(探)测器多为催化燃烧型检(探)测器、热传导型检(探)测器、红外气体检(探)测器、半导体型检(探)测器、电化学型检(探)测器、光致电离型检(探)测器等,故本规定中,有关可燃气体和有毒气体检(探)测器的选用要求也是针对上述常用气体探测器的。对于其他特殊形式的气体检(探)测器,如高分子气体传感器和开路式红外气体检(探)测器等,其选型及适用范围,应按产品技术文件要求设计。

有毒及可燃气体检(探)测器是常用的精密检测分析仪表,为了保证现场检测数据的可靠性,设计选型时,应根据现场的环境条件提出对产品的技术性能要求。检(探)测器的选用,应考虑使用环境温度以及被检测的气体同安装环境中可能存在的其他气体的交叉影响,并结合现场环境特征,考虑检(探)测器的防水、防腐、防潮、防尘、防爆和抗射电磁干扰等要求。

有毒气体的浓度范围常常为PPM级。检测环境条件对仪表的工作性能的影响尤为严重。有毒气体检(探)测器的选用更应综合考虑气体的物性、腐蚀性、检(探)测器的适应性、稳定性、可靠性、检测精度、环境特性及使用寿命等,并根据检(探)测器安装场所中的各种气体成分的交叉反应的情况和制造厂提供的仪表抗交叉影响的性能,选择合适的检(探)测器。

使用电化学型检(探)测器时,由于温度过高过低都会引起电解质的物理变化,应注意使用温度不超过制造厂所规定的使用环境温度。当环境温度不适合时,应采取措施或改用其他型式的检(探)测器。

常用的有毒气体检(探)测器使用寿命如下:

电化学式:1年~3年;

半导体式:3年~4年;

红外线式:不小于2年。

对同一种原理的检(探)测器,制造厂对检测不同的有毒气体采取了不同的样品处理措施,用以消除气体测量中的交叉反应,因此,在采购有毒气体检(探)测器时应注明要检测的气体及安装环境中存在的其他气体。

5.2.2 常用气体检(探)测器的选用:

1 可燃气体的检测常用催化燃烧方式的检(探)测器,若检(探)测器安装场所的大气中含有对可燃气体检(探)测器有影响的有害组分时,可选用普通型或抗毒性检(探)测器。

卤化物(氟、氯、溴、碘)、硫化物、硅烷及含硅化合物、四乙基铅

等物质能使检(探)测器元件中毒。含有毒性物质,会降低检(探)测器的使用寿命;毒性物质含量过高会使检(探)测器无法工作。

毒性物质的含量与检测元件的使用寿命(直至无法使用)之间无严格的定量数据。

抗毒性检测元件主要是抗硫化物和硅化物对检测元件的毒害。

一般检测可燃气体的催化燃烧方式的检(探)测器对氢气有引爆性,对氢气的检测应选用专用的催化燃烧型氢气检(探)测器或采用热传导型检(探)测器或半导体型检(探)测器。

5.2.3 根据现行国家标准《爆炸和火灾危险环境电力装置设计规范》GB 50058 的规定,检(探)测器的防爆类别组别必须符合现场爆炸性气体混合物的类别、级别、组别的要求。爆炸危险区域的划分应按释放源级别和通风条件确定,分为三个区域,即 0 区、1 区、2 区。

爆炸性气体混合物按其最大试验安全间隙和最小点燃电流比分级(Ⅰ、ⅡA、ⅡB、ⅡC);按其引燃温度分组(T1、T2、T3、T4、T5、T6)。

选用的检(探)测器的级别和组别不应低于安装环境中的爆炸性气体混合物的级别和组别。

5.2.4 根据安装现场的环境条件及该点检测对生产和人体的危害程度选用不同的采样方式。吸入式检(探)测器较之自然扩散式检(探)测器增加了机械吸入装置,有更强的定向、定点采样能力,但覆盖面较小,除本条所规定情况采用吸入式检(探)测器外,大量使用的应该是自然扩散式检(探)测器。

5.3 指示报警设备的选用

5.3.1 指示报警设备要求具有的基本功能与设计配置的系统有关:

1 报警系统——具有报警和位号识别功能;

2 指示报警系统——具有指示、报警和位号识别功能;

3 信号设定器或报警控制器应是专用仪表;指示器和报警器可以独立设置,也可以与其他仪表系统公用;

4 指示报警系统可以是盘装单元,也可以是专用的以微机为基础的数据采集系统。

有关测量范围是根据现行国家标准《作业环境气体检测报警仪通用技术要求》GB 12358,并参照化工行业标准《有毒气体检测报警仪技术条件及检验方法》HG/T 23006 和日本国通产省令 51 号《关于确保液化石油气安全和正当交易的法律实施规则的有关基准》(昭和 43 年 2 月 7 日制定,昭和 57 年 10 月 1 日最终修订)有关条文制定的。

指示报警器或报警器的有关性能指标是根据现行国家标准《可燃气体报警控制器技术要求及试验方法》GB 16808 并结合目前国内外气体检测报警仪表的发展情况制定的。

对于某些有毒气体,如苯蒸气,受仪表制造技术条件所限,难以在满足《工作场所有害因素职业接触限值》GBZ 2 要求的浓度限值的条件下进行测量,为尽量做到保护现场工作人员的安全,本规范规定:当现有检(探)测器的测量范围不能满足测量要求时,有毒气体的测量范围可为 0～30%直接致害浓度值。

5.3.2 在可燃气体和有毒气体检测报警系统的工程设计中,应根据装置的规模、业主的安全管理要求、生产装置的检测点数量和检测报警系统的技术要求,综合考虑指示报警设备的设计方案。

当可燃气体和有毒气体检测点数量较少(≤30)时,指示报警设备可采用独立的工业 PC 机、PLC 或常规的模拟仪表。

对于大型联合装置、区域控制中心和全厂中心控制室等的可燃及有毒气体检测报警系统可优先考虑与火灾检测报警系统合并设置。

当可燃气体和有毒气体检测报警系统与生产过程控制系统(包括 DCS、SCADA 等)合并设计时,应考虑相应的安全措施,保证装置生产过程控制系统出现故障或停用时,可燃气体及有毒气体检测报警系统仍能保持正常工作状态。采用独立设置的 I/O 卡件就是措施之一。也可以考虑同时采用其他的安全措施,如:独立设置的 DCS 控制器和操作站;配备足够的移动式可燃气体及有毒气体检测报警仪;等等。

5.3.3 报警设定单元是仪表本体上配置的单元之一,它可以设置在检(探)测器上;可以设置在报警控制器和报警设定器上;也可以设置在专用的数据采集系统上。

根据系统配置的要求,可以选用仅具有一级报警(高限)功能的仪表或具有一级报警、二级报警(高高限)功能的仪表。

一级、二级报警设定值是根据国内外多年的使用经验规定的。

报警设定值及有关的测量范围是根据现行国家标准《作业环境气体检测报警仪通用技术要求》GB 12358,并参照化工行业标准《有毒气体检测报警仪技术条件及检验方法》HG/T 23006 和日本国通产省令 51 号《关于确保液化石油气安全和正当交易的法律实施规则的有关基准》的有关条文制定的。

对于某些有毒气体而言,如苯蒸气,受仪表制造技术条件所限,难以在满足《工作场所有害因素职业接触限值》GBZ 2 要求的浓度限值的条件下进行测量,为尽量做到保护现场工作人员的安全,本规范规定:当现有检(探)测器的测量范围不能满足测量要求时,有毒气体的二级报警(高高限)设定值不得超过 10%直接致害浓度值。

6 检(探)测器和指示报警设备的安装

6.1 检(探)测器的安装

6.1.1 相对气体密度大于 0.97kg/m³(标准状态下)的即认为比空气重;相对气体密度小于 0.97kg/m³(标准状态下)的即认为比空气轻。检测比空气重的可燃气体和/或有毒气体时,推荐的检(探)测器安装高度应高出地坪(或楼板面)0.3m～0.6m。过低易造成因雨水淋、溅,对检(探)测器的损害;过高则超出了比空气重的气体易于积聚的高度。

6.1.2 检测比空气轻的可燃气体(如甲烷和城市煤气时),检(探)测器高出释放源所在高度 0.5m～2m,且与释放源的水平距离适当减小至 5m 以内,可以尽快地检测到可燃气体。当检测指定部位的氢气泄漏时,检(探)测器宜安装于释放源周围及上方 1m 的范围内,太远则由于氢气的迅速扩散上升,起不到检测效果。

检测与空气分子量接近且极易与空气混合的有毒气体(如一氧化碳和氰化氢)时,检(探)测器应安装于距释放源上下 1m 的高度范围内;有毒气体比空气稍轻时,检(探)测器安装于释放源上方,有毒气体比空气稍重时,检(探)测器安装于释放源下方;检(探)测器距释放源的水平距离不超过 1m 为宜。

附录 A　常用可燃气体、蒸气特性

　　本规范中的常用可燃气体和蒸气特性表的数值来源以《化学易燃品参考资料》(北京消防研究所译自美国防火手册)为主，并与《压力容器中化学介质毒性危险和爆炸危险程度分类》HG 20660—2000、《石油化工工艺计算图表》、《可燃气体报警器》JJG 693—90 进行了对照，仅调整了个别栏目的数值。

附录 C　常用气体检(探)测器的技术性能表

　　本规范中的常用气体检(探)测器的技术性能表数值来源于欧洲标准《可燃气体或氧气检测与测量仪器的选用、安装、使用和维护指南》EN 50073：1999。设计过程中，检(探)测器的选用，应根据检(探)测器产品的技术性能确定。

附录 B　常用有毒气体、蒸气特性

　　本规范中的常用有毒气体和蒸气特性表的数值来源于《常用化学危险物品安全手册》、《高毒物品作业职业病危害防护实用指南》、《工作场所有害因素职业接触限值》GBZ 2—2002、《呼吸防护用品的选择、使用与维护》GB/T 18664—2002。

中华人民共和国国家标准

核工业铀水冶厂尾矿库、尾渣库
安全设计规范

Code for safety design of uranium mills tailings pond
in nuclear industry

GB 50520-2009

主编部门：中国核工业集团公司
批准部门：中华人民共和国住房和城乡建设部
施行日期：2010年4月1日

中华人民共和国住房和城乡建设部公告

第 452 号

关于发布国家标准《核工业铀水冶厂
尾矿库、尾渣库安全设计规范》的公告

现批准《核工业铀水冶厂尾矿库、尾渣库安全设计规范》为国家标准，编号为 GB 50520—2009，自 2010 年 4 月 1 日起实施。其中，第 3.0.1、6.1.1、6.2.1 条为强制性条文，必须严格执行。

本规范由我部标准定额研究所组织中国计划出版社出版发行。

中华人民共和国住房和城乡建设部
二〇〇九年十一月三十日

前　言

本规范是根据原建设部《关于印发〈2005 年工程建设标准规范制订、修订计划（第二批）〉的通知》（建标函〔2005〕124 号）的要求，由核工业第四研究设计院编制完成。

本规范在编制过程中，编制组进行了广泛地调查研究，收集了国内外有关资料，认真总结了我国铀水冶厂尾矿库、尾渣库工程建设实践经验，并结合国内铀水冶厂尾矿库、尾渣库工程发展的需要，经广泛征求意见后，多次修改，最后经审查定稿。

本规范共分 9 章，主要内容包括：总则，术语，一般规定，尾矿库、尾渣库选址，尾矿坝、尾渣坝设计，尾矿库、尾渣库防洪，尾矿库、尾渣库排水，尾矿库、尾渣库退役，辐射监测等。

本规范中以黑体字标志的条文为强制性条文，必须严格执行。

本规范由住房和城乡建设部负责管理对强制性条文的解释，由中国核工业集团公司负责日常管理，核工业第四研究设计院负责具体技术内容的解释。本规范在执行过程中，希望各单位结合工程实践，认真总结经验，注意积累资料，如发现需要修改和补充之处，请将意见和有关资料寄交核工业第四研究设计院（地址：石家庄市 189 信箱，邮编：050021），以便今后修订时参考。

本规范主编单位、主要起草人和主要审查人员名单：

主　编　单　位：核工业第四研究设计院
主　要　起　草　人：李哲辉　刘树金　赵宏圣　陈　华
主　要审查人员：潘英杰　景文信　郑仕忠　薛建新　王志章
　　　　　　　　　刘世英　范省三

目　次

1 总　则 ……………………… 9—4
2 术　语 ……………………… 9—4
3 一般规定 …………………… 9—4
4 尾矿库、尾渣库选址 ……… 9—5
　4.1 尾矿库选址 …………… 9—5
　4.2 尾渣库选址 …………… 9—5
5 尾矿坝、尾渣坝设计 ……… 9—5
　5.1 尾矿坝设计 …………… 9—5
　5.2 尾渣坝设计 …………… 9—6
6 尾矿库、尾渣库防洪 ……… 9—6
　6.1 尾矿库防洪 …………… 9—6

6.2 尾渣库防洪 ……………………… 9—6
7 尾矿库、尾渣库排水 …………… 9—7
　7.1 尾矿库排水 …………………… 9—7
　7.2 尾渣库排水 …………………… 9—7
8 尾矿库、尾渣库退役 …………… 9—7
　8.1 尾矿库退役 …………………… 9—7
　8.2 尾渣库退役 …………………… 9—7
9 辐射监测 …………………………… 9—7
本规范用词说明 …………………… 9—8
引用标准名录 ……………………… 9—8
附：条文说明 ……………………… 9—9

Contents

1 General provisions ………… 9—4
2 Terms ……………………… 9—4
3 General requirements ……… 9—4
4 Choose site for tailings pond and
　dry tailings pond ………… 9—5
　4.1 Site selection for tailings pond …… 9—5
　4.2 Site selection for dry tailings pond … 9—5
5 Design of tailings dam and dry
　tailings dam ……………… 9—5
　5.1 Design of tailings dam ……… 9—5
　5.2 Design of dry tailings dam … 9—6
6 Flood control of tailings pond
　and dry tailings pond …… 9—6
　6.1 Flood control of tailings pond ……… 9—6

6.2 Flood control of dry tailings pond ……… 9—6
7 Drainage of tailings pond and dry
　tailings pond ………………… 9—7
　7.1 Drainage of tailings pond ………… 9—7
　7.2 Drainage of dry tailings pond ……… 9—7
8 Decommissioning of tailings pond
　and dry tailings pond ……… 9—7
　8.1 Decommissioning of tailings pond … 9—7
　8.2 Decommissioning of dry tailings pond … 9—7
9 Radiation monitoring ……… 9—7
Explanation of Wording in this code ……… 9—8
List of quoted standards ……… 9—8
Addition：Explanation of provisions ……… 9—9

9

1 总　则

1.0.1 为了使核工业铀尾矿库、尾渣库工程安全设计适应当前的技术进步和强化环保意识的需要,制定本规范。

1.0.2 本规范适用于核工业铀矿冶常规水冶生产和堆浸生产配套工程尾矿库、尾渣库设施的设计。

1.0.3 本规范规定了核工业铀水冶厂尾矿库、尾渣库安全设计的基本要求。当本规范与国家法律、行政法规的规定相抵触时,应按国家法律、行政法规的规定执行。

1.0.4 核工业铀水冶厂尾矿库、尾渣库安全设计,除应符合本规范外,尚应符合现行国家有关标准的规定。

2 术　语

2.0.1 尾矿库　tailings pond

贮存水冶厂尾矿浆中矿砂和矿泥的专用设施,由堤坝围截而成,库内设有排水(洪)构筑物以排除库内的尾矿澄清水和雨水。

2.0.2 尾渣库　dry tailings pond

堆放及贮存水冶厂排出的干尾矿、渣的专用场所,由堤坝拦截山沟(谷)而成,设有排泄暴雨洪水的防洪设施。

2.0.3 尾矿库、尾渣库安全　safety for tailings pond and dry tailings pond

库内构筑物的工程安全、辐射防护安全及环境保护方面的安全。

2.0.4 尾矿库、尾渣库失事　failure of tailings pond and dry tailings pond

由于洪水或其他原因导致尾矿坝、尾渣坝溃决,尾矿、尾渣冲出坝外,造成人民生命财产严重损失及环境严重污染的灾害性事故。

2.0.5 沉积滩　deposited beach

水力冲积尾矿形成的沉积体表层,常指露出水面部分。

2.0.6 滩顶　beach crest

沉积滩面与堆积坝外坡的交线,为沉积滩的最高点。

2.0.7 滩长　beach length

滩顶至库内水边线的水平距离。

2.0.8 最小干滩长度　minimum beach width

设计或校核洪水位时的干滩长度。

2.0.9 安全超高　free height

尾矿坝沉积滩顶至设计或校核洪水位的高差。

2.0.10 最小安全超高　minimum free height

规定的安全超高最小值。

2.0.11 辐射防护距离　distance of radiation protection

尾矿库、尾渣库与居民区之间或其他工业设施之间的辐射防护间隔距离。

2.0.12 退役　decommissioning

铀矿冶设施服务年限期满,或由于其他原因永久性停业时,充分考虑到对工作人员和周围公众的健康和安全及保护环境而采取的活动。

3 一般规定

3.0.1 尾矿库、尾渣库设计必须确保安全与稳定,并进行安全分析。

3.0.2 尾矿库的等别应根据尾矿库的有效库容和尾矿库失事后对下游的危害程度确定。

当尾矿库有效库容大于或等于 1000 万 m³ 时,应按二等尾矿库设计;小于 1000 万 m³ 时应按三等尾矿库设计。当尾矿库失事后可能危及下游重要城镇、工矿区、铁路干线或其他具有重要政治经济意义的设施时,应提高一等;当尾矿库经安全分析后,确认失事后对下游影响较小时,可降低一等,但均应经审管部门批准。

3.0.3 尾渣库的等别应根据尾渣库的有效库容确定。

当尾渣库的有效库容大于或等于 1000 万 m³ 时,应按三等尾渣库设计;小于 1000 万 m³ 时应按四等尾渣库设计。

3.0.4 尾矿库、尾渣库运用洪水标准应符合表 3.0.4 的规定。

表 3.0.4　尾矿库、尾渣库运用洪水标准(a)

尾矿库等别	尾渣库等别	洪水重现期	
		设计洪水重现期	校核洪水重现期
一		1000	可能最大洪水
二	一	500	2000
三	三	100	1000
	四	50	500

3.0.5 尾矿坝、尾渣坝设计条件应按下列要求分类:

1　尾矿坝设计条件应符合下列要求:

　1)正常工作条件应为尾矿库水位处于正常工作水位和设计洪水位之间的各种水位的稳定渗流期;

2)非常工作条件Ⅰ应为施工期(水中填土坝、水坠坝等);尾矿库校核洪水位有可能形成稳定渗流的情况;

3)非常工作条件Ⅱ应为正常工作条件遭遇地震。

2 尾渣坝设计条件应符合下列要求:

1)正常工作条件应为尾渣库内无积水,尾渣坝体无浸润线;

2)非常工作条件应为正常工作条件遭遇地震。

3.0.6 当长期持续受到尾矿库、尾渣库放射性物质照射时,环境公众人员的剂量应符合现行国家标准《电离辐射防护与辐射源安全基本标准》GB 18871 的有关规定。

居民终身平均年有效剂量当量应低于营运单位分配的剂量限值。

4 尾矿库、尾渣库选址

4.1 尾矿库选址

4.1.1 尾矿库选址应避开居民区和饮用水源,尾矿库与居民区、饮用水源和铀矿进风井之间的距离应不小于表 4.1.1 的要求。当有山体相隔或采取一定防护措施后,距离可适当减小,但必须经过有关审管部门批准。

尾矿库应按当地最小频率风向合理布置在工业企业和居民区上风侧以及附近水库和集中取水点的下游。

表 4.1.1 尾矿库与饮用水源、居民区和铀矿进风井之间的距离(m)

类型	饮用水源	居民区	铀矿进风井
尾矿库	800	800	300

4.1.2 尾矿库选址应选择汇水面积小、雨洪流量小、筑坝工程量小、有效库容大的场所。

4.1.3 尾矿库选址应避开强地震区,并应选择在山体稳定、无滑坡、无泥石流、地质条件好和库床渗漏小的地区。

尾矿库库床应设置防渗层。尾矿库库基天然基础层的渗透系数不大于 1×10^{-6} cm/s,厚度不小于 1.5m,且地下水位在天然基础层地表 3m 以下时,库基天然基础层可作为防渗层和隔水层。

4.2 尾渣库选址

4.2.1 尾渣库选址及其与居民区、饮用水源和铀矿进风井之间的距离,以及库区的工程地质、水文地质条件应按本规范第 4.1 节要求执行。

4.2.2 尾渣库应处于经常的干涸状态,不得贮水出现明水位,对顶面坡度坡向库内的上游法堆渣坝,在宣泄雨洪时才可贮水和出现明水位。

5 尾矿坝、尾渣坝设计

5.1 尾矿坝设计

5.1.1 尾矿坝(含初期坝和堆积坝)的等级应与尾矿库的等别一致。

5.1.2 尾矿坝坝址的选定,应以筑(堆)坝工程量小,工程地质条件、水文地质条件好,形成的库容大,能最大限度地防止和减少污染地表(下)水为原则,并应符合下列规定:

1 尾矿坝坝址应避开断层、破碎带等不良地质构造,并应避开熔岩发育地区,无法避开时应进行论证,并有妥善的处理措施;

2 坝基中有可能发生地震液化的土层,应按国家现行标准《水工建筑物抗震设计规范》DL 5073 的有关规定进行发生地震液化的可能性评价,并应做好处理工作。

5.1.3 初期坝可分为透水坝和不透水坝,初期坝设计应符合下列规定:

1 当初期坝选用透水堆石坝时,上游坡反滤层应设计保护层;

2 初期坝选用均质土坝或组合土坝时,必须在坝体内设计有效的排渗设施;

3 初期坝坝型应选用透水堆石坝。

5.1.4 尾矿堆积坝的筑坝方法可分为上游筑坝法、中线筑坝法和下游筑坝法。筑坝方法的选择和堆坝要求应符合下列规定:

1 筑坝方法的选择应根据尾矿的物理力学性质、尾矿库地形地质条件、气候特征、地震烈度、尾矿堆坝的上升速度,以及防止环境污染等诸因素,经技术经济论证确定;在条件相近的情况下,应采用上游筑坝法;

2 尾矿堆积坝的外坡应设计稳固的护坡,每一次用尾砂加高堆积坝体后应立即护坡。

5.1.5 尾矿坝坝顶在尾矿库沉淀池静水位以上的超高应由下式确定:

$$Y = h + R + e + A \quad (5.1.5)$$

式中:Y——坝顶与沉淀池正常工作水位的高差(m);

h——调洪水深(m),由调洪演算确定;

R——最大波浪在坝坡上的爬高(m);

e——最大风壅水面高度(m);

A——最小安全超高(m);按表 5.1.8 确定。

5.1.6 最大波浪在坝坡上的爬高和最大风壅水面高度应符合国家现行标准《碾压式土石坝设计规范》SL 274 有关规定。一般尾矿堆积坝的内坡很缓时,最大波浪爬高和最大风壅水面高度值可忽略不计。上游式尾矿堆积坝沉积滩顶至最高洪水位的高差不得小于表 5.1.8 规定的最小安全超高值;同时,滩顶至最高洪水位水边线的距离不应小于表 5.1.8 中规定的最小滩长值。

5.1.7 尾矿库挡水坝应按水库坝的要求设计。

5.1.8 位于地震区的安全超高尚应增加地震壅浪高度,应按国家现行标准《水工建筑物抗震设计规范》DL 5073 有关规定确定。上游式尾矿堆积坝滩顶至最高洪水位水边线的距离不应小于表 5.1.8中最小滩长值与地震壅浪高度对应滩长之和。

表 5.1.8 上游式尾矿堆积坝的最小安全超高与最小滩长(m)

坝的级别	1		2		3		4	
洪水重现期	设计	校核	设计	校核	设计	校核	设计	校核
最小安全超高	1.5	0.7	1.0	0.5	0.7	0.4	0.5	0.3
最小滩长	150	70	100	50	70	40	50	30

5.1.9 在尾矿坝内应设置排渗设施。尾矿坝的排渗设施应符合下列要求:

1 有足够的排水能力,保证自由地向下游排出全部渗水;

2 按排水反滤要求设计，保证坝体及地基土不产生渗流破坏；

3 排渗设施的设计应按国家现行标准《碾压式土石坝设计规范》SL 274 有关规定执行。

5.1.10 尾矿坝稳定计算应分别核算初期、后期及特定的中期的稳定性。稳定分析应包括下列内容：

1 初期坝竣工时的下游坡稳定性（正常工作条件）；

2 尾矿坝（初期坝＋堆积坝）在正常渗流状态下下游坡稳定性（正常工作条件）；

3 水中填土坝、水坠坝等施工期的坝坡稳定性（非常工作条件Ⅰ）；

4 尾矿坝在校核洪水位有可能形成稳定渗流状态下的下游坡稳定性（非常工作条件Ⅰ）；

5 初期坝上游坡除库后排矿外，可不作稳定计算，其坡度可与下游坡相同。

5.1.11 尾矿坝静力稳定计算可采用不计条块间作用力的瑞典圆弧法，对于有连续的厚尾矿泥夹层可采用改良圆弧法。对于高坝及一些复杂的情况，应同时兼用毕肖普法或其他严格方法计算。坝体稳定计算可按国家现行标准《碾压式土石坝设计规范》SL 274 有关规定执行。

尾矿的物理力学特性对于不同的工艺流程可能有较大的差异，而在设计阶段不可能取得有关数据时，设计可借鉴类似水冶厂的尾矿特性数据计算坝坡的稳定安全系数。待水冶厂生产一定时期后，应再进行勘查，取得数据，校核修改设计。

坝的级别应与尾矿库等别一致，采用计取条块间作用力的计算方法时，坝坡抗滑稳定最小安全系数不应小于表5.1.11规定的数值。采用不计条块间作用力的瑞典圆弧法计算坝坡抗滑稳定安全系数时，对1级坝正常工作条件最小安全系数不应小于1.3，其他情况应比表5.1.11规定的数值减少8%。

表 5.1.11 坝坡抗滑稳定最小安全系数

工作条件	坝的级别			
	1	2	3	4
正常工作条件	1.50	1.35	1.30	1.25
非常工作条件Ⅰ	1.30	1.25	1.20	1.15
非常工作条件Ⅱ	1.20	1.15	1.15	1.10

5.1.12 位于地震区的尾矿坝应根据国家现行标准《水工建筑物抗震设计规范》DL 5073 对各构筑物进行抗震计算，坝坡抗滑稳定最小安全系数不应小于表5.1.11非常工作条件Ⅱ规定的数值。

5.1.13 尾矿坝坝面应设置排水沟，坝体与岸坡连接处必须设置排水沟，其集水面积应包括岸坡集水面积在内，沟的断面尺寸应由计算确定。

5.1.14 坝高超过30m（包括初期坝）的尾矿坝应进行观测，并设置必要的观测设施、设备。观测应包括下列内容：

1 坝体沉降及位移；

2 坝体浸润线；

3 渗透水的流量及固体悬浮物、pH值及主要有害元素。

5.2 尾渣坝设计

5.2.1 尾渣坝宜由拦渣坝和尾渣堆积（体）构成，其等级应与尾渣库等别一致。尾渣堆坝（体）方法应为上游法和坝前法。尾渣堆坝方法的选择应根据库区的地形、地质条件、水冶厂的处理能力及汇水面积等因素比选确定，并符合下列规定：

1 上游法尾渣堆坝与尾矿库上游法堆坝的形式可基本相同，尾渣堆体顶面必须设置坡度，坡度可设计为坡向库内和坡向库外；

2 坝前法尾渣堆坝顶面必须设置坡向库外的坡度。

5.2.2 顶面坡度坡向库内的上游法堆渣坝，尾渣堆坝（体）的顶面坡度宜为1%～2%，坝前法尾渣堆坝（体）和顶面坡度坡向库外的上游法堆渣坝，顶面坡向库外的坡度不得大于1%。

5.2.3 拦渣坝高度应符合下列规定：

1 当用上游法尾渣堆坝时，拦渣坝所形成的容积不得小于水冶厂生产半年所排出的尾渣量，同时不宜小于总高度的1/3；

2 当用坝前法尾渣堆坝时，拦渣坝所形成的容积应能贮存水冶厂生产年限内可能流失的细粒尾渣量和汇水面积内地表侵蚀量之和。

5.2.4 拦渣坝坝型宜选用透水堆石坝。

5.2.5 拦渣坝及尾渣堆坝（体）的细部构造和稳定性验算等可按本规范第5.1节的要求执行。

5.2.6 尾渣堆坝（体）的外坡护砌应与尾渣堆筑的施工同步进行，并应随堆随砌。

6 尾矿库、尾渣库防洪

6.1 尾矿库防洪

6.1.1 尾矿库必须设置可靠的排洪构筑物。

6.1.2 尾矿库运用洪水标准应根据尾矿库所确定的等别确定，应分为设计洪水重现期和校核洪水重现期。洪水标准应按本规范表3.0.4确定。

6.1.3 尾矿库设计洪水的降雨历时宜用24h计算。

6.1.4 尾矿库排洪设施宜避免采用截洪沟，采用时，必须进行详细的技术经济论证。

6.1.5 尾矿库沉淀池内或排水（洪）构筑物上应设置清晰醒目的水位标尺。

6.1.6 严禁使用尾矿堆积的子坝作为抗洪挡水的度汛手段。

6.2 尾渣库防洪

6.2.1 尾渣库必须设置可靠的防洪设施。

6.2.2 尾渣库运用洪水标准应根据尾渣库所确定的等别确定，应分为设计洪水重现期和校核洪水重现期。洪水标准应按本规范表3.0.4确定。

6.2.3 尾渣库暴雨洪水的降雨历时宜用24h计算。

6.2.4 尾渣库周围宜设截洪沟，洪水标准宜为设计洪水重现期20a。

6.2.5 顶面坡向库外的上游法尾渣坝，宜在其下游适当地点设置拦渣坝（堤）。

7 尾矿库、尾渣库排水

7.1 尾矿库排水

7.1.1 尾矿库内澄清水宜返回水冶厂循环使用。

7.1.2 尾矿库排出的澄清水和坝体渗透水中的放射性物质及有害物质浓度超出国家规定的排放标准时,应经处理后再排放。

7.2 尾渣库排水

7.2.1 拦渣坝下游应设置渗水回收设施,渗出水宜返回水冶厂循环使用。

7.2.2 拦渣坝渗出水中的放射性物质及有害物质浓度超出国家规定的排放标准时,应经处理后再排放。

8 尾矿库、尾渣库退役

8.1 尾矿库退役

8.1.1 尾矿库退役必须按现行国家标准《铀矿冶设施退役环境管理技术规定》GB 14586有关规定进行退役设计,退役的尾矿库必须进行稳定化、无害化处置。

8.1.2 退役整治后的尾矿库工程应有足够的安全性和稳定性,其工程等别应按本规范第3.0.2条确定。

8.1.3 尾矿坝退役应进行稳定核算,坝的级别应与尾矿库的等别一致,其坝坡抗滑稳定最小安全系数不应小于本规范表5.1.11规定的数值。

尾矿坝安全稳定计算所采用的物理力学指标应根据勘察实测数据确定。

8.1.4 退役尾矿库应设置永久性的雨洪引泄构筑物,其洪水标准应按本规范第3.0.4条确定。利用原有的排水构筑物宣泄库内暴雨洪水时,必须保证其安全可靠。对不再继续使用的原有排水(洪)构筑物应采取封堵措施。

8.1.5 退役尾矿库的尾矿坝及滩面应进行覆盖治理。采用的材料应就地取材,覆盖层应有防止风蚀、雨蚀的安全措施。

8.1.6 退役治理后的尾矿库不应再贮水,不应有明水位,应保持常年干涸状态。

8.1.7 退役的尾矿库经过最终整治后应符合现行国家标准《铀矿冶设施退役环境管理技术规定》GB 14586的有关规定。

8.1.8 尾矿库退役过程中的质量保证应符合现行国家标准《铀矿冶设施退役环境管理技术规定》GB 14586的有关规定。

8.2 尾渣库退役

8.2.1 尾渣库退役必须按有关规定进行退役设计。退役的尾渣库必须进行稳定化、无害化处置。

尾渣库退役设计应按本规范第8.1.1条进行。

8.2.2 退役整治后的尾渣库工程应有足够的安全性和稳定性。退役设计等别应与设计等别一致,并应符合本规范第3.0.3条的规定。

8.2.3 尾渣坝或尾渣堆体退役应进行稳定性核算,其坝坡抗滑稳定最小安全系数不应小于本规范表5.1.11规定的数值。

尾渣坝安全稳定计算所采用的物理力学指标应通过勘察实测确定。

8.2.4 退役尾渣库应设置永久性的、可靠的防止雨洪冲刷、挟运尾渣出库的防洪构筑物。

8.2.5 退役尾渣库的尾渣坝坡、表面或尾渣堆体坡面及顶面必须进行覆盖,覆盖层应有防止风雨侵蚀的工程措施。

8.2.6 退役的尾渣库经过最终整治后应符合现行国家标准《铀矿冶设施退役环境管理技术规定》GB 14586的有关规定。

8.2.7 尾渣库退役过程中的质量保证应符合现行国家标准《铀矿冶设施退役环境管理技术规定》GB 14586的有关规定。

9 辐 射 监 测

9.0.1 尾矿库、尾渣库的辐射监测应包括尾矿库和尾渣库运行前、正常运行期间、事故状况下及退役整治后的放射性测量分析工作。

9.0.2 监测内容应主要包括介质中放射性核素和有毒有害物质的种类、浓度、排放量等。

9.0.3 尾矿库、尾渣库正常运行工况下的辐射监测应符合下列规定:

    1 辐射监测介质、项目、周期等内容与要求应符合国家现行标准《铀矿冶辐射环境监测规定》EJ 432的有关规定;

    2 采样点的选择应根据尾矿库、尾渣库正常运行时气载和液态流出物可能污染的范围和污染的程度确定,采样点的位置应选择在有代表性的地方或部位,并应反映出污染物的种类、排放量和环境质量状况。

9.0.4 尾矿库、尾渣库发生意外事故时,应进行追踪采样测量分析。监测范围应为其污染区域;监测介质和项目应符合本规范第9.0.3条的规定。

9.0.5 介质中的放射性核素和有毒有害物质的测量分析方法应执行国家的监测分析方法。

9.0.6 辐射监测质量保证应符合国家现行标准《铀矿冶辐射防护规定》EJ 993和《铀矿冶辐射环境监测规定》EJ 432的有关规定。

9.0.7 尾矿库、尾渣库环境影响评价应符合国家现行标准《铀矿冶辐射环境质量评价规定》EJ 521的有关规定。

本规范用词说明

1　为便于在执行本规范条文时区别对待，对要求严格程度不同的用词说明如下：

　　1)表示很严格，非这样做不可的：

　　　　正面词采用"必须"，反面词采用"严禁"；

　　2)表示严格，在正常情况下均应这样做的：

　　　　正面词采用"应"，反面词采用"不应"或"不得"；

　　3)表示允许稍有选择，在条件许可时首先应这样做的：

　　　　正面词采用"宜"，反面词采用"不宜"；

　　4)表示有选择，在一定条件下可以这样做的，采用"可"。

2　条文中指明应按其他有关标准执行的写法为："应符合……的规定"或"应按……执行"。

引用标准名录

《铀矿冶设施退役环境管理技术规定》GB 14586

《电离辐射防护与辐射源安全基本标准》GB 18871

《铀矿冶辐射环境监测规定》EJ 432

《铀矿冶辐射环境质量评价规定》EJ 521

《铀矿冶辐射防护规定》EJ 993

《水工建筑物抗震设计规范》DL 5073

《碾压式土石坝设计规范》SL 274

9

中华人民共和国国家标准

核工业铀水冶厂尾矿库、尾渣库
安全设计规范

GB 50520-2009

条文说明

制 订 说 明

一、编制概况

近年来,我国铀矿冶事业有了新的发展,尾矿排放工艺逐渐由常规水冶浸出产生湿式尾矿排放转变为尾矿浆经过滤或堆浸浸出后的干式尾渣排放。尾渣的物理力学性质不同于常规水冶排出的湿式尾矿。规范尾矿、尾渣的堆放、堆筑方法,保证尾矿库、尾渣库的工程安全、防洪安全、辐射安全是技术进步和保证安全生产的需要。同时,铀矿冶经过多年的发展,目前已有10多座尾矿库退役,并进行退役整治,积累了适合我国国情、有中国特色的退役治理铀尾矿库的设计经验。本规范制定的目的在于总结多年来铀尾矿库、尾渣库工程安全设计经验,使其适应当前的技术进步和强化环保意识的需要。

编制组成员于2005年6月接受该规范编制任务后,开始收集国内有关基础资料并进行调研,规范编制遵循实用、完善、有针对性的原则,结合我国铀矿冶尾矿(渣)库多年来的运行实践经验,于8月完成了该规范的征求意见稿,并发至有关部门和厂、矿企业征求意见,12月底部分单位返回意见,编制组根据有关单位的意见,进行归纳汇总,于2006年3月提交送审稿。2008年12月,组织有关专家对送审稿进行讨论,并提出修改意见。2009年4月,编制组成员根据专家提出的修改意见,对送审稿进行修改后,上报住房和城乡建设部。

二、尚需深入研究的有关问题

1.尾渣坝分期建设问题。

由于尾渣的排放方式和尾矿不同,目前在建的或已建的尾渣库坝型较多,且多个矿山的尾渣坝与废石场结合考虑,设计坝型为废石堆筑的透水堆石坝。因矿山基建期产生的废石量较少,为节约投资、降低基建费用,设计坝体的修筑为分期建设,考虑到各厂、矿的生产规模、矿石品位及年产尾渣量各不相同,本标准中未明确给出基建期一期尾渣坝工程的设计服务年限,待本标准使用一定时间后,再作完善、修改。

2.尾矿库、尾渣库安全分析。

按照现行行业标准《尾矿库安全技术规程》(国家安全生产监督管理总局发布AQ-2006-2005),对新建的尾矿库应编写《尾矿库安全预评价》及《初步设计的安全专篇》,尾矿库建成投入使用前,应编制《尾矿库安全验收评价》,对运行、使用的尾矿库需编制《尾矿库安全现状评价》。目前,尾矿库或尾渣库已被国防科工局列入军工核设施范畴,有关尾矿(渣)库安全分析的编制格式和要求目前尚没有明确规定,待相关规定出台后还需对本标准进行适当修改和补充。

为了广大设计、施工、科研、学校等单位有关人员在使用本规范时能理解和执行条文规定,《核工业铀水冶厂尾矿库、尾渣库安全设计规范》编制组按章、节、条顺序编制了本规范的条文说明,对条文规定的目的、依据以及执行中需注意的有关事项进行了说明,还着重对强制性条文的强制性理由作了解释。但是,本条文说明不具备与标准正文同等的法律效力,仅供使用者作为理解和把握标准规定的参考。

目　次

3　一般规定 ………………………………… 9—12

4　尾矿库、尾渣库选址 …………………… 9—12

　4.1　尾矿库选址 …………………………… 9—12

　4.2　尾渣库选址 …………………………… 9—12

5　尾矿坝、尾渣坝设计 …………………… 9—12

　5.1　尾矿坝设计 …………………………… 9—12

　5.2　尾渣坝设计 …………………………… 9—12

6　尾矿库、尾渣库防洪 …………………… 9—12

6.1　尾矿库防洪 …………………………… 9—12

6.2　尾渣库防洪 …………………………… 9—12

7　尾矿库、尾渣库排水 …………………… 9—13

　7.1　尾矿库排水 …………………………… 9—13

　7.2　尾渣库排水 …………………………… 9—13

8　尾矿库、尾渣库退役 …………………… 9—13

　8.1　尾矿库退役 …………………………… 9—13

　8.2　尾渣库退役 …………………………… 9—13

9

3 一般规定

3.0.1 核工业铀水冶厂尾矿（渣）库作为铀矿山的重大危险源，其安全与否直接影响着铀矿山能否正常生产运行。按照现行行业标准《尾矿库安全技术规程》（AQ2006—2005）有关规定，为确保尾矿库的安全稳定，金属非金属矿山尾矿库必须分阶段进行安全评价。《国防科技工业军用核设施安全监督管理规定》要求对军用核设施必须分阶段编制安全分析报告。为此，核工业铀尾矿（渣）库工程也必须按照有关规定，编制安全分析报告。

3.0.2 核工业铀尾矿库的库容较之有色金属、黑色金属尾矿库以及水库的库容要小得多，如果按库容量决定工程等别则会使铀尾矿库的等别很低。一般铀尾矿库内的总放射性活度约在 $n \times 10^{13}$ Bq～$n \times 10^{15}$ Bq，是对环境大气和水体的一个主要污染源，一旦出现事故，后果十分严重，而且事故处理要比相同规模的其他工业尾矿库和水库的事故处理繁重得多。为避免核工业铀尾矿库对四周环境可能造成污染，党和国家要求核工业铀尾矿库的级别较之相同规模的其他工业的尾矿库和水库的等别高出 1～2 等。故我国自开始核工业铀矿冶工业起就决定库容小于 1000 万 m³ 的铀尾矿库均要按三等库的标准设计，铀尾矿库没有四、五等库的设计标准。充分体现我国铀矿冶工业重视环境保护、确保铀尾矿库的工程安全的环保意识。

3.0.3 考虑到尾渣为干式排放，尾渣库的安全运行状态要比尾矿库好，但尾渣中含有许多放射性残留物，一旦其随降雨径流漫流，就会对四周环境造成污染，为加强环境保护，将尾渣库的工程等别定为三、四等。

4 尾矿库、尾渣库选址

4.1 尾矿库选址

4.1.1 本标准按照《铀矿冶辐射防护规定》EJ 993 的规定，对尾矿库与工业企业和居民区的安全防护距离作出规定。设计时可根据实际的地形条件作适当调整。

4.2 尾渣库选址

4.2.2 必须保证运行尾渣库的干涸状态，这对尾渣库的工程安全至关重要。设计采取措施也是比较容易做到的。

5 尾矿坝、尾渣坝设计

5.1 尾矿坝设计

5.1.3 理论分析和工程实践均说明初期坝选用透水堆石坝更能保证工程的安全性。如果初期坝选用均质土坝或组合土坝则必须在坝体内设计有效的排渗设施，防止浸润线在外坡逸出是至关重要的。

5.1.6 尾矿堆积坝的内沉积坡很缓，一般在 1% 左右，计算得出的坡面上最大波浪爬高和最大风壅高度很小，故尾矿坝顶在沉淀池静水位以上的超高值可将其忽略。

5.1.9 尾矿库坝体浸润线的高低直接影响着尾矿坝的安全稳定性，为降低坝体浸润线，保证尾矿坝的安全，尾矿坝坝体设计应设置排渗设施，防止浸润线从坝坡逸出。

5.2 尾渣坝设计

5.2.5 尾渣库汇水面积较小，平时没有明水位，在洪水期很难形成稳定渗流场。因此，拦渣坝和尾渣堆坝（体）稳定计算可只考虑正常工作条件和非常工作条件Ⅱ（正常工作条件遭遇地震）两种情况。

5.2.6 尾渣的含水量较低，为防止尾渣坝坡受风雨侵蚀将尾渣挟运出库，设计要求尾渣坝外坡必须随堆随砌。

6 尾矿库、尾渣库防洪

6.1 尾矿库防洪

6.1.1 尾矿堆积坝是由尾矿浆沉淀冲积而成，很容易被水流挟运，所以绝不允许发生洪水漫顶事故。库内排洪构筑物的牢固度和宣泄能力是防止洪水漫过坝顶的关键。

6.1.6 尾矿堆积坝的子坝断面很小，完全不具备抗洪挡水能力，一定要尽快放矿形成内沉积坡，方可作为度汛手段。

6.2 尾渣库防洪

6.2.1 尾渣坝作为高势能的人造泥石流危险源，很容易被洪水冲蚀，出现滑塌事故。完善的排洪设施是防止尾渣坝出现滑塌事故的关键。

6.2.5 在堆渣坝下游设置拦渣坝（堤），可防止一旦尾渣被雨水挟运流出库外而不会扩大污染范围，有条件的地方最好设置。

7 尾矿库、尾渣库排水

7.1 尾矿库排水

7.1.1、7.1.2 尾矿库内的澄清水要尽可能多地返回水冶厂使用,但是由于库区内的汇水面积、蒸发面积,渗透水量等诸多因素的不平衡,尾矿库必定要往库外排水。如果排出的水质超出国家允许的排放标准,须经过处理后方可排放。

7.2 尾渣库排水

7.2.1、7.2.2 尾渣库平时是干涸的,没有明水位。由于降雨的入渗和尾渣中孔隙水的转移,拦渣坝会有渗出水出逸,应把此水收集起来,经检测后决定是否排放或处理,以防止对下游环境造成污染。

8 尾矿库、尾渣库退役

8.1 尾矿库退役

8.1.6 水的冲刷、渗透、侵蚀是导致水工建筑物破坏的主要原因之一,对于土坝和堆石坝更是如此。如果尾矿库内没有了水,首先是库床渗透没有了水源,大大改善了地质环境,其二是坝体浸润线逐渐降低甚至消失,坝体的稳定性会大大提高,增加了尾矿库的安全性。对退役后的尾矿库来说,要做到这一点并不难。目前已经退役的尾矿库,绝大部分设计为不存水的。这应该成为退役尾矿库治理后必须达到的安全性指标,故在现行行业标准《铀水冶厂尾矿库安全设计规定》EJ 794—93 的基础上增加了此条。

8.2 尾渣库退役

8.2.1 尾渣库相对尾矿库来说构筑物相对简单,但尾渣库失事后造成的影响和损失也是不可忽视的。因此,尾渣库退役设计应参照尾矿库退役设计要求进行。

中华人民共和国国家标准

石油化工装置防雷设计规范

Code for design protection of petrochemical
plant against lightning

GB 50650-2011

主编部门：中　国　石　油　化　工　集　团　公　司
批准部门：中华人民共和国住房和城乡建设部
施行日期：２０１１年１２月１日

中华人民共和国住房和城乡建设部公告

第 882 号

关于发布国家标准《石油化工装置
防雷设计规范》的公告

现批准《石油化工装置防雷设计规范》为国家标准,编号为 GB 50650—2011,自 2011 年 12 月 1 日起实施。其中,第4.2.1、5.5.1条为强制性条文,必须严格执行。

本规范由我部标准定额研究所组织中国计划出版社出版

发行。

中华人民共和国住房和城乡建设部
二○一○年十二月二十四日

前　言

根据原建设部《关于印发〈2007 年工程建设标准规范制订、修订计划(第二批)〉的通知》(建标〔2007〕126 号)的要求,由中国石化工程建设公司会同有关单位编制完成的。

本规范在编制过程中,编制组经广泛调查研究,认真总结实践经验,参考有关国际标准和国外先进标准,并在广泛征求意见的基础上,最后经审查定稿。

本规范共分 6 章,主要技术内容是:总则、术语、防雷场所分类、基本规定、户外装置的防雷、防雷装置。

本规范中以黑体字标志的条文为强制性条文,必须严格执行。

本规范由住房和城乡建设部负责管理和对强制性条文的解释,由中国石油化工集团公司负责日常管理,由中国石化工程建设公司负责具体技术内容的解释。执行过程中如有意见或建议,请寄送中国石化工程建设公司(地址:北京市朝阳区安慧北里安园

21 号,邮政编码:100101)。

本规范主编单位、参编单位、主要起草人和主要审查人:

主 编 单 位:中国石化工程建设公司

参 编 单 位:中国石化集团上海工程有限公司
中国石化集团洛阳石油化工工程公司
中国寰球工程公司
中国天辰工程有限公司
中国五环工程有限公司

主要起草人:黄　旭　俞俊人　周　勇　杨光义　巴　涛
梁东光　甘家福　王宗景　马　坚　周　伟

主要审查人:罗志刚　周家祥　秦文杰　王财勇　黎德初
姜　琳　张　伟　吴敏青　仓亚军　张军梁
杨东明　陈河江　叶向东

目　　次

1　总　　则 …………………………… 10—4
2　术　　语 …………………………… 10—4
3　防雷场所分类 ……………………… 10—5
4　基本规定 …………………………… 10—5
　4.1　厂房房屋类场所 ……………… 10—5
　4.2　户外装置区场所 ……………… 10—5
　4.3　户外装置区的排放设施 ……… 10—6
　4.4　其他措施 ……………………… 10—6
5　户外装置的防雷 …………………… 10—6
　5.1　炉区 …………………………… 10—6
　5.2　塔区 …………………………… 10—6
　5.3　静设备区 ……………………… 10—6
　5.4　机器设备区 …………………… 10—7
　5.5　罐区 …………………………… 10—7

　5.6　可燃液体装卸站 ……………… 10—7
　5.7　粉、粒料桶仓 ………………… 10—7
　5.8　框架、管架和管道 …………… 10—7
　5.9　冷却塔 ………………………… 10—7
　5.10　烟囱和火炬 ………………… 10—7
　5.11　户外装置区的排放设施 …… 10—7
　5.12　户外灯具和电器 …………… 10—8
6　防雷装置 …………………………… 10—8
　6.1　接闪器 ………………………… 10—8
　6.2　引下线 ………………………… 10—8
　6.3　接地装置 ……………………… 10—8
本规范用词说明 ……………………… 10—9
引用标准名录 ………………………… 10—9
附：条文说明 ………………………… 10—10

10

Contents

1　General provisions ………………… 10—4
2　Terms ……………………………… 10—4
3　Classification of location against
　　lightning ………………………… 10—5
4　Basic requirement ………………… 10—5
　4.1　Location of industrial building … 10—5
　4.2　Location of outdoor unit ……… 10—5
　4.3　Emissions facilities of outdoor unit … 10—6
　4.4　Other facilities ………………… 10—6
5　Against lightning of outdoor unit …… 10—6
　5.1　Furnace area ………………… 10—6
　5.2　Tower area …………………… 10—6
　5.3　Static equipment area ……… 10—6
　5.4　Machiney equipment area …… 10—7
　5.5　Tank yard …………………… 10—7

　5.6　Flammable liquid depots …… 10—7
　5.7　Powder, pellet silos ………… 10—7
　5.8　Structure, pipe racks and pipes … 10—7
　5.9　Cooling towers ……………… 10—7
　5.10　Chimney and flare ………… 10—7
　5.11　Emissions facilities of outdoor unit … 10—7
　5.12　Outdoor lighting fixtures and
　　　　electrical equipments ……… 10—8
6　Lightning protection system ……… 10—8
　6.1　Air-termination system ……… 10—8
　6.2　Down-conductor system ……… 10—8
　6.3　Earth-termination system …… 10—8
Explanation of wording in this code ……… 10—9
List of quoted standards ……………… 10—9
Addition：Explanation of provisions ……… 10—10

1 总　则

1.0.1 为防止和减少雷击引起的设备损坏和人身伤亡,规范石油化工装置及其辅助设施的防雷设计,制定本规范。

1.0.2 本规范适用于新建、改建和扩建石油化工装置及其辅助生产设施的防雷设计;不适用于原油的采集、长距离输送、石油化工装置厂区外油品储存及销售设施的防雷设计。

1.0.3 石油化工装置的防雷设计,除应符合本规范外,尚应符合国家现行有关标准的规定。

2 术　语

2.0.1 石油化工装置 petrochemical plant

以石油、天然气及其产品作为原料,生产石油化工产品(或中间体)的生产装置。

2.0.2 辅助生产设施 support facilities

配合主要工艺装置完成其生产过程而必需的设施,包括罐区、中央化验室、污水处理厂、维修间、火炬等。

2.0.3 厂房房屋 industrial building(warehouse)

设有屋顶,建筑外围护结构全部采用封闭式墙体(含门、窗)构造的生产性(储存性)建筑物。

2.0.4 户外装置区 outdoor unit

露天或对大气敞开、空气畅通的场所。

2.0.5 半敞开式厂房 semi-enclosed industrial buildings

设有屋顶,建筑外围护结构局部采用墙体,所占面积不超过该建筑外围护体表面面积1/3(不含屋顶和地面的面积)的生产性建筑物。

2.0.6 敞开式厂房 opened industrial buildings

设有屋顶,不设建筑外围护结构的生产性建筑物。

2.0.7 雷击 lightning stroke

对地闪击中的一次电气放电。

2.0.8 直击雷 direct lightning flash

闪击直接打在建筑物、其他物体、大地或外部防雷装置上,产生电效应、热效应和机械力者。

2.0.9 雷电感应 lightning induction

闪电放电时,在附近导体上可能使金属部件之间产生火花放电的雷电静电感应和雷电电磁感应。

2.0.10 雷电波侵入 lightning surge on incoming services

由于雷电对架空线路、电缆线路或金属管道的作用,雷电波,即闪电电涌,可能沿着这些管线侵入屋内,危及人身安全或损坏设备。

2.0.11 防雷装置 lightning protection system(LPS)

用来减少雷击生产装置而造成的物质损害的一个完整系统,由外部防雷装置和内部防雷装置组成。

2.0.12 外部防雷装置 external lightning protection system

防雷装置的一个组成部分,由接闪器、引下线和接地装置组成。

2.0.13 内部防雷装置 internal lightning protection system

防雷装置的一个组成部分,由等电位连接和与外部防雷装置的电气绝缘组成。

2.0.14 接闪器 air-termination system

外部防雷装置的组成部分,由接闪杆(避雷针)、接闪线、接闪网等金属构件组成。

2.0.15 引下线 down-conductor system

外部防雷装置的组成部分,用于将雷电流从接闪器引至接地装置。

2.0.16 接地装置 earth-termination system

外部防雷装置的组成部分,用于传导雷电流并将其流散入大地。

2.0.17 接地体 earthing electrode

埋入土壤中或混凝土基础中作散流用的导体。

2.0.18 接地线 earthing conductor

从引下线断接卡或换线处至接地体的连接导体;或从接地端子、等电位连接排至接地体或接地装置的连接导体。

2.0.19 等电位连接网络 bonding network

将所有导电性物体(带电导体除外)互相连接到接地装置的一个系统。

2.0.20 接地系统 earthing system

将接地装置和等电位连接网络结合在一起的整个系统。

2.0.21 接地电阻 ground resistance

接地体或自然接地体的对地电阻和接地线电阻的总和。

2.0.22 工频接地电阻 power frequency ground resistance

按通过接地体流入地中工频交流电流求得的电阻。

2.0.23 冲击接地电阻 impulse earthing resistance

按通过接地体流入地中冲击电流求得的接地电阻。

3 防雷场所分类

3.0.1 石油化工装置的各种场所,应根据能形成爆炸性气体混合物的环境状况和空间气体的消散条件,划分为厂房房屋类或户外装置区。

3.0.2 半敞开式和敞开式厂房应根据其敞开程度,划分为厂房房屋类或户外装置区。有屋顶而墙面敞开的大型压缩机厂房应划为厂房房屋类;设备管道布置稀疏的框架应划为户外装置区。

4 基 本 规 定

4.1 厂房房屋类场所

4.1.1 石油化工装置厂房房屋类场所的防雷设计,应符合现行国家标准《建筑物防雷设计规范》GB 50057 的有关规定。

4.1.2 石油化工装置户外装置区的防雷设计应执行本规范第五章的有关规定。

4.2 户外装置区场所

4.2.1 石油化工装置的户外装置区,遇下列情况之一时,应进行防雷设计:

1 安置在地面上高大、耸立的生产设备;

2 通过框架或支架安置在高处的生产设备和引向火炬的主管道等;

3 安置在地面上的大型压缩机、成群布置的机泵等转动设备;

4 在空旷地区的火炬、烟囱和排气筒;

5 安置在高处易遭受直击雷的照明设施。

4.2.2 石油化工装置的户外装置区,遇下列情况之一时,可不进行防直击雷的设计:

1 在空旷地区分散布置的水处理场所(重要设备除外);

2 安置在地面上分散布置的少量机泵和小型金属设备;

3 地面管道和管架。

4.2.3 防直击雷的接闪器,宜利用生产设备的金属实体,但应符合下列规定:

1 用作接闪器的生产设备应为整体封闭、焊接结构的金属静

设备;转动设备不应用作接闪器;

2 用作接闪器的生产设备应有金属外壳,其易受直击雷的顶部和外侧上部应有足够的厚度。钢制设备的壁厚应大于或等于4mm,其他金属设备的壁厚应符合本规范表 6.1.5 中的厚度 t 值。

4.2.4 易受直击雷击且在附近高大生产设备、框架和大型管架(已用作接闪器)等的防雷保护范围之外的下列设备,应另行设置接闪器:

1 转动设备;

2 不能作为接闪器的金属静设备;

3 非金属外壳的静设备。

4.2.5 接闪器的防雷保护范围应采用下列方法之一确定:

1 应符合现行国家标准《建筑物防雷设计规范》GB 50057 滚球法的规定,滚球半径取 45m;

2 接闪器顶部与被保护参考平面的高差和保护角应符合表4.2.5 的规定或现行国家标准《雷电防护 第 3 部分:建筑物的物理损坏和生命危险》GB/T 21714.3 的有关规定。

表 4.2.5 接闪器顶部与被保护参考平面的高差和保护角

高差(m)	0~2	5	10	15	20	25	30	35	40	45
保护角(°)	77	70	61	54	48	43	37	33	28	23

4.2.6 防直击雷的引下线应符合下列规定:

1 安置在地面上高大、耸立的生产设备应利用其金属壳体作为引下线;

2 生产设备通过框架或支架安装时,宜利用金属框架作为引下线;

3 高大炉体、塔体、桶仓、大型设备、框架等至少使用两根引下线,引下线的间距不应大于 18m;

4 在高空布置、较长的卧式容器和管道(送往火炬的管道)应在两端设置引下线,间距超过 18m 时应增加引下线数量;

5 引下线应以尽量直的和最短的路径直接引到接地体去,应有足够的截面和厚度,并在地面以上加机械保护;

6 利用柱内纵向主钢筋作为引下线时,柱内纵向主钢筋应采用箍筋绑扎或焊接。

4.2.7 防雷电感应措施应符合下列规定:

1 在户外装置区场所,所有金属的设备、框架、管道、电缆保护层(铠装、钢管、槽板等)和放空管口等,均应连接到防雷电感应的接地装置上;设专用引下线时,钢筋混凝土柱子的钢筋,亦应在最高层顶和地面附近分别引出到接地线(网);

2 本条第 1 款所述的金属物体,与附近引下线之间的空间距离应按下式确定:

$$S \geqslant 0.075 k_c l_x \qquad (4.2.7)$$

式中:S——空间距离(m);

k_c——分流系数;单根引下线取 1,两根引下线及接闪器不成闭合环的多根引下线取 0.66,接闪器成闭合环的或网状的多根引下线取 0.44;

l_x——引下线计算点到接地连接点的长度(m)。

3 当本条第 2 款所要求的空间距离得不到满足时,应在高于连接点的地方增加接地连接线;

4 平行敷设的金属管道、框架和电缆金属保护层等,当其间净距小于 100mm 时应每隔 30m 进行金属连接,相交或相距处净距小于 100mm 时亦应连接。

4.2.8 防雷接地装置应符合下列规定:

1 利用金属外壳作为接闪器的生产设备,应在金属外壳底部不少于 2 处接至接地体;

2 本规范第 4.2.4 条规定另行设置的接闪器(杆状、线状和网状的),均应有引下线直接接至接地体;

3 防直击雷用的每根引下线所直接连接的接地体,其冲击接地电阻不应大于 10Ω,并应符合下列规定:

1)在接地电阻计算中,每处接地体各支线的长度应小于或

等于接地体的有效长度 l_e；

　　2）l_e 的计算和冲击接地电阻的换算应按现行国家标准《建筑物防雷设计规范》GB 50057 的有关规定执行；

　　4 防雷电感应的接地体，其工频接地电阻不应大于 30Ω；

　　5 防直击雷的接地体宜与防雷电感应和电力设备用的接地体连接成一个整体的接地系统。但防直击雷的接地体，其接地电阻应满足本条第 3 款的要求。

4.3 户外装置区的排放设施

4.3.1 安装在生产设备易受直击雷的顶部和外侧上部并直接向大气排放的排放设施（如放散管、排风管、安全阀、呼吸阀、放料口、取样口、排污口等，以下称放空口），应根据排放的物料和浓度、排放的频率或方式、正常或事故排放、手动或自动排放等生产操作性质和安装位置分别进行防雷保护。

4.3.2 属于下列情况之一的放空口，应设置接闪器加以保护。此时，放空口外的爆炸危险气体空间应处于接闪器的保护范围内，且接闪器的顶端应高出放空口 3m，水平距离宜为 4m～5m。

　　1 储存闪点低于或等于 45℃ 的可燃液体的设备，在生产紧急停车时连续排放，其排放物达到爆炸危险浓度者（包括送火炬系统的管路上的临时放空口，但不包括火炬）；

　　2 储存闪点低于或等于 45℃ 的可燃液体的储罐，其呼吸阀不带防爆阻火器者。

4.3.3 属于下列情况之一的放空口，宜利用金属放空管口作为接闪器。此时，放空管口的壁厚应大于或等于表 6.1.5 中的厚度 t' 值，且应在放空管口附近将放空管与最近的金属物体进行金属连接。

　　1 储存闪点低于或等于 45℃ 的可燃液体的设备，在生产正常时连续排放的排放物可能短暂或间断地达到爆炸危险浓度者；

　　2 储存闪点低于或等于 45℃ 的可燃液体的设备，在生产波动时设备内部超压引起的自动或手动短时排放的排放物可能达到爆炸危险浓度的安全阀等；

　　3 储存闪点低于或等于 45℃ 的可燃液体的设备，停工或维修时需短期排放的手动放料口等；

　　4 储存闪点低于或等于 45℃ 的可燃液体储罐上带有防爆阻火器的呼吸阀；

　　5 在空旷地点孤立安装的排气塔和火炬。

4.4 其他措施

4.4.1 当厂房房屋和户外装置区两类场所混合布置时，应按下列原则进行防雷设计：

　　1 上部为框架下部为厂房布置时，应符合户外装置区相关要求；

　　2 上部为厂房下部为框架布置时，应符合厂房房屋类相关要求；

　　3 厂房和框架毗邻布置时，应符合各自相关要求。

4.4.2 装置控制室、户内装置变电所等，均应作为厂房房屋类按现行国家标准《建筑物防雷设计规范》GB 50057 的规定进行防雷设计。

5 户外装置的防雷

5.1 炉　　区

5.1.1 金属框架支撑的炉体，其框架应用连接件与接地装置相连。

5.1.2 混凝土框架支撑的炉体，应在炉体的加强板（筋）类附件上焊接接地连接件，引下线应采用沿柱明敷的金属导体或直径不小于 10mm 的柱内主钢筋。

5.1.3 直接安装在地面上的小型炉子，应在炉体的加强板（筋）上焊接接地连接件，接地线与接地连接件连接后，沿框架引下与接地装置相连。

5.1.4 每台炉子应至少设两个接地点，且接地点间距不应大于 18m，每根引下线的冲击接地电阻不应大于 10Ω。

5.1.5 炉子上接地连接件应安装在框架柱子上高出地面不低于 450mm 的位置。

5.1.6 炉子上的金属构件均应与炉子的框架做等电位连接。

5.2 塔　　区

5.2.1 独立安装或安装在混凝土框架内、顶部高出框架的钢制塔体，其壁厚大于或等于 4mm 时，应以塔体本身作为接闪器。

5.2.2 安装在塔顶和外侧上部突出的放空管以及本规范第 5.11.2 条规定的管口外空间，均应处于接闪器的保护范围内。

5.2.3 塔体作为接闪器时，接地点不应少于 2 处，并应沿塔体周边均匀布置，引下线的间距不应大于 18m。引下线应与塔体金属底座上预设的接地耳相连。与塔体相连的非金属物体或管道，当处于塔体本身保护范围之外时，应在合适的地点安装接闪器加以保护。

5.2.4 每根引下线的冲击接地电阻不应大于 10Ω。接地装置宜围绕塔体敷设成环形接地体。

5.2.5 用于安装塔体的混凝土框架，每层平台金属栏杆应连接成良好的电气通路，并应通过引下线与塔体的接地装置相连。引下线应采用沿柱明敷的金属导体或直径不小于 10mm 的柱内主钢筋。利用柱内主钢筋作为引下线时，柱内主钢筋采用箍筋绑扎或焊接，并在每层柱面预埋 100mm×100mm 钢板，作为引下线引出点，与金属栏杆或接地装置相连。

5.3 静设备区

5.3.1 独立安装或安装在混凝土框架顶层平面、位于其他物体的防雷保护范围之外的封闭式钢制静设备，其壁厚大于或等于 4mm 时，应利用设备本体作为接闪器。

5.3.2 非金属静设备、壁厚小于 4mm 的封闭式钢制静设备，当其位于其他物体的防雷保护范围之外时，应设置接闪器加以保护。

5.3.3 安装在静设备上突出的放空管以及本规范第 5.11.2 条规定的管口外空间，均应处于接闪器的保护范围内。

5.3.4 金属静设备本体作为接闪器时，接地点不应少于 2 处，并应沿静设备周边均匀布置，引下线的间距不应大于 18m。引下线应与静设备底座预设的接地耳相连。

5.3.5 每根引下线的冲击接地电阻不应大于 10Ω。接地装置宜围绕静设备敷设成环形接地体。

5.3.6 当金属静设备近旁有其他防雷引下线或金属塔体时，应将静设备的接地装置与后者的接地装置相连，且静设备与引下线或金属塔体的距离应满足本规范第 4.2.7 条第 2 款的要求。

5.3.7 安装有静设备的混凝土框架顶层平面，其平台金属栏杆应被连接成良好的电气通路，并应通过沿柱明敷的引下线或柱内主钢筋与接地装置相连。

5.4 机器设备区

5.4.1 机器设备和电气设备应位于防雷保护范围内以避免遭受直击雷。

5.4.2 机器设备和电动机安装在同一个金属底板上时,应将金属底板接地;安装在单独混凝土底座上或位于其他低导电材料制作的单独底板上时,应将二者用接地线连接在一起并接地。

5.5 罐区

5.5.1 金属罐体应做防直击雷接地,接地点不应少于2处,并应沿罐体周边均匀布置,引下线的间距不应大于18m。每根引下线的冲击接地电阻不应大于10Ω。

5.5.2 储存可燃物质的储罐,其防雷设计应符合下列规定:

1 钢制储罐的罐壁厚度大于或等于4mm,在罐顶装有带阻火器的呼吸阀时,应利用罐体本身作为接闪器;

2 钢制储罐的罐壁厚度大于或等于4mm,在罐顶装有无阻火器的呼吸阀时,应在罐顶装设接闪器,且接闪器的保护范围应符合本规范第5.11.2条的规定;

3 钢制储罐的罐壁厚度小于4mm时,应在罐顶装设接闪器,使整个储罐在保护范围之内。罐顶装有呼吸阀(无阻火器)时,接闪器的保护范围应符合本规范第5.11.2条的规定;

4 非金属储罐应装设接闪器,使被保护储罐和突出罐顶的呼吸阀等均处于接闪器的保护范围之内,接闪器的保护范围应符合本规范第5.11.2条的规定;

5 覆土储罐当埋层大于或等于0.5m时,罐体可不考虑防雷设施。储罐的呼吸阀露出地面时,应采取局部防雷保护,接闪器的保护范围应符合本规范第5.11.2条的规定;

6 非钢制金属储罐的顶板厚度大于或等于本规范表6.1.5中的厚度t值时,应利用罐体本身作为接闪器;顶板厚度小于本规范表6.1.5中的厚度t值时,应在罐顶装设接闪器,使整个储罐在保护范围之内。

5.5.3 浮顶储罐(包括内浮顶储罐)应利用罐体本身作为接闪器,浮顶与罐体应有可靠的电气连接。浮顶储罐的防雷设计应按现行国家标准《石油库设计规范》GB 50074的有关规定执行。

5.6 可燃液体装卸站

5.6.1 露天装卸作业场所,可不装设接闪器,但应将金属构架接地。

5.6.2 棚内装卸作业场所,应在棚顶装设接闪器。

5.6.3 进入装卸站台的可燃液体输送管道应在进入点接地,冲击接地电阻不应大于10Ω。

5.7 粉、粒料桶仓

5.7.1 独立安装或成组安装在混凝土框架上,顶部高出框架的金属粉、粒料桶仓,当其壁厚满足本规范表6.1.5中的厚度t值的要求时,应利用粉、粒料桶仓本体作为接闪器,并应做良好接地。

5.7.2 独立安装或成组安装在混凝土框架上,顶部高出框架的非金属粉、粒料桶仓应装设接闪器,使粉、粒料桶仓和突出桶仓顶的呼吸阀等均处于接闪器的保护范围之内,并应接地。接闪导线网格尺寸不应大于10m×10m或12m×8m。

5.7.3 每一金属桶仓接地点不应少于2处,并应沿粉、粒料桶仓周边均匀布置,引下线的间距不应大于18m。

5.8 框架、管架和管道

5.8.1 钢框架、管架应通过立柱与接地装置相连,其连接应采用接地连接件,连接件应焊接在立柱上高出地面不低于450mm的地方,接地点间距不应大于18m。每组框架、管架的接地点不应少于2处。

5.8.2 混凝土框架及管架上的爬梯、电缆支架、栏杆等钢制构件,应与接地装置直接连接或通过其他接地连接件进行连接,接地间

距不应大于18m。

5.8.3 管道防雷设计应符合下列规定:

1 每根金属管道均应与已接地的管架做等电位连接,其连接应采用接地连接件;多根金属管道可互相连接后,应再与已接地的管架做等电位连接;

2 平行敷设的金属管道,其净间距小于100mm时,应每隔30m用金属线连接。管道交叉点净距小于100mm时,其交叉点应用金属线跨接;

3 管架上敷设输送可燃性介质的金属管道,在始端、末端、分支处,均应设置防雷电感应的接地装置,其工频接地电阻不应大于30Ω;

4 进、出生产装置的金属管道,在装置的外侧应接地,并应与电气设备的保护接地装置和防雷电感应的接地装置相连接。

5.9 冷却塔

5.9.1 不同型式的冷却塔,防雷设计应符合下列规定:

1 自然通风开放式冷却塔和机械鼓风逆流式冷却塔将塔顶平台四周金属栏杆连接成良好电气通路,应在塔顶平面用接闪导线组成金属网格;在爆炸危险环境2区其网格尺寸不大于10m×10m或12m×8m,在非爆炸危险区域不大于20m×20m或24m×16m;

2 自然通风风筒式冷却塔(双曲线塔)应在塔檐上装设接闪器;

3 机械抽风逆流式或横流式冷却塔应在风筒檐口装设接闪器,塔顶平台四周金属栏杆连接成良好电气通路,每个风筒至少用2根引下线连至两侧金属栏杆;

4 建筑物顶附属的小型机械抽风逆流式冷却塔,如处在建筑物防雷保护范围之内,则不另装接闪器。

5.9.2 引下线应沿冷却塔建、构筑物四周均匀或对称布置,其间距不应大于18m。自然通风风筒式冷却塔宜利用塔体主筋作为引下线。其他型式冷却塔可以利用柱内钢筋作为引下线,也可沿柱面敷设引下线。

5.9.3 爆炸危险环境2区的冷却塔,每根引下线的冲击接地电阻不应大于10Ω。非爆炸危险环境的冷却塔,每根引下线的冲击接地电阻不应大于30Ω。接地装置宜围绕冷却塔建、构筑物敷设成环形接地体。

5.9.4 冷却塔钢楼梯,进、出水钢管应与冷却塔接地装置相连。

5.10 烟囱和火炬

5.10.1 钢筋混凝土烟囱,宜在烟囱上装设接闪器保护。多支接闪杆应连接在闭合环上。

5.10.2 当钢筋混凝土烟囱无法采用单支或双支接闪杆保护时,应在烟囱口装设环形接闪线,并应对称布置三支高出烟囱口不低于0.5m的接闪杆。

5.10.3 钢筋混凝土烟囱的钢筋应在其顶部和底部与引下线和贯通连接的金属爬梯相连。宜利用钢筋作为引下线,可不另设专用引下线。

5.10.4 高度不超过40m的烟囱,可只设1根引下线,超过40m时应设2根引下线。可利用螺栓连接或焊接的一座金属爬梯作为2根引下线用。

5.10.5 金属烟囱应作为接闪器和引下线。

5.10.6 金属火炬筒体应作为接闪器和引下线。

5.11 户外装置区的排放设施

5.11.1 安装在高空易受直击雷的放散管、呼吸阀、排风管和自然通风管等应采取防直击雷和防雷电感应的措施。

5.11.2 未装阻火器的排放爆炸危险气体或蒸气的放散管、呼吸阀和排风管等,管口外的以下空间应处于接闪器保护范围内:

1 当有管帽时,接闪器的保护范围应按表5.11.2确定;

2 当无管帽时,接闪器的保护范围应为管口上方半径5m的半球体空间。接闪器与雷闪的接触点应设在上述空间之外。

表5.11.2 有管帽的管口外处于接闪器保护范围内的空间

管口内压力与周围空气压力的压力差（kPa）	排放物的比重	管帽以上的垂直高度（m）	距管口处的水平距离（m）
<5	重于空气	1	2
5～25	重于空气	2.5	5
≤25	轻于空气	2.5	5
>25	重或轻于空气	5	5

5.11.3 未装阻火器的排放爆炸危险气体或蒸气的放散管、呼吸阀和排风管等，当其排放物达不到爆炸浓度、长期点火燃烧、一排放就点火燃烧及发生事故时排放物才达到爆炸浓度时，接闪器可仅保护到管帽，无管帽时可仅保护到管口。

5.11.4 未装阻火器的排放爆炸危险气体或蒸气的放散管、呼吸阀和排风管等，位于附近其他的接闪器保护范围之内时可不再设置接闪器，应与防雷装置相连。

5.11.5 排放无爆炸危险气体或蒸气的放散管、呼吸阀和排风管等，装有阻火器的排放爆炸危险气体或蒸气的放散管、呼吸阀和排风管等，符合本规范第5.11.3条规定的未装阻火器的排放爆炸危险气体或蒸气的放散管、呼吸阀和排风管等，其防雷设计应符合下列规定：

1 金属制的放散管、呼吸阀和排风管等，应作为接闪器与附近生产设备的防雷装置相连；

2 在附近生产设备（已作为接闪器）的保护范围之外的非金属制的放散管、呼吸阀和排风管等应装设接闪器，接闪器可仅保护到管帽，无管帽时可仅保护到管口。

5.12 户外灯具和电器

5.12.1 安装在塔顶层（高塔、冷却塔）平台上的照明灯、现场操作箱、航空障碍灯等易遭受直击雷的电器设备，宜采用金属外壳，配电线路应穿镀锌钢管，镀锌钢管应与电器设备的外壳、保护罩相连，保护用镀锌钢管应就近与钢平台或金属栏杆相连。

6 防雷装置

6.1 接闪器

6.1.1 接闪器的形式可分为杆状接闪器（接闪杆）、线状接闪器（接闪线）、网状接闪器（接闪网）、金属设备本体接闪器。

6.1.2 杆状接闪器宜采用热镀锌圆钢或钢管、铜包圆钢、不锈钢管制成，其直径不应小于下列数值：

1 针长1m以下：圆钢直径为12mm；钢管为20mm，壁厚不小于2.8mm；

2 针长1m～2m：圆钢直径为16mm；钢管为25mm，壁厚不小于3.2mm；

3 独立烟囱顶上：圆钢直径为20mm；钢管为40mm，壁厚不小于3.5mm。

6.1.3 线状接闪器宜采用热镀锌圆钢或扁钢，圆钢直径不应小于8mm，扁钢截面积不应小于50mm²，厚度不应小于2.5mm。悬链式线状接闪器宜采用截面积不小于50mm²镀锌钢绞线。

6.1.4 网状接闪器宜采用截面不小于50mm²镀锌钢绞线。

6.1.5 金属设备本体接闪器应采用设备外壳，其壳体厚度应大于或等于表6.1.5中的厚度t值。

表6.1.5 做接闪器设备的金属板最小厚度

材料	防止击（熔）穿的厚度 t（mm）	不防止击（熔）穿的厚度 t'（mm）
不锈钢、镀锌钢	4	0.5
钛	4	0.5
铜	5	0.5
铝	7	0.65
锌	—	0.7

6.2 引下线

6.2.1 引下线宜采用焊接、夹接、卷边压接、螺钉或螺栓等连接，保证金属各部件间保持良好的电气连接。预应力混凝土钢筋不应作为引下线。

6.2.2 明敷引下线应根据腐蚀环境条件选择，宜采用热镀锌圆钢或扁钢，圆钢直径不应小于8mm，扁钢截面积不应小于50mm²、厚度不应小于2.5mm。

6.2.3 引下线宜沿框架支柱引下敷设，并在地面上1.7m至地面下0.3m的一段加机械保护。

6.3 接地装置

6.3.1 接地体的材料、结构和最小尺寸应符合表6.3.1的要求。

表6.3.1 接地体的材料、结构和最小尺寸

材料	结构	最小尺寸(mm)		
		垂直接地体	水平接地体	接地板
钢	单根圆钢	直径16	直径10	—
	热镀锌钢管	直径50		
	热镀锌扁钢	—	40×4	
	热镀锌钢板	—	—	500×500
	裸圆钢	—	直径10	
	裸扁钢	—	40×4	
	热镀锌角钢	50×50×3		

6.3.2 埋于土壤中的人工接地体通常宜采用热镀锌角钢、钢管、圆钢或扁钢。区域内人工接地体的材料宜采用同一材质。

6.3.3 区域内采用阴极保护系统时，接地装置宜符合下列规定：

1 采用加厚锌钢材料（简称锌包钢）作接地体。水平接地体宜采用圆形锌包钢，其直径不应小于10mm。垂直接地体宜采用圆柱锌包钢，其直径不应小于16mm。锌层应为高纯锌（Zn≥99.9%），钢芯与锌层的接触电阻应小于0.5mΩ；

2 土壤电阻率与锌层厚度的关系应符合表6.3.3的规定。

表6.3.3 土壤电阻率与锌层厚度表

土壤电阻率（Ω·m）	水平接地极锌层厚度（mm）	垂直接地极锌层厚度（mm）
≤20	3	5
20～50	3	3
≥50	0.1	3

3 当使用铜质材料时，阴极保护应采用外加电流法。

6.3.4 地下金属导体间的连接宜采用放热焊接方式；当采用通常的焊接方法时，焊接处应做防腐处理。

本规范用词说明

1 为便于在执行本规范条文时区别对待,对要求严格程度不同的用词说明如下:

　　1)表示很严格,非这样做不可的:

　　　　正面词采用"必须",反面词采用"严禁";

　　2)表示严格,在正常情况下均应这样做的:

　　　　正面词采用"应",反面词采用"不应"或"不得";

　　3)表示允许稍有选择,在条件许可时首先应这样做的:

　　　　正面词采用"宜",反面词采用"不宜";

　　4)表示有选择,在一定条件下可以这样做的,采用"可"。

2 条文中指明应按其他有关标准执行的写法为:"应符合……的规定"或"应按……执行"。

引用标准名录

《建筑物防雷设计规范》GB 50057

《石油库设计规范》GB 50074

《雷电防护 第3部分:建筑物的物理损坏和生命危险》GB/T 21714.3

中华人民共和国国家标准

石油化工装置防雷设计规范

GB 50650 - 2011

条 文 说 明

制 订 说 明

《石油化工装置防雷设计规范》GB 50650—2011，经住房和城乡建设部 2010 年 12 月 24 日以第 882 号公告批准发布。

本规范制定过程中，编制组进行了认真细致的调查研究，总结了我国工程建设中大型石油化工装置的设计、建设管理的实践经验，同时参考了国外先进的技术法规、技术标准，经过反复讨论、修改和完善，编制完成。

为便于广大设计、施工和生产单位有关人员在使用本规范时能正确理解和执行条文规定，《石油化工装置防雷设计规范》编制组按章、节、条顺序编制了本规范的条文说明，对条文规定的目的、依据以及执行中需注意的有关事项进行了说明（还着重对强制性条文的强制性理由做了解释）。但是本条文说明不具备与规范正文同等的法律效力，仅供使用者作为理解和把握标准规定的参考。

目　次

1　总　　则 ……………………………… 10—13
3　防雷场所分类 ………………………… 10—13
4　基本规定 ……………………………… 10—13
　　4.1　厂房房屋类场所 ………………… 10—13
　　4.2　户外装置区场所 ………………… 10—13
　　4.3　户外装置区的排放设施 ………… 10—14
　　4.4　其他措施 ………………………… 10—14
5　户外装置的防雷 ……………………… 10—14
　　5.1　炉区 ……………………………… 10—14
　　5.2　塔区 ……………………………… 10—14

5.3　静设备区 …………………………… 10—14
5.5　罐区 ………………………………… 10—14
5.6　可燃液体装卸站 …………………… 10—15
5.8　框架、管架和管道 ………………… 10—15
5.9　冷却塔 ……………………………… 10—15
5.11　户外装置区的排放设施 …………… 10—15
6　防雷装置 ……………………………… 10—16
　　6.1　接闪器 …………………………… 10—16
　　6.3　接地装置 ………………………… 10—16

10

1 总　则

1.0.1 长期以来,石油化工生产装置的防雷设计是遵照现行国家标准《建筑物防雷设计规范》GB 50057的规定进行的。由于该规范不包含石油化工户外装置的设计内容,造成石油化工装置防雷设计的不便。故编制本规范。

石油化工生产装置包括户外场所和设施,以往设计单位在进行这部分防雷设计时,都是参照国内外的各种设计资料(如公司规定)进行的。导致防雷设计的内容和做法很不一致,缺乏依据,需要统一和规范。

本条为制定本规范的主要目的。

1.0.2 本条指出了本规范的适用范围,主要是以原油炼制及其衍生物加工为主的石油化工产品的生产装置,包括炼油、烯烃、化肥、化纤等生产装置。

生产特性与石油化工装置相近的化工装置,可根据装置构成确定是否采用本规范。生产特性与石油化工装置不同的部分(例如煤化工企业的煤处理部分),则应遵守其他有关规范的规定。

本条指出了本规范不适用的范围,主要是油田的原油采集系统、油品的长距离输送系统、石油化工装置厂区外的大容量油品储存系统和商业油品的销售系统。由于它们都有相关的国家级设计规范,本规范不宜涉及。

在考虑是否采用本规范时,执行者应明确:

1 本规范不适用于有粉尘爆燃的环境;

2 对易燃、易爆气体环境下的防爆和保护应执行相关的规范,不宜将本规范作为防雷保护的手段。

3 防雷场所分类

3.0.1 针对建筑物和户外装置区防雷设计的差别对石油化工装置的各种场所进行分类,分为户内(厂房房屋类)或户外(户外装置区)两大类。

石油化工装置的很多场所都是有爆炸性气体的危险环境,按照现行国家标准《爆炸和火灾危险环境电力装置设计规范》GB 50058的规定可能划为爆炸危险区域(0区、1区、2区)。

在进行户内场所的防雷设计时,现行国家标准《建筑物防雷设计规范》GB 50057将其划分为第一级或第二级防雷建筑物,规定了各种防雷措施,其要点是:对建筑物设置直击雷保护,对伸出建筑物屋面上排放爆炸危险物质的放散管等保护到管口外有爆炸危险浓度的气体空间(相当于0区、1区)。这样做是为了防止雷击时点燃建筑物内部的爆炸危险区域,引起空间爆炸,造成危害。

对于石油化工装置的户外场所而言,出现有爆炸危险浓度的气体空间(可能划为2区),在工程上是不可能用防雷设施(接闪杆、线、网)加以保护的。户外场所的防雷设计主要保护设备和设施。对易燃、易爆放散管口的防雷保护也主要是保护设备并减少雷击火灾的可能。

由于户内场所和户外场所产生爆炸的差别,本规范对这两类场所的防雷保护分别作了规定:

1 厂房房屋类。此类场所为封闭性的,能限制爆炸性气体混合物向大气扩散,并在一定时间内维持其爆炸危险浓度,一旦点燃,其爆炸压力巨大,将导致设备和建筑物破损。对此类场所采用外部防雷装置进行全面保护。

属于此类场所的有:各种封闭的厂房、机器设备间(包括泵

房)、辅助房屋、仓库等。

2 户外装置区。此类场所为露天的或对大气敞开的,空气通畅,爆炸性气体混合物易于消散,爆炸危险浓度消失较快,一旦点燃,其爆炸压力很低,不易造成危害。对此类场所侧重于户外设备设施的防雷保护。

属于此类场所的有:炉区、塔区、机器设备区、静设备区、储罐区、液体装卸站、粉粒料筒仓、冷却塔、框架、管架、烟囱、火炬等。

3.0.2 建筑结构为敞开式、半敞开式的场所是属于厂房房屋类场所和户外装置区场所之间的过渡场所。宜根据建筑形式、易燃易爆物质放散的量和通风条件确定该局部的防雷设计。在易燃易爆物质放散不利的环境,宜按户内场所设计。

4 基本规定

4.1 厂房房屋类场所

4.1.1 现行国家标准《建筑物防雷设计规范》GB 50057在石油化工企业的工程项目设计中实施多年,已得到各设计单位和生产运行部门的了解和掌握,在工厂中有良好的实践经验。本条重新明确,石油化工装置厂房房屋类的各种场所在防雷设计时仍按照现行国家标准《建筑物防雷设计规范》GB 50057的有关规定执行。

4.2 户外装置区场所

4.2.1 在石油化工装置的户外装置区,本规范不是像现行国家标准《建筑物防雷设计规范》GB 50057那样要进行年预计雷击次数的计算,而是引用了其概念(易受雷击的概念、雷击的破坏后果等),对某些场所是否要防直击雷作出明确规定。

在本条中明确规定了需要进行防雷的各种情况,主要是易遭受雷击的高大设备和一些重要的生产设备。本条为强制性条文,必须严格执行。

4.2.2 在石油化工装置的户外装置区,并不是所有场所都需要进行防雷。在水处理场所和一些罐区,地面空旷、分散布置有少量机泵(3台~4台及以下)和矮小金属设备,不必要进行防直击雷的设计。在地面上布置的管道和管架亦如此,只需要进行防雷电感应的接地。

4.2.3 本规范的重点是户外装置区的防雷,而本条的重点是户外装置区防雷的主要措施——生产设备的本体防雷保护。

石油化工装置的户外装置区,布满了大小高矮不同的工艺设

备和容器,几乎全是金属的(钢的),本身大都能承受直击雷的冲击(电的、热的、机械的)。只要能满足爆炸危险环境的要求,利用设备本体作为防雷的接闪器和引下线,在工程上是十分方便和经济的。

将生产设备(直立式金属静设备)的外壳作为防直击雷的接闪器和引下线,因此要求生产设备是整体封闭和焊接的,而且要有一定的厚度,使在雷击点上电流不能熔穿外壳。

转动(驱动)设备本身有运动部件,还有电动机等电气设备,其本体不能接收和传导雷电流,因此规定不能用作接闪器。

生产设备的顶部和外侧上部是易接受直击雷的部分,要重点加以保护。一般而言,所谓顶部和外侧上部是指总高度80%以上的部分。

4.2.4 有些生产设备安装在其他已用作接闪器的高大生产设备附近,位于他们的保护范围内,可以不设置防雷保护设施(但要接地);如果位于保护范围之外,则应设置外加的接闪器加以保护。这类生产设备共有三种,即转动设备、不能作为接闪器的金属设备(如外壳厚度不够)和非金属外壳的静设备。

4.2.6 高大和高空意指生产设备周围无更高物体对其屏蔽或影响而易受直击雷者。

4.2.8 在工程设计中,一般都将防直击雷的接地体与防雷电感应的接地体在地下连接起来(或者共用),并且还与电力设备的保护接地网(其接地体一般在变电所附近)连接。因此,在平面图上看,地下的接地体和连接用的接地线共同形成一个大接地网络,不易看清哪组接地体是防直击雷用的。

雷电流经最近的引下线流入地中(经断接卡后的接地线),在接地体上流散入大地。由于雷电流的冲击性能,限制了它能在一定范围内流散(即出现了接地体的有效长度 l_e)。

本条规定,防直击雷的接地体,在计算接地电阻时其接地体的长度只能采用小于或等于接地体有效长度数值。

4.3 户外装置区的排放设施

4.3.1~4.3.3 石油化工装置用的排放设施种类较多,由于它们所处的排放状况不同(如排放物料种类和危险程度、排放的频率和浓度、排放的方式、排放设施的安装位置、一旦雷击排放口时可能导致的危险后果等),防雷设计时的安全措施也应有所区别,可能会提出多种要求,在工程中不易处理。再则,由于是在户外场所,排放的物料容易扩散,排放的量一般不会大。即使发生爆炸,破坏的程度也不大。因此,本规范采取的措施为:对极少数严重的排放情况重点加以保护,要设置外加的接闪器,防止出现大的危害;对大多数的排放情况规定直接利用放空管口作为接闪器来保护。

关于排放设施的防雷保护,其要点如下:

1 要保护的是安装在和延伸到生产设备顶部和外侧上部的排放设施,即称为放空口,因为它们最可能遭受雷击。

2 呼吸阀实际上是最危险的一种排放设施,它经常在呼和吸有爆炸危险浓度的气体,只有合格的防爆阻火器才能隔离爆炸的传递。

3 生产装置发生紧急停车也是最危险的,此时有关的放空口不能再出任何故障,即使此时雷击的几率低,亦应加以保护。

4.4 其他措施

4.4.2 石油化工生产装置一般都会配置装置变电所,而且都是户内式的建筑物。虽然有些变电所会在墙外附建电力变压器和电容器,但是它们是封闭式的设备,比较矮小,容易受到建筑物的保护(若有防雷要求时)。

本条明确,装置变电所作为厂房房屋类场所按照现行国家标准《建筑物防雷设计规范》GB 50057 的规定进行防雷设计。

5 户外装置的防雷

5.1 炉 区

5.1.1~5.1.6 这几条主要强调金属性炉子支撑方式的不同其引下线有所不同。

5.2 塔 区

5.2.1 石油化工装置中的塔器,其安装方式一般可分为两类:一类利用塔器本身的裙座支撑,独立安装;另一类则是安装在框架内(此框架可以是钢框架,也可以是混凝土框架),借助框架梁柱作为承力结构。

对于独立安装或安装在混凝土框架内而顶部又高出框架的钢制塔器,利用塔器本体作为接闪器的前提条件是其钢制壁厚不应小于4mm。此条件是依据现行国家标准《建筑物防雷设计规范》GB 50057和国际电工委员会 IEC 62305—3 建筑物防雷标准的有关规定。

5.2.2 见本规范第5.11.2条的说明。

5.2.3 石油化工装置塔,一般属户外区域,尽管通风良好,由于塔器高度较高,受雷击的概率也大,为使局部区域电位分布均匀,减小引下线上电压降,降低反击危险,规定接地点不应少于2处,并应沿塔器周边均匀布置,引下线的间距不应大于18m。

如果塔器顶部安装有非金属物体或管道,例如:塔顶部的非金属仪表箱,或与衬胶塔顶部出口所连的玻璃钢管道等。可能处于塔体本身的保护范围之外,则应局部采取防直击雷的措施。

5.2.4 根据现行国家标准《建筑物防雷设计规范》GB 50057 制定本规定,详见本规范第5.2.3条的说明。

5.2.5 本条的规定是为了防止作为接闪器的塔器遭受雷击时,雷电感应造成的危害;当框架高度较高时,还能有效防止侧击。

5.3 静设备区

5.3.1 本条规定见本规范第5.2.1条说明。

5.3.2 本条所述情况在石油化工装置中比较少见,但如果出现了这样的静设备(其内部介质一般是可燃性介质或有毒有害介质),因此其防雷保护是很有必要的。防直雷击保护优先采用在设备本体敷设网状接闪器(避雷网),如采用有困难时也可采用独立接闪杆(避雷针)或带状接闪器(避雷线)。

5.3.3 本条规定见本规范第5.2.2条说明。

5.3.4 本条规定见本规范第5.2.3条说明。

5.3.5 每根引下线的冲击接地电阻值,参见现行国家标准《建筑物防雷设计规范》GB 50057 第4.3节的规定。

5.3.6 为防止近旁高大物体遭受直击雷时,对设备造成的高电压反击而制定本条规定。参见现行国家标准《建筑物防雷设计规范》GB 50057 第4.3节的规定。

5.3.7 为防止雷电感应危害,作此规定。参见现行国家标准《建筑物防雷设计规范》GB 50057 第4.3节的规定。

5.5 罐 区

5.5.1 在金属储罐的防雷措施中,储罐的良好接地很重要,可以降低雷击点的电位、反击电位和跨步电压。本条为强制性条文,必须严格执行。

各国对接地电阻要求是不一致的。英国有关规范要求防雷接地电阻不大于7Ω;苏联和日本要求防雷接地电阻不大于10Ω。我国防雷接地电阻的要求不大于10Ω,是国内各部规程的推荐值。

5.5.2 储存可燃介质储罐的防雷接地设计规定解释如下:

1 英、美、苏、日、德等国认为金属储罐,当罐顶的金属板有一定厚度、呼吸阀上安装阻火器,且储罐与管线有良好的连接,罐体有良好的接地时,储罐就具有防雷能力了,不再装设避雷针(线)。金属储罐防雷顶板的厚度,各国要求不同,美国要求不小于4.75mm,苏联要求不小于4mm,日本要求不小于3.2mm。规定顶板厚度的要求,目的是当储罐遭到雷击时,金属储罐的顶板不会被击穿,同时雷击时在罐顶产生的热能,不致引起罐内可燃介质着火。

从储罐的雷击模拟实验资料中可以看出,当雷击电流为146.6kA～220kA(即能量为133.4J～201.8J,电量为6.68C～10.09C)时,钢板熔化的深度仅为0.076mm～0.352mm,顶板的背面(油罐内的一面)的钢板温度在50℃～70℃之间。若用最大自然雷电量100C的能量计算,钢板熔化的深度约为1.55mm。考虑到实际上的各种不利因数及富裕量,厚度大于或等于4mm的钢板,对防雷是足够安全的。

2 覆土油罐一般有覆土金属储罐和覆土非金属储罐两种类型。国外对覆土储罐的防雷设施,没有明确的规定。我国某些覆土的钢筋混凝土储罐或钢油罐装设独立的避雷针;有些在储罐上装设单支避雷针保护呼吸阀及量油孔,也有些在地面上敷设网孔尺寸不大于10m×10m的避雷网,该网通过环形接地装置接地;也有不少覆土层超过0.5m的油罐没有避雷设施。

根据现行国家标准《雷电防护 第3部分:建筑物的物理损坏和生命危险》GB/T 21714.3—2008附录D中"被土壤覆盖的储油罐和输送管道也不需要安装接闪器。在这些装置内使用仪器、设备必须得到批准,且应根据建筑物类型进行雷电保护"的规定制定了本条第5款。

5.5.3 关于外浮顶储罐的防雷问题,在API RP 545《地上储罐防雷保护》最新实验的更新状况中,对其规范的编制情况进行了介绍,形成的结果和初步意见如下:

1 基于相关的试验表明,取消能够引起火灾、安装于液体表面上或二次密封处的导电片是合理的,特别是如果在二次密封和罐壁之间存在间隙时。

2 最好抵御雷电点燃的方法是使在导电片附近不出现可燃气体的混合物,即紧密的密封。

3 需加强密封导电路径的检查和维护。

4 当有强雷击时,限制人员进入罐区。

5 值得注意的是在雷击时,内浮顶罐比外浮顶罐更不易于被点燃。

6 标准的导电片的设计是一个密封的组合设计,它能够提供并行的金属导电路径,通过悬挂的机械部分到任何浸没在液体内的导电片。多重接地路径的出现,没有引起一些型式的修改,如可燃气体混合物的空间等。

7 位于可燃气体混合物空间内的金属密封可能是点火源。

目前,最新出版的API RP 545《地上储罐防雷保护》,已经给出了明确的做法,即将导电片至少移至液体产品表面下0.3m处;另外,外浮顶储罐的防雷是一个多专业配合协作的工作,涉及设计、制造等多个环节。

5.6 可燃液体装卸站

5.6.1 根据安全运行制度的要求,雷雨天原则上避免进行露天装卸作业,可不装设接闪器。

5.8 框架、管架和管道

5.8.3 管道防雷应按常规的金属管道防雷防静电的做法执行。

5.9 冷 却 塔

5.9.1 根据《给排水设计手册》(中国建筑工业出版社出版),冷却塔分为干式、湿式和干湿式三大类,石油化工装置常用湿式冷却塔,故本规范仅规定了各种湿式冷却塔的防雷措施。

湿式冷却塔分类如下:

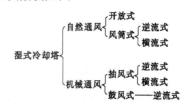

1 自然通风开放式冷却塔和机械鼓风逆流式冷却塔塔顶无风筒,为四周有栏杆的平顶,因此其防直击雷的措施仅在冷却塔顶设网状接闪器(避雷网)。

2 自然通风风筒式冷却塔(双曲线塔)属钢筋混凝土构造,塔顶无平台且高度较高,防直击雷的措施只在檐口装设网状接闪器(避雷网)即可。

3 机械抽风逆流式或横流式冷却塔在塔顶都安装有风筒,而目前风筒材料一般都是玻璃钢,且制造厂在制作风筒时在檐口预留了安装网状接闪器(避雷网)的孔洞或预制件。因此在风筒檐口装设网状接闪器(避雷网)是可行的。

4 建筑物顶附属的小型机械抽风逆流式冷却塔,一般都处在建筑物的防雷保护范围之内,可与建筑物的防雷保护统筹考虑。如确实不在建筑物的防雷保护范围之内,可借鉴本条第3款的防雷措施。

5.9.4 制定本条的目的是防雷电感应。

5.11 户外装置区的排放设施

5.11.1 对放散管、呼吸阀、排风管和自然通风管等,采取防直击雷和防雷电感应的措施为防雷设计的一般规定。

5.11.2 排放爆炸危险气体或蒸气的放散管、呼吸阀和排风管等通常应配有阻火器,避免雷击在放散管、呼吸阀、排风管后,产生的电火花引起爆炸。如遇排放爆炸危险气体或蒸气的放散管未设置阻火器时,此放散管不得作为接闪器。

表5.11.2引自现行国家标准《建筑物防雷设计规范》GB 50057,其目的主要使接闪器与雷闪的接触点设于排放爆炸危险气体或蒸气的放散管、呼吸阀和排风管管口周围的爆炸危险区域之外;但是爆炸危险区域的分区和范围如何确定,实际上有很多国内外标准对其有不同的规定,要准确界定也是很困难的。把表5.11.2的内容与API 505、API 500、NFPA 497和GB 50058等标准的规定对比后,认为表5.11.2基本可使接闪器与雷闪的接触点设于排放爆炸危险气体或蒸气的放散管、呼吸阀和排风管管口周围的爆炸危险区域之外。实践也证明引用现行国家标准《建筑物防雷设计规范》GB 50057的内容实施多年,尚未见引发事故的报道。

5.11.5 排放爆炸危险气体或蒸气的放散管、呼吸阀和排风管等通常应配有阻火器,实践证明是安全可靠的;同时兼顾与现行国家标准《建筑物防雷设计规范》GB 50057的相关规定保持一致。

6 防雷装置

6.1 接闪器

6.1.2 本条是在现行国家标准《建筑物防雷设计规范》GB 50057基础上增加了铜包圆钢线,是基于石油、化工装置腐蚀介质较多且环境条件比较严重的情况(或事实)而考虑的。

6.1.5 本条规定等效采用了现行国家标准《雷电防护 第3部分:建筑物的物理损坏和生命危险》GB/T 21714.3—2008第5.2.5条的规定。

6.3 接地装置

6.3.1 本条部分采用了现行国家标准《雷电防护 第3部分:建筑物的物理损坏和生命危险》GB/T 21714.3—2008表7的规定。

6.3.2 区域接地材料统一使用一种材质,可避免因不同材质的电位差产生电偶腐蚀。

6.3.3 本条是对设备、管道和建筑物已做防腐蚀保护(如阴极保护),则接地工程不能消耗保护电流使阴极保护失效;若设备、管道和建筑物是钢质材料,接地体宜选用电位较铁负的金属材料(如锌等),对设备、管道和建筑物没有加速腐蚀的危险,同时还有保护作用。在该区域内使用铜材,不采取措施会形成电偶腐蚀。

锌包钢材料是以低碳钢和高纯锌为原料,通过热压形成的双金属复合材料。锌本身就是阴极保护材料,选用厚锌层就是兼顾地下其他金属构筑物的防腐蚀作用,结合现行行业标准《埋地钢质管道牺牲阳极阴极保护设计规范》SY/T 0019可计算,达到不再做阴极保护,实现接地和阴极保护为一体;用高纯锌为解决延缓自腐蚀发生,提高保护的使用效率和使用寿命;里面有碳钢材料是为了增加接地体的机械强度、热稳定性和机加工性能。

锌的pH为6～12时,腐蚀速度很低。在蒸馏水中典型的腐蚀速度是0.015mm/a～0.15mm/a;在海水的典型腐蚀速度是0.020mm/a～0.070mm/a(《尤利格腐蚀手册》R·温斯顿·里维主编,杨武等译,化学工业出版社,2005年)。故在绝大多数土壤环境中(pH为7～8.5)是适用的,且锌层厚度越厚,抗腐蚀性能越好,使用年限越长。

根据现行国家标准《埋地钢质管道阴极保护技术规范》GB/T 21448,可以粗略计算垂直接地极的使用年限。

1 腐蚀分类(见图1、表1、表2)。

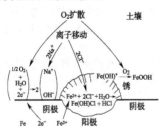

图1 氧浓差电池的腐蚀模型

表1 土壤电阻率与土壤腐蚀性(Ω·m)

腐蚀性	中国	前苏联	英国	日本	美国(1)	美国(2)	美国(3)	法国
极强	—	<5	<9	—	—	—	<7.5	<5
强	<20	5～10	9～23	<20	<10	—	<20	5～15
中等	20～50	10～20	23～50	20～45	10～100	7.5～100	20～45	15～25
弱	>50	20～100	50～100	45～60	100～1000	—	45～60	>25
很弱	—	>100	>100	>60	>1000	>100	60～100	>30

注:图1、表1引自《阴极保护工程手册》(胡士信主编,化学工业出版社,1999年)。

表2 土壤电阻率与土壤腐蚀性

土壤腐蚀性	弱	中等	强
土壤电阻率(Ω·m)	>50	20～50	<20

注:表2摘自现行行业标准《电力工程地下金属构筑物防腐技术导则》DL/T 5394。

从表1、表2中可以看出,土壤腐蚀性与土壤电阻率有直接关系,随土壤电阻率的升高,土壤的腐蚀性变弱。

2 对"土壤电阻率在20Ω·m及以下时,水平接地极锌层厚度不小于3mm,垂直接地极锌层厚度不小于10mm"的解释:

1)10mm锌层厚度的引用:现行行业标准《埋地钢质管道牺牲阳极阴极保护设计规范》SY/T 0019—1997第6.1.3条规定:防雷、防静电的接地极宜选用锌合金,并有锌接地极的结构图(图2)。其中锌层厚度为12mm。

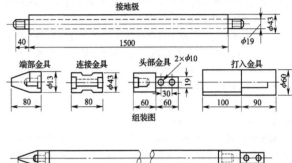

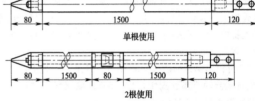

图2 锌接地极结构图

2)5mm、10mm计算。将"锌层厚度不小于10mm"改为"锌层厚度不小于5mm"。现行国家标准《埋地钢质管道阴极保护技术规范》GB/T 21448并没有规定锌接地极的具体尺寸,现对原有规定作部分调整,计算如下:

接地材料腐蚀情况统计资料(见表3、表4):

表3 单一金属自然腐蚀

材料	失重百分比(%)	
	1年	3年
软钢棒	2.6	6.11
镀锌钢棒	1.5	2.4
电镀铜钢棒	0.52	0.93
锌棒	1.2	1.2

表4 不同金属组合的腐蚀测试数据(电偶腐蚀)

材料	接地体组成(Ⅰ为软钢)	软钢失重百分比(%)	
		1年	3年
镀锌钢棒(G)	G-Ⅰ	1.2	2.85
电镀铜钢棒(C)	C-Ⅰ	4.85	14.0

注:表3、表4腐蚀数据来自美国加利福尼亚国家海军土木工程实验室公布的实验数据,环境:美国加州海岸附近的美国海军土木工程实验室内,电阻率为12Ω·m。

①引用的腐蚀数据如下:

对比表3、表4,在镀锌钢棒与软钢棒电连接后,软钢的腐蚀大大降低了,即锌延缓了钢铁的腐蚀速度,具有保护功能。

②垂直接地极锌层自然腐蚀计算:

锌包钢材料由于锌层较厚,其腐蚀发生主要在锌上。

由于接地网的氧浓差腐蚀因素,垂直接地极的腐蚀包括自然腐蚀、水平接地网材料的电化学腐蚀。

a.选用φ30、长2.5m,锌层厚度为5mm的锌包钢,其中锌重为7kg,总重为12.6kg。

根据表3：镀锌钢棒的锌的年失重率为2.4%，则锌包钢中锌年失重为0.302kg（即0.024×12.6kg），则ϕ30mm、长2.5m、锌层厚度为5mm的锌包钢理论推算自然腐蚀可达23年（锌重/年腐蚀失重）。

b.选用ϕ43、长2.5m、锌层厚度为10mm的锌包钢，锌重为20kg，总重为25.9kg。

根据表3：镀锌钢棒的锌的年失重率为2.4%，则锌包钢中锌年失重为0.622kg（即0.024×25.9kg），则ϕ43mm、长2.5m、锌层厚度为10mm的锌包钢理论推算自然腐蚀可达32年（锌重/年腐蚀失重）。

3）理论计算（主要考虑电化学腐蚀情况）：

①锌层厚度按10mm计算：选用ϕ43、长2.5m、锌层厚度为10mm的垂直接地极，锌重为20kg。土壤电阻率为20Ω·m时，该接地极的接地电阻6.5Ω[按现行国家标准《埋地钢质管道阴极保护技术规范》GB/T 21448—2008中公式（A.2.1）计算：

$$R=\frac{\rho}{2\pi L}\left(\ln\frac{2L}{D}+\frac{1}{2}\ln\frac{4t+L}{4t-L}\right)$$

按没有加填包料计算，最大输出保护电流为38.42mA[GB/T 21448—2008中公式（A.2.4）：$I_t=\Delta E/R$，ΔE取0.25V]（相对裸钢铁），考虑到金属间的屏蔽按现行行业标准《电力工程地下金属构筑物防腐技术导则》DL/T 5394—2007附录C.4的规定：阳极平均输出电流=0.7×阳极输出电流。则该锌包钢接地极输出电流为26.9mA，最短使用年限为36.6年[按GB/T 21448—2008中公式（A.2.6）计算：

$$Y=\frac{W_g}{W_g I_f}\times 0.85$$

式中：W_g为锌的消耗率：≤17.25kg/(A.a)，取17.25]。

②锌层厚度按5mm计算：选用ϕ30mm、长2.5m、锌层厚度为5mm的垂直接地极，锌重为7kg。按照上述公式计算在土壤电阻率在20Ω·m时，该接地极的接地电阻为7.96Ω[按GB/T 21448—2008中公式（A.2.1）计算，即：

$$R=\frac{\rho}{2\pi L}\left(\ln\frac{2L}{D}+\frac{1}{2}\ln\frac{4t+L}{4t-L}\right)$$

按没有加填包料计算]，最大输出保护电流为35.89mA[按GB/T 21448—2008中公式（A.2.4）：$I_t=\Delta E/R$，ΔE取0.25V]（相对裸钢铁），平均输出电流为25.1mA，则最短使用年限为13.7年[按GB/T 21448—2008中公式（A.2.6）计算：

$$Y=\frac{W_g}{W_g I_f}\times 0.85$$

W_g为锌的消耗率：≤17.25kg/(A.a)，取17.25]。

3 结论：

1）依照GB/T 21448标准论述，锌接地极锌层厚度为12mm。

2）通过一些数据计算，在完全自然腐蚀情况下（12Ω·m），锌层厚度从5mm增加到10mm，其使用年限也从23年增加到32年。

3）在完全电化学腐蚀的情况下（20Ω·m），锌层厚度从5mm增加到10mm，其使用年限也从13.7年增加到36.6年；若只输出50%的电流，则其使用年限也从26年增加到72年。

4）根据本标准所设定的条件（"区域内采用阴极保护系统时"），其锌层因输出的电流而导致腐蚀不是主要的，其腐蚀偏向自然腐蚀状态，考虑到土壤腐蚀的复杂性，根据土壤腐蚀分类和腐蚀性特征，在小于或等于20Ω·m时，故选取"锌层厚度不低于5mm"的规定。

中华人民共和国国家标准

石油化工安全仪表系统设计规范

Code for design of safety instrumented system
in petrochemical engineering

GB/T 50770-2013

主编部门:中 国 石 油 化 工 集 团 公 司
批准部门:中华人民共和国住房和城乡建设部
施行日期:2 0 1 3 年 9 月 1 日

中华人民共和国住房和城乡建设部公告

第 1623 号

住房城乡建设部关于发布国家标准
《石油化工安全仪表系统设计规范》的公告

现批准《石油化工安全仪表系统设计规范》为国家标准，编号为GB/T 50770—2013，自2013年9月1日起实施。

本规范由我部标准定额研究所组织中国计划出版社出版

发行。

中华人民共和国住房和城乡建设部
2013 年 2 月 7 日

11

前　言

本规范是根据住房和城乡建设部《2008年工程建设标准规范制订、修订计划(第二批)的通知》(建标〔2008〕105号)的要求，由中国石化工程建设有限公司会同有关单位共同编制完成的。

本规范在编制过程中，编制组经广泛调查研究，认真总结实践经验，参考有关国际标准和国外标准，并在广泛征求意见的基础上，制定本规范。

本规范共分15章。主要技术内容包括：总则，术语和缩略语，安全生命周期，安全完整性等级，设计基本原则，测量仪表，最终元件，逻辑控制器，通信接口，人机接口，应用软件，工程设计，组态、集成与调试，验收测试，操作维护、变更管理，文档管理等。

本规范由住房和城乡建设部负责管理，由中国石油化工集团公司负责日常管理，由中国石化工程建设有限公司负责具体技术内容的解释。执行过程中如有意见或建议，请寄送中国石化工程建设有限公司(地址：北京市朝阳区安慧北里安园21号，邮政编码：100101)，以供今后修订时参考。

本规范主编单位、参编单位、参加单位、主要起草人和主要审查人：

主 编 单 位：中国石化工程建设有限公司

参 编 单 位：中国寰球工程公司
中石化宁波工程有限公司
北京康吉森自动化设备技术有限责任公司
中石化一霍尼韦尔(天津)有限公司

参 加 单 位：中石化洛阳工程有限公司
中石化上海工程有限公司
中国石油天然气华东勘察设计研究院
中国石油大庆石化工程有限公司
中国石化扬子石化有限公司
上海黑马安全自动化系统有限公司
北京天时盈达自动化设备有限公司

主要起草人：黄步余　叶向东　范宗海　马　蕾　胡　晨
张建国　高生军　李　磊　林　融　胡同印
朱向暄　张悦崑　王发兵　张同科

主要审查人：赵永登　丁兰蓉　王立奉　王成林　王胜利
刘　军　李玉明　宋志远　杨金城　林洪俊
周家祥　赵　柱　顾　铮　葛春玉　裴炳安

11—2

目　　次

1　总　　则 ……………………………… 11—5
2　术语和缩略语 ………………………… 11—5
　2.1　术语 ……………………………… 11—5
　2.2　缩略语 …………………………… 11—5
3　安全生命周期 ………………………… 11—6
　3.1　一般规定 ………………………… 11—6
　3.2　工程设计 ………………………… 11—6
　3.3　集成、调试及验收测试 ………… 11—6
　3.4　操作维护 ………………………… 11—6
4　安全完整性等级 ……………………… 11—7
　4.1　一般规定 ………………………… 11—7
　4.2　安全完整性等级评估 …………… 11—7
5　设计基本原则 ………………………… 11—7
6　测量仪表 ……………………………… 11—8
　6.1　一般规定 ………………………… 11—8
　6.2　测量仪表的独立设置 …………… 11—8
　6.3　测量仪表的冗余设置 …………… 11—8
　6.4　测量仪表的冗余方式 …………… 11—8
　6.5　开关量测量仪表 ………………… 11—8
7　最终元件 ……………………………… 11—8
　7.1　一般规定 ………………………… 11—8
　7.2　控制阀的独立设置 ……………… 11—8
　7.3　控制阀的冗余设置 ……………… 11—8
　7.4　控制阀附件的配置 ……………… 11—8
8　逻辑控制器 …………………………… 11—9
　8.1　一般规定 ………………………… 11—9
　8.2　逻辑控制器的独立设置 ………… 11—9
　8.3　逻辑控制器的冗余设置 ………… 11—9
　8.4　逻辑控制器的配置 ……………… 11—9

　8.5　逻辑控制器的接口配置 ………… 11—9
9　通信接口 ……………………………… 11—9
　9.1　一般规定 ………………………… 11—9
　9.2　通信接口的配置 ………………… 11—9
10　人机接口 …………………………… 11—9
　10.1　操作员站 ……………………… 11—9
　10.2　辅助操作台 …………………… 11—9
　10.3　维护旁路开关的设置 ………… 11—10
　10.4　操作旁路开关的设置 ………… 11—10
　10.5　复位按钮的设置 ……………… 11—10
　10.6　紧急停车按钮的设置 ………… 11—10
　10.7　工程师站及事件顺序记录站 … 11—10
11　应用软件 …………………………… 11—10
　11.1　组态及编程 …………………… 11—10
　11.2　应用软件的安全性 …………… 11—10
　11.3　应用软件设计和组态 ………… 11—10
12　工程设计 …………………………… 11—11
　12.1　基础工程设计 ………………… 11—11
　12.2　详细工程设计 ………………… 11—11
13　组态、集成与调试、验收测试 …… 11—11
　13.1　组态、集成与调试 …………… 11—11
　13.2　验收测试 ……………………… 11—11
14　操作维护、变更管理 ……………… 11—12
15　文档管理 …………………………… 11—12
本规范用词说明 ………………………… 11—12
引用标准名录 …………………………… 11—12
附：条文说明 …………………………… 11—13

11

Contents

1　General provisions …………………… 11—5
2　Terms and abbreviations …………… 11—5
　2.1　Terms …………………………… 11—5
　2.2　Abbreviations …………………… 11—5
3　Safety life cycle …………………… 11—6
　3.1　General requirement …………… 11—6
　3.2　Engineering design ……………… 11—6
　3.3　Integration, debugging and acceptance
　　　　test ………………………………… 11—6
　3.4　Operation and maintenance …… 11—6
4　Safety integrity level ……………… 11—7
　4.1　General requirement …………… 11—7
　4.2　Safety integrity level assessment … 11—7
5　General requirements for design …… 11—7

6　Sensor ………………………………… 11—8
　6.1　General requirement …………… 11—8
　6.2　Separation requirements for sensor … 11—8
　6.3　Redundancy requirements for sensor … 11—8
　6.4　Redundancy methods of sensor … 11—8
　6.5　Digital sensor …………………… 11—8
7　Final element ………………………… 11—8
　7.1　General requirement …………… 11—8
　7.2　Separation requirements for control
　　　　valve ……………………………… 11—8
　7.3　Redundancy requirements for control
　　　　valve ……………………………… 11—8
　7.4　Setting requirements for control valve
　　　　accessory ………………………… 11—8
8　Logic solver ………………………… 11—9

8. 1　General requirement ·················· 11—9

8. 2　Separation requirements for logic
　　　solver ································· 11—9

8. 3　Redundancy requirements for logic
　　　solver ································· 11—9

8. 4　Setting requirements for logic solver ········ 11—9

8. 5　Setting requirements for logic solver
　　　interface ······························ 11—9

9　Communication interface ·············· 11—9

9. 1　General requirement ················ 11—9

9. 2　Setting requirements for communication
　　　interface ······························ 11—9

10　Human machine interface ·············· 11—9

10. 1　Operation station ················· 11—9

10. 2　Auxiliary console ················· 11—9

10. 3　Maintenance override switch ········· 11—10

10. 4　Operational override switch ········· 11—10

10. 5　Reset push button ················ 11—10

10. 6　Emergency shut-down button ·········· 11—10

10. 7　Engineering workstation and sequence
　　　event recorder ···················· 11—10

11　Application software ···················· 11—10

11. 1　Configuration and programming ··········· 11—10

11. 2　Safety of application software ············· 11—10

11. 3　Application software design and
　　　configuration ······················· 11—10

12　Engineering design ················· 11—11

12. 1　Basic engineering design ················ 11—11

12. 2　Detailed engineering design ············· 11—11

13　Configuration, integration and
　　debugging, acceptance test ·············· 11—11

13. 1　Configuration, integration and
　　　debugging ························· 11—11

13. 2　Acceptance test ······················ 11—11

14　Operation and maintenance, change
　　management ························· 11—12

15　Documentation ······················· 11—12

Explanation of wording in this code ········ 11—12

List of quoted standards ···················· 11—12

Addition: Explanation of provisions ········ 11—13

11

1 总　则

1.0.1 为了防止和降低石油化工工厂或装置的过程风险，保证人身和财产安全，保护环境，制定本规范。

1.0.2 本规范适用于石油化工工厂或装置新建、扩建及改建项目的安全仪表系统的工程设计。

1.0.3 石油化工安全仪表系统的工程设计，除应符合本规范外，尚应符合国家现行有关标准的规定。

2　术语和缩略语

2.1　术　语

2.1.1　安全仪表系统　safety instrumented system
实现一个或多个安全仪表功能的仪表系统。

2.1.2　风险　risk
预期可能发生的特定危险事件和后果。

2.1.3　过程风险　process risk
因非正常事件引起过程条件改变而产生的风险。

2.1.4　安全生命周期　safety life cycle
从工程方案设计开始到所有安全仪表功能停止使用的全部时间。

2.1.5　危险　hazard
导致人身伤害或疾病、财产损失、环境破坏等事件的可能。

2.1.6　风险评估　risk assessment
评估风险大小以及确定风险容许程度的全过程。

2.1.7　保护层　protection layer
通过控制、预防、减缓等手段降低风险的措施。

2.1.8　安全功能　safety function
为了达到或保持过程的安全状态，由安全仪表系统、其他安全相关系统或外部风险降低设施实现的功能。

2.1.9　安全仪表功能　safety instrumented function
为了防止、减少危险事件发生或保持过程安全状态，用测量仪表、逻辑控制器、最终元件及相关软件等实现的安全保护功能或安全控制功能。

2.1.10　故障　fault
可导致功能单元执行能力降低或丧失的异常状况。

2.1.11　安全完整性　safety integrity
在规定的条件和时间内，安全仪表系统完成安全仪表功能的平均概率。

2.1.12　安全完整性等级　safety integrity level
安全功能的等级。安全完整性等级由低到高为 SIL1～SIL4。

2.1.13　失效　failure
功能单元某个功能或执行能力的终止。

2.1.14　危险失效　dangerous failure
可导致安全仪表系统处于潜在危险或丧失功能的失效。

2.1.15　安全失效　safe failure
不可能导致安全仪表系统处于潜在危险或丧失功能的失效。

2.1.16　测量仪表　sensor
安全仪表系统的组成部分，用于测量过程变量的设备。

2.1.17　逻辑控制器　logic solver
安全仪表系统的组成部分，执行逻辑功能的设备。

2.1.18　最终元件　final element
安全仪表系统的组成部分，执行逻辑控制器指令或设定的动作，使过程达到安全状态的设备。

2.1.19　基本过程控制系统　basic process control system
响应过程测量以及其他相关设备、其他仪表、控制系统或操作员的输入信号，按过程控制规律、算法、方式，产生输出信号实现过程控制及其相关设备运行的系统。

2.1.20　故障安全　fail safe
安全仪表系统发生故障时，使被控制过程转入预定安全状态。

2.1.21　冗余　redundancy
采用独立执行同一个功能的两个或多个部件或系统，互为备用及切换。

2.1.22　容错　fault tolerant
在出现故障或错误时，功能单元仍继续执行规定功能的能力。

2.1.23　开关量　digital variable
只有 0 或 1 两个数值的变量，用来表示事物或事件的状态。也称为数字变量。

2.1.24　开关　switch
具有两种稳定位置的状态器件。有软件开关和硬件开关。

2.1.25　按钮　push button
只有一种稳定位置的状态器件。有软件按钮和硬件按钮。

2.1.26　触点　mechanical contact
由导电的金属元件组成的机械式电气器件。在外界因素作用下可以改变接通或断开导电状态。

2.1.27　接点　contact
在外界因素作用下可以改变接通或断开导电状态的电气器件。有机械式和电子式。在可编程序逻辑控制器的运算部件中还有软件接点。

2.1.28　常闭接点　normally closed contact
在没有外界因素影响时，自然情况下闭合的接点。

2.1.29　常开接点　normally open contact
在没有外界因素影响时，自然情况下断开的接点。

2.1.30　可编程电子系统　programmable electronic system
基于可以按功能需要编制或改变运行程序的电子设备，用于控制、保护或监视的系统。

2.2　缩　略　语

BPCS(Basic Process Control System)　基本过程控制系统
CPU(Central Process Unit)　中央处理单元
EMC(Electro-Magnetic Compatibility)　电磁兼容性
FAT(Factory Acceptance Testing)　工厂验收测试
FLD(Functional Logic Diagram)　功能逻辑图
FBD(Functional Block Diagram)　功能块图

FDS(Functional Design Specification)	功能设计规定	
HAZOP(Hazard and Operability Study)	危险和可操作性研究	
HMI(Human Machine Interface)	人机接口	
HSE(Health,Safety and Environment)	健康、安全和环保	
MOS(Maintenance Override Switch)	维护旁路开关	
OOS(Operational Override Switch)	操作旁路开关	
PES(Programmable Electronic System)	可编程电子系统	
PHA(Preliminary Hazard Analysis)	预危险分析	
PFD_{avg}(Probability of Failure on Demand Average)	低要求模式的平均 失效概率	
PLC(Programmable Logic Controller)	可编程逻辑控制器	
SAT(Site Acceptance Testing)	现场验收测试	
SER(Sequence Event Recorder)	事件顺序记录	
SIF(Safety Instrumented Function)	安全仪表功能	
SIL(Safety Integrity Level)	安全完整性等级	
SIS(Safety Instrumented System)	安全仪表系统	
UPS(Uninterruptable Power Supply)	不间断电源	

3 安全生命周期

3.1 一般规定

3.1.1 石油化工工厂或装置工程设计中,应确定安全仪表系统的安全生命周期内各阶段工作所需要的管理活动。

3.1.2 安全生命周期宜分为工程设计阶段、集成调试及验收测试阶段和操作维护阶段。

3.1.3 安全生命周期工作(图3.1.3)宜包括工程方案设计,过程

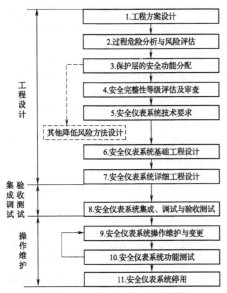

图3.1.3 安全生命周期工作流程

危险分析与风险评估,保护层的安全功能分配,安全完整性等级评估及审查,安全仪表系统技术要求,安全仪表系统基础工程设计,安全仪表系统详细工程设计,安全仪表系统集成、调试及验收测试,安全仪表系统操作维护与变更,安全仪表系统功能测试,安全仪表系统停用等。

3.2 工程设计

3.2.1 工程方案设计宜包括初步的过程危险分析、主要安全控制策略和措施及相应的说明。

3.2.2 过程危险分析和风险评估宜包括识别过程及相关设备的危险事件及原因,危险事件发生的顺序、可能性及后果,确定降低风险的要求和措施,确定安全仪表功能等。过程危险分析和风险评估宜采用危险和可操作性研究方法或预危险分析方法,也可采用安全检查表、故障模式和影响分析、因果分析方法等。

3.2.3 保护层安全功能的分配可包括分配预防、控制或减缓过程危险的保护层安全功能,分配安全仪表功能的风险降低目标。保护层的安全功能分配应符合现行国家标准《电气/电子/可编程电子安全相关系统的功能安全》GB/T 20438和《过程工业领域安全仪表系统的功能安全》GB/T 21109的有关规定。

3.2.4 安全完整性等级可根据过程危险分析和保护层功能分配的结果评估并确定。

3.2.5 安全仪表系统技术要求可包括安全仪表功能及安全完整性等级、过程安全状态、操作模式、检验测试间隔时间等。

3.2.6 安全仪表系统的基础工程设计宜包括安全仪表系统设计说明、安全仪表系统规格书、安全联锁因果表或功能说明等。

3.2.7 安全仪表系统的详细工程设计宜包括安全仪表系统设计说明、安全仪表系统规格书、功能逻辑图、组态编程等。

3.3 集成、调试及验收测试

3.3.1 安全仪表系统集成、调试及验收测试,应符合安全仪表系统规格书及功能逻辑图的技术要求。

3.3.2 安全仪表系统调试结果应符合安全仪表系统技术要求。

3.3.3 安全仪表系统验收测试应包括工厂验收和现场验收。安全仪表系统硬件、系统软件和应用软件等,应符合安全仪表系统技术要求。

3.4 操作维护

3.4.1 操作维护应遵循操作维护作业程序,应使操作维护过程符合安全仪表系统技术要求的功能安全。

3.4.2 安全仪表系统的硬件和应用软件的修改或变更应符合变更修程序,并应按审批程序获得授权批准,不应改变设计的安全完整性等级,并应保留变更记录。

3.4.3 操作维护人员应定期培训,培训内容宜包括安全仪表系统的功能、可预防的过程危险、测量仪表和最终元件、安全仪表系统的逻辑动作、安全仪表系统及过程变量的报警、安全仪表系统动作后的处理等。

3.4.4 功能测试间隔应按安全仪表系统的技术要求确定,并应按测试程序进行功能测试。

3.4.5 安全仪表系统的停用应进行审查并得到批准。安全仪表系统更新应制订更新程序。更新后的安全仪表系统应能实现规定的安全仪表功能。

4 安全完整性等级

4.1 一般规定

4.1.1 安全完整性宜包括硬件安全完整性和系统安全完整性。

4.1.2 安全完整性等级可分为 SIL 1、SIL 2、SIL 3、SIL 4。

4.1.3 在低要求操作模式时,安全仪表功能的安全完整性等级应采用平均失效概率衡量,宜根据表 4.1.3 确定。

表 4.1.3 安全仪表功能的安全完整性等级(低要求操作模式)

安全完整性等级(SIL)	低要求操作模式的平均失效概率(PFD_avg)
4	$\geqslant 10^{-5}$ 且 $< 10^{-4}$
3	$\geqslant 10^{-4}$ 且 $< 10^{-3}$
2	$\geqslant 10^{-3}$ 且 $< 10^{-2}$
1	$\geqslant 10^{-2}$ 且 $< 10^{-1}$

4.1.4 在高要求操作模式时,安全仪表功能的安全完整性等级应采用每小时危险失效频率衡量,宜根据表 4.1.4 确定。

表 4.1.4 安全仪表功能的安全完整性等级(高要求操作模式)

安全完整性等级(SIL)	高要求操作模式的危险失效频率(每小时)
4	$\geqslant 10^{-9}$ 且 $< 10^{-8}$
3	$\geqslant 10^{-8}$ 且 $< 10^{-7}$
2	$\geqslant 10^{-7}$ 且 $< 10^{-6}$
1	$\geqslant 10^{-6}$ 且 $< 10^{-5}$

4.2 安全完整性等级评估

4.2.1 安全完整性等级评估宜包括下列内容:

1 确定每个安全仪表功能的安全完整性等级;

2 确定诊断、维护和测试要求等。

4.2.2 安全完整性等级评估方法应根据工艺过程复杂程度、国家现行标准、风险特性和降低风险的方法、人员经验等确定。主要方法应包括保护层分析法、风险矩阵法、校正的风险图法、经验法及其他方法。

4.2.3 安全完整性等级评估宜采用审查会方式。审查的主要文件宜包括工艺管道与仪表流程图、工艺说明书、装置及设备布置图、危险区域划分图、安全联锁因果表及其他有关文件。参加评估的主要人员宜包括工艺、过程控制(仪表)、安全、设备、生产操作及管理等方面。

5 设计基本原则

5.0.1 安全仪表系统的工程设计应满足石油化工工厂或装置的安全仪表功能、安全完整性等级等要求。

5.0.2 安全仪表系统的工程设计应兼顾可靠性、可用性、可维护性、可追溯性和经济性,应防止设计不足或过度设计。

5.0.3 安全仪表系统应由测量仪表、逻辑控制器和最终元件等组成。

5.0.4 安全仪表系统的功能应根据过程危险及可操作性分析,人员、过程、设备及环境的安全保护,以及安全完整性等级等要求确定。

5.0.5 石油化工工厂或装置的安全完整性等级不应高于 SIL 3 级。

5.0.6 安全仪表系统应符合安全完整性等级要求。安全完整性等级可采用计算安全仪表系统的失效概率的方法确定。

5.0.7 安全仪表系统可实现一个或多个安全仪表功能,多个安全仪表功能可使用同一个安全仪表系统。当多个安全仪表功能在同一个安全仪表系统内实现时,系统内的共用部分应符合各功能中最高安全完整性等级要求。

5.0.8 安全仪表系统应独立于基本过程控制系统,并应独立完成安全仪表功能。

5.0.9 安全仪表系统不应介入或取代基本过程控制系统的工作。

5.0.10 基本过程控制系统不应介入安全仪表系统的运行或逻辑运算。

5.0.11 安全仪表系统应设计成故障安全型。当安全仪表系统内部产生故障时,安全仪表系统应能按设计预定方式,将过程转入安全状态。

5.0.12 安全仪表系统的逻辑控制器应具有硬件和软件自诊断功能。

5.0.13 安全仪表系统的中间环节应少。

5.0.14 逻辑控制器的中央处理单元、输入输出单元、通信单元及电源单元等,应采用冗余技术。

5.0.15 安全仪表系统应根据国家现行有关防雷标准的规定实施系统防雷工程。

5.0.16 安全仪表系统的交流供电宜采用双路不间断电源的供电方式。

5.0.17 安全仪表系统的接地应采用等电位连接方式。

5.0.18 安全仪表系统的硬件、操作系统及编程软件应采用正式发布版本。

5.0.19 安全仪表系统软件、编程、升级或修改等文档应备份。

5.0.20 安全仪表系统内的设备宜设置同一时钟。

5.0.21 在大型石油化工项目中设置多套安全仪表系统时,每套系统应能独立工作。

5.0.22 当安全仪表系统输入、输出信号线路中有可能存在来自外部的危险干扰信号时,应采取隔离器、继电器等隔离措施。

6 测量仪表

6.1 一般规定

6.1.1 测量仪表包括模拟量和开关量测量仪表,安全仪表系统宜采用模拟量测量仪表。

6.1.2 测量仪表宜采用 4mA～20mA 叠加 HART 传输信号的智能变送器。

6.1.3 在爆炸危险场所,测量仪表应采用隔爆型或本安型。当采用本安系统时,应采用隔离式安全栅。

6.1.4 现场安装的测量仪表,防护等级不应低于 IP 65。

6.1.5 测量仪表不应采用现场总线或其他通信方式作为安全仪表系统的输入信号。

6.1.6 测量仪表及取源点宜独立设置。

6.1.7 测量仪表的性能和设置应满足安全完整性等级要求。

6.2 测量仪表的独立设置

6.2.1 SIL 1 级安全仪表功能,测量仪表可与基本过程控制系统共用。

6.2.2 SIL 2 级安全仪表功能,测量仪表宜与基本过程控制系统分开。

6.2.3 SIL 3 级安全仪表功能,测量仪表应与基本过程控制系统分开。

6.3 测量仪表的冗余设置

6.3.1 SIL 1 级安全仪表功能,可采用单一测量仪表。

6.3.2 SIL 2 级安全仪表功能,宜采用冗余测量仪表。

6.3.3 SIL 3 级安全仪表功能,应采用冗余测量仪表。

6.4 测量仪表的冗余方式

6.4.1 当系统要求高安全性时,应采用"或"逻辑结构。

6.4.2 当系统要求高可用性时,应采用"与"逻辑结构。

6.4.3 当系统需要兼顾高安全性和高可用性时,宜采用三取二逻辑结构。

6.5 开关量测量仪表

6.5.1 开关量测量仪表可包括过程变量开关、手动开关、按钮、继电器触点等。

6.5.2 紧急停车用的开关量测量仪表,正常工况时,触点应处于闭合状态;非正常工况时,触点应处于断开状态。

6.5.3 重要的输入回路宜设置线路开路和短路故障检测。输入回路的开路和短路故障,宜在安全仪表系统中报警和记录。

7 最终元件

7.1 一般规定

7.1.1 最终元件应包括控制阀(调节阀、切断阀)、电磁阀、电机等。

7.1.2 最终元件宜采用气动控制阀,不宜采用电动控制阀。

7.1.3 最终元件的设置应满足安全完整性等级要求。

7.2 控制阀的独立设置

7.2.1 SIL 1 级安全仪表功能,控制阀可与基本过程控制系统共用,应确保安全仪表系统的动作优先。

7.2.2 SIL 2 级安全仪表功能,控制阀宜与基本过程控制系统分开。

7.2.3 SIL 3 级安全仪表功能,控制阀应与基本过程控制系统分开。

7.3 控制阀的冗余设置

7.3.1 SIL 1 级安全仪表功能,可采用单一控制阀。

7.3.2 SIL 2 级安全仪表功能,宜采用冗余控制阀。

7.3.3 SIL 3 级安全仪表功能,应采用冗余控制阀。

7.3.4 控制阀冗余方式可采用一个调节阀和一个切断阀,也可采用两个切断阀。

7.4 控制阀附件的配置

7.4.1 调节阀带的电磁阀应安装在阀门定位器与执行器之间。切断阀带的电磁阀应安装在执行器上。

7.4.2 在爆炸危险场所,电磁阀和阀位开关应采用隔爆型或本安型。当采用本安型时,应采用隔离式安全栅。

7.4.3 现场安装的电磁阀和阀位开关,防护等级不应低于 IP 65。

7.4.4 电磁阀宜采用 24VDC 长期励磁型,电磁阀电源应由安全仪表系统提供。

7.4.5 当系统要求高安全性时,冗余电磁阀宜采用"或"逻辑结构;当系统要求高可用性时,冗余电磁阀宜采用"与"逻辑结构。

8 逻辑控制器

8.1 一般规定

8.1.1 逻辑控制器宜采用可编程电子系统。对于输入、输出点数较少、逻辑功能简单的场合,逻辑控制器可采用继电器系统。逻辑控制器也可采用可编程电子系统和继电器系统混合构成。

8.1.2 用于逻辑控制器的可编程电子系统应取得国家权威机构的功能安全认证。

8.1.3 逻辑控制器的响应时间应包括输入、输出扫描处理时间与中央处理单元运算时间,宜为 100ms～300ms。

8.1.4 逻辑控制器的中央处理单元负荷不应超过 50%。

8.1.5 逻辑控制器的内部通信负荷不应超过 50%,采用以太网的通信负荷不应超过 20%。

8.2 逻辑控制器的独立设置

8.2.1 SIL 1 级安全仪表功能,逻辑控制器宜与基本过程控制系统分开。

8.2.2 SIL 2 级安全仪表功能,逻辑控制器应与基本过程控制系统分开。

8.2.3 SIL 3 级安全仪表功能,逻辑控制器应与基本过程控制系统分开。

8.3 逻辑控制器的冗余设置

8.3.1 SIL 1 级安全仪表功能,可采用冗余逻辑控制器。

8.3.2 SIL 2 级安全仪表功能,宜采用冗余逻辑控制器。

8.3.3 SIL 3 级安全仪表功能,应采用冗余逻辑控制器。

8.4 逻辑控制器的配置

8.4.1 逻辑控制器应符合安全完整性等级要求,应独立完成安全仪表功能。

8.4.2 逻辑控制器硬件和软件版本应是正式发布版本。

8.4.3 逻辑控制器宜与基本过程控制系统的时钟保持一致。

8.4.4 逻辑控制器所有部件应满足安装环境的防电磁干扰、防腐蚀、防潮湿、防锈蚀等要求。

8.4.5 逻辑控制器的中央处理单元、输入单元、输出单元、电源单元、通信单元等应为独立的单元,应允许在线更换单元而不影响逻辑控制器的正常运行。

8.4.6 逻辑控制器应有硬件和软件的诊断和测试功能。诊断和测试信息应在工程师站或操作站显示、记录。

8.4.7 逻辑控制器的系统故障宜在安全仪表系统的操作站报警,也可在基本过程控制系统的操作站报警。

8.5 逻辑控制器的接口配置

8.5.1 输入、输出卡件信号通道应带光电或电磁隔离。

8.5.2 检测同一过程变量的多台变送器信号宜接到不同输入卡件。

8.5.3 冗余的最终元件应接到不同的输出卡件,每一输出信号通道应只接一个最终元件。

8.5.4 输入、输出卡件不应采用现场总线数字信号。

8.5.5 本安回路应采用隔离型安全栅。

8.5.6 需要线路检测的回路,应采用带有线路短路和开路检测功能的输入、输出卡。

9 通信接口

9.1 一般规定

9.1.1 安全仪表系统与基本过程控制系统通信宜采用 RS 485 串行通信接口,MODBUS RTU 或 TCP/IP 通信协议。

9.1.2 安全仪表系统与基本过程控制系统通信接口宜冗余配置。冗余通信接口应有诊断功能。

9.1.3 安全仪表系统与基本过程控制系统通信不应通过工厂管理网络传输。

9.1.4 除旁路信号和复位信号外,基本过程控制系统不应采用通信方式向安全仪表系统发送指令。

9.1.5 除基本过程控制系统外,安全仪表系统与其他系统之间不应设置通信接口。安全仪表系统与其他系统之间的连接应采用硬接线方式。

9.2 通信接口的配置

9.2.1 通信接口的故障不应影响安全仪表系统的安全功能。通信接口故障应在操作站或工程师站显示、报警。

9.2.2 网络通信接口负荷不应超过 50%。

10 人机接口

10.1 操作员站

10.1.1 安全仪表系统宜设操作员站。在操作员站失效时,安全仪表系统的逻辑处理功能不应受影响。

10.1.2 安全仪表系统应采用操作员站作为过程信号报警和联锁动作报警的显示和记录。

10.1.3 操作员站不应修改安全仪表系统的应用软件。

10.1.4 操作员站设置的软件旁路开关应加键锁或口令保护,并应设置旁路状态报警和记录。

10.1.5 操作员站应提供程序运行,联锁动作,输入、输出状态,诊断结果等显示,并应具有报警及记录等功能。

10.2 辅助操作台

10.2.1 紧急停车按钮、开关、信号报警器及信号灯等,应安装在安全仪表系统的辅助操作台。

10.2.2 信号报警可采用信号报警器显示。

10.2.3 信号报警器应采用下列颜色的灯光:

  1 红色灯光表示越限报警或紧急状态;

  2 黄色灯光表示预报警;

  3 绿色灯光表示运转设备或过程变量正常。

10.2.4 关键信号报警除在操作员站显示外,应同时在辅助操作台显示。

10.2.5 紧急停车按钮、开关、信号报警器等与安全仪表系统连接,应采用硬接线方式,不应采用通信方式。紧急停车按钮应采用红色,旁路开关宜采用黄色,确认按钮宜采用黑色,试验按钮宜采用白色。

10.2.6 紧急停车按钮、开关、信号报警器等与安全仪表系统相距较远的场合,应采用远程输入、输出接口或远程控制器方式进行信号连接。

10.3 维护旁路开关的设置

10.3.1 维护旁路开关可按下列方式设置:

   1 在安全仪表系统的操作员站设置软件开关;

   2 在基本过程控制系统的操作员站设置软件开关;

   3 在辅助操作台或机柜设置硬件开关。

10.3.2 采用软件开关的方式时,每个安全联锁单元宜设硬件旁路开关作为软件开关的"允许"条件。

10.3.3 维护旁路开关应设置在输入信号通道上;维护旁路开关的动作应设置报警和记录。

10.4 操作旁路开关的设置

10.4.1 操作旁路开关可按下列方式设置:

   1 在安全仪表系统的操作员站设置软件开关;

   2 在基本过程控制系统的操作员站设置软件开关;

   3 在辅助操作台设置硬件开关。

10.4.2 当工艺过程变量从初始值变化到工艺条件正常值,信号状态不改变时,不应设置操作旁路开关;当工艺过程变量从初始值变化到工艺条件正常值,信号状态发生改变时,应设置操作旁路开关。

10.4.3 操作旁路开关应设置在输入信号通道上;操作旁路开关的动作应设置报警和记录。

10.5 复位按钮的设置

10.5.1 复位按钮可按下列方式设置:

   1 在安全仪表系统的操作员站设置软件按钮;

   2 在基本过程控制系统的操作员站设置软件按钮;

   3 在辅助操作台设置硬件按钮。

10.5.2 复位按钮的动作应设置报警和记录。

10.6 紧急停车按钮的设置

10.6.1 紧急停车按钮应设置在辅助操作台上。

10.6.2 紧急停车按钮动作应设状态报警和记录。

10.6.3 紧急停车按钮不应设维护旁路开关或操作旁路开关。

10.7 工程师站及事件顺序记录站

10.7.1 安全仪表系统应设工程师站。工程师站应用于安全仪表系统组态编程、系统诊断、状态监测、编辑、修改及系统维护。

10.7.2 工程师站应设不同级别的权限密码保护。工程师站应显示安全仪表系统动作和诊断状态。

10.7.3 安全仪表系统应设事件顺序记录站。事件顺序记录站可单独设置,也可与安全仪表系统的工程师站共用。

10.7.4 事件顺序记录站应记录每个事件的时间、日期、标识、状态等。事件顺序记录站应设密码保护。

10.7.5 工程师站和事件顺序记录站,宜采取防病毒等保护措施。

10.7.6 工程师站和事件顺序记录站应采用台式计算机。

11 应 用 软 件

11.1 组态及编程

11.1.1 应用软件的逻辑功能应采用布尔逻辑及布尔代数运算规则。应用软件的逻辑设计宜采用正逻辑。

11.1.2 应用软件的组态宜采用功能逻辑图或布尔逻辑表达式。

11.1.3 应用软件的组态应使用制造厂的标准组态工具软件。

11.1.4 应用软件组态工具软件应具有下列功能:

   1 区分应用软件版本;

   2 组态检查;

   3 提供标准功能模块;

   4 组态管理、仿真及测试。

11.2 应用软件的安全性

11.2.1 应用软件的安全控制应包括应用软件设计、软件组态及编程、软件集成、软件运行和维护管理、系统确认等。

11.2.2 应用软件组态编程应进行离线测试后再下载投入运行。

11.2.3 数据宜采用光盘进行复制,磁介质文件的复制应防止病毒。

11.2.4 应用软件应同时进行本地备份和异地备份。

11.3 应用软件设计和组态

11.3.1 应用软件文件应包括下列内容:

   1 应用软件说明;

   2 输入点、输出点、通信点清单;

   3 功能逻辑图;

   4 文档要求。

11.3.2 逻辑设计应具有可读性,复杂功能逻辑图应有相应的逻辑功能说明。

11.3.3 应用软件组态编程应与功能逻辑图、因果表或逻辑功能说明一致。程序执行顺序及时间应符合过程安全的要求。

11.3.4 应用软件组态文件应包括功能逻辑图、用户手册、使用说明等。

11.3.5 采用逻辑语言的软件组态文件还应包括源程序、程序说明等。

12 工程设计

12.1 基础工程设计

12.1.1 安全仪表系统测量仪表、安全仪表控制系统、安全仪表系统最终元件的技术规格书,应根据安全完整性等级进行编制。

12.1.2 安全仪表系统基础工程设计文件应根据工艺安全联锁说明、工艺管道及仪表流程图等进行编制,应包括下列内容:

  1 功能逻辑图、因果表及复杂逻辑功能说明;

  2 安全仪表控制系统技术规格书;

  3 安全仪表系统测量仪表、安全仪表系统最终元件的选型原则及技术规格书。

12.1.3 安全仪表控制系统技术规格书应包括下列主要内容:

  1 基本要求;

  2 选型原则;

  3 控制器;

  4 操作员站;

  5 辅助操作台;

  6 工程师站和事件顺序记录站;

  7 应用软件组态;

  8 系统通信;

  9 系统负荷;

  10 维护和安全、可靠性;

  11 系统供电及接地;

  12 验收测试要求;

  13 环境要求;

  14 机械要求;

  15 技术服务;

  16 质量保证;

  17 文档资料。

12.1.4 安全仪表系统测量仪表、安全仪表系统最终元件的技术规格书应包括项目应用环境和条件、设计条件和约束条件、技术说明和规定、技术数据表等。

12.2 详细工程设计

12.2.1 安全仪表系统详细工程设计文件应根据安全仪表系统基础工程设计文件及详细工程设计阶段的要求进行编制,应包括下列内容:

  1 安全仪表控制系统技术规格书;

  2 硬件配置图;

  3 功能逻辑图、因果表及复杂逻辑功能说明;

  4 输入、输出点清单;

  5 联锁及报警设定值;

  6 应用软件需要的技术资料。

12.2.2 安全仪表控制系统合同技术附件,应包括系统硬件清单,软件清单,应用软件组态、生成、调试、操作和维护培训,工厂验收,现场验收及现场服务等。

12.2.3 详细工程设计文件应包括下列内容:

  1 系统总说明及配置图;

  2 操作站及机柜布置图;

  3 输入、输出卡件及端子布置图、接线图;

  4 供电及接地系统图;

  5 远程控制器或远程输入、输出卡件及端子布置、接线图;

  6 回路接线图;

  7 电缆(光缆)连接表;

  8 其他。

13 组态、集成与调试、验收测试

13.1 组态、集成与调试

13.1.1 安全仪表控制系统工程文件应包括下列主要内容:

  1 系统硬件规格书;

  2 系统软件规格书;

  3 系统配置图;

  4 机柜布置及接线图;

  5 系统供电图;

  6 系统接地图;

  7 负荷计算表;

  8 功耗计算表;

  9 输入卡、输出卡点分配表;

  10 组态编程文件(源程序、功能逻辑图等);

  11 操作维护手册。

13.1.2 工程师站、操作员站、事件顺序记录站、辅助操作台、系统柜、端子柜、安全栅柜、继电器柜、电源柜、网络柜等集成,应符合详细工程设计的规定。

13.1.3 应用软件组态应满足功能逻辑图和因果表的要求。系统软件、应用软件编译、调试及下装,应经过完整、详细地检查和测试。

13.2 验收测试

13.2.1 验收测试应包括工厂验收测试、工厂联合测试和现场验收测试。

13.2.2 工厂验收测试应包括下列主要内容:

  1 制造厂提供验收测试程序、测试内容及步骤;

  2 验收测试报告文件、测试用的标准仪器检查;

  3 全部工程文件检查;

  4 硬件测试及检查;

  5 系统冗余和容错功能检验;

  6 系统在线可维护性测试,包括在线更换卡件、在线修改及下装软件;

  7 应用程序的逻辑功能测试;

  8 验收测试完成,测试报告签字。

13.2.3 工厂联合测试应包括下列主要内容:

  1 与基本过程控制系统的工厂联合测试宜在基本过程控制系统制造厂进行;

  2 在基本过程控制系统工厂完成安全仪表系统通信测试、软件画面测试等;

  3 与其他控制系统的工厂联合测试宜在安全仪表系统制造厂进行;

  4 在安全仪表系统制造厂完成与其他控制系统的通信测试、软件画面测试等;

  5 工厂联合测试完成,测试报告签字。

13.2.4 现场验收测试应包括下列主要内容:

  1 编制现场验收测试程序、测试内容及步骤;

  2 检查工程设计文件及有关资料;

  3 系统安装、系统各类连接及通电条件检查;

  4 检查各项冗余功能及在线更换卡件功能;

  5 操作站显示画面联合测试;

  6 辅助操作台紧急停车及报警功能检查;

  7 系统网络功能测试;

  8 系统诊断功能测试;

  9 现场验收测试完成,测试报告签字。

14 操作维护、变更管理

14.0.1 操作维护管理应包括操作维护规程、维护人员职责、定期诊断测试计划及报告、停车期间的系统检查、维护旁路开关及操作旁路开关的使用等。

14.0.2 变更管理应包括变更原因及方案、系统的版本升级、增减或修改逻辑、审核评估变更方案、确认变更的安全仪表功能、变更方案的设计与实施、变更软件功能的离线测试与检查、变更报告及操作维护规程更新等。

15 文 档 管 理

15.0.1 安全生命周期各阶段的文档应包括安全仪表系统的工程设计、应用软件组态编程、设计审查等文件,磁介质和纸介质文件应同时存档保存。

15.0.2 文档管理应包括文件命名规则、文件格式、文件传递方式、文件控制规程、文件审核流程及文件版本管理等。

本规范用词说明

1 为便于在执行本规范条文时区别对待,对要求严格程度不同的用词说明如下:
    1)表示很严格,非这样做不可的:
      正面词采用"必须",反面词采用"严禁";
    2)表示严格,在正常情况下均应这样做的:
      正面词采用"应",反面词采用"不应"或"不得";
    3)表示允许稍有选择,在条件许可时首先应这样做的:
      正面词采用"宜",反面词采用"不宜";
    4)表示有选择,在一定条件下可以这样做的,采用"可"。

2 条文中指明应按其他有关标准执行的写法为:"应符合……的规定"或"应按……执行"。

引用标准名录

《电气/电子/可编程电子安全相关系统的功能安全》GB/T 20438
《过程工业领域安全仪表系统的功能安全》GB/T 21109

中华人民共和国国家标准

石油化工安全仪表系统设计规范

GB/T 50770 - 2013

条 文 说 明

制 订 说 明

《石油化工安全仪表系统设计规范》GB/T 50770—2013,经住房和城乡建设部 2013 年 2 月 7 日以第 1623 号公告批准发布。

本规范制订过程中,编制组进行了广泛调查研究,总结了我国石油化工工厂或装置采用安全仪表系统的实践经验,参考了国外先进的技术法规、技术标准,广泛征求了石油化工安全仪表系统工程设计、制造、操作维护等方面技术人员的意见,在此基础上编制了本规范。

为了便于石油化工安全仪表系统设计、建设和操作维护等有关人员在使用本规范时能正确理解和执行条文规定,《石油化工安全仪表系统设计规范》编制组按章、节、条顺序编制了本规范的条文说明,对条文规定的目的、依据以及执行中需注意的有关事项进行了说明。但是,本条文说明不具备与规范正文同等的法律效力,仅供使用者参考。

目　　次

1　总　　则 ……………………… 11—16
2　术语和缩略语 ………………… 11—16
　2.1　术语 ……………………… 11—16
3　安全生命周期 ………………… 11—17
　3.1　一般规定 ………………… 11—17
　3.2　工程设计 ………………… 11—17
　3.3　集成、调试及验收测试 …… 11—17
　3.4　操作维护 ………………… 11—17
4　安全完整性等级 ……………… 11—17
　4.1　一般规定 ………………… 11—17
　4.2　安全完整性等级评估 ……… 11—17
5　设计基本原则 ………………… 11—18
6　测量仪表 ……………………… 11—18
　6.1　一般规定 ………………… 11—18
　6.3　测量仪表的冗余设置 ……… 11—18
　6.5　开关量测量仪表 ………… 11—18
7　最终元件 ……………………… 11—18
　7.1　一般规定 ………………… 11—18
　7.3　控制阀的冗余设置 ……… 11—18

　7.4　控制阀附件的配置 ……… 11—18
8　逻辑控制器 …………………… 11—19
　8.1　一般规定 ………………… 11—19
　8.4　逻辑控制器的配置 ……… 11—19
9　通信接口 ……………………… 11—20
　9.1　一般规定 ………………… 11—20
10　人机接口 ……………………… 11—20
　10.1　操作员站 ………………… 11—20
　10.2　辅助操作台 ……………… 11—20
　10.3　维护旁路开关的设置 …… 11—20
　10.4　操作旁路开关的设置 …… 11—20
　10.7　工程师站及事件顺序记录站 … 11—20
11　应用软件 ……………………… 11—20
　11.3　应用软件设计和组态 …… 11—20
12　工程设计 ……………………… 11—21
　12.1　基础工程设计 …………… 11—21
13　组态、集成与调试、验收测试 … 11—21
　13.1　组态、集成与调试 ……… 11—21

11

1 总　则

1.0.2 本规范适用于石油化工工厂或装置的安全仪表系统的工程设计。本规范不适用于石油化工工厂或装置的火灾及气体报警系统、压缩机控制系统、锅炉控制保护系统等。

1.0.3 石油化工安全仪表系统的工程设计，还应符合但不限于下列国家现行有关标准的规定：

1. GB/T 20438.1—2006/IEC 61508—1　电气/电子/可编程电子安全相关系统的功能安全　第1部分：一般要求

2. GB/T 20438.2—2006/IEC 61508—2　电气/电子/可编程电子安全相关系统的功能安全　第2部分：电气/电子/可编程电子安全相关系统的要求

3. GB/T 20438.3—2006/IEC 61508—3　电气/电子/可编程电子安全相关系统的功能安全　第3部分：软件要求

4. GB/T 20438.4—2006/IEC 61508—4　电气/电子/可编程电子安全相关系统的功能安全　第4部分：定义和缩略语

5. GB/T 20438.5—2006/IEC 61508—5　电气/电子/可编程电子安全相关系统的功能安全　第5部分：确定安全完整性等级的方法示例

6. GB/T 20438.6—2006/IEC 61508—6　电气/电子/可编程电子安全相关系统的功能安全　第6部分：GB/T 20438.2和GB/T 20438.3的应用指南

7. GB/T 20438.7—2006/IEC 61508—7　电气/电子/可编程电子安全相关系统的功能安全　第7部分：技术和措施概述

8. GB/T 21109.1—2007/IEC 61511—1　过程工业领域安全仪表系统的功能安全　第1部分：框架、定义、系统、硬件和软件要求

9. GB/T 21109.2—2007/IEC 61511—2　过程工业领域安全仪表系统的功能安全　第2部分：GB/T 21109.1的应用指南

10. GB/T 21109.3—2007/IEC 61511—3　过程工业领域安全仪表系统的功能安全　第3部分：确定要求的安全完整性等级的指南

11. GB 50058　爆炸和火灾危险环境电力装置设计规范

2 术语和缩略语

2.1 术　语

2.1.7 石油化工工厂或装置的典型多保护层结构如图1所示。

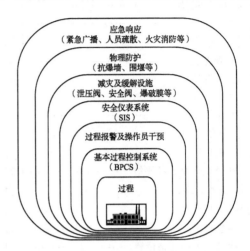

图1　石油化工工厂或装置的典型多保护层结构

2.1.19 基本过程控制系统用于生产过程的连续测量、常规控制（如连续、顺序、间歇控制等）、操作管理，保证生产装置的平稳运行。在石油化工工厂或装置中，基本过程控制系统通常采用分散控制系统(DCS)。基本过程控制系统不应执行 SIL 1、SIL 2、SIL 3 的安全仪表功能。

2.1.24 电子控制系统的电气和电子开关、按钮有多种规格、操作和功能。本规范按稳定状态定义：具有两种稳定位置的元件为开关，具有一种稳定状态的元件为按钮。

2.1.26 本规范按电气的术语定义触点为机械式电气器件，触点是接点的一种，区别于电子式接点和软件接点。

3 安全生命周期

3.1 一般规定

3.1.1 安全仪表系统的安全生命周期,是安全工程和安全功能存在的全过程。引用安全生命周期时间和阶段的目的,是为了确定实现功能安全目标所必要的管理活动,并进行策划与组织安排,以便在各阶段内有效实施,确保安全仪表系统的设计、安装、调试以及运行等满足总体功能安全的要求。

3.1.2 安全仪表系统的安全生命周期,包括从工程方案设计阶段安全仪表系统的设计策略,到操作维护阶段,直到安全仪表系统停用的全过程,涉及工程设计和安全仪表系统制造集成、建设、生产运行等多方面的工作。本设计规范重点说明安全仪表系统工程设计、系统集成和操作维护的要求。

3.2 工程设计

3.2.1 工程方案设计是指在工程前期开展的设计工作,包括可行性研究、工艺包设计等实现工程安全设计的基本要素。工程方案设计应根据工艺技术的特点和生产运行经验,对工艺过程中可能发生的危险和风险进行初步分析,提出采取的主要安全措施和保护系统。

3.2.2 过程危险分析和风险评估的详细内容及方法不属于本规范的内容。过程危险是因异常事件引起过程条件变化产生的危险,包括由于过程、基本过程控制系统和相关人员因素等引发的特定危险事件。风险评估用于分析特定危险事件可能发生的频率和后果的严重程度,确定工程的可承受风险。

3.2.3 安全功能是针对特定的危险事件,为达到或保持过程的安全状态,由安全仪表系统、其他安全相关系统或外部风险降低设施实现的功能。一个安全功能应能防止一个特定的危险事件。安全功能可采用安全仪表系统和其他的保护层来实现。在石油化工工厂或装置中通常采用多个保护层,因此当某一个保护层失效时不会产生或导致严重后果。

分配安全功能是给各相关的保护层进行安全功能分配,不止包括安全仪表系统。

3.3 集成、调试及验收测试

3.3.1 安全仪表系统应按照设计的要求进行集成。当所有模块集成到安全仪表系统后,应按照设计要求进行测试。为了保证应用软件同硬件和软件平台兼容,应确定集成测试要求,满足功能安全要求。在集成和测试期间,对安全仪表系统的任何修改或改变应进行分析,必要时应进行重新验证。

3.3.3 工厂验收测试应符合安全仪表系统技术规格书的要求。

3.4 操作维护

3.4.2 安全仪表系统的变更管理能保证安全仪表系统发生改变时所要求的安全仪表系统安全完整性。在安全仪表系统变更前,应确定授权和变更控制程序。安全仪表系统变更应保留记录,如变更内容描述、变更原因、变更活动对安全仪表系统的影响分析、变更要求的批准、验证变更的实现等。

4 安全完整性等级

4.1 一般规定

4.1.2 安全完整性等级为 SIL 1～ SIL 4 共 4 级。石油化工工厂或装置的安全完整性等级最高为 SIL 3 级。SIL 等级越高,安全仪表功能失效的概率越低。

安全完整性等级的确定:

SIL 1 级:很少发生事故,如发生事故,对装置和产品有轻微的影响,不会立即造成环境污染和人员伤亡,经济损失不大。

SIL 2 级:偶尔发生事故,如发生事故,对装置和产品有较大的影响,并有可能造成环境污染和人员伤亡,经济损失较大。

SIL 3 级:经常发生事故,如发生事故,对装置和产品将造成严重的影响,并造成严重的环境污染和人员伤亡,经济损失严重。

4.1.3 安全仪表系统的低要求操作模式是指安全仪表系统动作频率不大于每年一次。通常石油化工工厂和装置的安全仪表系统工作于低要求操作模式。

4.2 安全完整性等级评估

4.2.2 安全完整性等级评估可采用多种方法组合。

(1)保护层分析法是基于危险和可操作性研究,对识别出的每个危险事件分析其引发原因,计算预防或减缓的保护层作用,确定可降低的风险总量,研究降低风险的措施。

(2)风险矩阵法是按照危险事件发生的可能性分级与事故后果严重程度的分级进行风险组合排序,将风险划分为小、中、大、重大等不同级别。采用风险矩阵法确定安全完整性等级是基于操作经验和各公司的风险标准,对人员、经济和环境等方面的风险分别进行评估,根据风险结果确定安全完整性等级的。

(3)校正的风险图法是一种半定性方法,评估通过对过程和基本过程控制系统相关的风险分析来确定安全仪表功能的安全完整性等级。

4.2.3 安全完整性等级评估审查会应对工艺管道及仪表流程图和安全联锁因果表等主要设计文件进行分析研究,结合过程危险分析和保护层功能分配的结果,评估、确定各安全仪表功能的安全完整性等级。审查结果应作为安全仪表系统的工程设计依据。

5 设计基本原则

5.0.5 石油化工工厂或装置的安全完整性等级最高为 SIL 3 级。如果在确定安全完整性等级时,有可能达到 SIL 4,应重新分配保护层的安全功能,或采用多个独立的安全仪表功能,使安全完整性等级不高于 SIL 3。

5.0.6 在系统设计的时候,可采用计算安全仪表系统的失效概率的方法或其他方法验证和确定该系统安全完整性等级。石油化工工厂或装置应采用低要求模式的平均失效概率,计算和验证安全仪表系统的安全完整性等级。

5.0.8 安全仪表系统用于监测石油化工生产过程运行状态,判断危险或风险发生的条件,自动或手动执行规定的安全仪表功能,防止或减少危险事件发生,减少人员伤害或经济损失,减轻危险事件造成的影响,保护人身和生产装置安全,保护环境。

5.0.11 安全仪表系统的测量仪表、逻辑控制器、最终元件等内部产生故障,不能继续工作时,石油化工生产过程应转入安全状态。

5.0.13 在爆炸危险场所,安全仪表系统的现场测量仪表和最终元件宜优先选用隔爆型,减少中间环节。

5.0.16 大型石油化工生产装置的安全仪表系统,应采用双路独立的不间断电源。

5.0.20 安全仪表系统的逻辑控制器、工程师站、操作站等设备,可采用逻辑控制器的时钟作为时钟源,使安全仪表系统内设备的时钟一致。大型石油化工工厂的安全仪表系统应与基本控制系统的时钟同步。可采用时钟同步系统作为时钟源。

5.0.22 输入信号线路中有可能存在来自外部的干扰信号时,模拟信号可配置信号隔离器,开关信号可配置继电器等。

6 测量仪表

6.1 一般规定

6.1.1 测量仪表是安全仪表系统的组成部分,可采用计算低要求操作模式的平均失效概率的方法设计和验证测量仪表的安全完整性等级;也可根据经验使用原则,有实际证据证明这种测量仪表在以前的使用中有足够的安全完整性,就可确定选用该测量仪表符合相应的安全完整性等级。

6.1.5 安全仪表系统的输入信号不应采用通信信号,包括采用 HART、FF、PROFIBUS - PA、MODBUS RTU、TCP/IP 等通信协议的通信信号。

6.3 测量仪表的冗余设置

6.3.2、6.3.3 测量仪表的冗余设置,并不表示冗余设置就对应安全完整性等级。

6.5 开关量测量仪表

6.5.1 安全仪表系统的测量仪表不宜采用现场开关量仪表,因为现场开关量仪表长期不动作,会出现触点黏合或接触不良,导致不动作或误动作,影响安全仪表的功能实现。

7 最终元件

7.1 一般规定

7.1.2 安全仪表系统的最终元件为气动调节阀,执行安全仪表功能时,安全仪表系统优先动作。气动控制阀宜采用弹簧复位式单作用气动执行机构。采用双气缸执行机构时,宜配备空气储罐或专用供气管路。

7.1.3 最终元件是安全仪表系统的组成部分。可采用计算低要求操作模式的平均失效概率的方法设计和验证最终元件的安全完整性等级;也可根据经验使用原则,有实际证据证明这种最终元件在以前的使用中有足够的安全完整性,就可确定选用该最终元件符合相应的安全完整性等级。

7.3 控制阀的冗余设置

本节规定了控制阀的冗余设置,并不表示冗余设置就对应安全完整性等级。不能冗余配置控制阀的场合,采用单一控制阀,但配套的电磁阀宜冗余配置。冗余电磁阀只能有限地提高电磁阀组的安全完整性指标,不能提高控制阀的安全完整性指标。

7.4 控制阀附件的配置

7.4.1 调节阀带电磁阀配置示例见图 2。切断阀带电磁阀配置示例见图 3。

图中 SOV 为电磁阀。电磁阀励磁,A→B 通,阀开;电磁阀非励磁,B→C 通,阀关。

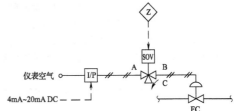

图 2 调节阀带电磁阀配置示例

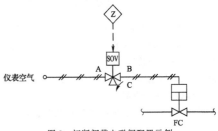

图 3 切断阀带电磁阀配置示例

7.4.4 安全仪表系统的电磁阀应优先选用耐高温(H 级)绝缘线圈,长期带电型,隔爆型。石油化工过程的最终元件的电磁阀以断电为故障安全方式。在工艺过程正常运行时,电磁阀应励磁工作。

7.4.5 (1)当系统要求高安全性时,调节阀、配电阀带冗余电磁阀配置可选用图 4、图 5 所示配置方式。

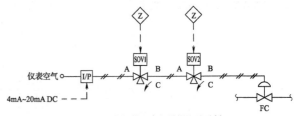

图 4 调节阀带冗余电磁阀配置示例

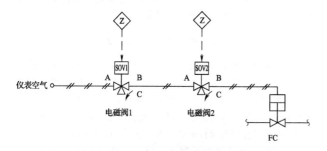

图5 切断阀带冗余电磁阀配置示例

图中,当电磁阀1励磁,A→B通;电磁阀2励磁,A→B通,则控制阀开。当电磁阀1励磁,A→B通;电磁阀2非励磁,B→C通,则控制阀关。当电磁阀1非励磁,B→C通;电磁阀2励磁,A→B通,则控制阀关。当电磁阀1非励磁,B→C通;电磁阀2非励磁,B→C通,则控制阀关。

(2)当系统要求高可用性时,调节阀、切断阀带冗余电磁阀配置可选用图6、图7所示配置方式。

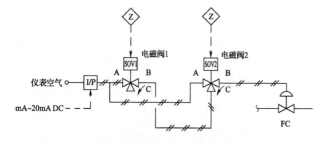

图6 调节阀带冗余电磁阀配置示例

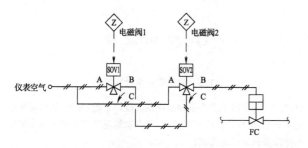

图7 切断阀带冗余电磁阀配置示例

图中,当电磁阀1励磁,A→B通;电磁阀2励磁,A→B通,则控制阀开。当电磁阀1励磁,A→B通;电磁阀2非励磁,B→C通,则控制阀开。当电磁阀1非励磁,B→C通;电磁阀2励磁,A→B通,则控制阀开。当电磁阀1非励磁,B→C通;电磁阀2非励磁,B→C通,则控制阀关。

(3)根据布尔逻辑运算规则及真值表:

①"或门"。当一个或一个以上的输入为"1"状态,输出呈现"1"状态。

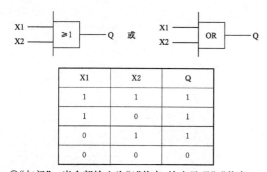

X1	X2	Q
1	1	1
1	0	1
0	1	1
0	0	0

②"与门"。当全部输入为"1"状态,输出呈现"1"状态。

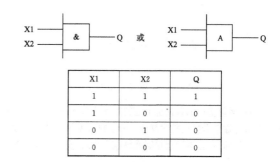

X1	X2	Q
1	1	1
1	0	0
0	1	0
0	0	0

图2～图7中电磁阀的逻辑应符合以上定义。

8 逻辑控制器

8.1 一般规定

8.1.3 逻辑控制器的响应时间包括输入处理时间、输入扫描时间、中央处理单元扫描时间、应用软件执行时间、输出扫描时间、输出处理时间、通信时间等。

8.4 逻辑控制器的配置

8.4.3 逻辑控制器与基本控制系统时钟同步的目的是,当发生事故后,通过对两个系统各自记录的事件的对比和追溯,协助查找事故原因。

9 通信接口

9.1 一 般 规 定

9.1.1 串行通信接口的数据量不应超过通信卡件的通信能力,通信速率应符合通信卡件的技术规格。安全仪表系统与基本过程控制系统的串行通信,基本过程控制系统应为主站,安全仪表系统应为从站。

10 人 机 接 口

10.1 操 作 员 站

10.1.1 操作员站可采用安全仪表系统的操作员站,也可采用基本过程控制系统的操作员站。

10.2 辅 助 操 作 台

10.2.2 安全仪表系统采用操作员站作信号报警的方式时,可在多台操作站报警,实现报警冗余。操作员站还可设置不同报警级别、多种报警显示、不同的报警音响,记录、存贮报警状态和相关数据,调用、显示、分析报警数据。

10.2.6 当采用导线连接的常规信号超过一定距离时,为避免因线路衰减、电磁干扰等因素产生传输差错,可采用远程接口的方式利用系统内部的通信网络进行信号连接,实现准确、可靠的信号传输。

10.3 维护旁路开关的设置

10.3.3 安全仪表系统的工艺联锁输入信号宜设维护旁路开关,三取二表决的冗余现场测量仪表输入信号可不设维护旁路开关;手动紧急停车输入信号不应设维护旁路开关,安全仪表系统的输出信号不应设维护旁路开关。

维护旁路开关、操作旁路开关、复位按钮、紧急停车按钮的操作应有状态报警和记录。

维护旁路开关用于现场仪表和线路维护时暂时旁路信号输入,使安全仪表逻辑控制器的输入不受维护线路和现场仪表信号的影响。应当严格限制维护旁路开关的使用。维护旁路开关在非

维护时间应置于非旁路状态,保持安全仪表系统的完整和正常运行。维护旁路开关不应用于其他用途。

10.4 操作旁路开关的设置

10.4.3 操作旁路开关用于工艺开工和特殊过渡过程,在开工过程中输入信号还没正常之前使用,将输入信号暂时旁路,使安全仪表逻辑控制器的输入不受输入信号的影响。工艺过程正常后,操作旁路开关应置于非旁路状态,保持安全仪表系统的完整和正常运行。应当严格限制操作旁路开关的使用。操作旁路开关在工艺非开工时间置于非旁路状态。操作旁路开关不应用于其他用途。

10.7 工程师站及事件顺序记录站

10.7.5 安全仪表系统的服务器、工程师站、事件顺序记录站、操作员站、逻辑控制器、网络设备等应严格管理外部访问,防止计算机病毒侵入系统。

11 应 用 软 件

11.3 应用软件设计和组态

11.3.2 为了保证安全仪表系统逻辑设计正确、文档建立、逻辑修改和更新,逻辑设计应有可读性,复杂功能逻辑图应有逻辑功能说明并应提供正式的文档。

11.3.5 采用逻辑语言设计的软件应有详细的逻辑功能说明和程序说明,并应提供正式的文档。

12 工 程 设 计

12.1 基础工程设计

12.1.3 安全仪表系统基础工程设计的主要文件之一是安全仪表控制系统(即逻辑控制器系统)的技术规格书,由于多年来的习惯,被称为"安全仪表系统技术规格书"。实际工程中,凡提及"安全仪表系统技术规格书"的多指安全仪表控制系统(即逻辑控制器系统)的技术规格书。

12.1.4 安全仪表系统的测量仪表、最终元件的技术规格书应分别由仪表技术规定和仪表数据表两部分组成。技术规定包括项目应用环境和条件、设计条件和约束条件、必要的技术规格、技术说明等。

13 组态、集成与调试、验收测试

13.1 组态、集成与调试

13.1.1 安全仪表系统工程文件是指安全仪表控制系统的设计、制造、集成、出厂等过程中产生,以及现场安装工程所需要,并应提交的最终工程文件。

中华人民共和国国家标准

铀矿石和铀化合物贮存设施
安全技术规范

Safety technical code for the storage facilities of
uranium ores and uranium compounds

GB 50807 - 2013

主编部门：中 国 核 工 业 集 团 公 司
批准部门：中华人民共和国住房和城乡建设部
施行日期：2 0 1 3 年 9 月 1 日

中华人民共和国住房和城乡建设部公告

第 1629 号

住房城乡建设部关于发布国家标准《铀矿石和铀化合物贮存设施安全技术规范》的公告

现批准《铀矿石和铀化合物贮存设施安全技术规范》为国家标准，编号为 GB 50807—2013，自 2013 年 9 月 1 日起实施。其中，第 3.0.1、3.0.2、4.1.4、4.1.5、4.1.8、4.4.1 条为强制性条文，必须严格执行。

本规范由我部标准定额研究所组织中国计划出版社出版发行。

中华人民共和国住房和城乡建设部
2013 年 1 月 28 日

前　言

本规范是根据原建设部《关于印发〈2005 年工程建设标准规范制订、修订计划（第二批）〉的通知》（建标函〔2005〕124 号）的要求，结合当前的技术水平，由中核第四研究设计工程有限公司编制完成。

本规范共分 6 章，主要内容包括：总则、术语、基本规定、贮存设施设计安全要求、施工及验收、运行管理及维护等。

本规范以黑体字标志的条文为强制性条文，必须严格执行。

本规范由住房和城乡建设部负责管理和对强制性条文的解释，由中国核工业集团公司负责日常管理，中核第四研究设计工程有限公司负责具体技术内容的解释。本规范在执行过程中，希望各单位结合工作实践，认真总结经验，注意积累资料，如发现需要修改和补充之处，请将意见和建议寄交中核第四研究设计工程有限公司（地址：河北省石家庄市体育南大街 261 号，邮政编码：050021），以供今后进行修订时参考。

本规范主编单位、主要起草人和主要审查人：

主 编 单 位：中核第四研究设计工程有限公司

主要起草人：王春普　连国玺　王合祥　杜桂茹　张春茂
　　　　　　　吴东燕　曹永凯　蔡　涛

主要审查人：潘英杰　赵亚民　姜希文　郭择德　杨明理
　　　　　　　邓文辉　符　智

目　次

1 总　　则 ……………………… 12—4
2 术　　语 ……………………… 12—4
3 基本规定 ……………………… 12—4
4 贮存设施设计安全要求 ……… 12—5
　4.1 矿石溜井 …………………… 12—5
　4.2 贮矿场 ……………………… 12—5
　4.3 矿仓 ………………………… 12—5
　4.4 铀化合物贮存库 …………………… 12—6
5 施工及验收 ……………………… 12—6
6 运行管理及维护 ………………… 12—7
本规范用词说明 …………………… 12—7
引用标准名录 ……………………… 12—7
附：条文说明 ……………………… 12—9

12

Contents

1 General provisions ……………… 12—4
2 Terms ……………………………… 12—4
3 Basic requirement ………………… 12—4
4 Safety design requirements for storage
　facility ……………………………… 12—5
　4.1 Ore passes …………………… 12—5
　4.2 Ore storage venues ………… 12—5
　4.3 Ore bin ……………………… 12—5
　4.4 Uranium compounds warehouse …………… 12—6
5 Construction and acceptance ……… 12—6
6 Operation management and
　maintenace ……………………… 12—7
Explanation of wording in this code ……… 12—7
List of quoted standards ……………… 12—7
Addition：Explanation of provisions ……… 12—9

1 总 则

1.0.1 为加强铀矿石和铀化合物贮存设施的设计、施工、验收、运行及维护,保障贮存设施的安全、环境安全及公众的健康,制定本规范。

1.0.2 本规范适用于铀矿石和铀化合物固定贮存设施的设计、施工、验收及运行维护。

1.0.3 铀矿石和铀化合物贮存设施的安全技术要求,除应符合本规范外,尚应符合国家现行有关标准的规定。

2 术 语

2.0.1 铀矿石 uranium ores
含有可供提取天然铀的天然矿物聚合体。

2.0.2 铀化合物 uranium compounds
采用化学方法处理铀矿石而制得的铀产品,包括铀化学浓缩物、二氧化铀、八氧化三铀等。

2.0.3 贮存设施 storage facilities
一定时期内用于贮存铀矿石或铀化合物的建(构)筑物或场地,包括矿石溜井、贮矿场、矿仓以及铀化合物贮存库。

2.0.4 矿石溜井 ore passes
利用自重溜放矿石的垂直或倾斜的井筒,是井下矿石运输及贮存的调节设施。

2.0.5 矿用火箭弹 mine rocket shell
用于疏通溜井的专用爆破装置。

2.0.6 贮矿场 ore storage venues
用于堆放及贮存铀矿石的露天设施或场所。

2.0.7 矿仓 ore bin
用于贮存铀矿石的建(构)筑物或设施。根据生产工序的不同,矿仓又分为原矿仓、中间矿仓以及粉矿仓。

2.0.8 原矿仓 primary ore bin
用于贮存从地下或露天坑开采出而未经选矿或其他加工过程的矿石用仓。

2.0.9 中间矿仓 intermedium ore bin
在矿石破碎生产系统中起贮存矿石和调节生产平衡作用的设施。

2.0.10 粉矿仓 fine ore bin
贮存破碎生产系统最终产品和下行工序破碎产品供应的贮存设施。

2.0.11 铀化合物贮存库 uranium compounds warehouse
用于贮存铀化合物的建(构)筑物。

3 基 本 规 定

3.0.1 生产铀矿石和铀化合物的铀矿冶企业应建设专用的铀矿石和铀化合物贮存设施。

3.0.2 铀矿石和铀化合物贮存设施,应布置在地质条件安全稳定区域,满足安全生产和管理要求,并应便于退役治理。

3.0.3 铀矿石和铀化合物贮存设施应采取工业安全防范措施,保障工作人员的人身安全。贮存设施的建(构)筑物结构形式、结构强度、防(排)洪设施、耐火等级、抗震设防烈度以及其他工业安全防范措施,均应按照其使用特点和地区环境条件满足国家现行有关标准的要求。

3.0.4 铀矿石和铀化合物贮存设施应采取辐射防护措施,职业照射应控制在可合理达到的尽量低水平。工作人员的职业照射剂量约束值应符合现行国家标准《铀矿冶辐射防护和环境保护规定》GB 23727 的有关规定。

3.0.5 铀矿石和铀化合物贮存设施应采取环境保护措施,对外环境的影响程度应控制在可合理达到的尽量低水平。铀矿石和铀化合物贮存设施放射性污染物的排放应符合现行国家标准《铀矿冶辐射防护和环境保护规定》GB 23727 的有关规定;非放射性污染物的排放应按照国家现行有关标准执行。

3.0.6 铀矿石和铀化合物贮存设施的安全防护措施应与主体工程同时设计、同时施工、同时投产使用。

3.0.7 铀矿石和铀化合物贮存设施的安全防护措施应按照设计文件的要求进行施工,施工质量应符合国家现行有关标准的规定。铀矿石和铀化合物贮存设施建设完成后,应根据国家现行有关标准的规定进行验收。

3.0.8 铀矿冶企业应确定实现安全生产目标所需要的措施和资源，应建立工业安全、辐射安全以及环境安全的日常管理和应急管理机构，配备专业技术与管理人员，应贯彻执行国家和行业颁发的有关安全生产、辐射防护以及环境保护法规和规定，加强贮存设施安全管理工作，保障铀矿石和铀化合物贮存设施的安全运行。

4 贮存设施设计安全要求

4.1 矿石溜井

4.1.1 矿石主溜井的设置应符合下列技术要求：

1 矿石主溜井应布置在坚硬、稳定、整体性好、富水性弱的围岩中。

2 当矿石主溜井局部必须穿过不稳固岩层时，应采取加固措施。

3 矿石主溜井宜采用垂直式，单段垂高不宜大于200m，分支斜溜道的倾角应大于60°；主溜井直径不应小于矿石最大块度的5倍，且不宜小于3m。

4 当主溜井通过的岩层工程地质、水文地质条件复杂时，主溜井数量不宜少于两条。

5 含泥量多、黏结性大或易氧化自燃的铀矿石，不宜采用主溜井溜放。

4.1.2 矿石主溜井的卸矿硐室应符合下列要求：

1 卸矿口应设置格筛，格筛网度不宜超过400mm×400mm；格栅条宜采用刚度小、弹性大的方钢或圆钢；格栅宜采用螺栓固定方式；在格筛两侧和卸矿方向对侧应设置便于操作人员通行和处理大块矿石的平台，平台宽度不宜小于1m。

2 格筛上的大块矿石破碎宜采用机械破碎方式，不宜采用人力或爆破方式。

3 矿石溜井口应设有保证正常工作的良好照明，照度不应小于20lx。

4 溜井卸矿硐室应设防坠落安全标识，并应采用红灯示警。

4.1.3 矿石主溜井应采用具有制动装置且安全可靠的闸门装矿，

闸门装矿硐室的设计应符合下列要求：

1 装矿硐室尺寸应满足装矿设备的安装、运行、检修及运输设备的安全通行要求。

2 当两个装矿硐室相邻时，装矿硐室之间应留有安全岩柱，安全岩柱的大小根据围岩性质确定，但不应小于最大硐室宽度的2.5倍。

3 闸门放矿口处应有良好的照明，并应设立红灯示警。

4.1.4 当井下采用无轨设备运输矿石时，汽车卸矿的溜井必须设置车挡，车挡的高度不应低于轮胎直径的2/5。

4.1.5 当矿石主溜井设置装矿机操作硐室时，操作硐室附近必须设置具有单独出口的安全通道。

4.1.6 安全通道的设置应符合下列要求：

1 安全通道的宽不应小于1.6m，高不应小于2m。

2 安全通道出口应避开放矿口，两者间距离不应小于20m。

3 安全通道底板应高出运输平巷底板，高差不应小于0.5m。

4.1.7 高度超过100m的主溜井，应有处理溜井堵塞的设施或措施。

4.1.8 矿石主溜井口应设置防止井下涌水进入溜井的设施，严禁将矿石溜井同时兼作泄水井使用。

4.1.9 矿石主溜井宜避开入风道布置，当不能避开入风道时，宜设置矿石溜井专用回风系统。

4.1.10 矿石主溜井装矿硐室和卸矿硐室处均应保证有贯穿风流通过，风量设计不应小于2m³/s。

4.1.11 矿石主溜井的装矿点和卸矿点均应设置喷雾洒水装置。

4.2 贮矿场

4.2.1 贮矿场选址应符合下列规定：

1 贮矿场与露天饮用水源地、居民点之间间隔距离不应小于300m，与铀矿进风口之间间隔距离不宜小于50m。

2 贮矿场宜布置在人员相对集中区域全年最小频率风向的上风侧。

4.2.2 贮矿场应设有防（排）洪设施，防洪标准重现期不宜小于50a。

4.2.3 贮矿场场地坡度不宜超过5°，场地周边应设置挡石墙。

4.2.4 贮矿场地应采取场地硬化和防渗措施，宜采用混凝土铺砌场地。

4.2.5 贮矿场周边应设置排水设施，贮矿场排水应采取清污分流，污水收集后应进行处理。

4.2.6 贮矿场应设置防尘设施，宜采用喷雾洒水等抑尘方式。

4.2.7 贮矿场应设置放射性警示安全标识。

4.3 矿 仓

4.3.1 矿仓与饮用水源、居民点之间间隔距离不应小于300m，与铀矿进风口之间间隔距离不宜小于50m。

4.3.2 矿仓均应设置防雨棚，防雨棚的形式根据使用环境的要求可采用封闭式、半封闭式或敞开式，防雨棚的材料应根据建设区域的特点采用轻钢或混凝土。

4.3.3 矿仓防雨棚内、矿仓下部排矿处应设置照明，照明的设置应符合现行国家标准《建筑照明设计标准》GB 50034的有关规定。

4.3.4 矿仓应设置防坠落、防砸伤以及放射性警示等安全标志。

4.3.5 矿仓应采取降低粉尘产生和排放的措施，且应符合下列要求：

1 原矿仓受料口宜采用喷雾洒水等降尘措施；中间矿仓、粉矿仓受料口应采取有效的密封措施，并应设除尘系统。各矿仓卸料口应密封给料设备，并应设除尘系统。

2 除尘系统的净化效率不应低于99%；机械除尘装置的排气筒高度应高于200m半径范围内最高建筑物5m以上，不能达到该要求的排气筒，应按照其高度对应的排放速率标准值50%严格执行。

4.3.6 原矿仓应设安全防护栏杆,安全栏杆的设置应符合现行国家标准《固定式钢梯及平台安全要求第3部分:工业防护栏杆及钢平台》GB 4053.3的有关规定。原矿仓上口应设格筛,格筛网度不宜超过400mm×400mm。

4.3.7 中间矿仓出口宜设置闸门或给料设备,当矿仓出口设置了闸门或给料设备时,矿仓宜设置矿石料位监测装置。

4.3.8 中间矿仓地面应采取封闭和防渗措施。

4.4 铀化合物贮存库

4.4.1 铀化合物贮存库的选址应避开矿井采空区,并应在爆破震动安全界限以外,且无地质灾害或洪水淹没等危险的安全地段。

4.4.2 铀化合物贮存库建筑结构设计应采用砖混或混凝土浇筑,墙厚不应小于240mm。

4.4.3 铀化合物贮存库抗震设防类别应为现行国家标准《建筑抗震设计规范》GB 50011中规定的乙类,建筑结构荷载(雪荷载、风荷载等)应符合现行国家标准《建筑结构荷载规范》GB 50009的有关规定。

4.4.4 铀化合物贮存库的建筑结构防火设计应符合现行国家标准《建筑设计防火规范》GB 50016的有关规定。

4.4.5 铀化合物贮存库应设置灭火器材,灭火器材的设置应符合现行国家标准《建筑灭火器配置设计规范》GB 50140的有关规定。

4.4.6 铀化合物贮存库应设置防雷设施,防雷设施的设置应符合现行国家标准《建筑物防雷设计规范》GB 50057的有关规定。

4.4.7 铀化合物贮存库的电气设备应符合现行国家标准《国家电气设备安全技术规范》GB 19517的有关规定。

4.4.8 铀化合物贮存库应安装防盗安全门,防盗安全门应符合现行国家标准《防盗安全门通用技术条件》GB 17565的有关规定。

4.4.9 铀化合物贮存库窗应安装防护栏,防护栏应采用直径大于或等于12mm实心钢筋,相邻钢筋间距应小于或等于100mm。

4.4.10 库房窗、通风管道的开孔处,均应设置障碍物,其他安全防范工程设计应符合现行国家标准《安全防范工程技术规范》GB 50348的有关规定。

4.4.11 铀化合物贮存库内墙面、顶棚和地面应采用平整、耐擦洗、易于去污的建筑材料。

4.4.12 铀化合物贮存库宜设置机械通风系统,换气次数应为3次/h～5次/h。铀化合物贮存库空气中有害物质的浓度应符合现行国家标准《核工业铀矿冶工程设计规范》GB 50521的有关规定。

4.4.13 铀化合物贮存库区宜设置剂量报警装置,剂量报警装置可采用固定式或便携式仪表,固定式剂量报警装置的探头应设置在库内主要人员活动的区域。

4.4.14 铀化合物贮存库内可设置地面冲洗和地面污水回收设施,污水收集后应进行处理,处理后的水质应符合现行国家标准《铀矿冶辐射防护和环境保护规定》GB 23727的有关规定。

4.4.15 铀化合物贮存库应设置防火、防机械伤害以及放射性警示等安全标志。

5 施工及验收

5.0.1 施工单位安全生产能力应符合现行行业标准《施工企业安全生产评价标准》JGJ/T 77的有关规定。

5.0.2 铀矿石和铀化合物贮存设施的施工应根据设计文件或招标文件编制施工方案,准备施工设备和设施,并应合理安排施工场地。

5.0.3 铀矿石和铀化合物贮存设施的施工应制订安全施工组织设计,应建立健全安全施工管理制度,并应制订施工过程中发生安全事故的应急预案和措施。

5.0.4 施工中应对各种机械设备、电气设备和仪器仪表进行日常维护保养,并应严格执行操作规程。

5.0.5 矿石主溜井的施工应符合下列要求:

1 矿石主溜井宜采用天井钻机法施工。当溜井高度超过100m时,应采用分段方式掘进或采用天井钻机法掘进。当矿石主溜井采用凿岩爆破法施工时,应符合现行国家标准《金属非金属矿山安全规程》GB 16423的有关规定。

2 矿石主溜井竣工后应有实测平面位置图和实测井筒纵、横剖面图以及实测地质柱状图。溜井直径不得小于设计规定100mm,也不得大于设计规定200mm。

5.0.6 铀矿石和铀化合物贮存设施建(构)筑物混凝土的质量应符合现行国家标准《混凝土质量控制标准》GB 50164的有关规定,砌筑砂浆的配合比应按照现行行业标准《砌筑砂浆配合比设计规程》JGJ/T 98的有关规定执行。

5.0.7 铀矿石和铀化合物贮存设施施工现场环境保护应符合现行行业标准《建筑施工现场环境与卫生标准》JGJ 146的有关规定。

5.0.8 施工完成后,应编制完整的竣工图纸、资料,并应按照国家现行有关标准与设计要求做好工程竣工验收和归档工作。

5.0.9 铀矿石和铀化合物贮存设施建(构)筑物的地基质量验收应按照现行国家标准《建筑地基基础工程施工质量验收规范》GB 50202的有关规定执行,结构质量验收应按照现行国家标准《建筑结构检测技术标准》GB/T 50344的有关规定执行。

5.0.10 铀矿石和铀化合物贮存设施内电气设施的验收应按照现行国家标准《建筑电气工程施工质量验收规范》GB 50303的有关规定执行。

5.0.11 通风与除尘措施的验收应按照现行国家标准《通风与空调工程施工质量验收规范》GB 50243的有关规定执行。

5.0.12 安全防范工程施工、检验、验收应符合现行国家标准《安全防范工程技术规范》GB 50348的有关规定。

5.0.13 铀矿石和铀化合物贮存设施在竣工验收时应进行辐射环境监测,监测数据应符合国家现行相关标准要求方可通过验收。

6 运行管理及维护

6.0.1 铀矿石和铀化合物贮存设施的运行应制定保障工业安全、辐射安全、环境安全的规章制度及操作规程，并应定期对相应工作人员进行培训和教育。

6.0.2 铀矿石和铀化合物贮存设施的运行应制订针对工业安全事故、辐射安全事故及环境安全事故的应急预案，并应加强日常演练。

6.0.3 矿石溜井在运行中应符合下列要求：

　　1 矿石主溜井使用期间，装矿及卸矿硐室处应采取以通风、喷雾洒水为主的综合防尘、降氡、净化措施。在生产过程中，对于与多中段水平同时连接的溜井，应封闭与溜井相通的非生产中段的通道；当上部中段水平停止使用溜井卸矿时，应封闭该中段的卸矿硐室。

　　2 使用过的矿石溜井在未清洗之前不应兼作入风井使用。对于报废或停止使用的矿石溜井，井口应及时封闭。

　　3 矿石主溜井一般不应放空，当停产时间在 3 日以上时，直溜井内的矿石应被放空。

　　4 不得将矿石以外的其他杂物，如废旧钢材、木材、轮胎和钢丝绳等放入矿石溜井内。

　　5 在矿石溜井上、下口作业时，非本岗位工作人员不得在附近逗留。操作人员不得在矿石溜井口对面或矿车上撬矿。

　　6 应定期检查矿石溜井的安全状况，发现问题应及时处理。当矿石溜井发生堵塞、塌落、跑矿等事故时，应待稳定后，先查明事故原因，制订专门的安全技术措施，再进行处理。

　　7 工作人员不得从下部进入矿石溜井内检查和处理堵塞，当受堵塞的高度所限，普通的方法无法处理时，可利用矿用火箭弹处理。不得采用水冲方式处理矿石溜井堵塞。

6.0.4 贮矿场运行期间，应对硬化场地、拦石墙、防（排）洪设施等进行定期检查，如有损坏应及时修复。

6.0.5 矿仓下部排矿口闸门应定期进行维护，出现故障应及时修理。

6.0.6 铀化合物贮存库在运行中应符合下列要求：

　　1 铀化合物贮存库应建立出入库核查登记制度，应详细记录出入库时间和数量等。

　　2 铀化合物贮存库应建立安全检查制度，应明确安全责任人，并应定期对其进行检查做好记录。

　　3 装卸铀化合物包装桶应采用抱桶式叉车或起重机等机械化操作。当包装桶多层码放时，应根据桶的承载力确定受压包装桶不超载，码放应整齐，并应防止倾斜。重铀酸盐、二氧化铀、八氧化三铀包装桶应分别符合现行行业标准《重铀酸盐技术条件》EJ/T 803、《天然二氧化铀技术条件》EJ/T 989 和《铀矿石浓缩物包装桶技术条件》EJ/T 443 的要求，使用期内应对包装桶定期检查。

　　4 当铀化合物装卸时，应注意其重量、吊装点和重心的标志，应轻举轻放，不应有任何碰撞、摔跌，并应确保包装桶上储运指示标志的完整。

　　5 铀化合物贮存库中不得存放其他物品。

　　6 铀化合物贮存库产生的放射性固体废弃物应妥善处理，不得随意弃置。

6.0.7 铀矿石和铀化合物贮存设施的运行应按照现行国家标准《铀矿冶辐射环境监测规定》GB 23726 的要求，对铀矿石和铀化合物贮存设施进行辐射环境监测，当监测数据不达标时，应检查原因并采取有效的改进措施。

6.0.8 在铀矿石和铀化合物贮存设施的运行过程中应为铀矿石和铀化合物贮存设施内工作人员配备个人安全防护用品，并应制订相应的使用制度。

本规范用词说明

　　1 为便于在执行本规范条文时区别对待，对要求严格程度不同的用词说明如下：

　　　　1）表示很严格，非这样做不可的：

　　　　　　正面词采用"必须"，反面词采用"严禁"；

　　　　2）表示严格，在正常情况下均应这样做的：

　　　　　　正面词采用"应"，反面词采用"不应"或"不得"；

　　　　3）表示允许稍有选择，在条件许可时首先应这样做的：

　　　　　　正面词采用"宜"，反面词采用"不宜"；

　　　　4）表示有选择，在一定条件下可以这样做的，采用"可"。

　　2 条文中指明应按其他有关标准执行的写法为："应符合……的规定"或"应按……执行"。

引用标准名录

《建筑结构荷载规范》GB 50009
《建筑抗震设计规范》GB 50011
《建筑设计防火规范》GB 50016
《建筑照明设计标准》GB 50034
《建筑物防雷设计规范》GB 50057
《建筑灭火器配置设计规范》GB 50140
《混凝土质量控制标准》GB 50164
《建筑地基基础工程施工质量验收规范》GB 50202
《通风与空调工程施工质量验收规范》GB 50243
《建筑电气工程施工质量验收规范》GB 50303
《建筑结构检测技术标准》GB/T 50344
《安全防范工程技术规范》GB 50348
《核工业铀矿冶工程设计规范》GB 50521
《固定式钢梯及平台安全要求　第 3 部分：工业防护栏杆及钢平台》GB 4053.3
《金属非金属矿山安全规程》GB 16423
《防盗安全门通用技术条件》GB 17565
《国家电气设备安全技术规范》GB 19517
《铀矿冶辐射环境监测规定》GB 23726
《铀矿冶辐射防护和环境保护规定》GB 23727
《施工企业安全生产评价标准》JGJ/T 77
《砌筑砂浆配合比设计规程》JGJ/T 98
《建筑施工现场环境与卫生标准》JGJ 146

《铀矿石浓缩物包装桶技术条件》EJ/T 443
《重铀酸盐技术条件》EJ/T 803
《天然二氧化铀技术条件》EJ/T 989

12

中华人民共和国国家标准

铀矿石和铀化合物贮存设施
安全技术规范

GB 50807 - 2013

条 文 说 明

制 订 说 明

《铀矿石和铀化合物贮存设施安全技术规范》GB 50807—2013,经住房和城乡建设部 2013 年 1 月 28 日以第 1629 号公告批准发布。

本规范制定过程中,编制组进行了大量的现场调研和资料调研工作,总结了我国铀矿石和铀化合物贮存设施在设计、施工、验收及运行等阶段的安全技术及管理实践经验。同时参考了国内先进技术法规和标准,并广泛征求了有关部门、单位的意见。

为便于广大设计、施工、科研、企业等单位的有关人员在使用本规范时能正确理解和执行条文规定,《铀矿石和铀化合物贮存设施安全技术规范》编制组按章、节、条顺序编制了本规范的条文说明,对条文规定的目的、依据以及执行中需注意的有关事项进行了说明,还着重对强制性条文的强制性理由作了解释。但是,本条文说明不具备与标准正文同等的法律效力,仅供使用者作为理解和把握标准规定的参考。

12

目　次

1　总　　则 ………………………… 12—12
2　术　　语 ………………………… 12—12
3　基本规定 ………………………… 12—12
4　贮存设施设计安全要求 ………… 12—13
　4.1　矿石溜井 …………………… 12—13
　4.2　贮矿场 ……………………… 12—13

4.3　矿仓 …………………………… 12—13
4.4　铀化合物贮存库 ……………… 12—13
5　施工及验收 ……………………… 12—14
6　运行管理及维护 ………………… 12—14

12

1 总　则

1.0.1 本条明确了制定本规范的目的。铀矿石和铀化合物贮存设施为铀矿冶企业极为重要的设施,运行过程中存在着人身伤害、辐射以及环境污染等威胁安全的因素。在安全防范措施不到位或管理疏漏的情况下,一旦发生安全事故,将会危及人类健康和环境安全。通过制定本规范,旨在加强铀矿石和铀化合物贮存设施安全方面的规范化设计及运行管理,从而降低安全事故发生的可能性。

1.0.2 本条明确了本规范的适用范围。只有在设计、施工、验收、运行及管理等各相关阶段均严格执行本规范提出的措施和要求,才能在最大程度上保证铀矿石和铀化合物贮存设施的安全运行。

1.0.3 本条明确了本规范"安全"所涵盖的范畴。

2 术　语

2.0.1 一般来说,宜采用某一铀品位值作为铀矿石的判定标准,而实际上经济条件、开采条件、外部条件、经济利益等众多因素决定了某品位的铀矿石是否可供开采,因此本定义中并未将某一铀品位值作为铀矿石的判定标准,而是采用了"可供提取"。

2.0.2 结合本规范的适用范围,将铀化合物特别定义在铀矿冶企业的产品范围之内。

2.0.3 结合本规范的适用范围,特别注明了贮存设施是用于贮存铀矿石和铀化合物的建(构)筑物或场地,另外,处于不同生产阶段的铀矿石或铀化合物,贮存的时间具有不统一性,所以定义中没有明确贮存时间,而是采用了"一定时期"。

2.0.4 本术语明确了矿石溜井具有矿石贮存功能。

2.0.5 为了说明矿用火箭弹的用途,特规定该术语。

2.0.6 本术语明确了贮矿场为露天设施并且具有两种使用功能。

2.0.7~2.0.10 各类矿仓的术语,是参考选矿厂设计手册贮矿设施的用途和工程设计中可操作性而定义的。

中间矿仓在地形条件受限或多矿点配矿的大型规模的选矿厂才考虑使用,通常设置于粗、中碎之间或细碎之前。小型水冶厂粉矿仓可作为磨矿矿仓使用,大型规模的选矿厂单独设磨矿矿仓。

2.0.11 大多数铀矿冶企业的铀化合物贮存库就是产品库,对于少数的后续铀纯化企业,铀化合物贮存库包括原料库和产品库。

3 基本规定

3.0.1 本条是对铀矿冶企业在管理方面的强制性要求,企业必须建设专门的铀矿石和铀化合物贮存设施,做到铀矿石和铀化合物规范性堆放和贮存,这也是避免发生人身伤害事故、辐射事故及环境污染事故的基本条件。

3.0.2 本条为强制性条文,是铀矿石和铀化合物贮存设施选址的基本规定,地质条件安全稳定是铀矿石和铀化合物贮存设施选址的基本条件,要求在选址阶段时应进行必要的地质勘查工作,应避开采矿陷落区、滑坡、泥石流等工程地质不良地区。选址工作同时要兼顾便于将来的退役治理。

3.0.3 本条是对工业安全的基本规定。工业安全的目的是保证工作人员在工作过程中的免受身体伤害。根据铀矿石和铀化合物贮存设施的特点和使用功能,在设施的设计、施工、运行与管理阶段,应该充分考虑到地震、火灾、砸伤、跌落、机械伤害、雷击、触电等危险因素,并针对各种危害因素采取合理可行的防护措施,保证工作人员人身安全。

我国在工业安全防范措施方面制定了大量国家及行业标准,如《建筑抗震设计规范》GB 50011、《建筑结构荷载规范》GB 50009、《建筑设计防火规范》GB 50016、《建筑物防雷设计规范》GB 50057、《国家电气设备安全技术规范》GB 19517、《机械安全　防护装置　固定式和活动式防护装置设计与制造一般要求》GB/T 8196、《固定式钢梯及平台安全要求　第3部分:工业防护栏杆及钢平台》GB 4053.3、《厂区吊装作业安全规程》HG 23015等,这些标准为工业安全防范措施的设计等工作提供了可靠的依据。

3.0.4 本条是对辐射安全的基本规定。在设施的设计、施工、运行与管理阶段,应充分考虑工作人员可能受到的来自各方面的辐射影响因素,如辐射强度、照射时间、防护措施、管理水平等,本着辐射防护最优化的原则合理确定各种影响因素,在经济技术可行的情况下保证工作人员受到安全且尽可能低的辐射剂量。我国现行的国家标准《铀矿冶辐射防护和环境保护规定》GB 23727为铀矿冶行业基本辐射防护和环境保护标准,该标准对于铀矿冶从业人员职业照射剂量约束值规定如下:①一般情况下,职业照射的剂量约束值取连续5年的年有效平均剂量不超过15mSv/a;②特殊情况下,职业照射的剂量约束值可以大于15mSv/a,但不得超过剂量限值20mSv/a。铀矿石和铀化合物贮存设施内工作人员即为铀矿冶从业人员,故应该执行现行国家标准《铀矿冶辐射防护和环境保护规定》GB 23727有关职业照射约束值的规定。

3.0.5 本条是对环境安全的基本规定。在设施的设计、施工、运行与管理阶段,应充分考虑设施的选址以及运行过程给周围环境带来的不利影响,应采取各种合理可行的环境保护措施,使得周围环境所受不利影响程度尽可能低。现行国家标准《铀矿冶辐射防护和环境保护规定》GB 23727对铀矿冶企业放射性污染物的防治作出了明确的规定,铀矿石和铀化合物贮存设施所产生的放射性污染物应执行相同规定。另外,非放射性污染物的排放也应严格执行现行国家或地方标准,如《污水综合排放标准》GB 8978,《大气污染物综合排放标准》GB 16297,《工业企业厂界环境噪声排放标准》GB 12348等强制性标准。

3.0.7 本条是对施工单位和验收单位提出的基本要求。

安全防护措施的施工质量影响到今后运行中发挥的安全作用,所以施工单位应严格按照设计文件的要求进行施工,同时,施工质量也应符合国家现行标准的规定,如《混凝土质量控制标准》GB 50164、《火灾自动报警系统施工及验收规范》GB 50166等。

验收作为对设计和施工的把关环节,作用尤为重要。对于验收依据,除了设计文件以外,还应按照我国现行的标准执行,如《建筑地基基础工程施工质量验收规范》GB 50202、《建筑结构检测技术标准》GB/T 50344、《建筑电气工程施工质量验收规范》GB 50303、《通风与空调工程施工质量验收规范》GB 50243等。

3.0.8 本条旨在强调在企业内部建立安全管理机构的重要性。为避免铀矿石和铀化合物贮存设施安全事故的发生，加强企业内部的安全管理是非常必要的，特别是建立安全事故应急管理机构，配备专业的技术人员组织救援和控制，能有效避免事故扩大化，降低后果严重性。

另外，贯彻执行我国的安全生产、辐射防护以及环境保护法规和规定也是企业安全管理机构的重要职责之一，我国相关的法律包括：《中华人民共和国安全生产法》《中华人民共和国放射性污染防治法》《中华人民共和国环境保护法》《中华人民共和国突发事件应对法》等，相关的部门规定包括：《建设项目（工程）劳动安全卫生监察规定》（劳动部令第3号）、《劳动防护用品监督管理规定》（国家安全生产监督管理总局令第1号）、《生产经营单位安全培训规定》（国家安全生产监督管理总局令第3号）、《起重机械安全监察规定》（国家质量监督检验检疫总局令第92号）、《特种作业人员安全技术培训考核管理规定》（国家安全生产监督管理总局令〔2010〕第30号）、《关于切实做好安全生产事故应急预案管理工作的通知》（安监总应急〔2007〕88号）等。

4 贮存设施设计安全要求

4.1 矿石溜井

4.1.1 本条是考虑矿石溜井工业安全，对矿石主溜井布置的地质条件以及布置形式等提出了具体要求。

4.1.2、4.1.3 这两条对溜井装卸矿硐室的安全设计提出了明确要求。

4.1.4 本条为强制性条文，是考虑矿石溜井工业安全的措施。为了防止无轨装运设备掉入溜井中，应在溜井口设置安全车挡，车挡高度应为设备轮胎高度的2/5~1/2。

4.1.5 本条为强制性条文，在矿石溜井操作硐室附近设置安全通道主要是考虑矿石溜井的工业安全。溜井操作硐室是井下工作人员的工作场所，一旦溜井发生跑矿事故，工作人员可以通过安全通道逃生，并且安全通道的出口要单独设置，且位于跑矿事故影响范围以外。

4.1.7 水是造成主溜井堵塞和跑矿的主要原因。当少量的水流入主溜井后，会湿粉矿，使其成为块矿之间的黏结剂，减弱矿石的流动性，从而造成主溜井堵塞。当大量的水流入主溜井后，与粉矿一起形成泥浆，并将溜井中的矿石的重量传递到溜井底部，对放矿闸门造成很大的压力。该泥浆流极难控制，当压力增大到一定程度时，就冲开闸门，发生跑矿事故。

4.1.8~4.1.10 这三条是设计阶段需要采取的辐射防护和环境保护措施，其中第4.1.8条为强制性条文。矿石主溜井的工作人员主要位于溜井上下口，首先保证进风进入回风系统，其次保证主溜井上下口的通风量，再利用洒水降尘装置减少粉尘和氡气的析出。

4.2 贮矿场

4.2.1 本条是对贮矿场选址要求。

1 本款是从辐射防护、环境保护角度对贮矿场与环境敏感点的间隔距离进行了规定。

2 本款是考虑贮矿场的合理布局，目的是减少对贮矿场对周边环境敏感点的环境影响程度。

4.2.3 本条是对贮矿场工业安全提出的具体要求，利用场地坡度和设置拦石墙来保证矿堆的稳定性和安全性。

4.2.4、4.2.5 贮矿场为露天贮存设施，内部堆放的铀矿石表面附有放射性粉尘，受雨水淋沥冲刷后将会产生放射性污水，若贮矿场地不采取硬化和防渗措施，将会造成地下水污染。另外，污水不能随意漫流，贮矿场周边应设排水设施和清污分流设施，污水需经处理达标后排放。

4.3 矿仓

4.3.1 本条是对矿仓选址的要求。从辐射防护、环境保护角度对矿仓的合理布置进行了规定。

4.3.5 本条是针对矿仓的辐射防护和环境保护提出的要求。矿仓的受料口和卸料口为产尘部位，原矿仓内矿石块径较大，产尘较少，采取喷雾洒水措施即可。中间矿仓、粉矿仓矿石粒度小，比面积大，极易产生粉尘和氡气，应采取密闭措施和设置除尘系统。就目前的除尘技术水平而言，除尘效率达到99%是可行的。

4.3.6 原矿仓四周设置安全防护栏杆的目的是为了防止工作人员跌落，上口设置格筛的目的有两个：一是对矿石粒度起到筛选作用，二是避免工作人员跌入矿仓内部。

4.3.7 由于中间矿仓内部存在料位高差，有矿石下泄的可能性，在有条件的情况下，矿石出口处应尽量减少人工操作，设置闸门可防止矿石外泄，设置给料设备代替人工操作。另外，为防止矿石料位高差过大，宜设置矿石料位监测装置进行实时监测并实现报警。

4.3.8 矿石堆表面附有放射性粉尘，应尽量避免雨水冲刷而产生大量的污水。中间矿仓内部堆存的是颗粒较小的铀矿石，被雨水冲刷后产生的污水中放射性污染物浓度较高，需要对矿仓进行封闭而便于收集污水，为防止对地下水造成污染，需要对地面采取防渗措施。

4.4 铀化合物贮存库

4.4.1 本条为强制性条文，铀化合物贮存库内存放纯度较高的铀化合物产品或原料，一旦发生坍塌、洪灾等事故，容易造成放射性物质的流失和失控，所以选址安全对铀化合物贮存库而言尤为重要。

4.4.2~4.2.7 这六条是考虑铀化合物贮存库的使用功能和特点，从结构形式、抗震、防火、防雷以及用电安全等方面进行了规定。

4.4.8~4.4.10 这三条是对铀化合物贮存库实物保护提出的要求，主要是防止有不良企图的人员进入盗窃或损坏铀化合物，造成铀化合物失控或流失于外环境而发生辐射事故和环境事故。

4.4.12 产品库放射性强度主要是纯铀的放射性，况且产品装在密封的产品桶中，相对而言，放射性强度大大减弱。但铀尘等有害物质仍然存在，应采取措施保证空气中有害物质不超过现行国家标准《核工业铀矿冶工程设计规范》GB 50521有关要求。

4.4.13 铀化合物贮存库内辐射水平较高，条件允许的情况下，宜设置剂量报警装置，保障工作人员的辐射安全，同时对报警装置的探头设置提出了要求。

4.4.14 一般情况下，铀化合物贮存库内在进行地面去污时采用的是干式去污，若干式去污效果不好，可采用湿式去污，为防止地面冲洗水污染环境，需要设置地面污水回收系统，将污水收集至处理设施进行处理。

5 施工及验收

5.0.1～5.0.4 这四条是对施工单位在安全生产能力、组织施工以及日常维护等方面提出的基本要求。

5.0.5 本条对矿石溜井的安全施工作出了详细的规定。

5.0.8～5.0.12 这五条是对铀矿山和铀化合物贮存设施各项安全措施的验收提出的要求，各项安全措施的验收标准参见本规范第3.0.7条的条文说明。

5.0.13 为了检验铀矿山和铀化合物贮存设施的辐射防护措施效果，并保证工作人员和公众所受辐射危害为可接受水平，铀矿山和铀化合物贮存设施在进行环保验收前需要进行辐射环境监测，辐射监测数据应符合现行国家标准《铀矿冶辐射环境监测规定》GB 23726的要求。

6 运行管理及维护

6.0.1、6.0.2 这两条是对企业提出的安全管理基本要求和企业应具备的安全事故应急能力要求。

6.0.3 本条是对矿石溜井的安全管理要求，目的是降低安全事故发生率，保障工作人员人身安全和健康不受威胁。

6.0.4 本条是对贮矿场运行期间的工业安全管理要求，主要目的是防止贮矿场工作人员免受矿石堆坍塌、洪灾等事故危害。

6.0.5 本条是对矿仓运行期间的工业安全管理要求，主要目的是防止漏矿伤及工作人员。

6.0.6 本条规定了矿石溜井在运行中应符合的要求。

  1～3 这三款是对铀化合物贮存库实体保护提出的管理要求，目的是加强运行期间的实体保护管理，防止铀化合物失控而造成辐射事故和环境事故。

  4～5 这两款是对铀化合物装卸过程提出的工业安全管理要求，目的是对装卸操作规范化管理。

6.0.8 工作人员的个人安全防护用品类别应包括防辐射服、防尘口罩、安全帽、防静电服等。

中华人民共和国国家标准

石油化工粉体料仓防静电燃爆
设 计 规 范

Code for design of static explosion prevention in
petrochemical powders silo

GB 50813 - 2012

主编部门：中 国 石 油 化 工 集 团 公 司
批准部门：中华人民共和国住房和城乡建设部
施行日期：２０１２年１２月１日

中华人民共和国住房和城乡建设部公告

第 1494 号

住房城乡建设部关于发布国家标准
《石油化工粉体料仓防静电燃爆设计规范》的公告

现批准《石油化工粉体料仓防静电燃爆设计规范》为国家标准，编号为 GB 50813—2012，自 2012 年 12 月 1 日起实施。其中，第 3.0.4、4.0.17 条为强制性条文，必须严格执行。

本规范由我部标准定额研究所组织中国计划出版社出版

发行。

中华人民共和国住房和城乡建设部
2012 年 10 月 11 日

前　言

本规范是根据原建设部《关于印发〈2007 年工程建设标准规范制订、修订计划（第二批）〉的通知》（建标〔2007〕126 号）的要求，由中石化南京工程有限公司会同有关单位共同编制完成。

本规范在编制过程中，编制组经广泛调查研究，认真总结实践经验，参考有关国际标准和国外先进标准，并在广泛征求意见的基础上，最后经审查定稿。

本规范共分 8 章和 3 个附录，主要内容包括：总则、术语、防止料仓静电积聚和放电、防止粉尘燃爆、料仓内结构件的设计、料仓附属设施、防止人体放电、防止料仓着火和火焰传播。

本规范中以黑体字标志的条文为强制性条文，必须严格执行。

本规范由住房和城乡建设部负责管理和对强制性条文的解释，由中国石油化工集团公司负责日常管理工作，由中石化南京工程有限公司负责具体技术内容的解释。本规范在执行过程中如有意见或建议，请寄送中石化南京工程有限公司（地址：江苏省南京

市江宁区科建路 1189 号，邮政编码：211100），以便今后修订时参考。

本 规 范 主 编 单 位：中石化南京工程有限公司
本 规 范 参 编 单 位：中国石化工程建设有限公司
　　　　　　　　　　　中石化上海工程有限公司
　　　　　　　　　　　中国石油化工股份有限公司青岛安全工程研究院
　　　　　　　　　　　中国石油化工股份有限公司齐鲁分公司
　　　　　　　　　　　中国石油集团安全环保技术研究院
本规范主要起草人员：谭凤贵　肖　峰　李东颐　盛昌国
　　　　　　　　　　　刘全桢　张乾河　娄仁杰
本规范主要审查人员：刘尚合　王浩水　孙可平　王国彤
　　　　　　　　　　　周家祥　龚建华　董宁宁

目 次

1 总　　则 ································ 13—4
2 术　　语 ································ 13—4
3 防止料仓静电积聚和放电 ········ 13—4
4 防止粉尘燃爆 ······················ 13—5
5 料仓内结构件的设计 ·············· 13—5
6 料仓附属设施 ······················ 13—5
　　6.1 料位计 ·························· 13—5
　　6.2 除尘设备 ······················ 13—5
　　6.3 管道系统 ······················ 13—6
7 防止人体放电 ······················ 13—6

8 防止料仓着火和火焰传播 ········ 13—6
附录 A 石油化工主要粉体体电阻率
　　　 与介电常数 ················· 13—6
附录 B 主要粉体产品燃爆参数 ···· 13—7
附录 C 主要可燃气体燃爆参数 ···· 13—7
本规范用词说明 ························ 13—8
引用标准名录 ··························· 13—8
附：条文说明 ··························· 13—9

13

Contents

1 General provisions ················ 13—4
2 Terms ······························ 13—4
3 Prevention of static accumulation
　 and discharge ···················· 13—4
4 Prevention of dust explosion ····· 13—5
5 Design of silo internals structure ··· 13—5
6 Silo accessory devices ·········· 13—5
　　6.1 Level metre ················ 13—5
　　6.2 Dust collector ·············· 13—5
　　6.3 Pipe system ················ 13—6
7 Prevention of body static discharge ··· 13—6
8 Prevention of silo ignition and

　 flame spread ···················· 13—6
Appendix A　Resistivity and permittivity of
　　　　　　typical petrochemical
　　　　　　powders ·············· 13—6
Appendix B　Explosion parameters
　　　　　　of typical powders ····· 13—7
Appendix C　Explosion parameters of typical
　　　　　　flammable gases ········ 13—7
Explanation of wording in this code ······· 13—8
List of quoted standards ·············· 13—8
Addition：Explanation of provisions ······· 13—9

1 总　　则

1.0.1 为了规范石油化工企业粉体料仓防静电燃爆设计,防止粉体料仓静电燃爆及次生灾害的发生,保护人身和财产安全,制定本规范。

1.0.2 本规范适用于石油化工企业新建、改建、扩建装置的粉体料仓防静电燃爆工程的设计。本规范不适用于氮气保护下的密闭系统且系统的氧含量得到严格控制的粉体料仓防静电燃爆工程设计。

1.0.3 石油化工企业粉体料仓防静电燃爆工程的设计,除应符合本规范外,尚应符合国家现行有关标准的规定。

2 术　　语

2.0.1 石油化工粉体　petro chemical powders

石油化工企业生产或作为原料使用的聚烯烃类、聚酯类等易产生静电积聚并可引起粉尘燃爆的粉粒状产品。

2.0.2 挥发分　fugitive constitute

工艺过程中物料内部没有聚合的单体组分或吸附溶合的气体等。

2.0.3 净化风　clean air

为置换脱除料仓内可燃气体,通过专用管线向料仓内输送的流动气体。

2.0.4 料仓　silo

用于储存聚烯烃类、聚酯类等粉、粒料的容器。

2.0.5 锥形放电　conical surface discharge

料仓中带电物料在料堆表面与仓壁之间发生的沿面放电。

2.0.6 雷状放电　lightning-like discharge

浮游在空气中的带电粒子形成规模及密度较大的空间电荷云时,与周围接地导体发生的放电。

2.0.7 绝缘导体　isolated electric conductor

与地绝缘的孤立导体。

2.0.8 可燃性杂混粉尘　combustible hybrid

可燃粉尘与一种或多种可燃气体或蒸气混合可燃物同空气混合形成的多相流体,简称杂混粉尘。

3 防止料仓静电积聚和放电

3.0.1 石油化工粉体料仓、设备、管道、管件及金属辅助设施,应进行等电位连接并可靠接地,接地线应采用具有足够机械强度、耐腐蚀和不易断线的多股金属线或金属体。石油化工主要粉体产品体电阻率可按本规范附录 A 的规定取值。

3.0.2 粉体处理系统与料仓设计中不宜采用非金属管和非金属处理设备。接触可燃性粉体或粉尘的非金属零部件,宜用防静电材料,并应做接地处理。

3.0.3 粒径为 1mm～10mm 的粉体,在工艺处理中应采取防止或减少粉体破碎、拉丝、剥离等措施。石油化工粉体料仓的净化和均化设计应避免粉体沸腾和冲撞。

3.0.4 石油化工粉体料仓内部严禁有与地绝缘的金属构件和金属突出物。

3.0.5 石油化工粉体料仓的接地设计应包括消除人体静电的接地措施和备用接地端子等。

3.0.6 料仓内壁有非金属材料涂层时,其厚度不宜大于 2mm。当非金属材料涂层的厚度大于 2mm 时,应选用体电阻率不大于 $10^9 \Omega \cdot m$ 的防静电材料。

3.0.7 料仓进料口宜设离子风静电消除器。离子风静电消除器的设计应满足爆炸危险场所防爆要求,离子风静电消除器宜具有粉体静电在线监测和消除随机调节功能。

3.0.8 当料仓设有紧急放料口或下料包装口,且物料的挥发分较高时,应按下列规定采取防止放料或包装中静电燃爆的措施:

　　1　放料口或包装口宜设置离子风静电消除器;

　　2　放料口或包装口应设置专用接地端子或跨接线;

　　3　放料管或下料管附近应设置防爆型人体静电消除器。

3.0.9 料仓中无可燃气或可燃气体积浓度小于气体爆炸下限(LEL)20％时,应按本规范第 3.0.2、3.0.4、3.0.6 条的规定,防止传播型刷形放电、绝缘导体的火花放电,以及料堆上方金属突出物的火花放电等高能量放电。

3.0.10 料仓中当可燃气体积浓度大于或等于气体爆炸下限(LEL)20％或粉尘最小点火能(MIE)小于或等于 10mJ 时,应采用离子风静电消除器,防止料堆表面的锥形放电、空间粉尘云与金属突出物的雷状放电等。

4 防止粉尘燃爆

4.0.1 对于不同性质的石油化工粉体应根据其最小点火能确定采取相应的控制措施。当粉体的最小点火能（MIE）大于30mJ时，应防止传播型刷形放电和绝缘导体的火花放电（包括人体放电）；当粉体的最小点火能（MIE）小于或等于30mJ时，除应防止传播型刷形放电和绝缘导体的火花放电外，还应采取消除粉体静电和抑制气体积聚的措施。石油化工主要粉体产品最小点火能可按本规范附录B的规定取值。

4.0.2 处理石油化工粉体时应减少粉尘的产生和积聚。

4.0.3 在满足工艺要求的情况下，应采取防止石油化工粉体切粒失稳和管道"拉丝"等现象的措施。

4.0.4 物料挥发分含量高、料仓内可燃气含量高于气体爆炸下限（LEL）20％时，应设净化风系统。

4.0.5 采用底部反吹净化风设计时，应设置最小流量报警。

4.0.6 粉体料仓净化风量应根据物料挥发分的逸出速率及粉尘的最小点火能确定。最小净化风量应保证杂混粉尘最小点火能不小于12mJ。在无挥发分逸出速率的数据时，料仓净化风量可按料仓内气体浓度小于气体爆炸下限（LEL）20％的要求进行估算。

4.0.7 杂混粉尘的最小点火能可按下式计算：

$$MIE_H = MIE_D \left(\frac{MIE_G}{MIE_D}\right)^{C/C_P} \quad (4.0.7)$$

式中：MIE_H——杂混粉尘的最小点火能（mJ）；

  MIE_D——粉尘的最小点火能（mJ），可按本规范附录B选取；

  MIE_G——可燃气体的最小点火能（mJ），可按本规范附录C选取；

  C_P——可燃气体引燃的敏感浓度（％），可按本规范附录C选取；

  C——可燃气体的浓度（％）。

4.0.8 粉体料仓设计应减少料仓气相空间的粉尘量，净化风的风压和风量不宜过高。

4.0.9 净化风系统的设计应能防止堵塞及方便检维修。净化风机入口过滤器离地面不宜小于1.5m，并应设防雨棚或防雨罩；容易发生静电燃爆的料仓，料仓进料和净化风机应采用自动联锁设计。

4.0.10 净化风机入口应设置在非爆炸危险区，附近如有可燃气体释放源或存在可燃气体泄漏风险时，应设可燃气体报警器。

4.0.11 在满足工艺要求的前提下，应减少反应物中高沸点组分的含量。

4.0.12 可燃气浓度较高的料仓，料仓排气口宜设可燃气体监测报警系统。

4.0.13 不合格品料仓或过渡料仓中的不合格料应经净化处理合格后再送回正常操作系统。

4.0.14 当不合格品料仓数量多于一个时，各料仓宜设独立的净化风系统；料仓共用净化风机时，各料仓净化风管的阀门与料仓进料管的阀门应采取自动控制措施。

4.0.15 处理本规范第4.0.13和4.0.14条物料时应连续进行，当需间断处理物料（包括采样化验等）时，应通过控制系统保持必需的净化风，也可采用放空物料后再进新料。

4.0.16 放料与包装处应保持良好的通风环境。

4.0.17 当管道出现堵塞现象时，**严禁采用含有可燃气体的气体吹扫和排堵，严禁采用压缩空气向含有可燃气体和粉尘的储罐、容器吹扫。**

5 料仓内结构件的设计

5.0.1 料仓净化风的引入口宜采用分散分布的多口式引入结构。

5.0.2 仓内有静电屏蔽分隔板或内筒式分割单元结构时，引入口数量应能保证每个分割单元都有净化风引入。

5.0.3 净化风引入口高度的设计，应满足净化风均匀分布的要求，并应减少引入口下方的物料量。

5.0.4 料仓内的内件及内部支撑件宜采用圆钢或圆管等无尖角的结构件，且端部应打磨。

5.0.5 料仓壁内表面应光滑。

5.0.6 净化风引入口伸进料仓内的金属构件宜采取折板式或贴壁式结构，伸进料仓内的径向尺寸不宜超过100mm，不得有尖角。伸进料仓内的径向尺寸超过100mm时，表面应做防静电处理。

5.0.7 掺合管或筒的固定支架朝下部分，不得有尖角和突出"电极"的形状。

5.0.8 金属固定支架与管束和仓壁的焊接结构设计，应保证牢固、可靠。

5.0.9 管束式掺合管的连接处应有足够的机械强度。

5.0.10 料仓进料口宜设置在料仓中心附近。

6 料仓附属设施

6.1 料 位 计

6.1.1 对报警频率较高或料仓内杂混粉尘最小点火能小于30mJ的场合，伸进料仓内检测料位和报警的传感器应选用防静电型。

6.1.2 由仓顶垂直伸进料仓的传感器，其电极的形状与尺寸应选用不产生火花放电的形式，或采用不会引起火花放电的材料进行表面保护。

6.1.3 水平或倾斜方式伸进料仓的传感器（包括传感器上方的保护板），当伸进仓内径向尺寸大于100mm时，应符合本规范第5.0.6条的规定。

6.2 除 尘 设 备

6.2.1 仓顶过滤器内部所有金属零部件和外壳应有可靠的电气连接，并应与料仓和集尘管道跨接。

6.2.2 当仓顶过滤器上金属零件存在松脱、掉进料仓中的风险时，应采取防松措施。

6.2.3 仓顶过滤器的过滤介质应选用防静电材料并做间接静电接地处理。

6.2.4 仓顶过滤器应设置排堵设施。

6.2.5 当料仓进料口设置旋风分离器、淘析器等分离设备时，分离设备的结构设计应符合下列规定：

  1 内部所有金属零件应有可靠的电气连接，整个设备应与管道和料仓可靠跨接并接地；

  2 内部金属零部件的连接应做防松处理；内部有螺栓紧固连接件时，外部宜设可拆卸检查和维护的设计。

6.2.6 料仓排风系统的粉尘分离设备,还应采取定期清理设备上附着粉尘层的措施。

6.3 管道系统

6.3.1 管道系统应优化设计,应减少管道的水平长度和弯头数量,并应避免粉尘粘壁或产生块料死角。风送管道内表面应做麻面处理。

6.3.2 管道系统不宜选用非金属材料;选用非金属软连接件时,应选用防静电材料。

6.3.3 金属管道之间、管道与管件之间及管道与设备之间,应进行等电位连接并可靠接地。当金属法兰采用螺栓或卡件紧固时,可不另设连接线,但应保证至少两个螺栓或卡件有良好的电气连接。

8 防止料仓着火和火焰传播

8.0.1 可燃气体浓度较高的粉体料仓宜设氮气保护系统。氮气保护系统宜单独敷设,也可共用净化风管道,宜能自动启动并同时切断净化风。

8.0.2 料仓或其排气口宜设温度监测、报警系统。

7 防止人体放电

7.0.1 下列场所宜采取防止人体静电放电的措施:

    1 有粉尘飞扬的下料包装处;

    2 清仓与清釜时,有可燃粉尘或可燃气的空间;

    3 用人工方法向料仓、容器或釜内投放粉体处;

    4 料仓采样口附近。

7.0.2 人体静电消除措施应符合下列规定:

    1 人体静电消除器应为防爆型;接地电阻值不得超过100Ω;

    2 料仓人孔附近宜预留静电接地端子。

附录 A 石油化工主要粉体体电阻率与介电常数

表 A 石油化工主要粉体体电阻率与介电常数

名　称	体电阻率($\Omega \cdot m$)	相对介电常数
环氧树脂	$10^{10} \sim 10^{15}$	$3.40 \sim 5.00$
硅树脂	10^{13}	$2.75 \sim 3.05$
苯乙烯、丙烯腈共聚合体	$>10^{14}$	$2.75 \sim 3.40$
苯酚树脂	$10^{9} \sim 10^{12}$	$4.00 \sim 8.40$
聚酯树脂	10^{12}	$3.00 \sim 8.10$
聚乙烯(高密度)	$10^{13} \sim 10^{14}$	$2.30 \sim 2.35$
聚乙烯(低密度)	$>10^{14}$	$2.25 \sim 2.35$
聚偏二氯乙烯	$10^{12} \sim 10^{14}$	$4.50 \sim 6.00$
聚氯乙烯	$10^{14} \sim 10^{15}$	$2.80 \sim 3.60$
聚氨酸酯	10^{14}	3.17
聚氯三氟乙烯	10^{16}	$2.24 \sim 2.28$
聚二氯苯乙烯	$10^{15} \sim 10^{16}$	$2.55 \sim 2.65$
聚苯乙烯	$>10^{14}$	$2.40 \sim 2.65$
聚四氯乙烯	$>10^{16}$	2.00
聚丙烯	10^{14}	2.25

附录B 主要粉体产品燃爆参数

表B 主要粉体产品燃爆参数

名 称	最小着火温度(℃)	最小点火能(mJ)	爆炸下限(g/m³)	爆炸压力(kgf/cm²)	最大压力上升速度(kgf/cm²s)
聚丙烯酰胺	240	30	40	6.0	176
聚丙烯腈	460	20	25	6.3	773
异丁酸甲脂-丙烯酸乙脂-苯乙烯共聚体	440	15	20	7.1	141
纤维素醋酸脂	340	15	35	8.5	457
乙基纤维素	320	10	20	8.4	492
甲基纤维素	340	10	20	9.4	422
尼龙聚合体	430	20	30	7.4	844
聚碳酸脂	710	25	25	6.7	330
聚乙烯,低压工艺	380	10	20	6.1	527
聚乙烯,高压工艺	420	30	20	6.0	281
聚丙烯	—	25	20	—	—
聚苯乙烯乳胶	500	40	15	5.4	352
苯酚糠醛	510	10	25	6.2	598
苯酚甲醛	580	15	15	7.7	773
木质素-水解,木式,细末	450	20	40	7.2	352
石油树脂(棕色沥青)	500	25	25	6.6	352
橡胶,粗,硬	350	50	25	5.6	267
橡胶,合成,硬(33%S)	320	30	30	6.5	218
虫胶	400	10	20	5.1	253

附录C 主要可燃气体燃爆参数

表C 主要可燃气体燃爆参数

名 称	最低引燃能量(mJ)	化学计量混合物(体积百分率,%)	易燃极限值(体积百分率,%)
乙醛	0.37	7.73	4.0～57.0
丙酮	1.15@4.5%	4.97	2.6～12.8
乙炔	0.017@8.5%	7.72	2.5～100
氧内乙炔	0.0002@40%	—	—
丙烯醛	0.13	5.64	2.8～31
丙烯腈	0.16@9.0%	5.29	3.0～17.0
烯丙基氯(3-氯-1丙烯)	0.77	—	2.9～11.1
氨	680	21.8	15～28
苯	0.2@4.7%	2.72	1.3～8.0
1,3-丁二烯	0.13@5.2%	3.67	2.0～12
丁烷	0.25@4.7%	3.12	1.6～8.4
n-正丁基氯(1-氯丁烷)	1.24	3.37	1.8～10.1
二硫化碳	0.009@7.8%	6.53	1.0～50.0
环己烷	0.22@3.8%	2.27	1.3～7.8
环戊二烯	0.67	—	—
环戊烷	0.54	2.71	1.5～nd
环丙烷	0.17@6.3%	4.44	2.4～10.4
二氯硅烷	0.015	17.36	4.7～96
二乙醚	0.19@5.1%	3.37	1.85～36.5
氧中二乙醚	0.0012	—	2.0～80
二异戊丁烯	0.96	—	1.1～6.0
二异丙醚	1.14	—	1.4～7.9
2,2-二甲氧基甲烷	0.42	—	2.2～13.8

续表C

名 称	最低引燃能量(mJ)	化学计量混合物(体积百分率,%)	易燃极限值(体积百分率,%)
2,2-二甲基丁烷	0.25@3.4%	2.16	1.2～7.0
二甲基乙醚	0.29	厂	3.4～27.0
2,2-二甲基丙烷	1.57	—	1.4～7.5
二甲硫化物(甲硫醚)	0.48	—	2.2～19.7
二-七-叔丁基过氧化物	0.41	—	—
乙烷	0.24@6.5%	5.64	3.0～12.5
氧中乙烷	0.0019	—	3.0～66
乙酸乙酯(醋酸乙酯)	0.46@5.2%	4.02	2.0～11.5
乙胺(氨基乙烷)	2.4	5.28	3.5～14.0
乙烯	0.07@6.25%	—	2.7～36.0
氧中乙烯	0.0009	—	3.0～80
吖丙啶	0.48	—	3.6～46
环氧乙烷(氧丙环)	0.065@10.8%	7.72	3.0～100
呋喃	0.22	4.44	2.3～14.3
庚烷	0.24@3.4%	1.87	1.05～6.7
正己烷	0.24@3.8%	2.16	1.1～7.5
氢	0.016@28%	29.5	4.0～75
氧中的氢	0.0012	—	4.0～94
硫化氢	0.068	—	4.0～44
异辛烷	1.35	—	0.95～6.0
异戊烷	0.21@3.8%	—	1.4～7.6
异丙醇	0.65	4.44	2.0～12.7
异丙氯	1.08	—	2.8～10.7
异丙胺	2.0	—	—
异丙硫醇	0.53	—	—
甲烷	0.21@8.5%	9.47	5.0～15.0

续表C

名 称	最低引燃能量(mJ)	化学计量混合物(体积百分率,%)	易燃极限值(体积百分率,%)
氧中甲醇	0.0027	—	5.1～61
甲醇	0.14@14.7%	12.24	6.0～36.0
甲基乙炔	0.11@6.5%	—	1.7～nd
二氯甲烷	>1000	—	14～22
甲基丁烷	<0.25	—	1.4～7.6
甲基环己烷	0.27@3.5%	—	1.2～6.7
甲基·乙基酮(丁酮)	0.53@5.3%	3.66	2.0～12.0
甲酸甲酯	0.4	—	4.5～23
n-戊烷	0.28@3.3%	2.55	1.5～7.8
2-戊烷	0.18@4.4%	—	—
丙烷	0.28@5.2%	4.02	2.1～9.5
氧中丙烷	0.0021	—	—
丙醛	0.32	—	2.6～17
n-丙基氯	1.08	—	2.6～11.1
丙烯	0.28	—	2.0～11.0
氧化丙烯	0.13@7.5%	—	2.3～36.0
四氢呋喃	0.54	—	2.0～11.8
四氢吡喃	0.22@4.7%	—	—
噻吩甲醇	0.39	—	—
甲苯	0.24@4.1%	2.27	1.27～7.0
三氯硅烷	0.017	—	7.0～83
三乙胺	0.75	2.10	—
2,2,3-三甲基丁烯	1.0	—	—
醋酸乙酯	0.7	4.45	2.6～13.4
乙烯基乙酸酯	0.082	—	1.7～100
乙烯基乙炔	0.2	1.96	1.0～7.0

注:1 nd——未确定数;
2 @后数据为实验时的敏感浓度。

本规范用词说明

1　为便于在执行本规范条文时区别对待,对要求严格程度不同的用词说明如下:

　　1)表示很严格,非这样做不可的:

　　　　正面词采用"必须",反面词采用"严禁";

　　2)表示严格,在正常情况下均应这样做的:

　　　　正面词采用"应",反面词采用"不应"或"不得";

　　3)表示允许稍有选择,在条件许可时首先应这样做的:

　　　　正面词采用"宜",反面词采用"不宜";

　　4)表示有选择,在一定条件下可以这样做的,采用"可"。

2　条文中指明应按其他有关标准执行的写法为:"应符合……的规定"或"应按……执行"。

引用标准名录

《防止静电事故通用导则》GB 12158

《粉尘防爆安全规程》GB 15577

《关于处理防静电问题措施的建议》NFPA 77

《防静电技术规范　第1部分　总体考虑》BS 5958.1

《防静电技术规范　第2部分　对特殊工业生产的具体建议》BS 5958.2

日本《静电安全指南》

中华人民共和国国家标准

石油化工粉体料仓防静电燃爆
设 计 规 范

GB 50813 - 2012

条 文 说 明

制 订 说 明

《石油化工粉体料仓防静电燃爆设计规范》GB 50813—2012，经住房和城乡建设部 2012 年 10 月 11 日以第 1494 号公告批准发布。

本规范制订过程中，编制组进行了广泛的调查研究，总结了我国石油化工粉体料仓防静电燃爆的实践经验，同时参考了美国防火协会标准《关于处理防静电问题措施的建议》NFPA 77—2007、英国国家标准《防静电技术规范》BS 5958—1991 和日本《静电安全指南》(1988)等国外先进技术法规、技术标准，并广泛征求了各方面的意见。

为便于广大设计、施工、科研、学校等单位有关人员在使用本规范时能正确理解和执行条文规定，《石油化工粉体料仓防静电燃爆设计规范》编制组按章、节、条顺序编制了本规范的条文说明，对条文规定的目的、依据以及执行中需注意的有关事项进行了说明，还着重对强制性条文的强制性理由做了解释。但是，本条文说明不具备与标准正文同等的法律效力，仅供使用者作为理解和把握标准规定的参考。

目　次

1　总　　则 ……………………… 13—12

2　术　　语 ……………………… 13—12

3　防止料仓静电积聚和放电 …… 13—12

4　防止粉尘燃爆 ………………… 13—13

5　料仓内结构件的设计 ………… 13—14

6　料仓附属设施 ………………… 13—14

6.1　料位计 ……………………… 13—14

6.2　除尘设备 …………………… 13—14

6.3　管道系统 …………………… 13—15

7　防止人体放电 ………………… 13—15

8　防止料仓着火和火焰传播 …… 13—15

13

1 总 则

1.0.1 石油化工粉体料仓内粉尘静电燃爆会使料仓破坏和物料燃烧,小的闪爆会产生熔料块和堵管现象。此外,静电吸附力也可以加剧粘壁、粘料现象,影响料仓的维护和产品质量。为防止粉体料仓静电燃爆及次生灾害的发生,保护人身和财产安全,特制定本规范。本条说明了本规范制定的目的。

1.0.2 本条中"氮气保护下的密闭系统且系统的氧含量得到严格控制的粉体料仓"是指氧含量不大于 10%(体积比)的料仓。其依据主要是参照了欧洲某研究中心粉尘爆炸研究的最新结论而提出的。具体计算也可以参考下述计算式:

$$LOC = 1.62\lg MIE \cdot (1 + MIT/273) + 12.9 \quad (1)$$

式中:LOC——粉尘燃爆临界氧含量(%);

MIT——粉体最小引燃温度(℃)。

2 术 语

2.0.7 绝缘导体可以通过充电或感应而带电,一旦与周围接地导体放电,往往会产生火花放电。

3 防止料仓静电积聚和放电

3.0.1 介质电阻率高容易积聚静电。国内外多数标准都推荐,处理电阻率在 $10^{10}\,\Omega \cdot m$ 以上的粉体时,可能存在静电放电着火的危险,应采取相关对策;但同时也指出,在粉体浮游场合,无论电阻率大小都要采取相应防静电对策,如日本《静电安全指南》(1988)第 2.2.3 条的规定等。

本条规定参见现行国家标准《防止静电事故通用导则》GB 12158—2006 的第 6.1.2 条的要求,即所有属于静电导体的物体必须接地。

附录 A 表中数据,主要引自日本《静电安全指南》(1988)参考资料 1.6 表 R.4 绝缘性固体的体积电阻率和介电常数。

3.0.2 日本《静电安全指南》(1988)第 2.2.3.2 和第 2.3.3.7 规定,系统中"联接用的布、取料袋、排气袋等,要使用混入导电纤维的混纺品"。国外有的规范将粉体气力输送系统中的非金属材料又称做"静电源"。气力输送管线中的非金属设备或零部件不但会增加系统的静电,而且自身也会积聚静电和放电。如某厂 DMT 反应器进料设备 1996 年曾发生两次闪爆,当将负压抽料改为正压进料时又发生一次闪爆。经调查确认,爆炸中心系粉体料斗下方的合成纤维联接布,改用防静电软连接后再没出过闪爆事故。国外某有关设计指南中指出,如果非金属材料中有金属零件,如软管中的螺旋线,在管线内会产生更强的放电危险。因此在气力输送粉体处理系统中应尽量不用非金属材料,包括软连接管、滤布、胶板等,如果非用不可,则应采用防静电或导静电改性材料(材料表面电阻小于 $10^9\,\Omega$)。

3.0.3 虽说细颗粒粉体更容易产生静电,但国外最近几年的研究结论是,粒径在 1mm~10mm 的颗粒粉体在料堆表面更容易着火性放电,因此把 1mm~10mm 颗粒粉体列为静电放电最危险的粉体。如果粗细料混合输送,静电着火的危险性更大。

3.0.4 料仓中如果有不接地的绝缘导体,会因感应或接触荷电粉体而带电。这种带电绝缘导体一旦与接地设备放电,多数属火花放电,放电能量可达上百毫焦耳,引燃率高,是料仓中最危险的放电形式之一。设计中应严禁此类现象的存在,包括设备运行中可能会脱落的金属零件等。如某厂 LDPE 装置的计量/脱气料斗曾发生多次闪爆,事后检查发现,这些事故可能与料斗内防静电杆脱落有关。料堆上方如果有金属突出物,可以诱发高能放电。如某厂 HDPE 颗粒料仓在 2006 年 4 月曾发生爆炸着火,事后检查确认这起事故与进料仓中掺合管断裂有关;当物料到达掺合管断裂位置时发生了静电放电。此条作为强制性条文,必须严格执行。

3.0.5 《防静电技术规范》BS 5958—1997 第 2 部分的 31.3.1 条规定,"当粉尘最小点火能≤100mJ 时应使操作人员保持接地状态"。从静电放电性质来说,通常将人体放电列为绝缘导体放电,放电能量从几十毫焦耳到上百毫焦耳,即使没有可燃气体也可以引燃聚烯烃等大多数粉尘,所以料仓的设计还要包括防止人体可能产生的放电。在处理料仓粉体作业中,曾发生过多起粉尘爆炸事故,如 2006 年 7 月 7 日,某厂 HDPE 反应釜进行清釜作业时发生了闪爆,当场死亡 3 人。某厂 PP 装置反应釜(1992 年 5 月)、某厂 HDPE 装置闪蒸釜(2006 年 1 月)等,都曾发生过清釜闪爆事故。调查表明,这些事故都和作业者或手工工具没有接地有关,在粉体料仓或容器的设计中预留静电接地端子是非常必要的。

3.0.6 本条规定是根据国外近几年的研究结论和相关规定而提出的。实验表明,当料仓涂层或黏壁料厚度在 4mm~8mm 时,有产生传播型刷形放电的危险。因此,国外相关标准将 2mm 作为安全管理指标,如涂层厚度超过 2mm 时则推荐使用绝缘强度小于 4kV 的导电材料。

本条规定也适用于料仓黏壁料的管理;当黏壁料的厚度超过

4mm 时不但会产生传播型刷形放电，也容易产生片状料脱落的剥离放电。

3.0.7 对有粉尘静电爆炸的危险场所，国内外相关规范都推荐离子风静电消除器或静电中和器，如现行国家标准《防止静电事故通用导则》GB 12158—2006 的第 6.4.5 条、第 6.1.10 条，《防静电技术规范》BS 5958—1997 第 2 部分的第 21.2.3 条，《防静电作业规范》NFPA 77—2007 第 5—5 条等。这些规范也同时注明，采用离子风静电消除器时其设计必须满足现场防爆使用要求。

3.0.8 紧急放料口或下料包装口处静电闪爆频率较高，其原因除静电因素外，还与作业中可燃气体和粉尘浓度较高有关。本条款的具体规定是根据国内实际存在的问题提出的，同时参照了日本《静电安全指南》应用篇增补本第 5 条的有关规定。

3.0.9 料仓内存在不同能量的放电形式。不同类型粉尘或杂混粉尘引燃能量也不同，因此防范措施应根据物料引燃能量来限制可能出现的放电形式。传播型刷形放电，一般是在非金属材料或涂层表面局部绝缘发生破坏时产生的放电（能量可达上千毫焦耳）；绝缘导体的火花放电，一般是在不接地导体上产生的放电（放电能量可达上百毫焦耳）；料堆上方金属突出物的放电，主要指发生在料堆表面与上方金属突出物的放电（放电能量可达几十毫焦耳）。以上放电，主要与料仓内部结构设计的选材、连接、布置等有关。

3.0.10 锥形放电是指料堆表面荷电物料与料仓壁之间发生的放电（放电能量一般在十毫焦耳以内）；雷状放电是指荷电粉尘云（直径大于 1.5m 时）与周边金属突出物发生的放电（放电能量可达几十毫焦耳）。

LDPE 装置的抽气料仓、分析仓、掺合料仓、不合格品料仓，HDPE、LLDPE、PP 装置的均化料仓、不合格品料仓等，可燃气浓度有时会超出气体爆炸下限（LEL）的 20%，杂混粉尘的最小点火能有可能降到 10mJ 以下，所以应采取相应消电措施，以防止料堆表面的锥形放电、雷状放电等产生的引燃危险。

4 防止粉尘燃爆

4.0.1 处理最小点火能在 30mJ 以下的粉体时，应考虑挥发逸出气体对混合物点火能的敏感作用，所以设计中应同时采取防止静电放电的专用消电措施和防止气体积聚的通风措施等。这条规定是 20 世纪末国际粉爆研究的共识与推荐意见，从我国粉尘静电爆炸事故统计来看，这条规定也是非常必要的。防止静电事故的防静电措施，包括静电接地、静电消除和抑制放电等技术措施，具体设计可以根据现场条件来选择。

附录 B 表中最小着火温度数据主要引自 NFPA325《易燃液体、气体和易挥发固体的火险性能手册》；其他数据，包括最小点火能、爆炸下限、爆炸压力、最大压力上升速度等，主要引自日本《静电安全指南》(1988) 参考资料 1.5 表 R.3 粉体的引燃危险性。

4.0.2 粉尘颗粒越小，爆炸下限和点火能越小，爆炸危险性越大。这是因为颗粒越小，表面活性和吸附氧原子的能力越强，即越容易燃烧和爆炸。国际上通常将 $100\mu m$ 以下粉尘列为易爆粉尘。如某专利商的设计指南第 2.1 条将 200 目（$75\mu m$）以下的粉尘列为爆炸敏感粉尘，将 120 目（$125\mu m$）以下的粉尘列为爆炸性粉尘。

4.0.3 管线表面粗糙度不够或风送动力不足时，风送过程中容易产生"拉丝"现象；物料熔融指数高和风送速度过高时，容易产生碎屑料。当切粒机出现断刀或模板磨损严重，以及切粒间隙调整不合适等，会出现"带尾巴料"。一旦出现上述现象，风送物料中微细粉尘和针状粉尘就会增多。实验表明，粉尘的最小点火能与其尺寸的平方或立方成正比，微细粉尘的增多会增加粉尘静电燃爆的

危险性。如某企业 PP 料仓在 1989 年 9 月发生闪爆，事后检查发现切粒机出现两把断刀，产生带巴料，掺合 1h 后发生闪爆着火。又如某厂 PP 装置切粒机在 1995 年换新模板后，不合格品料仓先后发生三次闪爆，事后检查确认事故的发生与物料熔融指数偏高及切粒失稳有关。

4.0.4 此条规定是根据国外实验研究的结论而提出的：聚烯烃类粉尘中乙烯气体质量浓度增加到 0.5% 时，杂混粉尘最小点火能降到 10mJ 左右。国内实验也证实了上述结论：HDPE 现场混合粉尘的 MIE 约为 20.2mJ，LDPE 现场混合粉尘 MIE 约为 15.3mJ，当与 20%LEL 浓度的乙烯气体混合时，杂混粉尘的最小点火能均降到 10mJ～11mJ。

4.0.6、4.0.7 规定内容主要借鉴了某专利商的设计指南、国外的最新研究结论以及国内事故料仓的气体计算而推荐的。本条规定中的公式是瑞士 CIBA 研究中心在 20 世纪 90 年代的研究结论。国内某研究所进行了实验考核，实验结论基本相同。

附录 C 表中数据主要引自美国防火协会标准 NFPA77《关于处理防静电问题措施的建议》(2007 年版)附录 B 表 B.1 气体和蒸气的可燃性参数一览表。

4.0.8 国内掺合仓发生的静电爆炸，事故规模往往比较大，这主要与掺合仓内上部空间粉尘量较大有关。为避免或减少事故规模，掺合仓的设计应特别注意粉尘的产生和积聚，包括临时性操作的限制等。如某企业 HDPE 装置 3# 均化仓处理完 134t 后准备送料，由于松动风机（3000m^3/h）临时出现故障，改用均化风机（5300m^3/h）松动，一开机仓顶部即发生爆炸着火，顶部设备完全报废。又如某厂 LDPE 掺合仓在 2000 年 10 月 15 日处理三批来料后，在送料过程中发生了爆炸着火。调查表明，事故料位（约 13t）刚好在料仓底部风口处，松动风量较高（4000m^3/h），主风管对面的吹风管（$\phi75mm$）与风管下方飞扬物料发生了静电放电。

4.0.9 国内某企业新建 LDPE 装置净化风机过滤器原先采用落地设计，在一次雨天进料中料仓发生闪爆。将过滤器提升 2m 和加防雨罩后，通风系统没再出现问题。容易发生燃爆的料仓有抽气料仓、过渡料仓和不合格品料仓等。

4.0.10 现行国家标准《防止静电事故通用导则》GB 12158—2006 的第 6.4.11 条规定，管道易泄漏处"宜装设气体泄漏自动检测报警器"。某企业 HDPE 装置在 2002 年 2 月发生爆炸着火。事后查明，这起事故是由于原料油管线窥视管破裂、挥发气体被附近流化床干燥器吸入而引起闪爆，并使相邻设备发生连环爆炸。

4.0.11 从反应器送出的聚乙烯料中没反应的乙烯、丙烯单体（原料气），沸点分别为 −103.7℃、−47℃，在闪蒸釜和干燥器中容易脱出；但己烷（催化剂稀释剂）、戊烷（冷凝剂）、乙酸乙烯脂（EVA 共聚单体）等，沸点分别为 68.74℃、36.07℃、72.7℃，在闪蒸、干燥等设备中脱出较难，物料中挥发分相对较高。

料仓中可燃气体积聚的程度与反应器、脱挥或气体回收单元（如闪蒸器、汽蒸机、干燥器、脱气仓等），以及料仓的通风控制等有关。上述任何一个环节的设计和控制出现偏差，都可能影响料仓内气体的积聚。在工艺条件不变的情况下过快增加生产节奏或产量，也会影响料仓内气体的积聚。如某厂 LLDPE 装置反应器在 2001 年 6 月试用新的冷凝技术，产量增加 50%，但物料含挥发高，料仓可燃气体浓度增加，造成料仓静电爆炸着火。某厂 PP 装置扩能改造后产量提高 20%，但干燥器脱挥能力下降，挥发分由 800ppm 增加到 2000ppm，料仓发生十几次燃爆；又如某厂 LDPE 装置在 1979 年～1987 年做过 5 次扩能改造，年产量提高 30% 以上，但通风系统没有改造，在 1987 年～1998 年，脱气仓、掺合仓、不合格品料仓等先后发生 13 次爆炸着火。该厂 2PP 装置料仓在 2000 年 2 月 12 日和 9 月 16 日发生爆炸。事后

检查确认,这两起事故除与物料熔融指数偏高有关外,还与催化剂选型不当造成聚合粉体粒径过小及汽蒸机料位控制过低等气体控制失误有关。

4.0.12 本条规定及具体要求是根据国内部分企业的实践经验和应用效果提出的,但对底部未设净化风的料仓,当物料处于中、低料位时,报警器显示值只作为工艺参考。具体设计时,宜选在现场和控制中心均有可燃气体浓度显示报警的产品,且传感器气体吸入系统应有足够面积的防尘单元。

4.0.13 物料挥发分意外增高可诱发粉尘爆炸,事故频率较高,特别是脱气料仓、不合格品料仓、过渡料仓等。反应失稳或脱挥单元失控等都会引起物料挥发分意外增高。反应失稳包括:切换新牌号产品(特别是生产高沸点原料比例较高和熔融指数较高产品时)、原料气精制不好或催化剂失活,以及稀释剂用量较高等。脱挥单元失控包括闪蒸器、干燥器、汽蒸机等设备故障、处理能力不足、仪表故障等。当上述现象的发生频率较高时,设计上应采取相应措施。

4.0.14 国内某企业 LDPE 装置的三个不合格品料仓原先采用一个净化风机,由于手动控制失误曾发生两次空仓进风、相邻进料仓发生闪爆的事故。

4.0.15 生产过程中出现不合格品料或过渡料时,物料中的挥发分往往偏高,处理过程中若无净化风,或净化时间不足,料仓中极易积聚可燃气体,一旦有新的荷电粉体进入,容易产生闪爆现象。

4.0.17 本条为强制性条文,须严格执行。用带压可燃气体或压缩空气吹扫粉体或堵塞物时,极易产生静电放电和闪爆事故。如1992年10月某厂 PE 装置沉降管堵塞,用18.5MPa 介质气体排堵时发生了爆炸着火;1998年3月某厂 PP 反应釜出现结块料,当日上午用0.07MPa 气体吹扫,下午改用1.0MPa 气体吹扫后立刻发生闪爆。

5 料仓内结构件的设计

5.0.1~5.0.4 这几条规定是根据企业事故案例和现场设计缺欠而提出的。如某企业 LDPE 装置混合仓多次发生闪爆或出熔料块。检查发现该仓7个分隔单元中只有5个单元有反吹进风口,闪爆位置恰好在没有进风口单元的上部。又如某企业 LDPE 料仓在1999年9月发生闪爆,检查发现该料仓底部原设计只有一个净化风口,闪爆后产生的熔料块(面积约1m²,厚度约20mm)在净化风口对角线位置(料高11m),证实料仓内闪爆与仓内通风分配不均及风量不足等有关。净化风口位置的规定,主要是防止诱发火花放电的发生。国外工业模拟实验表明:当物料超过1t时,即可观察到锥形放电;当物料上方有金属突出物时,锥形放电可以发展成火花放电。因此,只要将净化风口下的物料量限制到不出现锥形放电时,就可以避免或减缓诱发高能放电的发生。

5.0.5 料仓壁不光滑时容易黏附细粉料,当黏壁料成片状或结块料脱落时,易产生剥离放电,诱发粉尘爆炸。

5.0.6 《防静电作业规范》NFPA 77—2007第5—5条和现行国家标准《防止静电事故通用导则》GB 12158—2006第6.4.7条都提出了料堆上方的金属突出物很容易诱发火花放电。如某企业 LDPE 颗粒料仓投产不久,不合格品料仓、掺合料仓、脱气料仓相继发生爆炸着火,着火位置都在伸长200mm~300mm 净化风管口附近。模拟实验和理论计算表明,离开仓壁200mm 时料堆表面电位高达50kV 以上,超过产生火花放电所需的40kV 的临界电位(参见日本《静电安全指南》第4.2.1.5条)。

5.0.10 国外粉体料仓放电实验表明,当物料荷电较高时,料堆表面不但可以产生"线状"和"面状"的局部放电,甚至会产生由锥顶到罐壁的贯穿型的大面积放电,放电能量较高。"锥顶"离罐壁较近时,容易产生前述后者的放电现象。

6 料仓附属设施

6.1 料 位 计

6.1.1 由料位计诱发的粉尘爆炸事故国内已出现多起,特别在分析仓、计量上贮槽、定量混合仓等料位计频繁报警的场合,事故更高。如某厂 LDPE 装置混合仓多次发生闪燃和出熔料块,频率高时2~3个月就得进仓清理一次熔料块。检查发现,闪燃部位几乎都在30t 料位计下方位置。又如某企业 LLDPE 装置颗粒料仓在2001年6月发生爆炸着火,当时进料156t,物料接近高料位报警器。某企业 PP 料仓在1994年2月发生闪爆,当时进料285t,物料接近95%罐高报警器附近。某企业 LDPE 装置分析仓(每次处理20t)先后发生过5次闪爆,闪爆部位都在进完料的报警器附近。

6.1.3 本条规定是根据国内事故案例和模拟实验数据提出的,参见第5.0.6条的说明。

6.2 除 尘 设 备

6.2.1~6.2.3 集尘过滤器容易产生静电放电,包括过滤介质的表面放电,不接地导体的火花放电,滤饼脱落的剥离放电等。此条规定符合《防止静电事故通用导则》GB 12158—2006第6.4.10条规定。如某企业 HDPE 粉体料仓发生爆炸,料仓顶部的过滤器和风机被炸出40m 远。事后检查,该过滤器过滤介质采用非防静电材料,32片金属框架有22片接地不良,其中15片框架电阻大于10⁹Ω。从事故现象分析,这起事故可能是由绝缘的金属框架发生火花放电引起的。

6.2.4 料仓集尘系统很容易被黏附料堵塞,影响料仓通风不畅。

如某企业 LDPE 料仓排风管采取直排方式，运行一段时间后发现排风管上的防雀网有很大一部分面积被粉尘堵塞。又如某企业 LDPE 料仓曾多次发生闪爆事故，事后检查与通风系统进风管堵塞有关。因此料仓通风系统的设计应包括便于检查和维护的可接近性要求。

6.2.5 旋风分离器内有可燃粉尘或粉尘层，应通过接地措施防止旋风分离器导体部件带电，包括旋风分离器与管线的跨接和接地，以及内部所有金属零件间的可靠连接等。

6.2.6 料仓排风系统容易积聚粉尘和诱发粉尘爆炸。如国内某厂一 PE 装置投产 6 年后，抽气贮仓的 2 条抽气管线先后发生 4 次闪爆；2005 年 4 月 21 日某厂 HDPE 掺合仓的旋风分离器发生爆炸，2009 年 6 月 4 日某厂 ABS 干燥单元二级旋风分离器的进风管发生爆炸等。这些事故，可能与粉尘脱落的二次爆炸有关，也可能与粉尘附着层的静电放电有关（包括传播型刷形放电或脱落层的剥离放电等）。因此过滤器、集尘管、旋风分离器等，除应执行本规范第 6.2.5 条的规定外，还应定期清除料仓排风系统沉积的粉尘。

  理由 1：参见 CIBA 规程 4 的"4.2.2.7 粉尘分离"的诠释：由于静电引起的着火的危险是最引人注意的，所以除了与产品性质相应的着火源引入之外，与早期相关的操作也必须予以考虑。

  理由 2：近几年有类似事故案例出现。

6.3 管道系统

6.3.1、6.3.2 参见日本《静电安全指南》第 2.2.3.3 条规定。

6.3.3 管道之间如果用松套法兰连接时，法兰两端管线可采用焊接端子和多股软线跨接。具体尺寸参见国内相关标准要求。

7 防止人体放电

7.0.1、7.0.2 参见本规范第 3.0.5 条文说明，人体在清仓清釜作业中产生的静电通常在几千伏，在下料包装口的感应静电可达上万伏，一旦对地放电都可以产生着火性的火花放电。

8 防止料仓着火和火焰传播

8.0.1、8.0.2 本条文是根据国内成功应用案例提出的。1999 年 9 月某企业 LDPE 颗粒料仓进料中突然发现排气管风温由 40℃升到 95℃，随即停止进料和停净化风，并进氮气保护，之后顶部风温由 110℃逐渐回降到 40℃。由于处理及时，料仓内只出现了局部熔料块，没有发展成火灾爆炸和烧穿仓壁等更大事故。

中华人民共和国国家标准

抗爆间室结构设计规范

Code for design of blast resistant chamber structures

GB 50907-2013

主编部门：中 国 兵 器 工 业 集 团 公 司

批准部门：中华人民共和国住房和城乡建设部

施行日期：2 0 1 4 年 3 月 1 日

中华人民共和国住房和城乡建设部公告

第 112 号

住房城乡建设部关于发布国家标准
《抗爆间室结构设计规范》的公告

现批准《抗爆间室结构设计规范》为国家标准，编号为 GB 50907—2013，自 2014 年 3 月 1 日起实施。其中，第 3.0.1、4.0.3 条为强制性条文，必须严格执行。

本规范由我部标准定额研究所组织中国计划出版社出版发行。

中华人民共和国住房和城乡建设部
2013 年 8 月 8 日

前　言

本规范是根据住房和城乡建设部《关于印发〈2010 年工程建设标准规范制订、修订计划〉的通知》（建标〔2010〕43 号）的要求，由中国五洲工程设计集团有限公司编制完成。

在本规范编制过程中，编制组经广泛调查研究，认真总结实践经验，参考有关国外先进标准，并广泛征求意见，最后经审查定稿。

本规范共分 9 章和 5 个附录，主要内容包括：总则，术语和符号，基本规定，材料，爆炸对结构的整体作用计算和局部破坏验算，结构内力分析，截面设计计算，构造要求，抗爆门等效静荷载简化计算等。

本规范中以黑体字标志的条文为强制性条文，必须严格执行。

本规范由住房和城乡建设部负责管理和对强制性条文的解释，由中国五洲工程设计集团有限公司负责具体技术内容的解释。执行过程中如有意见或建议，请寄送中国五洲工程设计集团有限公司（地址：北京市西城区西便门内大街 85 号，邮政编码：100053），以供今后修订时参考。

本规范主编单位、主要起草人和主要审查人：

主 编 单 位：中国五洲工程设计集团有限公司

主要起草人：邵庆良　鲁容海　侯国平　王　健　吴丽波　董文学

主要审查人：杜修力　王　伟　李云贵　钱新明　段卓平　宋春静　张同亿　胡八一　郁永刚　陈　力

目 次

1 总 则 ……………………………… 14—4
2 术语和符号 …………………………… 14—4
　2.1 术语 ………………………………… 14—4
　2.2 符号 ………………………………… 14—4
3 基本规定 ……………………………… 14—4
4 材 料 ………………………………… 14—5
5 爆炸对结构的整体作用计算和局部
　破坏验算 …………………………… 14—6
　5.1 爆炸对结构的整体作用计算 ……… 14—6
　5.2 爆炸对结构的局部破坏验算 ……… 14—6
6 结构内力分析 ………………………… 14—7
7 截面设计计算 ………………………… 14—8
8 构造要求 ……………………………… 14—9
9 抗爆门等效静荷载简化计算 ………… 14—11

附录 A 各类抗爆间室的设防等级 ………… 14—12
附录 B 间室泄出的空气冲击波对抗
　　　 爆屏院墙冲量的能效系数 η_p
　　　 的计算方法 ……………………… 14—13
附录 C 矩形薄板自振圆频率系数 Ω 值 …… 14—14
附录 D 系数 k、能效系数 η 及角度和
　　　 距离影响系数 k_a 的计算方法 ……… 14—16
附录 E 按极限平衡法计算矩形板的弯矩
　　　 系数和动反力系数 ………………… 14—24
本规范用词说明 ………………………… 14—40
引用标准名录 …………………………… 14—40
附：条文说明 …………………………… 14—41

Contents

1 General provisions …………………… 14—4
2 Terms and symbols ………………… 14—4
　2.1 Terms …………………………… 14—4
　2.2 Symbols ………………………… 14—4
3 Basic requirement ………………… 14—4
4 Materials ……………………………… 14—5
5 Destroy analysis of blast resistant
　structure ……………………………… 14—6
　5.1 Dntirety effect analysis ………… 14—6
　5.2 Local damage analysis …………… 14—6
6 Structural dynamic analysis ………… 14—7
7 Structural design and calculation …… 14—8
8 Construction requirements ………… 14—9
9 Approximately caculation of equivalent load for

blast resistant door …………………… 14—11
Appendix A Protective level of the familiar blast
　　　　　 resistant chamber ………… 14—12
Appendix B Coefficient η_p for blast resistant
　　　　　 shield yard design ………… 14—13
Appendix C Coefficient Ω ………………… 14—14
Appendix D Coefficient k、η and k_a for blast
　　　　　 resistant chamber design …… 14—16
Appendix E Coefficents of moment and
　　　　　 shearing force ……………… 14—24
Explanation of wording in this code ……… 14—40
List of quoted standards ………………… 14—40
Addition：Explanation of provisions ……… 14—41

1 总　则

1.0.1 为了在抗爆间室结构设计中贯彻执行国家的技术经济政策,做到安全、适用、经济,保证质量,制定本规范。

1.0.2 本规范适用于新建、改建、扩建和技术改造工程项目中的钢筋混凝土抗爆间室结构的设计。

1.0.3 抗爆间室结构的设计,除应符合本规范外,尚应符合国家现行有关标准的规定。

2 术语和符号

2.1 术　语

2.1.1 抗爆间室　blast resistant chamber

具有承受本室内因发生爆炸而产生破坏作用的间室,对间室外的人员、设备以及危险品起到保护作用。

2.1.2 抗爆屏院　blast resistant shield yard

当抗爆间室内发生爆炸事故时,为阻止爆炸冲击波或爆炸破片向四周扩散,在抗爆间室泄爆面外设置的屏障。

2.1.3 设计药量　design quantity of explosives

折合成 TNT 当量的能同时爆炸的危险品药量。

2.1.4 整体破坏　entirety damage

在爆炸荷载等作用下,使结构产生变形、裂缝或倒塌等的破坏。

2.1.5 局部破坏　local damage

在爆炸荷载作用下,爆心垂直投影点一定范围内墙(板)产生的爆炸飞散、爆炸震塌破坏和爆炸破片的穿透破坏。

2.1.6 爆炸飞散　blast fall apart

装药在靠近墙(板)表面爆炸时,在爆炸荷载作用下爆心投影点一定范围内钢筋混凝土墙(板)迎爆面的混凝土被压碎,并向四周飞散形成飞散漏斗坑的破坏现象。

2.1.7 爆炸震塌　blast peeling-off

在爆炸荷载作用下,在爆心投影点墙(板)内产生的应力波传到墙(板)背爆面产生反射拉伸波,当拉应力大于墙(板)混凝土抗拉强度时,墙(板)背爆面崩塌成碎块而掉落或飞出,形成震塌漏斗坑的破坏现象。

2.1.8 穿透破坏　penetration damage

具有外壳的装药爆炸或装药在设备内爆炸时,爆炸破片冲击墙(板),从墙(板)穿出的破坏现象。

2.1.9 延性比　ductility ratio

结构最大位移与结构弹性极限位移的比值。

2.1.10 自振频率　natural vibration frequency

结构作自由振动时的固有振动频率。

2.1.11 轻质易碎屋盖　light fragile roof

由轻质易碎材料构成,当建筑物内部发生爆炸事故时,不仅具有泄压效能,且破碎成小块,减轻对外部影响的屋盖。

2.2 符　号

Q——设计药量(kg);

R_a——爆心与计算墙(板)面的垂直距离(m);

L、H——计算墙(板)的长度和高度(m);

i——作用于墙(板)面上的平均冲量(N·s/mm²);

i_m——作用于抗爆门面上的平均冲量(N·s/mm²);

r_0——等效球形集团装药半径(m);

η——考虑抗爆间室内爆炸冲击波多次反射使能量集聚的能效系数;

Q_0——产生局部破坏的 TNT 有效装药量(kg);

ω——墙(板)挠曲型自振圆频率(1/s);

Ω——频率系数;

D——墙(板)的圆柱刚度(kg·m);

Ψ——钢筋混凝土墙(板)刚度折减系数,采用 0.6;

υ——泊松比,对于钢筋混凝土 $\upsilon=\dfrac{1}{6}$;

g——重力加速度,$g=9.81$(m/s²);

E_d——混凝土动弹性模量(kg/m²)。

3 基本规定

3.0.1 抗爆间室(泄爆面除外)在设计药量爆炸荷载作用下,不应产生爆炸飞散、爆炸震塌破坏和爆炸破片的穿透破坏。

3.0.2 抗爆间室设计应符合下列规定:

1 设计药量不大于 100kg,且一面或多面墙(或屋盖)应为易碎性泄爆面。

2 抗爆间室泄爆面外应设置 Π 形和 Γ 形的抗爆屏院。

3 墙(板)的长边与短边之比不宜大于 2。

4 墙(板)的厚度不应大于墙(板)长度及高度的 1/6。

5 墙(板)尺寸、爆心距墙(板)距离与设计药量应同时满足下列公式要求:

$$4.0 \geqslant \frac{R_a}{Q^{\frac{1}{3}}} \geqslant 0.45 \quad (3.0.2-1)$$

$$16 \geqslant \frac{LH}{Q^{\frac{2}{3}}} \geqslant 1.75 \quad (3.0.2-2)$$

6 墙(板)尺寸、爆心距墙(板)距离与设计药量无法满足本条第 5 款的要求时,钢筋混凝土墙(板)应配置连续波浪形斜拉系筋,并应在两个边墙(板)的条形基础间设拉梁或在地面下设置整块底板等措施,且应同时满足下列公式的要求:

$$4.0 \geqslant \frac{R_a}{Q^{\frac{1}{3}}} \geqslant 0.15 \quad (3.0.2-3)$$

$$16 \geqslant \frac{LH}{Q^{\frac{2}{3}}} \geqslant 1.75 \quad (3.0.2-4)$$

7 当 30kg<Q≤50kg 时,应分析冲击波漏泄压力对邻室的影响。

8 设置在厂房内的 50kg<Q≤100kg 的抗爆间室,有关专业

应共同采取保护周围人员、设备和建筑物安全的措施。

3.0.3 设计药量 $Q>100$kg 的抗爆间室应独立设置,且一面或多面墙(或屋盖)应为易碎性泄爆面,并应符合本规范第3.0.2条第2~8款的要求。

3.0.4 抗爆间室内设计药量的确定应符合下列规定:

1 对于TNT炸药,设计药量应为抗爆间室内能同时爆炸的药量。

2 对于非TNT炸药的其他种类爆炸品,设计药量应由工艺专业结合危险品性能及状态等确定。

3.0.5 抗爆间室设防等级应符合下列规定:

1 在生产过程中,发生满设计药量的爆炸事故频繁的抗爆间室,应为一级设防。

2 在生产过程中,发生满设计药量的爆炸事故较少的抗爆间室,应为二级设防。

3 在生产过程中,发生爆炸可能性极少的抗爆间室,应为三级设防。

4 同一抗爆间室的不同墙(板)可根据其不同的使用要求划分为不同的设防等级。

5 抗爆屏院的设防等级应与抗爆间室一致。

6 各类抗爆间室设防等级可按本规范附录A确定。

3.0.6 抗爆间室与抗爆屏院允许延性比和设计延性比应按表3.0.6采用。

表 3.0.6 抗爆间室与抗爆屏院允许延性比和设计延性比

结构名称	延性比名称	设防等级		
		一级	二级	三级
抗爆间室	允许延性比[μ]	1	5	5
	设计延性比μ	1	1.33	3
抗爆屏院	允许延性比[μ]	20	20	20
	设计延性比μ	3.38	5.75	10.5

3.0.7 厂房内抗爆间室屋盖选型应符合下列规定:

1 抗爆间室屋盖宜采用现浇钢筋混凝土屋盖。

2 设计药量 $Q\leqslant5$kg 时,宜采用现浇钢筋混凝土屋盖,当已采取消除其对周围危害影响的措施或与之相连的厂房及其他抗爆间室均为现浇钢筋混凝土屋盖时,也可采用轻质易碎屋盖。

3 设计药量 $Q>5$kg 时,应采用现浇钢筋混凝土屋盖。

3.0.8 抗爆屏院应符合下列规定:

1 抗爆屏院宜采用现浇钢筋混凝土结构。

2 当设计药量 $Q<1$kg 时,可采用厚度为370mm、强度等级不低于MU10的烧结普通砖与M7.5砂浆砌筑的Π或Γ形抗爆屏院,且进深不应小于3m。

3 当设计药量 1kg$\leqslant Q\leqslant3$kg 时,应采用现浇钢筋混凝土的Π或Γ形抗爆屏院,且进深不应小于3m。

4 当设计药量 3kg$<Q\leqslant15$kg 时,应采用现浇钢筋混凝土的Π或Γ形抗爆屏院,且进深不应小于4m。

5 当设计药量 15kg$<Q\leqslant30$kg 时,应采用现浇钢筋混凝土的Π形抗爆屏院,且进深不应小于5m。

6 当设计药量 30kg$<Q\leqslant50$kg 时,应采用现浇钢筋混凝土的Π形抗爆屏院,且进深不应小于6m。

7 当设计药量 50kg$<Q\leqslant65$kg 时,应采用现浇钢筋混凝土的Π形抗爆屏院,且进深不应小于7m。

8 当设计药量 65kg$<Q\leqslant80$kg 时,应采用现浇钢筋混凝土的Π形抗爆屏院,且进深不应小于8m。

9 当设计药量 80kg$<Q\leqslant100$kg 时,应采用现浇钢筋混凝土的Π形抗爆屏院,且进深不应小于9m。

10 抗爆屏院墙高不应低于抗爆间室的檐口底面标高。当抗爆屏院进深超过4m时,抗爆屏院中墙高度应按进深增量的1/2增高,边墙应由抗爆间室檐口底面标高逐渐增至抗爆屏院中墙顶面标高。

3.0.9 抗爆间室与主体厂房之间的关系应符合下列规定:

1 抗爆间室与主体厂房间宜设缝,缝宽不应小于100mm。

2 设计药量 $Q<20$kg 的现浇钢筋混凝土屋盖的抗爆间室及轻质易碎屋盖的抗爆间室,且主体厂房结构跨度不大于7.5m时,抗爆间室与主体厂房之间可不设缝。主体厂房的结构可采用铰接的方式支承于抗爆间室的墙上。

3 设计药量 $Q\geqslant20$kg 的现浇钢筋混凝土屋盖抗爆间室,抗爆间室与主体厂房之间应设置防震缝,并应与主体厂房结构脱开。

4 主体厂房结构的支承点,应设置在抗爆间室墙(板)有相邻墙(板)支承的交接处或其靠近部位。

4 材 料

4.0.1 抗爆间室钢筋混凝土结构构件不应采用冷轧带肋钢筋、冷拉钢筋等经冷加工处理的钢筋。

4.0.2 抗爆间室钢筋混凝土结构钢筋宜采用延性、韧性和焊接性能较好的HRB400级和HRB500级的热轧钢筋。

4.0.3 抗爆间室钢筋混凝土结构钢筋的抗拉强度实测值与屈服强度实测值的比值不应小于1.25;钢筋的屈服强度实测值与屈服强度标准值的比值不应大于1.3,且钢筋在最大拉力下的总伸长率实测值不应小于9%;钢筋的强度标准值应具有不小于95%的保证率。

4.0.4 抗爆间室钢筋混凝土结构混凝土强度等级不宜小于C30,且不应小于C25。

4.0.5 在动荷载和静荷载同时作用或动荷载单独作用下,材料强度设计值可按下式计算确定:

$$f_d = \gamma_d f \tag{4.0.5}$$

式中:f_d——动荷载作用下材料强度设计值(N/mm²);

f——静荷载作用下材料强度设计值(N/mm²);

γ_d——动荷载作用下材料强度综合调整系数,可按表4.0.5的规定采用。

表 4.0.5 材料强度综合调整系数 γ_d

材料种类		综合调整系数 γ_d
热轧钢筋	HPB300级	1.40
	HRB335级	1.35
	HRB400级	1.20
	HRB500级	1.15

续表 4.0.5

材料种类		综合调整系数 γ_d
混凝土	C55 及以下	1.50
	C60~C80	1.40

注:1 表中同一种材料的强度综合调整系数,可适用于受拉、受压、受剪和受扭等不同受力状态;

2 对于采用蒸汽养护或掺入早强剂的混凝土,其强度综合调整系数应乘以 0.9 折减系数。

4.0.6 在动荷载和静荷载同时作用或动荷载单独作用下,混凝土的弹性模量可取静荷载作用时的 1.2 倍;钢材的弹性模量可取静荷载作用时的数值。

4.0.7 在动荷载和静荷载同时作用或动荷载单独作用下,各种材料的泊松比均可取静荷载作用时的数值。

5 爆炸对结构的整体作用计算和局部破坏验算

5.1 爆炸对结构的整体作用计算

5.1.1 空气冲击波对抗爆间室墙(板)整体作用的平均冲量,可按下列公式计算:

$$i = 10^{-5} k \frac{(\eta Q)^{\frac{2}{3}}}{LH} U \qquad (5.1.1-1)$$

$$U = k_\alpha \cdot R_\alpha \qquad (5.1.1-2)$$

式中:k——系数,根据所计算墙(板)面的相邻面(相邻的墙、板或地面)数量 N 和爆炸位置,按本规范附录 D 计算;

U——角度和距离因子;

k_α——角度和距离的影响系数,根据计算墙(板)面的尺寸及爆心位置,按本规范附录 D 计算。

5.1.2 当 $\dfrac{R_\alpha}{Q^{\frac{1}{3}}} \leqslant 0.45$ 时,按本规范第 5.1.1 条计算出的平均冲量值应乘以冲量值修正系数。冲量值修正系数的取值应符合下列要求:

1 当 $\dfrac{R_\alpha}{Q^{\frac{1}{3}}} = 0.45$ 时,冲量值修正系数应取 1.0;

2 当 $\dfrac{R_\alpha}{Q^{\frac{1}{3}}} = 0.15$ 时,冲量值修正系数应取 1.6;

3 当 $0.45 > \dfrac{R_\alpha}{Q^{\frac{1}{3}}} > 0.15$ 时,冲量值修正系数应按线性插入法确定。

5.1.3 抗爆间室泄出的空气冲击波对抗爆屏院墙(板)面的平均冲量 i 的计算,应符合下列要求:

1 中墙(板)面平均冲量 i 可按下式计算:

$$i = 2.0 \times 10^{-4} \frac{(\eta_p Q)^{\frac{2}{3}}}{R} \left(1 + \frac{R_d}{R}\right) \qquad (5.1.3-1)$$

2 边墙(板)面平均冲量 i 可按下列公式计算:

$$i = 2.0 \times 10^{-4} \frac{(\eta_p Q)^{\frac{2}{3}}}{R_p} \left(1 + \frac{L_x}{2R_p}\right) \qquad (5.1.3-2)$$

$$R = \sqrt{R_d^2 + \left(\frac{H_x}{2}\right)^2 + \left(\frac{L_x}{4}\right)^2} \qquad (5.1.3-3)$$

$$R_p = \frac{1}{2} \sqrt{(2R_d - S_2)^2 + L_x^2 + H_x^2} \qquad (5.1.3-4)$$

式中:η_p——能效系数,按本规范附录 B 计算;

R_d——等效爆心与抗爆屏院中墙(板)的垂直距离(m);

R——等效爆心与抗爆屏院中墙(板)面代表均布冲量点的距离(m);

R_p——等效爆心与抗爆屏院边墙(板)面中心 P 的距离(m);

L_x——抗爆间室泄爆墙(板)面的宽度(m);

H_x——抗爆间室泄爆墙(板)面的高度(m);

S_2——抗爆屏院的进深(m)。

5.2 爆炸对结构的局部破坏验算

5.2.1 抗爆间室应满足抗爆炸震塌要求,爆心与所计算的墙(板)面的垂直距离应满足下式要求:

$$R_a \geqslant 0.65 Q_0^{\frac{1}{3}} - 1.4h \qquad (5.2.1)$$

式中:h——计算墙(板)厚度(m)。

5.2.2 当爆心与所计算的墙(板)面的垂直距离不满足本规范第 5.2.1 条的要求时,应按下列公式进行背爆面的抗爆炸震塌破坏厚度计算:

$$h \geqslant r_z - r_0 - 0.7(R_a - r_0) - \sum \beta_{zi} h_i \qquad (5.2.2-1)$$

$$r_z = K_z Q_0^{\frac{1}{3}} \qquad (5.2.2-2)$$

$$r_0 = 0.053 Q_0^{\frac{1}{3}} \qquad (5.2.2-3)$$

式中:r_z——介质材料的爆炸震塌破坏半径(m);

K_z——介质材料的爆炸震塌屈服系数,按表 5.2.2 规定取用;

h_i——墙(板)迎爆面抗爆炸震塌覆盖防护层的第 i 层厚度(m);

β_{zi}——墙(板)迎爆面抗爆炸震塌覆盖防护层的第 i 层材料折算为钢筋混凝土的抗爆炸震塌材料折算系数,钢板采用 $\beta_{zi}=10$,土层采用 $\beta_{zi}=0.9$,其他材料可按表 5.2.2 介质材料的爆炸震塌屈服系数对比取值。

表 5.2.2 介质材料的爆炸震塌屈服系数 K_z

介质材料	钢筋混凝土	混凝土	块石混凝土	水泥砂浆砌块石	水泥砂浆砌砖
K_z	0.42	0.48	0.56	0.84	0.88

5.2.3 抗爆间室应满足抗爆炸飞散的要求。爆心与所计算的墙(板)面的垂直距离应满足下式要求:

$$R_a \geqslant 0.2 Q_0^{\frac{1}{3}} \qquad (5.2.3)$$

5.2.4 当爆心与所计算的墙(板)面的垂直距离不满足本规范第 5.2.3 条的要求时,应按下列公式进行迎爆面抗爆炸飞散破坏的防护层厚度计算:

$$\sum \beta_{fi} h_i \geqslant r_f - r_0 - 0.7(R_a - r_0 - \sum h_i) \qquad (5.2.4-1)$$

$$r_f = K_f Q_0^{\frac{1}{3}} \qquad (5.2.4-2)$$

式中:h_i——墙(板)迎爆面抗爆炸飞散覆盖防护层的第 i 层厚度(m);

β_{fi}——墙(板)迎爆面抗爆炸飞散覆盖防护层的第 i 层材料折算为钢筋混凝土的抗爆炸飞散材料系数,钢板采用 $\beta_{fi}=10$,其他材料可按表 5.2.4 的介质材料的爆炸飞散屈服系数对比取值;

r_f——介质材料的爆炸飞散破坏半径(m);

K_f——介质材料的爆炸飞散屈服系数,按表5.2.4规定取用。

表5.2.4 介质材料的爆炸飞散屈服系数

材料名称	介质材料的飞散屈服系数 K_f	材料名称	介质材料的飞散屈服系数 K_f
钢筋混凝土	0.13	碎石土	0.50
混凝土	0.16	砂土	0.50
块石混凝土	0.18	粉土	0.50
水泥砂浆砌块石	0.2	粉质黏土	0.50
水泥砂浆砌砖	0.25	人工填土	0.60

5.2.5 产生爆炸震塌和爆炸飞散破坏的TNT有效装药量Q_0,应符合下列规定:

1 当装药为球形或各边长度差异不超过20%的长方体形状时,应取其全部药量;

2 当装药为长列圆柱形和长列方柱形,且长列边垂直于墙(板)面时[图5.2.5(a)],有效装药量可按下列公式确定:

1) 当$l \geqslant 2.25d$时:

$$Q_0 = \frac{1}{500}\pi r^3 \rho_0 k_1 \qquad (5.2.5\text{-}1)$$

2) 当$l < 2.25d$时:

$$Q_0 = \frac{1}{1000}\pi r^2 l \rho_0 k_1 \qquad (5.2.5\text{-}2)$$

3 当装药为长列圆柱形和长列方柱形,且长列边平行于墙(板)面时[图5.2.5(b)],有效装药量可按下列规定确定:

1) 当$l < 3.5d$时,取其全部药量;

2) 当$l \geqslant 3.5d$时:

$$Q_0 = \frac{7}{1000}\pi r^3 \rho_0 k_1 \qquad (5.2.5\text{-}3)$$

式中:l——长列圆(方)柱形的长度(cm);

d——圆柱形的直径(cm);

r——圆柱形的半径(cm),计算方柱断面时应换算成等量的圆柱断面;

ρ_0——药柱的密度(g/cm^2);

k_1——TNT当量系数。

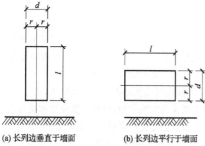

(a) 长列边垂直于墙面　　(b) 长列边平行于墙面

图5.2.5 装药与墙面的位置关系

5.2.6 具有外壳的装药爆炸或装药在设备内爆炸时,墙(板)抗破片的穿透破坏厚度应按下列公式确定:

$$h_c = 0.5\sqrt[3]{K_c E} \qquad (5.2.6\text{-}1)$$

$$E = \frac{Pv^2}{2} \qquad (5.2.6\text{-}2)$$

式中:h_c——局部穿透破坏的厚度(cm);

K_c——介质材料的穿透屈服系数,钢筋混凝土采用2~3,砖石采用10,钢板采用0.01;

E——破片的动能;

P——破片的质量(kg);

v——破片到达墙(板)表面的着速(m/s)。

6 结构内力分析

6.0.1 抗爆间室和抗爆屏院的内力计算,可按瞬时冲量作用下等效单自由度体系的弹塑性阶段动力分析方法,各墙(板)面可单独进行计算。

6.0.2 抗爆间室墙(板)支承条件的确定应符合下列规定:

1 墙面与泄爆面交接边,可为自由边。

2 墙(板)与墙(板)的交接边,相邻两墙(板)的厚度之比为0.6~1.7时,可互为部分固定支承;当相邻两墙(板)的厚度之比小于0.6或大于1.7时,计算薄墙(板)时该边可为固定支承,计算厚墙(板)时该边可为简支支承。

3 墙与基础交接边,可为部分固定支承。

4 轻质易碎屋盖的檐口梁可为边墙的角点支承。

5 靠近墙(板)与墙(板)的交接边开门洞,当门洞高度不大于1/2墙高时,相邻两墙(板)可互为简支支承,当门洞高度大于1/2墙高时,相邻两墙(板)可互为具有上下两角点支承的自由边。

6.0.3 抗爆屏院墙(板)支承条件的确定应符合下列规定:

1 抗爆屏院墙不做条形基础时,其上下边应为自由边。

2 当设置深度大于1/3墙高的条形基础时,墙与基础连接边可为部分固定支承;当设置深度小于0.8m的条形基础时,墙与基础连接边可为自由边;当设置深度为0.8m及小于1/3墙高的条形基础时,墙(板)与基础连接边可为简支支承。

3 抗爆屏院墙与抗爆间室边墙连接边可为简支支承。

4 抗爆屏院墙(板)与墙(板)的交接边,当相邻两墙(板)厚度之比为0.6~1.7时,可互为部分固定支承;当相邻两墙(板)厚度之比小于0.6或大于1.7,计算薄墙(板)时该边可为固定支承,计算厚墙(板)时该边可为简支支承。

6.0.4 墙(板)挠曲型自振圆频率可按下列公式计算:

1 双向墙(板):

$$\omega = \frac{n\Omega}{l_x^2}\sqrt{\frac{D}{\overline{m}}} \qquad (6.0.4\text{-}1)$$

$$n = 0.75 + 0.25\frac{l_f}{l_0} \qquad (6.0.4\text{-}2)$$

$$\overline{m} = \frac{\gamma h}{g} \qquad (6.0.4\text{-}3)$$

$$D = \frac{\psi E_d h^3}{12(1-\nu^2)} \qquad (6.0.4\text{-}4)$$

式中:n——频率折减系数;

l_f——墙(板)简支支承和固定支承边的长度总和(m);

l_0——墙(板)全部支承边(不包括自由边)长度的总和(m);

l_x——墙(板)x向的跨度,按本规范附录C选取(m);

h——墙(板)的厚度(m);

$\overline{m}$——墙(板)的单位面积质量($kg \cdot s^2/m^3$);

γ——钢筋混凝土墙(板)容重(kg/m^3);

$\sqrt{\dfrac{D}{\overline{m}}}$——墙(板)的相对刚度($m^2/s$)。

2 单向墙(板):

$$\omega = \frac{n\Omega}{l^2}\sqrt{\frac{B}{\overline{m}}} \qquad (6.0.4\text{-}5)$$

$$B = \frac{\psi E_d h^3}{12} \qquad (6.0.4\text{-}6)$$

式中:n——频率折减系数,当一端为部分固定支承时取0.88,当两端为部分固定支承时取0.75,其他情况取1.0;

B——抗弯刚度;

$\overline{m}$——墙(板)的单位长度质量($kg \cdot s^2/m^2$);

$\sqrt{\dfrac{B}{m}}$——墙(板)的相对刚度(m^2/s);

l——墙(板)跨度(m)。

6.0.5 墙(板)弯矩可按下列公式计算:

1 双向墙(板):

$$M_x = K_x M \tag{6.0.5-1}$$
$$M_y = \alpha M_x \tag{6.0.5-2}$$
$$M_x^0 = \beta M_x \tag{6.0.5-3}$$
$$M_y^0 = \beta M_y \tag{6.0.5-4}$$
$$M = 1.0 \times 10^6 C i \xi \omega l_x^2 \tag{6.0.5-5}$$

式中:M_x——平行于 l_x 向(简称 x 向)的墙(板)跨中弯矩(N·m);

M_y——平行于 l_y 向的墙(板)跨中弯矩(N·m);

M_x^0——x 向支座弯矩(N·m);

M_y^0——y 向支座弯矩(N·m);

K_x——x 向跨中弯矩系数,按本规范附录 E 采用;

α——y 向跨中弯矩与 x 向跨中弯矩比值,按本规范附录 E 采用;

β——支座弯矩与跨中弯矩比值,设防等级为一级取 2,二级取 1.6 或 1.8,三级取 1.4;

l_x——墙(板)x 向跨度(m);

C——设防等级系数,按表 6.0.5-1 规定采用;

ξ——荷载实效修正系数。对于抗爆间室,根据相邻墙面数及有无相对墙面按表 6.0.5-2 规定采用;对于抗爆屏院 ξ 取 1.0。

表 6.0.5-1 设防等级系数 C 值

结构名称	设 防 等 级		
	一级	二级	三级
抗爆间室	1.00	0.75	0.45
抗爆屏院	0.42	0.31	0.22

表 6.0.5-2 荷载实效修正系数 ξ 值

相邻墙面数	1	2	3	4
有相对墙面	0.9	0.86	0.77	0.68
无相对墙面	1.0	0.95	0.85	0.75

2 单向墙(板):

$$M_0 = K_0 M \tag{6.0.5-6}$$
$$M_0^0 = K_0^0 M \tag{6.0.5-7}$$
$$M = 1.0 \times 10^6 C i \omega l^2 \tag{6.0.5-8}$$

式中:M_0——墙(板)的跨中弯矩(N·m);

M_0^0——墙(板)支座弯矩(N·m);

C——设防等级系数,按表 6.0.5-1 的规定采用;

ω——墙(板)自振圆频率(1/s),按本规范第 6.0.4 条计算;

l——墙(板)跨度(m);

K_0——跨中弯矩系数,按本规范附录 E 采用;

K_0^0——支座弯矩系数,按本规范附录 E 采用。

6.0.6 墙(板)的支承反力应按下列规定计算:

1 双向墙(板)应按下列公式计算:

1)四边支承和三边支承墙(板)

$$V_{i-j} = K_{V_{i-j}} \frac{M_x}{l_x} \tag{6.0.6-1}$$

2)带角点支承的两邻边支承墙(板)应按下列公式计算:

y 向:
$$V_{i-j} = K_{V_{i-j}} \frac{M_y}{l_y} \tag{6.0.6-2}$$

x 向:
$$V_{i-j} = K_{V_{i-j}} \frac{M_x}{l_x} \tag{6.0.6-3}$$

角点支承:$V_4 = 3 K_{V_4} M_x$ (6.0.6-4)

式中:V_{i-j}——墙(板)$i-j$ 边支承反力(N/m);

V_4——墙(板)角点支承反力(N);

$K_{V_{i-j}}$——$i-j$ 边支承反力系数,按本规范附录 E 采用;

K_{V_4}——角点支承反力系数,按本规范附录 E 采用;

M_x——墙(板)x 向的跨中弯矩(N·m/m);

M_y——墙(板)y 向的跨中弯矩(N·m/m);

l_x——墙(板)x 向的边长(净跨度)(m);

l_y——墙(板)y 向的边长(净跨度)(m)。

2 单向墙(板)应按下式计算:

$$V_{i-j} = K_{V_{i-j}} \frac{M_0}{l} \tag{6.0.6-5}$$

式中:V_{i-j}——墙(板)$i-j$ 边支承反力(N/m);

M_0——墙(板)跨中弯矩(N·m/m);

l——墙(板)跨度(m);

$K_{V_{i-j}}$——$i-j$ 边支承反力系数,按本规范附录 E 采用。

6.0.7 泄爆面墙下的基础梁的拉力应按边墙底边总反力的 1/4 计算。承受静荷载的弯矩可按下式计算:

$$M_c = \frac{1}{12} q l^2 \tag{6.0.7}$$

式中:M_c——基础梁在静荷载作用下的弯矩(N·m);

q——作用于基础梁上的静荷载(包括槛墙、轻型窗等)(N/m);

l——基础梁计算长度,取梁净跨度乘以 1.05 的系数(m)。

6.0.8 当在两边墙条形基础间按本规范第 8.0.14 条设置基础拉梁时,泄爆面墙下的基础梁的拉力应为边墙底边单位长度反力乘以梁的间距的 1/2。

6.0.9 设置在两边墙条形基础顶部的基础拉梁仅考虑承受边墙反力作用产生的拉力时,基础拉梁的拉力可按边墙底边单位长度的反力的较大值乘以拉梁的间距取值。

6.0.10 设置在条形基础顶面的底板,应采用与抗爆间室墙(板)相同方法设计。当场地地基承载力特征值大于 300kPa 时,底板计算时可不考虑爆炸荷载产生的受弯作用。

7 截面设计计算

7.0.1 抗爆间室墙(板)截面设计计算可按单筋截面计算,并应采用对称双筋截面配筋。按双筋截面进行受弯截面验算时,计算受压钢筋面积不宜大于受拉钢筋面积的 70%。

7.0.2 对于单独设置的抗爆间室,应按墙(板)所受的弯矩和支承邻墙(板)的支座拉力共同作用,分别计算受弯和受拉钢筋量。

对于两个及以上连排抗爆间室,顶板及中墙应按受弯构件计算;边墙应按墙所受弯矩和支承邻墙(板)的支座拉力共同作用,分别计算受弯和受拉钢筋量。

轻质易碎屋盖抗爆间室檐口梁,可按中心受拉构件计算。

基础梁和基础拉梁按静荷受弯和动荷受拉同时作用,应分别计算所需钢筋量,并按计算钢筋量之和配置。

墙面多于两面且基础埋置深度不小于墙高 1/3 的抗爆间室,其基础截面计算可不考虑爆炸荷载引起的弯矩,可仅按静载作用的中心受压计算。

7.0.3 当抗爆屏院不设置条形基础或条形基础埋置深度小于 0.8m 时,墙计算时可不考虑基础对墙的支承作用;抗爆屏院墙(板)计算时应同时计算受弯和受拉作用。

7.0.4 抗爆屏院墙(板)交接处的边柱、梁,可不考虑爆炸荷载作用,按构造要求配置钢筋。

7.0.5 抗爆间室及抗爆屏院的墙(板)估算厚度,应符合下列规定:

1 墙(板)估算厚度可按下式计算:

$$h = 1.3 \times 10^5 \frac{K_0 n \Omega C i}{f} \tag{7.0.5}$$

式中：h——墙(板)估算厚度(m)；

C——设防等级系数，按本规范表6.0.5-1采用；

f——钢筋设计强度(N/mm²)；

K_0——构件跨中较大弯矩系数，对于双向墙(板)，按本规范附录E采用，取 x 向和 y 向的弯矩系数 K_x 和 αK_x 二者中之较大者，对于单向墙(板)，按本规范表E.0.4采用；

n——频率折减系数，按本规范第6.0.4条规定采用。

2 抗爆屏院各墙(板)厚度可统一取抗爆屏院中墙(板)的厚度。

3 当采用绑扎搭接接头时，纵向受拉钢筋搭接接头的搭接长度 l_{lk} 应按下式计算，且不应小于300mm：

$$l_{lk} = \zeta_l l_{ak} \qquad (8.0.3\text{-}2)$$

式中：ζ_l——纵向受拉钢筋搭接长度修正系数，本规范要求绑扎接头面积百分率不大于25%，取值1.2。

4 纵向受力钢筋连接接头的位置应设在受力较小处，并应互相错开，在任一搭接长度 l_{lk} 的区段内，有接头的受力钢筋截面面积不应超过总截面面积的百分率为：对于绑扎接头应为25%，对于对机械连接和焊接接头应为50%。

8.0.4 受弯构件及轴心受拉构件一侧的受拉钢筋的最小配筋百分率应按表8.0.4采用。

表8.0.4 受弯构件及轴心受拉构件一侧的
受拉钢筋的最小配筋百分率(%)

钢筋牌号	混凝土强度等级			
	C25	C30、C35	C40～C55	C60～C80
HRB500	0.25	0.25	0.25	0.30
HRB400	0.25	0.25	0.30	0.35
HRB335	0.25	0.30	0.35	0.40

8.0.5 抗爆间室结构构件受力钢筋直径不宜小于14mm，间距不宜大于200mm，最小净距不宜小于50mm。

8.0.6 墙(板)的受压区和受拉区的受力钢筋应用梅花形排列的S形拉结筋互相拉结。S形拉结筋直径及间距宜按表8.0.6的规定采用。

表8.0.6 S形拉结筋直径及间距

抗爆间室墙(板)厚度(mm)	≤300	≤500	>500
直径(mm)	8	8～10	≥10
间距(mm)		≤500×500	

8.0.7 抗爆间室结构构件的交接处，包括墙、屋面板、基础底板、檐口梁相互交接处，均应加腋，并应采用斜筋加强(图8.0.7)。加腋尺寸应按构件截面高度的1/3～1/4取用，且不应小于100mm；斜筋直径应按主筋最大直径的2/3选用，且不应小于12mm；斜筋间距不宜大于150mm。

8 构 造 要 求

8.0.1 抗爆间室的墙(板)应采用现浇钢筋混凝土墙(板)，当设计药量不小于1kg时，墙(板)厚不应小于250mm。当设计药量小于1kg时，墙(板)厚不应小于200mm。抗爆屏院墙(板)厚不应小于120mm。

8.0.2 抗爆间室结构构件受力钢筋的混凝土保护层厚度应符合下列要求：

1 抗爆间室结构构件受力钢筋混凝土保护层厚度不应小于钢筋的公称直径。

2 抗爆间室结构构件受力钢筋的混凝土保护层最小厚度 c，应符合表8.0.2的规定。

表8.0.2 混凝土保护层最小厚度 c(mm)

环境类别		墙(板)厚(mm) 200≤h≤300	h>300
一		20	20
二	a	20	25
	b	25	35
三	a	30	40
	b	40	50

注：1 混凝土强度等级不大于C25时，表中数值应增加5mm；
2 基础中钢筋的保护层厚度不应小于40mm，当无垫层时不应小于70mm。

8.0.3 抗爆间室钢筋混凝土结构构件，其纵向受力钢筋的锚固和连接接头应符合下列要求：

1 纵向受拉钢筋的锚固长度 l_{ak} 应按下式计算：

$$l_{ak} = 1.15 l_a \qquad (8.0.3\text{-}1)$$

式中：l_a——受拉钢筋的锚固长度，应按现行国家标准《混凝土结构设计规范》GB 50010的有关规定采用(mm)。

2 抗爆间室结构构件纵向受力钢筋的连接宜采用机械连接和焊接。

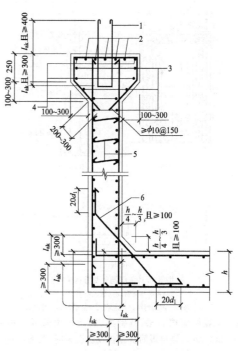

图8.0.7 墙(板)交接处和自由边缘加强构造
1—抗爆屏院拉结筋；2、3—附加垂直主筋；4—垂直主筋；5—S形拉结筋；6—斜筋；d_1—斜筋直径；l_a—锚固长度；h—墙厚(mm)

8.0.8 抗爆间室钢筋混凝土屋面板檐口处应采取加强措施，加厚部分宜设在板的上部(图8.0.8)。加强部位上下各附加不少于4根直径与同方向受力钢筋相同的加强钢筋。端部宜设置直径不小于14mm，间距不大于200的附加构造钢筋，并应采用直径不小于10mm，间距不大于150的附加箍筋将加强部位钢筋箍住。

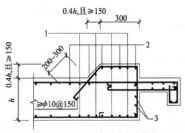

图 8.0.8 屋面板檐口处加强构造

1—附加加强钢筋;2—板内主筋;3—附加构造钢筋;h—墙厚(mm)

8.0.9 抗爆间室墙(板)不宜设置孔洞。生产上必需的门洞及洞孔应控制洞孔尺寸,并应设置在对结构受力和对操作人员危害小的部位。

8.0.10 抗爆间室墙(板)上开门洞处应采取加强措施,加强措施应符合下列规定:

1 门洞四角墙内外两侧应各设置 4 根直径与墙内最大受力钢筋直径相同的斜向加强钢筋,并应与洞边成 45°夹角放置,长度应为直径的 80 倍,间距应为 100mm(图 8.0.10)。当门洞紧靠墙边时,紧靠墙一侧的斜向加强钢筋可不设置。

2 被门洞切断的垂直钢筋量应补足,并应平均配置于门洞两边,且每边内外侧应各不少于 4 根直径与墙内同方向受力钢筋相同的钢筋(图 8.0.10)。当门洞紧靠墙边时,应将被切断的垂直钢筋量全部配置在门洞的另一侧。

3 被门洞切断的水平钢筋量应平均配置在门洞上下两端。当门洞底紧靠基础顶面或基础底板时,门洞下端的加强钢筋可不配置(图 8.0.10)。

4 门洞四周的加强钢筋伸入支座的长度应满足锚固长度的要求。

5 当设计药量 Q 的爆心与门洞所在的墙面的垂直距离 $R_a < 0.45Q^{\frac{1}{3}}$ 时,应采取加厚门洞周边的加固措施。其他情况下,宜采取加厚门洞的加强措施(图 8.0.10)。

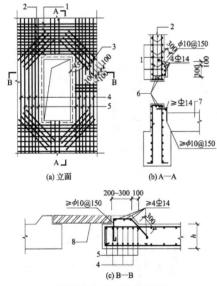

图 8.0.10 门洞处加强构造

1—水平主筋;2—水平补筋;3—附加斜筋;4—垂直补强筋;
5—垂直主筋;6—附加钢筋;7—底板;8—抗爆门;h—墙厚(mm)

8.0.11 抗爆间室檐口梁、基础梁、基础拉梁的截面不应小于 300mm×300mm。当抗爆间室需要设置底板时,其底板的厚度不应小于 250mm。

8.0.12 抗爆间室与抗爆屏院墙连接的 U 形拉结筋应按计算确定,但直径不应小于 8mm,其间距不应大于 150mm(见图 8.0.7)。

8.0.13 当抗爆间室屋盖为轻质易碎屋盖时,墙顶应设置钢筋混凝土女儿墙。女儿墙高度不应小于 500mm,厚度不应小于 150mm。女儿墙配置的钢筋直径不宜小于 12mm,钢筋间距不宜大于 150mm。

8.0.14 抗爆间室基础按不考虑爆炸荷载作用设计时,应符合下列规定:

1 当 20kg<Q≤50kg 且爆心与计算墙面的垂直距离 R_a≥0.45$Q^{\frac{1}{3}}$ 及 Q≤20kg 时,条形基础的设置深度应为墙高度的 1/3,且不应小于 1.2m。基础宽度不应小于墙厚度加 250mm,且在顶面以下 500mm 范围内不应小于墙厚度的 2 倍,并应在此范围内每侧配 5 根与墙内水平向主筋直径相同的钢筋加强。

2 当 20kg<Q≤50kg 且 R_a<0.45$Q^{\frac{1}{3}}$ 时,除应满足本条第 1款的要求外,边墙条形基础顶面应设置垂直于边墙条形基础的基础拉梁,基础拉梁的间距不应大于 1.5m。

3 当 50kg<Q≤100kg 时,抗爆间室应设置底板,墙体延伸至基础底板下不应小于 500mm,且配筋应同上部墙体(图 8.0.14)。

4 当墙高是由于设备高度要求而不是由设计药量所确定时,基础埋置深度可由与设计药量相适应的墙高确定。

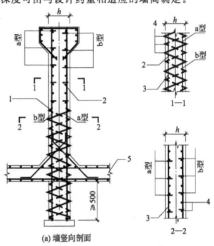

(a) 墙竖向剖面

图 8.0.14 抗爆间室墙(板)斜拉结筋位置和构造

1—垂直向斜拉结筋;2—水平向斜拉结筋;3—水平主筋;
4—垂直主筋;5—底板;h—墙厚(mm)

8.0.15 对于 $R_a < 0.45Q^{\frac{1}{3}}$ 的墙(板)宜设置波浪形斜拉结筋。波浪形斜拉结筋的设置应符合下列规定:

1 斜拉结筋的直径不应小于 10mm,间距不大于墙两侧受力钢筋间距离的 0.75 倍。

2 在同一配筋平面中斜拉结筋的斜拉部分与受弯钢筋所成夹角 α 不应小于 45°。

3 斜拉结筋配置范围及方式应符合下列要求(图 8.0.15):

1)斜拉结筋配置应垂直于支座。

2)两边支承单向受弯构件的斜拉结筋应在全跨度范围内连续配置。

3)悬臂构件在垂直并靠近于支座处,配置斜拉结筋,在自由边附近,构件全宽度范围内配置平行于支座边的通长的斜拉结筋。

4)双向受弯构件在两个方向均应配置斜拉结筋,在长跨方向配置通长的斜拉结筋,在短跨方向靠近支座边配置垂直于支座的斜拉结筋。

4 斜拉结筋当采用绑扎接头时,搭接长度不应小于绕过三根受弯钢筋的弯曲段的长度。

5 同一连接区段内的斜拉结筋的搭接截面面积百分率不宜大于 50%。

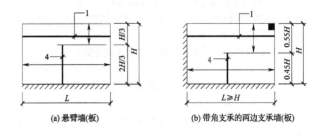

(a) 悬臂墙(板)　　　(b) 带角支承的两边支承墙(板)

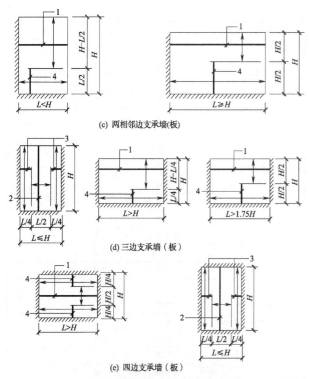

图 8.0.15 抗爆间室墙(板)拉结筋配置位置示意
1—水平向通长斜拉结筋；2—垂直向通长斜拉结筋；
3—水平向非通长斜拉结筋；4—垂直向非通长斜拉结筋

8.0.16 对于 $R_a < 0.45Q^{\frac{1}{3}}$ 的墙(板)，受条件限制施工配置波浪形斜拉结筋难以实现时，在 $Q \leqslant 50\text{kg}$ 的情况下，可采用 S 形拉结筋，但应采取下列加强措施：

1 在全墙范围内纵横受弯钢筋的交点上均应设置 S 形拉结筋，S 形拉结筋直径不应小于 10mm。

2 以爆心在墙面上的垂直投影点为中心，在受弯钢筋外侧应设置钢筋网，钢筋网直径可为受弯主筋直径的 1/2，间距应为 100mm，钢筋网的长度和宽度均应为墙较长方向跨度的 1/2，且不宜小于 2m。

8.0.17 抗爆间室及抗爆屏院宜连续浇筑，不宜设置施工缝。当施工困难必须设置施工缝时，施工缝应设在基础顶面或屋面板下 500mm 处，并应以不少于受弯主筋截面积 1/2 的钢筋加强。

8.0.18 抗爆屏院墙交接处及上下边应设置边框柱、边框梁。当抗爆屏院墙长度或高度大于 6m 时，宜在墙长度或高度中部增加一道边框柱或边框梁。边框柱及边框梁截面尺寸及最小配筋应符合表 8.0.18 的要求。

表 8.0.18 抗爆屏院墙边框柱、边框梁截面尺寸及最小配筋

设计药量(kg)	截面尺寸	全截面主筋	箍筋
$Q \leqslant 10$	300×300	8⚡16	⏀8@150
$10 < Q \leqslant 20$	350×350	8⚡18	⏀8@150
$20 < Q \leqslant 50$	400×400	12⚡18	⏀10@150
$Q > 50$	450×450	12⚡20	⏀10@100

9 抗爆门等效静荷载简化计算

9.0.1 抗爆门设计应能防止抗爆间室爆炸产生的空气冲击波、火焰的泄出及破片的穿透。

9.0.2 抗爆间室爆炸空气冲击波作用在抗爆门上的平均冲量，可按下列公式计算：

1 当 $R \geqslant 20r_0$ 时：

$$i_m = k_m \frac{Q^{\frac{2}{3}}}{R}(1+\cos\alpha) \quad (9.0.2\text{-}1)$$

2 当 $R < 20r_0$ 时：

$$i_m = k_m \frac{Q}{R^2}(1+\cos\alpha) \quad (9.0.2\text{-}2)$$

式中：k_m——系数，对于钢筋混凝土屋盖间室取 1.0×10^{-3}，对于轻质易碎屋盖间室取 0.6×10^{-3}；

R——爆心至门面中心的距离(m)；

α——爆心与门面中心的连线和爆心与门所在墙面的垂直线的夹角。

9.0.3 空气冲击波正压作用于抗爆门面上的等效时间，可按下式计算：

$$t = \frac{k_t}{1000}Q^{\frac{1}{6}}R^{\frac{1}{2}} \quad (9.0.3)$$

式中：t——空气冲击波正压作用于抗爆门面上的等效时间(s)；

k_t——系数，对于钢筋混凝土屋盖间室取 2.7，对于轻质易碎屋盖间室取 1.8。

9.0.4 在空气冲击波作用下，对抗爆门产生的等效静载可按下列公式计算：

1 当 $t \leqslant T/2$ 时：

$$q = i_m\omega\varepsilon \quad (9.0.3\text{-}1)$$

$$\varepsilon = \frac{\sin\frac{\omega t}{2}}{\frac{\omega t}{2}} \quad (9.0.3\text{-}2)$$

2 当 $t > T/2$ 时：

$$q = \frac{2i_m}{t} \quad (9.0.3\text{-}3)$$

式中：q——等效静载(N/mm^2)；

ω——门的自振圆频率(1/s)；

T——门的自振周期(s)，取 $2\pi/\omega$；

ε——系数。

附录 A　各类抗爆间室的设防等级

A.0.1　炮弹厂抗爆间室设防等级，可按表 A.0.1 查取。

表 A.0.1　炮弹厂抗爆间室设防等级

生产方式或产品种类	间室名称	设防等级	备注
直接压装法	—	一级	不分何种产品
分装压药柱法	压各种药柱	一级	—
	工程药块钻孔	二级	—
立式螺旋装药法	装药	二级	—
	钻孔	二级	—
	锯药柱	二级	—
卧式螺旋装药法	装药	二级	—
	钻孔	二级	—
	锯药柱	二级	—
热塑态螺旋装药法	混药	二级	—
	装压药	三级	钝感炸药
点燃剂(引燃剂)信号剂制造	混药	二级	手工操作时,可不设防
	筛选	二级	—
	干燥(烘干)	二级	—
曳光剂、照明剂制造	混药	二级	手工操作时,可不设防
	造粒	二级	手工操作时,可不设防
	过筛	二级	手工操作时,可不设防
	烘干	三级	手工操作时,可不设防
	倒药	二级	手工操作时,可不设防
曳光管制造(包括曳光弹头)	滚光	三级	—
	筛选	三级	—

续表 A.0.1

生产方式或产品种类	间室名称	设防等级	备注
信号弹制造	星体压药	三级	—
	滚光	三级	—
	筛选	三级	—
炮弹照明炬	压药	二级	—
航弹照明炬	装拆	二级	—
老四○火箭弹	药柱铣平底	二级	—
新老四○火箭弹总装	装引信	三级	—
大、中口径炮弹丸装配	装弹底引信	三级	—
各种炮弹装配	火工品暂存	三级	布置在建筑物端部或凸出部分
	药柱暂存	不设防	布置在建筑物端部或凸出部分
	引信暂存	不设防	布置在建筑物端部或凸出部分
	发射药暂存	不设防	布置在建筑物端部或凸出部分

注：1　分装压药柱法压药柱,生产自动化程度较高时,采用自动控制容积称量,可降低设防等级;
　　2　只生产 TNT 药柱(药块)时,可定为二级;
　　3　对于爆炸事故虽多,但殉爆的可能性小的药柱生产,可定为二级。

A.0.2　火工品厂和引信厂抗爆间室设防等级,可按表 A.0.2 查取。

表 A.0.2　火工品厂和引信厂抗爆间室设防等级

生产方式或产品种类	间室名称	设防等级	备注
雷汞干燥	暂存	三级	—
	抽滤	二级	—
	分盘预烘	二级	—
	烘干	二级	—

续表 A.0.2

生产方式或产品种类	间室名称	设防等级	备注
雷汞干燥	晾药	二级	—
	倒药筛选	二级	—
	运药	三级	—
	废品销毁	二级	—
二硝基重氮酚(DDNP)干燥	暂存	三级	—
	抽滤	二级	—
	分盘预烘	二级	—
	烘干	二级	—
	晾药	二级	—
	倒药	二级	—
	运药	三级	—
	废品销毁	二级	—
斯蒂酚酸铅(包括氮化铅)制造	化合操作	二级	—
	造粒	二级	—
	抽滤	二级	—
	分盘预烘	二级	—
	晾药	二级	—
	倒药	二级	—
	运药	三级	—
	废品销毁	二级	—
击发药(包括针刺药)制造	雷汞运输	三级	—
	雷示称量	二级	—
	混药	一级	—
	成品运输	三级	—
发火药、点火药、传火药制造	混药	二级	—
	筛选	二级	—

续表 A.0.2

生产方式或产品种类	间室名称	设防等级	备注
各种雷管制造	运炸药	三级	—
	装炸药	二级	—
	压炸药	二级	—
	运起爆药	三级	—
	压装起爆药	一级	—
	压合	一级	—
	清擦内径	二级	—
	结合缝涂漆	三级	—
	退模	二级	—
	加强帽装起爆药	一级	—
	加强帽压起爆药	一级	—
	压合装	二级	—
	转退	一级	—
	滚光	二级	—
	筛选	二级	—
火帽(包括枪弹底火)制造	击发药运药	三级	—
	装药	一级	—
	暂存	三级	—
	滚光	二级	—
	筛选	二级	—
导爆索	织制	二级	—
引信	压药柱	一级	—
	传爆管压药	一级	—
	药饼烘干	三级	—
引信装配	火帽、雷管暂存	三级	布置在建筑物的端部或凸出部分
	药柱暂存	不设防	布置在建筑物的端部或凸出部分

A.0.3 火药厂抗爆间室设防等级,可按表 A.0.3 查取。

表 A.0.3 火药厂抗爆间室设防等级

生产方式或产品种类	间室名称	设防等级
无烟药	压伸	二级
	硝化甘油	二级

$$n_L = \frac{L}{R_d} \qquad (B.0.2\text{-}4)$$

$$\lambda = \frac{H}{L} \qquad (B.0.2\text{-}5)$$

式中:H——抗爆间室高度(m);

L——抗爆间室宽度(m);

R_0——实际爆心与抗爆间室中墙的距离(m);

h_x——抗爆屏院排泄带高度(m);

R_d——计算能效系数用的等效爆心 O 与抗爆屏院中墙面的垂直距离(m)。

2)当抗爆间室屋盖和一面墙均为泄爆面时(图 B.0.2-1),边墙能效系数 η_p 可按下列公式计算:

$$\eta_p = \frac{16 \sqrt{1+4\lambda^2}}{A_1 + B_1} \left(\frac{90°}{90° + \arctan\frac{R_0}{H}} \right)^2 \qquad (B.0.2\text{-}6)$$

$$A_1 = 2 + n_{L1} \sqrt{1+4\lambda^2} \qquad (B.0.2\text{-}7)$$

$$B_1 = 2 \sqrt{1+4\lambda^2} \left(\frac{2}{L} + \frac{1}{R_p} \right) h_x \qquad (B.0.2\text{-}8)$$

$$R_p = \frac{1}{2} \sqrt{(2R_d - S_2)^2 + L^2 + (H+h_x)^2} \qquad (B.0.2\text{-}9)$$

$$n_{L_1} = \frac{L}{R_p} \qquad (B.0.2\text{-}10)$$

式中:R_p——等效爆心 O 与抗爆屏院边墙面中心 P 的距离(m);

S_2——抗爆屏院进深(m)。

3)当抗爆间室屋盖为非泄爆面而一面墙为泄爆面时(图 B.0.2-2),中墙的能效系数 η_p 可按下式计算:

$$\eta_p = \frac{16 \sqrt{1+4\lambda^2}}{A+B} \cdot \frac{90°}{\arctan\frac{H}{S_1}} \qquad (B.0.2\text{-}11)$$

式中:S_1——抗爆间室进深(m)。

4)当抗爆间室屋盖为非泄爆面而一面墙为泄爆面时(图 B.0.2-2),边墙能效系数 η_p 可按下式计算:

$$\eta_p = \frac{16 \sqrt{1+4\lambda^2}}{A_1 + B_1} \cdot \frac{90°}{\arctan\frac{H}{S_1}} \qquad (B.0.2\text{-}12)$$

2 墙底部无泄爆带的抗爆屏院应按下列规定计算。

1)当抗爆间室屋盖和一面墙为泄爆面时(图 B.0.2-1),中墙的能效系数 η_p 可按下式计算:

$$\eta_p = \frac{16 \sqrt{1+4\lambda^2}}{A} \left(\frac{90°}{90° + \arctan\frac{R_0}{H}} \right)^2 \qquad (B.0.2\text{-}13)$$

2)当抗爆间室屋盖和一面墙均为泄爆面时(图 B.0.2-1),边墙能效系数 η_p 可按下式计算:

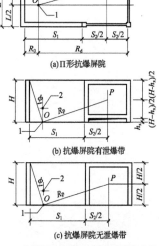

(a)Ⅱ形抗爆屏院

(b)抗爆屏院有泄爆带

(c)抗爆屏院无泄爆带

图 B.0.2-1 抗爆间室屋盖及一面墙泄爆等效爆心位置

1—等效爆心;2—实际爆心

附录 B　间室泄出的空气冲击波对抗爆屏院墙冲量的能效系数 η_p 的计算方法

B.0.1 本附录适用于具有一个及二个泄爆面的抗爆间室外的三面用墙组成下列四种形式的抗爆屏院:底部有泄爆带Ⅱ形抗爆屏院、无泄爆带Ⅱ形抗爆屏院、底部有泄爆带Γ形抗爆屏院及无泄爆带Γ形抗爆屏院(图 B.0.1)。

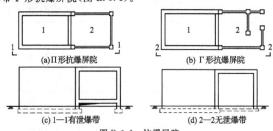

(a)Ⅱ形抗爆屏院　　　(b)Γ形抗爆屏院

(c)1—1有泄爆带　　　(d)2—2无泄爆带

图 B.0.1 抗爆屏院

1—抗爆间室;2—抗爆屏院

B.0.2 Ⅱ形抗爆屏院墙面承受抗内间室泄出的空气冲击波冲量作用的能效系数 η_p 应符合下列规定:

1 墙底部有高度为 h_x 的排泄带的抗爆屏院应符合下列规定:

1)当抗爆间室屋盖和一面墙均为泄爆面时(图 B.0.2-1),中墙的能效系数 η_p 可按下列公式计算:

$$\eta_p = \frac{16 \sqrt{1+4\lambda^2}}{A+B} \left(\frac{90°}{90° + \arctan\frac{R_0}{H}} \right)^2 \qquad (B.0.2\text{-}1)$$

$$A = 2 + n_L \sqrt{1+4\lambda^2} \qquad (B.0.2\text{-}2)$$

$$B = 2 \sqrt{1+4\lambda^2} \left(\frac{2}{L} + \frac{1}{R_d} \right) h_x \qquad (B.0.2\text{-}3)$$

$$\eta_p = \frac{16 \sqrt{1+4\lambda^2}}{A_1} \left(\frac{90°}{90° + \arctan\dfrac{R_0}{H}} \right)^2 \tag{B.0.2-14}$$

3) 当抗爆间室屋盖为非泄爆面而一面墙为泄爆面时(图 B.0.2-2),中墙的能效系数 η_p 可按下式计算:

$$\eta_p = \frac{16 \sqrt{1+4\lambda^2}}{A} \cdot \frac{90°}{\arctan\dfrac{H}{S_1}} \tag{B.0.2-15}$$

4) 当抗爆间室屋盖为非泄爆面而一面墙为泄爆面时(图 B.0.2-2),边墙能效系数 η_p 按下式计算:

$$\eta_p = \frac{16 \sqrt{1+4\lambda^2}}{A_1} \cdot \frac{90°}{\arctan\dfrac{H}{S_1}} \tag{B.0.2-16}$$

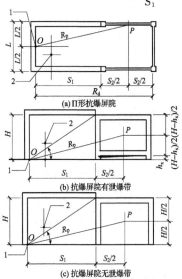

(a)Π形抗爆屏院

(b)抗爆屏院有泄爆带

(c)抗爆屏院无泄爆带

图 B.0.2-2　抗爆间室一面墙泄爆等效爆心位置

1—等效爆心;2—实际爆心

B.0.3 Γ形抗爆屏院墙面承受抗爆间室泄出空气冲击波冲量作用的能效系数 η_p,可按 Π 形抗爆屏院墙面相应的能效系数乘以 0.6 取用。

附录 C　矩形薄板自振圆频率系数 Ω 值

C.0.1 四边支承薄板自振圆频率系数 Ω,可按表 C.0.1 查取。

表 C.0.1　四边支承薄板自振圆频率系数 Ω

板的边界条件	四边固定	三边固定一边简支	两相邻边固定两相邻边简支
简图	l_y / l_x	l_y / l_x	l_y / l_x
l_x/l_y	Ω		
0.50	24.66	24.22	17.86
0.60	25.98	25.17	19.09
0.70	27.75	26.39	20.61
0.80	30.00	27.92	22.47
0.90	32.79	29.77	24.67
1.00	36.13	31.97	27.22
1.10	40.02	34.52	30.12
1.20	44.46	37.44	33.36
1.30	49.44	40.73	36.95
1.40	54.95	44.38	40.89
1.50	60.99	48.39	45.16
1.60	67.53	52.77	49.76
1.70	74.57	57.50	54.70
1.80	82.11	62.57	60.00
1.90	90.13	67.99	65.55
2.00	98.63	73.75	71.46

续表 C.0.1

板的边界条件	两对边简支两对边固定	三边简支一边固定	四边简支
简图	l_y / l_x	l_y / l_x	l_y / l_x
l_x/l_y	Ω		
0.50	23.83	13.00	12.34
0.60	24.51	14.49	13.42
0.70	25.36	16.30	14.71
0.80	26.38	18.44	16.19
0.90	27.59	20.91	17.86
1.00	29.00	23.71	19.74
1.10	30.61	26.83	21.81
1.20	32.44	30.10	24.08
1.30	34.48	34.06	26.55
1.40	36.75	38.15	29.22
1.50	39.23	42.56	32.08
1.60	41.95	47.29	35.14
1.70	44.88	52.33	38.39
1.80	48.04	57.69	41.85
1.90	51.42	63.36	45.50
2.00	55.02	69.34	49.35

C.0.2 三边支承薄板自振圆频率系数 Ω，可按表 C.0.2 查取。

表 C.0.2　三边支承薄板自振圆频率系数 Ω

板的边界条件	三边固定	两相邻边固定一边简支	两对边固定一边简支
简图	l_y l_x	l_y l_x	l_y l_x
l_x/l_y		Ω	
0.50	22.90	16.14	22.72
0.60	23.14	16.45	22.87
0.70	23.43	16.83	23.04
0.80	23.76	17.26	23.24
0.90	24.15	17.77	23.47
1.00	24.60	18.34	23.72
1.10	25.10	18.98	23.99
1.20	25.67	19.69	24.28
1.30	26.30	20.46	24.60
1.40	26.99	21.31	24.93
1.50	27.58	22.23	25.29
1.60	28.59	23.22	25.66
1.70	29.50	24.29	26.06
1.80	30.48	25.43	26.47
1.90	31.54	26.64	26.89
2.00	32.68	27.93	27.34

续表 C.0.2

板的边界条件	两相邻边简支一边固定	两对边简支一边固定	三边简支
简图	l_y l_x	l_y l_x	l_y l_x
l_x/l_y		Ω	
0.50	15.89	10.80	10.48
0.60	16.09	11.20	10.73
0.70	16.32	11.68	11.03
0.80	16.58	12.23	11.36
0.90	16.87	12.85	11.72
1.00	17.20	13.54	12.12
1.10	17.54	14.31	12.54
1.20	17.92	15.14	12.98
1.30	18.32	16.04	13.45
1.40	18.74	17.01	13.94
1.50	19.18	18.05	14.44
1.60	19.64	19.16	14.96
1.70	20.11	20.34	15.50
1.80	20.61	21.58	16.04
1.90	21.12	22.90	16.60
2.00	21.65	24.29	17.17

C.0.3 两相邻边支承及带角点支承的薄板自振圆频率系数 Ω，可按表 C.0.3 查取。

表 C.0.3　两相邻边支承及带角点支承的薄板自振圆频率系数 Ω

板的边界条件	两相邻边固定	两相邻边简支	一边固定一边简支
简图	l_y l_x	l_y l_x	l_y l_x
l_x/l_y		Ω	
0.50	4.70	1.94	2.56
0.60	5.19	2.32	3.15
0.70	5.74	2.71	3.78
0.80	6.36	3.10	4.46
0.90	7.05	3.48	5.18
1.00	7.79	3.87	5.96
1.10	8.60	4.26	6.79
1.20	9.47	4.64	7.67
1.30	10.42	5.03	8.62
1.40	11.42	5.42	9.63
1.50	12.49	5.81	10.70
1.60	13.62	6.19	11.83
1.70	14.82	6.58	13.03
1.80	16.08	7.00	14.30
1.90	17.41	7.35	15.63
2.00	18.81	7.74	17.02

续表 C.0.3

板的边界条件	两相邻边固定带角点支承	一边固定一边简支带角点支承	两相邻边简支带角点支承
简图	l_y l_x	l_y l_x	l_y l_x
l_x/l_y		Ω	
0.50	6.84	5.87	4.20
0.60	8.39	6.99	5.32
0.70	10.13	8.38	6.47
0.80	11.95	9.87	7.64
0.90	13.74	11.44	8.76
1.00	15.35	12.26	9.77
1.10	16.80	13.52	10.71
1.20	18.08	14.67	11.55
1.30	19.26	15.70	12.32
1.40	20.37	16.62	13.03
1.50	21.46	17.45	13.70
1.60	22.56	18.20	14.35
1.70	23.67	18.89	14.98
1.80	24.80	19.55	15.61
1.90	26.03	20.17	16.22
2.00	27.36	20.76	16.81

C.0.4 单向悬臂和两对边支承薄板自振圆频率系数 Ω，可按表 C.0.4 查取。

表 C.0.4 单向悬臂和两对边支承薄板自振圆频率系数 Ω

支承情况	悬臂	两对边简支	两对边一边固定一边简支	两对边固定
简图				
Ω	3.52	9.87	15.42	22.37

附录 D 系数 k、能效系数 η 及角度和距离影响系数 k_α 的计算方法

D.0.1 系数 k、能效系数 η 及角度和距离影响系数 k_α 计算，可按表 D.0.1-1～表 D.0.1-3 方法计算。

表 D.0.1-1 系数 k、能效系数 η 及角度和距离影响系数 k_α 计算

相邻面数		相邻面和 A 点在计算墙（板）面上位置	Z_1、Z_2、Z_3、k_α 计算
N	型式		Z_1、k_α
$N=1$	1		$\alpha_{11}=\dfrac{L-l}{H-h},\beta_{11}=\dfrac{L-l}{R_\alpha}$ $\alpha_{12}=\dfrac{L-l}{h},\beta_{12}=\beta_{11}$ $\alpha_{13}=\dfrac{l}{h},\beta_{13}=\dfrac{L}{R_\alpha}$ $\alpha_{14}=\dfrac{l}{H-h},\beta_{14}=\beta_{13}$ 根据 α、β 值查表 D.0.2 和表 D.0.4 得相应的 $Z_{11}\sim Z_{14}$ 及 $k_{\alpha1}\sim k_{\alpha4}$ $Z_1=Z_{11}+Z_{12}+Z_{13}+Z_{14}$；$k_\alpha=k_{\alpha1}+k_{\alpha2}+k_{\alpha3}+k_{\alpha4}$
$N=1$	2		Z_1 和 k_α 计算均同型式 1
$N=2$	3		Z_1 和 k_α 计算均同型式 1
$N=3$	4		$\alpha_{11}=\dfrac{L}{2(H-h)},\beta_{11}=\dfrac{L}{2R_\alpha}$ $\alpha_{12}=\dfrac{L}{2h},\beta_{12}=\beta_{11}$ 根据 α、β 值，查表 D.0.2 和表 D.0.4 得相应的 Z_{11}、Z_{12} 和 $k_{\alpha1}\sim k_{\alpha2}$ $Z_1=2(Z_{11}+Z_{12})$ $k_\alpha=2(k_{\alpha1}+k_{\alpha2})$

续表 D.0.1-1

相邻面数		相邻面和 A 点在计算墙（板）面上位置	Z_1、Z_2、Z_3、k_a 计算
N	型式		Z_1、k_a
$N=3$	5		$\alpha_{11}=\dfrac{2(L-l)}{H}$，$\beta_{11}=\dfrac{L-l}{R_a}$ $\qquad$ $\alpha_{12}=\dfrac{2l}{H}$，$\beta_{12}=\dfrac{l}{R_a}$ $\left.\right\}$ 根据 α、β 值，查表 D.0.2 和表 D.0.4 得相应的 Z_{11}、Z_{12} 和 $k_{a1}\sim k_{a2}$ $\quad$ $Z_1=2(Z_{11}+Z_{12})$ $\quad$ $k_a=2(k_{a1}+k_{a2})$
$N=4$	6		$\alpha_{11}=\dfrac{L}{H}$，$\beta_{11}=\dfrac{L}{2R_a}$，根据 α、β 值，查表 D.0.2 和表 D.0.4 得相应的 Z_{11} 和 k_{a1} $\quad$ $Z_1=4Z_{11}$ $\quad$ $k_a=4k_{a1}$

表 D.0.1-2　系数 k、能效系数 η 及角度和距离影响系数 k_a 计算

相邻面数		Z_1、Z_2、Z_3、k_a 计算	
N	型式	Z_2	Z_3
$N=1$	1	$\alpha_{21}=\dfrac{L-l}{H-h}$，$\beta_{21}=\dfrac{L-l}{R_a}$ $\quad$ $\alpha_{22}=\dfrac{L-l}{h}$，$\beta_{22}=\beta_{21}$ $\quad$ $\alpha_{23}=\dfrac{L+l}{h}$，$\beta_{23}=\dfrac{L+l}{R_a}$ $\quad$ $\alpha_{24}=\dfrac{L+l}{H-h}$，$\beta_{24}=\beta_{23}$ $\left.\right\}$ 根据 α、β 值查表 D.0.2 得相应的 $Z_{21}\sim Z_{24}$ $\quad$ $Z_2=Z_{21}+Z_{22}+Z_{23}+Z_{24}$	$\alpha_{31}=\alpha_{21}$，$\beta_{31}=\dfrac{L-l}{2S-R_a}$ $\quad$ $\alpha_{32}=\alpha_{22}$，$\beta_{32}=\beta_{31}$ $\quad$ $\alpha_{33}=\alpha_{23}$，$\beta_{33}=\dfrac{L+l}{2S-R_a}$ $\quad$ $\alpha_{34}=\alpha_{24}$，$\beta_{34}=\beta_{33}$ $\left.\right\}$ 根据 α、β 值查表 D.0.2 得相应的 $Z_{31}\sim Z_{34}$ $\quad$ $Z_3=Z_{31}+Z_{32}+Z_{33}+Z_{34}$
	2	$\alpha_{21}=\dfrac{L-l}{H-h}$，$\beta_{21}=\dfrac{L-l}{R_a}$ $\quad$ $\alpha_{22}=\dfrac{L-l}{H+h}$，$\beta_{22}=\beta_{21}$ $\quad$ $\alpha_{23}=\dfrac{l}{H+h}$，$\beta_{23}=\dfrac{l}{R_a}$ $\quad$ $\alpha_{24}=\dfrac{l}{H-h}$，$\beta_{24}=\beta_{23}$ $\left.\right\}$ 根据 α、β 值查表 D.0.2 得相应的 $Z_{21}\sim Z_{24}$ $\quad$ $Z_2=Z_{21}+Z_{22}+Z_{23}+Z_{24}$	$\alpha_{31}=\alpha_{21}$，$\beta_{31}=\dfrac{L-l}{2S-R_a}$ $\quad$ $\alpha_{32}=\alpha_{22}$，$\beta_{32}=\beta_{31}$ $\quad$ $\alpha_{33}=\alpha_{23}$，$\beta_{33}=\dfrac{l}{2S-R_a}$ $\quad$ $\alpha_{34}=\alpha_{24}$，$\beta_{34}=\beta_{33}$ $\left.\right\}$ 根据 α、β 值查表 D.0.2 得相应的 $Z_{31}\sim Z_{34}$ $\quad$ $Z_3=Z_{31}+Z_{32}+Z_{33}+Z_{34}$

续表 D.0.1-2

相邻面数		Z_1、Z_2、Z_3、k_a 计算	
N	型式	Z_2	Z_3
$N=2$	3	$\alpha_{21}=\dfrac{L-l}{H-h}$，$\beta_{21}=\dfrac{L-l}{R_a}$ $\quad$ $\alpha_{22}=\dfrac{L-l}{H+h}$，$\beta_{22}=\beta_{21}$ $\quad$ $\alpha_{23}=\dfrac{L+l}{H+h}$，$\beta_{23}=\dfrac{L+l}{R_a}$ $\quad$ $\alpha_{24}=\dfrac{L+l}{H-h}$，$\beta_{24}=\beta_{23}$ $\left.\right\}$ 根据 α、β 值查表 D.0.2 得相应的 $Z_{21}\sim Z_{24}$ $\quad$ $Z_2=Z_{21}+Z_{22}+Z_{23}+Z_{24}$	$\alpha_{31}=\alpha_{21}$，$\beta_{31}=\dfrac{L-l}{2S-R_a}$ $\quad$ $\alpha_{32}=\alpha_{22}$，$\beta_{32}=\beta_{31}$ $\quad$ $\alpha_{33}=\alpha_{23}$，$\beta_{33}=\dfrac{L+l}{2S-R_a}$ $\quad$ $\alpha_{34}=\alpha_{24}$，$\beta_{34}=\beta_{33}$ $\left.\right\}$ 根据 α、β 值查表 D.0.2 得相应的 $Z_{31}\sim Z_{34}$ $\quad$ $Z_3=Z_{31}+Z_{32}+Z_{33}+Z_{34}$
$N=3$	4	$\gamma_{21}=\dfrac{H-h}{R_a}$ $\quad$ $\gamma_{22}=\dfrac{H+h}{R_a}$ $\left.\right\}$ 根据 γ 值，查表 D.0.3 得相应的 Z_{21}、Z_{22} $\quad$ $Z_2=2(Z_{21}+Z_{22})$	$\gamma_{31}=\dfrac{H-h}{2S-R_a}$ $\quad$ $\gamma_{32}=\dfrac{H+h}{2S-R_a}$ $\left.\right\}$ 根据 γ 值，查表 D.0.3 得相应的 Z_{31}、Z_{32} $\quad$ $Z_3=2(Z_{31}+Z_{32})$
	5	$\gamma_{21}=\dfrac{L-l}{R_a}$ $\quad$ $\gamma_{22}=\dfrac{L+l}{R_a}$ $\left.\right\}$ 根据 γ 值，查表 D.0.3 得相应的 Z_{21}、Z_{22} $\quad$ $Z_2=2(Z_{21}+Z_{22})$	$\gamma_{31}=\dfrac{L-l}{2S-R_a}$ $\quad$ $\gamma_{32}=\dfrac{L+l}{2S-R_a}$ $\left.\right\}$ 根据 γ 值，查表 D.0.3 得相应的 Z_{31}、Z_{32} $\quad$ $Z_3=2(Z_{31}+Z_{32})$
$N=4$	6	$Z_2=\dfrac{1}{2}$	

表 D.0.1-3 系数 k、能效系数 η 及角度和距离影响系数 k。计算

相邻面数		k、η 计算		备 注
N	型式	相对面	k、η 计算式	
N=1	1	有	$k=25, \eta=\dfrac{Z_2+Z_3}{Z_1}$	
		无	$k=25, \eta=\dfrac{Z_2}{Z_1}$	表 D.0.1-1～表 D.0.1-3 中：
	2	有	$k=25, \eta=\dfrac{Z_2+Z_3}{Z_1}$	A 点——爆心在计算墙（板）面上的投影点； R_a——A 点与爆心间的距离(m)； l、h——A 点与相邻面的垂直距离(m)； S——计算墙（板）面与相对面间的垂直距离(m)； L——计算墙（板）面的长度(m)； H——计算墙（板）面的高（宽）度(m)； Q——设计药量(kg)
		无	$k=25, \eta=\dfrac{Z_2}{Z_1}$	
N=2	3	有	$k=42-5(l+h)^{\frac{1}{2}}Q^{-\frac{1}{6}}, \eta=\dfrac{Z_2+Z_3}{Z_1}$	
		无	$k=55-10(R_a+l+h)^{\frac{1}{2}}Q^{-\frac{1}{6}}, \eta=\dfrac{Z_2}{Z_1}$	

续表 D.0.1-3

相邻面数		k、η 计算		备 注
N	型式	相对面	k、η 计算式	
N=3	4	有	$k=42-5h^{\frac{1}{2}}Q^{-\frac{1}{6}}, \eta=\dfrac{Z_2+Z_3}{Z_1}$	
		无	$k=55-10(R_a+l+h)^{\frac{1}{2}}Q^{-\frac{1}{6}}, \eta=\dfrac{Z_2}{Z_1}$	
	5	有	$k=42-5l^{\frac{1}{2}}Q^{-\frac{1}{6}}, \eta=\dfrac{Z_2+Z_3}{Z_1}$	
		无	$k=55-10(R_a+l)^{\frac{1}{2}}Q^{-\frac{1}{6}}, \eta=\dfrac{Z_2}{Z_1}$	
N=4	6	有	—	
		无	$k=55-10R_a^{\frac{1}{2}}Q^{-\frac{1}{6}}, \eta=\dfrac{Z_2}{Z_1}$	

D.0.2 系数 Z_1、Z_2、Z_3 值，可根据 α 和 β 按表 D.0.2 查取。

表 D.0.2 系数 Z_1、Z_2、Z_3 值

α ＼ β	0.03	0.04	0.05	0.06	0.07	0.08	0.09	0.10	0.11	0.13	0.15	0.17	0.20	0.23	0.27	0.30
	$\times 10^{-5}$															
0.030	106	158	213	270	329	392	458	527	598	748	906	1070	1310	1560	1890	2130
0.035	101	156	212	271	333	397	463	532	604	754	910	1070	1320	1560	1890	2130
0.040	96.9	152	210	271	334	399	466	536	608	758	914	1070	1320	1560	1890	2130
0.045	92.3	147	206	268	332	399	467	537	610	760	916	1080	1320	1560	1890	2130
0.050	87.8	142	202	264	329	397	466	537	610	760	916	1080	1320	1560	1890	2120
0.060	79.7	132	191	254	320	389	459	532	605	757	913	1070	1320	1560	1880	2120
0.070	72.6	122	179	242	308	377	449	522	596	749	906	1070	1310	1550	1870	2110
0.080	66.6	113	168	229	295	364	435	509	584	738	895	1050	1300	1540	1860	2100
0.090	61.4	105	158	217	281	349	420	494	569	723	881	1040	1280	1530	1850	2090
0.100	57.0	98.3	148	205	268	335	405	478	552	706	865	1030	1270	1510	1830	2070
0.125	48.2	84.0	128	179	237	299	366	436	509	660	817	977	1220	1470	1790	2030
0.150	41.7	73.1	112	158	211	268	330	397	466	612	766	924	1170	1410	1730	1970
0.200	32.8	57.8	89.3	127	170	219	273	330	392	524	667	816	1050	1290	1610	1850
0.250	26.9	47.6	73.9	105	142	184	230	280	334	452	581	719	939	1170	1480	1720

续表 D.0.2

α \ β	0.03	0.04	0.05	0.06	0.07	0.08	0.09	0.10	0.11	0.13	0.15	0.17	0.20	0.23	0.27	0.30
							$\times 10^{-5}$									
0.300	22.8	40.4	62.8	89.9	122	157	197	241	289	394	511	637	841	1058	1360	1590
0.400	17.4	30.9	48.2	69.1	93.6	122	153	188	226	310	406	512	686	875	1145	1358
0.500	14.1	25.0	39.0	55.9	75.9	98.8	125	153	184	255	335	424	573	737	977	1168
0.600	11.8	20.9	32.7	46.9	63.7	83.0	105	129	155	215	284	360	489	633	845	1017
0.800	8.88	15.8	24.6	35.4	48.1	62.7	79.2	97.5	118	163	216	275	376	490	660	800
1.000	7.11	12.6	19.7	28.4	38.6	50.3	63.5	78.3	94.6	131	174	222	304	398	538	654
1.200	5.92	10.5	16.4	23.6	32.1	41.9	53.0	65.3	78.9	110	145	186	255	334	453	552
1.400	5.07	9.01	14.1	20.2	27.5	35.9	45.4	56.0	67.6	94.1	125	160	219	287	390	476
1.600	4.43	7.87	12.3	17.7	24.0	31.4	39.7	48.9	59.1	82.3	109	140	192	251	342	418
1.800	3.93	6.98	10.9	15.7	21.3	27.8	35.2	43.4	52.4	73.0	96.9	124	170	223	304	372
2.000	3.53	6.26	9.78	14.1	19.1	25.0	31.6	39.0	47.1	65.6	87.0	111	153	201	274	335
2.200	3.19	5.68	8.87	12.8	17.4	22.6	28.6	35.3	42.7	59.4	78.9	101	139	182	248	304
2.400	2.92	5.19	8.10	11.7	15.9	20.7	26.2	32.3	39.0	54.3	72.1	92.3	127	167	227	278
2.600	2.68	4.77	7.45	10.7	14.6	19.0	24.1	29.7	35.9	50.0	66.3	84.9	117	153	209	256
2.800	2.48	4.41	6.89	9.92	13.5	17.6	22.3	27.5	33.2	46.2	61.4	78.6	108	142	194	237

续表 D.0.2

α \ β	0.03	0.04	0.05	0.06	0.07	0.08	0.09	0.10	0.11	0.13	0.15	0.17	0.20	0.23	0.27	0.30
							$\times 10^{-6}$									
3.000	23.1	41.0	64.1	92.2	125	164	207	255	309	430	571	731	1005	1321	1802	2206
3.500	19.6	34.8	54.3	78.2	106	139	176	217	262	365	484	620	853	1121	1531	1874
4.000	16.9	30.1	47.0	67.7	92.1	120	152	187	227	316	419	537	739	971	1325	1623
4.500	14.9	26.5	41.3	59.5	80.9	106	134	165	199	277	368	472	649	853	1165	1428
5.000	13.2	23.5	36.8	52.9	71.9	93.9	119	146	177	247	328	420	578	759	1037	1270
5.500	11.9	21.1	33.0	47.5	64.6	84.4	107	132	159	222	294	377	519	682	932	1142
6.000	10.8	19.2	29.9	43.1	58.6	76.4	96.7	119	144	201	267	342	470	618	844	1035
6.500	9.83	17.5	27.3	39.3	53.4	69.7	88.2	109	132	183	243	312	429	564	771	944
7.000	9.03	16.0	25.1	36.1	49.1	64.0	81.0	99.9	121	168	223	286	394	518	708	867
7.500	8.33	14.8	23.1	33.3	45.3	59.1	74.7	92.2	111	155	206	264	364	478	653	800
8.000	7.73	13.7	21.5	30.9	42.0	54.8	69.3	85.5	103	144	191	245	337	443	606	742
8.500	7.20	12.8	20.0	28.8	39.1	51.0	64.6	79.6	96.2	134	178	228	314	413	564	691
9.000	6.73	12.0	18.7	26.9	36.6	47.7	60.3	74.4	90.0	125	166	213	294	386	527	646
9.500	6.31	11.2	17.5	25.2	34.3	44.8	56.6	69.8	84.4	118	156	200	275	362	494	606
10.00	5.94	10.6	16.5	23.7	32.3	42.1	53.2	65.7	79.4	111	147	188	259	341	465	570

续表 D.0.2

α \ β	0.03	0.04	0.05	0.06	0.07	0.08	0.09	0.10	0.11	0.13	0.15	0.17	0.20	0.23	0.27	0.30
							$\times 10^{-6}$									
12.00	4.77	8.48	13.2	19.1	25.9	33.9	42.8	52.8	63.8	88.9	118	151	208	274	374	458
14.00	3.96	7.05	11.0	15.8	21.5	28.1	35.6	43.8	53.0	73.9	98.1	126	173	227	310	380
16.00	3.37	5.99	9.36	13.5	18.3	23.9	30.2	37.3	45.1	62.8	83.4	107	147	193	264	323
18.00	2.93	5.20	8.12	11.7	15.9	20.7	26.2	32.4	39.1	54.5	72.3	92.6	127	167	229	280
20.00	2.58	4.58	7.15	10.3	14.0	18.3	23.1	28.5	34.4	48.0	63.7	81.5	112	147	201	246
22.00	2.30	4.08	6.37	9.17	12.5	16.3	20.6	25.4	30.7	42.7	56.7	72.6	100	131	179	219
24.00	2.07	3.67	5.74	8.26	11.2	14.7	18.5	22.9	27.6	38.5	51.1	65.4	90.0	118	161	197
26.00	1.88	3.34	5.21	7.50	10.2	13.3	16.8	20.8	25.1	35.0	46.4	59.4	81.7	107	146	179
28.00	1.72	3.05	4.77	6.86	9.34	12.2	15.4	19.0	23.0	32.0	42.5	54.3	74.8	98.2	134	164
30.00	1.58	2.81	4.39	6.32	8.60	11.2	14.2	17.5	21.1	29.5	39.1	50.0	68.8	90.4	123	151
32.00	1.47	2.61	4.07	5.86	7.96	10.4	13.1	16.2	19.6	27.3	36.2	46.3	63.7	83.7	114	140
34.00	1.36	2.43	3.79	5.45	7.41	9.67	12.2	15.1	18.2	25.4	33.7	43.1	59.3	77.9	106	130
36.00	1.28	2.27	3.54	5.09	6.93	9.04	11.4	14.1	17.0	23.7	31.5	40.3	55.4	72.8	99.2	121
38.00	1.20	2.13	3.32	4.78	6.50	8.49	10.7	13.2	16.0	22.3	29.6	37.8	52.0	68.3	93.1	114
40.00	1.13	2.00	3.13	4.50	6.12	7.99	10.1	12.5	15.1	21.0	27.8	35.6	49.0	64.3	87.6	107

续表 D.0.2

α\β	0.35	0.40	0.50	0.60	0.70	0.80	1.00	1.20	1.50	2.00	3.00	5.00	8.00	10.0	15.0	20.0	30.0
								×10⁻³									
0.030	25.2	28.9	35.8	42.1	47.8	53.0	62.0	69.3	77.9	87.8	99.2	109	115	117	120	121	122
0.035	25.1	28.8	35.8	42.1	47.8	53.0	62.0	69.3	77.8	87.8	99.2	109	115	117	120	121	122
0.040	25.1	28.8	35.7	42.1	47.8	53.0	61.9	69.3	77.8	87.8	99.2	109	115	117	120	121	122
0.045	25.1	28.8	35.7	42.0	47.8	53.0	61.9	69.2	77.8	87.8	99.2	109	115	117	120	121	122
0.050	25.1	28.8	35.7	42.0	47.8	53.0	61.9	69.2	77.8	87.8	99.2	109	115	117	120	121	122
0.060	25.0	28.7	35.6	42.0	47.7	52.9	61.9	69.2	77.8	87.8	99.2	109	115	117	120	121	122
0.070	24.9	28.6	35.6	41.9	47.6	52.9	61.8	69.2	77.8	87.8	99.2	109	115	117	120	121	122
0.080	24.8	28.5	35.5	41.8	47.6	52.8	61.8	69.1	77.7	87.7	99.2	109	115	117	120	121	122
0.090	24.7	28.4	35.4	41.7	47.5	52.7	61.7	69.1	77.7	87.7	99.1	109	115	117	120	121	122
0.100	24.6	28.3	35.3	41.6	47.4	52.6	61.7	69.0	77.6	87.7	99.1	109	115	117	120	121	122
0.125	24.1	27.9	34.9	41.3	47.1	52.4	61.5	68.8	77.5	87.6	99.0	109	115	117	120	121	122
0.150	23.6	27.4	34.5	40.9	46.8	52.1	61.2	68.6	77.3	87.5	99.0	109	115	117	120	121	122
0.200	22.5	26.3	33.5	40.0	46.0	51.4	60.6	68.1	76.9	87.1	98.7	109	115	117	120	121	122
0.250	21.1	25.0	32.2	38.9	45.0	50.4	59.8	67.5	76.4	86.7	98.5	109	115	117	120	121	122
0.300	19.8	23.6	30.9	37.7	43.8	49.4	58.9	66.7	75.7	86.2	98.1	109	115	117	119	121	122

续表 D.0.2

α\β	0.35	0.40	0.50	0.60	0.70	0.80	1.00	1.20	1.50	2.00	3.00	5.00	8.00	10.0	15.0	20.0	30.0
								×10⁻³									
0.400	17.2	20.9	28.1	34.9	41.2	46.9	56.8	64.8	74.1	85.0	97.3	108	114	116	119	121	122
0.500	15.0	18.5	25.4	32.1	38.4	44.2	54.3	62.6	72.3	83.5	96.2	107	114	116	119	121	122
0.600	13.2	16.4	23.0	29.5	35.7	41.5	51.7	60.1	70.1	81.8	95.0	107	113	116	119	120	122
0.800	10.5	13.2	19.0	24.9	30.7	36.3	46.4	55.1	65.5	77.9	92.2	105	112	115	118	120	122
1.000	8.66	11.0	16.0	21.2	26.6	31.8	41.6	50.1	60.8	73.7	89.1	103	111	114	118	119	121
1.200	7.33	9.32	13.7	18.4	23.2	28.1	37.3	45.6	56.2	69.5	85.7	101	110	113	117	119	121
1.400	6.34	8.08	11.9	16.2	20.5	25.0	33.6	41.5	51.9	65.3	82.3	98.3	108	111	116	118	120
1.600	5.57	7.12	10.6	14.4	18.3	22.4	30.4	38.0	48.0	61.4	78.8	95.8	106	110	115	117	120
1.800	4.97	6.35	9.46	12.9	16.5	20.3	27.7	34.9	44.5	57.7	75.5	93.4	105	109	114	117	120
2.000	4.47	5.73	8.54	11.7	15.0	18.5	25.4	32.1	41.4	54.3	72.3	91.0	103	107	113	116	119
2.200	4.07	5.21	7.78	10.7	13.7	16.9	23.4	29.7	38.6	51.2	69.2	88.6	101	106	112	115	119
2.400	3.72	4.77	7.14	9.80	12.6	15.6	21.7	27.6	36.1	48.3	66.2	86.2	100	105	111	115	118
2.600	3.43	4.40	6.59	9.05	11.7	14.5	20.1	25.8	33.8	45.6	63.4	83.8	98.1	103	110	114	118
2.800	3.18	4.08	6.11	8.40	10.9	13.5	18.8	24.1	31.8	43.2	60.7	81.5	96.4	102	109	113	117
3.000	2.96	3.79	5.70	7.84	10.2	12.6	17.6	22.7	30.0	41.0	58.2	79.3	94.7	100	108	112	117

续表 D.0.2

α\β	0.35	0.40	0.50	0.60	0.70	0.80	1.00	1.20	1.50	2.00	3.00	5.00	8.00	10.0	15.0	20.0	30.0
								×10⁻⁴									
3.500	25.1	32.3	48.5	66.9	86.8	108	152	196	261	362	526	740	907	970	1059	1106	1154
4.000	21.8	28.0	42.1	58.1	75.5	93.9	133	172	231	322	478	691	867	936	1035	1087	1141
4.500	19.2	24.6	37.1	51.2	66.6	83.0	117	153	206	290	436	647	829	903	1011	1069	1128
5.000	17.0	21.9	33.0	45.6	59.4	74.1	105	137	185	263	400	606	793	871	987	1050	1115
5.500	15.3	19.7	29.7	41.1	53.5	66.7	94.8	124	168	240	369	569	759	841	964	1032	1103
6.000	13.9	17.9	26.9	37.2	48.5	60.6	86.1	113	153	220	342	535	727	811	941	1014	1090
6.500	12.7	16.3	24.6	34.0	44.3	55.4	78.8	103	141	203	318	505	696	783	919	996	1077
7.000	11.6	15.0	22.6	31.2	40.7	50.9	72.5	95.1	130	188	296	477	667	755	897	978	1065
7.500	10.7	13.8	20.8	28.8	37.6	47.0	67.0	88.0	120	174	277	452	640	730	875	960	1052
8.000	9.96	12.8	19.3	26.8	34.9	43.6	62.2	81.7	112	163	260	428	615	705	855	943	1040
8.500	9.28	11.9	18.0	24.9	32.5	40.6	57.9	76.2	104	152	245	407	591	681	834	926	1028
9.000	8.67	11.1	16.8	23.3	30.4	37.9	54.1	71.2	97.8	143	231	387	568	659	814	909	1015
9.500	8.13	10.5	15.8	21.8	28.5	35.6	50.8	66.8	91.8	134	219	369	547	637	795	893	1003
10.00	7.65	9.83	14.8	20.5	26.8	33.5	47.8	62.9	86.5	127	207	353	526	617	776	877	991
12.00	6.14	7.90	11.9	16.5	21.5	26.8	38.3	50.4	69.4	102	170	297	457	544	707	816	944

续表 D.0.2

α＼β	0.35	0.40	0.50	0.60	0.70	0.80	1.00	1.20	1.50	2.00	3.00	5.00	8.00	10.0	15.0	20.0	30.0
								×10⁻⁴									
14.00	5.10	6.55	9.87	13.6	17.8	22.2	31.6	41.6	57.3	84.8	142	255	401	484	646	759	899
16.00	4.33	5.57	8.38	11.6	15.1	18.8	26.7	35.2	48.4	71.7	121	221	356	434	593	708	857
18.00	3.75	4.82	7.25	10.0	13.0	16.2	23.0	30.3	41.6	61.6	105	194	319	393	546	661	816
20.00	3.30	4.24	6.37	8.78	11.4	14.2	20.2	26.4	36.3	53.7	91.6	173	288	357	504	619	778
22.00	2.94	3.77	5.67	7.81	10.1	12.6	17.9	23.4	32.0	47.3	80.9	154	261	327	468	581	742
24.00	2.64	3.39	5.09	7.01	9.10	11.3	16.0	20.9	28.6	42.1	72.0	139	239	300	435	546	709
26.00	2.40	3.08	4.62	6.36	8.24	10.2	14.4	18.8	25.7	37.8	64.7	126	219	277	407	515	677
28.00	2.19	2.81	4.22	5.80	7.52	9.33	13.1	17.1	23.3	34.2	58.4	114	201	257	381	486	647
30.00	2.02	2.59	3.88	5.33	6.90	8.56	12.0	15.7	21.3	31.1	53.1	104	186	239	358	460	620
32.00	1.87	2.40	3.59	4.93	6.38	7.90	11.1	14.4	19.5	28.5	48.5	95.7	173	223	337	436	594
34.00	1.74	2.23	3.34	4.58	5.92	7.33	10.3	13.3	18.0	26.2	44.5	88.1	161	208	318	414	569
36.00	1.62	2.08	3.11	4.27	5.52	6.83	9.57	12.4	16.7	24.3	41.0	81.4	150	195	301	394	546
38.00	1.52	1.95	2.92	4.00	5.17	6.39	8.95	11.6	15.6	22.5	38.0	75.5	140	183	285	375	525
40.00	1.43	1.84	2.75	3.76	4.86	6.00	8.39	10.8	14.6	21.0	35.3	70.2	131	173	270	358	505

D.0.3 系数 Z_2、Z_3 值,可根据 γ 按表 D.0.3 查取。

表 D.0.3 系数 Z_2,Z_3 值（×10⁻³）

γ	0.04	0.05	0.06	0.07	0.08	0.10	0.15	0.20	0.25	0.30	0.40	0.50	0.60	0.70	0.80
Z_2、Z_3	0.787	1.21	1.71	2.28	2.91	4.32	8.42	12.8	17.1	21.2	28.8	35.8	42.1	47.8	53.0
γ	0.90	1.00	1.25	1.50	2.00	2.50	3.00	4.00	5.00	6.00	8.00	10.0	20.0	30.0	40.0
Z_2、Z_3	57.7	62.0	70.9	77.9	87.8	94.5	99.2	105	109	112	115	117	121	122	123

D.0.4 系数 k_a 值,可根据 α 和 β 按表 D.0.4 查取。

表 D.0.4 系数 k_a 值

α＼β	0.03	0.04	0.05	0.06	0.07	0.08	0.09	0.10	0.11	0.13	0.15	0.17	0.20	0.23	0.27	0.30
								×10⁻³								
0.030	31.8	49.5	69.2	90.6	114	138	165	192	221	283	349	420	532	648	802	921
0.035	29.4	47.3	66.7	87.9	111	135	161	188	217	277	343	412	522	637	790	907
0.040	27.3	45.3	64.3	85.1	108	132	157	184	212	272	336	404	513	627	777	894
0.045	25.5	42.7	61.9	82.4	105	128	153	180	207	266	330	397	504	617	766	881
0.050	23.9	40.3	59.7	79.8	102	125	150	176	203	261	323	389	495	606	754	868
0.060	21.2	36.2	54.3	74.8	95.9	118	142	168	194	251	311	375	478	586	732	843
0.070	19.0	32.9	49.7	69.0	90.5	112	136	160	186	241	300	362	461	567	712	820
0.080	17.3	30.0	45.7	63.9	84.3	107	129	153	178	231	289	349	446	549	692	798
0.090	15.8	27.6	42.3	59.4	78.7	100	123	146	170	222	278	337	432	532	673	777
0.100	14.6	25.6	39.3	55.4	73.7	94.0	116	140	163	214	268	325	418	515	653	757
0.125	12.3	21.6	33.3	47.3	63.4	81.4	101	122	145	194	245	299	386	478	608	711
0.150	10.6	18.7	28.9	41.2	55.4	71.4	89.1	108	129	175	224	275	357	445	569	666
0.200	8.28	14.7	22.8	32.6	44.1	57.1	71.6	87.5	105	143	186	233	310	388	501	590
0.250	6.79	12.0	18.7	26.9	36.4	47.3	59.5	72.9	87.6	120	157	198	266	341	446	527

续表 D.0.4

α＼β	0.03	0.04	0.05	0.06	0.07	0.08	0.09	0.10	0.11	0.13	0.15	0.17	0.20	0.23	0.27	0.30
								×10⁻³								
0.300	5.75	10.2	15.9	22.8	31.0	40.3	50.7	62.3	75.0	103	136	172	232	299	397	476
0.400	4.39	7.79	12.2	17.5	23.7	30.9	39.0	48.0	57.9	80.2	106	135	183	238	319	386
0.500	3.54	6.29	9.82	14.1	19.2	25.0	31.6	38.9	47.0	65.3	86.3	110	151	196	265	322
0.600	2.97	5.27	8.22	11.8	16.1	21.0	26.5	32.7	39.5	54.9	72.7	92.9	127	167	226	275
0.800	2.23	3.97	6.20	8.92	12.1	15.8	20.0	24.7	29.8	41.5	55.1	70.5	96.9	127	173	212
1.000	1.79	3.18	4.96	7.14	9.71	12.7	16.0	19.8	23.9	33.3	44.2	56.6	78.0	103	140	171
1.200	1.49	2.65	4.13	5.95	8.09	10.6	13.4	16.5	19.9	27.8	36.9	47.3	65.1	85.7	117	144
1.400	1.27	2.27	3.54	5.09	6.93	9.05	11.4	14.1	17.1	23.8	31.6	40.5	55.9	73.5	101	123
1.600	1.11	1.98	3.09	4.45	6.05	7.90	10.0	12.3	14.9	20.8	27.6	35.4	48.8	64.3	88.1	108
1.800	0.987	1.75	2.74	3.95	5.37	7.01	8.87	10.9	13.2	18.4	24.5	31.4	43.3	57.1	78.2	96.1
2.000	0.886	1.58	2.46	3.54	4.82	6.29	7.96	9.80	11.9	16.6	22.0	28.2	38.9	51.3	70.3	86.3
2.200	0.803	1.43	2.23	3.21	4.37	5.70	7.21	8.90	10.8	15.0	20.0	25.6	35.3	46.5	63.7	78.3
2.400	0.734	1.30	2.04	2.93	3.99	5.21	6.59	8.13	9.80	13.7	18.2	23.4	32.3	42.5	58.3	71.6
2.600	0.675	1.20	1.87	2.70	3.67	4.79	6.06	7.48	9.05	12.6	16.8	21.5	29.7	39.1	53.6	65.9
2.800	0.624	1.11	1.73	2.50	3.40	4.43	5.61	6.92	8.37	11.7	15.5	19.9	27.5	36.2	49.6	61.0

续表 D. 0. 4

α＼β	0.03	0.04	0.05	0.06	0.07	0.08	0.09	0.10	0.11	0.13	0.15	0.17	0.20	0.23	0.27	0.30
								×10⁻⁴								
3.000	5.80	10.3	16.1	23.2	31.6	41.2	52.1	64.3	77.8	109	144	185	255	337	461	567
3.500	4.92	8.75	13.7	19.7	26.8	35.0	44.2	54.6	66.0	92.1	122	157	217	286	392	482
4.000	4.26	7.57	11.8	17.0	23.2	30.2	38.3	47.2	57.1	79.7	106	136	187	247	339	417
4.500	3.74	6.65	10.4	15.0	20.4	26.6	33.6	41.5	50.2	70.0	93.1	119	165	217	298	366
5.000	3.33	5.92	9.24	13.3	18.1	23.6	29.9	36.9	44.6	62.3	82.8	106	147	193	265	326
5.500	2.99	5.32	8.30	12.0	16.3	21.2	26.9	33.2	40.1	55.9	74.4	95.4	132	174	238	293
6.000	2.71	4.82	7.52	10.8	14.7	19.2	24.3	30.0	36.3	50.7	67.4	86.4	119	157	216	265
6.500	2.47	4.39	6.86	9.88	13.4	17.6	22.2	27.4	33.1	46.2	61.5	78.9	109	144	197	242
7.000	2.27	4.03	6.30	9.07	12.3	16.1	20.4	25.2	30.4	42.5	56.4	72.4	99.9	132	181	222
7.500	2.09	3.72	5.82	8.37	11.4	14.9	18.8	23.2	28.1	39.2	52.1	66.8	92.3	122	167	205
8.000	1.94	3.45	5.39	7.77	10.6	13.8	17.5	21.5	26.0	36.3	48.3	62.0	85.6	113	155	190
8.500	1.81	3.22	5.02	7.23	9.84	12.8	16.3	20.1	24.3	33.8	45.0	57.7	79.7	105	144	177
9.000	1.69	3.01	4.70	6.76	9.20	12.0	15.2	18.8	22.7	31.6	42.1	53.9	74.5	98.2	135	166
9.500	1.59	2.82	4.40	6.34	8.63	11.3	14.3	17.6	21.3	29.7	39.5	50.6	69.9	92.1	126	155
10.00	1.49	2.65	4.14	5.97	8.12	10.6	13.4	16.5	20.0	27.9	37.1	47.6	65.7	86.7	119	146

续表 D. 0. 4

α＼β	0.03	0.04	0.05	0.06	0.07	0.08	0.09	0.10	0.11	0.13	0.15	0.17	0.20	0.23	0.27	0.30
								×10⁻⁵								
12.00	12.0	21.3	33.3	48.0	65.3	85.2	108	133	161	224	298	383	528	697	955	1175
14.00	9.97	17.7	27.7	39.8	54.2	70.8	89.5	110	134	186	248	318	439	578	793	975
16.00	8.48	15.1	23.5	33.9	46.1	60.2	76.2	94.0	114	159	211	270	373	492	675	830
18.00	7.35	13.1	20.4	29.4	40.0	52.2	66.1	81.5	98.6	138	183	234	324	427	585	719
20.00	6.47	11.5	18.0	25.9	35.2	46.0	58.2	71.8	86.8	121	161	206	285	375	515	633
22.00	5.77	10.3	16.0	23.1	31.4	41.0	51.8	64.0	77.4	108	143	184	254	335	459	564
24.00	5.20	9.24	14.4	20.8	28.3	36.9	46.7	57.6	69.7	97.2	129	166	229	301	413	508
26.00	4.72	8.39	13.1	18.9	25.7	33.5	42.4	52.3	63.3	88.3	117	150	208	274	375	461
28.00	4.32	7.68	12.0	17.3	23.5	30.7	38.8	47.9	57.9	80.8	107	138	190	250	343	422
30.00	3.98	7.07	11.0	15.9	21.6	28.3	35.7	44.1	53.3	74.4	98.9	127	175	231	316	388
32.00	3.69	6.55	10.2	14.7	20.0	26.2	33.1	40.8	49.4	68.9	91.6	117	162	214	293	360
34.00	3.43	6.10	9.52	13.7	18.7	24.4	30.8	38.0	46.0	64.1	85.2	109	151	199	272	335
36.00	3.21	5.70	8.90	12.6	17.4	22.8	28.8	35.5	43.0	59.9	79.7	102	141	186	255	313
38.00	3.01	5.35	8.36	12.0	16.4	21.4	27.0	33.3	40.3	56.2	74.8	95.8	132	174	239	293
40.00	2.83	5.04	7.87	11.3	15.4	20.1	25.5	31.4	38.0	53.0	70.4	90.3	125	164	225	276

续表 D. 0. 4

α＼β	0.35	0.40	0.50	0.60	0.70	0.80	1.00	1.20	1.50	2.00	3.00	5.00	8.00	10.0	15.0	20.0	30.0
									×10⁻¹								
0.030	11.3	13.4	17.7	22.1	26.6	31.1	40.1	48.9	62.1	84.0	127	213	342	428	641	855	1282
0.035	11.1	13.2	17.5	21.9	26.3	30.7	39.6	48.3	61.4	83.1	126	211	338	423	634	845	1268
0.040	10.9	13.0	17.2	21.6	25.9	30.3	39.1	47.8	60.7	82.2	125	209	335	418	627	836	1254
0.045	10.8	12.8	17.0	21.3	25.6	30.0	38.7	47.3	60.1	81.3	123	207	331	414	621	828	1241
0.050	10.6	12.6	16.8	21.1	25.3	29.6	38.3	46.7	59.4	80.4	122	204	328	410	614	819	1228
0.060	10.3	12.3	16.4	20.6	24.8	29.0	37.4	45.8	58.2	78.8	120	200	321	401	602	803	1204
0.070	10.1	12.0	16.0	20.1	24.2	28.4	36.7	44.8	57.0	77.2	117	196	315	394	590	787	1181
0.080	9.81	11.7	15.6	19.7	23.7	27.8	35.9	44.0	56.0	75.8	115	193	309	386	579	773	1159
0.090	9.57	11.4	15.3	19.2	23.2	27.2	35.2	43.1	54.9	74.4	113	189	303	379	569	759	1138
0.100	9.33	11.2	14.9	18.8	22.7	26.7	34.6	42.3	53.9	73.1	111	186	298	373	559	746	1118
0.125	8.79	10.5	14.2	17.9	21.7	25.5	33.1	40.5	51.7	70.1	107	179	286	358	537	716	1073
0.150	8.31	9.98	13.5	17.1	20.7	24.4	31.7	38.9	49.7	67.4	102	172	276	345	517	689	1033
0.200	7.45	9.02	12.3	15.7	19.1	22.5	29.4	36.1	46.2	62.8	95.6	161	257	322	483	643	965
0.250	6.71	8.21	11.3	14.4	17.7	20.9	27.4	33.8	43.3	59.0	89.9	151	242	303	454	605	908
0.300	6.08	7.49	10.4	13.4	16.5	19.6	25.8	31.8	40.9	55.7	85.0	143	229	287	430	573	859

续表 D.0.4

α \ β	0.35	0.40	0.50	0.60	0.70	0.80	1.00	1.20	1.50	2.00	3.00	5.00	8.00	10.0	15.0	20.0	30.0
								×10⁻¹									
0.400	5.06	6.34	8.98	11.7	14.5	17.4	23.0	28.6	36.8	50.4	77.1	130	208	260	390	520	780
0.500	4.26	5.39	7.85	10.4	12.9	15.6	20.8	26.0	33.6	46.2	70.8	119	192	239	359	479	718
0.600	3.66	4.65	6.87	9.27	11.7	14.1	19.0	23.8	30.9	42.7	65.7	111	178	223	334	445	667
0.800	2.83	3.63	5.43	7.45	9.62	11.8	16.1	20.4	26.7	37.2	57.6	97.5	157	196	294	392	588
1.000	2.30	2.96	4.46	6.17	8.04	10.0	14.0	17.8	23.5	32.9	51.4	87.4	141	176	264	352	528
1.200	1.93	2.49	3.77	5.24	6.86	8.61	12.2	15.7	20.9	29.6	46.5	79.4	128	160	240	321	481
1.400	1.66	2.14	3.26	4.54	5.97	7.51	10.8	14.0	18.8	26.8	42.4	72.8	118	147	221	295	442
1.600	1.46	1.88	2.86	4.00	5.27	6.65	9.61	12.6	17.1	24.5	39.0	67.3	109	136	205	273	410
1.800	1.30	1.67	2.55	3.57	4.71	5.96	8.65	11.4	15.6	22.5	36.1	62.6	102	127	191	255	383
2.000	1.16	1.51	2.30	3.22	4.26	5.39	7.85	10.4	14.3	20.8	33.6	58.6	95.2	119	180	239	359
2.200	1.06	1.37	2.09	2.93	3.88	4.91	7.17	9.51	13.1	19.3	31.4	55.0	89.6	112	169	226	339
2.400	0.967	1.25	1.91	2.68	3.55	4.51	6.60	8.77	12.1	18.0	29.5	51.8	84.7	106	160	214	321
2.600	0.890	1.15	1.76	2.47	3.28	4.16	6.10	8.13	11.3	16.8	27.7	49.0	80.3	101	152	203	304
2.800	0.824	1.07	1.63	2.29	3.04	3.86	5.67	7.56	10.5	15.7	26.2	46.5	76.3	96.0	145	193	290
3.000	0.766	0.992	1.52	2.14	2.83	3.60	5.29	7.07	9.89	14.8	24.8	44.2	72.8	91.5	138	185	277

续表 D.0.4

α \ β	0.35	0.40	0.50	0.60	0.70	0.80	1.00	1.20	1.50	2.00	3.00	5.00	8.00	10.0	15.0	20.0	30.0
								×10⁻²									
3.500	6.50	8.42	12.9	18.2	24.1	30.7	45.2	60.5	85.3	128	218	394	652	821	1242	1660	2493
4.000	5.63	7.29	11.2	15.7	20.9	26.6	39.3	52.7	74.5	113	193	354	590	745	1129	1510	2269
4.500	4.95	6.41	9.83	13.9	18.4	23.5	34.7	46.6	65.9	100	173	321	539	682	1035	1386	2084
5.000	4.41	5.71	8.75	12.3	16.4	20.9	31.0	41.6	59.0	90.2	157	294	495	628	956	1281	1928
5.500	3.96	5.13	7.87	11.1	14.8	18.8	27.9	37.4	53.2	81.8	142	270	458	582	888	1192	1795
6.000	3.59	4.65	7.13	10.1	13.4	17.1	25.3	34.0	48.3	74.8	130	249	426	542	830	1114	1679
6.500	3.27	4.24	6.51	9.18	12.2	15.6	23.1	31.1	44.2	68.5	120	231	398	507	778	1046	1577
7.000	3.01	3.89	5.98	8.43	11.2	14.3	21.2	28.6	40.7	63.1	111	215	373	476	732	986	1488
7.500	2.77	3.59	5.52	7.78	10.4	13.2	19.6	26.4	37.6	58.4	103	201	351	449	692	932	1408
8.000	2.57	3.33	5.11	7.21	9.60	12.2	18.2	24.5	34.9	54.2	96.6	189	331	424	655	883	1336
8.500	2.40	3.10	4.76	6.72	8.94	11.4	16.9	22.8	32.5	50.6	90.5	177	313	402	622	840	1272
9.000	2.24	2.90	4.45	6.28	8.36	10.7	15.8	21.3	30.4	47.3	85.0	167	296	381	592	800	1213
9.500	2.10	2.72	4.18	5.89	7.84	9.99	14.8	20.0	28.5	44.4	80.1	158	281	363	564	764	1159
10.00	1.98	2.56	3.93	5.54	7.37	9.40	14.0	18.8	26.8	41.8	75.7	149	267	346	539	731	1110
12.00	1.59	2.06	3.15	4.45	5.92	7.54	11.2	15.1	21.5	33.5	61.4	122	222	290	457	622	949

续表 D.0.4

α \ β	0.35	0.40	0.50	0.60	0.70	0.80	1.00	1.20	1.50	2.00	3.00	5.00	8.00	10.0	15.0	20.0	30.0
								×10⁻²									
14.00	1.32	1.71	2.62	3.69	4.91	6.25	9.28	12.5	17.7	27.7	50.9	103	189	247	395	540	828
16.00	1.12	1.45	2.22	3.13	4.17	5.31	7.87	10.5	15.0	23.4	43.0	88.4	163	215	346	476	733
18.00	0.971	1.26	1.93	2.71	3.61	4.59	6.80	9.11	12.9	20.1	37.1	77.1	143	189	307	425	657
20.00	0.855	1.11	1.70	2.39	3.17	4.03	5.97	7.98	11.3	17.6	32.3	68.0	126	168	275	383	594
22.00	0.762	0.986	1.51	2.12	2.82	3.59	5.31	7.08	10.0	15.5	28.6	60.5	113	151	248	347	542
24.00	0.685	0.887	1.36	1.91	2.53	3.22	4.76	6.35	8.97	13.9	25.5	54.1	102	136	226	317	498
26.00	0.622	0.806	1.23	1.73	2.30	2.92	4.31	5.74	8.10	12.5	22.9	48.7	92.8	124	207	291	460
28.00	0.569	0.737	1.13	1.58	2.10	2.67	3.94	5.24	7.37	11.4	20.8	44.1	84.9	114	190	268	426
30.00	0.524	0.678	1.04	1.46	1.93	2.45	3.62	4.81	6.75	10.4	18.9	40.3	78.1	105	175	249	397
32.00	0.485	0.628	0.960	1.35	1.79	2.27	3.34	4.44	6.22	9.55	17.4	36.9	72.1	96.8	163	232	372
34.00	0.452	0.584	0.893	1.25	1.66	2.11	3.10	4.11	5.77	8.83	16.0	34.0	66.9	89.9	151	217	348
36.00	0.422	0.546	0.834	1.17	1.55	1.97	2.90	3.83	5.37	8.20	14.8	31.5	62.3	83.8	142	203	328
38.00	0.396	0.512	0.782	1.10	1.45	1.84	2.71	3.59	5.01	7.65	13.8	29.2	58.1	78.4	133	191	309
40.00	0.373	0.482	0.736	1.03	1.37	1.73	2.55	3.37	4.70	7.16	12.9	27.2	54.2	73.6	125	179	292

附录 E 按极限平衡法计算矩形板的弯矩系数和动反力系数

E.0.1 四边支承板的弯矩系数和动反力系数,可按表 E.0.1 查取。

表 E.0.1 四边支承板的弯矩系数和动反力系数

四边固定

$$M_x = K_x M \qquad V_{1-2} = K_{V_{1-2}} \frac{M_x}{l_x}$$
$$M_y = \alpha M_x \qquad V_{3-4} = V_{1-2}$$
$$M_x^0 = 2M_x \qquad V_{2-3} = K_{V_{2-3}} \frac{M_x}{l_x}$$
$$M_y^0 = 2M_y \qquad V_{4-1} = V_{2-3}$$

$\lambda = \dfrac{l_y}{l_x}$	α	K_x	$K_{V_{1-2}}$	$K_{V_{2-3}}$	备注
1.00	1.00	0.0139	12.00	12.00	
1.05	0.90	0.0153	11.47	10.84	
1.10	0.85	0.0164	11.15	10.19	
1.15	0.75	0.0179	10.79	9.15	
1.20	0.70	0.0190	10.58	8.58	
1.25	0.65	0.0201	10.39	8.04	
1.30	0.60	0.0212	10.23	7.52	
1.35	0.55	0.0223	10.09	7.02	
1.40	0.50	0.0234	9.97	6.53	
1.45	0.50	0.0239	9.92	6.47	
1.50	0.45	0.0250	9.82	6.00	$M = \xi Ci\omega l_x^2$
1.55	0.40	0.0261	9.72	5.53	
1.60	0.40	0.0265	9.69	5.49	
1.65	0.35	0.0276	9.61	5.03	
1.70	0.35	0.0280	9.59	5.00	
1.75	0.35	0.0283	9.57	4.98	
1.80	0.35	0.0286	9.55	4.95	
1.85	0.30	0.0297	9.48	4.50	
1.90	0.30	0.0299	9.46	4.48	
1.95	0.25	0.0310	9.40	4.01	
2.00	0.25	0.0313	9.39	4.00	

续表 E.0.1

四边固定

$$M_x = K_x M \qquad V_{1-2} = K_{V_{1-2}} \frac{M_x}{l_x}$$
$$M_y = \alpha M_x \qquad V_{3-4} = V_{1-2}$$
$$M_x^0 = 1.6M_x \qquad V_{2-3} = K_{V_{2-3}} \frac{M_x}{l_x}$$
$$M_y^0 = 1.6M_y \qquad V_{4-1} = V_{2-3}$$

$\lambda = \dfrac{l_y}{l_x}$	α	K_x	$K_{V_{1-2}}$	$K_{V_{2-3}}$	备注
1.00	1.00	0.0160	10.40	10.40	
1.05	0.90	0.0177	9.94	9.40	
1.10	0.85	0.0189	9.66	8.83	
1.15	0.75	0.0207	9.35	7.93	
1.20	0.70	0.0219	9.17	7.44	
1.25	0.65	0.0232	9.01	6.97	
1.30	0.60	0.0245	8.87	6.52	
1.35	0.55	0.0258	8.75	6.08	
1.40	0.50	0.0270	8.64	5.66	
1.45	0.50	0.0276	8.60	5.61	
1.50	0.45	0.0288	8.51	5.20	$M = \xi Ci\omega l_x^2$
1.55	0.40	0.0301	8.43	4.80	
1.60	0.40	0.0306	8.40	4.76	
1.65	0.35	0.0319	8.33	4.36	
1.70	0.35	0.0323	8.31	4.34	
1.75	0.35	0.0326	8.29	4.31	
1.80	0.35	0.0330	8.27	4.29	
1.85	0.30	0.0342	8.22	3.90	
1.90	0.30	0.0345	8.20	3.88	
1.95	0.25	0.0358	8.15	3.48	
2.00	0.25	0.0361	8.14	3.47	

续表 E.0.1

四边固定

$$M_x = K_x M \qquad V_{1-2} = K_{V_{1-2}} \frac{M_x}{l_x}$$
$$M_y = \alpha M_x \qquad V_{3-4} = V_{1-2}$$
$$M_x^0 = 1.8M_x \qquad V_{2-3} = K_{V_{2-3}} \frac{M_x}{l_x}$$
$$M_y^0 = 1.8M_y \qquad V_{4-1} = V_{2-3}$$

$\lambda = \dfrac{l_y}{l_x}$	α	K_x	$K_{V_{1-2}}$	$K_{V_{2-3}}$	备注
1.00	1.00	0.0149	11.20	11.20	
1.05	0.90	0.0164	10.70	10.12	
1.10	0.85	0.0176	10.41	9.51	
1.15	0.75	0.0192	10.07	8.54	
1.20	0.70	0.0204	9.87	8.01	
1.25	0.65	0.0215	9.70	7.50	
1.30	0.60	0.0227	9.55	7.02	
1.35	0.55	0.0239	9.42	6.55	
1.40	0.50	0.0251	9.30	6.10	
1.45	0.50	0.0256	9.26	6.04	
1.50	0.45	0.0268	9.16	5.60	$M = \xi Ci\omega l_x^2$
1.55	0.40	0.0280	9.08	5.17	
1.60	0.40	0.0284	9.05	5.13	
1.65	0.35	0.0296	8.97	4.70	
1.70	0.35	0.0299	8.95	4.67	
1.75	0.35	0.0303	8.93	4.64	
1.80	0.35	0.0306	8.91	4.62	
1.85	0.30	0.0318	8.85	4.20	
1.90	0.30	0.0321	8.83	4.18	
1.95	0.25	0.0332	8.78	3.75	
2.00	0.25	0.0335	8.77	3.73	

续表 E.0.1

四边固定

$$M_x = K_x M \qquad V_{1-2} = K_{V_{1-2}} \frac{M_x}{l_x}$$
$$M_y = \alpha M_x \qquad V_{3-4} = V_{1-2}$$
$$M_x^0 = 1.4M_x \qquad V_{2-3} = K_{V_{2-3}} \frac{M_x}{l_x}$$
$$M_y^0 = 1.4M_y \qquad V_{4-1} = V_{2-3}$$

$\lambda = \dfrac{l_y}{l_x}$	α	K_x	$K_{V_{1-2}}$	$K_{V_{2-3}}$	备注
1.00	1.00	0.0174	9.60	9.60	
1.05	0.90	0.0191	9.17	8.67	
1.10	0.85	0.0205	8.92	8.15	
1.15	0.75	0.0224	8.63	7.32	
1.20	0.70	0.0238	8.46	6.87	
1.25	0.65	0.0251	8.31	6.43	
1.30	0.60	0.0265	8.19	6.02	
1.35	0.55	0.0279	8.07	5.62	
1.40	0.50	0.0293	7.98	5.23	
1.45	0.50	0.0299	7.94	5.18	
1.50	0.45	0.0313	7.85	4.80	$M = \xi Ci\omega l_x^2$
1.55	0.40	0.0327	7.78	4.43	
1.60	0.40	0.0331	7.75	4.40	
1.65	0.35	0.0345	7.69	4.03	
1.70	0.35	0.0349	7.67	4.00	
1.75	0.35	0.0353	7.65	3.98	
1.80	0.35	0.0357	7.64	3.96	
1.85	0.30	0.0371	7.58	3.60	
1.90	0.30	0.0374	7.57	3.58	
1.95	0.25	0.0388	7.52	3.21	
2.00	0.25	0.0391	7.51	3.20	

续表 E.0.1

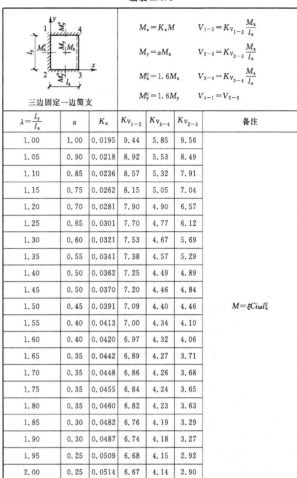

三边固定一边简支

$$M_x = K_x M \qquad V_{1-2} = K_{V_{1-2}} \frac{M_x}{l_x}$$
$$M_y = \alpha M_x \qquad V_{2-3} = K_{V_{2-3}} \frac{M_x}{l_x}$$
$$M_x^0 = 2M_x \qquad V_{3-4} = K_{V_{3-4}} \frac{M_x}{l_x}$$
$$M_y^0 = 2M_y \qquad V_{4-1} = V_{2-3}$$

$\lambda = \frac{l_y}{l_x}$	α	K_x	$K_{V_{1-2}}$	$K_{V_{3-4}}$	$K_{V_{2-3}}$	备注
1.00	1.00	0.0173	10.77	6.22	10.93	
1.05	0.90	0.0194	10.17	5.87	9.69	
1.10	0.85	0.0210	9.77	5.64	9.01	
1.15	0.75	0.0234	9.26	5.35	8.01	
1.20	0.70	0.0251	8.97	5.18	7.47	
1.25	0.65	0.0269	8.72	5.04	6.95	
1.30	0.60	0.0287	8.52	4.92	6.46	
1.35	0.55	0.0306	8.34	4.81	6.00	
1.40	0.50	0.0325	8.18	4.73	5.55	
1.45	0.50	0.0333	8.13	4.69	5.48	
1.50	0.45	0.0352	8.00	4.62	5.06	$M = \xi C i \omega l_x^2$
1.55	0.40	0.0372	7.89	4.55	4.64	
1.60	0.40	0.0378	7.85	4.52	4.60	
1.65	0.35	0.0399	7.76	4.48	4.19	
1.70	0.35	0.0405	7.73	4.46	4.16	
1.75	0.35	0.0410	7.71	4.45	4.13	
1.80	0.35	0.0416	7.68	4.44	4.10	
1.85	0.30	0.0436	7.61	4.39	3.71	
1.90	0.30	0.0441	7.59	4.38	3.69	
1.95	0.25	0.0461	7.52	4.34	3.29	
2.00	0.25	0.0466	7.51	4.34	3.28	

续表 E.0.1

三边固定一边简支

$$M_x = K_x M \qquad V_{1-2} = K_{V_{1-2}} \frac{M_x}{l_x}$$
$$M_y = \alpha M_x \qquad V_{2-3} = K_{V_{2-3}} \frac{M_x}{l_x}$$
$$M_x^0 = 1.6M_x \qquad V_{3-4} = K_{V_{3-4}} \frac{M_x}{l_x}$$
$$M_y^0 = 1.6M_y \qquad V_{4-1} = V_{2-3}$$

$\lambda = \frac{l_y}{l_x}$	α	K_x	$K_{V_{1-2}}$	$K_{V_{3-4}}$	$K_{V_{2-3}}$	备注
1.00	1.00	0.0195	9.44	5.85	9.56	
1.05	0.90	0.0218	8.92	5.53	8.49	
1.10	0.85	0.0236	8.57	5.32	7.91	
1.15	0.75	0.0262	8.15	5.05	7.04	
1.20	0.70	0.0281	7.90	4.90	6.57	
1.25	0.65	0.0301	7.70	4.77	6.12	
1.30	0.60	0.0321	7.53	4.67	5.69	
1.35	0.55	0.0341	7.38	4.57	5.29	
1.40	0.50	0.0362	7.25	4.49	4.89	
1.45	0.50	0.0370	7.20	4.46	4.84	
1.50	0.45	0.0391	7.09	4.40	4.46	$M = \xi C i \omega l_x^2$
1.55	0.40	0.0413	7.00	4.34	4.10	
1.60	0.40	0.0420	6.97	4.32	4.06	
1.65	0.35	0.0442	6.89	4.27	3.71	
1.70	0.35	0.0448	6.86	4.26	3.68	
1.75	0.35	0.0455	6.84	4.24	3.65	
1.80	0.35	0.0460	6.82	4.23	3.63	
1.85	0.30	0.0482	6.76	4.19	3.29	
1.90	0.30	0.0487	6.74	4.18	3.27	
1.95	0.25	0.0509	6.68	4.15	2.92	
2.00	0.25	0.0514	6.67	4.14	2.90	

续表 E.0.1

三边固定一边简支

$$M_x = K_x M \qquad V_{1-2} = K_{V_{1-2}} \frac{M_x}{l_x}$$
$$M_y = \alpha M_x \qquad V_{2-3} = K_{V_{2-3}} \frac{M_x}{l_x}$$
$$M_x^0 = 1.8M_x \qquad V_{3-4} = K_{V_{3-4}} \frac{M_x}{l_x}$$
$$M_y^0 = 1.8M_y \qquad V_{4-1} = V_{2-3}$$

$\lambda = \frac{l_y}{l_x}$	α	K_x	$K_{V_{1-2}}$	$K_{V_{3-4}}$	$K_{V_{2-3}}$	备注
1.00	1.00	0.0183	10.10	6.04	10.25	
1.05	0.90	0.0205	9.54	5.70	9.10	
1.10	0.85	0.0222	9.17	5.48	8.46	
1.15	0.75	0.0247	8.70	5.20	7.53	
1.20	0.70	0.0265	8.44	5.04	7.02	
1.25	0.65	0.0284	8.21	4.91	6.54	
1.30	0.60	0.0303	8.02	4.79	6.08	
1.35	0.55	0.0322	7.86	4.70	5.64	
1.40	0.50	0.0342	7.72	4.61	5.22	
1.45	0.50	0.0351	7.66	4.58	5.16	
1.50	0.45	0.0370	7.55	4.51	4.76	$M = \xi C i \omega l_x^2$
1.55	0.40	0.0391	7.44	4.45	4.37	
1.60	0.40	0.0398	7.41	4.43	4.33	
1.65	0.35	0.0419	7.32	4.38	3.95	
1.70	0.35	0.0425	7.30	4.36	3.92	
1.75	0.35	0.0431	7.28	4.35	3.89	
1.80	0.35	0.0437	7.26	4.34	3.87	
1.85	0.30	0.0458	7.19	4.29	3.50	
1.90	0.30	0.0463	7.17	4.28	3.48	
1.95	0.25	0.0484	7.11	4.25	3.11	
2.00	0.25	0.0488	7.09	4.24	3.09	

续表 E.0.1

三边固定一边简支

$$M_x = K_x M \qquad V_{1-2} = K_{V_{1-2}} \frac{M_x}{l_x}$$
$$M_y = \alpha M_x \qquad V_{2-3} = K_{V_{2-3}} \frac{M_x}{l_x}$$
$$M_x^0 = 1.4M_x \qquad V_{3-4} = K_{V_{3-4}} \frac{M_x}{l_x}$$
$$M_y^0 = 1.4M_y \qquad V_{4-1} = V_{2-3}$$

$\lambda = \frac{l_y}{l_x}$	α	K_x	$K_{V_{1-2}}$	$K_{V_{3-4}}$	$K_{V_{2-3}}$	备注
1.00	1.00	0.0208	8.77	5.66	8.87	
1.05	0.90	0.0233	8.29	5.35	7.89	
1.10	0.85	0.0252	7.97	5.15	7.35	
1.15	0.75	0.0279	7.59	4.90	6.55	
1.20	0.70	0.0300	7.37	4.76	6.11	
1.25	0.65	0.0320	7.18	4.64	5.70	
1.30	0.60	0.0341	7.03	4.54	5.31	
1.35	0.55	0.0362	6.89	4.45	4.93	
1.40	0.50	0.0384	6.77	4.37	4.56	
1.45	0.50	0.0393	6.73	4.34	4.51	
1.50	0.45	0.0415	6.63	4.28	4.17	$M = \xi C i \omega l_x^2$
1.55	0.40	0.0437	6.55	4.22	3.83	
1.60	0.40	0.0445	6.52	4.21	3.79	
1.65	0.35	0.0468	6.44	4.16	3.46	
1.70	0.35	0.0474	6.42	4.15	3.44	
1.75	0.35	0.0481	6.40	4.13	3.41	
1.80	0.35	0.0487	6.39	4.12	3.39	
1.85	0.30	0.0509	6.33	4.08	3.07	
1.90	0.30	0.0515	6.31	4.08	3.05	
1.95	0.25	0.0538	6.26	4.04	2.73	
2.00	0.25	0.0543	6.25	4.03	2.71	

续表 E.0.1

$$M_x = K_x M \qquad V_{1-2} = K_{v_{1-2}} \frac{M_x}{l_x}$$
$$M_y = \alpha M_x \qquad V_{3-4} = V_{1-2}$$
$$M_x^0 = 2M_x \qquad V_{2-3} = K_{v_{2-3}} \frac{M_x}{l_x}$$
$$M_y^0 = 2M_y \qquad V_{4-1} = K_{v_{4-1}} \frac{M_x}{l_x}$$

三边固定一边简支

$\lambda = \frac{l_y}{l_x}$	α	K_x	$K_{v_{1-2}}$	$K_{v_{2-3}}$	$K_{v_{4-1}}$	备注
1.00	1.00	0.0173	10.93	6.22	10.77	
1.05	0.90	0.0187	10.63	5.66	9.81	
1.10	0.85	0.0198	10.45	5.35	9.27	
1.15	0.75	0.0213	10.23	4.85	8.40	
1.20	0.70	0.0223	10.10	4.57	7.92	
1.25	0.65	0.0233	9.98	4.31	7.46	
1.30	0.60	0.0244	9.88	4.05	7.02	
1.35	0.55	0.0254	9.78	3.80	6.58	
1.40	0.50	0.0264	9.70	3.55	6.15	
1.45	0.50	0.0268	9.67	3.53	6.11	
1.50	0.45	0.0278	9.60	3.28	5.69	$M = \xi C i \omega l_x^2$
1.55	0.40	0.0288	9.53	3.04	5.27	
1.60	0.40	0.0291	9.51	3.03	5.24	
1.65	0.35	0.0301	9.45	2.78	4.82	
1.70	0.35	0.0304	9.44	2.77	4.80	
1.75	0.35	0.0307	9.42	2.76	4.78	
1.80	0.35	0.0309	9.41	2.75	4.76	
1.85	0.30	0.0318	9.36	2.51	4.34	
1.90	0.30	0.0321	9.35	2.50	4.33	
1.95	0.25	0.0331	9.31	2.25	3.89	
2.00	0.25	0.0332	9.30	2.24	3.88	

续表 E.0.1

$$M_x = K_x M \qquad V_{1-2} = K_{v_{1-2}} \frac{M_x}{l_x}$$
$$M_y = \alpha M_x \qquad V_{3-4} = V_{1-2}$$
$$M_x^0 = 1.6M_x \qquad V_{2-3} = K_{v_{2-3}} \frac{M_x}{l_x}$$
$$M_y^0 = 1.6M_y \qquad V_{4-1} = K_{v_{4-1}} \frac{M_x}{l_x}$$

三边固定一边简支

$\lambda = \frac{l_y}{l_x}$	α	K_x	$K_{v_{1-2}}$	$K_{v_{2-3}}$	$K_{v_{4-1}}$	备注
1.00	1.00	0.0195	9.56	5.85	9.44	
1.05	0.90	0.0211	9.28	5.33	8.59	
1.10	0.85	0.0224	9.11	5.03	8.12	
1.15	0.75	0.0241	8.91	4.55	7.34	
1.20	0.70	0.0253	8.79	4.29	6.92	
1.25	0.65	0.0265	8.68	4.04	6.52	
1.30	0.60	0.0277	8.59	3.80	6.12	
1.35	0.55	0.0289	8.50	3.56	5.74	
1.40	0.50	0.0301	8.43	3.33	5.37	
1.45	0.50	0.0306	8.40	3.30	5.32	
1.50	0.45	0.0317	8.34	3.07	4.96	$M = \xi C i \omega l_x^2$
1.55	0.40	0.0329	8.28	2.85	4.59	
1.60	0.40	0.0333	8.26	2.83	4.56	
1.65	0.35	0.0344	8.21	2.60	4.20	
1.70	0.35	0.0348	8.19	2.59	4.18	
1.75	0.35	0.0351	8.18	2.58	4.16	
1.80	0.35	0.0354	8.17	2.57	4.14	
1.85	0.30	0.0365	8.12	2.34	3.78	
1.90	0.30	0.0367	8.11	2.33	3.76	
1.95	0.25	0.0378	8.07	2.10	3.38	
2.00	0.25	0.0381	8.06	2.09	3.37	

续表 E.0.1

$$M_x = K_x M \qquad V_{1-2} = K_{v_{1-2}} \frac{M_x}{l_x}$$
$$M_y = \alpha M_x \qquad V_{3-4} = V_{1-2}$$
$$M_x^0 = 1.8M_x \qquad V_{2-3} = K_{v_{2-3}} \frac{M_x}{l_x}$$
$$M_y^0 = 1.8M_y \qquad V_{4-1} = K_{v_{4-1}} \frac{M_x}{l_x}$$

三边固定一边简支

$\lambda = \frac{l_y}{l_x}$	α	K_x	$K_{v_{1-2}}$	$K_{v_{2-3}}$	$K_{v_{4-1}}$	备注
1.00	1.00	0.0183	10.25	6.04	10.10	
1.05	0.90	0.0198	9.96	5.50	9.20	
1.10	0.85	0.0210	9.78	5.20	8.70	
1.15	0.75	0.0226	9.57	4.71	7.87	
1.20	0.70	0.0237	9.44	4.44	7.42	
1.25	0.65	0.0248	9.33	4.18	6.99	
1.30	0.60	0.0259	9.23	3.93	6.57	
1.35	0.55	0.0270	9.14	3.68	6.16	
1.40	0.50	0.0281	9.06	3.44	5.76	
1.45	0.50	0.0286	9.03	3.42	5.71	
1.50	0.45	0.0296	8.97	3.18	5.32	$M = \xi C i \omega l_x^2$
1.55	0.40	0.0307	8.91	2.95	4.93	
1.60	0.40	0.0311	8.89	2.93	4.90	
1.65	0.35	0.0321	8.83	2.70	4.51	
1.70	0.35	0.0324	8.81	2.68	4.49	
1.75	0.35	0.0327	8.80	2.67	4.47	
1.80	0.35	0.0330	8.79	2.66	4.45	
1.85	0.30	0.0340	8.74	2.43	4.06	
1.90	0.30	0.0342	8.73	2.42	4.04	
1.95	0.25	0.0353	8.69	2.17	3.64	
2.00	0.25	0.0355	8.68	2.17	3.63	

续表 E.0.1

$$M_x = K_x M \qquad V_{1-2} = K_{v_{1-2}} \frac{M_x}{l_x}$$
$$M_y = \alpha M_x \qquad V_{3-4} = V_{1-2}$$
$$M_x^0 = 1.4M_x \qquad V_{2-3} = K_{v_{2-3}} \frac{M_x}{l_x}$$
$$M_y^0 = 1.4M_y \qquad V_{4-1} = K_{v_{4-1}} \frac{M_x}{l_x}$$

三边固定一边简支

$\lambda = \frac{l_y}{l_x}$	α	K_x	$K_{v_{1-2}}$	$K_{v_{2-3}}$	$K_{v_{4-1}}$	备注
1.00	1.00	0.0208	8.87	5.66	8.77	
1.05	0.90	0.0226	8.60	5.15	7.98	
1.10	0.85	0.0240	8.44	4.86	7.53	
1.15	0.75	0.0258	8.25	4.40	6.81	
1.20	0.70	0.0272	8.13	4.14	6.42	
1.25	0.65	0.0285	8.03	3.90	6.04	
1.30	0.60	0.0298	7.94	3.66	5.68	
1.35	0.55	0.0311	7.86	3.43	5.32	
1.40	0.50	0.0324	7.79	3.21	4.97	
1.45	0.50	0.0329	7.77	3.18	4.93	
1.50	0.45	0.0342	7.71	2.96	4.59	$M = \xi C i \omega l_x^2$
1.55	0.40	0.0354	7.65	2.74	4.25	
1.60	0.40	0.0359	7.63	2.73	4.22	
1.65	0.35	0.0371	7.58	2.51	3.88	
1.70	0.35	0.0375	7.57	2.50	3.87	
1.75	0.35	0.0378	7.56	2.48	3.85	
1.80	0.35	0.0382	7.54	2.47	3.83	
1.85	0.30	0.0393	7.50	2.25	3.49	
1.90	0.30	0.0396	7.49	2.25	3.48	
1.95	0.25	0.0408	7.46	2.02	3.13	
2.00	0.25	0.0411	7.45	2.01	3.12	

续表 E.0.1

$$M_x = K_x M \qquad V_{1-2} = K_{V_{1-2}} \frac{M_x}{l_x}$$
$$M_y = \alpha M_x \qquad V_{2-3} = K_{V_{2-3}} \frac{M_x}{l_x}$$
$$M_x^0 = 2M_x \qquad V_{3-4} = K_{V_{3-4}} \frac{M_x}{l_x}$$
$$M_y^0 = 2M_y \qquad V_{4-1} = K_{V_{4-1}} \frac{M_x}{l_x}$$

两相邻边固定两相邻边简支

$\lambda=\frac{l_y}{l_x}$	α	K_x	$K_{V_{1-2}}$	$K_{V_{3-4}}$	$K_{V_{2-3}}$	$K_{V_{4-1}}$	备注
1.00	1.00	0.0223	5.46	9.46	9.46	5.46	
1.05	0.90	0.0246	5.22	9.04	8.55	4.94	
1.10	0.85	0.0264	5.08	8.80	8.03	4.64	
1.15	0.75	0.0288	4.91	8.51	7.22	4.17	
1.20	0.70	0.0306	4.82	8.34	6.77	3.91	
1.25	0.65	0.0323	4.73	8.20	6.34	3.66	
1.30	0.60	0.0341	4.66	8.07	5.93	3.42	
1.35	0.55	0.0359	4.60	7.96	5.54	3.20	
1.40	0.50	0.0377	4.54	7.86	5.15	2.97	
1.45	0.50	0.0384	4.52	7.83	5.10	2.95	
1.50	0.45	0.0402	4.47	7.74	4.73	2.73	$M=\xi Ci\omega l_x^2$
1.55	0.40	0.0420	4.43	7.67	4.36	2.52	
1.60	0.40	0.0426	4.41	7.65	4.33	2.50	
1.65	0.35	0.0444	4.38	7.58	3.97	2.29	
1.70	0.35	0.0450	4.37	7.56	3.95	2.28	
1.75	0.35	0.0454	4.36	7.55	3.92	2.27	
1.80	0.35	0.0459	4.35	7.53	3.90	2.25	
1.85	0.30	0.0477	4.32	7.48	3.55	2.05	
1.90	0.30	0.0481	4.31	7.47	3.53	2.04	
1.95	0.25	0.0499	4.28	7.42	3.17	1.83	
2.00	0.25	0.0502	4.28	7.41	3.15	1.82	

续表 E.0.1

$$M_x = K_x M \qquad V_{1-2} = K_{V_{1-2}} \frac{M_x}{l_x}$$
$$M_y = \alpha M_x \qquad V_{2-3} = K_{V_{2-3}} \frac{M_x}{l_x}$$
$$M_x^0 = 1.6M_x \qquad V_{3-4} = K_{V_{3-4}} \frac{M_x}{l_x}$$
$$M_y^0 = 1.6M_y \qquad V_{4-1} = K_{V_{4-1}} \frac{M_x}{l_x}$$

两相邻边固定两相邻边简支

$\lambda=\frac{l_y}{l_x}$	α	K_x	$K_{V_{1-2}}$	$K_{V_{3-4}}$	$K_{V_{2-3}}$	$K_{V_{4-1}}$	备注
1.00	1.00	0.0244	5.22	8.42	8.42	5.22	
1.05	0.90	0.0269	4.99	8.05	7.61	4.72	
1.10	0.85	0.0288	4.86	7.83	7.15	4.44	
1.15	0.75	0.0315	4.70	7.57	6.42	3.98	
1.20	0.70	0.0334	4.60	7.42	6.03	3.74	
1.25	0.65	0.0354	4.53	7.30	5.64	3.50	
1.30	0.60	0.0373	4.46	7.18	5.28	3.27	
1.35	0.55	0.0392	4.39	7.09	4.93	3.06	
1.40	0.50	0.0412	4.34	7.00	4.59	2.84	
1.45	0.50	0.0420	4.32	6.97	4.54	2.82	
1.50	0.45	0.0440	4.27	6.89	4.21	2.61	$M=\xi Ci\omega l_x^2$
1.55	0.40	0.0459	4.23	6.83	3.89	2.41	
1.60	0.40	0.0466	4.22	6.81	3.86	2.39	
1.65	0.35	0.0486	4.18	6.75	3.53	2.19	
1.70	0.35	0.0491	4.17	6.73	3.51	2.18	
1.75	0.35	0.0497	4.17	6.72	3.49	2.17	
1.80	0.35	0.0502	4.16	6.70	3.48	2.16	
1.85	0.30	0.0521	4.13	6.66	3.16	1.96	
1.90	0.30	0.0526	4.12	6.64	3.14	1.95	
1.95	0.25	0.0545	4.09	6.60	2.82	1.75	
2.00	0.25	0.0549	4.09	6.59	2.81	1.74	

续表 E.0.1

$$M_x = K_x M \qquad V_{1-2} = K_{V_{1-2}} \frac{M_x}{l_x}$$
$$M_y = \alpha M_x \qquad V_{2-3} = K_{V_{2-3}} \frac{M_x}{l_x}$$
$$M_x^0 = 1.8M_x \qquad V_{3-4} = K_{V_{3-4}} \frac{M_x}{l_x}$$
$$M_y^0 = 1.8M_y \qquad V_{4-1} = K_{V_{4-1}} \frac{M_x}{l_x}$$

两相邻边固定两相邻边简支

$\lambda=\frac{l_y}{l_x}$	α	K_x	$K_{V_{1-2}}$	$K_{V_{3-4}}$	$K_{V_{2-3}}$	$K_{V_{4-1}}$	备注
1.00	1.00	0.0233	5.35	8.95	8.95	5.35	
1.05	0.90	0.0257	5.11	8.55	8.08	4.83	
1.10	0.85	0.0275	4.97	8.31	7.59	4.54	
1.15	0.75	0.0301	4.81	8.04	6.82	4.08	
1.20	0.70	0.0319	4.71	7.88	6.40	3.82	
1.25	0.65	0.0338	4.63	7.75	5.99	3.58	
1.30	0.60	0.0356	4.56	7.63	5.61	3.35	
1.35	0.55	0.0375	4.50	7.53	5.23	3.13	
1.40	0.50	0.0394	4.44	7.43	4.87	2.91	
1.45	0.50	0.0401	4.42	7.40	4.82	2.88	
1.50	0.45	0.0420	4.37	7.32	4.47	2.67	$M=\xi Ci\omega l_x^2$
1.55	0.40	0.0439	4.33	7.25	4.13	2.47	
1.60	0.40	0.0445	4.32	7.23	4.10	2.45	
1.65	0.35	0.0464	4.28	7.17	3.75	2.24	
1.70	0.35	0.0469	4.27	7.15	3.73	2.23	
1.75	0.35	0.0475	4.26	7.13	3.71	2.22	
1.80	0.35	0.0480	4.25	7.12	3.69	2.21	
1.85	0.30	0.0498	4.22	7.07	3.35	2.00	
1.90	0.30	0.0502	4.22	7.06	3.34	2.00	
1.95	0.25	0.0521	4.19	7.01	2.99	1.79	
2.00	0.25	0.0525	4.18	7.00	2.98	1.78	

续表 E.0.1

$$M_x = K_x M \qquad V_{1-2} = K_{V_{1-2}} \frac{M_x}{l_x}$$
$$M_y = \alpha M_x \qquad V_{2-3} = K_{V_{2-3}} \frac{M_x}{l_x}$$
$$M_x^0 = 1.4M_x \qquad V_{3-4} = K_{V_{3-4}} \frac{M_x}{l_x}$$
$$M_y^0 = 1.4M_y \qquad V_{4-1} = K_{V_{4-1}} \frac{M_x}{l_x}$$

两相邻边固定两相邻边简支

$\lambda=\frac{l_y}{l_x}$	α	K_x	$K_{V_{1-2}}$	$K_{V_{3-4}}$	$K_{V_{2-3}}$	$K_{V_{4-1}}$	备注
1.00	1.00	0.0256	5.10	7.90	7.90	5.10	
1.05	0.90	0.0283	4.87	7.55	7.14	4.61	
1.10	0.85	0.0303	4.74	7.34	6.71	4.33	
1.15	0.75	0.0331	4.58	7.10	6.02	3.89	
1.20	0.70	0.0351	4.49	6.96	5.65	3.65	
1.25	0.65	0.0371	4.42	6.84	5.29	3.42	
1.30	0.60	0.0392	4.35	6.74	4.95	3.20	
1.35	0.55	0.0412	4.29	6.64	4.62	2.98	
1.40	0.50	0.0433	4.24	6.56	4.30	2.78	
1.45	0.50	0.0441	4.22	6.53	4.26	2.75	
1.50	0.45	0.0462	4.17	6.46	3.95	2.55	$M=\xi Ci\omega l_x^2$
1.55	0.40	0.0482	4.13	6.40	3.64	2.35	
1.60	0.40	0.0489	4.12	6.38	3.62	2.33	
1.65	0.35	0.0510	4.08	6.33	3.31	2.14	
1.70	0.35	0.0516	4.07	6.31	3.29	2.13	
1.75	0.35	0.0522	4.06	6.30	3.28	2.11	
1.80	0.35	0.0528	4.06	6.28	3.26	2.10	
1.85	0.30	0.0548	4.03	6.24	2.96	1.91	
1.90	0.30	0.0552	4.02	6.23	2.95	1.90	
1.95	0.25	0.0573	4.00	6.19	2.64	1.71	
2.00	0.25	0.0577	3.99	6.18	2.63	1.70	

$$M_x = K_x M \qquad V_{1-2} = K_{V_{1-2}} \frac{M_x}{l_x}$$
$$M_y = \alpha M_x \qquad V_{3-4} = V_{1-2}$$
$$M_x^0 = 2M_x \qquad V_{2-3} = K_{V_{2-3}} \frac{M_x}{l_x}$$
$$V_{4-1} = V_{2-3}$$

两对边固定两对边简支

$\lambda = \dfrac{l_y}{l_x}$	α	K_x	$K_{V_{1-2}}$	$K_{V_{2-3}}$	备注
1.00	1.00	0.0216	10.18	5.55	
1.05	0.90	0.0230	10.01	5.11	
1.10	0.85	0.0240	9.91	4.86	
1.15	0.75	0.0254	9.79	4.44	
1.20	0.70	0.0263	9.71	4.21	
1.25	0.65	0.0272	9.64	3.99	
1.30	0.60	0.0281	9.58	3.77	
1.35	0.55	0.0289	9.52	3.56	
1.40	0.50	0.0298	9.47	3.35	
1.45	0.50	0.0301	9.45	3.33	
1.50	0.45	0.0310	9.41	3.11	$M = \xi C i \omega l_x^2$
1.55	0.40	0.0318	9.36	2.90	
1.60	0.40	0.0321	9.35	2.89	
1.65	0.35	0.0328	9.31	2.67	
1.70	0.35	0.0331	9.30	2.66	
1.75	0.35	0.0333	9.29	2.65	
1.80	0.35	0.0335	9.28	2.64	
1.85	0.30	0.0342	9.25	2.42	
1.90	0.30	0.0344	9.24	2.41	
1.95	0.25	0.0351	9.21	2.18	
2.00	0.25	0.0353	9.21	2.17	

$$M_x = K_x M \qquad V_{1-2} = K_{V_{1-2}} \frac{M_x}{l_x}$$
$$M_y = \alpha M_x \qquad V_{3-4} = V_{1-2}$$
$$M_x^0 = 1.6M_x \qquad V_{2-3} = K_{V_{2-3}} \frac{M_x}{l_x}$$
$$V_{4-1} = V_{2-3}$$

两对边固定两对边简支

$\lambda = \dfrac{l_y}{l_x}$	α	K_x	$K_{V_{1-2}}$	$K_{V_{2-3}}$	备注
1.00	1.00	0.0238	8.94	5.29	
1.05	0.90	0.0254	8.78	4.86	
1.10	0.85	0.0266	8.67	4.61	
1.15	0.75	0.0282	8.55	4.21	
1.20	0.70	0.0293	8.48	3.99	
1.25	0.65	0.0304	8.41	3.77	
1.30	0.60	0.0315	8.35	3.56	
1.35	0.55	0.0325	8.30	3.36	
1.40	0.50	0.0336	8.25	3.15	
1.45	0.50	0.0340	8.23	3.13	
1.50	0.45	0.0349	8.18	2.93	$M = \xi C i \omega l_x^2$
1.55	0.40	0.0359	8.14	2.72	
1.60	0.40	0.0363	8.13	2.71	
1.65	0.35	0.0372	8.10	2.50	
1.70	0.35	0.0375	8.09	2.49	
1.75	0.35	0.0378	8.08	2.49	
1.80	0.35	0.0380	8.07	2.48	
1.85	0.30	0.0389	8.04	2.27	
1.90	0.30	0.0391	8.03	2.26	
1.95	0.25	0.0400	8.00	2.04	
2.00	0.25	0.0402	8.00	2.04	

$$M_x = K_x M \qquad V_{1-2} = K_{V_{1-2}} \frac{M_x}{l_x}$$
$$M_y = \alpha M_x \qquad V_{3-4} = V_{1-2}$$
$$M_x^0 = 1.8M_x \qquad V_{2-3} = K_{V_{2-3}} \frac{M_x}{l_x}$$
$$V_{4-1} = V_{2-3}$$

两对边固定两对边简支

$\lambda = \dfrac{l_y}{l_x}$	α	K_x	$K_{V_{1-2}}$	$K_{V_{2-3}}$	备注
1.00	1.00	0.0227	9.56	5.42	
1.05	0.90	0.0242	9.40	4.98	
1.10	0.85	0.0252	9.29	4.74	
1.15	0.75	0.0267	9.17	4.33	
1.20	0.70	0.0277	9.09	4.10	
1.25	0.65	0.0287	9.03	3.89	
1.30	0.60	0.0297	8.97	3.67	
1.35	0.55	0.0306	8.91	3.46	
1.40	0.50	0.0316	8.86	3.25	
1.45	0.50	0.0319	8.84	3.23	
1.50	0.45	0.0328	8.80	3.02	$M = \xi C i \omega l_x^2$
1.55	0.40	0.0337	8.75	2.81	
1.60	0.40	0.0340	8.74	2.80	
1.65	0.35	0.0349	8.70	2.59	
1.70	0.35	0.0351	8.69	2.58	
1.75	0.35	0.0354	8.68	2.57	
1.80	0.35	0.0356	8.68	2.56	
1.85	0.30	0.0364	8.64	2.34	
1.90	0.30	0.0366	8.64	2.34	
1.95	0.25	0.0374	8.61	2.11	
2.00	0.25	0.0376	8.60	2.11	

$$M_x = K_x M \qquad V_{1-2} = K_{V_{1-2}} \frac{M_x}{l_x}$$
$$M_y = \alpha M_x \qquad V_{3-4} = V_{1-2}$$
$$M_x^0 = 1.4M_x \qquad V_{2-3} = K_{V_{2-3}} \frac{M_x}{l_x}$$
$$V_{4-1} = V_{2-3}$$

两对边固定两对边简支

$\lambda = \dfrac{l_y}{l_x}$	α	K_x	$K_{V_{1-2}}$	$K_{V_{2-3}}$	备注
1.00	1.00	0.0251	8.32	5.15	
1.05	0.90	0.0269	8.16	4.72	
1.10	0.85	0.0282	8.06	4.49	
1.15	0.75	0.0299	7.93	4.09	
1.20	0.70	0.0312	7.86	3.87	
1.25	0.65	0.0324	7.79	3.66	
1.30	0.60	0.0335	7.74	3.45	
1.35	0.55	0.0347	7.68	3.25	
1.40	0.50	0.0358	7.63	3.05	
1.45	0.50	0.0363	7.61	3.03	
1.50	0.45	0.0374	7.57	2.83	$M = \xi C i \omega l_x^2$
1.55	0.40	0.0385	7.53	2.63	
1.60	0.40	0.0388	7.52	2.62	
1.65	0.35	0.0399	7.49	2.42	
1.70	0.35	0.0402	7.48	2.41	
1.75	0.35	0.0405	7.47	2.40	
1.80	0.35	0.0408	7.46	2.39	
1.85	0.30	0.0418	7.43	2.19	
1.90	0.30	0.0420	7.42	2.18	
1.95	0.25	0.0430	7.39	1.97	
2.00	0.25	0.0432	7.39	1.96	

续表 E.0.1

$M_x = K_x M$ $V_{1-2} = K_{V_{1-2}} \dfrac{M_x}{l_x}$

$M_y = \alpha M_x$ $V_{3-4} = V_{1-2}$

$M_y^0 = 2M_y$ $V_{2-3} = K_{V_{2-3}} \dfrac{M_x}{l_x}$

$V_{4-1} = V_{2-3}$

两对边固定两对边简支

$\lambda = \dfrac{l_y}{l_x}$	α	K_x	$K_{V_{1-2}}$	$K_{V_{2-3}}$	备注
1.00	1.00	0.0216	5.55	10.18	
1.05	0.90	0.0248	5.19	8.89	
1.10	0.85	0.0273	4.94	8.15	
1.15	0.75	0.0311	4.63	7.07	
1.20	0.70	0.0341	4.42	6.48	
1.25	0.65	0.0371	4.24	5.94	
1.30	0.60	0.0404	4.06	5.46	
1.35	0.55	0.0438	3.91	5.01	
1.40	0.50	0.0473	3.77	4.60	
1.45	0.50	0.0488	3.73	4.53	
1.50	0.45	0.0525	3.63	4.14	$M = \xi C i \omega l_x^2$
1.55	0.40	0.0564	3.54	3.76	
1.60	0.40	0.5780	3.51	3.72	
1.65	0.35	0.0619	3.44	3.36	
1.70	0.35	0.0632	3.42	3.33	
1.75	0.35	0.0644	3.40	3.30	
1.80	0.35	0.0655	3.38	3.27	
1.85	0.30	0.0697	3.33	2.93	
1.90	0.30	0.0708	3.32	2.91	
1.95	0.25	0.0753	3.27	2.58	
2.00	0.25	0.0763	3.26	2.56	

续表 E.0.1

$M_x = K_x M$ $V_{1-2} = K_{V_{1-2}} \dfrac{M_x}{l_x}$

$M_y = \alpha M_x$ $V_{3-4} = V_{1-2}$

$M_y^0 = 1.6M_y$ $V_{2-3} = K_{V_{2-3}} \dfrac{M_x}{l_x}$

$V_{4-1} = V_{2-3}$

两对边固定两对边简支

$\lambda = \dfrac{l_y}{l_x}$	α	K_x	$K_{V_{1-2}}$	$K_{V_{2-3}}$	备注
1.00	1.00	0.0238	5.29	8.94	
1.05	0.90	0.0272	4.95	7.83	
1.10	0.85	0.0298	4.73	7.19	
1.15	0.75	0.0338	4.44	6.27	
1.20	0.70	0.0369	4.25	5.76	
1.25	0.65	0.0400	4.08	5.31	
1.30	0.60	0.0433	3.92	4.90	
1.35	0.55	0.0468	3.79	4.51	
1.40	0.50	0.0504	3.68	4.15	
1.45	0.50	0.0519	3.64	4.09	
1.50	0.45	0.0556	3.55	3.75	$M = \xi C i \omega l_x^2$
1.55	0.40	0.0595	3.48	3.41	
1.60	0.40	0.0608	3.46	3.38	
1.65	0.35	0.0649	3.39	3.06	
1.70	0.35	0.0661	3.38	3.03	
1.75	0.35	0.0673	3.36	3.00	
1.80	0.35	0.0684	3.35	2.98	
1.85	0.30	0.0725	3.30	2.68	
1.90	0.30	0.0735	3.29	2.66	
1.95	0.25	0.0779	3.25	2.36	
2.00	0.25	0.0788	3.24	2.34	

续表 E.0.1

$M_x = K_x M$ $V_{1-2} = K_{V_{1-2}} \dfrac{M_x}{l_x}$

$M_y = \alpha M_x$ $V_{3-4} = V_{1-2}$

$M_y^0 = 1.8M_y$ $V_{2-3} = K_{V_{2-3}} \dfrac{M_x}{l_x}$

$V_{4-1} = V_{2-3}$

两对边固定两对边简支

$\lambda = \dfrac{l_y}{l_x}$	α	K_x	$K_{V_{1-2}}$	$K_{V_{2-3}}$	备注
1.00	1.00	0.0227	5.42	9.56	
1.05	0.90	0.0259	5.07	8.36	
1.10	0.85	0.0285	4.84	7.67	
1.15	0.75	0.0324	4.53	6.67	
1.20	0.70	0.0354	4.34	6.12	
1.25	0.65	0.0385	4.16	5.62	
1.30	0.60	0.0418	3.99	5.18	
1.35	0.55	0.0452	3.85	4.77	
1.40	0.50	0.0488	3.73	4.37	
1.45	0.50	0.0503	3.68	4.31	
1.50	0.45	0.0540	3.59	3.94	$M = \xi C i \omega l_x^2$
1.55	0.40	0.0579	3.51	3.59	
1.60	0.40	0.0593	3.48	3.55	
1.65	0.35	0.0634	3.42	3.21	
1.70	0.35	0.0646	3.40	3.18	
1.75	0.35	0.0658	3.38	3.15	
1.80	0.35	0.0669	3.37	3.12	
1.85	0.30	0.0711	3.31	2.81	
1.90	0.30	0.0721	3.30	2.79	
1.95	0.25	0.0765	3.26	2.47	
2.00	0.25	0.0775	3.25	2.45	

续表 E.0.1

$M_x = K_x M$ $V_{1-2} = K_{V_{1-2}} \dfrac{M_x}{l_x}$

$M_y = \alpha M_x$ $V_{3-4} = V_{1-2}$

$M_y^0 = 1.4M_y$ $V_{2-3} = K_{V_{2-3}} \dfrac{M_x}{l_x}$

$V_{4-1} = V_{2-3}$

两对边固定两对边简支

$\lambda = \dfrac{l_y}{l_x}$	α	K_x	$K_{V_{1-2}}$	$K_{V_{2-3}}$	备注
1.00	1.00	0.0251	5.15	8.32	
1.05	0.90	0.0286	4.83	7.30	
1.10	0.85	0.0313	4.62	6.71	
1.15	0.75	0.0354	4.34	5.86	
1.20	0.70	0.0385	4.16	5.41	
1.25	0.65	0.0417	4.00	4.99	
1.30	0.60	0.0450	3.86	4.62	
1.35	0.55	0.0485	3.74	4.26	
1.40	0.50	0.0521	3.64	3.92	
1.45	0.50	0.0536	3.60	3.86	
1.50	0.45	0.0573	3.52	3.54	$M = \xi C i \omega l_x^2$
1.55	0.40	0.0612	3.45	3.23	
1.60	0.40	0.0625	3.43	3.20	
1.65	0.35	0.0665	3.37	2.90	
1.70	0.35	0.0677	3.35	2.88	
1.75	0.35	0.0689	3.34	2.85	
1.80	0.35	0.0700	3.33	2.83	
1.85	0.30	0.0740	3.28	2.55	
1.90	0.30	0.0751	3.27	2.53	
1.95	0.25	0.0793	3.23	2.25	
2.00	0.25	0.0802	3.23	2.23	

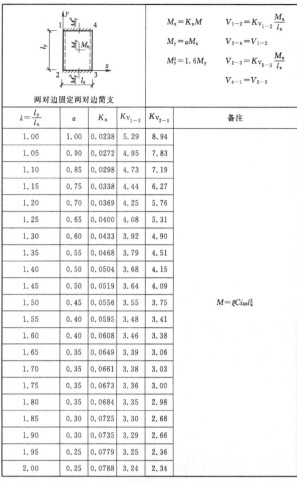

续表 E.0.1

$M_x = K_x M$　　$V_{1-2} = K_{V_{1-2}} \dfrac{M_x}{l_x}$

$M_y = \alpha M_x$　　$V_{2-3} = K_{V_{2-3}} \dfrac{M_x}{l_x}$

$M_x^0 = 2M_x$　　$V_{3-4} = K_{V_{3-4}} \dfrac{M_x}{l_x}$

$V_{4-1} = V_{2-3}$

一边固定三边简支

$\lambda = \dfrac{l_y}{l_x}$	α	K_x	$K_{V_{1-2}}$	$K_{V_{3-4}}$	$K_{V_{2-3}}$	备注
1.00	1.00	0.0294	4.87	8.44	4.76	
1.05	0.90	0.0318	4.76	8.24	4.35	
1.10	0.85	0.0335	4.69	8.12	4.12	
1.15	0.75	0.0358	4.60	7.97	3.74	
1.20	0.70	0.0375	4.55	7.87	3.53	
1.25	0.65	0.0391	4.50	7.79	3.33	
1.30	0.60	0.0407	4.46	7.72	3.14	
1.35	0.55	0.0423	4.42	7.66	2.95	
1.40	0.50	0.0438	4.39	7.60	2.76	
1.45	0.50	0.0445	4.37	7.58	2.74	
1.50	0.45	0.0460	4.35	7.53	2.55	$M = \xi C i \omega l_x^2$
1.55	0.40	0.0475	4.32	7.48	2.37	
1.60	0.40	0.0480	4.31	7.47	2.36	
1.65	0.35	0.0495	4.29	7.43	2.17	
1.70	0.35	0.0500	4.28	7.41	2.16	
1.75	0.35	0.0504	4.27	7.40	2.15	
1.80	0.35	0.0508	4.27	7.39	2.14	
1.85	0.30	0.0522	4.25	7.36	1.96	
1.90	0.30	0.0526	4.24	7.35	1.95	
1.95	0.25	0.0540	4.23	7.32	1.76	
2.00	0.25	0.0542	4.22	7.31	1.75	

续表 E.0.1

$M_x = K_x M$　　$V_{1-2} = K_{V_{1-2}} \dfrac{M_x}{l_x}$

$M_y = \alpha M_x$　　$V_{2-3} = K_{V_{2-3}} \dfrac{M_x}{l_x}$

$M_x^0 = 1.6M_x$　　$V_{3-4} = K_{V_{3-4}} \dfrac{M_x}{l_x}$

$V_{4-1} = V_{2-3}$

一边固定三边简支

$\lambda = \dfrac{l_y}{l_x}$	α	K_x	$K_{V_{1-2}}$	$K_{V_{3-4}}$	$K_{V_{2-3}}$	备注
1.00	1.00	0.0311	4.72	7.61	4.63	
1.05	0.90	0.0336	4.60	7.41	4.22	
1.10	0.85	0.0355	4.52	7.29	4.00	
1.15	0.75	0.0381	4.43	7.14	3.62	
1.20	0.70	0.0399	4.38	7.05	3.42	
1.25	0.65	0.0417	4.33	6.98	3.22	
1.30	0.60	0.0435	4.28	6.91	3.03	
1.35	0.55	0.0453	4.25	6.85	2.85	
1.40	0.50	0.0470	4.21	6.79	2.66	
1.45	0.50	0.0478	4.20	6.77	2.64	
1.50	0.45	0.0495	4.17	6.72	2.46	$M = \xi C i \omega l_x^2$
1.55	0.40	0.0512	4.14	6.68	2.28	
1.60	0.40	0.0517	4.13	6.67	2.27	
1.65	0.35	0.0534	4.11	6.63	2.09	
1.70	0.35	0.0539	4.10	6.62	2.08	
1.75	0.35	0.0544	4.10	6.61	2.07	
1.80	0.35	0.0548	4.09	6.60	2.06	
1.85	0.30	0.0564	4.07	6.56	1.88	
1.90	0.30	0.0568	4.07	6.56	1.88	
1.95	0.25	0.0584	4.05	6.53	1.69	
2.00	0.25	0.0588	4.04	6.52	1.68	

续表 E.0.1

$M_x = K_x M$　　$V_{1-2} = K_{V_{1-2}} \dfrac{M_x}{l_x}$

$M_y = \alpha M_x$　　$V_{2-3} = K_{V_{2-3}} \dfrac{M_x}{l_x}$

$M_x^0 = 1.8M_x$　　$V_{3-4} = K_{V_{3-4}} \dfrac{M_x}{l_x}$

$V_{4-1} = V_{2-3}$

一边固定三边简支

$\lambda = \dfrac{l_y}{l_x}$	α	K_x	$K_{V_{1-2}}$	$K_{V_{3-4}}$	$K_{V_{2-3}}$	备注
1.00	1.00	0.0302	4.80	8.03	4.70	
1.05	0.90	0.0327	4.68	7.83	4.29	
1.10	0.85	0.0344	4.60	7.70	4.06	
1.15	0.75	0.0369	4.52	7.56	3.68	
1.20	0.70	0.0386	4.46	7.47	3.48	
1.25	0.65	0.0404	4.41	7.39	3.28	
1.30	0.60	0.0420	4.37	7.32	3.08	
1.35	0.55	0.0437	4.34	7.25	2.90	
1.40	0.50	0.0454	4.30	7.20	2.71	
1.45	0.50	0.0461	4.29	7.18	2.69	
1.50	0.45	0.0477	4.26	7.13	2.51	$M = \xi C i \omega l_x^2$
1.55	0.40	0.0493	4.23	7.08	2.33	
1.60	0.40	0.0498	4.22	7.07	2.31	
1.65	0.35	0.0514	4.20	7.03	2.13	
1.70	0.35	0.0519	4.19	7.02	2.12	
1.75	0.35	0.0523	4.19	7.01	2.11	
1.80	0.35	0.0527	4.18	7.00	2.10	
1.85	0.30	0.0542	4.16	6.96	1.92	
1.90	0.30	0.0546	4.16	6.96	1.91	
1.95	0.25	0.0561	4.14	6.92	1.72	
2.00	0.25	0.0564	4.13	6.92	1.72	

续表 E.0.1

$M_x = K_x M$　　$V_{1-2} = K_{V_{1-2}} \dfrac{M_x}{l_x}$

$M_y = \alpha M_x$　　$V_{2-3} = K_{V_{2-3}} \dfrac{M_x}{l_x}$

$M_x^0 = 1.4M_x$　　$V_{3-4} = K_{V_{3-4}} \dfrac{M_x}{l_x}$

$V_{4-1} = V_{2-3}$

一边固定三边简支

$\lambda = \dfrac{l_y}{l_x}$	α	K_x	$K_{V_{1-2}}$	$K_{V_{3-4}}$	$K_{V_{2-3}}$	备注
1.00	1.00	0.0320	4.64	7.19	4.56	
1.05	0.90	0.0347	4.51	6.99	4.16	
1.10	0.85	0.0366	4.43	6.87	3.93	
1.15	0.75	0.0394	4.34	6.73	3.56	
1.20	0.70	0.0413	4.29	6.64	3.36	
1.25	0.65	0.0432	4.24	6.56	3.17	
1.30	0.60	0.0451	4.19	6.50	2.98	
1.35	0.55	0.0470	4.15	6.44	2.79	
1.40	0.50	0.0489	4.12	6.38	2.61	
1.45	0.50	0.0496	4.11	6.36	2.59	
1.50	0.45	0.0515	4.08	6.31	2.41	$M = \xi C i \omega l_x^2$
1.55	0.40	0.0533	4.05	6.27	2.24	
1.60	0.40	0.0539	4.04	6.26	2.22	
1.65	0.35	0.0557	4.02	6.22	2.05	
1.70	0.35	0.0562	4.01	6.21	2.04	
1.75	0.35	0.0567	4.00	6.20	2.03	
1.80	0.35	0.0572	4.00	6.19	2.02	
1.85	0.30	0.0589	3.98	6.16	1.84	
1.90	0.30	0.0593	3.97	6.15	1.84	
1.95	0.25	0.0610	3.95	6.12	1.65	
2.00	0.25	0.0614	3.95	6.12	1.65	

续表 E.0.1

$$M_x = K_x M \qquad V_{1-2} = K_{V_{1-2}} \frac{M_x}{l_x}$$
$$M_y = \alpha M_x \qquad V_{3-4} = V_{1-2}$$
$$M_y^0 = 2M_y \qquad V_{2-3} = K_{V_{2-3}} \frac{M_x}{l_x}$$
$$V_{4-1} = K_{V_{4-1}} \frac{M_x}{l_x}$$

一边固定三边简支

$\lambda = \frac{l_y}{l_x}$	α	K_x	$K_{V_{1-2}}$	$K_{V_{2-3}}$	$K_{V_{4-1}}$	备注
1.00	1.00	0.0294	4.76	8.44	4.88	
1.05	0.90	0.0332	4.48	7.45	4.30	
1.10	0.85	0.0361	4.29	6.90	3.98	
1.15	0.75	0.0405	4.06	6.09	3.51	
1.20	0.70	0.0438	3.92	5.66	3.27	
1.25	0.65	0.0470	3.79	5.26	3.04	
1.30	0.60	0.0504	3.68	4.88	2.82	
1.35	0.55	0.0539	3.59	4.52	2.61	
1.40	0.50	0.0575	3.52	4.17	2.49	
1.45	0.50	0.0590	3.49	4.12	2.38	
1.50	0.45	0.0626	3.43	3.79	2.19	$M = \xi C i \omega l_x^2$
1.55	0.40	0.0664	3.37	3.47	2.00	
1.60	0.40	0.0677	3.36	3.44	1.99	
1.65	0.35	0.0715	3.31	3.13	1.81	
1.70	0.35	0.0727	3.30	3.10	1.79	
1.75	0.35	0.0738	3.29	3.08	1.78	
1.80	0.35	0.0749	3.27	3.06	1.77	
1.85	0.30	0.0787	3.24	2.76	1.59	
1.90	0.30	0.0797	3.23	2.75	1.58	
1.95	0.25	0.0836	3.20	2.45	1.41	
2.00	0.25	0.0845	3.19	2.43	1.40	

续表 E.0.1

$$M_x = K_x M \qquad V_{1-2} = K_{V_{1-2}} \frac{M_x}{l_x}$$
$$M_y = \alpha M_x \qquad V_{3-4} = V_{1-2}$$
$$M_y^0 = 1.6M_y \qquad V_{2-3} = K_{V_{2-3}} \frac{M_x}{l_x}$$
$$V_{4-1} = K_{V_{4-1}} \frac{M_x}{l_x}$$

一边固定三边简支

$\lambda = \frac{l_y}{l_x}$	α	K_x	$K_{V_{1-2}}$	$K_{V_{2-3}}$	$K_{V_{4-1}}$	备注
1.00	1.00	0.0311	4.63	7.61	4.72	
1.05	0.90	0.0349	4.37	6.74	4.18	
1.10	0.85	0.0379	4.19	6.25	3.88	
1.15	0.75	0.0424	3.97	5.54	3.44	
1.20	0.70	0.0456	3.83	5.16	3.20	
1.25	0.65	0.0489	3.72	4.80	2.98	
1.30	0.60	0.0523	3.63	4.46	2.76	
1.35	0.55	0.0558	3.55	4.13	2.56	
1.40	0.50	0.0594	3.48	3.82	2.37	
1.45	0.50	0.0609	3.46	3.77	2.34	
1.50	0.45	0.0645	3.40	3.48	2.16	$M = \xi C i \omega l_x^2$
1.55	0.40	0.0682	3.35	3.19	1.98	
1.60	0.40	0.0694	3.33	3.16	1.96	
1.65	0.35	0.0733	3.29	2.88	1.78	
1.70	0.35	0.0744	3.28	2.86	1.77	
1.75	0.35	0.0755	3.27	2.84	1.76	
1.80	0.35	0.0765	3.26	2.82	1.75	
1.85	0.30	0.0803	3.22	2.55	1.58	
1.90	0.30	0.0812	3.22	2.53	1.57	
1.95	0.25	0.0851	3.19	2.26	1.40	
2.00	0.25	0.0859	3.18	2.25	1.39	

续表 E.0.1

$$M_x = K_x M \qquad V_{1-2} = K_{V_{1-2}} \frac{M_x}{l_x}$$
$$M_y = \alpha M_x \qquad V_{3-4} = V_{1-2}$$
$$M_y^0 = 1.8M_y \qquad V_{2-3} = K_{V_{2-3}} \frac{M_x}{l_x}$$
$$V_{4-1} = K_{V_{4-1}} \frac{M_x}{l_x}$$

一边固定三边简支

$\lambda = \frac{l_y}{l_x}$	α	K_x	$K_{V_{1-2}}$	$K_{V_{2-3}}$	$K_{V_{4-1}}$	备注
1.00	1.00	0.0302	4.70	8.03	4.80	
1.05	0.90	0.0341	4.42	7.10	4.24	
1.10	0.85	0.0370	4.24	6.57	3.93	
1.15	0.75	0.0414	4.01	5.82	3.48	
1.20	0.70	0.0446	3.87	5.41	3.23	
1.25	0.65	0.0479	3.75	5.03	3.01	
1.30	0.60	0.0513	3.66	4.67	2.79	
1.35	0.55	0.0548	3.57	4.33	2.59	
1.40	0.50	0.0584	3.50	4.00	2.39	
1.45	0.50	0.0599	3.47	3.95	2.36	
1.50	0.45	0.0635	3.41	3.64	2.17	$M = \xi C i \omega l_x^2$
1.55	0.40	0.0673	3.36	3.33	1.99	
1.60	0.40	0.0685	3.34	3.30	1.97	
1.65	0.35	0.0724	3.30	3.00	1.80	
1.70	0.35	0.0735	3.29	2.98	1.78	
1.75	0.35	0.0746	3.28	2.96	1.77	
1.80	0.35	0.0757	3.27	2.94	1.76	
1.85	0.30	0.0795	3.23	2.65	1.59	
1.90	0.30	0.0804	3.22	2.64	1.58	
1.95	0.25	0.0844	3.19	2.35	1.41	
2.00	0.25	0.0852	3.19	2.34	1.40	

续表 E.0.1

$$M_x = K_x M \qquad V_{1-2} = K_{V_{1-2}} \frac{M_x}{l_x}$$
$$M_y = \alpha M_x \qquad V_{3-4} = V_{1-2}$$
$$M_y^0 = 1.4M_y \qquad V_{2-3} = K_{V_{2-3}} \frac{M_x}{l_x}$$
$$V_{4-1} = K_{V_{4-1}} \frac{M_x}{l_x}$$

一边固定三边简支

$\lambda = \frac{l_y}{l_x}$	α	K_x	$K_{V_{1-2}}$	$K_{V_{2-3}}$	$K_{V_{4-1}}$	备注
1.00	1.00	0.0320	4.56	7.19	4.64	
1.05	0.90	0.0359	4.31	6.37	4.11	
1.10	0.85	0.0389	4.14	5.92	3.82	
1.15	0.75	0.0434	3.92	5.26	3.39	
1.20	0.70	0.0466	3.80	4.90	3.16	
1.25	0.65	0.0500	3.69	4.56	2.94	
1.30	0.60	0.0534	3.60	4.24	2.74	
1.35	0.55	0.0568	3.53	3.93	2.54	
1.40	0.50	0.0604	3.46	3.64	2.35	
1.45	0.50	0.0619	3.44	3.60	2.32	
1.50	0.45	0.0655	3.38	3.32	2.14	$M = \xi C i \omega l_x^2$
1.55	0.40	0.0692	3.34	3.04	1.96	
1.60	0.40	0.0704	3.32	3.01	1.95	
1.65	0.35	0.0742	3.28	2.75	1.77	
1.70	0.35	0.0753	3.27	2.73	1.76	
1.75	0.35	0.0764	3.26	2.71	1.75	
1.80	0.35	0.0774	3.25	2.69	1.74	
1.85	0.30	0.0811	3.22	2.43	1.57	
1.90	0.30	0.0820	3.21	2.42	1.56	
1.95	0.25	0.0859	3.18	2.16	1.39	
2.00	0.25	0.0867	3.18	2.15	1.39	

$$M_x = K_x M \qquad V_{1-2} = K_{V_{1-2}} \frac{M_x}{l_x}$$
$$M_y = \alpha M_x \qquad V_{3-4} = V_{1-2}$$
$$V_{2-3} = K_{V_{2-3}} \frac{M_x}{l_x}$$
$$V_{4-1} = V_{2-3}$$

四边简支

$\lambda = \dfrac{l_y}{l_x}$	α	K_x	$K_{V_{1-2}}$	$K_{V_{2-3}}$	备注
1.00	1.00	0.0417	4.00	4.00	
1.05	0.90	0.0459	3.82	3.61	
1.10	0.85	0.0491	3.72	3.40	
1.15	0.75	0.0537	3.60	3.05	
1.20	0.70	0.0570	3.53	2.86	
1.25	0.65	0.0603	3.46	2.68	
1.30	0.60	0.0636	3.41	2.51	
1.35	0.55	0.0670	3.36	2.34	
1.40	0.50	0.0703	3.32	2.18	
1.45	0.50	0.0717	3.31	2.16	
1.50	0.45	0.0751	3.27	2.00	$M = \xi C i \omega l_x^2$
1.55	0.40	0.0784	3.24	1.84	
1.60	0.40	0.0795	3.23	1.83	
1.65	0.35	0.0829	3.20	1.68	
1.70	0.35	0.0839	3.20	1.67	
1.75	0.35	0.0849	3.19	1.66	
1.80	0.35	0.0857	3.18	1.65	
1.85	0.30	0.0890	3.16	1.50	
1.90	0.30	0.0897	3.15	1.49	
1.95	0.25	0.0931	3.13	1.34	
2.00	0.25	0.0938	3.13	1.33	

E.0.2 三边支承板的弯矩系数和动反力系数，可按表 E.0.2 查取。

表 E.0.2　三边支承板的弯矩系数和动反力系数

$$M_x = K_x M \qquad V_{1-2} = K_{V_{1-2}} \frac{M_x}{l_x}$$
$$M_y = \alpha M_x \qquad V_{3-4} = V_{1-2}$$
$$M_x^0 = 2M_x \qquad V_{2-3} = K_{V_{2-3}} \frac{M_x}{l_x}$$
$$M_y^0 = 2M_y$$

三边固定

$\lambda = l_y/l_x$	α	K_x	$K_{V_{1-2}}$	$K_{V_{2-3}}$	备注
0.50	0.45	0.0196	10.48	6.78	
0.55	0.45	0.0209	10.28	6.56	
0.60	0.45	0.0221	10.12	6.38	
0.65	0.45	0.0232	10.00	6.23	
0.70	0.45	0.0241	9.90	6.11	
0.75	0.45	0.0250	9.82	6.00	
0.80	0.45	0.0258	9.75	5.91	
0.85	0.45	0.0265	9.69	5.83	
0.90	0.45	0.0272	9.64	5.75	
0.95	0.45	0.0278	9.60	5.69	
1.00	0.45	0.0284	9.56	5.63	$M = \xi C i \omega l_x^2$
1.10	0.40	0.0299	9.46	5.17	
1.20	0.40	0.0308	9.42	5.10	
1.30	0.35	0.0321	9.35	4.67	
1.40	0.35	0.0327	9.32	4.63	
1.50	0.30	0.0338	9.27	4.22	
1.60	0.30	0.0342	9.25	4.19	
1.70	0.25	0.0352	9.21	3.77	
1.80	0.25	0.0355	9.20	3.75	
1.90	0.25	0.0358	9.19	3.74	
2.00	0.25	0.0361	9.18	3.72	

$$M_x = K_x M \qquad V_{1-2} = K_{V_{1-2}} \frac{M_x}{l_x}$$
$$M_y = \alpha M_x \qquad V_{3-4} = V_{1-2}$$
$$M_x^0 = 1.8M_x \qquad V_{2-3} = K_{V_{2-3}} \frac{M_x}{l_x}$$
$$M_y^0 = 1.8M_y$$

三边固定

$\lambda = l_y/l_x$	α	K_x	$K_{V_{1-2}}$	$K_{V_{2-3}}$	备注
0.50	0.45	0.0210	9.78	6.33	
0.55	0.45	0.0224	9.59	6.13	
0.60	0.45	0.0237	9.45	5.96	
0.65	0.45	0.0248	9.33	5.82	
0.70	0.45	0.0258	9.24	5.70	
0.75	0.45	0.0268	9.16	5.60	
0.80	0.45	0.0276	9.10	5.51	
0.85	0.45	0.0284	9.05	5.44	
0.90	0.45	0.0291	9.00	5.37	
0.95	0.45	0.0298	8.96	5.31	
1.00	0.45	0.0304	8.92	5.26	$M = \xi C i \omega l_x^2$
1.10	0.40	0.0321	8.83	4.82	
1.20	0.40	0.0330	8.79	4.76	
1.30	0.35	0.0344	8.73	4.36	
1.40	0.35	0.0350	8.70	4.32	
1.50	0.30	0.0362	8.65	3.93	
1.60	0.30	0.0366	8.64	3.91	
1.70	0.25	0.0377	8.60	3.52	
1.80	0.25	0.0380	8.59	3.50	
1.90	0.25	0.0384	8.58	3.49	
2.00	0.25	0.0386	8.57	3.47	

$$M_x = K_x M \qquad V_{1-2} = K_{V_{1-2}} \frac{M_x}{l_x}$$
$$M_y = \alpha M_x \qquad V_{3-4} = V_{1-2}$$
$$M_x^0 = 1.6M_x \qquad V_{2-3} = K_{V_{2-3}} \frac{M_x}{l_x}$$
$$M_y^0 = 1.6M_y$$

三边固定

$\lambda = l_y/l_x$	α	K_x	$K_{V_{1-2}}$	$K_{V_{2-3}}$	备注
0.50	0.45	0.0226	9.08	5.88	
0.55	0.45	0.0241	8.91	5.69	
0.60	0.45	0.0255	8.77	5.53	
0.65	0.45	0.0267	8.67	5.40	
0.70	0.45	0.0278	8.58	5.29	
0.75	0.45	0.0288	8.51	5.20	
0.80	0.45	0.0298	8.45	5.12	
0.85	0.45	0.0306	8.40	5.05	
0.90	0.45	0.0314	8.36	4.99	
0.95	0.45	0.0321	8.32	4.93	
1.00	0.45	0.0327	8.29	4.88	$M = \xi C i \omega l_x^2$
1.10	0.40	0.0345	8.20	4.48	
1.20	0.40	0.0355	8.16	4.42	
1.30	0.35	0.0370	8.10	4.05	
1.40	0.35	0.0377	8.08	4.01	
1.50	0.30	0.0390	8.04	3.65	
1.60	0.30	0.0395	8.02	3.63	
1.70	0.25	0.0406	7.98	3.27	
1.80	0.25	0.0410	7.97	3.25	
1.90	0.25	0.0413	7.96	3.24	
2.00	0.25	0.0416	7.95	3.23	

续表 E.0.2

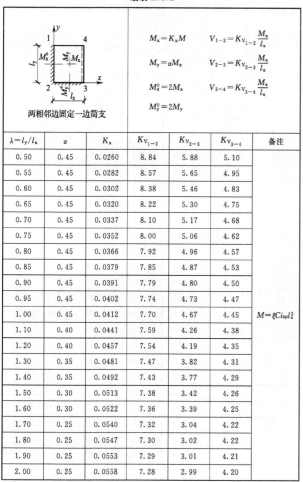

$$M_x = K_x M \qquad V_{1-2} = K_{V_{1-2}}\dfrac{M_x}{l_x}$$
$$M_y = \alpha M_x \qquad V_{3-4} = V_{1-2}$$
$$M_x^0 = 1.4 M_x \qquad V_{2-3} = K_{V_{2-3}}\dfrac{M_x}{l_x}$$
$$M_y^0 = 1.4 M_y$$

三边固定

$\lambda = l_y/l_x$	α	K_x	$K_{V_{1-2}}$	$K_{V_{2-3}}$	备注
0.50	0.45	0.0244	8.39	5.43	
0.55	0.45	0.0261	8.22	5.25	
0.60	0.45	0.0276	8.10	5.11	
0.65	0.45	0.0289	8.00	4.99	
0.70	0.45	0.0302	7.92	4.89	
0.75	0.45	0.0313	7.85	4.80	
0.80	0.45	0.0322	7.80	4.73	
0.85	0.45	0.0332	7.75	4.66	
0.90	0.45	0.0340	7.71	4.60	
0.95	0.45	0.0347	7.68	4.55	
1.00	0.45	0.0354	7.65	4.51	$M = \xi C i \omega l_x^2$
1.10	0.40	0.0374	7.57	4.14	
1.20	0.40	0.0385	7.53	4.08	
1.30	0.35	0.0401	7.48	3.74	
1.40	0.35	0.0408	7.46	3.70	
1.50	0.30	0.0422	7.42	3.37	
1.60	0.30	0.0428	7.40	3.35	
1.70	0.25	0.0440	7.37	3.02	
1.80	0.25	0.0444	7.36	3.00	
1.90	0.25	0.0447	7.35	2.99	
2.00	0.25	0.0451	7.34	2.98	

续表 E.0.2

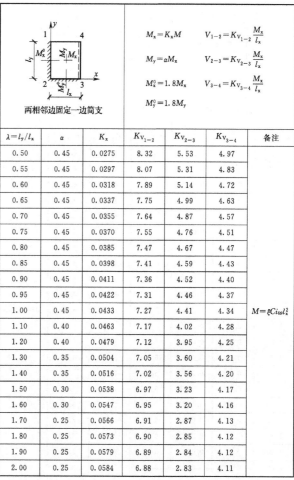

$$M_x = K_x M \qquad V_{1-2} = K_{V_{1-2}}\dfrac{M_x}{l_x}$$
$$M_y = \alpha M_x \qquad V_{2-3} = K_{V_{2-3}}\dfrac{M_x}{l_x}$$
$$M_x^0 = 1.8 M_x \qquad V_{3-4} = K_{V_{3-4}}\dfrac{M_x}{l_x}$$
$$M_y^0 = 1.8 M_y$$

两相邻边固定一边简支

$\lambda = l_y/l_x$	α	K_x	$K_{V_{1-2}}$	$K_{V_{2-3}}$	$K_{V_{3-4}}$	备注
0.50	0.45	0.0275	8.32	5.53	4.97	
0.55	0.45	0.0297	8.07	5.31	4.83	
0.60	0.45	0.0318	7.89	5.14	4.72	
0.65	0.45	0.0337	7.75	4.99	4.63	
0.70	0.45	0.0355	7.64	4.87	4.57	
0.75	0.45	0.0370	7.55	4.76	4.51	
0.80	0.45	0.0385	7.47	4.67	4.47	
0.85	0.45	0.0398	7.41	4.59	4.43	
0.90	0.45	0.0411	7.36	4.52	4.40	
0.95	0.45	0.0422	7.31	4.46	4.37	
1.00	0.45	0.0433	7.27	4.41	4.34	$M = \xi C i \omega l_x^2$
1.10	0.40	0.0463	7.17	4.02	4.28	
1.20	0.40	0.0479	7.12	3.95	4.25	
1.30	0.35	0.0504	7.05	3.60	4.21	
1.40	0.35	0.0516	7.02	3.56	4.20	
1.50	0.30	0.0538	6.97	3.23	4.17	
1.60	0.30	0.0547	6.95	3.20	4.16	
1.70	0.25	0.0566	6.91	2.87	4.13	
1.80	0.25	0.0573	6.90	2.85	4.12	
1.90	0.25	0.0579	6.89	2.84	4.12	
2.00	0.25	0.0584	6.88	2.83	4.11	

续表 E.0.2

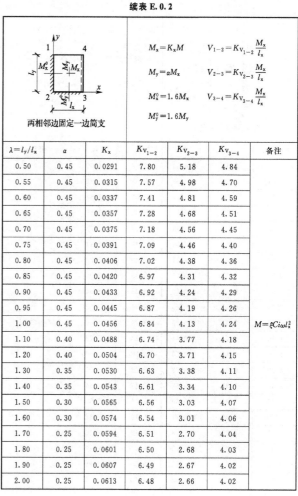

$$M_x = K_x M \qquad V_{1-2} = K_{V_{1-2}}\dfrac{M_x}{l_x}$$
$$M_y = \alpha M_x \qquad V_{2-3} = K_{V_{2-3}}\dfrac{M_x}{l_x}$$
$$M_x^0 = 2 M_x \qquad V_{3-4} = K_{V_{3-4}}\dfrac{M_x}{l_x}$$
$$M_y^0 = 2 M_y$$

两相邻边固定一边简支

$\lambda = l_y/l_x$	α	K_x	$K_{V_{1-2}}$	$K_{V_{2-3}}$	$K_{V_{3-4}}$	备注
0.50	0.45	0.0260	8.84	5.88	5.10	
0.55	0.45	0.0282	8.57	5.65	4.95	
0.60	0.45	0.0302	8.38	5.46	4.83	
0.65	0.45	0.0320	8.22	5.30	4.75	
0.70	0.45	0.0337	8.10	5.17	4.68	
0.75	0.45	0.0352	8.00	5.06	4.62	
0.80	0.45	0.0366	7.92	4.96	4.57	
0.85	0.45	0.0379	7.85	4.87	4.53	
0.90	0.45	0.0391	7.79	4.80	4.50	
0.95	0.45	0.0402	7.74	4.73	4.47	
1.00	0.45	0.0412	7.70	4.67	4.45	$M = \xi C i \omega l_x^2$
1.10	0.40	0.0441	7.59	4.26	4.38	
1.20	0.40	0.0457	7.54	4.19	4.35	
1.30	0.35	0.0481	7.47	3.82	4.31	
1.40	0.35	0.0492	7.43	3.77	4.29	
1.50	0.30	0.0513	7.38	3.42	4.26	
1.60	0.30	0.0522	7.36	3.39	4.25	
1.70	0.25	0.0540	7.32	3.04	4.22	
1.80	0.25	0.0547	7.30	3.02	4.22	
1.90	0.25	0.0553	7.29	3.01	4.21	
2.00	0.25	0.0558	7.28	2.99	4.20	

续表 E.0.2

$$M_x = K_x M \qquad V_{1-2} = K_{V_{1-2}}\dfrac{M_x}{l_x}$$
$$M_y = \alpha M_x \qquad V_{2-3} = K_{V_{2-3}}\dfrac{M_x}{l_x}$$
$$M_x^0 = 1.6 M_x \qquad V_{3-4} = K_{V_{3-4}}\dfrac{M_x}{l_x}$$
$$M_y^0 = 1.6 M_y$$

两相邻边固定一边简支

$\lambda = l_y/l_x$	α	K_x	$K_{V_{1-2}}$	$K_{V_{2-3}}$	$K_{V_{3-4}}$	备注
0.50	0.45	0.0291	7.80	5.18	4.84	
0.55	0.45	0.0315	7.57	4.98	4.70	
0.60	0.45	0.0337	7.41	4.81	4.59	
0.65	0.45	0.0357	7.28	4.68	4.51	
0.70	0.45	0.0375	7.18	4.56	4.45	
0.75	0.45	0.0391	7.09	4.46	4.40	
0.80	0.45	0.0406	7.02	4.38	4.36	
0.85	0.45	0.0420	6.97	4.31	4.32	
0.90	0.45	0.0433	6.92	4.24	4.29	
0.95	0.45	0.0445	6.87	4.19	4.26	
1.00	0.45	0.0456	6.84	4.13	4.24	$M = \xi C i \omega l_x^2$
1.10	0.40	0.0488	6.74	3.77	4.18	
1.20	0.40	0.0504	6.70	3.71	4.15	
1.30	0.35	0.0530	6.63	3.38	4.11	
1.40	0.35	0.0543	6.61	3.34	4.10	
1.50	0.30	0.0565	6.56	3.03	4.07	
1.60	0.30	0.0574	6.54	3.01	4.06	
1.70	0.25	0.0594	6.51	2.70	4.04	
1.80	0.25	0.0601	6.50	2.68	4.03	
1.90	0.25	0.0607	6.49	2.67	4.02	
2.00	0.25	0.0613	6.48	2.66	4.02	

续表 E.0.2

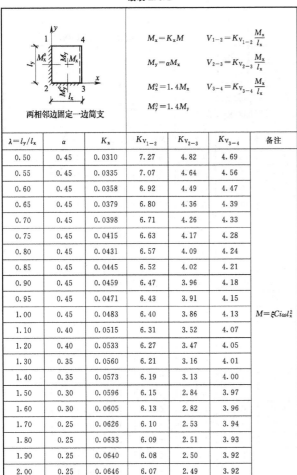

两相邻边固定一边简支

$M_x = K_x M$ $V_{1-2} = K_{V_{1-2}} \dfrac{M_x}{l_x}$

$M_y = \alpha M_x$ $V_{2-3} = K_{V_{2-3}} \dfrac{M_x}{l_x}$

$M_x^0 = 1.4 M_x$ $V_{3-4} = K_{V_{3-4}} \dfrac{M_x}{l_x}$

$M_y^0 = 1.4 M_y$

$\lambda = l_y/l_x$	α	K_x	$K_{V_{1-2}}$	$K_{V_{2-3}}$	$K_{V_{3-4}}$	备注
0.50	0.45	0.0310	7.27	4.82	4.69	
0.55	0.45	0.0335	7.07	4.64	4.56	
0.60	0.45	0.0358	6.92	4.49	4.47	
0.65	0.45	0.0379	6.80	4.36	4.39	
0.70	0.45	0.0398	6.71	4.26	4.33	
0.75	0.45	0.0415	6.63	4.17	4.28	
0.80	0.45	0.0431	6.57	4.09	4.24	
0.85	0.45	0.0445	6.52	4.02	4.21	
0.90	0.45	0.0459	6.47	3.96	4.18	
0.95	0.45	0.0471	6.43	3.91	4.15	
1.00	0.45	0.0483	6.40	3.86	4.13	$M = \xi C i \omega l_x^2$
1.10	0.40	0.0515	6.31	3.52	4.07	
1.20	0.40	0.0533	6.27	3.47	4.05	
1.30	0.35	0.0560	6.21	3.16	4.01	
1.40	0.35	0.0573	6.19	3.13	4.00	
1.50	0.30	0.0596	6.15	2.84	3.97	
1.60	0.30	0.0605	6.13	2.82	3.96	
1.70	0.25	0.0626	6.10	2.53	3.94	
1.80	0.25	0.0633	6.09	2.51	3.93	
1.90	0.25	0.0640	6.08	2.50	3.92	
2.00	0.25	0.0646	6.07	2.49	3.92	

续表 E.0.2

两对边固定一边简支

$M_x = K_x M$ $V_{1-2} = K_{V_{1-2}} \dfrac{M_x}{l_x}$

$M_y = \alpha M_x$ $V_{2-3} = K_{V_{2-3}} \dfrac{M_x}{l_x}$

$M_x^0 = 1.8 M_x$ $V_{3-4} = V_{1-2}$

$\lambda = l_y/l_x$	α	K_x	$K_{V_{1-2}}$	$K_{V_{2-3}}$	备注
0.50	0.60	0.0263	9.20	3.90	
0.55	0.55	0.0282	9.06	3.61	
0.60	0.55	0.0292	8.99	3.54	
0.65	0.55	0.0302	8.93	3.48	
0.70	0.50	0.0316	8.86	3.25	
0.75	0.50	0.0323	8.82	3.21	
0.80	0.50	0.0329	8.79	3.18	
0.85	0.45	0.0340	8.74	2.97	
0.90	0.45	0.0345	8.72	2.95	
0.95	0.45	0.0350	8.70	2.93	
1.00	0.45	0.0354	8.68	2.91	$M = \xi C i \omega l_x^2$
1.10	0.40	0.0366	8.64	2.70	
1.20	0.40	0.0372	8.61	2.68	
1.30	0.35	0.0382	8.58	2.47	
1.40	0.35	0.0386	8.57	2.46	
1.50	0.30	0.0394	8.54	2.25	
1.60	0.30	0.0397	8.53	2.25	
1.70	0.25	0.0403	8.51	2.03	
1.80	0.25	0.0406	8.51	2.03	
1.90	0.25	0.0408	8.50	2.02	
2.00	0.25	0.0410	8.50	2.02	

续表 E.0.2

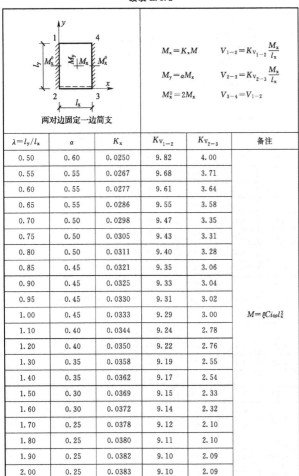

两对边固定一边简支

$M_x = K_x M$ $V_{1-2} = K_{V_{1-2}} \dfrac{M_x}{l_x}$

$M_y = \alpha M_x$ $V_{2-3} = K_{V_{2-3}} \dfrac{M_x}{l_x}$

$M_x^0 = 2 M_x$ $V_{3-4} = V_{1-2}$

$\lambda = l_y/l_x$	α	K_x	$K_{V_{1-2}}$	$K_{V_{2-3}}$	备注
0.50	0.60	0.0250	9.82	4.00	
0.55	0.55	0.0267	9.68	3.71	
0.60	0.55	0.0277	9.61	3.64	
0.65	0.55	0.0286	9.55	3.58	
0.70	0.50	0.0298	9.47	3.35	
0.75	0.50	0.0305	9.43	3.31	
0.80	0.50	0.0311	9.40	3.28	
0.85	0.45	0.0321	9.35	3.06	
0.90	0.45	0.0325	9.33	3.04	
0.95	0.45	0.0330	9.31	3.02	
1.00	0.45	0.0333	9.29	3.00	$M = \xi C i \omega l_x^2$
1.10	0.40	0.0344	9.24	2.78	
1.20	0.40	0.0350	9.22	2.76	
1.30	0.35	0.0358	9.19	2.55	
1.40	0.35	0.0362	9.17	2.54	
1.50	0.30	0.0369	9.15	2.33	
1.60	0.30	0.0372	9.14	2.32	
1.70	0.25	0.0378	9.12	2.10	
1.80	0.25	0.0380	9.11	2.10	
1.90	0.25	0.0382	9.10	2.09	
2.00	0.25	0.0383	9.10	2.09	

续表 E.0.2

两对边固定一边简支

$M_x = K_x M$ $V_{1-2} = K_{V_{1-2}} \dfrac{M_x}{l_x}$

$M_y = \alpha M_x$ $V_{2-3} = K_{V_{2-3}} \dfrac{M_x}{l_x}$

$M_x^0 = 1.6 M_x$ $V_{3-4} = V_{1-2}$

$\lambda = l_y/l_x$	α	K_x	$K_{V_{1-2}}$	$K_{V_{2-3}}$	备注
0.50	0.60	0.0278	8.58	3.79	
0.55	0.55	0.0298	8.45	3.51	
0.60	0.55	0.0310	8.38	3.44	
0.65	0.55	0.0320	8.32	3.38	
0.70	0.50	0.0336	8.25	3.15	
0.75	0.50	0.0344	8.21	3.11	
0.80	0.50	0.0351	8.18	3.08	
0.85	0.45	0.0363	8.13	2.88	
0.90	0.45	0.0368	8.11	2.85	
0.95	0.45	0.0374	8.09	2.83	
1.00	0.45	0.0378	8.07	2.82	$M = \xi C i \omega l_x^2$
1.10	0.40	0.0391	8.03	2.61	
1.20	0.40	0.0398	8.01	2.59	
1.30	0.35	0.0409	7.98	2.39	
1.40	0.35	0.0413	7.96	2.38	
1.50	0.30	0.0422	7.94	2.18	
1.60	0.30	0.0425	7.93	2.17	
1.70	0.25	0.0433	7.91	1.96	
1.80	0.25	0.0435	7.90	1.96	
1.90	0.25	0.0438	7.90	1.95	
2.00	0.25	0.0440	7.89	1.95	

续表 E.0.2

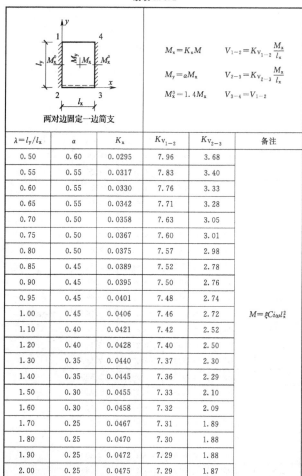

两对边固定一边简支

$$M_x = K_x M \qquad V_{1-2} = K_{V_{1-2}} \dfrac{M_x}{l_x}$$
$$M_y = \alpha M_x \qquad V_{2-3} = K_{V_{2-3}} \dfrac{M_x}{l_x}$$
$$M_x^0 = 1.4 M_x \qquad V_{3-4} = V_{1-2}$$

$\lambda = l_y/l_x$	α	K_x	$K_{V_{1-2}}$	$K_{V_{2-3}}$	备注
0.50	0.60	0.0295	7.96	3.68	
0.55	0.55	0.0317	7.83	3.40	
0.60	0.55	0.0330	7.76	3.33	
0.65	0.55	0.0342	7.71	3.28	
0.70	0.50	0.0358	7.63	3.05	
0.75	0.50	0.0367	7.60	3.01	
0.80	0.50	0.0375	7.57	2.98	
0.85	0.45	0.0389	7.52	2.78	
0.90	0.45	0.0395	7.50	2.76	
0.95	0.45	0.0401	7.48	2.74	
1.00	0.45	0.0406	7.46	2.72	$M = \xi C i \omega l_x^2$
1.10	0.40	0.0421	7.42	2.52	
1.20	0.40	0.0428	7.40	2.50	
1.30	0.35	0.0440	7.37	2.30	
1.40	0.35	0.0445	7.36	2.29	
1.50	0.30	0.0455	7.33	2.10	
1.60	0.30	0.0458	7.32	2.09	
1.70	0.25	0.0467	7.31	1.89	
1.80	0.25	0.0470	7.30	1.88	
1.90	0.25	0.0472	7.29	1.88	
2.00	0.25	0.0475	7.29	1.87	

续表 E.0.2

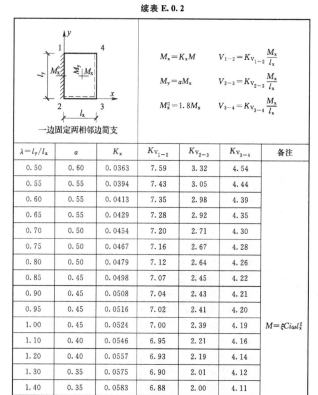

一边固定两相邻边简支

$$M_x = K_x M \qquad V_{1-2} = K_{V_{1-2}} \dfrac{M_x}{l_x}$$
$$M_y = \alpha M_x \qquad V_{2-3} = K_{V_{2-3}} \dfrac{M_x}{l_x}$$
$$M_x^0 = 1.8 M_x \qquad V_{3-4} = K_{V_{3-4}} \dfrac{M_x}{l_x}$$

$\lambda = l_y/l_x$	α	K_x	$K_{V_{1-2}}$	$K_{V_{2-3}}$	$K_{V_{3-4}}$	备注
0.50	0.60	0.0363	7.59	3.32	4.54	
0.55	0.55	0.0394	7.43	3.05	4.44	
0.60	0.55	0.0413	7.35	2.98	4.39	
0.65	0.55	0.0429	7.28	2.92	4.35	
0.70	0.50	0.0454	7.20	2.71	4.30	
0.75	0.50	0.0467	7.16	2.67	4.28	
0.80	0.50	0.0479	7.12	2.64	4.26	
0.85	0.45	0.0498	7.07	2.45	4.22	
0.90	0.45	0.0508	7.04	2.43	4.21	
0.95	0.45	0.0516	7.02	2.41	4.20	
1.00	0.45	0.0524	7.00	2.39	4.19	$M = \xi C i \omega l_x^2$
1.10	0.40	0.0546	6.95	2.21	4.16	
1.20	0.40	0.0557	6.93	2.19	4.14	
1.30	0.35	0.0575	6.90	2.01	4.12	
1.40	0.35	0.0583	6.88	2.00	4.11	
1.50	0.30	0.0598	6.86	1.83	4.10	
1.60	0.30	0.0604	6.85	1.82	4.09	
1.70	0.25	0.0616	6.83	1.64	4.08	
1.80	0.25	0.0621	6.82	1.64	4.07	
1.90	0.25	0.0624	6.81	1.63	4.07	
2.00	0.25	0.0628	6.81	1.63	4.07	

续表 E.0.2

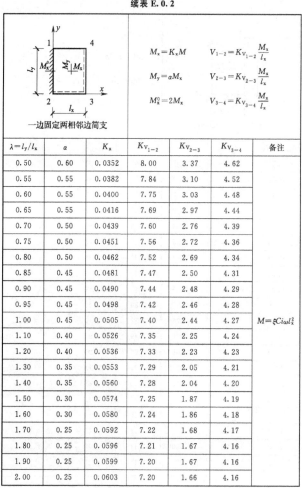

一边固定两相邻边简支

$$M_x = K_x M \qquad V_{1-2} = K_{V_{1-2}} \dfrac{M_x}{l_x}$$
$$M_y = \alpha M_x \qquad V_{2-3} = K_{V_{2-3}} \dfrac{M_x}{l_x}$$
$$M_x^0 = 2 M_x \qquad V_{3-4} = K_{V_{3-4}} \dfrac{M_x}{l_x}$$

$\lambda = l_y/l_x$	α	K_x	$K_{V_{1-2}}$	$K_{V_{2-3}}$	$K_{V_{3-4}}$	备注
0.50	0.60	0.0352	8.00	3.37	4.62	
0.55	0.55	0.0382	7.84	3.10	4.52	
0.60	0.55	0.0400	7.75	3.03	4.48	
0.65	0.55	0.0416	7.69	2.97	4.44	
0.70	0.50	0.0439	7.60	2.76	4.39	
0.75	0.50	0.0451	7.56	2.72	4.36	
0.80	0.50	0.0462	7.52	2.69	4.34	
0.85	0.45	0.0481	7.47	2.50	4.31	
0.90	0.45	0.0490	7.44	2.48	4.29	
0.95	0.45	0.0498	7.42	2.46	4.28	
1.00	0.45	0.0505	7.40	2.44	4.27	$M = \xi C i \omega l_x^2$
1.10	0.40	0.0526	7.35	2.25	4.24	
1.20	0.40	0.0536	7.33	2.23	4.23	
1.30	0.35	0.0553	7.29	2.05	4.21	
1.40	0.35	0.0560	7.28	2.04	4.20	
1.50	0.30	0.0574	7.25	1.87	4.19	
1.60	0.30	0.0580	7.24	1.86	4.18	
1.70	0.25	0.0592	7.22	1.68	4.17	
1.80	0.25	0.0596	7.21	1.67	4.16	
1.90	0.25	0.0599	7.20	1.67	4.16	
2.00	0.25	0.0603	7.20	1.66	4.16	

续表 E.0.2

一边固定两相邻边简支

$$M_x = K_x M \qquad V_{1-2} = K_{V_{1-2}} \dfrac{M_x}{l_x}$$
$$M_y = \alpha M_x \qquad V_{2-3} = K_{V_{2-3}} \dfrac{M_x}{l_x}$$
$$M_x^0 = 1.6 M_x \qquad V_{3-4} = K_{V_{3-4}} \dfrac{M_x}{l_x}$$

$\lambda = l_y/l_x$	α	K_x	$K_{V_{1-2}}$	$K_{V_{2-3}}$	$K_{V_{3-4}}$	备注
0.50	0.60	0.0374	7.18	3.27	4.45	
0.55	0.55	0.0407	7.02	3.00	4.35	
0.60	0.55	0.0427	6.94	2.93	4.30	
0.65	0.55	0.0445	6.87	2.87	4.26	
0.70	0.50	0.0470	6.79	2.66	4.21	
0.75	0.50	0.0484	6.75	2.62	4.19	
0.80	0.50	0.0497	6.72	2.59	4.17	
0.85	0.45	0.0518	6.66	2.41	4.13	
0.90	0.45	0.0528	6.64	2.38	4.12	
0.95	0.45	0.0537	6.62	2.36	4.11	
1.00	0.45	0.0545	6.60	2.35	4.09	$M = \xi C i \omega l_x^2$
1.10	0.40	0.0569	6.56	2.17	4.07	
1.20	0.40	0.0581	6.53	2.14	4.05	
1.30	0.35	0.0599	6.50	1.97	4.03	
1.40	0.35	0.0608	6.48	1.96	4.02	
1.50	0.30	0.0624	6.46	1.79	4.01	
1.60	0.30	0.0630	6.45	1.78	4.00	
1.70	0.25	0.0643	6.43	1.61	3.99	
1.80	0.25	0.0648	6.42	1.60	3.98	
1.90	0.25	0.0652	6.42	1.60	3.98	
2.00	0.25	0.0656	6.41	1.59	3.98	

续表 E.0.2

一边固定两相邻边简支

$$M_x = K_x M \qquad V_{1-2} = K_{V_{1-2}} \frac{M_x}{l_x}$$

$$M_y = a M_x \qquad V_{2-3} = K_{V_{2-3}} \frac{M_x}{l_x}$$

$$M_x^0 = 1.4 M_x \qquad V_{3-4} = K_{V_{3-4}} \frac{M_x}{l_x}$$

$\lambda = l_y/l_x$	a	K_x	$K_{V_{1-2}}$	$K_{V_{2-3}}$	$K_{V_{3-4}}$	备注
0.50	0.60	0.0387	6.76	3.22	4.36	
0.55	0.55	0.0422	6.61	2.95	4.26	
0.60	0.55	0.0443	6.53	2.88	4.21	
0.65	0.55	0.0461	6.46	2.82	4.17	
0.70	0.50	0.0489	6.38	2.61	4.12	
0.75	0.50	0.0504	6.34	2.57	4.09	
0.80	0.50	0.0517	6.31	2.54	4.07	
0.85	0.45	0.0539	6.26	2.36	4.04	
0.90	0.45	0.0550	6.24	2.34	4.02	
0.95	0.45	0.0560	6.22	2.32	4.01	
1.00	0.45	0.0568	6.20	2.30	4.00	$M = \xi C i \omega l_x^2$
1.10	0.40	0.0593	6.15	2.12	3.97	
1.20	0.40	0.0606	6.13	2.10	3.96	
1.30	0.35	0.0626	6.10	1.93	3.94	
1.40	0.35	0.0636	6.08	1.92	3.93	
1.50	0.30	0.0652	6.06	1.75	3.91	
1.60	0.30	0.0659	6.05	1.74	3.91	
1.70	0.25	0.0674	6.03	1.57	3.89	
1.80	0.25	0.0679	6.02	1.57	3.89	
1.90	0.25	0.0683	6.02	1.56	3.89	
2.00	0.25	0.0687	6.01	1.56	3.88	

续表 E.0.2

两对边简支一边固定

$$M_x = K_x M \qquad V_{1-2} = K_{V_{1-2}} \frac{M_x}{l_x}$$

$$M_y = a M_x \qquad V_{2-3} = K_{V_{2-3}} \frac{M_x}{l_x}$$

$$M_y^0 = 1.8 M_y \qquad V_{3-4} = V_{1-2}$$

$\lambda = l_y/l_x$	a	K_x	$K_{V_{1-2}}$	$K_{V_{2-3}}$	备注
0.50	0.25	0.0492	3.71	3.08	
0.55	0.25	0.0533	3.61	2.96	
0.60	0.30	0.0531	3.61	3.25	
0.65	0.35	0.0533	3.61	3.50	
0.70	0.40	0.0536	3.60	3.73	
0.75	0.45	0.0540	3.59	3.94	
0.80	0.45	0.0568	3.53	3.85	
0.85	0.45	0.0593	3.48	3.76	
0.90	0.45	0.0617	3.44	3.69	
0.95	0.45	0.0640	3.41	3.62	
1.00	0.45	0.0661	3.38	3.56	$M = \xi C i \omega l_x^2$
1.10	0.40	0.0722	3.30	3.22	
1.20	0.40	0.0755	3.27	3.14	
1.30	0.35	0.0808	3.22	2.84	
1.40	0.35	0.0833	3.20	2.80	
1.50	0.30	0.0880	3.17	2.52	
1.60	0.30	0.0899	3.15	2.50	
1.70	0.25	0.0942	3.13	2.23	
1.80	0.25	0.0957	3.12	2.21	
1.90	0.25	0.0970	3.11	2.19	
2.00	0.25	0.0982	3.11	2.18	

续表 E.0.2

两对边简支一边固定

$$M_x = K_x M \qquad V_{1-2} = K_{V_{1-2}} \frac{M_x}{l_x}$$

$$M_y = a M_x \qquad V_{2-3} = K_{V_{2-3}} \frac{M_x}{l_x}$$

$$M_y^0 = 2 M_y \qquad V_{3-4} = V_{1-2}$$

$\lambda = l_y/l_x$	a	K_x	$K_{V_{1-2}}$	$K_{V_{2-3}}$	备注
0.50	0.25	0.0478	3.76	3.24	
0.55	0.25	0.0518	3.64	3.11	
0.60	0.30	0.0517	3.65	3.41	
0.65	0.35	0.0518	3.64	3.68	
0.70	0.40	0.0521	3.64	3.92	
0.75	0.45	0.0525	3.63	4.14	
0.80	0.45	0.0553	3.56	4.03	
0.85	0.45	0.0579	3.51	3.94	
0.90	0.45	0.0603	3.46	3.86	
0.95	0.45	0.0626	3.43	3.79	
1.00	0.45	0.0647	3.40	3.73	$M = \xi C i \omega l_x^2$
1.10	0.40	0.0709	3.32	3.36	
1.20	0.40	0.0742	3.28	3.28	
1.30	0.35	0.0796	3.23	2.97	
1.40	0.35	0.0822	3.21	2.92	
1.50	0.30	0.0869	3.17	2.63	
1.60	0.30	0.0889	3.16	2.60	
1.70	0.25	0.0933	3.13	2.32	
1.80	0.25	0.0948	3.12	2.30	
1.90	0.25	0.0962	3.12	2.28	
2.00	0.25	0.0974	3.11	2.27	

续表 E.0.2

两对边简支一边固定

$$M_x = K_x M \qquad V_{1-2} = K_{V_{1-2}} \frac{M_x}{l_x}$$

$$M_y = a M_x \qquad V_{2-3} = K_{V_{2-3}} \frac{M_x}{l_x}$$

$$M_y^0 = 1.6 M_y \qquad V_{3-4} = V_{1-2}$$

$\lambda = l_y/l_x$	a	K_x	$K_{V_{1-2}}$	$K_{V_{2-3}}$	备注
0.50	0.25	0.0508	3.67	2.92	
0.55	0.25	0.0549	3.57	2.81	
0.60	0.30	0.0547	3.57	3.08	
0.65	0.35	0.0548	3.57	3.33	
0.70	0.40	0.0552	3.56	3.55	
0.75	0.45	0.0556	3.55	3.75	
0.80	0.45	0.0583	3.50	3.66	
0.85	0.45	0.0609	3.45	3.58	
0.90	0.45	0.0633	3.42	3.51	
0.95	0.45	0.0655	3.38	3.45	
1.00	0.45	0.0676	3.36	3.40	$M = \xi C i \omega l_x^2$
1.10	0.40	0.0736	3.29	3.07	
1.20	0.40	0.0769	3.25	3.00	
1.30	0.35	0.0821	3.21	2.72	
1.40	0.35	0.0846	3.19	2.68	
1.50	0.30	0.0891	3.16	2.42	
1.60	0.30	0.0910	3.15	2.39	
1.70	0.25	0.0951	3.12	2.13	
1.80	0.25	0.0966	3.11	2.12	
1.90	0.25	0.0979	3.11	2.10	
2.00	0.25	0.0991	3.10	2.09	

续表 E.0.2

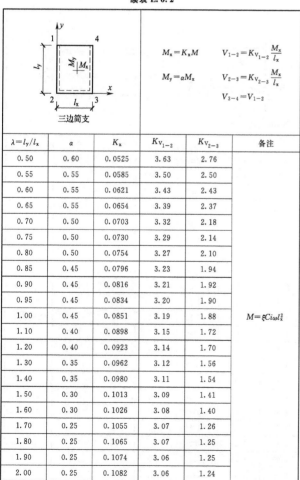

$$M_x = K_x M \qquad V_{1-2} = K_{V_{1-2}} \frac{M_x}{l_x}$$
$$M_y = \alpha M_x \qquad V_{2-3} = K_{V_{2-3}} \frac{M_x}{l_x}$$
$$M_y^0 = 1.4 M_y \qquad V_{3-4} = V_{1-2}$$

两对边简支一边固定

$\lambda = l_y/l_x$	α	K_x	$K_{V_{1-2}}$	$K_{V_{2-3}}$	备注
0.50	0.25	0.0525	3.63	2.76	
0.55	0.25	0.0566	3.53	2.66	
0.60	0.30	0.0564	3.54	2.92	
0.65	0.35	0.0566	3.53	3.15	
0.70	0.40	0.0569	3.53	3.35	
0.75	0.45	0.0573	3.52	3.54	
0.80	0.45	0.0600	3.47	3.46	
0.85	0.45	0.0626	3.43	3.39	
0.90	0.45	0.0649	3.39	3.33	
0.95	0.45	0.0671	3.36	3.27	
1.00	0.45	0.0692	3.34	3.23	$M = \xi Ci\omega l_x^2$
1.10	0.40	0.0752	3.27	2.92	
1.20	0.40	0.0783	3.24	2.86	
1.30	0.35	0.0834	3.20	2.59	
1.40	0.35	0.0858	3.18	2.55	
1.50	0.30	0.0903	3.15	2.31	
1.60	0.30	0.0921	3.14	2.28	
1.70	0.25	0.0962	3.12	2.04	
1.80	0.25	0.0976	3.11	2.02	
1.90	0.25	0.0988	3.10	2.01	
2.00	0.25	0.1000	3.10	2.00	

续表 E.0.2

$$M_x = K_x M \qquad V_{1-2} = K_{V_{1-2}} \frac{M_x}{l_x}$$
$$M_y = \alpha M_x \qquad V_{2-3} = K_{V_{2-3}} \frac{M_x}{l_x}$$
$$V_{3-4} = V_{1-2}$$

三边简支

$\lambda = l_y/l_x$	α	K_x	$K_{V_{1-2}}$	$K_{V_{2-3}}$	备注
0.50	0.60	0.0525	3.63	2.76	
0.55	0.55	0.0585	3.50	2.50	
0.60	0.55	0.0621	3.43	2.43	
0.65	0.55	0.0654	3.39	2.37	
0.70	0.50	0.0703	3.32	2.18	
0.75	0.50	0.0730	3.29	2.14	
0.80	0.50	0.0754	3.27	2.10	
0.85	0.45	0.0796	3.23	1.94	
0.90	0.45	0.0816	3.21	1.92	
0.95	0.45	0.0834	3.20	1.90	
1.00	0.45	0.0851	3.19	1.88	$M = \xi Ci\omega l_x^2$
1.10	0.40	0.0898	3.15	1.72	
1.20	0.40	0.0923	3.14	1.70	
1.30	0.35	0.0962	3.12	1.56	
1.40	0.35	0.0980	3.11	1.54	
1.50	0.30	0.1013	3.09	1.41	
1.60	0.30	0.1026	3.08	1.40	
1.70	0.25	0.1055	3.07	1.26	
1.80	0.25	0.1065	3.07	1.25	
1.90	0.25	0.1074	3.06	1.25	
2.00	0.25	0.1082	3.06	1.24	

E.0.3 带角点支承的两相邻边支承板的弯矩系数和动反力系数，可按表 E.0.3 查取。

表 E.0.3 带角点支承的两相邻边支承板的弯矩系数和动反力系数

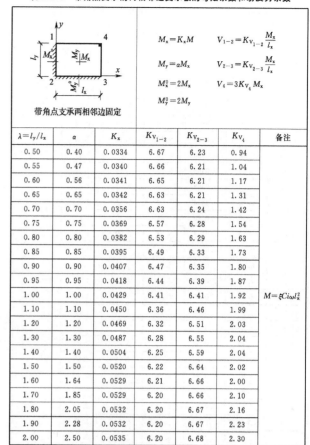

$$M_x = K_x M \qquad V_{1-2} = K_{V_{1-2}} \frac{M_x}{l_x}$$
$$M_y = \alpha M_x \qquad V_{2-3} = K_{V_{2-3}} \frac{M_x}{l_x}$$
$$M_x^0 = 2M_x \qquad V_4 = 3K_{V_4} M_x$$
$$M_y^0 = 2M_y$$

带角点支承两相邻边固定

$\lambda = l_y/l_x$	α	K_x	$K_{V_{1-2}}$	$K_{V_{2-3}}$	K_{V_4}	备注
0.50	0.40	0.0334	6.67	6.23	0.94	
0.55	0.47	0.0340	6.66	6.21	1.04	
0.60	0.56	0.0341	6.65	6.21	1.17	
0.65	0.65	0.0342	6.63	6.21	1.31	
0.70	0.70	0.0356	6.63	6.24	1.42	
0.75	0.75	0.0369	6.57	6.28	1.54	
0.80	0.80	0.0382	6.53	6.29	1.63	
0.85	0.85	0.0395	6.49	6.33	1.73	
0.90	0.90	0.0407	6.47	6.35	1.80	
0.95	0.95	0.0418	6.44	6.39	1.87	
1.00	1.00	0.0429	6.41	6.41	1.92	$M = \xi Ci\omega l_x^2$
1.10	1.10	0.0450	6.36	6.46	1.99	
1.20	1.20	0.0469	6.32	6.51	2.03	
1.30	1.30	0.0487	6.28	6.55	2.04	
1.40	1.40	0.0504	6.25	6.59	2.04	
1.50	1.50	0.0520	6.22	6.64	2.02	
1.60	1.64	0.0529	6.21	6.66	2.00	
1.70	1.85	0.0529	6.20	6.66	2.10	
1.80	2.05	0.0532	6.20	6.67	2.16	
1.90	2.28	0.0532	6.20	6.67	2.23	
2.00	2.50	0.0535	6.20	6.68	2.30	

续表 E.0.3

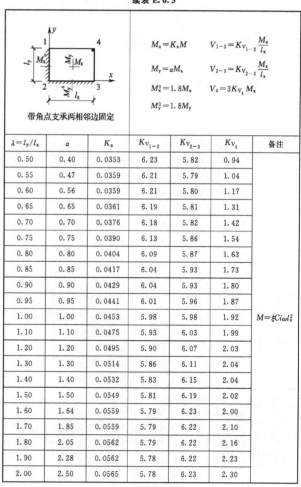

$$M_x = K_x M \qquad V_{1-2} = K_{V_{1-2}} \frac{M_x}{l_x}$$
$$M_y = \alpha M_x \qquad V_{2-3} = K_{V_{2-3}} \frac{M_x}{l_x}$$
$$M_x^0 = 1.8M_x \qquad V_4 = 3K_{V_4} M_x$$
$$M_y^0 = 1.8M_y$$

带角点支承两相邻边固定

$\lambda = l_y/l_x$	α	K_x	$K_{V_{1-2}}$	$K_{V_{2-3}}$	K_{V_4}	备注
0.50	0.40	0.0353	6.23	5.82	0.94	
0.55	0.47	0.0359	6.21	5.79	1.04	
0.60	0.56	0.0359	6.21	5.80	1.17	
0.65	0.65	0.0361	6.19	5.81	1.31	
0.70	0.70	0.0376	6.18	5.82	1.42	
0.75	0.75	0.0390	6.13	5.86	1.54	
0.80	0.80	0.0404	6.09	5.87	1.63	
0.85	0.85	0.0417	6.04	5.93	1.73	
0.90	0.90	0.0429	6.04	5.93	1.80	
0.95	0.95	0.0441	6.01	5.96	1.87	
1.00	1.00	0.0453	5.98	5.98	1.92	$M = \xi Ci\omega l_x^2$
1.10	1.10	0.0475	5.93	6.03	1.99	
1.20	1.20	0.0495	5.90	6.07	2.03	
1.30	1.30	0.0514	5.86	6.11	2.04	
1.40	1.40	0.0532	5.83	6.15	2.04	
1.50	1.50	0.0549	5.81	6.19	2.02	
1.60	1.64	0.0559	5.79	6.23	2.00	
1.70	1.85	0.0559	5.79	6.22	2.10	
1.80	2.05	0.0562	5.79	6.22	2.16	
1.90	2.28	0.0562	5.78	6.22	2.23	
2.00	2.50	0.0565	5.78	6.23	2.30	

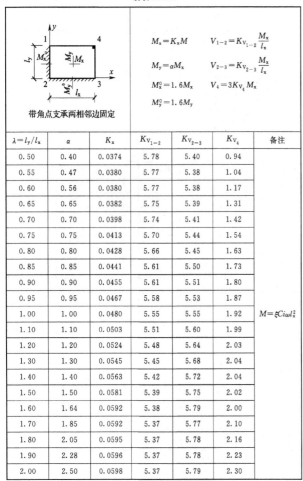

带角点支承两相邻边固定

$M_x = K_x M$　　$V_{1-2} = K_{v_{1-2}} \dfrac{M_x}{l_x}$

$M_y = \alpha M_x$　　$V_{2-3} = K_{v_{2-3}} \dfrac{M_x}{l_x}$

$M_x^0 = 1.6 M_x$　　$V_4 = 3K_{v_4} M_x$

$M_y^0 = 1.6 M_y$

$\lambda = l_y/l_x$	α	K_x	$K_{v_{1-2}}$	$K_{v_{2-3}}$	K_{v_4}	备注
0.50	0.40	0.0374	5.78	5.40	0.94	
0.55	0.47	0.0380	5.77	5.38	1.04	
0.60	0.56	0.0380	5.77	5.38	1.17	
0.65	0.65	0.0382	5.75	5.39	1.31	
0.70	0.70	0.0398	5.74	5.41	1.42	
0.75	0.75	0.0413	5.70	5.44	1.54	
0.80	0.80	0.0428	5.66	5.45	1.63	
0.85	0.85	0.0441	5.61	5.50	1.73	
0.90	0.90	0.0455	5.61	5.51	1.80	
0.95	0.95	0.0467	5.58	5.53	1.87	
1.00	1.00	0.0480	5.55	5.55	1.92	$M = \xi C i \omega l_x^2$
1.10	1.10	0.0503	5.51	5.60	1.99	
1.20	1.20	0.0524	5.48	5.64	2.03	
1.30	1.30	0.0545	5.45	5.68	2.04	
1.40	1.40	0.0563	5.42	5.72	2.04	
1.50	1.50	0.0581	5.39	5.75	2.02	
1.60	1.64	0.0592	5.38	5.79	2.00	
1.70	1.85	0.0592	5.37	5.77	2.10	
1.80	2.05	0.0595	5.37	5.78	2.16	
1.90	2.28	0.0596	5.37	5.78	2.23	
2.00	2.50	0.0598	5.37	5.79	2.30	

带角点支承一边固定一边简支

$M_x = K_x M$　　$V_{1-2} = K_{v_{1-2}} \dfrac{M_x}{l_x}$

$M_y = \alpha M_x$　　$V_{2-3} = K_{v_{2-3}} \dfrac{M_x}{l_x}$

$M_y^0 = 2 M_x$　　$V_4 = 3K_{v_4} M_x$

$\lambda = l_y/l_x$	α	K_x	$K_{v_{1-2}}$	$K_{v_{2-3}}$	K_{v_4}	备注
0.50	0.30	0.0537	2.71	6.00	0.59	
0.55	0.35	0.0550	2.70	6.01	0.68	
0.60	0.40	0.0564	2.69	6.01	0.76	
0.65	0.45	0.0580	2.68	6.03	0.85	
0.70	0.50	0.0596	2.67	6.04	0.94	
0.75	0.55	0.0612	2.66	6.05	1.04	
0.80	0.60	0.0628	2.64	6.06	1.12	
0.85	0.65	0.0645	2.63	6.07	1.21	
0.90	0.70	0.0661	2.62	6.08	1.31	
0.95	0.75	0.0677	2.61	6.09	1.41	
1.00	0.80	0.0693	2.61	6.11	1.48	$M = \xi C i \omega l_x^2$
1.10	0.90	0.0724	2.59	6.14	1.57	
1.20	0.95	0.0777	2.56	6.18	1.78	
1.30	1.00	0.0827	2.54	6.22	1.88	
1.40	1.05	0.0875	2.52	6.26	1.96	
1.50	1.10	0.0921	2.50	6.30	2.02	
1.60	1.15	0.0965	2.49	6.34	2.06	
1.70	1.20	0.1007	2.47	6.38	2.08	
1.80	1.25	0.1048	2.46	6.42	2.10	
1.90	1.25	0.1109	2.45	6.47	2.05	
2.00	1.30	0.1145	2.44	6.51	2.05	

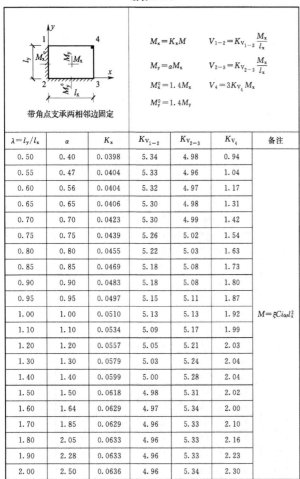

带角点支承两相邻边固定

$M_x = K_x M$　　$V_{1-2} = K_{v_{1-2}} \dfrac{M_x}{l_x}$

$M_y = \alpha M_x$　　$V_{2-3} = K_{v_{2-3}} \dfrac{M_x}{l_x}$

$M_x^0 = 1.4 M_x$　　$V_4 = 3K_{v_4} M_x$

$M_y^0 = 1.4 M_y$

$\lambda = l_y/l_x$	α	K_x	$K_{v_{1-2}}$	$K_{v_{2-3}}$	K_{v_4}	备注
0.50	0.40	0.0398	5.34	4.98	0.94	
0.55	0.47	0.0404	5.33	4.96	1.04	
0.60	0.56	0.0404	5.32	4.97	1.17	
0.65	0.65	0.0406	5.30	4.98	1.31	
0.70	0.70	0.0423	5.30	4.99	1.42	
0.75	0.75	0.0439	5.26	5.02	1.54	
0.80	0.80	0.0455	5.22	5.03	1.63	
0.85	0.85	0.0469	5.18	5.08	1.73	
0.90	0.90	0.0483	5.18	5.08	1.80	
0.95	0.95	0.0497	5.15	5.11	1.87	
1.00	1.00	0.0510	5.13	5.13	1.92	$M = \xi C i \omega l_x^2$
1.10	1.10	0.0534	5.09	5.17	1.99	
1.20	1.20	0.0557	5.05	5.21	2.03	
1.30	1.30	0.0579	5.03	5.24	2.04	
1.40	1.40	0.0599	5.00	5.28	2.04	
1.50	1.50	0.0618	4.98	5.31	2.02	
1.60	1.64	0.0629	4.97	5.34	2.00	
1.70	1.85	0.0629	4.96	5.33	2.10	
1.80	2.05	0.0633	4.96	5.33	2.16	
1.90	2.28	0.0633	4.96	5.33	2.23	
2.00	2.50	0.0636	4.96	5.34	2.30	

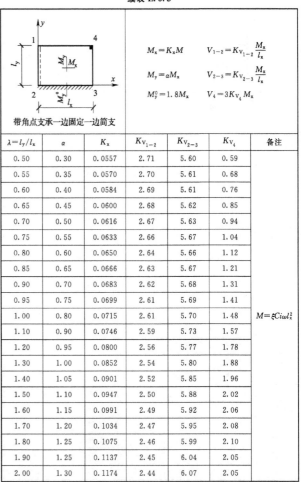

带角点支承一边固定一边简支

$M_x = K_x M$　　$V_{1-2} = K_{v_{1-2}} \dfrac{M_x}{l_x}$

$M_y = \alpha M_x$　　$V_{2-3} = K_{v_{2-3}} \dfrac{M_x}{l_x}$

$M_y^0 = 1.8 M_x$　　$V_4 = 3K_{v_4} M_x$

$\lambda = l_y/l_x$	α	K_x	$K_{v_{1-2}}$	$K_{v_{2-3}}$	K_{v_4}	备注
0.50	0.30	0.0557	2.71	5.60	0.59	
0.55	0.35	0.0570	2.70	5.61	0.68	
0.60	0.40	0.0584	2.69	5.61	0.76	
0.65	0.45	0.0600	2.68	5.62	0.85	
0.70	0.50	0.0616	2.67	5.63	0.94	
0.75	0.55	0.0633	2.66	5.67	1.04	
0.80	0.60	0.0650	2.64	5.66	1.12	
0.85	0.65	0.0666	2.63	5.67	1.21	
0.90	0.70	0.0683	2.62	5.68	1.31	
0.95	0.75	0.0699	2.61	5.69	1.41	
1.00	0.80	0.0715	2.61	5.70	1.48	$M = \xi C i \omega l_x^2$
1.10	0.90	0.0746	2.59	5.73	1.57	
1.20	0.95	0.0800	2.56	5.77	1.78	
1.30	1.00	0.0852	2.54	5.80	1.88	
1.40	1.05	0.0901	2.52	5.85	1.96	
1.50	1.10	0.0947	2.50	5.88	2.02	
1.60	1.15	0.0991	2.49	5.92	2.06	
1.70	1.20	0.1034	2.47	5.95	2.08	
1.80	1.25	0.1075	2.46	5.99	2.10	
1.90	1.25	0.1137	2.45	6.04	2.05	
2.00	1.30	0.1174	2.44	6.07	2.05	

续表 E.0.3

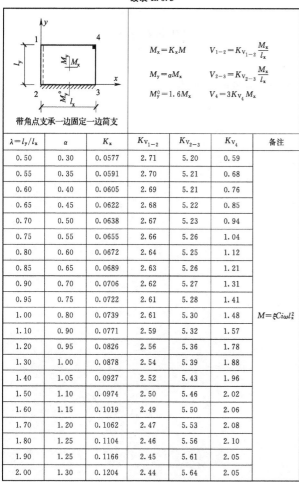

$$M_x = K_x M \qquad V_{1-2} = K_{V_{1-2}} \frac{M_x}{l_x}$$
$$M_y = \alpha M_x \qquad V_{2-3} = K_{V_{2-3}} \frac{M_x}{l_x}$$
$$M_y^0 = 1.6 M_x \qquad V_4 = 3 K_{V_4} M_x$$

带角点支承一边固定一边简支

$\lambda = l_y/l_x$	α	K_x	$K_{V_{1-2}}$	$K_{V_{2-3}}$	K_{V_4}	备注
0.50	0.30	0.0577	2.71	5.20	0.59	
0.55	0.35	0.0591	2.70	5.21	0.68	
0.60	0.40	0.0605	2.69	5.21	0.76	
0.65	0.45	0.0622	2.68	5.22	0.85	
0.70	0.50	0.0638	2.67	5.23	0.94	
0.75	0.55	0.0655	2.66	5.26	1.04	
0.80	0.60	0.0672	2.64	5.25	1.12	
0.85	0.65	0.0689	2.63	5.26	1.21	
0.90	0.70	0.0706	2.62	5.27	1.31	
0.95	0.75	0.0722	2.61	5.28	1.41	
1.00	0.80	0.0739	2.61	5.30	1.48	$M = \xi C i \omega l_x^2$
1.10	0.90	0.0771	2.59	5.32	1.57	
1.20	0.95	0.0826	2.56	5.36	1.78	
1.30	1.00	0.0878	2.54	5.39	1.88	
1.40	1.05	0.0927	2.52	5.43	1.96	
1.50	1.10	0.0974	2.50	5.46	2.02	
1.60	1.15	0.1019	2.49	5.50	2.06	
1.70	1.20	0.1062	2.47	5.53	2.08	
1.80	1.25	0.1104	2.46	5.56	2.10	
1.90	1.25	0.1166	2.45	5.61	2.05	
2.00	1.30	0.1204	2.44	5.64	2.05	

续表 E.0.3

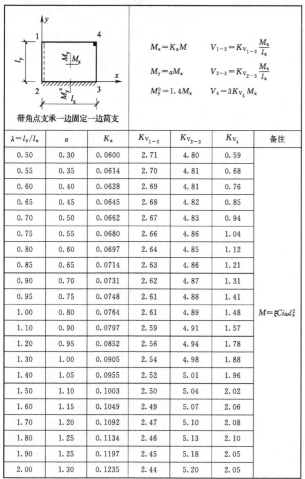

$$M_x = K_x M \qquad V_{1-2} = K_{V_{1-2}} \frac{M_x}{l_x}$$
$$M_y = \alpha M_x \qquad V_{2-3} = K_{V_{2-3}} \frac{M_x}{l_x}$$
$$M_y^0 = 1.4 M_x \qquad V_4 = 3 K_{V_4} M_x$$

带角点支承一边固定一边简支

$\lambda = l_y/l_x$	α	K_x	$K_{V_{1-2}}$	$K_{V_{2-3}}$	K_{V_4}	备注
0.50	0.30	0.0600	2.71	4.80	0.59	
0.55	0.35	0.0614	2.70	4.81	0.68	
0.60	0.40	0.0628	2.69	4.81	0.76	
0.65	0.45	0.0645	2.68	4.82	0.85	
0.70	0.50	0.0662	2.67	4.83	0.94	
0.75	0.55	0.0680	2.66	4.86	1.04	
0.80	0.60	0.0697	2.64	4.85	1.12	
0.85	0.65	0.0714	2.63	4.86	1.21	
0.90	0.70	0.0731	2.62	4.87	1.31	
0.95	0.75	0.0748	2.61	4.88	1.41	
1.00	0.80	0.0764	2.61	4.89	1.48	$M = \xi C i \omega l_x^2$
1.10	0.90	0.0797	2.59	4.91	1.57	
1.20	0.95	0.0852	2.56	4.94	1.78	
1.30	1.00	0.0905	2.54	4.98	1.88	
1.40	1.05	0.0955	2.52	5.01	1.96	
1.50	1.10	0.1003	2.50	5.04	2.02	
1.60	1.15	0.1049	2.49	5.07	2.06	
1.70	1.20	0.1092	2.47	5.10	2.08	
1.80	1.25	0.1134	2.46	5.13	2.10	
1.90	1.25	0.1197	2.45	5.18	2.05	
2.00	1.30	0.1235	2.44	5.20	2.05	

续表 E.0.3

$$M_x = K_x M \qquad V_{1-2} = K_{V_{1-2}} \frac{M_x}{l_x}$$
$$M_y = \alpha M_x \qquad V_{2-3} = K_{V_{2-3}} \frac{M_x}{l_x}$$
$$V_4 = 3 K_{V_4} M_x$$

带角点支承两相邻边简支

$\lambda = l_y/l_x$	α	K_x	$K_{V_{1-2}}$	$K_{V_{2-3}}$	K_{V_4}	备注
0.50	0.75	0.0519	2.74	2.38	1.23	
0.55	0.75	0.0578	2.68	2.38	1.30	
0.60	0.80	0.0615	2.66	2.39	1.44	
0.65	0.80	0.0672	2.61	2.41	1.52	
0.70	0.80	0.0728	2.59	2.41	1.58	
0.75	0.85	0.0758	2.57	2.42	1.67	
0.80	0.90	0.0787	2.54	2.43	1.75	
0.85	0.90	0.0839	2.52	2.44	1.79	
0.90	0.95	0.0865	2.51	2.45	1.81	
0.95	0.95	0.0914	2.48	2.47	1.87	
1.00	1.00	0.0938	2.48	2.48	1.92	$M = \xi C i \omega l_x^2$
1.10	1.05	0.1006	2.45	2.50	1.96	
1.20	1.10	0.1070	2.43	2.53	1.97	
1.30	1.15	0.1131	2.42	2.56	1.96	
1.40	1.20	0.1188	2.40	2.57	1.94	
1.50	1.25	0.1243	2.41	2.62	1.91	
1.60	1.25	0.1318	2.39	2.64	1.84	
1.70	1.25	0.1391	2.38	2.67	1.77	
1.80	1.30	0.1436	2.36	2.68	1.72	
1.90	1.30	0.1501	2.34	2.73	1.61	
2.00	1.35	0.1537	2.33	2.86	1.50	

E.0.4 单向支承板和两边支承板的弯矩系数和动反力系数，可按表 E.0.4 查取。

表 E.0.4 单向支承板和两边支承板的弯矩系数和动反力系数

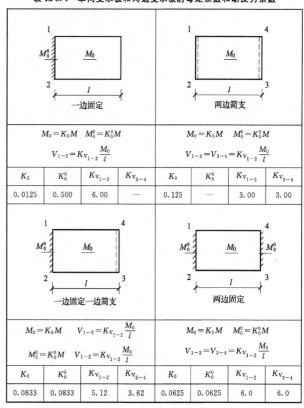

一边固定

$$M_0 = K_0 M \qquad M_0^0 = K_0^0 M$$
$$V_{1-2} = K_{V_{1-2}} \frac{M_0}{l}$$

K_0	K_0^0	$K_{V_{1-2}}$	$K_{V_{3-4}}$
0.0125	0.500	6.00	—

两边简支

$$M_0 = K_0 M \qquad M_0^0 = K_0^0 M$$
$$V_{1-2} = V_{3-4} = K_{V_{1-2}} \frac{M_0}{l}$$

K_0	K_0^0	$K_{V_{1-2}}$	$K_{V_{3-4}}$
0.125	—	3.00	3.00

一边固定一边简支

$$M_0 = K_0 M \qquad V_{1-2} = K_{V_{1-2}} \frac{M_0}{l}$$
$$M_0^0 = K_0^0 M \qquad V_{1-2} = K_{V_{1-2}} \frac{M_0}{l}$$

K_0	K_0^0	$K_{V_{1-2}}$	$K_{V_{3-4}}$
0.0833	0.0833	5.12	3.62

两边固定

$$M_0 = K_0 M \qquad M_0^0 = K_0^0 M$$
$$V_{1-2} = V_{3-4} = K_{V_{1-2}} \frac{M_0}{l}$$

K_0	K_0^0	$K_{V_{1-2}}$	$K_{V_{3-4}}$
0.0625	0.0625	6.0	6.0

本规范用词说明

引用标准名录

1 为便于在执行本规范条文时区别对待,对要求严格程度不同的用词说明如下:

　1)表示很严格,非这样做不可的:

　　正面词采用"必须",反面词采用"严禁";

　2)表示严格,在正常情况下均应这样做的:

　　正面词采用"应",反面词采用"不应"或"不得";

　3)表示允许稍有选择,在条件许可时首先应这样做的:

　　正面词采用"宜",反面词采用"不宜";

　4)表示有选择,在一定条件下可以这样做的,采用"可"。

2 条文中指明应按其他有关标准执行的写法为:"应符合……的规定"或"应按……执行"。

《混凝土结构设计规范》GB 50010

中华人民共和国国家标准

抗爆间室结构设计规范

GB 50907-2013

条 文 说 明

制 订 说 明

《抗爆间室结构设计规范》GB 50907—2013,经住房和城乡建设部 2013 年 8 月以第 112 号公告批准、发布。

本规范是根据住房和城乡建设部《关于印发〈2010 年工程建设标准规范制订、修订计划〉的通知》(建标〔2010〕43 号)的要求,由中国五洲工程设计集团有限公司编制完成。

中国五洲工程设计集团有限公司(中国兵器工业第五设计研究院)从 20 世纪 50 年代末开始,经过近 20 年对抗爆间室的内爆炸荷载进行探索和试验研究,并进行了相应的结构弹塑性响应试验研究及 20 多个弹药、火工品厂的生产状态和事故频率调查,取得了相关的科研成果。这些科研成果分别组织召开专题评审会议,各专题评审会议邀请了清华大学、北京大学、浙江大学、同济大学、北京理工大学、中国科学院力学所及工程兵学院等有关单位的著名专家 20 余人参加。各专题的科研成果均通过了评审。在这些科研成果的基础上,编制了以能量集聚原理计算室内爆炸荷载和弹塑性理论按事故频率分级设防的《抗爆间室结构设计规定》。该规定经过几十年的使用,取得了较好的效果,经受住了实践的检验,证明其能量集聚原理计算室内爆炸荷载的计算方法是正确的,各项规定是基本合适的。编写组认真分析研究了设计规定及相关的科研成果,认真总结近年来的实践经验,参考有关国内及国外相关标准,在广泛征求意见的基础上,最后经审查定稿。

为便于广大设计、施工、科研、学校等有关人员在使用本规范时能正确理解和执行条文规定,《抗爆间室结构设计规范》编制组按章、节、条的顺序编制了本规范的条文说明,对条文规定的目的、依据以及执行中需要注意的事项进行了说明,还对强制性条文的强制性理由作了解释。但是,本条文说明不具备与规范正文同等的法律效力,仅供使用者作为理解和把握规范规定的参考。

目　次

1　总　　则 …………………………… 14—44
3　基本规定 …………………………… 14—44
4　材　　料 …………………………… 14—45
5　爆炸对结构的整体作用计算和局部
　　破坏验算 …………………………… 14—45
　　5.1　爆炸对结构的整体作用计算 ………… 14—45

5.2　爆炸对结构的局部破坏验算 ………… 14—46
6　结构内力分析 ……………………… 14—46
7　截面设计计算 ……………………… 14—46
8　构造要求 …………………………… 14—47
9　抗爆门等效静荷载简化计算 ………… 14—47

1 总 则

1.0.1 本条主要说明制定本规范的目的。抗爆间室在设计中应确保安全,根据生产中发生事故可能性的大小区别对待,充分利用结构的抗爆性能,应用先进技术,做到经济合理并确保安全。抗爆间室设计应具体问题具体分析,在保证安全的基础上,做到经济合理。

1.0.2 本条规定了本规范的适用范围。凡有抗内爆炸要求而设置的抗爆间室,不论是主导工序上的还是次要工序上的,都是重要的。其重要性就在于确保抗爆间室外部操作人员的人身安全,以及从泄爆面泄出的冲击波和飞散物对周围环境的影响减少到最小的限度内。同时还要求发生事故以后一般不做修理,或者虽经修理也能以最快的速度恢复生产。

3 基 本 规 定

3.0.1 本条提出了抗爆间室(不包括抗爆屏院及泄爆面)设计的最低要求。如果达不到本条的要求,一旦发生爆炸事故,抗爆间室将不可修复,并对周围环境及相邻厂房产生严重危害,达不到设计抗爆间室的目的。只要按本规范提出的整体作用计算、局部破坏验算及构造要求进行设计,就能满足本条提出的要求。本条为强制性条文,必须严格执行。

本条中规定的爆炸飞散破坏是指在爆炸荷载作用下钢筋混凝土墙(板)迎爆面的混凝土被压碎,并向四周飞散形成飞散漏斗坑的破坏现象,不包括爆炸破片对墙(板)的冲击所引起的飞散破坏。

本条中规定的爆炸震塌是指在爆炸荷载作用下钢筋混凝土墙(板)背爆面的混凝土崩塌成碎块而掉落或飞出,形成震塌漏斗坑的破坏现象,不包括爆炸破片对墙(板)的冲击所引起的震塌破坏。

本条中规定的穿透破坏是指爆炸产生的破片从钢筋混凝土墙(板)穿出的破坏现象。此处破片主要是指发生爆炸事故时产品外壳及设备所产生的破片。

3.0.2 本条提出了本规范抗爆间室适用的条件。根据试验所确定的抗爆间室墙(板)面上平均冲量计算公式,是从这些测试条件下的冲击波数据总结分析拟合而得到的。

对于爆心到墙面的距离 R_a 与药量的对比距离为 $0.15 \leqslant R_a/Q^{\frac{1}{3}} < 0.45$ 时的情况,参考了美国陆海空三军联合编写的《抗偶然性爆炸效应结构(设计手册)》,对采取设置斜拉结筋、基础设置拉梁及地面下设置整块底板三项措施后放宽适用本条第 5 款的要求。

设置在厂房内的 $50\text{kg} < Q \leqslant 100\text{kg}$ 的抗爆间室,各有关专业

共同采取有效措施,主要是为了消除或限制由于爆炸事故引起的振动、位移、倾覆、飞散物以及冲击波漏泄压力对周围人员、设备和建筑物的危害影响。

药量大于 100kg 的抗爆间室,由于试验数据较少,因此提出 $Q > 100\text{kg}$ 的抗爆间室必须单独设置。

3.0.4 确定抗爆间室内爆炸的设计药量,由于牵涉因素很多,如装药位置、形状、密度、数量,传爆及殉爆的可能性,容器模具设备的约束程度和破坏时的能量消耗程度,有无定向爆炸作用等,是一件很困难的工作。工艺专业必须在设计时根据生产工艺分析确定,作为结构设计的依据。

3.0.5 为做到区别对待、经济合理地确保安全,根据发生爆炸事故的概率对抗爆间室划分为不同的设防等级。抗爆间室可使爆炸危害限制在一定范围内,以减少人员伤亡,将从泄爆面泄出的冲击波和飞散物对周围环境的影响减少到最小的限度,以确保安全的要求。

多年生产实践表明,各类抗爆间室由于存药量性质不同、生产运行的方式不同,发生事故的频率也不同。合理的设计,应使事故频率不同的各种抗爆间室,在设计使用年限期间,在经受了可能发生的满设计药量的允许爆炸次数后,最终破坏程度大体相当。因此,在设计抗爆间室时,是以事故频率来划分设防等级的。

考虑到有些抗爆间室边墙或其他墙面要求不高,抗爆间室总体可以划分为二级或三级,但中间墙面(或其他墙面)因设备精度或人员高度集中等原因,可以将此墙面的设防等级予以提高。因此本条规定,必要时同一抗爆间室的不同墙(板)根据不同的使用要求,也可分别划分为不同的设防等级。

抗爆屏院设防等级与抗爆间室一致,亦划分为三级。

3.0.6 抗爆间室与抗爆屏院按弹塑性阶段设计的允许延性比和设计延性比。试验证明在多次重复爆炸荷载作用下采用延性比 $\mu > 1$ 设计也是可以的。我们根据事故次数的不同情况采用不同的延性比设计是合适的。

抗爆间室与抗爆屏院按弹塑性阶段设计的允许延性比和设计延性比的确定,主要依据是"7101试验"中的钢筋混凝土方形简支薄板弹塑性阶段受力试验。

允许延性比就是多次抗爆结构在规定抗爆次数的最后一次爆炸荷载作用下的最大动变形与弹性变形之比。

抗爆屏院的承载力和裂缝对人员伤亡和设备损毁影响远远小于抗爆间室,其允许延性比应超过 5。经过分析,抗爆屏院采用双筋矩形截面以结构不倒塌为允许极限状态,此时的允许延性比为 20。

允许延性比 $[\mu]$ 与满负荷事故爆炸一次所产生的延性比 μ(即设计延性比)的关系式为 $[\mu] = 1 + n(\mu - 1)$,由此可得 $\mu = 1 + ([\mu] - 1)/n$,其中 n 为在设计使用年限内发生爆炸事故的次数。一级设防抗爆间室次数不限,二级设防抗爆间室 $n = 6 \sim 12$,三级设防抗爆间室 $n = 1 \sim 2$。

3.0.7 抗爆间室采用轻质易碎屋盖时,一旦发生事故,大部分冲击波和破片将从屋盖泄出。为了尽可能减少对相邻屋盖的影响以及构造上的需要,当与抗爆间室相邻的主厂房的屋盖低于抗爆间室屋盖或与抗爆间室屋盖等高时,宜采用钢筋混凝土屋盖,当采用轻质易碎屋盖时,抗爆间室应采用高出相邻屋面不少于 500mm 的钢筋混凝土女儿墙与相邻屋盖隔开的措施。当与抗爆间室相邻的主厂房的屋盖高出抗爆间室屋盖时,应采用钢筋混凝土屋盖。

3.0.8 本条提出抗爆屏院的高度要求及抗爆屏院的构造、平面形式和最小进深的要求。抗爆间室泄爆面的外面应设置抗爆屏院,这主要是从安全要求提出来的。抗爆屏院是为了承受抗爆间室内发生爆炸后泄出的空气冲击波和爆炸飞散物所产生的两类破坏作用,一是空气冲击波对抗爆屏院墙面的整体破坏作用,二是飞散物对抗爆屏院墙面造成的倒塌和穿透的局部破坏作用。要求从抗爆屏院泄出的冲击波和飞散物,不致对周围建筑物产生较大的破坏,

因此,必须确保在空气冲击波作用下,抗爆屏院不致倒塌或成碎块飞出。当抗爆间室是多室时,抗爆屏院还应阻挡经抗爆间室泄爆面泄出的空气冲击波传至相邻的另一抗爆间室,防止发生殉爆的可能。

砖砌体和配筋砖砌体结构通过试验验证,由于砖石结构整体性能差、抵抗重复多次爆炸荷载作用的性能很差。根据试验条件规定,砖砌体和配筋砖砌体结构抗爆屏院仅限于设计药量 $Q<1kg$ 的情况。

3.0.9 本条提出了抗爆间室与相邻主厂房间的关系及构造要求。抗爆间室与相邻主厂房间设缝主要是从生产实践和事故中总结出来的。以往抗爆间室与主厂房之间不设缝,当抗爆间室内爆后,发现由于抗爆间室墙体变位,与主体结构连结松动,产生较大裂缝等问题。条文中针对药量较小时爆炸荷载作用下变位不大的特点,确定可不设缝,这是根据一定的实践经验和理论计算而决定的。规定轻质泄压盖及钢筋混凝土屋盖设计药量小于 20kg,且主体结构跨度小于 7.5m 时可不设缝。为使连接部位相对变位控制在较小范围以内,仍要加强两者的连接,加大支承长度,加强锚固等措施。有条件时,抗爆间室与主体厂房间尽量设缝。

于混凝土强度提高系数中考虑了龄期效应的因素,其提高系数为 1.2~1.3,故对不应考虑后期强度提高的混凝土蒸气养护和掺入早强剂的混凝土应乘以折减系数。

根据有关单位对钢筋、混凝土试验,材料或构件初始应力即使高达屈服强度的 65%~70%,也不影响动荷载作用下材料动力强度提高的比值。而抗爆间室构件初始应力远小于屈服强度,因此在动荷载与静荷载同时作用下材料动力强度提高系数可取同一数值。

4.0.6、4.0.7 试验证明,在动荷载和静荷载同时作用或动荷载单独作用下,混凝土的弹性模量可取静荷载作用时的 1.2 倍;钢材的弹性模量可取静荷载作用时的数值;各种材料的泊松比均可取静荷载作用时的数值。

4 材 料

4.0.1 冷轧带肋钢筋、冷拉钢筋等冷加工钢筋伸长率低,塑性变形能力差,延性不好,因此本条规定不得采用此类钢筋。

4.0.2 提出抗爆间室钢筋混凝土结构钢筋宜优先采用延性、韧性和焊接性能较好的 HRB400 级和 HRB500 级的热轧钢筋,主要是从发展趋势及钢筋性能考虑。

4.0.3 抗爆间室结构,其受力钢筋均应有足够的延性和钢筋伸长率的要求,这是控制钢筋延性的重要性能指标。抗爆间室钢筋混凝土结构钢筋的抗拉强度实测值与屈服强度实测值的比值不应小于 1.25,目的是使抗爆结构某些部位出现较大塑性变形后,钢筋在大变形条件下具有必要的强度潜力,保证抗爆结构构件的基本抗爆能力。钢筋的屈服强度实测值与屈服强度标准值的比值不应大于 1.3,主要是为了保证抗爆结构各墙(板)具有协调一致抗爆性能,避免因钢筋屈服强度离散性过大而出现局部严重破坏的情况。钢筋在最大拉力下的总伸长率实测值不应小于 9%,主要为了保证钢筋具有足够的塑性变形能力。

现行国家标准《钢筋混凝土用钢 第 2 部分:热轧带肋钢筋》GB 1499.2 中牌号带"E"的钢筋符合本条要求。

4.0.5 表 4.0.5 给出的材料强度综合系数是考虑了一般工业与民用建筑规范中材料分项系数、材料在快速加载作用下的动力强度提高系数和对抗爆结构可靠度分析后,参考现行国家标准《人民防空地下室设计规范》GB 50038 确定的。对于设计药量不大于 100kg 的抗爆间室结构构件达到最大弹性变形时间小于 50ms,因此采用现行国家标准《人民防空地下室设计规范》GB 50038 最大变形时间为 50ms 时对应的材料动力强度提高系数是可以的。由

5 爆炸对结构的整体作用计算和局部破坏验算

5.1 爆炸对结构的整体作用计算

5.1.1、5.1.2 抗爆间室内爆炸,因抗爆墙的存在,使本来可以自由传播于无限空间的冲击波,受到约束而多次反射汇合,加之局部爆炸气体积聚,从而使其对墙面的破坏力远较自由空中同药量爆炸时要大。这种现象的实质是约束使爆炸能量的集聚效应。建立墙面平均冲量计算式时,可以从能量集聚原理出发,引进能效系数 η 以 $\eta \cdot Q$ 作为爆炸药量,以此来反映受约束空气冲击波的能量集聚效应;以自由空中爆炸墙面各点冲量计算式中的距离角度变量因子之和为 U,作为墙面总冲量的距离角度变量因子;采用一个包含反映受约束能量集聚及泄爆面等影响的综合影响系数 k。

室内爆炸冲击波受约束多次反射压力增大从而大大增加对结构的破坏力。由于问题的复杂性,在当前严格的理论计算尚未解决前通过试验采取近似的方法。在生产现有需求的药量条件下,试验证明对墙面有效作用持续时间为 $3T/8$ 左右(T 为墙的自振周期),可以用冲量荷载计算对墙(板)的作用。规范计算方法将冲击波多次反射能量集聚效应转化为增加爆炸药量效应,将复杂的冲击波多次反射简化为墙面各点受到药量增大了的单一波的同步作用,这显然是有误差的,引进能效系数 η 只是一种方法,理论上尚不够严密。这些存在的误差与其他各项因素的误差一起平均冲量经验系数 k 来修正。采用墙面平均冲量是简化计算不同步荷载的需要。由于冲量作用不同步时间都在毫秒级,而结构变形时间较长,不同步荷载在结构上的反应可近似地按同步作用来考虑。经验系数 k 起到上述所有误差综合修正的作用,它的确定来

之于试验实测数据,起到使冲量值及其他计算趋于正确的作用。

我们对各种大小及各种可能的药量近百个抗爆间室进行与美国的"抗偶然性爆炸效应结构"比较计算,我们提出的近似计算方法计算的墙面平均冲量值比美国"抗偶然性爆炸效应结构"查出的值均偏大一些,绝大多数的偏差在 10% 以内,最大偏差为 18%。对于工程设计来说两种计算方法的差别在 10% 以内,乃至个别差别在 18% 以内,应该说都是允许的。另外,该计算法经过几十年实践及几十起爆炸事故的检验,证明是切实可行的,也是符合我国国情的。

5.1.3 抗爆间室泄出的空气冲击波对抗爆屏院墙(板)的作用,可视为装药爆炸冲击波在爆心附近(或稍远处)受约束反射后从泄压面泄出而做定向传播的空气冲击波对抗爆屏院墙(板)的作用,故可采用能量集聚原理进行计算。爆炸药量为 $\eta_p Q$,用能效系数 η_p 来反映定向爆炸增大了的破坏效应,从而应用空气冲击波对墙(板)面冲量的计算式:$i = k \dfrac{(\eta_p Q)^{\frac{2}{3}}}{R}(1+\cos\alpha)$ 进行冲量计算。

根据"7101 试验"结果归纳得出的经验系数 k 为 0.2×10^{-3},式中的能效系数 η_p 见附录 B。

5.2 爆炸对结构的局部破坏验算

5.2.1～5.2.4 为防止出现爆炸飞散和爆炸震塌破坏,必须进行抗爆炸震塌及抗爆炸飞散破坏的防护层厚度验算。

5.2.6 本条以动能为基础的穿透破坏厚度计算公式及其系数均参考前苏联《筑城工事防护断面设计》中的有关公式及系数。

$C = \dfrac{1}{\sqrt{2\mu - 1}}$ 计算而得)。

6.0.10 考虑到一般情况下底板面上的平均冲量在 $20\text{kN} \cdot \text{s/m}^2$ 以下,对于地基承载力不小于 300kPa 的土层,一般能满足对底板的支承。因此规定,当地基土承载力特征值大于 300kPa 时,底板可不考虑作用于板面的爆炸荷载产生的弯矩作用。

6 结构内力分析

6.0.1 按瞬时冲量作用下等效单自由度体系的弹塑性阶段动力分析法,各墙(板)面单独进行。对于抗爆间室结构来说,由于受墙(板)面的约束,爆炸空气冲击波多次反射作用在结构上的动荷载是十分复杂的。所以,要在设计中作严格的动力分析是比较困难的,故一般均采用近似方法,将它拆成单个构件,每一个构件都按单独的等效体系进行动力分析。对于事故性爆炸荷载作用的结构允许充分发挥其结构材料性能,规定可按照弹塑性阶段动力分析。

6.0.4 试验表明,在爆炸荷载重复多次作用下,抗爆间室结构各墙(板)面的支承条件和刚度均随爆炸药量的增加或爆炸次数的增加而逐次改变,致使墙(板)面自振频率不断降低。为此,在计算自振频率时采用了理想的完全固定支承改变为部分固定支承的频率的折减系数 n 和反映刚度下降的刚度折减系数 ϕ(取值 $\psi = 0.6$)。考虑到墙(板)面支承边不全是部分固定支承的情况,对简支和确实是完全固定支承时频率系数不予折减。

6.0.5 结构动力分析的荷载为瞬时冲量,对每面墙(板)面来说,作用时间与相邻面数及有无相对面有关。根据"6909 试验",当相邻墙面数 $N \geqslant 3$ 时全墙面荷载作用时间为墙(板)面自振周期的 3/8 以上。根据对比计算,作用时间为 $3T/8$ 的随时间而直线下降的荷载按瞬时冲量计算将偏大 17%。对于相邻墙面数 $N = 4$ 的情况,试验表明作用时间更长,冲量计算结果偏大,将超过 17%。对于相对面的影响,经过对比计算,情况比较复杂。但为了简化计算,相邻面数及相对面的影响,分别进行计算,最后综合两者计算结果统一采用一个荷载实效修正系数 ξ。设防等级系数 C 值表(本规范表 6.0.5-1 是根据表 3.0.6 的设计延性比采用值按公式

7 截面设计计算

7.0.1、7.0.2 为简化计算及方便施工,抗爆间室墙(板)一般可按单筋截面设计,采用对称双筋截面配筋,受压区多配的钢筋可用作支承邻墙(板)的拉力所需的钢筋。

7.0.5 本条提出估算现浇钢筋混凝土抗爆间室及抗爆屏院墙(板)厚的计算方法。抗爆结构的墙(板)的厚度同时要满足本规范第 8.0.1 条的最小厚度要求。

8 构 造 要 求

8.0.1 本条提出现浇钢筋混凝土抗爆间室及抗爆屏院的最小墙厚的要求。

8.0.2、8.0.3 本条是根据现行国家标准《混凝土结构设计规范》GB 50010 及抗内爆炸结构构件特点制订的。

8.0.4 本规范抗爆间室墙(板)为受弯构件,基础拉梁按轴心受拉构件考虑。受弯构件及轴心受拉构件一侧的受拉钢筋的最小配筋百分率,是参考现行国家标准《混凝土结构设计规范》GB 50010 非抗震和抗震框架梁的纵向受拉钢筋最小配筋百分率制订的。受弯构件及轴心受拉构件一侧的受拉钢筋的最小配筋百分率取用抗震等级为二级的梁跨中纵向受拉钢筋的最小配筋百分率,即为 0.25 和 $55f_t/f_y$ 中的较大值,而不按设防等级再作区分。这主要是基于以下两点考虑:一是根据以往的工程实践,各类设防等级的抗爆间室墙(板)及基础拉梁的实际配筋基本上均为计算配筋,而且配筋百分率远远大于非抗爆结构构件的配筋百分率,最小配筋百分率几乎不起控制作用,因此按设防等级区分构件最小配筋百分率意义不大;二是抗爆间室承受的是偶然性爆炸荷载,而且对爆炸荷载的计算具有较高的准确性,因此按抗震等级为二级的梁跨中纵向受拉钢筋的最小配筋百分率取用,要求是适当的。

本条所列受拉钢筋最小配筋百分率是根据公式 $55f_t/f_y$ 计算取整后与 0.25 的较大值给出,见表 1。

8.0.6 双面配筋的钢筋混凝土墙(板),为保证动荷载作用下钢筋与受压区混凝土共同工作,在内、外或上、下层钢筋之间设置一定数量的拉结筋是必要的。为了便于设置 S 形拉结筋,一般受压区和受拉区钢筋的间距相等,位置相对。

表 1 受拉钢筋最小配筋百分率计算

混凝土强度等级	HRB500		HRB400		HRB335	
	计算	取值	计算	取值	计算	取值
C25	0.161	0.25	0.194	0.25	0.233	0.25
C30	0.181		0.218		0.262	0.30
C35	0.199		0.240		0.288	
C40	0.216	0.25	0.261		0.314	0.35
C50	0.239		0.289	0.30	0.347	
C55	0.248		0.299		0.359	
C60	0.258		0.312		0.374	
C70	0.271	0.30	0.327	0.35	0.392	0.40
C80	0.281		0.339		0.407	

8.0.7 为了避免抗爆间室中墙与侧墙交接处出现应力集中,必须在中墙与侧墙交接处采取加腋的构造措施。附加斜筋直径为主筋直径的 2/3,间距 100mm~150mm。同样,对于屋面板与墙及檐口梁与墙的连接处,也按此处理。

8.0.13 当抗爆间室屋盖为轻质易碎屋盖时,设置高度不小于 500mm 的女儿墙是为了减少泄爆面泄出的冲击波及爆炸破片危害相邻屋面。

8.0.14 有的抗爆间室由于设备高度很高,墙的高度就不得不做高,而设计药量并不大,这样如果基础埋置深度还是按墙高来确定,显然是不合适的。因此,在这种情况下,规范提出基础埋置深度与设计药量相适应的墙高来确定。例如某抗爆间室由于设备的原因需要层高为 9m,而设计药量为 15kg。而设计药量为 15kg 的抗爆间室墙高一般为 4m~5m,则该 9m 高的抗爆间室与设计药量相适应的墙高可取 4m~5m,相应的基础埋深按墙高的 1/3 可取 1.5m~1.8m。

8.0.15、8.0.16 对于爆心离墙体小于 $0.45Q^{\frac{1}{3}}$ 的墙体,为了加强墙体的整体性,保证动荷载作用下钢筋与受压区混凝土共同工作,提出设置波浪式斜拉结筋,这一构造要求是参考了国外有关设计手册。在实际施工中设置波浪式斜拉结筋是有一定困难的,因此,规范提出在药量小于 50kg 的情况下,可按要求设置 S 形拉结筋。

8.0.17 本条提出一次绑扎钢筋连续施工的要求。钢筋混凝土抗爆间室因要承受很大的冲击波荷载,而施工缝又是潜在薄弱面,为了避免反复荷载作用下施工缝薄弱面及裂缝的扩大,影响安全及使用,本条要求抗爆间室墙(板)应连续浇筑,不设施工缝。当不可避免时,规定施工缝应设置在低应力区,即在基础顶面或屋面板下 500mm 处设置,并用插筋加固。

9 抗爆门等效静荷载简化计算

9.0.1 本条提出了抗爆门设计的最低要求。如果达不到本条的要求,一旦发生爆炸事故将对与抗爆间室相连的厂房产生比较严重的危害。

9.0.2 抗爆间室爆炸空气冲击波作用在抗爆门上的平均冲量计算公式是根据试验结构局部区域冲量的结果而提出的。空中爆炸距离爆心一定距离的冲量计算公式中的系数为 0.2×10^{-3},由于抗爆间室墙面及顶板的约束使冲击波产生反复反射,从而增大了墙面的冲量。本条根据试验结果提出了系数的取值。